ANLEITUNG ZUR UNTERSUCHUNG DER LEBENSMITTEL

VON

Dr. J. GROSSFELD

NAHRUNGSMITTELCHEMIKER AM UNTERSUCHUNGSAMTE
IN RECKLINGHAUSEN

MIT 26 ABBILDUNGEN

BERLIN
VERLAG VON JULIUS SPRINGER
1927

ISBN-13: 978-3-642-89775-7   e-ISBN-13: 978-3-642-91632-8

DOI: 10.1007/978-3-642-91632-8

DEM ALTMEISTER
DER DEUTSCHEN LEBENSMITTELCHEMIE

J. KÖNIG

IN DANKBARER VEREHRUNG

Vorwort.

Das vorliegende Buch dankt einer Anregung des Herrn Geheimen Regierungs-
rates, Univ.-Prof. Dr. phil., Dr. ing. h. c., Dr. ph. nat. h. c. J. König in Münster i. W.
seine Entstehung und soll als kurze Anleitung zur Untersuchung der Lebensmittel
eine Ergänzung des im vorigen Jahre im gleichen Verlage erschienenen kurzen Lehr-
buches über Nahrung und Ernährung des Menschen bilden. Es bringt daher aus
dem reichen Schatze des in den bekannten größeren Handbüchern angesammelten
Rüstzeuges die bei der täglichen Laboratoriumsarbeit benötigten Verfahren
in kurzer Form, aber doch so ausführlich, daß nach der Beschreibung praktisch
gearbeitet werden kann. Besonders bin ich bemüht gewesen, die Entwicklung
der praktischen Nahrungsmitteluntersuchung bis in die neueste Zeit zu berücksichtigen und so auch neuere, in Königs Chemie der menschlichen Nahrungs- und
Genußmittel noch nicht beschriebene Verfahren ausführlicher zu bringen. Hierdurch wird das vorliegende Buch in gewissem Sinne zu einer Ergänzung des
dritten Bandes des genannten Werkes. Die im hiesigen Untersuchungsamte ausgearbeiteten oder nachgeprüften Untersuchungsverfahren finden sich hier erst-
malig vereinigt.

Die amtlichen Vorschriften, besonders auch die neue Anweisung zur Untersuchung des Weines, wurden eingehend berücksichtigt und zum großen Teile wörtlich angeführt. Ausführlich beschrieben wurde ferner die Bestimmung des Fettgehaltes nach dem Trichloräthylenverfahren und eine neue vereinfachte Tabelle
zur Berechnung des Fettgehaltes in Prozenten des zu untersuchenden Stoffes ausgearbeitet. Ebenfalls ausführlich wurde die Ermittelung des Milchfettgehaltes
und der übrigen Milchbestandteile behandelt. Zur Bestimmung der Lecithin-
phosphorsäure in Eierteigwaren wurde ein neues, einfach ausführbares Verfahren,
zu dessen Ausführung nur eine geringe Stoffmenge erforderlich ist, ferner eine
einfachere Arbeits- und Berechnungsweise zur Bestimmung kleiner Alkoholgehalte angegeben. Berücksichtigt wurden sodann die Bestimmung der Wasserstoffionenkonzentration, die jodometrische Aldosenbestimmung, die neuerdings
für Fruchtzubereitungen Bedeutung gewinnende Pektinbestimmung, die Bestimmung der Apfelsäure durch Polarisation u. a. Um aber den Umfang des
Buches nicht zu groß werden zu lassen, mußten viele Vorschriften, soweit sie
verhältnismäßig seltener zur Anwendung kommen, im Kleindrucke gebracht werden. An verschiedenen Stellen ist auf die ausführlicheren Beschreibungen in
Königs Chemie der menschlichen Nahrungs- und Genußmittel verwiesen worden,
insbesondere auch auf die in genanntem Werke enthaltenen zahlreichen und ausführlichen Angaben und Abbildungen für die außerordentlich wichtige mikroskopische Prüfung, deren Wiedergabe in kurzer Form hier nicht möglich war.

Um die vielfach lästigen Umrechnungen der Analysenergebnisse, zumal bei den häufiger vorkommenden Bestimmungen, wobei sich erfahrungsgemäß leicht Rechenfehler einschleichen, zu erleichtern, wurde eine größere Anzahl neuer Hilfstabellen berechnet. So wurden außer der genannten neuen Tabelle zur Bestimmung des Fettgehaltes Tabellen zur Berechnung des Stickstoffes und der Stickstoffsubstanz nach Kjeldahl, der Verseifungszahl und des Brechungsindex der Fette, des Milchfettgehaltes und Kokosfettgehaltes von Fettmischungen, der Lecithinphosphorsäure bei Eierteigwaren, der Trockenmasse von Honig und Kunsthonig, des Zuckergehaltes nach verschiedenen Verfahren, des Gehaltes an Stärke, sowie an Apfelsäure aus der optischen Drehung, des Chlornatriumgehaltes in Butter und Margarine, des Alkoholgehaltes nach vereinfachter Arbeitsweise, des Methylalkoholgehaltes, des Wasserzusatzes bei Fleischwaren, Milch und Branntweinen und des Permanganatverbrauches bei Trinkwasser neu berechnet. Außerdem sind im Texte zahlreiche kleinere Hilfstabellen enthalten. — Daneben sind aus Königs Chemie einige vielgebrauchte Tabellen, so mit Genehmigung des Herrn Professor Dr. K. Windisch dessen Tabellen zur Bestimmung des Alkohol- und Extraktgehaltes (im Auszuge) übernommen worden.

Der biologische Nachweis der Vitamine A, B und C durch Fütterungsversuche wurde kurz beschrieben; vielleicht kann auch ein von Herrn Geheimrat König angedeutetes Verfahren mit verwendet werden.

Ich hoffe daher, daß die vorliegende Schrift sowohl den Studierenden als auch den praktisch tätigen Vertretern der Lebensmittelchemie willkommene Dienste leisten wird.

Recklinghausen, im November 1926.

J. Großfeld.

Inhaltsverzeichnis.

Erster Teil.

Allgemeine Untersuchungsverfahren.

Zweiter Teil.

Besondere Untersuchungsverfahren.

Anhang.

Tabellen.

Allgemeine Untersuchungsverfahren.

Vorbereitungen für die Untersuchungen.

1. Die Probenahme. Die entnommene Probe muß dem Durchschnitt der Gesamtware entsprechen und so groß sein, daß nicht nur die unbedingt notwendigen Untersuchungen darin vorgenommen werden können, sondern auch für Nachprüfungen ein hinreichend großer Rest zurückbleibt. Besondere Maßnahmen erfordert die Probenahme solcher Stoffe, die sich beim Aufbewahren entmischen. Diese sind entweder, wenn dies möglich ist, kurz vor der Probenahme sorgfältig zu mischen (z. B. Milch), oder es sind die Proben, sei es durch entsprechende Zerlegung der Gesamtmenge, sei es durch Teilproben, an möglichst vielen Stellen so zu entnehmen, daß sie dem Durchschnitt entsprechen. Über die Probenahme unter besonderen oder schwierigen Umständen, sowie über die dabei verwendeten Geräte vgl. J. König, Chemie der menschlichen Nahrungs- und Genußmittel, III. Bd., 1. Teil, S. 3—10.

Die G r ö ß e d e r P r o b e soll bei Nahrungs- und Genußmitteln und Gebrauchsgegenständen im allgemeinen folgenden Mengen entsprechen:

Äpfelschnitte	250 g	Fette	250 g
Alkoholfreie Getränke	1 l	Fische	500 g
Apfelmost(saft)	$^1/_2$—1 l	Fischkonserven	250 g
Apfelwein	$^1/_2$—1 l	Fleisch	250 g
Arrak	$^1/_2$—1 l	Fondants	250 g
Austern	10 Stück	Früchte	500 g
Beeren-Most	$^1/_2$—1 l	Fruchtliköre	1 Flasche
Beeren-Wein	$^1/_2$—1 l	Fruchtsäfte	$^1/_2$ l
Bienenwachs	100 g	Gefrorenes	250 g
Bier	1 l	Gegenstände, blei- und zink-	
Bonbons	250 g	haltige	1 Stück
Branntwein	$^1/_4$ l	Gelatine	100 g
Brot	500 g	Gelees	250 g
Butter	250 g	Gemüse, je nach Art	$^1/_2$—2 kg
Cocosfett	250 g	Gemüse-Dauerwaren	250 g
Dessertwein	1 Flasche	Gerstenkaffee	250 g
Dörrobst	250 g	Gewebe, Arsennachweis	50 g
Eier	10 Stück	Gewürze	100 g
Eigelb	250 g	Graupen	250 g
Eis (Speiseeis)	250 g	Gummispielwaren	1 Stück
Eßgeschirre	1 Stück	Haferflocken	250 g
Essig	$^1/_2$ l	Hefe	100 g
Essigessenz	200 g	Hefeextrakt	100 g
Farben	100 g	Honig	250 g

Hülsenfrüchte	250 g	Obstkonserven	250 g
Kaffee	250 g	Obstwein	1—2 Flaschen
Kaffee-Ersatzstoffe	250 g	Öle	$^1/_4$ l
Kakao	250 g	Olivenöl	$^1/_4$ l
Kandierte Früchte	250 g	Petroleum	1 l
Karamellen	250 g	Pfeffer	100 g
Kartoffeln	1—5 kg	Pflaumen, getrocknete	250 g
Kartoffelmehl	250 g	Pflaumenmus	250 g
Käse	250—500 g	Pilze	$^1/_2$—1 kg
Kautabak	50 g	Pökelfleisch	250 g
Kaviar	100 g	Portwein	1 Flasche
Keeks	250 g	Pottasche	100 g
Kerzen	1 Stück	Preßhefe	100 g
Kindermehl	250 g	Puppengeschirr	1 Stück
Kindermilch	$^1/_2$ l	Rahm	250 g
Kindersauger	1 Stück	Rahmbonbons	250 g
Kinderspielwaren	1 „	Reis	250 g
Kirschwasser	$^1/_4$ l	Rinderfett	250 g
Kochgeschirr	1 Stück	Roggenmehl	250 g
Kochsalz	250 g	Rotwein	1—2 Flaschen
Kognak	$^1/_2$—1 l	Rübensirup	250 g
Konditoreiwaren	250 g	Rübenzucker	50—100 g
Konfekt	250 g	Rüböl	$^1/_4$ l
Konserven in Büchsen	1 Stück	Rum	$^1/_4$—1 l
Kornbranntwein	$^1/_4$ l	Safran	10 g
Krabben-Konserven	250 g	Sago	250 g
Krebsbutter	250 g	Schaumwaren	250 g
Kuchen	250 g	Schaumwein	1 Flasche
Kunsthonig	250 g	Schmalz	250 g
Künstliche Süßstoffe	50 g	Schnaps	$^1/_4$ l
Lebkuchen	250 g	Schokolade	200 g
Lebertran	250 g	Schokoladenpulver	200 g
Leinöl	250 g	Schweinefett	250 g
Liköre	$^1/_4$ l	Seifen	1 Stück oder 100 g
Limonaden	1—2 l	Seifenpulver	250 g
Luft	10—50 l	Senf	100 g
Magermilch	$^1/_2$ l	Sirup	250 g
Mandeln	100 g	Speiseeis	250 g
Mandeln, gebrannte	250 g	Spielwaren	1 Stück
Margarine	250 g	Stärkemehl	250 g
Marmeladen	250 g	Stärkesirup	100 g
Marzipan	250 g	Stärkezucker	100 g
Mate	100 g	Suppenmehl	100 g
Medizinalwein	1 Flasche	Suppenwürze	100 g
Mehl	250 g	Süßstoffe, künstliche	50 g
Miesmuscheln	10 Stück	Süßwein	1 Flasche
Milch	$^1/_2$ l	Tabak	100 g
Milchkaramellen	250 g	Tapeten	50 g
Milch, kondensierte	250 g	Tapioka	250 g
Milchpulver	250 g	Tee	50 g
Mineralöl	$^1/_2$—1 l	Teigwaren	250 g
Mineralwasser	2 Flaschen	Tresterbranntwein	$^1/_4$ l
Most	1 l	Trinkgeschirr	1 Stück
Mostrich	100 g	Trinkwasser	2 l
Nährpräparate	100—250 g	Vanille	20 g
Nudeln	250 g	Vanillin-Zucker	50 g
Obst, frisches	$^1/_2$—1 kg	Wachs	100 g

Wasser, Trinkwasser	2 l	Wolle	50 g
Wein	2 Flaschen	Wurstwaren	250 g
Weinähnliche Getränke	1 l	Würze (Suppen-)	100 g
Weinessig	½ l	Zitronensaft	1 l
Weizenmehl	250 g	Zucker	50 g
Wermutwein	1 Flasche	Zuckerwaren	250 g
Wildpret	1 Stück	Zündwaren	5 Päckchen

2. Die Zerkleinerung und Mischung der Stoffe für die Untersuchung. Zur Zerkleinerung fester Stoffe eignen sich in der Regel die gleichen Geräte, die auch sonst, z. B. im Haushalte, dem gleichen Zwecke dienen, so besonders Schrotmühlen (Kaffeemühlen) für spröde, lufttrockene Stoffe, Reiben und Reibemühlen für halbfeste zähe Stoffe (Käse, Brot, Schokolade usw.), Fleischmühlen (Fleischwolf) für weiche und zähe Nahrungsmittel (Fleisch) usw. Einige besonders sperrige Stoffe (Gemüse) bedürfen häufig einer Vortrocknung (vgl. S. 4).

Zur Mischung pulverförmiger Stoffe, soweit dieselbe nicht bereits bei der Zerkleinerung eingetreten ist, dienen Siebvorrichtungen, indem die abgesiebten gröberen Anteile erneut zerkleinert und dann schließlich die Gesamtmenge der Stoffe nochmals durchgesiebt wird. Flüssige und halbflüssige Stoffe werden durch kräftiges Verrühren, Fette ebenso, bisweilen zweckmäßig nach leichtem Anwärmen, gemischt. Aufrahmende Flüssigkeiten (Milch) oder Flüssigkeiten mit Schwebestoffen werden kurz vor der jedesmaligen Entnahme von Anteilen für die Untersuchung nochmals kurz umgeschüttelt.

Bestimmung des Wassers.

1. Bestimmung des Wassers auf indirektem Wege durch Austrocknen. Das Verfahren ist nur für solche Stoffe anwendbar, die bei der Trocknungstemperatur ihr Wasser verlieren ohne dabei sonstigen, das Gewicht beeinflussenden Einwirkungen zu unterliegen. Für gewöhnlich erhitzt man die betreffende Substanz nach Herstellung einer möglichst großen spezifischen Oberfläche auf 100—110° bis zur Gewichtsbeständigkeit, die je nach Wassergehalt und Verteilung in etwa 1—5 Stunden eintritt. Als Trockenschrank eignet sich vorzüglich ein solcher mit elektrischer Heizung[1]), weil bei diesem eine besonders sicher wirkende Einstellvorrichtung mit Einstellung auf beliebige Temperaturen angebracht werden kann.

Da manche Stoffe, wie Stärke, Cellulose u. a., nur bei Gegenwart vollständig trockener Heizluft ihr Wasser quantitativ verlieren, hat S. H. Meihuizen[2]) für diesen Zweck einen besonderen Trockenschrank gebaut, der sich nach Versuchen von E. H. Vogelensang[3]), ferner auch von C. Bakker und A. J. Steenhauer[4]) bewährt hat.

Schnellverfahren zur Wasserbestimmung bei erheblich über 100° liegenden Temperaturen, z. B. für Weizenmehl bei 135° (1 Stunde) bedürfen einer empirischen Eichung hinsichtlich der Trocknungszeit, können dann aber brauchbare Ergebnisse liefern. Vgl. G. A. Shuey: Cereal Chemistry Bd. 2, S. 318—324. 1925; Chem. Zentralbl. 1926, I, S. 788. Ferner auch A. Fornet: Chem.-Ztg. Bd. 37, S. 1400. 1913.

---

[1]) Trockenschränke dieser Art werden von W. C. Heräus in Hanau hergestellt.

[2]) D. R. P. 309 982; Chem. Zentralbl. 1919, II, S. 903.

[3]) Pharm. Weekbl. Bd. 59, S. 732—736. 1922; Chem. Zentralbl. 1922, IV, S. 596. Vgl. auch: Chem. Weekbl. Bd. 19, S. 251—252. 1922; Chem. Zentralbl. 1922, IV, S. 385.

[4]) Pharm. Weekbl. Bd. 59, S. 285—286. 1922; Chem. Zentralbl. 1922, IV, S. 596.

Die Trocknung von Nahrungsmitteln, die sich bei 100° zersetzen, erfolgt bei niedriger Temperatur im Vakuumtrockenschranke.

Als Vorrichtungen zum Abwägen dienen:

a) für pulverförmige Stoffe Wägegläschen aus Glas mit eingeschliffenen hohlen Deckeln. Vorzuziehen ist wegen der rascheren Austrocknung besonders die breitere flache Form. Vgl. Abb. S. 126.

b) Für Flüssigkeiten, wie Milch, ebenso für Sirupe und Extrakte, ferner auch für Fleisch, Butter, Fette und Seifen, Nickel- oder Glasschalen von 50—100 mm Durchmesser und 10—30 mm Höhe, die man vorher, mit einer entsprechenden Menge grießförmig zerkleinertem Bimsstein beschickt, eine Stunde bei 120—150° getrocknet hat. Für stark hygroskopische Stoffe müssen die Schalen mit einem Deckel versehen sein. Da die größeren Schalen wegen ihrer großen Bodenfläche sich auf den analytischen Wagen nur schwierig wägen lassen, empfiehlt es sich, bei der Wägung jedesmal einen engeren, ringförmigen, etwa aus einer Aluminiumdose ausgeschnittenen Ring von etwa 1 cm Höhe als Untersatz zu verwenden und mitzuwägen. Flüssigkeiten jeglicher Art werden zweckmäßig vorher erst auf dem Wasserbade eingetrocknet und dann erst in den Trockenschrank gebracht. Fleisch und Käse und zähe Flüssigkeiten verrührt man unter Verwendung eines mitzuwägenden Glasstabes und unter Zusatz von heißem, destilliertem Wasser zunächst innig mit dem Bimssteinpulver, trocknet auf dem Wasserbade ein und bringt die Schale dann erst in den Trockenschrank. Die Substanzmenge (0,5—10 g) ist im allgemeinen so zu wählen, daß der trockene Rückstand nicht mehr als die Hälfte des Gewichtes des Bimssteins (1—20 g) beträgt. Es empfiehlt sich, bei der Verwendung Schalen von 10 cm Durchmesser und 3 cm Höhe, die mit 15—20 g Bimsstein beschickt sind, stets genau 10 g Substanz abzuwägen, wodurch sich dann der Wassergehalt durch einfache Malnehmung der Trocknungsabnahme mit 10 in Prozenten ergibt.

c) Bei wasserreichen, ungleichmäßig beschaffenen Stoffen, die sich nicht so weit zerkleinern lassen, daß die zur Wasserbestimmung abzuwägenden Gewichtsmengen einen genügenden Durchschnitt ausmachen, so bei Rüben, Gemüse, Tabak, ferner wenn es sich darum handelt, größere Stoffmengen für weitere Untersuchungen haltbar zu machen, so z. B. bei Fleisch, Eiern usw., ist zunächst eine Vortrocknung erforderlich, die zweckmäßig bei möglichst niederer Temperatur erfolgt und durch Aufblasen oder besser Durchblasen erwärmter Luft[1]) außerordentlich beschleunigt wird. Die vorgetrockneten Stoffe überläßt man einige Stunden der Einwirkung der Luft und wägt sie dann als lufttrockene. Alsdann werden dieselben zerkleinert und in der zerkleinerten Masse der noch vorhandene Wassergehalt bestimmt. Ist w_1 die Gewichtsabnahme bei der Vortrocknung, w_2 die Gewichtsabnahme bei der endgültigen

---

[1]) Sehr geeignet ist für diesen Zweck der sog. Föhn-Apparat, ein elektrisch betriebenes Gebläse mit gleichzeitiger Heizung des Luftstromes. Sehr rasch und einfach erfolgt auch das Lufttrockenwerden größerer Substanzmengen, indem man diese auf Drahtsiebe legt, die man wieder so anbringt, daß erwärmte Luft von unten her, sei es von einem Heizungskörper oder auch von einem Pilzbrenner, durchtreten kann. Das Sieb muß im letzteren Falle natürlich so hoch über dem Brenner befestigt werden, daß ein Verbrennen der Substanz nicht mehr eintreten kann.

Trocknung (= Wassergehalt der lufttrockenen Substanz), so ist der Wassergehalt (w) der ursprünglichen Substanz, alles in Prozenten:

$$w = 100 - \frac{(100 - w_1)(100 - w_2)}{100}.$$

Oder wenn t_1 der bei der Vortrocknung verbleibende Trockenrückstand, t_2 der bei der völligen Trocknung in Prozenten der lufttrockenen Substanz bleibende Rückstand betrage, so ist die Trockensubstanz t:

$$t = \frac{t_1 \times t_2}{100}.$$

Zur Umrechnung der übrigen in der lufttrockenen Substanz gefundenen Bestandteile auf Trockensubstanz dient der Faktor $\frac{100}{t_2}$, zur Umrechnung auf die ursprüngliche Substanz der Faktor $\frac{t_1}{100}$.

2. Bestimmung des Wassers auf direktem Wege durch Destillation mit nicht wasserlösenden Flüssigkeiten. In allen Fällen, in denen neben Wasser andere leicht abspaltbare flüchtige Stoffe in dem zu untersuchenden Stoffe vorhanden sind, wie Kohlendioxyd, Ammoniak, ätherische Öle, flüchtige Fettsäuren usw., liefert die indirekte Bestimmung des Wassers durch Austrocknung unrichtige Ergebnisse. Für solche Stoffe ist eine direkte Wasserbestimmung notwendig, für die meisten anderen Stoffe aber als ein rasch zu einem Ergebnis führendes Verfahren, bei dem außerdem die Entfernung des Wassers bei völligem Luftabschluß erfolgt, zu empfehlen.

Die direkte Wasserbestimmung wird in der Weise ausgeführt, daß man eine gewogene Menge Substanz mit einem Wasser nicht lösenden flüchtigen Stoffe von geringerem spezifischen Gewichte als 1[1]) destilliert, das Destillat in einem graduierten Gefäße auffängt und die Menge des sich am Boden desselben ansammelnden Wassers abliest.

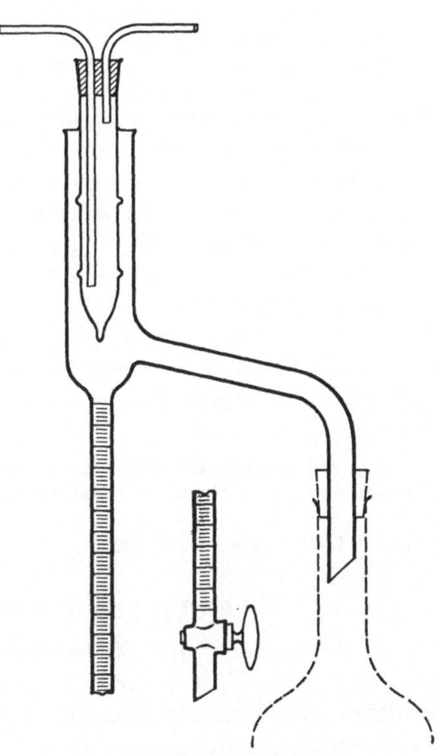

Abb. 1. Vorrichtung zur Wasserbestimmung durch Destillation nach W. Normann.

Als Destillationsmittel sind vorgeschlagen: Petroleum, Xylol (Siedepunkt 138—143°), Toluol (Siedepunkt 111°) und andere, von denen das Toluol am geeignetsten ist. Nach W. Normann[2]) eignet sich für Stoffe, die das Wasser nicht chemisch gebunden (Krystallwasser) und nicht in Tropfenform enthalten,

---

[1]) Verwendung von Destillationsmitteln von größerer Dichte erfordern besondere Geräte.

[2]) Zeitschr. f. angew. Chem. Bd. 38, S. 380—382. 1925.

für die Destillation auch Benzol[1]), obwohl dessen Siedepunkt (80°) unter dem Siedepunkt des Wassers liegt. Bei Vorliegen von tropfbarem Wasser versetzt Normann die Substanz mit einem wasserfreien Pulver, etwa mit Kieselgur, worauf die Destillation des Wassers leicht vor sich geht.

Die zu verwendende Vorrichtung[2]) zur Destillation besteht zweckmäßig aus den auf voriger Seite abgebildeten Teilen:

Zum Niederschlagen der Lösungsmitteldämpfe dient ein in eine Spitze ausgezogener Einhängekühler, der seitlich zur Verhinderung des Anklebens an die Glaswand einige Ausblasungen trägt. Die Spitze bewirkt ein Abtropfen des Wassers in sehr kleinen Tröpfchen, die sich leichter im Meßrohr zu Grunde bewegen als größere. Deshalb wird das Meßrohr auch zweckmäßig nicht enger als von 6—7 mm innerer Weite gewählt. Wenn viele Bestimmungen hintereinander auszuführen sind, empfiehlt sich die Anbringung eines Ablaßhähnchens[3]), so daß nach Ablassen des Wassers der Apparat für den nächsten Versuch ohne weiteres wieder bereit ist. Zur Reinigung wird der Apparat nach Normann bis zum Überlaufrohr mit Chromschwefelsäure gefüllt und eine Weile damit stehen gelassen. Darauf gießt man die Säure aus und spült mit verdünnter Schwefelsäure (1 + 3) aus. Dann füllt man das Meßrohr ohne es zu trocknen mit dem Lösungsmittel, läßt die Säurereste unten zusammenfließen, was sehr rasch beendet ist, und zieht den Stand der Säure nach Ablesen von der nach Beendigung des Versuches gemachten Ablesung ab. Den schrägen Teil des Dampfrohres umwickelt man während des Versuches mit Papier oder Watte als Wärmeschutz.

Zur Versuchsausführung wird eine abgewogene Menge des zu untersuchenden Stoffes in ein Kölbchen gebracht und je nach Stoffmenge mit 50—200 ccm Toluol übergossen und auf einem Drahtnetz, besser auf einem Aluminiumblech, zum anfangs geringen, dann sehr lebhaften Kochen gebracht, das man solange fortsetzt, bis man auch in längeren Zwischenräumen vom Kühler kein Wassertröpfchen mehr abfallen sieht. Sollte sich trotz sorgfältigen Reinigens doch einmal ein Wassertropfchen an die Glaswand hängen, so läßt es sich mit einer Federfahne leicht abstoßen. Bei Seifen fügt man zweckmäßig, um ein Schäumen und Anbacken zu verhindern, etwa die gleiche Menge Kolophonium hinzu, wodurch die Seife gelöst wird.

3. Bestimmung des Wassers durch Umsetzung von Calciumcarbid und Messung des gebildeten Acetylens. Auf das Verfahren, das weniger einfach ist als die genannten, sei verwiesen. Vgl. W. A. Jakowenko: Zeitschr. f. Untersuch. d. Nahrungs- u. Genußmittel Bd. 49, S. 360—370. 1925.

Bestimmung der Stickstoffverbindungen.

1. Bestimmung der Stickstoffsubstanz nach Kjeldahl[4]). Das Verfahren besteht in einer Überführung des vorhandenen Stickstoffes in Ammoniak durch Erhitzen mit konzentrierter Schwefelsäure, die gleichzeitig die vorhandenen Kohlenstoffverbindungen oxydiert, und in der nachfolgenden Titration des gebil-

---

[1]) Nach Versuchen von F. Gisiger werden jedoch mit Benzol in Hackfleisch, Haferflocken, Honig und Weichkäse erheblich zu niedrige Werte erhalten. Vgl. Mitt. a. d. Geb. d. Lebensmittelunters. u. Hyg. Bd. 17, S. 4—8. 1926.

[2]) Zu beziehen von Ströhlein & Co. in Düsseldorf.

[3]) Nach Liese: Chem.-Ztg. Bd. 47, S. 438. 1923. — Eine andere nach Art des Soxhletschen Extraktionsapparates gebaute Vorrichtung hat H. Kreis ersonnen, die von der glastechnischen Werkstätte E. Keller in Basel bezogen werden kann. Vgl. F. Gisiger: l. c. Auch Aufhäuser gibt einen ähnlich gebauten Apparat an, der von Emil Dittmar & Vierth, Hamburg, Spaldingstr. 160, bezogen werden kann. Vgl. Zeitschr. f. angew. Chem. Bd. 36, S. 197. 1923.

[4]) Zeitschr. f. analyt. Chem. Bd. 22, S. 366—382. 1883.

deten und abdestillierten Ammoniaks. Von den vielen Abänderungen und Verbesserungen des ursprünglichen Verfahrens ist folgende Ausführungsweise zu empfehlen:

Genau 2 g Substanz (mit höchstens 3,5% N- bzw. 21% Protein-Gehalt) werden in einem etwa 750 ccm fassenden Kolben aus Jenaer Glase mit 25 ccm reiner konzentrierter Schwefelsäure gleichmäßig gemischt, etwa 0,05 g Kupferoxyd[1]) zugesetzt und zunächst etwa eine Stunde erhitzt, bis eine gleichmäßige Lösung entstanden ist. Darauf setzt man 5—10 g Kaliumsulfat in 2 Anteilen hinzu und erhitzt weiter, bis die Farbe des Kolbeninhaltes rein grün geworden ist. Es empfiehlt sich, die Kochung, besonders zum Abbau vorhandener Fettsäuren, die bei der Destillation durch Schäumen leicht zu Störungen Veranlassung geben, auch dann noch 1—2 Stunden fortzusetzen. Alsdann läßt man erkalten und verdünnt mit 250 ccm Wasser. Nach dem abermaligen Erkalten unterschichtet man mit etwa 60—80 ccm 33 proz. N-freier Natronlauge, setzt etwa 10 g grobkörniges Bimssteinpulver hinzu[2]), verbindet mit dem Destillationsaufsatz und Kühler und beginnt nach Umschütteln vorsichtig mit der Destillation, wobei man das Destillat in einer Vorlage, bestehend aus 50 ccm einer etwa $^1/_{10}$N-Schwefelsäure[3]), auffängt. Das Ablaufrohr läßt man zunächst, bis etwa 100 ccm Destillat aufgefangen sind, in die Vorlage eintauchen und destilliert dann noch nach Tiefersetzen der Vorlage weiter. Wenn die Flüssigkeit anfängt zu stoßen, ist alles Ammoniak überdestilliert. Man spült das Ablaufrohr innen und außen ab und titriert mit $^1/_{10}$N-Natronlauge zurück. Der gefundene Wert, von der Vorlage (Ergebnis des Leerversuches) abgezogen, ausgedrückt in Kubikzentimetern $^1/_{10}$N-Lauge, ergibt nach Malnehmung mit 0,001401 die Stickstoffmenge in Gramm, nach Malnehmung mit 0,008755 die Menge Stickstoffsubstanz (N $\times$ 6,25) in Grammen. Als Indicatoren eignen sich nach eigener Erfahrung besonders Methylrot, Kongorot oder Methylorange.

Zur unmittelbaren **Ablesung des Prozentgehaltes an Stickstoff und Stickstoffsubstanz** (N $\times$ 6,25) bei Verwendung von 2 g (bzw. 5 g) Substanz und Titration mit $^1/_{10}$N-Lauge dienen die Tabellen auf Seite 330—332.

Ergänzende Bemerkungen:

Das **Abwägen** pulverförmiger Stoffe erfolgt zweckmäßig in einem Aluminiumschiffchen. Für sirupartige, breiige oder klebrige Stoffe verwendet man Schiffchen entweder aus Aluminium- oder Zinnfolie oder aus Pergamentpapier[4]), die besonders für diesen Zweck in den Verkehr gebracht werden. Von Flüssigkeiten, z. B. Milch, wiegt man 20 g (Wein 100 g) in den **Kjeldahlkolben**, setzt wenig verdünnte Schwefelsäure zu und verdampft die Hauptmenge des vorhandenen Wassers am besten durch Aufblasen[5]) eines warmen, aber ammoniakfreien (!) Luftstromes, z. B. mittels des Föhn-Apparates. Den Rückstand versetzt man dann mit 25 ccm Schwefelsäure und behandelt wie oben weiter.

---

[1]) Oder eine entsprechende Menge metallisches Kupfer (Kupferdraht) oder auch Kupfersulfat.

[2]) Zur Vermeidung eines Schäumens kann hier auch noch 1 ccm Amylalkohol zugesetzt werden.

[3]) Der Wirkungswert wird am besten in einem Leerversuch mit den genannten Reagenzien besonders ermittelt.

[4]) Zu beziehen von **Macherey, Nagel & Co.** oder **Schleicher & Co., Düren**, Rheinland.

[5]) Das in der amtlichen Vorschrift für Weinuntersuchung empfohlene Absaugen der Wasserdämpfe führt bei Anwesenheit von Ammoniakdämpfen in der Laboratoriumsluft zu fehlerhaften Ergebnissen.

Zu beachten ist hierbei, daß wegen der größeren Stoffmenge das nach der Tabelle S. 330—331 erhaltene Endergebnis durch 10 (bzw. 50) zu teilen ist. Süßwein und zuckerhaltige Weine müssen nach erfolgter Vergärung zusammen mit der gebildeten Hefe verarbeitet werden.

Bei schwieriger mischbaren Stoffen, wie z. B. bei Fleisch, Wurstwaren usw., empfiehlt es sich, statt 2 g von der frischen Substanz 5 g abzuwägen, mit 30 bis 50 ccm (je nach Fettgehalt) Schwefelsäure wie oben aufzuschließen und nach Auffangen des Ammoniaks in 50 ccm etwa $^1/_4$N-Schwefelsäure, den Säureüberschuß mit $^1/_4$N-Natronlauge zurückzumessen. Bei Verwendung von genau 5 g Fleisch und $^1/_4$N-Natronlauge ist die auf 2 g Stoff und $^1/_{10}$N-Natronlauge bezogene Tabelle (S. 331) ebenfalls verwendbar.

Zur Aufschließung der Substanz dient als Katalysator statt Kupferoxyd auch vielfach etwa 1 g Quecksilber (1 Tropfen), das dann aber bei der Destillation des Ammoniaks durch Zusatz von 25 ccm Schwefelkaliumlösung (40 g/l) zu der Natronlauge wieder auszufällen ist.

Über die Ausführung des Kjeldahlschen Verfahrens bei Gegenwart von Nitraten, Nitriten, Nitro-, Nitroso-, Azo-, Diazo-, Hydrazin-, Cyan- und anderen zersetzlichen N-Verbindungen in größeren Mengen, vgl. J. König, Chemie der menschlichen Nahrungs- und Genußmittel Bd. III, 1. Teil, S. 245.

Zur Berechnung der Stickstoffsubstanz dient im allgemeinen der Faktor 6,25, in einzelnen Fällen ein anderer, so für Milchprotein der Faktor 6,37.

Mikrostickstoffbestimmung. Das von Ivar Bang[1]) angegebene Verfahren wurde von H. Lührig[2]) nachgeprüft und empfohlen. Zu seiner Ausführung benötigt man nur 0,1 g Substanz oder weniger. Zur Titration verwendet man an Stelle des acidimetrischen besser das jodometrische Verfahren unter Verwendung von $^1/_{100}$ oder $^1/_{200}$N-Säure. — Das Verfahren ist aber nur anwendbar, wenn es sich um völlig gleichmäßige Stoffe, z. B. Lösungen, handelt.

2. Bestimmung des Reinproteins. F. Barnstein[3]) hat das zuerst von Ritthausen für die Bestimmung der Milchproteine vorgeschlagene Verfahren auch auf andere Stoffe ausgedehnt und verfährt z. B. wie folgt:

2 g der zu untersuchenden, durch 1 mm-Sieb gebrachten Substanz werden in einem Becherglase (praktischer wohl in dem Kjeldahlkolben selbst!) mit 50 ccm Wasser aufgekocht, bei stärkehaltigen Stoffen 10 Minuten im Wasserbade erhitzt; sodann setzt man 25 ccm Kupfersulfatlösung (60 g kryst. Salz im Liter), darauf unter Umrühren 25 ccm Natronlauge (2,5 g NaOH im Liter) hinzu. Nach dem Absitzen wird die überstehende Flüssigkeit durch ein Filter abgegossen, der Niederschlag wiederholt mit Wasser ausgezogen, dekantiert, schließlich auf das Filter gebracht und mit warmem Wasser so lange ausgewaschen, bis das Filtrat mit Ferrocyankalium- oder Chlorbariumlösung keine Reaktion mehr gibt. Sodann wird der Stickstoffgehalt des Filterinhaltes nach Kjeldahl (S. 6) bestimmt und aus dem erhaltenen Titrationswerte die entsprechende Menge Stickstoffsubstanz aus der Tabelle (S. 331) entnommen. — Bei fettreichen Stoffen empfiehlt es sich, das Filter zu trocknen, dann einmal mit Petroäther zu übergießen, diesen ablaufen zu lassen und das Filter abermals zu trocknen. Auf diese Weise wird der größte Teil des Fettes entfernt und die Aufschließung nach Kjeldahl dadurch erheblich erleichtert.

3. Bestimmung der leimgebenden Substanz nach A. Striegel[4]). 2,5—5 g der genügend zerkleinerten Substanz werden im 500 ccm Kolben mit etwa

---

[1]) Verlag J. E. Bergmann, Wiesbaden 1916, 1920.

[2]) Pharm. Zentralh, Bd. 62, S. 437—444. 1921.

[3]) Landwirtschaftl. Versuchs-Stat. Bd. 54, S. 327. 1900.

[4]) Chem.-Ztg. Bd. 41, S. 313. 1917. — Vgl. auch O. Lüning und St. Gerö: Zeitschr. f. Untersuch. d. Nahrungs- u. Genußmittel Bd. 49, S. 179—181. 1925.

200 ccm Wasser 4—5 Stunden lang am Rückflußkühler gekocht. Dann wird 1 g Weinsäure hinzugesetzt und noch ungefähr 30 Minuten lang weiter gekocht. Die Mischung wird mittels Natronlauge so weit neutralisiert, daß nur noch eine ganz schwach saure Reaktion bestehen bleibt. Dann werden 10—20 ccm einer gesättigten Zinksulfatlösung hinzugesetzt, nach einiger Zeit mit Wasser auf 500 ccm aufgefüllt und filtriert. In 100 ccm des Filtrates wird der Stickstoffgehalt nach Kjeldahl (S. 6) bestimmt und daraus, mal 6,25, die leimgebende Substanz berechnet.

Für die Bestimmung von gelöstem Leimstickstoff z. B. in Fleischextrakt empfiehlt sich folgende Arbeitsweise von K. Beck und W. Schneider[1]):

4. Bestimmung des Leimstickstoffes in Fleischextrakten. 50 ccm einer wässerigen Lösung, die ungefähr 10% wasserfreies Extrakt enthält, wird auf 250 ccm verdünnt und nach Striegel (vgl. unter 3) zunächst unter Ersatz des verdampfenden Wassers 4—5 Stunden, dann noch $^1/_2$ Stunde nach Zusatz von 2,5 g Weinsäure, entsprechend einer 1proz. Weinsäurelösung, gekocht und darauf erkalten gelassen. Hierdurch wird das etwa noch vorhandene Glutin in Glutose übergeführt. Von etwa ausgefallenem koagulierbarem Protein wird abfiltriert.

Nach dem Neutralisieren durch Natronlauge werden nun 25 ccm bei Zimmertemperatur gesättigte Zinksulfatlösung hinzugefügt, worauf die Lösung mit Wasser auf 300 ccm aufgefüllt wird. Entsteht eine Fällung, so läßt man absetzen und filtriert vom Niederschlage (Albumosen und Proteosen) ab. Das Filtrat wird sodann zwecks Fällung der Glutose mit 25 ccm einer Tanninlösung, die durch Auflösen von 7 g Tannin in 100 Teilen Wasser und 3 Teilen Essigsäure hergestellt ist, versetzt. Das Tannin ist auf Stickstofffreiheit zu prüfen. Hierauf wartet man solange, bis der Niederschlag sich klar abgesetzt hat, filtriert ab, wäscht mit Wasser aus und bestimmt in dem Niederschlage den Stickstoffgehalt nach Kjeldahl (S. 6). — Der Stickstoffgehalt der ersten Fällung, sowie eines bestimmten Teiles des auf 500 ccm gebrachten Filtrates der Tanninfällung wird, wenn erwünscht, ebenfalls nach Kjeldahl bestimmt.

Ein anderes Verfahren zur Bestimmung des Leimes in Fleischextrakt, Fleischsaft oder Proteosen haben J. König, W. Greifenhagen und A. Scholl[2]) angegeben. Es beruht darauf, daß man Proteosen und Leim durch Sättigen mit Zinksulfat ausfällt und die wieder durch Wasser in Lösung gebrachte Ausfällung auf ihr Verhalten gegenüber Quecksilberchloridlösung, alkoholischer Quecksilberjodidlösung oder einer Lösung von Quecksilberjodid in Aceton prüft. Das Verfahren kann zur Bestätigung der nach Striegel erhaltenen Werte dienen; es liefert jedoch nach Angabe der Bearbeiter nur annähernde Werte. Bezüglich der Einzelheiten der Versuchsanstellung sei auf die Quelle verwiesen.

5. Bestimmung der verdaulichen Stickstoffsubstanz nach Wedemeyer[3]). 2 g Substanz werden in einem Becherglase mit 490 ccm einer klaren Lösung übergossen, die 1 g Pepsin[4]) und 10 ccm 25proz. Salzsäure enthält. Das Becher-

---

[1]) Zeitschr. f. Untersuch. d. Nahrungs- u. Genußmittel Bd. 45, S. 317—336. 1923.

[2]) Zeitschr. f. Untersuch. d. Nahrungs- u. Genußmittel Bd. 22, S. 723—727. 1911.

[3]) Landwirtschaftl. Versuchs-Stat. Bd. 51, S. 383. 1899; vgl. auch B. Sjollema: Zeitschr. f. Untersuch. d. Nahrungs- u. Genußmittel Bd. 2, S. 413. 1899.

[4]) Prüfung auf Wirksamkeit nach dem Deutschen Arzneibuche, 6. Ausgabe: „Von einem Hühnerei, das 10 Minuten lang in kochendem Wasser gelegen hat, wird nach dem sofortigen Abkühlen in kaltem Wasser das Eiweiß durch ein zur Bereitung von grobem Pulver bestimmtes Sieb gerieben. 10 g dieses zerkleinerten Eiweißes werden in

glas wird mit einer Glasplatte bedeckt und der Inhalt bei 37—40° 48 Stunden unter häufigem Umrühren digeriert. Nach 24stündiger Einwirkung werden nochmals 10 ccm 25proz. Salzsäure zugesetzt. Nach Beendigung der Verdauung filtriert man das Unlöslichgebliebene ab, wäscht mit warmem Wasser bis zum Verschwinden der Chlorreaktion aus und bestimmt im Unlöslichgebliebenen die Stickstoffsubstanz nach S. 6. Der erhaltene Wert, von der Gesamtstickstoffsubstanz abgezogen, ergibt die Menge der verdaulichen Stickstoffsubstanz.

6. Nachweis und Bestimmung des Ammoniaks. a) Der q u a l i t a t i v e Nachweis des Ammoniaks erfolgt in wässeriger Lösung durch Zusatz von Neßlers Reagens (alkalischer Quecksilberjodidlösung)[1]), wobei eine gelbe Lösung oder bei größeren Ammoniakmengen ein rötlichbrauner Niederschlag von Dimercuriammoniumjodid ($JNHg_2 \cdot H_2O$) entsteht. Bei Gegenwart alkalischer Erden setzt man nach L. W. Winkler[2]) zu 100 ccm vorher 2—3 ccm (ammoniakfreie!) gesättigte Seignettesalzlösung.

b) Die q u a n t i t a t i v e B e s t i m m u n g wird bei Abwesenheit von organischen, ammoniakabspaltenden Verbindungen durch Destillation mit frischgebrannter Magnesia unter gewöhnlichem Druck in der bei der Stickstoffbestimmung nach K j e l d a h l gebräuchlichen Vorrichtung vorgenommen.

|Sind organische, in der Wärme a m m o n i a k a b g e b e n d e S t o f f e vorhanden, so destilliert man entweder bei gewöhnlicher Temperatur u n t e r v e r m i n d e r t e m D r u c k[3]) oder man fällt, wie zuerst B a y e r[4]) angegeben hat, das Ammoniak als Ammoniummagnesiumphosphat aus und unterwirft dieses der Destillation mit Magnesia. Nach J. Tillmans, A. Splittgerber und H. Riffart[5]) verfährt man z. B. bei Milchserum wie folgt: 240 ccm des Bleiphosphatserums werden in einem breiten Becherglase mit Phenolphthaleinlösung, 15 bis 20 ccm 10proz. Magnesiumchloridlösung und 5 g pulverisiertem Natriumphosphat versetzt und mittels Rührwerkes bis zur Lösung des Phosphates gerührt. Unter Fortsetzen des Rührens fügt man dann Natronlauge hinzu, bis eine bleibende geringe Rosafärbung eingetreten ist. Der gebildete gelatinös-amorphe Niederschlag geht nach etwa $^1/_4$ Stunde in einen krystallinischen über, während die Rosafärbung verschwindet. Es ist notwendig, diesen Zeitpunkt genau abzupassen, da hiervon die Filtrierfähigkeit des Niederschlages abhängt. Man setzt darauf weiter tropfenweise Natronlauge hinzu, bis die Rosafärbung bestehen bleibt und rührt zum Schlusse noch $^1/_4$ Stunde lang. Ein Laugenüberschuß kann gegebenenfalls mit Salzsäure wieder vorsichtig abgestumpft werden. Das Rühren dauert im ganzen etwa 30—40 Minuten. Hierauf filtriert man den Niederschlag durch ein gewöhn-

---

100 ccm Wasser von 50° und 0,5 ccm Salzsäure gleichmäßig zerteilt; der Mischung wird 0,1 g Pepsin hinzugefügt. Läßt man diese Mischung alle Viertelstunden umschwenkend 3 Stunden lang bei 45° stehen, so muß das Eiweiß bis auf wenige weißgelbliche Häutchen gelöst sein."

[1]) Eine Vorschrift für Neßlers Reagens ohne Kaliumjodid gibt L. W. Winkler (Zeitschr. f. Untersuch. d. Nahrungs- u. Genußmittel Bd. 49, S. 163—165. 1925) wie folgt an: Man löst 1,0 g Mercurijodid, 5,0 g Kaliumbromid und 2,5 g Natriumhydroxyd in 25 ccm Wasser von etwa 10° Härte und läßt den entstehenden Niederschlag sich absetzen. — Zur Darstellung des s e i g n e t t e s a l z h a l t i g e n Reagenzes löst man 100 g Seignettesalz in 200 ccm Wasser, filtriert, kocht nach Zusatz von 1,0 g Natriumhydroxyd 10 Minuten, kühlt ab und bringt auf 250 ccm. Nach Erkalten schüttelt man mit 0,2 g Mercurijodid und zieht am anderen Tage die klare Flüssigkeit ab.

[2]) Chem.-Ztg. Bd. 23, S. 454. 1899.

[3]) Vgl. J. König: Chemie der menschlichen Nahrungs- und Genußmittel Bd. III, 1. Teil, S. 261.

[4]) Chem.-Ztg. Bd. 27, S. 809. 1903.

[5]) Zeitschr. f. Untersuch. d. Nahrungs- u. Genußmittel Bd. 27, S. 65. 1914.

liches Filter, wäscht zunächst mit dem Filtrat, dann noch zweimal mit Wasser nach und gibt Niederschlag und Filter in einen Destillationskolben. Unter Zusatz von Magnesia und etwas Bimsstein wird dann in verdünnte etwa $^1/_{10}$N-Schwefelsäure destilliert und der Säureüberschuß mit $^1/_{10}$N-Lauge zurücktitriert.

Merkwürdigerweise lieferte das Verfahren bei erhitzt gewesener Milch unrichtige Ergebnisse[1]), so daß also für solche nur ein Übertreiben im Luftstrome (vgl. unter 7) oder die Vakuumdestillation in Frage kommen.

Sehr kleine Ammoniakmengen bestimmt man zweckmäßig colorimetrisch mit Neßlerschem Reagens[2]) (vgl. bei Trinkwasser, S. 312).

7. Bestimmung des Ammoniak-Stickstoffes und Aminosäuren-Stickstoffes nach L. Grünhut[3]). Zu der Bestimmung sind erforderlich:

1. Ein Titriercoloriskop nach Lüers-Adler[4]).
2. Phenolphthaleinlösung. 0,5 g in 1 l 50proz. neutralem Alkohol.
3. Neutralrotlösung. 0,2 g Neutralrot extra (Kahlbaum) in 1 l 50proz. neutralem Alkohol[5]).

Ausführung:

Von Suppenwürfeln und flüssigen Suppenwürzen werden 4—5 g, von pastenartigen Würzen 2—2,5 g, von anderen Stoffen je nach zu erwartendem Aminosäuregehalte entsprechende Mengen abgewogen und in etwa 10 ccm warmem Wasser gelöst. Bei fetthaltigen Erzeugnissen wird die Lösung durch ein kleines Glaswollefilter filtriert, das dann ausreichend nachzuwaschen ist. Die Lösung bringt man in eine Drechsel-Waschflasche von etwa 20 cm Höhe und 5 cm lichter Weite. Man gibt nach völligem Erkalten 1 g krystallisiertes Bariumchlorid hinzu, löst dasselbe unter Umherschwenken auf und fügt solange kaltgesättigte Bariumhydroxydlösung hinzu, bis ein eingeworfenes kleines Stückchen rotes Lackmuspapier deutlich blaugefärbt ist. Dann werden noch 10 ccm kaltgesättigte Bariumhydroxydlösung zugesetzt; die Flüssigkeit wird mit destilliertem Wasser auf etwa 60 ccm ergänzt, worauf weiter noch 15 ccm Äthylalkohol zugegeben werden.

Bestimmung des Ammoniak-Stickstoffes: An das Abführungsrohr der Drechsel-Waschflasche (vgl. Abb. 2), in das man einen Wattebausch geschoben hat, schließt man eine Vorlage c zur Ammoniakbestimmung nach Folin[6]) (vgl. Abb. 3) an, die mit 25 ccm $^1/_{10}$ N-Schwefelsäure und — erforderlichenfalls — noch mit soviel Wasser beschickt ist, daß die Flüssigkeit etwa 15 mm über dem oberen Ansatze der konzentrischen Umfassung des Rohrendes steht. Durch diese Vorrichtung wird mittels der Wasserstrahlpumpe d ein sehr schneller Strom Luft hindurchgesaugt, die durch Vorschalten eines Natronkalkturmes a und nötigenfalls — d. h. bei ammoniakhaltiger Laboratoriumsluft — einer Wasserflasche mit verdünnter Schwefelsäure von Kohlen-

---

[1]) Tillmans, Splittgerber und Riffart: l. c. S. 68.

[2]) Hier eignet sich am besten ein aus 2,5 g Kaliumjodid, 3,5 g Mercurijodid und 3 g Wasser mit nachfolgendem Zusatze von 100 g 15proz. Kalilauge hergestelltes und durch Stehen geklärtes Reagens.

[3]) Zeitschr. f. Untersuch. d. Nahrungs- u. Genußmittel Bd. 37, S. 304—323. 1919.

[4]) Zu beziehen von F. Hellige & Co., Freiburg i. Br.

[5]) Die Lösung ist in einer braunen Flasche monatelang haltbar.

[6]) Zu beziehen von Johannes Greiner in München, Mathildenstr. 12, als „Vorlage zur Ammoniakbestimmung nach Folin".

dioxyd und Ammoniak befreit ist[1]). Die Drechsel-Waschflasche mit der zu untersuchenden Lösung steht in einem auf 25° geheizten Wasserbade. Nach dreistündigem Durchsaugen ist alles Ammoniak in die Vorlage übergeführt; man nimmt die Apparatezusammenstellung auseinander und titriert den Inhalt

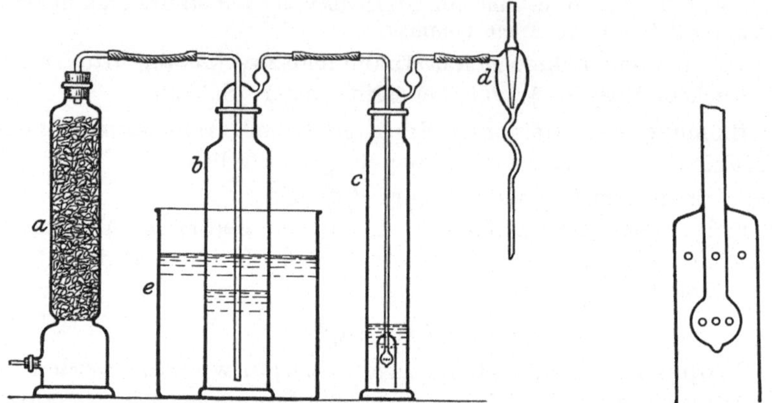

Abb. 2. Ammoniakbestimmung durch Ausblasen. Abb. 3. Waschflasche nach Folin.

der Vorlage mit $^1/_{10}$ N-Natronlauge unter Verwendung von Methylorange als Endanzeiger zurück.

Bestimmung des Aminosäuren-Stickstoffs: Den Inhalt der Drechsel-Waschflasche bringt man nach dem Erkalten quantitativ in einen 100 ccm-Meßkolben, füllt ihn darin mit ausgekochtem destillerten Wasser zur Marke auf und filtriert. Von dem Filtrate bringt man je 20 ccm in zwei von den dem Titriercoloriskop beigegebenen Gläsern c. Der Inhalt des einen dieser Gläser, das in

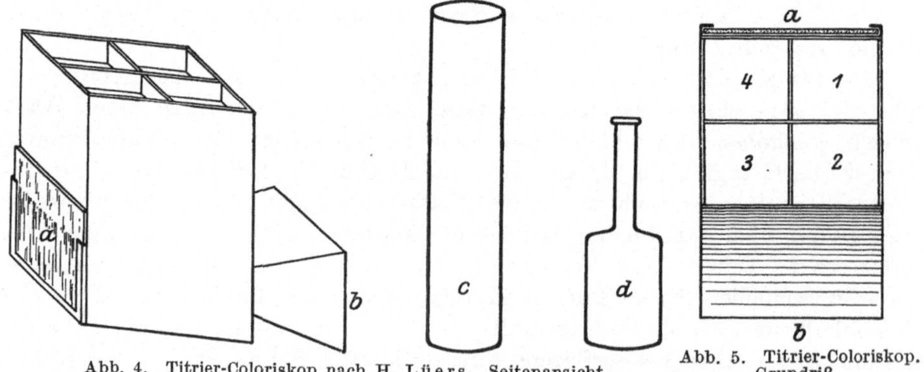

Abb. 4. Titrier-Coloriskop nach H. Lüers. Seitenansicht. Abb. 5. Titrier-Coloriskop. Grundriß.

der Folge mit A bezeichnet wird, dient zum Titrieren, der Inhalt des anderen, in der Folge mit B bezeichneten, dient als Hilfsmittel bei der Farbenvergleichung. Man gibt zu A 2 ccm von der vorgeschriebenen Neutralrotlösung hinzu und versetzt tropfenweise mit N-Salzsäure, bis ein Farbumschlag kenntlich zu werden beginnt. Die gleiche Tropfenzahl und außerdem einen geringen Über-

---

[1]) Es empfiehlt sich, zur Einübung und Feststellung des erforderlichen Luftstromes ein Versuch mit 10 ccm $^1/_{10}$ N-Ammoniumsalzlösung.

schuß gibt man in Glas *B*. Jetzt setzt man in den in Abb. 5 mit *1* bezeichneten Raum des Coloriskops das ihm beigegebene zugeschmolzene Gläschen mit dem Farbton für Neutralrot, in Raum *2* das Glas *B* , in Raum *3* das Glas *A* und in Raum *4* ein Glas mit destilliertem Wasser. Man fügt dann aus einer Bürette tropfenweise $^1/_{10}$ N-Salzsäure zu Glas *A* unter Umrühren mit dem dem Apparate beigegebenen Rührer hinzu, bis beim Hindurchsehen links und rechts im Coloriskop der gleiche Farbton erreicht ist. Bei etwaigem Übertitrieren kann man mit $^1/_{10}$ N-Natronlauge zurücktitrieren. Die so gegen Neutralrot neutralisierte Flüssigkeit im Glase *A* ist jetzt zur Formoltitrierung bereit.

Man gibt in Glas *B* 2 ccm Neutralrotlösung hinzu und außerdem tropfenweise so viel $^1/_{10}$ N-Natronlauge, daß die Flüssigkeit deutlich gelb gefärbt ist. Ferner vertauscht man in Raum *1* das Gläschen mit dem Neutralrotfarbenton gegen dasjenige mit dem dunkelroten Phenolphthaleinfarbton. Nunmehr nimmt man das Glas *A* aus dem Coloriskop heraus, gibt 10 ccm einer mit 10 Raumprozent der 0,05proz. Phenolphthaleinlösung versetzten 40proz. Formollösung, die man unmittelbar zuvor mittels $^1/_{10}$ N-Natronlauge auf Blaßrosa ausneutralisiert hat, und außerdem 2 ccm Phenolphthaleinlösung hinzu. Man titriert nun — unbeschadet einer zunächst sich bisweilen zeigenden, durch das Neutralrot bedingten Rotfärbung, die später wieder einer Gelbfärbung Platz macht — mittels $^1/_{10}$ N-Natronlauge bis zum eben auftretenden Phenolphthaleinumschlage. Jetzt fügt man in Glas *B* soviel Wasser hinzu, daß die darin enthaltene Flüssigkeit die gleiche Raummenge einnimmt wie die zuletzt in Glas *A* erreichte. Man stellt darauf die Gläser *A* und *B* wieder in die Räume *3* bzw. *2* des Coloriskops ein und titriert unter Umrühren in *A* mit $^1/_{10}$ N-Natronlauge zu Ende, bis durch das Coloriskop Farbengleichheit erkannt wird.

In einem blinden Versuche werden in einem neuen Titrierglase 10 ccm der verwendeten, phenolphthaleinhaltigen neutralisierten Formollösung mit soviel ausgekochtem Wasser, daß die Raummenge der zuletzt in *A* vorhandenen gleicht, und ferner mit 2 ccm Phenolphthaleinlösung (2) versetzt. Man stellt dieses Glas in den Raum *4*, das Fläschchen mit dem Farbton „Phenolphthaleindunkelrot" in den Raum *1* des Coloriskops und titriert den Inhalt des Glases mit $^1/_{10}$ N-Natronlauge bis auf Farbengleichheit.

Der Laugeverbrauch des blinden Versuches ist von demjenigen für Glas *A* im Hauptversuche abzuziehen; die Differenz entspricht dem Aminosäuren-Stickstoff in den zur Analyse verwendeten 20 ccm, d. h. dem fünften Teile der eingewogenen Substanz.

Es sollen bei der Titrierung höchstens 12—15 ccm $^1/_{10}$ N-Natronlauge für Aminosäuren-Stickstoff verbraucht werden. Ist diese Menge überschritten, so wiederholt man den Versuch am besten mit einer entsprechend kleineren Menge des vom Ammoniak befreiten Filtrates.

8. Nachweis und Bestimmung der Salpetersäure. Zum Nachweise der Salpetersäure bzw. von Nitraten dient nach J. Tillmans[1] in der Regel die Reaktion mit Diphenylamin-Schwefelsäure, indem man 2 ccm des Reagenzes[2] mit 0,5 ccm der zu untersuchenden (chloridhaltigen) Flüssigkeit

---

[1] Zeitschr. f. Untersuch. d. Nahrungs- u. Genußmittel Bd. 20, S. 676—707. 1910.

[2] Herstellung der Diphenylaminschwefelsäure: 0,085 g Diphenylamin werden in einem 500 ccm-Meßkolben mit 142 ccm Wasser übergossen und dann vorsichtig unter

mischt, abkühlt und stehen läßt, worauf bei Gegenwart von Nitraten deutliche, im Laufe einer Stunde zunehmende Blaufärbung eintritt. Zu beachten ist, daß auch andere Oxydationsmittel, im besonderen salpetrige Säure, Chromsäure, Wasserstoffsuperoxyd usw., eine gleiche oder ähnliche Reaktion liefern.

Über den Nachweis der Salpetersäure mit Brucin vgl. J. König: Chemie der menschl. Nahrungs- und Genußmittel Bd. III, 1. Teil, S. 246.

Die quantitative Bestimmung der Salpetersäure wird zweckmäßig entweder bei Abwesenheit störender organischer Stickstoffverbindungen durch Reduktion der Salpetersäure zu Ammoniak, sei es in alkalischer oder saurer Lösung oder gewichtsanalytisch nach dem Nitronverfahren ausgeführt.

a) Reduktion in alkalischer Lösung nach Devarda[1]). Man dampft die salpeterhaltige Lösung mit nicht mehr als 0,1 g Salpeterstickstoff auf 30 bis 50 ccm ein, filtriert, wäscht aus und bringt das etwa 100 ccm betragende Filtrat in einen Kjeldahlkolben. Dazu setzt man 5 ccm Alkohol, 50 ccm ammoniakfreie Natronlauge (Dichte 1,3) und 2,0—2,5 g einer gepulverten Legierung aus 45 Teilen Aluminium, 50 Teilen Kupfer und 5 Teilen Zink. Dann verbindet man den Kolben durch einen Destillationsaufsatz mit dem Kühler und läßt dessen Mündung wie bei der Stickstoffbestimmung nach Kjeldahl in eine vorgelegte Menge (je nach zu erwartender Salpetersäuremenge) von $^1/_{10}$ N-Schwefelsäure eintauchen. Darauf erwärmt man zunächst mit sehr kleiner Flamme, bis die stürmische Wasserstoffentwicklung vorüber ist und destilliert sodann 100 ccm des Gemisches ab.

Durch Rücktitration des Säureüberschusses mit $^1/_{10}$ N-Natronlauge findet man die gebundene Menge Ammoniak bzw. die entsprechende Menge Salpetersäure.

In Anlehnung an ein von Allen[2]) angegebenes Verfahren bestimmt J. Straub[3]) die Nitrate einfacher wie folgt:

Die neutrale Flüssigkeit, die etwa 1 Milliäquivalent Nitrat enthält, wird nach Zusatz von 1 g Magnesiumoxyd, 3 g Devardascher Legierung und 200 ccm Wasser destilliert, das übergehende Ammoniak in üblicher Weise aufgefangen und titriert. Die Reduktion verläuft so nach Straub rasch und quantitativ.

Je 1 ccm $^1/_{10}$ N-Lauge entspricht 6,20 mg NO_3' oder 5,40 mg N_2O_5 oder 10,11 mg KNO_3.

b) Reduktion in schwefelsaurer Lösung nach K. Ulsch[4]). In einem Kjeldahlkolben bringt man 25 ccm der wässerigen Nitratlösung mit höchstens 0,5 g Kaliumnitrat, setzt 10 ccm verdünnte Schwefelsäure (erhalten durch Mischen von 1 Raumteil konzentrierter Schwefelsäure mit 2 Raumteilen Wasser) und ferner 5 g des käuflichen Ferrum hydrogenio reductum hinzu, verschließt

---

Umschwenken konzentrierte Schwefelsäure zugesetzt, wobei sich die Flüssigkeit erhitzt, das Diphenylamin schmilzt und sich in der Säure löst. Man läßt alsdann erkalten und füllt schließlich unter Mischen mit konzentrierter Schwefelsäure bis zur Marke auf. Das gut durchgemischte Reagens entspricht in seiner Zusammensetzung dem von J. Tillmans (Zeitschr. f. Untersuch. d. Nahrungs- u. Genußmittel Bd. 20, S. 676. 1910) angegebenen und hält sich unbegrenzt. — Wichtig ist, daß alle verwendeten Geräte und Chemikalien völlig rein und frei von Nitraten sein müssen, andernfalls sich das Reagens blau färbt. Geringe Spuren von Nitraten in der käuflichen Schwefelsäure beseitigt man am einfachsten durch mehrtägiges Erhitzen der Säure, bis eine Probe mit Diphenylamin keine Blaufärbung mehr ergibt.

[1]) Chem.-Ztg. Bd. 17, S. 1952. 1893.
[2]) Journ. of ind. eng. chem. 1916.   [3]) Chem. Weekbl. Bd. 23, S. 143. 1926.
[4]) Chem. Zentralbl. 1890, II, S. 926.

mit einer Glasbirne und unterhält mit sehr kleiner Flamme, die man mit abnehmender Reaktionsstärke allmählich vergrößert, eine lebhafte, aber nicht zu stürmische Gasentwicklung, so daß der Inhalt nach etwa 4 Minuten zu sieden beginnt. Nachdem man etwa eine halbe Minute im Sieden erhalten hat, ist die Reduktion beendet. Man verdünnt mit 50 ccm Wasser, übersättigt mit 20 ccm Natronlauge und fängt das gebildete Ammoniak durch Destillation in $^1/_{10}$ N-Schwefelsäure auf. Die Berechnung erfolgt wie bei a).

c) Gewichtsanalytische Bestimmung der Salpetersäure nach dem Nitronverfahren von M. Busch[1]). Das Verfahren beruht auf der Schwerlöslichkeit des Nitronnitrates $C_{20}H_{16}N_4 \cdot HNO_3$ in kalter wässeriger Lösung. Es ist also auch bei Gegenwart anderer Stickstoffverbindungen ausführbar. Man verfährt am besten wie folgt: Man löst eine etwa 0,1—0,15 g Kaliumnitrat entsprechende Menge des Stoffes in 80 ccm Wasser. Flüssigkeiten dampft man etwa auf diese Konzentration ein. Dann erhitzt man nach Zugabe von 0,5 ccm verdünnter Schwefelsäure bis zum beginnenden Sieden, entfernt die Flamme und fügt zu der heißen Lösung 12—15 ccm einer 10proz. Lösung von Nitron (Diphenylenanilodihydrotriazol)[2]) in 5proz. Essigsäure hinzu, rührt mit einem kurzen Glasstabe um und überläßt dann das Ganze sich selbst, worauf sofort oder nach kurzer Zeit die Abscheidung des Nitronnitrates in dünnen, seidenartigen Nadeln beginnt. Nach Abkühlung auf Zimmertemperatur stellt man das Becherglas in Eiswasser und saugt nach 1—1$^1/_2$ Stunden zunächst unter Dekantieren durch einen Goochtiegel. Zum Auswaschen verwendet man 10 bis 12 ccm Wasser in Anteilen von je 1 ccm. Nach Entfernung der letzten Spuren des Waschwassers durch scharfes Ansaugen wird der Tiegel bei 105—110° bis zur Gewichtsbeständigkeit (etwa 45 Minuten) getrocknet. Durch Malnehmung des Nitronnitrates mit 0,1653 erhält man die vorhandene Menge NO_3', mit 0,1439 die Menge N_2O_5, mit 0,2695 die Menge KNO_3.

Das Verfahren eignet sich nach Busch (l. c.), nach G. Paul und G. Mertens[3]) und Gutbier[4]) besonders zur Salpeterbestimmung in Wasser und in Fleischwaren. Störend wirken HBr, HJ, H_2CrO_4, $HClO_3$, HCNS, Ferrocyanwasserstoffsäure, Ferricyanwasserstoffsäure und Pikrinsäure, die gegebenenfalls vorher zu entfernen sind. Zur Bestimmung von Nitrat und Nitrit nebeneinander empfiehlt Busch[5]) in einem Teile der Lösung das Nitrit mit Permanganat zu titrieren, in einem anderen Teile mit Wasserstoffsuperoxyd zu oxydieren und dann gleichzeitig mit dem Nitrate durch Nitron zu fällen.

Über den Nachweis und die Bestimmung von Nitraten vgl. auch S. 167 (Milch), S. 304 (in Wein), S. 313 (in Trinkwasser).

Kleine Mengen von Nitraten werden zweckmäßig colorimetrisch nach der bei Wein (S. 304) angegebenen Vorschrift bestimmt.

---

[1]) Zeitschr. f. Untersuch. d. Nahrungs- u. Genußmittel Bd. 9, S. 468. 1905.

[2]) Zu beziehen von E. Merck, Darmstadt. — Man kann auch das schwerer lösliche (1 : 40), aber besser haltbare Nitronsulfat verwenden, von dem man für jeden Versuch 1,5 g in warmem Wasser auflöst.

[3]) Zeitschr. f. Untersuch. d. Nahrungs- u. Genußmittel Bd. 12, S. 410. 1906.

[4]) Zeitschr. f. angew. Chem. Bd. 18, S. 494. 1905.

[5]) Bull. de l'assoc. chim. pucz. et distill. Bd. 21, S. 602. 1903/04; Zeitschr. f. Untersuch. d. Nahrungs- u. Genußmittel Bd. 8, S. 359. 1904.

Bestimmung des Fettgehaltes.

1. Bestimmung des Ätherauszuges nach Fr. Soxhlet. 10 g der nötigenfalls gemahlenen oder gut gepulverten Substanz werden in eine unten geschlossene Hülse aus Fließpapier gebracht, mit entfetteter Baumwolle bedeckt und letztere fest angedrückt. Die mit der Substanz beschickte Hülse wird 2—3 Stunden bei 95—100° getrocknet, dann in einen Extraktionsapparat[1]) gebracht und bis zur Erschöpfung (4—6 Stunden) mit wasserfreiem Äther ausgezogen. Alsdann wird der Äther von der ätherischen Fettlösung abdestilliert, der Fettrückstand im Kölbchen 1 Stunde lang im Wasserdampftrockenschranke getrocknet und nach dem Abkühlen des Kölbchens im Exsiccator zur Wägung gebracht. Das Verfahren bietet besonders dann Vorteile, wenn der entfettete Rückstand ebenfalls näher untersucht werden soll. Über die näheren Einzelheiten und die einzelnen Geräte vgl. die Beschreibung von A. Bömer in König: Chemie der menschl. Nahrungs- und Genußmittel Bd. III, 1. Teil, S. 342—346.

2. Fettbestimmung mit Trichloräthylen nach eigenen Versuchen[2]). Das Verfahren beruht darauf, daß eine abgewogene Substanzmenge (10 g) mit genau 100 ccm Trichloräthylen behandelt und in einem bestimmten Teile (25 ccm) der entstehenden Fettlösung (100 ccm + Fettvolumen) der Abdampfrückstand ermittelt wird. Aus diesem und dem spezifischen Gewichte des flüssig gedachten Fettes wird sodann aus einer Tabelle die Menge des vorhandenen Gesamtfettes abgelesen.

Ausführung des Verfahrens:

a) Bei pulverförmigen Stoffen:

10 g des möglichst feingepulverten, lufttrockenen[3]) Stoffes werden in einem Rundkolben von etwa 300 ccm Inhalt mit genau 100 ccm[4]) Trichloräthylen von Zimmertemperatur mit dichtschließend aufgesetztem, gut wirkenden Rückflußkühler[5]) verbunden und 5—10 Minuten lang lebhaft gekocht[6]). Darauf läßt man, gegebenenfalls durch Eintauchen des mit dem Kühler verbundenen Kölbchens in Wasser, zur Beschleunigung der Abkühlung auf Zimmertemperatur erkalten, nimmt den Kühler ab und bringt an seine Stelle die nebenstehend abge-

---

[1]) Um Verluste an Extraktionsmitteln, besonders an Äther, möglichst auszuschließen, empfiehlt es sich, den als Abschluß des Extraktionsraumes dienenden, mit dem Kühler verbundenen Korkstopfen besonders an der oberen und unteren Seite mit auf dem Wasserbade geschmolzenem Zinkleim (zu beziehen von E. Merck, Darmstadt) zu überstreichen, wodurch die Korkporen abgedichtet werden; die Seitenwände des Korken sind jedoch nur ganz dünn damit zu überziehen. Als Abschluß gegen Feuchtigkeitseinflüsse kann man ferner den oberen, nicht in den Extraktionsraum hineinragenden Teil des Korkstopfens mit einer dicken Lösung von Celluloid in Aceton überziehen.

[2]) Vgl. Zeitschr. f. Untersuch. d. Nahrungs- u. Genußmittel Bd. 49, S. 287. 1925 und Tabelle und Anleitung zur Ermittlung des Fettgehaltes. Berlin: Julius Springer 1923.

[3]) Eine Vortrocknung wie beim Soxhletschen Verfahren ist unnötig.

[4]) Abzumessen mittels Pipette unter Ansaugen mit der Wasserstrahlpumpe oder mittels eines auf Abfluß geeichten Maßkölbchens. — Eine besondere Abmeßvorrichtung stellt die Firma Dr. H. Trilling Nachf. in Bochum, Kronenstr. 39 her, die sich bei unseren Versuchen als brauchbar erwiesen hat. Es empfiehlt sich aber eine solche auf richtige Eichung nachzuprüfen.

[5]) Sehr geeignet ist der Kühler von A. Bömer, zu beziehen von Franz Hugershoff in Leipzig.

[6]) Bei feinpulverigen Stoffen (Mehlen, Kakao usw.) genügt bereits ein Umschütteln in der Kälte.

bildete Vorrichtung[1]), indem man das mit zwei Hähnen versehene Schüttelrohr S mit dem kleineren Kautschuckstopfen G_1 auf das Rundkölbchen steckt[2]). Alsdann schließt man den äußeren Hahn B, öffnet den inneren Hahn A und kehrt dann Fettkolben mitsamt Schüttelrohr um, so daß sich der Fettkolben oben befindet (Abb. 6). Die Folge ist, daß sofort die Fettlösung durch das weite Anschlußrohr und die weite Bohrung des Hahnes A in das Schüttelrohr fließt, ohne daß infolge des völligen Luftabschlusses das Trichloräthylen verdunsten kann. Schließt man jetzt den Hahn A und dreht wieder um, so läuft ein kleiner Rest der Flüssigkeit, bei Auskochung wässeriger Flüssigkeiten (vgl. bei b) die wässerige Phase, in den Rundkolben zurück, während die Hauptmenge der Fettlösung in dem Kugelrohr verbleibt. Man nimmt jetzt den Fettkolben ab und wischt den Kautschuckstopfen G_1 mit etwas Watte oder Filtrierpapier ab. Hierauf schließt man mittels des dicken Kautschuckstopfens G_2 am anderen Ende des Kugelrohres die mit einem Faltenfilter aus Kieselgurfiltrierpapier[3]) von 18,5 cm Durchmesser beschickte[4]) Filtriervorrichtung (Abb. 7) an und läßt deren Ausflußöffnung in einem Pyknometer von 25 ccm Inhalt münden. Zur Förderung eines klaren Filtrierens kann man das Filter mit etwa 1 g trockener, gereinigter Kieselgur beschicken oder auch die Apparatur einige Zeit ruhig stehenlassen, wodurch die vorhandenen Wassertröpfchen „aufrahmen"; hierbei ist aber der Hahn A zu öffnen. Man öffnet jetzt vorsichtig den Hahn B,

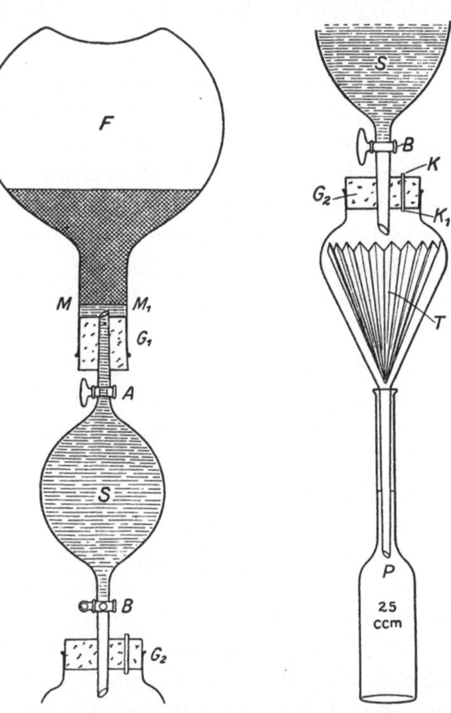

Abb. 6. Umfüllvorrichtung.

Abb. 7. Filtriervorrichtung.

worauf die in Abb. 7 dargestellte Filtration im geschlossenen Raume, der lediglich durch die Capillare $K—K_1$ mit der Außenluft in Verbindung steht, beginnt. Den ersten Anteil des Filtrates, 5—10 ccm, benutzt man nach Schließen des Hahnes B zweckmäßig zum Ausspülen des Pyknometers. Hierauf bringt man das Pyknometer wieder unter die Ablauföffnung des Filterröhrchens und läßt durch abermalige Öffnung des unteren Hahnes soviel Fettlösung durchfiltrieren, bis das Pyknometer bis zur Marke gefüllt ist. Etwa zuviel eingeflossene Mengen werden mittels eines ausgezogenen Glasröhrchens wieder entfernt. Alsdann

---

[1]) Zu beziehen von Franz Hugershoff in Leipzig.

[2]) Handelt es sich um Fettbestimmungen in Stoffen mit niedrigen Fettgehalten, so genügt es auch meistens, die Fettlösung einfacher durch ein trockenes, den Trichterrand nicht überragendes Faltenfilter zu filtrieren, wobei aber mit einem Uhrglase zu bedecken ist.

[3]) Zu beziehen von Macherey, Nagel & Co. oder Schleicher & Co. in Düren (Rheinland).

[4]) Das Filter wird mit dem Finger etwas ausgeweitet.

nimmt man das Pyknometer abermals ab und führt dessen Inhalt unter Nachspülen mit reinem Trichloräthylen in ein gewogenes Erlenmeyerkölbchen von etwa 100 ccm Inhalt über, destilliert das Lösungsmittel ab und trocknet das Kölbchen in liegender Stellung bei 105—110° bis zur Gewichtsbeständigkeit, die in etwa 1 Stunde erreicht wird.

Aus dem Gewichte des Abdampfrückstandes und der für das betreffende Fett geltenden Fettdichte (vgl. folgende Zusammenstellung S. 21) liest man aus der Fettabelle (S. 338) die Fettmenge in Prozenten ab. Für Fette von einer unter 0,90 oder über 0,94 liegenden Dichte, ferner für andere Stoffmengen als 10 g verwendet man die allgemeine Fettabelle S. 332.

b) Bei Butter und Margarine:

10 g des Stoffes[1]) werden auf geeigneten Abwägeschiffchen aus Pergamentpapier oder auch auf Aluminiumfolie abgewogen, in ein Rundkölbchen von 300 ccm Inhalt übergeführt und mit 100 ccm Trichloräthylen versetzt. Alsdann verschließt man das Kölbchen dicht mit einem Korkstopfen und läßt unter Umschütteln solange stehen, bis sich alles Fett gelöst hat. Darauf ersetzt man den Korkstopfen durch die unter a) beschriebene Vorrichtung und verfährt genau wie bei a) weiter. Den dem Abdampfrückstande entsprechenden Fettgehalt erhält man ebenfalls nach der Tabelle S. 338 unmittelbar in Prozenten.

c) bei Fleisch, Wurst, Käse, Eiinhalt usw.

10 g des Stoffes werden auf Aluminiumfolie abgewogen und in ein Rundkölbchen von 300 ccm Inhalt übergeführt. Alsdann setzt man bei Wurst oder Käse 20 ccm konzentrierte Salzsäure hinzu und erhitzt unter Umschwenken auf freier Flamme, bis alles Protein gelöst und das Fett abgeschieden ist. Man läßt erkalten, setzt genau 100 ccm Trichloräthylen hinzu und kocht das Gemisch 5—10 Minuten am Rückflußkühler. Die weitere Behandlung erfolgt genau wie bei a). — Bei frischem Fleisch verläuft der Aufschluß mit Salzsäure, da sich das Fleisch unter Gerinnung des Albumins zu Klumpen zusammenballt, nur langsam. Er gelingt rascher, wenn man statt der Salzsäure 20 ccm eines Gemisches aus gleichen Raumteilen Schwefelsäure und Wasser verwendet. Um aber das höhere spezifische Gewicht der so entstehenden Fleischlösung, das bei der Kochung mit Trichloräthylen stört, herabzusetzen, fügt man nach beendigtem Aufschlusse noch 25 ccm Wasser hinzu und verfährt dann in beschriebener Weise.

d) Bei protein- und kohlehydrathaltigen Stoffen (Milch, Wurst mit Mehlzusatz usw.).

Eine abgewogene Menge des Stoffes (50 g Milch bzw. 10 g Wurst) werden in einem hinreichend geräumigen (300—500 ccm fassenden) Rundkolben mit der doppelten Menge Salzsäure (1,19) und genau 100 ccm Trichloräthylen versetzt, dann am Rückflußkühler anfangs vorsichtig, dann lebhaft gekocht, bis alle Proteinteilchen gelöst sind. Die weitere Behandlung erfolgt genau wie bei a). — Bei sehr zuckerreichen, besonders Fructose oder Saccharose enthaltenden Stoffen verfährt man besser nach e).

---

[1]) Man kann auch 5 g Butter abwägen, darf aber dann nicht die Tabelle S. 338 benutzen, sondern muß den Fettwert aus der Tabelle S. 332 ablesen und daraus durch Malnehmung mit 20 den prozentualen Fettgehalt berechnen.

e) **Bei zuckerreichen milchhaltigen Stoffen**[1]) (Zuckerwaren, kondensierter Milch usw.).

Eine abgewogene Menge des Stoffes (10—50 g, je nach dem zu erwartendem Fettgehalte) wird in einem Rundkölbchen von 300 ccm Inhalt in heißem Wasser gelöst, so daß die Menge der Lösung etwa 200 ccm beträgt. Dazu setzt man nach Erkalten 25 ccm Kupfersulfatlösung (Fehling I) hinzu, schüttelt um[2]) und läßt einige Minuten stehen. Darauf filtriert man den Niederschlag[3]) durch ein mit Wasser angefeuchtetes fettfreies Filter und wäscht einige Male mit Wasser nach, um die Hauptmenge des vorhandenen Zuckers zu entfernen. Nach Abtropfen der letzten Waschwassermenge steckt man Trichter und Filter auf das Rundkölbchen, wobei man ein Stückchen eines winkelförmig gebogenen dickeren Glasrohres zwischen beide bringt, damit der Hals des Kölbchens wenigstens teilweise für das Entweichen der Wasserdämpfe offen bleibt. Darauf stellt man Kölbchen nebst Filter in einen Trockenschrank und trocknet bei 100—110°. Durch die Wärme des Trockenschrankes zieht sich hierbei das Koagulat zunächst zusammen, wodurch erneut eine kleine Menge Filtrat durchläuft. Diese Menge verdampft aber im Laufe der weiteren Trocknung durch den teilweise offengehaltenen Kölbchenhals zur Trockne. Sind nach einiger Zeit Filter nebst Niederschlag und Kölbchen wasserfrei geworden, so drückt man Filter nebst Niederschlag vorsichtig zusammen, steckt die Spitze des Filters in den Hals des Kölbchens und schneidet mit einer kräftigen Schere den spitzen Teil des Filters so ab, daß er in das Kölbchen gelangt; den Rest des Filters steckt man abermals in den Hals des Kölbchens, schneidet wieder mit der Schere ab und zerlegt so das Filter parallel zum Rande in etwa 3—4 Teile. Darauf bringt man etwa an der Schere haftengebliebene, sowie vorbeigefallene Teilchen ebenfalls in das Kölbchen, wischt Schere und Trichter mit wenig fettfreier Watte ab und bringt auch diese in das Kölbchen. Zu dem Kölbcheninhalt setzt man alsdann genau 100 ccm Trichloräthylen, verbindet mit dem Rückflußkühler und erhitzt 5—10 Minuten zum Sieden, worauf das Fett gelöst ist. Die weitere Behandlung erfolgt wie bei a).

f) **Bei Seifen**[4]).

α) Einfaches Verfahren. 10 g geraspelte harte oder die entsprechende auf Aluminiumfolie abgewogene Menge Schmierseife werden in einem 300 ccm-Rundkolben mit 100 ccm Trichloräthylen und 10 ccm Salzsäure versetzt und dann am Rückflußkühler etwa 10 Minuten (bis zur Zersetzung der Seife) in leichtem Sieden gehalten, wobei sich meistens ein Teil der gebildeten Alkalichloride ausscheidet, gleichzeitig aber die Aussalzung durch die entstehende gesättigte Salzlösung bewirkt, daß alle Fettsäuren quantitativ von dem Trichloräthylen gelöst werden. Man läßt auf Zimmertemperatur erkalten, versetzt mit etwa 20 g oder mehr gebranntem Gips und schüttelt nach Verschluß des Kölbchens mit einem dichten Korkstopfen, wobei sich der Gips mit der wässerigen Phase

---

[1]) Vgl. Zeitschr. f. Untersuch. d. Nahrungs- u. Genußmittel Bd. 49, S. 329. 1925.

[2]) Erscheint die Fällung dabei noch unscharf und schlecht filtrierbar, so empfiehlt sich ein weiterer Zusatz von bis zu 25 ccm $^1/_4$ N-Natronlauge. Meistens ist dieser Zusatz aber nicht erforderlich.

[3]) Ist derselbe gering, so setzt man etwa 2 g Kieselgur hinzu.

[4]) Vgl. Zeitschr. f. Untersuch. d. Nahrungs- u. Genußmittel Bd. 48, S. 411—424. 1924.

verbindet und eine leicht filtrierbare Fettlösung in Trichloräthylen entsteht. Man filtriert durch ein trockenes Filter in einem großen Trichter unter Bedecken mit einem Uhrglase. Von dem Filtrate führt man unter Abmessen mit einem Pyknometer und unter Nachspülen mit Trichloräthylen genau 25 ccm in ein Erlenmeyerkölbchen über, destilliert das Lösungsmittel auf freier Flamme ab und trocknet das Kölbchen 2 Stunden liegend bei 105—110°. Darauf wägt man und entnimmt der Fettsäuredichte 0,90 entsprechend den zugehörigen Wert aus der Fettabelle (S. 338).

Anmerkung: Vorstehendes Verfahren kann infolge der nicht ganz zu vermeidenden Verflüchtigung des Trichloräthylens beim Filtrieren etwas (etwa 0,2—0,6%) zu hohe, andererseits bei cocosfetthaltigen Seifen infolge von Verflüchtigung von Caprylsäure beim Trocknen der Fettsäuren etwa 1—2% zu niedrige Ergebnisse liefern.

β) *Genaueres Verfahren.* Man wiegt 10 g der gepulverten oder geraspelten Hartseife bzw. 10 g Weichseife in einem Rundkolben von 300 ccm Inhalt ab, setzt 10 ccm 25proz. Salzsäure und genau 100 ccm Trichloräthylen zu und hält wie bei α) am Rückflußkühler das Gemisch solange in leichtem Sieden, bis die Seife völlig zersetzt ist, was in der Regel in 5—10 Minuten erreicht wird. Man läßt erkalten und bestimmt wie bei b (S. 18) den Abdampfrückstand von 25 ccm Fettlösung, indem man das Kölbchen mit dem Abdampfrückstande 2 Stunden liegend bei 105—110° trocknet. Der so entstehende Abdampfrückstand in g entspricht dem Werte a.

Weitere 25 ccm der gleichen Fettlösung werden in gleicher Weise in ein Erlenmeyerkölbchen übergeführt, aber nur soweit abdestilliert, bis der Kölbcheninhalt noch etwa 10—5 ccm beträgt. Darauf fügt man 20 ccm neutralen Alkohol sowie 1 Tropfen 1proz. Phenolphthaleinlösung hinzu und titriert mit alkoholischer $^1/_5$ N-Kalilauge bis zur schwachen Rotfärbung, wartet 1 Minute und liest den Laugenverbrauch p in Kubikzentimetern ab. In der gleichen Weise löst man den Abdampfrückstand a in 20 ccm neutralem Alkohol und titriert mit der gleichen Bürette und der gleichen Lauge den Laugenverbrauch von a, wobei sich der Wert q ergibt.

Titrationsdifferenz $(p-q)$ $^1/_5$ N.-Lauge ccm	Caprylsäure g	Titrationsdifferenz $(p-q)$ $^1/_5$ N.-Lauge ccm	Caprylsäure g	Titrationsdifferenz $(p-q)$ $^1/_5$ N.-Lauge ccm	Caprylsäure g
1,00	0,0288	0,10	0,0029	0,01	0,0003
2,00	0,0576	0,20	0,0058	0,02	0,0006
3,00	0,0864	0,30	0,0086	0,03	0,0009
4,00	0,1152	0,40	0,0115	0,04	0,0011
5,00	0,1440	0,50	0,0144	0,05	0,0014
6,00	0,1728	0,60	0,0173	0,06	0,0017
7,00	0,2016	0,70	0,0202	0,07	0,0020
8,00	0,2304	0,80	0,0230	0,08	0,0023
9,00	0,2592	0,90	0,0259	0,09	0,0026

Beispiel: Es betrage die Titrationsdifferenz $(p-q)$ 1,33 ccm. Diesen entsprechen:

1	0,0288
0,3	0,0086
0,03	0,0009
1,33 ccm =	0,0383 g Caprylsäure.

Bei schwerer löslichen Fettsäuren wird die Lösung durch Zusatz von mehr neutralem Alkohol oder durch Erwärmen bewirkt. Statt der genau $^1/_5$ N-Lauge kann auch eine solche anderer Stärke verwendet werden, wobei dann aber jeweilig auf $^1/_5$ N-Lauge umzurechnen ist.

Die aus den gefundenen Werten p und q gebildete Differenz $p-q$ ergibt, mal 0,0288, die Menge der beim Trocknen verlorengegangenen Fettsäuren. Diese Menge zu a hinzugezählt, ergibt die Menge der in 25 ccm Fettlösung insgesamt enthaltenen Fettsäuren A. Aus diesen findet man nach der Tabelle S. 338 den Prozentgehalt der Seife an Fettsäuren.

Zur raschen Berechnung der verflüchtigten Caprylsäure aus der Titrationsdifferenz dient zweckmäßig die vorstehende kurze Tabelle.

Bei der Berechnung des Fettgehaltes einzusetzende Fettdichten von Fetten und Ölen aus häufiger untersuchten Stoffen.

Aal	0,93	Fische	0,93	Kernobstsamen	0,92
Ananas	0,92	Fischfleisch	0,93	Kernseife	0,90
Austern	0,93	Fischrogen	0,93	Kiefernsamen	0,93
Babassonüsse	0,92	Fleisch (Warmblüter-)	0,91	Kindermehl	0,92
Backwaren	9,92	Fleischextrakt	0,91	Kindermilch	0,92
Bananen	0.92	Frauenmilch	0,92	Kleie	0,92
Bananenmehl	0,92	Garneelen	0,93	Klippfisch	0,93
Baumwollsamen	0,92	Gebäcke	0,92	Knackwurst	0,91
Bassiasamen	0,91	Gelatine	0,91	Knochenmehl	0,91
Baumwolle	1,00	Gemüse	0,92	Kohl	0,92
Beeren	0,93	Gerste	0,92	Kohlrübe	0,92
Beerenfrüchte	0,93	Gespinstfasern	0,94	Kondensierte Milch	0,92
Bienenerzeugnisse	1,00	Getreide	0,92	Korinthen	0,93
Bierhefe	0,92	Getreidekeime	0,92	Kot	0,90
Blätterteig	0,92	Gras	1,00	Krabben	0,93
Blut	0,91	Grießmehl	0,92	Kräuterkäse	0,92
Blutwurst	0,91	Hackfleisch	0,91	Krebse	0,93
Boden	0,90	Hafer	0,92	Kuchen	0,92
Bohnen	0,92	Hammelfleisch	0,91	Kuhmilch	0,92
Bollmehl	0,92	Hanfsamen	0,93	Kunstmilch	0,92
Bonbons	0,92	Harzseife	1,00	Lachs	0,92
Brathering	0,93	Haselnuß	0,92	Leber	0,91
Bratwurst	0,91	Hecht	0,93	Leberwurst	0,91
Brot	0,92	Hefen	0,92	Leder	0,91
Brühwürstchen	0,91	Hering	0,93	Leguminosen	0,92
Bucheckern	0,92	Heu	1,00	Leim	0,91
Buchweizen	0,92	Hirse	0,92	Leinsamen	0,93
Butter	0,92	Holzmehl	1,00	Linsen	0,92
Buttermilch	0,92	Honig	0,97	Lupinen	0,92
Buttergebäck	0,92	Hühnereier	0,91	Magerkäse	0,92
Casein	0,92	Hülsenfrüchte	0,92	Maggi-Suppenwürfel	0,91
Cerealien	0,92	Hundefleisch	0,91	Mahlerzeugnisse	
Champignon	0,92	Jagdwurst	0,91	(Roggen, Weizen)	0,92
Cichorien	0,92	Kabeljau	0,93	Mais	0,92
Cocosnuß	0,92	Kabeljaurogen	0,93	Malz	0,92
Conciferensamen	0,91	Kaffee	0,93	Malzkeime	0,92
Dorschleber	0,93	Kakao	0,91	Mandeln	0,92
Dorschrogen	0,93	Kakaoschalen	0,91	Manihotsamen	0,92
Eigelb	0,91	Kalbfleisch	0,91	Margarine	0,92
Eier	0,91	Kaninchenfleisch	0,91	Mate	0,92
Eierteigwaren	0,91	Karpfen	0,93	Mehle	0,92
Enteneier	0,91	Kartoffeln	0,92	Milch	0,92
Erbsen	0,92	Käse	0,92	Milchbonbons	0,92
Erdnuß	0,92	Kastanien	0,92	Milchpulver	0,92
Fetthefe	0,92	Kautschuk[1])	0,91	Milchschokolade	0,91
Fettseife	0,90	Kaviar	0,93	Mineralhefe	0,92
Fichtensamen	0,93	Keime (Getreide-)	0,92	Mohnsamen	0,93

[1]) Nicht vulkanisiert. — Vulkanisierter Kautschuk ist in Trichloräthylen praktisch unlöslich.

Molken	0,92	Roggenkeime	0,92	Streumehl	1,00
Mowrahsamen	0,91	Rübsamen	0,91	Stroh	1,00
Muskatnuß	0,91	Safran	0,92	Suppen	0,91
Muskelfleisch	0,91	Sägemehl	1,00	Suppenwürfel	0,91
Muscheln	0,93	Sahne	0,92	Tabak	0,92
Nährzwieback	0,92	Sardellen	0,93	Tapioka	0,92
Nudeln	0,92	Sardinen	0,93	Tee	0,93
Obstfrüchte	0,92	Schellfisch	0,93	Teigwaren	0,92
Obstsamen	0,92	Schmalzzubereitungen	0,91	Textilwaren (Wolle)	0,94
Oliven	0,92	Schmierseife	0,90	Toiletteseife	0,90
Palmkerne	0,92	Schokolade	0,91	Tomaten	0,92
Paniermehl	0,92	Schwarzbrot	0,92	Tranhaltige Stoffe	0,93
Papier	1,00	Schweinefleisch	0,91	Traubenkerne	0,93
Paprika	0,92	Senf	0,91	Trestersamen	0,93
Pfeffer	0,92	Seife	0,90	Walnüsse	0,93
Pferdefleisch	0,91	Seifenpulver	0,90	Weintrauben	0,93
Pflanzenbutter	0,92	Sesamsamen	0,92	Weizen	0,92
Pilze	0,92	Sheanüsse	0,91	Weizenmehl	0,92
Preßhefe	0,92	Spargel	0,92	Wolle	0,94
Rahm	0,92	Spinat	0,92	Wurst	0,91
Raps	0,91	Sprotten	0,93	Zellstoff	1,00
Reis	0,92	Sojabohnen	0,92	Ziegenmilch	0,92
Rindfleisch	0,91	Sonnenblumensamen	0,93	Zucker	0,92
Robiniensamen	0,92	Stärkemehl	0,92	Zwieback	0,92
Roggen	0,92	Stockfisch	0,93		

Wiedergewinnung des Trichloräthylens aus Rückständen von Fettbestimmungen[1]):

Bei der Herstellung des Abdampfrückstandes von 25 ccm Fettlösung wird etwa ein Viertel des angewendeten Trichloräthylens durch Destillation in reiner Form wiedergewonnen und kann sofort für weitere Bestimmungen verwendet werden. Alle übrigen Reste sowie die von dem Lösungsmittel benetzten Filter, wässerigen Emulsionen usw. sammelt man in einem größeren Rundkolben, bis dieser etwa zu drei Vierteln gefüllt ist. Das Gemisch kann nun entweder im Wasserdampfstrome oder auch aus einem kochenden Wasserbade abdestilliert werden. In letzterem Falle ist zu beachten, daß der Kolben allmählich, je weiter das Trichloräthylen abdestilliert ist, einen Auftrieb erfährt und daher gut befestigt werden muß. Die Destillation verläuft, da das gleichzeitig anwesende Wasser den Siedepunkt herabsetzt, ziemlich rasch. Gegen Schluß tritt bisweilen Schäumen ein, das man durch Ermäßigung der Wärmezuleitung überwindet, bis schließlich alles Trichloräthylen abdestilliert ist. Das Destillat bildet zwei Schichten, nämlich eine obere wässerige in geringerer Menge und das untere noch getrübte Trichloräthylen. Die Trübung rührt daher, daß sich beim Erkalten die gelöste wässerige Phase in fein disperser Form abscheidet. Man läßt mittels eines größeren Scheidetrichters die untere Schicht in einen trockenen Kolben abfließen und schüttelt kräftig mit trockener Kieselgur, worauf unter Flockenbildung eine völlige Klärung eintritt; man braucht nur mehr durch ein trockenes Faltenfilter zu filtrieren, um völlig blankes, für weitere Fettbestimmungen verwendbares Trichloräthylen zu erhalten.

Unter dem Einflusse des Lichtes spaltet das technisch reine Trichloräthylen beim Aufbewahren etwas Chlorwasserstoff ab, der sich in dem Trichloräthylen nur wenig löst und daher entweicht. Die Chlorwasserstoffdämpfe greifen insbesondere Korkverschlüsse unter allmählicher Zerstörung an. Man vermeidet diesen Übelstand, indem man das Trichloräthylen vor Licht geschützt aufbewahrt und Flaschen mit Glasverschluß verwendet. — Für die Ergebnisse der Fettbestimmung sind die geringen Mengen Chlorwasserstoff, die etwa im Trichloräthylen gelöst sind, ohne Belang.

Technisches Trichloräthylen, das bisweilen geringe Mengen an schwerer flüchtigen Bestandteilen enthält, wird vor Verwendung einer Destillation unterworfen und nur der unter 90° übergehende Anteil aufgefangen.

[1]) Vgl. J. Großfeld: Zeitschr. f. Untersuch. d. Nahrungs- u. Genußmittel Bd. 45, S. 151. 1923.

Allgemeine Untersuchungsverfahren für Fette und Öle.

Für sämtliche nachstehend beschriebenen Verfahren verwendet man das gereinigte, völlig klarfiltrierte Fett. Feste Fette werden vorher bei möglichst niedriger Temperatur geschmolzen und nötigenfalls in der Wärme durch Filtrierpapier filtriert.

Zum Abwägen für die einzelnen Bestimmungen verwendet man wegen der beim Erstarren eintretenden Entmischung stets flüssiges bzw. geschmolzenes Fett.

1. Bestimmung des spezifischen Gewichtes. Man bestimmt das spezifische Gewicht der Fette in der Regel bei einer oberhalb ihres Schmelzpunktes liegenden Temperatur in bekannter Weise (vgl. S. 79) mit Pyknometer, Westphalscher Wage, Aräometer usw. Die Bestimmungstemperatur ist dabei stets anzugeben.

Statt der Bestimmung kann man das Litergewicht bei 15° von aliphatischen flüssigen (oder flüssig gedachten) Fetten Dg und den Fettsäuren Df nach J. Lund[1]) auch aus der Verseifungszahl (V) bzw. Neutralisationszahl der Fettsäuren (N) und der Jodzahl (J) nach folgenden für 15° geltenden Gleichungen berechnen:

$$Dg = 847{,}5 + 0{,}3\ V + b\ Jg$$
$$Df = 847{,}5 + 0{,}18\ N + b_1\ Jf, \quad \text{hierbei ist}$$
$$b = 0{,}14 \text{ bis } 0{,}16 \quad \text{und} \quad b_1 = 0{,}135 \text{ bis } 0{,}155, \quad \text{je nach Fettart.}$$

Für die Umrechnung der bei einer bestimmten Temperatur gefundenen Litergewichte auf die bei anderen Temperaturen geltenden kann man nach J. Lund[1]) für je 1° folgende Korrektionsfaktoren verwenden (Zahlen zu der 4. und 5. Dezimalstelle hinzuzuzählen oder abzuziehen):

Zahl der Kohlenstoffatome		4	6	8	10	12	14	16	18
Korrektionsfak-	Glyceride	0,00088	78	75	72	70	68	66	64
toren der	Fettsäuren	0,00093	82	78	75	72	70	68	66

2. Bestimmung des Schmelzpunktes nach A. Bömer[2]). Das feste Fett wird mittels eines entsprechend dicken Messingdrahtes in den einen trichterförmig erweiterten Schenkel eines U-förmigen Schmelzröhrchens (vgl. Abb. 8) gebracht und durch den Draht weiter hineingeschoben, bis das Fett (b) sich noch etwa 1 cm von der unteren Biegung entfernt befindet. Geschmolzene Fette werden vorsichtig eingesogen und erstarren gelassen. Darauf wird das Röhrchen mit Hilfe eines Gummiringes (a) so an dem Thermometer befestigt, daß sich das Fett in der Mitte des Quecksilberkörpers befindet. Das Thermometer hängt man an einem geeigneten Stativ mittels eines Bindfadens beweglich auf und taucht es in das Wärmebad (mit ausgekochtem Wasser, Glycerin, Paraffinöl oder konzentrierter Schwefelsäure), das aus zwei mittels eines Platin- oder Messingdrahtes (c) ineinandergehängten Bechergläsern besteht, die beide soweit mit der Heizflüssigkeit angefüllt sind, daß diese in beiden Gläsern ungefähr gleich hoch steht. Die Erwärmung erfolgt auf einer Asbestplatte mittels Pilzbrenners, wobei man durch ständiges kreisförmiges Rühren mittels des beweglich aufgehängten Thermometers mit den Schmelzröhrchen, das man nur von Zeit zu Zeit zwecks Beobachtung der Substanz mittels einer Leselupe unterbricht, für eine möglichst gleichmäßige, langsame Temperatursteigerung sorgt.

---

[1]) Zeitschr. f. Untersuch. d. Nahrungs- u. Genußmittel Bd. 44, S. 113—187. 1922.
[2]) Zeitschr. f. Untersuch. d. Nahrungs- u. Genußmittel Bd. 17, S. 363. 1909.

Zur Herstellung der Schmelzröhrchen nach Bömer dienen Glasröhren von 6 mm innerem Durchmesser und der Wandstärke von 0,5 mm, die in Abständen von je etwa 1 cm zu Capillaren von etwa 1 mm Dicke ausgezogen und in der Mitte der Capillaren durchbrochen werden. Der jedesmal zwischen zwei derartigen Capillaren liegende nicht ausgezogene Teil wird darauf mit einem Schreibdiamanten oder auch mit einer Glasfeile geritzt und durch Auflegen eines starken glühenden Platindrahtes auf diese Stelle in der Mitte durchgesprengt. Darauf erfaßt man das Röhrchen an dem stärkeren Ende und bringt die Mitte der Capillare in eine Bunsenflamme, bis das freistehende dünnere Ende der Capillare herabsinkt, das dann dem dickeren Teile der Capillare genähert wird.

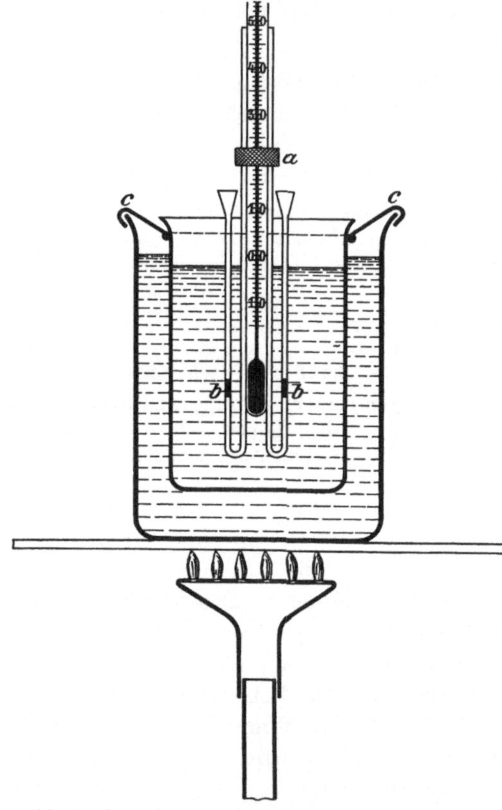

Abb. 8. Schmelzpunktbestimmung nach A. Bömer.

Bestimmung des korrigierten Schmelzpunktes. In der Regel gibt man den beobachteten (unkorrigierten) Schmelzpunkt an. Wenn sehr genaue Schmelzpunktbestimmungen erforderlich sind, berechnet man aus dem beobachteten Schmelzpunkte T, der Länge des aus der Heizflüssigkeit hervorragenden Quecksilberfadens n, ausgedrückt in Temperaturgraden, und der mittleren Temperatur t der die hervorragende Quecksilbersäule umgebenden Luft, gemessen mittels eines zweiten Thermometers, das man bei der Schmelzpunktsbestimmung neben der Mitte des hervorragenden Fadens anhängt, den korrigierten Schmelzpunkt S nach der Gleichung

$$S = T + n(T - t) \times 0{,}000159.$$

Noch einfacher ist es, verkürzte Thermometer zu verwenden, bei denen der Quecksilberfaden sich bis zum Schmelzpunkte innerhalb oder nur wenig außerhalb der Heizflüssigkeit befindet.

3. Bestimmung des Erstarrungspunktes. Amtliche Vorschrift[1]):

„Zur Ermittlung des Erstarrungspunktes bringt man eine 2—3 cm hohe Schicht des geschmolzenen (Butter-) Fettes in ein dünnes Probierröhrchen oder Kölbchen und hängt in dasselbe mittels eines Korkes ein Thermometer so ein, daß die Kugel desselben ganz von dem flüssigen Fette bedeckt ist. Man hängt alsdann das Probierröhrchen oder Kölbchen in ein mit warmem Wasser von 40—50° gefülltes Becherglas und läßt allmählich erkalten. Die Quecksilbersäule sinkt nach und nach und bleibt bei einer bestimmten Temperatur eine Zeitlang stehen, um dann weiter zu sinken. Das Fett erstarrt während des Konstantbleibens; die dabei herrschende Temperatur ist der Erstarrungspunkt.

Mitunter findet man bis zum Anfange des Erstarrens ein Sinken der Quecksilbersäule und alsdann während des vollständigen Erstarrens wieder ein Steigen. Man betrachtet in diesem Falle die höchste Temperatur, auf welche das Quecksilber während des Erstarrens wieder steigt, als den Erstarrungspunkt."

---

[1]) Amtliche Anweisung zur Untersuchung von Fetten und Käsen vom 1. April 1898.

Schärfer als der Erstarrungspunkt der Fette ist im allgemeinen der Erstarrungspunkt der Fettsäuren. Es ist daher, besonders auch für technische Zwecke, vielfach üblich die festen Fette nicht nach dem Erstarrungspunkte der Fette selbst, sondern nach dem der Fettsäuren zu bewerten.

4. Bestimmung des Lichtbrechungsvermögens. Die Bestimmung geschieht entweder im Abbeschen Refraktometer mit heizbaren Prismen oder ebenso zweckmäßig im Butterrefraktometer nach Wollny.

Bezüglich der genauen Ausführung der Bestimmung sei auf die jeder Vorrichtung beigegebene Gebrauchsanweisung oder auch auf die größeren Handbücher[1]) verwiesen. Zur Umrechnung der Butterrefraktometerzahlen in Brechungsindices dient die Tabelle S. 347.

Temperaturkorrekturen der Lichtbrechungszahl.

Wird der Brechungsexponent bei 40° für die D-Linie mit n_D^{40} bezeichnet, so gilt nach J. Lund[2]) für jede andere Temperatur t die Gleichung:

$$n_D^{40} = n_D^{t} - K\,(40 - t).$$

Der Korrektionsfaktor K beträgt für Fette der C_{18}-Reihe 0,00036, für Fette der C_{12}—C_{14}-Reihe sowie für Fettsäuren 0,00037.

Bei Verwendung von Zeißgraden erhält man je nach der Lichtbrechung verschiedene Korrektionszahlen.

5. Bestimmung der Säurezahl. Die Säurezahl gibt die Milligramme Kaliumhydroxyd an, die zur Neutralisation der in 1 g Fett usw. vorhandenen freien Fettsäuren erforderlich sind.

Die Bestimmung geschieht wie folgt:

5—10 g Fett oder Öl werden in 30—40 ccm einer mit Phenolphthaleinlösung versetzten, genau neutralisierten Mischung gleicher Raumteile Alkohol und Äther gelöst und mit wässeriger oder besser alkoholischer $^{1}/_{10}$ N-Kalilauge bis zur schwachen Rosafärbung titriert. Nachträglich eintretende Entfärbung ist zu vernachlässigen. Bei der Titration etwa eintretende Entmischung der Flüssigkeit oder Trübung durch Fettausscheidung ist durch Zusatz weiterer Mengen des Alkohol-Äthergemisches aufzuheben. — An Stelle des Phenolphthaleins als Indicator empfiehlt sich, besonders bei braungefärbten Fetten, die Verwendung von Alkaliblau 6 B[3]), das in saurer Lösung blau, in alkalischer rot gefärbt ist.

Zur Umrechnung von Säurezahlen, Säuregraden, Ölsäure und Schwefelsäureanhydrid können folgende Beziehungen verwendet werden:

Säurezahl (mg KOH auf 1 g Fett)	Säuregrade nach Köttstorfer (ccm N-Säuren in 100 g Fett)	Ölsäure %	Schwefelsäureanhydrid (SO₃) %
1,0000	1,782	0,5027	0,0713
0,5611	1,0000	0,2823	0,0400
1,989	3,542	1,0000	0,1418
14,03	24,98	7,052	1,0000

---

[1]) Vgl. insbesondere F. Löwe in J. König: Chemie der menschl. Nahrungs- und Genußmittel Bd. III, 1. Teil, S. 100—118.

[2]) Zeitschr. f. Untersuch. d. Nahrungs- u. Genußmittel Bd. 44, S. 127. 1922.

[3]) Zu beziehen von Meister, Lucius & Brüning (Höchster Farbwerke) zu Höchst a.M.

Verwendet man genau 10 g Fett, so kann man zur Vereinfachung der Berechnung mit Vorteil folgende abgekürzte Tabelle verwenden:

0,1 N-KOH ccm	Säurezahl mg KOH auf 1 g Fett	Säuregrade nach Köttstorfer ccm N.-Säuren in 100 g Fett	Ölsäure %	Schwefelsäureanhydrid (SO_3) %	0,1 N-KOH für 10 g Fett ccm
1	0,561	1,000	0,282	0,0400	1
2	1,122	2,000	0,565	0,0801	2
3	1,683	3,000	0,847	0,1201	3
4	2,244	4,000	1,129	0,1601	4
5	2,806	5,000	1,412	0,2002	5
6	3,367	6,000	1,694	0,2402	6
7	3,928	7,000	1,976	0,2802	7
8	4,489	8,000	2,268	0,3203	8
9	5,050	9,000	2,551	0,3603	9

Beispiel: Es seien in 10 g Fett 36,35 ccm 0,1 N-Säure titriert worden. Die Säurezahl beträgt dann

30 ccm	16,85
6 „	3,37
0,3 „	0,17
0,05 „	0,03
36,35 ccm	**20,42**

Zahlenangaben in höchstens 4 Ziffern.

6. Bestimmung der Verseifungszahl. Die Verseifungszahl gibt die Milligramme Kaliumhydroxyd an, die zur Verseifung von 1 g Fett erforderlich sind.

Die Bestimmung geschieht, zuerst von Köttstorfer[1]) angegeben, wie folgt: Man wägt 2,00—2,05 g[2]) Fett in einem Kölbchen aus Jenaer Glas von 150 ccm Inhalt ab, setzt genau 25 ccm einer annähernd 0,5 N-alkoholischen Kalilauge hinzu, indem man die Pipette genau 1 Minute austropfen läßt. Dann verschließt man das Kölbchen mit einem durchbohrten Korken, durch dessen Öffnung ein etwa 75 cm langes Kühlrohr aus Kaliglas führt. Man erhitzt die Mischung auf dem kochenden Wasserbade oder auf einem Asbestdrahtnetze zum schwachen Sieden, wobei man öfters, jedoch unter Vermeidung des Verspritzens an den Kühlrohrverschluß, umschwenkt; am Ende der Verseifung muß der Kolbeninhalt eine gleichmäßige, völlig klare Flüssigkeit darstellen[3]), in der insbesondere keine Fetttröpfchen mehr sichtbar sind. Man versetzt die Lösung sodann mit einigen Tropfen alkoholischer Phenolphthaleinlösung und titriert die noch heiße Seifenlösung sofort mit 0,5 N-Salzsäure zurück. — In einem Leerversuche ermittelt man in gleicher Weise, aber ohne Fett, den Wirkungswert der alkoholischen Kalilauge. Zieht man von diesem das Titrationsergebnis der Seifenlösung ab, so erhält man die Menge des bei der Verseifung verbrauchten Alkalis in Kubikzentimetern 0,5 N-KOH als Rest und liest aus Tabelle S. 346 die Verseifungszahl ab. Bei Anwendung anderer Fettmengen wird der Restbetrag in Kubikzentimetern mit 28,10 malgenommen und durch die Fettmenge in Gramm geteilt, um die Verseifungszahl zu ergeben.

Statt Phenolphthalein als Indicator kann man, besonders auch bei dunkelgefärbten Fetten, Alkaliblau 6 B der Höchster Farbwerke mit Vorteil verwenden.

Zur Herstellung einer farblosen und farblos bleibenden alkoholischen Kalilauge bringt man 40 ccm einer starken wässerigen Lauge, die in 100 ccm 75 g Kaliumhydroxyd enthält, in einen Literkolben und setzt unter Umschütteln 96 proz. Alkohol hinzu und füllt

---

[1]) Zeitschr. f. analyt. Chem. Bd. 18, S. 199. 1879.

[2]) Um die Tabelle S. 346 verwenden zu können; im anderen Falle können die Mengen etwa 1,5—2,5 g betragen.

[3]) Außer bei Anwesenheit von größeren Mengen unverseifbarer Stoffe (Paraffin usw.).

bis zur Marke auf, wobei man durchmischt. Alsdann läßt man bis zum folgenden Tage oder länger so kühl wie möglich stehen und filtriert durch ein trockenes Faltenfilter.

Zur Bestimmung der **Verseifungszahl** in **schwer verseifbaren Fetten und Wachsen** verwendet man nach L. W. Winkler[1] vorteilhaft eine Lösung von Kaliumhydroxyd in Propylalkohol. Letzterer hat den Vorteil eines höheren Siedepunktes und eines besseren Lösungsvermögens für Fette und Wachse, so daß die Verseifung schneller verläuft. Der zu verwendende käufliche Propylalkohol bedarf jedoch einer Vorbehandlung, indem man ihn zuerst einige Tage mit einigen Grammen Kaliumhydroxyd stehenläßt und dann abdestilliert.

Die Verseifungszahlen werden mit höchstens einer Dezimalstelle angegeben.

7. Bestimmung der Esterzahl. Unter der Esterzahl versteht man die Milligramme Kaliumhydroxyd, die zur Verseifung der in 1 g Fett oder Wachs vorhandenen Ester erforderlich sind.

Die Esterzahl ergibt sich somit, indem man die Säurezahl von der Verseifungszahl abzieht.

8. Bestimmung der Acetylzahl (Hydroxylzahl). Die Acetylzahl der Fettsäuren oder der Fette gibt an, wieviel Milligramme Kaliumhydroxyd zur Neutralisation der aus 1 g der acetylierten Fettsäuren oder Fette durch Verseifung erhaltenen Essigsäure erforderlich sind. — Die Bestimmung dieser Zahl ist von Benedikt und Ulzer[2] in die Fettanalyse eingeführt worden. An ihrer Stelle hat W. Normann[3] vorgeschlagen, die auf die nichtacetylierten Fette selbst bezogene Zahl als Hydroxylzahl zu bezeichnen. Letztere bestimmt Normann wie folgt:

2 g klares Fett oder Öl werden in einem Verseifungskölbchen genau abgewogen und mit 4—6 ccm Essigsäureanhydrid 30—60 Minuten am Rückflußkühler gekocht. Darauf bringt man den Kolben bis an den Hals in ein Wasser- oder Dampfbad und leitet durch ein Glasröhrchen, das den Kolbeninhalt nicht zu berühren braucht, einen kräftigen Strom Kohlensäure, Wasserstoff oder bei nicht oxydierbaren Fetten auch Luft durch. In einer halben Stunde ist das Essigsäureanhydrid verjagt. Man verdünnt den Kolbeninhalt mit etwas Äther, fügt etwa 5 ccm Wasser hinzu, neutralisiert mit einigen Tropfen wässeriger Kalilauge etwa noch vorhandene Spuren von Essigsäureanhydrid und die freien Fettsäuren. Nun verseift man mit 50 ccm 0,5 N-alkoholischer Kalilauge in der üblichen Weise und titriert mit 0,5 N-Salzsäure zurück. Die erhaltene Zahl gibt die Milligramme Kaliumhydroxyd an, die zur Verseifung der Glyceride und der gebildeten Essigester verbraucht sind. Zieht man von dieser Zahl die für sich bestimmte Esterzahl (vgl. unter 7) ab, so erhält man die Hydroxylzahl des Fettes.

9. Bestimmung der Reichert-Meißlschen und Polenskeschen Zahl. Die Reichert-Meißlsche Zahl gibt die Menge der aus 5 g Fett unter bestimmten, unten beschriebenen Bedingungen abdestillierten wasserlöslichen Fettsäuren in 110 ccm Destillat, ausgedrückt in Kubikzentimetern 0,1 N-Säure, an. Die Polenskesche Zahl gibt die Menge der unter gleichen Bedingungen erhaltenen, in Wasser unlöslichen Fettsäuren, ausgedrückt in Kubikzentimetern 0,1 N-Säure, an.

Zur Bestimmung dient der Destillationsapparat nach Polenske (vgl. Abb. 9). Man verfährt wie folgt[4]:

Zu genau 5 g Fett gibt man in einem 300 ccm-Stehkölbchen aus Jenaer Glas 5 ccm Glycerin (Dichte 1,26) und 2 ccm Kalilauge [75 g KOH in 100 ccm[5]].

---

[1] Zeitschr. f. angew. Chem. Bd. 24, S. 636. 1911.

[2] Monatsh. f. Chem. Bd. 8, S. 40. 1887.

[3] Chem. Revue d. Fett- u. Harzind. Bd. 19, S. 205. 1912.

[4] Nach Leffmann und Beam (Analyst Bd. 16, S. 153. 1891); vgl. auch H. Kreis: Chem.-Ztg. Bd. 35, S. 1053. 1911.

[5] Die Lösung ist vorher durch Absitzenlassen oder Filtrieren durch Asbest oder eine Glasfilterplatte zu klären.

Die Mischung wird unter beständigem Umschwenken über einer kleinen Flamme zum Sieden erhitzt, das mit starkem Schäumen verbunden ist. Man verseift, bis die Mischung völlig klar geworden ist und erhitzt dann noch etwa 10 Sekunden weiter. Dann läßt man die Seife etwa 5 Minuten sich abkühlen und setzt 90 ccm kohlensäurefreies destilliertes Wasser von 80—90° hinzu, wobei meist sofort, anderenfalls durch Erwärmen eine klare Seifenlösung entsteht. Zu der warmen Lösung fügt man sofort 50 ccm verdünnte Schwefelsäure (25 ccm konzentrierte Schwefelsäure mit Wasser auf 1 l gebracht) und 0,6—0,7 g grobes Bimssteinpulver.

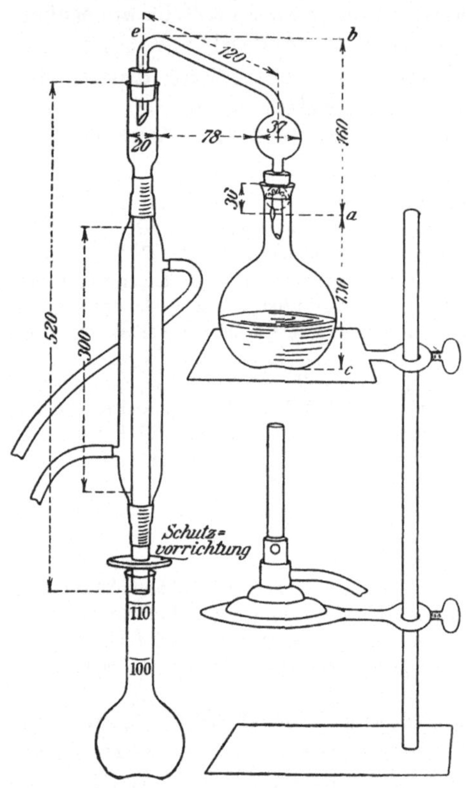

Abb. 9. Destillationsvorrichtung nach E. Polenske.

Dann wird die Flüssigkeit sofort in dem nebenstehend abgebildeten Apparat nach Polenske destilliert. Der Kolben wird dabei auf eine Asbestplatte gestellt, aus der eine kreisrunde Scheibe von 6,5 cm Durchmesser herausgeschnitten ist, so daß nur der Kolbenboden der Einwirkung der Flamme unmittelbar ausgesetzt ist. Die Heizflamme ist so einzustellen, daß in 19 bis 21 Minuten 110 ccm Destillat übergehen.

Sobald das Destillat die 110 ccm-Marke in der Vorlage erreicht hat, wird die Flamme gelöscht und die Vorlage durch ein anderes Gefäß ersetzt. Darauf stellt man die Vorlage mit dem Destillat, ohne letzteres zu mischen, so tief wie möglich in Wasser von 15°. Nach etwa 10 Minuten wird das Destillat in dem mit Glasstopfen verschlossenen Gefäße durch 4—5maliges Umkehren unter Vermeidung starken Schüttelns gemischt und dann durch ein gut anliegendes trockenes Filter von 8 ccm Durchmesser in ein 100 ccm-Kölbchen filtriert. Um sicher ein klares Filtrat zu erhalten, empfiehlt es sich, auf das trockene Filter vorher eine kleine Menge (0,05—0,1 g) gereinigte Kieselgur zu geben. 100 ccm des klaren Filtrates werden in ein Becherglas umgeschüttet und nach Zusatz von 3—4 Tropfen 0,1 N-Natronlauge bis zur Rötung titriert, dann mit der Titrierflüssigkeit des Kölbchens ausgespült und zu Ende titriert. Die um $^{1}/_{10}$ ihres Betrages vermehrte Menge der verbrauchten Lauge, vermindert um das Ergebnis eines in gleicher Weise ausgeführten Leerversuches[1]), ergibt die Reichert-Meißlsche Zahl.

---

[1]) Hauptsächlich abhängig von der Menge der in käuflichem Glycerin enthaltenen flüchtigen, wasserlöslichen Fettsäuren.

Beispiel: Es seien zur Titration von 100 ccm des filtrierten Destillates im Hauptversuche 28,0 ccm 0,1 N-Lauge und im Leerversuche 0,4 ccm 0,1 N-Lauge verbraucht worden. Dann ist die Reichert-Meißlsche Zahl (R)

$$R = 28,0 + \frac{28,0}{10} - 0,4 = 30,4.$$

Bestimmung der Polenskeschen Zahl: Nachdem man bei der Bestimmung der Reichert-Meißlschen Zahl das Destillat ganz abfiltriert hat, wäscht man zur Beseitigung der Reste der wasserlöslichen Fettsäuren das Kühlrohr des Destillationsapparates, den 100-ccm-Kolben, die zweite Vorlage und das Filter dreimal mit je 15 ccm Wasser aus und beseitigt das Filtrat. Darauf werden die ungelöst gebliebenen Fettsäuren aus Kühlrohr, 100-ccm-Kolben, zweiter Vorlage und Filter dreimal mit je 15 ccm neutralem 90 proz. Alkohole in Lösung gebracht und durch das Filter filtriert, wobei jedesmal erst nach völligem Durchlaufen der Flüssigkeit nachgefüllt wird. Die vereinigten alkoholischen Filtrate werden nach Zusatz von 3—4 Tropfen 1 proz. alkoholischer Phenolphthaleinlösung mit 0,1 N-Alkalilauge titriert. Die hierbei erhaltene Anzahl Kubikzentimeter 0,1 N-Lauge ist die Polenskesche Zahl.

Die meisten Fette zeigen keine oder eine unter 1 liegende Reichert-Meißlsche und Polenskesche Zahlen. Höhere Zahlen zeigen z. B. folgende Fette[1]):

	Reichert-Meißelsche Zahl	Polenskesche Zahl
Butterfett	26,0—32,0	1,5— 4,8]
Cocosfett	6,0— 8,5	16,8—18,2
Palmkernfett	3,4— 6,8	8,5—11,0
Delphintran	5,6—11,2	—
Rohes Wollfett	7,0—10,0	—

10. Bestimmung der Buttersäurezahl. Nach eigenen Versuchen[2]). Die Buttersäurezahl drückt aus, wieviel lösliche flüchtige Fettsäuren aus 5 g eines Fettes sich in einer mit Natriumsulfat und Caprylsäure (Cocosfettsäuren) gesättigten und mit Schwefelsäure angesäuerten wässerigen Lösung nach folgender Arbeitsweise lösen und darauf durch Destillation, ausgedrückt in Kubikzentimeter $^1/_{10}$ N-Säure, erhalten werden.

Bestimmung: 5 g Fett werden mit 2 ccm Kalilauge, die 750 g KOH im l enthält, und 10 ccm Glycerin in einem 300 ccm-Stehkölbchen auf freier Flamme verseift und die klare Seifenlösung nach einigem Stehen vorsichtig mit 100 ccm Wasser verdünnt. Zu der Lösung setzt man nach Erkalten auf 20°, unter Umschütteln, nacheinander 50 ccm verdünnte Schwefelsäure (25 ccm H_2SO_4 im l) und 15 g gepulvertes entwässertes Natriumsulfat, darauf 10 ccm der nach nachfolgender Vorschrift bereiteten Cocosseifenlösung und etwa 0,1 g gereinigte Kieselgur. Dann läßt man unter wiederholtem Umschütteln 10 Minuten oder länger stehen und filtriert durch ein trockenes Faltenfilter aus feinporigem Filtrierpapier. Von dem erhaltenen Filtrate, das völlig klar sein muß, gibt man 125 ccm in einen Rundkolben von 500 ccm Inhalt, verdünnt mit 50 ccm Wasser und destilliert nach Zusatz von grobem Bimssteinpulver

---

_[1]) Nach Handbuch der biologischen Arbeitsmethoden von Abderhalden. A. Bömer: Allgemeine Methoden der Darstellung und Untersuchung der Fette, S. 393.

_[2]) Vgl. J. Kuhlmann und J. Großfeld: Zeitschr. f. Untersuch. d. Lebensmittel Bd. 51, S. 31—42. 1926, und J. Großfeld: Ebendort S. 203—213.

110 ccm ab, die man dann (ohne zu filtrieren!) mit $^1/_{10}$ N-Lauge gegen Phenolphthalein titriert. Von dem Ergebnis zieht man das an einem Leerversuche ohne Fett (aber natürlich unter Zusatz obiger Seifenlösung) erhaltene ab. Der Unterschied mal 1,40 ergibt die neue „Buttersäurezahl":

Umrechnung des Titrationswertes auf Buttersäurezahl.

(Faktor: 1,40.)

Titrationswert ccm $^1/_{10}$ N.	0	1	2	3	4	5	6	7	8	9
0	0,0	0,1	0,3	0,4	0,6	0,7	0,8	1,0	1,1	1,3
1	1,4	1,5	1,7	1,8	2,0	2,1	2,2	2,4	2,5	2,7
2	2,8	2,9	3,1	3,2	3,4	3,5	3,6	3,8	3,9	4,1
3	4,2	4,3	4,5	4,6	4,8	4,9	5,0	5,2	5,3	5,5
4	5,6	5,7	5,9	6,0	6,2	6,3	6,4	6,6	6,7	6,9
5	7,0	7,1	7,3	7,4	7,6	7,7	7,8	8,0	8,1	8,3
6	8,4	8,5	8,7	8,8	9,0	9,1	9,2	9,4	9,5	9,7
7	9,8	9,9	10,1	10,2	10,4	10,5	10,6	10,8	10,9	11,1
8	11,2	11,3	11,5	11,6	11,8	11,9	12,0	12,2	12,3	12,5
9	12,6	12,7	12,9	13,0	13,2	13,3	13,4	13,6	13,7	13,9
10	14,0	14,1	14,3	14,4	14,6	14,7	14,8	15,0	15,1	15,3
11	15,4	15,5	15,7	15,8	16,0	16,1	16,2	16,4	16,5	16,7
12	16,8	16,9	17,1	17,2	17,4	17,5	17,6	17,8	17,9	18,1
13	18,2	18,3	18,5	18,6	18,8	18,9	19,0	19,2	19,3	19,5
14	19,6	19,7	19,9	20,0	20,2	20,3	20,4	20,6	20,7	20,9
15	21,0	21,1	21,3	21,4	21,6	21,7	21,8	22,0	22,1	22,3
16	22,4	22,5	22,7	22,8	23,0	23,1	23,2	23,4	23,5	23,7
17	23,8	23,9	24,1	24,2	24,4	24,5	24,6	24,8	24,9	25,1
18	25,2	25,3	25,5	25,6	25,8	25,9	26,0	26,2	26,3	26,5
19	26,6	26,7	26,9	27,0	27,2	27,3	27,4	27,6	27,7	27,9

Die benötigte Cocosseifenlösung stellt man wie folgt her: 100 g Cocosfett (Palmin), 100 ccm Glycerin und 40 ccm obiger Kalilauge werden in einem Literkolben aus Jenaer Glas unter Umschwenken vorsichtig so lange erhitzt, bis eine klare Seifenlösung entstanden ist. Nach kurzem Stehen verdünnt man vorsichtig mit Wasser und bringt die Lösung auf 1 l.

Die Buttersäurezahl beträgt für Milchfett etwa 20, für Cocosfett etwa 0,9, für sonstige feste Speisefette etwa 0. Für milch- und cocosfetthaltige Gemische ist sie dem Gehalte aus Milchfett bzw. Cocosfett proportional. Sie ist daher zur Unterscheidung des Milch- und Butterfettes von anderen Speisefetten besser als die Reichert-Meißlsche Zahl geeignet.

Über die Berechnung des Milchfettgehaltes in Fettgemischen vgl. S. 343.

Bei pflanzlichen Ölen und Tranen wurden schwach negative (— 0,1 bis — 0,8) Buttersäurezahlen gefunden.

11. Bestimmung der A-Zahl und B-Zahl nach S. H. Bertram, H. G. Bos und F. Verhagen[1]). Die A-Zahl gibt, ausgedrückt in Kubikzentimetern $^1/_{10}$ N-Säure, an, wieviel durch Magnesiumsulfat nicht, wohl aber durch Silbernitrat fällbare Fettsäuren, die B-Zahl, wieviel weder durch Magnesiumsulfat noch durch Silbersalze fällbare flüchtige

---

[1]) Chem. Weekbl. Bd. 20, S. 610. 1923; Chem. Zentralbl. 1924, II, S. 562; Zeitschr. f. Untersuch. d. Nahrungs- u. Genußmittel Bd. 50, S. 244. 1925.

Fettsäuren nach bestimmter Arbeitsvorschrift aus 6,4 g Fett erhalten werden.

In Anlehnung an die ersten und weiteren Mitteilungen der genannten Bearbeiter und auf Grund eigener Versuche[1]) hat sich folgende vereinfachte Arbeitsvorschrift ergeben:

Vereinfachte Vorschrift zur Bestimmung der „A-Zahl" und „B-Zahl".

Auf einer Tarierwage ermittelt man zunächst das Gewicht eines Rundkolbens aus Jenaer Glas von etwa 700 ccm Inhalt. Dann wägt man 20,0 g Fett und 30 g Glycerin hinein, fügt 8 ccm Kalilauge (750 g Kaliumhydroxyd in 1 l) hinzu und verseift durch Umschwenken über kleiner Flamme, bis die Seifenlösung völlig klar und durchsichtig geworden ist. Darauf läßt man einige Minuten abkühlen und verdünnt sodann mit warmem Wasser, bis der Inhalt des Kolbens 409 g beträgt.

Alsdann erhitzt man auf 80° und läßt unter kräftigem Umschütteln 103 ccm Magnesiumsulfatlösung (150 g krystallisiertes Magnesiumsulfat in 1 l) von 80° einfließen und hält das Gemisch unter weiterem Umschütteln und Verschluß mit Glasbirne 10 Minuten auf 80°. Darauf kühlt man unter kräftigem Schütteln unter dem Strahle der Wasserleitung auf 20° ab und läßt 5 Minuten bei 20° stehen. Alsdann filtriert man durch ein trockenes Faltenfilter.

Genau in derselben Weise wird ein Leerversuch ohne Fett angesetzt.

Ermittelung der „A-Zahl": 200 ccm des Filtrates werden in einem mit 20 g Natriumnitrat beschickten Meßkolben von 250 ccm Inhalt gegen Phenolphthalein mit wenig $^1/_2$ N-Schwefelsäure neutralisiert, bis die Rosafärbung ganz verschwunden ist. Nun werden, nachdem sich das Salz gelöst hat, langsam 25,0 ccm $^1/_5$ N-Silbernitratlösung unter Schütteln zufließen gelassen, mit Wasser bis zur Marke aufgefüllt, verschlossen und 5 Minuten kräftig durchgeschüttelt. Darauf wird 5 Minuten stehengelassen und anschließend filtriert. Zu 200 ccm Filtrat fügt man 6 ccm kalt gesättigte Eisenalaunlösung und 4 ccm verdünnte, etwa 40 proz. Salpetersäure und titriert den Silberüberschuß mit $^1/_{10}$ N-Rhodanammoniumlösung zurück. Nach Abzug vom Leerversuche findet man, wieviel Kubikzentimeter $^1/_{10}$ N-Silbernitratlösung durch die Fällung gebunden worden sind; dies ist die „A-Zahl".

Ermittelung der „B-Zahl": 200 ccm des Filtrates vom Magnesiumniederschlage werden in einem Erlenmeyerkolben von 300 ccm Inhalt mit $^1/_2$ N-Schwefelsäure gegen Phenolphthalein neutralisiert und durch Zusatz von Wasser auf 250 ccm gebracht. Die Lösung wird auf 20° gehalten, und dann werden 2 g Silbersulfat in kleinen Anteilen unter Umschütteln zugesetzt. Alsdann wird der Kolben durch einen Korken verschlossen, 5 Minuten kräftig geschüttelt und 5 Minuten bei 20° stehengelassen; darauf filtriert man. Nach dem Filtrieren setzt man zu 200 ccm Filtrat einige Körnchen Bimsstein und 50 ccm verdünnte Schwefelsäure (13 ccm H_2SO_4 in 500 ccm) und destilliert aus einem Rundkolben von 500 ccm Inhalt im Polenskeschen Apparate genau 200 ccm ab. Diese titriert man mit $^1/_{10}$ N-Natronlauge gegen Phenolphthalein und zieht das Ergebnis des Leerversuches ab; der Rest ist die „B-Zahl".

---

[1]) Vgl. J. Kuhlmann und J. Großfeld: Zeitschr. f. Untersuch. d. Nahrungs- u. Genußmittel Bd. 50, S. 340—341. 1925.

Die A-Zahlen und B-Zahlen einiger Fette betragen nach Bertram, Bos und Verhagen im Mittel für

Cocosfett		Butterfett		Sonstiges Fett	
A-Zahl	B-Zahl	A-Zahl	B-Zahl	A-Zahl	B-Zahl
27,7	2,75	6,7	33,4	0,6	0,6

Palmkernfett verhält sich wie ein Gemisch von Fett von niedriger A-Zahl und B-Zahl mit 59% Cocosfett.

Da die A-Zahl besonders von Einflüssen persönlicher Art bei der Bestimmung und von der Apparatur wenig abhängig ist, wie besonders auch verschiedene eigene Versuche ergeben haben, ist sie in Verbindung mit der B-Zahl ein ausgezeichnetes Mittel zur Bestimmung des Cocosfettgehaltes von Fettgemischen, z. B. in Margarinefett. Über die Berechnung des Cocosfettes vgl. die Tabelle S. 345. Andererseits zeigt die B-Zahl in sehr scharfer Weise das Vorhandensein und die Menge von Buttersäure an, ist also für die Bestimmung des Milchfettgehaltes von Fettgemischen in Verbindung mit der Buttersäurezahl (S. 29) heute das schärfste Mittel. Letzterer gegenüber hat sie nur den Nachteil, praktisch etwas weniger schnell und einfach bestimmt werden zu können.

Über die Berechnung des Milchfettes aus A-Zahl und B-Zahl vgl. die Tabelle S. 344.

12. Bestimmung der Jodzahl. Die Jodzahl gibt an, wieviel Halogen, ausgedrückt in Prozenten Jod, ein Fett oder eine Fettsäure aufzunehmen vermag.

Die Jodzahl ist zuerst durch v. Hübl in die Fettanalyse eingeführt worden. Seitdem sind verschiedene Verbesserungen, im besonderen Vereinfachungen des Bestimmungsverfahrens vorgeschlagen worden, so von J. J. A. Wijs, J. Hanuš, L. W. Winkler, K. W. Rosenmund, W. Kuhnhenn und Margosches, bezüglich deren Einzelheiten auf die neueren Handbücher verwiesen sei. Für die Nahrungsmittelkontrolle empfiehlt sich besonders die Bestimmung der Jod(brom)zahl nach L. W. Winkler[1]) in folgender Ausführungsweise:

Die genau abgewogene Fett- oder Ölmenge[2]) — 0,2 bis 0,5 g bei zu erwartenden Jod(brom)zahlen unter 100, 0,15—0,2 g bei solchen von 100—150, 0,10—0,15 g bei solchen über 150 — wird in eine Glasstöpselflasche von etwa 150 ccm gegeben und in 10 ccm Tetrachlorkohlenstoff, nötigenfalls unter schwachem Erwärmen, gelöst. Zu der Lösung gibt man aus einer genauen Hahnbürette 50 ccm Kaliumbromatlösung, 1 g grobpulveriges Kaliumbromid und 10 ccm 10proz. Salzsäure. Darauf schließt man die Flasche sofort mit dem Glasstöpsel, den man zur Vermeidung von Bromverlusten mit etwas honigdicker Phosphorsäure bestreicht. Man schüttelt kräftig durch und läßt die Flasche unter gelegentlichem Durchschütteln 2 Stunden im Dunkeln (!) stehen. Nach nochmaligem Umschütteln öffnet man die Flasche und setzt sofort 10 ccm Natriumarsenitlösung hinzu, verschließt die Flasche sofort wieder und schüttelt kräftig durch. Dann werden

---

[1]) Zeitschr. f. Untersuch. d. Nahrungs- u. Genußmittel Bd. 32, S. 358. 1916; Bd. 43, S. 201. 1922.

[2]) Dieselbe ist so zu wählen, daß etwa die Hälfte der zugesetzten Brommenge im Überschuß bleibt.

zu der farblosen Flüssigkeit noch 20 ccm konzentrierte Salzsäure hinzugefügt und unter Umschwenken der Überschuß an arseniger Säure mit der 0,1 N-Kaliumbromatlösung zurücktitriert, bis die wässerige Schicht eine eben bemerkbare hellcitronengelbe Farbe angenommen hat. Von den im ganzen verwendeten Kubikzentimetern 0,1 N-Kaliumbromatlösung (a) zieht man die im ganzen zur Oxydation der Arsenitlösung erforderlichen (b) ab. Der Unterschied, mit 0,0127 malgenommen, ergibt die von der angewendeten Fettmenge (f) addierte Brommenge, ausgedrückt in Grammen Jod. Diese Jodmenge, auf 100 g Fett umgerechnet, ergibt die Jodzahl wie folgt:

$$\text{Jodzahl} = \frac{(a - b) \times 0,0127 \times 100}{f}.$$

Herstellung der erforderlichen Lösungen:

a) Die *0,1 N-Kaliumbromatlösung* wird erhalten durch Auflösen von 2,784 g reinem (durch Umkrystallisieren gereinigtem und bei 100° getrocknetem) Kaliumbromat in Wasser und Auffüllen auf 1 l.

b) *Natriumarsenitlösung:* 5,0 g Arsentrioxyd werden mit 2,5 g Natriumhydroxyd unter Erwärmen in 50 ccm Wasser gelöst, die Lösung durch einen Wattebausch filtriert und mit dem Nachwaschwasser auf 200 ccm verdünnt. Der Titer der Lösung wird in der gleichen Weise wie bei der Bestimmung der Jodbromzahl selbst, auch unter Zusatz von 10 ccm Tetrachlorkohlenstoff, festgestellt, aber mit dem Unterschiede, daß man statt 50 ccm 25 ccm 0,1 N-Kaliumbromatlösung verwendet, die man mit 25 ccm Wasser verdünnt.

Statt mit der Arsenitlösung kann man das nicht verbrauchte Brom auch jodometrisch zurückmessen, indem man 10—15 ccm 10proz. Jodkaliumlösung zufügt und das ausgeschiedene Jod in bekannter Weise mit 0,1 N-Thiosulfatlösung zurückmißt.

Schnellverfahren zur Bestimmung der Jodzahl (Bromzahl) der Fette nach L. W. Winkler[1]) mit Bromessigsäure.

Man wiegt von dem zu untersuchenden Fette in einem Kölbchen so viel ab, daß bei dem Titrieren eine zwischen 5 und 10 ccm betragende Menge der Meßflüssigkeit verbraucht wird, also entsprechend der zu erwartenden

Jodbromzahl	200	100	50	30	10
Abzuwägende Fettmenge, etwa	0,05	0,10	0,20	0,30	1,00 g.

Das Fett wird in 2—3 ccm reinem Kohlenstofftetrachlorid, nötigenfalls unter gelindem Erwärmen, gelöst. Dann wird etwa 0,1 g zu feinem Pulver zerriebenes Mercurichlorid und etwa 0,1 g krystallisiertes Natriumacetat ($C_2H_3O_2Na \cdot 3 H_2O$) in das Kölbchen gestreut. Darauf läßt man aus einer kleinen, engen Hahnmeßröhre die Bromessigsäure hinzufließen. Anfänglich wird die Bromessigsäure fast augenblicklich entfärbt, späterhin etwas langsamer, so daß man die Meßflüssigkeit erst in etwa 1 ccm betragenden Mengen, dann in immer kleiner genommenen Anteilen zur Flüssigkeit gibt. Hält sich die gelbe Farbe bereits etwa $^1/_4$ Minute, so erwärmt man das Kölbchen über freier Flamme bis zum Aufkochen der Flüssigkeit, wobei die Salze gelöst werden und die bisweilen trübe Flüssigkeit sich klärt; sollte die Flüssigkeit nicht krystallklar geworden sein, so werden aus einem Tropffläschchen 2 bis 3 Tropfen Wasser hinzugefügt. Ist wieder Entfärbung eingetreten, so fügt man zur warmen Flüssigkeit nur mehr tropfenweise die Bromessigsäure hinzu, bis die citronengelbe Färbung der Flüssigkeit in 2—3 Minuten nicht mehr verblaßt. Der Endpunkt kann mit ±0,05 ccm Genauigkeit getroffen werden.

Die Bestimmungen können gleich gut bei Tageslicht oder bei künstlicher Beleuchtung ausgeführt werden. Nur bei der Untersuchung eines sehr dunkel gefärbten Fettes zeigen sich Schwierigkeiten.

Die Meßflüssigkeit wird hergestellt, indem man 3 ccm Brom in 1 l stärkster reiner Essigsäure löst. Je reinere Essigsäure man benutzt, um so titerbeständiger ist die

---

[1]) Zeitschr. f. Untersuch. d. Nahrungs- u. Genußmittel Bd. 49, S. 277—280. 1925.

Bromessigsäure. Der Titer der etwa 0,1 N-Bromessigsäure kann mit 0,1 N-Natriumarsenitlösung oder ebenso zweckmäßig durch ein Fett von bekannter Jodzahl, so durch reines Ricinusöl mit der Jodbromzahl 84,3 eingestellt werden. Bei der beständigen Anwendung des Schnellverfahrens arbeitet man zweckmäßig mit einer besonderen Nachfüllbürette[1]), die nachstehend abgebildet ist.

13. Bestimmung der Rhodanzahl. Die Rhodanzahl gibt an, wieviel Rhodan umgerechnet auf Prozente Jod ein Fett oder eine Fettsäure anzulagern vermag.

Die Rhodanzahl ist neuerdings von H. P. Kaufmann[2]) als weitere Kennzahl in die Fettanalyse eingeführt worden. Nach Kaufmann ist diese Kennzahl, die man auch als „rhodanometrische Jodzahl" bezeichnen kann, bei Ölsäure, Elaidinsäure, Erucasäure und Brassidinsäure und

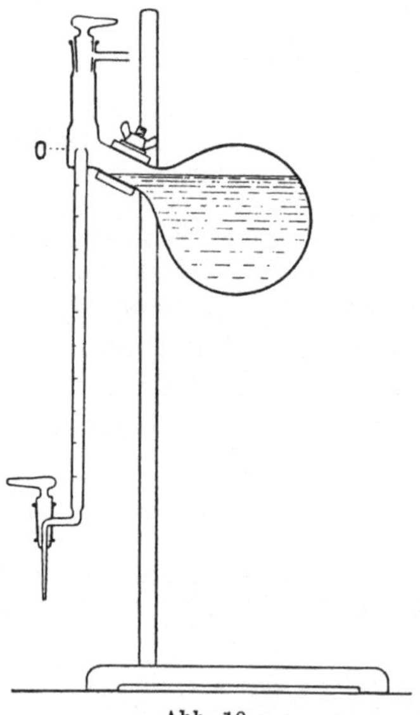

deren Glyceriden gleich der eigentlichen Jodzahl. Stearolsäure und Behenolsäure mit dreifacher Bindung im Molekül setzen sich dagegen mit Rhodan überhaupt nicht um. Bei Linolsäure ist die rhodanometrische Jodzahl gleich der Hälfte der jodometrischen, ebenso bei der Elaeostearinsäure.

Zur Ausführung der Bestimmung dient nach Kaufmann am besten eine Lösung von freiem Rhodan in vollständig wasserfreiem Eisessig, dem 20% Tetrachlorkohlenstoff zugesetzt sind.

Um den Eisessig vollkommen zu entwässern, destilliert man die 99—100% Essigsäure enthaltende käufliche Zubereitung (von Kahlbaum) nach Zusatz von 100 g Phosphorpentoxyd auf je 1 kg Eisessig und fängt von dem Destillate in einem durch Chlorcalciumrohr verschlossenen Kolben nur den Anteil 180—120° auf. Zur Aufbewahrung dienen Flaschen mit gut passendem Schliffe, die auf das sorgfältigste getrocknet sind. — Diesen so erhaltenen Eisessig verteilt man nach Vermischung mit 20% Tetrachlorkohlenstoff zu gleichen Teilen auf 2 Flaschen,

Abb. 10.
Nachfüllbürette nach L. W. Winkler.

setzt zu der ersten die auf die gewünschte Normalität berechnete Menge Brom mit einem Überschusse von etwa 5% (in der Regel 8,0 g entsprechend 0,1 N für 1 l Gesamtlösung + 0,4 g). Die zweite Flasche enthält die andere Hälfte Eisessig und die der berechneten Brommenge entsprechende, im Exsiccator über Phosphorpentoxyd getrocknete Menge Bleirhodanid von Kahlbaum mit 50% Überschuß (auf 1 l 0,1 N-Endlösung also etwa 24—25 g Pb(CNS)$_2$). Die Bromlösung wird in kleinen Anteilen unter ständigem Umschütteln zu dem in dem Eisessig aufgeschwemmten Bleirhodanid gegeben; zuletzt wird Flasche 1 mit einigen Kubikzentimetern des Inhaltes von Flasche 2 nachgespült, die Spülflüssigkeit in Flasche 2 zurückgegossen und nochmals bis zur Entfärbung durchgeschüttelt. Nach dem Absitzen der aus überschüssigem Bleirhodanid und gebildetem Bleibromid bestehenden Aufschwemmung wird durch ein Faltenfilter filtriert, das zuvor sorgfältig getrocknet wurde.

Die Rhodanlösung muß wasserhell (keineswegs rosa gefärbt, was die Anwesenheit von Wasser neben Spuren von Eisen anzeigen würde) sein. Die Feststellung des Titers erfolgt durch Überführen bekannter Mengen der

---

[1]) Zu beziehen von F. Weichner, Budapest VIII, Esterházystr. 9.

[2]) Zeitschr. f Unters. d. Lebensmittel Bd. 51, S. 15—27. 1926.

Lösung in eine Lösung von Kaliumjodid und Titration der ausgeschiedenen Jodmenge nach genügender Verdünnung mit Wasser in üblicher Weise mittels Natriumthiosulfatlösung. Um eine Polymerisation des Rhodans zu vermeiden, ist die Rhodanlösung im Dunkeln aufzubewahren.

Zur Bestimmung der Anlagerung des Rhodans an Fette wird zu je 0,1—0,2 g Fett so viel der Rhodanlösung zugefügt, daß der Überschuß daran 100—150% beträgt, dann nach bestimmten Zeiten bis zur Erreichung eines beständigen Wertes zurücktitriert, indem die Lösung in überschüssige wässerige Kaliumjodidlösung übergeführt wird. Gleichzeitig mit jeder Rücktitration wird der Titer der verwendeten Rhodanlösung, die unter ganz gleichen Bedingungen aufzubewahren ist, festgestellt[1]. Die erforderliche Einwirkungszeit betrug nach den Versuchen von Kaufmann meist etwa 4—5 Stunden, bei stark ungesättigten Ölen länger, z. B. bei Mohnöl 18 Stunden. Die Berechnung der Rhodanzahl erfolgt in gleicher Weise wie bei der Jodzahl (S. 33).

Bestimmung einzelner Fettbestandteile.

1. Bestimmung der Gesamtfettsäuren, ihrer Neutralisationszahl und ihres mittleren Molekulargewichtes. a) Bestimmung durch Berechnung: Ist V die Verseifungszahl des betreffenden Fettes, so berechnet sich der Gehalt an Fettsäuren in Prozenten (F) nach der Gleichung:

$$F = 100 - 0{,}02258 \times V.$$

Die Neutralisationszahl der Fettsäure N ergibt sich aus der Gleichung:

$$N = \frac{V}{1 - 0{,}0002258 \times V},$$

das Molekulargewicht der Gesamtfettsäuren aus der Gleichung:

$$M = \frac{56110 - 12{,}68 \times V}{V}.$$

b) Direkte Bestimmung mit Trichloräthylen nach eigenen Versuchen[2]. 10 g Fett werden in einem Rundkölbchen von 300 ccm Inhalt nach Zusatz von 10 ccm Glycerin und 4 ccm Kalilauge (750 g KOH im Liter) durch Umschwenken über freier Flamme verseift, bis die Seifenlösung völlig klar geworden ist. Alsdann läßt man erkalten und setzt 10 ccm 25proz. Salzsäure sowie genau 100 ccm Trichloräthylen hinzu, verbindet mittels durchbohrten Kautschukstopfens dicht mit einem Bömerschen Rückflußkühler[3]) und hält mittels Pilzbrenners in leichtem Sieden, bis die Seife völlig zerlegt ist, was in etwa 10 Minuten erreicht wird. Das in der Seife enthaltene Kalium scheidet sich dabei in Form von Chlorkalium teilweise aus.

Man läßt durch Einstellen des mit dem Kühler verbunden bleibenden Kölbchens in kaltes Wasser (von Zimmertemperatur) erkalten. Nach völligem Erkalten auf Zimmertemperatur (Temperatur des verwendeten Trichloräthylens) ersetzt man wie bei der Fettbestimmung mit Trichloräthylen den Rückflußkühler

---

[1]) Bei frischen Lösungen tritt ein Titerverlust in der Regel nicht ein.

[2]) Das Verfahren ist besonders zur Bestimmung der Gesamtfettsäuren in cocosfetthaltigen Seifen (S. 20) ausgearbeitet worden; in diesem Falle fällt die vorhergehende Verseifung natürlich fort.

[3]) Ein Kugel-Schlangenkühler.

durch das mit 2 Hähnen versehene Kugelrohr[1]), schließt den oberen Hahn und kehrt Kölbchen und Schüttelrohr um, worauf sich letzteres mit der Fettsäurelösung füllt. Sobald dies geschehen ist, schließt man auch den inneren, jetzt oben befindlichen Hahn und dreht abermals um, wodurch der Rest der Flüssigkeit in das Kölbchen zurückfließt, das dann abgenommen wird.

Da sich die wässerige Glycerinlösung in der Wärme in Spuren in Trichloräthylen löst, beim Erkalten aber in kolloider Verteilung ausscheidet, die auch teilweise durch Kieselgurfilter läuft, bedarf die Lösung einer Klärung. Zu diesem Zwecke bringt man in ein trockenes Erlenmeyerkölbchen von etwa 150 ccm Inhalt etwa 5—10 g gereinigte trockene Kieselgur und steckt das Kugelrohr mit dem kleineren Stopfen auf dieses Kölbchen. Dann öffnet man den unteren Hahn, worauf die Fettlösung unter Entweichen von Luftbläschen in das Kugelrohr in das Erlenmeyerkölbchen fließt. Während dieses Vorganges schüttelt man kräftig, damit sich die Kieselgur in der Fettsäurelösung verteilt. Nachdem das Kugelrohr leer gelaufen ist, bringt man durch Umkehrung des Apparates das Erlenmeyerkölbchen nach oben und läßt die Flüssigkeit in das Kugelrohr wieder zurückfließen. Dann schließt man wieder den inneren Hahn, nimmt das Erlenmeyerkölbchen ab und bringt an dem großen Kautschukstopfen wie bei der Fettbestimmung die Filtriervorrichtung an und läßt die Ausflußöffnung in einem Pyknometer von 25 ccm Inhalt münden.

Man öffnet jetzt den oberen Hahn und vorsichtig den unteren, worauf eine klare Filtration[2]) beginnt. Sobald etwa 5—10 ccm ausgelaufen sind, schließt man den unteren Hahn wieder, spült das Pyknometer mit der durchgelaufenen Menge der Fettsäurelösung aus. Dann füllt man es mit weiterem Filtrat genau bis zur Marke, füllt in ein gewogenes Erlenmeyerkölbchen von 100 ccm Inhalt um und spült mit reinem Trichloräthylen nach. Die Lösung wird alsdann über freier Flamme auf einem Drahtnetz abdestilliert und der Trockenrückstand nach zweistündigem Trocknen bei 105—110° gewogen. Handelt es sich um trocknende Öle, so muß die Trocknung in einer Kohlendioxyd-Atmosphäre erfolgen. Aus dem Gewichte des Abdampfrückstandes in Grammen ergibt sich unter Einsetzung der Fettsäuredichte von 0,90 aus der Tabelle S. 338 der Gehalt des Fettes an Fettsäuren in Prozenten.

Enthält das Fett flüchtige Fettsäuren (Cocosfett, Palmkernfett, Butterfett usw.), so bestimmt man den beim Trocknen verflüchtigten Anteil wie bei der Fettbestimmung in cocosfetthaltigen Seifen nach S. 20.

Bei Gegenwart von niederen Fettsäuren als Capronsäure (Butterfett) darf die Trichloräthylenlösung nur bis auf höchstens 20 ccm abdestilliert werden. Auch ist dann dem Äquivalentgewichte der Buttersäure entsprechend (S. 65) für je 1 ccm $^1/_5$ N-Lauge 0,0176 g Buttersäure (statt 0,0288 g Caprylsäure) einzusetzen.

Die Neutralisationszahl der Gesamtfettsäuren (N) findet man unter Einsetzung der Gesamtmenge der in 25 ccm enthaltenen Fettsäuren (A) und des gesamten Titrationswertes (p):

$$N = \frac{p}{A} \times 11{,}22.$$

---

[1]) Vgl. S. 17.

[2]) Das Filtrat muß völlig klar sein, da nur dann Glycerin und Salzlösung quantitativ abgetrennt werden.

Das mittlere Molekulargewicht der Fettsäuren (M) ist der Neutralisationszahl umgekehrt proportional und entspricht der Gleichung:

$$M = \frac{56\,110}{N} = 5001 \times \frac{A}{p}.$$

2. Bestimmung der festen und flüssigen (ungesättigten) Fettsäuren. Ob überhaupt ungesättigte Fettsäuren in einem Fette oder einem Gemische von Fettsäuren vorhanden sind, erkennt man am einfachsten durch die Bestimmung der Jodzahl. Hierbei ist aber zu beachten, daß diese nicht nur von der Menge der ungesättigten Fettsäuren, sondern auch von deren Sättigungsgraden abhängig ist.

Für die Trennung der festen (gesättigten) und flüssigen (ungesättigten) Fettsäuren dienten bisher meistens die Löslichkeitsunterschiede ihrer Bleisalze in Äther oder in Benzol[1]). Diesen Verfahren scheint das Thalliumverfahren von W. Meigen und A. Neuberger[2]), besonders in der verbesserten Form von D. Holde, M. Selim und W. Bleyberg[3]) an Schärfe und Einfachheit in der Ausführung überlegen zu sein.

Die Ausführungsvorschrift lautet:

1 g des Fettsäuregemisches wird in 50 ccm Alkohol von 96 Volumprozenten gelöst, mit alkoholischer[4]), etwa 0,1—0,5 N-Kalilauge neutralisiert, die Lösung mit 96proz. Alkohol auf etwa 125 ccm aufgefüllt und bei Zimmertemperatur mit 65 ccm Wasser und 35 ccm 4proz. wässeriger Thalliumsulfatlösung versetzt. Nach Absitzen des Niederschlages von den Thalliumsalzen gesättigter Fettsäuren bei 15° wird bei der gleichen Temperatur durch ein Faltenfilter filtriert. Der Niederschlag wird mit möglichst wenig 50proz. Alkohol, der einige Tropfen Thalliumsulfatlösung enthält, ausgewaschen. Aus dem Niederschlage und aus dem Filtrate (nach Abdestillieren des Alkohols) werden die Fettsäuren durch Ansäuern mit verdünnter Schwefelsäure in Freiheit gesetzt, ausgeäthert, die ätherischen Lösungen mit Natriumsulfat getrocknet und filtriert. Nach Verdampfen des Äthers werden die Rückstände gewogen. Auf erschöpfendes Auswaschen des Natriumsulfates mit heißem, trockenem Äther ist besonders zu achten.

3. Bestimmung von Stearinsäure und anderen gesättigten Fettsäuren nach O. Hehner und C. A. Mitchell[5]). Das Verfahren, das auf der Schwerlöslichkeit der Stearinsäure und deren höheren Homologen in Alkohol von 0° beruht, wird wie folgt ausgeführt:

Von festen Fetten wägt man 0,4—0,5 g, von flüssigen 0,5—1,0 g in einem gewogenen Kolben von 150 ccm Inhalt ab und fügt 100 ccm mit Stearinsäure bei 0° gesättigten Alkohol hinzu. Letzteren erhält man, indem man 3 g Stearinsäure in 1 l warmem 94proz. Alkohol löst, die Lösung abkühlt, bis zum folgenden Tage in Eis aufbewahrt und dann bei 0° vom Ungelösten abfiltriert. Nach Zusatz dieses Alkohols zu den zu untersuchenden Fettsäuren wird leicht erwärmt, bis die Fettsäuren gelöst sind, und über Nacht bei einer Temperatur

---

[1]) Vgl. J. König: Chemie der menschlichen Nahrungs- und Genußmittel Bd. III, 1. Teil, S. 388—393.

[2]) Chem. Umschau Bd. 29, S. 337. 1922.

[3]) Zeitschr. d. dtsch. Öl- u. Fettind. Bd. 44, S. 277—279 u. 298—301. 1924.

[4]) Mit 96proz. Alkohol hergestellt.   [5]) Analyst Bd. 21, S. 316. 1896.

von 0° gehalten. Am folgenden Morgen wird der Kolben, ohne daß man ihn aus dem Eiswasser herauszieht, gelinde geschüttelt, um die Krystallisation zu fördern, und darauf noch wenigstens eine halbe Stunde der Ruhe überlassen. Die alkoholische Lösung wird dann mit Hilfe der nebenstehend abgebildeten Vorrichtung abgesaugt, ohne daß man den Kolben aus dem Eiswasser entfernt. Die Glocke des kleinen Saugtrichters soll nicht mehr als 6 mm Durchmesser haben; sie wird mit feinem Kattun überspannt. Man saugt die Mutterlauge möglichst vollständig ab; die ablaufende Flüssigkeit muß klar sein. Den Rückstand wäscht man dreimal mit je 10 ccm der auf 0° abgekühlten, gesättigten alkoholischen Stearinsäurelösung aus. Hierauf spült man den kleinen Trichter,

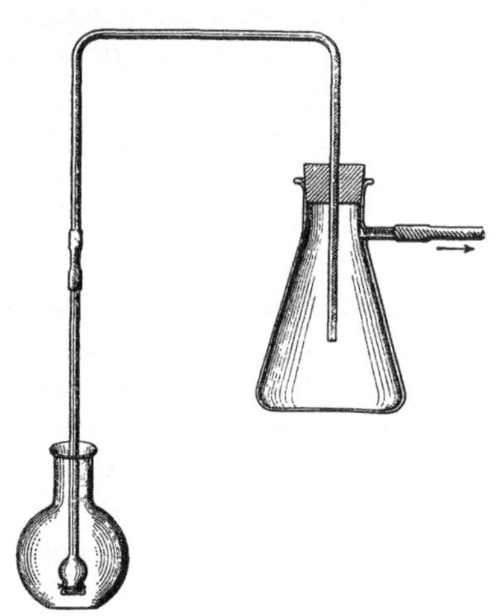

Abb. 11. Saugvorrichtung nach O. Hehner und C. A. Mitchell.

dessen Verbindung mit der Saugpumpe inzwischen gelöst wurde, mit etwas heißem Alkohol in den Kolben ab und hebt letzteren aus der Eiskiste. Der Alkohol wird dann verdunstet und der Kolben mit der zurückgebliebenen Stearinsäure bei 100° bis zur Gewichtsbeständigkeit getrocknet. Da die Gefäßwände und die auskrystallisierende Stearinsäure etwas Waschflüssigkeit zurückhalten, so bringt man als Korrektur hierfür 0,0050 g von der gewogenen Stearinsäure in Abzug. Zur Kontrolle bestimmt man den Schmelzpunkt der gewogenen Stearinsäure, der nicht unter 68,5° liegen soll. — Das Verfahren versagt meistens bei Gegenwart von nur geringen Mengen Stearinsäure infolge der sich beim Abkühlen einstellenden Übersättigungserscheinungen.

4. Quantitative Bestimmung der höheren, in Wasser unlöslichen, gesättigten Fettsäuren nach S. H. Bertram[1]). Das Verfahren beruht auf einem Abbau der ungesättigten Fettsäuren zu niedermolekularen durch alkalische Kaliumpermanganatlösung und Abscheidung der dabei nicht angegriffenen höheren gesättigten Fettsäuren in Form ihrer Magnesiumsalze.

Arbeitsweise: 5 g Fett werden mit 75 ccm 0,5 N-alkoholischer Kalilauge in üblicher Weise verseift, wobei gleichzeitig die Verseifungszahl bestimmt wird. Die titrierte Flüssigkeit wird sodann mit etwa 20 ccm alkoholischer Kalilauge und 75 ccm Wasser in einen Scheidetrichter übergespült und dreimal mit Petroläther ausgeschüttelt. Der gesammelte Petrolätherauszug wird mit ein wenig Kalilauge und mit Wasser gewaschen, worauf die Waschwässer der Seifenlösung wieder zugefügt werden. Die Petrolätherlösung ergibt nach Verdampfung des Lösungsmittels und Trocknung des Rückstandes, mal 20, den Prozentgehalt an Unverseifbarem.

Die erhaltene Seifenlösung wird nun auf dem Wasserbade zur Trockne eingedampft, mit Wasser aufgenommen, in einen Erlenmeyerkolben übergespült und mit Wasser auf 200 ccm gebracht. Nach Abkühlung setzt man 5 ccm 50 proz. Kalilauge und unter Kühlung eine Lösung von 30 g Kaliumpermanganat in 650 ccm Wasser zu, wobei die Temperatur von 25° nicht überschritten werden darf. Die Lösung muß rotviolett bleiben; andernfalls sind noch weitere Mengen Permanganatlösung hinzuzufügen. Nach tüchtigem Umschütteln läßt man über Nacht stehen und entfärbt dann das Reaktionsgemisch mit verdünnter Schwefelsäure und konzentrierter Natriumbisulfitlösung. Dabei erwärmt man, aber ohne zu kochen, bis alles abgeschiedene Mangandioxyd in Lösung gegangen ist und die Fett-

---

[1]) Zeitschr. d. dtsch. Öl- u. Fettind. Bd. 45, S. 733—736. 1925.

säuren sich klar abscheiden. Letztere werden sodann mit Petroläther vom Siedepunkte 40—60° ausgeschüttelt, dreimal mit Wasser gewaschen, nötigenfalls filtriert und abdestilliert.

Der Rückstand, der hauptsächlich aus den höheren gesättigten und aus flüchtigen Fettsäuren besteht, wird mit 200 ccm Wasser und etwas Ammoniak in Lösung gebracht, 30 ccm 10 proz. Ammoniumchloridlösung hinzugegeben und heiß mit überschüssiger Magnesiumsulfatlösung ausgefällt, kurz aufgekocht und nach Abkühlung filtriert und ausgewaschen. Filter samt Niederschlag werden sodann in einen Kolben gebracht, mit verdünnter Schwefelsäure versetzt, nochmals Ammoniak, Chlorammonium zugegeben und wieder mit Magnesiumsulfatlösung gefällt. Der jetzt erhaltene Niederschlag wird nach Abfiltrieren und Auswaschen mit dem Filter kurze Zeit am Rückflußkühler mit verdünnter Schwefelsäure gekocht und nach Abkühlung mit Petroläther ausgeschüttelt. Die Petrolätherlösung wird gewaschen, filtriert und abdestilliert; der Rückstand wird getrocknet und ergibt, mal 20, den Gehalt des Fettes an höheren, gesättigten Fettsäuren. — Zahlenangaben auf eine Dezimalstelle.

5. Bestimmung der Arachinsäure (und Lignocerinsäure) nach A. Heiduschka und S. Felser[1]**.** Das Verfahren, beruhend auf der Schwerlöslichkeit des Kaliumsalzes der Arachinsäure (und Lignocerinsäure) in Alkohol, wird nach Heiduschka und Felser am besten maßanalytisch wie folgt ausgeführt:

10 g Öl werden mit 20 ccm Meißlscher Kalilauge (200 g KOH + 1 l 70 proz. Alkohol) verseift; die Seifenlösung wird in einen Scheidetrichter übergeführt und mit Salzsäure zersetzt. Die Fettsäuren werden mit Äther aufgenommen, nach dem Abdunsten des Äthers in 100 ccm 96 proz. Alkohol gelöst und mit alkoholischer $^1/_{10}$ N-Kalilauge titriert. Als Indicator dienen wenige Kubikzentimeter bei Zimmertemperatur gesättigter alkoholischer Arachinsäurelösung. Man gibt so lange Lauge hinzu, bis ein herausgenommener Tropfen in der Indicatorflüssigkeit eine Trübung durch Ausfallen von arachinsaurem (lignocerinsaurem) Kalium hervorruft. Nach jedesmaliger Zugabe von Kalilauge zur Säurelösung läßt man von letzterer einige Tropfen in einem Capillarröhrchen aus Glas hochsteigen und bläst sie in ein etwa 8—10 mm weites Glasröhrchen mit dem Indicator. Der Wirkungswert der alkoholischen Kalilauge wird durch Einstellung gegen eine alkoholische Lösung von reiner Arachinsäure bzw. von einem z. B. aus Erdnußöl dargestellten Gemisch von Arachin- und Lignocerinsäure ermittelt.

Zur Darstellung eines solchen Gemisches von Arachin- und Lignocerinsäure scheidet man in gleicher Weise die schwer löslichen Kaliumsalze ab und stellt daraus die freien Fettsäuren durch Zerlegen mit Salzsäure her.

6. Nachweis der Ölsäure durch Überführung in Elaidinsäure nach A. Heiduschka und S. Felser[2]**.** Die flüssigen Fettsäuren werden in einer Schale mit verdünnter Schwefelsäure versetzt und eine konzentrierte Natriumnitritlösung zugefügt, hierauf so weit erwärmt, bis eine kräftige Gasentwicklung auftritt. Nun wird die Schale bedeckt beiseitegestellt, wobei die gebildete Elaidinsäure sich ausscheidet. Die Krystalle werden nach mehrmaligem Waschen mit Wasser auf Ton abgestrichen und, nachdem die flüssigen Anteile vom Ton aufgesaugt sind, aus wenig Eisessig umkrystallisiert und abermals auf Ton getrocknet. Von den erhaltenen Krystallen bestimmt man den Schmelzpunkt, der bei reiner Elaidinsäure bei 44,5° liegt.

Zu beachten ist, daß n u r Ö l s ä u r e, nicht aber Linol- und Linolensäure Elaidinsäure bilden.

7. Nachweis der Erucasäure. Die Erucasäure ist durch ein hohes Molekulargewicht von 338,3 und hohen Schmelzpunkt von 33—34° sowie durch Überführbarkeit in die bei 65° schmelzende Brassidinsäure durch salpetrige Säure gekennzeichnet. Sie findet sich in größeren Mengen namentlich in den Cruciferenölen, so im Rüböl.

Von den anderen ungesättigten Säuren unterscheidet sie sich durch ein in Äther schwerlösliches Bleisalz, das zu ihrem Nachweise nach M. Tortelli und V. Fortini[3] sowie nach H. Kreis und E. Roth[4] dient. Auf die Einzelheiten sei verwiesen. Ebenso einfach erscheint

---

[1]) Zeitschr. f. Untersuch. d. Nahrungs- u. Genußmittel Bd. 38, S. 249. 1919.

[2]) Zeitschr. f. Untersuch. d. Nahrungs- u. Genußmittel Bd. 38, S. 265. 1919.

[3]) Ann. des falsific. Bd. 4, S. 139. 1911; Zeitschr. f. Untersuch. d. Nahrungs- u. Genußmittel Bd. 22, S. 139. 1911; Chem.-Ztg. Bd. 34, S. 690. 1910.

[4]) Zeitschr. f. Untersuch. d. Nahrungs- u. Genußmittel Bd. 26, S. 38. 1913.

das Verfahren von D. Holde und J. Marcusson[1]), beruhend auf einer Abscheidung der Erucasäure aus einer Lösung in 25proz. Alkohol bei —20°. Man verfährt wie folgt: 20—25 g Fettsäuren werden in 40—50 ccm 96proz. Alkohol gelöst und in einem weiten Reagensglase mit Hilfe einer Eis-Kochsalzmischung auf —20° unter Rühren mit einem Glasstabe abgekühlt. Der entstehende Niederschlag wird im Kältetrichter bei —20° abgesaugt und mit gekühltem Alkohol etwas nachgewaschen. Das Filtrat wird eingedampft, der Rückstand mit dem vierfachen Raumteile 75volumproz. Alkohols aufgenommen und wiederum auf —20° abgekühlt. Die nunmehr bei Gegenwart von Erucasäure im Verlaufe von etwa einer Stunde langsam entstehende, durch Rühren beförderte krystallinische Ausscheidung wird abgesaugt und mit gekühltem 75proz. Alkohol ausgewaschen. Sie ist rein weiß und besteht zum größten Teile aus Erucasäure (neben gesättigten Fettsäuren). Man bestimmt darin das Molekulargewicht, das über 282,3 (Ölsäure) liegen muß, die Jodzahl, die bei reiner Erucasäure 75,1° beträgt, sowie den Schmelzpunkt, der bei Gegenwart von Erucasäure unter 34° liegt.

8. Trennung der ungesättigten Fettsäuren mittels Oxydation mit Kaliumpermanganat nach Hazura, vgl. A. Heiduschka und S. Felser, Zeitschr. f. Untersuch. d. Nahrungs- u. Genußmittel Bd. 38, S. 241. 1919; **mittels Bromierung,** ebenfalls zuerst von Hazura angegeben, dann von O. Hehner und C. H. Mitchell sowie von K. Farnsteiner ergänzt, vgl. die Lehrbücher, besonders A. Bömer in J. König: Chemie der menschlichen Nahrungs- und Genußmittel Bd. III, 1. Teil, S. 398.

Die Verfahren haben besondere Bedeutung für die Untersuchung technischer Öle für Mal- und Anstrichzwecke und sind für die Untersuchung der Speiseöle erst nur vereinzelt in Anwendung gekommen.

9. Bestimmung der unverseifbaren Bestandteile. Amtliche Vorschrift[2]). „10 g Butterfett werden in einer Schale mit 5 g Kaliumhydroxyd und 50 ccm Alkohol verseift; die Seifenlösung wird mit einem gleichen Raumteile Wasser verdünnt und mit Petroläther ausgeschüttelt. Der mit Wasser gewaschene Petroläther wird verdunstet, der Rückstand nochmals mit alkoholischer Kalilauge verdünnt und die mit dem gleichen Raumteile Wasser verdünnte Seifenlösung mit Petroleumäther ausgeschüttelt. Der mit Wasser gewaschene Petroleumäther wird verdunstet, der Rückstand getrocknet und gewogen.‘‘

Nach R. H. Kerr und D. G. Sorber[3]) kann man auch die alkoholische Seifenlösung, ohne mit Wasser zu verdünnen, mit Petroläther oder Äther mischen und dann erst die Seife aus dieser Lösung mit Wasser ausziehen. Man erreicht quantitative Scheidung und gute Schichtentrennung, wenn man das Wasser in dünnem Strahle in die Lösung einspritzt, wobei der Schütteltrichter leicht gedreht, aber keinesfalls heftig geschüttelt werden darf.

10. Unterscheidung von Tier- und Pflanzenfetten durch ihre Sterine nach A. Bömer. Wie zuerst A. Bömer[4]) erkannt und nachgewiesen hat, enthalten alle tierischen Fette in ihrem sogenannten Unverseifbaren Cholesterin, die pflanzlichen Phytosterin, ferner die tierischen weder Phytosterin noch die pflanzlichen Cholesterin. Durch den Nachweis von Cholesterin ist also der Beweis geführt, daß ein tierisches Fett, von Phytosterin, daß ein pflanzliches Fett vorliegt. Findet man sowohl Cholesterin als auch Phytosterin, so liegt ein Gemisch von tierischem und pflanzlichem Fett vor. Bömer hat zum Nachweise von Pflanzenfett in Tierfetten die Phytosterinprobe[5]) und die Phyto-

---

[1]) Zeitschr. f. angew. Chem. Bd. 23, S. 1260. 1910.

[2]) Amtliche Anweisung zur Untersuchung von Fetten und Käsen vom 1. April 1898.

[3]) Journ. assoc. official agricult. chem. Bd. 8, S. 90—91. 1925; Chem. Zentralbl. 1925, II, S. 1905.

[4]) Zeitschr. f. Untersuch. d. Nahrungs- u. Genußmittel Bd. 1, S. 81. 1898.

[5]) Im folgenden ist nur die letztere Phytosterinacetatprobe beschrieben, weil in der Praxis in der Regel die Sterine als Digitonid abgeschieden werden, woraus dann direkt das Acetat dargestellt wird.

sterinacetatprobe angegeben, von denen besonders letztere sich als außer-ordentlich empfindlich erwiesen und bewährt hat.

Später hat die Beobachtung von W. Windaus[1]), daß die Sterine mit Digitonin schwerlösliche Verbindungen bilden, besonders auf Grund der Arbeiten von J. Marcusson und H. Schilling[2]) sowie von M. Klostermann[3]) eine bequeme Gewinnung der Sterine in reiner Form aus den Fetten ermöglicht. Klostermann hat ferner darauf hingewiesen, daß bei Behandlung von Pflanzenfetten ohne Verseifung nur die freien und erst nach Verseifung auch die mit Fettsäuren veresterten Sterine gewonnen werden.

a) Abscheidung der Sterine mit Digitonin in der Ausführung von B. Kühn, F. Bengen und J. Wewerinke[4]). 50 g Fett oder Öl werden in einem mit Uhrglas bedeckten Erlenmeyerkolben oder Becherglase von etwa 500 ccm Inhalt mit 100 ccm Kalilauge (200 g KOH in Alkohol von 70 Volumprozent zu 1 l aufgefüllt) auf dem kochenden Wasserbade unter öfterem Umschwenken oder Umrühren verseift. Die klare Seifenlösung wird mit etwa 150 ccm heißem Wasser verdünnt, mit 50 ccm 25proz. Salzsäure zersetzt und weiter erhitzt, bis sich die Fettsäuren als klares Öl an der Oberfläche gesammelt haben. Die Fettsäuren filtriert man durch ein hinreichend großes, zunächst mit heißem Wasser gefülltes Filter, zweckmäßig durch einen Heißwassertrichter, von der wässerigen Flüssigkeit ab. Nachdem die wässerige Flüssigkeit abgetropft ist, durchstößt man das Filter mit einem dünnen Glasstabe und filtriert die Fettsäuren durch ein neues trockenes Filter in ein Becherglas von etwa 200 ccm ab. Man erwärmt sie auf etwa 70°, gibt 25 ccm 1proz. alkoholische (96%) Digitoninlösung[5]) in dünnem Strahle hinzu und hält das Reaktionsgemisch unter wiederholtem Umrühren auf einem geschlossenen Wasserbade auf etwa 70°. Hierbei scheidet sich sofort oder nach einiger Zeit Digitoninsterid aus[6]). Nach etwa einer Stunde gibt man zu dem noch heißen Gemisch etwa 20 ccm Chloroform, filtriert das Digitoninsterid sofort durch eine vorgewärmte Nutsche oder Wittsche Saugplatte mit dicht angelegtem Filter ab und wäscht zur Entfernung etwa ausgeschiedener Fettsäuren dreimal mit warmem Chloroform und ebensooft mit Äther nach. Um etwa noch vorhandene Fettsäurenreste vollständig zu entfernen, wird der Inhalt des Filters ungefähr 10 Minuten bei etwa 100° getrocknet, in einem kleinen Schälchen nochmals mit Äther behandelt, abfiltriert und abermals bei 100° getrocknet.

Die so abgeschiedenen Digitoninsteride werden nun mit 3—5 ccm Essigsäureanhydrid in einem Reagensglase mit aufgesetztem Kühlrohr 5—10 Minuten zum Sieden erhitzt, die klare oder nur schwach getrübte Lösung mit dem vierfachen Volumen 50proz. Alkohols versetzt und darauf in kaltem Wasser abgekühlt. Nach etwa 15 Minuten wird das ausgeschiedene Sterinacetat abfiltriert,

---

[1]) Ber. d. dtsch. chem. Ges. Bd. 41, S. 2558. 1908 u. Bd. 42, S. 238. 1909.

[2]) Chem.-Ztg. Bd. 37, S. 1001. 1913.

[3]) Zeitschr. f. Untersuch. d. Nahrungs- u. Genußmittel Bd. 26, S. 433. 1913; vgl. M. Klostermann und H. Opitz: Ebenda Bd. 27, S. 713; Bd. 28, S. 138. 1914.

[4]) Zeitschr. f. Untersuch. d. Nahrungs- u. Genußmittel Bd. 29, S. 321. 1915.

[5]) Zur Prüfung des Digitonins kann man nach Merck 0,4 g Cholesterin mit 1 g Digitonin ausfällen, worauf das Gewicht des Produktes 1,25—1,26 g betragen soll.

[6]) Wenn sich kein Digitoninsterid abscheidet, ist die Prüfung als negativ ausgefallen anzusehen.

mit 50 volumproz. Alkohol gewaschen, mit geringen Mengen Äther vom Filter gelöst und die Lösung in einem kleinen Glasschälchen zur Trockne verdampft. Den Rückstand prüft man nach Bömer wie folgt:

b) **Phytosterinacetatprobe nach A. Bömer**[1]). Die Probe beruht auf dem etwa 10—20° betragenden Unterschiede der Schmelzpunkte der Acetylester des Cholesterins einerseits und der Phytosterine anderseits und ferner der Eigenschaften dieser Ester, in Gemischen nicht zusammen zu krystallisieren (isomorphe Mischungen zu bilden), sondern sich zu entmischen. Da die Acetylester der Phytosterine schwerer in Alkohol löslich sind als der des Cholesterins, so reichern sich beim fraktionierten Umkrystallisieren die ersten Fraktionen immer mehr mit den Phytosterinacetaten an, die man durch ihre höheren Schmelzpunkte (125,0—137,0° korr.) vom Cholesterinacetat (114,3—114,8° korr.) unterscheidet bzw. in Gemischen neben diesen nachweist.

Zur **Ausführung der Probe** löst man die Sterinacetate in einem Glasschälchen unter Bedecken mit einem Uhrglase in der nötigen Menge[2]) absoluten Alkohols und überläßt die klare Lösung, bis zum Erkalten auf Zimmertemperatur mit einem Uhrglase bedeckt, der Krystallisation.

Nachdem die Hälfte bis zwei Drittel der Flüssigkeit verdunstet und der größte Teil des Esters auskrystallisiert ist, filtriert man die Krystalle durch ein kleines Filter ab und bringt den in der Schale noch befindlichen Rest mit Hilfe eines kleinen Spatels und durch zweimaliges Aufgießen von 2—3 ccm 95 proz. Alkohols gleichfalls auf das Filter. Den Inhalt des Filters bringt man wieder in das Krystallisationsschälchen zurück, löst ihn je nach seiner Menge in 2—10 ccm absolutem Alkohol und läßt wiederum krystallisieren. Nachdem der größte Teil des Esters auskrystallisiert ist, filtriert man abermals ab und wiederholt das Umkrystallisieren, solange die Menge des Esters ausreicht. Von der dritten Krystallisation an bestimmt man den Schmelzpunkt[3]) des Esters und wiederholt diese Bestimmung bei jeder folgenden Krystallisation.

Ist bei den in dieser Weise ausgeführten Schmelzpunktbestimmungen bei der letzten Krystallisation der Ester bei 116° korr. noch nicht vollständig geschmolzen, so ist ein Zusatz von Pflanzenfett als wahrscheinlich anzunehmen, schmilzt der Ester aber erst bei 117° korr. oder noch höher, so ist ein Gehalt an Pfanzenfett mit Bestimmtheit als erwiesen anzusehen.

Nach den Versuchen von J. Prescher und R. Claus[4]) lassen sich bei der Ausführung der Phytosterinprobe auch die **Glasfiltertiegel** der Firma Schott & Gen. in Jena mit Vorteil verwenden, wenn man wie folgt arbeitet:

Man fällt die Sterine mit Digitonin wie oben, aber in einem Scheidetrichter mit gekürzter Abflußröhre, wobei sich die Digitoninsteride an der Oberfläche des Gemisches ansammeln, so daß durch einfaches Ablassen die Hauptmenge des Fettes entfernt werden kann. Man gibt dann in den Scheidetrichter Chloroform, Tetrachlorkohlenstoff oder Tetrachloräthylen, mischt und läßt nach einigem Stehen abermals die untere klare Schicht ab, darauf gibt man die im Trichter zurückgebliebene Ausfällung durch Drehen des Ablaufhahnes in den gewogenen Glasfiltertiegel (1 G. ³/₂—3) von 25 ccm Inhalt, filtriert und wäscht dreimal mit warmem Äther nach. Nach Trocknung bei 60—70° kann man wägen und aus dem Gewichte des Niederschlages, mal 0,25, die Cholesterinmenge berechnen.

---

[1]) Zeitschr. f. Untersuch. d. Nahrungs- u. Genußmittel Bd. 4, S. 1070. 1901.
[2]) Auf je 0,1 g Rohcholesterin etwa 10 ccm Alkohol.
[3]) Vgl. S. 23.
[4]) Zeitschr. f. Untersuch. d. Nahrungs- u. Genußmittel Bd. 50, S. 420—423. 1925.

Die trockenen Steride bringt man in ein Kölbchen mit eingeschliffenem Glasrohre und zerlegt wie oben mit Essigsäureanhydrid. Zur Filtration des Sterinacetates gießt man zunächst die suspendierten Krystalle von dem am Boden liegenden schweren Niederschlage auf den Glasfiltertiegel ab und wiederholt das Zurückgießen der anfangs meist noch nicht ganz klar abtropfenden Mutterlauge bis zur gewünschten Klarheit. Darauf gibt man den ganzen Niederschlag auf den Tiegel und wäscht mit 50 proz. Alkohol aus und trocknet. Zur Filtration der Sterinacetatkrystalle nach Umkrystallisieren aus absolutem Alkohol dient am besten der feinporigere Glasfiltertiegel 1 G. $^3/_5$—7.

11. Der Nachweis von Cholesterin neben Phytosterin (Tierfett neben Pflanzenfett) ist schwieriger. A. Windaus[1]) hat hierfür die Eigenschaft des leicht darstellbaren Cholesterindibromides, in einem Gemisch von Äther und Eisessig schwerer löslich zu sein als Phytosterindibromid, vorgeschlagen. Das Verfahren versagt jedoch, wenn nur geringe Mengen Cholesterin vorliegen.

Ein Verfahren zur quantitativen Bestimmung der freien und gesamten Sterine durch Abscheidung derselben mit Digitonin vor und nach der Verseifung haben M. Klostermann und H. Opitz[2]) angegeben. Durch Malnehmung der gewogenen Digitoninsteride mit dem Faktor 0,2431 werden die vorhandenen Mengen des Sterins (Cholesterins oder Phytosterins) erhalten. — Auf die Einzelheiten in der Ausführung sei hier verwiesen.

12. Bestimmung des Phosphor- (Lecithin-) Gehaltes von Fetten. Etwa 10 g Fett werden mit alkoholischer Kalilauge verseift, der Alkohol verdunstet, die Seife mit Wasser aufgenommen, durch Kochen mit Salpetersäure zersetzt und nach Abscheidung der Fettsäuren im Scheidetrichter die wässerige Phase nach Zusatz von 10 ccm 10 proz. Magnesiumacetatlösung in einer Platinschale zur Trockne verdampft. Der Rückstand wird nach einstündigem Trocknen bei 120—130° verascht und geglüht. Der Glührückstand wird in Salpetersäure gelöst und darin nach dem Molybdänverfahren (vgl. S. 100 und S. 224) die Phosphorsäure bestimmt.

Zum Nachweise sehr geringer Mengen von Phosphatiden hat H. Jäckle[3]) ein besonderes Verfahren angegeben, worauf verwiesen sei.

Menge $P_2O_5 \cdot 24\,MoO_3$	P	P_2O_5	$C_{44}H_{86}NO_9P$	Menge $P_2O_5 \cdot 24\,MoO_3$
1	0,0173	0,0395	0,447	1
2	0,0345	0,0790	0,894	2
3	0,0518	0,1185	1,340	3
4	0,0690	0,1580	1,787	4
5	0,0863	0,1975	2,234	5
6	0,1035	0,2369	2,681	6
7	0,1208	0,2764	3,128	7
8	0,1380	0,3159	3,574	8
9	0,1553	0,3554	4,021	9

Angegeben wird der Phosphorgehalt entweder als solcher (P) oder als Lecithin-Phosphorsäure (P_2O_5) oder als Dioleyllecithin ($C_{44}H_{86}NO_9P$). Zur Berechnung aus dem gewogenen $P_2O_5 \cdot 24\,MoO_3$ dienen vorstehende Faktoren.

Bestimmung der Kohlehydrate.

Die wichtigsten in Nahrungsmitteln vorkommenden Zuckerarten sind Saccharose, Glykose, Fructose, Lactose und Maltose. Ihre Bestimmung erfolgt auf Grund ihres Verhaltens:

[1]) Chem.-Ztg. Bd. 30, S. 1011. 1906.
[2]) Zeitschr. f. Untersuch. d. Nahrungs- u. Genußmittel Bd. 27, S. 713. 1914.
[3]) Zeitschr. f. Untersuch. d. Nahrungs- u. Genußmittel Bd. 5, S. 1062. 1902.

a) gegen alkalische Kupferlösung (Fehlingsche Lösung);
b) gegen alkalische Jodlösung;
c) im polarisierten Lichte;
d) gegen Behandlung mit Alkalien oder starken Säuren.
e) durch sonstige Verfahren.

Übersicht über das Verhalten der Zuckerarten.

Art der Behandlung		Glykose	Fructose	Lactose	Maltose	Saccharose
Erhitzen mit alkalischer Kupferlösung		reduziert	reduziert	reduziert	reduziert	reduziert nicht
Kalte Behandlung mit alkalischer Jodlösung		wird oxydiert	wird nicht oxydiert	wird oxydiert	wird oxydiert	wird nicht oxydiert
Erhitzen mit	Alkalien	wird zerstört	wird zerstört	wird zerstört	wird zerstört	wird nicht zerstört
	stärkeren Säuren	wird nicht zerstört	wird zerstört	wird in Galaktose und Glykose gespalten	wird in Glykose gespalten	wird in Glykose und Fructose gespalten, deren letztere zerstört
	schwachen Säuren	wird nicht zerstört	wird nicht zerstört	wird langsam gespalten	wird langsam gespalten	wird in Glykose und Fructose (Invertzucker) gespalten.
Drehung im polarisierten Lichte		rechts	links	rechts	rechts	rechts (nach Inversion links)

Aus diesen Reaktionen haben sich folgende Bestimmungsverfahren ergeben:

1. Zuckerbestimmung mit alkalischer Kupferlösung.

a) Maßanalytische Ausführung nach N. Schoorl und A. Regenbogen[1]. In einem Erlenmeyerkolben aus Jenaer Glas von 200—300 ccm Inhalt werden 10 ccm der Lösung A (34,639 g krystallisiertes Kupfersulfat in 500 ccm), dann 10 ccm der Lösung B (173 g Seignettesalz und 50 g NaOH in 500 ccm) pipettiert, die Zuckerlösung, die im allgemeinen etwas weniger als 100 mg Zucker enthalten darf, zugegeben und so viel Wasser zugesetzt, daß die Gesamtmenge stets 50 ccm beträgt. Das Gemisch wird über einer passenden Bunsen-Flamme erhitzt, wobei die Zeit bis zum beginnenden Sieden etwa 3 Minuten betragen soll, und genau 2 Minuten (für alle Zuckerarten) im Sieden gehalten, wobei der Erlenmeyerkolben auf ein Drahtnetz gestellt wird, das mit einer Asbestpappe, in der eine für den Kolben passende runde Öffnung freigehalten wird, bedeckt ist. Die Flüssigkeit soll nur mäßig kochen, damit die Raummenge sich durch Verdampfen nicht merklich ändert.

Dann wird schnell in kaltem Wasser bis ungefähr 25° abgekühlt und 3 g Kaliumjodid in höchstens 10 ccm Wasser gelöst hinzugefügt, darauf werden

---

[1] Zeitschr. f. analyt. Chem. Bd. 56, S. 191—262. 1917.

10 ccm 25 proz. (1 Vol. H_2SO_4 + 6 Vol. Wasser) Schwefelsäure zugegeben und unmittelbar unter fortwährendem Umschwenken mit $^1/_{10}$ N-$Na_2S_2O_3$-Lösung titriert, bis die Jodfärbung auf Gelb zurückgegangen ist, ziemlich viel Stärkelösung hinzugefügt und langsam weitertitriert, bis das Blau aus der Flüssigkeit völlig verschwunden ist und nur das Rahmgelb des Cuprojodids übrigbleibt und sich einige Minuten unverändert hält.

Der Unterschied zwischen der durch den Leerversuch ermittelten und der bei der Bestimmung erhaltenen Zahl gibt die vom Zucker reduzierte Kupfermenge an. Hieraus erhält man aus der Tabelle S. 358[1]) die entsprechende Zuckermenge.

Will man das gefällte Kupferoxydul mit Permanganatlösung[2]) bestimmen, so wird die abgekühlte Flüssigkeit durch einen Goochtiegel[3]), der mit Asbest und etwas Kieselgur beschickt ist, filtriert und mit kaltem Wasser ausgewaschen, wozu 200 ccm desselben ausreichen. Dann bringt man den Inhalt des Tiegels durch Abspritzen mit Wasser mitsamt Asbest in ein Becherglas und spült mit 25 ccm einer 10 proz. Lösung von Eisenammoniumalaun in kleinen Anteilen nach. Hierauf werden 10 ccm verdünnte Schwefelsäure zugesetzt und unmittelbar mit einer $^1/_{10}$ N-Kaliumpermanganatlösung titriert. — Bei genauen Bestimmungen muß auch hier das Ergebnis eines Leerversuches in Abzug gebracht werden.

Vorhandene Saccharose ist, um mit alkalischer Kupferlösung bestimmt werden zu können, vorher durch Erhitzen mit Säuren zu invertieren. Zu diesem Zwecke versetzt man 50 ccm der Saccharoselösung in einem 100 ccm-Kölbchen mit 3 ccm $^1/_2$ N-Salzsäure, erhitzt 30 Minuten im siedenden Wasserbade, neutralisiert nach dem Erkalten mit 6 ccm $^1/_4$ N-Natron- oder Kalilauge und bestimmt den Invertzucker wie beschrieben.

Bestimmt man ebenfalls den Invertzucker vor der Inversion, so entspricht der Unterschied beider Ergebnisse nach Tabelle S. 359 dem durch die Inversion aus der Saccharose entstandenen Invertzucker, nach Tabelle 17 der invertierten Saccharose selbst. Je 1 g Invertzucker entsprechen 0,95 g Saccharose.

Bei der Inversion ist zu beachten, daß die Spaltung der Saccharose durch die freien Wasserstoffionen bedingt ist, also durch Gegenwart von Salzen schwacher Säuren („Puffer"), z. B. von Acetaten, so lange beeinträchtigt wird, als die „Pufferwirkung" dieser Salze das Auftreten hinreichender Mengen Wasserstoffionen verhindert. In solchen Fällen empfiehlt es sich, die zu prüfende Lösung zunächst mit einem geeigneten Indicatorpapier (Kongorotpapier) mit Salzsäure auf schwach sauer einzustellen und dann erst die zur Inversion dienenden 3 ccm $^1/_2$ N-Salzsäure hinzuzufügen.

---

[1]) Die in der Quelle und in der Zeitschr. f. Untersuch. d. Nahrungs- u. Genußmittel Bd. 39, S. 181. 1920 befindliche Tabelle enthält außerdem die entsprechenden Reduktionswerte für Galaktose, Mannose, Arabinose, Xylose und Rhamnose, worauf hier verwiesen sei.

[2]) Ursprünglich von F. Mohr (1873) vorgeschlagen, aber von Schoorl und Regenberg u. a. verbessert.

[3]) In der Quelle wird empfohlen, durch ein Filterröhrchen zu filtrieren, den Niederschlag zuerst in Eisenalaun zu lösen (was bisweilen Schwierigkeiten verursacht), dann mit Wasser das Filter auszuwaschen. Obige Abänderung erscheint nach eigenen Versuchen einfacher. Die geringen Mengen Asbest und Kieselgur wirken bei der Titration kaum störend.

Eine verbesserte Tafel zur Berechnung des Invertzuckers[1]) bei der jodometrischen Bestimmung des Kupferüberschusses nach N. Schoorl haben F. Auerbach und E. Bodländer[2]) wie folgt berechnet:

Minderverbrauch an 0,1 N.-Thiosulfatlösung ccm	Invertzucker im ganzen mg	für je 0,1 ccm mg	Minderverbrauch an 0,1 N.-Thiosulfatlösung ccm	Invertzucker im ganzen mg	für je 0,1 ccm mg
0	0,0		12	40,0	
		0,32			0,36
1	3,2		13	43,6	
		0,32			0,37
2	6,4		14	47,4	
		0,33			0,36
3	9,7		15	50,9	
		0,33			0,36
4	13,0		16	54,5	
		0,33			0,37
5	16,3		17	58,2	
		0,33			0,37
6	19,6		18	61,9	
		0,33			0,39
7	22,9		19	65,8	
		0,33			0,39
8	26,2		20	69,7	
		0,33			0,39
9	29,6		21	73,6	
		0,34			0,40
10	33,0		22	77,6	
		0,34			0,41
11	36,4		23	81,7	
		0,34			
		0,36			

Die Abweichungen von den Ergebnissen der Schoorlschen Tabelle sind jedoch nur gering und vielleicht durch etwas abweichende Versuchsanstellung bedingt.

Zwecks Ersparung von Kaliumjodid hat G. Bruhns[3]) dieses teilweise durch Rhodankalium ersetzt; wie aber Auerbach und Bodländer feststellten, wird dadurch der Einfluß der Zeitdauer der Titration auf das Ergebnis so beeinflußt, daß das Verfahren ungenau werden kann.

b) Gewichtsanalytische Ausführung. α) *Bestimmung der Glykose nach Meißl und Allihn:* 30 ccm Kupfersulfatlösung, 30 ccm Seignettesalzlösung[4]) und 60 ccm Wasser werden zum Kochen erhitzt, sodann 25 ccm der höchstens 1 proz. Zuckerlösung zugesetzt und noch weitere 2 Minuten im Kochen erhalten. Dann wird durch einen Goochtiegel filtriert, mit heißem Wasser ausgewaschen, mit Alkohol und Äther nachgewaschen und das Kupferoxydul schließlich nach 10 Minuten langem Trocknen bei 105° gewogen. Die entsprechende Menge Glykose ergibt sich aus der Tabelle S. 361.

β) *Bestimmung des Invertzuckers nach E. Meißl:* 25 ccm Kupfersulfatlösung, 25 ccm Seignettesalzlösung (S. 44) und so viel Invertzuckerlösung, als höchstens 0,245 g Invertzucker entsprechen, werden auf 100 ccm gebracht, 2 Minuten im Sieden erhalten und wie bei α) weiter behandelt.

γ) *Bestimmung der Maltose nach E. Weiss:* 25 ccm Kupfersulfatlösung, 25 ccm Seignettesalzlösung (S. 44) und 25 ccm der höchstens 1 proz. Zuckerlösung werden kalt gemischt, erhitzt und 4 Minuten im Kochen erhalten. Der Zucker aus dem abgeschiedenen Kupferoxydul wird in entsprechender Weise wie vorhin ermittelt.

δ) *Bestimmung der Lactose nach Soxhlet:* 25 ccm Kupfersulfatlösung, 25 ccm Seignettesalzlösung und 100 ccm einer verdünnten Milchflüssigkeit (25 ccm Milch mit 400 ccm Wasser verdünnt, nach Ritthausen gefällt, auf 500 ccm aufgefüllt, filtriert) werden zum Sieden erhitzt und 6 Minuten im Sieden erhalten. Das Kupferoxydul wird gesammelt und daraus nach der Tabelle S. 361 der Milchzuckergehalt berechnet.

---

[1]) Dieser Tafel entspricht auch die in der amtlichen Anweisung zur Untersuchung des Weines enthaltene (vgl. S. 360).

[2]) Zeitschr. f. angew. Chem. Bd. 35, S. 631—632. 1922.

[3]) Chem.-Ztg. Bd. 22, S. 301—302. 1918; Zentralbl. f. Zuckerind. Bd. 27, S. 621, 642, 664 u. 767. 1920; Chem. Zentralbl. 1920, II, S. 18—19.

[4]) Dieselbe enthält bei der Glykosebestimmung nach Allihn statt 50 g Natriumhydroxyd 125 g Kaliumhydroxyd in 500 ccm.

Anmerkung: Die aus dem gewogenen Kupferoxydul abgelesenen Zuckergehalte stimmen entweder ganz oder doch mit praktisch hinreichender Genauigkeit mit den aus dem Kupferoxyd berechneten[1]) überein. In Zweifelsfällen oder bei Vorliegen besonderer Umstände (Gegenwart von durch alkalische Kupferlösung fällbaren nichtzuckerartigen Stoffen, bei Schiedsanalysen usw.) empfiehlt es sich, das Kupferoxydul nach dem Wägen durch Glühen in Kupferoxyd überzuführen, dieses zu wägen und aus dessen Gewicht mit dem Faktor 0,8995 das Kupferoxydul wieder zu berechnen, oder die für Wein (S. 366) angegebene Tafel zu verwenden.

Über die Bestimmung des Zuckers in Wein vgl. im übrigen S. 294.

2. Zuckerbestimmung mit alkalischer Jodlösung. Die Oxydierbarkeit der Aldosen gegenüber Ketosen durch Hypojodid wurde zuerst von Romijn[2]) beobachtet. Neuerdings wurde das Verfahren durch Willstätter und Schudel[3]) verbessert und besonders durch J. M. Kolthoff[4]) in eine praktisch brauchbare Form gebracht. Nach Kolthoff kann man entweder nach dem Jod-Natronlauge-Verfahren oder nach dem Jod-Soda-Verfahren genaue Ergebnisse erhalten.

a) Jod-Natronlauge-Verfahren nach J. M. Kolthoff: Zu 10 ccm der Zuckerlösung, die höchstens 1,1% Glykose enthalten darf, setzt man 25 ccm 0,1 N-Jodlösung und darauf unter Umschütteln 30 ccm 0,1 N-Lauge. Nach 3—10 Minuten langem Stehen im verschlossenen Gefäß säuert man mit verdünnter Schwefel- oder Salzsäure an und titriert den Jodüberschuß mit Thiosulfatlösung zurück. Je 1 ccm verbrauchter 0,1 N-Jodlösung entspricht 9,00 mg Glykose.

b) Jod-Soda-Verfahren nach Bougault[5]): Zu 10 ccm der 0,9- bis 1,2 proz. Zuckerlösung setzt man 25 ccm 0,1 N-Jodlösung und 15 ccm 2 N-Natriumcarbonatlösung und titriert nach 20—25 Minuten unter Ansäuern mit 10 ccm 4 N-Salz- oder Schwefelsäure den Jodüberschuß mit Thiosulfatlösung zurück. Je 1 ccm verbrauchte 0,1 N-Jodlösung entspricht 9,00 mg Glykose.

Bei Anwesenheit von „Nichtaldosen" bestimmt man unter denselben Umständen, wie der Versuch selbst vorgenommen wird, die Menge Jod, die durch die anderen Stoffe gebunden wird.

Bei der Titration von Glykose in Invertzucker bringt man von dem Ergebnis 1% des gefundenen Wertes als Korrektur für den Einfluß der Fructose in Abzug.

Bei Anwesenheit von viel Saccharose neben Lactose ist dem Sodaverfahren gegenüber dem Natronlaugeverfahren der Vorzug zu geben.

Im besonderen empfehlen sich nach Kolthoff noch folgende Arbeitsweisen für verschiedene zuckerhaltige Flüssigkeiten:

Lactosebestimmung in Milch. In einem 100-ccm-Kölbchen versetzt man zwecks Klärung nach Carrez[6]) 10 ccm Milch mit 40—60 ccm Wasser, 2 ccm Ferrocyankaliumlösung (150 g/l), 2 ccm Zinksulfatlösung (300 g/l) und einem Tropfen Phenolphthaleinlösung (1 : 100), setzt Natronlauge bis zu schwacher

---

[1]) Vgl. das frühere Verfahren und die amtliche Anweisung zur Untersuchung des Weines. — Bei zu kurzem Glühen werden leicht zu niedrige Werte für CuO gefunden; das Glühen ist daher stets bis zur Gewichtsbeständigkeit fortzusetzen.

[2]) Zeitschr. f. analyt. Chem. Bd. 36, S. 349. 1897.

[3]) Ber. d. dtsch. chem. Ges. Bd. 51, S. 780. 1918. Vergl. auch A. Behre, Zeitschr. f. Unters. d. Nahrungs- u. Genußmittel Bd. 41, S. 226—230. 1921.

[4]) Zeitschr. f. Untersuch. d. Nahrungs- u. Genußmittel Bd. 45, S. 131—141 u. 141—147. 1923.

[5]) Journ. de pharm. et de chim. Bd. 16, S. 97 u. 313. 1917. Ausführungsform von Kolthoff.

[6]) Ann. chim. analyt. Bd. 14, S. 187. 1909.

Rötung zu, füllt auf 100 ccm auf und filtriert. Zu 5 ccm des Serums setzt man 25 ccm 0,1 N-Jodlösung und 15 ccm 2 N-Sodalösung. Nach 25 Minuten langem Stehen säuert man mit 10 ccm 4 N-Salzsäure oder Schwefelsäure an und titriert mit 0,1 N-Thiosulfatlösung zurück. 1 ccm verbrauchte 0,1 N-Thiosulfatlösung entspricht 18 mg $C_{12}H_{22}O_{11} + H_2O$. Zahlenangabe auf 3 Dezimalstellen.

Fructose neben Glykose. Zu einer passenden Menge der Flüssigkeit setzt man eine zur Oxydation der Glykose genügende Menge Jod und Natronlauge. Nach 5 Minuten langem Stehen säuert man eben mit Salzsäure an und nimmt den Jodüberschuß zunächst mit einer 10 proz. und, wenn die Flüssigkeit schwach gelb geworden ist, mit einer 1 proz. Natriumsulfitlösung genau fort und neutralisiert gegen Methylorange. Darauf füllt man auf 100 ccm auf und bestimmt in 25 ccm der Flüssigkeit die Fructose nach der Vorschrift von Schoorl (S. 44).

Glykose, Fructose und Saccharose. Zunächst wird die Glykose jodometrisch bestimmt. Die Summe von Glykose und Fructose bestimmt man mit alkalischer Kupferlösung — oder man bestimmt in einer besonderen Probe die Fructose, wie vorhin beschrieben ist. Für je 100 mg Fructose neben Glykose bringt man 0,1 ccm 0,1 N-Jodlösung von dem bei Glykose gefundenen Werte in Abzug. Die Saccharose wird bestimmt, indem man eine Lösung der Substanz in 50 ccm 0,02 N-Salzsäure $^1/_2$ Stunde in kochendem Wasserbade nach v. Fellenberg invertiert, darauf mit 0,1 N-Lauge gegen Methylorange neutralisiert und nach dem Abkühlen auf ein bestimmtes Volumen auffüllt. Nun bestimmt man den Glykosegehalt von neuem (korrigiert wieder für die Fructose) und berechnet aus dem Unterschiede vor und nach der Inversion durch Malnehmung des Unterschiedes in den Titrationswerten in Kubikzentimetern 0,1 N mit 17,1 den Saccharosegehalt in Milligrammen.

Glykose, Fructose, Saccharose und Dextrin (Stärkesirup). Die ersten drei Zuckerarten bestimmt man, wie oben beschrieben ist. Zur Hydrolyse der Dextrine setzt man zu einer geeigneten Menge der Substanz oder Lösung so viel Wasser oder Salzsäure, daß für ein Volumen von 75 ccm die Säurekonzentration normal ist. Man bringt den Kolben, mit einem Trichterchen bedeckt, eine Stunde in ein kochendes Wasserbad, worauf man mit 50 proz. Lauge die Säure fast vollständig gegen Methylorange neutralisiert. Nach dem Abkühlen füllt man darauf den Maßkolben mit Wasser zu einem bekannten Raumteile auf. Wenn die ursprüngliche Lösung wesentliche Mengen Fructose oder Saccharose enthielt, schüttelt man die Flüssigkeit mit ebensoviel adsorbierender Kohle, daß das Filtrat völlig oder fast farblos ist. Alsdann bestimmt man den Glykosegehalt wieder mit Hypojodit nach der bekannten Vorschrift und berechnet aus dem Unterschied in den Titrationswerten nach der schwachen und starken Inversion die Menge Glykose, die aus Dextrin entstanden ist.

3. Zuckerbestimmung durch Polarisation. a) Bestimmung der Saccharose. Hierbei hat man zu unterscheiden, zwischen solchen Stoffen, die außer Saccharose keine sonstigen optisch aktiven Stoffe in störender Menge enthalten, und solchen, die jene, insbesondere sonstige Zuckerarten enthalten. Im ersten Falle läßt sich der Saccharosegehalt aus dem Polarisationsergebnis unmittelbar entnehmen, im anderen Falle sind entweder die störenden Einflüsse vorher zu beseitigen[1]), oder es ist der Polarisationswert vor und nach Inversion zu bestimmen und aus der **Drehungsverminderung** der Saccharosewert zu berechnen.

α) *Bei Abwesenheit fremder optisch-aktiver Stoffe:* Man bringt 15,00 g des zu untersuchenden Zuckers bzw. des zu untersuchenden Stoffes oder neutralisierten Lösung in ein 100 ccm-Kölbchen, setzt nötigenfalls 0,5—5,0 ccm Bleiessig hinzu, beseitigt den Überschuß mit Natriumsulfat- oder Natriumphosphatlösung, füllt zur Marke auf, filtriert und beobachtet den Drehungswert im 200 mm-Rohr. Das erhaltene Ergebnis in Kreisgraden, mal 5, ergibt den Prozentgehalt an Saccharose. — Für die Umrechnung der Drehungsbeträge anderer Polarisationsapparate auf Kreisgrade können folgende Faktoren dienen:

Umgekehrt entspricht 1 Kreisgrad 2,8827° Ventzke oder 4,6147° Laurent.

Ventzke-Grade	Kreisgrade	Laurent-Grade	Kreisgrade
1	0,3469	1	0,2167
2	0,6938	2	0,4334
3	1,0407	3	0,6501
4	1,3876	4	0,8668
5	1,7345	5	1,0835
6	2,0814	6	1,3002
7	2,4283	7	1,5169
8	2,7752	8	1,7336
9	3,1221	9	1,9503

β) *Bei Anwesenheit fremder optisch-aktiver Stoffe:* Nach P. Lehmann und H. Stadlinger[2]) werden z. B. 10 g Honig mit heißem Wasser zu 50 ccm gelöst und nach dem Erkalten mit 25 ccm Wasser und 5 ccm Salzsäure von spezifischem Gewichte 1,19 versetzt, in einem Wasserbade innerhalb 2—3 Minuten auf 67—70° C erwärmt. Der Kolben wird nun genau 5 Minuten unter stetem Umschwenken bei einer Temperatur von 67—70° erhalten, mit Alkalilauge fast neutralisiert und dann rasch auf 20° C abgekühlt. Der Inhalt des Kölbchens wird auf 100 ccm aufgefüllt und im 200 mm-Rohre polarisiert; die Drehung wird in Kreisgraden angegeben. — Ferner wird, wie oben unter α), die Polarisation vor der Inversion ermittelt. Bezeichnet man die Drehungsverminderung durch Inversion mit Δ, so berechnet sich die Menge der vorhandenen Saccharose y für 10proz. Lösung zu

$$y = 5{,}725\ \Delta\%\ \text{Saccharose.}$$

Wie eigene Versuche gezeigt haben, ist das Verfahren auch für andere Stoffe als Honig sehr geeignet und der Bestimmung aus dem Reduktionsvermögen vor und nach Inversion[3]) an Einfachheit überlegen. Die Inversion kann statt wie oben auch nach anderen Inversionsvorschriften erfolgen.

b) **Bestimmung des Milchzuckers nach A. Scheibe**[4]). 75 ccm Milch werden mit 7,5 ccm einer 20proz. Schwefelsäure und 7,5 ccm Quecksilberjodidlösung[5]) versetzt, die wie folgt bereitet wird: 40 g Jod-

Umrechnungstafel.

Drehungs- verminderung	Saccharose %
1	05,725
2	11,450
3	17,175
4	22,900
5	28,625
6	34,350
7	40,075
8	45,800
9	51,525

---

[1]) Vorzugsweise durch Erhitzen mit schwachen Alkalien oder Calciumhydroxyd, vgl. S. 51.

[2]) Zeitschr. f. Untersuch. d. Nahrungs- u. Genußmittel Bd. 13, S. 397. 1907; Bd. 14, S. 643. 1907.

[3]) Vgl. S. 45.

[4]) Zeitschr. f. analyt. Chem. Bd. 37, S. 24. 1898.

[5]) Auch die Klärung nach Carrez (vgl. S. 47) wird zu diesem Zwecke empfohlen.

kalium werden in 200 ccm Wasser gelöst, mit 55 g Quecksilberjodid geschüttelt, zu 500 ccm aufgefüllt und vom ungelöst gebliebenen Quecksilberjodid abfiltriert. Nach dem Auffüllen der mit den Klärflüssigkeiten versetzten Milch zu 100 ccm wird das Filtrat im 400 mm-Rohre bei 17,5° polarisiert. Bei Polarisationsapparaten mit Kreisteilung und Natriumlicht ist bei 20° zu polarisieren und 1° im 400 mm-Rohr = 0,4759 g Milchzucker in 100 ccm zu setzen. Zur Beseitigung des durch das Volumen des Niederschlages hervorgerufenen Fehlers ist nach Scheibe bei Vollmilch (mit 2,8—4,7% Fettgehalt) der gefundene Milchzuckergehalt mit 0,94 und bei Magermilch mit 0,97 malzunehmen.

Enthält die Milch außer Milchzucker noch Invertzucker und Saccharose, so ist deren Einfluß auf den Drehungswert zu berücksichtigen. In diesem Falle empfiehlt es sich nach eigenen Versuchen [1]) die zu untersuchende Lösung zu invertieren und darauf das gesamte Reduktionsvermögen einerseits und den Drehungswert anderseits zu ermitteln und aus einer besonderen Tabelle (in der Quelle) den Lactose- und Saccharosegehalt zu entnehmen.

Kreisgrade	Milchzucker	Milchzucker × 0,94	Milchzucker × 0,97	Kreisgrade
1	0,4759	0,4473	0,4616	1
2	0,9518	0,8946	0,9232	2
3	1,4277	1,3419	1,3848	3
4	1,9036	1,7892	1,8464	4
5	2,3795	2,2365	2,3080	5
6	2,8554	2,6838	2,7696	6
7	3,3313	3,1311	3,2312	7
8	3,8072	3,5784	3,6928	8
9	4,2831	4,0257	4,1544	9

Über die Milchzuckerbestimmung in kondensierter Milch nach H. Fincke vgl. S. 175.

c) Bestimmung der Glykose. Die polarimetrische Glykosebestimmung ist nur bei reinen Glykoselösungen zulässig. Bei verdünnten (bis zu 14 g wasserfreie Glykose in 100 ccm enthaltenden) Glykoselösungen beträgt die spezifische Drehung der Glykose + 53°, während sie in konzentrierten Lösungen nicht unerheblich größer ist. Da die krystallisierte Glykose Birotation zeigt, so darf die Polarisation erst nach 24stündigem Stehen in der Kälte oder nach $^{1}/_{4}$stündigem Erwärmen auf 100° vorgenommen werden. Verwendet man zur Polarisation Glykoselösungen, welche bis zu 14 g wasserfreie Glykose in 100 ccm enthalten, so entspricht 1° Drehung im 200 mm-Rohre 0,9434 g Glykose in 100 ccm Lösung.

Korrekturen für die Raummenge des Unlöslichen.

Enthält die zu prüfende Substanz größere Mengen an in Wasser unlöslichen Stoffen, so wird beim Auffüllen auf ein bestimmtes Volumen, z. B. auf 100 ccm, bei Nichtberücksichtigung des Unlöslichen tatsächlich auf eine unter 100 ccm liegende Raummenge aufgefüllt und der abgelesene Drehungswert zu hoch ausfallen. Wenn man die Gewichtsmenge des Unlöslichen (in Proz.) kennt, empfiehlt es sich, wie folgt zu verfahren [2]):

Man behandelt 7,5 g der Substanz im 100 ccm-Kölbchen in üblicher Weise und polarisiert im 200- oder 400 mm-Rohre (scheinbare Polarisation). Alsdann berechnet man die Volumprozente des Unlöslichen aus den durch Analyse gefundenen Gewichtsprozenten für Fett, Protein, Stärke usw. mit folgenden Faktoren:

Art des Unlöslichen:	Fett	Protein	Stärke	Rohfaser	Sand
Faktor:	1,1	0,8	0,7	0,7	0,5

[1]) Vgl. J. Großfeld: Zeitschr. f. Untersuch. d. Nahrungs- u. Genußmittel Bd. 35, S. 249—256. 1918.

[2]) Vgl. auch S. 78.

Die folgende Tafel gibt alsdann die entsprechenden von der scheinbaren Polarisation abzuziehenden Beträge in Kreisgraden an, um die wahre Polarisation zu erhalten.

Grade	Volumprozente des unlöslichen Anteiles							Grade
	10	20	30	40	50	60	70	
1,00	0,01	0,02	0,02	0,03	0,04	0,05	0,05	1,00
2,00	0,02	0,03	0,05	0,06	0,08	0,09	0,11	2,00
3,00	0,02	0,05	0,07	0,09	0,11	0,14	0,16	3,00
4,00	0,03	0,06	0,09	0,12	0,15	0,18	0,21	4,00
5,00	0,04	0,08	0,11	0,15	0,19	0,23	0,26	5,00
6,00	0,05	0,09	0,14	0,18	0,23	0,27	0,32	6,00
7,00	0,05	0,11	0,16	0,21	0,26	0,32	0,37	7,00
8,00	0,06	0,12	0,18	0,24	0,30	0,36	0,42	8,00
9,00	0,07	0,14	0,20	0,27	0,34	0,41	0,47	9,00
10,00	0,08	0,15	0,23	0,30	0,38	0,45	0,53	10,00
11,00	0,08	0,17	0,25	0,33	0,41	0,50	0,58	11,00
12,00	0,09	0,18	0,27	0,36	0,45	0,54	0,63	12,00
13,00	0,10	0,20	0,29	0,39	0,49	0,59	0,68	13,00
14,00	0,11	0,21	0,32	0,42	0,53	0,63	0,74	14,00
15,00	0,11	0,23	0,34	0,45	0,56	0,68	0,79	15,00
16,00	0,12	0,24	0,36	0,48	0,60	0,72	0,84	16,00
17,00	0,13	0,26	0,38	0,51	0,61	0,77	0,89	17,00
18,00	0,14	0,27	0,41	0,54	0,68	0,81	0,95	18,00

Beispiel: In einem Nahrungsmittel sei die scheinbare Polarisation zu $+ 6,34°$ gefunden worden. Die Menge des Unlöslichen betrage 27,2 Volum-% des Nahrungsmittels. Dann berechnet sich nach obiger Tafel

für 6,00° und 20 Volum-% 0,09

durch Zwischenrechnung:

für 0,34°   0,007

für   2,7 Volum-% 0,014

Insgesamt 0,111,

abgerundet 0,11, mithin die wahre Polarisation zu $6,34 - 0,11 = 6,23°$.

Bei der Nahrungsmitteluntersuchung ist eine Berücksichtigung des Unlöslichen in der Regel nur bei Gegenwart größerer Fettmengen erforderlich.

Lichtfilter für polarimetrische Untersuchungen.

An Stelle der Natriumflamme verwendet man nach N. Schoorl[1]) mit Vorteil eine mattierte elektrische Glühbirne (Nitrallampe) z. B. von 50 Kerzen, und läßt deren Licht durch eine 2 cm dicke Schicht einer Lösung aus 8,8 g Kupfersulfat $(CuSO_4 \cdot 5 H_2O)$, 9,4 g Kaliumbichromat und 200 ccm Wasser als Lichtfilter gehen. Die Ergebnisse entsprechen praktisch den mit Natriumlicht erhaltenen.

Eine solche Anordnung bietet vor allem den Vorteil einer größeren Lichtstärke.

4. Zuckerbestimmung durch Erhitzen mit Alkalien oder Säuren. a) Mit Alkalien. Beim Erhitzen mit verdünnten Alkalien werden alle Zuckerarten, außer Saccharose, zerstört. Letztere bleibt erhalten und wird am besten polarimetrisch bestimmt. Nach A. Behre und A. Düring[2]) verwendet man als Alkali zweckmäßig Calciumoxyd wie folgt:

Eine abgewogene Menge des zu untersuchenden Stoffes[3]) wird in einem langhalsigen 100 ccm-Kölbchen mit 50 ccm Wasser gelöst oder vermischt.

---

[1]) Pharm. Weekbl. Bd. 63, S. 21—23. 1926. — Die Lösung wurde als Lichtfilter zuerst von Coebergh (Diss. Utrecht) vorgeschlagen.

[2]) Zeitschr. f. Untersuch. d. Nahrungs- u. Genußmittel Bd. 44, S. 65—70. 1922.

[3]) Besser eine mit Bleiessig geklärte Lösung des zu untersuchenden Zuckers (Fincke).

Dann werden 1,2 g vorher geglühtes Calciumoxyd hinzugefügt und der Kolbeninhalt auf etwa 70 ccm aufgefüllt und mit eintauchendem Thermometer unter
häufigem Schütteln 1 Stunde hindurch auf 80° erhitzt. Nach dem Erkalten
wird neutralisiert, wozu etwa 7 ccm verdünnte Schwefelsäure (1 + 4) erforderlich[1]
sind, mit 5 ccm Bleiessig versetzt, durchgeschüttelt, 1 ccm Natriumphosphatlösung hinzugefügt, bei 15° bis zur Marke aufgefüllt, gut durchgeschüttelt und
filtriert. Das Filtrat wird im 200 mm-Rohr, bei ungenügender Durchsichtigkeit
im 100 mm-Rohr, bei 20° polarisiert. — Zahlenangaben auf eine Dezimalstelle.

Das Verfahren empfiehlt sich nach H. Fincke besonders auch zur Saccha-
rosebestimmung in Schokoladen-, Kakao- und Milchzubereitungen
(vgl. S. 175 und 273) zur Beseitigung der durch die Drehung des Milchzuckers
verursachten Störung.

Aus der durch das Erhitzen mit Alkali erfolgenden Drehungsabnahme läßt
sich aber auch indirekt der Gehalt an Nicht-Saccharose berechnen. So entspricht nach H. Fincke[2] bei einer Lösung von 10 g in 100 ccm 0,1° Drehungs-
unterschied:

$\qquad$ 2,43 % Invertzucker
$\qquad$ 0,533% Fructose
$\qquad$ 0,948% Glykose (wasserfrei)
$\qquad$ 0,364% Maltose.

Eine genaue Innehaltung einer Polarisationstemperatur von 20° ist aber
erforderlich.

Nach meinen Versuchen an Stärkesirup ist das Verfahren bei Gegenwart
größerer Mengen von Dextrinen nicht anwendbar, weil diese durch die obige
Behandlung nicht genügend abgebaut werden.

b) Mit Säuren. Wie zuerst E. Sieben[3] festgestellt hat, wird beim Erhitzen mit
starker Salzsäure die Fructose zerstört, während Glykose in der Hauptsache erhalten bleibt.
Doch bilden sich, wie F. Lucius[4] fand, dabei beträchtliche Mengen löslicher Huminstoffe
von erheblicher Reduktionskraft. Nach Lucius ist es daher zweckmäßig, die zurückbleibende Glykose nicht durch Reduktion, sondern polarimetrisch zu ermitteln. Ferner
fand Lucius eine Erhitzungszeit von 7 Stunden als die beste. Nach Lucius wird zweckmäßig wie folgt verfahren:
50 ccm der Zuckerlösung werden mit 10 ccm fünffach normaler Salzsäure versetzt, im
siedenden Wasserbade erhitzt und nach 7 Stunden abgekühlt. Die Säure wird mit fünffach
normaler Natronlauge bis zur schwach sauren Reaktion abgestumpft und bei 20° auf 100 ccm
aufgefüllt. Die abgeschiedenen Huminstoffe werden abfiltriert und das bräunlichgelbe
Filtrat mit wenig Tierkohle entfärbt. Die Fructose berechnet sich aus dem Unterschiede
der Drehungswinkel vor und nach der Zerstörung unter Berücksichtigung der Vorzeichen.
$\qquad$ 1° Rechtsdrehung = 0,95 g Glykose
$\qquad$ 1° Linksdrehung = 0,54 g Fructose.
Das Verfahren liefert jedoch nur angenäherte, für Glykose meist etwas zu niedrige Werte.
Noch einfacher bestimmen H. Riffart und C. Pyriki[5] den Gehalt einer Zuckerlösung an Fructose bzw. Saccharose durch Erwärmen von 1 Raumteil der zu untersuchenden Flüssigkeit mit 2 Raumteilen 70proz. Schwefelsäure auf 55° während 10
Minuten, worauf dann die entstehende Braunfärbung colorimetrisch gemessen wird. Das
Verfahren, auf dessen Einzelheiten verwiesen sei, kann natürlich auch nur ungefähre Werte
liefern, hat aber den Vorzug, rasch ausführbar zu sein.

---

[1] Die Menge wird zweckmäßig durch einen besonderen Versuch mit 1,2 g Kalk und
der Säure festgestellt.
[2] Zeitschr. f. Untersuch. d. Nahrungs- u. Genußmittel Bd. 50, S. 357—358. 1925.
[3] Zeitschr. d. dtsch. Zuckerind. Bd. 34, S. 868. 1884.
[4] Zeitschr. f. Untersuch. d. Nahrungs- u. Genußmittel Bd. 38, S. 177—185. 1919.
[5] Zeitschr. f. Untersuch. d. Nahrungs- u. Genußmittel Bd. 48, S. 197—207. 1924.

5. Sonstige Verfahren. Nachweis und Bestimmung von Milchzucker neben Glykose. Der Milchzucker verhält sich gegen Reduktionsmittel sowie im polarisierten Lichte ähnlich wie Glykose und Maltose. Sein Nachweis ist daher bei Gegenwart von Glykose oder Maltose nach den genannten Verfahren nicht möglich. In solchen Fällen ist die Anwendung folgender Verfahren zweckmäßig:

a) Nachweis des Milchzuckers mittels der Schleimsäureprobe. Nach Tollens übergießt man den zu untersuchenden Zucker oder die zur Trockne verdampfte Lösung mit 30 ccm Salpetersäure (D. 1,15) und dampft auf dem Wasserbade auf etwa 10 ccm ein, läßt die Lösung dann mehrere Tage an einem kühlen Orte stehen, filtriert die abgeschiedenen Krystalle ab, wägt und bestimmt den Schmelzpunkt. Liegt dieser bei 200—210°, so ist Milchzucker nachgewiesen.

Nach eigenen Untersuchungen[1]) werden auf diese Weise bei Vorliegen von 0,5—5,0 g reinem Milchzucker etwa 32—36% desselben an Schleimsäure erhalten. Die Ausbeute wird aber bei Vorliegen großer Mengen sonstiger Zuckerarten vermindert. Saccharose bis zu etwa der doppelten Menge des Milchzuckers beeinträchtigt zwar die Schleimsäureausbeute noch nicht beträchtlich, die zehnfache Menge verhindert sie aber bereits ganz. In letzterem Falle, selbst bei Vorliegen der zwanzigfachen Menge Saccharose, ist es aber noch möglich, wie die Versuche gezeigt haben, durch fraktionierte Ausfällung des invertierten Zuckers mit Alkohol und Äther den Milchzucker bzw. die Galactose darin so anzureichern, daß man bei der Oxydation mit Salpetersäure noch Schleimsäure erhält.

b) Bestimmung des Milchzuckers neben anderen Zuckerarten durch Gärung. Vergärt man ein Zuckergemisch einerseits mit einer Hefe, die Milchzucker nicht, andererseits mit einer Hefe, die auch Milchzucker bzw. Galaktose vergärt, so entspricht der Unterschied in der Menge der entwickelten Kohlensäure dem Gehalte an Galaktose nach folgenden Gleichungen:

1. Hefe: $C_{12}H_{22}O_{11} + H_2O = 2\,CO_2 + 2\,C_2H_5OH + C_6H_{12}O_6$ Galaktose,
2. Hefe: $C_{12}H_{22}O_{11} + H_2O = 4\,CO_2 + 4\,C_2H_5OH$.

Je 1 g Unterschied in der entwickelten Menge Kohlendioxyd entsprechen also 4,09 g Lactosehydrat.

Nach J. König[2]) eignet sich zur Vergärung sämtlicher Zuckerarten am besten Hefe aus Kefirkörnern. Nach neueren Versuchen von E. Schmidt, F. Trefz und H. Schnegg[3]) vergährt Münchener untergärige Löwenbräu-Hefe Zymohexosen und Galaktose quantitativ. Als Hefe, die Galaktose nicht vergärt, empfehlen W. Schut und L. E. den Dooren de Jong[4]) besonders Torula monosa. Hierbei ist zu beachten, daß auch bei der gewöhnlichen Brotgärung mit Bäckerhefe die Galaktose nicht zersetzt wird, daß sich also auch zugesetzter Milchzucker in Backwaren noch nachweisen läßt.

Besondere Geräte zur Ausführung des Gärversuches geben sowohl Hörmann und König, als auch Schut und den Dooren de Jong an, worauf hier verwiesen sei.

Für die besonderen Fälle der **Untersuchung der Lebensmittel auf die einzelnen Zuckerarten** sind somit im allgemeinen folgende Verfahren zu empfehlen:

Bestimmung der Saccharose. Bei Abwesenheit fremder Zuckerarten das polarimetrische Verfahren (S. 47), bei Gegenwart solcher dasselbe in Verbindung mit der Inversion und Berechnung der Saccharose aus der

---

[1]) Zeitschr. f. Untersuch. d. Nahrungs- u. Genußmittel Bd. 35, S. 457—471. 1918.
[2]) Privatmitteilung. — J. König: Chemie der menschl. Nahrungs- und Genußmittel Bd. III, 1. Teil, S. 425.
[3]) Ber. d. dtsch. chem. Ges. Bd. 59, S. 2635—2646. 1926.
[4]) Chem. Weekbl. Bd. 22, S. 517—520. 1925; Chem. Zentralbl. 1926, I, S. 788—789.

Drehungsverminderung (S. 48), oder nach Behandlung mit Calciumoxyd (S. 51). Für genaueste Untersuchungen empfiehlt sich das Verfahren von Schoorl (S. 44) unter Bestimmung des Invertzuckers vor und nach Inversion, oder auch die gewichtsanalytische Bestimmung des Invertzuckers aus dem gewogenen Kupferoxydul oder Kupferoxyd (S. 46).

Für die quantitative Bestimmung kleiner Mengen Invertzucker neben viel Saccharose, z. B. in käuflichem Rohrzucker, gibt N. Schoorl[1] ein besonderes Verfahren an, das bis auf 0,01% genaue Werte liefert.

Bestimmung der Glykose. Bei Abwesenheit von sonstigen Zuckerarten eignen sich zur Bestimmung der Glykose die Reduktion alkalischer Kupferlösung nach Schoorl (S. 44), sowie von alkalischer Jodlösung nach Kolthoff (S. 47); das polarimetrische Verfahren ist wegen der häufig gleichzeitig vorhandenen stark rechtsdrehenden Dextrine mit Vorsicht anzuwenden. Die Gegenwart von Fructose wird am besten durch die Bestimmung der Glykose mit alkalischer Jodlösung (S. 48) ausgeschaltet. Vorhandene Mengen Lactose oder Maltose verhalten sich ähnlich wie Glykose. Erstere wird dann wohl am sichersten durch Gärung (S. 53) ermittelt. Die Bestimmung letzterer neben Glykose ist sehr schwierig.

Bestimmung der Fructose. Das wichtigste Kennmerkmal der Fructose ist neben der Linksdrehung ihre Fähigkeit, die Fehlingsche Lösung stark, dagegen alkalische Jodlösung nicht zu reduzieren (S. 47). Eine andere Möglichkeit, sie neben anderen Zuckerarten, insbesondere neben Glucose, zu bestimmen, beruht darauf, daß sie von Salzsäure bestimmter Konzentration beim Erhitzen zerstört wird (vgl. S. 52).

Bestimmung der Lactose. Die Bestimmung der Lactose, auch neben Saccharose, eine häufiger bei Nahrungsmitteln aus Milch vorkommende Aufgabe, beruht auf ihrer Fähigkeit, Fehlingsche Lösung (S. 46) oder alkalische Jodlösung (S. 47) zu reduzieren. Sind sonstige Zuckerarten, einschließlich Saccharose, nicht zugegen, so wird die Lactose am einfachsten polarimetrisch[2] (S. 49) ermittelt. Für die Bestimmung von Lactose neben Saccharose und Invertzucker dient die Ermittelung des Reduktions- und polarimetrischen Drehungswertes der invertierten Lösung (S. 50). Neben Glykose werden größere Mengen Lactose durch die Schleimsäureprobe (S. 53) nachgewiesen; die Bestimmung erfolgt in diesem Falle durch Gärung (S. 53).

Bestimmung der Maltose. Die Bestimmung der Maltose geschieht in der Regel auf Grund ihres reduzierenden Verhaltens gegen Fehlingsche Lösung (S. 46).

6. Bestimmung der Dextrine. Die Abtrennung der Dextrine von den fast stets neben ihnen vorhandenen Zuckerarten wird durch Ausfällung mit Alkohol, worin die Dextrine unlöslich sind, vorgenommen.

Zu diesem Zwecke dampft man die zu untersuchende Lösung bis zum dicken Sirup ein, löst diesen in 10 oder 20 ccm Wasser und fällt die Lösung unter stetem Umrühren mit 100 bzw. 200 ccm 95proz. Alkohol aus. Nachdem sich der Nieder-

---

[1] Vgl. Chem. Weekbl. Bd. 22, S. 132—134. 1925; Chem. Zentralbl. 1925, II, S. 96.

[2] H. Fincke ermittelt die Lactose bei Milchschokoladen auch indirekt durch die Drehungsabnahme der mit Calciumhydroxyd erhitzten Lösung. Vgl. S. 276.

schlag abgesetzt hat und die überstehende Flüssigkeit völlig klar geworden ist, filtriert man die Lösung in eine Porzellanschale ab und wäscht den Rückstand unter Reiben mit einem Pistill mehrmals mit kleinen Mengen Alkohol (hergestellt aus 1 Teil Wasser und 10 Teilen 95proz. Alkohol) aus. Das Filtrat wird zur Vertreibung des Alkohols vorsichtig auf dem Wasserbade eingedampft, abermals mit 10 ccm Wasser gelöst und in derselben Weise nochmals mit Alkohol behandelt. Ebenso werden die ausgeschiedenen Dextrine wieder mit heißem Wasser von dem Filter in die Schale gelöst, auf 10—20 ccm eingedampft und nochmals wie oben gefällt. — Unter Umständen erhält man eine bessere flockige Abscheidung der Dextrine, wenn man erst ein Fünftel bis ein Viertel des nötigen Äthylalkohols an Methylalkohol zusetzt, z. B. die Zucker-Dextrinlösung (20 ccm) erst mit 40 ccm Methylalkohol und darauf mit 150—160 ccm Äthylalkohol vermischt.

Die abgeschiedenen Dextrine löst man in etwa 200 ccm Wasser, setzt 20 ccm 25proz. Salzsäure zu und erwärmt 3 Stunden lang im kochenden Wasserbade am Rückflußkühler. Darauf wird rasch abgekühlt, mit Natronlauge neutralisiert und so weit verdünnt, daß die Lösung höchstens 1% Glykose enthält. Letztere bestimmt man dann am besten mit alkalischer Kupferlösung nach Schoorl (S. 44), oder mit alkalischer Jodlösung nach Kolthoff (S. 47). Die gefundene Menge Glykose, mal 0,90, ergibt die Menge der vorhandenen Dextrine.

Das vorstehende Verfahren liefert, weil einerseits das ausgefällte Dextrin stets Zucker einschließt, andererseits stets etwas Dextrin in Lösung gehalten wird, nur angenäherte Werte. Außerdem wird kolloidgelöste Stärke (Stärkekleister) nach vorstehendem Verfahren als „Dextrin" mit bestimmt. Letztere kann indessen auf Grund meiner Beobachtung[1]), daß der mit Tannin und Bleiessig entstehende Niederschlag kolloidgelöste Stärke aus Lösungen ausfällt, dagegen Dextrine nur in geringer Menge, für sich bestimmt und abgezogen werden. Vgl. bei Stärke, S. 56.

Über ein Verfahren zur Trennung der Dextrine von den Zuckerarten durch Gärung, vgl. J. König, Chemie der menschl. Nahrungs- und Genußmittel Bd. III, 1. Teil, S. 245.

7. Bestimmung der Stärke. Ähnlich wie das Fett in den Nahrungsmitteln stets von gewissen Mengen von fettähnlichen Stoffen, wie Lipoiden, Wachsen, Sterinen usw., begleitet ist, finden sich neben der eigentlichen Stärke stets auch Kohlenhydrate, die zwar einige aber nicht alle Eigenschaften der eigentlichen Stärke besitzen. Insbesondere sind es die Hemicellulosen, die nach den älteren Aufschlußverfahren, sei es nach dem Hochdruck- oder dem Salzsäureverfahren, reduzierende Kohlenhydrate liefern. Da indes diese Hemicellulosen und ähnliche Stoffe nur eine geringe oder keine Ablenkung des polarisierten Lichtes bewirken, die Stärke dagegen eine sehr große ($[a]_D$ je nach Lösungsmittel 190—202°), so ergibt sich daraus die Überlegenheit der polarimetrischen Stärkebestimmungsverfahren, die außerdem meist durch eine bequeme und rasche Ausführbarkeit ausgezeichnet sind. Ihre Genauigkeit ist für die meisten Zwecke der praktischen Nahrungsmitteluntersuchung ausreichend. Die genauesten, dem eigentlichen Stärkebegriffe entsprechenden Ergebnisse erhält man durch Verflüssigung der Stärke mit Diastase und Bestimmung der entstandenen Glykose; doch stoßen Verfahren dieser Art noch vielfach auf praktische Schwierigkeiten. Die Abtrennung der löslichen Kohlenhydrate beruht

---

[1]) Zeitschr. f. Untersuch. d. Nahrungs- u. Genußmittel Bd. 29, S. 55. 1915.

auf der Unlöslichkeit natürlicher Stärke in kaltem Wasser; beim Erhitzen jedoch verkleistert die Stärke mit Wasser und wird dann darin kolloidlöslich. **Sehr kleine Stärkemengen** bestimmt man am besten **colorimetrisch** mit Jodlösung. Größere Mengen **Proteinstoffe** beseitigt man zweckmäßig durch **Erhitzen mit alkoholischer Kalilauge**, wodurch erstere sowie vorhandenes Fett sich lösen, letztere als unlösliches Stärkekalium zurückbleibt. Nach eigenen Erfahrungen empfiehlt es sich, die Stärke darin ebenfalls polarimetrisch zu ermitteln. Für die Nahrungsmitteluntersuchung sind somit folgende Stärkebestimmungsverfahren zu empfehlen:

a) **Polarimetrische Stärkebestimmung nach Ewers**[1]). 5 g der lufttrockenen feingepulverten Substanz (von rohen Kartoffeln 10 g) werden mit 25 ccm Salzsäure, die für Getreidestärke 1,124% HCl und für Kartoffel- und Marantastärke 0,4215% HCl enthält, in einem bei 20° 100 ccm fassenden Kolben gleichmäßig zusammengeschüttelt und mit weiteren 25 ccm derselben Säure nachgespült. Der Kolben wird nach nochmaligem Umschwenken **genau 15 Minuten** in ein siedendes Wasserbad gestellt, wobei während der ersten drei Minuten mehrmals umgeschwenkt wird. Sodann wird mit kaltem Wasser auf etwa 90 ccm aufgefüllt, auf 20° abgekühlt, mit molybdänsaurem Natrium geklärt, aufgefüllt, filtriert und polarisiert. Von der 120 g MoO_3 in 1 l enthaltenden Molybdänlösung sollen für 5 g Weizen und Weizenmehl 2,5—3 ccm, für 5 g Gerste, Reis, Mais 2 ccm, für 5—10 g Stärke 0,5 ccm, für 10 g Kartoffeln 1,5 ccm angewendet werden. Die spezifische Drehung beträgt bei dieser Arbeitsweise bei Kartoffelstärke + 195,4°, bei Marantastärke + 193,8° und bei den Getreidestärken + 181,3—185,9°, je nach ihrer Art.

Nach meinen Erfahrungen empfiehlt es sich jedoch, **stets in gleicher Weise mit 1,124proz. Salzsäure zu erhitzen** und zwecks besserer Klärung der Polarisationslösungen **mit phosphorwolframsaurem Natrium bei Gegenwart größerer Mengen Salzsäure** (20 ccm 25proz. Salzsäure auf 100 ccm Lösung) zu klären. Die spezifische Drehung der Stärke nimmt man, um besser vergleichbare Werte zu erhalten, einheitlich zu 183,7° an und liest die entsprechenden Werte aus der Tafel S. 373 ab, wobei zu berücksichtigen ist, daß die polarimetrische Stärkebestimmung in pflanzlichen Stoffen im allgemeinen höchstens bis zu Zehntelprozenten gelingt. Sind gleichzeitig **wasserlösliche Kohlehydrate** vorhanden, so bietet der Umstand, daß nicht erhitzt gewesene Stärke in Wasser unlöslich ist, daß verkleisterte Stärke aber nach meiner Beobachtung[2]) durch Bleiessig bei Gegenwart von Gerbsäure quantitativ ausgefällt wird, die Möglichkeit, auch bei Gegenwart sonstiger optisch aktiver Stoffe die Stärke polarimetrisch zu bestimmen. Hieraus ergab sich folgendes Verfahren:

b) **Polarimetrische Stärkebestimmung in Gegenwart sonstiger optisch aktiver Stoffe nach eigenen Versuchen**[3]). A. 10 g[4]) möglichst fein-

---

[1]) Zeitschr. f. öffentl. Chem. Bd. 14, S. 150. 1908.
[2]) Zeitschr. f. Untersuch. d. Nahrungs- u. Genußmittel Bd. 29, S. 55. 1915.
[3]) Vgl. C. Baumann und J. Großfeld: Zeitschr. f. Untersuch. d. Nahrungs- u. Genußmittel Bd. 33, S. 97—103. 1917.
[4]) Man kann auch hierbei (bei A) 5 g Substanz verwenden, polarisiert dann aber im 400 mm-Rohr oder verdoppelt den im 200 mm-Rohr erhaltenen Wert.

gemahlene Substanz werden in einem 100 ccm-Kölbchen mit 75 ccm Wasser 15 Minuten, bei Gegenwart von Dextrin länger — bis zu 1 Stunde — unter häufigerem Umschütteln ausgelaugt, dann mit 5 ccm Tanninlösung (1 : 10) vermischt, unter weiterem Umschütteln 5 ccm Bleiessig zugegeben, schließlich mit Natriumsulfatlösung aufgefüllt und durch ein trockenes Faltenfilter filtriert. 50 ccm (= 5 g Substanz) des stärkefreien Filtrates[1]) werden sodann mit 3 ccm 25proz. Salzsäure versetzt, im kochenden Wasserbade 15 Minuten erhitzt, nach dem Erkalten mit 20 ccm Salzsäure von 25% und 5 ccm einer Lösung von phosphorwolframsaurem Natrium versetzt und nach Auffüllen mit Wasser und Filtrieren durch feinporiges Papier im 200 mm-Rohr polarisiert.

B. In weiteren 5 g Substanz wird die gesamte Stärkepolarisation im 200 mm-Rohr nach Ewers aber gleichfalls unter Klärung mit phosphorwolframsaurem Natrium unter Zusatz von 20 ccm Salzsäure bestimmt.

C. Der Unterschied der beiden Drehungswinkel (B—A), mal 5,444, ergibt den Prozentgehalt des Stoffes an Stärke. Zur unmittelbaren Ablesung des Wertes dient wieder die Tabelle S. 373.

Zahlenangaben in höchstens einer Dezimalstelle.

Das vorstehende Verfahren wurde bei Kartoffeln, Mehlen, Kleien, Backwaren, Kakao und Gewürzen geprüft. — Ob es auf weitere, insbesondere an Hemicellulosen und Glykosiden reiche Nahrungsmittel und Rohstoffe anwendbar ist, bedarf einer jeweiligen vorherigen Prüfung, die zweckmäßig an einer artgleichen, sicher stärkefreien Substanz vorgenommen wird. Vgl. bei Marzipan, S. 238.

c) Polarimetrische Stärkebestimmung nach C. J. Lintner und G. Belschner[2]). 2,5 g der feinst gepulverten Substanz werden mit 10 ccm Wasser verrieben, dann mit 15—20 ccm konzentrierter Salzsäure (D. 1,19) innig vermischt und das Gemisch eine halbe Stunde stehengelassen. Darauf spült man mit Salzsäure vom spezifischen Gewichte 1,125 in ein 100 ccm-Kölbchen setzt 5 ccm einer 4proz. Lösung von phosphorwolframsaurem Natrium hinzu, füllt auf 100 ccm auf, mischt, filtriert und polarisiert im 200- oder wenn nötig im 100 mm-Rohr. Als spezifisches Drehungsvermögen $[\alpha]_D^{20}$ fand Lintner im Mittel + 202,0°. Demnach ergibt sich der Stärkegehalt in Gramm, indem man den abgelesenen Drehungswinkel im 200 mm-Rohre mit 0,2475, in Prozenten, indem man den Drehungswinkel mit 9,90 malnimmt. — Statt der Salzsäure kann man nach Lintner und O. Wenglein[3]) auch 77proz. Schwefelsäure anwenden, wobei aber die molekulare Drehung der Stärke eine andere, $[\alpha]_D = 191{,}7°$ wird. Auf die Einzelheiten sei indes verwiesen.

Das genannte Verfahren bewährte sich wegen der beim Klären der Lösungen entstehenden Schwierigkeiten nach meinen Erfahrungen bei direkten Stärkebestimmungen in Mehlen weniger als die unter a) und b) genannten, vorzüglich aber, zumal auch wegen seiner Einfachheit, zur Stärkebestimmung in nach J. Mayrhofer mit alkoholischer Kalilauge vorbehandelten proteinreichen Nahrungsmitteln, z. B. in Fleischwaren.

d) Stärkebestimmung in Fleischwaren (Wurstwaren) nach eigenen Versuchen[4]). Man behandelt die zerkleinerte Fleischmasse (Wurst)

---

[1]) Der Rest des Filtrates kann zur Zuckerbestimmung verwendet werden.

[2]) Belschner, G.: Bestimmung der Stärke in Cerealien durch Polarisation. Inaug.-Diss. München 1907. — Das Verfahren ist ursprünglich von Effront angegeben.

[3]) Zeitschr. f. d. ges. Brauwesen Bd. 31, S. 53. 1908.

[4]) Vgl. J. Großfeld: Zeitschr. f. Untersuch. d. Nahrungs- u. Genußmittel Bd. 42, S. 29—31. 1921.

(genau wie bei dem älteren Verfahren von Mayrhofer) zunächst mit alkoholischer Kalilauge bis Proteinstoffe und Fett in Lösung gegangen sind, filtriert durch die nachfolgend beschriebene Filtervorrichtung von dem Zurückgebliebenen Stärke-Kalium ab, wäscht dieses mit 90proz. Spiritus aus, löst dann die Stärke in Salzsäure, wozu hier 25proz. ausreicht, und beobachtet nach Klärung mit Kieselgur im polarisierten Lichte.

Zur Herstellung des Filters wird in ein Filterröhrchen entweder ein passendes Siebplättchen oder auch ein Bausch Glaswolle (a) gesteckt, mit einem Glasstabe angedrückt und darüber eine Schicht Asbest oder auch Zellstoff (b) (vgl. nebenstehende Abbildung!) mit Hilfe der Saugpumpe angebracht. Dieses Röhrchen wird alsdann in einen breiten durchbohrten Korkstopfen gesteckt und in einen genügend weithalsigen Erlenmeyerkolben gehängt. Nach Einfüllung des mit alkoholischer Kalilauge aufgeschlossenen Wurstgemisches setzt sich die Stärke (c) meist rasch ab und ist als gelbliche Schicht von der überstehenden braunen Flüssigkeit (d) leicht zu unterscheiden. Zur Vermeidung von Alkoholverdunstung ist das Röhrchen mit einem Uhrglase bedeckt. — Nach Aufstellen der Filtriervorrichtung auf ein heißes Wasserbad, so daß das Filtrat leicht siedet, läßt man die Flüssigkeit möglichst vollständig durchtropfen und gibt alsdann so oft frischen Spiritus nach, bis die Tropfen an der unteren Spitze des Röhrchens farblos werden. Abgesehen von dem Nachgießen bedarf die Vorrichtung keiner besonderen Wartung.

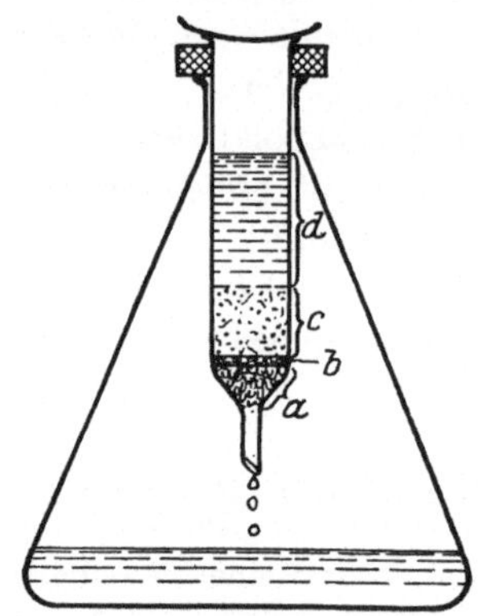

Abb. 12.   Vorrichtung zur Stärkebestimmung.

Das Verfahren zur Stärkebestimmung gestaltet sich also unter Anwendung dieser Vorrichtung bei Wurst wie folgt:

25 g möglichst fein zerkleinerte Wurst werden in einem Becherglase mit etwa 50 ccm alkoholischer Kalilauge (8%) übergossen und auf dem Wasserbade unter öfterem Umschwenken so lange erhitzt, bis alle (!) Fleisch- und Fettteilchen in Lösung gegangen sind, was bisweilen mehrere Stunden dauern kann. Hierauf wird der Inhalt des Glases in die Filtriervorrichtung gegeben und durchtropfen gelassen. Alsdann spült man das Becherglas mit Spiritus aus, den man ebenfalls in das Filtrierröhrchen gibt. Dies wird so oft wiederholt, bis die durchlaufenden Tropfen nicht mehr gefärbt erscheinen. Alsdann läßt man vollständig abtropfen, nimmt das Röhrchen heraus und bringt die Stärke nebst Filter in ein 100 ccm-Kölbchen, spült Filterröhrchen und Becherglas mit 25proz. Salzsäure aus und bringt die Lösung zu dem übrigen Inhalt des Filters in das 100 ccm-Kölbchen, worauf mit Salzsäure nochmals[1]) nachgespült wird. Wenn sich alles Stärkekalium gelöst hat, wird eine Messerspitze voll Kieselgur in das Kölbchen gegeben und mit 25proz. Salzsäure zur Marke aufgefüllt, durch ein trockenes Filter filtriert und das Filtrat im 100- oder 200 mm-Rohr polarisiert. Im 200 mm-Rohr entsprechen je einem Kreisgrade 0,99% Stärke.

---

[1]) Nach H. S. J. Fuhri Snethlage (Chem. Weekbl. Bd 23, S. 465—466. 1926) verwendet man vorteilhaft auf 50 ccm Lösung nur 30 ccm (also auf 100:60 ccm) 25proz. Salzsäure zum Lösen der Stärke und füllt dann mit Wasser bis zur Marke auf. Die so entstehende Lösung der Stärke in 15proz. Salzsäure zeigt die gleiche Drehung wie die in 25proz., ist aber gegenüber letzterer tagelang haltbar und weniger gefärbt. Bei höheren Stärkegehalten (über 5%) werden indes so etwas zu niedrige Ergebnisse gefunden.

W. Sturm[1]) empfiehlt zur Ausführung des vorstehenden, durch den Vleeschwaren-besluit in Holland amtlich empfohlenen Stärkebestimmungsverfahrens die Filtration durch Filtriertiegel aus gesintertem Glase von Schott & Gen. in Jena, Modell 1 C $^3/_5$—7.

Bei **blutreicheren Fleischwaren** (Blutwürsten) erschwert der vorhandene **Blutfarbstoff** bisweilen die polarimetrische Ablesung des optischen Drehungswinkels. Führt in solchen Fällen eine Verdünnung mit 25 proz. Salzsäure oder Verwendung eines kürzeren Polarisationsröhrchens (100 oder 50 mm) nicht zum Ziele, so versetzt man 10 ccm der salzsauren Stärkelösung unter stetem Umrühren mit etwa 50—100 ccm 95 proz. Alkohol, bis kein weiterer Niederschlag entsteht, und filtriert am folgenden Tage die ausgeschiedene Stärke unter sorgfältigem Nachwaschen mit Alkohol durch einen Goochtiegel, trocknet bei 100—105°, wägt, verascht und wägt zurück. Der erhaltene Unterschied, mal 10, ergibt die Stärkemenge in 100 ccm der Lösung und somit in der angewendeten Stoffmenge.

Umrechnungstafel.

Kreisgrade in 200 mm-Rohre	Stärke %
+1	0,99
2	1,98
3	2,97
4	3,96
5	4,95
6	5,94
7	6,93
8	7,92
9	8,91
10	9,90

e) **Diastaseverfahren.** Das zuerst von C. J. Lintner[2]) angegebene Verfahren der Stärkebestimmung durch Verzuckerung der Stärke mittels Diastase ermöglicht die Bestimmung der Stärke neben ähnlichen, aber durch Diastase nicht verzuckerbaren Kohlenhydraten. Schwierigkeiten bietet jedoch die völlige Verkleisterung aller vorhandenen Stärke, da diese nur in völlig verkleistertem Zustande von der Amylase angegriffen wird, anderseits aber auch durch zu starkes Erhitzen usw. leicht sonstige Kohlenhydrate (Hemicellulosen) verzuckert werden. Am besten verfährt man nach T. Chrzaszcz[3]) wie folgt:

α) *Vermahlung.* Die stärkehaltigen Stoffe sollen möglichst fein vermahlen werden. Grobgemahlene Stoffe können erst bei 3—4 Atmosphären Druck aufgeschlossen werden.

β) *Verkleisterung.* Die Substanz wird in 2 Anteilen von je 3 g abgewogen, in 250 ccm fassende Kölbchen hineingeschüttet und mit je 100 ccm Wasser vermengt. Unter schwachem Umschütteln wird 10 Minuten im kochenden Salzbade (etwa 106°) verkleistert, dann werden 2 ccm $^1/_{10}$ N-Schwefelsäure oder ein anderes Puffergemisch hinzugegeben, damit der Säuregrad etwa $p_H = 5$ beträgt, worauf die Kolben schnell in den Autoklaven hineingestellt und $^1/_2$ Stunde darin gehalten werden. Gewöhnlich stellt man den Dampfdruck auf 3 Atmosphären ein, bei grobgemahlenen Stoffen auf 4, bei feingemahlenen, besonders wenn sie noch Zucker enthalten, auf $^1/_2$—2 Atmosphären; bei feingemahlenen Stoffen gelingt die Aufschließung auch ohne Druck.

γ) *Verzuckerung.* Nach Herausnahme der Kolben aus dem Autoklaven kühlt man ihren Inhalt auf 70° ab, gibt 30 ccm 10 proz. Malzauszug hinzu und verzuckert dann im Wasserbade bei 65—70° so lange, bis die Flüssigkeit mit Bodensatz bei der Jodreaktion eine hellgelbe Farbe zeigt. Gewöhnlich dauert die Verzuckerung 30—60 Minuten. Den Malzauszug erhält man durch 1 stündiges Schütteln von Malz mit der 10fachen Menge Wasser; er wird dann bis zum Klarwerden filtriert. Der Kolben, den man zur Prüfung mit Jod verwendet hat, wird entfernt, der Inhalt des anderen auf 250 ccm gebracht, wovon dann 200 ccm abfiltriert werden.

---

[1]) Chem. Weekbl. Bd. 21, S. 389. 1924; Chem. Zentralbl. 1924, II, S. 2097.
[2]) Zeitschr. f. angew. Chem. Bd. 11, S. 726. 1898.
[3]) Zeitschr. f. Untersuch. d. Nahrungs- u. Genußmittel Bd. 48, S. 306—311. 1924.

δ) *Inversion.* 200 ccm des Filtrates werden in einem 500 ccm-Kolben mit 10 ccm 25proz. Salzsäure im kochenden Wasserbade $1-1^1/_2$ Stunden erhitzt. Dann wird mit Natronlauge neutralisiert, auf 500 ccm aufgefüllt und der Zucker mit alkalischer Kupferlösung (vgl. S. 44) bestimmt. Gleichzeitig werden 50 ccm Malzauszug in einem 250 ccm-Kolben auf 200 ccm verdünnt und in gleicher Weise 1 Stunde invertiert. Die darin gebildete Menge Zucker ist von der des Hauptversuches abzuziehen.

Stärkebestimmung in Pektinsäften nach H. Eckart[1]).

10 g des zu untersuchenden Pektinsaftes werden in einer Porzellanschale mit 80 ccm Calciumchloridlösung (1 Teil wasserfreies Calciumchlorid $+$ 2 Teile Wasser) versetzt. Zeigt die Lösung gegen Phenolphthalein alkalische Reaktion, so wird mit Essigsäure neutralisiert. Man erhitzt 10 Minuten auf dem Wasserbade und gießt dann in ein 100 ccm-Kölbchen. Die Porzellanschale ist mit heißer Calciumchloridlösung nachzuspülen. Nach dem Erkalten füllt man mit der Calciumchloridlösung auf 100 ccm auf, schüttelt durch und filtriert durch ein trockenes Faltenfilter. Je nach dem Stärkegehalt des Saftes wird das Filtrat unverdünnt oder in entsprechender Verdünnung weiterbehandelt. Der Grad der Verdünnung wird so gewählt, daß der Ton der Blaufärbung ungefähr in die Mitte der Vergleichslösungen fällt, was in einigen Reagensglasversuchen ermittelt werden kann. Je 20 ccm des Filtrates bzw. der entsprechenden Verdünnung davon bringt man dann in ein Coloriskopglas und setzt sie als Glas I und II in das Coloriskop[2]). Das Glas III wird mit destilliertem Wasser gefüllt. Sodann färbt man die Lösung in Glas I unter Umrühren vorsichtig mit Jod blau, wobei ebenfalls ein Überschuß tunlichst zu vermeiden ist. Als Glas IV setzt man nun der Reihe nach die Vergleichsgläser ein, bis man dasjenige ermittelt hat, das bei der Durchsicht den mit der Untersuchungslösung gleichen oder sehr naheliegenden Farbton ergibt. Gelingt es mit Hilfe der Vergleichslösung nicht, den genau gleichen Farbton zu erhalten, sondern nur eine Annäherung, so setzt man das in der Konzentration bzw. Farbtiefe zu niedrige Vergleichsglas ein und verdünnt die Lösung in I und II aus einer Bürette schrittweise mit Wasser, bis die Farbtöne genau übereinstimmen.

Die Berechnung des Ergebnisses gestaltet sich wie folgt:

Angenommen, die Pektinlösung sei bis zur Messung im Coloriskop einschließlich der Verdünnung mit Wasser auf eine 4,54proz. Lösung verdünnt worden und das Vergleichsglas Nr. IV, entsprechend 0,008% Stärke, habe den Farbausgleich bewirkt, so ist

$$4,54 \text{ proz. Lösung} = 0,008\% \text{ Stärke}$$
$$100 \quad ,, \qquad ,, \quad = \frac{0,008 \cdot 100}{4,54} = 0,18\% \text{ Stärke.}$$

Man muß bestrebt sein, die Einstellung im Titriercoloriskop mit tunlichster Schnelligkeit auszuführen. Es konnte beobachtet werden, daß nach längerem Stehen bei einigen Säften eine Veränderung der Blaufärbung eintrat. Zahlenangaben auf 2 Dezimalen. Über die Bestimmung des Pektins vgl. S. 248.

8. Bestimmung der Pentosane. Unter Pentosanen sind die Anhydride der Pentaglykosen oder Pentosen bzw. Methylpentosen zu verstehen; in praktischer Hinsicht werden alle jene Stoffe als Pentosane zusammengefaßt, die bei der Destillation mit Salzsäure vom spezifischen Gewichte 1,06 Furfurol bzw. Methylfurfurol liefern.

Bestimmung der Gesamtpentosane nach B. Tollens[3]): 5 g der zu untersuchenden Substanz — bei pentosanreichen Stoffen 2—3 g — werden mit 100 ccm Salzsäure vom spezifischen Gewichte 1,06 in einem 300 ccm fassenden

---

[1]) Chemie d. Zelle u. Gewebe Bd. 12, S. 243—247. 1925.
[2]) Zu beziehen unter dem Namen Titriercoloriskop nach Lüers bei der Firma Hellige & Co., Freiburg i. Br. (Vgl. S. 12).
[3]) Landwirtschaftl. Versuchs-Stat. Bd. 42, S. 381 und 391. 1893.

Kolben aus einem Bade von Roseschem Metallgemisch (1 Teil Blei, 1 Teil Zinn, 2 Teile Wismut) destilliert. Für die gleichzeitige Ausführung von 4 Bestimmungen nebeneinander eignet sich besonders die nachstehende Destillationsvorrichtung:

Nachdem jedesmal 30 ccm abdestilliert sind, werden mittels einer Hahnpipette wieder 30 ccm derselben Salzsäure nachgefüllt, bis das Destillat nahezu 400 ccm erreicht hat und kein Furfurol mehr überdestilliert; letzteres wird daran erkannt, daß ein Tropfen des Destillates mit einer Lösung von essigsaurem Anilin auf Filtrierpapier zusammengebracht keine Rotfärbung mehr zeigen darf.

Die Fällung des Furfurols erfolgt entsprechend einem Vorschlage von Councler[1]) mit Phloroglucin. Das vorstehend erhaltene Destillat wird mit der

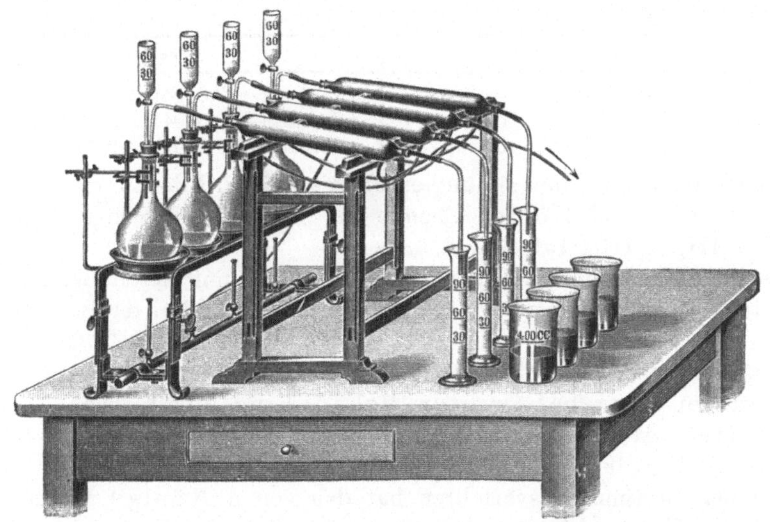

Abb. 13. Destillationsvorrichtung für die Bestimmung der Pentosen. Nach B. Tollens.

doppelten Menge des zu erwartenden Furfurols an Phloroglucin puriss. E. Merck versetzt, das man vorher in Salzsäure vom spezifischen Gewichte 1,06 gelöst hat, worauf mit der Salzsäure das gesamte Volumen auf 400 ccm gebracht wird. Man rührt wiederholt um und läßt bis zum folgenden Tage (15—18 Stunden) stehen. Eine Prüfung, ob bei der Fällung alles Furfurol ausgefällt worden ist und der Phloroglucinüberschuß ausreicht, erfolgt zweckmäßig mit Anilinacetatpapier. Alsdann filtriert man zunächst unter schwachem Ansaugen durch einen gewogenen Goochschen Porzellantiegel mit Asbesteinlage oder durch einen Glasfiltertiegel, wäscht mit 150 ccm Wasser nach, saugt am Schlusse den Niederschlag scharf ab und trocknet dann bei 98—100° $3^1/_2$—4 Stunden und wiegt sofort nach Erkalten im bedeckten Tiegel, weil der Niederschlag nach Tollens sehr hygroskopisch ist.

Aus der Menge des gewogenen Niederschlages von Furfurol-Phloroglucin, dem Phloroglucid, berechnet man nach Tollens die Menge Furfurol mit folgenden Faktoren[2]):

[1]) Chem.-Ztg. Bd. 18, S. 966. 1894.
[2]) Aus den von Tollens angegebenen Divisoren berechnet.

Erhaltene Phloroglucidmenge g	Faktor für die Berechnung auf Furfurol		Erhaltene Phloroglucidmenge g	Faktor für die Berechnung auf Furfurol	
	Faktor	Mantisse		Faktor	Mantisse
bis zu 0,20	0,5494	73 989	0,34	0,5233	71 875
0,22	0,5498	73 544	0,36	0,5219	71 759
0,24	0,5388	73 143	0,38	0,5211	71 692
0,26	0,5345	72 795	0,40	0,5208	71 667
0,28	0,5308	72 493	0,45	0,5189	71 508
0,30	0,5277	72 239	0,50	0,5181	71 441
0,32	0,5252	72 032	0,60	0,5181	71 441

Aus dem Furfurol berechnet man dann die betreffenden Pentosane oder Pentosen wie folgt:

Pentosane:	Pentosen:
(Furfurol — 0,0104) × 1,88 = Pentosane	(Furfurol — 0,0104) × 2,13 = Pentosen
(Furfurol — 0,0104) × 1,68 = Xylan	(Furfurol — 0,0104) × 1,91 = Xylose
(Furfurol — 0,0104) × 2,07 = Araban	(Furfurol — 0,0104) × 2,35 = Arabinose

Ohne vorstehende Umrechnung erhält man die in Frage kommenden Werte aus der Tabelle in J. König, Chemie der menschl. Nahrungs- und Genußmittel Bd. III, 1. Teil, Tab. IX, S. 734.

Über die Bestimmung der Methylpentosane und deren Berechnung vgl. J. König, Chemie der menschl. Nahrungs- und Genußmittel Bd. III, 1. Teil, S. 450.

9. Bestimmung der Rohfaser. Unter Roh- oder Holzfaser versteht man den bei einer bestimmten Behandlung der Futter- und Nahrungsmittel mit verdünnten Säuren und Alkalien von bestimmtem Gehalte verbleibenden Rückstand.

Von den Bestimmungsverfahren hat das von J. König[1]) in theoretischer Hinsicht den Vorzug, eine annähernd pentosanfreie Rohfaser zu liefern, in praktischer Hinsicht den einer bequemen Ausführbarkeit, zumal nur eine Filtration dabei erforderlich ist. Das ältere Verfahren von W. Henneberg und Fr. Stohmann liefert eine Rohfaser, die noch beträchtliche Mengen Hemicellulosen und Pentosane enthält, es erfordert mehr Arbeitsaufwand, eine zweimalige Filtration, hat in praktischer Hinsicht aber den Vorteil[2]), daß bei seiner Ausführung Glycerin gespart wird.

a) **Bestimmung der Rohfaser nach J. König[1]):** 3 g[3]) lufttrockene Substanz mit 5—14% Wasser werden, bei Fettgehalten über 10% nach vorhergehender Entfettung, in einem 500—600 ccm-Kolben oder in einer 500—600 ccm fassenden Porzellanschale mit 200 ccm Glycerin vom spezifischen Gewichte 1,23, welches 20 g konzentrierte Schwefelsäure im Liter enthält, versetzt, durch häufiges Schütteln bzw. Rühren mit einem Glasstabe gut verteilt und entweder am Rückflußkühler bei 133—135° 1 Stunde gekocht oder in einem Autoklaven bei 137° (= 3 Atmosphären) 1 Stunde lang gedämpft. Darauf läßt

---

[1]) Zeitschr. f. Untersuch. d. Nahrungs- u. Genußmittel Bd. 1, S. 1. 1898; Bd. 6, S. 769. 1903.

[2]) Aus den Ablaugen der Rohfaser nach König kann das Glycerin auch wiedergewonnen werden, worüber allerdings nähere Versuche noch nicht vorliegen.

[3]) Bei rohfaserarmen Mehlen auch mehr.

man erkalten, verdünnt den Inhalt des Kolbens oder der Schale auf ungefähr 400—500 ccm, kocht nochmals auf und filtriert. Nach meiner Erfahrung[1]) gelingt die Filtration[2]) am bequemsten, auch bei Reihenversuchen, auf folgende Weise: Man beschickt die auch von König empfohlenen Tiegel aus Reinnickel oder auch die neuerdings in den Handel kommenden möglichst durchlässigen Glasfiltertiegel mit einem nicht zu dünnen Asbestfilter, das neben der Filtration auch die Aufgabe hat, ein leichtes quantitatives Herausbringen der Rohfaser nach der Filtration und ein sicheres Überführen in eine Platinschale zu ermöglichen. Diesen Tiegel steckt man sodann in die Öffnung eines passenden Ringes aus Porzellan oder Metall, den man auf ein Becherglas legt. Nunmehr gießt man die über der Rohfaser stehende Flüssigkeit so heiß wie möglich auf das Filter, worauf sofort eine stetige Filtration beginnt, wobei man nur durch Nachfüllen dafür sorgt, daß der Tiegel nicht völlig leer läuft. Vorteilhaft ist es, das Filtrat vorsichtig so weit zu erhitzen, daß die heißen Dämpfe den Tiegel umspülen und ein vorzeitiges Erkalten des Inhaltes, wodurch die Filtration verlangsamt würde, verhindern. Auf diese Weise gelingt es ohne Anwendung der Saugpumpe[3]) auch die feinste Rohfaser sicher abzufiltrieren. Schließlich wäscht man den Rückstand mit siedendheißem Wasser aus, bis das Wasser völlig klar abläuft, und saugt an der Saugpumpe scharf ab. Alsdann übergießt man den Rückstand mit heißem 80—90proz. Spiritus, wobei sich erneut organische Stoffe unter Dunkelfärbung des Filtrates lösen, wäscht mit heißem Spiritus aus, bis das Filtrat wieder farblos abläuft, und saugt abermals scharf ab. Am Schlusse wäscht man mit Äther allein aus. Hierauf führt man das Asbestfilter und die darauf befindliche Rohfaser quantitativ in eine Platinschale über, trocknet bei 105—110° bis zur Gewichtsbeständigkeit[4]). Alsdann wird in üblicher Weise verascht und der zurückbleibende Glührückstand vom Gewichte der Schale vor dem Veraschen abgezogen. Der Unterschied gibt die Menge aschenfreie Rohfaser in 3 g, mithin durch Malnehmung mit 33,3 in Prozent an. Zahlenangaben auf höchstens drei Ziffern.

In der Rohfaser lassen sich Reincellulose, Lignin und Cutin nach von J. König angegebenen Verfahren bestimmen, worauf verwiesen sei. Vgl. J. König, Chemie der menschl. Nahrungs- und Genußmittel Bd. III, 1. Teil, S. 456.

b) Bestimmung der Rohfaser nach Henneberg und Stohmann (Weender Verfahren): 3 g der lufttrockenen, feingepulverten Substanz werden mit 200 ccm einer 1,25proz. Schwefelsäure[5]) 30 Minuten in einem Erlenmeyer-

---

[1]) Zeitschr. f. Untersuch. der Nahrungs- u. Genußmittel Bd. 27, S. 333. 1914.

[2]) In ähnlicher Anordnung wie bei der Stärkebestimmung in Fleisch vgl. S. 58.

[3]) Wenn infolge unvorsichtigen oder zu frühen Ansaugens mit der Saugpumpe das Filter mit der darauf befindlichen Rohfaser undurchlässig geworden sein sollte, empfiehlt es sich, den Tiegel in obenerwähnten Ring zu hängen und einfach bis zum folgenden Tage oder länger sich selbst zu überlassen; meistens beginnt dabei die Filtration nach Entfernung des Saugdruckes von selbst wieder. Sollte dies auch bis zum folgenden Tage nicht der Fall sein, so spült man die Rohfaser nebst Asbest in das Becherglas zurück und filtriert durch ein neu hergestelltes Asbestfilter.

[4]) Da Rohfaser äußerst hygroskopisch ist, empfiehlt sich ein rasches Wägen unmittelbar nachdem die Schale im Exsiccator erkaltet ist.

[5]) Man löst 25 g konz. Schwefelsäure in 2 l Wasser.

kolben von 500 ccm Inhalt[1]) am Rückflußkühler[2]) gekocht, dann läßt man absitzen, dekantiert und filtriert so heiß wie möglich in ähnlicher Weise wie bei a) durch ein Asbestfilter. Es empfiehlt sich hierbei, unter Verwendung von möglichst wenig Asbest schwach abzusaugen. Wegen der besonders bei mehlartigen Stoffen dabei vielfach entstehenden Filtrationsschwierigkeiten hat man besondere Hilfsmittel ersonnen, von denen die Vorrichtung zur Rohfaserbestimmung nach Holdefleiß (vgl. J. König, Chemie der menschl. Nahrungs- und Genußmittel Bd. III, 1. Teil, S. 458) erwähnt sei. Meistens kommt man zum Ziele, wenn man anfangs schwach ansaugt[3]), dann aber ohne Druck und so heiß wie möglich filtriert.

Den von der sauren Lösung befreiten Rückstand spritzt man mittels 1,25proz. Kalilauge[4]) mit Asbestfilter in den Erlenmeyerkolben zurück, füllt mit der gleichen Lauge auf 200 ccm auf, setzt 1 ccm Amylalkohol[5]) hinzu und kocht ebenfalls wieder 30 Minuten, filtriert durch ein neues Asbestfilter, wäscht mit heißem Wasser, dann mit Alkohol und Äther aus und führt schließlich die Rohfaser nebst Asbestfilter in eine Platinschale über[6]), trocknet diese bis zur Gewichtsbeständigkeit und verfährt weiter wie bei a).

Auf vorstehende Weise erhält man die aschefreie Rohfaser. Zur Bestimmung der proteinfreien Rohfaser[7]) stellt man in derselben Weise eine zweite Menge Rohfaser dar, ermittelt darin nach Kjeldahl den Stickstoffgehalt (S. 6) und bringt dessen Menge, mal 6,25, in Abzug.

Nachweis und Bestimmung der organischen Säuren.

1. Bestimmung der titrierbaren organischen Säuren. Der Gehalt eines Nahrungs- oder Genußmittels an freien Säuren wird meistens noch durch Titration mit 0,1 N- oder 0,25 N-Natronlauge ermittelt und dann das Ergebnis auf die in dem betreffenden Gegenstande vorwiegend vorkommende Säure umgerechnet. Die Umrechnung erfolgt in der Regel auf Ameisensäure, Essigsäure, Buttersäure, Milchsäure, Äpfelsäure, Weinsäure oder Citronensäure, in Fetten auf Ölsäure. Die Berechnung aus dem Verbrauch an 0,1 N-Lauge auf 10 g Substanz oder an 0,25 N-Lauge auf 25 g Substanz erfolgt am einfachsten nach nachstehender Tabelle.

Als Indicator verwendet man entweder blaues Lackmuspapier[8]), indem man durch Tüpfelreaktionen den Neutralpunkt feststellt, oder bei wenig ge-

---

[1]) Man kann den Stand der Flüssigkeit mit einem Farbstift kennzeichnen, um bei der zweiten Kochung mit Kalilauge leicht auf etwa dasselbe Volumen auffüllen zu können.

[2]) Vom Verfasser für zweckmäßig befundene Abänderung (statt der Kochung im Becherglase).

[3]) Damit das Filter beim Aufgießen nicht zerstört wird. — Bei nicht mehlartigen Stoffen läßt sich die Rohfaser meistens auch ganz absaugen, wenn man die Mischung siedendheiß auf das Filter gibt. Tritt Verstopfung des Filters ein, so verfährt man genau wie in Anm. [3]) auf voriger Seite angegeben.

[4]) 25 g Kaliumhydroxyd in 2 l Wasser.

[5]) Zur Verhinderung des Überschäumens.

[6]) Kleinere Mengen Rohfaser lassen sich auch leicht im Goochtiegel trocknen und veraschen.

[7]) Die Rohfaser nach Henneberg und Stohmann ist wegen der erfolgten Behandlung mit Kalilauge praktisch proteinfrei.

[8]) Vgl. Anm. [1]) auf folgender Seite.

färbten Flüssigkeiten bequemer einige Tropfen einer 1 proz. alkoholischen Phenolphthaleinlösung[1]).

Verbrauch an Lauge ccm	Ameisensäure %	Essigsäure %	Buttersäure %	Milchsäure %	Äpfelsäure %	Weinsäure %	Citronensäure %	Oxalsäure %	Ölsäure %	Benzoesäure %	Verbrauch an Lauge ccm
1	0,046	0,060	0,088	0,090	0,067	0,075	0,064	0,045	0,282	0,122	1
2	0,092	0,120	0,176	0,180	0,134	0,150	0,128	0,090	0,565	0,244	2
3	0,138	0,180	0,264	0,270	0,201	0,225	0,192	0,135	0,847	0,366	3
4	0,184	0,240	0,352	0,360	0,268	0,300	0,256	0,180	1,129	0,488	4
5	0,230	0,300	0,440	0,450	0,335	0,375	0,320	0,225	1,411	0,610	5
6	0,276	0,360	0,528	0,540	0,402	0,450	0,384	0,270	1,694	0,732	6
7	0,322	0,420	0,616	0,630	0,469	0,525	0,448	0,315	1,976	0,854	7
8	0,368	0,480	0,704	0,720	0,536	0,600	0,512	0,360	2,258	0,976	8
9	0,414	0,540	0,792	0,810	0,603	0,675	0,576	0,405	2,540	1,098	9

Beispiel: Bei der Bestimmung der freien Säure in 10 g Fett seien bei der Titration 9,45 ccm $^1/_{10}$ N-Lauge verbraucht worden; dann beträgt der Gehalt an freier Säure (berechnet als Ölsäure):

$$9 \ldots\ldots\ldots\ldots\ldots\ldots 2{,}540$$
$$0{,}4 \ldots\ldots\ldots\ldots\ldots\ldots 0{,}113$$
$$0{,}05 \ldots\ldots\ldots\ldots\ldots\ldots \underline{0{,}014}$$
$$2{,}667$$

abgerundet: 2,67%

Nach der amtlichen Anweisung zur chemischen Untersuchung des Weines wird das Lackmuspapier wie folgt bereitet:

„100 g gepulverter Lackmus werden am Rückflußkühler $^1/_2$ Stunde mit 500 ccm Alkohol von 90 Maßprozent ausgekocht. Man filtriert alsdann ab und trocknet den Rückstand bei mäßiger, 100° keinesfalls übersteigender Wärme. Den getrockneten Rückstand verreibt man in einer Reibschale innig mit 500 ccm kaltem Wasser, läßt — unter wiederholtem Umrühren — 24 Stunden in der Kälte stehen und filtriert. Von dem Filtrate sondert man einen kleinen Anteil ab und sättigt darauf in der Hauptmenge das freie Alkali ab, indem man wiederholt mit einem in Schwefelsäure vom spezifischen Gewicht 1,11 eingetauchten Glasstab umrührt, bis die Farbe ausgesprochen rot erscheint. Dann kocht man die Mischung auf und erhält, unter Ersatz des verdampfenden Wassers, $^1/_4$ Stunde im Sieden. Schlägt hierbei der rote Farbenton wieder in violett oder blau um, so stellt man ihn in der angegebenen Weise mittels des mit Schwefelsäure benetzten Glasstabs wieder her und wiederholt dies so lange, bis der gewünschte Farbenton erreicht ist. Man prüft auf denselben durch Tüpfeln auf ein Streifchen des Papiers, das mit der Lackmuslösung getränkt werden soll. Hierbei ist zu beachten, daß der Ton des Papiers beim Trocknen in der Regel blauer ist als unmittelbar nach dem Tränken. Sollte bei dieser Behandlung die Flüssigkeit versehentlich zu stark angesäuert werden, also zu lebhaft rot geworden sein, so kann man den Fehler durch Zusatz einer entsprechenden Menge des anfangs zurückbehaltenen blauen Anteils wieder verbessern. Ist der gewünschte Farbton erreicht, so zieht man durch die erkaltete und erforderlichenfalls filtrierte Flüssigkeit Streifen feinen ungeleimten Papiers — besonders geeignet ist das Filtrierpapier Nr. 1403 der Firma Schleicher & Schüll in Düren — hindurch und hängt sie in einem von Säure- und Ammoniakdämpfen freien Raume über Fäden zum Trocknen auf. Auch das fertige Papier ist beim Aufbewahren vor Laboratoriumsdämpfen und Licht zu schützen. Von den getrockneten Streifen schließt man den obersten Teil, in dem Verunreinigungen von bläulichem Farbton angereichert sind, von dem Gebrauch aus. Da sich der Farbton beim Trocknen des Papiers häufig ganz unerwartet ändert, empfiehlt es sich, zunächst nur einen Probestreifen zu färben und zu trocknen und, je nach dem Ausfall der Färbung, die Lösung nach Bedarf so lange mit etwas mehr Schwefelsäure oder etwas

---

[1]) Alkaliblau 6 B (vgl. S. 25) gibt nur in alkoholischen Lösungen (nicht unter 50 Vol.-%) Alkohol) richtige bzw. scharfe Umschläge.

zurückbehaltener blauer Lackmuslösung zu versetzen, bis die Farbe eines erneut gefärbten Papierstreifens nach dem Trocknen befriedigend ausgefallen ist. Das fertige Papier muß eine ausgesprochen rötliche Färbung mit einem geringen Stiche ins Violette aufweisen. Ein Tropfen einer Mischung von 50 ccm kochendem Wasser und einem Tropfen 0,25 N-Lauge muß beim Aufbringen auf das Papier einen deutlichen blauen Ring hervorrufen."

Kohlensäurehaltige Flüssigkeiten (Wein, Bier usw.) werden vor der Titration erst bis zum beginnenden Sieden erhitzt. Bei Wein (25 ccm) darf die noch heiße Flüssigkeit nur mit einer Lauge titriert werden, die nicht schwächer als 0,25 N ist.

Zum Nachweise und zur Bestimmung der einzelnen organischen Säuren zerlegt man die Gesamtmenge derselben zunächst in flüchtige und nichtflüchtige Säuren durch Destillation im Wasserdampfstrome und ermittelt dann die einzelnen Säuren im Destillate oder im Rückstande.

2. Bestimmung der flüchtigen Säuren. a) Bestimmung der flüchtigen Säuren und Berechnung der titrierbaren nichtflüchtigen Säuren in Wein[1]).

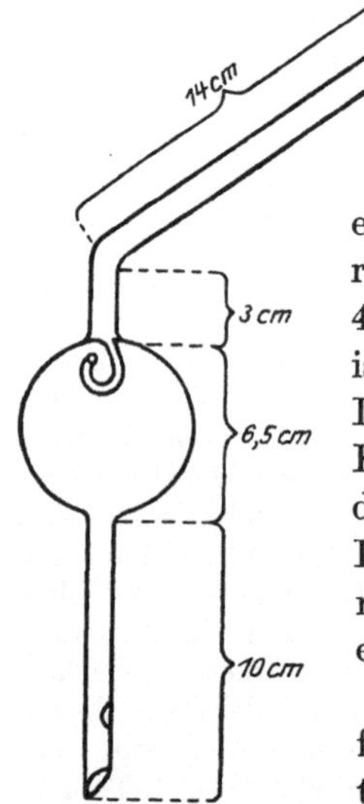

Abb. 14. Hakenaufsatz.

α) *Bestimmung der flüchtigen Säuren:* „Zur Bestimmung der flüchtigen Säuren verwendet man einen Rundkolben von 200 ccm Inhalt, der durch einen Gummistopfen mit 2 Durchbohrungen verschlossen ist. Durch die erste Bohrung führt ein bis auf den Boden des Kolbens reichendes, oben stumpfwinklig umgebogenes Glasrohr von 4 mm lichter Weite, das unten etwas stumpfwinklig gebogen ist und eine kurze, 1 mm weite Ausströmungsspitze besitzt. Durch die zweite Bohrung führt ein Hakenaufsatz, dessen Form und Abmessungen nachstehend angegeben sind und der mit einem gut wirkenden Kühler verbunden ist. Als Destillationsvorlage dient ein 300 ccm fassender, hoher Erlenmeyerkolben, welcher an der, einem Rauminhalte von 200 ccm entsprechenden Stelle eine Marke trägt.

Man läßt zunächst durch das auf den Boden des Kolbens führende Glasrohr einen lebhaften Wasserdampfstrom eintreten und etwa 10 Minuten durch den gesamten Apparat bei nicht gefülltem Kühler strömen. Sodann unterbricht man das Einleiten des Wasserdampfes, setzt den Kühler in Tätigkeit, bringt 50 ccm Wein in den Destillierkolben und leitet in diesen einen lebhaften Strom von Wasserdampf. Durch gleichzeitiges Erhitzen des Destillierkolbens mit einer Flamme engt man unter stetem Durchleiten von Wasserdampf den Wein auf etwa 25 ccm ein und trägt dann durch zweckmäßiges Erwärmen des Kolbens dafür Sorge, daß die Flüssigkeitsmenge sich nicht mehr ändert. Man unterbricht die Destillation, wenn 200 ccm Flüssigkeit übergegangen sind. Die Destillation ist so zu leiten, daß dies 50 Minuten nach Beginn des Einleitens der Fall ist[2]). Alsdann erhitzt man das Destillat bis zum beginnenden Sieden, setzt einige Tropfen Phenolphthaleinlösung hinzu und titriert mit $^1/_{10}$ N-Alkalilauge.

---

[1]) Amtliche Anweisung zur chemischen Untersuchung des Weines.

[2]) Der Rückstand kann zur Bestimmung der Milchsäure und Bernsteinsäure verwendet werden.

Berechnung: Sind zur Sättigung der flüchtigen Säuren aus 50 ccm Wein a ccm $^1/_{10}$ N-Alkalilauge verbraucht worden, so sind in 1 l Wein enthalten:

$$x = 0{,}12 \cdot a \text{ g flüchtige Säuren, als Essigsäure } (CH_3COOH) \text{ berechnet,}$$

oder es entspricht der Gehalt an flüchtigen Säuren in 1 l Wein:

$$y = 2 \cdot a \text{ mg-Äquivalenten Säure } (= \text{ccm Normalsäure)}.$$

β) *Berechnung der titrierbaren nichtflüchtigen Säuren.* Bedeutet:

a die Gramm titrierbare Säuren in 1 l Wein, als Weinsäure berechnet,

b die Gramm flüchtige Säuren in 1 l Wein, als Essigsäure berechnet,

x die Gramm titrierbare nichflüchtige Säuren in 1 l Wein, als Weinsäure berechnet,

so sind in 1 l Wein enthalten:

$$x = (a - 1{,}25 \cdot b) \text{ g titrierbare nichtflüchtige Säuren, als Weinsäure berechnet.}$$

Bedeutet: c die mg-Äquivalente titrierbare Säuren in 1 l Wein,

$\qquad d$ die mg-Äquivalente flüchtige Säuren in 1 l Wein,

$\qquad y$ die mg-Äquivalente titrierbare nichtflüchtige Säuren in 1 l Wein,

so entspricht der Gehalt an titrierbaren nichtflüchtigen Säuren in 1 l Wein:

$$y = (c - d) \text{ mg-Äquivalenten Säure } (= \text{ccm Normalsäure).``}$$

b) **Bestimmung der flüchtigen Säuren in sonstigen Nahrungsmitteln:** Wenn die Flüssigkeiten **viel Alkohol** enthalten, so kann man sie zuerst mit Alkali neutralisieren, den Alkohol durch Kochen vertreiben, darauf wieder mit Schwefelsäure oder Phosphorsäure ansäuern und dann die Säuren abdestillieren. Hierbei kann das Destillat, z. B. bei Butterfett, Branntweinen usw. **feste Ausscheidung von höheren Fett**säuren wie Capron-, Capryl- und Caprinsäure zeigen. Über ihre Bestimmung vgl. S. 27—32. Bei Branntweinen kann man das Destillat mit Äther ausschütteln, den Äther durch Ausschütteln mit wenig Wasser von den flüchtigen und wasserlöslichen Säuren befreien und den Äther bei gewöhnlicher Temperatur in einem Schälchen verdunsten lassen; die zurückbleibenden höheren Fettsäuren werden darauf in ein Wägekölbchen mit eingeschliffenem Stopfen übergeführt, der Äther wird verdunstet und der Rückstand als wasserunlösliche Fettsäuren gewogen.

c) **Bestimmung der Essigsäure und der Buttersäure:** Ein Teil des neutralisierten Destillates wird eingeengt und mit der gleichen Raummenge einer Lösung, die im Liter 90 g Kaliumbichromat und 400 g konz. Schwefelsäure enthält, 10 Minuten am Rückflußkühler erhitzt, wodurch die vorhandene **Ameisensäure** zu Kohlensäure oxydiert wird. Die nicht veränderten anderen Säuren (Essigsäure und Buttersäure) destilliert man wieder mit Wasserdampf über, wobei man Sorge trägt, daß die Raummenge der destillierenden Flüssigkeit sich nicht zu sehr vermindert. Das Destillat wird mit 0,1 N - Barytwasser genau titriert, die Lösung der Bariumsalze eingeengt, schließlich in eine Platinschale filtriert, eingedampft, bei 100° getrocknet und gewogen. Dann zerreibt man die trockenen Bariumsalze zu einem feinen Pulver und bestimmt ihren Bariumgehalt, indem man einen abgewogenen Teil in einem Platintiegel mit Schwefelsäure abraucht und das entstandene $BaSO_4$ wägt. Wurden a g des Bariumsalzgemisches angewendet und daraus b g $BaSO_4$ erhalten, so enthält die Bariumsalzmischung $d = (607{,}6 \times \dfrac{b}{a} - 455{,}4)\%$ essigsaures Barium.

Aus dem Verbrauche der Essigsäure-Buttersäuremischung an 0,1 N-Barytwasser zur Neutralisation und dem Bariumgehalte des aus dem Säuregemische hergestellten Bariumsalzgemisches läßt sich der Gehalt der angewendeten Stoffmenge an freier Essigsäure und Buttersäure berechnen. Bedeutet

$\qquad c$ die Anzahl ccm 0,1 N-Barytwasser, die zur Neutralisation der Essigsäure und Buttersäure erforderlich war,

$\qquad d$ die Prozente essigsaures Barium in der Bariumsalzmischung (vgl. oben), so enthält die angewendete Stoffmenge:

$$x = \frac{0{,}00272 \times d \times c}{36{,}51 + 0{,}088\,d} \text{ g Essigsäure,}$$

$$y = 1{,}182\,\frac{100 - d}{d} \text{ g Buttersäure.}$$

Über die Bestimmung der Buttersäure neben Caprylsäure und den höheren Fettsäuren, wie sie für den Nachweis von Milchfett neben Cocosfett und anderen Fetten von Bedeutung ist, vgl. S. 29 u. 30.

3. Bestimmung der Milchsäure[1][2]. „Man bringt 50 ccm Wein in einen Rundkolben von 200 ccm Inhalt und destilliert die flüchtigen Säuren nach der Vorschrift S. 66 im lebhaften Wasserdampfstrom ab.

Der Destillationsrückstand wird unter Verwendung von kleinen Mengen Wasser zum Nachspülen in eine Porzellanschale übergeführt, mit einigen Tropfen Phenolphthaleinlösung, sodann mit kalt gesättigter Barytlauge bis zur schwachen Rotfärbung und mit 5 ccm 10proz. wässeriger Bariumchloridlösung versetzt. Um etwa vorhandenes Milchsäureanhydrid zu verseifen, gibt man noch 2—3 ccm Barytlauge hinzu, erwärmt das Gemisch 10 Minuten auf dem siedenden Wasserbade, wobei die Rotfärbung bestehen bleiben muß, neutralisiert durch Einleiten von Kohlendioxyd und engt auf dem Wasserbade auf etwa 10 ccm ein.

Der Schaleninhalt wird in einen mit einem Glasstopfen verschließbaren Meßzylinder von 100 ccm Inhalt übergeführt und die Schale mit heißem Wasser nachgespült, bis die Flüssigkeitsmenge im Zylinder durch die Zugabe des Spülwassers auf 25 ccm gebracht ist. Unter beständigem Umrühren gibt man sodann in dünnem Strahle neutral reagierenden Alkohol von 96 Maßprozent hinzu, bis der Zylinder nahezu 100 ccm enthält, stellt diesen $^1/_2$ Stunde in ein Wasserbad von 15°, füllt alsdann mit Alkohol von gleicher Stärke auf 100 ccm auf und läßt den Zylinder 2 Stunden stehen, während welcher Zeit wiederholt kräftig umgeschüttelt wird. Die Flüssigkeit wird nun durch ein bedecktes, trockenes, glattes Filter in ein trockenes Gefäß filtriert und auf eine Temperatur von 15° gebracht[3]. Von dem Filtrat werden 75 ccm in ein Kölbchen pipettiert und mit 25 ccm 5proz. Natriumsulfatlösung versetzt. Man schüttelt die Mischung gut um und läßt sie verkorkt $^1/_4$ Stunde stehen. Die Flüssigkeit wird sodann durch ein bedecktes, trockenes Faltenfilter in ein trockenes Gefäß filtriert und auf eine Temperatur von 15° gebracht.

75 ccm dieses Filtrats werden in eine Platinschale pipettiert und auf dem Wasserbade unter Vermeidung des Siedens zur vollständigen Trockne eingedampft. Der Rückstand wird auf einem Asbestdrahtnetze vorsichtig verkohlt, die Kohle mit einem kleinen, unten flachen Glasstab fein zerrieben und stark geglüht. Nach dem Erkalten werden 20 ccm 0,25 N-Salzsäure (die in der Regel ausreichen) hinzugesetzt und die mit einem Uhrglas bedeckte Schale 5 Minuten auf dem Wasserbad erhitzt. Man spült sodann das Uhrglas mit Wasser ab und titriert die Flüssigkeit mit 0,25 N-Alkalilauge unter Verwendung von Phenolphthalein bis zur beginnenden Rotfärbung.

Berechnung: Wurden a ccm 0,25 N-Salzsäure und b ccm 0,25 N-Alkalilauge verwendet, so sind in 1 l Wein enthalten:

$$x = 0,8 \cdot (a - b) \text{ g Milchsäure,}$$

oder es entspricht der Gehalt an Milchsäure in 1 l Wein:

$$y = \frac{80}{9} \cdot (a - b) \text{ mg-Äquivalenten Säure } (= \text{ ccm Normalsäure}).\text{“}$$

G. Bonifazi[4] empfiehlt als rascher ausführbar im Weine die Essigsäure nicht ab-

---

[1] Amtliche Anweisung zur chemischen Untersuchung des Weines.

[2] Das Verfahren ist nur bei trockenen Weinen, nicht bei Süßweinen anzuwenden.

[3] Der Rückstand kann zur Bestimmung der Bernsteinsäure S. 71 verwendet werden.

[4] Mitt. a. d. Geb. d. Lebensmittelunters. u. Hyg. Bd. 17, S. 9—14. 1926.

zudestillieren, sondern wie vorhin die in Alkohol löslichen Bariumsalze (Acetat + Lactat) mit $^1/_{10}$ N-Säure bzw. Lauge zu titrieren und von dem erhaltenen Gesamtwerte ausgedrückt in ccm $^1/_{10}$ N-Lauge den für die flüchtigen Säuren, in üblicher Weise (S. 66) ermittelt, abzuziehen. Von dem Rest entspricht je 1 ccm = 9 mg Milchsäure.

4. Bestimmung der Weinsäure[1]). „100 ccm Wein werden in einer Porzellanschale auf dem Wasserbad entgeistet. Der Rückstand wird mit Wasser in ein Becherglas gespült, das bei 100 ccm eine Marke trägt, und auf das ursprüngliche Maß wieder aufgefüllt. Die Flüssigkeit versetzt man mit 2 ccm Eisessig, 0,5 ccm einer 20proz. Kaliumacetatlösung und 15 g gepulvertem reinen Kaliumchlorid. Letzteres bringt man durch Umrühren nach Möglichkeit in Lösung und fügt dann 20 ccm Alkohol von 96 Maßprozent hinzu. Nachdem man durch starkes, etwa 1 Minute anhaltendes Reiben eines Glasstabes an der Wand des Becherglases die Abscheidung des Weinsteins eingeleitet hat, läßt man die Mischung wenigstens 15 Stunden bei 10—15° stehen und filtriert dann den krystallinischen Niederschlag durch einen mit Papierfilterstoff[2]) beschickten Goochtiegel aus Platin oder Porzellan oder durch eine in gleicher Weise beschickte Wittsche Porzellansiebplatte mit Hilfe der Wasserstrahlpumpe ab[3]). Zum Auswaschen des Niederschlags bedient man sich einer Lösung von 15 g Kaliumchlorid in 20 ccm Alkohol von 96 Maßprozent und 100 ccm Wasser. Zunächst spült man das Becherglas mit einem kleinen Anteil dieser Lösung aus, gibt die Flüssigkeit auf das Filter, läßt das Becherglas gut abtropfen und wiederholt dies etwa zweimal. Sodann werden Filter und Niederschlag durch dreimaliges Abspülen und Aufgießen von wenigen Kubikzentimetern der Waschflüssigkeit ausgewaschen. Von letzterer müssen im ganzen genau 20 ccm verwendet werden. Der Papierfilterstoff wird nebst Niederschlag mit siedendem alkalifreien Wasser in das Becherglas zurückgespült und die erhaltene Lösung in der Siedehitze mit 0,2 N-Alkalilauge unter Verwendung von empfindlichem roten Lackmuspapier titriert.

Berechnung: Wurden bei der Titration a ccm 0,25 N-Alkalilauge verbraucht, so sind in 1 l Wein enthalten:

$$x = 0{,}375 \cdot (a + 0{,}6) \text{ g Weinsäure,}$$

oder es entspricht der Gehalt an Weinsäure in 1 l Wein:

$$y = 5 \cdot (a + 0{,}6) \text{ mg-Äquivalenten Säure (= ccm Normalsäure).}$$

Anmerkung. Bei Jungweinen und Traubenmosten ist die Fällung der Weinsäure zu wiederholen. Zu diesem Zwecke versetzt man die titrierte Lösung des Niederschlags mit einer solchen Menge 0,25 N-Salzsäure, als der verbrauchten Alkalilauge entspricht. Alsdann bringt man die Flüssigkeit durch Zusatz von Wasser auf 100 ccm und fällt die Weinsäure nach der vorstehenden Vorschrift aus.

Berechnung: Wurden bei der 2. Titration a ccm $^1/_4$ N-Alkalilauge verbraucht, so sind in 1 l Wein enthalten: $x = 0{,}375 \cdot (a + 1{,}2)$ g Weinsäure,
oder es entspricht der Gehalt an Weinsäure in 1 l Wein:

$$y = 5 \cdot (a + 1{,}2) \text{ mg-Äquivalenten Säure (= ccm Normalsäure).“}$$

---

[1]) Amtliche Anweisung zur chemischen Untersuchung des Weines. — Nach P. Berg und J. Müller (Zeitschr. f. Untersuch. d. Lebensmittel Bd. 52, S. 259—264) liefert das Verfahren bei Gegenwart freier Weinsäure zu niedrige Ergebnisse; letztere ist vorher durch die berechnete Menge von Kaliumacetat oder Kaliumhydroxyd in Bitartrat überzuführen.

[2]) Zur Herstellung des Papierfilterstoffs schüttelt man 30 g Filtrierpapier mit 1 l Wasser unter Zusatz von 50 ccm 25proz. Salzsäure stark durch, filtriert auf der Nutsche ab und wäscht bis zur neutralen Reaktion mit heißem Wasser aus. Man verteilt den Brei auf 2 l Wasser und verwendet jedesmal 60 ccm des aufgeschüttelten Breies.

[3]) Das Filtrat kann zum Nachweis der Citronensäure nach S. 70 verwendet werden.

5. Nachweis und Bestimmung der Citronensäure. a) Als sicherstes Verfahren zum Nachweise der Citronensäure gilt die Stahresche Reaktion, die nach R. Kunz[1]) für Wein wie folgt ausgeführt wird:

50 ccm Wein werden auf etwa 10 ccm eingedampft, nach dem Abkühlen mit 2 ccm verdünnter Schwefelsäure und dann mit gesättigtem Bromwasser versetzt. Man füllt auf 50 ccm auf und filtriert nach kräftigem Schütteln über Kieselgur. 10 ccm Filtrat werden mit 1 ccm verdünnter Schwefelsäure (1 + 1) und 0,2 ccm verdünnter Kaliumbromidlösung (37,5 g KBr in 100 ccm) versetzt. Nach dem Umschwenken setzt man 1,5 ccm 5proz. Kaliumpermanganatlösung zu, schüttelt tüchtig und taucht das Reagensglas in Wasser von 40—45°. Zuerst scheidet sich Braunstein ab, der aber allmählich verschwindet. Nach 5 Minuten setzt man konzentrierte, mit Schwefelsäure angesäuerte Ferrosulfatlösung zu, um überschüssiges Brom zu binden und Braunstein zu lösen. Nach dem Abkühlen in kaltem Wasser trübt sich die Flüssigkeit infolge Bildung von Pentabromaceton aus Citronensäure. War in dem Weine 0,01% oder mehr Citronensäure vorhanden, so zeigt schon die angewärmte Flüssigkeit eine deutliche Opalescenz oder milchige Trübung von äußerst fein verteiltem Pentabromaceton, welche während des Abkühlens der Flüssigkeit noch wesentlich deutlicher hervortritt. — Nach Kunz ist die Reaktion außer für Wein auch für Milch, Marmeladen und Fruchtsäfte vorzüglich geeignet.

Diese für Citronensäure spezifische Reaktion ermöglicht auch deren quantitative Bestimmung, wenn unter bestimmten Bedingungen gearbeitet wird. Bezüglich dieser vgl. O. Reichard[2]).

b) Reaktion nach Denigès[3]): 10 ccm Wein werden durch Schütteln mit 1,0—1,5 g Bleisuperoxyd vorbehandelt, dann mit 2 ccm Reagens versetzt, durchgemischt und blank filtriert. Der Durchlauf wird bis zum beginnenden Sieden erhitzt und dann tropfenweise mit einer 2proz. Kaliumpermanganatlösung versetzt. Eine jetzt auftretende weiße Färbung bzw. ein weißer Niederschlag deuten auf das Vorhandensein von Citronensäure hin. Bei Anwesenheit anderer organischer Säuren können größere Mengen von Permanganat notwendig sein, auch kann Braunstein sich abscheiden und obige Reaktion verdecken; in diesem Falle ist durch Zufügen von 1 Tropfen Wasserstoffsuperoxyd aufzuhellen. — Bei negativem Ausfall dieser Reaktion ist die Anwesenheit von Citronensäure mit Sicherheit zu verneinen; bei positivem Ausfalle ist zu beachten, daß größere Mengen Äpfelsäure (über 0,5%) und vielleicht auch andere Stoffe ähnliche Trübungen hervorrufen können.

Auch die Denigèssche Reaktion ist zur quantitativen Bestimmung der Citronensäure verwendet worden. Vgl. Reichard[2]).

c) Die Eigenschaft des Calciumcitrates, im amorphen Zustande in kaltem Wasser leicht löslich zu sein, beim Erhitzen aber in die krystallinische, unlösliche Form überzugehen, bildet die Grundlage der amtlichen Anweisung für den Nachweis der Citronensäure in Wein[4]). — Das Verfahren ist nach

---

[1]) Arch. f. Chem. u. Mikroskopie Bd. 7, S. 285. 1914; nach O. Reichard, Zeitschr. f. Untersuch. d. Lebensmittel Bd. 51, S. 282. 1926.

[2]) Zeitschr. f. Untersuch. d. Lebensmittel Bd. 51, S. 285—286. 1926.

[3]) Zeitschr. f. Untersuch. d. Lebensmittel Bd. 51, S. 280 und 284. 1926.

[4]) Vgl. Gesetze und Verordnungen Bd. 13, S. 126—127. 1921.

Reichard[1]) jedoch besonders bei kleinen Mengen Citronensäure neben anderen organischen Säuren unsicher.

6. Bestimmung der Bernsteinsäure[2]). „Die Bestimmung der Bernsteinsäure wird zweckmäßig mit der Bestimmung der Milchsäure (S. 68) verbunden.

Der Rückstand, welcher bei der Filtration der alkoholischen Lösung des milchsauren Bariums auf dem Filter zurückbleibt, wird, nachdem die in dem Meßzylinder von 100 ccm Inhalt zurückgebliebenen Teile des Niederschlags mit Alkohol von 80 Maßprozent gleichfalls auf das Filter gespült worden sind, mit etwa 80 ccm Alkohol gleicher Stärke ausgewaschen. Darauf wird der Filterrückstand mit heißem Wasser in eine etwa 200 ccm fassende Porzellanschale übergeführt und der Schaleninhalt auf dem Wasserbad auf etwa 30 ccm eingeengt. Unter ständigem Erhitzen auf dem Wasserbade wird die Flüssigkeit sodann mit je 5 ccm gesättigter Kaliumpermanganatlösung so lange versetzt, bis die rote Färbung der Flüssigkeit 5 Minuten bestehen bleibt. Man gibt weitere 5 ccm Permanganatlösung hinzu und läßt diese 15 Minuten einwirken. Verschwindet während dieser Zeit die Rotfärbung, so ist der Zusatz der Kaliumpermanganatlösung so oft zu wiederholen, bis die Färbung bei 15 Minuten langem Stehen der Flüssigkeit nicht mehr verschwindet. Man läßt nun erkalten und zerstört den Überschuß an Permanganat durch Zusatz von festem Natriumbisulfit. Nach dem Verschwinden der Rotfärbung säuert man vorsichtig mit 25 proz. Schwefelsäure an, wobei man die Schale mit einem Uhrglas bedeckt hält, und setzt Natriumbisulfit in kleinen Anteilen zu, bis das ausgeschiedene Mangandioxyd in Lösung gegangen ist. Die mit einem Uhrglas bedeckte Schale wird sodann auf dem siedenden Wasserbad erhitzt, bis die Gasentwicklung aufhört. Man entfernt das Uhrglas, spült es mit Wasser ab und dampft den Schaleninhalt auf etwa 30 ccm ein. Der Rückstand wird mit Wasser in einen gut wirkenden Äther-Perforationsapparat gespült und mit 40 proz. Schwefelsäure versetzt, bis die Flüssigkeit etwa 10% freie Schwefelsäure enthält. Nach 10—12 stündigem Perforieren mit Äther destilliert man die Hälfte des Äthers aus dem Perforationskölbchen ab, gibt 10—20 ccm Wasser hinzu und treibt den Äther völlig ab. Unter Verwendung von Phenolphthalein wird die wässerige Lösung der Bernsteinsäure mit halogenfreier Barytlauge alkalisch gemacht und 10 Minuten auf dem Wasserbad erwärmt. Verschwindet hierbei die Rotfärbung, so wiederholt man den Zusatz von Barytlauge und das Erwärmen so oft, bis die Färbung bestehen bleibt. Man leitet sodann Kohlendioxyd bis zur Entfärbung in die Flüssigkeit ein und erhitzt etwa 10 Minuten auf dem Wasserbade. Nach dem Erkalten filtriert man die Flüssigkeit durch ein kleines glattes Filter in ein Meßkölbchen von 100 ccm Inhalt und wäscht mit so viel Wasser nach, daß Filtrat und Waschwasser etwa 75 ccm betragen. Hierauf gibt man in das Meßkölbchen 20 ccm $^1/_{10}$ N-Silbernitratlösung, füllt bei 15° mit Wasser bis zur Marke auf und schüttelt tüchtig durch. Nach mindestens 2 stündigem Stehen filtriert man durch ein trockenes Faltenfilter und titriert in 50 ccm des Filtrats nach Zusatz von Salpetersäure und Eisenammoniumalaunlösung mit $^1/_{10}$ N-Ammoniumrhodanidlösung das überschüssige Silbernitrat zurück.

---

[1]) Zeitschr. f. Untersuch. d. Lebensmittel Bd. 51, S. 276. 1926.
[2]) Amtliche Anweisung zur chemischen Untersuchung des Weines.

Berechnung: Wurden zum Zurücktitrieren a ccm $^1/_{10}$ N-Rhodanammoniumlösung verbraucht, so sind in 1 l Wein enthalten:

$$x = 0{,}236 \cdot (10 - a) \text{ g Bernsteinsäure,}$$

oder es entspricht der Gehalt an Bernsteinsäure in 1 l Wein:

$$y = 4 \cdot (10 - a) \text{ mg-Äquivalenten Säure } (= \text{ccm Normalsäure}).\text{``}$$

7. Bestimmung der Äpfelsäure. a) Polarimetrisches Verfahren von F. Auerbach und D. Krüger[1]. Nach den Untersuchungen genannter Forscher ist das molekulare Drehungsvermögen für Uranäpfelsäure unter den gewählten Bedingungen bis zu Konzentrationen von 0,1 mol/l beständig —700° (für Molybdänweinsäure + 1014°). Das molekulare Drehungsvermögen von Uranweinsäure steigt mit zunehmender Konzentration bis zu einem Höchstwerte von + 650°, um dann langsam zu fallen. Für Molybdänäpfelsäure steigt es ebenfalls zunächst mit der Konzentration, ist dann aber nahezu beständig, etwa + 1020°.

Vorschrift zur Bestimmung der Äpfelsäure in Fruchterzeugnissen:

In einer Probe des Stoffes wird der Gehalt an freier Säure in üblicher Weise durch Titration bestimmt und als $m$val/100 g oder $m$val/100 ccm ausgedrückt. Eine weitere Probe wird in üblicher Weise verascht[2]), die Alkalität der Asche gegen Methylorange bestimmt und im $m$val/100 g oder $m$val/100 ccm ausgedrückt. Der Gesamtgehalt an organischen Säuren wird als Summe von $m$val-freie Säure + $m$val „eigentliche Alkalität" ermittelt.

Abscheidung des Bariummalates: Von der gut durchgemischten Probe werden in zwei Parallelversuchen je etwa 25,0 g in einem geschlossenen Wägegläschen abgewogen oder, falls es sich um klare Flüssigkeiten handelt, genau 25 ccm abgemessen. Hierzu wird so viel 0,5 N-Salzsäure gefügt, wie der Aschenalkalität der angewendeten Menge entspricht, nebst einem Überschusse von 0,5 ccm derselben. Die weitere Behandlung richtet sich danach, ob Erzeugnisse von geringem Zuckergehalt (I) — natürliche Fruchtsäfte, Obstweine, Limonaden u. dgl. — oder zuckerreiche und dextrinhaltige Erzeugnisse (II) — Fruchtsirupe, Marmeladen u. dgl. — vorliegen.

Die angesäuerten Proben werden mit Alkohol von 96 Vol.-% bei I auf 100 ccm (= 70 Vol.-% Alkohol), bei II auf 400 ccm (= mindestens 89 Vol.-% Alkohol) aufgefüllt. Von den ausgeschiedenen Pektinstoffen und sonstigen unlöslichen Bestandteilen wird durch ein trockenes Faltenfilter in einen trockenen Kolben abfiltriert. Ist die Menge des Unlöslichen erheblich, so wird sie in einem besonderen Versuche ermittelt und die Gewichtsmenge (Gramm) mal 0,67 als Raummenge (Kubikzentimeter) berücksichtigt. Vom Filtrate werden 10 ccm mit 0,1 N-Natronlauge gegen Phenolphthalein oder Lackmuspapier titriert und daraus die zur Neutralisation erforderliche Menge Bariumcarbonat berechnet. Darauf werden bei I 75 ccm des Filtrates in einem Becherglase durch Zusatz von 250 ccm Alkohol auf eine Konzentration von 89 Vol.-% gebracht; bei II werden 350 ccm des Filtrates in ein Becherglas pipettiert. Der Lösung werden die zur Neutralisation erforderliche Menge Bariumcarbonat sowie 2 ccm Bariumacetatlösung [100 g $Ba(C_2H_3O_2)_2$ + 200 g Wasser] zugesetzt und das mit einem Uhrglase bedeckte Becherglas bis zum Absitzen des Niederschlages auf dem Wasserbade erhitzt. Am folgenden Tage wird der Niederschlag auf der Nutsche

---

[1]) Zeitschr. f. Untersuch. d. Nahrungs- u. Genußmittel Bd. 46, S. 97—154 und 177 bis 217. 1923.

[2]) Am bequemsten im elektrischen Ofen.

durch ein gehärtetes Filter abgesaugt, wobei zuerst die Hauptmenge der überstehenden klaren Flüssigkeit abgegossen, sodann der Niederschlag aufgerührt und auf das Filter gebracht wird. Etwa trübe durchlaufende Teile[1]) werden zurückgegossen. Der Niederschlag wird mit 95proz. Alkohol gewaschen, bei 98° getrocknet und mittels Glanzpapier und Pinsel samt der Filterscheibe und einem zum Auswischen der Nutsche benutzten Filterchen in ein 50 ccm-Kölbchen gebracht. Nach Zusatz von 0,1 g Bariumcitrat und 0,05 g Bariumtartrat wird bis fast zur Marke aufgefüllt, mehrere Stunden auf der Schüttelmaschine geschüttelt, der Kolbeninhalt durch Zufügen einer an Bariumtartrat und Bariumcitrat gesättigten wässerigen Lösung genau auf 50 ccm gebracht und filtriert. Sollte das Filtrat gefärbt sein, so wird es mit ausgeglühter Tierkohle bei Zimmertemperatur geschüttelt und wieder filtriert.

Messung der optischen Drehung: Vom Filtrate werden

1. 10 ccm mit Wasser auf 25 ccm aufgefüllt;

2. 20 ccm mit 2,5 ccm Dinatriumcitratlösung[2]) und 3,5 g Uranylacetat[3]) 4 Stunden auf der Schüttelmaschine geschüttelt und sodann genau auf 25 ccm aufgefüllt;

3. 10 ccm mit 2 ccm Eisessig und etwa 10 ccm Ammoniummolybdatlösung[4]) (jedenfalls mit so viel, daß 12,5 m mol Molybdän vorhanden sind) und genau auf 25 ccm aufgefüllt.

Der Inhalt jedes der drei Kölbchen wird durch ein trockenes Filter in ein Polarisationsrohr von 200 mm Länge filtriert. Sollte die Molybdänmischung durch niedere Molybdänoxyde blau gefärbt sein, so wird sie vor der Filtration bei Zimmertemperatur mit Tierkohle geschüttelt. Die Polarisation erfolgt bei Natriumlicht bei 15—20°.

Berechnung: Von den bei Gegenwart von Uran und von Molybdän beobachteten Winkeln ist der Drehungswinkel der Lösung ohne drehungssteigernden Stoff abzuziehen. Aus den so erhaltenen beiden Winkeln α wird aus den Tabellen S. 375 die Äpfelsäurekonzentration c der polarimetrisch gemessenen Lösung und der Äpfelsäuregehalt des abgewogenen Stoffes entnommen.

b) Bestimmung der Äpfelsäure auf Grund der Löslichkeit ihres Bariumsalzes vgl. Nr. 26 der amtlichen Anweisung zur Untersuchung des Weines[5]).

Bestimmung
des Säuregrades (der Wasserstoffionenkonzentration).

Die Wasserstoffionenkonzentration [H˙] einer Flüssigkeit pflegt heute allgemein durch den negativen dekadischen Logarithmus der Konzentration

---

[1]) Das Durchlaufen kann durch vorheriges Durchsaugen einer Aufschwemmung von etwas Kieselgur vermieden werden.

[2]) 0,1 molar an Citronensäure: 23,50 g Trinatriumcitrat $Na_3C_6H_5O_7 \cdot 5^1/_2 H_2O$ und 0,91 g Citronensäure $C_6H_8O_7 \cdot H_2O$ auf 100 ccm Wasser.

[3]) $UO_2(C_2H_3O_2)_2 \cdot 2 H_2O$, frei von Natrium und basischem Acetat, zweckmäßig aus essigsäurehaltigem Wasser umkrystallisiert, fein gepulvert.

[4]) Konzentrierte Lösung von Ammoniumparamolybdat, hergestellt durch Schütteln des käuflichen Salzes mit Wasser bei Zimmertemperatur bis zur Sättigung; sie wird durch Eindampfen einer Probe und Verglühen im elektrischen Ofen bei 450° zu MoO_3 auf ihren Molybdängehalt geprüft, der etwa 1,2 mol/l Molybdän betragen soll.

[5]) Gesetze und Verordnungen (Beilage zur Zeitschr. f. Untersuch. d. Nahrungs- und Genußmittel) Bd. 13, S. 125—126. 1921.

oder durch den Logarithmus ihres reziproken Wertes ausgedrückt zu werden. Hierfür hat S. P. L. Sörensen[1]) die Bezeichnung „Wasserstoffexponent" und das Zeichen p_H eingeführt.

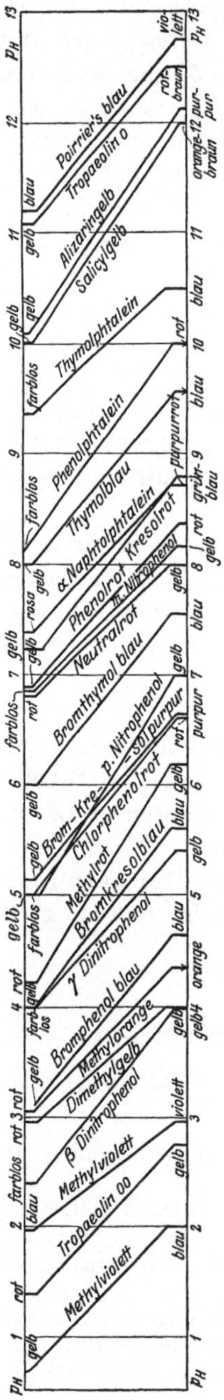

Es ist also
$$p_H = -\log[\text{H}^\cdot] = \log\frac{1}{[\text{H}^\cdot]}.$$

Da der p_H von reinem Wasser bei 23°[2]) 7 beträgt, bezeichnet, gemessen an reinem Wasser, ein

p_H unter 7 die saure,

$p_H =$ 7 die neutrale,

p_H über 7 die alkalische Reaktion.

Zur Bestimmung der Wasserstoffionenkonzentration dienen folgende Verfahren:

1. Die Messung mit Farbindicatoren[3]). Bereits alle bisherigen Anwendungen der bekannten Farbindicatoren wie Lackmus, Methylorange, Kongorot, bedeuten nichts anderes als die Feststellung einer bestimmten Wasserstoffionenkonzentration, eines bestimmten p_H, nämlich des beim „Umschlage" geltenden. Allerdings ist bei der Titration gerade beim „Umschlage" die Änderung des p_H eine außerordentlich schroffe, wodurch ja die „Schärfe" des Umschlages bedingt ist. So ist es praktisch nicht möglich, etwa Salzsäure durch Zusatz von Natronlauge auf eine bestimmte, in der Nähe des Neutralpunktes liegende Wasserstoffionenkonzentration einzustellen; der geringste Überschuß an Salzsäure oder Natronlauge verursacht ein scharfes Fallen unter bzw. Steigen über den Neutralpunkt. Zur Einstellung auf eine bestimmte Wasserstoffionenkonzentration bedarf man also aus praktischen Gründen einer Flüssigkeit, deren p_H sich bei Zusatz starker Säure oder Lauge nur verhältnismäßig wenig ändert. Flüssigkeiten mit diesen Eigenschaften nennt man „Puffergemische" (Pufferlösungen) (S. P. L. Sörensen) oder „Regulatoren" (Michaelis). Es sind ihrem Wesen nach Gemische von schwachen Säuren mit ihren Salzen oder von schwachen Basen mit ihren Salzen. Solche Gemische, die übrigens auch im tierischen und pflanzlichen Organismus weit verbreitet sind, reagieren auf verschiedene Indicatoren bisweilen mit verschiedenen Ausschlägen, „amphoter", wie man sagt. Die Reaktion derselben ist aber eine ganz bestimmte, sauer, neutral oder alkalisch und zahlenmäßig durch den p_H ausdrückbar.

Um die Wasserstoffionenkonzentration bzw. den p_H einer Flüssigkeit mit Farbindicatoren praktisch zu bestimmen,

Abb. 15. Umschlagsintervall der Farbindicatoren nach J. M. Kolthoff.

---

1) Vgl. Biochem. Zeitschr. Bd. 21, S. 131 und 201. 1909.
2) Bei 0°: 7,47; bei 18°: 7,12; bei 25°: 6,99.
3) Als kurzgefaßte leichtverständliche Anleitung zum Gebrauche von Farbindicatoren sei auf das im gleichen Verlage erschienene Buch von J. M. Kolthoff verwiesen.

setzt man der Flüssigkeit einen geeigneten Indicator zu, der in ihr Zwischenfarbe annimmt. Alsdann vergleicht man die Färbung mit einer solchen, die mit der gleichen Menge desselben Indicators in einer gepufferten Vergleichslösung entsteht, deren p_H bekannt ist.

Das Umschlagsintervall der gebräuchlichsten Farbindicatoren geht sehr anschaulich aus nebenstehender, dem erwähnten Buche von Kolthoff[1] mit dessen Erlaubnis entnommener Zeichnung hervor.

Pufferlösungen sind von S. P. L. Sörensen, W. M. Clark und Lubs, Sven Palitsch, I. M. Kolthoff, Ringer u. a. angegeben worden. Kolthoff empfiehlt besonders die von Clark und Lubs angegebenen Lösungen[2]. Für p_H von 1,0—3,4 ist deren Zusammensetzung die im folgenden angegebene.

Pufferlösungen.

p_H	Zusammensetzung (Mengenverhältnisse)	Empfehlenswerte Indicatoren
1,0	97,0 ccm $^1/_5$ mol HCl $+$ 50 ccm $^1/_5$ mol KCl auf 200 ccm	
1,2	64,5 ,, ,, ,, $+$ 50 ,, ,, ,, ,, 200 ,,	
1,4	41,5 ,, ,, ,, $+$ 50 ,, ,, ,, ,, 200 ,,	
1,6	26,3 ,, ,, ,, $+$ 50 ,, ,, ,, ,, 200 ,,	
1,8	16,6 ,, ,, ,, $+$ 50 ,, ,, ,, ,, 200 ,,	Tropäolin 00
2,0	10,6 ,, ,, ,, $+$ 50 ,, ,, ,, ,, 200 ,,	$(1^0/_{00})$
2,2	6,7 ,, ,, ,, $+$ 50 ,, ,, ,, ,, 200 ,,	Thymolblau
2,4	39,60 ,, $^1/_{10}$,, $+$ 50 ,, $^1/_{10}$ mol Kaliumbiphthalat auf 100 ccm	$(1^0/_{00})$
2,6	32,95 ,, ,, ,, $+$ 50 ,, ,, ,, ,, 100 ,,	
2,8	26,42 ,, ,, ,, $+$ 50 ,, ,, ,, ,, 100 ,,	
3,0	20,32 ,, ,, ,, $+$ 50 ,, ,, ,, ,, 100 ,,	
3,2	14,70 ,, ,, ,, $+$ 50 ,, ,, ,, ,, 100 ,,	Bromphenol-
3,4	9,90 ,, ,, ,, $+$ 50 ,, ,, ,, ,, 100 ,,	blau $(1^0/_{00})$

Folgende von Kolthoff[3] angegebenen Puffermischungen für p_H von 3,0—9,2 haben den praktischen Vorzug, daß sie ohne Verwendung eingestellter Säure oder Lauge durch einfaches Lösen abgewogener Mengen krystallisierter Stoffe in Wasser leicht herstellbar sind:

p_H	Zusammensetzung (Mengenverhältnisse)	Empfehlenswerte Indicatoren
3,0	9,86 ccm 0,05 mol Bernsteinsäure $+$ 0,14 ccm 0,05 mol Borax	Tropäolin 00 Thymolblau
3,2	9,65 ,, ,, ,, $+$ 0,35 ,, ,, ,,	
3,4	9,40 ,, ,, ,, $+$ 0,60 ,, ,, ,,	Methylorange[4]
3,6	9,05 ,, ,, ,, $+$ 0,95 ,, ,, ,,	$(1^0/_{00})$
3,8	8,63 ,, ,, ,, $+$ 1,37 ,, ,, ,,	Bromphenol-
4,0	8,22 ,, ,, ,, $+$ 1,78 ,, ,, ,,	blau $(1^0/_{00})$
4,2	7,78 ,, ,, ,, $+$ 2,22 ,, ,, ,,	
4,4	7,38 ,, ,, ,, $+$ 2,62 ,, ,, ,,	
4,6	7,00 ,, ,, ,, $+$ 3,00 ,, ,, ,,	

[1] Vgl. J. M. Kolthoff, Der Gebrauch der Farbindicatoren, am Schlusse.

[2] An die Reinheit der Reagenzien sind besonders hohe Anforderungen zu stellen; wie Kolthoff in seinem Buche (vgl. Anm. 3 von voriger Seite) näher angibt.

[3] Journ. of biol. chem. Bd. 63, S. 135—141. 1925; vgl. Chem. Zentralbl. 1925, I, 2176.

[4] Nach Kolthoff zeigt Methylorange (nicht Methylrot) in Biphthalat-Puffergemischen einen um 0,2 zu hohen p_H; vgl. Recueil des travaux chim. des Pays-Bas Bd. 45, S. 433—435. 1926.

p_H	Zusammensetzung (Mengenverhältnisse)						Empfehlenswerte Indicatoren
4,8	6,65 ,,	,,	,,	$+ 3,35$,,	,,	,,	
5,0	6,32 ,,	,,	,,	$+ 3,68$	,,	,,	
5,2	6,05 ,,	,,	,,	$+ 3,95$,,	,,	,,	Methylrot
5,4	5,79 ,,	,,	,,	$+ 4,21$,,	,,	,,	$(2^0/_{00})$
5,6	5,57 ,,	,,	,,	$+ 4,43$,,	,,	,,	Bromkresol-
5,8	5,40 ,,	,,	,,	$+ 4,60$,,	,,	,,	purpur $(1^0/_{00})$
5,8	9,21 ,,	0,1 mol	,,	$+ 0,79$,,	,,	,,	
6,0	8,77 ,,	,,	,,	$+ 1,23$,,	,,	,,	
6,2	8,30 ,,	,,	,,	$+ 1,70$,,	,,	,,	
6,4	7,78 ,,	,,	,,	$+ 2,22$,,	,,	,,	Bromthymol-
6,6	7,22 ,,	,,	,,	$+ 2,78$,,	,,	,,	blau $(1^0/_{00})$
6,8	6,67 ,,	,,	,,	$+ 3,33$,,	,,	,,	
7,0	6,23 ,,	,,	,,	$+ 3,77$,,	,,	,,	Neutralrot
7,2	5,81 ,,	,,	,,	$+ 4,19$,,	,,	,,	$(1^0/_{00})$
7,4	5,50 ,,	,,	,,	$+ 4,50$,,	,,	,,	Phenolrot
7,6	5,17 ,,	,,	,,	$+ 4,83$,,	,,	,,	$(1^0/_{00})$
7,8	4,92 ,,	,,	,,	$+ 5,08$,,	,,	,,	Kresolrot
8,0	4,65 ,,	,,	,,	$+ 5,35$,,	,,	,,	$(1^0/_{00})$
8,2	4,30 ,,	,,	,,	$+ 5,70$,,	,,	,,	
8,4	3,87 ,,	,,	,,	$+ 6,13$,,	,,	,,	
8,6	3,40 ,,	,,	,,	$+ 6,60$,,	,,	,,	Phenolphthalin
8,8	2,76 ,,	,,	,,	$+ 7,24$,,	,,	,,	$(1^0/_{00})$
9,0	1,75 ,,	,,	,,	$+ 8,25$,,	,,	,,	Thymolblau
9,2	0,50 ,,	,,	,,	$+ 9,50$,,	,,	,,	$(1^0/_{00})$

Für noch stärker alkalische Vergleichlösungen (p_H bis 12,37 und darüber) werden von Kolthoff (l. c.) ebenfalls eigene Vorschriften und solche anderer Herkunft mitgeteilt, worauf hier verwiesen sei.

Bei der praktischen Ausführung der Bestimmung sucht man zunächst durch Tüpfeln der zu prüfenden Lösung auf verschiedenen Indicatorpapieren die in Frage kommende Reaktion ungefähr zu ermitteln. Nach Kolthoff[1]) kommen zur Abschätzung des Wasserstoffexponenten besonders folgende Papiere in Frage:

Indicatorpapier	p_H, bestimmbar zwischen	Indicatorpapier	p_H, bestimmbar zwischen
Kongo	2,5—4,0	Rotes Lackmus	6,6—8,0
Methylorange	2,6—4,0	Blaues Lackmus	6,6—7,8
Blaues Lackmoid	4,8—6,0	Azolithmin	6—8,0
Alizarin	4,6—5,8	a-Naphtholphthalein	8,2—9,5
Metachromrot	6—8,5	Curcuma	7,5—9,5
Brillantgelb	6,8—8,0		

Hämatoxylinpapier färbt sich mit 0,5 N-HCl salmfarbig und nimmt mit 3—4 N-HCl rosarote Farbe an; es eignet sich daher besonders zur Prüfung starker Säuren.

Den Farbenvergleich führt man in der Weise aus, daß man zu der zu untersuchenden und der zu vergleichenden Lösung (10 ccm) in Reagensgläsern möglichst gleichzeitig genau gleiche Mengen desselben Indicators, meist 1 bis 5 Tropfen der Lösung, zusetzt und die entstehende Färbung besonders unter Vergleich der nächsthöheren und nächsttieferen Stufe ermittelt.

---

[1]) Pharm. Weekbl. Bd. 58, S. 961—970. 1921; Chem. Zentralbl. 1921, IV, S. 556.

Gefärbte Lösungen können nur dann auf den p_H geprüft werden, wenn man vorher die Vergleichslösungen durch geeignete Farbstoffe (auch Indicatoren außerhalb ihres Umschlagsgebietes) auf den gleichen Farbton bringt. Unter Umständen leisten auch passende Coloriskope, z. B. das von Lüers (S. 12), gute Dienste. Auch eine Entfärbung mit reiner, den p_H nicht beeinflussender Tierkohle ist häufig möglich.

Störungen durch Salze (Salzfehler) sind für einige Indicatoren (z. B. Kongorot) erheblich, für die für obige Pufferlösungen empfohlenen aber so klein, daß sie für die Zwecke der Nahrungsmitteluntersuchung im allgemeinen vernachlässigt werden können. Für genaue Prüfungen gibt Kolthoff in seinem obengenannten Buche[1]) eine Zusammenstellung der anzubringenden Korrekturen für Salzfehler, ferner auch für den Einfluß von Proteinstoffen und für Alkoholfehler an.

Statt mit Puffergemischen ist es auch möglich, mit auf andere Weise gefärbten Flüssigkeiten zu vergleichen. So gibt Kolthoff[2]) solche aus anorganischen Salzen, z. B. Eisen-Kobaltlösungen, Chromsäure-Permanganatlösungen u. a. für die Indicatoren Methylorange, Methylrot, Neutralrot und Tropäolin 00 an.

Die Wasserstoffionenkonzentration ist auch die wichtigste Ursache des sauren bzw. alkalischen Geschmackes von Flüssigkeiten; indes scheinen nach den Untersuchungen von Th. Paul[3]) hier auch noch andere Umstände mitzuwirken. Sonst wäre es nicht erklärlich, daß der molare Säuerungsgrad von Weinsäure, bezogen auf den von Salzsäure als Einheit, zu 1,26 gefunden wurde, weil die Dissoziationskonstante der ersten Stufe der Weinsäure nur etwa $9,7 \times 10^{-4}$ beträgt.

2. Elektrometrische Bestimmung mittels der Wasserstoffelektrode. Das Verfahren bildet die ursprüngliche Grundlage für die Bestimmung der Wasserstoffionenkonzentration. Die Ergebnisse der übrigen Verfahren werden letzten Endes auf die Wasserstoffelektrode bezogen bzw. Wasserstoffexponenten bestimmte Gemische damit geeicht.

Eine nähere Beschreibung des Verfahrens und dessen Ausführung bringt J. König: Chemie der menschl. Nahrungs- und Genußmittel Bd. III, 3. Teil, S. 420—423 (bei Bier), worauf hier verwiesen sei, zumal die erheblich einfachere colorimetrische Bestimmung für die Praxis meistens ausreicht.

3. Bestimmung des Säuregrades durch Messung der Inversionsgeschwindigkeit von Saccharose. Das Verfahren ist in der amtlichen Anweisung zur chemischen Untersuchung des Weines[4]) beschrieben. Zu seiner Ausführung bedarf man eines auf etwa 76° angeheizten Thermostaten. Über die nähere Ausführung des Verfahrens vgl. die Quelle.

Bestimmung der in Wasser löslichen Stoffe (des Extraktes).

1. Bei geringen Mengen von in Wasser Unlöslichem. Man verrührt 25 g des zu untersuchenden Stoffes mit Wasser und spült mit weiteren Mengen Wasser in einen Meßkolben von 250 ccm Inhalt über, füllt bis zur Marke auf und filtriert durch ein getrocknetes Faltenfilter. In dem Filtrate bestimmt

---

[1]) Anm. 3 von S. 74.
[2]) Pharm. Weekbl. Bd. 19, S. 54—55. 1922; Chem. Zentralbl. 1922, II, S. 670—672.
[3]) Umschau Bd. 26, S. 610—612. 1922; Chem. Zentralbl. 1922, IV, S. 1160.
[4]) Vgl. Gesetze und Verordnungen (Beilage zur Zeitschr. f. Untersuch. d. Nahrungs- u. Genußmittel) Bd. 13, S. 102—105. 1921; die amtliche Anweisung ist auch als besondere Schrift vom gleichen Verlage zu beziehen.

man mittels eines Pyknometers oder mittels der Westphalschen Wage das spezifische Gewicht $d(\tfrac{15}{15})$ und entnimmt aus einer der Art des Extraktes entsprechenden Tabelle, in der Regel aus der Tabelle von Windisch (S. 351), den Gehalt an Extrakt in 100 ccm der Lösung. Durch Malnehmung der Werte mit 10 (Zahlenangaben auf eine Dezimalstelle) erhält man den Extraktgehalt in Prozenten.

2. Bei größeren Mengen von in Wasser Unlöslichem, im besonderen von Fett nach eigenen Versuchen[1]). In einer besonderen Probe des zu untersuchenden Stoffes wird zunächst in bekannter Weise der Wassergehalt bestimmt. Alsdann wird eine bestimmte Menge[2]) des Stoffes abgewogen und so viel Wasser zugesetzt, daß die Summe des in dem Stoffe enthaltenen Wassers und des zugesetzten Wassers genau 100 g beträgt. Die Abmessung der zuzusetzenden Wassermenge erfolgt am besten entweder aus einer Bürette von 100 ccm-Inhalt, oder auch mittels einer 100 ccm-Pipette, aus der man nach dem Einstellen bis zur Marke zunächst die abzuziehende Wassermenge in ein kleines Meßgläschen vorsichtig austropfen läßt. Nachdem die löslichen Stoffe in Lösung gegangen sind, was man je nach Art des Stoffes durch Schütteln im verschlossenen Kölbchen während einiger Zeit oder auch durch Kochen am Rückschlußkühler usw. erreicht, wird durch ein trockenes Filter filtriert und im Filtrat bei 15° das spezifische Gewicht bestimmt. Alsdann wird aus der Tabelle von Windisch (S. 351) der dem spezifischen Gewichte entsprechende Prozentgehalt an Extrakt (Zucker) als E abgelesen. Ist m die Gesamtmenge des vorhandenen Wassers, so ist allgemein die Extraktmenge y:

$$y = \frac{m \times E}{100 - E} \text{ g oder, da } m \text{ im vorliegenden Fall} = 100,$$

$$y = \frac{100\,E}{100 - E} \text{ g.}$$

Die Extraktmengen von 0—25 g ergeben sich unmittelbar aus einer in der Quelle angegebenen Tabelle.

Bestimmung und Berechnung der Raummenge des Unlöslichen:

Bestimmen wir einmal den wirklichen Extraktgehalt y nach obigen Verfahren, dann aber auch den scheinbaren Extraktgehalt y_1 durch Behandeln von 10 g Substanz im 100 ccm-Kölbchen ohne Berücksichtigung der Raummenge des Unlöslichen, die x ccm betrage, so ist

$$x = 100 \left(1 - \frac{y}{y_1}\right).$$

Da die vorstehende Arbeits- und Berechnungsweise praktisch dieselben Ergebnisse liefern muß wie die Extraktbestimmung nach Windisch, kann sie natürlich mit Vorteil immer auch dann verwendet werden, wenn keine unlöslichen Bestandteile vorhanden sind. Besonders wertvoll ist sie auch dann, wenn die Auffüllung der Lösung auf ein bestimmtes Volumen etwa infolge starken Schäumens oder aus anderen Gründen Schwierigkeiten macht. Durch die vorliegende Arbeitsweise wird nämlich die Abmessung der Lösung durch die Abmessung des Lösungsmittels ersetzt. Daß das vorliegende Verfahren durch Ersparung der Meßkölbchen besonders bei Serienuntersuchungen vereinfachend und verbilligend wirkt, sei nebenbei erwähnt.

---

[1]) Vgl. J. Großfeld, Zeitschr. f. Untersuch. d. Nahrungs- u. Genußmittel Bd. 48, S. 160—168. 1924.

[2]) Wenn die Tabelle benutzt werden soll, nicht mehr, als 25 g Extrakt entspricht.

3. Bestimmung des Extraktgehaltes von Traubenmost und Wein[1]. a) Bei Traubenmost: „Bei nichtangegorenen Traubenmosten wird das Extrakt gefunden, indem man die dem spezifischen Gewichte des Traubenmostes entsprechende Zahl (Gramm Extrakt in 1 l Most) der Tafel (S. 356) entnimmt.

Bei angegorenen Traubenmosten wird der Gehalt an Extrakt nach dem für Wein (S. 80) vorgeschriebenen Verfahren bestimmt."

b) **Bestimmung des spezifischen Gewichtes und des Extraktgehaltes von Wein.**

α) *Bestimmung des spezifischen Gewichts*[2].

„Das spezifische Gewicht des Weines wird mit Hilfe des Pyknometers bestimmt.

Falls der zu untersuchende Wein merkliche Mengen Kohlensäure enthält, ist er zunächst durch wiederholtes kräftiges Schütteln in einem geräumigen Kolben und darauffolgendes Filtrieren durch ein bedecktes Faltenfilter möglichst vollständig von Kohlensäure zu befreien. Erforderlichenfalls ist diese Behandlung zu wiederholen.

Als Pyknometer ist ein durch einen eingeschliffenen Glasstopfen verschließbares oder mit becherförmigem Ansatz für Korkverschluß versehenes Fläschchen von etwa 50 ccm Inhalt mit einem etwa 6 cm langen, im mittleren Drittel mit einer eingeritzten Marke versehenen Halse von nicht mehr als 4 mm lichter Weite anzuwenden.

Das Pyknometer wird in reinem und trockenem Zustand — bei Korkverschluß nach Abnahme des Stopfens[2] — leer gewogen, nachdem es $^1/_4$—$^1/_2$ Stunde im Wagekasten gestanden hat. Dann wird es bis über die Marke mit frisch ausgekochtem destillierten Wasser gefüllt, verschlossen und in ein Wasserbad von 15° gestellt. Nach halbstündigem Stehen in dem Wasserbade wird das Pyknometer herausgehoben, wobei man nur den oberen leeren Teil des Halses anfaßt, und die Oberfläche des Wassers auf die Marke einstellt. Dies geschieht zweckmäßig mit Hilfe einer zu einem feinen Haarröhrchen ausgezogenen Glasröhre. Die Oberfläche des Wassers bildet in dem Halse des Pyknometers eine nach unten gekrümmte Fläche; man stellt die Flüssigkeit in dem Pyknometerhals am besten in der Weise ein, daß bei durchfallendem Lichte der untere Rand der gekrümmten Oberfläche die Pyknometermarke eben berührt. Nachdem man den leeren Teil des Pyknometerhalses mit Stäbchen aus Filtrierpapier gereinigt hat, setzt man den Stopfen wieder auf, trocknet das Pyknometer äußerlich ab, stellt es $^1/_2$ Stunde in den Wagekasten und wägt. Die Bestimmung des Wasserinhalts des Pyknometers ist dreimal auszuführen und aus den drei Wägungen das Mittel zu nehmen. Nachdem man das Pyknometer entleert und getrocknet oder mehrmals mit dem zu untersuchenden Weine ausgespült hat, füllt man es mit dem Weine und verfährt genau in derselben Weise wie bei der Bestimmung des Wasserinhalts des Pyknometers; besonders ist darauf zu achten, daß die Einstellung der Flüssigkeitsoberfläche stets in derselben Weise geschieht.

Die Berechnung des spezifischen Gewichts (s), bezogen auf Wasser von 4°, geschieht nach folgender Formel:

$$s = \frac{0,99913}{b-a} \cdot (c-a).$$

[1] Amtliche Anweisung zur chemischen Untersuchung des Weines.

[2] Bei Korkverschluß sind auch alle folgenden Wägungen des gefüllten Pyknometers nach Abnahme des Korkstopfens vorzunehmen.

Hierbei bedeutet:

a das Gewicht des leeren Pyknometers,

b das Gewicht des bis zur Marke mit Wasser gefüllten Pyknometers,

c das Gewicht des bis zur Marke mit Wein gefüllten Pyknometers.

Der Faktor $\dfrac{0,99\,913}{b-a}$ ist bei allen Bestimmungen mit demselben Pyknometer gleich; wenn das Pyknometer indessen längere Zeit im Gebrauche gewesen ist, müssen die Gewichte des leeren und des mit Wasser gefüllten Pyknometers von neuem bestimmt werden, da sich diese Gewichte mit der Zeit nicht unerheblich ändern können.

Liegt der Wert $(b-a)$ zwischen 49,84 und 50,06 g, so kann bei trocknen Weinen das spezifische Gewicht (s), bezogen auf Wasser von 4°, in abgekürzter Weise auch nach folgender Formel berechnet werden: $\qquad s = 0,02 \cdot (c - d)$.

In dieser Formel ist d gleich $(b - 49,9565)$.“

β) *Bestimmung des Extraktes (Gehalts an Extraktstoffen) in Wein.*

„Das für die Bestimmung des Extraktgehalts zu wählende Verfahren richtet sich danach, ob der Wein flüchtige Säuren in größerer Menge als 1,2 g in 1 l, berechnet als Essigsäure, sowie ob er Rohrzucker enthält.

a) Bei rohrzuckerfreien Weinen mit einem geringeren Gehalt an flüchtigen Säuren als 1,2 g in 1 l wird der Destillationsrückstand von der Alkoholbestimmung unter dreimaligem Nachspülen mit Wasser in das gleiche Pyknometer eingefüllt, mit dem die Bestimmung des spezifischen Gewichts vorgenommen worden ist. Das Pyknometer füllt man mit Wasser bis nahe zur Marke auf, mischt durch quirlende Bewegung so lange, bis Schichten von verschiedener Dichte nicht mehr wahrzunehmen sind, stellt das Pyknometer $\frac{1}{2}$ Stunde in ein Wasserbad von 15° und fügt mit Hilfe eines Haarröhrchens vorsichtig Wasser von 15° zu, bis der untere Rand der Flüssigkeitsoberfläche die Marke eben berührt. Dann trocknet man den leeren Teil des Pyknometerhalses mit Stäbchen aus Filtrierpapier, setzt den Stopfen auf, trocknet das Pyknometer äußerlich ab, stellt es $\frac{1}{2}$ Stunde in den Wagekasten und wägt. Das spezifische Gewicht der Flüssigkeit, bezogen auf Wasser von 4°, wird in der unter α) angegebenen Weise berechnet und der dem gefundenen Werte entsprechende Extraktgehalt aus der Tafel (S. 356) entnommen.

b) Bei rohrzuckerfreien Weinen, die in 1 l 1,2 g oder mehr flüchtige Säuren enthalten, zieht man den aus der Titration des alkoholischen Destillats gemäß der Vorschrift S. 66 sich ergebenden Wert für den Gehalt des Destillats an flüchtigen Säuren, ausgedrückt in Gramm in 1 l, von dem Gesamtgehalte des Weins an flüchtigen Säuren ab, multipliziert die Differenz mit der Zahl 0,00015[1]), zieht den gefundenen Wert von dem nach der Vorschrift unter a) ermittelten spezifischen Gewichte des Destillationsrückstandes ab und entnimmt den dem so berechneten Werte entsprechenden Extraktgehalt aus Tafel S. 356.

c) Bei rohrzuckerhaltigen Weinen verfährt man wie folgt: 50 ccm Wein werden in einem Pyknometer bei 15° abgemessen, unter Nachspülen mit Wasser in einen Destillierkolben von 250 ccm Inhalt übergeführt, mit normaler Natronlauge unter Tüpfeln auf Lackmuspapier austitriert und nach Ergänzung der Flüssigkeit mit Wasser auf 75 ccm auf einem Drahtnetz über freier Flamme auf etwa 30 ccm eingedampft. Der Rückstand wird weiter be-

---

[1]) Werden die Gehalte an flüchtigen Säuren in mg-Äquivalenten in 1 Liter ausgedrückt, so ist die Differenz mit 0,000 009 zu multiplizieren.

handelt, wie vorstehend unter a) angegeben. Die Bestimmung des spezifischen Gewichts ist mit demselben Pyknometer vorzunehmen, in dem der Wein abgemessen wurde. Von dem erhaltenen Werte ist abzuziehen:

α) das Produkt aus der Gesamtmenge der im Weine enthaltenen flüchtigen Säuren, ausgedrückt in Gramm in 1 l, mit 0,00015[1]),

β) das Produkt aus der zur Neutralisation der angewandten 50 ccm Wein erforderlichen Anzahl Kubikzentimeter normaler Natronlauge mit 0,0007.

Der dem so berechneten Werte entsprechende Extraktgehalt ist aus der Tafel S. 356 zu entnehmen."

Anmerkung 1. Bezeichnet man mit

s das nach α ermittelte spezifische Gewicht des Weines,

s_1 das nach S. 117 ermittelte spezifische Gewicht des alkoholischen Destillats, so darf der nach der Formel

$$s_2 = s - s_1 + 0,9991$$

berechnete Wert von dem vorstehend ermittelten spezifischen Gewichte des Destillationsrückstandes — abgesehen von dem durch die flüchtigen Säuren bedingten Fehler — um nicht mehr als 3—4 Einheiten der 4. Dezimalstelle abweichen."

Anmerkung 2. In dem Untersuchungsergebnis ist neben dem Extraktgehalt auch der Gehalt an zuckerfreiem Extrakte, d. h. der Gehalt an Extrakt abzüglich der 1 g in 1 l übersteigenden Zuckermenge anzugeben.

Bestimmung der Asche und der Mineralstoffe.

Unter „Asche" versteht man den nach vollständigem Verbrennen der organischen Bestandteile verbleibenden Rückstand. Unter Mineralstoffen versteht man dagegen den Gehalt des Stoffes an anorganischen Bestandteilen.

Überwiegt in einem Stoffe die äquivalente Menge der basischen Bestandteile, so enthält die Asche neben den Mineralstoffen in der Regel noch aus dem organischen Stoffe entstandenes Kohlendioxyd. Überwiegt in einem Stoffe die äquivalente Menge der sauren Bestandteile, so kann bei der Veraschung ein Teil der letzteren entweichen. Die Bestimmung der säurebildenden Mineralstoffe darf also nur dann in der Asche erfolgen, wenn deren Basenüberschuß ausreicht jene zu binden.

1. Bestimmung der Asche. 5 g des Stoffes werden in einer gewogenen Platinschale verbrannt und dann bei schwacher Rotglut solange geglüht, bis alle Kohle verbrannt ist. Der Rückstand wird gewogen und ergibt nach Malnehmung mit 20 den Prozentgehalt des Stoffes an Asche.

Die Bestimmung der Asche wird öfters behindert:

a) durch starkes Schäumen des Stoffes beim Verbrennen,

b) durch hohen Salzgehalt der zu verbrennenden Stoffe,

c) durch Schmelzen der Asche und Einhüllung der Kohle durch geschmolzene Asche.

Zur Beseitigung dieser Schwierigkeiten wendet man folgende Mittel an:

a) Von stark schäumenden Stoffen (meist sirupartigen Flüssigkeiten) gibt man 8—10 g oder mehr in ein Erlenmeyerkölbchen, worin sich ein Glasstäbchen befindet, und stellt das Gesamtgewicht von Kölbchen + Stoff

---

[1]) Werden die Gehalte an flüchtigen Säuren in mg-Äquivalenten in 1 l ausgedrückt, so ist die Differenz mit 0,000 009 zu multiplizieren.

+ Glasstäbchen fest. Alsdann gibt man eine kleine Menge des Stoffes (etwa 0,5 g) in die gewogene Platinschale und verbrennt bis zur völligen Verkohlung, darauf setzt man abermals eine kleine Menge des Stoffes zu, verbrennt und verkohlt diese wieder und fährt so fort, bis etwa die gewünschte Menge Stoff verkohlt ist. Die genaue, angewendete Stoffmenge erfährt man, indem man das Kölbchen mit Restinhalt zurückwiegt und dieses Gewicht von dem des ursprünglichen abzieht. Darauf zerdrückt man die Kohle mittels eines abgeplatteten Glasstabes; diesen erhält man, indem man einen Glasstab an einem Ende durch starkes Glühen erweicht, dann auf eine Eisenplatte drückt, wobei er sich abplattet, und erkalten läßt. Die Kohle glüht man bei schwacher Rotglut weiter, bis die Veraschung eine vollständige geworden ist.

Nach P. Fortner[1]) kann man das Schäumen auch dadurch vermeiden, daß man die Substanz bei niederer Temperatur durch vorsichtiges Erhitzen erst völlig entwässert und dann erst verascht.

b) Bei hohem Salzgehalte der zu verbrennenden Stoffe werden diese zunächst nur bis zur völligen Verkohlung durchgeglüht, dann mit heißem Wasser übergossen und 15—30 Minuten auf einem siedenden Wasserbade erwärmt. Darauf wird durch ein aschefreies Filter in eine reine Vorlage filtriert und mit siedendem Wasser ausgewaschen. Dann bringt man Filter nebst Kohle in die Platinschale zurück und verbrennt und verascht diese vollständig. Alsdann fügt man das Filtrat hinzu, verdampft auf dem Wasserbade zur Trockne, erhitzt 1—2 Stunden im Trockenschranke auf 120—130° und glüht nochmals bis zur schwachen Rotglut und wiegt.

Ein Verspritzen von Salzteilchen beim Erhitzen vermeidet P. Fortner[1]) durch Bedecken des möglichst getrockneten Stoffes mit einem Rundfilter vor dem Glühen.

c) Ein Schmelzen der Asche ist meistens durch zu starkes Glühen oder einen Gehalt der Asche an Alkaliphosphaten oder -silicaten bei Abwesenheit von erheblicheren Mengen Erdalkalien oder Erden bedingt.

Handelt es sich um Aschen aus Stoffen mit überwiegendem Gehalte an sauren Bestandteilen (Phosphor), so versuche man durch vorsichtiges Glühen bis zur schwachen Rotglut, wiederholtes Ausziehen des Stoffes mit heißem Wasser, gegebenenfalls auch durch Verminderung der zu veraschenden Stoffmenge, etwa von 5,0 auf 0,5 g, den richtigen Aschenwert zu erhalten. Bei Stoffen mit überwiegenden basischen Bestandteilen versetzt man dieselben unmittelbar oder auch nach Verkohlung mit so viel (z. B. 20) Kubikzentimeter einer 1proz. Magnesiumacetatlösung[2]), daß die zugesetzte Menge MgO mindestens ein Viertel der Gesamtasche beträgt, trocknet vorsichtig ein und verascht bis zur völligen Verbrennung der Kohle, die nunmehr keine größeren Schwierigkeiten mehr bietet. Die Asche wird alsdann gewogen und von der Gesamtmenge das Gewicht des gebildeten Magnesiumoxyds abgezogen. Dieses erfährt man, indem man in einem besonderen Versuche die gleiche Menge der Magnesiumlösung in einer Platinschale für sich verdampft, verascht und das zurückbleibende MgO wiegt.

---

[1]) Zeitschr. f. Unters. d. Lebensmittel Bd. 51, S. 300—301. 1926.
[2]) Vgl. J. Großfeld, Chem.-Ztg. Bd. 44, S. 285—286. 1920. — Tollens und Schüttelworth haben für den gleichen Zweck Calciumacetat vorgeschlagen, das aber bei Kalkstimmungen natürlich störend wirkt.

2. Bestimmung des in Salzsäure Unlöslichen (Sandes). Die gewogene Asche übergießt man in der Platinschale mit etwa 50 ccm 6 proz. Salzsäure und erwärmt 30 Minuten auf dem siedenden Wasserbade, wobei in der Regel unter Klarwerden der Flüssigkeit das Unlösliche sich absetzt. Alsdann filtriert man durch ein aschefreies Filter und wäscht mit heißem, destilliertem Wasser aus, bis das Filtrat mit Silbernitratlösung keine Trübung mehr gibt, gibt das Filter in die Platinschale zurück und verascht dasselbe. Der verbleibende unverbrennbare Rückstand ist das in Salzsäure Unlösliche. Es besteht bei Nahrungsmitteln durchweg in der Hauptsache aus Sand, vereinzelt auch aus Ton oder amorpher, aus dem pflanzlichen Zellgerüste stammender Kieselsäure[1]).

Zur Abtrennung letzterer kocht man das in Salzsäure Unlösliche dreimal mit einer 10 proz. Lösung von Natriumcarbonat, der man einige Tropfen 33 proz. Natronlauge zusetzt, je etwa 10 Minuten aus, filtriert durch ein weiteres aschenfreies Filter, wäscht anfangs mit heißem Wasser, dann mit etwas verdünnter Salzsäure und schließlich abermals mit heißem Wasser aus, bis das Filtrat keine Chloride mehr enthält. Durch Zurückbringen des Filters in die Platinschale, Veraschen und Wägen erhält man die Menge des kieselsäurefreien Sandes (Tones).

3. Bestimmung der Alkalität der Asche. a) Unter der Alkalität der Asche versteht man die Gesamtmenge der alkalisch reagierenden Aschenbestandteile, ausgedrückt in Kubikzentimetern Normal-Alkalilauge.

Als **Alkalitätszahl** nach P. Buttenberg bezeichnet man die Anzahl Kubikzentimeter Normalsäure, die zur Neutralisation von 1 g Asche erforderlich sind.

Da eine Veraschung des Stoffes über einer Flamme aus schwefelhaltigem Leuchtgase die Alkalität der Asche infolge Bildung von Schwefelsäure aus dem Gase vermindert, empfiehlt es sich, die Veraschung in einem elektrischen Veraschungsofen oder über einer Spiritusflamme vorzunehmen. Weniger sicher ist es, die Einwirkung der Schwefelsäure durch Einstellen der Platinschalen in einen Asbestteller mit kreisförmigem Ausschnitte[2]) auszuschalten. Zur Bestimmung der Aschenalkalität verascht man zweckmäßig eine größere Menge des Stoffes, z. B. 25 g Fruchtsaft oder 50 ccm Wein. Zu der gewogenen Asche in der Platinschale fügt man 20—30 ccm $^1/_{10}$ N-Schwefelsäure und einen Tropfen etwa 30 proz. Wasserstoffsuperoxydlösung, erhitzt 15 Minuten auf dem siedenden Wasserbade, gießt in ein Becherglas um und titriert darauf mit $^1/_{10}$ N-, gegen Methylorange eingestellter Natronlauge unter Verwendung von Methylorange als Indicator zurück. Es empfiehlt sich hierbei die Platinschale nicht mit Wasser sondern mit der titrierten Flüssigkeit selbst nach vorläufiger Einstellung des Neutralpunktes auszuspülen und dann genau auszutitrieren. Wurde von den basischen Bestandteilen der Asche von 10 g Substanz so viel Schwefelsäure gebunden, als a ccm $^1/_{10}$ N-Lauge entsprechen, so beträgt die Alkalität a ccm.

b) *Bestimmung der Alkalität des in Wasser löslichen Anteils der Asche von Wein[3]).*

---

[1]) Besonders bei spelzenreicheren Getreidemehlen, Stroh u. dgl.

[2]) Vgl. die amtliche Vorschrift für Weinuntersuchung, in der diese Behandlung als ausreichend angesehen wird.

[3]) Amtliche Anweisung zur Untersuchung des Weines.

„Die Asche von 50 ccm Wein wird mit wenig Wasser angefeuchtet, mit 20 ccm heißem Wasser übergossen und mit einer Gummifahne sorgfältig von den Schalenwandungen losgelöst. Die erhaltene Flüssigkeit wird mit den ungelösten Aschenteilen unter wiederholtem Nachspülen mit kleinen Mengen heißem Wasser in ein 50 ccm fassendes Meßkölbchen übergeführt und in diesem nach Abkühlung auf 15° mit Wasser zu 50 ccm aufgefüllt. Die erhaltene Lösung wird durch ein kleines trockenes Filter in einen trockenen Kolben filtriert. Man versetzt 40 ccm dieses wässerigen Aschenauszugs in einem etwa 150 ccm fassenden Erlenmeyerkölbchen aus Jenaer Glas vorsichtig mit 15—25 ccm $^1/_{10}$ N-Schwefelsäure und verfährt weiter wie vorstehend unter a).

Berechnung: Wurden zusammen d ccm $^1/_{10}$ N-Schwefelsäure und e ccm $^1/_{10}$ N-Natronlauge verwendet, so beträgt die Alkalität des in Wasser löslichen Anteils der Asche aus 1 l Wein:

$$x = 2,5 \cdot (d - e) \text{ mg-Äquivalente Alkali } (= \text{ccm Normallauge}).“$$

c) Bestimmung der wahren Alkalität bzw. des Carbonat- und Oxydgehaltes der Aschen. Als „wahre Alkalität“ einer Asche bezeichnete K. Farnsteiner[1]) den nach normaler Bindung der Basen durch die Mineralsäuren (ausschließlich Kieselsäure) für die Kohlensäure verfügbar bleibenden Rest der Basen und schuf ein besonderes Verfahren zu deren Bestimmung, worauf verwiesen sei.

Ein sehr einfaches, für sämtliche Aschen geeignetes Verfahren zur Bestimmung der Carbonat- und Oxydalkalität geben J. Tillmans und A. Bohrmann[2]) wie folgt an:

10 g des Stoffes werden in einer Platinschale verascht und, falls die Asche Körnchen oder Stückchen enthält, zunächst feingepulvert. Darauf übergießt man mit mindestens 50 ccm $^1/_{10}$ N-Salzsäure und befördert in ein Becherglas. Sollte die Lösung der Asche nicht schnell genug vor sich gehen, so wird noch weitere Säure zugesetzt, unter Umständen bis zu 100 ccm. Auch ist nochmals nachzuprüfen, ob die Asche keine Stückchen mehr enthält. Gegebenenfalls sind sie noch nachträglich mit einem Glaspistill zu zerdrücken. Nach längstens $^1/_4$stündigem Stehen in der Kälte gibt man einige Löffel feingepulvertes, chemisch reines Chlornatrium hinzu und schüttelt den Inhalt des Becherglases zur Vertreibung der Kohlensäure kräftig um. Mit dem Chlornatriumzusatze fährt man unter immer wiederholtem Umschütteln solange fort, bis die Lösung gut gesättigt ist. Es ist ferner ratsam, die über der Flüssigkeit lagernde Kohlensäure mittels eines kleinen Gummigebläses zu entfernen. Darauf werden 30 ccm einer 40proz. Chlorcalciumlösung, sowie 0,2 ccm 1proz. Phenolphthaleïnlösung zugesetzt. Nun wird auf 15° abgekühlt und mit $^1/_{10}$ N-Natronlauge auf deutliche Rotfärbung titriert. Es empfiehlt sich, die Flüssigkeit im verschlossenen Meßkölbchen 2 Stunden bei 14° stehenzulassen und, falls nach Ablauf dieser Zeit Entfärbung eingetreten sein sollte, nochmals bis zur Rötung weiter zu titrieren. Der Unterschied zwischen Säure- und Laugeverbrauch gibt sofort die Alkalität (Carbonat und Oxyd) an. Handelt es sich um Aschen, die Carbonate und Oxyde enthalten (keine Pyro- und Metaphosphate), so kann man auch, wie üblich, mit überschüssiger titrierter Säure kochen und dann nach Zusatz der Chlorcalciumlösung zurücktitrieren.

---

[1]) Zeitschr. f. Untersuch. d. Nahrungs- u. Genußmittel Bd. 13, S. 305. 1907.
[2]) Zeitschr. f. Untersuch. d. Nahrungs- u. Genußmittel Bd. 41, S. 1—17. 1921.

d) **Bestimmung der Aschenalkalität nach E. Vogt[1]).** 10 g der feingepulverten Stoffe werden in einer Platinschale genau gewogen, mit 20 ccm eingestellter, etwa 0,1 N-Sodalösung gut durchfeuchtet und auf dem Wasserbade zur Trockne eingedampft. Der Rückstand wird unter gut ziehendem Abzuge vorsichtig, doch nicht zu langsam verkohlt und verascht. Man verwendet zum Veraschen einen leicht regulierbaren Pilzbrenner und paßt den Boden der Platinschale möglichst genau in den kreisförmigen Ausschnitt einer als Flammenschutz dienenden großen Asbestplatte ein. Die Verkohlung wird unterbrochen, wenn sich keine Dämpfe mehr entwickeln und die kohlige Masse dunkle Rotglut angenommen hat. Man läßt erkalten, zerdrückt die Kohle in der Schale mit einem Achatpistill, wobei ein großer Bogen weißes Papier unterzulegen ist, und laugt einige Male mit kleinen Mengen kochenden, destillierten Wassers aus. Man filtriert durch ein kleines aschearmes Filter, trocknet Kohle und Filter und verascht diese völlig. Ist das Filtrat noch gelb oder braun gefärbt, so dampft man es mit der Asche ein und glüht noch einmal kurze Zeit schwach. War das Filtrat aber farblos, wie fast stets bei richtiger Verkohlung, so ist das Eindampfen überflüssig. Man gibt dann das Filtrat zur Asche, engt, wenn die Flüssigkeitsmenge zu groß ist, auf 20—25 ccm ein, säuert mit einer gemessenen Menge eingestellter etwa $^1/_{10}$ N-Salzsäure an und fügt einige Tropfen 30proz. Perhydrollösung hinzu. Die Aschelösung wird dann 15 Minuten auf dem kochenden Wasserbade erhitzt, wobei die Platinschale mit einem Uhrglase zu bedecken ist. Die erkaltete Lösung wird in eine weiße Porzellanschale filtriert, wobei das Filter mehrfach nachzuspülen ist, und mit einem Tropfen Methylorange-lösung 1:1000 versetzt. Darauf wird mit $^1/_{10}$ N-Natronlauge bis zur reinen Gelbfärbung titriert und mit $^1/_{10}$ N-Salzsäure bis zur beginnenden Rotfärbung zurücktitriert. Von den zur Lösung der Asche und zur Rücktitration insgesamt verbrauchten Säuremengen sind die Äquivalente der vor der Veraschung zugesetzten Sodalösung und der zur Titration verbrauchten Lauge abzuziehen. Der Rest der Säure, ausgedrückt in Kubikzentimetern Normalsäure und berechnet auf 100 g Trockenmasse, ergibt die „Alkalität gegen Methyl-orange". Für die nun folgende Titration der Phosphorsäure wird die auf Methylorange-umschlag titrierte Lösung der Asche mit einigen Kubikzentimetern verdünnter Salzsäure versetzt und auf ein Volumen von 10—15 ccm eingeengt. Vermutet man in der Asche wesent-liche Mengen Kieselsäure (Heu u. a.), so ist mehrfach mit konzentrierter Salzsäure zur Trockne einzudampfen, der Trockenrückstand mit konzentrierter Salzsäure aufzunehmen und in wenig heißem destilliertem Wasser aufzulösen. Die Lösung wird quantitativ in ein Kölbchen von Jenaerglas gespült und nochmals sehr genau gegen Methylorange neutralisiert. Man gibt dann 30 ccm neutrale 40proz. Calciumchloridlösung hinzu, kocht kurz auf, kühlt auf 14° ab, versetzt mit 2 Tropfen Phenolphthaleinlösung 1:1000 und titriert mit $^1/_{10}$ N-Natron-lauge bis zur deutlichen Rotfärbung. Hierauf stellt man das fest verschlossene Kölbchen für zwei Stunden in Wasser von 40°, während dessen die Rotfärbung meist verschwindet und titriert nach Ablauf dieser Zeit nach. Die hierbei vom Neutralpunkte gegen Methyl-orange ab insgesamt verbrauchte Menge Lauge wird in Kubikzentimeter Normallauge und auf 100 g Trockenmasse umgerechnet. Zieht man diese Zahl von der Alkalität gegen Methyl-orange ab, so erhält man „die eigentliche Alkalität der Asche" der untersuchten Probe.

Bestimmung der einzelnen Mineralstoffe.

Bei der Nahrungsmitteluntersuchung für praktische Zwecke handelt es sich meistens um die Aufgabe, die Menge eines einzelnen oder einiger weniger Mineralstoffe in dem zu untersuchenden Stoffe unter Vernachlässigung der übrigen zu bestimmen. In solchen Fällen und bei Vorhandensein genügender Stoffmengen bedeutet eine vollständige Auftrennung der Aschenbestandteile nach dem bekannten Analysengange einen unnötigen Aufwand an Zeit und Arbeit. Man verfährt zweckmäßiger nach den folgenden vereinfachten Vorschriften.

Früher und vielfach auch heute noch pflegte man die Menge der Mineral-stoffe in Form der Oxyde (Cl als solches) anzugeben; wertvoller und übersicht-

---

[1]) Zeitschr. f. Untersuch. d. Nahrungs- u. Genußmittel Bd. 42, S. 171—172. 1921. — Die Grundzüge des Verfahrens sind von Pfyl ausgearbeitet worden.

licher ist die heutige Ausdrucksweise in Form der Ionen. Alle Angaben über den Gehalt an Mineralstoffen bezieht man zweckmäßig nicht auf die Asche, sondern auf den Stoff selbst bzw. dessen Trockenmasse.

Allgemein verbreitet in unseren Nahrungsmitteln finden sich die Kationen $Na^{\cdot}$, $K^{\cdot}$, $Mg^{\cdot\cdot}$, $Ca^{\cdot\cdot}$, $Fe^{\cdot\cdot\cdot}$, in geringerer Menge $Al^{\cdot\cdot\cdot}$ und $Mn^{\cdot\cdot}$, ferner die Anionen Cl', SO_4'', PO_4'''. Unter besonderen Umständen ist auch der Nachweis und die Bestimmung von $Zn^{\cdot\cdot}$, $Sn^{\cdot\cdot}$, $Pb^{\cdot\cdot}$, $Cu^{\cdot\cdot}$, ferner von Arsen, Flußsäure und Borsäure von Bedeutung.

Zur Bestimmung der genannten, stets vorkommenden Mineralstoffe $Na^{\cdot}$, $K^{\cdot}$, $Mg^{\cdot\cdot}$, $Ca^{\cdot\cdot}$, $Fe^{\cdot\cdot\cdot}$, $Al^{\cdot\cdot\cdot}$, SO_4'' und PO_4''' [1]) dient vorteilhaft die salzsaure Aschenlösung

1. Herstellung der salzsauren Aschenlösung. Man verascht[2]) in beschriebener Weise eine bestimmte, je nach den zu erwartenden Mineralstoffmengen bemessene (meist 10—100 g) Stoffmenge so, daß man zunächst bis zur völligen Verkohlung verbrennt. Die Kohle kocht man sodann nötigenfalls nach Zerkleinerung im Mörser mit einer 5proz. verdünnten Salzsäure aus, wobei man den Mörser mit der gleichen Flüssigkeit ausspült. Die Auszüge filtriert man durch ein aschefreies Filter in einen 500ccm-Kolben, wäscht mit heißem Wasser nach und verascht dann die Kohle weiter. Ist letztere vollständig verbrannt, so übergießt man den Rückstand abermals mit 50 ccm 25proz. Salzsäure und erhitzt 20—30 Minuten auf dem siedenden Wasserbade. Sodann verdünnt man mit heißem Wasser und filtriert ebenfalls, indem man das Filtrat zu dem zuerst erhaltenen hinzufügt, wäscht mit heißem Wasser aus und bringt die Lösung[3]) durch Auffüllen auf 500 ccm.

Anmerkung: Die Auskochung der Kohle mit verdünnter Salzsäure hat nicht nur den Zweck, die Veraschung zu erleichtern, sondern vor allem auch die Aufgabe, die bei starker Rotglut etwas flüchtigen Alkaliverbindungen vorher in Lösung zu bringen. Durch die verdünnte Salzsäure werden ferner die an der Oberfläche der Kohle adsorbierten Alkaliionen gegen Wasserstoffionen ausgetauscht und dadurch vollständiger als durch Wasser allein in Lösung gebracht.

2. Bestimmung der Alkalien (Kalium und Natrium)[4]). 100 ccm der salzsauren Aschenlösung bringt man — nötigenfalls nach Abscheidung vorhandener Kieselsäure durch wiederholtes Eindampfen mit Salzsäure in einen Meßkolben von 250 ccm. Den Kolbeninhalt neutralisiert man mit reiner Kalkmilch, die man aus reinem Calciumcarbonat bereitet hat. Dazu gibt man einen Überschuß an weiterer alkalifreier Kalkmilch und füllt mit Wasser auf 250 ccm auf. Man schüttelt $^1/_4$ Stunde lang kräftig um, läßt 1—2 Stunden unter zeitweiligem Umschütteln stehen und filtriert durch ein trockenes Filter. Vom Filtrate werden 200 ccm mit 1 Tropfen Phenolphthaleinlösung versetzt und mit normaler Oxalsäure austitriert, wobei etwa 9 ccm verbraucht werden sollen. Zu dem austitrierten Filtrate gibt man noch 15—20 ccm N-Oxalsäure hinzu, versetzt vorsichtig mit Ammoniak bis zu eben eintretenden alkalischen Reaktionen und läßt absitzen, wobei man durch Zusatz von Ammoniumoxalat auf völlige Ausfällung

---

[1]) Wenn man nicht das Molybdänverfahren (S. 100) anwenden will.

[2]) Bei Überschuß an sauren Mineralbestandteilen unter Zusatz bekannter Mengen Magnesiumacetat, vgl. S. 82.

[3]) Im Falle lösliche Kieselsäure in erheblicher Menge vorliegt, ist diese zunächst durch wiederholtes Abdampfen mit Salzsäure zu beseitigen.

[4]) Teilweise nach der amtlichen Anweisung zur Untersuchung des Weines.

des Kalkes prüft. Man filtriert[1]) ab und wäscht mit schwach ammoniumoxalathaltigem kaltem Wasser aus, bis das Filtrat aschefrei ist, fängt das völlig klare Filtrat nebst Waschwässern auf und verdampft in einer gewogenen Platinschale zur Trockne, wobei man gegen Schluß einige Tropfen Salzsäure zusetzt, erwärmt den Rückstand 2 Stunden im Trockenschranke bei 120—130°, glüht gelinde und wägt. Der Rückstand bildet die in 80 ccm Aschenlösung enthaltene Menge Alkalichloride (Kaliumchlorid + Natriumchlorid)[2]).

3. Bestimmung des Kaliums. Man löst die erhaltenen Alkalichloride in etwa 20 ccm Wasser unter Zusatz einiger Tropfen Salzsäure und fügt tropfenweise einen Überschuß (5—10 ccm) einer 20proz. Überchlorsäure[3]) hinzu. Alsdann verdampft man auf dem Wasserbade ohne Unterbrechung zur Trockne[4]). Der Abdampfrückstand wird nach dem Erkalten mit 15 ccm 96proz. Alkohol übergossen und mit einem am Ende breitgedrückten Glasstabe (vgl. oben S. 82) sorgfältig zerrieben. Nach kurzem Absitzenlassen wird die über dem Kaliumperchlorat stehende Flüssigkeit durch einen Goochtiegel filtriert. Sodann wird der Rückstand noch zweimal mit 96proz. Alkohol, der 0,2% Überchlorsäure enthält, zerrieben, dekantiert und endlich das Perchlorat in den Tiegel gebracht und mit 0,2% Überchlorsäure enthaltendem Alkohole ausgewaschen. Zuletzt spritzt man zur Verdrängung der Überchlorsäure den Niederschlag mit möglichst wenig 96proz. Alkohol ab[5]) und trocknet ihn $^1/_2$ Stunde bei 120—130°.

Zur Umrechnung des gewogenen Kaliumperchlorates ($KClO_4$) auf $K^·$, K_2O und KCl dient folgende abgekürzte Tabelle:

Die erhaltenen Werte, mit 1,250 malgenommen, ergeben die Menge des in 100 ccm der Aschenlösung enthaltenen Kaliums oder der berechneten Kaliumverbindung. Zahlenangaben auf höchstens 4 Dezimalstellen.

$KClO_4$	$K^·$	K_2O	KCl	$KClO_4$
1	0,2822	0,3399	0,5381	1
2	0,5644	0,6798	1,0762	2
3	0,8466	1,0197	1,6143	3
4	1,1288	1,3596	2,1524	4
5	1,4110	1,6995	2,6905	5
6	1,6932	2,0394	3,2286	6
7	1,9754	2,3793	3,7667	7
8	2,2576	2,7192	4,3048	8
9	2,5398	3,0591	4,8429	9

Handelt es sich um die Bestimmung des Kaliums allein, ohne Berücksichtigung des Natriums, so fällt man 100 ccm der Aschenlösung in einem 250 ccm-Kolben mit Chlorbariumlösung[6]) tropfenweise die vorhandenen Sulfate aus, füllt mit Wasser bis zur Marke auf, filtriert, versetzt 200 ccm des Filtrats mit 5—10 ccm Überchlorsäurelösung, verdampft zur Trockne und bringt das abgeschiedene Kaliumperchlorat wie vorhin zur Wägung.

4. Bestimmung des Natriums. Die Bestimmung erfolgt durch Berechnung unter der in der Regel zutreffenden Annahme, daß als Alkalien nur Kalium

---

[1]) Zweckmäßig durch ein feinporiges Filter unter Verwendung von Kieselgur.

[2]) Bei der amtlichen Anweisung zur Untersuchung des Weines werden die Chloride erst nach Überführung in Sulfate zur Wägung gebracht.

[3]) In der amtlichen Anweisung zur Untersuchung des Weines wird die Bestimmung des Kaliums mit Platinchloridlösung vorgeschrieben, worauf verwiesen sei.

[4]) Vgl. A. Vuertheim, Chem. Weekbl. Bd. 22, S. 138—140. 1925; Chem. Zentralbl. 1925, I, S. 2251.

[5]) Das gesamte Filtrat soll etwa 75 ccm betragen.

[6]) Nach Vuertheim (l. c.) besser mit Calciumchloridlösung, weil Bariumsulfat leicht etwas Kaliumsalze mitreißt.

und Natrium vorhanden sind. Man berechnet aus der vorigen abgekürzten Tabelle die dem gefundenen Kaliumperchlorat entsprechende Menge Kaliumchlorid, zieht diese von der Gesamtsumme der Alkalichloride ab und erhält die in 80 ccm Aschenlösung enthaltene Menge Natriumchlorid als Rest. Das so gefundene Natrium-chlorid rechnet man mittels folgender abgekürzter Tabelle auf Na oder Na_2O um:

NaCl	Na˙	Na_2O	NaCl
1	0,3934	0,5303	1
2	0,7868	1,0606	2
3	1,1802	1,5909	3
4	1,5736	2,1212	4
5	1,9670	2,6515	5
6	2,3604	3,1818	6
7	2,7538	3,7121	7
8	3,1472	4,2424	8
9	3,5406	4,7727	9

Der erhaltene Wert, mal 1,250, ergibt die Menge des in 100 ccm Aschenlösung enthaltenen Natriums. Zahlenangaben auf höchstens 4 Dezimalstellen.

Qualitativer Nachweis von wägbaren Mengen[1] Natriums. An Stelle der Prüfung mit Kaliumpyroantimoniat wird von J. M. Kolthoff[2] die Reaktion mit Uranylmagnesiumacetat empfohlen, wobei sich (Streng 1886) mit Natriumsalzen die Verbindung $3\ UO_2(CH_3COO)_2Mg(CH_3COO)_2Na(CH_3COO)$ $9\ H_2O$ in rhombischen Prismen bildet.

Darstellung des Reagens: 10 g Uranylacetat, 6 g Eisessig werden mit Wasser auf 50 ccm gebracht. Anderseits werden 33 g Magnesiumacetat und 6 g Eisessig ebenfalls auf 50 ccm gebracht. Dann werden beide Lösungen gemischt und nach einigen Tagen filtriert.

Setzt man nun zu 2—3 ccm der zu untersuchenden Lösung die gleiche Menge Alkohol und etwa 10 Tropfen Reagens, so tritt bei Gegenwart von 0,005% Na noch nach einstündigem Stehen obiger Niederschlag ein. Wenn man den Alkoholzusatz fortläßt beim Stehen über Nacht noch bei 0,04% Na. Bei Gegenwart von 50 proz. Alkohol stören bis zu 10 g K im Liter, in rein wässeriger Lösung bis zu 20 g K im Liter noch nicht. Mg, Erdalkalien, Zn, Al und Pb stören ebenfalls nicht.

L. W. Winkler[3]) verwendet die Schwerlöslichkeit des Natriumoxalates in verdünntem Alkohole zum Natriumnachweise: Von neutral reagierenden Salzen werden 0,3 g in 5 ccm etwa 25—30 proz. Alkohol nötigenfalls unter Erwärmen gelöst und dann wieder auf Zimmertemperatur abgekühlt. Alsdann setzt man 10 Tropfen einer gesättigten Kaliumoxalatlösung zu und schüttelt kräftig durch. Die Abscheidung des Natriumoxalates als körniger Niederschlag ist in 5 Minuten praktisch beendet. Von alkalisch reagierenden Salzen setzt man zu je 0,3 g 5 Tropfen stärkste Essigsäure, dann 5 ccm des verdünnten Alkohols hinzu und verfährt wie vorhin. Bei Gegenwart von 0,01 g Na in 1 ccm der alkoholischen Lösung entsteht der Niederschlag fast sofort, von 0,005 g Na nach etwa 1 Minute, von 0,002 g nach etwa 10 Minuten. Ammoniumsalze bewirken einen Niederschlag von feinen Krystallnadeln (Ammoniumoxalat), der sich aber im Gegensatze zum Natriumsalze in 10 Tropfen starker Kalilauge löst. Anderseits löst sich das Natriumsalz beim Verdünnen mit 10 ccm Wasser beim Durchschütteln, während Calciumoxalat und Magnesiumoxalat hierbei ungelöst bleiben.

5. Bestimmung des Magnesiums[4]). Eine abgemessene Menge (z. B. 100 ccm) der salzsauren Lösung versetzt man mit Ammoniaklösung, solange der entstehende Niederschlag sich noch eben wieder löst, gibt einen Überschuß an Ammoniumoxalatlösung und einen Tropfen Methylrot- oder Methylorangelösung zu und dann soviel starke Ammonium- oder auch Natriumacetatlösung, bis die Färbung des Indicators deutlich nach Gelb umgeschlagen ist, füllt mit Wasser auf ein bestimmtes Volumen (z. B. 200 ccm) auf, schüttelt durch, läßt 30 Minuten oder länger stehen und filtriert durch ein feinporiges Faltenfilter aus Kieselgurfiltrierpapier. Vom Filtrate versetzt man in einem Becherglase einen bestimmten

---

[1]) Zum Nachweise geringster Spuren dient bekanntlich die äußerst empfindliche gelbe Flammenfärbung bzw. die spektroskopische Prüfung.

[2]) Pharm. Weekbl. Bd. 60, S. 1251—1255. 1923; Chem. Zentralbl. 1924, I, S. 1240.

[3]) Pharm. Zentralhalle Bd. 66, S. 669—670. 1925.

[4]) Vgl. J. Großfeld, Zeitschr. f. öffentl. Chem. Bd. 23, S. 360—364. 1917.

Teil (z. B. 100 ccm = 50 ccm Aschenlösung) mit 5 ccm 20 proz. Citronensäurelösung und mit einem Überschuß an Natrium- oder besser an Ammoniumphosphat. Darauf macht man mit Ammoniak unter Umrühren schwach ammoniakalisch, setzt unter weiterem Umrühren noch ein Drittel des Volumens an 10 proz. Ammoniaklösung hinzu und läßt 24 Stunden an einem kühlen Orte stehen. Darauf wird der Niederschlag durch einen Goochtiegel abgesaugt, mit 3—4 proz. Ammoniaklösung und schließlich mit etwas Spiritus ausgewaschen. Den Tiegel erhitzt man darauf anfangs über einem Pilzbrenner und unter allmählicher Steigerung der Temperatur schließlich über einem kräftigen Teklubrenner, indem man etwa 10 Minuten bei Rotglut hält. Das entstandene $Mg_2P_2O_2$ wägt man und berechnet daraus, mal 0,2184, die Gewichtsmenge $Mg\ddot{}$, mal 0,3621, die Menge MgO.

Über Bestimmung des Magnesiums vgl. auch Nr. 38 der amtlichen Anweisung zur Untersuchung des Weines[1].

Ein weiterer Teil des Filtrates vom Calciumoxalatniederschlage (wobei man aber dann zweckmäßig von größeren Mengen des Stoffes ausgeht) kann zur Bestimmung der Phosphorsäure (vgl. S. 101) dienen.

6. Bestimmung des Calciums nach eigenen Versuchen[2]. Zur genauen Bestimmung des Calciumgehaltes versetzt man 50 ccm der zu prüfenden salzsauren Lösung mit soviel Ammoniaklösung, bis die Lösung noch eben klar bleibt. Dann werden unter Umrühren 50 ccm 4 proz. Ammoniumoxalatlösung und 50 ccm 25 proz. Natrium- oder Ammoniumacetatlösung zugesetzt und einige Stunden stehen gelassen. Darauf wird durch ein glattes angefeuchtetes Filter aus Kieselgurfiltrierpapier[3], worauf man vorher eine kleine Messerspitze voll gereinigte Kieselgur gegeben hat, filtriert und nach Ablaufen zweimal mit kaltem Wasser ausgewaschen. Darauf wäscht man mit heißem Wasser bis zum Verschwinden der Chlorreaktion im Filtrate nach. Alsdann stellt man das verwendete Becherglas unter den Trichter und löst den Niederschlag in 10 proz., zum Sieden erhitzter reiner[4] Salpetersäure und wäscht mit heißem Wasser nach. Das Filtrat titriert man sodann mit $^1/_{10}$ N-Permanganatlösung. Je 1 ccm entspricht 2,804 mg CaO für 50 ccm Lösung.

Abgekürzte Tabelle zur Berechnung des Calciumgehaltes aus dem Titrationswerte.

Titrations- wert ccm	Ca¨ mg	CaO mg	Titrations- wert ccm	Ca¨ mg	CaO mg	Titrations wert ccm	Ca¨ mg	CaO mg	Beispiel: Es seien 28,4 ccm Permanganatlösung verbraucht worden, dann ist
10,0	020,0	028,0	1,0	02,0	02,8	0,1	0,2	0,3	20 40,1
20,0	040,1	056,1	2,0	04,0	05,6	0,2	0,4	0,6	8 16,0
30,0	060,1	084,1	3,0	06,0	08,4	0,3	0,6	0,8	0,4 0,8
40,0	080,1	112,1	4,0	08,0	11,2	0,4	0,8	1,1	56,9
50,0	100,2	140,2	5,0	10,0	14,0	0,5	1,0	1,4	Ca¨ = 56,9 mg in 50 ccm.
60,0	120,2	168,2	6,0	12,0	16,8	0,6	1,2	1,7	
70,0	140,3	196,3	7,0	14,0	19,6	0,7	1,4	2,0	
80,0	160,3	224,3	8,0	16,0	22,4	0,8	1,6	2,2	
90,0	180,4	252,4	9,0	18,0	25,2	0,9	1,8	2,5	

[1] Gesetze und Verordnungen (Beilage zur Zeitschr. f. Untersuchung der Nahrungs- und Genußmittel) Bd. 13, S. 134. 1921.

[2] Vgl. J. Großfeld, Zeitschr. f. Pflanzenernähr. u. Düngung Bd. 5 A, S. 102. 1925.

[3] Zu beziehen von Macherey, Nagel & Co., sowie von Schleicher & Co., beide in Düren, Rheinland.

[4] Niedere Stickstoffoxyde oxydiert man nötigenfalls vorher durch vorsichtigen Zusatz von stark verdünnter Kaliumpermanganatlösung, bis sich die eben wahrnehmbare Rosafärbung in der Wärme für einige Minuten hält.

Noch leichter und rascher gelingt die Calciumbestimmung auf folgende Weise[1]), wobei ein Auswaschen der Niederschläge vermieden wird.

50 g des Stoffes[2]) (Milch, Backwaren, Schokolade usw.) werden in üblicher Weise unter kräftigem Glühen, nötigenfalls unter Zusatz von bestimmten Mengen Magnesiumacetatlösung verascht und die Asche, wenn aus anderen Gründen erwünscht, gewogen.

Nach dem Wägen wird die Asche mit genau 20 ccm Phosphorsäure (250 g konzentrierte etwa 85proz. Säure im Liter) unter Umrühren mit einem Glasstäbchen übergossen, wobei die vorhandenen Kalkverbindungen in Lösung gehen. Alsdann fügt man unter weiterem Umrühren genau 20 ccm Ammoniumoxalatlösung (20 g krystallisiertes Ammoniumoxalat im Liter) hinzu und anschließend unter weiterem Umrühren genau 20 ccm Natronlauge (100 g festes Ätznatron im Liter). In einem Bechergläschen gibt man dieselben Reagensmengen in gleicher Weise und Reihenfolge für sich zusammen, um den Wirkungswert der Ammoniumoxalatlösung gegenüber der Permanganatlösung festzustellen.

Sodann läßt man beide Gemische unter Bedecken mit einem Uhrglase bis zum Erkalten stehen und filtriert durch ein glattes, feinporiges Kieselgurfilter. 50 ccm der beiden Filtrate werden nach Zusatz von je 20 ccm Schwefelsäure $(1 + 3)$ mit $^{1}/_{10}$ N-Kaliumpermanganatlösung titriert. Der Unterschied der Ergebnisse beider Versuche gibt ein Maß für den vorhandenen Gehalt an Calciumoxyd. Bezeichnen wir die Differenz mit d, so läßt sich daraus nach folgenden Tabellen (bezogen auf 50 g Substanz) der Gehalt an Calcium, Calciumoxyd, Milchasche[3]), Milchcasein, Milchprotein, Milchzucker und fettfreier Milchtrockenmasse[4]) berechnen:

ccm $^{1}/_{10}$ N-KMnO₄	Ca %	CaO %	Milch-asche %	Milch-casein %	Milch-protein %	Milch-zucker %	Fettfreie Milch-trockenmasse %	ccm $^{1}/_{10}$ N-KMnO₄
1	0,0048	0,0067	0,03	0,12	0,14	0,20	0,38	1
2	0,0096	0,0135	0,06	0,24	0,29	0,42	0,76	2
3	0,0144	0,0202	0,09	0,36	0,43	0,62	1,14	3
4	0,0192	0,0269	0,12	0,48	0,57	0,83	1,52	4
5	0,0240	0,0336	0,15	0,61	0,71	1,04	1,90	5
6	0,0288	0,0404	0,18	0,73	0,86	1,25	2,28	6
7	0,0337	0,0471	0,21	0,85	1,00	1,46	2,66	7
8	0,0385	0,0538	0,24	0,97	1,14	1,65	3,04	8
9	0,0433	0,0606	0,27	1,09	1,28	1,87	3,43	9
10	0,0481	0,0673	0,30	1,21	1,43	2,08	3,81	10
20	0,0962	0,1346	0,61	2,42	2,85	4,16	7,62	20
30	0,1442	0,2018	0,91	3,63	4,28	6,24	11,43	30
40	0,1923	0,2691	1,21	4,84	5,71	8,32	15,24	40
50	0,2404	0,3364	1,51	6,05	7,13	10,40	19,04	50

[1]) Vgl. J. Großfeld, Bestimmung des Milchgehaltes von Milchschokolade, Zeitschr. f. Untersuch. d. Nahrungs- u. Genußmittel Bd. 44, S. 240—244. 1922.

[2]) Es können auch kleinere Stoffmengen verwendet werden. Salzsaure Aschenauszüge werden zunächst in eine Platinschale zur Trockne verdampft und dann geglüht.

[3]) Calciumgehalte sonstiger Herkunft sind natürlich abzuziehen (vgl. S. 223 und 275).

[4]) Aus den Mittelwerten J. Königs berechnet (Bd. 2, 4. Aufl., S. 602) (CaO-Gehalt der Milch = 0,16%).

Über die Bestimmung des Calciums in Wein vgl. auch die amtliche Anweisung zur Untersuchung des Weins[1]).

Über die Bestimmung des Calciums in Wasser vgl. S. 315.

7. Nachweis und Bestimmung des Strontiums. Der Nachweis des Strontiums hat bei der Nahrungsmitteluntersuchung zum Nachweise von Strontianmelasse („Hildesheimer Sirup") in Fruchtzubereitungen Bedeutung. Vgl. W. Sutthoff und J. Großfeld[2]).

Auf die Gegenwart von Strontiumverbindungen prüft man am besten spektroskopisch die in wenig Salzsäure gelöste Asche. Kennzeichnend sind besonders die Linien 606,0 $\mu\mu$ in Orangegelb und 460 7 $\mu\mu$ in Blau.

Zur quantitativen Bestimmung fällt man zweckmäßig die Erdalkalien, wie bei der Kalkbestimmung (S. 89) angegeben ist, in Form von Oxalaten, filtriert diese durch feinporiges Filtrierpapier und wäscht mit Ammoniumoxalat enthaltendem Wasser aus. Da Strontiumoxalat in Essigsäure etwas löslich ist, empfiehlt es sich, in möglichst wenig angesäuerter Lösung zu fällen. Nach dem Auswaschen löst man den Niederschlag der Erdalkalioxalate auf dem Filter in wenig heißer Salpetersäure, filtriert in eine Platinschale und verdampft darin zur Trockne. Alsdann glüht man und erhält als Rückstand die Summe der Oxyde ($CaO + SrO$); diese löst man alsdann ebenfalls in Salpetersäure und verdampft wieder zur Trockne. Die Schale trocknet man sodann bei 130° und nimmt nach dem Erkalten mit einem Gemisch von gleichen Teilen Äther und absolutem Alkohole auf[3]). Hierbei müssen die Strontiumnitratkrystalle tunlichst zerdrückt werden. Man wäscht die Masse zunächst durch Dekantieren, dann auf einem Filter[4]) mit dem Äther-Alkoholgemisch aus, bis das Filtrat mit verdünnter Schwefelsäure nach einigem Stehen keine Trübung mehr gibt, trocknet Filter und Niederschlag bei 100° im Trockenschrank und wägt. Die gefundene Menge $Sr(NO_3)_2$, mal 0,4140, ergibt die Menge $Sr\ddot{}$, mal 0,4896, die Menge SrO, mal 0,6975, die Menge $SrCO_3$.

8. Bestimmung des Bariums. Bei der Prüfung von Nahrungsmitteln auf Barium ist zu beachten, daß beim Veraschen mehr oder weniger große Mengen dieses Metalles durch die aus Schwefelverbindungen entstehenden Sulfate in unlösliches Bariumsulfat umgesetzt werden. Soll das Gesamtbarium bestimmt werden, so übergießt man am besten die Asche mit wenig 10 proz. Salzsäure, erhitzt zum Sieden und fügt 5 ccm verdünnte Schwefelsäure hinzu. Alsdann filtriert man durch ein aschefreies Filter und verascht dieses abermals. Den Rückstand löst man in wenig heißer konzentrierte Schwefelsäure und verdünnt nach dem Erkalten mit Wasser, worauf reines Bariumsulfat ausfällt. Man filtriert sodann das gefällte Bariumsulfat durch einen mit Kieselgur versehenen Goochtiegel. Das Gewicht des Niederschlages mal 0,5884 ergibt die Menge des vorhandenen $Ba\ddot{}$, mal 0,6570 des vorhandenen BaO, mal 0,8454 des $BaCO_3$.

Sollen nur die löslichen Bariumsalze und das vorhandene Bariumcarbonat bestimmt werden, so wird ohne Veraschung ein schwach salzsaurer Auszug hergestellt und darin das Barium mit Schwefelsäure gefällt.

9. Bestimmung des Eisens und Aluminiums[5]). „Die Bestimmung des Eisens erfolgt nach der folgenden Vorschrift unter a). Soll daneben auch der Gehalt an Aluminium bestimmt werden, so wird zunächst nach der Vorschrift unter a) das Eisen, nach der Vorschrift unter b) die Menge des an Eisen und Aluminium gebundenen Phosphatrestes bestimmt und die Menge des Aluminiums nach der Vorschrift unter c) berechnet. Die Bestimmung des Aluminiums kann auch nach der Vorschrift unter d) gewichtsanalytisch vorgenommen werden."

a) Bestimmung des Eisens. 200 ccm Wein — Süßwein nach Vergärung des verdünnten Weines — werden nach S. 81 verascht, „jedoch mit dem Unterschiede, daß man den wässerigen Auszug der Kohle nicht in die

---

[1]) Gesetze und Verordnungen (Beilage zur Zeitschr. f. Untersuchung der Nahrungs- und Genußmittel) Bd. 13, S. 134. 1921.

[2]) Zeitschr. f. Untersuch. d. Nahrungs- u. Genußmittel Bd. 27, S. 183—191. 1914.

[3]) Vgl. König, Unters. landwirtschaftl. u. gewerbl. wichtiger Stoffe I, 5. Aufl., S. 183.

[4]) Goochtiegel oder Glasfiltertiegel.

[5]) Amtliche Anweisung zur chemischen Untersuchung des Weines. — Die Vorschrift ist für die Aschenanalyse ebenfalls zu empfehlen.

Platinschale zurückgibt, sondern den Rückstand in der Schale nach der vollständigen Veraschung in starker eisenfreier Salzsäure löst, diese Lösung unter Nachspülen mit Wasser in eine gutglasierte Porzellanschale bringt und den wässerigen Auszug der Kohle hinzugibt. Man verdampft die Flüssigkeit nach Zusatz von 3—4 ccm 3proz. salpetersäurefreier Wasserstoffsuperoxydlösung auf dem Wasserbade zur Trockne, nimmt mit wenig Wasser auf und bringt wiederum zur Trockne. Dann durchfeuchtet man mit 0,3 ccm eisenfreier Salzsäure vom spezifischen Gewicht 1,19 und spült den Schaleninhalt mit möglichst wenig Wasser in eine 200 ccm fassende Glasflasche mit eingeschliffenem Glasstopfen. Man setzt der Flüssigkeit, deren Raummenge 20 ccm nicht übersteigen soll, 1—1,5 g festes jodatfreies Kaliumjodid zu, verschließt die Flasche und erwärmt 5—10 Minuten auf 60°. Alsdann versetzt man mit 100 ccm kaltem Wasser und Stärkelösung und titriert die Menge des ausgeschiedenen Jods mit $^1/_{100}$ N-Natriumthiosulfatlösung bis zum erstmaligen Verschwinden der Farbe der Jodstärke.

Berechnung: Wurden zur Titration a ccm $^1/_{100}$ N-Natriumthiosulfatlösung verbraucht, so sind in 1 l Wein enthalten: $x = 0,00279 \cdot a$ g Eisen."

b) Bestimmung des an Eisen und Aluminium gebundenen Phosphatrestes. 200 ccm Wein — Süßwein nach Vergärung des verdünnten Weines gemäß S. 302 — werden nach S. 81 verascht. „Die Asche wird mit wenigen Kubikzentimetern Wasser, 1 ccm konzentrierter Salzsäure sowie einen Tropfen etwa 30proz. Wasserstoffsuperoxydlösung versetzt und, falls nötig, auf dem Wasserbad erwärmt, bis etwa noch ungelöstes Eisen in Lösung gegangen ist. Die kalte, mit 1 Tropfen Methylorangelösung versetzte Lösung wird zunächst mit 0,25 N-Alkalilauge neutralisiert, 5 Minuten auf dem Wasserbad erwärmt und — falls sie nach dem Abkühlen auf etwa 15° nicht schon sauer reagiert — bis zur deutlichen Rotfärbung mit einigen Tropfen $^1/_{10}$ N-Salzsäure versetzt. Den Niederschlag filtriert man auf einem kleinen Filter ab, wäscht dreimal mit wenig Wasser nach, bringt ihn samt Filter in ein Kölbchen, fügt 30 ccm 40proz. neutrale Trinatriumcitratlösung[1]) hinzu und erwärmt 20 Minuten auf dem Wasserbade. Man kühlt die Lösung in Eiswasser, setzt 1 Tropfen Phenolphthaleinlösung hinzu und titriert mit $^1/_{10}$ N-Alkalilauge bis zur deutlichen Rotfärbung.

Berechnung: Wurden a ccm $^1/_{10}$ N-Alkalilauge verbraucht, so sind in der Asche aus 1 l Wein enthalten:

$$y = 0,0475 \cdot a \text{ g an Eisen und Aluminium gebundene Phosphorsäure (PO}_4\text{).}$$

Bei Verwendung von 50 ccm Wein (vgl. II, Nr. 5, Anmerkung 1) lautet die Formel:

$$y = 0,19 \cdot a \text{ g an Eisen und Aluminium gebundene Phosphorsäure (PO}_4\text{).}$$

c) Berechnung des Aluminiums: Wurden nach der Vorschrift unter a) x g Eisen in 1 l Wein gefunden und bei der Bestimmung unter b) a ccm $^1/_{10}$ N-Alkalilauge verbraucht, so sind enthalten in 1 l Wein:

$$z = 0,01355 \cdot a - 0,4853 \cdot x \text{ g Aluminium.“}$$

10. Bestimmung des Aluminiums. „500 ccm Wein — Süßwein nach Vergärung des verdünnten Weines gemäß S. 302 — werden in folgender Weise verascht. Zunächst wird etwa der dritte Teil des Weines nach S. 81 verascht, mit dem Unterschiede jedoch, daß man den wässerigen Auszug der Kohle nicht in die Platinschale zurückgibt, sondern in dieser das zweite Drittel des

---

[1]) Zur Herstellung der Lösung wird Trinatriumcitrat in der $1^1/_2$fachen Menge ausgekochtem heißen Wasser gelöst. 20 ccm der Lösung, mit 1 Tropfen Phenolphthaleinlösung versetzt, müssen nach 20 Minuten langem Stehen in Eiswasser farblos sein, aber durch 1 Tropfen $^1/_{10}$ N-Natronlauge gerötet werden.

Weines eindampft, verkohlt und die Kohle mit Wasser auszieht. Die zurückbleibende Kohle wird nach dem Trocknen weiß gebrannt. Dem Rückstand fügt man das letzte Drittel des Weines hinzu und verfährt wiederum in der beschriebenen Weise. Schließlich wird der gesamte Rückstand in der Platinschale mit konzentrierter Salzsäure aufgenommen; dann fügt man die gesamten wässerigen Auszüge hinzu, dampft auf dem Wasserbade zur Trockne und erhitzt den Rückstand auf dem Wasserbade, bis kein Geruch nach Salzsäure mehr wahrzunehmen ist, durchfeuchtet den Rückstand mit konzentrierter Salzsäure, fügt nach kurzem Stehen etwas Wasser hinzu und bringt von neuem in der beschriebenen Weise zur Trockne.

Der erhaltene Rückstand wird mit wenig konzentrierter Salzsäure durchfeuchtet und nach kurzem Stehen mit Wasser aufgenommen. Man filtriert die ausgeschiedene Kieselsäure ab und wäscht sie mit kochendem Wasser gut aus. Filtrat und Waschwasser werden in einem Becherglase gesammelt und nach dem Erkalten zunächst mit 5 ccm 10proz. Ammoniumchloridlösung, hierauf mit einigen Tropfen Methylorangelösung und zuletzt vorsichtig mit Ammoniak bis zur eben noch merklichen saueren Reaktion versetzt. Zu der etwa 60 ccm betragenden Flüssigkeit gibt man 20 ccm 10proz. Ammoniumacetatlösung hinzu, erhitzt langsam auf 70—80° und filtriert den ausgeschiedenen Niederschlag ab, sobald er flockig geworden ist[1]).

Der Niederschlag wird zweimal mit kochendem Wasser ausgewaschen und dann einschließlich der im Becherglase haftengebliebenen Anteile auf dem Filter in wenig kochender, stark verdünnter Salzsäure gelöst. Alsdann wäscht man das Filter mit wenig kochendem Wasser vollständig aus, sammelt Lösung und Waschwasser in einem kleinen Erlenmeyerkolben, fügt nach dem Erkalten 2 ccm 10proz. Ammoniumchloridlösung sowie 0,3 g Citronensäure hinzu, macht mit Ammoniak alkalisch und läßt einige Zeit stehen. Tritt während dieser Zeit ein Niederschlag auf, so bringt man ihn durch vorsichtigen Zusatz von Salzsäure in Lösung, fügt noch etwas Citronensäure hinzu und macht wieder mit Ammoniak alkalisch. Ist der Zustand erreicht, bei welchem die alkalische Flüssigkeit dauernd klar bleibt, so versetzt man sie mit einer nicht zu großen, aber zur Fällung des Eisens sicher ausreichenden Menge Ammoniumsulfidlösung, verstopft das Kölbchen und stellt es an einen warmen Ort.

Nachdem das ausgeschiedene Ferrosulfid sich gut zusammengeballt hat, wird es abfiltriert und sehr gut mit heißem, ammoniumsulfidhaltigem — und im Anfang auch ammoniumchloridhaltigem — Wasser ausgewaschen[2]).

Filtrat und Waschwasser säuert man deutlich mit verdünnter Schwefelsäure an. Hierbei muß man so viel Schwefelsäure verwenden, daß später beim Eindampfen alles Chlor des vorhandenen Ammoniumchlorids als Salzsäure entweichen kann.

Man erhitzt sodann zum Kochen, bis der ausgeschiedene Schwefel zusammengeballt ist, filtriert diesen ab und wäscht ihn aus. Das Filtrat und die Wasch-

---

[1]) Sollen auch Calcium und Magnesium bestimmt werden, so ist die Fällung zu wiederholen (vgl. II, Nr. 38).

[2]) Der ausgewaschene Niederschlag kann in Salzsäure gelöst und seine Lösung zur Eisenbestimmung nach dem vorstehend unter a) beschriebenen Verfahren benutzt werden.

wässer vom Schwefel werden in einer Platinschale zur Trockne eingedampft; der Trockenrückstand wird verkohlt und die Kohle nach Möglichkeit weißgebrannt. Man durchfeuchtet den Verbrennungsrückstand mit starker Salzsäure, fügt nach einigem Stehen Wasser hinzu, filtriert von etwaigen Kohleflittern ab und bringt das klare Filtrat und die Waschwässer unter Nachspülen mit Wasser in ein Becherglas. In diesem versetzt man sie zunächst mit einigen Tropfen Dinatriumhydrophosphatlösung, dann mit einigen Tropfen Methylorangelösung und schließlich vorsichtig mit Ammoniak bis zur eben noch wahrnehmbaren sauren Reaktion. Dann gibt man 20 ccm 10proz. Ammoniumacetatlösung hinzu und erhitzt langsam auf 70—80°. Den abgeschiedenen Niederschlag filtriert man, sobald er flockig geworden ist, ab, wäscht ihn vollständig mit kochendem Wasser aus und wägt ihn schließlich nach der Veraschung des Filters.

Berechnung: Wurden a g Aluminiumphosphat ($AlPO_4$) gewogen, so sind in 1 l Wein enthalten: $$x = 0{,}444 \cdot a \text{ g Aluminium.“}$$

11. Bestimmung des Chlors (der Chloride). Die in den Nahrungsmitteln enthaltenen Chlorionen entstammen fast ausnahmslos einem Gehalte an Natriumchlorid. Da beim Veraschen der Substanz auch unter Zusatz von basischen Stoffen, wie von Natriumcarbonat, stets die Gefahr besteht, daß sich ein Teil des Chlors verflüchtigt[1]), so empfiehlt es sich, das Chlor stets in einem wässerigen Auszuge des Stoffes ohne Veraschung zu bestimmen. Allgemein zu empfehlen ist hierbei die direkte Titration des salpetersauren Auszuges mit Mercurinitrat nach E. Votoček als einfachstes und doch genaues Verfahren. Lediglich in solchen Fällen, in denen ein völlig klarer wässeriger Auszug ohne besondere Schwierigkeiten nicht herstellbar ist, empfiehlt sich die Titration mit Silbernitrat nach Mohr oder nach Volhard, von denen letzteres Verfahren als das genauere anzusehen ist.

Chloridtitration nach E. Votoček[2]): 10 g des gepulverten Stoffes bzw. mehr oder weniger, je nach dem Gehalte an Chloriden, bringt man in einen Meßkolben von 200 ccm Inhalt, fügt etwa 0,05—0,1 g Nitroprussid-Natrium und 100 ccm einer etwa 1proz. Salpetersäure hinzu und läßt unter häufigem Umschütteln etwa eine Stunde oder länger stehen. Alsdann füllt man mittels Wasser auf 200 ccm auf, schüttelt durch und filtriert durch ein feinporiges Faltenfilter, worauf man vorher zwecks Erhöhung der Klärwirkung chloridfreie trockene Kieselgur gegeben hat. Von dem völlig klaren Filtrat titriert man 100 ccm = 5 g Stoff mit 0,1 N-Mercurinitratlösung bis zur eben wahrnehmbar bleibenden Trübung.

Die zur Titration dienende 0,1 N-Mercurinitratlösung wird erhalten, indem man 10,83 g reines Quecksilberoxyd in verdünnter Salpetersäure löst und die Lösung auf 1 l auffüllt.

Salpetersäure und Schwefelsäure wirken fast nicht auf die Titration ein. Es stören Cu-, Co-, Ni-, Cd-Salze. Letzteres gibt direkt nicht, wohl aber bei der Titration, einen beim Stehen immer dicker werdenden Niederschlag, der Hg, Cd und Nitroprussid enthält. Keine Störung zeigten Zn, Fe''', Bi, Mn, Al, Ba,

---

[1]) Vgl. J. Drost: Zeitschr. f. Untersuch. d. Nahrungs- u. Genußmittel Bd. 49, S. 332 bis 342. 1925.

[2]) Chem.-Ztg. Bd. 42, S. 257—260 u. 270—272. 1918; obige Anwendungsvorschrift auf Nahrungsmittel nach eigenem Entwurf. Vgl. Zeitschr. f. Untersuch. d. Nahrungs- u. Genußmittel Bd. 48, S. 133—140. 1924.

Ca, Sr, Mg. Chloride lassen sich noch stark verdünnt titrieren, z. B. 9 mg Cl'/l, in Leitungswasser genauer als nach Mohr. Das Verfahren ist auch für das Salpetersäure-Serum der Milch, sowie für Harn geeignet. Die bei genauester Titration anzubringenden Korrekturen richten sich nach Endvolumen und Konzentration des Mercurichlorids beim Ende der Titration wie folgt:

Endvol. und Konz. $HgCl_2$				Abzuziehender Betrag	
Vol. ccm	Konz. der $HgCl_2$	Vol. ccm	Konz. der $HgCl_2$		
50	0,05 N bis	100	0,025 N	0,15—0,20 ccm	0,1 N
100	0,025 N „	100	0,005 N	0,20—0,15 „	0,1 N
100	0,005 N „	100	0,001 N	1,5 —1,2 „	0,01 N
100	0,001 N „	100	0,00025 N	1,2 —0,9 „	0,01 N
100	Wasser			0,7 „	0,01 N.

Chloridtitration nach Mohr: 10 g des gepulverten Stoffes bzw. mehr oder weniger, je nach dem Gehalte an Chloriden, bringt man in ein Meßkölbchen von 200 ccm Inhalt, übergießt mit 100 ccm Wasser und läßt unter häufigerem Umschütteln etwa eine Stunde oder länger stehen. Alsdann füllt man mittels Wasser auf 200 ccm auf, schüttelt durch und filtriert. Von dem Filtrate, das nicht völlig klar zu sein braucht, titriert man 100 ccm, die nötigenfalls mit Essigsäure gegen Phenolphthalein zu neutralisieren sind, mit 0,1 N-Silbernitratlösung unter Zusatz von einigen Tropfen gesättigter Kaliumchromatlösung bis zur bleibenden Rotfärbung.

Chloridtitration nach Volhard: Man stellt wie vorhin einen wässerigen Auszug aus dem Stoffe her, entnimmt davon 100 ccm, säuert diese mit 10 ccm verdünnter Salpetersäure an, vermischt mit genau 50 ccm 0,1 N-Silbernitratlösung und titriert nach Zusatz von 5 ccm gesättigter Eisenalaunlösung mit 0,1 N gegen die Silbernitratlösung eingestellte Rhodanammonium- oder Rhodankaliumlösung zurück. Der erhaltene Wert von der Vorlage (50 ccm) abgezogen, ergibt die Menge der zur Ausfällung der Chloride erforderlichen 0,1 N-Silberlösung.

Berechnung der vorhandenen Chloride: Der verbrauchten Menge 0,1 N-Mercurinitrat- oder Silbernitratlösung entsprechen folgende Mengen Chlorionen bzw. Chlorid:

Zahlenangaben bei den erhaltenen Werten nach Mohr auf höchstens drei Ziffern, nach Votoček oder Volhard auf höchstens 4 Ziffern.

Chloridbestimmung in Milch nach J. Drost[1]): 10 ccm Milch werden in einem 100 ccm-Erlenmeyerkolben abgemessen. Dazu werden 5 ccm Salpetersäure vom spezifischen Gewichte 1,165 unter Umschütteln zugefügt und sofort 5 ccm $^1/_{10}$ N-Silbernitratlösung im zerstreuten Tageslichte gleichfalls unter Umschütteln zugegeben. Nachdem durch Umschwenken die Lösungen hinreichend gemischt sind, wird nach Zusatz von 1 ccm einer 10 proz. Eisenalaunlösung mit $^1/_{10}$ N-Rhodanammoniumlösung zurücktitriert, bis eine deutliche, länger bleibende Rotfärbung entsteht. Die Titration ist

0,1 N.-Lösung	Cl'	NaCl	0,1 N.-Lösung
ccm	mg	mg	ccm
1	03,55	05,85	1
2	07,09	11,69	2
3	10,64	17,54	3
4	14,18	23,38	4
5	17,73	29,23	5
6	21,28	35,08	6
7	24,82	40,92	7
8	28,37	46,77	8
9	31,91	52,61	9
10	35,46	58,46	10

---

[1]) Zeitschr. f. Untersuch. d. Nahrungs- u. Genußmittel Bd. 49, S. 332—342. 1925.

ohne längere Unterbrechung durchzuführen, da sonst durch Verfärbung des Chlorsilbers Mißtöne entstehen, die eine Erkennung des Endumschlages erschweren.

Bestimmung des Kochsalzes in Fleischwaren: 5 g des Fleisches oder der Wurst werden in einer Porzellanschale mit chloridfreiem Seesande und wenig Wasser zu einem feinen Brei zerrieben und dann mit mehr Wasser in einen Maßkolben von 250 ccm Inhalt gespült. Die gesamte Wassermenge betrage etwa 200 ccm. Alsdann fügt man 2 ccm verdünnte Salpetersäure hinzu und erhitzt 10 Minuten in kochendem Wasser. Darauf kühlt man auf 20° ab, fügt 0,2—0,3 g gepulvertes Nitroprussidnatrium, etwas Kieselgur hinzu und füllt bis zur Marke auf. Nach gehörigem Durchmischen filtriert man durch ein trockenes Kieselgurfilter und titriert je nach zu erwartendem Salzgehalte 25—100 ccm des Filtrates mit Mercurinitratlösung nach Votoček (S. 94).

Über die amtliche Anweisung zur Untersuchung von Pökelfleisch auf Kochsalz vgl. Anlage a § 13, Abs. 2, zu den Ausführungsbestimmungen zum Schlachtvieh- und Fleischbeschaugesetz. Das dort angegebene Verfahren schreibt Neutralisation des Filtrates gegen Lackmus und Titration nach Mohr vor, ist also weniger einfach und genau als obiges.

Für die Chloridbestimmung in Wein[1]) ist die gewichtsanalytische Bestimmung — Wägung als Silberchlorid — nach Veraschung des Weines vorgeschrieben.

Nachweis und Bestimmung von Jodiden nach L. W. Winkler[2]).

Zum Nachweise von geringen Mengen von Jodiden in Salzen, z. B. in kaliumjodidhaltigem Kochsalze, wie es zur Bekämpfung von Schilddrüsenerkrankungen in den Verkehr kommt (z. B. in Österreich und der Schweiz), kann man in einem Trichterröhrchen 10 g des Salzes mit durch Überdampfen gereinigten, 95 proz. Weingeist auslaugen, wobei man 25 ccm in Anteilen von je 5 ccm verwendet. Die Auszüge bringt man nach Zusatz eines Tropfens Natronlauge zur Trockne, löst in 2 ccm Wasser, filtriert und wäscht dreimal mit je 1 ccm Wasser nach. Die in einem Fläschchen mit Glasstöpsel aufgefangene Lösung versetzt man mit 0,5 ccm reinstem Schwefelkohlenstoff, 2—3 Tropfen verdünnter Schwefelsäure (1 : 10) und einem Tropfen Natriumnitritlösung (1 : 1000), worauf man durchschüttelt. Bei 1 mg KJ in 1000 g Salz ist die Färbung eben bemerkbar, bei 2 mg deutlich blaßrosenrot, bei 5 mg kräftig rosenrot gefärbt. Die Probe versagt aber bei natürlichen jodhaltigen Salzen, bei denen das Jod in eingeschlossener Form vorliegt.

Zur quantitativen Bestimmung verschließt man einen gewöhnlichen Glastrichter von etwa 30 ccm Fassungsraum mit einem Wattebausch, feuchtet diesen an, streut dann 10 g des zu untersuchenden Salzes in den Trichter und gießt in kleinen Anteilen 100 ccm Wasser auf das Salz, wodurch es gelöst wird und die Verunreinigungen zurückbleiben. Die klare Lösung wird in einer Kochflasche von 200 ccm mit 1 ccm N-Salzsäure und 1 ccm frischem Chlorwasser oder Bromwasser versetzt und nach Zusatz von etwas Bimssteinpulver 10 Minuten lang in heftigem Sieden gehalten, wobei sie auf etwa zwei Drittel einkocht. Um Mangansspuren zu binden, setzt man dann noch heiß 1 Tropfen 50 proz. Oxalsäurelösung zu, läßt erkalten, gibt 5 ccm 25 proz. Phosphorsäure und endlich 0,1 g reinstes (jodatfreies) Kaliumjodid zu und titriert nach 15 Minuten das freie Jod mit $^1/_{500}$ N-Natriumthiosulfatlösung, die man durch Verdünnen von 10 ccm $^1/_{10}$ N-Lösung auf 500 ccm kurz vor dem Verbrauche herstellt. 1 ccm dieser Lösung entsprechen 0,05534 mg Kaliumjodid.

12. Bestimmung der Sulfate (Schwefelsäure). Zu beachten ist, daß sich der in dem Stoffe enthaltene Schwefel nur dann quantitativ in der Aschenlösung wiederfindet, wenn die Veraschung bei Gegenwart eines Basenüberschusses erfolgt ist und die Behandlung der Asche mit Salzsäure erst dann

---

[1]) Vgl. die amtliche Anweisung zur chemischen Untersuchung des Weines. Gesetze u. Verordnungen Bd. 13, S. 123. 1921.

[2]) Parm. Zentralhalle Bd. 64, S. 511—513. 1923; Zeitschr. f. Untersuchung d. Nahrungs- u. Genußmittel Bd. 48, S. 255—256. 1924.

vorgenommen worden ist, wenn aller Schwefel in Sulfat übergeführt war. Bei schwefelreicheren Stoffen empfiehlt sich daher die Veraschung in einer besonderen Probe vollständig unter Zusatz von Natriumcarbonat oder Magnesiumacetat im Überschusse durchzuführen und am Schlusse nach Zusatz von Wasserstoffsuperoxyd und Eintrocknen nochmals zu glühen, bis auch die letzten Kohlenteilchen verbrannt sind. Die Asche wird alsdann mit Salzsäure in geringem Überschusse gelöst, wobei ein Geruch nach Schwefelwasserstoff nicht mehr auftreten darf.

50 ccm Aschenlösung bzw. die auf vorstehende Weise erhaltene salzsaure Aschenlösung gibt man in ein Becherglas, verdünnt bis auf etwa 100 ccm mit Wasser, erhitzt zum schwachen Sieden und fügt tropfenweise heiße Bariumchloridlösung hinzu, bis ein weiterer Zusatz keine Fällung mehr bewirkt. Den Niederschlag filtriert man alsdann durch einen G o o c h t i e g e l, dessen Asbestfilter durch Hindurchfiltrieren einer Kieselguraufschwemmung[1]) m i t   e i n e r   f e i n porigen Filterschicht überzogen worden ist. Alsdann wäscht man mit heißem Wasser und schließlich mit wenig Spiritus nach und erhitzt den Tiegel mit Inhalt 15 Minuten über einem Pilzbrenner und wiegt nach Erkalten. Die entsprechende Menge SO_4'', S, SO_2, SO_3 oder K_2SO_4 erfährt man nach folgender Tabelle:

Bei Zahlenangaben ist darauf Rücksicht zu nehmen, daß Schwefelbestimmungen durch Ausfällung mit Bariumsulfat weniger genau sind. Bei Zahlenangaben sind daher nicht mehr als 3 Ziffern anzugeben.

Über den Nachweis und die Bestimmung von s c h w e f l i g s a u r e n   Salzen und Thio s u l f a t e n vgl. auch S. 135.

$BaSO_4$	SO_4''	S	SO_2	SO_3	K_2SO_4	$BaSO_4$
1	0,411	0,137	0,274	0,343	0,746	1
2	0,823	0,275	0,549	0,686	1,493	2
3	1,234	0,412	0,823	1,029	2,239	3
4	1,646	0,549	1,098	1,372	2,986	4
5	2,057	0,687	1,372	1,715	3,732	5
6	2,468	0,824	1,646	2,057	4,478	6
7	2,880	0,961	1,921	2,400	5,225	7
8	3,291	1,098	2,195	2,743	5,971	8
9	3,703	1,236	2,470	3,086	6,718	9

B e s t i m m u n g   d e r   S c h w e f e l s ä u r e   (des   S u l f a t r e s t e s)   in   W e i n[2]).

a) V o r p r o b e. „Soll bei einem Weine nur festgestellt werden, ob er weniger Schwefelsäure in 1 l enthält, als 2 g neutralen schwefelsauren Kaliums entspricht, so ist wie folgt zu verfahren:

Man versetzt in einem kleinen Becherglase 10 ccm zum Sieden erhitzten Wein mit 5 ccm einer Lösung, die 5,608 g krystallisiertes Bariumchlorid ($BaCl_2 + 2 H_2O$) und 50 ccm konzentrierte Salzsäure in 1 l enthält, läßt die Flüssigkeit im bedeckten Becherglase mehrere Stunden auf dem Wasserbade stehen, gießt vom Niederschlag ab und versetzt die Flüssigkeit mit einigen Tropfen verdünnter Schwefelsäure. Entsteht im Verlauf einer Stunde ein Niederschlag, so enthält der Wein in 1 l weniger Schwefelsäure, als 2 g neutralen schwefelsauren Kaliums entspricht. Entsteht kein Niederschlag, so ist die genaue Bestimmung der Schwefelsäure nach dem folgenden Verfahren auszuführen.

b) B e s t i m m u n g   d e r   S c h w e f e l s ä u r e. 50 ccm Wein werden in einem Becherglase mit einigen Tropfen Salzsäure versetzt, auf einem Drahtnetz erhitzt und unter Ergänzung der verdampfenden Flüssigkeit etwa 5 Minuten im Sieden erhalten, wobei Kohlendioxyd auf die Flüssigkeitsoberfläche geleitet wird. Dann fügt man einige Tropfen Ammoniak hinzu und versetzt in einem Guß mit kochend heißer Bariumchloridlösung (5,608 g krystallisiertes Bariumchlorid und 50 ccm konzentrierte Salzsäure zu 1 l Wasser gelöst). Ein zu großer Überschuß an Bariumchlorid ist zu vermeiden. Man läßt den Niederschlag absitzen und prüft durch Zusatz eines Tropfens Bariumchloridlösung zu der über dem Niederschlage

---

[1]) Vgl. J. Großfeld: Zeitschr. f. Untersuch. d. Nahrungs- u. Genußmittel Bd. 29, S. 67—68. 1915.

[2]) Amtliche Anweisung zur chemischen Untersuchung des Weines.

stehenden klaren Flüssigkeit, ob die Schwefelsäure vollständig ausgefällt ist. Hierauf kocht man das Ganze nochmals auf und läßt es 6 Stunden, mit einem Uhrglas bedeckt, auf dem heißen Wasserbade stehen. Dann gießt man die klare Flüssigkeit durch ein Filter von bekanntem Aschengehalt und wäscht den im Becherglase zurückbleibenden Niederschlag wiederholt mit heißem Wasser aus, indem man jedesmal absitzen läßt und die klare Flüssigkeit durch das Filter gießt. Zuletzt bringt man den Niederschlag auf das Filter und wäscht mit heißem Wasser aus. Filter und Niederschlag werden getrocknet, in einem gewogenen Platintiegel verascht, geglüht und nach dem Erkalten im Exsiccator gewogen[1]).

Wenn das auf dem Filter befindliche Bariumsulfat dunkel gefärbt ist, wird es zunächst mit verdünntem Ammoniak, dann mit verdünnter Salzsäure und schließlich mit heißem Wasser gewaschen. Alsdann wird weiter verfahren, wie vorstehend beschrieben.

Berechnung. Wurden aus 50 ccm Wein a g Bariumsulfat erhalten, so sind in 1 l Wein enthalten:
$$x = 8{,}231 \cdot a \text{ g Sulfatrest } (SO_4).$$

Diesem Gehalt an Sulfatrest entsprechen:
$$y = 14{,}93 \cdot a \text{ g Kaliumsulfat } (K_2SO_4)$$
in 1 l Wein."

13. Bestimmung der Phosphate. Für die Bestimmung der Phosphate ist zu berücksichtigen, daß bei nicht alkalischer Veraschung etwa vorhandene Pyrophosphate zweckmäßig durch Abdampfen mit Salzsäure oder Salpetersäure in Orthophosphate umzuwandeln sind. Die Einhaltung dieser Bedingung ist besonders auch bei der sog. nassen Veraschung mit Schwefelsäure + Salpetersäure, wobei sich beim schließlichen Abrauchen der Schwefelsäure Pyrophosphorsäure bilden kann, zu beachten.

Für die Phosphatbestimmung in Aschen von Lebensmitteln besteht die Hauptschwierigkeit in der Regel in der Vermeidung der durch Eisen, Aluminium und Calciumsalzen bedingten Störungen. Dies geschieht durch geeignete Titrationsbedingungen nach dem Verfahren von B. Pfyl oder gewichtsanalytisch am genauesten nach dem Molybdänverfahren. Da die Fällung mit Molybdänlösung indes die Abwesenheit größerer Mengen von Chloriden erfordert, ist die salzsaure Aschenlösung hierzu nicht geeignet. Wenn man in der salzsauren Aschenlösung die Phosphorsäure gewichtsanalytisch bestimmen will, führt daher das unten beschriebene (S. 101) Oxalat-Citrat-Verfahren zum Ziele, sofern es sich nicht um sehr kleine Phosphorsäuremengen handelt.

Soll dennoch, etwa bei Vorliegen sehr kleiner Phosphorsäuremengen, nach dem Molybdänverfahren gearbeitet werden, so dampft man den salzsauren Auszug zur Trockne, fügt etwa die 10fache Gewichtsmenge des letzteren an Oxalsäure hinzu und dampft nach Zusatz von etwa 50 ccm Wasser abermals zur Trockne und glüht schwach. Nach Versuchen von W. Moldenhauer und E. Klein[2]) ist es so möglich, die Chloride praktisch vollständig in die Carbonate bzw. Oxyde überzuführen. — Ein ähnliches Ergebnis kann durch Eindampfen mit Salpetersäure erreicht werden, doch wird dabei wegen des dabei entstehenden freien Chlors die Platinschale angegriffen.

a) **Titration des Phosphates nach B. Pfyl[3]).** Man bereitet sich eine für die Analyse geeignete Lösung so, daß diese in 25 ccm nicht mehr als 0,07 g H_3PO_4 enthält. Hierin kann man folgende Bestimmungen ausführen:

α) **Titration des Gesamtphosphates:** Man läßt die Flüssigkeit in einen mit eingeschliffenem Glasstopfen verschließbaren Erlenmeyerkolben aus-

---

[1]) Ebenso zweckmäßig ist die Filtration durch einen mit Asbest und Kieselgur beschickten Goochtiegel, vgl. vorige Seite, oben.

[2]) Vgl. Zeitschr. f. angew. Chem. Bd. 39, S. 557—559. 1926.

[3]) Vgl. Arb. a. d. Reichs-Gesundheitsamte Bd. 47, S. 1. 1914. Ferner Zeitschr. f. Untersuch. d. Nahrungs- u. Genußmittel Bd. 43, S. 326—336. 1922 u. Bd. 46, S. 241—275. 1923. (Letztere Arbeit in Gemeinschaft mit W. Samter.)

fließen, fügt 4 Tropfen Methylorangelösung als Indicator hinzu und titriert mit $^1/_{10}$ N-Natronlauge auf den Farbumschlag nach Gelb, wobei man sich zweckmäßig einer Vergleichsflüssigkeit aus der entsprechenden Menge Wasser, vier Tropfen Methylorangelösung und 1 Tropfen $^1/_{10}$ N-Natronlauge bedient. Die gegen Methylorange[1]) austitrierte Lösung wird sodann in einem ammoniakfreien[2]) Raume mit 30 ccm einer 40proz. Lösung von Calciumchlorid vermischt, bis zum Sieden erhitzt und zu der siedend heißen Lösung so viel gemessene Lauge zugegeben, bis die durch Chlorcalciumzusatz bewirkte Rosafärbung wieder in Orange umschlägt; ist die Neutralfarbe erreicht und tritt ein Farbumschlag in Rosa auch nach einigem Warten in der Wärme nicht wieder ein, so wird auf Zimmertemperatur abgekühlt und die nun wieder gegen Methylorange saure Lösung zuerst gegen Methylorange, dann gegen Phenolphthalein[3]) neutralisiert. Beträgt der Verbrauch an Lauge vom ersten Farbwechsel des Methylorange in Gelb bis zur endgültigen Rotfärbung des Phenolphthaleins, auf 0,1 N-Lauge umgerechnet, c ccm, so ist der Gehalt an Phosphorsäure, gemäß der Gleichung

$$H_3PO_4 + 2\ NaOH = Na_2HPO_4 + 2H_2O$$
$$1\ ccm\ 0,1\ N = 0,004752\ g\ PO_4''' = 0,003552\ g\ P_2O_5.$$

β) Die Bestimmung der Phosphorsäure kann nach B. Pfyl und W. Samter [besonders in Gegenwart von Borsäure[4]), Eisen und Aluminium] auch wie folgt vorgenommen werden:

Die gegen Methylorange neutralisierte reine Phosphatlösung wird bei Anwesenheit von Calciumionen gegen Phenolphthalein[5]) mit 0,1 N-Lauge vom primären zum sekundären Phosphat titriert. Die gefundenen Werte fallen bei Zimmertemperatur zu niedrig aus, nähern sich jedoch bei Eiskühlung den theoretischen

Abgekürzte Berechnungstabelle.

ccm 0,1 N-NaOH	PO$_4'''$ mg	P$_2$O$_5$ mg	P mg	Dioleinlecithin (C$_{44}$H$_{86}$NO$_9$ P) mg	ccm 0,1 N-NaOH
1	04,75	03,55	01,55	040,2	1
2	09,50	07,10	03,10	080,4	2
3	14,26	10,66	04,66	120,6	3
4	19,01	14,21	06,21	160,8	4
5	23,76	17,76	07,76	201,0	5
6	28,51	21,31	09,31	241,2	6
7	33,26	24,86	10,86	281,4	7
8	38,02	28,42	12,42	321,6	8
9	42,77	31,97	13,97	361,8	9

Werten fast vollständig. Der störende Einfluß von Calcium- und anderen Metallsalzen läßt sich dadurch ausschalten, daß man die Titration nach Zusatz von gegen Phenolphthalein neutralisierter Trinatriumcitratlösung vornimmt.— Bei dieser Titration werden auf 1 PO$_4$ nicht zwei, sondern nur ein Alkali verbraucht. Bei der Ausrechnung sind also die Zahlen obiger Tabelle zu verdoppeln.

γ) Als drittes Verfahren zur Bestimmung des Phosphates nennen Pfyl und Samter die Titration vom sekundären zum tertiären Salze:

Nach der Entfernung der störenden Metallsalze, in den meisten Fällen der Calciumsalze, durch Natriumoxalat, liegt bei Neutralität der Lösung gegen Phenolphthalein bei Eis-

---

[1]) Der Äquivalenzpunkt liegt bei dem Titrierexponenten $p_T = 4,2$. Als Indicatoren sind daher auch Dimethylgelb oder Bromphenolblau besonders geeignet (Kolthoff: Die Farbindicatoren).

[2]) Veraschungen (z. B. auch Zigarrenrauch) sind darin zu vermeiden.

[3]) Wozu meist nur wenig Lauge erforderlich ist.

[4]) Vgl. auch J. M. Kolthoff: Chem. Weekbl. Bd. 19, S. 449—450. 1922; Chem. Zentralbl. 1923, II, S. 605.

[5]) Nach Kolthoff (Chem. Weekbl. Bd. 12, S. 645. 1915 u. Bd. 14, S. 517. 1917) eignet sich hier besser Thymolphthalein, da der Titrationsexponent hier 9,3 beträgt, während Phenolphthalein sich bereits bei $p_H = 8,2$ rötet.

kühlung das Phosphat als sekundäres Salz vor und kann nach Zusatz von Chlorcalcium gemäß folgender Gleichung:

$$2\,Na_2HPO_4 + 3\,CaCl_2 + 2\,NaOH = Ca_3(PO_4)_2 + 2\,H_2O + 6\,NaCl$$

bis zum tertiären Salz austitriert werden. — Diese Titration eignet sich besonders bei Gegenwart organischer Säuren.

Die Bestimmung des Phosphatrestes in Wein (50 ccm) nach der amtlichen Anweisung entspricht ebenfalls der obigen Arbeitsvorschrift von Pfyl. Als weitere amtliche Vorschrift hierfür ist die gewichtsanalytische Molybdänmethode vorgeschrieben, die wie folgt ausgeführt wird:

b) Bestimmung der Phosphorsäure nach dem Molybdänverfahren in Wein[1]).

„Zur Ausführung der Bestimmung werden die folgenden Reagenzien verwandt:

Molybdänlösung: 195 g Ammoniummolybdat werden in einer Mischung von 400 ccm 10 proz. Ammoniaklösung (spezifisches Gewicht 0,96) und 145 ccm Wasser gelöst. Die Lösung wird unter Umrühren in 1400 ccm Salpetersäure vom spezifischen Gewicht 1,21, eingegossen.

Waschflüssigkeit: 100 g Ammoniumnitrat werden in kaltem Wasser gelöst. Man setzt 50 ccm Salpetersäure vom spezifischen Gewicht 1,21 hinzu und ergänzt mit Wasser auf 2 l.

Die Bestimmung wird wie folgt vorgenommen:

Von trockenen Weinen und von mäßig zuckerreichen Süßweinen verwendet man 50 ccm, von sehr zuckerreichen Süßweinen 25 ccm und verascht diese Menge, bei Süßweinen zweckmäßig nach vorausgegangener Vergärung mit Spuren von Hefe. Die Asche in der Platinschale versetzt man mit 10 ccm Wasser und 2,5 ccm Salpetersäure vom spezifischen Gewicht 1,40 und führt den Inhalt der Schale unter Nachspülen mit Wasser, erforderlichenfalls mit Hilfe einer Gummifahne, in ein Becherglas über. In diesem ergänzt man die Flüssigkeit mit Wasser auf etwa 50 ccm, bedeckt das Becherglas und erhitzt $^1/_4$ Stunde zum beginnenden Sieden. Alsdann läßt man erkalten, fügt 75 ccm Molybdänlösung hinzu, mischt gut durch und läßt unter wiederholtem Umschwenken 24 Stunden bei Zimmertemperatur stehen.

Nach dieser Zeit gießt man die über dem Niederschlage stehende Flüssigkeit durch ein Filter von 40 mm Halbmesser klar ab und bringt den Niederschlag, anfangs dekantierend, unter Nachwaschen mit der angegebenen Waschflüssigkeit vollständig auf das Filter. Das Auswaschen ist beendigt, wenn die vom Filter laufende Flüssigkeit auf Zusatz von Kaliumferrocyanidlösung keine Braunfärbung mehr zeigt.

Das Filter wird mit dem Niederschlage naß in einen gewogenen Porzellantiegel gebracht und darin über einem sehr klein brennenden Argandbrenner[2]) getrocknet. Dann verkohlt man bei etwas gesteigerter Temperatur und erhitzt bei noch etwas vergrößerter Flamme unter wiederholtem Umrühren mit einem dicken Platindraht, bis sich keine zusammengebackenen Teilchen mehr im Innern des Kuchens finden und die Filterkohle völlig verbrannt ist. Das Erhitzen setzt man einige Zeit fort, bis die anfangs schwarzen Glührückstände mehr oder weniger gelblich-weiß geworden sind. Ein zu starkes Erhitzen, bei dem eine

---

[1]) Amtliche Anweisung zur chemischen Untersuchung des Weines.

[2]) Die erforderlichen Argandbrenner sind Specksteinrundbrenner von 22 mm Durchmesser, die mit leuchtender Flamme brennen. Sie sind mit einem 19 cm hohen Zylinder von gebranntem Ton versehen. Der Tiegel wird in ein passendes Drahtdreieck eingesetzt und auf einem Stativring unmittelbar über das obere Ende dieses Zylinders gestellt.

Sublimation der Phosphormolybdänsäure eintritt, ist zu vermeiden. Der Tiegel mit dem so behandelten Niederschlage wird nach dem Erkalten im Exsiccator gewogen.

Berechnung: Bedeutet

a die angewandte Menge Wein in Kubikzentimetern,

b das Gewicht des Niederschlages ($P_2O_5 \cdot 24\,MoO_3$) in Gramm,

so sind in 1 l Wein enthalten:

$$x = 52{,}83 \cdot \frac{b}{a} \text{ g Phosphatrest } (PO_4).``$$

Man kann den mit Wasser ausgewaschenen Molybdänniederschlag ferner durch Kochen mit einem Überschuß an $^1/_{10}$ N-Lauge zersetzen (Vertreibung des Ammoniaks) und nach dem Zurücktitrieren mit $^1/_{10}$ N-Säure den Phosphorsäuregehalt aus dem Laugeverbrauch berechnen. So versetzten H. Kaserer und J. K. Greisenegger[1]) 150 ccm einer Phosphorsäurelösung nach Zusatz von 50 ccm Ammonnitratlösung (500 g/l) bei 80—90° mit 40 ccm 10proz. Molybdänlösung (100 g molybdänsaures Ammonium im Liter). Nach dem Erkalten wurde frühestens 15 Minuten, spätestens 3 Stunden nach der Fällung durch einen Goochtiegel filtriert und mit Wasser und Alkohol ausgewaschen. Der Niederschlag wurde in das Becherglas, worin er gefällt war, zurückgebracht, nach Zusatz von 150 ccm Wasser in $^1/_4$ N-Natronlauge gelöst und 10 Minuten gekocht. Der Überschuß der Lauge wurde gegen Phenolphthalein zurücktitriert. Je 1 ccm der zur Neutralisation des Niederschlages verbrauchten 0,25 N-Lauge entsprachen 0,634 mg P_2O_5. Vgl. auch bei Bestimmung der Lecithin-Phosphorsäure in Teigwaren, S. 224.

3. Oxalat-Citratverfahren nach eigenen Versuchen[2]). Die Bestimmung beruht darauf, daß in schwach essigsaurer Lösung mit einem Überschusse von Ammoniumoxalat alles vorhandene Calcium als Oxalat ausgefällt und abfiltriert wird, während Eisen und Aluminium als komplexe Oxalate in Lösung bleiben, und auch beim nachherigen Zusatze von Ammoniak durch Citrat in Lösung gehalten werden, während durch Zusatz von Magnesiamixtur die Phosphorsäure als Ammoniummagnesiumphosphat gefällt wird. Das Verfahren wird wie folgt ausgeführt:

Die in Salzsäure gelöste Asche oder 50 ccm der Aschenlösung werden in einem 100 ccm-Kölbchen mit Ammoniak versetzt, bis nur noch ein kleiner Säureüberschuß vorhanden ist. Zu der Lösung gibt man einige Tropfen Methylorangelösung und überschüssige Ammoniumoxalatlösung (je nach dem Calciumgehalt meist 20—40 ccm einer 4proz. Lösung), dann unter Umschütteln so viel gesättigte Ammonium- oder Natriumacetatlösung, bis die rote Farbe in Gelb umschlägt, darauf 0,1—0,2 g gereinigte Kieselgur, und füllt mit Wasser bis zur Marke auf. Nach gehörigem Mischen durch Umschütteln wird hierauf durch ein trockenes, feinporiges Filter von 15 cm Durchmesser filtriert. Während der Filtration ist der Trichter mit einem Uhrglase zu bedecken. Vom Filtrate wird ein gemessener Teil, z. B. 50 ccm oder mehr im Becherglase mit 5 ccm 20proz. Citronensäurelösung versetzt und die Phosphorsäure in der üblichen Weise mit Magnesiamixtur als Ammonium-Magnesiumphosphat ausgefällt, durch einen Goochtiegel filtriert, über einem Teclubrenner geglüht und als Pyrophosphat gewogen.

---

[1]) Zeitschr. f. landwirtschaftl. Versuchswesen in Österreich Bd. 13, S. 795. 1910; Zeitschr. f. analyt. Chem. Bd. 55, S. 413. 1916.

[2]) Vgl. J. Großfeld: Zeitschr. f. analyt. Chem. Bd. 57, S. 28—33. 1917.

Der Citronensäurezusatz macht einen vorhandenen Eisen- oder Aluminiumgehalt bis zu etwa 0,1 g unschädlich. Er kann bei eisen- oder aluminiumarmen Lösungen noch wesentlich verringert, bei eisen- und aluminiumreichen entsprechend vermehrt werden. Ein gewisser Zusatz ist immer empfehlenswert, da dadurch auch das Ammonium-Magnesiumphosphat bekanntlich in besonders gut filtrierbarer Form abgeschieden wird. Tritt nach Abscheidung des Ammonium-Magnesiumphosphates allmählich eine flockige, weiße oder gelbe Abscheidung ein, so deutet das auf zu geringen Citratgehalt hin.

Eine abgekürzte Tabelle zur Umrechnung des gewogenen Magnesiumpyrophosphates befindet sich nebenstehend.

Über den Nachweis und die Bestimmung anorganischer Frischhaltungsmittel (Borsäure, Sulfite, Thiosulfate, Fluoride) vgl. S. 133—140.

$Mg_2P_2O_7$	PO_4'''	P_2O_5	P	Dioleinlecithin ($C_{44}H_{86}NO_9\,P$)	$Mg_2P_2O_7$
1	0,854	0,638	0,278	07,22	1
2	1,707	1,276	0,557	14,43	2
3	2,561	1,914	0,836	21,65	3
4	3,414	2,552	1,115	28,86	4
5	4,268	3,190	1,394	36,08	5
6	5,121	3,827	1,672	43,29	6
7	5,975	4,465	1,951	50,51	7
8	6,828	5,103	2,230	57,72	8
9	7,682	5,741	2,508	64,94	9

Nachweis und Bestimmung gesundheitsschädlicher Metalle.

Als häufiger in Lebensmitteln vorkommende und je nach vorhandener Menge als gesundheitsschädlich anzusehende Metalle gelten; Arsen, Blei, Zinn, Kupfer, Zink und Nickel.

In selteneren Fällen gelangen auch Verbindungen von Silber, Wismut, Cadmium, Antimon, Molybdän, Quecksilber, Chrom, Uran und Kobalt als gesundheitsschädliche Bestandteile, z. B. in Form schädlicher Farben, in Nahrungs- und Genußmittel.

1. Nachweis und Bestimmung des Arsens. a) Nach Marsh-Berzelius-Liebig[1]). Das Verfahren beruht darauf, daß arsenige Säure, Arsensäure und ihre Salze sowie Arsenchlorid mit Wasserstoff beim Entstehen Arsenwasserstoff liefern, der sich beim Erhitzen im Wasserstoffstrome unter Abscheidung von metallischem Arsen zersetzt. Über die Ausführung des Versuches vgl. J. König, Chemie der menschl. Nahrungs- und Genußmittel, Bd. III, 1. Teil, S. 501.

Die Marshsche Probe ist außerordentlich empfindlich und zeigt auch bereits unschädliche Arsenmengen an, wie sie in manchen Aschen von Natur aus vorhanden sind. Die Probe ist zur Untersuchung von Gespinsten und Geweben auf Arsengehalt (heute selten, vgl. J. König, Chemie der menschl. Nahrungs- und Genußmittel Bd. III, 1. Teil, S. 509—510), ferner auch zur Bestimmung des Arsens im Wein[2]) amtlich vorgeschrieben.

Wegen der übermäßigen Empfindlichkeit der Marshschen Probe empfiehlt es sich für gewöhnlich, nach einem der folgenden Verfahren zu prüfen:

b) Verfahren von Gutzeit: Man bringt die durch Ausziehen des Stoffes mit Ammoniak erhaltene Flüssigkeit in ein enghalsiges Kölbchen, setzt dann 3 ccm Salzsäure sowie ein Stückchen reines Zink zu, schiebt in den Hals des Gefäßes einen losen Wattepfropfen ein und verschließt das Gefäß mit einem

---

[1]) Nach J. König: Chemie der menschl. Nahrungs- und Genußmittel Bd. III, 1. Teil, S. 501.

[2]) Vgl. Gesetze u. Verordnungen (Beilage zur Zeitschr. f. Untersuch. der Nahrungs- und Genußmittel) Bd. 13, S. 131. 1921.

Stück Filtrierpapier, worauf man einen Tropfen gesättigte Silbernitratlösung bringt. Ist Arsen vorhanden, so färbt sich der Flecken deutlich gelb mit braunschwarzer Umrandung und wird auf Zusatz von Wasser sofort schwarz. — Phosphorwasserstoff liefert eine gleiche Erscheinung; Antimon- und Schwefelwasserstoff verhalten sich dadurch abweichend, daß die gelben Doppelverbindungen durch Wasser nicht sofort zersetzt werden.

Nach Mayencon und Bergeret kann man, wie J. M. Kolthoff[1]) bestätigt fand, nach folgender Vorschrift noch 0,001 mg As_2O_3 nachweisen:

Zu 1 ccm der neutralen Flüssigkeit fügt man 1 ccm 22proz. Salzsäure, die 1% Zinnlösung enthält, und 100 mg Aluminiumstückchen. Das entstehende Gas streicht durch einen Pfropfen Bleiwatte, die nach 8—10 Proben erneuert wird; darauf streicht das Gas entlang einem Streifen von Sublimatpapier von etwa 4 mm Breite, das am besten aus wässeriger 5proz. Sublimatlösung und Zeichenpapier hergestellt wird. Nach 1 Stunde wird die Farbe des Papiers (Gelbfärbung) beurteilt. Bei Anwesenheit von Sb wird das Papier schwach grau und muß dann mit HCl oder empfindlicher mit KJ entwickelt werden, worauf es sich gelb färbt, wenn As_2O_3 vorhanden ist. — Noch 1 Teil As in 5000 Teilen Sb ist so nachweisbar. Quecksilbersalze stören sehr stark, auch Kupfersalze ziemlich, andere weniger.

c) Verfahren von Reinsch. Das Verfahren eignet sich nach H. Lührig[2]) z. B. für den Nachweis kleiner Mengen Arsen in Kakao, wie sie durch Verwendung arsenhaltiger Pottasche hineingelangen können, in folgender Ausführungsform:

15 g Kakao werden mit 75 ccm arsenfreier, etwa 16proz. Salzsäure und einem schmalen, blanken Kupferblechstreifen von 1×4 cm 20—25 Minuten gelinde gekocht. Dann wird abgekühlt, mit Wasser verdünnt, die Flüssigkeit fortgegossen und der Kupferstreifen bemustert. Bei Abwesenheit von Arsen ist der reine Kupferglanz zu erkennen. Bei Arsenmengen bis herab zu 0,024 mg As treten dunkelschwarze bis leicht graue Beläge auf. Auf diese Weise lassen sich noch 0,15 mg As in 100 g Kakao erkennen.

Die Identifizierung des Fleckens zum Unterschiede von ähnlichen durch Antimon, Zinn, Blei, Quecksilber, schwefliger Säure usw. erzeugten, erhitzt man den getrockneten Streifen im Röhrchen und beobachtet das Sublimat. Lührig erhitzte den Streifen in einer in ein Kupferblech gestanzten Vertiefung mittels Sparflämmchen unter Bedecken mit einem gekühlten Objektträger. Das Auffinden der oktaedrischen Kryställchen von As_2O_3 ist beweisend für Arsen.

d) Bettendorffs Arsenprobe. Man fügt zu konzentrierter Salzsäure einige Tropfen der zu untersuchenden Lösung und darauf 0,5 ccm mit Zinnchlorür gesättigte konzentrierte Salzsäure. Bei Gegenwart von arseniger Säure färbt sich das Gemisch braun und scheidet nach einigem Stehen schwarzes metallisches Arsen ab. — Auch unterphosphorige Säure[3]) scheidet in ähnlicher Weise in salzsaurer Lösung, besonders beim Erwärmen im Wasserbade, alles Arsen als solches ab.

---

[1]) Pharm. Weekbl. Bd. 59, S. 334—350. 1922; Chem. Zentralbl. 1922, II, S. 1203.
[2]) Pharm. Zentralhalle Bd. 67, S. 1—3. 1926.
[3]) Reagens nach Bougault: 20 g NaH_2PO_2 werden in 20 ccm Wasser gelöst, mit 200 ccm Salzsäure (D. f. 17) versetzt und vom sich abscheidenden Natriumchlorid durch einen Wattebausch abfiltriert.

Die Reaktion mit Zinnchlorür ist sehr spezifisch, versagt aber leicht bei ungenügender Salzsäurekonzentration. Die mit Zinnchlorür gesättigte konzentrierte Salzsäure verliert bei längerer Aufbewahrung leicht so viel Chlorwasserstoff, daß das Reagens nicht mehr brauchbar ist. Meistens genügt es dann aber, es mit einer mehrfachen Menge konzentrierter rauchender Salzsäure zu vermischen.

e) Trennung des Arsens von störenden Beimischungen. α) *Abscheidung als Arsenchlorid nach H. Beckurts*[1]). Der zerkleinerte oder nach Abstumpfung von vorhandenen freien Säuren durch Natriumcarbonat eingedampfte[2]) Stoff wird in einer geräumigen (!)[3]) Retorte mit so viel konzentrierter arsenfreier Salzsäure vermischt, daß ein dünnflüssiger Brei entsteht. Nach Zusatz von etwa 20 g einer 4proz. arsenfreien Eisenchlorürlösung verbindet man den schräg nach aufwärts gerichteten Hals der auf einem Gasofen stehenden Retorte unter stumpfem Winkel mit einem Kühler, der in die mit Bromwasser beschickte Vorlage eintaucht, erhitzt den Retorteninhalt langsam zum Kochen und destilliert etwa zwei Drittel der Säure in der Weise ab, daß in der Minute etwa 3 ccm Flüssigkeit übergehen. Alles als arsenige Säure oder Arsensäure vorhandene Arsen geht als Arsentrichlorid in die Vorlage über und wird dort durch das Brom zu Arsensäure oxydiert.

β) *Veraschung mit Magnesiumoxyd.* H. Lührig[4]) vermischte z. B. 15 g Kakaopulver mit 0,5 g Magnesiumoxyd und 5 ccm konzentrierte Salpetersäure, trocknete ein und veraschte vorsichtig auf dem Pilzbrenner. Die Asche wurde dann mit Salzsäure aufgenommen und mit Schwefelsäure abgeraucht. Auf diese Weise ließen sich noch 0,3 mg Arsen in 100 g Kakao, nach Marsh weiterbehandelt, leicht nachweisen. — Das Verfahren hat den großen Vorteil, daß die organische Substanz quantitativ entfernt wird.

γ) *Abscheidung als Schwefelarsen*[5]): Bei diesem meist angewendeten Verfahren zerstört man den organischen Stoff auf nassem Wege, meist durch Kaliumchlorat und Salzsäure, sättigt die reichlich verdünnte, von freiem Chlor durch Durchleiten von Luft befreite Lösung mit arsenfreiem Schwefelwasserstoff und läßt sie längere Zeit ruhig stehen. Den Niederschlag filtriert man nach erfolgter Klärung ab, wäscht mit Schwefelwasserstoffwasser aus, bringt dann durch mehrmaliges Ausziehen mit Ammoniaklösung das Arsen in Lösung und verdampft diese zur Trockne. Den Verdampfungsrückstand dampft man mit rauchender Salpetersäure so oft ab, bis derselbe nicht mehr hellgelb gefärbt ist und beim Aufgießen neuer Säure keine roten Dämpfe mehr auftreten. Alsdann befeuchtet man ihn mit einigen Tropfen reiner Natronlauge und verreibt ihn mit einem trockenen Gemenge von Natriumcarbonat und Natriumnitrat (1 : 2) und erhitzt das gut ausgetrocknete Salzgemisch in einem Porzellantiegel langsam zum Schmelzen. (Färbt sich die Schmelze grau, so fehlt es noch an Natriumnitrat, oder es sind Spuren von Kupferoxyd vorhanden.) Die Schmelze behandelt man mit warmem Wasser, leitet in die meist trübe Lösung Kohlensäure ein, filtriert durch ein kleines Filter, wäscht erst mit Wasser,

---

[1]) Arch. d. Pharmazie Bd. 222, S. 653. 1884; vgl. auch G. Baumert: Lehrb. d. gerichtl. Chem. Bd. I: Der Nachweis von Giften usw., S. 67. Braunschweig 1907.
[2]) Zweckmäßig in der Retorte selbst im Strome warmer Luft.
[3]) Wegen des bisweilen starken Schäumens.
[4]) Pharm. Zentralhalle Bd. 67, S. 1—3. 1926.
[5]) Nach Baumert: Lehrb. d. gerichtl. Chemie.

dann mit stark verdünntem Alkohol aus. Im Filtrat befindet sich das Arsen als Arsenat.

f) **Quantitative Bestimmung des Arsens.** α) *Größere Arsenmengen.* Liegt das Arsen in Lösung als arsenige Säure oder Arsentrichlorid vor, so kann man dasselbe entweder nach Oxydation als Magnesiumammoniumarsenat[1]) oder auch direkt als Arsentrisulfid abscheiden. Z. B. versetzt man das nach **Beckurts** erhaltene Destillat (S. 104) mit Bromwasser im Überschusse[2]), läßt einige Minuten stehen, macht dann vorsichtig ammoniakalisch, setzt Ammoniak in starkem Überschusse hinzu und fällt mit **Magnesiagemisch.** Der Niederschlag wird durch einen Goochtiegel filtriert, mit verdünntem Ammoniak (1 Teil 25 proz. Ammoniak, 2 Teile Wasser und 1 Teil Alkohol) ausgewaschen, getrocknet, durch kräftiges Glühen in pyroarsensaures Magnesium ($Mg_2As_2O_7$) übergeführt und gewogen.

Berechnung des Arsens aus dem gewogenen pyroarsensauren Magnesium:

Zahlenangaben auf höchstens 4 Ziffern.

Statt als pyroarsensaures Magnesium kann man das Arsen im salzsauren Destillat auch als **Arsentrisulfid** ausfällen und zur Wägung bringen. In diesem Falle hat natürlich die Behandlung der Vorlage mit Bromwasser zu unterbleiben. Man verwendet dann nach H. **Fresenius**[3]) zweckmäßig eine luftdicht angeschlossene tubulierte Vorlage von 700—800 ccm Inhalt, die mit 20 ccm

$Mg_2As_2O_7$	As'''	As_2O_3	$Mg_2As_2O_7$
1	0,4827	0,6373	1
2	0,9654	1,2746	2
3	1,4481	1,9119	3
4	1,9308	2,5492	4
5	2,4135	3,1865	5
6	2,8962	3,8238	6
7	3,3789	4,4611	7
8	3,8616	5,0984	8
9	4,3443	5,7357	9

Wasser beschickt wird; sie befindet sich in einem mit Wasser gefüllten Kühlgefäß und ist durch den Tubus noch mit einer etwas Wasser enthaltenden **Pèligot**schen Röhre verbunden. Man destilliert, bis nur ein geringer Rückstand in der Retorte verbleibt. In die aus der Vorlage und der **Pèligot**schen Röhre vereinigten Flüssigkeiten leitet man anfangs unter gelindem Erwärmen, zuletzt in der Kälte Schwefelwasserstoff ein, läßt etwa 12 Stunden stehen, filtriert durch einen Goochtiegel, wäscht mit schwefelwasserstoffhaltigem Wasser, Alkohol, Schwefelkohlenstoff und abermals mit Alkohol aus und wägt als Arsentrisulfid, das man mit dem Faktor 0,609 auf As, mit 0,804 auf As_2O_3 umrechnet.

Es empfiehlt sich, das gewogene Arsentrisulfid in Ammoniak und Ammoniumcarbonat zu lösen. Bleibt dabei ein Rückstand von organischen Stoffen, so kann das Schwefelarsen aus der ammoniakalischen Lösung nach Ansäuern mit Salzsäure durch Einleiten von Schwefelwasserstoff in reinem Zustande abgeschieden und nochmals gewogen werden.

β) *Kleinere Arsenmengen:* Zur Bestimmung von Arsenmengen zwischen etwa 0,02—10 mg empfiehlt sich besonders die elektrolytische Bestimmung nach C. **Mai** und H. **Hurt**[4]) oder nach H. **Frerichs** und G. **Rodenberg**[5]),

---

[1]) Ersteres Verfahren ist besonders für anorganische Stoffe, letzteres für organische Untersuchungsgegenstände zu empfehlen.

[2]) Falls nicht schon das vorher zugefügte Bromwasser ausreichen sollte.

[3]) Tagebl. d. 61. Vers. dtsch. Naturforscher u. Ärzte in Köln 1889, S. 329; nach J. **König**: Untersuchung landwirtschaftlich und gewerblich wichtiger Stoffe, 5. Aufl., Bd. I, S. 283.

[4]) Zeitschr. f. Untersuch. d. Nahrungs- u. Genußmittel Bd. 9, S. 193. 1905.

[5]) Arch. d. Pharmazie Bd. 243, S. 348. 1905.

wegen deren Ausführung auf die Lehrbücher der gerichtlichen Chemie sowie auf die Quellen verwiesen sei.

Noch kleinere Arsenmengen bis herab zu 0,0001 mg werden durch Schätzung des Arsenspiegels im Marshschen Apparate bestimmt.

Bezüglich der Untersuchung von Dörrobst auf Arsen nach Diesfeld vgl. S. 243.

2. Nachweis und Bestimmung des Bleies. Für den Nachweis und die Bestimmung des Bleies in organischen Stoffen kann der organische Stoff sowohl durch Veraschen im Porzellantiegel als auch auf nassem Wege beseitigt werden. Hierbei gehen jedoch fast immer mehr oder weniger große Mengen des vorhandenen Bleies in das schwerlösliche Bleisulfat über und können sich bei Nichtbeachtung dieses Umstandes dem Nachweise entziehen. Man schmilzt daher die Asche[1]) mit Soda unter Zusatz von etwas Salpeter, löst die Schmelze in heißem Wasser und leitet ohne zu filtrieren Kohlensäure in die Aufschwemmung, kocht auf und filtriert vom Unlöslichen ab. Dieses löst man in wenig Salpetersäure und prüft die Lösung auf Blei. Metallegierungen löst man direkt in Salpetersäure und prüft die nötigenfalls filtrierte Lösung.

a) **Nachweis des Bleies.** Eine verdünnte salpetersaure Lösung von Blei liefert mit Schwefelwasserstoff einen schwarzbraunen, in Schwefelammonium unlöslichen, mit Kaliumjodid (unter Ausscheidung von Jod durch die Salpetersäure, Braunfärbung!) einen gelben, beim Erhitzen löslichen, beim Erkalten aber in glänzenden Flittern wieder auskrystallisierenden, mit Schwefelsäure einen weißen, in Kali- oder Natronlauge oder in ammoniakalischer Ammoniumtartratlösung löslichen, mit Kaliumchromat nach Zusatz von Natriumacetatlösung einen gelben, in Kali- oder Natronlauge löslichen, durch Säuren wieder fällbaren Niederschlag. Ferner scheidet sich vorhandenes Blei bei der Elektrolyse einer salpetersauren Lösung an der Anode als braunes Bleisuperoxyd ab.

Über den Nachweis von Blei in Trinkwasser vgl. S. 322, in Mineralwasser S. 323. Für den Nachweis von Blei in Benzin hat Th. von Fellenberg[2]) eine besondere Vorschrift angegeben, worauf verwiesen wird.

b) **Bestimmung des Bleies.** α) *In Legierungen:* Stehen größere Mengen einer Legierung zur Verfügung, so kann man das Blei am einfachsten nach dem unten (S. 107) beschriebenen Verfahren von Heslinga abscheiden und als $PbSO_4$ wägen. Sind nur wenige Milligramme einer Bleizinnlegierung, z. B. aus Konservendosen, Lötstellen u. dgl., erhältlich, so verfährt man nach J. Kuhlmann und J. Großfeld[3]) wie folgt:

Bei Abwesenheit größerer Mengen Eisen.

A. Erforderliche Reagenzien: 1. Kaliumchromatlösung 1,364 g Kaliumchromat in Wasser zu 1 l gelöst; 2. Jodkaliumlösung (1 proz.); 3. $^1/_{100}$ N-Thiosulfatlösung; 4. Stärkelösung; 5. Salzsäure (25%); 6. Salpetersäure (spez. Gewicht 1,4); 7. Natriumacetatlösung (10 proz.).

B. Ausführung: 10—40 mg des durch Abschneiden oder Abschaben erhaltenen Metalles werden mit einem Gemisch von 2 ccm Salzsäure und 1 ccm

---

[1]) Auch die Veraschung mit Salpeter-Schwefelsäure ist zu empfehlen; vgl. S. 108.
[2]) Zeitschr. f. Untersuch. d. Nahrungs- u. Genußmittel Bd. 49, S. 173—178. 1925.
[3]) Zeitschr. f. Untersuch. d. Nahrungs- u. Genußmittel Bd. 49, S. 270—276. 1924.

Salpetersäure in einem kleinen Becherglase, anfangs unter Bedecken mit einem Uhrglase, erwärmt und dann zur Trockne verdampft. Das erhaltene Gemisch von Stannichlorid und Bleichlorid wird mit 25 ccm Wasser zum Sieden erhitzt, wobei das Bleichlorid in Lösung geht. Zu der Lösung setzt man nach dem Erkalten 25 ccm obiger Kaliumchromatlösung, wobei das Blei ausfällt. Die letzten Spuren freier Mineralsäuren beseitigt man darauf durch Zusatz von 1 ccm einer 10proz. Natriumacetatlösung. Nach dem Mischen läßt man bis zum folgenden Tage stehen und filtriert dann durch ein glattes Filter aus Kieselgurfiltrierpapier. Letzteres hat häufig einen geringen Eisengehalt[1]), wovon man es dadurch befreien kann, daß man durch die Filter zunächst 25proz. Salzsäure filtriert und dann mit heißem Wasser nachwäscht. Nach dem Filtrieren wird das Filter mit dem Niederschlage dreimal mit kaltem Wasser ausgewaschen, wobei man jedesmal die gesamte Flüssigkeitsmenge abtropfen läßt und dann erst das Filter bis an den oberen Rand füllt. Ein weiteres Auswaschen ist zu vermeiden. Alsdann wird das Becherglas, in dem die Fällung ausgeführt wurde, unter den Trichter gestellt und das Filter mit der mit dem gleichen Volumen Wasser verdünnten Salzsäure übergossen und dann mit heißem Wasser nachgewaschen, bis alle Chromsäure in Lösung gegangen ist und das Filtrat etwa 50 ccm beträgt. Hierzu fügt man 10 ccm 25proz. Salzsäure. Nach Zusatz von 10 ccm Jodkaliumlösung wird alsdann das ausgeschiedene Jod mit $^1/_{100}$ N-Thiosulfatlösung titriert:

$$PbCrO_4 + 3\,KJ + 8\,HCl = PbCl_2 + CrCl_3 + 3\,KCl + 4\,H_2O + 3\,J,$$
$$1\,Pb = 3\,J.$$

1 ccm $^1/_{100}$ N-Thiosulfatlösung entspricht 0,691 mg Pb. Die Einstellung der Thiosulfatlösung erfolgt gegen $^1/_{100}$ N-Kaliumchromatlösung.

Bei Anwesenheit größerer Mengen Eisen.

In diesem Falle behandelt man 10—40 mg der Legierung genau wie oben bei Abwesenheit von Eisen mit Salzsäure + Salpetersäure, nimmt mit Wasser auf, setzt einen Tropfen Salzsäure hinzu, vermischt mit 5 ccm 10proz. Natriumacetatlösung und erhitzt zum Sieden, wobei das Eisen ausfällt und durch ein gewöhnliches Filter abfiltriert und mit heißem Wasser ausgewaschen wird. Das nunmehr eisenfreie Filtrat versetzt man nach dem Erkalten mit Kaliumchromatlösung und behandelt wie vorhin weiter.

β) Bestimmung des Bleies in Legierungen nach J. Heslinga[2]). Zur Bleibestimmung wird 1 g der Legierung in einem Bechergläschen mit 20 ccm konz. Schwefelsäure erhitzt, bis das entstehende Bleisulfat völlig weiß geworden ist. Man läßt dann auf 60° abkühlen, vorsichtig 50 ccm Wasser zufließen und kocht einige Minuten, um etwa vorhandenes Antimonsulfat in Lösung zu halten. Dann läßt man absetzen, kühlt auf 60° ab, dekantiert durch einen Goochtiegel, übergießt den Niederschlag nochmals mit 10 ccm konz. Schwefelsäure, kocht einige Minuten, setzt nach Abkühlen 30 ccm Wasser hinzu, kocht wieder einige Minuten, läßt wieder auf 60° abkühlen, filtriert durch einen Goochtiegel, wäscht mit verdünnter Schwefelsäure, schließlich mit wenig Wasser aus, glüht im Luftbade und wiegt. — Ist Antimon nicht zugegen, so wird das gebildete Bleisulfat nach Verdünnen mit Wasser unmittelbar abfiltriert, geglüht und gewogen.

---

[1]) Ein praktisch eisenfreies Kieselgurfiltrierpapier bringt neuerdings die Firma Schleicher & Co. in Düren in den Handel.

[2]) Chem. Weekbl. Bd. 22, S. 409—412. 1925; Chem. Zentralbl. 1925, II, S. 1704.

γ) Über die Bestimmung von Blei in Konserven nach A. W. Owe vgl. unten.

3. Nachweis und Bestimmung des Zinns. a) Aus seinen durch Aufschließen des Stoffes mit Kaliumchromat und Salzsäure erhaltenen Lösungen wird vorhandenes Zinn im allgemeinen mittels Schwefelwasserstoff als Zinnsulfid gefällt. Den Niederschlag behandelt man mit (farblosem) Natrium- oder Kaliumsulfid unter gelindem Erwärmen, wobei das Zinnsulfid in Lösung geht, während andere Metallsulfide (HgS, PbS, Bi_2S_3, CuS, CdS) unlöslich zurückbleiben. Die filtrierte Lösung säuert man mit Salzsäure an, filtriert vom sich ausscheidenden Zinnsulfid ab, verwandelt es durch Rösten im Porzellantiegel in Zinnoxyd, schmilzt dieses mit überschüssigem Kaliumcyanid und laugt die Schmelze mit Wasser aus, wobei das Zinn in Form weicher Metallkügelchen zurückbleibt. Diese lösen sich leicht in verdünnter Salzsäure zu Stannochlorid. Letztere Lösung liefert mit Quecksilberchlorid eine weiße, bei weiterem Zusatz der Zinnlösung graue Fällung von Hg_2Cl_2 bzw. Hg-Metall, ferner mit Schwefelwasserstoff einen braunen Niederschlag.

b) Zur quantitativen Bestimmung führt man das wie oben gefällte Zinnsulfid durch Rösten zunächst allein, dann unter Zusatz von Ammoniumcarbonat in Zinndioxyd über und wägt dieses. — Eine genauere elektrolytische Abscheidung des Zinns beschreibt F. P. Treadwell in seinem kurzen Lehrbuch der analytischen Chemie, Bd. II, worauf verwiesen sei.

c) Aus Legierungen mit Blei scheidet man das Zinn im allgemeinen durch Behandeln mit verdünnter Salpetersäure zunächst in der Kälte, dann in der Wärme als Metazinnsäure ab und führt diese durch Glühen in Zinndioxyd über. — Vgl. auch unten!

d) Bestimmung des Zinns in Legierungen nach J. Heslinga[1]). Man schließt die Legierung durch Erhitzen von 1 g derselben mit 20 ccm konzentrierter Schwefelsäure auf, bis das sich abscheidende Bleisulfat völlig weiß geworden ist. Dann verdünnt man mit 50 ccm Wasser, filtriert nach Erkalten vom Bleisulfat ab und bringt bei Gegenwart von viel Zinn das Filtrat auf 500 ccm, bei Gegenwart von wenig Zinn auf ein kleineres Volumen. Davon entnimmt man 100 ccm, setzt 80 ccm konzentrierte Salzsäure hinzu und läßt auf die Flüssigkeit nach Abkühlen 3 g Zink einwirken. Inzwischen leitet man aus einer Bombe Kohlendioxyd ein, kocht, bis die Wasserstoffentwicklung aufhört, läßt durch Einstellen in kaltes Wasser rasch abkühlen und titriert mit 0,1 N-Jodlösung, die man gegen reines Zinn eingestellt hat.

In ähnlicher Weise verfährt man bei der Bestimmung des Zinn- und Bleigehaltes in Konserven[2]) wie folgt:

e) Bestimmung von Blei und Zinn in Konserven nach A. W. Owe[3]). A. 40 g der gut durchgemischten Probe werden in einem Kjeldahl-Kolben von 500 ccm Inhalt mit 100 ccm konzentrierter Salpetersäure versetzt und, falls die Probe viel Zucker oder Fett enthält, über Nacht[4]) beiseitegestellt. Darauf

---

[1]) Chem. Weekbl. Bd. 22, S. 409—412. 1925; Chem. Zentralbl. 1925, II, S. 1704.

[2]) Beim Behandeln von zinnhaltigen organischen Stoffen mit Kaliumchlorat und Salzsäure können nach E. Deußen (Arch. Pharm. Bd. 264, S. 360—362. 1926.) bedeutende Zinnmengen in dem unlöslichen Rückstande zurückbleiben und sich so dem Nachweise entziehen.

[3]) Zeitschr. f. Untersuch. d. Lebensmittel Bd. 51, S. 214—217. 1926.

[4]) Im anderen Falle kann die Schwefelsäure sofort zugesetzt werden.

werden 25 ccm konzentrierte Schwefelsäure in kleinen Anteilen und unter Umschwenken zugesetzt und, wenn das gewöhnlich auftretende Schäumen beendet ist, über kleiner Flamme vorsichtig erhitzt. Sobald die Gefahr des Überschäumens nicht mehr vorliegt, wird die Flamme verstärkt und der Kolbeninhalt so lange in ruhigem Kochen gehalten, bis die Salpetersäure abgetrieben ist und weiße Dämpfe vom Schwefelsäure auftreten. Die Flamme wird abgestellt, bis die Probe einigermaßen abgekühlt ist; dann werden 5 ccm konzentrierte Salpetersäure zugesetzt und nochmals gekocht, bis Dämpfe von Schwefelsäure entweichen. Diese Behandlung wird so oft wiederholt, bis der Kolbeninhalt vollständig klar und farblos geworden ist, worauf noch eine halbe Stunde gekocht wird. Nach der Abkühlung werden 25 ccm gesättigte Ammoniumoxalatlösung zugesetzt und nochmals gekocht, bis Dämpfe von Schwefelsäure entweichen. Diese letzte Behandlung ist notwendig, um etwa vorhandene Stickstoffverbindungen zu zerstören, die die nachfolgende Bestimmung des Zinns beeinträchtigen können.

B. Bestimmung des Bleies. Die nach A. erhaltene Lösung wird mit möglichst wenig Wasser in ein kleines Becherglas übergespült und dann auf dem Sandbade bis auf etwa 5 ccm eingeengt. Nach dem Abkühlen werden 10 ccm Alkohol von 50 Vol.-% vorsichtig und unter Umrühren zugesetzt. Am nächsten Tage wird das ausgefällte Bleisulfat durch eine Allihnsche Röhre filtriert und mit möglichst wenig Alkohol gewaschen. Das Bleisulfat wird alsdann auf dem Filter in 30 ccm warmer, schwach essigsaurer Natriumacetatlösung (100 g/l) gelöst, indem man mit 20 ccm Wasser nachwäscht. Die Lösung wird mit Kaliumbichromatlösung (vgl. S. 107) gefällt und das abgeschiedene Bleichromat jodometrisch bestimmt.

C. Bestimmung des Zinns. Im Filtrate der Bleisulfatfällung verjagt man den Alkohol durch Kochen und spült die Lösung mit 60 ccm Wasser in einen Erlenmeyer-Kolben von 300 ccm Inhalt. Nach Abkühlen setzt man 25 ccm konzentrierte Salzsäure hinzu, verschließt den Kolben mit einem zweifach durchbohrten Kautschukstopfen und führt durch die eine Bohrung ein eng ausgezogenes Zuleitungsrohr für Kohlensäure, das dicht am Boden des Kolbens ausmündet, durch die andere ein 15—20 cm langes Glasrohr, das oben weit, unten ganz eng ist und ein paar Zentimeter unterhalb des Stopfens endigt. Man setzt jetzt 0,4 g Aluminiumgrieß hinzu und leitet einen kräftigen Kohlensäurestrom durch den Kolben. Nachdem die Wasserstoffentwicklung nach 5—10 Minuten nachgelassen hat, wird auf dem Drahtnetze erhitzt, so daß sich die Wasserstoffentwicklung gleichmäßig fortsetzt, ohne daß die Flüssigkeit ins Kochen gerät. Das Zinn wird nach und nach schwammförmig ausgeschieden. Wenn alles Aluminium gelöst ist und nur das ausgeschiedene Zinn ungelöst vorliegt, wird etwa 5 Minuten lang zum Kochen erhitzt. Wenn hierdurch alles Zinn ebenfalls gelöst ist, wird die Flamme abgestellt und der Kohlensäurestrom verstärkt, damit während der Abkühlung des Kolbens keine Luft eindringen kann. Nach dem Erkalten werden 25 ccm 0,02 N-Jodlösung mit einer Pipette durch die Glasröhre zugesetzt, indem man den Stopfen ein klein wenig in die Höhe hebt, damit die Kohlensäure Gelegenheit zum Entweichen hat. Während des Zusatzes der Jodlösung wird der Kolben gleichmäßig umgeschwenkt. Die Glasröhre wird mit destilliertem Wasser abgespült, die Flüssigkeit mit Wasser auf 200 ccm verdünnt und mit 0,02 N-Natriumthiosulfatlösung, mit Stärke als Indicator, in der üblichen Weise titriert. — Ein Leerversuch als Vorlage wird in genau derselben Weise ausgeführt. Die Jodlösung wird auf eine empirische Lösung von chemisch reinem Zinn in Salzsäure eingestellt. 1 ccm 0,02 N-Jodlösung entspricht etwa 1,23 mg Zinn, die Jodlösung aber wegen ihres Luftgehaltes stets einer etwas größeren Zinnmenge, als ihrem Jodgehalte entspricht.

Über die Bestimmung der Stärke des Zinnbelages bei Konservenblechen, ferner über die Bestimmung des Bleigehaltes der Verzinnung vgl. ebenfalls Owe an genannter Stelle.

4. Nachweis und Bestimmung des Kupfers. a) Nachweis des Kupfers. Der Nachweis von gelösten Kupferverbindungen gelingt häufig schon ohne Veraschung, wenn man den zu untersuchenden Gegenstand mit Wasser zu einem dünnen Brei anrührt, dann mit einigen Tropfen Salzsäure ansäuert und in eine Platinschale bringt, auf deren Boden sich ein Stückchen Zink befindet. Die Gegenwart von Kupfer bewirkt einen roten Beschlag von metallischem Kupfer auf der Schale. In anderen Fällen verascht man den getrockneten Stoff im Porzellantiegel, zieht die Asche mit verdünnter Salpetersäure aus und verdampft die Lösung mit einigen Tropfen verdünnter Schwefelsäure. Der Rückstand wird mit Wasser verdünnt. Bei Gegenwart von Kupfer entsteht darin mit Kaliumferrocyanidlösung eine braune Fällung oder Färbung; Ammoniak erzeugt einen blaugrünen, im Überschusse des Fällungsmittels mit blauer Farbe löslichen Niederschlag; ein Eisendraht (Messer) überzieht sich mit rotem metallischem Kupfer.

b) Bestimmung des Kupfers. α) Das genaueste Verfahren zur Bestimmung des Kupfers ist dessen elektrolytische Abscheidung aus schwefelsaurer Lösung, wegen deren Ausführung insbesondere auf das kurze Lehrbuch der analytischen Chemie von F. P. Treadwell, Bd. II, verwiesen sei. — Als einfaches Verfahren ist ferner die in dem gleichen Lehrbuche ebenfalls beschriebene Bestimmung als Rhodanür nach Rivot zu empfehlen.

β) Für die Bestimmungen kleiner Kupfermengen haben N. Schoorl und H. Begemann[1]) ein sehr genaues Verfahren ausgearbeitet:

Das Verfahren gestattet die Bestimmung von noch 0,05 mg Cu bis auf 1% genau, auch neben größeren Eisenmengen. Vorteilhaft ist es hierbei, das Kupfer aus einer möglichst kleinen Flüssigkeitsmenge zunächst elektrolytisch bei einer Klemmenspannung von 3 bis 4 Volt auf einem Platindrahtnetz bei 70—90° unter Rühren abzuscheiden[2]). Hierbei werden besonders bei höheren Klemmenspannungen Spuren von Eisen mitabgeschieden. Die Bestimmung des Kupfers erfolgt jodometrisch mit 0,001 N-Natriumthiosulfatlösung, wobei am besten durch Zusatz von Natriumphosphatlösung (0,02 g auf 10 ccm) der Einfluß des Ferrisalzes ausgeschaltet wird. Man verfährt wie folgt:

Der organische Stoff, der an Menge etwa 1 mg Cu enthält[3]), wird in einer Platinschale mit etwas Schwefelsäure erhitzt und schließlich verascht. In der Sulfatasche kann man entweder direkt das Kupfer titrieren oder genauer nach elektrolytischer Abscheidung. In letzterem Falle wird die Asche nach Zusatz einiger Kubikzentimeter 4 N-Schwefelsäure, 1 ccm 4 N-Salpetersäure und 200 mg Harnstoff der Elektrolyse unterworfen. Die direkte Titration lieferte etwas höhere Werte. Das elektrolytisch abgeschiedene Kupfer wird in wenig Salpetersäure gelöst, die Lösung verdampft und dann mit 10 ccm Wasser

---

[1]) Recueil des travaux chim. des Pays-Bas Bd. 44, S. 1077—1086. 1925.
[2]) Eine zweckmäßige Vorrichtung dafür wird in der Quelle beschrieben und abgebildet.
[3]) In der Quelle wird 0,1 mg Cu vorgeschrieben. Es empfiehlt sich jedoch, aus naheliegenden Gründen von etwas größeren Stoffmengen auszugehen.

und 10 Tropfen 30proz. Essigsäure aufgenommen. Darauf titriert man nach Zusatz von 2,5 ccm N-Kaliumjodidlösung am besten bei künstlichem Licht[1]) nach Zusatz von Stärkelösung von Blau über Violett, Goldgelb nach Farblos. Der Umschlag geht über etwa 0,5 ccm der 0,001 N-Thiosulfatlösung. Je 1 ccm der 0,001 N-Lösung entspricht 0,0636 mg Cu.

γ) Bestimmung des Kupfers in Legierungen nach J. Heslinga[2]). 1 g der Legierung löst man in wenig Schwefelsäure, verdünnt mit 50 ccm Wasser, kocht eben durch und filtriert vom Bleisulfat ab. Das Filtrat versetzt man mit 5 ccm starker Salzsäure, kocht unter Durchleiten von Kohlendioxyd, um das Schwefeldioxyd zu vertreiben, verdünnt auf 400 ccm und titriert nach Zusatz von Jodkalium mit 0,1 N-Thiosulfatlösung. 1 ccm dieser Lösung entspricht 6,357 mg Cu.

δ) Nachweis und Bestimmumg des Kupfers in Wein[3]).

Nachweis des Kupfers: „100 ccm Wein — Süßwein nach Vergärung des verdünnten Weines gemäß S. 302 — werden in einer Porzellanschale auf dem Wasserbad eingeengt und verascht. Die Asche wird mit wenig Wasser und einigen Kubikzentimetern verdünnter Salpetersäure erwärmt und das Gemisch filtriert. Man wäscht mit Wasser nach, engt das Filtrat auf 5 ccm ein, macht mit Ammoniak alkalisch, erhitzt zum Sieden, filtriert, neutralisiert das Filtrat mit verdünnter Salzsäure und setzt einige Tropfen Kaliumferrocyanidlösung hinzu. War Kupfer im Weine vorhanden, so färbt sich die Flüssigkeit rotbraun."

Bestimmung des Kupfers: „Die gemäß der vorstehenden Vorschrift erhaltene Asche wird mit wenig Wasser und einigen Kubikzentimetern verdünnter Salpetersäure erwärmt und das Gemisch filtriert. Man wäscht mit Wasser nach, macht mit Ammoniak alkalisch, erhitzt zum Sieden, filtriert in einen Meßzylinder, neutralisiert mit verdünnter Salzsäure und füllt mit Wasser zu 50 (oder 100) ccm auf. Man setzt zu der Lösung einige Tropfen Kaliumferrocyanidlösung und vergleicht die Farbstärke mit derjenigen von je 50 (oder 100) ccm von Kupfersulfatlösungen von bekanntem Kupfergehalte, denen die gleichen Mengen Kaliumferrocyanidlösung zugesetzt worden sind."

5. Nachweis und Bestimmung des Zinkes. a) Nachweis des Zinkes. α) *Metallisches Zink*: Zur Unterscheidung von Zinn (Weißblech) betupft man nach Merl[4]) eine blanke Stelle des Metalles mit Silbernitratlösung, wobei Zink einen schwarzen Flecken, Zinn keine Veränderung liefert.

β) Zink in Lösung: Zum qualitativen Nachweise kleiner Zinkmengen empfiehlt W. Neumann[5]) die saure Zinklösung durch Kalilauge auf etwa $^1/_{10}$ N zu bringen und dann bei 10 Volt Klemmenspannung das Zink auf einen Kupferdraht niederzuschlagen (vgl. J. König, Chemie der menschl. Nahrungs- und Genußmittel Bd. III, 3. Teil, S. 781).

Besonders kennzeichnend für Zinkverbindungen ist, daß dieselben, mit Soda auf der Kohle vor dem Lötrohre erhitzt, einen Oxydbeschlag liefern, der in der Hitze gelb ist, nach dem Erkalten aber wieder weiß wird. Lösliche Zinksalze liefern ferner mit überschüssigem Ferrocyankalium in saurer Lösung einen weißen Niederschlag von Zinkkaliumferrocyanid, sowie in essigsaurer Lösung mit Schwefelwasserstoff eine weiße Fällung von Zinksulfit, löslich in Salzsäure.

b) Quantitative Bestimmung: Eine amtliche Vorschrift zur Bestimmung des Zinkes in Wein wird in der Anweisung zur Untersuchung des Weines gegeben. Dieselbe wird in sinngemäßer Abänderung auch für andere Zwecke geeignet sein:

---

[1]) Auf einer weißen Unterlage, indem man das Auge gegen die direkten Strahlen der Lampe schützt.

[2]) Chem. Weekbl. Bd. 22, S. 409—412. 1925; Chem. Zentralbl. 1925, II, S. 1704.

[3]) Amtliche Anweisung zur chemischen Untersuchung des Weines.

[4]) Pharm. Centralhalle Bd. 50, S. 456. 1909.

[5]) Zeitschr. f. Elektrochem. Bd. 13, S. 751. 1907.

Bestimmung des Zinkes in Wein[1]).

„500 ccm Wein — Süßwein nach Vergärung des verdünnten Weines gemäß S. 302 und unter Mitverarbeitung der abgeschiedenen Hefe — werden mit verdünnter Alkalilauge, die aus festem Ätzalkali in einer Platin- oder Quarzschale frisch zu bereiten ist, schwach alkalisch gemacht, sodann in einer Quarzschale eingedampft und verascht. Die Asche versetzt man mit 25 ccm konzentrierter Salzsäure und dampft auf dem Wasserbade zur Trockne ein. Der Rückstand wird mit 4 ccm konzentrierter Salzsäure verrieben und mit etwa 100 ccm Wasser in ein Becherglas aus möglichst zinkfreiem Glase (kein Jenaer Geräteglas) übergespült. Man leitet sodann 1 Stunde lang Schwefelwasserstoff in die Flüssigkeit ein, filtriert durch ein kleines Filter in ein Becherglas aus möglichst zinkfreiem Glase und wäscht mit einigen Kubikzentimetern einer mit Schwefelwasserstoff gesättigten Lösung von 4 ccm konzentrierter Salzsäure in 100 ccm Wasser nach. Das Filtrat wird mit einigen Tropfen einer 0,05proz. Methylorangelösung und — zuletzt tropfenweise — mit 10proz. Natriumsulfidlösung versetzt, bis der Farbumschlag in gelb erfolgt oder die Flüssigkeit infolge der Abscheidung eines schwarzen Niederschlages dunkel gefärbt wird. Sofern die Flüssigkeit vor dem Farbumschlage verblaßt, fügt man erneut einige Tropfen Methylorangelösung hinzu. Zu der Flüssigkeit gibt man alsdann tropfenweise konzentrierte Salzsäure, bis sie deutlich rosa gefärbt ist. Erforderlichenfalls muß die Flüssigkeit bis zum Verschwinden der schwarzen Färbung — etwa $\frac{1}{4}$ Stunde — stehenbleiben und erneut ein Tropfen Salzsäure bis zur Rosafärbung hinzugesetzt werden.

Der verbleibende hell gefärbte Niederschlag wird nun auf ein kleines aschenarmes Filter abfiltriert, mit wenig gegen Methylorange neutralem Schwefelwasserstoffwasser nachgewaschen, das noch feuchte Filter mit dem Niederschlag in einem kleinen Quarzschälchen verascht und 1 Stunde lang mit einem gewöhnlichen Bunsenbrenner erhitzt. Der Rückstand wird sodann mit wenig Wasser angefeuchtet, nach Zugabe einiger Tropfen Methylorangelösung mit wenig $\frac{1}{10}$ N-Salzsäure versetzt und sorgfältig verrieben. Verschwindet hierbei die Rosafärbung, so setzt man erneut eine kleine Menge $\frac{1}{10}$ N-Salzsäure hinzu und wiederholt das Verreiben und den Zusatz von Salzsäure so lange, bis die Rosafärbung mindestens 5 Minuten bestehen bleibt. Nach dem weiteren Zusatz einiger Tropfen $\frac{1}{10}$ N-Salzsäure erhitzt man 5 Minuten auf dem Wasserbade, läßt erkalten und gibt zu der Flüssigkeit 5 ccm einer Lösung von 6 g wasserfreiem Natriumdihydrophosphat in 1 l Wasser und soviel $\frac{1}{10}$ N-Alkalilauge hinzu, bis die Farbe der Flüssigkeit eben in gelb umschlägt, worauf mit $\frac{1}{10}$ N-Salzsäure wieder auf rosa eingestellt wird. Man filtriert in ein Becherglas aus möglichst zinkfreiem Glase, wäscht Schälchen und Filter mit wenig Wasser nach, stellt die Lösung mit $\frac{1}{10}$ N-Alkalilauge auf den Farbumschlag des Methylorange in gelb genau ein und leitet etwa 10 Minuten durch Alkalilauge und Wasser gereinigten Schwefelwasserstoff in die Flüssigkeit ein. Nach weiterem Zusatz von Methylorangelösung, der beim Verblassen der Farbe zu wiederholen ist, gibt man zu der Flüssigkeit so viel $\frac{1}{10}$ normale, gegen Methylorange eingestellte Alkalilauge hinzu, daß sie noch schwach sauer bleibt, filtriert — sofern es sich nicht um einen sehr geringen Niederschlag handelt, in welchem Falle die Filtration unterbleiben kann — durch ein kleines Filter, wäscht mit wenig gegen Methylorange neutralem Schwefelwasserstoffwasser nach und titriert auf den Farbumschlag des Methylorange in gelb zu Ende.

Berechnung: Wurden bei der Titration a ccm $\frac{1}{10}$ N-Alkalilauge verbraucht, so sind in 1 l Wein enthalten:

$$x = a \cdot 0,00654 \text{ g Zink.“}$$

Bezüglich der Untersuchung von Dörrobst auf Zink nach Diesfeld vgl. S. 243.

6. Nachweis und Bestimmung des Nickels. Der Nachweis des Nickels hat besonders für gehärtete Fette Bedeutung, weil zur technischen Fetthärtung fast ausschließlich Nickelkatalysatoren verwendet werden, die unter Umständen als Verunreinigung darin zurückbleiben können. Man verfährt nach G. Rieß[2]) wie folgt:

---

[1]) Amtliche Anweisung zur chemischen Untersuchung des Weines.
[2]) Arb. a. d. Reichs-Gesundheitsamte Bd. 51, S. 521. 1919.

200 g Fett werden in einem langhalsigen Kolben mit 100 ccm 12,5proz. Salzsäure und einer Messerspitze Kaliumchlorat unter Bedecken der Gefäße mit einem Uhrglase im kochenden Wasserbade etwa eine Stunde lang unter wiederholtem kräftigen Durchschütteln des Inhaltes erhitzt. Nach dem Erstarren des Fettes wird die wässerige Phase abgegossen, filtriert und in einer Porzellanschale zur Trockne verdampft. Der Rückstand wird mit etwa 20 ccm Wasser aufgenommen, die Lösung mit überschüssigem Ammoniak aufgekocht, filtriert und im Filtrat bei Siedehitze mit 1proz. alkoholischer Dimethylglyoximlösung[1]) auf Nickel geprüft. Bei Gegenwart von Nickel entsteht eine hochrote Färbung oder Fällung.

Zur quantitativen Bestimmung nach O. Brunek[2]) filtriert man die Fällung nach einer Stunde ab, wozu sich am besten ein Tiegel mit Glasfilterplatte eignet, und wäscht mit Wasser nach. Der Niederschlag wird bei 110—120° getrocknet und gewogen; da er entsprechend der Formel $C_8H_{14}N_4O_4Ni$ 20,32% Nickel enthält, ergibt sich die Nickelmenge durch Malnehmung des Trockenrückstandes mit 0,2032.

7. Nachweis sonstiger Metalle. Folgende Metalle bzw. Metallverbindungen können unter Umständen als Bestandteile von gesundheitsschädlichen Farben in Lebensmittel gelangen: Antimon, Cadmium, Chrom, Kobalt, Molybdän, Quecksilber, Silber, Uran und Wismut. Zu deren Nachweis und Bestimmung dienen folgende Reaktionen:

a) Lösliche Antimonverbindungen liefern nach Marsh (S. 102), Gutzeit (S. 103) und Reinsch (S. 103) geprüft. ähnliche Reaktionen wie Arsen, doch liegt der Antimonspiegel bei der Marshschen Probe bereits vor der Erhitzungsstelle. In Säuren gelöstes Antimontrichlorid scheidet beim Verdünnen mit Wasser basische Salze ab, löslich in Weinsäure (Unterschied von Wismut). Antimonverbindungen sind ferner mit Salzsäure nicht flüchtig. Mit Soda und Kohle vor dem Lötrohr erhält man ein sprödes Metallkorn mit weißem Beschlag. In Farben liegt Antimon meist als Sb_2S_3 vor, das sich in Schwefelammonium und auch in Kali- oder Natronlauge löst. — Die Bestimmung des Antimons in Metallen erfolgt nach Heslinga[3]) durch Titration der in konzentrierter Schwefelsäure gelösten Legierung nach Verdünnung mit Wasser durch Titration mit Kaliumbromat unter Verwendung von Methylorange als Indicator. Aus Lösungen wird Antimon als Sb_2S_3 gefällt und nach Trocknung bei 100—130° im Kohlendioxydstrome gewogen.

b) Cadmiumverbindungen, mit dem Lötrohr auf Kohle erhitzt, geben einen braunen Beschlag von Cadmiumoxyd. Schwefelwasserstoff fällt aus sauren Lösungen gelbes Cadmiumsulfid, unlöslich in Schwefelammonium und Kali- oder Natronlauge. Die beste Bestimmungsform des Cadmiums ist die elektrolytische oder die Ausfällung als Sulfid, Lösen desselben in Salzsäure und Überführung in Sulfat durch vorsichtiges Abrauchen mit Schwefelsäure, bis eben keine Dämpfe davon mehr entweichen.

c) Der Nachweis des Chroms gelingt am sichersten als Chromat durch Schmelzen mit Soda und Salpeter (gelbe Schmelze); eine Lösung derselben in verdünnter Essigsäure liefert bei Zusatz von Silbernitrat rotbraunes Silberchromat. Gibt man ferner zu einigen Kubikzentimetern Wasserstoffsuperoxydlösung etwas verdünnte Schwefelsäure, überschichtet mit Äther, fügt einige Tropfen Chromatlösung hinzu und schüttelt, so färbt sich die Ätherschicht stark blau. — Zur Bestimmung des Chroms wird die Lösung der mit Soda und Salpeter erhaltenen Schmelze mit Essigsäure angesäuert, mit neutralem Bleiacetat ausgefällt und der Niederschlag in üblicher Weise als $PbCrO_4$ durch einen Goochtiegel abfiltriert, mit Wasser gewaschen und gewogen.

d) Kobaltverbindungen werden leicht an der Blaufärbung der Borax- oder Phosphorsalzperle erkannt. Kennzeichnend sind für lösliche Kobaltsalze ferner der

---

[1]) Zu beziehen von C. A. F. Kahlbaum, Adlershof bei Berlin. — Noch 0,5 mg Ni in 1 l sind mit dem Reagens nachweisbar.

[2]) Arch. f. Hyg. Bd. 84, S. 121. 1915.

[3]) Chem. Weekbl. Bd. 22, S. 409—412. 1925; Chem. Zentralbl. 1925, II, S. 1704.

gelbe Niederschlag mit Kaliumnitrat, die Blaufärbung von konzentriertem Ammoniumrhodanid, die durch Zusatz einiger Tropfen von Seignettesalzlösung (Unterschied von der roten Eisenverbindung!) nicht beseitigt wird.

e) Alle Molybdänverbindungen geben in der Oxydationsflamme der Phosphorsalzperle in der Hitze eine braungelbe bis gelbe Perle, die beim Erkalten gelbgrün und schließlich farblos wird; in der Reduktionsflamme ist die Perle in der Hitze dunkelbraun, in der Kälte grasgrün. — Verdampft man eine Spur einer Molybdänverbindung mit einem Tropfen konzentrierter Schwefelsäure in einer Porzellanschale fast bis zur Trockne und läßt erkalten, so färbt sich die erstarrende Masse tiefblau. — Natriumphosphat liefert beim Erwärmen mit einem Ammoniummolybdatüberschuß bei Gegenwart von freier Salpetersäure einen gelben krystallinischen Niederschlag. — Kaliumferrocyanid ergibt eine rotbraune Fällung. — Schwefelwasserstoff färbt saure Molybdänlösungen zuerst blau, fällt aber dann allmählich braunes Molybdäntrisulfid, löslich in Schwefelammonium. — Die Bestimmung erfolgt durch schwaches Glühen (bei 450°) von Molybdäntrisulfid, das dabei in Molybdäntrioxyd übergeht und in dieser Form gewogen wird.

f) Von Quecksilberverbindungen liefert das Sulfid (das in Form von Zinnober als ungiftig gilt) im Glührohr ein schwarzes Sublimat. Alle Quecksilberverbindungen liefern im Glührohre mit Soda gemischt einen grauen Spiegel von metallischem Quecksilber. Gelöste Quecksilberverbindungen färben Kupferblech unter Amalgamierung weiß. — Die Bestimmung des Quecksilbers erfolgt in Form von Wägung des bei 105—110° getrockneten Sulfides (HgS)[1] oder elektrolytisch.

In wie heimtückischer Weise selbst geringe Mengen von Quecksilberdämpfen z. B. in der Laboratoriumsluft das körperliche und besonders auch das geistige Wohlbefinden zu beeinträchtigen geeignet sind, schildert A. Stock[2] in anschaulicher Weise. Derselbe gibt in Gemeinschaft mit R. Heller[3] ebenfalls Verfahren zum genauen Nachweise derart kleiner Quecksilbermengen an.

g) Zum Nachweise von Silbersalzen behandelt man die Asche mit Königswasser, filtriert ab und bringt das im unlöslichen Rückstande enthaltene Silberchlorid durch Ammoniak in Lösung. Ist Silber vorhanden, so erzeugt Salpetersäure einen weißen Niederschlag von Silberchlorid, Aldehyd reduziert das Silber zu einem metallischen Silberspiegel. — Die Bestimmung geschieht durch Wägung des Chlorsilbers oder Titration mit Rhodanlösung.

h) Durch Uranverbindungen wird die Borax- und Phosphorsalzperle in der Oxydationsflamme gelb, in der Reduktionsflamme grün gefärbt. Kaliumferrocyanid liefert mit löslichen Uranylsalzen einen braunen Niederschlag, der mit Kalilauge gelb (Unterschied von Kupfer) wird. Natriumphosphat fällt gelblichweißes Uranylphosphat, unlöslich in Essigsäure. Schwefelammonium fällt dunkelbraunes Uranylsulfid, löslich in Säuren und Ammoniumcarbonat. — Bestimmt wird Uran durch Fällung mit Ammoniak als Ammoniumuranat, das durch starkes Glühen in U_3O_8 übergeht.

i) Mit löslichen Wismutsalzen gibt eine alkalische Zinnchlorürlösung eine schwarze Fällung von metallischem Wismut. Lösungen von Wismutsalzen scheiden beim Verdünnen mit Wasser basische Salze ab, unlöslich in Weinsäure (Unterschied von Antimon). Das Sulfat ist in Schwefelsäure löslich, das Chromat in Natronlauge unlöslich (Unterschiede von Blei).

Bestimmung der Alkohole.

Für die praktische Nahrungsmitteluntersuchung haben in der Hauptsache nur der Äthylalkohol, der Methylalkohol, Propyl[4]-, Butyl- und Amyl-

---

[1] Da das Sulfit durch gewöhnliche Asbestfilter leicht durchläuft, empfiehlt sich nach meiner Erfahrung auch hier die Verwendung von solchen Asbestfiltern, durch die vorher eine dünne Kieselguraufschwemmung filtriert worden ist.

[2] Zeitschr. f. angew. Chem. Bd. 39, S. 461—466. 1926.

[3] Zeitschr. f. angew. Chem. Bd. 39, S. 466—468. 1926.

[4] Neuerdings wird Isopropylalkohol durch Reduktion von Aceton im großen hergestellt und gelangt als Ersatz für Weingeist für verschiedene Zwecke in den Handel.

alkohol als Bestandteile des Fuselöles, ferner der viel verbreitete dreiwertige Alkohol, das Glycerin, größere Bedeutung. Von diesen ist der Äthylalkohol ein normaler Bestandteil der durch Gärung gewonnenen Getränke. Der Methylalkohol ist giftig, sein Nachweis daher besonders wichtig.

1. Bestimmung des Äthylalkohols. a) Qualitativer Nachweis: Um kleine Mengen Alkohol nachzuweisen, destilliert man von der zu untersuchenden wässerigen Flüssigkeit oder bei breiartigen und festen Stoffen nach Verdünnen mit der entsprechenden Menge Wasser, 50—100 ccm ab und rektifiziert dieses Destillat ein oder mehrere Male über Kaliumcarbonat. Das Destillat wird dann den eigenartigen Alkoholgeruch und auch Brennbarkeit zeigen.

Eine Probe des Destillates (10 ccm) versetzt man nach J. M. Kolthoff[1] mit 100 mg Kaliumjodid, 100 mg Chloramin (Heyden) und 10—20 Tropfen 4 N-Natronlauge, schüttelt um, erwärmt auf 60° und beobachtet nach einer Stunde. Bei Gegenwart von Alkohol entsteht ein ziegelroter amorpher Niederschlag von Jodoform; die Empfindlichkeit der Probe beträgt etwa 1 : 4000.

Zu berücksichtigen ist hierbei, daß Acetaldehyd, Äther, Aceton, Essigäther und andere flüchtige organische Verbindungen diese Reaktion ebenfalls geben. Aus der Beobachtung, daß Aceton bei der genannten Probe noch viel leichter als Äthylalkohol in Jodoform verwandelt wird, hat Kolthoff folgende Probe zum Nachweise von Aceton in Alkohol ausgearbeitet:

Nachweis von Aceton in Alkohol: Zu 10 ccm der 10proz. Lösung des Alkohols setzt man 100 mg Kaliumjodid, 100 mg Chloramin (Heyden) und 10—20 Tropfen Ammoniaklösung. Bei Beurteilung nach 2 Stunden ist so noch 0,01% Aceton in Alkohol nachweisbar.

b) Quantitative Bestimmung: Die quantitative Alkoholbestimmung geschieht fast allgemein und am sichersten auf Grund des spezifischen Gewichtes von Wasser-Alkoholmischungen. Die Bestimmungsverfahren zerfallen also in die Herstellung der Wasser-Alkoholmischung aus dem Untersuchungsgegenstande, die Bestimmung des spezifischen Gewichtes derselben und die Berechnung des Alkoholgehaltes aus dem spezifischen Gewichte der genannten Mischung.

Enthält die zu untersuchende Flüssigkeit weder erheblichere Mengen an nichtflüchtigen Stoffen, noch an flüchtigen organischen Stoffen außer Alkohol, wie z. B. viele Branntweine, so kann man das spezifische Gewicht ohne weitere Vorbehandlung bestimmen.

Bei Gegenwart nicht flüchtiger Stoffe, aber bei Abwesenheit sonstiger flüchtiger Stoffe, außer Wasser, entfernt man erstere durch Destillation und prüft das Destillat unmittelbar auf seinen Alkoholgehalt.

Flüssigkeiten mit einem Gehalte an aromatischen Stoffen (ätherischen Ölen oder Essenzen) werden vorher mit Kochsalz gesättigt, indem man[2] in einer etwa 300 ccm fassenden Bürette mit Glasstöpsel zunächst 30 ccm Kochsalz aufschichtet, 100 ccm der alkoholischen Flüssigkeit hinzugibt, mit Wasser bis zum Teilstrich 270 ccm nachfüllt, durchschüttelt und solange Kochsalz zusetzt, bis etwas Kochsalz ungelöst bleibt. Man klemmt die Bürette in einen Halter und überläßt sie eine halbe Stunde der Ruhe. Die aromatischen Bestandteile

---

[1] Pharm. Weekbl. Bd. 62, S. 652. 1925.
[2] Nach der Verordnung des Bundesrates vom 8. Dezember 1891.

scheiden sich oben als ölige Schicht ab und enthalten keinen Alkohol. Man nimmt dann von der unter der öligen Schicht befindlichen salzhaltigen Flüssigkeit genau die Hälfte (= 50 ccm ursprünglicher Flüssigkeit entsprechend) und destilliert wie üblich.

α) *Bestimmung des Alkohols durch das Alkoholometer.* Dieses zeigt den Alkoholgehalt einer Flüssigkeit, z. B. eines Branntweines, unmittelbar an. Doch ist darauf zu achten, daß die Temperatur bei der Messung von großem Einflusse ist, so daß also entweder genau bei der für das betreffende Instrument angegebenen Normaltemperatur gemessen oder eine entsprechende Korrektur für eine andere Temperatur eingesetzt werden muß. Ferner ist folgendes zu beachten: Man muß die zu untersuchende Flüssigkeit in ein Standgefäß füllen, dessen Durchmesser mindestens zweimal so groß ist als der größte Durchmesser des zur Anwendung kommenden Instrumentes, und dessen Wände möglichst durchsichtig und schlierenfrei sind. Als Alkoholometer sind solche mit möglichst dünner Skalenröhre und Einteilung bis auf 0,2%[1]) vorzuziehen.

Das Standglas wird mit dem zu prüfenden Spiritus soweit angefüllt, daß nach dem Eintauchen des Alkoholometers der Flüssigkeitsspiegel noch mehrere Zentimeter unterhalb des Glasrandes steht. Nach Durchrührung der Füllung wird das Standglas auf einer Tischplatte fest aufgestellt, hierauf das Instrument langsam eingesenkt, und zwar so, daß eine Benetzung der Spindel oberhalb der Stelle, bei welcher die endgültige Einstellung eintritt, womöglich nicht stattfindet oder daß wenigstens jedes irgend erhebliche Auf- und Niederschwanken der Spindel um die Gleichgewichtslage vermieden wird. Nachdem sodann das Instrument $^{1}/_{2}$—1 Minute, und zwar bei schwächerem Spiritus länger als bei stärkerem, sich selbst überlassen worden ist, wird die Alkoholometerskala in der Weise abgelesen, daß man diejenige Linie aufsucht, in welcher der Flüssigkeitsspiegel die Einteilungsfläche der Spindel schneidet. Mit hinreichender Genauigkeit erreicht man dies, wenn man das Auge bei aufrechter Stellung des Kopfes dicht unterhalb des Flüssigkeitsspiegels so hält, daß man die bei tieferer Augenstellung länglichrunderscheinende Grundfläche der um die Spindel sich bildenden Flüssigkeitserhöhung zu einer nahezu geraden Linie sich zusammendrängen sieht.

Auch kann in einigen Branntweinen (besonders Weinbrandsorten) der Extraktgehalt so hoch sein, daß die direkte Messung mit der Spindel fehlerhafte, zu niedrige Werte anzeigt. In solchen Fällen kann man aber dennoch angenähert richtige Werte erhalten, wenn man den Extraktgehalt durch Abdampfen für sich ermittelt und je nach dessen Menge den gefundenen Alkoholgehalt um folgende Korrekturwerte erhöht:

Extrakt g in 100 ccm	Spez. Gewicht der Lösung des Extraktes in Wasser	Einfluß auf den Alkoholgehalt (scheinbare Verminderung) Vol. %	Extrakt g in 100 ccm	Spez. Gewicht der Lösung des Extraktes in Wasser	Einfluß auf den Alkoholgehalt (scheinbare Verminderung) Vol. %
0,000—0,013	1,0000	0,00	0,556—0,582	1,0022	1,48
0,013—0,039	1,0001	0.07	0,582—0,607	1,0023	1,54
0,039—0,065	1,0002	0,13	0,607—0,633	1,0024	1,61
0,065—0,090	1,0003	0,20	0,633—0,659	1,0025	1,68
0,091—0,116	1,0004	0,27	0,659—0,685	1,0026	1,75

[1]) Zu beziehen z. B. von Dr. Carl Goerki in Dortmund, Saarbrücker Str. 29.

Extrakt g in 100 ccm	Spez. Gewicht der Lösung des Extraktes in Wasser	Einfluß auf den Alkoholgehalt (scheinbare Verminderung) Vol. %	Extrakt g in 100 ccm	Spez. Gewicht der Lösung des Extraktes im Wasser	Einfluß auf den Alkoholgehalt (scheinbare Verminderung) Vol. %
0,116—0,142	1,0005	**0,33**	0,685—0,711	1,0027	**1,82**
0,142—0,168	1,0006	**0,40**	0,711—0,737	1,0028	**1,88**
0,168—0,194	1,0007	**0,47**	0,737—0,763	1,0029	**1,95**
0,194—0,219	1,0008	**0,53**	0,763—0,789	1,0030	**2,02**
0,219—0,245	1,0009	**0,60**	0,789—0,814	1,0031	**2,09**
0,245—0,271	1,0010	**0,67**	0,814—0,840	1,0032	**2,16**
0,271—0,297	1,0011	**0,73**	0,840—0,866	1,0033	**2,23**
0,297—0,323	1,0012	**0,80**	0,866—0,892	1,0034	**2,30**
0,323—0,349	1,0013	**0,87**	0,892—0,918	1,0035	**2,37**
0,349—0,375	1,0014	**0,93**	0,918—0,944	1,0036	**2,44**
0,375—0,400	1,0015	**1,00**	0,944—0,970	1,0037	**2,51**
0,400—0,426	1,0016	**1,07**	0,970—0,996	1,0038	**2,58**
0,426—0,452	1,0017	**1,14**	0,996—1,022	1,0039	**2,65**
0,452—0,478	1,0018	**1,20**	1,022—1,048	1,0040	**2,72**
0,478—0,504	1,0019	**1,27**	1,048—1,074	1,0041	**2,79**
0,504—0,530	1,0020	**1,34**	1,074—1,100	1,0042	**2,86**
0,530—0,556	1,0021	**1,41**	1,100—1,126	1,0043	**2,93**

β) *Bestimmung des Alkohols im Destillate mittels des Pyknometers oder der Westphalschen Wage.* Dieses Verfahren liefert die zuverlässigsten Ergebnisse besonders bei Verwendung des Pyknometers. Man kann es so ausführen, daß man das Destillat unmittelbar in einem Pyknometer auffängt und darin das spezifische Gewicht des Destillates ermittelt. Dieses Verfahren ist bei höheren Extraktgehalten der zu untersuchenden Flüssigkeit angezeigt; es erfordert aber eine unbedingt sicher wirkende Kühlung und liefert bei hohen Alkoholgehalten leicht etwas zu niedrige Werte. Bei Branntweinen mit niedrigen Extraktgehalten empfiehlt es sich daher, das spezifische Gewicht des Destillates indirekt aus dem spezifischen Gewichte des Branntweines und dem Extraktgehalte zu berechnen. Das direkte Verfahren zur Bestimmung des Alkoholgehaltes wird nach der amtlichen Anweisung[1]) in Wein wie folgt ausgeführt:

„Der zur Bestimmung des spezifischen Gewichts (S. 79) im Pyknometer enthaltene Wein wird in einen Destillierkolben von etwa 200 ccm Inhalt übergeführt und das Pyknometer dreimal mit zusammen 25 ccm Wasser nachgespült. Man verbindet den Kolben durch Gummistopfen und Kugelröhre mit einem Schlangenkühler.

Als Vorlage benutzt man das Pyknometer, in welchem der Wein abgemessen worden ist.

Nunmehr destilliert man langsam, bis etwa 45 ccm Flüssigkeit übergegangen sind, füllt das Pyknometer mit Wasser bis nahe zur Marke auf, mischt durch quirlende Bewegung so lange, bis Schichten von verschiedener Dichte nicht mehr wahrzunehmen sind, stellt das Pyknometer $1/_2$ Stunde in ein Wasserbad von 15° und fügt mit Hilfe eines Haarröhrchens vorsichtig Wasser von 15° zu, bis der untere Rand der Flüssigkeitsoberfläche die Marke eben berührt. Dann trocknet man den leeren Teil des Pyknometerhalses mit Stäbchen aus Filtrierpapier, setzt den Stopfen wieder auf, trocknet das Pyknometer äußerlich ab,

---

[1]) Amtliche Anweisung zur chemischen Untersuchung des Weines.

stellt es $^1/_2$ Stunde in den Wagekasten und wägt. Das spezifische Gewicht des Destillats, bezogen auf Wasser von 4°, wird in der S. 80 angegebenen Weise berechnet.

a) Enthält der Wein in 1 l weniger als 1,2 g flüchtige Säuren, berechnet als Essigsäure, so werden die dem gefundenen spezifischen Gewicht entsprechenden Gramm Alkohol in 1 l Wein aus der Tafel S. 386 entnommen. Die Umrechnung auf Maßprozent erfolgt nach der Tafel S. 387. (Der Destillationsrückstand dient zur Bestimmung des Extraktgehaltes, vgl. S. 80.)

b) Enthält der Wein in 1 Liter 1,2 g oder mehr flüchtige Säuren, so wird das im Pyknometer enthaltene Destillat nach erfolgter Wägung unter Nachspülen mit Wasser in einen Kolben übergeführt, in diesem bis zum beginnenden Sieden erhitzt und unter Verwendung von Phenolphthalein als Indicator mit $^1/_{10}$ N-Alkalilauge titriert. Die Zahl der verbrauchten Kubikzentimeter $^1/_{10}$ N-Lauge multipliziert man mit 0,000 018 und zieht den gefundenen Wert von dem spezifischen Gewichte des Destillats ab. Der diesem korrigierten spezifischen Gewicht entsprechende Alkoholgehalt wird aus Tafel S. 386 entnommen. Die Umrechnung auf Maßprozent erfolgt nach Tafel S. 387."

Bei Verwendung der Tabelle von Windisch (S. 378), die auf das spezifische Gewicht $d\left(\dfrac{15°}{15°}\right)$ bezogen ist, erübrigt sich die Umrechnung auf Wasser von 4°.

Handelt es sich um Flüssigkeiten mit sehr niedrigem Alkoholgehalte (etwa bis zu 3%), so ist Abweichung des Wasserwertes der käuflichen Pyknometer von 50 g so gering[1]), daß man ihn ohne erheblichen Fehler zu 50 g annehmen kann; man kann dann aus der Gewichtsverminderung des Pyknometers mit dem Destillate gegenüber dem Gewichte des mit Wasser gefüllten Pyknometers aus der Tabelle S. 388 unmittelbar den Alkoholgehalt ablesen:
Man ermittelt also z. B.:

<pre>
Gewicht des Pyknometers + Wasser von 15°:   67,4720 g
     „   „   „   + Destillat von 15°:   67,3615 g
───
          Mindergewicht (Gewichtsabnahme):   0,1105 g
                                          = 110,5 mg
                Nach der Tafel S. 388:   1,48 Vol.-%.
</pre>

Auf diese Weise wird die Aufschlagung von Logarithmen und jede weitere Umrechnung vermieden.

Indirektes Verfahren: Man füllt ein Pyknometer von 50 ccm Inhalt mit dem zu untersuchenden Branntweine und stellt bei genau 15° bis zur Marke ein. Alsdann wägt man das Pyknometer nebst Inhalt, zieht das Gewicht des leeren Pyknometers ab und teilt die Differenz durch den Wasserwert, worauf sich als Quotient das spezifische Gewicht des Branntweins bei 15° ergibt. — Alsdann verdampft man weitere 25 ccm des gleichen Branntweins in einer gewogenen Platin- oder Glasschale, trocknet den Rückstand 2 Stunden bei 100° und wiegt. Das erhaltene Gewicht mal 4 ergibt den Extraktgehalt in Gramm in 100 ccm. Das hierzu gehörige spezifische Gewicht ergibt sich aus der Tabelle S. 116. Man vermindert dasselbe um 1,0000, zieht den Rest von dem gefundenen spezifischen Gewichte des Branntweins ab und entnimmt für den Restbetrag den entsprechenden Alkoholgehalt aus der Tabelle von Windisch (S. 378).

---

[1]) Um so geringer, je niedriger der Alkoholgehalt ist und je näher der Wasserwert des Pyknometers dem von 50 ccm Wasser von 15°, also 49,96 g entspricht.

cc) Bestimmung des Alkohols mit Hilfe des Zeißschen Eintauchrefraktometers. Überaus rasch läßt sich der Alkoholgehalt von wässerigen Alkohollösungen mittlerer Stärke mittels des Zeißschen Eintauchrefraktometers prüfen. Hierbei erhöhen jedoch geringe Extraktmengen und auch höhere Alkohole das Ergebnis nicht unbeträchtlich. Das Verfahren ist aber als Vorprobe sehr geeignet, um z. B. aus einer größeren Anzahl Proben die auszusuchen, die eines zu geringen Alkoholgehaltes verdächtig erscheinen. Es besteht einfach darin, daß man den zu untersuchenden Alkohol in ein kleines Bechergläschen gibt und mittels des Eintauchrefraktometers die Lichtbrechung bei 17,5°[1]) abliest. Zur Ablesung der den einzelnen Skalenteilen entsprechenden Alkoholgehalte dienen „Dr. B. Wagners Tabellen zum Eintauchrefraktometer"[2]).

Für niedrige Alkoholgehalte (0—12 Vol.-%) und die Temperaturgrade von 16 bis 19° hat ferner Heinr. Frings in Bonn, Hohenzollernstr. 11, eine besondere Tabelle ausgearbeitet, die von demselben zu beziehen ist. Vgl. auch S. 281.

dd) Bestimmung des Wassergehaltes in hochprozentigem Alkohol. Zur Bestimmung des Wassergehaltes in 95—100 proz. Alkohol hat J. M. Kolthoff[3]) eine einfaches colorimetrisches Verfahren angegeben. Nach ihm erreicht der Empfindlichkeitsquotient von Farbindicatoren, d. h. die Zahl, die angibt, wieviel mal der Indicator in wässeriger Lösung empfindlicher ist als in alkoholischer bei ca. 90% für Methylorange, einen Höchstwert, so z. B. für Methylorange:

<pre>
Vol.-% Alkohol   0   10   42   65   87   91,5   100
Empfindlichkeitsquotient 1,0   1,25   10   45   118   135   23
</pre>

Hiernach kann man den Alkoholgehalt wie folgt bestimmen:

Erforderliche Lösungen: 1. Eine gesättigte Lösung von Methylorange in 95 proz. Alkohol. 2. $^1/_{100}$ N-Salzsäure in Wasser, frisch zu bereiten. 3. $^1/_{10}$ N-Salzsäure in 95 proz. Alkohol, durch Einleiten von HCl-Gas in Alkohol und Verdünnen mit Alkohol zu bereiten.

Ausführung: In ein hohes Bechergläschen von 2 cm Durchmesser gibt man 25 ccm Wasser, 0,1 ccm Lösung 1, 0,4 ccm Lösung 2, wobei die orangerote Vergleichslösung entsteht. In ein zweites Gläschen gibt man 25 ccm des zu untersuchenden Alkohols, 0,12 ccm Lösung 1 und mittels Bangscher Bürette, die in 0,01 ccm geteilt ist, soviel Lösung 3, bis die Färbungen übereinstimmen; dann wird die Temperatur der alkoholischen Lösung ermittelt, wofür über 15° eine Korrektur zu-, unter 15° abzuzählen ist, gemäß folgender Tabelle:

Unter 95 Vol.-% Alkohol ist die Empfindlichkeit zu gering. Um nun einen Alkoholgehalt von weniger als 90% auszuschließen, versetzt man die auf Zwischenfarbe gefärbte Lösung tropfenweise mit Wasser, wobei die Farbe erst nach gelb, dann fast gar nicht und schließlich nach rot sich ändern muß. — Die Genauigkeit der Bestimmung beträgt 0,1—0,2%.

Alkoholstärke Vol.-%	Verbrauchte Anzahl ccm $^1/_{10}$ N.-alkohol. HCl bis zur Farbe d. Vergleichslösung	Korrektur in ccm für 1° Temperaturdifferenz
99,7	0,21	0,007
99,0	0,96	0,03
98,0	2,27	0,07
97,0	3,45	0,10
96,0	4,3	0,12
95,0	5,05	0,13

2. Nachweis von Methylalkohol in alkoholischen Flüssigkeiten. Der Nachweis gelingt einfach und sicher nach der Reaktion von Dénigès, wenn man nach der von J. M. Kolthoff[4]) abgeänderten Arbeitsweise von R. M. Chapin[5]) unter Verwendung des von E. Elvove[6]) empfohlenen abgeänderten Schiffschen Reagens wie folgt verfährt:

---

[1]) Für niedrige Alkoholgehalte, etwa bis zu 12 Vol.-%, kann man für Temperaturgrade unter 17,5° je 0,08 Vol.-% für je 0,5° abziehen, für Temperaturgrade über 17,5° den gleichen Betrag hinzuzählen; doch empfiehlt es sich stets in der Nähe von 17,5° zu prüfen.

[2]) Selbstverlag, Sondershausen. — Auch von Carl Zeiß, Jena, zu beziehen.

[3]) Pharm. Weekbl. Bd. 60, S. 227—231. 1923; Chem. Zentralbl. 1923, II, S. 1035.

[4]) Pharm. Weekbl. Bd. 59, S. 1268—1274. 1923; Chem. Zentralbl. 1923, II, S. 267.

[5]) Journ. of ind. a. engin. chem. Bd. 13, S. 543—545. 1921; Chem. Zentralbl. 1921, IV, S. 686.

[6]) Journ. of ind. a. engin. chem. Bd. 9, S. 295—297. 1917; Chem. Zentralbl. 1920, IV, S. 269.

Herstellung des Schiffschen Reagens nach E. Elvove[1]): 0,2 g gepulvertes Fuchsin werden in 120 ccm heißem Wasser gelöst, nach dem Abkühlen mit 2 g wasserfreiem Natriumsulfit, gelöst in 20 ccm Wasser, versetzt und nach Zusatz von 2 ccm konzentrierter Salzsäure auf 200 ccm aufgefüllt.

Prüfung auf Methylalkohol: 5 ccm der etwa 10 Vol.-% Alkohol enthaltenden, zu prüfenden Flüssigkeit vermischt man der Reihe nach mit 1,5 bis 2,0 ccm 4 N-Phosphorsäure, 2 ccm 3proz. Kaliumpermanganatlösung, und läßt 15 Minuten stehen, darauf fügt man 1 ccm 10proz. Oxalsäurelösung, dann nach 2 Minuten 1 ccm konzentrierte Schwefelsäure und schließlich 3 ccm Schiff-Elvovesches Reagens hinzu. Dann schüttelt man kräftig um und beobachtet nach 20 Minuten die entstandene Färbung. Bei Gegenwart von mehr als 0,05% Methylalkohol im zu prüfenden Alkohol tritt Blau- oder Violettfärbung ein, bei Abwesenheit von Methylalkohol nur eine grünliche Färbung. — Da Glycerin (S. 125) die gleiche Reaktion liefert, ist bei dessen Gegenwart zu destillieren und das Destillat zu prüfen.

Das Verfahren kann auch zur colorimetrischen Bestimmung[2]) kleiner Mengen von Methylalkohol verwendet werden.

Auch die Vorschrift des Schweizer Lebensmittelbuches ist zum Nachweise des Methylalkohols sehr geeignet. Zwar steht sie der obigen Kolthoffschen Vorschrift an Empfindlichkeit und Gleichmäßigkeit im Ausfalle besonders bei kleineren, etwa unter 0,5% betragenden Methylalkoholmengen etwas nach, führt aber noch etwas rascher zu einem Ergebnis. Sie kann wie folgt ausgeführt werden:

In einem geräumigen Reagensglase werden 0,25 ccm Branntwein oder die entsprechende Menge eines Destillates aus Likören mit 5 ccm einer 1proz. Kaliumpermanganatlösung und 0,2 ccm reiner konzentrierter Schwefelsäure versetzt und geschüttelt. Nach Verlauf von 2—3 Minuten wird 1 ccm einer etwa 8proz. Oxalsäurelösung hinzugefügt und umgeschüttelt. Nach wenigen Sekunden hat die Lösung Madeirafarbe angenommen. Man setzt nun noch 1 ccm konzentrierte Schwefelsäure hinzu, wobei die Färbung verschwindet und versetzt mit 5 ccm fuchsinschwefliger Säure. Nach kurzer Zeit entsteht bei Anwesenheit von Methyl-alkohol eine violette bis rote Färbung, welche in der Regel nach 15—20 Minuten ihren Höchstwert erreicht und stundenlang bestehen bleibt.

Nachweis von Methylalkohol nach B. Pfyl, G. Reif und A. Hanner[3]). Man destilliert von 10 ccm des zu untersuchenden Branntweines 1 ccm ab, verdünnt diesen mit 4 ccm 20proz. Schwefelsäure und trägt unter starker Kühlung 1 g Kaliumpermanganat in fein zerriebenem Zustande langsam in 4—5 Teilmengen ein, derart, daß die ganze Oxydation mindestens 15 Minuten in Anspruch nimmt. Dann wird das Gemisch durch ein trockenes kleines Filter filtriert und bleibt bei Zimmertemperatur stehen, bis es sich vollkommen entfärbt hat.

Hierauf gibt man 0,5 ccm einer gut gekühlten Lösung von 0,02 g Guajacol oder Apomorphin in 10 ccm reiner konzentrierter Schwefelsäure auf ein auf weißer Unterlage ruhendes Uhrglas. Dazu gibt man tropfenweise auf die Mitte 0,1 ccm der obigen gut gekühlten und völlig entfärbten Lösung. Es entsteht bei Gegenwart von Formaldehyd bzw. Methylalkohol sofort eine rote (Guajacol) bzw. dunkel grauviolette (Apomorphin) Färbung; mit Gallussäure läßt sich auf gleiche Weise eine gelbgrüne Färbung erhalten.

Der Nachweis mit Apomorphin und Gallussäure wird wesentlich durch die Bildung von Niederschlägen verfeinert. Um diese zu erhalten, gibt man etwa 1 Stunde — nicht früher — nach der Farbenreaktion mit einer Pipette 0,5 ccm Wasser tropfenweise auf die Mitte der Flüssigkeit auf dem Uhrglase und läßt ohne umzurühren ruhig stehen. Bei Anwesenheit von Formaldehyd beginnt in der Regel nach etwa 2 Stunden die Ausscheidung eines Niederschlages, der besonders am nächsten Tage in Form eines Kranzes deutlich sichtbar

---

[1]) Journ. of ind. a. engin. chem. Bd. 9, S. 295—297. 1917; Chem. Zentralbl. 1920, IV, S. 269.
[2]) Vgl. Chapin: l. c.
[3]) Zeitschr. f. Untersuch. d. Nahrungs- u. Genußmittel Bd. 42, S. 218—225. 1921.

wird und dessen Menge von der des ursprünglich vorhandenen Methylalkohols abhängt. Bei der Gallussäureprobe bilden sich bisweilen ganz geringe Ausscheidungen, wahrscheinlich von anderen Methylverbindungen. In diesem Falle ist der Nachweis von Methylalkohol nur dann als erbracht anzusehen, wenn gleichzeitig die Guajacol- und Morphinprobe positiv ausfallen.

Quantitative Bestimmung des Methylalkohols. Nach W. Lange und G. Reif[1]) gelingt diese Bestimmung am einfachsten mit Hilfe des Zeißschen Eintauchrefraktometers, da der Brechungsexponent des Äthylalkohols bei 17,5° 1,3619, der des Methylalkohols 1,3297 beträgt, entsprechend 92,3 und 6,0 Skalenteilen im Zeißschen Eintauchrefraktometer. Lange und Reif stellen den Gesamtalkoholgehalt auf 50 Vol.-% (entsprechend dem spezifischen Gewichte 0,9346 bei 15°) ein und finden dann die in der Tafel (S. 388)[2]) angegebenen Gehalte an Methylalkohol.

Zur Einstellung auf die Dichte 0,9346 empfiehlt es sich, das zu untersuchende Destillat zunächst auf 50—60 Vol.-% zu bringen, was durch passende Wahl von Branntwein- und Destillatmenge leicht zu erreichen ist, dann den Alkoholgehalt des letzteren zu ermitteln und die in folgender Tabelle angegebenen Mengen an Wasser zuzusetzen.

Auf 100 ccm sind an Wasser zuzusetzen (Kubikzentimeter):

Alkoholgehalt nach dem spez. Gewichte	,0	,1	,2	,3	,4	,5	,6	,7	,8	,9
50	0,0	0,2	0,4	0,6	0,8	1,1	1,3	1,5	1,7	1,9
51	2,1	2,3	2,5	2,7	2,9	3,1	3,3	3,5	3,7	3,9
52	4,1	4,3	4,5	4,7	4,9	5,2	5,4	5,6	5,8	6,0
53	6,2	6,4	6,6	6,8	7,0	7,2	7,4	7,6	7,8	8,0
54	8,2	8,4	8,6	8,8	9,0	9,3	9,5	9,7	9,9	10,1
55	10,4	10,6	10,8	11,0	11,3	11,5	11,7	11,9	12,1	12,3
56	12,5	12,7	12,9	13,1	13,3	13,5	13,7	13,9	14,1	14.3
57	14,5	14,7	14,9	15,2	15,4	15,6	15,8	16,0	16,2	16,4
58	16,6	16,8	17,1	17,3	17,5	17,7	17,9	18,1	18,3	18,5
59	18,7	18,9	19,1	19,3	19,6	19,8	20,0	20,2	20,4	20,6

Über die bei höheren scheinbaren Alkoholgehalten als 60% zuzusetzenden Wassermengen vgl. Zeitschr. f. Untersuch. d. Nahrungs- u. Genußmittel Bd. 41, S. 224—226. 1921.

Nach Versuchen von E. Dinslage und O. Windhausen[3]) ist bei diesem Verfahren mit einer Fehlergrenze von ± 0,6% zu rechnen. Für kleinere Methylalkoholgehalte empfiehlt sich daher die colorimetrische Bestimmung. Vgl. S. 120.

3. Quantitative Bestimmung des Fuselöles bzw. der höheren Alkohole nach Röse. Das ursprüngliche Verfahren von Röse ist später durch Stutzer und Reitmair, sowie durch E. Sell[4]) abgeändert worden und beruht darauf, daß Chloroform die Eigenschaft besitzt, die höheren Alkohole leicht aus einer wässerigen Lösung aufzunehmen, während Äthylalkohol bei einer gewissen

---

[1]) Zeitschr. f. Untersuch. d. Nahrungs- u. Genußmittel Bd. 41, S. 216—226. 1921.
[2]) Die Tafel wurde von mir aus den Angaben von Lange und Reif berechnet.
[3]) Zeitschr. f. Untersuch. d. Lebensmittel Bd. 52, S. 117—147. 1926.
[4]) Arb. a. d. Reichs-Gesundheitsamte Bd. 4, S. 109. 1888; vgl. Zeitschr. f. analyt. Chem. Bd. 31, Anhang 2. 1892.

Verdünnung nur in geringer Menge gelöst wird. Zu der Bestimmung wird der nebenstehende Apparat nach Röse-Herzfeld verwendet:

Der unten bauchig aufgeblasene Teil faßt bis zum unteren Teilstriche, der die Zahl 20 trägt, 20 ccm und dient zur Aufnahme des Chloroforms. Die Röhre ist von 20—26 ccm durch kleine Teilstriche in je 0,05 ccm geteilt. Der birnförmige obere Teil hat einen Inhalt von etwa 150 ccm und kann am Halse mit einem Korkpfropfen verschlossen werden.

Zur Untersuchung eines Branntweins, Kognaks usw. werden 100 ccm desselben unter Zusatz von einigen Tropfen Natronlauge der Destillation unterworfen, bis 80 ccm übergegangen sind. Diese Destillation ist auch bei farblosen Branntweinen nötig, um jedwede Beimengung von harzigen Bestandteilen zu entfernen und um vorhandene Ester zu zersetzen. Ätherische Öle, die im höchsten Falle 0,04—0,045% betragen können, da diese Mengen dem Branntwein bereits ein milchiges Aussehen geben, haben keinen nennenswerten Einfluß auf die Untersuchung, besonders dann nicht, wenn der zu untersuchende Branntwein mit Natronlauge destilliert wird.

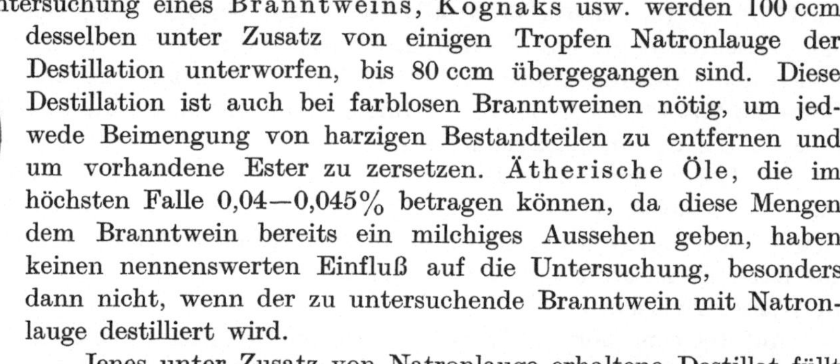

Abb. 16. Vorrichtung zur Bestimmung des Fuselöles nach Röse-Herzfeld.

Jenes unter Zusatz von Natronlauge erhaltene Destillat füllt man auf 100 ccm auf, mischt gut durch und bestimmt den Alkoholgehalt auf Grund des spezifischen Gewichtes. Beträgt der Alkoholgehalt über 30 Vol.-%, so muß Wasser zugesetzt werden, um den richtigen Verdünnungsgrad zu erhalten, und zwar um so mehr, je gehaltreicher der zu untersuchende Branntwein ist.

Beträgt der Alkoholgehalt unter 30 Vol.-%, so bringt man ihn am besten durch Zusatz von reinem absolutem Alkohole[1]) auf 30%; letzteren erhält man nach W. Plücker[2]) am einfachsten dadurch, daß man 1 l des käuflichen absoluten Alkohols mit 20 g geraspeltem Calcium (von Merck, Darmstadt) im Wasserbade mehrere Stunden am Rückflußkühler erwärmt, bis alle Wasserstoffentwicklung aufgehört hat, und dann abdestilliert.

Von dem Destillate, dessen Alkoholgehalt festgestellt ist, werden nun 50 ccm, entsprechend 50 ccm Branntwein, abpipettiert, mit soviel Wasser verdünnt, daß derselbe genau 30 Volum-% enthält, oder richtiger gesagt, bei genau 15° das spezifische Gewicht 0,96564 zeigt.

Die bei Alkoholgehalten von 24,8—44,7 G e w i c h t s prozenten aus einer nach Fünftelkubikzentimetern geteilten, amtlich geeichten Bürette zuzusetzenden Wassermengen entnimmt man aus nachstehender Tabelle[3]).

Über die bei noch höheren Alkoholgehalten (44,8—54,9 Vol.-%) zuzusetzenden Wassermengen vgl. die Tabelle in J. König: Chemie der menschl. Nahrungs- und Genußmittel Bd. III, 1. Teil, S. 531—532.

Man pipettiert also 50 ccm des Destillates in einen 100 ccm-Kolben und gibt die Hälfte[4]) der nach obiger Tabelle abgelesenen Wassermenge hinzu und füllt nun den Kolben bis zur Marke mit einem reinen 30 proz. Weingeist, der

[1]) Die Prüfung auf Wassergehalt kann nach Kolthoff, S. 119 erfolgen.
[2]) Zeitschr. f. Untersuch. d. Nahrungs- u. Genußmittel Bd. 17, S. 454. 1909.
[3]) Formeln zur Berechnung gibt u. a. J. König: Chemie der menschl. Nahrungs- und Genußmittel Bd. III, 1. Teil, S. 531 an.
[4]) Die Zahlen der Tabelle beziehen sich auf 100 ccm!

Verminderung der Branntweinstärke auf 24,7 Gewichtsprozente (= 30 Volum-%).

Zu 100 ccm Branntwein von	sind zuzusetzen an Wasser	Zu 100 ccm Branntwein von	sind zuzusetzen an Wasser	Zu 100 ccm Branntwein von	sind zuzusetzen an Wasser	Zu 100 ccm Branntwein von	sind zuzusetzen an Wasser	Zu 100 ccm Branntwein von	sind zuzusetzen an Wasser	Zu 100 ccm Branntwein von	sind zuzusetzen an Wasser	Zu 100 ccm Branntwein von	sind zuzusetzen an Wasser	Zu 100 ccm Branntwein von	sind zuzusetzen an Wasser	Zu 100 ccm Branntwein von	sind zuzusetzen an Wasser
Gew. %	ccm	Gew. %	ccm	Gew. %	ccm	Gew. %	ccm	Gew. %	ccm	Gew. %	ccm	Gew. %	ccm	Gew. %	ccm	Gew. %	ccm
24,8	0,5	26,8	8,3	28,8	16,0	30,8	23,7	32,8	31,4	34,8	39,0	36,8	46,5	38,8	53,9	40,8	61,3	42,8	68,6
9	0,9	9	8,7	9	16,4	9	24,1	9	31,7	9	39,3	9	46,8	9	54,3	9	61,7	9	69,0
25,0	1,3	27,0	9,1	29,0	16,8	31,0	24,5	33,0	32,1	35,0	39,7	37,0	47,2	39,0	54,7	41,0	62,0	43,0	69,3
1	1,7	1	9,4	1	17,2	1	24,9	1	32,5	1	40,1	1	47,6	1	55,0	1	62,4	1	69,7
2	2,0	2	9,8	2	17,6	2	25,3	2	32,9	2	40,5	2	48,0	2	55,4	2	62,8	2	70,0
3	2,4	3	10,2	3	18,0	3	25,6	3	33,3	3	40,8	3	48,3	3	55,7	3	63,1	3	70,4
4	2,8	4	10,6	4	18,3	4	26,0	4	33,7	4	41,2	4	48,7	4	56,1	4	63,5	4	70,8
5	3,2	5	11,0	5	18,7	5	26,4	5	34,0	5	41,6	5	49,1	5	56,5	5	63,9	5	71,1
6	3,6	6	11,4	6	19,1	6	26,8	6	34,4	6	42,0	6	49,5	6	56,9	6	64,2	6	71,5
7	4,0	7	11,8	7	19,5	7	27,2	7	34,8	7	42,3	7	49,8	7	57,2	7	64,6	7	71,9
8	4,4	8	12,2	8	19,9	8	27,6	8	35,2	8	42,7	8	50,2	8	57,6	8	65,0	8	72,3
9	4,8	9	12,6	9	20,3	9	27,9	9	35,5	9	43,1	9	50,6	9	58,0	9	65,3	9	72,6
26,0	5,2	28,0	12,9	30,0	20,7	32,0	28,3	34,0	35,9	36,0	43,5	38,0	51,0	40,0	58,4	42,0	65,7	44,0	72,9
1	5,6	1	13,3	1	21,0	1	28,7	1	36,3	1	43,8	1	51,4	1	58,7	1	66,1	1	73,3
2	5,9	2	13,7	2	21,4	2	29,1	2	36,7	2	44,2	2	51,7	2	59,1	2	66,4	2	73,7
3	6,3	3	14,1	3	21,8	3	29,5	3	37,1	3	44,6	3	52,1	3	59,5	3	66,8	3	74,0
4	6,7	4	14,5	4	22,2	4	29,8	4	37,4	4	45,0	4	52,4	4	59,8	4	67,1	4	74,4
5	7,1	5	14,9	5	22,6	5	30,2	5	37,8	5	45,3	5	52,8	5	60,2	5	67,5	5	74,7
6	7,5	6	15,3	6	23,0	6	30,6	6	38,2	6	45,7	6	53,2	6	60,6	6	67,9	6	75,1
7	7,9	7	15,6	7	23,3	7	31,0	7	38,6	7	46,1	7	53,5	7	60,9	7	68,2	7	75,5

Erhöhung der Branntweinstärke auf 24,7 Gewichtsprozente (= 30 Volum-%).

Zu 100 ccm Branntwein von	sind zusammen zuzusetz. an absol. Alkoh.	Zu 100 ccm Branntwein von	sind zusammen zuzusetz. an absol. Alkoh.	Zu 100 ccm Branntwein von	sind zusammen zuzusetz. an absol. Alkoh.	Zu 100 ccm Branntwein von	sind zusammen zuzusetz. an absol. Alkoh.	Zu 100 ccm Branntwein von	sind zusammen zuzusetz. an absol. Alkoh.	Zu 100 ccm Branntwein von	sind zusammen zuzusetz. an absol. Alkoh.	Zu 100 ccm Branntwein von	sind zusammen zuzusetz. an absol. Alkoh.	Zu 100 ccm Branntwein von	sind zusammen zuzusetz. an absol. Alkoh.	Zu 100 ccm Branntwein von	sind zusammen zuzusetz. an absol. Alkoh.
Gew. %	ccm	Gew. %	ccm	Gew. %	ccm	Gew. %	ccm	Gew. %	ccm	Gew. %	ccm	Gew. %	ccm	Gew. %	ccm	Gew. %	ccm
24,65	0,04	24,40	0,45	24,15	0,85	23,90	1,26	23,65	1,66	23,40	2,07	23,15	2,47	22,90	2,88	22,65	3,28
24,60	0,12	24,35	0,53	24,10	0,93	23,85	1,34	23,60	1,74	23,35	2,15	23,10	2,55	22,85	2,96	22,60	3,36
24,55	0,21	24,30	0,61	24,05	1,01	23,80	1,42	23,55	1,82	23,30	2,23	23,05	2,63	22,80	3,04	22,55	3,44
24,50	0,29	24,25	0,69	24,00	1,09	23,75	1,50	23,50	1,90	23,25	2,31	23,00	2,71	22,75	3,11	22,50	3,52
24,45	0,37	24,20	0,77	23,95	1,18	23,70	1,58	23,45	1,98	23,20	2,39	22,95	2,79	22,70	3,20		

durch Mischen von reinem absolutem Alkohol mit Wasser hergestellt ist, auf. Durch nochmalige Bestimmung des spezifischen Gewichtes überzeugt man sich, ob der verdünnte Spiritus nun genau 30 Maßprozente Alkohol enthält; sonst ist derselbe durch vorsichtigen Zusatz von absolutem Alkohol oder Wasser genau auf 30 Maßprozente einzustellen. Die Schwankungen dürfen nach Stutzer nicht mehr als 29,95—30,05 Vol.-% betragen.

Diesem genau 24,7 Gewichts- oder 30 Vol.-% haltenden Spiritus setzt man 1 ccm Schwefelsäure vom spezifischen Gewichte 1,286 hinzu, um das Auftreten eines sonst beim Schütteln mit Chloroform zwischen diesem und dem Spiritus entstehenden Häutchens zu verhindern. Der vollkommen trockene Schüttelapparat wird alsdann durch eine lange Trichterröhre mit reinem Chloroform von 15° bis zum unteren Teilstrich, also bis 20, so gefüllt, daß nach Eintauchen des Apparates in Wasser von 15° der Teilstrich in der Mitte zwischen dem oberen und unteren Meniscus liegt. Auf diesen schüttet man den mit Schwefelsäure versetzten 30proz. Spiritus, der die Temperatur von genau 15° haben muß, verschließt mit einem Korkstopfen (nicht Kautschuk) und läßt nun die gesamte Flüssigkeit durch Umkehrung des Apparates in die obere Birne laufen. In dieser wird die Flüssigkeit 2—3 Minuten geschüttelt, alsdann der Apparat in Wasser von 15°, das sich in einem hohen Glaszylinder befindet, gestellt und die Scheidung des Chloroforms von der alkoholischen Phase abgewartet. Durch nochmaliges Zurückfließenlassen des Chloroforms in die Birne und einiges Drehen des Apparates um seine Achse lassen sich die letzten Tröpfchen des Chloroforms in kurzer Zeit sammeln, so daß das Ablesen der Volumenzunahme der Chloroformschicht nach einer halben Stunde erfolgen kann. Man achte indes stets darauf, daß das Kühlwasser, in welches der Apparat eingetaucht bleibt, in seiner ganzen Höhe genau die Temperatur von 15° behält.

Es ist zu berücksichtigen, daß Chloroform beim Schütteln mit verdünntem reinem Weingeist auch aus diesem einen gewissen Prozentsatz Alkohol aufnimmt, also sein Volumen vergrößert. Diese Differenz ist je nach dem verwendeten Chloroform und dem zur Verdünnung genommenen Spiritus etwas verschieden und beträgt etwa 1,4—1,7 ccm. Bei einer genauen Prüfung ist daher für jedes Chloroform und jeden Apparat der Sättigungspunkt des auf 30 Maßprozente gestellten reinen Alkohols festzustellen und die gefundene Volumvermehrung (b) von der nach dem Ausschütteln mit dem zu prüfenden Branntwein (a) in Abzug zu bringen.

Der der Volumvermehrung des Chloroforms entsprechende Gehalt an Amylalkohol bei Anwendung von 50 ccm 30 volumproz. Alkohols unter Zusatz von 1 ccm Schwefelsäure (spezifisches Gewicht 1,286) bei 15° ist folgender:

Volumvermehrung des Chloroforms	Gehalt an Amylalkohol in den 50 ccm 30 proz Alkohol	0,01 ccm Chloroformvermehrung entspricht Amylalkohol
0,20 ccm	0,1 ccm	0,0050 ccm
0,35 ,,	0,2 ,,	0,0057 ,,
0,50 ,,	0,3 ,,	0,0060 ,,
0,65 ,,	0,4 ,,	0,0062 ,,
0,80 ,,	0,5 ,,	0,0063 ,,
0,95 ,,	0,6 ,,	0,0063 ,,
1,10 ,,	0,7 ,,	0,0064 ,,
1,25 ,,	0,8 ,,	0,0064 ,,
1,40 ,,	0,9 ,,	0,0064 ,,
1,55 ,,	1,0 ,,	0,0065 ,,

Die aus vorstehender Tabelle sich ergebende Menge an Fuselöl muß, da sie sich auf 50 ccm des Destillates und auch des angewendeten Branntweins bezieht, mit 2 malgenommen werden, um den Gehalt des ursprünglichen Branntweins an Volum-% Fuselöl zu ergeben.

Zur Ermittelung der Gewichtsprozente Fuselöl in 100 Gewichtsteilen Alkohol aus der Volumenzunahme des Chloroforms dient Tabelle S. 390[1]).

---

[1]) Vgl. die steueramtl. Verordnung in Zeitschr. f. analyt. Chem. Bd. 31, Anhang 2. 1892.

4. Nachweis und Bestimmung des Glycerins. a) Qualitativer Nachweis: Die zuverlässigste Reaktion des Glycerins ist die beim raschen Erhitzen bei Gegenwart wasserentziehender Mittel eintretende Bildung von Acrolein, das durch einen höchstdurchdringenden unangenehmen Geruch und durch seinen Reiz auf die Schleimhäute gekennzeichnet ist. Der Nachweis gelingt am leichtesten, wenn man das Glycerin mit Kaliumbisulfat erhitzt. Für den Nachweis geringer Mengen Glycerin auf Grund der Acroleinprobe hat L. Grünhut[1]) ein besonderes Verfahren angegeben.

Eine weitere empfindliche Probe auf Glycerin, die ähnlich wie die Prüfung auf Methylalkohol nach S. 119 aber nötigenfalls erst nach Beseitigung des Methylalkohols und Formaldehydes durch Destillation ausgeführt wird, hat J. M. Kolthoff[2]) angegeben.

Taucht man ferner eine Boraxperle in eine auf Glycerin zu untersuchende Flüssigkeit und bringt diese dann wieder in die Flamme, so färbt sich die Flamme, weil das Glycerin die Borsäure frei macht, vorübergehend grün. Ammoniumsalze müssen vorher entfernt werden. Man kann die Reaktion auch in der Weise anstellen, daß man eine Boraxlösung durch Phenolphthalein rot färbt und dann die fragliche, gegen Phenolphthalein neutralisierte Glycerinlösung zusetzt; die hierdurch frei gewordene Borsäure entfärbt die erstere Lösung. Diese Reaktion geben aber auch andere mehrwertige Alkohole, z. B. Mannit. Ferner stören Zuckerarten bei dieser wie bei den folgenden Reaktionen.

Erhitzt man 2 Tropfen Glycerin mit 2 Tropfen Phenol und ebensoviel konzentrierter Schwefelsäure auf 120°, kühlt alsdann ab und setzt etwas Wasser sowie einige Tropfen Ammoniak zu, so tritt eine carminrote Färbung auf.

Versetzt man eine Kupfersulfatlösung in der Kälte mit Kalilauge und darauf mit Glycerinlösung, so wird der Niederschlag von Kupferhydroxyd mit lasurblauer Farbe gelöst.

Besonders kennzeichnend ist auch der süße Geschmack des konzentrierten reinen Glycerins.

Die Abscheidung des Glycerins für die Prüfung, besonders von dem begleitenden Zucker, erfolgt zweckmäßig wie bei der quantitativen Bestimmung nach dem Kalkverfahren, wie folgt:

b) Quantitative Bestimmung des Glycerins. Diese kann nach der amtlichen Anweisung zur chemischen Untersuchung des Weines vorgenommen werden:

„Die Wahl zwischen den folgenden beiden Verfahren bleibt dem Ermessen des Sachverständigen überlassen. Das Jodidverfahren ist jedoch nicht anwendbar auf Weine, die Mannit enthalten. Mannit kann wie folgt nachgewiesen werden. Man läßt einige Kubikzentimeter Wein bei niedriger Temperatur auf einem Uhrglas langsam verdunsten. Bei Anwesenheit von mindestens 1 g Mannit in 1 l Wein krystallisiert der Mannit innerhalb von 24 Stunden in Form von sehr feinen seidenartigen Nadeln aus.

In dem Untersuchungsbefund ist das Verfahren zu bezeichnen, nach welchem das Glycerin bestimmt worden ist.

Kalkverfahren.

In Weinen mit weniger als 20 g Zucker in 1 Liter.

Man dampft 100 ccm Wein in einer Nickelschale von 150 ccm Inhalt auf dem Wasserbad auf etwa 10 ccm ein und versetzt den Rückstand mit etwa 1 g Quarzsand und mit Kalkmilch von 40% Calciumhydroxyd bis zur stark alka-

---

[1]) Zeitschr. f. analyt. Chem. Bd. 38, S. 37. 1899; vgl. J. König: Chemie der menschl. Nahrungs- und Genußmittel Bd. III, 1. Teil, S. 399.

[2]) Pharm. Weekbl. Bd. 61, S. 1497—1498. 1924; Chem. Zentralbl. 1925, I, S. 1232.

lischen Reaktion. Sodann wird das Gemisch unter beständigem Umrühren und Abstreichen der an der Schalenwand haftenden Teile mit einem Spatel zu einem zähen Schlamme eingedampft und nach dem Erkalten mit Hilfe des Spatels unter Zusatz von 5 ccm absolutem Alkohol zu einem feinen Brei zerrieben. Man erwärmt die Schale alsdann auf dem Wasserbade, setzt unter Umrühren 10 bis 12 ccm Alkohol von 96 Maßprozent hinzu, erhitzt bis zum beginnenden Sieden des Alkohols und gießt die trübe alkoholische Flüssigkeit durch einen kleinen Trichter in ein 100 ccm-Kölbchen. Der in der Schale zurückbleibende pulverige Rückstand wird unter Umrühren mit 10—12 ccm Alkohol von 96 Maßprozent wiederum heiß ausgezogen, der Auszug in das 100 ccm-Kölbchen gegossen und dieses Verfahren solange wiederholt, bis die Menge der Auszüge etwa 95 ccm beträgt; der unlösliche Rückstand verbleibt in der Schale. Dann spült man das auf dem Kölbchen sitzende Trichterchen mit Alkohol von 96 Maßprozent ab, kühlt den alkoholischen Auszug auf 15° ab und füllt ihn mit Alkohol von gleicher Stärke auf 100 ccm auf. Nach tüchtigem Umschütteln filtriert man den alkoholischen Auszug durch ein bedecktes, trockenes Faltenfilter in einen eingeteilten Glaszylinder. 90 ccm des Filtrats oder, wenn dessen Menge nicht ausreicht, 80 ccm werden in eine Porzellanschale übergeführt und auf dem Wasserbad unter Vermeiden des Siedens des Alkohols eingedampft. Der Rück-

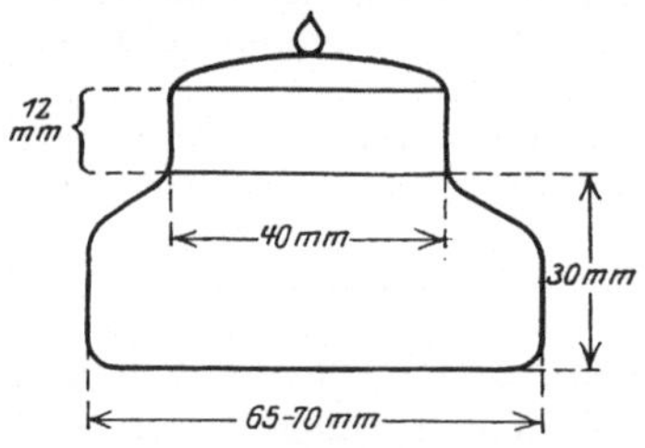

Abb. 17. Wägegläschen zur Glycerinbestimmung.

stand wird mit kleinen Mengen absolutem Alkohol aufgenommen, die Lösung in einen eingeteilten Glaszylinder von 50 ccm Inhalt mit eingeschliffenem Glasstopfen gegossen und die Schale mit kleinen Mengen absolutem Alkohol nachgewaschen, bis die alkoholische Lösung genau 15 ccm beträgt. Zu der Lösung setzt man dreimal je 7,5 ccm absoluten Äther und schüttelt nach jedem Zusatz tüchtig durch. Der verschlossene Zylinder bleibt solange stehen, bis die alkoholisch-ätherische Lösung ganz klar geworden ist. Hierauf gießt man die Lösung in ein Wägegläschen mit eingeschliffenem Glasstopfen. (Eine geeignete Form ist vorstehend abgebildet.) Nachdem man den Glaszylinder mit etwa 5 ccm einer Mischung von 1 Raumteil absolutem Alkohol und $1^1/_2$ Raumteilen absolutem Äther nachgewaschen und die Waschflüssigkeit ebenfalls in das Wägegläschen gegossen hat, verdunstet man die Flüssigkeit auf einem geschlossenen, heißen, aber nicht kochenden Wasserbade, wobei wallendes Sieden der Lösung zu vermeiden ist. Nachdem der Rückstand im Wägegläschen dickflüssig geworden ist, bringt man das Wägegläschen in einen Trockenschrank mit 5 cm hohen, je 10 cm tiefen und breiten Zellen, zwischen dessen Doppelwandungen destilliertes Wasser lebhaft siedet. Jede Zelle wird durch eine Tür verschlossen, welche oben und unten je 3 Zugöffnungen von 2 mm Durchmesser besitzt. Nach einstündigem Trocknen des Wägegläschens läßt man es im Exsiccator erkalten und wägt.

Berechnung: Wurden bei Verwendung von 90 ccm Filtrat a g Glycerin gewogen, so sind in 1 l Wein enthalten:

$$x = 11{,}11 \cdot a \text{ g Glycerin.}$$

Bei Verwendung von 80 ccm Filtrat lautet die Formel:

$$x = 12{,}5 \cdot a \text{ g Glycerin.}$$

In Weinen mit 20 g oder mehr Zucker in 1 Liter.

Man dampft 50 ccm Wein in einer Nickelschale von 150 ccm Inhalt auf dem Wasserbad auf etwa die Hälfte ein und setzt Ätzkalk bis zur stark alkalischen Reaktion hinzu. Die Flüssigkeit wird unter Verwendung von kleinen Mengen heißem Wasser zum Nachspülen in einen geräumigen Kolben übergeführt. Nach dem Erkalten setzt man alsdann unter Umschwenken 150 ccm Alkohol von 96 Maßprozent in kleinen Anteilen hinzu, schüttelt kräftig durch, saugt den Niederschlag auf einer Porzellannutsche mit Hilfe der Wasserstrahlpumpe ab und wäscht ihn mehrere Male mit Al-kohol von 96 Maßprozent gut aus. Das Filtrat wird auf etwa 10 ccm ein-gedampft, mit etwa 1 g Quarzsand und einer hinreichenden Menge Kalkmilch versetzt und nach der obigen Vorschrift weiterbehandelt.

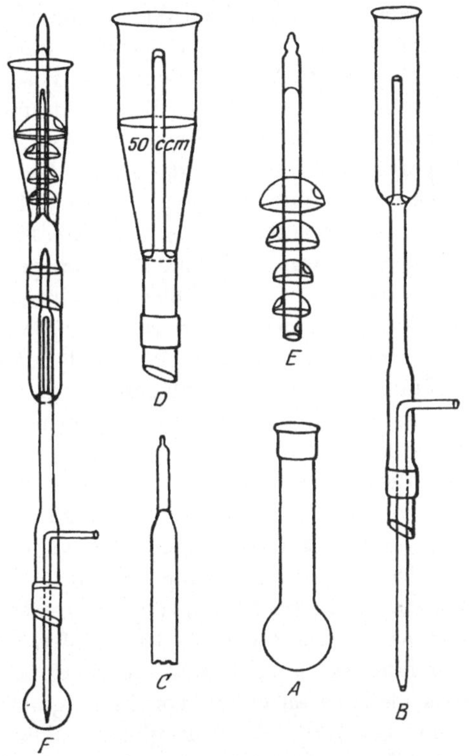

Abb. 18. Vorrichtung zur Glycerinbestimmung nach dem Jodidverfahren.

Berechnung: Wurden bei Verwendung von 90 ccm Filtrat a g Glycerin gewogen, so sind in 1 l Wein enthalten:

$$x = 22{,}22 \cdot a \text{ g Glycerin.}$$

Bei Verwendung von 80 ccm Filtrat lautet die Formel:

$$x = 25 \cdot a \text{ g Glycerin.}$$

Jodidverfahren.

Das Glycerin wird mit Jodwasser-stoffsäure in Isoprophyljodid über-geführt, dieses durch Silbernitratlösung zersetzt und die Menge des entstan-denen Silberjodids bestimmt.

Ein zweckmäßiger Apparat für die Ausführung der Bestimmung ist neben-stehend abgebildet. Er besteht aus dem etwa 40 ccm fassenden Siedekölbchen A mit dem eingeschliffenen Kühlrohr B; in dieses ist ein Gaseinleitungsrohr eingeschmolzen, das bis auf den Boden von A reicht. Das obere Ende des Kühlrohrs ist durch das lose aufzusetzende, oben geschlossene Röhrchen C als Waschgefäß ausgebildet und trägt mittels eines Glasschliffs das aus den Teilen D und E bestehende Zersetzungsgefäß. F zeigt den zusammengesetzten Apparat.

Zur Ausführung der Bestimmung werden die folgenden Reagenzien verwendet:

1. Jodwasserstoffsäure vom spezifischen Gewicht 1,96;
2. Aufschwemmung von rotem Phosphor[1]) in der zehnfachen Menge Wasser;

---

[1]) Die Brauchbarkeit des Phosphors ist durch einen blinden Versuch festzustellen. Bildet sich hierbei in der Zersetzungsvorrichtung ein schwarzer Beschlag — ein leichter brauner Anflug kann vernachlässigt werden —, so ist der Phosphor in folgender Weise zu reinigen: 10 g roter Phosphor werden in einer braunen Flasche mit etwa 500 ccm Wasser übergossen und nach dem Absetzen mit 10 ccm einer wässerigen Jodkaliumjodidlösung, die 5% freies Jod enthält, versetzt. Darauf wird sofort kräftig umgeschüttelt. Man wieder-holt das Zusetzen der Jodlösung nach jedesmaligem Absetzen des Phosphors und das Um-schütteln etwa 10mal. Nach dem Abhebern der überstehenden Lösung und dreimaligem Auswaschen mit Wasser ist der Phosphor gebrauchsfertig.

3. alkoholische Silbernitratlösung, erhalten durch Auflösen von 40 g Silbernitrat in 100 ccm Wasser und Auffüllen mit reinem absoluten Alkohol auf 1 l[1]).

Die Bestimmung selbst wird wie folgt vorgenommen:

100 ccm Wein werden in einen Rundkolben von 200 ccm Inhalt gebracht und mit einer kleinen Menge Tannin und Bariumacetat — von letzterem genügen in der Regel 2 ccm einer etwa 30proz. Lösung — versetzt. Alsdann destilliert man unter Verwendung von Korkstopfen 70 ccm ab, führt den Rückstand unter Nachspülen mit Wasser in ein Meßkölbchen von 50 ccm (bei Süßwein von 100 ccm) Inhalt über und füllt mit Wasser bei 15° bis zur Marke auf.

Nach dem Absetzen des Niederschlags werden 5 ccm der über dem Niederschlag stehenden klaren Flüssigkeit und 15 ccm Jodwasserstoffsäure in das Siedekölbchen gebracht, nachdem das Waschgefäß mit 5 ccm der durchgeschüttelten Phosphoraufschwemmung beschickt und das Zersetzungsgefäß mit etwa 50 ccm klarer alkoholischer Silbernitratlösung gefüllt worden ist. Sodann wird der Apparat zusammengefügt, durch das Gaseinleitungsrohr gewaschenes und getrocknetes Kohlendioxyd — etwa 3 Blasen in der Sekunde — eingeleitet und der Inhalt des Kölbchens, zweckmäßig mittels eines Phosphorsäurebades oder dergleichen, zum langsamen Sieden gebracht. Der Siedering soll allmählich bis zur halben Höhe des Kühlrohres emporsteigen. Zum Erhitzen bedient man sich zweckmäßig eines genau regulierbaren Brenners, dessen Mündung mit einem Kupferdrahtgewebe bedeckt ist, damit die Flamme auch bei der kleinsten Einstellung nicht zurückschlagen kann.

In der Regel ist alles Glycerin in Isopropyljodid übergeführt, wenn im Zersetzungsgefäß eine Abscheidung von Silberjodid nicht mehr wahrzunehmen ist. Dies ist bei trocknen Weinen in der Regel schon $1^1/_2$—2 Stunden, bei Süßweinen etwa 3 Stunden nach Beginn des Versuchs der Fall. Man unterbricht den Versuch bei trockenen Weinen nach $2^1/_2$, bei Süßweinen nach 4 Stunden.

Die Silbernitratlösung und der Niederschlag werden unter Nachspülen mit Wasser in ein Becherglas von etwa 600 ccm Inhalt übergeführt und die Flüssigkeit nach Zusatz von 5—10 Tropfen verdünnter Salpetersäure mit Wasser auf ungefähr 500 ccm gebracht. Man erhitzt das Gemisch $1/_2$ Stunde auf dem Wasserbade, läßt es an einem vor Licht geschützten Orte erkalten und filtriert durch einen bei 130° bis zum gleichbleibenden Gewichte getrockneten Goochtiegel mit Asbesteinlage oder einen Platinfiltertiegel oder ein gleich behandeltes Asbestfilterröhrchen. Der Niederschlag wird mit salpetersäurehaltigem Wasser, sodann mit reinem Wasser bis zum Verschwinden der sauren Reaktion, schließlich mit Alkohol ausgewaschen und bei 130° bis zum gleichbleibenden Gewichte getrocknet. Alsdann läßt man im Exsiccator erkalten und wägt.

Berechnung: Wurden a g Silberjodid gewogen, so sind in 1 l Wein enthalten:

bei trockenem Weine $x = 39{,}21 \cdot a$ g, bei Süßwein $x = 78{,}42 \cdot a$ g Glycerin."

Über den Nachweis und die Bestimmung der in Branntwein vorkommenden sonstigen Beimischungen vgl. bei Branntwein, nämlich der Ester (S. 282), der Aldehyde (S. 282), des Furfurols (S. 283), der Pyridinbasen (S. 285), des Acetons (S. 285), von Diäthylphthalat (S. 285) und der Riechstoffe von Edelbranntweinen (S. 284).

---

[1]) Ist die Lösung nicht völlig klar, so muß sie filtriert werden.

Nachweis fremder Farbstoffe.

Zur künstlichen Färbung von Nahrungs- und Genußmitteln dienen hauptsächlich Teerfarbstoffe, ferner zur Braunfärbung besonders von Getränken Caramel und schließlich zum Grünen von Dauergemüse Kupferverbindungen

1. Chemischer Nachweis von Teerfarbstoffen. Befindet sich der Farbstoff in wässeriger Flüssigkeit gelöst, so werden nach N. Arata[1]) zum Nachweise des Farbstoffes gewöhnlich 50—100 ccm der Lösung 10 Minuten mit 5—10 ccm einer 10proz. Lösung von Kaliumbisulfat und 3—4 Fäden weißer, entfetteter, sowie mit Alaun und Natriumacetat gebeizter Wolle in einer Porzellanschale oder in einem Becherglase gekocht und alsdann mit Wasser ausgewaschen. Bei Vorliegen künstlicher Farbstoffe werden die Fäden hierbei ausgeprägt gefärbt. Prüft man nun diese Fäden durch Betupfen mit Ammoniaklösung, so bleibt die Färbung, wenn ein Teerfarbstoff vorliegt, fast unverändert, während eine — auch stets schwächere — Anfärbung durch natürlichen Farbstoff dabei in ein schmutziges grünliches Weiß übergeht. — Bei der Ausfärbung der Teerfarbstoffe ist indes zu berücksichtigen, daß basische Teerfarbstoffe sich nur in basischem oder neutralem Bade, die Säurefarbstoffe, die fast ausschließlich in Frage kommen, nur in saurem Bade auf Wolle niederschlagen.

Aus festen Stoffen werden durch Wasser, Äthyl- oder Amylalkohol usw. Lösungen hergestellt. Da sich die Farbstoffe nur aus wässeriger Lösung auf die Faser niederschlagen lassen, so müssen alkoholische Auszüge erst von dem Lösungsmittel befreit und der Rückstand wieder in Wasser gelöst werden. Ed. Spaeth[2]) verwendet mit Vorteil zur Gewinnung der Farbstofflösung eine wässerige Lösung von salicylsaurem Natrium, wobei man fetthaltige Nahrungsmittel, z. B. Wurst, zweckmäßig vorher mit Petroläther entfettet.

Zum Nachweise des Teerfarbstoffes in den einzelnen Nahrungsmitteln dienen insbesondere folgende Verfahren:

a) Bei Fleisch[3]): „50 g der zerkleinerten Fleischmasse werden in einem Becherglase mit einer Lösung von 5 g Natriumsalicylat in 100 ccm eines Gemisches aus gleichen Teilen Wasser und Glycerin gut durchgemischt und $^1/_2$ Stunde lang unter zeitweiligem Umrühren im Wasserbade erhitzt. Nach dem Erkalten wird die Flüssigkeit abgepreßt und filtriert, bis sie klar abläuft. Ist das Filtrat nur gelblich und nicht rötlich, so bedarf es einer weiteren Prüfung nicht. Im anderen Falle bringt man den dritten Teil der Flüssigkeit in einen Glaszylinder, setzt einige Tropfen Alaunlösung und Ammoniakflüssigkeit in geringem Überschusse hinzu und läßt einige Stunden stehen. Carmin wird durch einen rotgefärbten Bodensatz erkannt. Zum Nachweise von Teerfarbstoffen wird der Rest des Filtrates mit einem Faden ungebeizter, entfetteter Wolle unter Zusatz von 10 ccm einer 10proz. Kaliumbisulfatlösung und einigen Tropfen Essigsäure längere Zeit im kochenden Wasserbade erhitzt. Bei Gegenwart von Teerfarbstoffen wird der Faden rot gefärbt und behält die Färbung auch nach dem Auswaschen mit Wasser."

---

[1]) Zeitschr. f. analyt. Chem. Bd. 28, S. 639. 1889.

[2]) Zeitschr. f. Untersuch. d. Nahrungs- u. Genußmittel Bd. 4, S. 1020. 1901; Bd. 7, S. 310. 1904; Zeitschr. f. angew. Chem. 1893, S. 513.

[3]) Amtliche Vorschrift. Nach Anlage D zum Gesetze betr. die Schlachtvieh- und Fleischbeschau.

b) **Bei Fett**[1]): „Die Gegenwart fremder Farbstoffe erkennt man durch Auflösen des geschmolzenen Fettes (50 g) in absolutem Alkohol (75 ccm) in der
Wärme. Bei künstlich gefärbten Fetten bleibt die unter Umschütteln in Eis
abgekühlte und filtrierte alkoholische Lösung deutlich gelb oder rötlichgelb gefärbt. Die alkoholische Lösung ist in einem Probierrohr von 18—20 mm Weite
im durchfallenden Lichte zu beobachten. Zum Nachweise bestimmter Teerfarbstoffe werden 5 g Fett in 10 ccm Äther oder Petroläther gelöst. Die Hälfte
der Lösung wird in einem Probierröhrchen mit 5 ccm Salzsäure vom spezifischen
Gewichte 1,124, die andere Hälfte der Lösung mit 5 ccm Salzsäure vom spezifischen Gewichte 1,19 kräftig durchgeschüttelt. Bei Gegenwart gewisser Azofarbstoffe ist die unten sich absetzende Salzsäureschicht deutlich rot gefärbt."

c) **Bei Mehlzubereitungen:** Man erhitzt diese, z. B. Nudeln, mit 50 proz.
Alkohol und einigen Gramm Natriumsalicylat im Wasserbade und fixiert in
dem Filtrate nach Verdampfen des Alkoholes die Farbstoffe auf Wolle.

d) **Bei Fruchtdauerwaren:** Man erhitzt 30—50 g der Zubereitung nach
Zusatz von Wasser und einigen Gramm Natriumsalicylat in einem Becherglase
$^1/_2$ Stunde im kochenden Wasserbade, filtriert, wäscht den Rückstand mit heißem
Wasser aus, setzt zu dem Filtrate einige Kubikzentimeter verdünnter Schwefel-
säure, erhitzt die Flüssigkeit im kochenden Wasserbade, gibt einige Fäden fett-
freier Wolle dazu und erhitzt noch $^1/_2$ Stunde. Sind künstliche Farbstoffe vor-
handen, so ist die Wolle mehr oder weniger stark gefärbt; man wäscht sie mit
Wasser und dann mit Alkohol aus.

e) **Bei Wein**[2]): „Zur Prüfung auf Teerfarbstoffe können die folgenden Verfahren dienen:

α) *Wollprobe.* 50 ccm Wein werden mit 5 ccm einer 10 proz. Lösung von
Kaliumbisulfat versetzt und mit mehreren Fäden weißer entfetteter Wolle
10 Minuten lang im bedeckten Becherglase gekocht. Die Wollfäden wäscht man im
Wasser gut aus. Sind sie alsdann deutlich gefärbt, so ist der Farbstoff durch
$^1/_2$ stündiges Erwärmen mit 1 proz. Ammoniaklösung von der Wolle loszulösen.
Die Ammoniaklösung wird alsdann mit Kaliumbisulfat bis zur sauren Reaktion
versetzt und 10 Minuten mit 3 entfetteten Wollfäden im bedeckten Becherglase
gekocht. Nehmen die Fäden hierbei eine deutliche Färbung an, so deutet dies
auf die Anwesenheit von Teerfarbstoffen.

Das Verhalten der angefärbten Wollfäden gegen Mineralsäuren, Ammoniak,
Alkalilauge und andere Reagentien erlaubt meist eine nähere Kennzeichnung
des Farbstoffs.

β) *Baumwollprobe.* 50 ccm Wein werden mit der berechneten Menge Alkalilauge genau neutralisiert und alsdann mit 10 ccm einer Lösung versetzt, die in
1 l 44 g wasserfreies Natriumsulfat (entsprechend 100 g Glaubersalz) und 5 g
wasserfreies Natriumcarbonat enthält. Man erwärmt die Mischung auf dem
Wasserbade, fügt bei etwa 50° ein Stückchen gewaschenen Baumwollstoff oder
einige gewaschene Baumwollfäden hinzu, steigert die Temperatur allmählich bis
nahezu zum Sieden und erhält hierbei etwa 10 Minuten. Nimmt die Faser eine
deutliche, beim Spülen mit kaltem Wasser beständige Färbung an, so deutet
dies auf die Anwesenheit substantiver Baumwollfarbstoffe.

---

[1]) Amtliche Vorschrift. Vgl. Anm. 3, S. 129.
[2]) Amtliche Anweisung zur chemischen Untersuchung des Weines.

Das Verhalten der angefärbten Faser gegen Mineralsäuren, Ammoniak, Alkalilauge und andere Reagentien erlaubt meist eine nähere Kennzeichnung des Farbstoffs.

γ) *Bleiessigprobe.* Man versetzt 20 ccm Wein mit 10 ccm Bleiessig[1]), erwärmt die Mischung schwach, schüttelt gut um und filtriert. Ist das Filtrat deutlich gefärbt, so deutet dies auf das Vorhandensein von Teerfarbstoffen. Es ist jedoch zu beachten, daß auch sehr tieffarbige südländische Rotweine ein gefärbtes Filtrat geben können.

δ) *Amylalkoholprobe.* Man macht den Wein ammoniakalisch und schüttelt ihn mit Amylalkohol aus. Eine deutliche Färbung des letzteren deutet die Gegenwart von Teerfarbstoffen an.

ε) *Quecksilberoxydprobe.* 10 ccm Wein werden mit 10 ccm einer kalt gesättigten Quecksilberchloridlösung geschüttelt, sodann mit 1 ccm einer Kalilauge vom spezifischen Gewicht 1,27 versetzt und von neuem geschüttelt. Nach dem Ab-setzen des Quecksilberoxyds wird die Flüssigkeit durch ein 3- oder 4faches, angefeuchtetes Filter filtriert und das klare Filtrat mit Essigsäure versetzt. Eine deutliche Färbung der Flüssigkeit deutet auf die Gegenwart von Teerfarb-stoffen.

Bei tieffarbigen Rotweinen ist — sofern das Filtrat rot gefärbt erscheint — der Versuch mit dem Filtrat zu wiederholen.

Die beim Nachweis von Teerfarbstoffen im einzelnen befolgten Verfahren sowie die Verfahren zum Nachweis anderer fremder Farbstoffe (Zuckercouleur, Heidelbeerfarbstoff, Kermesbeerenfarbstoff u. dgl.) sind stets anzugeben."

2. Nachweis von Färbungen durch Caramel. Nach dem Verfahren von C. Amthor[2]) wird Caramel mit Paraldehyd niedergeschlagen, worauf die wässerige Lösung dieses Niederschlages mit Phenylhydrazinlösung einen rotbraunen, amorphen Niederschlag gibt: Es werden z. B. 10 ccm Wein in einem engen Gefäße mit senkrechten Wänden (z. B. einem weißen Arzneiglase) je nach der Stärke der Färbung mit 30—50 ccm Paraldehyd, hierauf mit so viel wasserfreiem Alkohol versetzt, daß die Flüssigkeiten sich mischen; gewöhnlich sind 15—20 ccm Alkohol nötig. Bei Gegenwart von Caramel setzt sich innerhalb 24 Stunden am Boden des Gefäßes ein bräunlichgelber bis dunkelbrauner, fest anhaftender Niederschlag ab. Man gießt die über dem Niederschlage stehende Flüssigkeit ab, spült den Niederschlag zur Entfernung des Paraldehydes mit wenig wasserfreiem Alkohol ab, löst ihn in heißem Wasser, filtriert die Lösung und engt sie auf 1 ccm ein. Aus der Stärke der Färbung kann man ungefähr auf die Größe des Caramelzusatzes schließen. Alsdann gießt man die Caramel-lösung in eine frisch bereitete Phenylhydrazinlösung (2 Gewichtsteile salzsaures Phenyl-hydrazin und 2 Gewichtsteile essigsaures Natrium in 20 Gewichtsteilen Wasser). Schon in der Kälte entsteht ein Niederschlag, doch kann man durch ganz kurzes Erwärmen dessen Bildung befördern. Ist sehr wenig Caramel vorhanden, so entsteht anfangs nur eine Trübung, die sich erst nach 24 Stunden abgesetzt hat. Da die Phenylhydrazinlösung nach kurzem Stehen schon allein rotbraune harzige Ausscheidungen bildet, welche namentlich bei An-wesenheit kleiner Mengen Caramel die Caramelreaktion verdecken können, so schichtet man in diesem Falle eine etwa 2 cm hohe Schicht Äther über die Flüssigkeit; der Äther nimmt, namentlich wenn man das Glas mehrmals sanft umkehrt, die harzigen Stoffe vollständig auf und bildet damit eine mehr oder minder gefärbte Lösung. In der unter der Ätherschicht stehenden wässerigen Flüssigkeit setzt sich der amorphe, schmutzig- oder rotbraune Caramel-Phenylhydrazinniederschlag ab. Die bei reinen Naturweinen durch Zusatz von Paraldehyd erhaltenen weißen Fällungen geben mit Phenylhydrazinlösung keinen Niederschlag. — Da größere Mengen Zucker die Caramelreaktion stören. muß man bei zuckerreichen Süßweinen anders verfahren. Sind diese Weine stark gefärbt. so kann man sie mit Wasser verdünnen

---

[1]) Über die Herstellung des Bleiessigs vgl. S. 295.
[2]) Zeitschr. f. analyt. Chem. Bd. 24, S. 30. 1885.

und die verdünnte Lösung prüfen. Andernfalls versetzt man 10 ccm Süßwein mit einer Mischung von 20 ccm wasserfreiem Alkohol und 30 ccm Paraldehyd, löst den entstandenen Niederschlag in Wasser, fällt die Lösung nochmals mit der Alkohol-Paraldehydmischung, löst den Niederschlag wieder in Wasser und prüft die Lösung mit Phenylhydrazin. Ein Eindampfen der Weine darf nur über Schwefelsäure im Vakuum und auch nur bis höchstens auf ein Drittel erfolgen, weil sich sonst Stoffe bilden, die die Caramelreaktion geben.

Nach J. H. Long[1]) und W. Fresenius[2]) bewährte sich das beschriebene Verfahren im ganzen auch bei Branntweinen.

Beim Nachweise von Teerfarbstoffen in Caramel muß nach L. v. Noël[3]) in großen Verdünnungen gearbeitet werden. Der gefärbte Faden muß umgefärbt werden. Als Fixierungsmittel ist dabei Weinsäure der Kaliumbisulfatlösung vorzuziehen.

3. Nachweis gesundheitsschädlicher Farbstoffe. a) Unorganische Farben. Diese sind meist durch einen Gehalt an Schwermetallverbindungen gekennzeichnet und werden nach S. 102—114 nachgewiesen. Besonders häufig ist die Grünfärbung von Gemüsen durch Kupfersalze; über deren Nachweis vgl. S. 110.

b) Organische Farben[4]). Nach dem Gesetze vom 5. Juli 1887 sind zum Färben von Nahrungs- und Genußmitteln Gummigutti, Corallin und Pikrinsäure verboten. Außerdem gehören nach Beythien und Hempel zu den gesundheitsschädlichen Teerfarbstoffen folgende:

Dinitrokresol, Martiusgelb, Aurantia, Orange II = Sufanilsäure-azo-β-Naphthol, Metanilgelb, Methylenblau, Phenylenbraun, Safranin, Goldorange und wahrscheinlich noch viele andere.

α) Nachweis von *Gummigutti*. Man zieht die mit Sand verriebene und mit Salzsäure durchfeuchtete Masse mit Äther und Chloroform aus.

Ist der Äther oder das Chloroform gefärbt, so verdünnt man einen Teil der Lösung mit Alkohol und fügt Eisenchlorid hinzu. Tritt hierbei Schwarzfärbung auf, so kann Gummigutti zugegen sein. In diesem Falle wird der ätherischen Lösung durch stark verdünntes Ammoniak die Gambiogasäure entzogen und diese nach dem Verdampfen der Lösung durch ihr Verhalten gegen Metallsalze, z. B. gegen Bariumchlorid, Kupfersulfat usw. nachgewiesen.

β) *Korallin*. Die zu untersuchende Masse wird mit Sand verrieben und nacheinander mit Äther und Alkohol ausgezogen. Die Auszüge werden verdunstet und der Rückstand mit verdünnter Natronlauge ausgezogen. Wird die alkalische, purpurrote Lösung mit Kaliumferricyanid versetzt, so wird die rote Farbe der Lösung noch viel dunkler.

γ) *Pikrinsäure*. Man kocht mit Alkohol aus, verdampft die Lösung zur Trockne und löst den Rückstand in Wasser. Die neutrale oder schwach schwefelsaure Lösung färbt Wolle stark gelb, gibt mit einer Lösung von Kaliumcyanid und Kaliumhydroxyd beim gelinden Erwärmen eine tiefrote Färbung von Isopurpursäure und mit Kalilauge und etwas Traubenzucker erwärmt gleichfalls Rotfärbung von Pikraminsäure.

δ) Über die Erkennung der *übrigen organischen Farbstoffe*, insbesondere der einzelnen Teerfarbstoffe, vgl. J. König: Chemie der menschl. Nahrungs- und Genußmittel Bd. III, 1. Teil, S. 562—569.

---

[1]) Journ. of analyt. chem. Bd. 2; Zeitschr. f. analyt. Chem. Bd. 29, S. 368. 1890.
[2]) Zeitschr. f. analyt. Chem. Bd. 29, S. 283. 1890.
[3]) Pharm. Centralhalle Bd. 67, S. 33—35. 1926.
[4]) Vgl. J. König: Chemie der menschl. Nahrungs- und Genußmittel Bd. III, 3. Teil, S. 823.

Nachweis und Bestimmung von Frischhaltungsmitteln.

A. Anorganische Frischhaltungsmittel.

1. Kochsalz (bezw. Chloride). Die Bestimmung erfolgt genau wie bei der Bestimmung der Mineralstoffe (vgl. S. 94). — Für die Untersuchung von Pökel-fleisch auf Kochsalz vgl. S. 96.

2. Salpeter (bezw. Nitrate). Da alle in Betracht kommenden Nitrate in Wasser löslich sind, aber durch Veraschen der Substanz zerstört werden, so muß der Nachweis desselben stets in der wässerigen Lösung des nicht ver-aschten Stoffes vorgenommen werden. Die Verfahren zum Nachweise und zur Bestimmung der Nitrate sind S. 13—15 beschrieben.

Zu beachten ist, daß geringe Mengen Salpetersäure aus mitverwendetem Trinkwasser herrühren können, ferner, daß infolge von Bakterientätig-keit ein Teil oder der ganze Salpeter in Nitrit und weiter in Ammoniak über-gehen kann.

Über den Nachweis und die Bestimmung salpetrigsaurer Salze vgl. bei Fleisch, S. 182.

3. Borsäure und deren Salze. a) Qualitativer Nachweis: Zum qualita-tiven Nachweise der Borsäure bedient man sich allgemein der Reaktion mit Curcumafarbstoff (Curcuminpapier) oder der Flammenreaktion. Flüssig-keiten werden für diesen Zweck mit Natriumcarbonat bis zur stark alkalischen Reaktion versetzt, eingedampft und verascht, feste Gegenstände mit einer Lösung von Natriumcarbonat durchfeuchtet, getrocknet und dann verascht. Für den Nachweis der Borsäure und Borate in Fleisch und Fett geben die Ausführungsbestimmungen zum Schlachtvieh- und Fleischbeschaugesetz folgende Vorschrift an:

α) *Nachweis in Fleisch:* „50 g der feinzerkleinerten Fleischmasse werden in einem Becherglase mit einer Mischung von 50 ccm Wasser und 0,2 ccm Salzsäure vom spezifischen Gewichte 1,124 zu einem gleichmäßigen Brei gut durchgemischt. Nach halbstündigem Stehen wird das mit einem Uhrglase bedeckte Becherglas, unter zeitweiligem Umrühren, 30 Minuten in einem siedenden Wasserbade erhitzt. Alsdann wird der noch warme Inhalt des Becher-glases auf ein Gazetuch gebracht, der Fleischrückstand abgepreßt und die erhaltene Flüssig-keit durch ein angefeuchtetes Filter gegossen. Das Filtrat wird nach Zusatz von Phenol-phthalein mit 0,1 N-Natronlauge schwach alkalisch gemacht und bis auf 25 ccm eingedampft, 5 ccm von dieser Flüssigkeit werden mit 0,5 ccm Salzsäure vom spezifischen Gewichte 1,124 angesäuert, filtriert und mit Curcuminpapier auf Borsäure geprüft. Dies geschieht in der Weise, daß ein etwa 8 cm langer und 1 cm breiter Streifen geglättetes Curcuminpapier bis zur halben Länge mit der angesäuerten Flüssigkeit durchfeuchtet und auf einem Uhr-glase von etwa 10 cm Durchmesser bei 60—70° getrocknet wird. Zeigt das mit der sauren Flüssigkeit befeuchtete Curcuminpapier nach dem Trocknen keine sichtbare Veränderung der ursprünglich gelben Farbe, dann enthält das Fleisch keine Borsäure. Ist dagegen eine rötliche oder orangerote Färbung entstanden, dann betupft man das in der Farbe veränderte Papier mit einer 2proz. Lösung von wasserfreiem Natriumcarbonat. Entsteht hierdurch ein rotbrauner Fleck, der sich in seiner Farbe nicht von dem rotbraunen Flecken unter-scheidet, der durch die Natriumcarbonatlösung auf reinem Curcuminpapier erzeugt wird, oder eine rotviolette Färbung, so enthält das Fleisch ebenfalls keine Borsäure. Entsteht dagegen durch die Natriumcarbonatlösung ein blauer Fleck, dann ist die Gegenwart der Borsäure nachgewiesen. Bei blauvioletten Färbungen und in Zweifelsfällen ist der Ausfall der Flammenreaktion ausschlaggebend. — Die Flammenreaktion ist in folgender Weise auszuführen: 5 ccm der rückständigen alkalischen Flüssigkeit werden in einer Platinschale zur Trockne verdampft und verascht. Zur Herstellung der Asche wird die verkohlte Substanz mit etwa 20 ccm heißem Wasser ausgelaugt. Nachdem die Kohle bei kleiner Flamme vollständig verascht worden ist, fügt man die ausgelaugte Flüssigkeit hinzu und bringt sie zunächst auf dem Wasserbade, alsdann bei etwa 120° zur Trockne. Die so erhaltene lockere Asche wird mit einem erkalteten Gemische von 5 ccm Methylalkohol und 0,5 ccm konzentrierter Schwefelsäure sorgfältig zerrieben und unter Benutzung weiterer 5 ccm Methylalkohol in einen Erlenmeyerkolben von 100 ccm Inhalt gebracht. Man läßt den verschlossenen Kolben unter mehrmaligem Umschütteln $^1/_2$ Stunde lang stehen; alsdann wird der Methylalkohol aus einem Wasserbade von 80—85° vollständig abdestilliert. Das Destillat wird in ein Gläschen von 40 ccm Inhalt und etwa 6 cm Höhe gebracht, das mit einem zweimal durchbohrten Stopfen verschlossen wird, durch den 2 Glasröhren in das Innere führen. Die eine Röhre reicht bis auf den Boden des Gläschens, die andere nur bis in den Hals. Das verjüngte äußere Ende der letzteren Röhre wird mit einer durchlochten Platinspitze, die aus Platinblech hergestellt werden kann, versehen. Durch die Flüssigkeit wird hierauf ein getrockneter Wasserstoffstrom derart geleitet, daß die angezündete Flamme 2—3 cm lang ist. Ist die bei zerstreutem Tageslichte zu beobachtende Flamme grün gefärbt, so ist Borsäure im Fleische enthalten."

β) Nachweis in Fett: „50 g Fett werden in einem Erlenmeyerkolben von 250 ccm Inhalt auf dem Wasserbade geschmolzen und mit 30 ccm Wasser von etwa 50° und 0,2 ccm Salzsäure vom spezifischen Gewichte 1,124 eine halbe Minute lang kräftig durchgeschüttelt. Alsdann wird der Kolben solange auf dem Wasserbade erwärmt, bis sich die wässerige Flüssigkeit abgeschieden hat. Die Flüssigkeit wird durch Filtration von dem Fette getrennt. 25 ccm des Filtrates werden nach vorstehenden Vorschriften weiterbehandelt."

γ) Nachweis der Borsäure in Wein[1]): „50 ccm Wein — Süßwein nach Vergärung des verdünnten Weines (S. 302) — werden mit Natronlauge deutlich alkalisch gemacht und nach S. 81 verascht. Die Asche wird mit 10 ccm 10proz. Salzsäure aufgenommen und die Lösung mit Curcuminpapier[2]) folgendermaßen geprüft: Ein etwa 8 cm langer und 1 cm breiter Streifen geglättetes Curcuminpapier wird bis zur halben Länge mit der Flüssigkeit durchfeuchtet und auf einem Uhrglas von etwa 10 cm Durchmesser bei 60—70° getrocknet. Zeigt sich keine sichtbare Veränderung der ursprünglichen gelben Farbe, so enthält der Wein keine Borsäure. Ist dagegen eine rötliche oder orangerote Färbung entstanden, dann betupft man das in der Farbe veränderte Papier mit einer 2proz. Lösung von wasserfreiem Natriumcarbonat. Entsteht hierdurch ein rotbrauner Fleck, der sich in seiner Farbe nicht von dem rotbraunen Flecke unterscheidet, der durch die Natriumcarbonatlösung auf reinem Curcuminpapier erzeugt wird, oder eine rotviolette Färbung, so enthält der Wein ebenfalls keine Borsäure. Entsteht dagegen durch die Natriumcarbonatlösung ein blauer Fleck, so ist die Gegenwart von Borsäure nachgewiesen. Bei blauvioletten Färbungen und in Zweifelsfällen ist der Ausfall der Flammenreaktion ausschlaggebend. — Die Flammenreaktion ist in folgender Weise auszuführen: Die salzsaure Lösung der Asche wird mit Natronlauge deutlich alkalisch gemacht und zunächst auf dem Wasserbad, alsdann bei 120° zur Trockne gebracht. Der Rückstand wird mit einem erkalteten Gemische von 5 ccm Methylalkohol und 0,5 ccm konzentrierter Schwefelsäure sorgfältig verrieben und dann wie bei α weiter verfahren.

　　b) Bestimmung der Borsäure. *α) Bestimmung der Borsäure in Wein*[3]). „50 ccm Wein — Süßwein nach Vergärung des verdünnten Weines gemäß

---

[1]) Amtliche Anweisung zur chemischen Untersuchung des Weines.

[2]) Das Curcuminpapier wird durch einmaliges Tränken von weißem Filtrierpapier mit einer Lösung von 0,1 g Curcumin in 100 ccm Alkohol von 90 Maßprozent bereitet. Das getrocknete Curcuminpapier ist in gut verschlossenen Gefäßen vor Licht geschützt aufzubewahren. — Das Curcumin wird in folgender Weise hergestellt: 30 g feines, bei 100° getrocknetes Curcumawurzelpulver (Curcuma longa) werden im Soxhletschen Extraktionsapparate zunächst 4 Stunden lang mit Petroläther ausgezogen. Das so entfettete und getrocknete Pulver wird alsdann in demselben Apparate mit heißem Benzol 8—10 Stunden lang unter Anwendung von 100 ccm Benzol erschöpft. Zum Erhitzen des Benzols kann ein Glycerinbad von 115—120° verwendet werden. Beim Erkalten der Benzollösung scheidet sich innerhalb 12 Stunden das für die Herstellung des Curcuminpapiers zu verwendende Curcumin ab.

[3]) Amtliche Anweisung zur chemischen Untersuchung des Weines.

S. 302 — werden mit Alkalilauge alkalisch gemacht und (nach S. 81) verascht. Die Asche wird mit wenig Wasser und etwa 0,5 ccm Salzsäure vom spezifischen Gewicht 1,12 angerieben und nach Zusatz von 15 ccm Wasser 2 Minuten auf dem Wasserbad erwärmt. Die Flüssigkeit wird sodann durch ein kleines Filter filtriert und dieses mit wenig Wasser nachgewaschen. Nach dem Erkalten setzt man zu der etwa 25 ccm betragenden Flüssigkeit die gleiche Raummenge einer 40proz. neutralen Trinatriumcitratlösung[1]), einen Tropfen 1proz. Phenolphthaleinlösung und so viel normale, zuletzt $^{1}/_{10}$ N-Alkalilauge hinzu, bis die Flüssigkeit eben deutlich gerötet ist. Alsdann gibt man reinen Mannit in solcher Menge hinzu, daß die Lösung bei Beendigung der nun folgenden Titration etwa 10% davon enthält, titriert mit $^{1}/_{10}$ N-Alkalilauge, bis die Flüssigkeit 2 Minuten deutlich gerötet bleibt, läßt 10—20 Minuten stehen und titriert die etwa wieder entfärbte Flüssigkeit nach.

Berechnung: Wurden nach dem Mannitzusatz a ccm $^{1}/_{10}$ N-Alkalilauge verbraucht, so sind in 1 l Wein enthalten:

$$x = 0,1252^2) \cdot a \text{ g Borsäure } (BO_3H_3).\text{“}$$

β) Nach J. M. Kolthoff[3]) neutralisiert man z. B. die salzsaure Aschelösung[4]) von etwa 10 g Garneelen u. dgl. mit $^{1}/_{10}$ N-Lauge gegen Dimethylgelb, fügt einen Überschuß von Natriumcitrat (5—10 ccm 40proz. Lösung) hinzu und titriert darauf nach Zusatz von Phenolphthalein zunächst die Phosphorsäure bis zur mindestens 3 Minuten bleibenden Rotfärbung (vgl. S. 99). Die Phosphorsäure ist dann als Na_2HPO_4 vorhanden. Darauf setzt man wie bei α) Mannitlösung zu und titriert bis zur deutlich rosaroten Färbung ($p_H = 8,7$). — 1 ccm $^{1}/_{10}$ N-Lauge entspricht 6,18 mg H_3BO_3 oder 3,48 mg B_2O_3.

4. Schweflige Säure und deren Salze sowie Thiosulfate. a) Qualitativer Nachweis. Amtliche Vorschrift[5]): „30 g fein zerkleinerte Fleischmasse und 5 ccm 25proz. Phosphorsäure werden möglichst auf dem Boden eines Erlenmeyerkölbchens von 100 ccm Inhalt durch schnelles Zusammenkneten gemischt. Hierauf wird das Kölbchen sofort mit dem Korke verschlossen. Das Ende des Korkes, welches in den Kolben hineinragt, ist mit einem Spalt versehen, in dem ein Streifen Kaliumjodatstärkepapier so befestigt ist, daß dessen unteres, etwa 1 cm lang mit Wasser befeuchtetes Ende ungefähr 1 cm über der Mitte der Fleischmasse sich befindet. Die Lösung zur Herstellung des Jodatstärkepapiers besteht aus 0,1 g Kaliumjodat und 1 g löslicher Stärke in 100 ccm Wasser. — Zeigt sich innerhalb 10 Minuten keine Bläuung des Streifens, die zuerst gewöhnlich an der Grenzlinie des feuchten und trocknen Streifens eintritt, dann stellt man das Kölbchen bei etwas loserem Korkverschluß auf das Wasserbad. Tritt auch jetzt innerhalb 10 Minuten keine vorübergehende oder bleibende Bläuung

---

[1]) Zur Herstellung der Lösung wird Trinatriumcitrat in der $1^{1}/_{2}$fachen Menge ausgekochtem heißen Wasser gelöst. 25 ccm dieser Lösung, mit 25 ccm ausgekochtem Wasser, 1 Tropfen Phenolphthaleinlösung und 1 Tropfen $^{1}/_{10}$ N-Alkalilauge versetzt, müssen nach 20 Minuten langem Stehen bei Zimmertemperatur noch eben gerötet sein.

[2]) Richtiger 0,1237, entsprechend dem neueren Wert für das Atomgewicht des Bors von 10,82.

[3]) Chem. Weekbl. Bd. 19, S. 449—450. 1922; Chem. Zentralbl. 1923, II, S. 605.

[4]) Die Veraschung erfolgt nach Durchmischung des Stoffes mit Natriumcarbonat im Überschuß.

[5]) Nach den Ausführungsbestimmungen zum Fleischbeschaugesetze.

des Streifens ein, dann läßt man das wieder fest verschlossene Kölbchen an der Luft erkalten. Macht sich auch jetzt innerhalb $^1/_2$ Stunde keine Blaufärbung des Papierstreifens bemerkbar, dann ist das Fleisch als frei von schwefliger Säure zu betrachten. Tritt dagegen eine Bläuung des Papierstreifens ein, dann ist der entscheidende Nachweis der schwefligen Säure durch nachstehendes Verfahren zu erbringen:

1. 30 g der zerkleinerten Fleischmasse werden mit 200 ccm ausgekochtem Wasser in einem Destillierkolben von etwa 500 ccm Inhalt[1]) unter Zusatz von Natriumcarbonatlösung bis zur schwach alkalischen Reaktion angerührt. Nach 1 stündigem Stehen wird der Kolben mit einem zweimal durchbohrten Stopfen verschlossen, durch welchen 2 Glasröhren in das Innere des Kolbens führen. Die erste Röhre reicht bis auf den Boden des Kolbens, die zweite nur bis in den Hals. Die letztere Röhre führt zu einem Liebigschen Kühler; an diesen schließt sich luftdicht mittels durchbohrten Stopfens eine kugelig aufgeblasene U-Röhre (sog. Peligotsche Röhre). — Man leitet durch das bis auf den Boden des Kolbens führende Rohr Kohlensäure[2]) ein, bis alle Luft aus dem Apparat verdrängt ist, bringt dann in die Peligotsche Röhre 50 ccm Jodlösung (erhalten durch Auflösen von 5 g reinem Jod und 7,5 g Kaliumjodid in Wasser zu 1 l; die Lösung muß sulfatfrei sein), lüftet den Stopfen des Destillierkolbens und läßt, ohne das Einströmen der Kohlensäure zu unterbrechen, 10 ccm einer wässerigen 25 proz. Lösung von Phosphorsäure einfließen. Alsdann schließt man den Stopfen wieder, erhitzt den Kolbeninhalt vorsichtig und destilliert unter stetigem Durchleiten von Kohlensäure die Hälfte der wässerigen Lösung ab. Man bringt nunmehr die Jodlösung, die noch braun gefärbt sein muß, in ein Becherglas, spült die Peligotsche Röhre gut mit Wasser aus, setzt etwas Salzsäure zu, erhitzt das Ganze kurze Zeit und fällt die durch Oxydation der schwefligen Säure entstandene Schwefelsäure mit Bariumchloridlösung.‘‘

2. „Liegt ein Anlaß vor, festzustellen, ob die schweflige Säure Thiosulfaten entstammt, so ist in folgender Weise zu verfahren: 50 g der zerkleinerten Fleischmasse werden mit 200 ccm Wasser und Natriumcarbonatlösung bis zur schwach alkalischen Reaktion unter wiederholtem Umrühren in einem Becherglase 1 Stunde ausgelaugt. Nach dem Abpressen der Fleischteile wird der Auszug filtriert, mit Salzsäure stark angesäuert und unter Zusatz von 5 g reinem Natriumchlorid aufgekocht. Der erhaltene Niederschlag wird abfiltriert und so lange ausgewaschen, bis im Waschwasser weder schweflige Säure noch Schwefelsäure nachweisbar sind. Alsdann löst man den Niederschlag in 25 ccm 5 proz. Natronlauge, fügt 50 ccm gesättigtes Bromwasser hinzu und erhitzt zu Sieden. Nunmehr wird mit Salzsäure angesäuert und filtriert. Das vollkommen klare Filtrat gibt bei Gegenwart von unterschwefligsauren Salzen im Fleische auf Zusatz von Bariumchloridlösung sofort eine Fällung von Bariumsulfat.‘‘

Der Nachweis der schwefligen Säure in anderen Nahrungsmitteln, so in Fett, Getreide, Graupen, Obst, Obstdauerwaren, Bier und Wein (vgl. S. 137), erfolgt sinngemäß in gleicher Weise wie bei Fleisch.

---

[1]) Wegen des häufig eintretenden starken Schäumens empfiehlt sich die Anwendung noch größerer Kolben, etwa von 1 l Inhalt.

[2]) Vgl. die Vereinfachung von Järvinen (S. 139), die sich nach meiner Nachprüfung bewährte.

b) Quantitative Bestimmung: Die quantitative Bestimmung erfolgt wie bei der qualitativen Prüfung durch Destillation wie unter 1. (S. 136) im Kohlensäurestrome, Oxydation der schwefligen Säure durch Jodlösung, Ausfällung der gebildeten Schwefelsäure mit Bariumchlorid und Wägung des gebildeten Bariumsulfates. Man verfährt wie folgt:

Nach beendigter Destillation bringt man den Inhalt der Peligotschen Röhre, der noch braun gefärbt sein muß, in ein Becherglas, spült mit Wasser nach, setzt etwas Salzsäure zu und erhitzt zum Kochen. Zeigt sich hierbei, daß die Lösung getrübt ist, so filtriert man durch ein kleines Filter, wäscht mit heißem Wasser nach und erhitzt das Filtrat abermals zum Kochen. Alsdann fällt man die vorhandene Schwefelsäure mit Bariumchloridlösung, läßt absitzen und filtriert nach kurzem Stehen durch einen gewogenen, mit Kieselgur gedichteten Goochtiegel (vgl. S. 97). Man wäscht zunächst mit heißem Wasser, schließlich mit etwas Spiritus nach und erhitzt den Tiegel mit Niederschlag etwa 5—10 Minuten über einem Pilzbrenner, worauf man nach Erkalten wägt. Aus der Menge des gewogenen Bariumsulfates berechnet man die im Fleisch usw. enthaltene Menge an schwefliger Säure bzw. deren Salzen wie folgt:

Zu beachten ist, daß nur bei sehr sorgfältigem Arbeiten, bei völliger Ausschaltung des Luftsauerstoffes und bei nicht zu rascher Destillation die gesamte schweflige Säure in der Vorlage als Schwefelsäure wiedergefunden werden kann. Wie meine Beobachtungen bestätigten, gehört insbesondere die Oxydation der schwefligen Säure durch Jodlösung zu den langsamer verlaufenden Reaktionen, so daß bei zu rascher Destillation oder bei vorhandenen größeren Mengen an Sulfiten leicht Verluste entstehen.

| Gewogenes BaSO$_4$ | Bei Verwendung von 30 g Fleisch sind enthalten an | | | | | | Gewogenes BaSO$_4$ |
| | SO$_2$ | Na$_2$SO$_3$ | NaHSO$_3$ | Na$_2$S$_2$O$_3$ | Präservesalz kryst. Na$_2$SO$_3$ + 7 H$_2$O | Natriumthiosulfat kryst. Na$_2$S$_2$O$_3$ + 5 H$_2$O | |
mg	mg in 100 g	mg in 100 g	mg in 100 g	mg in 100 g	mg in 100 g	mg in 100 g	mg
1	0,91	01,80	01,49	02,26	03,60	03,54	1
2	1,83	03,60	029,8	045,2	07,20	07,09	2
3	2,74	05,40	044,7	067,8	10,80	10,63	3
4	3,66	07,20	059,6	090,4	14,40	14,18	4
5	4,57	09,00	074,5	113,0	18,00	17,72	5
6	5,49	10,80	089,4	135,6	21,60	21,26	6
7	6,40	12,60	104,3	158,2	25,20	24,81	7
8	7,32	14,40	119,2	180,8	28,80	28,35	8
9	8,23	16,20	134,1	203,4	32,40	31,90	9

Zahlenangaben auf 3 Dezimalen.

Bestimmung der schwefligen Säure (des Bisulfitrestes) in Wein[1].

a) Bestimmung der gesamten schwefligen Säure (des gesamten Bisulfitrestes HSO$_3$). α) *Gewichtsanalytisches Verfahren.* „Zur Ausführung des Verfahrens bedient man sich folgender Vorrichtung:

Ein Destillierkolben von 500 ccm Inhalt wird mit einem zweimal durchbohrten Stopfen verschlossen. Durch die eine Bohrung führt eine Glasröhre bis auf den Boden des Kolbens, die andere nimmt ein Rohr mit Tropfenfänger auf, das oberhalb der Kugel des letzteren im Knie abgebogen und mit seinem absteigenden Teile durch einen Kork dicht mit einem Liebigschen Kühler ver-

---

[1] Amtliche Anweisung zur chemischen Untersuchung des Weines.

bunden ist. Das Rohr des Tropfenfängers reicht ein erhebliches Stück in das Kühlrohr hinein. An das untere Ende des letzteren schließt sich luftdicht mittels durchbohrten Stopfens eine tubulierte Vorlage an, an deren Tubus — wiederum luftdicht mittels durchbohrten Stopfens — eine kugelig aufgeblasene U-Röhre (sog. Peligotsche Röhre) angeschaltet ist.

Man leitet durch das bis auf den Boden des Kolbens führende Rohr reines gewaschenes Kohlendioxyd, bis alle Luft aus dem Apparat verdrängt ist, bringt dann in die Vorlage etwa 45 ccm, in die Peligotsche Röhre etwa 5 ccm Jodlösung (erhalten durch Auflösen von 5 g reinem Jod und 7,5 g Kaliumjodid in Wasser zu 1 l), lüftet den Stopfen des Destillierkolbens und läßt 200 ccm Wein, der einer vollen, unmittelbar vorher entkorkten Flasche entnommen und nicht filtriert ist, aus einer Pipette in den Kolben fließen. Nachdem noch 10 ccm Phosphorsäure vom spezifischen Gewicht 1,30 zugegeben sind und der Kolben wieder verschlossen ist, erhitzt man den Wein vorsichtig und destilliert ihn unter stetigem Durchleiten von Kohlendioxyd ab, bis die Hälfte der Flüssigkeit übergegangen ist.

Man bringt nunmehr die Jodlösung, die noch braun gefärbt sein muß, unter Nachspülen mit Wasser in ein Becherglas, setzt etwas Salzsäure zu, erhält die Flüssigkeit bis zur Entfernung des größten Teiles des Jods im Sieden und fällt die entstandene Schwefelsäure mit Bariumchloridlösung aus.

Berechnung: Wurden a g Bariumsulfat gewogen, so sind in 1 l Wein enthalten:

$$x = 1{,}372 \cdot a \text{ g gesamte schweflige Säure (SO}_2\text{),}$$
$$y = 1{,}737 \cdot a \text{ g gesamter Bisulfitrest (HSO}_3\text{).}$$

β) *Maßanalytisches Verfahren.* (Bei Rotweinen und dunkel gefärbten Dessertweinen nicht ausführbar.) Man bringt in ein Kölbchen von ungefähr 200 ccm Inhalt 25 ccm einer annähernd normalen Alkalilauge und läßt 50 ccm Wein, der einer vollen, unmittelbar vorher entkorkten Flasche entnommen und nicht filtriert ist, so zu der Lauge fließen, daß die Pipettenspitze während des Auslaufens in die Lauge taucht. Nach mehrmaligem vorsichtigen Umschwenken läßt man die Mischung 15 Minuten stehen. Hierauf fügt man zu der alkalischen Flüssigkeit 15 ccm verdünnte Schwefelsäure vom spezifischen Gewicht 1,11 sowie einige Kubikzentimeter Stärkelösung und titriert unverzüglich die Flüssigkeit mit $^1/_{50}$ N-Jodlösung. Man läßt die Jodlösung ziemlich rasch, jedoch vorsichtig unter Umschwenken hinzufließen, bis die Blaufärbung mindestens $^1/_2$ Minute lang anhält. Sollte man übertitriert haben, so ist ein Zurückmessen mit Natriumthiosulfatlösung nicht statthaft.

Berechnung: Wurden auf 50 ccm Wein a ccm $^1/_{50}$ N-Jodlösung verbraucht, so sind in 1 l Wein enthalten:

$$x = 0{,}0128 \cdot a \text{ g gesamte schweflige Säure (SO}_2\text{),}$$
$$y = 0{,}0162 \cdot a \text{ g gesamter Bisulfitrest (HSO}_3\text{).}$$

Anmerkung: Das Verfahren, nach welchem die gesamte schweflige Säure bestimmt wurde, ist anzugeben.

b) **Bestimmung der freien schwefligen Säure (des freien Bisulfitrestes HSO$_3$).** (Bei Rotweinen und dunkel gefärbten Dessertweinen nicht ausführbar.) Man leitet in ein Kölbchen von etwa 100 ccm Inhalt 10 Minuten lang reines gewaschenes Kohlendioxyd und läßt aus einer Pipette 50 ccm Wein, der einer vollen, unmittelbar vorher entkorkten Flasche entnommen und nicht filtriert ist, in das mit Kohlendioxyd gefüllte Kölbchen fließen. Alsdann titriert man unverzüglich die Flüssigkeit nach Zusatz von 10 ccm verdünnter Schwefelsäure vom spezifischen Gewicht 1,11 in der vorstehend unter a), β) beschriebenen Weise mit $^1/_{50}$ N-Jodlösung.

Berechnung: Wurden auf 50 ccm Wein a ccm $^1/_{50}$ N-Jodlösung verbraucht, so sind in 1 l Wein enthalten:

$$x = 0,0128 \cdot a \text{ g freie schweflige Säure } (SO_2),$$
$$y = 0,0162 \cdot a \text{ g freier Bisulfitrest } (HSO_3).$$

Anmerkung: Bei Rotweinen und dunkel gefärbten Dessertweinen kann die Menge der freien schwefligen Säure aus dem nach den Vorschriften unter a), α) und c) ermittelten Werten für den Gehalt an gesamter und gebundener schwefliger Säure berechnet werden.

c) Ermittlung der gebundenen schwefligen Säure (des gebundenen Bisulfitrestes HSO_3). Der Unterschied zwischen dem gefundenen Gehalte des Weines an gesamter und freier schwefliger Säure (gesamtem und freiem Bisulfitrest) ergibt den Gehalt des Weines an gebundener schwefliger Säure (gebundenem Bisulfitrest).

Anmerkung: Bei Rotweinen und dunkel gefärbten Dessertweinen kann die gebundene schweflige Säure nach folgendem Verfahren bestimmt werden:

Vorversuch: Man leitet in ein Kölbchen von etwa 50 ccm Inhalt 10 Minuten lang reines gewaschenes Kohlendioxyd und läßt aus einer Pipette 10 ccm Wein, der einer vollen, unmittelbar vorher entkorkten Flasche entnommen und nicht filtriert ist, in das Kölbchen fließen, setzt 2 ccm verdünnte Schwefelsäure vom spezifischen Gewicht 1,11 hinzu und titriert hierauf mit $^1/_{50}$ N-Jodlösung, bis ein Tropfen der Mischung, mit Stärkelösung zusammengebracht, diese deutlich blau färbt.

Bestimmung: Zur Bestimmung der gebundenen schwefligen Säure bedient man sich der gleichen Vorrichtung wie zur Bestimmung der gesamten schwefligen Säure (vgl. unter a), α). Nachdem reines gewaschenes Kohlendioxyd durch den Apparat geleitet worden ist, bis alle Luft verdrängt ist, läßt man 100 ccm Wein aus einer Pipette in den Destillierkolben fließen, unterbricht das Einleiten des Kohlendioxyds, fügt 2 ccm Salzsäure vom spezifischen Gewicht 1,12 und darauf die 10fache Menge der bei dem Vorversuche verwendeten $^1/_{50}$ N-Jodlösung aus einer Bürette hinzu, läßt 5 Minuten stehen und setzt dann 25 ccm 5proz. Natriumhydrocarbonatlösung und sogleich soviel Kubikzentimeter einer Natriumarsenitlösung[1]), die auf die Jodlösung eingestellt ist, hinzu, als man zuvor Kubikzentimeter Jodlösung hinzugegeben hatte. Man leitet nun 10 Minuten lang Kohlendioxyd durch den Apparat. Nachdem dann noch 7,5 ccm Phosphorsäure vom spezifischen Gewicht 1,15 zugegeben sind, erhitzt man die Flüssigkeit vorsichtig und destilliert im Kohlendioxydstrome die Hälfte in die vorgelegte Jodlösung ab.

Mit der Jodlösung verfährt man alsdann weiter, wie dies vorstehend unter a), α) beschrieben worden ist.

Berechnung: Wurden a g Bariumsulfat gewogen, so sind in 1 l Wein enthalten:

$$x = 2,745 \cdot a \text{ g gebundene schweflige Säure } (SO_2),$$
$$y = 3,473 \cdot a \text{ g gebundener Bisulfitrest } (HSO_3).\text{“}$$

Nach K. K. Järvinen[2]) kann man die Destillation des Schwefeldioxydes dadurch vorteilhaft vereinfachen, daß man das Kohlendioxyd im Destillationsgefäße selbst, und zwar aus Marmor und Salzsäure entwickelt. Man verfährt wie folgt:

In einen 500-ccm-Kolben (Kjeldahlkolben) bringt man z. B. 25 g zerschnittenes Obst, 300 ccm Wasser, 5 g grobe Marmorstücke und 25 ccm konzentrierte Salzsäure. Man verbindet wie bei der Destillation nach Kjeldahl sofort mit einem Kühler und fängt das Destillat in einer Vorlage von Jod-Jodkalium, Bromwasser, Wasserstoffsuperoxyd oder Natriumcarbonat auf. Die Destillation wird etwa 2—3 Stunden unter Eindampfen des

---

[1]) Die Natriumarsenitlösung wird wie folgt bereitet: 1 g Arsentrioxyd (As_2O_3) wird in 10 ccm 15proz. Natronlauge gelöst; hierauf setzt man 200 ccm 5proz. Natriumhydrocarbonatlösung, sodann 6 ccm Salzsäure vom spezifischen Gewicht 1,12 hinzu, füllt mit 5proz. Natriumhydrocarbonatlösung zu 1 l auf und stellt die Lösung genau auf $^1/_{50}$ N-Jodlösung ein.

[2]) Zeitschr. f. Untersuch. d. Nahrungs- u. Genußmittel Bd. 49, S. 283—286. 1925.

Kolbeninhaltes auf 100 ccm fortgesetzt und darauf im Destillate die gebildete Schwefelsäure als Bariumsulfat bestimmt.

5. Fluorwasserstoff und dessen Salze. Von Fluorverbindungen gelangen vorwiegend Natriumfluorid und Ammoniumfluorid als Frischhaltungsmittel von Fleisch, Fett, Milch, Butter und alkoholischen Getränken zur Verwendung. Ferner kann vorhandenes Fluor aus den als Rattengift und für technische Zwecke verwendeten kieselflußsauren Salzen stammen.

a) Qualitativer Nachweis: 1. Amtliche Verfahren: α) *Bei Fleisch*[1]): „25 g der zerkleinerten Fleischmasse werden in einer Platinschale mit einer hinreichenden Menge Kalkmilch durchgeknetet. Alsdann trocknet man ein, verascht und gibt den Rückstand nach dem Zerreiben in einen Platintiegel, befeuchtet das Pulver mit etwa 3 Tropfen Wasser und fügt 1 ccm konzentrierte Schwefelsäure hinzu. Sofort nach dem Zusatze der Schwefelsäure wird der behufs Erhitzens auf eine Asbestplatte gestellte Platintiegel mit einem großen Uhrglase bedeckt, das auf der Unterseite in bekannter Weise mit Wachs überzogen und beschrieben ist. Um das Schmelzen des Wachses zu verhüten, wird in das Uhrglas ein Stückchen Eis gelegt. Sobald das Glas sich an den beschriebenen Stellen angeätzt zeigt, so ist der Nachweis von Fluorwasserstoff im Fleische als erbracht anzusehen."

β) *Bei Fett*[2]): „30 g geschmolzenes Fett werden mit der gleichen Menge Wasser in einem mit Rückflußkühler versehenen Kolben von etwa 500 ccm Inhalt vermischt. In das Gemisch wird $^1\!/_2$ Stunde lang strömender Wasserdampf eingeleitet, der wässerige Auszug nach dem Erkalten filtriert und das Filtrat ohne Rücksicht auf eine etwa vorhandene Trübung mit Kalkmilch bis zur stark alkalischen Reaktion versetzt. Nach dem Absitzen und Abfiltrieren wird der Rückstand getrocknet, zerrieben in einen Platintiegel gegeben und alsdann nach der vorstehenden Vorschrift weiter behandelt."

γ) *Bei Milch:* Von Milch verwendet man 100—200 ccm, die man in einer Platinschale mit einer hinreichenden Menge Kalkmilch alkalisch macht. Alsdann trocknet man ein, verascht und gibt den Rückstand nach dem Zerreiben in einen Platintiegel, befeuchtet das Pulver mit etwa 3 Tropfen Wasser und fügt 1 ccm konzentrierte Schwefelsäure hinzu. Darauf wird weiter wie oben verfahren.

δ) *Nachweis des Fluors in Wein*[3]): „100 ccm Wein werden in einem Meßzylinder mit $^1\!/_2$—1 ccm einer 20proz. Natriumsulfatlösung versetzt, in der Kälte mit 10 ccm 10proz. Bariumacetatlösung kräftig geschüttelt, über Nacht stehengelassen und die klare Flüssigkeit abgehebert. Dann wird mit heißem Wasser auf ungefähr 100 ccm aufgefüllt und der Niederschlag nochmals absitzen gelassen. Ist die Flüssigkeit über dem Niederschlage klar, so wird sie abgehebert, der Rückstand mit heißem Wasser auf etwa 50 ccm aufgefüllt und durch ein doppeltes Faltenfilter filtriert; war die Flüssigkeit jedoch, nach auch längerem Stehen, nicht klar geworden, so wird unmittelbar filtriert. — Niederschlag und Filter werden mit heißem Wasser ausgewaschen, getrocknet und in einem Platintiegel über einem Pilzbrenner bei dunkler Rotglut verascht. Der Rückstand wird mit reiner konzentrierter Schwefelsäure übergossen und der Tiegel sofort mit einem Erlenmeyerkölbchen bedeckt, das auf der Unterseite mit einer stellenweise durch Einritzen unterbrochenen Wachsschicht überzogen ist. Der Tiegel wird unter Kühlung des Kölbchens durch fließendes Wasser erst schwach und später stärker, im ganzen etwa eine Stunde erhitzt, bis Schwefelsäuredämpfe zu entweichen beginnen, und alsdann noch längere Zeit stehengelassen. War Fluor im Weine

---

[1]) Nach den Ausführungsbestimmungen zum Fleischbeschaugesetze.
[2]) Nach den Ausführungsbestimmungen zum Fleischbeschaugesetze.
[3]) Amtliche Anweisung zur chemischen Untersuchung des Weines.

enthalten, so zeigt sich das Glas nach Ablösung der Wachsschicht an den vorher wachsfreien Stellen angeätzt; jedoch ist der Nachweis des Fluors nur dann als erbracht anzusehen, wenn die Ätzung schon ohne Anhauchen sichtbar ist."

b) **Farbenreaktion auf Fluor nach J. H. de Boer**[1]). Nach de Boer ist eine Lösung von 0,02 g Zirkoniumoxychlorid und 0,015 g alizarinsulfosaurem Natrium in 10 ccm Wasser, gemischt mit 60 ccm konzentrierter Salzsäure, ein sehr empfindliches Reagens auf Fluorionen. Die rotviolette Lösung wird bereits durch 0,001 mg Fluorionen, in 1 ccm Wasser gelöst, hellgelb gefärbt.

c) **Prüfung auf Fluor mit Lanthanacetat nach R. J. Meyer und W. Schulz**[2]). Man dampft die zu untersuchende schwach alkalische Lösung auf etwa 10 ccm ein, säuert sie mit Essigsäure stark an und versetzt sie dann in der Kälte mit einem Überschuß einer 1 proz. Lösung von Lanthanacetat, fügt reichlich festes Ammoniumacetat hinzu und kocht auf. Die Flüssigkeit trübt sich und scheidet dann einen flockigen Niederschlag ab, der nach einigem Stehen oder Erwärmen feinkörnig wird. Bei sehr geringen Mengen läßt man die Probe einige Stunden stehen. Die **Empfindlichkeitsgrenze** liegt bei etwa 0,01 mg F, so daß sich in manchen Aschen, z. B. den von Eiern, so bereits der natürliche Fluorgehalt nachweisen läßt.

Zur Anwendung des Lanthanverfahrens zum Nachweise von Fluorver-bindungen in Nahrungs- und Genußmitteln gibt H. Lührig[3]) folgende Arbeitsvor-schriften an:

α) **Milch:** 100 ccm Milch werden in eine mit Glasstöpsel versehene Flasche von 250 ccm Inhalt mit etwa 10 ccm Tetrachlorkohlenstoff etwa 10 Minuten lang kräftig durchgeschüttelt, dann mit 20 ccm 20 v. H. starker Essigsäure versetzt und nochmals eine Minute ebenso geschüttelt. Man läßt einige Minuten stehen und filtriert durch ein Faltenfilter, was leicht und schnell erfolgt. Das 60—70 ccm betragende klare gelblich-grün gefärbte Serum[4]) wird mit etwa 5 g Ammoniumacetat und noch 1 ccm 20 v. H. starker Essigsäure versetzt, zum Sieden erhitzt und durch tropfenweisen Zusatz einer heißen Lösung von Lanthanacetat vollständig gefällt. Man läßt noch etwa 10 Minuten kochen, dann erkalten und filtriert durch eine Nutsche, auf der der Niederschlag ge-sammelt wird. Nach Überführung in einen Platintiegel wird er darin getrocknet, bei gelinder Temperatur verascht und die Asche in bekannter Weise der Ätzprobe unter-worfen. Mit bloßem Auge wahrnehmbare Ätzungen deuten auf Fluorzusatz hin; Ätzungen, die erst beim Behauchen sichtbar werden, sind unberücksichtigt zu lassen.

β) **Fette:** 30 g Fett werden mit der gleichen Menge Wasser in einem Rundkolben von etwa 300 ccm Inhalt höchstens 5 Minuten lang mit strömendem Wasserdampf be-handelt. Der Kolben wird dann abgekühlt, bis die Fettschicht erstarrt ist. Die wässe-rige Flüssigkeit wird durch ein angefeuchtetes Filter gefiltert, 15 ccm des klaren Fil-trates werden mit 0,5—1,0 ccm 20 v. H. starker Essigsäure angesäuert und mit einer kleinen Messerspitze festem Ammoniumacetat versetzt. Nach dem Lösen des letzteren setzt man 1 ccm 1 v. H. starke Lanthanacetatlösung hinzu und kocht auf. Bleibt die Flüssigkeit nach dem Zusatze von Lanthanacetat in der Kälte und beim Aufkochen un-verändert, so ist das Fett als mit Fluorwasserstoff und dessen Salzen nicht behandelt zu betrachten. Tritt dagegen nach dem Lanthanzusatze eine Fällung ein, so vereinigt man den Rest der Flüssigkeit mit der Probe, erhält 10 Minuten im Kochen, läßt erkalten und sammelt den Niederschlag auf einem Filter, wäscht mit wenigen ccm heißem Wasser nach, trocknet in einem Platintiegel, verascht bei dunkler Rotglut und unterwirft den Rückstand der Glasätzprobe, indem man 3 Tropfen Wasser und 1 ccm konz. Schwefel-säure zusetzt und 30 Minuten erst mäßig, dann stärker bis zum Auftreten von Schwefel-säuredämpfen erhitzt. Eine mit bloßem Auge wahrnehmbare Ätzung des Glases wird als positive Reaktion gewertet, d. h. das geprüfte Fett ist als mit Fluorwasserstoff oder dessen Salzen behandelt zu betrachten.

---

[1]) Recueils des travaux chim. de Pays-Bas Bd. 44, S. 1072. 1925.

[2]) Zeitschr. f. angew. Chem. Bd. 38, S. 203—206. 1925; Zeitschr. f. Untersuch. d. Nahrungs- u. Genußmittel Bd. 50, S. 440—441.

[3]) Pharm. Zentralh. 1926, 67, 513—518. 531—535.

[4]) Tetraserum nach B. Psyl und R. Turnau. Vgl. J. König, Chemie der menschl. Nahrungs- und Genußmittel. Bd. III, 2. Teil, S. 254.

γ) **Fettzubereitungen:** 30 g Butter oder Margarine werden in einem Rundkolben von 300 ccm Inhalt mit 30 ccm Wasser und 1 ccm N-Sodalösung versetzt und höchstens 5 Minuten mit strömendem Wasserdampf behandelt. Nach dem Erkalten (Eiskühlung) und Erstarren der Fettschicht, die meist keinen zusammenhängenden Fettkuchen bildet, wird der Kolbeninhalt auf einer Filterplatte möglichst vom Fett befreit, die Flüssigkeit mit etwa 5 ccm Tetrachlorkohlenstoff mehrere Minuten kräftig durchgeschüttelt, nach Zugabe von 1 ccm 20 v. H. starker Essigsäurelösung nochmals eine Minute geschüttelt und durch ein Faltenfilter gefiltert. Das Filtrat wird mit einer Messerspitze Ammoniumacetat und so viel Lanthanacetat versetzt, bis noch eine Fällung entsteht. Alsdann wird zum Sieden erhitzt und 10 Minuten darin erhalten. Nach dem Abkühlen und Absetzen des Niederschlages wird auf einer Nutsche abgesaugt, der Niederschlag mit wenig heißem Wasser auf das Filter gebracht, dieses in einem Platintiegel getrocknet und bei dunkler Rotglut vorsichtig verascht. Die Asche wird nach Befeuchtung mit 3 Tropfen Wasser und Hinzufügen von 1 ccm konz. Schwefelsäure der Glasätzprobe während 30 Minuten unterworfen. Eine mit bloßem Auge auf dem Glase wahrnehmbare Ätzung der beschriebenen Stellen läßt darauf schließen, daß die Fette mit Fluorwasserstoff oder seinen Salzen behandelt sind.

δ) **Bier:** 100 ccm Bier werden mit wenig Natronlauge alkalisch gemacht, mit 2 ccm 20 v. H. starker Essigsäure angesäuert, mit einer kleinen Messerspitze Ammoniumacetat versetzt und kochend mit Lanthanacetat versetzt, bis keine Fällung mehr erfolgt. Es wird noch 10 Minuten weiter zum Sieden erhitzt und abgekühlt. Der Niederschlag wird auf einer Nutsche abgesogen, mit sehr wenig heißem Wasser nachgewaschen, das Filter im Platintiegel getrocknet, bei niedriger Temperatur verascht und die Asche in bekannter Weise der Ätzprobe unterworfen.

ε) **Wein:** 100 ccm Wein werden in einem Becherglase mit Natronlauge neutralisiert, dann mit 1 ccm 20 v. H. starker Essigsäure und etwa 3 g Ammoniumacetat versetzt und zum Sieden erhitzt. Man gibt 10 ccm 1 v. H. starker Lanthanacetatlösung hinzu und erhält etwa 10 Minuten im Kochen. Nach dem Erkalten wird der Niederschlag auf einem Filter gesammelt, mit einigen ccm heißem Wasser ausgewaschen, das Filter in einem Platintiegel getrocknet, bei dunkler Rotglut verascht und die Asche nach Befeuchten mit 3 Tropfen Wasser und Zusatz von 1 ccm konzentrierter Schwefelsäure der Glasätzprobe während 30 Minuten unterworfen, wobei erst langsam, später bis zum Auftreten von Schwefelsäuredämpfen erhitzt wird. Nur eine mit bloßem Auge ohne Anhauchen wahrnehmbare Ätzung gilt als positive Reaktion.

d) **Quantitative Bestimmung des Fluors.** α) O. Noetzel[1]) empfiehlt zur Fluorbestimmung die **Titration mit Eisenchlorid nach Greef**[2]), die auf folgender Grundlage beruht:

$$6\,NaF + FeCl_3 = (FNa)_3 \cdot FeF_3 + 3\,NaCl.$$

Das Natriumeisenfluorid ist bei Gegenwart von Natriumchlorid, Alkohol und Äther unlöslich. Ein Überschuß von Eisenchlorid wird durch Ammoniumrhodanid angezeigt. Die Titration wird wie folgt ausgeführt:

Erforderliche Lösungen: 1. Eine Lösung von 5,530 g reinem **Natriumfluorid**, gegen Phenolphthalein genau neutralisiert und auf 500 ccm aufgefüllt. 20 ccm davon entsprechen 0,1 g Fluor.

2. Eine **Eisenchloridlösung.** von der etwa 10 ccm 0,1 g Fluor entsprechen (18 bis 20 ccm der offizinellen Lösung zu 500 ccm). — Die Lösung ist im Dunkeln aufzubewahren.

3. Eine 10proz. **Ammoniumrhodanidlösung.**

Zur Titerstellung werden von der Lösung 1 20 ccm = 0,1 g Fluor in ein 100 ccm-Erlenmeyerkölbchen gegeben, etwa 12—15 g Natriumchlorid und 5 ccm Ammoniumrhodanidlösung zugefügt und mit der Eisenchloridlösung bis zur eben sichtbaren Gelbfärbung titriert. Dann gibt man 20 ccm eines Gemisches gleicher Teile Alkohol und Äther zu und titriert unter lebhaftem Umschütteln bei Ver-

---

[1]) Zeitschr. f. Untersuch. d. Nahrungs- u. Genußmittel Bd. 49, S. 31—37. 1925.
[2]) Ber. d. dtsch. chem. Ges. Bd. 46, S. 2511. 1913.

schluß des Kölbchens mit einem Pfropfen bis zur bleibenden Rosafärbung mit der Eisenchloridlösung. Die Entfärbung geht gegen Ende der Reaktion etwas langsamer vor sich, weshalb man zum Schluß noch 1 Minute kräftig schüttelt und beobachtet, ob die Rosafärbung bestehen bleibt. Bei ruhigem Stehen muß sich dann eine fleischrot gefärbte, längere Zeit hindurch bestehende Ätherschicht absetzen. Ungelöstes Natriumchlorid muß noch vorhanden sein.

Zweckmäßig werden alle Bestimmungen im gleichen Flüssigkeitsvolumen von 20—25 ccm ausgeführt und auf gleichen Farbton eingestellt. Da die Titration von Fluormengen unter 0,025 g nicht mehr genau ist, empfiehlt sich in solchen Fällen ein Zusatz von genau 0,1 g Fluor, der dann zuletzt wieder abgezogen wird.

Kieselfluornatrium läßt sich in gleicher Weise titrieren, ohne daß die sich abscheidende Kieselsäure stört. 1 Teil Fluor entspricht dabei 1,653 Teilen Na_2SiF_6.

In Aschen stören gegebenenfalls vorhandene **Phosphorsäure** und Stoffe, die unlösliche Fluoride bilden. Für die genaue Fluorbestimmung in Aschen z. B. von Fleisch empfiehlt Noetzel daher folgendes Verfahren:

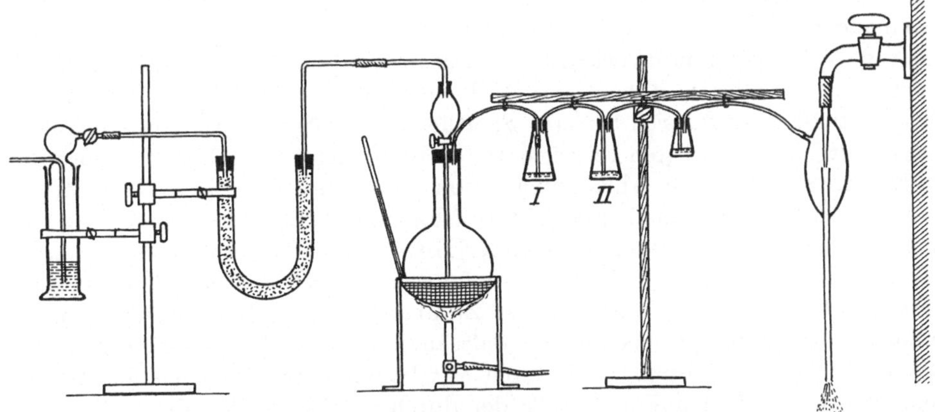

Abb. 19. Fluorbestimmung nach O. Noetzel.

50—100 g Substanz werden nach Vermischen mit 1—2 g frisch gebranntem und zu Brei zerriebenem Kalk eingetrocknet und verascht. Die Asche wird darauf nach sorgfältiger Entfernung aus der Schale in einem Achatmörser sehr fein zerrieben und mit etwa 5—7 g feingemahlenem Quarzsand vermischt. Das Gemisch wird in einen 200 ccm-Rundkolben gebracht, dessen Öffnung durch einen doppelt durchbohrten Kautschukstopfen verschlossen werden kann:

Durch das eine Loch wird ein Scheidetrichter von 50 ccm Inhalt bis fast auf den Boden, durch das andere ein Verbindungsrohr nach der Vorlage geführt. Der Scheidetrichter steht oben mit einem Lufttrockenapparat in Verbindung, der sich aus einer Waschflasche mit Schwefelsäure und einem Calciumchloridrohr zusammensetzt. Die Vorlage besteht aus zwei Erlenmeyerkölbchen zu 100 ccm und einem zu 50 ccm gemäß Abbildung. Das erste Glasrohr im ersten Kölbchen muß ziemlich weit sein und ist dicht unterhalb des Pfropfens durchschnitten und mittels Gummischlauch wieder verbunden, damit es zwecks leichterer Reinigung abgenommen werden kann. Die Kölbchen sind an einem Holzständer befestigt. Das letzte Kölbchen ist mit einer Wasserluftpumpe verbunden. In das erste Kölbchen werden etwa 10 ccm einer 4proz. Natronlauge, in das zweite 2 ccm davon und 8 ccm Wasser, in das dritte noch etwa 10 ccm Wasser, einige Tropfen der Natronlauge und einige Tropfen Phenolphthalein gebracht.

Ausführung der Analyse: Vor Beginn der Analyse werden alle Glassachen, Gummipfropfen und Schläuche, mit Ausnahme der Erlenmeyerkölbchen, bei 100° getrocknet. Die zu verwendende Schwefelsäure sei möglichst wasserfrei und ist vor dem Gebrauche bis zur Entwicklung weißer Dämpfe zu erhitzen und im Schwefelsäureexsiccator aufzubewahren. Nach Zusammensetzung der Vorrichtung wird die Asche in den Glaskolben gebracht, der in einem Sandbade steht und 40 ccm der Schwefelsäure in den Scheidetrichter gebracht. Nachdem dieser mit dem Lufttrockenapparat verbunden und die Vorlage angeschlossen ist, läßt man langsam die Schwefelsäure in den Kolben tropfen. Dabei wird der Zulauf so geregelt, daß die Reaktion nicht zu stürmisch verläuft. Ist alle Schwefelsäure zugegeben, so schüttelt man zuerst vorsichtig, dann wiederholt stärker um und erhitzt allmählich bis auf etwa 180°. Ist die Gasentwicklung fast zu Ende, so saugt man zuerst langsam, dann gegen Ende der Reaktion schneller Luft durch den Apparat. Wenn sich auf der Oberfläche der Schwefelsäure keine Gasbläschen mehr zeigen, ist die Austreibung des Fluorsiliciums beendet, was in etwa 5 Stunden erreicht wird. Dann wird der Apparat auseinandergenommen, wobei zu achten ist, daß die Flüssigkeit der Vorlage nicht in die Schwefelsäure zurücksteigt. Darauf wird der Inhalt von Kölbchen II zu dem von Kölbchen I gegeben. Kölbchen III, das höchstens Spuren von Fluor enthält, wird für sich titriert. Sämtliche Glasröhrchen werden mit Wasser ausgespült. Die vereinigten Flüssigkeiten werden aufgekocht, das Zuleitungsrohr zu Kölbchen I, das stets Ablagerungen von Kieselsäure und Kieselfluornatrium enthält, wird abgenommen und mittels Glasstabes und Gummiwischers quantitativ gereinigt. Die Lösung wird in der Hitze gegen Phenolphthalein neutralisiert. Man setzt zu diesem Zwecke tropfenweise zuerst stärkere, dann normale Salzsäure hinzu und kocht nach jedem Zusatze auf, bis keine Rotfärbung mehr entsteht. Ein großer Überschuß an Salzsäure beim Kochen ist zu vermeiden. Die heiß blaßrosa Lösung wird durch Eindampfen im Kölbchen auf 25 ccm gebracht (bei größerem Fluorgehalt, der durch die Menge der ausgeschiedenen Kieselsäure erkennbar ist, auf 50 ccm aufgefüllt und davon 25 ccm verwendet) und wie S. 142 mit Eisenchlorid titriert.

β) Auch das Verfahren von Meyer und Schulz[1]) gestattet eine quantitative Bestimmung gelöster Fluoride mit Lanthanacetat. Ob dasselbe aber auch für Aschen, insbesondere phosphathaltige, geeignet ist, bedarf noch der Nachprüfung. Man verfährt wie folgt:

Man fällt die Fluoridlösung in einer dunkel glasierten Porzellanschale wie bei c), nach dem Aufkochen aber läßt man absetzen, filtriert die überstehende klare Flüssigkeit durch einen Goochtiegel, dampft dann den im Fällungsgefäße verbliebenen Rückstand auf dem Wasserbade ein und trocknet ihn bei 150°. Darauf nimmt man mit essigsaurem, ammoniumacetathaltigem Wasser auf, kocht auf, dekantiert mehrere Male mit heißem, essigsaurem Wasser, filtriert schließlich durch den Goochtiegel und wäscht mit essigsaurem Wasser bis zum Verschwinden der Ammoniumreaktion aus; zu starkes Saugen ist zu vermeiden. Der Niederschlag wird alsdann bei 110° bis zur Gewichtskonstanz getrocknet und gewogen. Dann wird der Tiegel schwach (!) geglüht, bis der Inhalt nach vorübergehender Dunkelfärbung infolge Zersetzung des Lanthanacetates wieder rein weiß geworden ist. Man wiederholt das Glühen des Rückstandes während je 4—5 Minuten bis zur Gewichtsbeständigkeit. Der Tiegel wird jeweilig nach etwa halbstündigem Stehen im Exsiccator bedeckt gewogen, da

<hr>

[1]) Zeitschr. f. angew. Chem. Bd. 38, S. 203—206. 1925; Zeitschr. f. Untersuch. d. Nahrungs- u. Genußmittel. Bd. 50, S. 440—441. 1925.

die Lanthanverbindung etwas hygroskopisch ist. Ist a die angewendete Stoffmenge, b die gewogene Menge $LaF_3 + La_2O_3$ nach dem Glühen, c der Gewichtsverlust beim Glühen, 138,9 das Atomgewicht des Lanthans und 19,00 das des Fluors, so ist der Fluorgehalt in Prozenten (F):

$$F = \frac{57\,(b - 1,0647\,c) \times 100}{195,9\,a}.$$

6. Chlorsaure Salze. Vorschrift für den Nachweis chlorsaurer Salze nach der amt-lichen Anweisung zum Schlachtvieh- und Fleischbeschaugesetz:

„30 g der zerkleinerten Fleischmasse werden mit 100 ccm Wasser 1 Stunde lang kalt ausgelaugt, alsdann bis zum Kochen erhitzt. Nach dem Erkalten wird die wässerige Flüssig-keit abfiltriert und mit Silbernitratlösung im Überschuß versetzt. 25 ccm der von dem durch Silbernitrat entstandenen Niederschlag abfiltrierten klaren Flüssigkeit werden mit 1 ccm einer 10 proz. Lösung von schwefligsaurem Natrium und 1 ccm konzentrierter Sal-petersäure versetzt und hierauf bis zum Kochen erhitzt. Ein hierbei entstehender Nieder-schlag, der sich auf erneuten Zusatz von kochendem Wasser nicht löst und aus Silberchlorid besteht, zeigt die Gegenwart chlorsaurer Salze an."

7. Aluminiumacetat. Der Nachweis von Aluminiumacetat wird erbracht durch den Nachweis der beiden Bestandteile **Aluminiumhydroxyd** und Essigsäure. Ersteres wird in der Asche bestimmt (vgl. S. 92), wobei zu beachten ist, daß viele Nahrungsmittel von Natur aus **geringe** Mengen Aluminium enthalten. Die **Essigsäure** wird in üblicher Weise aus dem Stoffe nach Ansäuern mit Phosphorsäure abdestilliert und im Destillat nach-gewiesen. Auch hierbei ist auf das natürliche Vorkommen von Essigsäure (z. B. in Wein) sowie von anderen flüchtigen Säuren (Buttersäure usw.) Rücksicht zu nehmen.

8. Natriumphosphat. Der Nachweis des Natriumphosphates geschieht durch die Bestimmung des Gehaltes des Stoffes an **Phosphorsäure** nach geeigneter Veraschung (S. 98). Da die meisten Nahrungs- und Genußmittel nicht unbeträchtliche und schwankende Mengen an Phosphaten enthalten, kann auf diese Weise nur der Zusatz großer Mengen Natriumphosphat, die allerdings zur Erreichung des Zweckes der Haltbarmachung erforder-lich sind, nachgewiesen werden.

9. Alkali- und Erdalkalihydroxyde und -carbonate vgl. bei **Milch**, S. 169 und bei Schweineschmalz, S. 210.

B. Organische Frischhaltungsmittel.

1. Nachweis von Formaldehyd. a) Als einfache und rasch ausführbare Prüfung auf Formaldehyd ist nach eigenen Versuchen besonders die Farbenreaktion mit **fuchsinschwefliger Säure in Gegenwart starker Mineralsäuren**[1]) zu empfehlen. Hierbei kann man nach meinen Versuchen wie folgt verfahren:

5 ccm der zu prüfenden Lösung versetzt man in einem Reagensglase mit 1 ccm konzentrierter Schwefelsäure und fügt nach dem Umschütteln 5 ccm fuchsinschweflige Säure (**Schiffsches Reagens**, vgl. S. 120) hinzu. Eine nach abermaligem Umschütteln allmählich eintretende und nach 15 Minuten noch beständige Violettfärbung zeigt Formaldehyd an. Formaldehydmengen von weniger als 0,5 mg im Liter ergeben noch deutliche, haltbare Violettfärbung. Acetaldehyd bewirkt in starken (1 proz.) Konzentrationen eine schwache Violett-färbung, die aber in Gegenwart der starken Schwefelsäure unbeständig ist und daher nach wenigen Minuten verschwindet.

b) H. Große - Bohle[2]) verfährt wie folgt: 10 ccm der zu prüfenden Flüssigkeit werden mit 2 ccm 25 proz. Salzsäure gemischt; dann fügt man 1 ccm fuchsinschweflige Säure hinzu. Bei Anwesenheit von Formaldehyd tritt je nach dessen Menge in einigen Minuten bis einigen

---

[1]) Vgl. G. Denigès, Compt. rend. hebdom. des séances de l'acad. des sciences Bd. 150, S. 529—531. 1910; Zeitschr. f. Untersuch. d. Nahrungs- u. Genußmittel Bd. 23, S. 229. 1910.

[2]) Zeitschr. f. Untersuch. d. Nahrungs- u. Genußmittel Bd. 14, S. 89. 1907; vgl. H. Fincke: Ebendort Bd. 27, S. 246—253. 1914.

Stunden, spätestens in 12 Stunden, eine langsam zunehmende haltbare blau- bis rotviolette Färbung ein.

Von der allgemeinen Aldehydreaktion mit fuchsinschwefliger Säure unterscheidet sich die Formaldehydreaktion dadurch, daß sie auch in Gegenwart von viel freier Mineralsäure eintritt. Eine Destillation ist nur selten erforderlich. Bei Milch kann direkt geprüft werden; andere gefärbte Lösungen kann man mit (formaldehydfreier) Tierkohle entfärben.

c) Die amtlichen Vorschriften zum Nachweis von Formaldehyd fußen auf der beim Kochen von Milch mit eisenchloridhaltiger Salzsäure bei Gegenwart von Formaldehyd eintretenden Violettfärbung und werden wie folgt ausgeführt:

α) *Bei Fleisch:* „30 g der zerkleinerten Fleischmasse werden in 200 ccm Wasser gleichmäßig verteilt und nach halbstündigem Stehen in einem Kolben von etwa 500 ccm Inhalt mit 10 ccm einer 25 proz. Phosphorsäure versetzt. Von dem bis zum Sieden erhitzten Gemenge werden unter Einleiten eines Wasserdampfstromes 50 ccm abdestilliert. Das Destillat wird filtriert. Bei nichtgeräuchertem Fleisch werden 5 ccm des Destillates mit 2 ccm frischer Milch und 7 ccm Salzsäure vom spezifischen Gewichte 1,124, welche auf 100 ccm 0,2 ccm einer 10 proz. Eisenchloridlösung enthält, in einem geräumigen Probiergläschen gemischt und etwa $^1/_2$ Minute lang in schwachem Sieden erhalten. Durch Vorversuche ist festzustellen, einerseits, daß die Milch frei von Formaldehyd ist, andererseits, daß sie auf Zusatz von Formaldehyd die Reaktion gibt. Bei geräucherten Fleischwaren ist ein Teil des Destillates mit der vierfachen Menge Wasser zu verdünnen und 5 ccm der Verdünnung in derselben Weise zu behandeln. Die Gegenwart von Formaldehyd bewirkt Violettfärbung. Tritt letztere nicht ein, so bedarf es einer weiteren Prüfung nicht. Im anderen Falle wird der Rest des Destillates mit Ammoniakflüssigkeit im Überschuß versetzt und in der Weise, unter zeitweiligem Zusatze geringer Mengen Ammoniakflüssigkeit, zur Trockne verdampft, daß die Flüssigkeit immer eine alkalische Reaktion behält. Bei Gegenwart von nicht zu geringen Mengen von Formaldehyd hinterbleiben charakteristische Krystalle von Hexamethylentetramin. Der Rückstand wird in etwa 4 Tropfen Wasser gelöst, von der Lösung je 1 Tropfen auf einen Objektträger gebracht und mit den beiden folgenden Reagenzien geprüft:

1. mit einem Tropfen einer gesättigten Quecksilberchloridlösung. Es entsteht hierbei sofort oder nach kurzer Zeit ein regulärer krystallinischer Niederschlag; bald sieht man drei- und mehrstellige Sterne, später Oktaeder;

2. mit einem Tropfen einer Kaliumquecksilberjodidlösung und einer sehr geringen Menge verdünnter Salzsäure. Es bilden sich hexagonale sechsseitige, hellgelb gefärbte Sterne.

Die Kaliumquecksilberjodidlösung wird in folgender Weise hergestellt: Zu einer 10 proz. Kaliumjodidlösung wird unter Erwärmen und Umrühren so lange Quecksilberjodid zugesetzt, bis ein Teil desselben ungelöst bleibt; die Lösung wird nach dem Erkalten abfiltriert.

In nicht geräucherten Fleischwaren darf die Gegenwart von Formaldehyd als erwiesen betrachtet werden, wenn der erhaltene Rückstand die Reaktion mit Quecksilberchlorid gibt. In geräucherten Fleischwaren ist die Gegenwart des Formaldehyds erst dann nachgewiesen, wenn beide Reaktionen eintreten.“

β) *Bei Fett:* „50 g Fett werden in einem Kolben von etwa 550 ccm Inhalt mit 50 ccm Wasser und 10 ccm einer 25 proz. Phosphorsäure versetzt und erwärmt. Nachdem das Fett geschmolzen ist, destilliert man unter Einleiten eines Wasserdampfstromes 50 ccm Flüssigkeit ab. Das filtrierte Destillat ist nach vorstehenden Vorschriften weiter zu behandeln. Durch den positiven Ausfall der Quecksilberchloridreaktion ist der Nachweis des Formaldehyds erbracht.“

γ) *Bei Wein*[1]*:* „Von 25 ccm Wein werden nach Zusatz von 2,5 g Kochsalz und 0,1 bis 0,2 g Weinsäure etwa 5 ccm abdestilliert. Das Destillat wird sodann mit 2 ccm Milch und 7 ccm 25 proz. Salzsäure, die auf 100 ccm 0,2 ccm einer 10 proz. Ferrichloridlösung enthält, in einem geräumigen Probierrohr erhitzt und eine Minute lang in lebhaftem Sieden erhalten. Waren Formaldehyd oder Stoffe, die bei ihrer Verwendung Formaldehyd abgeben, im Weine vorhanden, so färbt sich die Mischung violett.“

---

[1] Amtliche Anweisung zur chemischen Untersuchung des Weines.

2. Nachweis und Bestimmung der Ameisensäure. a) Zum Nachweise der Ameisensäure kann man nach Fenton und Sisson[1]), in der Abänderung von H. Fincke[2]), allgemein wie folgt verfahren:

10 ccm der zu prüfenden neutralen oder schwach sauren Lösung[3]) werden in ein Reagensglas gegeben; in die Flüssigkeit drückt man etwa 0,5 g Magnesiumband mittels Glasstab unter. Unter guter Kühlung (Einstellen in kaltes Wasser) fügt man 6 ccm Salzsäure (spezifisches Gewicht 1,124) tropfenweise innerhalb von 15 Minuten hinzu, läßt noch 5 Minuten stehen und prüft dann 5 ccm der abgegossenen Flüssigkeit auf den aus der Ameisensäure durch die Reduktion entstandenen Formaldehyd nach S. 145.

b) Nachweis der Ameisensäure in Wein[4]). „Der Prüfung auf Ameisensäure muß eine Prüfung auf Formaldehyd gemäß der Vorschrift S. 146 vorausgehen.

100 ccm Wein werden mit 1—2 ccm Schwefelsäure vom spezifischen Gewicht 1,11 angesäuert und zweimal mit je 100 ccm Äther ausgeschüttelt. Bilden sich hierbei Emulsionen, so gibt man etwas Alkohol zu. Die vereinigten Ätherauszüge werden durch ein mit Äther befeuchtetes Filter filtriert und alsdann mit einer Mischung von 10 ccm Wasser und 5 ccm normaler Natronlauge ausgeschüttelt. Die gewonnene Ausschüttelung, die noch schwach alkalisch reagieren muß — andernfalls ist mehr Lauge zu verwenden —, wird auf dem Wasserbade zur Trockne verdampft. Der Rückstand wird, wenn die Prüfung auf Formaldehyd positiv ausgefallen war, nach 1stündigem Erhitzen auf 130°, im andern Falle ohne weiteres mit 10 ccm Wasser und 5 ccm Salzsäure vom spezifischen Gewicht 1,12 aufgenommen und die Lösung in einem kleinen, mit einem Uhrglas bedeckten Kölbchen nach und nach mit 0,4 g Magnesiumspänen versetzt. Eine wesentliche Temperaturerhöhung ist hierbei zu vermeiden. Nach 2stündiger Einwirkung des Magnesiums werden aus der Lösung unter Verwendung eines kleinen Kühlers 5 ccm in ein geräumiges Probierrohr überdestilliert und das Destillat nach der Vorschrift unter S. 146 mit Milch und eisenhaltiger Salzsäure auf Formaldehyd geprüft.

Waren Ameisensäure oder deren Salze oder Verbindungen im Weine vorhanden, so färbt sich die Flüssigkeit oder wenigstens das unmittelbar nach Beendigung des Kochens sich abscheidende Eiweiß violett.“

c) Bestimmung der Ameisensäure in Essig[5]). „100 ccm Essig bzw. 100 g der auf das 10fache Gewicht verdünnten Essigessenz werden in einem langhalsigen Destillierkolben von etwa 500 ccm Inhalt mit 0,5 g Weinsäure versetzt. Durch den Gummistopfen des Kolbens führt ein unten verengtes Dampfeinleitungsrohr sowie ein gut wirkender Destillationsaufsatz, der durch zweimal gebogene Glasröhren in einen zweiten, gleichgroßen und gleichgeformten Kolben überleitet. Dieser enthält in 100 ccm Wasser aufgeschwemmt so viel reines

---

[1]) Proc. of the Cambridge philos. soc. Bd. 14, S. 385. 1908; Chem. Zentralbl. 1908, I, S. 1379.

[2]) Zeitschr. f. Untersuch. d. Nahrungs- u. Genußmittel Bd. 25, S. 389. 1913.

[3]) Vorteilhaft des Destillates aus dem mit verdünnter Schwefelsäure angesäuerten Stoffe, oder nach Ausschüttelung mit Äther wie bei Wein.

[4]) Amtliche Anweisung zur chemischen Untersuchung des Weines.

[5]) Nach den Entwürfen zu Festsetzungen über Lebensmittel. Heft 3: Essig und Essigessenz.

Calciumcarbonat, daß es die zur Bindung der gesamten angewandten Essigsäure erforderliche Menge um etwa 2 g überschreitet. Das in den zweiten Kolben führende Einleitungsrohr ist für eine wirksame Aufrührung zweckmäßig unten zugeschmolzen und dicht darüber mit 4 horizontalen, etwas gebogenen Auspuffröhrchen von enger Öffnung versehen. Der Kolben trägt ebenfalls einen gut wirkenden Destillationsaufsatz, der durch einen absteigenden Kühler zu einer geräumigen Vorlage führt.

Nachdem die Calciumcarbonataufschwemmung zum schwachen Sieden erhitzt ist, wird durch den Essig ein Wasserdampfstrom geleitet und so geregelt, daß die Aufschwemmung nicht zu heftig schäumt; gleichzeitig wird der Essig erhitzt, so daß sein Volumen allmählich auf etwa ein Drittel verringert wird. Wenn etwa 750 ccm Destillat vorliegen, unterbricht man die Destillation und filtriert die noch heiße Aufschwemmung, wäscht das Calciumcarbonat mit heißem Wasser aus und dampft das Filtrat auf dem Wasserbade zur Trockne ein. Der Rückstand wird im Lufttrockenschrank 1 Stunde lang auf 125—130° erhitzt, in etwa 100 ccm Wasser gelöst und die Lösung zweimal mit je 25 ccm reinem Äther ausgeschüttelt. Nachdem man durch vorsichtiges Erwärmen der wässerigen Lösung auf dem Wasserbade den gelösten Äther entfernt hat, bringt man die klare Lösung in einen Erlenmeyerkolben, gibt 2 g reines krystallisiertes Natriumacetat, einige Tropfen Salzsäure bis zur schwach sauren Reaktion und 40 ccm 5 proz. Quecksilberchloridlösung hinzu und erhitzt die Lösung 2 Stunden lang im siedenden Wasserbade, in das der mit einem Kühlrohr versehene Kolben bis an den Hals eintauchen muß. Das ausgeschiedene Kalomel wird unter wiederholtem Dekantieren mit warmem Wasser auf einen Platinfiltertiegel gebracht, gut ausgewaschen, mit Alkohol und Äther nachgewaschen, im Dampftrockenschrank bis zur Gewichtskonstanz — etwa 1 Stunde — getrocknet und gewogen.

Durch Erhitzen des wässerigen Filtrates mit weiteren 5 ccm Quecksilberchloridlösung überzeugt man sich, daß ein hinreichender Quecksilberüberschuß vorhanden war.

Die gefundene Menge Kalomel, mit 0,0975 multipliziert, ergibt die in 100 ccm Essig bzw. in 10 g Essigessenz enthaltene Menge Ameisensäure.

Enthielt der Essig schweflige Säure, so wird das auf etwa 100 ccm eingeengte Filtrat von der Calciumcarbonataufschwemmung mit 1 ccm N-Alkalilauge und 5 ccm 3 proz. Wasserstoffsuperoxydlösung versetzt. Nach 4 stündiger Einwirkung bei Zimmertemperatur wird das überschüssige Wasserstoffsuperoxyd durch eine kleine Menge frisch gefällten oder feucht aufbewahrten Quecksilberoxyds[1]) zerstört. Die angewandte Menge Quecksilberoxyd war ausreichend, wenn nach Beendigung der Gasentwicklung der Bodensatz noch stellenweise rot erscheint. Nach $^{1}/_{2}$ Stunde wird vom Quecksilber und Quecksilberoxyd durch ein kleines Filter abgegossen, gut ausgewaschen und das Filtrat in der oben angegebenen Weise weiter behandelt.

Enthielt der Essig Salicylsäure, so werden der mit Quecksilberchlorid zu erhitzenden Lösung 2 g Natriumchlorid hinzugefügt."

---

[1]) Das Quecksilberoxyd ist in der Siedehitze durch Eingießen von Quecksilberchloridlösung in überschüssige reine Natronlauge zu bereiten, durch Dekantieren mit heißem Wasser gut auszuwaschen, auf einem Filter zu sammeln und als feuchte Paste aufzubewahren und zu verwenden.

3. Nachweis und Bestimmung der Salicylsäure. a) Qualitativer Nachweis: α) *Bei Fleisch*, amtliche Vorschrift: „50 g der feinzerkleinerten Fleischmasse werden in einem Becherglase mit 50 ccm einer 2 proz. Natriumcarbonatlösung zu einem gleichmäßigen Brei gut durchgemischt und $\frac{1}{2}$ Stunde lang kalt ausgelaugt. Alsdann setzt man das mit einem Uhrglase bedeckte Becherglas $\frac{1}{2}$ Stunde lang unter zeitweiligem Umrühren in ein siedendes Wasserbad. Der noch warme Inhalt des Becherglases wird auf ein Gazetuch gebracht und abgepreßt. Die abgepreßte Flüssigkeit wird alsdann mit 5 g Natriumchlorid versetzt und nach dem Ansäuern mit verdünnter Schwefelsäure bis zum beginnenden Sieden erhitzt. Nach dem Erkalten wird die Flüssigkeit filtriert und das klare Filtrat im Schütteltrichter mit einem gleichen Raumteil einer aus gleichen Teilen Äther und Petroleumäther bestehenden Mischung kräftig ausgeschüttelt. Sollte hierbei eine Emulsionsbildung stattfinden, dann entfernt man zunächst die untere klar abgeschiedene wässerige Flüssigkeit und schüttelt die emulsionsartige Ätherschicht unter Zusatz von 5 g , pulverisiertem Natriumchlorid nochmals mäßig durch, wobei nach einiger Zeit eine hinreichende Abscheidung der Ätherschicht stattfindet. Nachdem die ätherische Flüssigkeit zweimal mit je 5 ccm Wasser gewaschen geworden ist, wird sie durch ein trockenes Filter gegossen und in einer Porzellanschale unter Zusatz von etwa 1 ccm Wasser bei mäßiger Wärme und mit Hilfe eines Luftstromes verdunstet. Der wässerige Rückstand[1] wird nach dem Erkalten mit einigen Tropfen einer frisch bereiteten 0,05 proz. Eisenchloridlösung versetzt. Eine deutliche Blauviolettfärbung zeigt ;Salicylsäure an.“

β) *Bei Fett*, amtliche Vorschrift: „Man mischt in einem Probierröhrchen 4 ccm Alkohol von 20 Volum-% mit 2—3 Tropfen einer frisch bereiteten 0,05 proz. Eisenchloridlösung, fügt 2 ccm geschmolzenes Fett hinzu und mischt die Flüssigkeiten, indem man das mit einem Daumen verschlossene Probierröhrchen 40—50 mal umschüttelt. Bei Gegenwart von Salicylsäure färbt sich die untere Schicht violett.“

γ) *Bei Milch:* Am einfachsten kann man, ähnlich wie beim Nachweise der Benzoesäure (vgl. S. 155) die Salicylsäure aus dem angesäuerten Chlorcalciumserum mit Äther-Petroläther ausschütteln, etwa wie folgt: 100 ccm Milch werden in einem Erlenmeyerkolben mit Natronlauge neutralisiert, mit etwa 100 ccm Wasser verdünnt und dann mit 2 ccm Chlorcalciumlösung (spez. Gew. 1,1375 wie bei der Bestimmung der Lichtbrechung nach Ackermann, vgl. S. 166) versetzt und durch Schütteln gemischt. Das Gemisch erhitzt man 15 Minuten durch Einstellen in siedendes Wasser, läßt erkalten und filtriert von den abgeschiedenen Proteinstoffen ab. Aus dem Filtrate schüttelt man nach Ansäuern wie oben die Salicylsäure mit Äther-Petroläther aus und prüft mit Eisenchloridlösung.“

δ) *Bei Wein, Fruchtsäften, Essig u. dgl.* kann die Vorschrift nach der amtlichen Anweisung zur Untersuchung des Weines Anwendung finden; sie wird wie folgt ausgeführt:

„50 ccm Wein werden in einem zylindrischen Scheidetrichter mit einigen Tropfen Schwefelsäure vom spezifischen Gewicht 1,11 versetzt und mit 50 ccm eines Gemisches aus gleichen Raumteilen Äther und leichtsiedendem Petroläther ausgeschüttelt. Man trennt die Schichten und wäscht die Äther-Petrolätherschicht zweimal mit je 25 ccm Wasser aus. Dann filtriert man das Äther-Petroläthergemisch durch ein trockenes Filter und läßt es in einer Porzellanschale nach Zusatz von 10 ccm Wasser auf einem warmen Wasserbad unter zeitweiligem Umschwenken langsam abdunsten. Nach dem Erkalten versetzt man den wässerigen Rückstand vorsichtig tropfenweise mit einer Ferrichloridlösung, die man durch Verdünnen einer klaren Lösung vom spezifischen Gewicht 1,28 im Verhältnis 1 : 600 kurz vorher bereitet hat. Eine auftretende Rotviolettfärbung zeigt die Gegenwart von Salicylsäure an.

Entsteht eine schwärzliche, blaugrüne oder schmutziggrüne Färbung, so versetzt man mit einigen Tropfen Schwefelsäure vom spezifischen Gewicht 1,11;

---

[1] Um Spuren freier Mineralsäure auszuschließen, setzt man vorteilhaft etwas Natriumacetat zu.

verdünnt mit Wasser auf 50 ccm und wiederholt mit dieser Lösung den Ausschüttelungsversuch in der beschriebenen Weise."

b) Quantitative Bestimmung. Zur quantitativen Bestimmung muß die Salicylsäure zunächst aus dem Stoffe abgeschieden werden, was unter Anwendung quantitativer Bedingungen ähnlich wie beim qualitativen Nachweise der Salicylsäure geschieht. Die genaue Bestimmung geschieht bei kleinen Mengen Salicylsäure zweckmäßig colorimetrisch, bei größeren Mengen (über 10 mg) durch Oxydation mit Brom bzw. Bromat, wie folgt:

α) *Colorimetrische Bestimmung der Salicylsäure in Wein*[1]. „500 ccm Wein werden mit 50 ccm doppelt normaler Natronlauge versetzt und nach der Hinzugabe einiger Siedesteinchen 1 Stunde am Rückflußkühler gekocht. Die abgekühlte und mit 30 ccm Schwefelsäure vom spezifischen Gewicht 1,11 versetzte Flüssigkeit bringt man in einen zylindrischen Scheidetrichter und schüttelt sie erst einmal mit 200 ccm, dann noch zweimal mit je 100 ccm eines Gemisches aus gleichen Raumteilen Äther und leicht siedendem Petroläther aus. Die vereinigten — erforderlichenfalls filtrierten — Äther-Petrolätherlösungen werden zweimal mit je 50 ccm Wasser gewaschen. Dann schüttelt man sie einmal mit 50 ccm Wasser aus, denen 5 ccm, und ein weiteres Mal mit 50 ccm Wasser, denen 2 ccm normale Natronlauge zugesetzt sind. Die beiden zuletzt gewonnenen alkalischen Ausschüttelungen vereinigt man in einem kleinen zylindrischen Scheidetrichter. Man säuert mit etwa 3 ccm Schwefelsäure vom spezifischen Gewicht 1,11 an und schüttelt zweimal mit je 50 ccm eines Gemisches aus gleichen Raumteilen Äther und leichtsiedendem Petroläther aus. Die vereinigten — erforderlichenfalls filtrierten — Äther-Petrolätherausschüttelungen[2] läßt man in einem weithalsigen Kolben nach Zusatz von 20 ccm Wasser auf einem warmen Wasserbad unter zeitweiligem Umschwenken langsam abdunsten, führt die zurückbleibende wässerige Lösung nach dem Erkalten unter Nachspülen mit Wasser in ein 100 ccm-Meßkölbchen über und füllt mit Wasser zur Marke auf.

Für den Farbenvergleich bereitet man sich folgende Lösungen: 0,4000 g reine, bei 100° getrocknete Salicylsäure werden in 5 ccm Alkohol von 96 Maß-% gelöst und diese Lösung durch Eingießen in viel Wasser und weitere Zugabe von Wasser auf genau 1 l verdünnt. 100 ccm dieser Lösung werden dann weiter auf 1 l verdünnt, so daß man auf diesem Wege eine Vergleichslösung gewinnt, von der je 25 ccm 1 mg Salicylsäure enthalten.

Die Farbenvergleichung wird in folgender Weise vorgenommen: Man bringt in einen Hehnerschen Farbenvergleichszylinder 50 ccm[3] von der aus dem Weine stammenden, auf 100 ccm gebrachten und gut umgeschüttelten Lösung;

---

[1] Amtliche Anweisung zur chemischen Untersuchung des Weines.

[2] Sind die Ausschüttelungen — wie bei zuckerreichem Weine — stärker gefärbt als höchstens ganz schwach gelblich, so schüttelt man sie noch einmal mit 25 ccm Wasser aus, denen 5 ccm, und ein weiteres Mal mit 25 ccm Wasser, denen 2 ccm N-Natronlauge zugesetzt sind. Die vereinigten alkalischen Ausschüttelungen säuert man wieder mit etwa 3 ccm Schwefelsäure vom spezifischen Gewicht 1,11 an und schüttelt zweimal mit je 50 ccm des Äther-Petroläthergemisches aus. Mit diesen Ausschüttelungen verfährt man weiter wie oben beschrieben.

[3] Wenn trotz Wiederholung der Ausschüttelung noch eine erheblichere Gelbfärbung zurückgeblieben ist, verwendet man nur 25 ccm.

den zugehörigen zweiten Zylinder beschickt man mit 50 ccm der Vergleichslösung. In beiden Zylindern fügt man der darin enthaltenen Flüssigkeit unter
Umschwenken oder Auf- und Abrühren mittels eines unten hakenförmig um-
gebogenen Glasstabs vorsichtig so viel von der unter a) angegebenen, frisch
verdünnten Ferrichloridlösung zu, bis ein einfallender Tropfen keine Veränderung
der Rotviolettfärbung mehr hervorruft. Hierauf füllt man in beiden Zylindern
mit Wasser auf 100 ccm auf, rührt mit den Glasstäben gut um und läßt nunmehr aus dem Zylinder, der die dunklere Flüssigkeit enthält, so viel ablaufen,
bis — bei Durchsicht von oben — Farbengleichheit erreicht ist. Dann liest man
den Stand der Flüssigkeit ab und überzeugt sich nachträglich davon, daß aus-
reichende Mengen Ferrichloridlösung verwendet worden sind. Das geschieht,
indem man erst der Flüssigkeit in dem einen, dann der in dem anderen Zylinder
etwas von der verdünnten Ferrichloridlösung zugibt und durch Umrühren
mischt. Die Übereinstimmung der Farbstärke darf weder durch den ersten
noch durch den zweiten Zusatz gestört werden.

Hat man bei der beschriebenen Arbeitsweise so dunkle Färbungen erhalten,
daß die Durchführung der Farbenvergleichung erschwert ist, so wiederholt man
den Versuch mit einer entsprechend geringeren Menge der Lösung.

Berechnung: Wurden

a ccm von der aus dem Weine stammenden, auf 100 ccm aufgefüllten Lösung
in den ersten Zylinder,

b ccm Vergleichslösung in den zweiten Zylinder

gebracht, und betrug nach beendigter Einstellung auf Farbengleichheit und Flüssigkeitsstand

c ccm in dem ersten Zylinder,

d ccm in dem zweiten Zylinder,

so sind in 1 l Wein enthalten:

$$x = \frac{0{,}008 \cdot b \cdot d}{a \cdot c} \text{ g Salicylsäure.“}$$

b) Zur Bestimmung von größeren Mengen Salicylsäure auf bromometrischem Wege
auch neben Benzoesäure eignet sich vielleicht die Ermittlung der bromometrischen Jodzahl
mit einer Lösung von Brom in mit Natriumbromid gesättigtem Methylalkohol nach
H. P. Kaufmann[1]). Dieser fand die bromometrische Jodzahl genau entsprechend dem
theoretischen Werte zu 365,7. Bezüglich der Einzelheiten der Bestimmung sei hier auf die
Quelle verwiesen.

**4. Nachweis und Bestimmung der Benzoesäure[2]). a) Nachweis der Benzoe-
säure.** α) *In Fleischwaren*: Man löst etwa 50 g Fleisch in 100 ccm 5proz.
Natronlauge unter Erwärmen, fällt mit 40 ccm 20proz. Chlorcalciumlösung,
filtriert nach dem Erkalten durch ein Faltenfilter, kocht das Filtrat mit 25 ccm
konzentrierter Schwefelsäure am Rückflußkühler, läßt erkalten, filtriert nochmals und schüttelt im Filtrat die Benzoesäure mit Äther aus. Hierbei bildet
sich zwar zunächst mitunter eine Emulsion, die aber in der Regel durch längeres
Stehenlassen und leichtes Schwenken des Schütteltrichters leicht zum Verschwinden gebracht werden kann. Zur Reinigung wird der Äther dann noch
mit wenig Wasser ausgeschüttelt. Durch Verdunsten des Äthers gewinnt man
die Benzoesäure als solche.

Ist neben Benzoesäure in einem Nahrungsmittel Salicylsäure oder
Zimtsäure vorhanden, so werden diese mit ausgeschüttelt. Die Salicylsäure

---

[1]) Zeitschr. f. Untersuch. d. Lebensmittel Bd. 51, S. 3—14. 1926.
[2]) Vgl. K. Baumann und J. Großfeld: Zeitschr. f. Untersuch. d. Nahrungs- u.
Genußmittel Bd. 29, S. 397—409 u. 465—472. 1915.

läßt sich aber von der Benzoesäure durch Zerstörung mittels alkalischer Permanganatlösung befreien, während die Zimtsäure durch die Permanganatbehandlung in Benzoesäure übergeführt wird.

Man prüft eine kleine Menge dieser dann zunächst nach Zusatz eines Tropfens starker Natriumacetatlösung mit einem Tropfen 10proz. Eisenchloridlösung (brauner Niederschlag) oder mit einem Tropfen Kupfersulfatlösung (hellblauer Niederschlag). Mit einer weiteren Menge wird die Mohlersche Reaktion in der von mir angegebenen Abänderung[1]) ausgeführt, wie folgt:

Einige Milligramme der erhaltenen Benzoesäure oder die durch Ätherausschüttelung oder mit einem ähnlich wirkenden Lösungsmittel gewonnene Benzoesäurelösung oder der alkalische Benzoatauszug werden in einem Reagensglase zur Trockne gebracht, dann. mit 0,1 g Kaliumnitrat und 1 ccm. konzentrierter Schwefelsäure 20 Minuten im siedenden Wasserbade erhitzt, abgekühlt und mit 2 ccm Wasser versetzt. Nach abermaligem Abkühlen wird mit 10 ccm etwa 15proz. Ammoniak stark ammoniakalisch gemacht und mit 2 ccm einer Lösung von 2 g Hydroxylaminchlorhydrat in 100 ccm Wasser gemischt. Bei Gegenwart von Benzoesäure tritt je nach der vorhandenen Benzoesäuremenge langsamer oder schneller meist schon in der Kälte Rotfärbung ein, die durch Eintauchen des Glases in heißes Wasser beschleunigt wird, während man die Stärke der Färbung durch darauffolgendes Eintauchen des Röhrchens in kaltes Wasser auf ihren höchsten Grad bringt.

Zimtsäure, auf die angegebene Weise behandelt, liefert eine fast gleich starke, aber doch wesentlich verschiedene Färbung. Während bei Benzoesäure sich der Farbton als schönes Rot durch Rhodaneisen von bestimmter Konzentration wiedergeben läßt, fällt er bei Zimtsäure mehr bräunlich, in dicker Schicht in der Aufsicht mit einem Stich ins Violette, etwa an Rotwein erinnernd, aus. Eine Verwechslung ist nicht möglich, wenn auch Benzoesäure neben Zimtsäure durch diese Färbung verdeckt werden kann.

Benzol liefert gleichfalls eine ähnliche braunrote Färbung wie Zimtsäure, es muß also, falls es als Lösungsmittel der Benzoesäure gedient hat, vor der Prüfung sorgfältig durch Erwärmen und Abblasen entfernt werden.

Im Gegensatz hierzu entsteht mit Phenolphthalein und Salicylsäure beim Ammoniakalischmachen nur eine geringe rotstichige Gelbfärbung, die durch Hydroxylamin nicht verändert wird. Wegen dieser Beständigkeit gegen letzteres Reagens können also diese Körper zu Verwechslung mit Benzoesäure keinen Anlaß geben. Die Rötung ist zudem so gering, daß sie nur sehr geringen Benzoesäuremengen entsprechen würde.

Auch das unten (S. 153) angeführte quantitative Trennungsverfahren kann in sinngemäßer Vereinfachung zum Nachweise der Benzoesäure in Fleisch dienen. Statt der Perforation mit Tetrachlorkohlenstoff genügt für qualitative Zwecke stets eine Ausschüttelung mit Äther.

β) *Nachweis der Benzoesäure in Wein, Fruchtsäften usw.* Amtliche Vorschrift für Wein[2]):

Abscheidung der Benzoesäure. „100 ccm Wein werden mit verdünnter Natronlauge schwach alkalisch gemacht und auf dem Wasserbad auf 10 ccm eingedampft. Der Rückstand wird mit verdünnter Schwefelsäure angesäuert und in einen Scheidetrichter übergeführt. Die Flüssigkeit wird mit 40 ccm Äther kräftig ausgeschüttelt, die ätherische Lösung zweimal mit je 5 ccm Wasser gewaschen und mit 5 ccm $^1/_2$ N-Alkalilauge ausgeschüttelt.

---

[1]) Vgl. J. Großfeld: Zeitschr. f. Untersuch. d. Nahrungs- u. Genußmittel Bd. 30, S. 271—273. 1915.

[2]) Amtliche Anweisung zur chemischen Untersuchung des Weines.

Die alkalische wässerige Lösung[1]) erwärmt man in einer Porzellanschale auf dem Wasserbad und setzt tropfenweise 5proz. Kaliumpermanganatlösung so lange hinzu, bis die Rotfärbung mehrere Minuten bestehen bleibt. Sodann zerstört man das überschüssige Permanganat durch tropfenweisen Zusatz einer gesättigten Lösung von Natriumbisulfit, säuert mit verdünnter Schwefelsäure an und bringt das ausgeschiedene Mangandioxyd durch weiteren vorsichtigen Zusatz von Natriumbisulfitlösung gerade in Lösung.

Die klare farblose Flüssigkeit wird mit 25 ccm Äther ausgeschüttelt, die ätherische Lösung zweimal mit je 5 ccm Wasser gewaschen und mit 2 ccm $^1/_2$ N-Natronlauge ausgeschüttelt.

Erkennung der Benzoesäure. Der Nachweis der Benzoesäure in dem alkalischen Auszug ist nach einem der beiden folgenden Verfahren zu führen:

α) Der alkalische Auszug wird in einem Probierrohr bei 110—115° zur Trockne eingedampft. Man erhitzt alsdann den erkalteten Rückstand mit 0,5 ccm eines Gemisches aus 40 Teilen konzentrierter Schwefelsäure vom spezifischen Gewicht 1,840 und 20 Teilen Salpetersäure vom spezifischen Gewicht 1,480 20 Minuten im siedenden Wasserbade, setzt 1 ccm Wasser hinzu und übersättigt nach dem Erkalten mit Ammoniak. Das Gemisch wird aufgekocht, abgekühlt und tropfenweise mit einer 10proz. Lösung von reinem Natriumsulfid über-schichtet. Waren Benzoesäure oder deren Salze oder Verbindungen im Weine vorhanden, so färbt sich die Flüssigkeit stark rot.

β) Der alkalische Auszug wird in einem Silbertiegel (Gewicht etwa 28 g, Höhe 4 cm, Bodenweite 2 cm) auf dem siedenden Wasserbade zur Trockne ein-gedampft. Man gibt alsdann 2 g grobgepulvertes Ätzkali hinzu, stellt den Tiegel so tief in ein Tondreieck, daß der Tiegelboden von der Öffnung eines Bunsen-brenners bei 3 cm hoher Flamme $2^1/_2$ cm entfernt ist und die Flammenspitze beinahe die ganze Bodenfläche berührt. Nachdem das Ätzkali unter Umrühren mit einem starken Platindraht innerhalb 35—45 Sekunden geschmolzen ist, wird die Schmelze weitere 2 bis höchstens $2^1/_2$ Minuten erhitzt, sodann in Wasser gelöst, die Lösung mit verdünnter Schwefelsäure angesäuert und mit 25 ccm Äther ausgeschüttelt. Die ätherische Lösung wird zweimal mit je 5 ccm Wasser gewaschen und in einer Porzellanschale nach Zusatz von 1 ccm Wasser bei mäßiger Wärme verdunstet. Den Rückstand prüft man nach der Vorschrift S. 149 mit frisch verdünnter Ferrichloridlösung auf Salicylsäure. Waren Benzoe-säure oder deren Salze oder Verbindungen im Weine vorhanden, so färbt sich die Flüssigkeit deutlich violett."

b) Quantitative Bestimmung der Benzoesäure.

I. Titrationsverfahren.

α) *Fleischwaren.* 100 g Fleisch (Wurst) werden in einem Becherglase mit 100 ccm 5proz. Natronlauge erhitzt, bis Lösung des Fleisches eintritt und das Fett sich als besondere Schicht absondert; das Kochen wird nach Zusatz von Bimssteinpulver noch einige Zeit über kleiner Flamme fortgesetzt. So-dann wird der Inhalt des Becherglases heiß in einen Scheidetrichter gebracht und nach Trennung der Schichten der wässerige Teil möglichst vollständig in einen geräumigen Kolben von etwa 700 ccm Inhalt abgelassen, das Becherglas

---

[1]) Phenolphthalein darf der Flüssigkeit zur Prüfung auf ihre alkalische Reaktion nicht zugesetzt werden.

mit wenig heißem Wasser ausgespült und dieses sowie etwa 50 ccm Benzol zum
Fett in den Trichter gegeben, umgeschwenkt[1]) und nach Absitzen wiederum
abgelassen; sodann kann noch mit möglichst wenig Wasser nachgewaschen
werden. Die vereinigten wässerigen Ausschüttelungen[2]) werden mit verdünnter
Schwefelsäure schwach angesäuert und vollständig erkalten gelassen; dann wird
mit der gleichen Raummenge konzentrierter Schwefelsäure[3]) unterschichtet und
der Kolben in eine Wasserdampfdestillationsvorrichtung gebracht. Unter Durchleiten von Wasserdampf werden etwa 500 ccm abdestilliert, wobei die Flamme
so zu regeln ist, daß keine Änderung der Flüssigkeitsmenge im Kolben
eintritt. Gegen Schluß der Destillation kann man durch Abstellen der Kühlung
etwa im Kühlrohr kondensierte Fettsäuren zum Schmelzen bringen, mit heißem
Wasser nachwaschen und so den Kühler für die folgende Destillation reinigen.

Das Destillat wird nach Zusatz einiger Tropfen Phenolphthaleinlösung mit
Kalilauge[4]) schwach alkalisch gemacht, bis zur Lösung der Fettsäuren erwärmt
und mit verdünnter Schwefelsäure versetzt, bis die Rotfärbung verschwindet,
aber blaues Lackmuspapier noch nicht gerötet wird; dann wird in einer Porzellanschale auf etwa 50 ccm eingedampft, mit 2 ccm Chlorcalciumlösung versetzt und
der entstehende Niederschlag auf kleinem Filter mit höchstens 40 ccm heißem
Wasser ausgewaschen.

Dem Filtrate wird die Benzoesäure entweder durch Ausschüttelung mit
Äther oder durch Perforation mit Tetrachlorkohlenstoff entzogen.

Im ersten Falle dampft man auf etwa 10 ccm ein, säuert dann mit verdünnter Schwefelsäure an und schüttelt mit 50 ccm Äther aus. Die ätherische
Lösung wird zweimal mit je 3 ccm Wasser ausgewaschen und dann verdunsten
gelassen. Im Rückstande, den man nach E. Schowalter[5]) durch Aufbewahren
im mit Natriumhydroxyd beschickten Vakuumexsiccator von flüchtigen Fettsäuren (Essigsäure, Buttersäure) und durch Behandeln mit Kaliumpermanganatlösung (vgl. unten bei Wein, S. 157) von sonstigen Beimischungen (z. B. Salicylsäure, Milchsäure) befreien kann, bestimmt man kleine Benzoesäuremengen
(unter 10—15 mg) am besten colorimetrisch nach S. 158, größere Mengen durch
Titration nach Lösen in Alkohol, gegebenenfalls auch nach Reinigung der Benzoesäure durch Sublimation (vgl. unten S. 158).

Bei der Bestimmung durch Perforation bringt man das etwa 80—100 ccm
betragende Filtrat in einen Perforierapparat nach v. d. Heide[6]), säuert mit

---

[1]) Heftiges Schütteln ist unnötig und bewirkt leicht Emulsionen.

[2]) Diese können auch vor dem Ansäuern auf dem Wasserbade eingedampft
werden.

[3]) Oder der entsprechenden Menge 90proz. Schwefelsäure.

[4]) Natronlauge ist wegen der Bildung schwerlöslicher Natronfettseifen zu vermeiden.

[5]) Zeitschr. f. Untersuch. der Nahrungs- und Genußmittel Bd. 38, S. 191. 1919.

[6]) Vgl. J. König: Chemie der menschl. Nahrungs- und Genußmittel Bd. III,
1. Teil, S. 468; Zeitschr. f. Untersuch. d. Nahrungs- u. Genußmittel Bd. 17, S. 315. 1909.
Der Perforator kann von der Firma C. Gerhardt in Bonn bezogen werden.

Damit das Lösungsmittel immer klar in das Kölbchen ablief, legten wir ein kleines
Wattebäuschchen in den unteren Teil des Apparates, beschickten ihn dann mit Tetrachlorkohlenstoff und fügten hierauf die Benzoesäurelösung zu.

Der Tetrachlorkohlenstoff braucht nicht chemisch rein zu sein; wir benutzten das
technische Produkt, indem wir es durch Destillation über Natronkalk von vorhandener
Säure befreiten.

5 ccm verdünnter Schwefelsäure (1 + 3) an und perforiert 6 Stunden mit Tetra-chlorkohlenstoff[1]). Das Perforat wird nach Abtrennung im Scheidetrichter mit der gleichen Raummenge neutralen Alkohols verdünnt und mit $^1/_{10}$ N-Lauge[2]) gegen Phenolphthalein bis zur schwachen Rotfärbung titriert. Von dem er-haltenen Werte ist der eines Leerversuches mit einem gleichartigen Nahrungs-mittel abzuziehen.

Diese abzuziehenden Werte ergaben sich beispielsweise wie folgt:

	$^1/_{10}$ N.-Lauge	entsprechend Benzoesäure
für 100 g Hackfleisch (Rind)	0,65 ccm	0,0079%
„ „ g Fleischwurst (Gemisch verschiedener)	0,75 „	0,0092%
„ „ g Leberwurst „ „	1,45 „	0,0183%
„ „ g Blutwurst „ „	0,70 „	0,0085%

Bei Verwendung geringerer Stoffmengen sind diese Zahlen entsprechend umzu-rechnen; größere Stoffmengen hier in Verarbeitung zu nehmen, bietet keine Gewähr für größere Genauigkeit, da dann auch die Größen des blinden Versuches zunehmen. Das gleiche gilt von der Verwendung verdünnterer Lauge als $^1/_{10}$ N zur Titration.

β) *Milch.* 100 ccm Milch, die nicht über 0,5 g Benzoesäure enthalten dürfen, werden in einem 250 ccm-Kolben mit etwas alkoholischer Phenolphthaleinlösung und Kaliumcarbonatlösung bis zur bleibenden Rötung versetzt, auf etwa 200 ccm verdünnt und mit 10 ccm 20proz. Chlorcalciumlösung vermischt, wobei Ent-färbung und Bildung eines Niederschlages eintritt. Um die Abscheidung voll-ständig zu machen, wird der Kolben 15 Minuten in ein siedendes Wasserbad gestellt; nach dem Erkalten wird aufgefüllt und durch ein trockenes Faltenfilter filtriert.

Ein gemessener Teil, z. B. 175 ccm, des Filtrates wird sodann in einen 200 ccm-Kolben übergeführt, zur Bindung etwa vorhandenen Schwefelwasserstoffs mit einigen Tropfen gesättigter Kupfersulfatlösung und 10 ccm phosphorwolfram-saurem Natrium versetzt; hierauf wird mit verdünnter Schwefelsäure (1 : 3) bis zur Marke aufgefüllt und über Nacht stehengelassen. Sodann filtriert man wieder und unterwirft 100 ccm wie oben der Perforation[3]) mit Tetrachlorkohlen-stoff während 6 Stunden. Schließlich wird der Tetrachlorkohlenstoff mit der

---

Um den gebrauchten Tetrachlorkohlenstoff für weitere Analysen verwenden zu können, muß man ihn von seinen während des Analysenganges aufgenommenen Verunreinigungen (Alkohol, Benzoesäure, Phenolphthalein usw.) befreien; wir erreichten dieses am einfachsten dadurch, daß wir das zu reinigende Gemisch nach einmaliger Ausschüttelung mit Wasser und Natronlauge in einen hohen Zylinder gaben und durch ein auf den Boden reichendes Glasrohr beständig Wasser aus der Wasserleitung darin aufsteigen ließen, bis die anfangs ent-standene Trübung vollständig verschwunden war und sich kein Alkohol mehr nachweisen ließ. Dann wurde in einem Scheidetrichter der Tetrachlorkohlenstoff von der wässerigen Flüssigkeit getrennt und nach Trocknen mit Chlorcalcium destilliert.

[1]) Durch einmaliges Ausschütteln läßt sich die Benzoesäure nach unseren Versuchen bei Anwendung von 1 Raumteil Tetrachlorkohlenstoff und 5 Teilen wässeriger Benzoesäure-lösung nur zu kaum $^2/_3$ entziehen. Es würde also höchstens gewonnen werden:

Nach 1 Ausschüttelung	66,7%
„ 2 Ausschüttelungen	88,9 „
„ 3 „	96,3 „
„ 4 „	98,8 „
„ 5 „	99,6 „

In Wirklichkeit ist die Ausbeute bei den unvermeidlichen Versuchsfehlern noch geringer.

[2]) Durch Anwendung alkoholischer Lauge werden Wasserausscheidungen vermieden, die man aber auch durch Zusatz von mehr Alkohol vermeiden kann.

[3]) Das Filtrat kann auch in geeigneter Weise mit Aether ausgeschüttelt werden.

gleichen Raummenge neutralen, phenolphthaleinhaltigen Alkohols verdünt und mit $^1/_{10}$ N-Lauge titriert.

Bei der Untersuchung reiner Milch erhielten wir hier im Mittel mehrerer Versuche einen Verbrauch von nur 0,1 ccm $^1/_{10}$ N-Lauge. Es berechnet sich also, wenn von der Raummenge der Niederschläge abgesehen wird, die im Vergleich zur Gesamtraummenge gering sind und auch unvermeidlichen sonstigen Verlusten entgegenwirken, der Gehalt an Benzoesäure (x) aus den verbrauchten Kubikzentimetern $^1/_{10}$ N-Lauge (n), wie folgt:

$$x = \frac{250}{175} \cdot \frac{200}{100} \cdot 0{,}0122 \; (n - 0{,}1)$$
$$= 0{,}0349 \cdot (n - 0{,}1).$$

γ) Fettzubereitungen. 50[1]) g Fettzubereitung (Butter, Margarine), die nicht mehr als 0,4 g Benzoesäure enthalten, werden in einem Becherglase nach vorsichtigem Schmelzen bei nicht zu hoher Temperatur in 150 ccm Benzol[2]) gelöst und unter Nachspülen mit Äther in einen Schütteltrichter gebracht. Hierbei kann vorhandenes Serum (bei Butter und Margarine) im Becherglase zunächst zurückbleiben. Die Benzollösung wird hierauf einmal mit etwa 20 ccm heißer, phenolphthaleinhaltiger Kaliumcarbonatlösung kräftig durchgeschüttelt; verschwindet hierbei die Rotfärbung, so ist weitere Carbonatlösung zuzugeben, bis sie eben wieder eintritt. Nach Trennung der Schichten wird die wässerige Schicht in das verwendete Becherglas zu dem zurückgelassenen Teil des Serums zurückgegeben und die Ausschüttelung noch mehrere Male mit heißem Wasser wiederholt. Die vereinigten Auszüge werden nach Zusatz einiger Bimssteinstückchen mit 20 ccm Chlorcalciumlösung gefällt und in einer Schale so lange auf kleiner Flamme[3]) erwärmt, bis der Geruch nach Benzol verschwindet. Sodann wird der Inhalt des Becherglases in ein 200 ccm-Kölbchen gegeben, bei proteinfreien Fetten einige Tropfen Gelatinelösung zugefügt, nach dem Erkalten aufgefüllt und filtriert.

Ein Teil des Filtrates, z. B. 175 ccm, werden in das gereinigte Kölbchen zurückgegeben, 10 ccm einer Lösung von phosphorwolframsaurem Natrium zugefügt und mit verdünnter Schwefelsäure bis zur Marke aufgefüllt. Nach einigem Stehen[4]) wird filtriert, 100 ccm des Filtrates werden, wie bei Milch, perforiert oder mit Äther ausgeschüttelt.

Aus den bei der Titration verbrauchten ccm $^1/_{10}$ N-Lauge (n), vermindert um die beim blinden Versuche gefundene Menge (p), ergibt sich die gesuchte Benzoesäure (x) in dem untersuchten Stoffe

$$x = \frac{200}{175} \cdot \frac{200}{100} \cdot 12{,}2 \; (n - p) \; \text{mg}$$
$$= 27{,}88 \; (n - p) \; \text{mg}.$$

Bei blinden Versuchen wurde für die von den titrierten Kubikzentimetern $^1/_{10}$ N-Lauge abzuziehende Menge gefunden:

Art des Fettes	Angewendete Menge	Das benzoesäurefreie Fett verbraucht $^1/_{10}$ N.-Lauge
Schmalz	100 g	0,05 ccm
Butter I	50 „	0,25 „
Butter II	100 „	0,50 „
Cocosfett	50 „	0,15 „

[1]) Bei geringerer Menge Benzoesäure besser 100 g oder noch mehr.

[2]) Es kann hier technisches, durch Destillation über Kalk oder Alkalien entsäuertes Benzol verwendet werden.

[3]) Die Flamme ist so zu regeln, daß Aufkochen und damit Überschäumen nicht eintritt.

[4]) Am besten nach mehreren Stunden.

Zur quantitativen Bestimmung der Benzoesäure in B u t t e r und M a r g a r i n e kann man nach O. K ö p k e und E. B o d l ä n d e r[1]) auch wie folgt verfahren:

50 g der gut durchgemischten Butter oder Margarine werden in eine weithalsige Pulverflasche mit eingeschliffenem Stöpsel von etwa 300 ccm Inhalt gebracht und mit einer Pipette 100 ccm einer 0,1 N-Natriumbicarbonatlösung zugefügt; der Stöpsel wird leicht aufgesetzt und die Flasche in einem Wasserbade von etwa 60° unter wiederholtem Umschwenken bis zum Schmelzen der Margarine erwärmt. Darauf wird die Flasche unter mehrfachem Lüften des Stopfens mindestens 2 Minuten lang kräftig geschüttelt. Man läßt dann nach Einschieben eines Stückchens Papier in den Flaschenhals erkalten, bis die Fettschicht erstarrt ist. Nach Durchstechen der Fettschicht wird die Lösung durch ein trockenes Faltenfilter in ein trockenes Gefäß gegossen und vom Filtrat werden 75 ccm in einen Meßkolben von 100 ccm übergeführt, in dem sich etwa 30 g reines Ammoniumsulfat befinden. Nach kräftigem Umschütteln läßt man den Kolben etwa $^1/_2$ Stunde, bis zur Lösung des Ammoniumsulfats, stehen, füllt unter Schwenken des Kolbens (um ein Ansammeln der entstandenen Flocken an der Oberfläche zu vermeiden) auf 100 ccm auf und filtriert durch ein trockenes Faltenfilter in einen trockenen Kolben. Von dem Filtrat werden 80 ccm in einem Scheidetrichter von etwa 200 ccm Inhalt mit etwa 3 ccm verdünnter Schwefelsäure angesäuert und sodann fünfmal mit je 40 ccm einer Mischung von gleichen Raumteilen Äther und unter 60° siedendem Petroläther ausgeschüttelt. Die ätherischen Auszüge werden in einem zweiten Scheidetrichter von etwa 250 ccm Inhalt gesammelt, dreimal mit etwa 5 ccm Wasser gewaschen und in ein weithalsiges Kölbchen, das einige Körnchen Bimssteinpulver enthält, gebracht. Auf einem schwach siedenden Wasserbade wird das Lösungsmittel langsam und tropfenweise abdestilliert und der letzte Teil bei Zimmertemperatur durch Darüberleiten eines Luftstroms verjagt. Der Rückstand wird mit etwas Wasser aufgenommen, nach Zusatz von 2 Tropfen Phenolphthaleinlösung mit 0,1 N-Lauge bis zur starken, bleibenden Rotfärbung versetzt, zum Sieden erhitzt, mit 0,1 N-Salzsäure bis zur Entfärbung und nun wieder mit 0,1 N-Lauge bis zur ersten Rosafärbung titriert.

Bei der Berechnung der Benzoesäure ist der vorher bestimmte Wassergehalt der Margarine zu berücksichtigen, insofern er die Menge der angewendeten Bicarbonatlösung vermehrt. Sind z. B. 50 g einer Margarine mit 10% Wassergehalt angewandt und zur Titration der Benzoesäure im ganzen a ccm 0,1 N-Lauge verbraucht worden, so ist der Prozentgehalt der Margarine an Benzoesäure

$$= a \cdot 0,0122 \cdot \frac{100 + \dfrac{W}{2}}{75} \cdot \frac{100}{80} \cdot 2 = a \cdot 0,0122 \cdot \frac{100 + \dfrac{W}{2}}{30}.$$

δ) Über die *Bestimmung der Benzoesäure in Zuckerwaren, Konfitüren usw.* vgl. Th. v. F e l l e n b e r g[2]).

Bestimmung der Benzoesäure in Wein[3]). „100 ccm Wein werden mit verdünnter Natronlauge schwach alkalisch gemacht und auf dem Wasserbad auf etwa 10 ccm eingedampft. Der Rückstand wird mit verdünnter Schwefelsäure

---

[1]) Zeitschr. f. Untersuch. d. Nahrungs- u. Genußmittel Bd. 43, S. 350. 1922.

[2]) Mitt. a. d. Geb. d. Lebensmittelunters. u. Hyg. Bd. 16, S. 6—15. 1925; Chem. Zentralbl. 1925, I, S. 2738.

[3]) Amtliche Anweisung zur chemischen Untersuchung des Weines.

angesäuert und unter Nachspülen der Schale mit Wasser in einen Scheidetrichter übergeführt. Die Flüssigkeit wird mit 40 ccm Äther kräftig durchgeschüttelt. Nachdem sich die Schichten scharf getrennt haben, wird die saure Flüssigkeit abgelassen, die ätherische Lösung zweimal mit je 3 ccm Wasser gewaschen, das Waschwasser mit der sauren Flüssigkeit vereinigt und die ätherische Lösung alsdann mit 10 ccm 0,25 N-Alkalilauge ausgeschüttelt. Man trennt die alkalische Lösung vom Äther, führt mit diesem noch weitere vier Ausschüttelungen der sauren Flüssigkeit aus und verfährt mit den so erhaltenen ätherischen Lösungen unter Verwendung der gleichen Lauge in derselben Weise wie vorher.

Man läßt nun die wässerige alkalische Lösung in eine Porzellanschale ab, wäscht den Äther noch zweimal mit je 3 ccm Wasser, gibt das Waschwasser zu der alkalischen Flüssigkeit und erwärmt diese auf dem Wasserbade. Man setzt sodann tropfenweise so lange gesättigte Kaliumpermanganatlösung zu, bis die Rotfärbung mehrere Minuten bestehen bleibt, zerstört das überschüssige Permanganat durch tropfenweisen Zusatz einer gesättigten Lösung von Natriumbisulfit, säuert mit verdünnter Schwefelsäure an und bringt das ausgeschiedene Mangandioxyd durch weiteren vorsichtigen Zusatz von Natriumbisulfitlösung gerade in Lösung. Die klare, farblose Flüssigkeit wird viermal mit je 15 ccm Äther ausgeschüttelt. Die vereinigten Ätherauszüge wäscht man zweimal mit je 5 ccm Wasser, läßt sie in einem trockenen Becherglas $^1/_2$ Stunde absetzen und filtriert sodann die Lösung durch einen in ein Trichterrohr eingeschobenen 2 cm langen entfetteten Wattestopfen in ein Destillierkölbchen. Hierauf destilliert man den Äther aus einem Wasserbade von 37—38° ab, spült den Rückstand mit 8—10 ccm Äther in ein Probierrohr von 16 cm Länge und $1^1/_2$ cm lichter Weite und destilliert den Äther nach Zugabe einiger Stäubchen Bimssteinpulver aus dem Wasserbade bei 37—38° ab. Der trockene Rückstand wird alsdann mit 2 g trockenem reinen Seesand bedeckt, von dem oberen Teile des Glases durch eine etwa 12—13 cm tief eingeschobene Scheibe Filtrierpapier getrennt und in folgender Weise sublimiert:

Als Heizbad verwendet man ein 7 cm hohes und $3^1/_2$ cm weites Wägegläschen, welches 4 cm hoch mit flüssigem Paraffin gefüllt wird. Die Öffnung des Wägegläschens bedeckt man mit einer Scheibe von Kartenpappe, in der sich zwei passende Ausschnitte für das Probierrohr und ein Thermometer befinden. Das Heizbad stellt man auf ein mit Asbesteinlage versehenes Drahtnetz, hängt das mit einem Uhrglas bedeckte Probierrohr senkrecht etwa 4 cm tief in das Paraffinöl und erhitzt 1 Stunde auf 180—190°. Nach Beendigung der Sublimation säubert man das Probierrohr von außen, macht etwa 1 cm unterhalb des Sublimatansatzes einen scharfen Feilstrich und sprengt den unteren Teil des Glases durch einen glühenden Glasstab ab. Alsdann löst man das Sublimat in neutralem Alkohol und titriert unter Zusatz von Phenolphthalein mit $^1/_{10}$ N-Alkalilauge.

Berechnung: Wurden bei der Titration a ccm $^1/_{10}$ N-Alkalilauge verbraucht, so sind in 1 l Wein enthalten: $x = 0{,}122 \cdot a$ g Benzoesäure."

II. Colorimetrische Bestimmung der Benzoesäure.

Nach neueren Versuchen von A. J. Jones[1] eignet sich zur colorimetrischen Benzoesäurebestimmung am besten die oben angegebene Abänderung der Mohlerschen Reaktion. Man prüft genau wie oben (S. 152) angegeben und

---

[1] Pharmaceutical Journ. Bd. 115, S. 144—145. 1925; Chem. Zentralbl. 1925, II, S. 1783.

leitet aus der Stärke der entstehenden Rotfärbung am einfachsten durch Vergleich mit einer Rhodaneisenlösung die Menge der vorhandenen Benzoesäure ab.

Hierzu verwendet man eine Lösung von 0,864 g Ammoniumeisenalaun in 1 l mit Salzsäure angesäuertem Wasser. Von dieser Lösung entspricht 1 ccm = 0,1 mg Fe[1]). Versetzt man 15 ccm einer 2%igen Rhodanammoniumlösung mit bestimmten Mengen dieser Eisenlösung, so erhält man Farbtöne, die ungefähr der durch folgende Mengen Benzoesäure bewirkten Rotfärbung entsprechen;

Fe mg	0,01	0,03	0,05	0,06	0,08	0,11	0,18	0,20	0,25	0,43
Benzoesäure mg	0,1	0,5	1,0	2,0	3,0	5,0	8,0	10,0	12,0	20,0

Hat man so die ungefähre Menge der vorhandenen Benzoesäure ermittelt, so ist zur genaueren Bestimmung zu berücksichtigen, daß die Stärke der Rotfärbung etwas von den Versuchsbedingungen (Konzentration bzw. Wassergehalt der verwendeten Schwefelsäure, Temperatur bei der Reduktion der Nitroverbindungen, Salzsäuregehalt der Rhodaneisenlösungen usw.) abhängt. Um diese Störungen auszuschalten macht man Vergleichsversuche mit einer Lösung von 100 mg reiner Benzoesäure, die man unter Zusatz von 8,5 ccm 1/10 N-Lauge mit Wasser auf 100 ccm bringt. Von dieser Lösung verdampft man in einem Reagensglase einen bestimmten, der ungefähr gefundenen Menge entsprechenden Anteil und führt gleichzeitig mit der zu prüfenden Lösung abermals die Reaktion aus, und zwar in der Weise, daß man die Reduktion mit Hydroxylamin bei allen Proben durch gleichzeitiges Eintauchen in das auf etwa 70° erwärmte Wasserbad und gleichlanges Darinbelassen (etwa 5 Minuten) vornimmt und schließlich nach dem Erkalten die Färbungen z. B. mit einem Colorimeter vergleicht.

Das Verfahren eignet sich besonders zur Bestimmung kleiner Mengen Benzoesäure (unter 10—15 mg).

5. Nachweis der Zimtsäure[2]). „100 ccm Wein werden mit verdünnter Natronlauge schwach alkalisch gemacht und auf dem Wasserbad auf etwa 10 ccm eingedampft. Der Rückstand wird mit verdünnter Schwefelsäure angesäuert und in einen Scheidetrichter übergeführt. Die Flüssigkeit wird mit 40 ccm Äther kräftig durchgeschüttelt, die ätherische Lösung zweimal mit je 5 ccm Wasser gewaschen und schließlich mit 5 ccm $^1/_2$ N-Alkalilauge ausgeschüttelt. Die wässerige alkalische Lösung wird kurze Zeit auf dem Wasserbad erwärmt und nach dem Erkalten mit etwa 1 ccm 1 proz. Permanganatlösung versetzt. — Waren Zimtsäure oder deren Salze oder Verbindungen im Weine vorhanden, so ist nach einigen Sekunden ein Geruch nach Benzaldehyd deutlich wahrzunehmen."

Der Nachweis der Vitamine.

A. Chemische Eigenschaften der Vitamine.

Statt der ursprünglichen 2 oder 3 Vitamine nimmt man jetzt vielfach 6 bzw. 7 Vitamine an. C. Funk[3]) teilt dieselben in 2 Hauptgruppen, nämlich I. in die Vitamine, II. in die Vitasterine, und jede Hauptgruppe in 4 bzw. 3 Einzelvitamine, nämlich:

I. Vitamine:

1. B-Vitamin oder das Antiberiberivitamin; es soll am besten aus Hefe, Reis und Weizenkleie durch Ausziehen mit 70 proz. Alkohol gewonnen und nach Eindampfen des Auszuges im Vakuum durch Fällen mit Bleiacetat oder Silberlösung oder Fullererde usw. gereinigt werden können.

2. C-Vitamine oder antiskorbutisches Vitamin; es wird am besten aus neutralisiertem und vergorenem Citronensaft durch Fällen mit Bleiessig gewonnen.

---

[1]) In der Quelle irrtümlich Fe_2O_3 statt Fe.

[2]) Amtliche Anweisung zur chemischen Untersuchung des Weines.

[3]) Vgl. E. Abderhalden, Handbuch der biologischen Arbeitsmethoden, Abt. IV, Teil 9, S. 865. 1925.

3. D-Vitamin oder das Hefewachstumvitamin; es ist ein Begleiter des Vitamins B und unterscheidet sich dadurch von diesem, daß es viel schwerer von Fullerserde gebunden und von Phosphorwolframsäure nur wenig gefällt wird; es ist beständiger als B.

4. P-Vitamin oder Antipellagravitamin; über die Natur dieses Vitamins ist nur erst bekannt, daß es infolge ständigen Genusses von verdorbenem Mais die Pellagra verursachen soll. Auch Hefe soll die Pellagra heilen können.

Bezeichnend aber ist, daß man in den genannten Vitaminen B und C (bzw. auch D) ein Ko-Ferment und einen insulinartigen Stoff annimmt, die mit den eigentlichen Vitaminen verwandt sind und deren Wirkung unterstützen. Das Ko-Ferment wird dadurch aus obergäriger Hefe gewonnen, daß man den Kochsaft derselben mit Bleiessig fällt, das Filtrat mit Natronlauge versetzt, aus dem hierdurch entstehenden Niederschlag das Blei entfernt, das aktive Filtrat mit Kieselwolframsäure in saurer oder alkalischer Lösung versetzt und aus dem Niederschlag mit Barytwasser das Ko-Enzym freimacht.

Der insulinartige Stoff wird aus tierischen Organen (Tumoren) dadurch gewonnen, daß sie mit Pikrinsäure verrieben, durch eine Mühle getrieben, mit absolutem Benzol ausgezogen und die Auszüge im Vakuum eingedampft werden, wobei das Insulinpikrat ausfällt. Aus letzterem erhält man durch Behandeln mit salzsäurehaltigem Alkohol das Chlorhydrat des Insulins, welches durch Aceton gefällt wird. Kartoffeln und Zwiebeln sollen ebenfalls den insulinartigen Stoff enthalten.

II. Vitasterine:

1. Vitasterin A, das antixerophthalmische Vitamin. Butter oder Lebertran oder ein fettlöslicher Auszug aus grünem Gemüse wird mit alkoholischem Kali verseift, die Seife mit Äther ausgezogen, aus der ätherischen Lösung das Cholesterin abgeschieden und das Vitasterin A (Biosterin) in semikrystallisierter Form ($C_{22}H_{40}O_2$) gewonnen.

2. Vitamin E, antirachitisches Vitamin. Es kann dadurch erhalten werden, daß man Lebertran entweder mit Palladium und Wasserstoff unter Druck bei 55° härtet, wobei Vitasterin A zerstört wird, Vitasterin E' erhalten bleibt, oder dadurch, daß man Lebertran mit Essigsäure auszieht und den Auszug verseift, oder den mit 95 proz. Alkohol erhaltenen Auszug verseift, die Kalkseife herstellt und diese mit Äther auszieht.

3. Vitasterin F oder Fortpflanzungsvitasterin. Es kann mit Alkohol und Äther aus Eigelb und Fleisch ausgezogen werden und gehört anscheinend auch der Gruppe der Vitasterine an.

Nach einer vorläufigen Mitteilung von J. König und W. Schreiber (Chem. Ztg. 1927, Jubiläums-Nummer 1 und Zeitschr. f. Untersuchung d. Lebensmittel 1927) liefern die vitaminhaltigen Nahrungsmittel unter den flüchtigen Stoffen vereinzelt Schwefelwasserstoff, Merkaptan (vorwiegend bei den Kohlarten) und Phosphor bzw. Phosphorwasserstoff (bei phosphatidreichen Nahrungsmitteln), regelmäßig dagegen neben Kohlensäure, Formaldehyd, Acetaldehyd und sonstige Aldehyde, während bei den als vitaminfrei bezeichneten Nahrungsmitteln in letzterer Gruppe, besonders der Formaldehyd, nach den bisherigen Untersuchungen entweder ganz fehlt oder nur in viel geringerer Menge vorhanden ist. König und Schreiber glauben in den vitaminhaltigen Nahrungsmitteln ungesättigte, labile Verbindungen annehmen zu sollen, welche doppelte Bindung — voraussichtlich mit Ketongruppen — besitzen und sich ähnlich verhalten wie die Ölsäure beim Ranzigwerden der Fette. Die flüchtigen Aldehyde können ebenso wie Kohlensäure, flüchtige Schwefel- und Phosphorverbindungen durch ammoniakalische Silberlösung — Ag_2O aufgelöst in 24 proz. Ammoniak — aufgefangen und quantitativ bestimmt werden. Wenn sich diese Annahme durch weitere Untersuchungen als richtig erweisen sollte, so würde es möglich werden, auch durch die chemische Analyse einen Anhalt für die Menge der in den Nahrungsmitteln vorhandenen Vitamine zu gewinnen.

B. Der biologische Nachweis der Vitamine.

Sicherer als der chemische Nachweis der Vitamine ist zur Zeit die biologische Prüfung darauf, und zwar durch Fütterungsversuche, die bei den Vitaminen A, B und C wie folgt[1]) angestellt werden:

[1]) Nach O. Stiner, Mitteilungen a. d. Gebiete der Lebensmitteluntersuchung und Hygienie Bd. 17, S. 152—159. 1926.

1. **Nachweis des Vitamin A.** 4—5 Wochen alte **Ratten**, die etwa 50—70 g wiegen, werden mit einer **Grundnahrung** gefüttert, die aus einem vitaminfreien Protein, Kohlehydraten, vitaminfreiem Fett, einer Salzmischung und Vitamin B und C führenden Stoffen besteht.

Als **Protein** wird gewöhnlich Casein, als **Kohlehydratspende** gereinigte Reisstärke und als **Fett** gereinigtes, reduziertes Pflanzenöl (meist Baumwollsamenöl) verwendet, etwa in folgender Zusammensetzung:

Casein	18%	Hefeauszug (Vitamin B)	5%
Reisstärke	52%	Orangensaft (Vitamin C)	5%
Pflanzenöl	15%	Salzmischung	5%

Das **Casein** wird in flachen Schalen 24 Stunden auf 102° erhitzt und dann mit Alkohol und Äther mehrmals ausgezogen oder mehrere Male mit 96%igem Alkohol am Rückflußkühler auf dem Wasserbade ausgekocht und nachher getrocknet. Die **Reisstärke** kann ebenso behandelt werden. Als **Salzmischung** wurde von **Osborne** und **Mendel** folgende, ungefähr der Salzzusammensetzung der Milch entsprechende vorgeschlagen:

$CaCO_3$ 134,8, Na_2CO_3 34,2, K_2CO_3 141,3, $MgCO_3$ 24,2, H_3PO_4 103,2, H_2SO_4 9,2, HCl 53,4, Citronensäure 111,1, Eisencitrat 1,5 H_2O 6,34, $MnSO_4$ 0,079, KJ 0,02, NaF 0,248, $KAl (SO_4)_2$ 0,0245 Teile.

Mit einer solchen Nahrung sollen die Ratten kein Wachstum zeigen, im übrigen aber gesund bleiben. Der auf Vitamin A zu prüfende Stoff wird, am besten getrennt, nicht mit der Nahrung vermischt, verabreicht, wenn die Tiere 10—14 Tage keine Gewichtszunahme gezeigt haben. Enthält der zu prüfende Stoff Vitamin A, so tritt wieder Wachstum (Gewichtszunahme) ein.

2. **Nachweis des Vitamin B.** Durch Füttern mit **weißem** (poliertem) **Reis** wird bei **Hühnern** oder **Tauben** die Polyneuritis gallinarum hervorgerufen, die mit schweren nervösen Erscheinungen, hauptsächlich Krämpfen und Lähmungen, nach etwa 4 Wochen einsetzt und dann innerhalb 2—3 Tagen zum Tode führt. Wird nun auf der Höhe der Krankheit Vitamin B oder eine Vitamin B enthaltende Zubereitung per os oder besser, wenn sie sich dazu eignet, intramuskulär eingespritzt, so tritt bereits durch wenige Milligramm des Vitamins in 2—3 Stunden vollständige Heilung ein.

Ein weiteres Verfahren zum Vitamin-B-Nachweise besteht darin, daß den Tieren eine bis auf das Vitamin B vollständige Nahrung gegeben wird, der dann die zu prüfende Zubereitung zugesetzt wird.

3. **Nachweis des Vitamin C.** Als Versuchstiere dienen **Meerschweinchen** von 300—400 g Gewicht, bei denen durch Ernährung mit Cerealien (Hafer, Weizenbrot usw.) und Wasser (oder Milch, die 1 Stunde im Autoklaven auf 120° erhitzt gewesen ist) eine Krankheit erzeugt wird, die entsprechend dem menschlichen Skorbut sich in folgenden **Erscheinungen** äußert: Lockerwerden der Mahlzähne, Blutungen in den Weichteilen der großen Gelenke und in der Umgebung der Knorpelknochengrenze der Rippen, Spontanfrakturen (Epiphysenlösungen), besonders der Tibia, gelegentlich entstehen auch Geschwüre am Darm, besonders am Zwölffingerdarm; vereinzelt tritt Blut im Urin oder auch im Stuhl als Folge des Durchtritts von Blut durch die erkrankten Gefäßwände auf.

Der so entstandene Skorbut kann auch in seiner schwersten Form durch Verabreichung von kleinen Mengen einer aus Vitamin C reichen Beinahrung (Orangen oder Citronensaft, Gras, gelben Rüben) rasch und vollständig geheilt werden. Sogar die gebrochenen Knochen heilen glatt zusammen.

Als zur Prüfung auf Vitamin C besonders geeignete, von dem genannten Vitamin C freie Grundnahrung empfiehlt sich folgende von Lopez-Lomba und Randoin angegebene:

Weißes Bohnenmehl 84 %		Hefe	3,0%
Butter	4,5%	Calciumlactat	5,0%
Kochsalz	1,5%	Filtrierpapier	2,0%

Für Affen, die bei der Prüfung auf Vitamin C ebenfalls als Versuchstiere verwendet werden, haben Horden und Zilva folgende Grundnahrung vorgeschlagen: 300 g Reis, 50 g Weizenkleie, 2 g Salzmischung nach Osborne und Mendel (vgl. S. 161) und 5 g Butter.

Stoffe und Zubereitungen werden als genügend Vitamin-C-haltig angesehen, wenn sie, der Grundnahrung beigegeben, die Entstehung des Skorbuts verhüten.

Besondere Untersuchungsverfahren.

Milch.

A. Begriff.

Unter Milch im allgemeinen versteht man die von den Milchdrüsen der weiblichen Säugetiere nach einem Geburtsakte längere Zeit über abgesonderte, für die Ernährung ihrer Säuglinge bestimmte Flüssigkeit.

Unter Handelsmilch versteht man die aus dem Euter gesunder Kühe zur Melkzeit durch ununterbrochenes und vollständiges Ausmelken erhaltene Milch.

B. Hauptsächlichste Abweichungen.

   I. Nachahmungen oder Verfälschungen:
     1. Wasserzusatz.
     2. Abrahmung oder Zusatz abgerahmter Milch.
     3. Zusatz von Frischhaltungsmitteln, besonders von Carbonaten.
     4. Künstliche Milch.
  II. Irreführende Bezeichnungen:
     Ziegenmilch für Kuhmilch.
 III. Verdorbenheit:
     1. Angesäuerte Milch.
     2. Verschmutzte Milch.
 IV. Sonstige Abweichungen:
     Veränderungen aus der Milch durch Krankheit der Milchtiere.

C. Vorzunehmende Prüfungen.

1. Probenahme. a) Allgemeines. Da Milch beim Stehen sich unter Aufrahmung entmischt, ist kurz vor der Probenahme durch kräftiges Umrühren, besser durch wiederholtes Umgießen aus einem Gefäße in ein anderes zu mischen. Gefrorene Milch ist durch vorsichtiges Erwärmen aufzutauen. Aus jeder Kanne ist eine Probe von $^1/_2$ l zu entnehmen, in eine reine trockene Flasche aus hellem Glase einzufüllen, doch so, daß noch ein Luftraum von wenigstens 10 ccm bleibt, und tunlichst schnell der Untersuchungsstelle einzuliefern.

Die Haltbarmachung der zur Untersuchung bestimmten Milchproben erfolgt am besten durch Abkühlung etwa durch Einpacken der Proben in Eis, im Laboratorium durch Einstellen in den Eisschrank, ersatzweise durch Zusatz von 0,5 ccm 35 proz. Formaldehydlösung[1].

b) Die Stallprobe. Bei der Stallprobe ist auf folgende Punkte besonders zu achten:

---

[1] Nach W. Sturm (Chem. Weekbl. Bd. 21, S. 606—607. 1924; Chem. Zentralbl. 1925, I, S. 1030) halten 0,8 ccm Formalin auf 1 l Milch, diese etwa 1 Woche gut, ohne Änderung von Gefrierpunkt und Säurezahl. Da Formalin auf das Milchprotein einwirkt, ist gegebenenfalls eine Korrektur für diesen Zusatz nicht an Wasser, sondern an Milch selbst zu ermitteln. — Zur Prüfung von Milch auf Formaldehyd versetzt man die Milch mit einem Gemisch aus gleichen Teilen verdünnter Schwefelsäure und fuchsinschwefliger Säure: Violettfärbung zeigt Formaldehyd an (vgl. auch S. 145).

α. Die Stallprobe ist bei gleicher Melkzeit, am besten 24 Stunden, keinesfalls mehr als 3 Tage später als die zuletzt entnommene verdächtige Probe vorzunehmen.

β. Die Probe muß sich ausschließlich auf die Kühe ohne Ausnahme erstrecken, von denen die verdächtige Milch stammt.

γ. Es ist zu prüfen und dafür zu sorgen, daß sämtliche Kühe gut ausgemolken werden.

δ. Die bei der Stallprobe verwendeten Gefäße sind vorher durch Augenschein auf Leersein und Reinheit zu prüfen. Die melkende Person ist ununterbrochen scharf zu beobachten.

ε. Die entnommenen Proben sind nach Abkühlung unmittelbar von dem Probenehmer selbst der Untersuchungsstelle zu überbringen. Geschieht dies durch andere Personen, so sind die Proben zu versiegeln.

ζ. Zu erforschen und anzugeben ist die Anzahl der vorhandenen milchenden Kühe, Ernährungs- und Gesundheitszustand sowie Zeit der Lactation, Veränderung in der Haltung der Kühe, Futterwechsel, Witterungsumschlag und, ob bzw. wieviel von den Kühen in der fraglichen Zeit rinderig gewesen sind.

η. Gleichzeitig mit der Stallprobe ist die Art der Wasserversorgung des Landwirtes festzustellen und von jeder Wasserquelle (Wasserleitung, Pumpe, Brunnen, Bach, Teich usw.) eine Wasserprobe von je $^1/_2$ l zu entnehmen.

2. Sinnenprüfung. Hierbei ist zu achten aus Aussehen, Farbe, Flüssigkeit, Geschmack, Geruch und unlösliche Bestandteile, besonders auf Absetzungen von Schmutzteilchen auf dem Boden der Flasche nach einigem Stehen der Probe.

3. Bestimmung des spezifischen Gewichtes. Die Bestimmung erfolgt mittels Aräometers (Lactodensimetern) oder der Mohr-Westphalschen Wage in üblicher Weise (vgl. S. 78) und ist gleich nach Eingang der Proben, jedoch frühestens 3 Stunden nach dem Melken, vorzunehmen. Die Temperatur der Milch betrage 15°. Bei anderen Wärmegraden (10—20°)[1] ermittelte Werte sind unter Verwendung einer Korrektur von 0,0002 für je einen Celsiusgrad umzurechnen, wobei die Korrektur bei wärmerer Milch hinzuzuzählen, bei kälterer abzuziehen ist. Zahlenangaben auf höchstens vier Dezimalstellen.

Zur Bestimmung des spezifischen Gewichtes geronnener Milch setzt man nach M. Weibull[2] einem bestimmten Raumteile der geronnenen Milch (v_m) eine abgemessene Raummenge Ammoniak (v_a) (meistens $^1/_{10}$ der Milch) von bekanntem spezifischem Gewichte (s_a) zu, mischt durch, ermittelt die Raummenge der Mischung (V) sowie deren spezifisches Gewicht (S) und berechnet das spezifische Gewicht der geronnenen Milch (s_m) nach der Gleichung:

$$s_m = \frac{V \cdot S - v_a \cdot s_a}{v_m}.$$

Vorteilhafter ist es aber, bei der Beurteilung geronnener Milch das spezifische Gewicht des durch Filtrieren erhaltenen Serums zugrunde zu legen. Vgl. unten, S. 166.

4. Bestimmung des Fettes. a) Zentrifugalverfahren von N. Gerber (Schnellverfahren). 10 ccm technisch reine Schwefelsäure (Dichte 1,820—1,825), 11 ccm Milch und 1 ccm reinen Amylalkohol bringt man der Reihe nach in das

---

[1] Korrektionstabellen der Laktodensimetergrade für die Temperaturgrade 0—30° befinden sich bei König, Chemie der menschl. Nahrungs- und Genußmittel Bd. III, 2. Teil, S. 954.

[2] Chem.-Ztg. Bd. 17, S. 1670. 1893; vgl. König, Chemie der menschl. Nahrungs- und Genußmittel Bd. III, 2. Teil, S. 192.

Butyrometer, jedoch so, daß eine Vermischung zunächst möglichst vermieden wird. Darauf verschließt man und mischt durch vorsichtiges Schütteln, wobei sich Butyrometer nebst Inhalt erwärmen. Nach völliger Lösung des Caseins bringt man die noch warmen Butyrometer ohne Verzug in die Zentrifuge und schleudert 3 Minuten lang. Die herausgenommenen Butyrometer erwärmt man alsdann einige Minuten in Wasser von 60—70° und liest den Fettgehalt ab. Bei Vollmilch gilt der niedrigste, bei Magermilch der mittlere Punkt des oberen Meniscus als der richtige Ablesepunkt. Zahlenangaben auf höchstens 2 Dezimalstellen.

b) Über das genauere Fettbestimmungsverfahren in Milch mit Trichloräthylen vgl. S. 18.

c) Wiedergewinnung des Amylalkohols aus den Rückständen der Gerberschen Milchfettbestimmung nach F. Bengen[1]).

I. Die Rückstände von der Gerberschen Milchfettbestimmung werden in folgender Weise behandelt: 1 l des gesammelten Butyrometerinhalts wird, mit 300 ccm Wasser verdünnt, in einem 2 l fassenden Rundkolben der Destillation mit Wasserdampf unterworfen. Mit den ersten 150 ccm Destillat ist der Amylalkohol fast völlig übergegangen. Man sättigt sodann das Destillat mit Kochsalz, um die Löslichkeit des Amylalkohols im Wasser herabzusetzen, fügt etwas Phenolphthalein und tropfenweise so viel verdünnte Natronlauge hinzu, bis auch nach kräftigem Schütteln die Rotfärbung bestehen bleibt. Es werden dadurch geringe Mengen saure Bestandteile, vielleicht flüchtige Fettsäuren, gebunden. Dann wird die Salzlösung im Scheidetrichter abgelassen, der Amylalkohol durch ein trockenes Filter gegossen und einige Stunden über getrocknetem Kochsalz, besser noch über geschmolzenem Natriumsulfat stehengelassen. Chlorcalcium eignet sich zum Trocknen nicht, da es im Amylalkohol ziemlich leicht löslich ist und beim nachherigen Destillieren einen dicken schlammigen Rückstand bildet, der leicht zu stoßen anfängt. Alsdann wird der Amylalkohol über freier Flamme der fraktionierten Destillation unterworfen und zwar anfangs mit möglichst kleiner Flamme, da zunächst noch geringe Mengen Wasser mit übergehen. Bei 128° wechselt man die Vorlage, und der größte Teil des Kolbeninhalts geht bei etwa 130° meist innerhalb eines halben Grades über. Bei 132° bricht man die Destillation ab. Das Destillat zwischen 128 und 132° kann ohne weiteres wieder zu neuen Milchfettbestimmungen verwendet werden. Sein spezifisches Gewicht ist 0,8144. Aus 6 l Reaktionsrückstand erhält man etwa 250 ccm reinen Amylalkohol, also fast die ganze darin enthaltene Menge wieder. Den wässerigen Vorlauf gibt man in das Sammelgefäß zurück, um den darin enthaltenen Amylalkohol bei der nächsten Wasserdampfdestillation wieder mitzugewinnen.

5. Bestimmung der Trockenmasse. Die Bestimmung der Trockenmasse t erfolgt im allgemeinen durch Berechnung nach der von Halenke und Möslinger zuerst angegebenen, von Ambühl vereinfachten Formel

$$t = \frac{5f + l}{4},$$

wobei f den Fettgehalt und l die Lactodensimetergrade bedeuten.

Genauere Werte liefert die Fleischmannsche Formel

$$t = 1{,}2 f + 2{,}665 \frac{100\,s - 100}{s}$$

worin s das spezifische Gewicht der Milch darstellt. Für die häufiger vorkommenden Fettgehalte und Lactodensimetergrade empfiehlt sich die Benutzung der Tabelle[2]) S. 391.

Zur direkten Bestimmung der Trockenmasse werden etwa 5 ccm Milch in einer Weinschale genau gewogen, auf dem Wasserbade zur Trockne verdampft und 1 Stunde bei 105° getrocknet.

---

[1]) Zeitschr. f. Untersuch. d. Nahrungs- u. Genußmittel Bd. 42, S. 184—185. 1921.
[2]) Nach H. Röttger, Lehrbuch der Nahrungsmittelchemie 4. Auflage, 1. Bd., S. 233.

Bestimmung der fettfreien Trockenmasse. Die fettfreie Trockensubstanz ergibt sich, indem man von der Gesamttrockensubstanz den Fettgehalt abzieht. Angabe auf höchstens 2 Dezimalstellen.

6. Bestimmung des korrigierten spezifischen Gewichts des Spontanserums[1]. 200—300 ccm Milch läßt man in einer durch einen Wattebausch verschlossenen Flasche nach Impfung mit einer Milchsäurebazillenkultur[2]) bei 25—30° gerinnen und filtriert nach Abkühlen auf 15° von dem abgeschiedenen Gerinnsel ab. Zur Filtration dient zweckmäßig ein Faltenfilter von 18 cm Durchmesser aus Kieselgurfiltrierpapier. Im Filtrat bestimmt man das spezifische Gewicht bei 15° und durch Titration von 10 ccm des Filtrates mit $^1/_{10}$ N-Lauge den Säuregehalt. Für jedes verbrauchte Kubikzentimeter Lauge ist der Wert für das gefundene spezifische Gewicht um 0,0001 zu erhöhen, um den auf frische Milch bezogenen Wert zu erhalten. Angaben auf höchstens 4 Dezimalstellen.

Anmerkung: Dieses Verfahren ist auf frische und geronnene, nicht aber auf Konservierungsmittel enthaltende Proben anwendbar. Für solche empfiehlt sich die Bestimmung des Essigsäureserums unter Berücksichtigung des Einflusses der Zusätze.

7. Bestimmung des spezifischen Gewichtes des Essigsäureserums. 200 ccm Milch versetzt man in einem Erlenmeyerkölbchen von etwa 300 ccm Inhalt ohne zu mischen mit 4 ccm 20 proz. Essigsäure, erwärmt, nachdem man das Kölbchen mit einem Kautschukstopfen, durch den ein 22 cm langes Kühlröhrchen geht, verschlossen hat, auf dem Wasserbade auf etwa 40°, schüttelt dann kräftig um und läßt erkalten, was durch Einstellen in kaltes Wasser beschleunigt wird. Inzwischen bringt man auf einen Trichter ein trockenes Faltenfilter aus Kieselgurfiltrierpapier von etwa 18 cm Durchmesser, gibt darauf 0,5—1,0 g gereinigte Kieselgur und filtriert das Serum nach Erkalten ab. Im Filtrat bestimmt man das spezifische Gewicht mit der Mohr - Westphalschen Wage. Zahlenangaben auf höchstens 4 Dezimalstellen.

8. Bestimmung der Lichtbrechung des Chlorcalciumserums nach Ackermann[3]). Die zu dieser Bestimmung dienenden großen Reagensröhren werden zuerst dreimal mit der zu prüfenden Milch ausgepült, dann mit 30 ccm Milch (bis zur Marke) gefüllt, 0,25 ccm der Chlorcalciumlösung, die 1 : 10 verdünnt, bei 17,5° eine Berechnung von 26 Skalenteilen zeigt, versetzt, diese durch Umschütteln gemischt und dann das Rohr mittels Kautschukstopfen verschlossen, der mit einem 22 ccm langen Kühlrohre versehen ist. Man erwärmt alsdann 15 Minuten im siedenden Wasserbade und kühlt durch Einstellen in kaltes Wasser, das auf 17,5° gehalten wird. Nach dem Abkühlen vereinigt man durch vorsichtiges Neigen der Röhre das Kondenswasser mit dem klar abgeschiedenen Serum und gießt dieses, ohne vorher zu filtern, in die für die Untersuchung bestimmten Bechergläschen. Darauf bestimmt man die Lichtbrechung mit dem Eintauchrefraktometer bei 17,5°. Zahlenangaben auf 1 Dezimalstelle.

Anmerkung: Entsteht beim Erhitzen der Milch mit der Chlorcalciumlösung ein trübes Serum, wie es durch Milch mit zu hohem Säuregrade oder von kranken Kühen bedingt ist, so ist die Bestimmung der Lichtbrechung als nicht ausführbar anzusehen. In diesem Falle hat sich die Prüfung auf das spezifische Gewicht des Spontan- oder Essigsäureserums zu erstrecken.

---

[1]) Vgl. J. Großfeld, Zeitschr. f. Untersuch. d. Nahrungs- u. Genußmittel Bd. 39, S. 140—145. 1920.

[2]) Aus freiwillig geronnener Milch.

[3]) Zeitschr. f. Untersuch. d. Nahrungs- u. Genußmittel Bd. 13, S. 186—188. 1907.

9. Prüfung auf Nitrate. Nach Abgießen des Chlorcalciumserums für die Lichtbrechung stellt man die Röhre in ein Gestell, worauf sich nach wenigen Minuten eine weitere kleine Menge des Serums ansammelt. Hiervon entnimmt man mittels einer mit destilliertem Wasser sorgfältig ausgespülten Pipette 0,5 ccm Serum und fügt diese Menge zu 2 ccm der nach J. Tillmans und A. Splittgerber[1]) hergestellten Diphenylamin-Schwefelsäure, worauf man mischt und durch Eintauchen in Wasser kühlt. Tritt alsdann innerhalb 60 Minuten Blaufärbung ein, so ist das Vorhandensein von Nitraten nachgewiesen. Es empfiehlt sich auch die Stärke der Reaktion ungefähr anzugeben. Liefert die Milch, etwa infolge bereits eingetretener Säuerung kein klares Chlorcalciumserum, so werden nach Tillmans und Splittgerber 25 ccm Milch mit 25 ccm einer Mischung aus gleichen Teilen einer 5 proz. Quecksilberchloridlösung und einer 2 proz. Salzsäure versetzt und kurz umgeschüttelt. Darauf filtriert man durch ein Faltenfilter und prüft 0,5 ccm des Filtrats mit 2 ccm der Diphenylamin-Schwefelsäure wie vorhin. Besonders darauf zu achten ist, daß die Reagenzien nitratfrei sind, was am einfachste ndurch einen Leerversuch ermittelt wird. — Zu bemerken ist, daß durch die Milchsäuregärung der Nitratgehalt der Milch allmählich verringert oder gar ganz beseitigt wird.

10. Bestimmung des Gefrierpunktes nach J. Pritzker[2]). 30 ccm Milch werden in dem Gefrierpunktsgefäße durch Eintauchen in das mit wenig Wasser gefüllte Wasserbad 10—15 Minuten lang vorgekühlt. Inzwischen wird das Kühlbad mit Eisstückchen von Nußgröße bis zu drei Vierteln angefüllt, eine Handvoll Kochsalz zugegeben und mit Wasser bis 4—5 cm unterhalb des Randes aufgefüllt. Darauf wird unter Rühren mit dem Messingrührer die Temperatur des Kühlbades auf zwischen — 3° und — 6° eingestellt, indem man mehr Eis oder Salz oder Wasser zusetzt und nötigenfalls einen Teil der Kältemischung abgießt. Nun wird in das bereits vorgekühlte Gefrierpunktsgefäß, das die Milch enthält, der Platinrührer gebracht und auf das Ganze ein doppelt durchbohrter Stopfen, der das Beckmannsche Thermometer trägt und den Rührer ungehindert durchtreten läßt, gesetzt. Zwecks leichterer Beweglichkeit versieht man den Stopfen am besten mit einem Glasrohre, das dem Rührerstiele als Führung dient. Das Thermometer muß während der ganzen Versuchsdauer senkrecht stehen, von den Wandungen des Milchgefäßes gleichmäßig weit entfernt sein und darf beim Rühren vom Platinring nicht berührt werden. Beim Rühren soll der ringförmige Teil des Rührers die Oberfläche nahezu erreichen, aber nicht überschreiten. Nun wird das Ganze unmittelbar in das Kühlbad eingetaucht und zur sicheren Befestigung das Gefrierpunktsgefäß in einen durchbohrten Korken bis zum seitlichen Stutzen eingesteckt. Man beginnt mit 1 oder 2 Hüben in der Sekunde zu rühren, wobei der Quecksilberfaden zuerst rasch, dann immer langsamer zu sinken beginnt, um schließlich stehenzubleiben. Ist der Quecksilberfaden etwa 0,5° unter dem vermuteten Gefrierpunkt gesunken, so wirft man ein Stückchen Eis von Erbsengröße durch den seitlichen Tubus in die Milch. Sinkt die Temperatur um weitere 0,5°, so ist das Gefäß für kurze Zeit aus dem Kühlbade

---

[1]) Zeitschr. f. Untersuch. d. Nahrungs- u. Genußmittel Bd. 20, S. 676. 1910 und Bd. 22, S. 401. 1911. Vgl. S. 13.

[2]) Zeitschr. f. Untersuch. d. Nahrungs- u. Genußmittel Bd. 34, S. 69—112. 1917; vgl. auch J. König, Chemie der menschlichen Nahrungs- und Genußmittel Bd. III, 1. Teil, S. 57.

herauszuheben. Nun beginnt der Quecksilberfaden plötzlich zu steigen, worauf man das Rühren unterbricht und das Steigen der Quecksilbersäule mit der Lupe verfolgt, indem man von Zeit zu Zeit das Thermometer mit dem Finger anklopft. Sobald der Faden stillsteht, wird ein- bis zweimal gerührt, das Thermometer häufiger geklopft und der Stand der Quecksilbersäule abgelesen. Der bei der Milch ermittelte Skalengrad wird von dem für den Gefrierpunkt von destilliertem Wasser bestimmten abgezogen, wodurch sich die Gefrierpunktserniedrigung der Milch in Celsiusgraden ergibt. Das Ergebnis wird mit 100 malgenommen und dann ohne Minuszeichen mit einer Dezimale angegeben.

Fr. Bolm[1]) schlägt zur Eichung des verwendeten Thermometers vor, einheitlich den Gefrierpunkt einer Lösung von 2,000 g reinstem Harnstoff in 100 ccm Wasser zu ermitteln und die molekulare Gefrierpunktserniedrigung von 1,86° anzunehmen. Als normaler Säuregrad (vgl. S. 169) für Milch gilt 7. Bei weniger als 7 wird für jeden Säuregrad 0,8 ab, bei mehr als 7 0,8 zugezählt. Für 1 ccm 40proz. Formalin in 1 l Milch zieht man 3,0 ab.

11. Nachweis eines Wasserzusatzes zu Milch. Der Zusatz von Wasser zu Milch ist im allgemeinen als erwiesen anzusehen:

a) bei Mischmilch vieler Kühe, wenn die Analysenergebnisse unterhalb folgender Grenzwerte liegen:

Spezifisches Gewicht der Milch bei 15° 1,0280
Fettfreie Trockensubstanz 8,0%
Lichtbrechung des Chlorcalciumserums bei 17,5° . . . . 38,0 Skalenteile
Spezifisches Gewicht des Spontanserums bei 15° 1,0260
„   „   „ Essigsäureserums bei 15° 1,0260
Gefrierpunktserniedrigung[2]) . . . . 53°[3])

b) bei Milch weniger oder einzelner Kühe, wenn der Vergleich mit der ordnungsmäßig entnommenen Stallprobenmilch einen Wasserzusatz ergibt. Die Menge des Wasserzusatzes (W) in Prozenten der reinen Milch ergibt sich aus der Menge der fettfreien Trockensubstanz der verdächtigen (r) und der Stallprobenmilch (r_1) nach der Formal

$$W = \frac{100\,(r_1 - r)}{r}.$$

Es empfiehlt sich, den Wasserzusatz im allgemeinen in höchstens ganzen Prozentzahlen anzugeben. Zur einfachen Ablesung des Wasserzusatzes aus der Menge der fettfreien Trockensubstanz der verdächtigen und der Stallprobenmilch dient die Tafel S. 392.

Der Ausfall der Nitratreaktion dient zur Bestätigung eines Wasserzusatzes. Nicht selten ist es möglich, aus der Stärke der Nitratreaktion auf dem Salpetersäuregehalt des verwendeten Wassers und damit auf die Herkunft des verwendeten Wassers wahrscheinliche Schlüsse zu ziehen. Doch ist zu beachten, daß einerseits der Nitratgehalt der Milch durch Einwirkung der darin enthaltenen Kleinwesen beim Aufbewahren abnimmt und andererseits bisweilen auch sonstiger Herkunft sein kann.

Bei angesäuerter Milch berechnet man den Wasserzusatz nach der Formel

$$W = 100\,\frac{(s_1 - s)}{s},$$

---

[1]) Zeitschr. f. Untersuch. d. Nahrungs- u. Genußmittel Bd. 48, S. 243—246. 1924.

[2]) Die Gefrierpunktserniedrigung unterliegt den geringsten Schwankungen und ist daher das sicherste Kennzeichen der Milchwässerung, falls eine Stallprobe nicht vorgenommen werden kann. Vgl. A. Gronover, Zeitschr. f. Untersuch. d. Nahrungs- u. Genußmittel Bd. 50, S. 111—119. 1925.

[3]) Gefrierpunktserniedrigungen über 57° deuten bei frischer Milch auf Eutererkrankungen.

wobei s_1 das um 1 verminderte spezifische Gewicht des Spontanserums (S. 166) der Stallprobenmilch, s das der verdächtigen Milch ist.

12. Nachweis eines Fettentzuges. Fettentzug (Abrahmung) oder Zusatz von Magermilch liegt vor:

a) bei **Mischmilch** vieler Kühe, wenn der Fettgehalt der Milch unter 2,5% oder der Fettgehalt der Milchtrockensubstanz unter 20% liegt,

b) bei **Milch weniger oder einzelner Kühe**, wenn der Fettgehalt der Stallprobenmilch erheblich (wenigstens 10% des absoluten Wertes) höher liegt als der der verdächtigen Milch. Der Fettentzug (E) in Prozenten des ursprünglichen Fettgehaltes ergibt sich aus dem Fettgehalte der verdächtigen (f) und der Stallprobenmilch (f_1) nach der Formel

$$E = \frac{100\,(f_1 - f)}{f_1}\,.$$

13. Bestimmung des Säuregrades nach Soxhlet und Henkel. 50 ccm Milch werden ohne Verdünnung mit Wasser nach Zusatz von 2 ccm einer 2proz. alkoholischen Phenolphthaleinlösung mit $^1/_4$ N-Lauge bis zur schwachen Rotfärbung titriert. Der erhaltene Wert verdoppelt, ergibt den Säuregrad (Kubikzentimeter $^1/_4$ N-Lauge für 100 ccm Milch). Zahlenangabe auf höchstens 1 Dezimale.

Bei frischer Milch liegt der Säuregrad unter 9. Angesäuerte Milch gerinnt ferner mit der gleichen Menge 68—70 volumproz. Alkohol und färbt alkoholische Alizarinlösung gelb. Weitere Kennzeichen für angesäuerte Milch findet man durch die Reduktaseprobe mit Methylenblau und durch Keimzählungen. Vgl. König, Chemie III, 2. Teil, S. 264—265.

14. Nachweis neutralisierter Milch nach W. Luckenbach[1]). In 50 ccm Milch wird in üblicher Weise der Säuregrad nach Soxhlet und Henkel titriert. Die fertigtitrierte Flüssigkeit versetzt man mit 38 ccm kolloider Eisenlösung[2]), schüttelt um und läßt sie dann $^1/_4$ Stunde stehen. Darauf wird durch Faltenfilter filtriert. Es ergibt sich sofort ein gut durchlaufendes, klares und farbloses Filtrat. In einen Zylinder mit flachem Boden aus farblosem Glas von 2,5 cm Durchmesser und 13 cm Höhe bringt man 20 ccm dieses Serums und fügt solange ungemessene $^1/_{10}$ N-Natronlauge zu, bis der Phenolphthaleinumschlag erreicht ist. In einem zweiten Zylinder derselben Art bringt man 20 ccm einer Pufferlösung, welche die Wasserstoffstufe 3,2 zeigt (21,008 g Citronensäure + 200 ccm N-Natronlauge zu 1 l aufgefüllt; davon 43 ccm + 57 ccm $^1/_{10}$ N-Säure. Die letzte Mischung ist die Pufferlösung). Beide Flüssigkeiten werden nun mit 0,3 ccm einer 0,01proz. alkoholischen Dimethylgelblösung (Grübler) versetzt, und die Serumlösung dann bis auf den gleichen roten Ton titriert, den die Pufferlösung besitzt. Vom Titerverbrauch sind 0,17 ccm einer durch die hohe Wasserstoffstufe bedingten Korrektur abzuziehen. Der übrigbleibende Rest ist auf 100 ccm Milch[3]) umzurechnen.

---

[1]) Vgl. J. Tillmans, Zeitschr. f. Untersuch. d. Lebensmittel Bd. 50, S. 103—110. 1925.

[2]) Liquor ferri oxychlorati dialys. des Arzneibuches.

[3]) Man rechnet zu dem Zwecke aus, um wieviel durch die verschiedenen Zusätze die Flüssigkeitsmenge vermehrt worden ist. Angenommen, der Säuregrad wäre 6 gewesen, so läge eine Gesamtflüssigkeitsmenge von 93 vor (50 Milch, 2 Phenolphthalein, 3 n/4 Lauge, 38 Eisenlösung). Diese Zahl teilt man durch 10 und erhält damit den Faktor, mit dem die Titermenge malzunehmen ist, um den Verbrauch für 100 Milch zu erhalten.

Die folgende Tabelle gibt die zu jedem Säuregrad gehörige Titermenge an. Man liest also für die auf 100 Milch umgerechnete Titermenge den zugehörigen Säuregrad ab. Stimmt dieser bis auf 1° mit dem direkt ermittelten Säuregrad überein, so ist die Milch nicht neutralisiert worden. Ergibt sich aber ein Unterschied bis 2°, so ist ein starker Verdacht auf Neutralisierung vorhanden. Es empfehlen sich weitere Nachforschungen. Liegt der aus dem Titerverbrauch ermittelte Säuregrad mehr als 2° höher als der direkt gefundene, so ist damit die erfolgte Neutralisation bewiesen.

Sofern der nach Soxhlet und Henkel ermittelte Säuregrad über 15° liegt, es sich also um stärker saure Milch handelt, können vielleicht auch bei nicht neutralisierter Milch größere Abweichungen als 2° zwischen Titermenge und Säuregrad beobachtet werden.

Titerverbrauch umgerechnet auf 100 ccm Milch	entspricht einem Säuregrad von	Titerverbrauch umgerechnet auf 100 ccm Milch	entspricht einem Säuregrad von	Titerverbrauch umgerechnet auf 100 ccm Milch	entspricht einem Säuregrad von	Titerverbrauch umgerechnet auf 100 ccm Milch	entspricht einem Säuregrad von
ccm 0,1 N-HCl		ccm 0,1 N-HCl		ccm 0,1 N-HCl		ccm 0,1 N-HCl	
5,0	6,0	11,5	8,5	17,75	10,8	24,0	13,7
5,25	6,2	11,75	8,6	18,0	10,9	24,25	13,8
5,5	6,3	12,0	8,7	18,25	11,0	24,5	13,9
5,75	6,4	12,25	8,75	18,5	11,15	24,75	14,0
6,0	6,5	12,5	8,8	18,75	11,25	25,0	14,1
6,25	6,6	12,75	8,9	19,0	11,4	25,25	14,3
6,5	6,7	13,0	9,0	19,25	11,5	25,5	14,5
6,75	6,8	13,25	9,1	19,5	11,6	25,75	14,6
7,0	6,9	13,5	9,15	19,75	11,7	26,0	14,8
7,25	6,95	13,75	9,2	20,0	11,8	26,25	14,9
7,5	7,0	14,0	9,3	20,25	12,0	26,5	15,1
7,75	7,1	14,25	9,4	20,5	12,1	26,75	15,3
8,0	7,2	14,5	9,5	20,75	12,2	27,0	15,4
8,25	7,3	14,75	9,6	21,0	12,3	27,25	15,6
8,5	7,4	15,0	9,65	21,25	12,4	27,5	15,8
8,75	7,5	15,25	9,7	21,5	12,5	27,75	16,0
9,0	7,6	15,5	9,8	21,75	12,6	28,0	16,1
9,25	7,7	15,75	9,9	22,0	12,7	28,25	16,3
9,5	7,8	16,0	10,0	22,25	12,9	28,5	16,5
9,75	7,9	16,25	10,1	22,5	13,0	28,75	16,6
10,0	8,0	16,5	10,2	22,75	13,1	29,0	16,8
10,25	8,1	16,75	10,3	23,0	13,2	29,25	16,9
10,5	8,2	17,0	10,4	23,25	13,3	29,5	17,0
10,75	8,3	17,25	10,55	23,5	13,4	29,75	17,2
11,0	8,35	17,5	10,7	23,75	13,5	30,0	17,4
11,25	8,4						

15. Nachweis von sonstigen Frischhaltungsmitteln. a) Wasserstoffsuperoxyd nach C. Arnold und C. Mentzel[1]): 10 ccm Milch werden mit 10 Tropfen Vanadinsäurelösung (1 g gefällte Säure in 100 g verdünnter Schwefelsäure gelöst) und 0,5 ccm verdünnter Schwefelsäure gemischt. Bei Anwesenheit von mehr als 0,01 g H_2O_2 in 100 ccm Milch ensteht sofort eine braunrote Färbung.

[1]) Zeitschr. f. Untersuch. d. Nahrungs- u. Genußmittel Bd. 6, S. 305—309. 1903. Vgl. Schweiz. Lebensmittelbuch, 3. Aufl., S. 12.

b) **Borsäure**, vgl. S. 133.

c) **Benzoesäure**, vgl. S. 151.

d) **Salicylsäure**, vgl. S. 149.

e) **Formaldehyd**, vgl. S. 145.

16. Nachweis von Ziegenmilch. Nach R. Steinegger[1]) mißt man in 2 Reagenzgläsern von gleicher Form und Größe in das eine 20 ccm Kuhmilch, in das andere 20 ccm der zu untersuchenden Probe ab, versetzt mit 2 ccm konzentriertem Ammoniakwasser und bringt beide Gläser in ein Wasserbad von 50°. Sind nach einer halben Stunde in beiden Gläsern Fettschicht und Serum gleich beschaffen und sind sie scharf voneinander abgegrenzt, so ist das Vorhandensein von Ziegenmilch unwahrscheinlich. Ist dagegen bei der zu untersuchenden Milch keine oder nur eine dünne und nicht eine scharf abgegrenzte Fettschicht vorhanden und ist das Serum mit einem Gerinnsel von Eiweiß mehr oder weniger durchsetzt, so kann man auf das Vorhandensein von Ziegenmilch schließen. Über die Ermittlung der vorhandenen Ziegenmilch vgl. die Quelle.

Das Verfahren wurde von H. Hager[2]), W. Austen[3]) nachgeprüft. Letzterer gibt eine besondere Ausführungsform an, darauf beruhend, daß das Casein in besonderen Röhrchen der Firma Dr. N. Gerber & Co., Leipzig, in einer Zentrifuge abgeschleudert wird, eine Ausführungsform, die auch von A. Heiduschka und R. Beyrich[4]) als brauchbar, wenn auch weniger in quantitativer Hinsicht, bestätigt wird. Nach A. Beythien[5]) versagt aber das Verfahren bei Milch von kranken Tieren, bei Colostrum und sonst abnormer Milch und bei Milch, die älter als 24 Stunden ist.

Nach Lührig[6]) ist ferner die Juckenacksche Differenz (V.Z. — R.M.Z. — 200.) ein besonders gutes Kennzeichen des Ziegenmilchfettes. Lührig fand dieselbe an 8 Fettproben aus Ziegen-Mischmilch zu — 12,8 bis — 18,1, während dieselbe bei Kuhmilch etwa zwischen — 4 und + 4 schwankt.

17. Prüfung auf Schmutz. Ist beim einstündigem Stehen der Milchprobe ein Bodensatz von merklichen Mengen unlöslicher Schmutzteilchen bemerkt worden, so wird die Probe durch ein Wattefilter filtriert, dieses auf eine Celluloidplatte gedrückt, abgepreßt und nach dem Trocknen als Beweismittel verwendet. Bei angesäuerter Milch gelingt die Filtration durch Wattefilter meistens nicht. Man gießt alsdann von dem nach einigem Stehen gebildeten Bodensatze soweit wie möglich ab, vermischt den Rest der Milch mit 5—10 ccm 4proz. Ammoniumoxalatlösung und Ammoniak bis zur schwach alkalischen Reaktion; der nunmehr wieder flüssiger gewordene Milchrest wird alsdann durch das Wattefilter geseiht.

18. Nachweis des stattgefundenen Erhitzens der Milch nach Rothenfußer[7]). 100 ccm Milch werden mit 6 ccm Bleiessig versetzt, stark geschüttelt und filtriert. Zu 10 ccm des Bleiserums gibt man 1—2 Tropfen etwa 0,3proz. Wasserstoffsuperoxyd und etwas Rothenfußers Reagens. Bei ungekochter Milch färbt sich das Gemisch stark violett, bei gekochter bleibt es farblos. Zur Herstellung des Reagens werden 1,0 g Paraphenylendiaminchlorhydrat in 15 ccm

---

[1]) Molkerei-Ztg. Bd. 13, S. 398—399 und S. 410—411. 1903; Zeitschr. f. Untersuch. d. Nahrungs- u. Genußmittel Bd. 7, S. 396—397. 1904.

[2]) Milchwirtschaftl. Zentralbl. Bd. 7, S. 19—24. 1911; Zeitschr. f. Untersuch. d. Nahrungs- u. Genußmittel Bd. 23, S. 216. 1912.

[3]) Milchwirtschaftl. Zentralbl. Bd. 50, S. 125—127. 1921; Chem. Zentralbl. 1922, II, S. 43.

[4]) Milchwirtschaftl. Zentralbl. Bd. 52, S. 37—40 und S. 49—52. 1923; Chem. Zentralbl. 1923, IV, S. 544—545.

[5]) Handbuch der Nahrungsmitteluntersuchung Bd. I, S. 217. 1914.

[6]) Pharm. Zentralh. Bd. 64, S. 319—322. 1923; Zeitschr. f. Untersuch. d. Nahrungs- u. Genußmittel Bd. 48, S. 190. 1924.

[7]) Zeitschr. f. Untersuch. d. Nahrungs- u. Genußmittel Bd. 16, S. 71—73. 1908.

Wasser gelöst und mit einer Auflösung von 2,0 g Guajacol in 135 ccm 96 proz. Alkohol vermischt. Frischhaltungsmittel stören bei der Reaktion nicht. Man kann nach Rothenfußer auch wie folgt mit einer Benzidinlösung prüfen: 2,0 g Benzidin werden in 100 ccm 96 proz. Alkohol gelöst; von dieser Lösung werden 5—10 Tropfen zu dem vorstehenden mit 2 Tropfen der 3 proz. Wasserstoffsuperoxydlösung vermischten Serum gesetzt. Bei dem Serum von ungekochter Milch tritt sofort eine schöne, kornblumenblaue, bei erhitzt gewesener Milch keine Färbung auf. — Ein brauchbares Guajakharzreagens bereitet P. Borinski[1]) wie folgt: 0,85 g Guajakharz werden fein zerrieben und in 85 Teilen 70%igen Alkohol unter Schütteln gelöst, was etwa 30—60 Minuten dauert. Zu dieser Lösung werden 10 ccm verflüssigte Carbolsäure und 5 ccm 3%iges Wasserstoffsuperoxyd hinzugefügt. Das Reagens hält sich etwa 2—4 Wochen brauchbar. Setzt man von dem Reagens 10 Tropfen zu 5 ccm roher Milch, so entsteht beim Umschütteln eine lebhafte blaue Farbe.

19. Nachweis der Milch kranker Kühe. a) Leukocytenprobe nach Trommsdorff[2]). In besonderen capillarausgezogenen Röhrchen (Abb. 21)

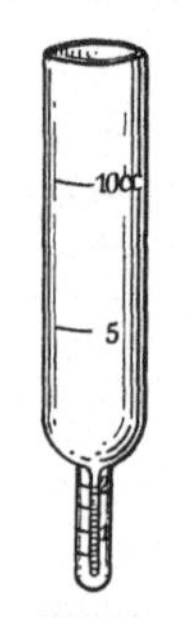

Abb. 21.
Röhrchen
für die
Leuko-
cyten-
probe
nach
Tromms-
dorff.

werden 5 ccm Milch 5 Minuten bei etwa 1200 Umdrehungen in der Minute zentrifugiert. In der Capillare setzt sich ein Absatz von Schmutz, Bakterien, Proteinstoffen, Haaren und Leukocyten ab. In normaler Milch ist die Menge gering, meist zwischen Marke 0,2 und 0,4, erreicht sie 1,0, so ist die Milch verdächtig, bei noch größerer Menge handelt es sich meist um Mastitismilch. Eine schmutzig gelbe Farbe des Sedimentes und ein massenhaftes Auftreten von Leukocyten im mikroskopischen Gesichtsfelde beweisen Mastitiserkrankung. Die Probe muß aber durch die mikroskopische Untersuchung auf Streptokokken[3]) stets ergänzt werden, weil die harmlosen Milchstreptokokken von denen der Mastitis nur schwer unterschieden werden können. Die Probe ist nur dann entscheidend, wenn es sich um frischgemolkene Milch handelt.

b) Bestimmung des Gehaltes der Milch an Chloriden (S. 95).

c) Bestimmung des Milchzuckergehaltes (S. 43—54).

d) Berechnung der Chlor-Zucker-Zahl nach Köstler[4]). Die Berechnung erfolgt nach der Formel

$$\text{Chlorzuckerzahl} = 100\,\frac{Cl}{M}\,,$$

wobei Cl den Gehalt an Cl′-Ionen, M den an Milchzucker bezeichnet. — Diese Zahl übersteigt bei normaler Milch selten 2,5 und steigt bei Sekretionsstörungen bis 20,0 oder noch höher an.

e) Bestimmung der spezifischen Leitfähigkeit. Diese steht in bestimmter Beziehung zum Gehalte der Milch an Salzen, besonders an Chloriden. Über die genauere Ausführung des Verfahrens und die Art der zu verwendenden Geräte vgl. R. Strohecker[5]).

---

[1]) Zeitschr. f. angew. Chem. Bd. 39, S. 281—283. 1926.
[2]) Nach J. König, Chemie der menschl. Nahrungs- und Genußmittel Bd. III, 2. Teil, S. 267. (1914.)
[3]) Vgl. J. Werder, Mitt. a. d. Geb. d. Lebensmitteluntersuch. u. Hygiene Bd. 17, S. 102—111. 1926.
[4]) Nach Schweizer Lebensmittelbuch. Anhang zur dritten Auflage. S. 6 u. 9.
[5]) Zeitschr. f. Untersuch. d. Nahrungs- u. Genußmittel Bd. 49, S. 342—352. 1925.

f) **Bestimmung der Katalasezahl nach Lam**[1]). 5 ccm einer einprozentigen Wasserstoffsuperoxydlösung werden mit 10 ccm Milch gemischt und die Menge Gas beobachtet, die sich nach 25 stündigem Stehen bei 22—35° entwickelt hat. — Über verschiedene andere Ausführungsformen der Probe, die verwendete Apparatur und den Wert der Probe vgl. J. König, an genannter Stelle.

20. Stärkenachweis in Milch (Emulsionsmilch)[2]). Aus der zu untersuchenden Milch werden nach Umschütteln 5—10 ccm entnommen, in einem Reagensglase durch Zusatz von einigen Tropfen Essigsäure zum Gerinnen gebracht, aufgekocht und nach dem Abkühlen vorsichtig tropfenweise mit ungefähr $^1/_{100}$ N-Jodlösung versetzt. Eine hierbei auftretende blaue oder grünliche Färbung des über dem abgesetzten Caseins stehenden Milchserums zeigt die Anwesenheit von Stärke an. Stärkefreie Milch färbt sich bei der Probe farblos bis gelb. Beim Stehen verschwinden die Jodfärbungen allmählich wieder. In alten zersetzten Proben von Emulsionsmilch ist die Stärke bisweilen nicht mehr nachweisbar. — Verfälschungen von Vollmilch mit Emulsionsmilch können auch durch Zusatz weniger Tropfen von $^1/_{10}$ N-Jodlösung erkannt werden.

Milchzubereitungen.

(Rahm, Magermilch, Buttermilch, Molken, pasteurisierte, sterilisierte, homogenisierte, kondensierte Milch, Milchpulver.)

A. Begriff.

1. **Rahm** (Sahne, Obers) ist der durch Entrahmung gewonnene fettreiche Teil der Milch mit einem Fettgehalte von wenigstens 10%, Doppelrahm ein gleiches Erzeugnis mit wenigstens 20%, Schlagrahm ein solches mit wenigstens 25% Fett.

2. **Magermilch** ist der mehr oder weniger vom Rahm befreite Teil der Milch.

3. **Buttermilch** ist ein Nebenerzeugnis der Butterbereitung.

4. Die **Molken** sind Abfallserzeugnisse der Käsereien. Die Zusammensetzung derselben entspricht im wesentlichen der des Milchserums.

5. Unter **pasteurisierter Milch** pflegt man eine solche zu verstehen, die kurze Zeit (einige Minuten) auf Temperaturen zwischen 60—100° erhitzt worden ist, während man unter sterilisierter Milch eine in luftdicht verschlossenen, vor unberufener Öffnung geschützten Behältern auf mindestens 100° erhitzte Milch versteht.

6. **Homogenisierte** Milch ist eine Milch, deren Fett so fein verteilt ist, daß die Milch im sterilisierten Zustande selbst bei längerem Aufbewahren nicht mehr aufrahmt.

7. Unter **kondensierter Milch** versteht man die auf $^1/_3$ bis $^1/_5$ ihres Volumens ohne oder mit Zusatz von Zucker eingedickte Milch.

8. **Milchpulver** ist Trockenmilch, die nur mehr 4—5% Wasser enthält.

B. Hauptsächliche Abweichungen.

1. Abweichungen von vorstehenden Begriffsbestimmungen (irreführende Bezeichnungen).

2. Wasserzusätze zu Rahm, Magermilch, Molken, pasteurisierter und homogenisierter Milch. Bei Buttermilch Wasserzusätze über 25%.

3. Verfälschungen durch Fettentzug oder Zusatz von Fremdfetten und Verdickungsmitteln (z. B. Cocosfett, Kunstrahm usw.).

4. Ungenügender Eindickungsgrad bei kondensierter Milch.

---

[1]) Internat. Kongreß f. angew. Chem. in Rom 1906; nach König, Chemie der menschl. Nahrungs- und Genußmittel Bd. III, 2. Teil, S. 232.

[2]) Erlaß des Ministers für Volkswohlfahrt vom 2. März 1922.

5. Verdorbenheit:
   a) durch Zersetzungsvorgänge,
   b) durch ungeeignete technische Behandlung, besonders durch Überhitzung,
   c) durch Unlöslichwerden bei Milchpulver.
6. Zusatz von Frischhaltungsmitteln.

C. Vorzunehmende Prüfungen.

Die Untersuchung der genannten Erzeugnisse erfolgt in ähnlicher Weise wie bei der Milch unter Beachtung folgender Abweichungen bzw. Ergänzungen:

1. Bei der **Probenahme** von Büchsenmilch und kondensierter Milch ist zu berücksichtigen, daß solche Milch beim Lagern bisweilen Abscheidungen aus Fett oder Milchzucker ausscheidet, die bei der Untersuchung entweder für sich zu ermitteln oder mit dem Reste durch Verreiben wieder zu mischen sind.

2. Die **Bestimmung des Fettes** erfolgt bei Magermilch, Molken, Buttermilch, homogenisierter und Trockenmilch am sichersten nach dem Salzsäure-Trichloräthylenverfahren (S. 18). Bei dem Gerberschen Verfahren (S. 165) wird die zu prüfende Probe zunächst auf einen zu erwartenden Fettgehalt von 3—5% verdünnt und dann wie bei Milch behandelt. Bei homogenisierter Milch ist nach dem Abschleudern das Butyrometer wieder in Wasser von 70° zu erwärmen und abermals zu schleudern, bis der abzulesende Fettgehalt sich nicht mehr ändert. Für fettreiche Zubereitungen, besonders Rahm, kondensierte Milch und Trockenmilch, ist vor allem eine Behandlung der Stofflösung mit Kupfersulfat oder Kupfersulfat und Natronlauge zu empfehlen, wodurch das Fett quantitativ in den Proteinniederschlag geht.

Nach N. Gerber und M. M. Crandijk[1]) fällt man z. B. die Milch mit Kupfersulfatlösung und Natriumhydroxyd nach Ritthausen aus, breitet nach dem Filtrieren das Filter auf einem Teller aus und trocknet den Niederschlag. Zu Anfang bringt man den noch feuchten Niederschlag mit einem Spatel in die Mitte des Tellers und zerkleinert ihn dann nach und nach, damit er nicht hart und lederartig wird. Wenn er pulverförmig geworden ist, bringt man ihn in den Extraktionsapparat.

Wie eigene Versuche gezeigt haben, ist jedoch, da das Koagulat nach dem Trocknen[2]) durchaus porös bleibt und von Fettlösungsmitteln leicht durchdrungen wird, die vorstehende etwas umständliche Behandlung überflüssig. Es genügt Filter mit Niederschlag auf dem Trichter zu trocknen und dann in den Extraktionsapparat überzuführen (vgl. S. 19). Die Extraktion mit Äther ist zu empfehlen, wenn das Protein (S. 8) bestimmt oder das Fett auf seine Kennzahlen weiter geprüft werden soll. Handelt es sich nur um die Ermittelung der Fettmenge, so ist die Fettbestimmung mit Trichloräthylen (S. 19) als einfacher vorzuziehen.

3. Ein **Wasserzusatz** wird bei Magermilch aus dem spezifischen Gewichte der Milch, das über 1,0320 liegen soll, bei Rahm, Buttermilch und Molken aus dem spezifischen Gewichte des Serums wie bei Milch (S. 166) abgeleitet.

4. **Fremdfette**, insbesondere Cocosfett, werden im ausgezogenen Fette nach S. 202 nachgewiesen. Über den Nachweis von Zuckerkalk und anderen Ge-

---

[1]) Milch-Ztg. Bd. 27, S. 611—613. 1898; Zeitschr. f. Untersuch. d. Nahrungs- u. Genußmittel Bd. 2, S. 422. 1899.

[2]) Nicht bei ungenügender Trocknung, bei der die Poren noch teilweise mit Wasser gefüllt sein können; ebenfalls natürlich nicht bei ungenügender Auswaschung mit Wasser, weil sich dann beim Trocknen die Poren mit Zucker füllen können.

latiniermitteln bzw. Schutzkolloiden vgl. J. König: Chemie der menschl. Nahrungs- und Genußmittel Bd. III, 2. Teil, S. 291.

5. **Bestimmung des Eindickungsgrades kondensierter Milch.** a) Aus dem Aschengehalte. 20 g der Milch werden in einer Platinschale nach Ansäuern mit Essigsäure zur Trockne verdampft, 2 Stunden im Trockenschrank bei 120° getrocknet, verascht und die Asche gewogen. Der Eindickungsgrad ergibt sich, indem man den Aschengehalt in Prozenten durch 0,71 teilt. Zahlenangaben auf 1 Dezimalstelle.

b) Aus dem Gehalte an CaO. Die nach a) erhaltene Asche behandelt man wie nach (S. 89 weiter. Aus dem gefundenen Gehalte an CaO erhält man, indem man durch 0,16 teilt, den Eindickungsgrad. Zahlenangaben auf höchstens 1 Dezimalstelle.

c) Aus dem N- bzw. Proteingehalte. 10 g der Milch werden nach Ritthausen in einem Kjeldahlkolben abgewogen, mit etwa 100 ccm Wasser verdünnt und darauf mit 20 ccm Kupfersulfatlösung (69 g/l, Fehling I) gefällt; dazu fügt man 6—8 ccm $^1/_4$ N-Natronlauge und filtriert durch ein Papierfilter, dessen Stickstoffgehalt man kennt oder in einem besonderen Versuche ermittelt. Darauf bringt man Filter und Niederschlag in den Kolben zurück[2]) und bestimmt den Stickstoff in üblicher Weise[3]). Der gefundene Wert in Prozenten der Milch, durch 0,52 geteilt, ergibt den Eindickungsgrad. Zahlenangaben auf 1 Dezimalstelle.

Berechnung der Milchbestandteile[1]) aus dem gefundenen CaO-Gehalte.

CaO	Milch-asche	Casein	Protein	Milch-zucker	Fettfreie Milch-Trocken-masse
%	%	%	%	%	%
0,01	0,045	0,191	0,212	0,276	0,533
0,02	0,089	0,382	0,425	0,552	1,066
0,03	0,134	0,574	0,637	0,828	1,599
0,04	0,178	0,765	0,850	1,104	2,132
0,05	0,223	0.956	1,062	1,381	2,665
0,06	0,268	1,147	1,274	1,657	3,198
0,07	0,310	1,338	1,487	1,933	3,732
0,08	0,357	1,530	1,699	2,209	4,265
0,09	0,401	1,721	1,912	2,485	4,798
0,10	0,446	1,912	2,124	2,761	5,331
0,20	0,892	3,824	4,248	5,522	10,662

Der Stickstoffgehalt kann auch unmittelbar in der Milch nach Eintrocknen ermittelt werden.

6. Zur Bestimmung des **Saccharosegehaltes** in gezuckerter kondensierter Milch verfährt H. Fincke[4]) wie folgt: 100 g Substanz werden in 300—400 ccm Wasser gelöst, mit 20 ccm Bleiessig versetzt und zu 500 ccm aufgefüllt. Man filtriert und polarisiert im 200 mm-Rohre. Mit Hilfe des Faktors 0,962 berechnet man die korrigierte Drehung. 40 ccm des Filtrats werden sodann in einem 50 ccm-Kölbchen mit 0,75 g feinzerriebenem gebranntem Kalk versetzt und die Mischung 1 Stunde lang unter wiederholtem Umschwenken in einem Wasserbade von 75—80° erhitzt. Man kühlt dann stark ab, gibt 2 Tropfen Phenolphthaleinlösung hinzu und säuert ganz schwach durch vorsichtige Zugabe von verdünnter Schwefelsäure an. Hierauf fügt man sofort 2 ccm Bleiessig und nach dem Schütteln einige Kubikzentimeter gesättigter Natriumphosphatlösung hinzu und bringt den Kölbcheninhalt auf etwa 20°. Nach dem Auffüllen und Filtrieren

---

[1]) Vgl. auch S. 89.

[2]) Ein vollständiges Auswaschen ist nicht erforderlich. Bei fettreichen Stoffen empfiehlt es sich, das getrocknete Filter zunächst zu entfetten, weil größere Fettmengen die Verbrennung nach Kjeldahl erschweren.

[3]) Ein N-Gehalt des Filters ist abzuziehen.

[4]) Zeitschr. f. Untersuch. d. Nahrungs- u. Genußmittel Bd. 50, S. 357—358. 1925.

wird wiederum im 200 mm-Rohre polarisiert. Die um ein Viertel erhöhte Drehung des Filtrats ergibt mit dem Faktor 0,942 die zweite korrigierte Drehung. Diese, mal 3,75, zeigt den Saccharosegehalt an, während die Differenz der beiden korrigierten Drehungen, mal 4,76, den Milchzuckergehalt der kondensierten Milch ergibt.

7. **Verdorbenheit,** a) durch Zersetzungsvorgänge, wird in erster Linie auf Grund der Sinnenprüfung ermittelt. Besonders ist auf Aussehen (Bombage, Gerinnung), Geruch und Geschmack der Probe zu achten.

b) Überhitzung von Dosenmilch gibt sich ebenfalls durch das gelbe bis braune Aussehen und den caramelartigen Geruch und Geschmack zu erkennen. Die Dosen sind ferner nach S. 106 auf Bleigehalt der inneren Verzinnung und der Lötstellen zu prüfen.

c) Zur Bestimmung der Löslichkeit von Milchpulver, besonders von Krause-Milchpulver, geben J. Tillmans und R. Strohecker[1]) folgende Sedimentprobe an:

5 ccm der normalen Milchpulverlösung (12,5 g Vollmilchpulver + 87,5 g Wasser bzw. 9 g Magermilchpulver + 91 g Wasser) werden in ein Sedimentierröhrchen gebracht, mit 20 ccm Wasser verdünnt und diese Lösung nun 15 Minuten in der Gerber-Zentrifuge geschleudert. Die Sendimentierröhrchen sind wie die Trommsdorff-Röhren am unteren Ende graduiert.

Bei schlecht löslichen Pulvern werden 0,6 g Pulver in einem Sedimentierröhrchen mit 5 ccm Wasser angerührt, das Röhrchen durch Eintauchen in siedendes Wasser auf 90° erhitzt. Nach der Abkühlung gibt man 20 ccm kaltes Wasser zu, indem man den Glasstab damit abspült, und zentrifugiert nach dem Verschließen und Umschütteln.

Ein auffallender Unterschied zwischen frischer Milch und Milchpulverlösungen besteht darin, daß die nach dem Sedimentieren über dem Bodensatz stehende Flüssigkeit bei Frischmilch opaleszierend bläulich-gelb ist, während sie bei Milchpulver meist kreideweiß aussieht.

Bei Walzenmischpulver erhält man gegenüber frischem Zerstäubungsmilchpulver stets abnorm hohe Sedimente. Auch unter dem Mikroskop ist Walzenmilch von Zerstäubungsmilch leicht zu unterscheiden (flache Schollen bzw. kugelige Gebilde).

8. **Frischhaltungsmittel** in Form von kohlensauren Alkalien werden besonders bei Sahne häufiger beobachtet. Ihr Nachweis erfolgt ebenso wie bei Milch, S. 169.

Eier (Eierdauerwaren, Kaviar).

A. Begriffe.

Unter der Bezeichnung „Eier" versteht man die Eier von Haushühnern (Hühnereier). Eier anderer Vögel sind als solche zu bezeichnen.

An Eierdauerwaren unterscheidet man flüssige Eikonserven (Eidotter und Ganzei) sowie Trockeneipulver (Trockeneigelb).

Unter Kaviar versteht man die von Häuten und Sehnen befreiten und eingesalzenen Fischeier der drei Störarten Stör, Hausen und Sterlet. Daneben wird der Rogen von vielen anderen Fischen als Nahrungsmittel verwendet.

---

[1]) Zeitschr. f. Untersuch. d. Nahrungs- u. Genußmittel Bd. 47, S. 411. 1924.

B. Hauptsächliche Abweichungen.

I. Bei Vogeleiern:
1. Verdorbenheit.
2. Irreführende Angaben, besonders über Eialter und Anwendung von Frisch-haltungsmitteln.

II. Bei Eierdauerwaren und Kaviar:
1. Verdorbenheit.
2. Unerlaubte Frischhaltungsmittel.
3. Zusätze fremder Art.
4. Untermischung oder Unterschiebung fremder Fischrogen an Stelle von echtem Kaviar. Künstliche Färbung derselben.

C. Vorzunehmende Prüfungen.

1. Durchleuchtungsprobe. Als Vorprobe zur Prüfung der Frische bzw. Unverdorbenheit ganzer Eier dient die Durchleuchtungsprobe. Zur Durch-prüfung einer größeren Eiermenge hierfür empfiehlt sich die Verwendung eines größeren Kastens, in dessen Innerem eine elektrische Glühlampe angebracht ist und dessen Deckel kreisförmige Löcher zur Aufnahme der zu prüfenden Eier trägt. Fleckeier zeigen, sofern dieselben dunkle Schimmelwucherungen ent-halten, leicht erkennbare dunkle Flecken; die Erkennung anderer Veränderungen erfordert bei dieser Probe einige Übung.

Verdächtige Eier werden nach Feststellung des Eigewichtes unter Wasser bzw. des spezifischen Gewichtes (vgl. unten S. 178) am besten aufgeschlagen und das Eiinnere auf Aussehen und Geruch geprüft.

2. Für die Bestimmung des wahrscheinlichen **Alters der Eier** (sofern es sich nicht um eingelegte „Kalkeier" od. dgl. handelt) dient ebenfalls die Durch-leuchtungsprobe oder die Bestimmung des Eigewichtes unter Wasser (bezw. des spezifischen Gewichtes). Der Eierhandel[1] unterscheidet hinsichtlich der Frische der Eier folgende Sorten:

a) Trinkeier. Die Eier haben einen frischen, spezifischen Eigeschmack. Alter bis etwa 14 Tage.

b) Erste Sorte. Der Geschmack ist rein, aber weniger frisch. Alter 2 bis 6 Wochen.

c) Zweite Sorte. Alle älteren Eier, die vielfach als vollwertige Eier nicht mehr angesprochen werden können. Geruch und Geschmack sind mehr oder weniger „alt". Alter etwa 6 Wochen bis 4 Monate.

α) Da das Eiinnere beim Altern zusammenschrumpft, nimmt die bei der Durchleuchtung sichtbare Luftblase an Größe zu, wie folgt:

a) Bei Trinkeiern: Die Größe der Luftkammer darf die Größe eines Zehnpfennigstückes (Durchmesser 21 mm) nicht überschreiten.

b) Bei Eiern erster Sorte: Hierzu gehören frische, nur wenig abge-trocknete Eier, deren Luftkammer etwa 22—30 mm breit ist.

c) Bei Eiern zweiter Sorte: Die Eier sind nicht mehr als bis ein Drittel abgetrocknet. Die Luftkammer (Durchmesser 30—38 mm) ist auffallend sichtbar.

Bei den „Backeiern", die fast bis zur Hälfte abgetrocknet sind, hat die Luftkammer einen Durchmesser über 38 mm.

Die Gestaltung der Luftblase ist naturgemäß auch von der mehr oder weniger ovalen oder kugeligen Gestalt des Eies sowie von der Größe desselben abhängig.

---

[1] Auskunft der Berliner Handelskammer, vgl. J. Großfeld, Zeitschr. f. Untersuch. d. Nahrungs- u. Genußmittel Bd. 32, S. 209. 1916.

β) Ermittelung des „Eigewichtes unter Wasser" nach eigenen Versuchen[1]).

Zur Bestimmung dient eine Spindel von beistehend abgebildeter Form[2]), bestehend aus einem Schwimmer und einem darunterbefindlichen Drahtkörbchen zur Aufnahme des Eies. Taucht man das Gerät in kaltes[3]), in einem hohen Zylinder befindliches Wasser, so sinkt es, je nach Eidichte, mehr oder weniger tief ein, wobei die Skala eine Ablesung des Eigewichtes unter Wasser in Grammen unmittelbar gestattet. Da diese Zahl von der Größe des Eies abhängig ist, bildet man die Verhältniszahl V aus dem hundertfachen Eigewicht unter Wasser (Gw) und dem Gewichtes des Eies:

$$V = 100 \frac{Gw}{G}.$$

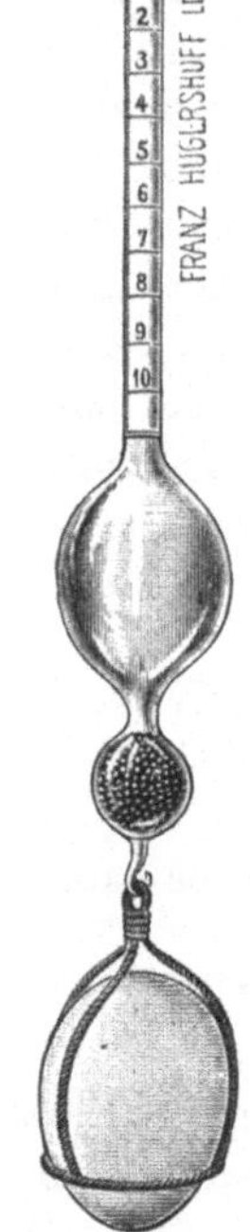

Aus diesem Werte ergibt sich das wahrscheinliche[4]) Eialter wie folgt:

Eialter in Wochen	0	1	2	3	4	5	6	7	8	9	10
$V \quad =$	8,0	6,9	5,8	4,8	3,6	2,6	1,4	0,2	—1,0	—2,3	—3,5

Die Umrechnung der genannten Zahlen auf das spezifische Gewicht des Eies und ebenso umgekehrt die Berechnung des Eigewichtes unter Wasser aus dem spezifischen Gewichte kann nach folgenden Gleichungen erfolgen:

$$Gw = G - \frac{G}{Spez.\ Gewicht}. \qquad Spez.\ Gewicht = \frac{G}{G - Gw}.$$

3. Angewendete **Frischhaltungsverfahren** lassen sich bisweilen durch die Untersuchung der Asche des Eiweißes erkennen. So enthält die Asche des Eiweißes normaler Eier etwa 1,5—2,0% CaO, eine Zahl, die bei Kalkeiern auf einen erheblich höheren Wert steigen kann.

J. Rözsenyi[5]) fand den CaO-Gehalt der Asche von frischem Eiweiß zu 1,83% CaO, nach 24stündigem Liegen in Kalkmilch zu 2,03%, nach 11 Monaten zu 12,21%, nach 35 Monaten zu 15,21%. Ein Kalkei des Handels enthielt 8,25% CaO in der Eiweißasche.

4. Verdorbenheit von Eikonserven gibt sich durch die Sinnenprüfung zu erkennen. Die Zersetzung, gekennzeichnet durch bitteren Geschmack, beginnt nach H. Popp[6]) meist bei einer Säurezahl des Fettes (S. 25) von etwa 36 (18% Ölsäure.

Abb. 20. Eierspindel.

---

[1]) Vgl. J. Großfeld, Zeitschr. f. Untersuch. d. Nahrungs- u. Genußmittel Bd. 32, S. 209—215. 1916.

[2]) Zu beziehen von Franz Hugershoff, Leipzig, Carolinenstr. 13.

[3]) Am besten von 4°, Abweichungen von dieser Temperatur bedingen jedoch nur geringe Fehler.

[4]) Entsprechend den Literaturangaben, daß das spezifische Gewicht der Eier beim Aufbewahren täglich im Mittel um 0,0017—0,0018 abnehmen soll. Diese Zahlen und damit die Änderung der Größe V bei der Aufbewahrung der Eier sind indes von der Art der Aufbewahrung, in erster Linie von der Häufigkeit des Luftwechsels, dann auch von der Temperatur, Feuchtigkeit, Schalendicke u. a. abhängig und daher für den einzelnen Fall nur in erster Annäherung zu ermitteln. Empfehlenswert ist es, möglichst viele Eier des Vorrates zu prüfen und den Durchschnittswert als den wahrscheinlicheren anzunehmen. — Vgl. an genannter Stelle besonders S. 214.

[5]) Chem.-Ztg. Bd. 28, S. 620. 1904; vgl. A. Beythien, Handbuch der Nahrungsmitteluntersuchung Bd. 1, S. 159. 1914.

[6]) Zeitschr. f. Untersuch. d. Nahrungs- u. Genußmittel Bd. 50, S. 135—138. 1925. — Vgl. auch H. Dumartheray, Mitt. a. d. Geb. d. Lebensmittelunters. u. Hyg. Bd. 15, S. 70 bis 72. 1924; Chem. Zentralbl. 1924, II, 252.

5. Die **chemische Untersuchung** von Eikonserven und Kaviar, Nachweis fremdartiger Zusätze usw. erfolgt ähnlich wie bei Fleisch (vgl. unten!). Für die **Fettbestimmung** lieferte nach H. Popp[1]) nur das Salzsäure-Trichloräthylenverfahren (S. 18) richtige Fettgehalte, weil hierbei aus dem **Lecithin** die Fettsäuren Verfahren abgespalten und bestimmt werden, während das nach anderen Verfahren erhaltene „Fett" aus phosphorhaltigen Gemischen von Fett mit Lecithin in wechselnder Menge bestand.

6. Der Nachweis von **Frischhaltungsmitteln** in flüssigen Eierzeugnissen und Kaviar erfolgt wie bei **Fleisch** (S. 182).

7. Zur Prüfung von **Kaviar auf Zumischung fremdartiger Fischeier** sind Aussehen (Farbe) und Größe der Eier zu beachten. Ferner enthält echter Kaviar gegenüber anderen Fischrogen erhebliche Mengen (12—18%) Fett bei etwa 40 bis 50% Wasser. Sonstige Beimischungen und künstliche Färbung werden wie bei Fleisch nachgewiesen. Eine Anfärbung mit Beinschwarz gab sich nach P. Buttenberg[2]) beim Aufstreichen auf Brot durch Anfärbung desselben zu erkennen.

Fleisch und Wurstwaren.

A. Begriff.

Unter Fleisch im Sinne des NMG. und des RStrGB. sind alle zum Genuß für Menschen bestimmten und geeigneten Teile von Säugetieren, Vögeln, Fischen usw. zu verstehen, unter Fleisch im Sinne des Gesetzes betr. die Schlachtvieh- und Fleischbeschau dagegen nur alle eßbaren Teile warmblütiger Tiere (sämtliche eßbaren Schlachtabgänge und Fette, nicht aber z. B. Milch und Butter). Unter letzteres Gesetz fallen auch Würste, nicht aber Fleischextrakte, Fleischpeptone, Gelatine, Suppentafeln und Teile von Kaltblütern.

B. Hauptsächliche Abweichungen.

    I. Verfälschungen:

        1. Wasserzusatz bei Hackfleisch bzw. übermäßiger Wasserzusatz bei Würsten.

        2. Zusatz von Mehl oder Stärke, besonders bei Würsten.

        3. Zusatz verbotener Frischhaltungsmittel.

        4. Künstliche Färbung.

        5. Zusatz fremder minderwertiger Fleischsorten (Pferdefleisch).

    II. Irreführende Bezeichnungen:

        Unterschiebung von Pferde- und sonstigen minderwertigem Fleisch.

    III. Verdorbenheit. Meistens infolge zu langer oder unsachgemäßer Aufbewahrung.

    IV. Gesundheitsschädliches Fleisch. — Hierzu gehört außer in Fäulnis befindlichem auch Fleisch, das schädliche Parasiten (Finne, Trichine usw.) oder für den Menschen krankmachende Bakterien enthält.

C. Vorzunehmende Prüfungen.

1. Probenahme[3]). Bei der Probenahme für die chemische Untersuchung ist in erster Linie auf die Gewinnung einer Durchschnittsprobe zu achten.

    Für die Prüfung auf Wasserzusatz gelten die folgenden Regeln:

---

[1]) Zeitschr. f. Untersuch. d. Nahrungs- u. Genußmittel Bd. 50, S. 135—138. 1925. — Vgl. auch H. Dumartheray, Mitt. a d. Geb. d. Lebensmittelunters. u. Hyg. Bd. 15. S. 70 bis 72. 1924; Chem. Zentralbl. 1924, II, 252.

[2]) Zeitschr. f. Unters. d. Nahrungs- u. Genußmittel Bd. 7, S. 233. 1904.

[3]) Vgl. Anweisung zur Probenahme und chemischen Untersuchung von Hack- und Schabefleisch, von Fleischbrühwürsten und Fleischkochwürsten für die Feststellung und Beurteilung ihres Wassergehaltes. Zeitschr. f. Untersuch. d. Nahrungs- u. Genußmittel Bd. 40, S. 245. 1925.

„Durchschnittsproben im Gesamtgewichte von etwa 150 g sind zu entnehmen:

bei **Hackfleisch** oder **Schabefleisch** aus verschiedenen Teilen der verkaufsfertigen feilgehaltenen oder verkauften Ware,

bei **Fleischbrühwürsten** durch Auswahl einzelner Würste aus der verkaufsfertigen, feilgehaltenen oder verkauften Ware,

bei **Fleischkochwürsten** durch Auswahl einer ganzen Wurst oder von Proben aus verschiedenen Teilen (Endstücke und Mittelstücke) der verkaufsfertigen, feilgehaltenen oder verkauften Würste.

Die Proben sind sogleich nach der Entnahme in luftdicht verschließbare Gefäße zu verpacken.“

Vor der chemischen Untersuchung ist die Probe durch dreimaliges Durchdrehen durch eine Fleischmühle gründlich zu mischen.

2. Sinnenprüfung. Bei der Sinnenprüfung, die natürlich an der Probe vor dem Zerkleinern vorgenommen wird, ist besonders zu achten auf **Aussehen** (Anzeichen von Verdorbenheit), auffällige **Färbungen** (SO_2), besonders bei Wursthüllen (künstliche Farbstoffe), weiche, schmierige Beschaffenheit (von Gehacktem usw.), **Geruch** (Anzeichen von Verdorbenheit).

Ergibt sich der Verdacht auf **Verdorbenheit**, so ist der Beweis dafür durch weitere Prüfungen zu erbringen. Bei **Würsten** ist auch auf das Vorhandensein toter **Maden**, die aus verwendeten verdorbenem Fleische herrühren können, besonders zu achten; dieselben geben sich besonders im Längsschnitt der Wurst bisweilen als weiße, etwa 1 cm lange Striche (Röllchen) zu erkennen.

3. Bestimmung des Stickstoffes und der Stickstoffsubstanz ($N \times 6{,}25$) nach S. 6. Die Abwägung erfolgt zweckmäßig auf Abwägeschiffchen aus Pergamentpapier[1]).

4. Bestimmung des Wassers nach S. 3. Auch die Bestimmung durch Destillation mit Toluol nach S. 5 liefert genaue Werte.

5. Bestimmung des Fettes nach S. 18.

6. Bestimmung der Asche in 10 g des Stoffes nach S. 81.

7. Nachweis und Bestimmung des gegebenenfalls erfolgten Wasserzusatzes.

a) Bei einem **Stickstoffgehalte**[2]) von 3,14%, entsprechend 19,6% Stickstoffsubstanz, ist ein Wasserzusatz analytisch nicht mehr, bei einem Stickstoffgehalte von 2,75%, bzw. einem Gehalte an Stickstoffsubstanz von 17,2% und darunter wahrscheinlich nicht mehr nachweisbar.

b) Bei einem niedrigeren Stickstoffgehalte wird die Verhältniszahl (**Federsche Zahl**) berechnet wie folgt:

Es wird zunächst der Prozentgehalt an organischem Nichtfett (d. h. der fett- und aschefreien organischen Trockensubstanz) errechnet, indem man die Prozentgehalte der Fleischware an Wasser, Fett und Asche addiert und diese Summe von 100 abzieht. Der verbleibende Rest stellt den Prozentgehalt der Fleischware an **organischem Nichtfett** dar. Der Prozentgehalt an Wasser, geteilt durch den Prozentgehalt an organischem Nichtfett, ergibt die sog. **Verhältniszahl** (**Federsche Zahl**).

---

[1]) Solche werden von **Macherey, Nagel & Co.** in Düren und neuerdings auch von **Schleicher & Co.** in Düren (Rheinland) hergestellt.

[2]) Vgl. J. **Großfeld**, Zeitschr. f. Untersuch. d. Nahrungs- u. Genußmittel Bd. 45, S. 253—261. 1923 und W. **Kerp** und G. **Rieß**, Zeitschr. f. Untersuch. d. Nahrungs- u. Genußmittel Bd. 49, S. 217—253. 1925.

Beispiele für die Berechnung:

Bei der chemischen Untersuchung wären z. B. gefunden worden:

	bei einer Probe I aus Rindfleisch	bei einer Probe II aus Schweinefleisch
Wasser. . . .	75,4%	41,3%
Fett	2,3%	48,5%
Asche	1,1%	0,6%
Zusammen	78,8%	90,4%
Organisches Nichtfett	$(100 - 78,8) = 21,2\%$	$(100 - 90,4) = 9,6\%$.
Verhältniszahl (Federsche Zahl) Wasser: Organisches Nichtfett	3,5	4,3.

Wird diese Zahl, wie im vorliegenden Falle, bei Rindfleisch unter 4, bei Schweinefleisch unter 4,5 gefunden, so ist eine Wässerung als nicht nachgewiesen anzusehen. Liegen dagegen die Verhältniszahlen über den genannten Werten, so besteht, je nach der Höhe der Überschreitung, ein mehr oder weniger großer Verdacht auf Wässerung.

„Eine Beanstandung ist jedoch erst dann auszusprechen, wenn durch wiederholte Kontrolle des verdächtigen Betriebes oder durch Untersuchung einer Vergleichsprobe, d. h. einer Probe aus den gleichen Muskelgruppen desselben Tieres, aus denen das Hack- oder Schabefleisch hergestellt war, oder durch sonstige Beweismittel der Nachweis des Wasserzusatzes erbracht ist."

Die Menge des mindestens zugesetzten Wassers berechnet sich, indem man vom Wassergehalte der Probe die 4fache[1] bzw. 4,5fache Menge des organischen Nichtfettes abzieht. Hierbei kann man sich bei Rindfleisch und Würsten[2] folgender Tafel bedienen:

Organisches Nichtfett[3] %	Vom gefundenen Wassergehalte abzuziehen %	Organisches Nichtfett[3] %	Vom gefundenen Wassergehalte abzuziehen %	Organisches Nichtfett[3] %	Vom gefundenen Wassergehalte abzuziehen %	Organisches Nichtfett[3] %	Vom gefundenen Wassergehalte abzuziehen %
10,0	40,0	11,9	47,6	13,8	55,2	15,7	62,8
1	4	12,0	48,0	9	6	8	63,2
2	8	1	4	14,0	56,0	9	6
3	41,2	2	8	1	4	16,0	64,0
4	6	3	49,2	2	8	1	4
5	42,0	4	6	3	57,2	2	8
6	4	5	50,0	4	6	3	65,2
7	8	6	4	5	58,0	4	6
8	43,2	7	8	6	4	5	66,0
9	6	8	51,2	7	8	6	4
11,0	44,0	9	6	8	59,2	7	8
1	4	13,0	52,0	9	6	8	67,2
2	8	1	4	15,0	60,0	9	6
3	45,2	2	8	1	4	17,0	68,0
4	6	3	53,2	2	8	1	4
5	46,0	4	6	3	61,2	2	8
6	4	5	54,0	4	6	3	69,2
7	8	6	4	5	62,0	4	6
8	47,2	7	8	6	4	5	70,0

[1]) Statt dessen kann man auch nach meinem Vorschlage die 25fache Menge des Stickstoffes bzw. die vierfache Menge der Stickstoffsubstanz $(N \times 6{,}25)$ abziehen. Bei stärkehaltigen Fleischwaren muß man so verfahren.

[2]) Die Tabelle ist wegen der bei Hackfleisch von Schwein vorkommenden Verhältniszahlen von 4,5 bei Schweinefleisch nicht anwendbar, wohl aber bei Schweinefleischwürsten.

[3]) Bei mehlhaltigen Würsten: Stickstoffsubstanz $(N \times 6{,}25)$.

Wegen der in dem Bestimmungsverfahren liegenden, durch die schwankenden Verhältniszahlen bedingten Ungenauigkeiten empfiehlt es sich, die gefundenen Mindestwasserzusätze nur in ganzen Zahlen anzugeben, zu deren Ablesung wieder die Tafel (S. 390)[1]) verwendet werden kann.

8. Bestimmung des Stärkegehaltes nach S. 57. Aus dem gefundenen Stärkegehalte berechnet sich der Zusatz an Kartoffelmehl (mit 80% Stärke) mit dem Faktor 1,25, an Weizen- oder Roggenmehl (mit 67% Stärke) mit dem Faktor 1,5. Welche Mehlsorte vorliegt, ist durch mikroskopische Prüfung zu ermitteln.

Bei Gegenwart erheblicherer Stärkemengen wird naturgemäß die Menge des organischen Nichtfettes entsprechend höher als die der Stickstoffsubstanz gefunden.

9. Von Frischhaltungsmitteln werden schweflige Säure und deren Salze (besonders in Hackfleisch) nach S. 135, Borsäure (besonders in Würsten) nach S. 133, Benzoesäure (besonders in Hackfleisch) nach S. 151 nachgewiesen und bestimmt. Mit Salpeter haltbar gemachtes Hackfleisch kann infolge Umwandlung des Salpeters in Nitrit durch Kleinwesen nach E. Baier und K. Pfizenmaier[2]) erhebliche Gesundheitsschädigungen hervorrufen. Man prüft[3]) wie folgt:

„Probeentnahme:

Bei gepökeltem Fleisch werden von den Außenseiten der mit Wasser gut abgespülten Fleischstücke an mehreren Stellen flache Scheiben von etwa 1 cm Dicke abgetrennt, zweimal durch einen Fleischwolf getrieben und gut durchgemischt. Wenn möglich ist auch eine Probe des verwendeten Pökelsalzes zu entnehmen. — Hackfleisch sowie Wurstmasse werden vor der Probeentnahme gut gemischt (wenn nötig ebenfalls unter Benutzung eines Fleischwolfs), falls nicht ein besonderer Anlaß zur Entnahme der Proben aus einzelnen Teilen vorliegt.

Nachweis von salpetrigsauren Salzen:

10 g der Durchschnittsprobe werden in einem Meßkolben von 200 ccm Inhalt mit etwa 150 ccm Wasser, dem zur Erzielung einer schwach alkalischen Reaktion etwa 6 Tropfen einer 25 proz. Sodalösung zugesetzt sind, gut durchgeschüttelt. Nach $1\frac{1}{2}$ stündigem Stehen unter zeitweiligem Umschütteln wird der Inhalt des Kolbens mit Wasser auf 200 ccm gebracht, nochmals umgeschüttelt und filtriert. 10 ccm des Filtrates werden mit verdünnter Schwefelsäure und Jodzinkstärkelösung versetzt. Tritt keine Blaufärbung der Lösung ein, so ist das Fleisch als frei von salpetrigsauren Salzen anzusehen. Färbt sich dagegen die Lösung innerhalb einiger Minuten deutlich blau, so ist der Gehalt an salpetrigsauren Salzen gemäß dem folgenden Abschnitt quantitativ zu ermitteln. In zweifelhaften Fällen ist die Prüfung mit dem nach dem folgenden Abschnitt entfärbten Fleischauszug zu wiederholen.

Bestimmung der salpetrigsauren Salze:

75 ccm des filtrierten Fleischauszuges werden in einem 100 ccm fassenden Meßkölbchen allmählich tropfenweise (zweckmäßig unter Benutzung einer Bürette) und unter ständigem Umschütteln mit 20 ccm einer kolloidalen Eisenhydroxydlösung versetzt, die durch Verdünnen von 1 Raumteil dialysierter Eisenoxydchloridlösung (Liquor ferri oxychloriat, Deutsches Arzneibuch, 5. Ausgabe) mit 3 Raumteilen Wasser hergestellt ist. Die Mischung wird mit Wasser auf 100 ccm gebracht, durchgeschüttelt und filtriert. Zu 50 ccm des farblosen Filtrates — entsprechend 1,88 g Fleisch — gibt man:

---

[1]) Die Tafel ist wegen der bei Hackfleisch von Schwein vorkommenden Verhältniszahlen von 4,5 bei Schweinefleisch ebenfalls nicht anwendbar, wohl aber bei Schweinefleischwürsten.

[2]) Zeitschr. f. Untersuch. d. Nahrungs- u. Genußmittel Bd. 45, S. 192—199. 1923. — Vgl. auch D. Acél, ebendort, Bd. 31, S. 332—341. 1916.

[3]) Anweisung zur chemischen Untersuchung von Fleisch auf salpetrigsaure Salze.

1 ccm einer 10proz. Natriumacetatlösung.

0,2 ccm 30proz. Essigsäure.

1 ccm einer möglichst farblosen Lösung von m-Phenylendiaminchlorhydrat (hergestellt aus 0,5 g des Salzes mit 100 ccm Wasser und einigen Tropfen Essigsäure).

Je nach dem Gehalte der Lösung an salpetrigsaurem Salz färbt sie sich nach kürzerer oder längerer Zeit gelblich bis rötlich.

Zum Vergleich wird eine Reihe von Lösungen in gleichartigen Gefäßen hergestellt, die in je 50 ccm Wasser verschiedene Mengen von reinem Natriumnitrit, z. B. 0,05 — 0,1 — 0,2 — 0,3 mg, enthalten. Zweckmäßig geht man dabei von einer 1proz. Natriumnitritlösung aus, deren Gehalt mittels Kaliumpermanganat in üblicher Weise nachgeprüft worden ist, verdünnt einen Teil davon unmittelbar vor dem Gebrauche auf das Hundertfache und bringt von dieser 0,01proz. Lösung (deren Gehalt bei längerem Stehen sich verändert) die erforderlichen Mengen auf das Volumen von 50 ccm. Jede dieser Lösungen wird mit 0,25 g Natriumchlorid und sodann in gleicher Weise wie der Fleischauszug und möglichst zu gleicher Zeit wie dieser mit der Natriumacetatlösung, der Essigsäure und der m-Phenylendiaminchlorhydratlösung versetzt. Nach mehrstündigem Stehen (womöglich über Nacht) wird die Färbung des Fleischauszuges mit denen der Vergleichsreihe verglichen und danach der Gehalt des Fleischauszuges an Nitrit geschätzt. Kommt es nur darauf an, zu ermitteln, ob eine Fleischprobe sicher weniger als 15 mg Natriumnitrit in 100 g Fleisch enthält (vgl. den nachstehenden Abschnitt „Beurteilung"), so genügt der Vergleich mit einer Lösung, die in 50 ccm 0,28 mg Natriumnitrit enthält.

Zur genaueren Feststellung des Gehalts wird der Fleischauszug mit der ihm in der Farbe am nächsten kommenden Vergleichslösung in einem Colorimeter verglichen und danach sein Nitritgehalt berechnet. Zur Vermeidung von Fehlerquellen empfiehlt es sich, eine größere Reihe von Ablesungen, auch bei verschiedenen Schichthöhen und auch nach Vertauschung der zu vergleichenden Lösungen im Colorimeter vorzunehmen.

Bei stärkeren roten Färbungen (in Lösungen, die in 50 ccm mehr als 0,3 mg Natriumnitrit enthalten) ist der Farbenvergleich erschwert; in solchen Fällen werden weitere 20 ccm des entfärbten Fleischauszuges — entsprechend 0,75 g Fleisch — auf 50 ccm verdünnt, 0,15 g Kochsalz und die übrigen Zusätze in den vorgeschriebenen Mengen hinzugefügt; die Farbe dieser Lösung wird dann mit derjenigen gleichzeitig hergestellter Vergleichslösungen verglichen.

Beurteilung:

Wird nach diesem Verfahren ein Gehalt des Fleisches an salpetrigsauren Salzen gefunden, der, auf 100 g Fleisch berechnet, 15 mg Natriumnitrit übersteigt, so besteht der Verdacht, daß das Fleisch mit salpetrigsauren Salzen behandelt worden ist.

Pökelsalze u. dgl. können in der gleichen Weise wie der entfärbte Fleischauszug auf einem Gehalt an salpetrigsauren Salzen untersucht werden. Dabei ist zu berücksichtigen, daß der synthetische Salpeter (Natriumnitrat) geringe Mengen von salpetrigsaurem Natrium enthält, das jedoch als technisch nicht vermeidbare Verunreinigung anzusehen ist, sofern seine Menge 0,5% des Salpeters nicht übersteigt."

Bei Pökelfleisch werden gebildete Nitrite durch die Pökellauge größtenteils ausgelaugt.

Ein einfaches Verfahren zum Nachweise und zur colorimetrischen Bestimmung kleiner Mengen von Nitriten in Fleischwaren gibt J. Prescher[1] an:

Man digeriert 30 g der Fleischmasse mit 100 ccm natriumcarbonathaltigem Wasser, bringt auf 140 ccm, läßt erkalten, setzt verdünnte Schwefelsäure bis zur schwach sauren Reaktion zu und bringt auf 150 ccm. Dann filtriert man und prüft das klare Filtrat colorimetrisch mit Phenylendiamin nach Grieß oder mit alkoholischer Indollösung 1,5 : 1000 nach Bujwijd. Als Vergleichslösung dient eine Lösung von Silbernitrit.

Über den Nachweis der sonstigen Frischhaltungsmittel vgl. S. 133—159.

10. Künstliche Färbung (besonders häufig bei Wurst hüllen) wird nach S. 129 nachgewiesen.

---

[1] Pharm. Zentralh. Bd. 61, S. 63—65. 1920; Chem. Zentralbl. 1920, II, S. 649.

11. Nachweis von Pferdefleisch in Wurstwaren nach Uhlenhuth und Weidanz[1]) (Präcipitinreaktion).

Von der zu untersuchenden Probe werden möglichst aus der Mitte der verdächtigen Wurst etwa 50 g Fleischmasse mit einem schwach ausgeglühten Messer[2]) herausgeschnitten. Bei sehr fettreichen Würsten empfiehlt es sich, eine größere Menge zu gewinnen und dann erst mit Äther größtenteils zu entfetten. Das Fleisch bringt man alsdann nach Zerkleinerung[2]) in einen Erlenmeyerkolben mit 100—200 ccm 0,85proz. Kochsalzlösung zusammen und laugt so lange aus, bis eine Probe der Lösung beim Schütteln eine einige Zeit bestehenbleibende Schaumbildung zeigt. Die Auslaugungszeit beträgt, je nach Art der Wurst 20 Minuten bis zu 2 Tagen (bei gekochten Würsten). Sie wird durch feines Verreiben der Wurstmasse mit Glaspulver oder ausgeglühtem Sande im Mörser unter nachfolgendem Ausschütteln im Schüttelapparat beschleunigt.

Hat sich beim Schütteln einer Probe ein anhaltender Schaum ergeben, so ist ein völlig klares Filtrat der Fleischlösung herzustellen. Dies gelingt bei magerem und frischem Fleisch durch Filtration durch feinporige Papierfilter (Faltenfilter), auf die man vorher einige Gramm sterilisierte Kieselgur gegeben hat. Nötigenfalls sind die ersten Anteile des Filtrats wieder zurückzugießen. In besonders schwierigen Fällen filtriert man mittels Saugpumpe durch Filter, durch die man vorher eine Aufschwemmung von Kieselgur in 0,85proz. Kochsalzlösung durchgesaugt hat. Das Filtrat wird alsdann schrittweise mit 0,85proz. Kochsalzlösung bis auf die Konzentration 1 : 300 verdünnt. Diese ist erreicht, wenn bei Zusatz eines Tropfens Salpetersäure vom spezifischen Gewichte 1,153 zu 1 ccm des zum Kochen erhitzten Filtrats eine gleichmäßige Opalescenz auftritt, die sich nach 5 Minuten als eben erkennbarer Niederschlag zu Boden senkt.

Ist die Lösung stark sauer, so ist sie mit 0,1proz. Natriumcarbonatlösung zu neutralisieren; doch ist jeder Alkaliüberschuß sorgfältig zu vermeiden.

Zur Ausführung der Reaktion bringt man

In Röhrchen Nr. 1: 1 ccm der zu untersuchenden Lösung.

„　　　„.　　„ 2: 1 „　　„ „　　　　„　　　　„

„　　　„　　„ 3: 1 „　eines klaren Pferdefleischfiltrates gleicher Konzentration.

„　　　„　　„ 4: 1 „ .　„　　„　Rindfleischfiltrates　　„　　　　„

„　　　„　　„ 5: 1 „　„,　„　Schweinefleischfiltrates „　　　　„

„　　　„　　„ 6: 1 „　sterile 0,85proz. Kochsalzlösung.

Zu sämtlichen Röhrchen, mit Ausnahme von 2, wird dann 1 ccm klares, hochwertiges **Pferdeantiserum** in der Weise zugesetzt, daß es an der Wand herabfließt und sich am Boden sammelt. Röhrchen 2 enthält in gleicher Weise 0,1 ccm klares normales Kaninchenserum. Die Röhrchen bleiben bei Zimmertemperatur stehen und dürfen nicht geschüttelt werden.

Ist in der untersuchten Wurstprobe Pferdefleisch vorhanden, so bildet sich an der Berührungsstelle des Serums und des Fleischauszuges, spätestens nach 30 Minuten, bei Röhrchen Nr. 1 ebenso wie bei Nr. 3 ein deutlich sichtbarer Ring, der sich allmählich verbreitert, bis eine gleichmäßige Trübung entstanden ist. In seltenen Fällen beginnt die Trübung von obenher. Die Trübung

---

[1]) Nach J. König, Chemie der menschl. Nahrungs- und Genußmittel Bd. III, I. Teil, S. 335—338; ferner Schweizer Lebensmittelbuch 3. Aufl., S. 65.

[2]) Alle verwendeten Geräte müssen unbedingt frei von löslichen Eiweißstoffen sein, was gegebenenfalls durch Erhitzen (Sterilisieren) zu erreichen ist.

ist am besten gegen eine schwarze Fläche wahrzunehmen. Die übrigen Röhrchen dienen zur Kontrolle und müssen klar bleiben.

Außer durch Pferdefleisch kann die Reaktion auch durch anderes Einhuferfleisch (z. B. Eselsfleisch) bedingt sein.

Der Nachweis von Rindfleisch (auch Kalbfleisch) in Schweinefleisch erfolgt am einfachsten durch Untersuchung des aus dem Fleische ausgezogenen Fettes auf einen Rindsfettgehalt nach A. Bömer (vgl. S. 204). Außerdem kann natürlich die Präcipitinreaktion als sichere Probe auch hier Anwendung finden.

12. Nachweis beginnender Fleischfäulnis[1]) nach J. Tillmans, R. Strohecker und W. Schütze[2]). a) Sauerstoffverfahren: In 2 Flaschen, wie sie zur Bestimmung des Sauerstoffgehaltes von Wasser dienen (S. 320) bringt man je 5 g der mehrmals durch die Fleischmühle getriebenen Fleischprobe. Man füllt dann mit Wasser von 23° auf und verschließt die Flaschen, ohne daß Luft hineingekommen oder darin verblieben ist. Nun stellt man beide Flaschen in den auf 23° beheizten Brutschrank. Die eine Probe wird nach 2 Stunden, die andere nach 4 Stunden herausgeholt und sofort mit Manganchlorür und Natronlauge nach Winkler (S. 320) versetzt. Er gibt sich bei der weiteren Untersuchung, daß beide Fällungen sauerstofffrei sind, so ist das Fleisch als verdorben anzusehen.

b) Salpeterreduktion: Je 10 g Fleisch werden in zwei etwa 60 ccm fassende Glasstöpselflaschen gebracht, dann mit Nitratlösung, die auf 37° vorgewärmt ist und 3,5 mg N_2O_5 im Liter[3]) enthält, aufgefüllt und die beiden Flaschen in den Brutschrank von 37° gebracht. Die eine Flasche wird nach zweistündiger Bebrütung, die zweite nach vierstündiger Bebrütung mit Diphenylamin-Schwefelsäure auf Nitrate (S. 13) geprüft. Tritt in der ersten oder zweiten Flasche keine Reaktion mehr auf, so enthält das Fleisch so große Mengen nitratzerstörender Bakterien, daß es für den menschlichen Genuß nicht mehr geeignet ist.

c) Methylenblaureduktion: Je 5 g des gut durchgemischten Fleisches werden in eine Glasstöpselflasche von etwa 60 ccm Inhalt gebracht. Man füllt nun mit Wasser, das auf 40° vorgewärmt ist, auf und setzt 1 ccm einer Methylenblaulösung zu, die in der Weise bereitet ist, daß man 5 ccm einer gesättigten alkoholischen Methylenblaulösung mit 195 ccm Wasser verdünnt. Hierauf wird mit Glasstopfen verschlossen und die Flasche in ein auf 45° erwärmtes Wasserbad eingestellt. Man beobachtet nun, in welcher Zeit das Methylenblau reduziert wird. Ein Fleisch ist für den menschlichen Genuß nicht mehr geeignet, wenn es in weniger als 1 Stunde Methylenblau entfärbt. Diese Probe

---

[1]) Nach R. Herzner und O. Mann (Zeitschr. f. Unters. d. Lebensm. Bd. 52, S. 215 bis 242. 1916) kann als Kennzeichen beginnender Fäulnis von Warmblüterfleisch auch die elektrometrisch bestimmte Wasserstoffionenkonzentration in Frage kommen. So soll ein p_H über 6,2 Verdorbenheit anzeigen. Diese Prüfung versagt aber ebenso wie obige, wenn dem Fleische Frischhaltungsmittel zugesetzt worden sind.

[2]) Zeitschr. f. Untersuch. d. Nahrungs- u. Genußmittel Bd. 42, S. 65—75. 1921. — Die Grundlagen der Verfahren werden zuerst von J. Tillmans und H. Mildner (Zeitschr. f. Untersuch. d. Nahrungs- u. Genußmittel Bd. 32, S. 65—75. 1916) angegeben.

[3]) Also 6,5 mg Kaliumnitrat, durch Verdünnen einer stärkeren Vorratslösung des Salzes zu bereiten.

ist weniger scharf als die unter a) und b) beschriebene, da sie erst eintritt, wenn das Fleisch schon etwas fauligen Charakter hat.

13. Nachweis der beginnenden Fischfäulnis nach J. Tillmans und R. Otto[1]). Zum Nachweise der Fischfäulnis. eignen sich die vorstehend beschriebenen Proben nach Tillmans, Strohecker und Schütze (S. 185) ebenfalls. Die Salpeterreduktion bleibt jedoch in vereinzelten Fällen aus, obwohl sich das Fleisch bereits im Zustande beginnender Fäulnis befand. Weiterhin können bei Fischfleisch folgende Proben Anwendung finden:

a) Ammoniakbestimmung durch Vakuumdestillation: Das zu untersuchende Fleisch wird durch öfteres Hindurchgehen durch die Fleischmühle gut zerkleinert und in einer Reibschale mit der zehnfachen Gewichtsmenge destillierten Wassers zu einem gleichmäßigen Brei angerührt. Die Masse wird dann in einen verschließbaren Kolben übergeführt, zur Haltbarmachung mit Toluol versetzt und 24 Stunden unter öfterem Umschwenken stehengelassen. Nach dieser Zeit wird zuerst durch Glaswolle, dann durch ein Faltenfilter filtriert; 50 ccm des Filtrates werden in einem Langhalskolben im Vakuum auf 10 ccm abdestilliert. Um ein zu starkes Schäumen zu vermeiden, wird die Flüssigkeit mit etwa 5 ccm Paraffinum liquidum versetzt. Das übergehende Ammoniak wird in vorgelegter $^1/_{10}$ N-Schwefelsäure aufgefangen und wie üblich (vgl. S. 10) bestimmt. Ein Fleisch ist als nicht mehr einwandfrei anzusehen, wenn es mehr als 30 mg NH_3 in 100 g aufweist.

b) Aminosäurenstickstoffbestimmung: 50 ccm einer 10 proz. Fleischaufschwemmung, die nach a) hergestellt ist, wird, nach dem Filtrieren mit Bariumhydroxyd bis zur eben auftretenden alkalischen Reaktion versetzt und im Vakuum unter Zusatz von 5 ccm Paraffinum liquidum auf etwa 10—15 ccm abdestilliert. Der Rückstand wird in ein 100 ccm-Kölbchen gebracht, auf 100 ccm aufgefüllt und filtriert. In 20 ccm des Filtrates wird nach Grünhut (S. 11) der Aminosäurenstickstoff bestimmt. — Enthält ein Fischfleisch über 0,1% Aminosäurenstickstoff, so befindet es sich im Zustande der Zersetzung.

c) Alkalimetrische Bestimmung der Polypeptide und Aminosäuren in Anlehnung an die Beobachtungen von R. Willstätter und E. Waldschmidt-Leitz[2]) in wässerigen und 50 proz. alkoholischen Fleischauszügen: 30 g Frischfleisch werden mit 300 ccm destilliertem Wasser ausgezogen, wobei durch Zusatz von Toluol, das die ganze Oberfläche der Flüssigkeit bedeckt, einer weiteren Zersetzung vorgebeugt wird. Nach 24 Stunden wird durch Glaswolle filtriert und 150 ccm des Filtrates werden tropfenweise mit kolloidem Eisenoxydhydrat bis zur völligen Enteiweißung versetzt. 50 ccm des eiweißfreien Filtrates werden sofort mit $^1/_{10}$ N-Natronlauge gegen Phenolphthalein titriert und der Laugenverbrauch aufgeschrieben. Weitere 50 ccm des enteiweißten Filtrates werden mit 96 proz. gegen Phenolphthalein neutralisiertem Alkohol (56 cm) versetzt, bis die Endkonzentration 50% Alkohol beträgt. Alsdann wird mit $^1/_{10}$ N-Natronlauge gegen Phenolphthalein titriert und der Laugenverbrauch der wässerigen Lösung von dem der alkoholischen Lösung abgezogen. Der Rest ist die Differenzzahl. — Beträgt die Differenzzahl mehr als 3, so ist das Fischfleisch als nicht mehr einwandfrei anzusehen.

14. Zersetzung von Fleischdauerwaren infolge ungenügender Sterilisierung gibt sich gewöhnlich durch Auftreiben der Dosenwandungen (Bombage) zu erkennen. Der Inhalt solcher Dosen ist ferner besonders auf Aussehen, Geruch und Reaktion gegen Lackmus zu prüfen.

15. Von in das Innere der Behältnisse eingedrungenen **Lötmassen** schneidet man mit dem Messer einige Teilchen ab und bestimmt darin nach S. 106 den Bleigehalt.

---

[1]) Zeitschr. f. Untersuch. d. Nahrungs- u. Genußmittel Bd. 47, S. 25—37. 1924.
[2]) Ber. d. dtsch. Chem. Ges. Bd. 11, S. 2988. 1921; nach Tillmans und Otto, l. c.

Die **Verzinnung** prüft man am einfachsten dadurch auf Blei, daß man eine kleine Menge mit einem Messer abschabt, in wenig verdünnter Salpetersäure löst und einen Tropfen Kaliumjodidlösung[1]) zusetzt. Ein Niederschlag von Bleijodid zeigt Blei an. Die Bestimmung des Bleies erfolgt nach S. 107.

Gelatine.

A. Begriff.

Die zu Speisezwecken dienende Gelatine ist ein besonders gereinigter geruch- und fast geschmackloser Leim.

B. Hauptsächliche Abweichungen.

1 Verdorbenheit bzw. Gehalt an unreinem (gewöhnlichem) Leim.

2. Gehalt an schwefliger Säure oder Arsen.

C. Vorzunehmende Prüfungen.

1. Nachweis von unreinem Leim. Derselbe gibt sich stets durch den unangenehmen Leimgeruch, der auch durch Bleichmittel nicht beseitigt werden kann, zu erkennen. Verunreinigte Gelatine und ebenso leimhaltiges Gelatinepulver sind ferner, wenn die Gelatine nicht künstlich gefärbt ist, an der mehr oder weniger gelben oder braunen Farbe zu erkennen. Zur weiteren Prüfung bestimmt man zweckmäßig den Gehalt an Glutin und Glutose bzw. das Geliervermögen der Gelatine nach J. König: Chemie der menschl. Nahrungs- und Genußmittel Bd. III, 2. Teil, S. 120. Gelatine mit deutlichem Leimgeruch ist für Speisezwecke ungeeignet und daher als verdorben anzusehen.

2. Der Gehalt der Gelatine an **schwefliger Säure** wurde von W. Lange[2]) bis zu 0,47% gefunden. O. Köpke[3]) fand bis zu 0,003% Arsen. Für die Beurteilung ist zu beachten, daß die zu Speisezwecken dienende Gelatine schweflige Säure und Arsen nicht oder nur in Spuren enthalten darf.

Der Nachweis der schwefligen Säure erfolgt in ähnlicher Weise wie bei Fleisch (S. 135) mit Kaliumjodatstärkepapier, die quantitative Bestimmung nach einem von W. Lange angegebenen Verfahren. Vgl. J. König: Chemie der menschl. Nahrungs- und Genußmittel Bd. III, 2. Teil, S. 121. Auf Arsen prüft man am besten im Marshschen Apparate (vgl. S. 102).

Fleischextrakt, Bouillonwürfel, Fleischsäfte, Suppentafeln, Proteinnährmittel.

A. Begriffe.

Unter Fleischextrakt versteht man den eingedickten Albumin-, Leim- und fettfreien Wasserauszug des Fleisches.

„Bouillonwürfel" bzw. „Fleischbrühwürfel" sind Gemische von Fleischextrakt mit Kochsalz, Fett, Gemüse- bzw. Suppenkräuterauszügen und sonstigen Würzen, dazu bestimmt, schnell eine gebrauchsfertige Suppe als Ersatz einer Fleischbrühe zu liefern.

Unter Fleischsaft versteht man im Handel den durch Pressen des Fleisches bei niedriger Temperatur erhaltenen Auszug, der also noch die gerinnbaren Proteine enthält.

---

[1]) Die Lösung färbt sich, da durch vorhandene salpetrige Säure Jod in Freiheit gesetzt wird, gewöhnlich braun.

[2]) Arb. a. d. Kais. Gesundheitsamte Bd. 32, S. 144. 1909.

[3]) Arb. a. d. Kais. Gesundheitsamte Bd. 38, S. 290. 1911.

Suppentafeln sind Gemische von Mehl mit Fett und Gewürzen, häufig unter Zusatz von Fleischpulver oder Fleischextrakt.

Proteinnährmittel sind Zubereitungen mit besonders hohem Gehalte an verdaulichen oder auf besondere Weise löslich gemachten Proteinstoffen.

B. Hauptsächliche Abweichungen.

1. Irreführende Angaben und Bezeichnungen in den Aufschriften.

2. Verdorbenheit, besonders durch Zersetzungsvorgänge (Schimmel, Fäulnis) oder durch Verwendung unreiner Rohstoffe.

3. Verfälschungen durch Gelatine, Leim, Hefeextrakt, Abbauerzeugnisse fremder, besonders minderwertiger Proteinstoffe, übermäßige Mengen von Wasser oder Kochsalz.

C. Vorzunehmende Prüfungen.

1. **Irreführende Angaben** und Bezeichnungen sind von Fall zu Fall, je nach Art derselben, zu prüfen.

2. Als Zeichen der **Verdorbenheit** gelten Schimmelbildung, unangenehmer Geruch, bitterer Geschmack oder alkalische Reaktion.

3. Ermittelung der chemischen Zusammensetzung.

a) Unlöslicher Rückstand durch Lösen in Wasser, Abfiltrieren, Trocknen und Wägen. Prüfung desselben auf den Gehalt an Fett (S. 16), Protein (S. 6) und Asche (S. 81).

b) Wasser entweder nach S. 3 oder direkt nach S. 5.

c) Stickstoff nach S. 6. Das Abwägen erfolgt zweckmäßig in Schiffchen aus Stanniol oder Pergamentpapier.

d) Stickstoffverbindungen. α) *Albumin*: 5—10 g des Stoffes werden in 50 ccm Wasser gelöst, mit Essigsäure schwach angesäuert, gekocht und vom ausgeschiedenen Albumin abfiltriert. Der N-Gehalt der Fällung, mal 6,25, entspricht dem Albumin.

β) *Albumosen*: Man bringt das Filtrat von α) in einen Kjeldahlkolben, dunstet auf 30—40 ccm ein und fügt feingepulvertes, krystallisiertes Zinksulfat (A. Bömer) im Überschusse (etwa 50—60 g) hinzu, schüttelt öfters um und filtriert vom Niederschlage ab, den man mit gesättigter Zinksulfatlösung auswäscht. Das Filter gibt man in den Kolben zurück und bestimmt nach S. 6 die Stickstoffsubstanz.

γ) *Leim*: Durch Fällung mit Gerbsäure in essigsaurer Lösung nach Beck und Schneider (S. 9) oder mit Quecksilbersalzen nach König, Greifenhagen und Scholl (ebendort).

δ) *Peptone + Fleischbasen-Stickstoff*, indem man 250 ccm des Filtrates der Zinksulfatlösung mit einer Lösung von 120 g phosphorsaurem und 200 g wolframsaurem Natrium im Liter, kurz vor Gebrauch mit 330 ccm Schwefelsäure (1 + 3) angesäuert, versetzt, bis keine Fällung mehr entsteht. Der im filtrierten Niederschlage enthaltene Stickstoff[1]) wird wie üblich (S. 6) bestimmt. Ein Trennungsverfahren der Peptone von den Fleischbasen ist noch nicht bekannt.

ε) *Bestimmung des Kreatiningehaltes in Bouillonwürfeln nach Th. Sudendorf und O. Lahrmann*[2]). Je nach dem vorhandenen Fleischextraktgehalte wird

---

[1]) Nach Abzug des im Filter selbst enthaltenen, durch besonderen Versuch zu ermittelnden Stickstoffes.

[2]) Zeitschr. f. Untersuch. d. Nahrungs- u. Genußmittel Bd. 29, S. 1—8. 1915.

eine 10proz. oder stärkere Lösung[1]) der zu untersuchenden Bouillonwürfel hergestellt — notwendigenfalls ist die Prüfung mit stärkeren Lösungen zu wiederholen —, die zur Beseitigung des vorhandenen Fettgehaltes filtriert werden muß. Von der klaren Lösung wird ein bestimmter Teil, etwa 10—20 ccm, mit 10 ccm N-Salzsäure in einer kleinen Porzellanschale von etwa 75 ccm Inhalt in einer Zeit von etwa 2 Stunden auf dem Wasserbade zur Trockne verdampft. Der durchweg schwarzbraune Rückstand wird mit Wasser aufgenommen und mit $^1/_2$ N-Lauge unter Verwendung von Lackmuspapier (Tüpfelverfahren) genau neutralisiert. Die neutralisierte Flüssigkeit wird quantitativ in ein weithalsiges Erlenmeyerkölbchen übergeführt und gleichzeitig auf etwa 75 ccm verdünnt. Zu dieser Lösung setzt man solange tropfenweise etwa 1proz. Kaliumpermanganatlösung zu, bis ein geringer Überschuß vorhanden ist, der an einer braunroten Färbung, etwa vom Farbton des Malagaweines, erkannt wird. Bei ungesalzenem Untersuchungsmaterial ist Kochsalz zuzusetzen; man wendet daher zweckmäßig allgemein eine Kaliumpermanganatlösung an, die 2,5% reines Kochsalz enthält. Bei reichlichem Verbrauch von Permanganatlösung kann unter Umständen ein braunschwarzer Brei entstehen; in solchem Falle wird eine weitere Verdünnung vorgenommen. Ist ein Überschuß von Permanganat zu erkennen, der sich einige Minuten lang hält, so setzt man tropfenweise eine 3proz. Wasserstoffsuperoxydlösung, die auf 100 ccm 1 ccm Eisessig enthält, zu, bis zwischen den zusammengeballten Mangansuperoxydflocken eine stroh- bis höchstens weingelbe klare Flüssigkeit sichtbar wird. Sodann erhitzt man das Reaktionsgemisch etwa 5—10 Minuten auf dem Wasserbade, bis sich das Mangansuperoxyd völlig entweder am Boden oder auch teilweise an der Oberfläche abgeschieden hat. Das Mangansuperoxyd wird durch Filtration der noch heißen Flüssigkeit durch ein Asbestfilter, wobei zweckmäßig die Saugpumpe Anwendung findet, entfernt und so lange mit heißem Wasser nachgewaschen, bis der Ablauf keine nennenswerte Chlorreaktion mehr zeigt. Das in den meisten Fällen fast farblose Filtrat wird in eine Abdampfschale übergeführt und auf dem Wasserbade eingeengt. Die konzentrierte Flüssigkeit wird mit geringen Mengen Wasser quantitativ in einen Meßkolben von 500 ccm gespült, darin auf 20 ccm aufgefüllt und mit 10 ccm einer 10proz. Natronlauge und 20 ccm einer gesättigten Pikrinsäurelösung versetzt. Nach Ablauf von 5 Minuten wird die Lösung bis zur Marke aufgefüllt und im Duboscqschen oder einem ähnlichen Calorimeter mit $^1/_2$ N-Kaliumbichromatlösung verglichen. Sollte sich beim Eindampfen noch etwas Mangansuperoxyd ausgeschieden haben, so ist die auf 500 ccm aufgefüllte und mit alkalischer Pikrinsäurelösung versetzte Flüssigkeit vor der Prüfung im Colorimeter (und mit alkalischer Pikrinsäurelösung versetzte Flüssigkeit vor der Prüfung im Colorimeter) nochmals zu filtrieren. 8 mm Schichtdicke von $^1/_2$ N-Kaliumbichromatlösung entsprechen 10 mg Kreatinin.

η) *Aminosäuren* nach S. 11.

ϑ) *Ammoniak* nach S. 10.

e) In Alkohol lösliche Stoffe nach J. v. Liebig: 2 g Extrakt werden in einem Becherglase abgewogen in 9 ccm Wasser gelöst und soviel Weingeist zugesetzt, bis der Gehalt der Lösung daran 80% beträgt. Der Niederschlag wird abfiltriert und mit 50 ccm 80proz. Weingeist ausgewaschen. Das gesamte Filtrat

---

[1]) Ba-Fleischextrakt entsprechend weniger.

wird zur Trockne verdampft und der Rückstand nach 6stündigem Trocknen bei 100° gewogen.

f) **Asche** nach S. 81.

g) **Natriumchlorid** nach S. 94.

h) **Phosphorsäure und organisch gebundener Phosphor.**

α) *Gesamtphosphor:* 20—30 g Fleischextrakt werden in Wasser zu 500 ccm gelöst. 100 ccm dieser Lösung werden in einer Silberschale mit etwa 6 g Natriumhydroxyd und 3 g Salpeter eingedampft, verascht und geschmolzen. Die Schmelze wird in Wasser gelöst und darin nach dem Molybdänverfahren (S. 100) der Phosphor bestimmt[1]).

β) *Organisch gebundener Phosphor:* Von der gleichen Lösung werden 200 ccm, um sämtliche fertiggebildete Phosphorsäure abzuscheiden, mit 10 proz. Bariumchloridlösung und 10 proz. Ammoniak ausgefällt und im Filtrate wie bei α) der Phosphor bestimmt.

i) **Fremdartige Proteine** werden am sichersten auf biologischem Wege (S. 184) mit geeigneten Seren nachgewiesen.

k) **Zucker** nach S. 44.

l) **Nachweis von Hefegummi nach K. Micko**[2]). Man löst 1 Teil Extrakt in 3 Teilen heißen Wassers und versetzt die Lösung mit Ammoniak in mäßigem Überschusse. Das Filtrat von dem entstandenen Niederschlage wird nach dem Abkühlen auf gewöhnliche Temperatur mit frischbereiteter, ammoniakalischer Kupfersulfatlösung (100 ccm 13 proz. Kupfersulfatlösung, 150 ccm Ammoniak, 300 ccm 14 proz. Natronlauge) im Überschuß vermengt. Bei Hefenextrakten entsteht sofort ein dicker Niederschlag, der sich alsbald zu Klumpen zusammenballt. Reine Fleischextraktlösungen bleiben selbst stundenlang klar. Über die nähere Prüfung dieses Hefegummis nach E. Salkowski[3]) vgl. J. König: Chemie der menschl. Nahrungs- und Genußmittel Bd. III, 2. Teil, S. 151.

Käse.

A. Begriff.

„Käse ist das aus Milch, Rahm, teilweise oder vollständig entrahmter Milch (Magermilch), Buttermilch oder Molke oder aus Gemischen dieser Flüssigkeiten durch Lab oder durch Säuerung (bei Molke durch Säuerung und Kochen) abgeschiedene Gemenge aus Eiweißstoffen, Milchfett und sonstigen Milchbestandteilen, das meist gepreßt, geformt und gesalzen, auch mit Gewürzen versetzt und entweder frisch oder auf verschiedenen Stufen der Reifung zum Genusse bestimmt ist.

Es werden unterschieden:

1. nach der **Tierart**, von der die verwendete Milch gewonnen ist: Kuhkäse, Schafkäse, Ziegenkäse usw.;

2. nach dem **Fettgehalt** des Käses: a) **Rahmkäse** (Sahnekäse) mit mindestens 50%, b) **Fettkäse** (vollfetter Käse) mit mindestens 40%, c) **dreiviertelfetter Käse** mit mindestens 30%, d) **halbfetter Käse** mit mindestens

---

[1]) Oder nach S. 98 oder 101 in der mit Magnesiumacetat im Überschusse hergestellten Asche.

[2]) Zeitschr. f. Untersuch. d. Nahrungs- u. Genußmittel Bd. 8. S. 225. 1904.

[3]) **Lebbin** fand in selbst hergestellten Extrakten 4,52—5,61% **Gesamtkreatinin.**

20%, e) viertelfetter Käse mit mindestens 10%, f) Magerkäse mit weniger als 10% Fett, auf Trockenmasse berechnet;

3. nach den zur Abscheidung des Käses benutzten Mitteln: a) Labkäse, durch Lab abgeschieden, b) Sauermilchkäse, durch Säuerung (aus Molke durch Säuerung und Kochen) abgeschieden;

4. nach der Konsistenz: a) Hartkäse, b) Weichkäse;

5 nach den Einzelheiten der Herstellungsweise eine große Zahl verschiedener Käsesorten;

6. nach dem Orte der Herstellung verschiedene entsprechend bezeichnete Käsesorten.

Margarinekäse sind käseartige Zubereitungen, deren Fettgehalt nicht oder nicht ausschließlich der Milch entstammt.‘‘

B. Hauptsächliche Abweichungen.
1. Irreführende Angaben über Art und Herkunft.
2. Unzureichender Fettgehalt.
3. Zusatz von Fremdfetten oder stärkemehlhaltigen Stoffen.
4. Verdorbenheit durch Zersetzung oder Verunreinigung.
5. Gehalt an unzulässigen Frischhaltungsmitteln.
6. Ungenügende Kennzeichnung von Margarinekäse.

C. Vorzunehmende Prüfungen.

1. Probenahme und Vorbereitung der Käseproben[1]). ,,Der zur Untersuchung gelangende Teil des Käses darf nicht der Rindenschicht oder dem inneren Teile entstammen, sondern muß einer Durchschnittsprobe entsprechen. Bei großen Käsen entnimmt man mit Hilfe des Käsestechers senkrecht zur Oberfläche ein zylindrisches Stück, bei kugelförmigen Käsen einen Kugelausschnitt. Kleine Käse nimmt man ganz in Arbeit. Die zu entnehmende Menge soll etwa 500 g betragen.

Die Versendung der Käseproben muß entweder in gut gereinigten, schimmelfreien und verschließbaren Gefäßen von Porzellan, glasiertem Tone, Steingut oder Glas oder in Pergamentpapier eingehüllt geschehen. Harte Käse zerkleinert man vor der Untersuchung auf einem Reibeisen; weiche Käse werden mittels einer Reibkeule in einer Reibschale zu einer gleichmäßigen Masse verarbeitet.‘‘

2. Bestimmung der Trockenmasse. Die Trockenmasse ergibt sich durch Abzug des Prozentgehaltes an Wasser von 100. Zur Wasserbestimmung in Käse ist sowohl die Trocknung bei 105° (S. 3) als auch das Destillationsverfahren mit Toluol oder Xylol (S. 5) geeignet.

3. Die **Bestimmung des Fettes** erfolgt am bequemsten mit Trichloräthylen nach S. 18, indem man von 10 g Käse ausgeht und als Fettdichte 0,92 einsetzt. Zur bequemen Abwägung des Käses eignet sich besonders Aluminium- oder Zinnfolie.

4. Abscheidung größerer Fettmengen für die Untersuchung. Eine größere Menge Käse wird in zerkleinerter Form in einem passenden Rundkolben mit der doppelten Gewichtsmenge konzentrierter Salzsäure aufgeschlossen und das Gemisch mit 100 ccm oder nötigenfalls mehr Trichloräthylen 5 Minuten am Rückflußkühler gekocht. Alsdann wird die Fettlösung im Schütteltrichter abgetrennt, mit Kieselgur geschüttelt und durch ein trockenes Faltenfilter

---

[1]) Anweisung des Bundesrates vom 1. April 1918.

filtriert. Vom Filtrate destilliert man die Hauptmenge des Trichloräthylens ab und trocknet den Rückstand bei 110°, bis durch den Geruch kein Trichloräthylen in demselben mehr wahrzunehmen ist. Handelt es sich um größere Fettmengen (über 20 g), so kann man die Entfernung des Trichloräthylens durch Einstellen des Kolbens in ein siedendes Wasserbad und Aufblasen von Luft mit dem Gebläse[1]) beschleunigen. Sehr große Mengen Fettlösung (über 50 g Fett enthaltend) behandelt man wie folgt[2]):

Die abgetrennte und filtrierte Fettlösung bringt man in einen größeren Rundkolben. Hierauf fügt man etwa die gleiche Raummenge Wasser hinzu und destilliert nach Zusatz von Bimssteinpulver. Während der Destillation geht zunächst in der Hauptsache das Trichloräthylen über, während die Fettlösung im Kolben immer konzentrierter wird. Schließlich wird die Konzentration des Fettes so erheblich, daß das Lösungsmittel nicht mehr hinreicht, die Fettlösung unter Wasser zu halten: das Fett steigt allmählich hoch und schwimmt an der Oberfläche. Bei weiterem Kochen dringen die Wasserdämpfe stetig durch die Fettschicht und nehmen auch die letzten Spuren des Trichloräthylens bereits nach wenigen Minuten mit sich fort. Gießt man jetzt das Gemisch von Wasser und Fett in ein Becherglas und läßt erkalten, so kann man das reine Fett nach dem Erstarren abnehmen und etwa nach dem Schmelzen und Filtrieren durch ein trockenes Filter zur Untersuchung verwenden. Wertvoll hierbei ist, daß die Beseitigung des Lösungsmittels im Wasserdampfstrome unter Ausschluß der Luft und bei genau 100° vor sich geht, wodurch eine Veränderung des Fettes infolge von Oxydation ausgeschlossen wird.

Dieses Verfahren wird auch von O. Baumann[3]) auf Grund eingehender Versuche wegen der erzielbaren hohen Fettausbeute, der Reinheit dieses Fettes und als einfach ausführbar empfohlen.

Für viele Zwecke, besonders bei Fettkäse, kann man auch den Käse mit Salzsäure aufschließen, das Gemisch erkalten lassen, das an der Oberfläche abgeschiedene Fett mit Wasser auswaschen und schließlich filtrieren. Nach O. Baumann[3]) ist aber die Fettausbeute auf diese Weise nur gering.

5. Stärkehaltige Stoffe geben sich beim Betupfen des Käses mit Jodlösung zu erkennen. Ihre Bestimmung erfolgt wie bei Fleisch, S. 57.

6. Für die Feststellung einer **Verdorbenheit** ist der Sinnenbefund in erster Linie ausschlaggebend, wobei jedoch zu beachten ist, daß die normale Käsereifung ein der Eiweißfäulnis ähnlicher Vorgang ist.

7. Frischhaltungsmittel werden wie bei Fleisch nachgewiesen (vgl. S. 133—159).

8. Die Schätzung des **Sesamölgehaltes** in dem abgeschiedenen Fette bzw. der Nachweis des Zusatzes von Kartoffelmehl zu Margarinekäse erfolgt in ähnlicher Weise wie bei Margarine, S. 197.

Butter und Margarine.

A. Begriffe.

Butter ist das, durch schlagende, stoßende oder schüttelnde Bewegung (Buttern) aus dem Rahm, seltener auch unmittelbar aus Milch durch Zentri-

---

[1]) Besser von Kohlensäure, etwa aus einer Stahlflasche.
[2]) Nach J. Großfeld, Zeitschr. f. Untersuch. d. Nahrungs- u. Genußmittel Bd. 44, S. 203. 1922.
[3]) Zeitschr. f. Unters. d. Lebensmittel Bd. 51, S. 267—272. 1926.

fugalkraft, abgeschiedene innige Gemisch von Milchfett und wässeriger Milchflüssigkeit, das durch Kneten zu einer gleichmäßigen, zusammenhängenden Masse verarbeitet und von der anhaftenden Buttermilch sowie dem etwa zum Kühlen und Waschen verwendeten Wasser möglichst befreit ist.

Unter der Bezeichnung „Butter" schlechthin, versteht man Kuhbutter. Ziegenbutter und Schafbutter sind die der Butter entsprechenden Erzeugnisse aus Ziegen- und Schafmilch.

Margarine im Sinne des Gesetzes, betr. den Verkehr mit Butter usw. vom 15. Juni 1897, sind diejenigen der Milchbutter oder dem Butterschmalz ähnlichen Zubereitungen, deren Fettgehalt nicht ausschließlich der Milch entstammt.

B. Hauptsächliche Abweichungen.

1. Überschreitung des höchstzulässigen Wassergehaltes.
2. Verdorbenheit.
3. Zusatz verbotener Frischhaltungsmittel.
4. Bei Butter: Zusatz von Fremdstoffen, insbesondere Margarine und fremden Fetten. Verkauf von Margarine an Stelle echter Butter.
5. Bei Margarine: a) Ungenügende Kennzeichnung nach den Vorschriften des Gesetzes (Verpackung, Aufschriften, Gehalt an Sesamöl oder Kartoffelstärke); b) Gehalt an gesundheitsschädlichen Fetten; c) Überschreitung des zulässigen Milchfettgehaltes.

C. Vorzunehmende Prüfungen.

Als allgemeine Vorprüfung von Butter ist neben der Sinnenprüfung die Prüfung auf krystallinische Fetteile und Stärkekörner im Polarisationsmikroskope zwischen gekreuzten Nicols zu empfehlen. Margarine und andere feste Fremdfette enthalten krystallinische Fetteile, ebenso aber auch zum Schmelzen erhitzt gewesene und erkaltete Butter selbst, z. B. auch wiederaufgefrischte, häufig auch künstlich mit warmem Wasser emulgierte Butter. Besonders eignet sich für den vorliegenden Zweck auch das Taschen-Polarisationsmikroskop von F. M. Litterscheidt[1]).

Vor der weiteren Untersuchung ist die Butterprobe zunächst gleichmäßig zu mischen. Am einfachsten gelingt dieses dadurch, daß man die im geschlossenen Gefäße etwa im Trockenschrank bei 50—60° bis zum beginnenden Schmelzen erwärmte Probe mit einem starken Glasstabe rührt, bis eine gleichmäßig erscheinende Beschaffenheit eingetreten ist und dann nach Einstellen in kaltes Wasser das Rühren fortsetzt, bis die Butter wieder eine halbfeste, nicht mehr fließende Konsistenz angenommen hat.

1. Nachweis einer Überschreitung des zulässigen Wassergehaltes. Mit Wasserzusätzen verfälschte Butter gibt sich meistens schon bei der äußeren Prüfung durch ihr weiches, salbenartiges Aussehen zu erkennen. Manchmal tritt auch beim Aufbewahren solcher Butter in der Kälte Wasserausscheidung ein, die z. B. das umgebende Einwickelpapier durchnäßt. Die Bestimmung des Wassers erfolgt nach S. 3 am besten in mit Bimssteinpulver beschickten Nickelschalen. Verwendet man 10 g Butter und etwa 50 g Bimssteinpulver, verreibt nach dem Schmelzen und trocknet bei 105°, so ist in der Regel nach 1 Stunde alles Wasser vertrieben. Die gefundene Gewichtsabnahme, mal 10,

---

[1]) Vgl. Zeitschr. f. Untersuch. d. Nahrungs- u. Genußmittel Bd. 48, S. 53—57. 1924. Es wird von der Firma R. Winkel in Göttingen geliefert.

ergibt dann den Wassergehalt in Prozenten. Auch die Wasserbestimmung mit dem Perplex-Apparate der Firma Funke & Co., Berlin N, Chausseestr. 10, liefert rasch brauchbare Ergebnisse, ebenso auch das Destillationsverfahren mit Toluol (S. 5).

Beträgt der so gefundene Wassergehalt über 16%, so bestimmt man zur Feststellung, ob es sich um gesalzene oder ungesalzene Butter handelt, den Gehalt an Natriumchlorid wie folgt:

2. Natriumchloridbestimmung in Butter und Margarine[1]). 10 g Butter (Margarine oder einer anderen Fettzubereitung) werden in einem Becherglase abgewogen und nach Zusatz von etwa 0,1 g gepulvertem Nitroprussidnatrium und 100 ccm 1 proz. Salpetersäure bis zum Schmelzen des Fettes erwärmt. Alsdann wird kräftig umgerührt und das Gemisch nach dem Bedecken mit einem Uhrglase bis zum Erkalten auf die ursprüngliche Temperatur hingestellt. Darauf wird der auf der wässerigen Phase befindliche Fettkuchen durchstoßen und die wässerige Phase durch feinporiges Papier (Kieselgurfiltrierpapier) in eine trockene Vorlage filtriert. Vom klaren Filtrate werden 50 ccm mit $^1/_{10}$ N-Mercurinitratlösung bis zur beginnenden Trübung titriert. Aus der verbrauchten Anzahl Kubikzentimeter $^1/_{10}$ N-Mercurinitratlösung und dem Wassergehalte ergibt sich der Natriumchloridgehalt der Butter (oder Margarine) aus der Tabelle S. 376. Diese gibt die Chlornatriumgehalte von 0—5,8% bei Wassergehalten der Butter von 0—30% an. Auch für Natriumchloridbestimmungen im Trockenrückstande von der Wasserbestimmung in der Butter (oder Margarine) ist die Tabelle geeignet. Es kommt dann nur die Spalte für den Wassergehalt 0 in Frage.

Beträgt nun der so gefundene Natriumchloridgehalt mehr als 0,2%[2]) der Butter, so ist die Butter als gesalzene anzusehen und ein Wassergehalt bis höchstens 16% zulässig, bei ungesalzener Butter bis höchstens 18%.

Eine Butter mit übermäßigem Wassergehalte ist meistens auch durch einen zu niedrigen Fettgehalt gekennzeichnet. Zur Fettbestimmung empfiehlt es sich entweder den bei der Wasserbestimmung verbliebenen Rückstand quantitativ in eine Extraktionshülse überzuführen und dann das Fett im Soxhletschen Apparate mit Äther auszuziehen oder einfacher mit Trichloräthylen nach S. 18 zu ermitteln. Butter soll wenigstens 80% Fett enthalten.

3. Als Frischhaltungsmittel für Butter kommen außer dem erlaubten Kochsalz hauptsächlich Borsäure und Benzoesäure in Betracht.

a) Zur Prüfung auf Borsäure kann man eine kleine Menge des beim Schmelzen der Butter sich absondernden Serums mit 1 Tropfen 10proz. Salzsäure ansäuern und das Gemisch mit Curcumapapier nach S. 133 prüfen. Zur Bestimmung empfiehlt es sich nach A. Beythien[3]), 50 g Butter mit 50 g Wasser in einem mit Gummistopfen mit Steigrohr versehenen Erlenmeyerkolben auf dem siedenden Wasserbade unter öfterem Umschütteln 15 Minuten zu erwärmen. Man läßt erkalten und filtriert darauf die wässerige Phase durch ein trockenes

---

[1]) Vgl. J. Großfeld, Zeitschr. f. Untersuch. d. Nahrungs- u. Genußmittel Bd. 48, S. 133 bis 140. 1924.

[2]) Bei Margarine als Grenzwert angenommen. — Es dürfte sich vielleicht empfehlen, auch Butter mit weniger als 0,2% Natriumchlorid hinsichtlich des zulässigen Höchstwassergehaltes noch als ungesalzen zu beurteilen.

[3]) Zeitschr. f. Untersuch. d. Nahrungs- u. Genußmittel Bd. 5, S. 764. 1902.

Filter und bestimmt darauf die Borsäure, z. B. in 40 ccm des Filtrates nach Kolthoff S. 135. Bei der Berechnung ist der Wassergehalt der Butter zu berücksichtigen. Vgl. J. König: Chemie der menschl. Nahrungs- und Genußmittel Bd. III, 2. Teil, S. 354.

b) Zur Prüfung auf Benzoesäure kocht man eine kleine Menge des beim Schmelzen der Butter mit etwas Sodalösung erhaltenen alkalischen Auszuges nach schwachem Ansäuern mit Salpetersäure, filtriert von den ausgeschiedenen Proteinstoffen ab und schüttelt mit Äther aus. Bleibt beim Verdunsten der ätherischen Lösung ein Rückstand, so prüft man diesen nach Lösen in Wasser unter Zusatz von etwas Natriumacetat zunächst mit Ferrichlorid- oder Kupfersulfatlösung auf Benzoesäure und bestätigt den Befund durch Ausführung der Reaktion nach S. 152. Für die Bestimmung der Benzoesäure vgl. S. 156.

4. Nachweis von **fremden Farbstoffen**[1]. „50 g des geschmolzenen Fettes werden mit 5 ccm absolutem Alkohol in der Wärme gelöst. Die unter Umschütteln in Eis abgekühlte und filtrierte Lösung wird in einem Probierrohre von 18—20 mm Weite im durchfallenden Lichte beobachtet; eine deutlich gelbe oder rötlichgelbe Färbung zeigt die Gegenwart fremder Farbstoffe an.

Zum Nachweise bestimmter Teerfarbstoffe werden 5 g Fett in 10 ccm Äther oder Petroläther gelöst. In Probierröhrchen wird die Hälfte der Lösung mit 5 ccm Salzsäure vom spezifischen Gewichte 1,124, die andere Hälfte der Lösung mit 5 ccm Salzsäure vom spezifischen Gewichte 1,19 kräftig durchgeschüttelt. Bei Gegenwart gewisser Azofarbstoffe ist in dem einen oder anderen Falle die unten sich absetzende Salzsäureschicht deutlich rot gefärbt."

Eine künstliche Färbung von gewöhnlicher Butter und von Margarine wird heute als handelsüblich stillschweigend geduldet. Sie ist also nur in besonderen Fällen als Beanstandungsgrund anzusehen, z. B. dann, wenn einer gewöhnlichen Butter durch künstliche Färbung der Anschein der besonders wertvollen, vitaminreichen Grasbutter gegeben werden soll.

5. Zum **Nachweise von Fremdfetten** wird die Butter geschmolzen und das sich absondernde Butterfett weiter auf seine Zusammensetzung untersucht. Als Vorprobe empfiehlt es sich aber darauf zu achten, ob die schmelzende Butter ein klares oder trübes Fett absondert. Schmilzt das Butterfett beim Erwärmen der Butter klar ab und sind ferner krystallinische Fetteile nicht zu beobachten, so besteht kaum ein Verdacht auf Zumischung von Fremdfetten. Im Polarisationsmikroskop ist ferner auch die in den meisten Kunstbuttersorten heute an Stelle von Sesamöl enthaltene Kartoffelstärke leicht zu erkennen[2]. Nichtfettartige Zusätze zu Butter, z. B. von Mehl, Kartoffelbrei u. dgl. kommen heute seltener vor, ebenso Zusätze von anderen Fremdfetten als von Margarine und dem in den meisten Margarinesorten enthaltenen Cocosfett. Der Nachweis von Margarine und Cocosfett sei daher näher beschrieben.

a) Nachweis von Margarine. α) *Prüfung auf Stärke*[3]. In einem weiten Probierglas werden etwa 10 g Butter oder Margarine geschmolzen, mit 10 ccm Wasser aufgekocht und etwa 1 Minute im Kochen gehalten. Nach dem völligen

---

[1] Nach den Entwürfen zu Festsetzungen über Lebensmittel, Heft 2, S. 50.
[2] Sofern die Probe nicht erhitzt gewesen und die Stärke nicht verkleistert ist.
[3] Nach der Verfügung des Ministers des Innern (M 6588) vom 18. September 1915.

Erkalten werden in die wässerige Schicht — zweckmäßig durch ein in diese vorher eingeführtes Glasrohr hindurch — einige Tropfen einer Jodjodkaliumlösung gegeben.

Bei Anwesenheit von Stärkemehl nimmt die wässerige Schicht eine blauschwarze Färbung an, aus der sich ein blauschwarzer Niederschlag absetzt, der auch dann noch deutlich auftritt, wenn verfälschte Butter vorliegt, die nur wenige Prozente Margarine mit dem vorgeschriebenen Stärkegehalt enthält.

β) Nachweis von Sesamöl. Der Nachweis erfolgt nach der amtlichen Vorschrift folgendermaßen:

„aa) Wenn keine Farbstoffe vorhanden sind, die sich mit Salzsäure rot färben[1]), so werden 5 ccm geschmolzenes Fett in 5 ccm Petroleumäther gelöst und mit 0,1 ccm einer alkoholischen Furfurollösung (1 Raumteil farbloses Furfurol in 100 Raumteilen absolutem Alkohol gelöst) und mit 10 ccm Salzsäure vom spezifischen Gewichte 1,19 mindestens $^1/_2$ Minute lang kräftig geschüttelt. Bei Anwesenheit von Sesamöl zeigt die am Boden sich abscheidende Salzsäure eine nicht alsbald verschwindende deutliche Rotfärbung. (Baudouins Probe.)

bb) Wenn Farbstoffe vorhanden sind, die durch Salzsäure rot gefärbt werden, so werden 5 ccm geschmolzenes Fett in 10 ccm Petroleumäther gelöst und 2,5 ccm stark rauchende Zinnchlorürlösung zugesetzt. Die Mischung wird kräftig durchgeschüttelt, so daß alles gleichmäßig gemischt ist (aber nicht länger) und die Mischung nun in Wasser von 40° getaucht. Nach Abscheidung der Zinnchlorürlösung taucht man die Mischung in Wasser von 80°, so daß dieses nur die Zinnchlorürlösung erwärmt und ein Sieden des Petroleumäthers verhindert wird. Bei Gegenwart von Sesamöl zeigt die Zinnchlorürlösung nach 3 Minuten langem Erwärmen eine deutliche bleibende Rotfärbung. (Soltsiens Probe.)

Die Zinnchlorürlösung ist aus 5 Gewichtsteilen krystallisiertem Zinnchlorür, die mit 1 Gewichtsteil Salzsäure anzurühren und vollständig mit trockenem Chlorwasserstoff zu sättigen sind, herzustellen, nach dem Absitzen durch Asbest zu filtrieren und in kleinen, mit Glasstopfen verschlossenen, möglichst angefüllten Flaschen aufzubewahren.“

γ) Nachweis von Pflanzenfetten, die in fast jeder Margarine enthalten sind, mit Bömers Phytosterinacetatprobe (S. 40).

b) Nachweis und Bestimmung von Cocosfett (Palmkernfett) in Butter und Margarine. Man bestimmt als Vorprobe am einfachsten zunächst die Verseifungszahl (S. 26) und zieht von dieser die nach S. 29 ermittelte Buttersäurezahl × 1,5 ab. Liegt der so erhaltene Restwert über 200, so sind wahrscheinlich größere Mengen Cocos- oder Palmkernfett zugesetzt worden. In diesem Falle ermittelt man die *A*-Zahl und *B*-Zahl nach S. 30.

Das vorliegende Verfahren ermöglicht es, den Cocosfettgehalt bis auf etwa ± 2% zu finden. Palmkernfett verhält sich wie ein Gemisch von etwa 59 Teilen Cocosfett mit 41 Teilen indifferentem Fette. Zur Berechnung auf Palmkernfett wären also die für Cocosfett gefundenen Prozentgehalte mit 1,7 malzunehmen.

---

[1]) Zum Nachweise dieser Farbstoffe werden 2—3 g Butterfett in 5 ccm Äther gelöst und die Lösung in einem Probierröhrchen mit 5 ccm konzentrierter Salzsäure vom spezifischen Gewichte 1,19 kräftig durchgeschüttelt. Bei Gegenwart gewisser Azofarbstoffe färbt sich die unten sich absetzende Salzsäureschicht deutlich rot.

Der Nachweis von Cocos- und Palmkernfett kann auch mittels der Polenskeschen und Reichert - Meißlschen Zahl erfolgen. Für Butterfette haben E. Polenske[1]) und M. Siegfeld[2]) folgende Grenzwerte festgestellt:

Bei einem Zusatze von Cocosfett wird die Polenskesche Zahl für je 10% Zusatz im Mittel um 1,0 erhöht. Polenske empfiehlt daher den Mindestgehalt an Cocosfett dadurch zu berechnen, daß man von der gefundenen die höchstzulässige Zahl abzieht und den Rest mit 10 malnimmt, wodurch sich der Zusatz in Prozenten ergibt. Ist der Unterschied kleiner als 0,5 (= 5%), so soll daraus noch nicht auf eine Fälschung geschlossen werden können.

6. Prüfung von Margarine auf hinreichende Kennzeichnung. Für die beim Margarineverkauf geltenden gesetzlichen Bestimmungen ist auf das Margarinegesetz selbst zu verweisen. In Deutschland muß die Margarine bestimmte Mindestmengen Sesamöl oder Kartoffelstärke enthalten. Man prüft darauf wie folgt:

Reichert-Meißlsche Zahlen (R—M—Z)	Schwankungen der Polenskeschen Zahlen nach E. Polenske	Höchstzulässige Polenskeschen Zahlen nach E. Polenske	Schwankungen der Polenskeschen Zahlen nach M. Siegfeld[3])
20—21	1,3—1,4	1,9	1,95—2,20
21—22	1,4—1,5	2,0	1,70—2,80
22—23	1,5—1,6	2,1	1,75—2,80
23—24	1,6—1,7	2,2	1,30—2,73
24—25	1,7—1,8	2,3	1,40—2,65
25—26	1,8—1,9	2,4	1,50—3,10
26—27	1,9—2,0	2,5	1,85—2,98
27—28	2,0—2,2	2,7	1,30—2,75
28—29	2,2—2,5	3,0	1,20—4,10
29—30	2,5—3,0	3,5	1;35—4,85

a) Prüfung auf Kartoffelmehl. Ein erfolgter Zusatz läßt sich bei den meisten Proben bereits bei der Beobachtung im Polarisationsmikroskope (vgl. S. 193) erkennen und abschätzen. Gelingt dieses nicht, so verfährt man nach der amtlichen Vorschrift wie folgt[4]):

Die Margarine wird zunächst wie bei Butter (S. 195) auf Stärke geprüft. Ist dabei Stärkemehl nachgewiesen worden, so wird zur Feststellung, ob die vorgeschriebene Menge Kartoffelstärkemehl verwendet worden ist, folgendermaßen verfahren: „20 g einer Durchschnittsprobe der Margarine werden in einem Zentrifugenrohr bei etwa 70° geschmolzen. Man fügt 10—15 ccm Äther hinzu, bringt das Fett durch Umschütteln zur Lösung und trennt durch kurzes Zentrifugieren die Fettlösung von den übrigen Bestandteilen. Nach vorsichtigem Abgießen der Fettlösung behandelt man den Rückstand nochmals in derselben Weise mit Äther, darauf einmal mit etwa 20 ccm Alkohol. Nach dem Abgießen des Alkohols gibt man zu dem Rückstand 15 ccm alkoholische Kalilauge (80 g Kaliumhydroxyd in 1 l Alkohol von 90 Vol.-% gelöst) und kocht am Rückflußrohr im Wasserbade unter zeitweiligem Umschütteln etwa $^{1}/_{2}$ Stunde lang. Nach dem Erkalten wird zentrifugiert. Nach dem Abgießen des Alkohols wird der Rückstand mit 10 ccm Alkohol von 50 Vol.-% aufgenommen und das Gemisch mit etwa 3 Tropfen konzentrierter Salzsäure angesäuert. Die zurückbleibende Stärke sammelt man in einem gewogenen Filtertiegel, wäscht mit 50proz. Alkohol, darauf mit absolutem Alkohol und

---

[1]) Arb. a. d. Kaiserl. Gesundheitsamte Bd. 20, S. 545. 1904; Zeitschr. f. Untersuch. d. Nahrungs- u. Genußmittel Bd. 7, S. 273. 1904.

[2]) Zeitschr. f. Untersuch. d. Nahrungs- u. Genußmittel Bd. 13, S. 516. 1907. Vgl. auch J. König. Chemie der menschl. Nahrungs- und Genußmittel Bd. III, Teil 2. S. 373.

[3]) Teilweise nach Fütterung großer Mengen Cocoskuchen.

[4]) Nach der Verfügung des Ministers des Innern (M. 6588) vom 18. September 1915.

schließlich mit Äther, trocknet zunächst bei etwa 40°, dann bei 100° bis zum gleichbleibenden Gewicht und wägt.

Liegt das gefundene Gewicht der getrockneten Stärke zwischen 25 und 65 mg, so ist anzunehmen, daß die Margarine den vorgeschriebenen Gehalt von 0,2—0,3% Kartoffelstärkemehl besitzt. Auf den wechselnden Wassergehalt des im Handel befindlichen Kartoffelstärkemehls und auf die Fehlerquellen des Untersuchungsverfahrens ist dabei Rücksicht genommen."

b) Prüfung auf Sesamöl. Die Prüfung von Margarine auf Sesamöl erfolgt bei Margarine in gleicher Weise wie bei Butter (S. 196), nur mit der Abänderung, daß man eine Lösung von 0,5 ccm des Fettes in 9,5 ccm Petroläther verwendet. Im übrigen enthalten die meisten Margarinearten in Deutschland heute als Erkennungsmittel Kartoffelstärke und nicht mehr Sesamöl. Eine Prüfung darauf ist also nur mehr bei Abwesenheit ausreichender Mengen von Kartoffelstärke erforderlich.

7. Als **gesundheitsschädliche Fette** sind in Margarine im Jahre 1911 die giftigen Hydnocarpusfette (Cardamomfett, Marattifett, Chaulmugrafett) beobachtet worden; ein besonderes Kennzeichen derselben ist die starke Rechtsdrehung im polarisierten Lichte; so beträgt die spezifische Drehung des Cardamomfettes etwa + 54 bis 64°. Als gesundheitschädlich ist ferner Margarine anzusehen, zu deren Verarbeitung verdorbene Rohstoffe (Sinnenprüfung!) oder Mineralöle verwendet worden sind. Letztere geben sich durch den Gehalt des Margarinefettes an Unverseifbarem zu erkennen. Im Verdachtsfalle empfiehlt es sich, neben der chemischen Untersuchung den Beweis der Gesundheitsschädlichkeit durch Tierversuch zu bestätigen.

8. Der **Milchfettgehalt der Margarine** wird aus Buttersäurezahl (S. 29) und Verseifungszahl (S. 26) unter Verwendung der Tabelle S. 343[1]) ermittelt:

9. **Verdorbene Butter oder Margarine** wird in erster Linie durch die Sinnenprüfung erkannt. Besondere Kennzeichen sind ranziger Geruch und Schimmelbildungen, deren Vorhandensein durch die mikroskopische Untersuchung bestätigt wird. Das Ranzigwerden der Butter wird durch Aufbewahrung bei Sommerwärme, dann aber auch durch hohe Wassergehalte infolge mangelhaften Ausknetens begünstigt bzw. beschleunigt, durch Salzzusatz verzögert. Außer auf ranzigen ist auch auf fauligen, talgigen, dumpfigen, schimmeligen oder fremdartigen oder ekelerregenden Geruch als Anzeichen von Verdorbenheit zu achten. Der Säuregrad feiner Tafelbutter hält sich unter 5° und soll 8° nicht überschreiten. Ein höherer Säuregrad ist jedoch erst dann als weiteres Anzeichen von Verdorbenheit anzusehen, wenn auch die Sinnenprüfung eine solche ergeben hat.

Prüfung auf Ranzigkeit nach Kreis[2]).

Zu 5 ccm des fraglichen Öles oder geschmolzenen Fettes füge man in einem Reagensglase mit Glasstopfen 5 ccm konzentrierte Salzsäure, verschließe mit dem Stopfen und schüttele ungefähr 30 Sekunden stark durch. Darauf setze man 5 ccm einer 0,1 proz. ätherischen Lösung von Phloroglucin hinzu und schüttele wie vorher. Dann lasse man absitzen. Rote oder rosa Färbung der Säureschicht zeigt Ranzigkeit an.

Die Farbtönung ist kräftig, aber dem Ranzigkeitsgrade nicht proportional. Der Hauptwert der Reaktion liegt in der Unterscheidung ranziger Fette von solchen mit fremdem Beigeschmack oder Geruch.

Die Reaktion fällt auch dann bereits positiv aus, wenn Geruch und Geschmack noch nicht auf Ranzigkeit deuten.

[1]) Vgl. Zeitschr. f. Unters. d. Lebensmittel Bd. 51, S. 40. 1926.
[2]) Vgl. Zeitschr. d. deutsch. Öl- u. Fettindustrie Bd. 43, S. 433—434. 1923.

Th. von Fellenberg[1]) verwendet als Reagens eine Lösung von 5 g Fuchsin in 800 ccm warmem Wasser, unter Zusatz von 12 g krystallisierten Natriumsulfit[2]) in wenig Wasser gelöst und mit 100 ccm N-Salzsäure auf 1 l aufgefüllt. Das Reagens darf erst am folgenden Tage verwendet werden. Zur Ausführung der Reaktion wird 1 ccm Öl oder 1 ccm geschmolzenes mit der gleichen Menge Petroläther verdünntes Fett mit 1—2 ccm Reagens $^1/_2$ Minute kräftig geschüttelt und nach 10 Minuten beobachtet: Keine Färbung beweist Unverdorbenheit, starke Rotfärbung in der Fettschicht oder wässerigen Schicht Verdorbenheit. Bei schwächsten Färbungen, die etwa 10—20 mg Acetaldehyd in 1 l entsprechen, wie an einer Vergleichsprobe festzustellen ist, sind die Geschmacksprobe und die übrigen Analysenwerte zu berücksichtigen.

Der Nachweis wieder aufgefrischter Butter ist schwierig. Vgl. König, Chemie der menschl. Nahrungs- u. Genußmittel Bd. III, 2. Teil, S. 399.

Speisefette und Speiseöle.

A. Begriffe.

Man unterscheidet tierische Speisefette, pflanzliche Speiseöle und Speisefette sowie künstlich bereitete Fette. Im Einzelnen:

1. Tierische Speisefette:

a) Butterfett, Butterschmalz ist das durch Schmelzen von Butter (vgl. S. 192) abgeschiedene und gegebenenfalls gesalzene Fett.

b) Schweineschmalz. Das Schweineschmalz (Schweinefett, in Norddeutschland auch einfach Schmalz genannt) ist das aus fettreichen Teilen der Schweine ausgeschmolzene Fett.

Schmalzöl (Speeköl) ist das aus Schweineschmalz bei niedriger Temperatur durch Pressung gewonnene Öl. Der dabei verbleibende Preßrückstand heißt Schmalzstearin (Solarstearin).

Von Amerika eingeführt wird namentlich das Dampfschmalz oder Rohschmalz (steam lard), welches in eisernen Kesseln unter Druck durch unmittelbare Einwirkung von Dampf auf das Fett gewonnen wird, ferner das Neutralschmalz (neutral lard).

c) Rindstalg. Rindstalg (Rindertalg, Rindsfett, Rinderfett) ist das aus fettreichen Teilen von Rindern ausgeschmolzene Fett.

Feintalg (Premier jus) ist der aus frischen, ausgewählt guten Teilen bei nicht zu hoher Temperatur ausgeschmolzene und sorgfältig gereinigte Rindstalg.

Oleomargarin ist der aus gereinigtem Rindstalg (Feintalg) durch Auspressen bei mäßiger Temperatur gewonnene, niedriger schmelzende Anteil des Rindstalges.

Preßtalg (Rindsstearin) ist der bei der Gewinnung des Oleomargarins als Preßrückstand verbleibende, höher schmelzende Anteil des Rindstalges; er zeigt in der Regel einen Erstarrungspunkt über 50°. Preßtalg dient zur Herstellung von Margarine und Kunstspeisefett.

d) Hammeltalg (Hammelfett, Schaffett) ist das aus fettreichen Teilen von Schafen ausgeschmolzene Fett.

e) Gänseschmalz ist das aus fettreichen Teilen geschlachteter Gänse ausgeschmolzene Fett.

---

[1]) Mitt. a. d. Geb. d. Lebensmittelunters. u. Hyg. Bd. 15, S. 198—208. 1924.

[2]) Nach J. Pritzker und R. Jungkunz Zeitschr. f. Unters. d. Lebensmittel Bd. 52, S. 199. 1926) empfiehlt sich, statt dessen 5,4 g Kaliummetabisulfit in konzentrierter Lösung zu verwenden, weil letzteres Salz luftbeständig ist.

2. Pflanzliche Speisefette und Speiseöle.

a) **Cocosfett** ist das aus dem getrockneten Kernfleische (Copra) der Frucht der Cocospalme durch Pressung gewonnene und gereinigte Fett. (Vgl. J. König: Chemie der menschl. Nahrungs- und Genußmittel Bd. III, 2. Teil, S. 462.)

b) **Palmkernfett** ist das aus den Fruchtkernen der Ölpalme durch Pressung oder durch Ausziehen mit Lösungsmitteln gewonnene und gereinigte Fett. (Ebendort S. 462.)

c) **Olivenöl** ist das aus dem Fruchtfleische des Ölbaumes durch Auspressen (Speiseöle) und darauffolgendes Ausziehen gewonnen wird. (Ebendort S. 464.)

d) **Erdnußöl** ist das aus dem Samen der Erdnuß gewonnene Öl. (Ebendort S. 467.)

e) **Sesamöl** wird aus dem Samen von Sesamum orientale und Sesamum indicum (ebendort S. 473) gewonnen.

f) **Baumwollsamenöl** (Cottonöl) erhält man aus dem Samen verschiedener Arten der Baumwollstaude (ebendort S. 475),

g) **Kapoköl**, aus dem Samen von Eriodendron anfractuosum,

h) **Sojabohnenöl**, aus Sojabohnen,

i) **Rüböl**, aus den Samen verschiedener Varietäten von Brassica campestris. (Ebendort.)

k) **Mohnöl, Leinöl, Maisöl, Walnußöl, Bucheckernöl und Sonnenblumenöl** (ebendort), deren Verwendung zu Speisezwecken eine beschränktere ist.

3. Künstlich bereitete Fette.

a) **Kunstspeisefett** im Sinne des Margarinegesetzes sind diejenigen, dem Schweineschmalz ähnlichen Zubereitungen, deren Fett nicht oder nicht ausschließlich aus Schweinefett besteht.

b) **Gehärtete Öle,** pflanzliche oder tierische Öle, deren ungesättigte Verbindungen (Glyceride) durch chemische Anlagerung von Wasserstoff mehr oder weniger abgesättigt worden sind.

B. Hauptsächliche Abweichungen.

1. Übermäßiger Gehalt an Wasser und sonstigen nichtfettartigen Stoffen.

2. Zusatz von Fremdfetten und irreführende Bezeichnungen.

3. Verdorbenheit durch Zersetzungen und Herstellung von Kunstspeisefett oder gehärteten Speisefetten aus zur Ernährung ungeeigneten Rohstoffen.

4. Gehalt an Frischhaltungsmitteln, besonders an Alkali- und Erdalkalihydroxyden und -carbonaten. Gehalt der gehärteten Fette an Nickel.

C. Vorzunehmende Prüfungen.

1. Der **Wassergehalt** der Speisefette wird am sichersten durch Destillation mit Toluol (S. 5) ermittelt. Es empfiehlt sich jedoch, bei kleineren Wassergehalten von größeren Stoffmengen (50 oder 100 g) auszugehen. — Andere, **nicht fettartige Stoffe** geben sich durch Trübungen beim Schmelzen zu erkennen. Ihre Menge findet man, indem man eine gewogene Menge des Fettes in Petroläther löst, die Lösung durch ein gewogenes Filter filtriert und den Rückstand zur Wägung bringt.

Zur Bestimmung des Wassers in Schweineschmalz ist auch folgende von E. Polenske[1] stammende, amtliche Vorschrift angegeben worden:

„Man bringt in ein starkwandiges Probierröhrchen aus farblosem Glase von 9 cm Länge und 18 ccm Rauminhalt etwa 10 g der vorher gut durchgemischten Schmalzprobe und verschließt es mit einem durchlochten Gummistopfen, in dessen Öffnung ein bis 100° reichendes Thermometer so weit eingeschoben wird, bis sich dessen Quecksilberbehälter in der Mitte

---

[1] Arb. a. d. Kaiserl. Gesundheitsamte Bd. 25, S. 505. 1907.

der Fettschicht befindet. Darauf wird das Probierröhrchen in einer Flamme allmählich erwärmt, bis das Fett die Temperatur von 70° angenommen hat. Stellt das geschmolzene Schweineschmalz bei dieser Temperatur eine vollkommen klare Flüssigkeit dar, dann enthält es weniger als 0,3% Wasser, und es bedarf keiner weiteren Untersuchung. Ist das Fett dagegen bei 70° trübe geschmolzen oder sind in demselben Wassertröpfchen sichtbar, dann wird das Probierröhrchen in einer Flamme allmählich auf 95° erwärmt und bei dieser Temperatur 2 Minuten lang kräftig durchgeschüttelt. In der Mehrzahl der Fälle wird das Fett dann zu einer völlig klaren Flüssigkeit geschmolzen sein. Alsdann läßt man das Fett unter mäßigem Schütteln in der Luft abkühlen und stellt diejenige Temperatur fest, bei der eine deutlich sichtbare Trübung des Schmalzes eintritt. Das Erwärmen auf 95°, das Schütteln und Abkühlenlassen wird 2—3mal oder so oft wiederholt, bis sich die Trübungstemperatur des Fettes nicht mehr erhöht. Beträgt die konstante Trübungstemperatur des Schweineschmalzes mehr als 75°, dann enthält es mehr als 0,3% Wasser und ist als mit Wasser verfälscht zu betrachten.

Ist das Schweineschmalz bei 95° nicht zu einer klaren Flüssigkeit geschmolzen, dann enthält es entweder mehr als 0,45% Wasser oder andere unlösliche Stoffe, wie Gewebsteile oder chemische Stoffe (Fullererde), und ist als verfälscht zu betrachten."

E. Polenske fand für die verschiedenen Wassergehalte folgende Trübungstemperaturen:

| Trübungstemperatur. . . . | 40,5° | 53,0° | 64,5° | 75,2° | 85,0° | 90,8° | 95,5° |
| Wassergehalt . . . . | 0,15 | 0,20 | 0,25 | 0,30 | 0,35 | 0,40 | 0,45% |

2. Nachweis fremder Fette. a) Nachweis von Pflanzenfetten in tierischen Fetten. Als Vorprüfung empfiehlt sich besonders die Belliersche Reaktion, die nach den Ausführungsbestimmungen zum Fleischbeschaugesetze bei Schmalz wie folgt ausgeführt wird:

„5 ccm geschmolzenes, filtriertes Fett werden mit 5 ccm farbloser Salpetersäure vom spezifischen Gewichte 1,4 und 5 ccm einer kalt gesättigten Lösung von Resorcin in Benzol in einer dickwandigen, mit Glasstopfen verschließbaren Probierröhre 5 Sekunden lang tüchtig durchgeschüttelt. Treten während des Schüttelns oder 5 Sekunden nach dem Schütteln rote, violette oder grüne Färbungen auf, so deuten diese auf die Anwesenheit von Pflanzenölen hin. Später eintretende Farbenerscheinungen sind unberücksichtigt zu lassen."

Nach A. Olig und E. Brust[1]) darf das Reagens höchstens bei 8—10° gesättigt sein; die Probierröhrchen dürfen nicht warm sein und die Reagenzien müssen in der angegebenen Reihenfolge zugesetzt werden.

Die sichere Feststellung der Anwesenheit von Pflanzenfetten überhaupt erfolgt nach Phytosterinacetatprobe von A. Bömer (vgl. S. 40).

Über die Art der möglicherweise verwendeten Pflanzenfette können Abweichungen in den Kennzahlen, besonders in Verseifungszahl (S. 26), Lichtbrechungszahl (S. 25) und Jodzahl (S. 32), ferner besondere Reaktionen Hinweise liefern. Für die tierischen Fette betragen die genannten Kennzahlen[2]):

Art des Fettes	Verseifungszahl	Lichtbrechungszahl		Jodzahl
		bis 25°	bis 40°	
Schweinefett	195—200	56—59	49—52	46—77
Schmalzöl	191—196	—	41	67—88
Rindsfett.	190—200	—	43—50	32—48
Hammelfett	192—198	—	47—49	30—46
Oleomargarin	192—200	—	—	44—55

[1]) Zeitschr. f. Untersuch. d. Nahrungs- u. Genußmittel Bd. 17, S. 561. 1909.

[2]) Vgl. J. König, Chemie der menschl. Nahrungs- und Genußmittel Bd. III, 1. Teil, S. 418—420.

Kennzahlen und Kennzeichen wichtiger Pflanzenfette sind folgende:

| Öl | Ver-seifungs-zahl | Refraktometerzahl | | Jodzahl | Sonstige besondere Kennzeichen |
		bei 25°	bei 40°		
Baumwollsamenöl	191—198	67,6—69,4	58,4—61,0	101—117	Halphensche Reaktion (S. 203) positiv
Bucheckernöl . .	191—196	—	—	104—120	
Cocosfett	246—268	—	33,5—35,5	8— 10	Schmelzpunkt 24—27°, Polenskesche Zahl (S. 27) 16,8 bis 18,2, A-Zahl etwa bei 28
Erdnußöl . . .	186—197	65,8—67,5	bei 57,5	83—105	Etwa 5% Arachinsäure + Lignocerinsäure (vgl. S. 39)
Kakaofett . . .	192—198	—	42—48	33—42	
Kapoköl	180—205	61,4—68,0	51,3—58,7	73— 96	dgl. aber erheblich stärker
Leinöl	188—195	81,0—87,5	72,5—74,5	164—205	dgl.
Maisöl	188—203	bei 71,5	—	111—131	
Mohnöl	189—198	72,0—74,5	bei 65,2	131—158	Trockenfähigkeit (Aufstrichprobe[1])
Olivenöl	185—196	62,0—62,8	53,0—56,4	79— 94	Ausbleiben der Farbenreaktionen nach Bellier (S. 201), Baudouin (S. 196), Halphen (S. 203)
Palmfett	196—207	—	bei 56,5	34— 59	
Palmkernfett . .	241—255	—	bei 36,5	10— 18	Schmelzpunkt 27—30°, PolenskescheZahl(S.27)8,5 bis 11, A-Zahl(S. 30) etwa 15—18
Rüböl	168—179	bei 68,0	58,5—59,2	94—106	Nachweis der Erucasäure (vgl. S. 39)
Sesamöl	187—195	66,2—69,0	58,2—60,6	103—115	Reaktion nach Baudouin und nach Soltsien (S. 196) positiv
Sojabohnenöl . .	190—193	—	—	121—124	
Sonnenblumenöl	188—194	bei 72,2	bei 63,4	120—135	Trockenfähigkeit (Aufstrichprobe[1])
Walnußöl . . .	186—197	—	64,8—68,0	132—152	Trockenfähigkeit (Aufstrichprobe[1])

Des weiteren prüft man auf einzelne Pflanzenfette wie folgt:

α) *Prüfung auf Cocosfett*: Bei Abwesenheit von Milchfett bestimmt man zunächst die Verseifungszahl. Liegt diese innerhalb der für das betreffende Fett in der Regel gefundenen Grenze[2]), so kann von einer weiteren Prüfung meistens abgesehen werden. Wird die Verseifungszahl höher als gewöhnlich gefunden, etwa für Kakaofett höher als 196 oder für Schweineschmalz oder Rindsfett höher als 198, so verseift man 5 g des Fettes mit Glycerinkalilauge, verdünnt die Seifenlösung mit 100 ccm Wasser, erhitzt auf 75—80° und setzt unter Umschwenken 25 ccm einer 15proz. Lösung von krystallisiertem Magnesiumsulfat, die man auf 80° erwärmt hat, hinzu, schüttelt einige Minuten, kühlt auf 20° ab und filtriert nach einigem Stehen. Das Filtrat säuert man mit einigen Tropfen Essigsäure ganz schwach an und fügt einige Kubikzentimeter $^1/_{10}$ N-Silbernitratlösung hinzu. Ein entstehender weißer, in Salpetersäure-Alkohol

---

[1]) Durch Aufstreichen in dünner Schicht auf eine Glasplatte und Prüfung auf klebefreies Antrocknen nach 24 Stunden.

[2]) Die hier eng zu ziehen ist.

löslicher Niederschlag zeigt Capron- oder Caprylsäure und damit bei Abwesenheit von Milchfett Cocosfett an. Die Bestimmung des Cocosfettes erfolgt nach Bertram Bos und Verhagen nach S. 30.

Bei Anwesenheit von Milchfett[1]): Man bestimmt Verseifungszahl und Buttersäurezahl (S. 29). Die Buttersäurezahl, mal 1,5, zieht man von der Verseifungszahl ab. Liegt der Rest innerhalb der normalen Verseifungszahlen des betreffenden Fettes, so ist Cocosfett als nicht nachgewiesen anzusehen. Liegt der Rest erheblich höher, so ist Cocosfett vorhanden. Bei geringer Überschreitung empfiehlt es sich, das Cocosfett aus A-Zahl und B-Zahl (S. 30) zu berechnen.

β) Nachweis von Baumwollsamenöl nach Halphen. Nach den Ausführungsbestimmungen zum Fleischbeschaugesetz verfährt man wie folgt:

„5 ccm Fett werden mit der gleichen Raummenge Amylalkohol und 5 ccm einer 1proz. Lösung von Schwefel in Schwefelkohlenstoff in einem weiten, mit Korkverschluß und weitem Steigrohre versehenen Reagensglase etwa $^{1}/_{4}$ Stunde lang im siedenden Wasserbade erhitzt. Tritt eine Färbung nicht ein, so setzt man nochmals 5 ccm der Schwefellösung zu und erhitzt von neuem $^{1}/_{4}$ Stunde lang. Eine deutliche Rotfärbung der Flüssigkeit kann durch die Gegenwart von Baumwollsamenöl bedingt sein."

Nach J. Prescher[2]) kann man diese Prüfung auch als Mikroreaktion ausführen, indem man 1 ccm des zu prüfenden Öles mit 2 ccm des Reagens mischt, hiervon eine kleine Menge in ein Capillarröhrchen einschmilzt und dieses im siedenden Wasserbade erhitzt.

Der die Halphensche Reaktion verursachende Körper kann durch Erhitzen und sonstige Behandlung des Baumwollsamenöles z e r s t ö r t werden und ferner auch durch F ü t t e r u n g mit Baumwollsamenmehl in tierische Fette übergehen.

Nach J. Lewkowitsch[3]) geben die meisten Baumwollsamenöle auch nach Zerstörung des die Halphensche Reaktion gebenden Körpers durch Erhitzen noch eine positive Reaktion mit S a l p e t e r s ä u r e nach Hanchecorne, die nach Lewkowitsch am besten wie folgt ausgeführt wird:

Einige Kubikzentimeter Öl werden mit der gleichen Raummenge Salpetersäure vom spezifischen Gewichte 1,375 durchgeschüttelt und darauf einige Zeit — bis 24 Stunden — stehengelassen. Die meisten Baumwollsamenöle nehmen dabei eine kaffeebraune Färbung an. (Vgl. unten S. 206.)

Zu berücksichtigen ist ferner, daß Kapoköl, das neuerdings ebenfalls im Handel ist, die Halphensche Reaktion noch stärker gibt als Baumwollsamenöl. Als Kennzeichen für Kapoköl wird folgende Reaktion angegeben:

γ) Prüfung auf Kapoköl nach Milliau[4]). Gleiche Raummengen Öl, Chloroform und 2proz. alkoholische Silbernitratlösung werden in der Weise gemischt, daß man zuerst das Öl in Chloroform löst und hierauf die Silbernitratlösung zugibt. Bei Anwesenheit von Kapoköl tritt schon in der Kälte nach kurzer Zeit eine braune Färbung auf. Es empfiehlt sich gleichzeitig einen Kontrollversuch mit einem Öl, das 1% Kapoköl enthält, anzustellen.

δ) Prüfung auf Sesamöl wie bei Butter S. 196.

---

[1]) Vgl. S. 196.

[2]) Zeitschr. f. Untersuch. d. Lebensmittel Bd. 51, S. 234—235. 1926.

[3]) Nach J. Lewkowitsch: Chemische Technologie und Analyse der Öle, Fette und Wachse.

[4]) Nach Schweiz. Lebensmittelbuch, 3. Aufl., S. 44.

ε) *Nachweis von Leinöl in Sojabohnenöl* auf Grund der Hexabromidzahl und der Jodzahl. Vgl. J. F. Carrière[1]).

b) **Nachweis von Talg in Schweinefett nach A. Bömer[2]).** α) *Darstellung der Glyceride.* 50 g des geschmolzenen und klar (!) filtrierten Fettes[3]) werden in einem Becherglase von etwa 150 ccm Inhalt in 50 ccm Äther gelöst und die Lösung, mit einem Uhrglase bedeckt, bei etwa 15° unter häufigem Umrühren der Krystallisation überlassen. Nach etwa 1 Stunde wird der ausgeschiedene Krystallbrei mittels eines Trichters mit eingeschliffener Wittscher Saugplatte und angepaßtem Papierfilter an der Saugpumpe abfiltriert, scharf abgesaugt und der Krystallbrei durch Aufpressen eines Uhrglases möglichst von der Mutterlauge befreit. Die Krystallmasse wird darauf wieder in dem vorher verwendeten Becherglase in 50 ccm Äther gelöst und in gleicher Weise der Krystallisation überlassen. Nach 1 Stunde[4]) wird genau wie das erste Mal filtriert und der Krystallbrei wiederum möglichst von der Mutterlauge befreit.

Bei reinen Schweinefetten erhält man auf diese Weise meistens Glyceride, die bei 63—64° schmelzen, während bei talghaltigen Schweinefetten in der Regel Glyceride mit niedrigeren Schmelzpunkten erhalten werden. — Liegt jedoch der Schmelzpunkt unter 61°, so krystallisiert man, ehe zur Darstellung der Fettsäure geschritten wird, zunächst nochmals bzw. solange in derselben Weise aus Äther um, bis ein über 61° liegender Glyceridschmelzpunkt erhalten wird, wozu in der Regel ein zweimaliges Umkrystallisieren genügt. Liegen sehr oleinreiche, weiche Fette zur Untersuchung vor, so läßt man entweder noch $^1/_2$—1 Stunde bei niedrigerer Temperatur (etwa 5—10°) zur Krystallisation stehen, oder man verwendet von vornherein statt des Äthers ein Gemisch von 3—4 Teilen Äther und 1 Teil Alkohol oder noch besser möglichst wasserfreies Aceton als Lösungs- und Krystallisationsmittel für das Fett. Falls man eines der beiden letzteren Krystallisationsmittel angewendet hat, wird stets eine zweite Krystallisation und zwar am besten aus Äther, vorgenommen, um die oleinhaltigen Glyceride sicher zu entfernen.

β) *Darstellung der Fettsäuren.* Aus einem kleinen Teile der nach α) gewonnenen Glyceride werden die Fettsäuren dargestellt. Es kommt hierbei besonders darauf an, daß der Teil der Glyceride, welcher zur Abscheidung der Fettsäuren verwendet wird, vollkommen gleich zusammengesetzt ist mit dem Teile der Glyceride, der selbst auf seinen Schmelzpunkt untersucht werden soll. Man verreibt daher etwa 0,1—0,2 g der nach α) gewonnenen Glyceride zunächst in einem kleinen Mörser zu einem vollkommen gleichmäßigen Pulver und verseift etwa die Hälfte davon in einem bedeckten kleinen Bechergläschen mit 10 ccm farbloser alkoholischer, etwa $^1/_2$ N-Kalilauge 5—10 Minuten lang auf einer Asbestplatte unter lebhaftem Sieden. Darauf führt man die Seifen-

---

[1]) Chem. Weekbl. Bd. 23, S. 274—279. 1926; Chem. Zentralbl. 1926, II, S. 671.

[2]) Zeitschr. f. Untersuch. d. Nahrungs- u. Genußmittel Bd. 26, S. 613. 1913.

[3]) Nach F. J. Muschter und R. Smit (Chem. Weekbl. Bd. 23, S. 284—285. 1926; Chem. Zentralbl. 1926. II. S. 2025) kann die Gegenwart freier Stearinsäure oder Palmitinsäure u. U. eine Verfälschung mit Talg verdecken. Nach Muschter und Smit soll die Probe daher ausschließlich an neutralisiertem Fett, mit weniger als 0,1% freier Säure vorgenommen werden.

[4]) Falls nach der ersten Krystallisation der Krystallbrei nicht schmierig, sondern trocken und körnig ist, bedarf es vielfach der zweiten Krystallisation nicht, sondern es genügt zur Befreiung der Krystalle von der anhaftenden oleinhaltigen Mutterlauge, wenn man die auf dem Filter befindlichen Glyceride in das Becherglas zurückbringt, 50 ccm Äther hinzugibt, die Glyceride mit einem Glasstabe in dem Äther gut verteilt, etwa 5—10 Minuten unter öfterem Umrühren stehen läßt und alsdann die Glyceride in derselben Weise wie nach der ersten Krystallisation abfiltriert und möglichst von der Mutterlauge befreit.

lösung mit etwa 100 ccm Wasser in einen Scheidetrichter über, zersetzt darin die wässerige Seifenlösung, die vollkommen klar sein muß, mit etwa 2—3 ccm 25proz. Salzsäure und schüttelt mit etwa 25 ccm Äther aus. Nach vollkommener Trennung der Schichten läßt man die wässerige Lösung ab, wäscht die Ätherlösung zweimal mit etwa 25 ccm Wasser und filtriert sie durch ein trockenes Papierfilterchen in eine kleine Glasschale oder ein kleines Becherglas. Darauf verdunstet man den Äther auf dem Wasserbade und trocknet die Fettsäuren etwa $^1/_2$—1 Stunde im Wasserdampftrockenschranke oder im Lufttrockenschranke bei etwa 100°. Die nach dem Abkühlen erstarrten Fettsäuren zerdrückt man in dem Schälchen mit einem kleinen Pistill oder im Bechergläschen mit einem Messer oder Spatel zu einem feinen gleichmäßigen Pulver.

γ) *Bestimmung der Schmelzpunkte.* Um zuverlässige Ergebnisse zu erhalten, ist es unbedingt erforderlich, daß die Bestimmung des Schmelzpunktes der Glyceride und der zugehörigen Fettsäuren unter vollkommen gleichen Bedingungen erfolgt; dies erreicht man am besten dadurch, daß man die Schmelzpunktbestimmung[1]) beider Stoffe gleichzeitig ausführt. Die Erwärmung wird so geregelt, daß von etwa 50° an die Temperatur nur etwa $1^1/_2$—2° in der Minute steigt. Als Schmelzpunkte sind diejenigen Temperaturen anzusehen, bei welchen die Fettsäulchen vollkommen klar geworden sind. Es empfiehlt sich, unter allen Umständen die Schmelzpunktbestimmungen mit neuen Stoffmengen mindestens einmal in derselben Weise zu wiederholen. Das Mittel zweier gut übereinstimmenden Bestimmungen ist der Beurteilung der Fette zugrunde zu legen.

δ) *Beurteilung der Ergebnisse.* Für die Beurteilung der Reinheit eines Schweinefettes eignen sich in erster Linie die nach α) dargestellten Glyceride mit den Schmelzpunkten von 61—65°.

Ein Schweinefett ist als mit Talg (Rindstalg, Hammeltalg, Preßtalg) — oder anderen Fetten, welche ähnliche Schmelzpunktsdifferenzen wie die Talge aufweisen — vermischt zu bezeichnen, wenn die „Schmelzpunktsdifferenz" (*d*) zwischen dem Schmelzpunkte des Glycerids (*Sg*) und dem der daraus dargestellten Fettsäuren (*Sf*) unterhalb folgender Grenzwerte liegt:

Glycerid-Schmelzpunkt (*Sg*)	Schmelzpunktsdifferenz (*d*)	Glycerid-Schmelzpunkt (*Sg*)	Schmelzpunktsdifferenz (*d*)	Glycerid-Schmelzpunkt (*Sg*)	Schmelzpunktsdifferenz (*d*)	Glycerid-Schmelzpunkt (*Sg*)	Schmelzpunktsdifferenz (*d*)
61,0	5,0	62,0	4,5	63,0	4,0	64,0	3,5
61,1	4,95	62,1	4,45	63,1	3,95	64,1	3,45
61,2	4,9	62,2	4,4	63,2	3,9	64,2	3,4
61,3	4,85	62,3	4,35	63,3	3,85	64,3	3,35
61,4	4,8	62,4	4,3	63,4	3,8	64,4	3,3
61,5	4,75	62,5	4,25	63,5	3,75	64,5	3,25
61,6	4,7	62,6	4,2	63,6	3,7	64,6	3,2
61,7	4,65	62,7	4,15	63,7	3,65	64,7	3,15
61,8	4,6	62,8	4,1	63,8	3,6	64,8	3,10
61,9	4,55	62,9	4,05	63,9	3,55	64,9	3,05
						65,0	3,0

[1]) Vgl. S. 23.

Statt dieser Grenzzahlen kann man sich in der Laboratoriumspraxis bei allen zwischen 61 und 65° schmelzenden Glyceriden mit Vorteil des Ausdruckes $Sg + 2\,d$ bedienen, dessen Wert in Übereinstimmung mit vorstehender Tabelle 71 beträgt.

Liegt bei den Glyceriden vom Schmelzpunkt 61—65° der Wert für $Sg + 2\,d$ nur wenig über oder unter 71, so empfiehlt es sich, den Rest der Glyceride nochmals aus Äther umzukrystallisieren und die so erhaltenen Glyceride in derselben Weise wie vorher durch Darstellung der Fettsäuren und Bestimmung der Schmelzpunkte zu untersuchen; wird jetzt der Wert $Sg + 2\,d$ unter 71 gefunden, so ist ein Zusatz von Talg oder einem sich ähnlich verhaltenden Fette als erwiesen anzusehen.

Für die Beurteilung der Reinheit eines Schweinefettes am geeignetsten sind, wie schon oben bemerkt wurde, Glyceride vom Schmelzpunkte 61—65° (korrig.). Bei zwischen 60 und 61° schmelzenden Glyceriden ist ein Talggehalt als erwiesen anzusehen, wenn die Schmelzpunktsdifferenz unter 5°, und bei über 65—68,5° schmelzenden Glyceriden, wenn sie unter 3° liegt.

c) **Prüfung von Olivenöl auf Reinheit.** Von den pflanzlichen Ölen ist besonders das Olivenöl vielfachen Verfälschungen mit anderen Ölen ausgesetzt. Meist haben aber die zur Fälschung dienenden Öle eine höhere Jodzahl als Olivenöl (vgl. S. 202). In zweifelhaften Fällen kann die Bestimmung der Jodzahl der flüssigen Fettsäuren gute Dienste leisten, die bei reinen Olivenölen zu 92,8—104,2 gefunden wurde, während sie bei Erdnußöl 105—129, bei Sesamöl 129—140 und bei Baumwollsamenöl 142—152 beträgt. Man prüft wie folgt:

α) *Abscheidung der ungesättigten flüssigen Fettsäuren*[1]). „20 g Fett oder Öl werden mit 15 ccm 50 proz. Kalilauge und 45 ccm etwa 95 proz. Alkohol auf dem Wasserbade verseift. Die Seifenlösung wird nach Zusatz von einigen Tropfen Phenolphthaleinlösung mit Essigsäure neutralisiert, in eine siedende Lösung von 20 g neutralem Bleiacetat in 300 ccm Wasser in dünnem Strahle unter fortwährendem Umschwenken eingegossen und das Gemisch dann etwa 10 Minuten lang unter Umschwenken unter der Wasserleitung abgekühlt. Hierbei setzt sich die Bleiseife an der Wand und dem Boden des Kolbens ab. Die überstehende, fast klare Flüssigkeit wird abgegossen, der Rückstand dreimal mit je 100 ccm Wasser von etwa 70° gewaschen. Nachdem das Wasser gut abgetropft ist, erwärmt man zur Abtrennung der ätherlöslichen Bleisalze der flüssigen Fettsäuren die Seife mit etwa 220 ccm Äther 20 Minuten lang am Rückflußkühler zum gelinden Sieden, wobei man den Kolben wiederholt umschüttelt, um die Seife von Wand und Boden des Kolbens abzulösen. Nach etwa halbstündigem Abkühlen filtriert man die ätherische Lösung in einen Kolben von 200 ccm Inhalt, den man ganz mit Äther auffüllt, verschließt und etwa 12 Stunden lang im Eisschrank stehen läßt, wobei sich meist ein Niederschlag abscheidet. Man filtriert dann die ätherische Lösung in einen Scheidetrichter und schüttelt sie zur Zerlegung der Bleisalze erst mit 100 ccm, dann noch mit 50 ccm 20 proz. Salzsäure, zuletzt mit 100 ccm Wasser aus. Die zurückbleibende ätherische Lösung der flüssigen Fettsäuren wird durch ein trockenes Filter in einen Kolben filtriert, der Äther bis auf ein Volumen von 40—50 ccm abdestilliert und die Lösung von dem etwa abgeschiedenen Wasser in ein Kölbchen abgegossen. Zur Vertreibung des Äthers und zum Trocknen der flüssigen Fettsäuren wird durch das bis an den Hals in ein siedendes Wasserbad getauchte Kölbchen ein Strom reinen, trockenen (mit konzentrierter Schwefelsäure und Bicarbonatlösung gewaschenen) Kohlendioxyds durchgeleitet.

Bei der Abscheidung der ungesättigten flüssigen Fettsäuren aus Cocosfett, Palmkernfett und ähnlichen Fetten ist der Rückstand noch wiederholt mit heißem Wasser auszuziehen, um die wasserlöslichen gesättigten Fettsäuren, deren Bleisalze ebenfalls in Äther leicht löslich sind, zu entfernen.

Zur Bestimmung der Jodzahl (S. 32) der ungesättigten flüssigen Fettsäuren verwendet man zweckmäßig 0,2—0,3 g (etwa 10—12 Tropfen)."

β) *Die Belliersche Reaktion* (S. 201) bleibt bei reinem Olivenöl aus, ebenso die nach Baudouin (S. 196) und nach Halphen (S. 203).

γ) *Salpetersäurereaktion*[2]). Gleiche Raummengen Öl oder geschmolzenes Fett und Salpetersäure (1,4) werden während einer Minute durchgeschüttelt und dann nach 15 Minuten beobachtet.

---

[1]) Entwurf zu Festsetzungen über Speisefette und Speiseöle, S. 42.
[2]) Nach Schweizer Lebensmittelbuch, 3. Aufl., 1917. S. 43.

Baumwollsamenöl, Sesamöl, Rüböl, Pfirsichkernöl und Leinöl liefern kennzeichnende Färbungen. Olivenöl bleibt fast unverändert. Es empfiehlt sich gleichzeitig Kontrollversuche mit reinen Ölen vorzunehmen.

δ) *Prüfung auf Erdnußöl nach Blarez*[1]). 1 ccm Öl oder geschmolzenes Fett wird in einem Reagensrohre mit 15 ccm alkoholischer Kalilauge (5 g KOH in 100 ccm 90proz. Alkohol) am Rückflußkühler während 15 Minuten im Sieden erhalten. Hierauf stellt man das verschlossene Reagensrohr während 24 Stunden in Wasser von 12—15°. Bei Gegenwart von mindestens 10% Erdnußöl bildet sich ein Niederschlag von arachinsaurem und lignocerinsaurem Kalium, während Olivenöl nicht die geringste Ausscheidung gibt.

Sesamöl und Baumwollsamenöl können geringe Mengen von Arachisöl vortäuschen. Es empfiehlt sich gleichzeitig Versuche mit Olivenöl und Mischungen, welche 10% Arachinöl enthalten, anzustellen.

Bei positivem Ausfall der Probe bestimmt man die Arachinsäure nach Tortelli und Ruggeri, vgl. J. König: Chemie der menschl. Nahrungs- und Genußmittel Bd. III, 2. Teil, S. 470—472 oder nach S. 39.

ε) Eine künstliche *Grünfärbung von Ölen durch Kupfersalze* zwecks Vortäuschung von Olivenöl weist man nach H. Fresenius und A. Schattenfroh[2]) dadurch nach, daß man eine abgewogene Menge Öl in der dreifachen Menge Äther löst und dann verdünnte Salpetersäure ausschüttelt. Der Auszug wird in üblicher Weise verdampft, geglüht und nach S. 110 auf Kupfer geprüft.

ζ) Zum Nachweise von *Rüböl* (Cruciferenölen) wird die darin enthaltene Erucasäure bestimmt. Vgl. J. König: Chemie der menschl. Nahrungs- und Genußmittel Bd. III, 2. Teil, S. 479—482 und S. 39. Größere Mengen Rüböl geben sich durch Erniedrigung der Verseifungszahl der zu untersuchenden Fette gegenüber der normalen Verseifungszahl bisweilen zu erkennen.

d) Nachweis gehärteter Öle[3]). α) *Prüfung auf gehärtete Öle überhaupt.* Gegenüber den natürlichen Ölen erkennt man die erfolgte Härtung zunächst am Aussehen, dann an der Erhöhung des Schmelzpunktes, der Erniedrigung des Lichtbrechungsvermögens und der Jodzahl. In tierischen Fetten lassen sich gehärtete Pflanzenfette selbst in geringen Mengen mit der Bömerschen Phytosterinacetatprobe (S. 40) nachweisen. Da die technische Härtung meist mit Nickelsalzen erfolgt, kann auch der Nachweis des Nickels (S. 112) Anhaltspunkte für die Beurteilung geben. Hierbei ist aber zu bedenken, daß Spuren von Nickel auch auf sonstige Weise (vernickelte Apparate usw.) in das Fett hineingelangen können.

Nach Versuchen von P. Schestakoff und P. Kuptschinsky[4]) verläuft die Fetthärtung so, daß zunächst die Verbindungen mit mehreren Doppelbindungen zu solchen mit nur einer Doppelbindung (Ölsäure) abgesättigt werden. Bei der Jodzahl 54 und dem Titer (Schmelzpunkt der Fettsäuren) 52,4° sind infolgedessen nur noch Stearinsäure und Ölsäure vorhanden, zumal die für die Härtung meist in Frage kommenden Öle [Leinöl, Hanföl, Sonnenblumenöl[5])] fast ausschließlich Fettsäuren der C_{18}-Reihe enthalten. Da die natürlichen Hartfette meistens auch noch Palmitinsäure enthalten, ist also bei gleichem Titer die Jodzahl der Fettsäuren

---

[1]) Nach Schweiz. Lebensmittelbuch, 3. Aufl., 1917. S. 44.

[2]) Zeitschr. f. analyt. Chem. Bd. 34, S. 381. 1895; nach J. König: Chemie der menschl. Nahrungs- und Genußmittel Bd. III, 2. Teil, S. 467.

[3]) Vgl. J. König: Chemie der menschl. Nahrungs- und Genußmittel Bd. III, 2. Teil, S. 482—485.

[4]) Zeitschr. d. dtsch. Öl- u. Fettind. Bd. 42, S. 741—746, 757—759 u. 774—776. 1922.

[5]) Baumwollsaatöl nähert sich infolge seines Palmitinsäuregehaltes mehr den natürlichen Fetten.

am niedrigsten bei natürlichen Fetten,
höher bei reinen gehärteten Fetten,
am höchsten bei Gemischen gehärteter Fette mit dem betreffenden ungehärteten Fette.

So fanden Schestakoff und Kuptschinsky für gehärtetes Leinöl (I), gehärtetes Hanföl (II), gehärtetes Sonnenblumenöl (III), gehärtetes Baumwollsamenöl (IV), ferner für Gemische von gehärtetem mit ungehärtetem Leinöl (V), von gehärtetem mit ungehärtetem Hanföl (VI), von gehärtetem mit ungehärtetem Sonnenblumenöl (VII) sowie für natürliche Fette, folgende den Titern entsprechende Jodzahlen der Säuren:

Titer und Jodzahl der Säuren gehärteter Fette.

Titer	I	II	III	IV	V	VI	VII	Natürliche Fette
15	180,2	175						
16	172,7							
17	166,2	161						
18	159,7							
19	156,4							
20		146	140		197	169	137	
21			133					
22		133						
23	130		124					
24		123						Cocosfett 9
25								Palmkernfett 14
26				113				
27	115	111						
28								
29			103					
30					188	159	130	
31	103	101						
32			96	93—107				Gänsefett 72 Pferdefett 75
33				76—115				
34				69				
35	93	92	90					Kuhbutter-fett 33
36								
37				62				
38	86							
39			82					
40		83		60	169	144	117	Schweinefett 59
41								Knochenfett 55 Oleomargarin 53 Palmöl 53

Titer	I	II	III	IV	V	VI	VII	Natürliche Fette
42	80		76					
43								
44				52				Hammeltalg 43
45		73	70					Rindstalg 40
46	74							Hirschtalg 30
47			65					Kakaofett 38
48		66		43				Chines. veget. Talg 35
49	64							
50					137	116	91	
51			56					
52		57						
53				33				
54	51	49	48					
55				28				
56								
57	42	41	41	21				
58			35					
59		32		15				
60	33				95	59	47	
61				8				
62	25		22	2				
63		16	14					
64	11							
65								
66	3,0	2,5	3		7	7	7	
67								

β) Prüfung auf Trane nach M. Tortelli und E. Jaffe[1]). In einem graduierten Schüttelzylinder von etwa 15 mm Durchmesser und 15 ccm Inhalt gibt man 1 ccm Tran, 6 ccm Chloroform und 1 ccm Eisessig, mischt gehörig durch, fügt 40 Tropfen einer 10proz. Bromlösung in Chloroform hinzu, schüttelt kräftig um und läßt auf weißer Unterlage stehen. Gehört das zu untersuchende Fett zur Gruppe der Trane von Seetieren, so entsteht innerhalb von 1 Minute über Rosa eine Grünfärbung, die nach und nach klarer und tiefer wird und länger als 1 Stunde bestehen bleibt. Je reiner der Tran, desto schneller und deutlicher die Reaktion, so daß man bei sehr dunkel gefärbten Proben praktisch eine

---

[1]) Ann. chim. appl. Bd. 2, S. 80—98. 1914; Zeitschr. f. Untersuch. d. Nahrungs- u. Genußmittel Bd. 40, S. 385. 1920.

Reinigung vorhergehen läßt. Hierbei läßt man 100 ccm Tran mit 1 ccm konzentrierter Schwefelsäure 5—6 Stunden unter zeitweiligem Schütteln stehen, filtriert durch eine dünne Schicht Fullererde, entsäuert dreimal mit kochendem Wasser und filtriert durch ein trockenes Filter bei 100°. Darauf mischt man mit 5 ccm 30 proz. Natronlauge, erhitzt $1/_4$ Stunde auf dem Wasserbade unter öfterem Umschütteln, versetzt mit 50—60 ccm konzentrierter Kochsalzlösung, erwärmt abermals $1/_4$ Stunde, gießt das Öl ab, wäscht mit wenig warmem Wasser zweimal und entwässert bei 100°.

Alle in dieser Weise untersuchten Seetiertrane gaben die Reaktion, während andere tierische und pflanzliche Öle nur hell- bis dunkelgelbe Farbentöne lieferten. Die Reaktion litt auch nicht durch den Härtungsvorgang, sondern wurde dadurch verstärkt. Bei gehärteten Fetten werden in einem Schüttelzylinder von 30 mm Durchmesser und 25 ccm Inhalt 5 ccm geschmolzenes Fett, 10 ccm Chloroform und 1 ccm Essigsäure gemischt, kräftig durchgeschüttelt, 2,5 ccm der Bromlösung zugegeben und nochmals einen Augenblick geschüttelt. Man erhält sofort eine vorübergehend gelbrosa Färbung, die innerhalb von 1 Minute bereits hellgrün, alsdann schnell stark grün wird und so länger als 1 Stunde verbleibt. Gehärtete andere Öle und Fette gaben die Reaktion nicht, ebensowenig wie feste Fette, sondern zeigten alle mehr oder weniger gelbe oder braune Farbentöne. Die Reaktion war so scharf, daß man noch einen Zusatz von 5% natürlichem oder gehärtetem Tran nachweisen kann.

γ) Nach P. Buttenberg und J. Angerhausen[1]) bietet zur *Unterscheidung des gehärteten Tranes von tierischen schmalz- und talgartigen Fetten* die Verseifungszahl des Tranes (190,9—194,1, Mittel 192,5; bei tierischen Fetten 194,4—198,5, Mittel 196,9) gewisse Anhaltspunkte. Kennzeichnende Unterschiede zeigen deren Gehalte an Unverseifbarem und dessen Zusammensetzung. Während nämlich die gewöhnlichen tierischen Fette nach Bömers Verfahren bestimmt, nur 0,116—0,276% Gesamt-Unverseifbares[2]) liefern, wovon etwa ein Drittel aus Cholesterin besteht, finden sich in den gehärteten Tranen etwa 5—11 mal größere Mengen (0,84—1,30%) Unverseifbares, dessen Gehalt an Sterin jedoch nur 0,036—0,097% oder den 10.—25. Teil der Gesamtmenge ausmacht. Zur Abscheidung und Bestimmung des Cholesterins dient das Digitoninverfahren (S. 41). Während ferner das sterinfreie Unverseifbare bei den gewöhnlichen tierischen Fetten eine spezifische Drehung von ± 0 zeigt, fanden Buttenberg und Angerhausen für gehärtete Trane +1,3 bis +2,2°. J. Marcusson und G. Meyerheim[3]) haben spezifische Drehungen bis +4,8° beobachtet. Über die Arbeitsweise zur Bestimmung der spezifischen Drehung des sterinfreien Unverseifbaren vgl. P. Berg und J. Angerhausen[4]).

δ) Nach Ad. Grün[5]) sind ferner gehärtete Trane ebenso wie gehärtetes Rüböl durch einen größeren Gehalt an Behensäure bzw. anderen Säuren von höherem Molekulargewichte als Stearinsäure gekennzeichnet und lassen sich durch *Bestimmung der Neutralisations- bzw. Verseifungszahl der schwerstlöslichen Glyceride* nachweisen. Dagegen unterscheiden sich die hydrierten Trane vom hydrierten Rüböl durch ihren Gehalt an Fettsäuren von niedrigerem Molekulargewichte als Palmitinsäure. — Zum Nachweise werden etwa 100 g Fett durch mehrstündiges Erhitzen mit einer mehrfachen Menge Methylalkohol, dem 1—2% konzentrierte Schwefelsäure zugesetzt werden, in die Methylester umgewandelt. Das Gemisch wird nach Abdestillieren des Alkohols und Auswaschen der Schwefelsäure im Vakuum von etwa 3—4 mm destilliert, bis etwa ein Viertel der Menge übergegangen ist. Vom Destillat wird nochmals ein Viertel überdestilliert und hierin die Verseifungszahl bestimmt. Es wurden folgende Werte beobachtet:

	Heringstran	Robbentran	Waltran
Angewendete Menge Methylester	100 g	70 g	100 g
Davon zweimal destilliert	6 g	5 g	10 g
Neutralisationszahl der Fettsäuren darin	237,1	236,3	238,4
Neutralisationszahl der Fettsäuren der schwerstlöslichen Fraktion . . . . :	169,1	168,6	169,1

---

[1]) Zeitschr. f. Untersuch. d. Nahrungs- u. Genußmittel Bd. 38, S. 199—206. 1919.

[2]) Vgl. P. Berg und J. Angerhausen: Zeitschr. f. Untersuch. d. Nahrungs- u. Genußmittel Bd. 28, S. 145—149. 1914.

[3]) Zeitschr. f. angew. Chem. Bd. 27, I, S. 201. 1914.

[4]) Zeitschr. f. Untersuch. d. Nahrungs- u. Genußmittel Bd. 28, S. 145—149. 1914.

[5]) Chem. Umschau f. Fette, Öle usw. Bd. 26, S. 101—103. 1919; Zeitschr. f. Untersuch. d. Nahrungs- u. Genußmittel Bd. 42, S. 58. 1921.

Das Rüböl enthält keine Säurefraktion mit einer höheren Neutralisationszahl als 201. Andererseits würden Fette der Cocosölgruppe sich von gehärteten Tranen durch ihren Gehalt an Capryl- und Laurinsäure unterscheiden, während das erwähnte Destillat der Trane aus Myristin- und Palmitinsäure besteht.

3. Nachweis der Verdorbenheit. Für den Nachweis der Verdorbenheit kommt in erster Linie die Geruchs- und Geschmacksprüfung in Frage. Als verdorben sind pflanzliche Speisefette und Öle anzusehen, die durch Kleinwesen oder auf andere Weise so tiefgreifend verändert oder sonst so stark verunreinigt sind, daß sie für den bestimmungsmäßigen Gebrauch nicht geeignet sind, insbesondere solche, welche in dem angegebenen Grade ranzig, sauer-ranzig, faulig, sauer-faulig, dumpfig, schimmelig, kratzend, bitter oder sonst ekelerregend riechen oder schmecken.

Aus Abfallfetten (White grease) durch Raffination wieder aufgearbeitetes Fett zeigt im ultravioletten Lichte auffällige Luminescenz, wenn das Abfallfett durch Mineralölzusatz denaturiert war.

Zur Prüfung auf beginnende Ranzigkeit dient besonders die Probe von Kreis (S. 198) und die von v. Fellenberg (S. 199). Ein weiteres Kennzeichen ranziger Fette ist ein hoher Säuregrad (S. 25) derselben.

Der Nachweis der Verwendung von zur Ernährung nicht mehr geeigneten verdorbenen Rohstoffen ist bei gehärteten Fetten, weil die Fette für den Härtungsvorgang zur Vermeidung einer Katalysatorvergiftung einer sehr sorgfältigen Reinigung unterworfen werden, meist durch eine Untersuchung nicht mehr zu erbringen.

4. Nachweis von Alkali- und Erdalkalihydroxyden und -carbonaten in tierischen Fetten. Amtliche Vorschrift[1]).

a) Vorprüfung: „10 g geschmolzenes Fett werden in einem enghalsigen Probierrohre mit 1 ccm Wasser und 1—2 Tropfen Phenolphthaleinlösung versetzt und gut durchgeschüttelt. Eine Rosa- bzw. Rotfärbung der sich absetzenden wässerigen Schicht ist als positive Reaktion anzusehen.

b) Nachweis: α) 30 g geschmolzenes Fett werden mit der gleichen Menge destilliertem Wasser in einem mit Kühlrohr versehenen Kolben von etwa 500 ccm Inhalt (Kolben und Kühlrohr aus Jenaer Geräteglas) vermischt. In das Gemisch wird ½ Stunde lang unter Zwischenschaltung einer Glasflasche aus destilliertem Wasser erzeugter Wasserdampf durch ein Rohr aus Jenaer Geräteglas eingeleitet. Die Verbindungsschläuche sind vorher längere Zeit mittels Durchleitens von Wasserdampf zu reinigen. Nach dem Erkalten wird der wässerige Auszug durch ein möglichst aschefreies Filter filtriert.

β) Das zurückbleibende Fett sowie das unter α) benutzte Filter werden gemeinsam nach Zusatz von 5 ccm 25 proz. Salzsäure und 25 ccm destilliertem Wasser in gleicher Weise wie unter α) angegeben behandelt. Das Filtrat bringt man in einen Schütteltrichter, fügt etwa 3 g Kaliumchlorid hinzu und schüttelt mit etwa 10 ccm Petroläther einige Minuten lang aus. Nach dem Abscheiden der wässerigen Flüssigkeit filtriert man diese durch ein angefeuchtetes, möglichst aschefreies Filter. Nötigenfalls wird das anfangs trübe ablaufende Filtrat so lange zurückgegossen, bis es klar abläuft.

Das klare Filtrat von α) wird auf 25 ccm eingedampft und nach dem Erkalten mit verdünnter Salzsäure angesäuert. Bei Gegenwart von Alkaliseife

---

[1]) Erlaß des Ministers für Volkswohlfahrt vom 22. Nov. 1924; Gesetze u. Verordnungen betr. Nahrungs- und Genußmittel Bd. 16, S. 207. 1924.

scheidet sich Fettsäure aus, die mit Äther auszuziehen und als solche zu kenn-zeichnen ist. In diesem Falle ist das Fett als mit Alkalihydroxyden oder -carbo-naten behandelt anzusehen. Entsteht jedoch beim Ansäuern eine in Äther schwerlösliche oder gelblichweiße Abscheidung, so ist diese gegebenenfalls nach der beim Nachweise von Thiosulfaten angegebenen Vorschrift auf Schwefel weiter zu prüfen.

Das klare Filtrat von β) wird in einer Platinschale auf etwa 50 ccm ein-gedampft und dann in einem Gefäß aus Jenaer Geräteglas durch Kochen mit überschüssiger Ammoniakflüssigkeit und etwa 10 ccm Ammoniumcarbonatlösung auf alkalische Erden geprüft. Tritt eine deutliche Fällung von Calciumcarbonat ein, so ist das Fett als mit Calciumhydroxyd oder -carbonat behandelt anzusehen.

Tritt keine deutliche Fällung ein, dann ist die filtrierte Flüssigkeit in einer Platinschale auf etwa 25 ccm einzudampfen, gegebenenfalls zu filtrieren und durch Zusatz von etwa 10 ccm Ammoniakflüssigkeit und etwa 1 ccm Natrium-phosphatlösung auf Magnesium zu prüfen. Entsteht hierbei innerhalb 12 Stunden eine deutliche krystallinische Abscheidung von Magnesiumammoniumphosphat, so ist das Fett als mit Magnesiumhydroxyd oder -carbonat behandelt anzusehen.

Zur Prüfung der Reagenzien und Geräte auf Reinheit ist ein blinder Ver-such ohne Fett in genau gleicher Weise auszuführen.''

J. Prescher und R. Claus[1]) fanden in Kakaofett als natürlichen Bestand-teil 0,001% CaO.

Getreidearten und Samen, besonders die der Hülsenfrüchte.

A. Begriff.

Unter Getreide versteht man die ausgedroschenen oder gerebelten reifen Früchte von Weizen, Roggen, Gerste, Hafer, Mais, Reis, Hirse und Buch-weizen.

Von den Hülsenfrüchten kommen als Nahrungsmittel hauptsächlich Erbsen, Bohnen und Linsen in Frage, die sich vor allem durch einen höheren Proteingehalt und geringeren Gehalt an Stärke von den Getreidesorten unter-scheiden. Einige sind auch durch hohen Fettgehalt ausgezeichnet (Erdnuß, Sojabohne).

B. Hauptsächlichste Abweichungen.

    I. Verunreinigungen:
        1. Unkrautsamen.
        2. Insekten.
        3. Bruchkörner, zerschlagene, angefressene und unreife Körner.
    II. Verfälschungen:
        1. Zumischung geringwertiger Sorten.
        2. Ölen und Anfeuchten.
        3. Schwefeln und Polieren mit Talkerde (bei Reis), Färben.
   III. Verdorbenheit: Ausgewaschene und wieder getrocknete, muffige und verschim-melte oder havarierte Früchte und Samen.
   IV. Blausäuregehalt bei tropischen Bohnen.

C. Vorzunehmende Prüfungen.

1. Durch makroskopische Untersuchung geben sich Unkrautsamen, Insekten, beschädigte Körner und geringwertige Sorten zu erkennen.

---

[1]) Zeitschr. f. Untersuch. d. Nahrungs- u. Genußmittel Bd. 50, S. 429—430. 1925.

2. Für die Feststellung der **Verdorbenheit** kommt neben dem Aussehen vor allem auch der Geruch, Geschmack und die mikroskopische Prüfung z. B. auf Schimmelpilze, Brandsporen usw. in Frage.

3. Zum Nachweise eines übermäßigen **Wassergehaltes** empfiehlt es sich, den Wassergehalt in den ganzen Körnern zu ermitteln, weil beim Vermahlen Veränderungen eintreten. Der Nachweis des Ölens ist, weil dabei nur geringe Mengen Öl aufgenommen werden, schwierig zu erbringen. Vgl. J. König: Chemie der menschl. Nahrungs- und Genußmittel Bd. III, 2. Teil, S. 491.

4. Der Nachweis des **Schwefelns** bei havariertem Getreide oder des **Polierens** von Reis geschieht wie bei Graupen, S. 217.

5. Nachweis des Färbens. Als künstliche Färbungsmittel für Reis kommen Kalkwasser oder blaue Farbstoffe, wie Smalte, Berlinerblau, Indigo, Ultramarin oder Teerfarbstoffe, für geschälte Erbsen besonders Teerfarbstoffe in Frage. Man erkennt erstere durch Prüfung des mit Chloroform erhaltenen Bodensatzes, die Teerfarbstoffe durch Ausziehen mit Alkohol und Anfärben eines Wollfadens (vgl. S. 129). Die Behandlung mit Kalkwasser wird durch Ausziehen des Reises mittels mit Salzsäure ganz schwach angesäuerten Wassers und Bestimmung des Kalkes im Auszuge bestimmt.

6. Um den **Blausäuregehalt** von Bohnensorten, der bei Mondbohnen von Java im Reichsgesundheitsamte zu 0,12—0,24%, bei indischen Rundbohnen nach Arragon zu 0,0037—0,0084%, bei roten Rangoonbohnen von Voerman zu 0,019—0,029%, für Lima-, Kap-, Birmabohnen zu 0,008—0,019% HCN gefunden worden ist, zu ermitteln, läßt man nach H. Fincke[1]) 50 g fein zerteilte Bohnen mit 400 ccm Wasser kühl während 20—24 Stunden stehen, gibt dann in einen 2 l-Kolben einige Kubikzentimeter Phosphorsäure oder verdünnte Schwefelsäure oder wenigstens 1 g Weinsäure zu und destilliert in kräftigem Dampfstrome bei vorsichtigem Erwärmen des Kolbens 200 ccm in sehr verdünnte Alkalilauge ab. Das Destillat titriert man mit $^{1}/_{10}$ N-Silbernitratlösung bis zur eben beginnenden Trübung. 1 ccm der Lösung entspricht 5,40 mg HCN. — Für sehr genaue Bestimmungen fällt man in salpetersaurer Lösung mit Silbernitrat im Überschuß, filtriert nach 24 Stunden, wäscht mit kaltem Wasser aus und glüht. 1 mg Ag entspricht 0,2505 mg HCN.

Zur qualitativen Vorprüfung empfiehlt W. Koenig[2]) die Pikrinsäurereaktion. 2 mg HCN, berechnet auf 100 g rohe Bohnen, geben innerhalb 24 Stunden noch eine deutliche Orangefärbung des Natriumpikratpapierstreifens. Die Reaktion wird wie folgt ausgeführt:

25 g der gepulverten Bohnen werden in einem 150 ccm-Kolben mit 60 ccm destilliertem Wasser gemischt. Der Kolben wird mit einem Korken verschlossen, in dem ein Natriumpikratpapierstreifen befestigt ist, und 24 Stunden in einen Brutschrank von 37° gestellt. — Zur Herstellung der Natriumpikratpapierstreifen wird Filtrierpapier in Streifen von etwa 6 cm Länge und 1 cm Breite geschnitten. Die Streifen werden mit 1 proz. Pikrinsäurelösung getränkt, an der Luft getrocknet und so aufbewahrt. Beim Anstellen der Reaktion werden die Streifen zu etwa $^{1}/_{3}$ in 10 proz. Natriumcarbonatlösung getaucht.

---

[1]) Chem.-Ztg. Bd. 44, S. 318. 1920. — Vgl. auch das ähnliche Verfahren von W. Lange im Erlaß des Ministers für Volkswohlfahrt betr. Verwendung der Rangoonbohnen vom 29. Jan. 1920. Gesetze u. Verordnungen Bd. 13, S. 91. 1921.

[2]) Chem.-Ztg. Bd. 44, S. 405—408. 1920.

Bei Anwesenheit von Blausäure färbt sich der Natriumpikratstreifen orange bis braunrot. Mit 1 mg Blausäure in 100 g Bohnen war die Reaktion nach 5 Stunden deutlich positiv.

Geringe Spuren von Blausäure lassen sich nach P. Buttenberg und H. Weiß[1]) auch mit der Benzidinprobe nachweisen. Zu diesem Zwecke wird Fließpapier in Streifen mit einer frisch bereiteten Mischung (1 + 1) von Kupferacetatlösung (2,86 g Cu-Acetat im Liter) und Benzidinacetatlösung (475 ccm bei Zimmertemperatur gesättigte Benzidinacetatlösung und 525 ccm Wasser) getränkt. Dasselbe färbt sich in Berührung mit blausäurehaltiger Luft blau.

Mehle.

A. Begriffe.

Unter „Mehl" im engeren Sinne versteht man die durch den Müllereibetrieb hergestellten feinpulverigen Mahlerzeugnisse der Getreidesamen. Im weiteren Sinne und im Sinne des Nahrungsmittelgesetzes rechnet man aber zu den Mehlen alle von Schalen, Hülsen und Gewebsresten tunlichst befreiten Mahlerzeugnisse von solchen Samen, die zur Ernährung des Menschen dienen.

Graupen sind geschälte, polierte, rundliche Teilkörner der Getreidearten.

Grieße sind gröbere oder feinere rundliche oder kantige Bruchstücke von verschiedener Feinheit, die aus harten, hornartigen Rohstoffen abgesiebt werden.

Unter „Stärkemehl" versteht man die nicht nur von Spelzen bzw. Schalen, bzw. Fasern, bzw. sonstigen Zellelementen, sondern auch die von Stickstoffsubstanz, Fett und mineralischen Bestandteilen der Rohstoffe tunlichst befreiten, nur aus fast reiner Stärke bestehenden Erzeugnisse, die sowohl zur menschlichen Ernährung als zu technischen Zwecken verwendet werden. Sie werden sowohl aus Samen wie aus Wurzelgewächsen, Stämmen und sonstigen Pflanzenteilen gewonnen.

In Deutschland kommt vorwiegend die aus Kartoffeln, Weizen, Mais und Reis gewonnene Stärke in Betracht.

Unter Paniermehl versteht man ein ausschließlich aus Weizenmehl durch Einteigen, Rösten (Trocknen) und Mahlen hergestelltes Erzeugnis.

Unter „Kindermehlen" versteht man im allgemeinen Gemische von eingedickter Vollmilch mit aufgeschlossenen, d. h. verzuckerten bzw. dextrinierten Mehlen. Im Laufe der Zeit ist aber dieser Begriff vielfach auch auf Gemische von Milch mit rohen, nicht besonders löslich gemachten Mehlen oder aufgeschlossene Mehle ohne jeglichen Milchzusatz erweitert worden.

B. Hauptsächliche Abweichungen.

  I. Verunreinigungen:
    1. Bestandteile von Unkrautsamen.
    2. Pilze und Schmarotzer.
    3. Schmutzteile, besonders Mäusekot.
 II. Verfälschungen:
    1. Zusatz geringwertiger Mehle, Fortlassung wertvoller Bestandteile, z. B. bei Kindermehlen.
    2. Zusatz von Alaun, Kupfer- oder Zinksulfat.
    3. Streckung durch Mineralstoffe.
    4. Bleichung und künstliche Färbung, Schwefeln und Polieren der Graupen.

---

[1]) Zeitschr. f. Untersuch. d. Nahrungs- u. Genußmittel Bd. 48, S. 107. 1924.

III. Fehlerhafte Beschaffenheit, besonders mangelhafte Backfähigkeit.

IV. Verdorbenheit durch Zersetzungen.

C. Vorzunehmende Prüfungen.

1. Auf **Verunreinigungen**, besonders Unkrautsamen, prüft man durch mikroskopische Untersuchung[1]) sowohl des Mehles selbst im Wasserpräparate als auch der Gewebeelemente nach Aufschluß des Mehles durch Kochen mit 5proz. Salzsäure, Kolieren, Erwärmen mit Kalilauge oder Ammoniaklösung und abermaliges Kolieren durch Müllergaze, wobei die Gewebeteilchen in der Hauptsache zurückbleiben und in Chloralhydrat näher geprüft werden. Undurchsichtige Teilchen werden am besten durch Erwärmen mit Natriumhypochloritlösung gebleicht.

Über den Nachweis der giftigen Kornrade und des giftigen Mutterkornes im Mehle vgl. J. König: Chemie der menschl. Nahrungs- und Genußmittel Bd. III, 2. Teil, S. 518—520. Eine Zusammenstellung der im Mehle vorkommenden sonstigen Unkrautsamen befindet sich ebendort S. 498.

2. Von **Pilzen** und **Schmarotzern** sind am häufigsten Brandpilze, Schimmelpilze, Mehlmilben und die Mehlmotte sowie deren Maden. Von diesen findet man die Sporen von Brandpilzen am bequemsten bei der Beobachtung des Mehles unter dem Mikroskope bei weitgeöffneter Blende, so daß die Stärkekörnchen nicht mehr scharf zu erkennen sind. Hierbei fallen die Sporen als dunkle Punkte bzw. kleine schwarze Kreise auf. Schimmelpilze finden sich häufig in dumpfigem, zu Klumpen zusammengeballtem Mehle, erkennbar im Mikroskope an den Mycelfäden. Die Milbenprobe wird wie folgt ausgeführt:

300—400 g des Mehles werden in einem weißen Pulverglase durch Aufstoßen auf Holz oder Tuchunterlage dicht zusammengeschüttelt und die Oberfläche geebnet. Nach längerem Stehen (mindestens 24 Stunden) zeigen sich hinter den Glaswandungen die bekannten, durch die Bewegungen der Milben verursachten Gänge, und die Oberfläche erscheint bei Anwesenheit größerer Mengen von Milben eigenartig verändert (fein gefurcht).

Die Mehlmotte und deren Maden werden am besten durch Absieben des Mehles durch ein Mehlsieb gefunden. Hierbei kommen auch sonstige gröbere Verunreinigungen, besonders Mäusekot, zum Vorschein.

Mehle, die erheblichere Mengen genannter Stoffe und Lebewesen enthalten, sind als verdorben anzusehen.

3. Eine Verfälschung mit **geringwertigeren Mehlen** liegt vor, wenn einem Mehle entweder Mehl aus anderen minderwertigeren Rohstoffen, z. B. Kartoffelmehl, Gerstenmehl od. dgl., oder ein Mehl von geringerer Feinheit bzw. Kleie zugesetzt worden ist. Der Nachweis erfolgt auch hier in erster Linie durch die mikroskopische Untersuchung. Dieselbe kann aber von Fall zu Fall durch chemische Bestimmungen erweitert werden.

Zur Feststellung des Feinheitsgrades dient im Müllereigewerbe das Pekarisieren, vgl. J. König: Chemie der menschl. Nahrungs- und Genußmittel Bd. III, 2. Teil, S. 535.

Auch der Aschen- und Stärkegehalt geben einen Anhaltspunkt über den

---

[1]) Es sei hier auf die ausführliche Beschreibung mit zahlreichen Abbildungen in J. König: Chemie der menschl. Nahrungs- und Genußmittel Bd. III, 2. Teil, S. 537—614. verwiesen.

Ausmahlungsgrad. Gerum[1]) fand folgende Verhältnisse zwischen Ausmahlungsgrad und Stärke bzw. Asche:

	Ausmahlungsgrad	Stärke	Asche
Roggenmehl	82%	58,7%	1,40%
„	85%	57,4%	1,44%
„	94%	50,8%	1,76%
Weizenmehl . . . . 50—60%		70,0%	0,65%
„	60%	65,9%	0,76%
„	70%	64,7%	1,08%
„	80%	60,7%	1,12%
„	94%	52,7%	1,30%

Gerum hat auch 2 Formeln aufgestellt, durch welche die Menge Weizennachmehl ermittelt werden kann, die 94proz. Roggenmehl zugesetzt ist.

Der Säuregrad (S. 222) eines normalen Mehles nimmt mit der Höhe des Ausmahlungsgrades zu; er beträgt bei:

Roggen		Weizen	
Vordermehl . . . . etwa 2,0—2,5		Auszugsmehl . . . . etwa 1,0—1,7	
Vollmehl . . . . „ 2,5—3,5		Helleres Semmelmehl . . . „ 2,0—3,5	
		Dunkleres Semmelmehl . . „ 3,5—4,0	

Nach A. Schwicker[2]) steht weiterhin der Mangangehalt der Weizen- und Roggenmehle zu ihrem Ausmahlungsgrade in Beziehung. Über die Einzelheiten der Bestimmung und die gefundenen Mangangehalte für die einzelnen Mahlerzeugnisse vgl. die Quelle.

Zum Nachweise der Kartoffel bzw. des Kartoffelwalzmehles empfehlen M. Klostermann und K. Scholta[3]) die Heranziehung von Menge und Alkalität der Asche, ein Verfahren, das aber bei Zusätzen des aschearmen Kartoffelstärkemehles versagen muß. Eine sehr grobe Mehlfälschung durch Holzmehl oder Streumehl wurde verschiedentlich beobachtet. Sie ist im Mikroskope leicht zu erkennen.

Als Vorprobe zur Feststellung des Milchgehaltes in Kindermehlen dient vorteilhaft die Bestimmung des Gehaltes an Calciumoxyd (vgl. S. 89), der bei milchfreiem Gebäck in der Regel etwa 0,04% der zucker- und fettfreien Trockenmasse beträgt, wogegen Milch im Liter etwa 1,6 g CaO enthält, in Verbindung mit der Bestimmung des Milchfettes im Gesamtfette, das wie bei Brot (S. 223) bestimmt wird. Zur Bestimmung der nicht aufgeschlossenen Stärke empfiehlt sich die Arbeitsweise von C. Baumann und J. Großfeld (S. 56), die auch von den Dextrinen nur wenig beeinflußt wird. Dabei können in dem Filtrate vom Bleitannatniederschlage auch die Zuckerarten leicht ermittelt werden. Ein anderes Verfahren geben N. Gerber und Radenhausen an, vgl. J. König: Chemie der menschl. Nahrungs- und Genußmittel Bd. III, 2. Teil, S. 648.

Über die Feststellung des Gehaltes an Diastase und Pepsin vgl. ebendort, S. 649.

4. Der Nachweis von **Alaun,** der zur Mehlverbesserung in Mengen von 3 g für 1 kg Mehl zugesetzt zu werden pflegt, ist dadurch erschwert, daß Aluminiumverbindungen an sich weitverbreitet sind. Für gewöhnlich verfährt man (vgl.

---

[1]) Zeitschr. f. Untersuch. d. Nahrungs- u. Genußmittel Bd. 31, S. 176. 1916 u. Bd. 37, S. 145. 1919. Die Bestimmung der Stärke erfolgte polarimetrisch nach einem in der Quelle näher angegebenen Verfahren.

[2]) Zeitschr. f. Untersuch. d. Nahrungs- u. Genußmittel Bd. 48, S. 311—312. 1924.

[3]) Zeitschr. f. Untersuch. d. Nahrungs- u. Genußmittel Bd. 32, S. 171—178. 1916.

J. König: Chemie der menschl. Nahrungs- und Genußmittel Bd. III, 2. Teil, S. 517) wie folgt:

Man füllt ein Becherglas bis zu einem Drittel mit Mehl, durchfeuchtet dasselbe mit etwas Wasser, setzt einige Tropfen einer frischbereiteten Campecheholztinktur (5 g Blauholz werden einige Zeit mit 100 ccm 96proz. Alkohol behandelt und filtriert) hinzu, schüttelt gut durch und füllt mit gesättigter Kochsalzlösung auf, ohne mehr zu schütteln; ein Gehalt von 0,05—0,1% Alaun soll sich durch eine blaue 0,01proz. noch durch eine violette Färbung zu erkennen geben. Weitere Prüfungsverfahren finden sich an genannter Stelle.

Der Nachweis von Kupfer- und Zinksulfat erfolgt zweckmäßig am sichersten durch den Nachweis des Kupfers (vgl. S. 110) und des Zinkes (vgl. S. 111) in der Mehlasche.

5. Mehlstreckung durch einigermaßen erhebliche Mengen von Mineralstoffen ergibt sich sofort bei der Aschebestimmung und durch die Untersuchung der Asche unschwer zu erkennen. Beobachtet wurden bisweilen derartige Fälschungen mit Gips und Kreide. Meist keine Verfälschung, aber ein Anlaß, ein Mehl als verdorben zu verwerfen, kann ein Sandgehalt desselben sein, nämlich dann, wenn der Sandgehalt so groß ist, daß er sich durch Knirschen zwischen den Zähnen bemerkbar und dadurch das Mehl bzw. das daraus hergestellte Gebäck ungenießbar macht. Ein solcher Sandgehalt rührt, abgesehen von grober Verschmutzung, meistens von einer Vermahlung mit zu scharf eingestellten oder zu weichen Mühlsteinen her. Der Sandgehalt wird am einfachsten durch eine Geschmacksprüfung des Mehles erkannt und dann durch Bestimmung der Asche und des in Salzsäure Unlöslichen der Menge nach ermittelt. Andere Proben sind in J. König: Chemie der menschl. Nahrungs- und Genußmittel Bd. III, 2. Teil, S. 515 angegeben.

6. Künstliche Färbung mit Farbstoffen wird bei eigentlichem Mehle seltener, bei Stärkemehlen vereinzelt zur Verdeckung von Gelbfärbung durch ungenügende Reinheitsgrade beobachtet. Dagegen ist die sog. Mehlbleichung heute vielfach üblich. Weil durch die Mehlbehandlung mit dem sog. Novadelox (Benzoylsuperoxyd), ferner mit Gologas (Chlorgas, das 0,5—1,5% Nitrosylchlorid enthält) nur sehr wenig in diesen Bleichmitteln im Mehle zurückbleibt, andererseits die Backfähigkeit dadurch gesteigert werden soll, sind diese Behandlungsweisen in Deutschland[1]) heute zugelassen worden.

Trotzdem kann der Nachweis erfolgter Mehlbleichung häufiger notwendig werden. Man prüft zweckmäßig:

a) auf Benzoylsuperoxyd nach S. Rothenfußer[2]): 0,5—0,75 g Mehl bringt man in ein 11 cm langes Reagensröhrchen, das einen inneren Durchmesser von 0,8 cm aufweist. Das Reagensrohr ist in drei gleiche Teile geteilt. Die unterste Marke zeigt die Stelle an, bis zu welcher das Mehl in mitteldichter, durch leichtes Aufstoßen auf eine Unterlage erreichte Schüttung eingefüllt wird (etwa 0,7 g). Nachdem man das Röhrchen mit Mehl beschickt hat, setzt man

---

[1]) Erlaß des Ministers für Volkswohlfahrt vom 25. April 1923 (Gesetze u. Verordnungen Bd. 15, S. 51. 1923) und vom 8. Mai 1925 (ebendort Bd. 17, S. 66. 1925).

[2]) Chem.-Ztg. Bd. 49, S. 285—287. 1925; Zeitschr. f. Untersuch. d. Nahrungs- u. Genußmittel Bd. 50, S. 391. 1925.

Petroläther bis zur zweiten Marke hinzu, verschließt mit einem Korkstopfen oder mit dem sauberen Daumen, schüttelt kräftig durch, wobei die Masse zusammensintert und füllt darauf mit Petroläther nochmals zur zweiten Marke auf. Im ganzen sollen etwa 2,5 ccm Petroläther verwendet werden. Nach nochmaligem Umschütteln setzt man bis zur dritten Marke das vorher umgeschüttelte Reagens[1]) hinzu, mischt kurz und beobachtet wenige, längstens 10 Minuten. Bei Gegenwart von Benzoylsuperoxyd (1 : 10 000) ist sofort eine Grünfärbung des Petroläthers oder der Alkoholschicht zu beobachten. Bei stärkerem Gehalte färbt sich auch das Mehl grünblau. Man kann die Prüfung auch durch Aufstreuen des Mehles auf mit dem Reagens angefeuchtetem Filtrierpapier ausführen, wie in der Quelle näher angegeben ist;

b) auf Stickoxyde nach Grieß v. Ilosvay, ein Verfahren, dessen besondere Brauchbarkeit von E. Arbenz[2]) neuerdings bestätigt wird. Das Reagens ist ein Gemisch von 0,5 g Sulfanilsäure in 150 ccm verdünnter Essigsäure und einer Abkochung von 0,2 g α-Naphthylamin mit 20 ccm Wasser unter nachherigem Zusatz von 150 ccm verdünnter Essigsäure. Tröpfelt man auf eine glatte Mehlfläche 3 Tropfen des Reagens und wird innerhalb 1 Minute die angefeuchtete Stelle blaßrosa oder rot, so ist dies ein Beweis dafür, daß das Mehl einem Bleichverfahren mit Stickoxyden unterworfen war. Nach 3 Minuten tritt auch bei ungebleichten Mehlen eine Rotfärbung auf. Über sonstige Verfahren zum Nachweise der Mehlbleichung vgl. J. König: Chemie der menschl. Nahrungs- und Genußmittel Bd. III, 2. Teil, S. 522.

Farbstoffe in Paniermehl, besonders gelbe und rote, lassen sich wie üblich (S. 129) nachweisen. Sie dienen entweder zur Verfälschung des Paniermehles selbst (Vortäuschung von Milch oder Eierzusatz) oder der zuzubereitenden Speisen.

7. Nachweis des Schwefelns und **Polierens** der Graupen: Durch das Schwefeln gelangen größere Mengen schweflige Säure in die Graupen, die wie bei Fleisch (S. 135) nachgewiesen werden. Eine erfolgte Behandlung der Graupen mit Talkerde erkennt man am einfachsten durch Schütteln mit Chloroform und Stehenlassen, wobei sich erstere teilweise als Bodensatz absetzt. Zur angenäherten quantitativen Bestimmung der Talkerde schüttelt man 20—50 g Graupen in einem Schütteltrichter mit Chloroform, läßt das Chloroform mit dem Bodensatze direkt auf ein aschenfreies Filter fließen, verascht nach dem Abfließen des Chloroforms und wägt den Rückstand. Über weitere Nachweismethoden von Talkum und die Beurteilung der genannten Behandlungsweisen vgl. J. König: Chemie der menschl. Nahrungs- und Genußmittel Bd. III, 2. Teil, S. 632—635.

8. Für die Backfähigkeit eines Mehles ist in erster Linie der Backversuch entscheidend. Zweckmäßig nimmt man dabei gleichzeitig einen Backversuch mit normalem Mehle und den gleichen Zutaten als Kontrollprobe vor. Besonders

---

[1]) 1 g Di-p-diamidodiphenylaminsulfat wird in einer Reibschale mit etwa 96 proz. Alkohol angerieben, in einen Kolben gespült, mit Alkohol auf 100 ccm aufgefüllt und etwa $^1/_2$ Stunde am Rückflußkühler auf einem Wasserbade erhitzt. Beim Erkalten der Lösung scheidet sich wieder ein Teil des Salzes in feinen Krystallen ab. Es ist deshalb notwendig, die Lösung vor dem Gebrauche umzuschütteln.

[2]) Mitt. a. d. Geb. d. Lebensmittelunters. u. Hyg. Bd. 16, S. 200—201. 1925.

der Backversuch nach der Vorschrift von A. Maurizio[1]) wird empfohlen. Derselbe wird wie folgt ausgeführt:

α) Auf je 30 g Mehl verwendet man 0,7 g Hefe und 0,4 g Salz; im ganzen gelangen je nach der Ausdehnung des Versuches 90—180 g Mehl zur Verwendung. Der Wasserzusatz wird der wasserverbindenden Kraft des Mehles angepaßt.

β) Der fertige Teig wird sofort in Gärzylinder, d. h. Glasröhren von 25 cm Höhe und etwa 3,5 cm Durchmesser, die mittels eines mit gefettetem Pergamentpapier bedeckten Korkpfropfens verschlossen sind, gefüllt und seine Volumenzunahme während der Gärung ermittelt[2]). Aus 100 g Mehl entsteht ohne Hefe ein Teig von durchschnittlich 120,86 ccm und daraus nach zweistündiger Gärdauer bei 30° ein gegorener Teig von 343—480 ccm, je nach der Beschaffenheit der Mehle. Hierbei ist es von Wichtigkeit, die Gärkraft der Hefe zu bestimmen, da sie großen Schwankungen unterworfen sein kann (40—97% nach Meißl).

γ) Auch ist die während der Gärung wie auch während des Backens sich entwickelnde gesamte und die wirksame Kohlensäure zu bestimmen. Die fertigen Teige werden in Gärkolben (J. König: Chemie der menschl. Nahrungs- und Genußmittel Bd. III, 1. Teil, S. 426) gefüllt, 2 Stunden bei 30° der Gärung überlassen, dann in ein Wasserbad gestellt, um sämtliche Kohlensäure auszutreiben, gewogen und die Kohlensäure aus dem Gewichtsverluste ermittelt. So kann auch mit dem fertigen Brote unter Durchleiten von Luft verfahren werden.

Maurizio fand z. B. für je 100 g Mehl:

| | 1 a | 1 b | 2 | 3 | 4 | 5 a | 5 b | 6 |
	ccm	ccm	ccm	ccm	ccm	ccm	ccm	ccm
Gesamte in 2 Stunden Gärung bei 30° erzeugte Kohlensäure; bei 0° und 714 mm Druck . . .	591,4	535,6	583,3	538,8	535,6	556,4	580,7	525,6
Wirksame Kohlen- {der Gärung .	323,5	324,2	328,7	324,2	299,2	256,2	256,2	214,2
säure während {des Backens	381,2	381,2	361,7	342,2	293,2	213,2	213,2	139,2
Volumen des Teiges nach zweistündiger Gärung[3])	445	445	450	445	420	377	377	365
Volumen des Brotes	502	502	483	463	414	334	334	290

Hieraus erhellt, daß die gesamte bei der Gärung erzeugte Menge Kohlensäure bei den einzelnen Mehlsorten keinen großen Schwankungen unterworfen ist, daß aber die beim Gären und Backen zurückgehaltenen bzw. wirksamen Mengen Kohlensäure sehr verschieden sind. Bei den besten Mehlen 1—3 sind vom Gesamtvolumen Kohlensäure 56—61% bei der Teiggärung und 63—67% beim Backen wirksam; bei den schlechten backfähigen Mehlen 4—6 sinkt das in ihnen enthaltene Gasvolumen auf 41 bzw. 27% des gesamten Volumens.

Da nach dem Einlegen der Brötchen in den Ofen die Kohlensäureentwicklung noch eine Zeitlang andauert, vermögen die Mehle Nr. 1—3 noch einen Teil der neugebildeten Kohlensäure zum Aufgehen des Brotes zu verwenden, so daß in ihnen 3,34—8,54% Kohlensäure mehr enthalten sind, als im gärenden Teig; bei den schlechteren Mehlen Nr. 4—6 entweicht beim Backen nicht nur die neugebildete Kohlensäure, sondern auch noch ein Teil (1,1—13,8%) derjenigen Kohlensäure, die bei der Gärung wirksam war. Die besseren Mehle setzen daher dem Entweichen der Kohlensäure bei der Gärung wie beim Backen einen größeren Widerstand entgegen und liefern infolgedessen lockere Gebäcke; dadurch ist es bedingt, daß die Gebäcke aus den besseren Mehlen ein größeres, die aus den schlechteren Mehlen ein geringeres Volumen aufweisen als die entsprechenden Teige.

Wasserdampf und Alkohol bzw. Ester usw. haben an dem Auftrieb des Teiges wie Brotes nur einen schwachen Anteil.

---

[1]) A. Mauricio: Getreide, Mehl und Brot, S. 286—328. Berlin 1903. Vgl. J. König: Chemie der menschl. Nahrungs- und Genußmittel Bd. III, 2. Teil, S. 531. — Diese Vorschrift von Maurizio wird auch von E. E. Werner (Cereal chemistry Bd. 2, S. 310—314. 1925) besonders empfohlen.

[2]) Diese Größe läßt sich nicht genau ermitteln, weil die Hefe schon während der Einteigung wirkt.

[3]) Volumen des Teiges aus 100 g Mehl vor der Gärung 120,86 ccm.

δ) Zum Backen benutzt Maurizio einen doppelwandigen kupfernen, außen mit Asbest belegten Trockenkasten, der einen Innenraum von 15,5 cm Höhe sowie Breite und von 27 cm Länge, ferner zwei Öffnungen für Thermometer und zur Verbindung mit dem Raum der Doppelwandung besitzt. Der Teig kommt in konische Kuchenformen von verzinntem Eisenblech, die 3 cm hoch sind, oben einen Durchmesser von 8,5 cm und am Boden einen solchen von 5 cm besitzen. Der Backkasten wird erst auf 230—235° erhitzt, dann der Teig, der 2 Stunden gegoren hat, eingesetzt, wodurch die Temperatur auf etwa 210° sinkt; man erwärmt weiter und erhält 20 Minuten auf 235°, nach welcher Zeit die Brötchen meistens gar sind.

ε) Die Volumenmessung des Teiges kann in den Glasröhren vorgenommen werden. Zur Volumenmessung der Brötchen (Gebäcke) verwirft Maurizio das Paraffin usw. und schlägt statt der Glasperlen nach Kreuslers Verfahren Bleischrot vor.

Recht genaue Zahlen gibt auch die Messung unter Wasser, nur muß hierbei das Brötchen geopfert werden. Füllt man einen Exsiccator mit flachgeschliffenem Rande voll Wasser und drückt die Glasplatte, zuerst seitlich anlehnend, vorsichtig an, so wird in dem Gefäße keine Luft eingeschlossen. Nun wird abgedeckt, das Brot bei geeigneter Beschwerung schnell unter Wasser getaucht und im gleichen Moment die eben geschliffene Glasplatte angedrückt. Das herausgeflossene Wasser befindet sich in der Schale, in der der Exsiccator steht, und ergibt das Volumen. Verfährt man rasch, so ist leicht zu sehen, daß das Wasser seitlich herausfließt, bevor nennenswerte Mengen von ihm ins Brot eindringen.

ζ) Das spezifische Gewicht des Teiges wie Brotes kann ebenfalls zur Beurteilung der Gebäcke dienen, man findet es bei ganzen Brötchen in der Weise, daß man das absolute Gewicht derselben durch das Volumen teilt. Es ist um so niedriger, je größer das Volumen im Verhältnis zum absoluten Gewicht ist und umgekehrt. A. Maurizio fand z. B.:

	Beste Mehle	Mittelgute Mehle	Geringe Mehle
Volumen des Brotes aus je 100 g Mehl	560—580 ccm	400—480 ccm	250—350 ccm
Spezifisches Gewicht des Brotes . .	0,23—0,28	0,35	0,46 und mehr.

Nur der zunftgerechte Backversuch wird von verschiedenen Seiten allein als maßgebend angesehen, alle sonstigen Vorschläge zur Beurteilung der Backfähigkeit der Mehle haben sich bis jetzt nicht bewährt.

8. Muffigkeit von Mehl ist ein Anzeichen von Verdorbenheit. Man erkennt diese am besten am Geruch, indem man das Mehl als solches in einem geschlossenen Gefäße einige Zeit aufbewahrt und dann durch den Geruch prüft. Zur weiteren Prüfung kann man auch das Mehl mit Wasser in einem mit einem Uhrglase bedeckten Becherglase erwärmen und von Zeit zu Zeit die Geruchsprüfung vornehmen.

Bei verdorbenem, muffigem Mehle steigt ferner der Säuregrad meistens auf mehr als 6 an. Derselbe wird wie folgt ermittelt: Man schüttelt 10 g Mehl mit 100 ccm Wasser und läßt unter öfterem Umschütteln 24 Stunden stehen. Darauf filtriert man und titriert eine abgemessene Menge des Filtrats mit $^1/_{10}$ N-Lauge, bis Phenolphthalein bleibend gerötet wird. Der Säuregrad wird in Kubikzentimeter N-Säure für 100 g Mehl ausgedrückt.

Ein Verfahren zur Bestimmung und Angaben über die Beurteilung freier Säure in Stärkemehlen hat O. Saare (J. König: Chemie der menschl. Nahrungs- und Genußmittel Bd. III, 2. Teil, S. 653) angegeben. Größere Säuremengen geben sich auch bei der Geschmacksprobe zu erkennen.

Die Herstellung von Paniermehl aus verdorbenem Mehle gibt sich häufig durch die Sinnenprüfung oder durch Nachweis von Schimmelfäden, Milbenleibern od. dgl. unter dem Mikroskop zu erkennen, ebenso die Herstellung aus Brotresten (Vorhandensein erheblicher Mengen Holzmehl bzw. Streumehl). Frischhaltungsmittel zur Verdeckung größerer Wassergehalte sind stets als Verfälschung anzusehen. Es empfiehlt sich dabei auch den Wassergehalt zu ermitteln, der höchstens 11% betragen soll.

Brot und Backwaren, Teigwaren.

A. Begriffe.

Unter Brot versteht man ein aus Mehl, Wasser und Salz oft unter Zusatz von Fett, Milch, Magermilch und Gewürzen, mit Anwendung von Auflockerungsmitteln wie Hefe, Sauerteig, Backpulver hergestelltes Gebäck.

Zwiebäcke sind die nochmals gerösteten Scheiben eines zuckerhaltigen Weizenbrotes. Nährzwiebäcke zur Ernährung von Kindern und geschwächten Personen werden normalerweise aus feinstem Weizenmehle mit Milch unter Zusatz von Fett und Zucker, bisweilen auch von Eiern, hergestellt.

Milchbackwaren sind Backwaren, zu deren Einteigung Milch (Vollmilch) statt Wasser verwendet worden ist. Butterbackwaren solche, bei deren Zubereitung der Fettzusatz in Form von Butter erfolgt[1]) ist, Eierbackwaren solche, die wesentliche Mengen Eisubstanz enthalten. Honigkuchen sind Gebäcke mit Bienenhonig als Süßstoff.

Unter Teigwaren versteht man eine Reihe von Erzeugnissen wie Nudeln, Makkaroni, Gräupchen und Suppeneinlagen, die aus einem Teige von kleberreichem Weizenmehl oder Grieß ohne einen Gärungs- oder Backvorgang, lediglich durch Trocknen, hergestellt werden.

Unter Eierteigwaren (Eiernudeln) versteht man solche Teigwaren, die unter Zusatz von Eiern hergestellt worden sind und wenigstens so viel Eisubstanz enthalten, daß Nährwert und Geschmack dadurch beeinflußt werden.

B. Hauptsächliche Abweichungen.

I. Verunreinigungen und Verdorbenheit wie bei Mehl (S. 213), ferner
   1. Verwendung ungeeigneter minderwertiger oder verdorbener Backmittel.
   2. Brotkrankheiten, Verdorbenheit.
   3. Verkauf altbackenen Brotes an Stelle von frischem.

II. Verfälschungen wie bei Mehl (S. 213), ferner
   1. Zusatz künstlicher gärungbefördernder Mittel.
   2. Verwendung von Backpulver für Hefegebäck.
   3. Zusatz von Fremdfetten oder Mineralöl.
   4. Nichtverwendung genügender Mengen von Milch bei Milchbackwaren, von Eiern bei Eierbackwaren und Eierteigwaren, von Butter bei Buttergebäck usw.
   5. Künstliche Färbung, besonders bei Eiergebäck und Eierteigwaren.
   6. Verwendung von Brot- und Teigresten.
   7. Verwendung unerlaubter Streumehle.
      Bei Zwieback:
   8. Benennung Nährzwieback für minderwertige Gebäcke.
   9. Zusatz von Seife.
   10. Zu hoher Wassergehalt.

C. Vorzunehmende Prüfungen.

1. Bei der Brotprüfung ist zunächst der **Sinnenbefund**, besonders an der Krume, von größter Bedeutung. Im Aussehen, Geruch und Geschmack des Brotes geben sich viele Verunreinigungen, Brotkrankheiten, eingebackene alte Brotreste, Verdorbenheit usw., meistens zu erkennen. Zur Auffindung gröberer Verunreinigungen und von Fremdbestandteilen empfiehlt sich die gleichzeitige Benutzung einer Lupe und gegebenenfalls die mikroskopische Durchprüfung verdächtiger Stellen.

---

[1]) Denen also außer Butter oder Butterschmalz ein anderes Fett nicht zugesetzt sein darf.

Die wichtigsten **Brotkrankheiten** sind das **Verschimmeln** und das **Fadenziehendwerden** des Brotes. Ersteres ist am Aussehen, Geruch und durch mikroskopischen Nachweis der Schimmelpilze unschwer zu erkennen, letzteres ebenfalls leicht durch den mit der Veränderung verbundenen kennzeichnenden widerlich-süßen Geruch und die Bildung feiner Fäden beim Auseinanderziehen der betroffenen Brotstellen. Seltener vorkommende Brotkrankheiten[1]) sind das **Rotfleckig-** bzw. **Blutigwerden** durch den Micrococcus prodigiosus und die sog. **Kreidekrankheit** durch den Pilz Endomyces fibuliger (Lindner). Praktisch wichtiger ist das **Altbackenwerden** des Brotes beim Aufbewahren, das sich besonders im Geschmack zu erkennen gibt. Es beruht wahrscheinlich auf einer Rückverwandlung der beim Backen aus Kleber und Stärke entstandenen kolloiden Sole in die unlöslichen Gele. Wird altbackenes, als minderwertig geltendes Brot für frisches in den Verkehr gebracht, so liegt eine irreführende Bezeichnung vor, wird es neuem Brotteige wieder zugesetzt, eine Verfälschung.

Bestimmung des Brotalters nach R. J. Katz[2]). Sofort nach Eingang des Brotes im Laboratorium (warmes Brot nach dem Abkühlen auf 35°) werden von der Krume viermal je 20 g genau abgewogen und in geschlossenen Gläschen aufbewahrt. Von diesen Gläschen wird das erste sofort, die anderen nach 12, 24 und 36 Stunden in ein feinseidenes Gazetuch (B 30) von 20×20 cm eingeschlagen und mit Wasser in einer Porzellanschale wie bei der Kleberbestimmung in Weizenmehl ausgeknetet. Die erhaltene Mehlaufschwemmung wird in einen hohen Meßzylinder von 250 ccm Inhalt übergeführt, mit Wasser nach Abspülen von Fingern, Gazetuch, Gefäß usw. auf 250 ccm aufgefüllt und 0,5 ccm Toluol als Frischhaltungsmittel sowie 0,5 ccm Acetaldehyd als Kolloiderhaltungsmittel für die Stärke zugesetzt. Dann mischt man einige Male, läßt darauf ruhig stehen und liest nach 24 Stunden die Menge des Sedimentes ab.

Eine Sedimenthöhe über 96 ccm zeigt frisches Brot, eine solche unter 85 ccm altbackenes (12 Stunden und darüber) an. Bei einer Sedimenthöhe zwischen 85—96 ccm beweist ein Unterschied zwischen I und III von mehr als 15, daß das Brot frisch war, von weniger als 15, daß das Brot altbacken war.

Eine **Verdorbenheit bei Teigwaren** gibt sich ebenfalls durch die Sinnenprüfung und meistens durch den Säuregrad zu erkennen, der wie bei Mehl (S. 219) bestimmt wird. Der Säuregehalt soll nach dem Schweizer Lebensmittelbuche 10 Säuregrade nicht übersteigen.

2. Durch die mikroskopische Untersuchung sowohl der durch Kneten der Krume mit Wasser erhaltenen trüben Flüssigkeit bzw. deren Bodensatz erkennt man das Vorhandensein fremder Stärkesorten, besonders von **Kartoffelstärke** (eigentümliche große gequollene Körner), falls dieselbe in Form von **Kartoffelmehl** in das Brot gelangt ist, ferner von **Hefezellen**. Die mikroskopische Prüfung des nach Aufschließen mit Salzsäure und Lauge (vgl. S. 255) erhaltenen Rückstandes in Chloralhydrat läßt vorhandene **Kartoffelzellen, Holzmehl** (Streumehl), fremdartige Zellreste (z. B. Roggen in Weizenbrot), auch sonstige Verunreinigungen, z. B. Chitinpanzer von Milben aus mitverbackenem verdorbenen Mehle usw. erkennen.

---

[1]) Vgl. J. König: Chemie der menschl. Nahrungs- und Genußmittel Bd. III, 2. Teil, S. 682 und 683.
[2]) Vgl. J. Ph. Peper: Chem. Weekbl. Bd. 23, S. 163—168. 1926.

3. Die Güte des Brotes ist nicht allein eine Funktion seiner Zusammensetzung, sondern auch des **Lockerungsgrades,** zu dessen Feststellung dient die physikalische Untersuchung des Brotes, vgl. J. König: Chemie der menschl. Nahrungs- und Genußmittel Bd. III, 2. Teil, S. 684—687. Zur Bezeichnung des Porenvolumens von Brot eignet sich die Porenskala nach Mohs[1]).

4. Für die chemische Untersuchung ist für den Nachweis eines Zusatzes von **Kleie** oder von **gröber ausgemahlenen Mehlen,** als bei dem betreffenden Brote normalerweise erwartet wird, außer durch die mikroskopische Prüfung durch die Bestimmung der Rohfaser (S. 62) und der natriumchloridfreien Asche[2]) gegeben. Das Natriumchlorid wird dabei zweckmäßig im wässerigen Auszuge des Brotes ohne Veraschung bestimmt. Zur Unterstützung des Nachweises von Kartoffelzusätzen dient ferner die Ermittelung der Aschenalkalität (vgl. S. 83). Für die Menge des in Feinbackwaren enthaltenen Mehles bildet die im Gebäck enthaltene Stärke ein Maß; doch gehen beim Backvorgang je nach Art des Gebäckes etwa 3—8% derselben in lösliche Kohlenhydrate über, eine Korrektur, die zweckmäßig an einem besonderen Backversuche an Hand einer Vorschrift für die betreffende Backware ermittelt wird. Hierbei wird der Stärkegehalt am einfachsten auf einen beim Backen konstantbleibenden Bestandteil, z. B. den Aschengehalt, bezogen und aus der Änderung dieses Verhältnisses durch den Backvorgang der Stärkeverlust berechnet.

5. Der **Wassergehalt** des Brotes kann nach S. 3 bestimmt werden. Durch zu hohen Wassergehalt verfälschtes Brot kommt selten vor, weil bei zu hohen Wasserzusätzen die Backfähigkeit empfindlich leidet.

6. Den **Säuregrad** des Brotes ermittelt man nach dem Schweizer Lebensmittelbuche durch Behandlung von 100 g zerkleinerte Brotkrume[3]) während einiger Stunden mit soviel heißem Wasser, daß das Volumen 400 ccm beträgt, Filtration und Titration von je 100 ccm Filtrat mit $^1/_4$ N-Lauge gegen Phenolphthalein. Der zulässige Säuregrad richtet sich nach der Brotsorte; Weißbrote und Semmel enthalten selten mehr Säure als 4—7 ccm N-Säure für 100 g Brotkrume entspricht.

7. Bezeichnung von **Backpulvergebäck** als **Hefegebäck** und umgekehrt. Wegen des angenehmeren Geschmackes gilt Hefegebäck als das wertvollere, eine Vortäuschung von Backpulvergebäck kann durch das Fehlen der Hefe bei der mikroskopischen Prüfung, das Vorhandensein größerer Mengen von Saccharose und schließlich bei frischem Gebäck durch die Prüfung auf Alkohol nachgewiesen werden. Nach Untersuchungen von E. Spreckels und A. Beythien[4]) ist Kuchen, der keinen Alkohol, nur vereinzelte Hefezellen, nur geringe Mengen reduzierenden Zuckers, d. h. weniger als 1% auf ursprüngliche Substanz und weniger als 10%, auf Gesamtzucker berechnet, enthält, als ohne Hefe hergestellt anzusehen.

---

[1]) Zu beziehen von der Geschäftsstelle der Zeitschr. f. d. ges. Mühlenwesen, Eduard Saeng, Frankfurt a. M., Wittelsbacher Allee 48.

[2]) H. Kalning (Zeitschr. f. Unters. d. Lebensm. Bd. 51, S. 145—147. 1926) empfiehlt dafür als genauer die Bestimmung der Phosphorsäure und daraus die Berechnung der Mehlasche. $1 P_2O_5 = 2,06$ Mehlasche.

[3]) Nach meinen Erfahrungen gelingt diese Zerkleinerung leicht durch eine Reibemühle.

[4]) Zeitschr. f. Untersuch. d. Nahrungs- u. Genußmittel Bd. 32, S. 80. 1918.

8. Die **Zuckerbestimmung** geschieht durch Vermischen einer abgewogenen Menge der Backware (z. B. 4 g) mit Wasser, Auffüllen auf ein bestimmtes Volumen (z. B. 100 ccm), Zusatz von Kieselgur, Filtrieren durch ein trockenes Filter und Prüfung des Filtrates nach den beschriebenen Verfahren (S. 44). Es empfiehlt sich im allgemeinen den Gesamtzucker nach Inversion als Invertzucker zu bestimmen und dann nach Umrechnung als Saccharose anzugeben.

9. Bestimmung und Untersuchung des Fettes. Nach eigenen Versuchen[1]) versetzt man in einem Rundkolben von etwa 300 ccm Inhalt 10 g der gepulverten Backware mit 100 ccm Wasser und 5 ccm 25 proz. Salzsäure und erhitzt unter Umschütteln sehr vorsichtig zu Sieden. Wenn das Schäumen nachläßt, erhitzt man kräftiger und hält 10 Minuten kräftig im Sieden. Dann wird abgekühlt und nach Zusatz von 5 ccm 1 promill. wässeriger Kongorotlösung mit Natronlauge fast neutralisiert. Sodann wird das Gemisch durch ein angefeuchtetes Faltenfilter filtriert, zweimal mit kaltem Wasser nachgewaschen, abtropfen gelassen und Filter und Kölbchen getrocknet. Darauf wird das Filter mit einer Schere zerkleinert und verlustlos in das Kölbchen zurückgebracht. Nach Zusatz von 100 ccm Trichloräthylen erfolgt sodann die Fettbestimmung nach S. 16.

Die Fettbestimmung in Teigwaren erfolgt direkt in der gepulverten Teigware ohne Aufschluß mit Salzsäure.

Sollen größere Fettmengen zur Untersuchung abgeschieden werden, so empfiehlt es sich, entsprechende Mengen des Gebäcks in einem geräumigen Becherglase genau wie vorhin mit Salzsäure aufzuschließen, den Rückstand zu trocknen, dann aber im Soxhletschen Apparate, z. B. mit Äther oder Petroläther, zu extrahieren. Die Untersuchung des Fettes, besonders auf Milchfett (S. 198), Cocosfett (S. 196), Mineralöl (S. 40) erfolgt wie beschrieben.

10. Ermittelung des **Milch-, Butter-, Zucker- und Eierzusatzes** bei Feinbackwaren. Als Kennzeichen für erfolgten Milchzusatz ist zunächst der Gehalt des Gebäckes an Calciumoxyd zu berücksichtigen. Milchfreies Weizengebäck enthält etwa 0,04% Calciumoxyd, die Milch im Liter etwa 1,6 g CaO, so daß auf die fett- und zuckerfreie Trockensubstanz von Milchgebäck mindestens etwa 0,10% CaO entfallen. Geringere Gehalte daran beweisen, daß entsprechende Milchmengen nicht zugesetzt worden sind. Umgekehrt ist aber ein höherer Gehalt an Calciumoxyd noch kein sicherer Beweis für den Milchzusatz. Auch gibt er keine Auskunft darüber, ob Vollmilch oder nur Magermilch zugesetzt worden sind. Die Feststellung des Vollmilchgehalts wird durch Untersuchung des Fettes auf Milchfett (S. 198) vorteilhaft auf Grund der Buttersäurezahl und Verseifungszahl geführt. Als weitere Stütze kann unter Umständen auch die Bestimmung des Milchzuckers durch Gärung nach S. 53 erfolgen. Handelt es sich darum zu prüfen, ob ein Gebäck, zu dessen Herstellung Milchzusatz untersagt ist, dennoch Milch enthält, so empfiehlt sich ferner die Schleimsäureprobe (vgl. S. 53)[2]).

Die Feststellung des Buttergehaltes eines Gebäcks erfolgt ebenfalls durch Ermittelung des Milchfettgehaltes im Gesamtfett (S. 198).

---

[1]) Vgl. J. Großfeld: Recueil des travaux chim. des Pays-Bas Bd. 43, S. 457—462. 1914; Zeitschr. f. Untersuch. d. Nahrungs- u. Genußmittel Bd. 48, S. 397—398. 1924.

[2]) Ferner J. Großfeld: Zeitschr. f. Untersuch. d. Nahrungs- u. Genußmittel Bd. 35, S. 457—471. 1918.

Da beim Backen einesteils eine kleine Menge Zucker durch biologische und chemische Umsetzungen verloren geht, andererseits aber auch wieder aus Stärke und Dextrin neugebildet wird, ist es zulässig, aus dem Gehalte der fertigen Backwaren in Annäherung auf den zugesetzten Zuckergehalt zu schließen. Vgl. C. Baumann und J. Kuhlmann[1]).

Zur Bestimmung des Eigehaltes der Teigwaren empfiehlt sich die Bestimmung der Asche, des Fettes, der Gesamtphosphorsäure und vor allem der Lecithinphosphorsäure.

a) Die Aschebestimmung wird durch Zusatz von Magnesiumacetatlösung sehr erleichtert. Zweckmäßig vermischt man in einer Platinschale 2 g der Teigware mit so viel Magnesiumacetatlösung (S. 82), daß im ganzen etwa 50—100 mg MgO vorhanden sind, mittels eines Glasstäbchens, das man darauf mit einem Stückchen aschefreiem Filtrierpapier abwischt, trocknet, verascht und zieht von der erhaltenen Asche den Betrag des zugesetzten MgO (vgl. S. 82) ab.

b) Die Asche löst man nach dem Wägen in 10 ccm Salpeteräure vom spezifischen Gewichte 1,20, filtriert durch ein möglichst kleines Filter in ein Becherglas von 100 ccm, wäscht mit 15 ccm Salpetersäure nach und bestimmt die Phosphorsäure mit Molybdänlösung (vgl. bei d).

c) Den Fettgehalt ermittelt man durch direkte Kochung von 10 g der gepulverten Teigwaren mit 100 ccm Trichloräthylen nach S. 16.

d) Für die Bestimmung der Lecithin-Phosphorsäure hat A. Juckenack[2]) ein Verfahren angegeben, das in seinen Grundzügen auch heute noch meistens angewendet wird.

Eine vereinfachte Ausführungsform des Juckenackschen Verfahrens zeigte Arragon[3]). Nach meinen Versuchen[4]) ist es aber möglich, von weit geringeren Stoffmengen als nach genannten Vorschlägen auszugehen und doch einen ebenso genauen Einblick in die Zusammensetzung der Teigware zu erhalten, wenn man wie folgt verfährt:

10 g der feingemahlenen Teigware übergießt man in einem Rundkölbchen mit 100 ccm Alkohol, läßt nach Verschluß des Kölbchens $^1/_2$ Stunde unter öfterem Umschütteln stehen und kocht dann eine weitere $^1/_2$ Stunde am Rückflußkühler, indem man das Kölbchen durch Eintauchen in siedendes Wasser, jedoch so, daß der Boden des Wassergefäßes nicht berührt wird, im Sieden hält. Nach dem Erkalten filtriert man durch ein feinporiges, mit einem Uhrglase bedecktes Filter, verdampft vom Filtrate 50 ccm (= 5 g Teigware) unter Zusatz von 1 ccm 8 proz. alkoholischer Kalilauge zur Trockne, glüht unter Zusatz einiger Tropfen Magnesiumacetatlösung, nimmt die Asche in Salpetersäure auf, erwärmt nach Zusatz von 5 ccm 10 proz. Ammoniumnitratlösung in einem Becherglase bis zum Sieden, entfernt die Flamme, fällt die heiße Lösung mit Molybdänlösung im Überschusse und läßt die Lösung bis zum Erkalten (wenigstens 3 Stunden, besser bis zum folgenden Tage) stehen. Alsdann saugt man durch einen mit Asbest und Kieselgur[5]) beschickten Goochtiegel, wäscht Becherglas und Filtertiegel mit möglichst wenig kaltem Wasser aus und spült darauf den Niederschlag nebst Asbestfilter in das Becherglas

[1]) Zeitschr. f. Untersuch. d. Nahrungs- u. Genußmittel Bd. 42, S. 225—232. 1921.
[2]) Zeitschr. f. Untersuch. d. Nahrungs- u. Genußmittel Bd. 3, S. 13. 1900.
[3]) Zeitschr. f. Untersuch. d. Nahrungs- u. Genußmittel Bd. 12, S. 456. 1906.
[4]) Originalmitteilung.
[5]) Oder einem Scheibchen von feinporigem Filtrierpapier.

zurück. Dann setzt man 50 ccm 0,1 N-Lauge hinzu, kocht 10 Minuten und titriert den Laugenüberschuß mit 0,1 N-Salzsäure gegen Phenolphthalein zurück[1]. Aus dem Laugenverbrauch des Molybdänniederschlags ergibt sich der Gehalt an Lecithin-Phosphorsäure nach Tafel S. 350.

Eigehalt von Teigwaren nach A. Juckenack.

Stückzahl Eier bzw. Eidotter auf 1 Pfd. Mehl	Die Trockensubstanz der Nudeln enthält im Mittel							
	bei Verwendung des Gesamtinhaltes				bei Verwendung von Eidotter			
	Asche	Phosphorsäure		Äther-extrakt	Asche	Phosphorsäure		Äther-extrakt
		Gesamt-	Lecithin-			Gesamt-	Lecithin-	
	%	%	%	%	%	%	%	%
1 Ei	0,565	0,2716	0,0513	1,56	0,488	0,2720	0,0518	1,57
2 Eier	0,664	0,3110	0,0786	2,42	0,516	0,3127	0,0801	2,47
3 „	0,758	0,3482	0,1044	3,24	0,542	0,3520	0,1075	3,33
4 „	0,848	0,3834	0,1289	4,01	0,568	0,3901	0,1339	4,17
5 „	0,933	0,4172	0,1522	4,75	0,593	0,4268	0,1594	4,98
6 „	1,013	0,4490	0,1744	5,45	0,617	0,4625	0,1842	5,75
7 „	1,090	0,4795	0,1954	6,11	0,640	0,4968	0,2081	6,51
8 „	1,163	0,5086	0,2155	6,75	0,662	0,5301	0,2313	7,26
9 „	1,234	0,5362	0,2348	—	0,683	0,5622	0,2337	—
10 „	1,300	0,5626	0,2531	—	0,705	0,5937	0,2755	—

Sehr aussichtsreich dürfte es sein, den Eigehalt durch Bestimmung der vorhandenen Sterinmenge, besonders an Cholesterin, zu ermitteln. Doch fehlt es hierzu vorerst an ausreichendem Versuchsmateriale; auch ist der hohe Preis des Digitonins als einzigen Fällungsmittels für die quantitative Bestimmung der Sterine noch ein Hindernis. — Ein brauchbares Verfahren zur Feststellung, ob überhaupt Cholesterin vorliegt, hat ebenfalls A. Juckenack[2]) angegeben, worauf hier verwiesen sei.

Die Ermittelung des Eigehaltes von Backwaren wurde von O. Noetzel[3]) näher untersucht. Noetzel fand, daß beim einfachen Ausziehen des getrockneten Gebäcks mit Alkohol[4]) nach Juckenack etwas zu niedrige Werte für die alkohollösliche Phosphorsäure erhalten wurden. Es gelang ihm aber die zurückbleibenden Reste wie folgt zu gewinnen: Der einmal mit Alkohol erschöpfte Mehlrückstand wurde bei 100° getrocknet, mit Wasser zu einem mäßig dicken Brei verrieben, auf die Innenwandungen einer Porzellanschale in dünner Schicht aufgetragen, wieder bei 100° getrocknet, fein zerrieben und abermals mit absolutem Alkohol ausgezogen, worauf die Auszüge vereinigt und auf Phosphorsäuregehalt geprüft wurden.

Über die Untersuchung von Honigkuchen vgl. J. König und W. Burberg, J. König, Chemie der menschl. Nahrungs- und Genußmittel Bd. III, 2. Teil, S. 722. Für die Kontrolle dürfte bei gefälschtem Honigkuchen besonders der Nachweis des Stärkesirups durch die starke Rechtsdrehung des Zuckers nach Inversion (S. 247), ferner der Saccharose durch Bestimmung des invertierbaren Zuckers Bedeutung haben. Der sichere Nachweis von künstlichem Invertzucker (Kunsthonig) wird nach bisherigen Verfahren kaum möglich sein.

---

[1]) Vgl. (S. 101).
[2]) Zeitschr. f. Untersuch. d. Nahrungs- u. Genußmittel Bd. 3, (S. 5—8). 1900.
[3]) Zeitschr. f. Untersuch. d. Nahrungs- u. Genußmittel Bd. 42, S. 299—302. 1921.
[4]) Bei Gegenwart saurer Phosphate z. B. aus Backpulver ist dieses Verfahren nicht anwendbar.

11. Zum Nachweise **künstlicher Färbung von Teigwaren** empfiehlt sich in den meisten Fällen das Verfahren von A. Juckenack[1]). Man beschickt 2 Reagensgläser von ca. 25—30 ccm Inhalt mit etwa 10 g möglichst feingemahlener Teigware und schüttelt das eine mit etwa 15 ccm Äther, das andere, bis zur gleichen Höhe mit 70proz. Alkohol gefüllt, häufig kräftig durch, verschließt sie und läßt sie etwa 12 Stunden stehen.

a) Bleibt jetzt der Äther ungefärbt bzw. wird derselbe nur schwach gefärbt, während sich der Alkohol deutlich gelb färbt, so liegt unter allen Umständen ein fremder Farbstoff vor. Man erkennt dies auch in dem Falle noch daran, daß die unter der Alkoholschicht befindlichen Teigwaren alsdann entfärbt, also weiß sind, während die unter dem Äther befindlichen ihre ursprüngliche gelbe Farbe wegen der Unlöslichkeit des Farbstoffes in Äther behalten haben.

b) Färbt sich sowohl der Alkohol als auch der Äther, so kann entweder erstens nur Lutein oder zweitens Lutein im Zusammenhange mit fremden ätherlöslichen Farbstoffen vorliegen. In diesem Falle verfährt man wie folgt:

α) Man prüft eine Probe der ätherischen Lösung nach Weyl auf Lutein. Falls keine vollständige Entfärbung mit wässeriger salpetriger Säure sofort eintreten sollte, würde ein fremder ätherlöslicher Farbstoff vorliegen.

β) Man vergleicht die Farben der unter den Flüssigkeitsschichten befindlichen gemahlenen Teigwaren. Sind dieselben durch Alkohol entfärbt worden, durch Äther jedoch nicht, so liegt neben dem Lutein noch ein fremder Farbstoff vor, dessen Nachweis folgendermaßen gelingt: Die mit Äther behandelten Teigwaren schüttelt man wiederholt mit neuem Äther solange (etwa dreimal) aus, bis der Äther farblos, also alles Lutein entfernt ist. Alsdann schüttelt man die so behandelte Nudelmasse mit 70proz. Alkohol wiederholt, wie oben angegeben, um und läßt wieder 12 Stunden stehen. Der fremde, in Äther unlösliche Farbstoff geht in den luteinfreien Alkohol über und verrät so die künstliche Färbung. Der nähere Nachweis kann durch Ausfärbung auf Wolle nach (S. 129) geschehen.

Die Prüfung von Backwaren auf künstliche Gelbfärbung zur Vortäuschung von Eigehalt geschieht in ähnlicher Weise, meistens läßt der Augenschein eine solche Gelbfärbung bereits erkennen.

12. Untersuchung von **Zwieback.** Die Nichtberechtigung der Bezeichnung Nährzwieback für einen nährstoffarmen Zwieback ergibt sich aus dem Nachweise des Fehlens ausreichender Mengen von Milch, Butter, Eistoff oder Zucker.

Zu hoher Wassergehalt von Zwieback ist eine Verfälschung, die sich schon bei der äußeren Prüfung zu erkennen gibt. Solche ungenügend getrockneten Zwiebäcke sind biegsam und häufig im Innern noch weich. Der Wassergehalt darf 15% der fettfreien Masse nicht überschreiten, schon deshalb nicht, weil dadurch die normale Haltbarkeit von Zwieback beeinträchtigt wird.

Zusatz von Seife zu Zwieback ist eine Verfälschung. Der Nachweis des Seifenzusatzes im fertigen Zwieback ist aber schwierig zu führen. Vgl. J. König, Chemie der menschl. Nahrungs- und Genußmittel Bd. III, 2. Teil, S. 709—711.

---

[1]) Zeitschr. f. Untersuch. d. Nahrungs- u. Genußmittel Bd. 3, S. 4. 1900. — Über die Grenzen des Verfahrens und anderweitige Vorschläge vgl. J. König, Chemie der menschl. Nahrungs- und Genußmittel Bd. III, 2. Teil, S. 667—669.

Preßhefe.

A. Begriff.

Als Backhefe wird ausschließlich Oberhefe verwendet, die man jetzt in besonderen Fabriken gewinnt.

B. Hauptsächliche Abweichungen.

1. Verdorbenheit.
2. Ungenügende Gärkraft, Unterschiebung von Bierhefe usw.
3. Zusatz von indifferenten Stoffen, besonders von Stärkemehl.

C. Vorzunehmende Prüfungen.

1. Prüfung auf Verdorbenheit. Maßgebend ist in erster Linie die Sinnenprüfung. Hefe soll eine helle, gelblich-weiße bis hellgrau-weiße Farbe und einen angenehmen schwach aromatischen, schwach säuerlichen Geruch und Geschmack besitzen. Saure, faulige oder verpilzte Hefe ist verdorben, ausgetrocknete minderwertig.

2. Die Gärkraft wurde früher meist nach Meißl (J. König, Chemie der menschl. Nahrungs- und Genußmittel Bd. III, 2. Teil, S. 693) oder nach Hayduck und Kusseron bestimmt. Diese Verfahren sind aber nach Steiger[1] heute verlassen, weil sie für Beurteilung der Teiggärung nicht zuverlässig genug waren. Heute gilt die Gärprobe im Teig als bestes Kennzeichen.

Zur Ausführung der Teiggärung werden 280 g bestes Weizenmehl, 5 g Hefe und 145 bis 160 ccm — abhängig von der Beschaffenheit des Mehles — einer $2^1/_2$ proz. Kochsalzlösung in eine kleine elektrisch angetriebene Knetmaschine (Diosna), welche in der Minute 100 Knetungen vollzieht, gegeben und genau 5 Minuten geknetet. Hierauf gelangt der Teig in eine Blechform mit bestimmten Ausmaßen und wird alsdann zur Gare in einen Thermostaten gestellt, der eine beständige Temperatur von 35° C besitzt. Es wird nun die Zeit gemessen, welche der Teig nötig hat, um, vom Beginn des Knetens an gerechnet, eine Höhe von 70 mm zu erreichen, welche durch eine quer über die Backform gelegtes Stäbchen angezeigt wird. Bei normalen Handelshefen beträgt diese Zeit 70—90 Minuten.

Um die Lager- und Versandfähigkeit frischer Hefe zu prüfen, bedient man sich der Probung im Eierbecher, in welchen die Hefe eingedrückt wird, oder der Thermosflaschenprobe. Im ersteren Falle soll eine haltbare Hefe bei 35° C nach 96 Stunden, mindestens aber nach 72 Stunden noch fest sein. An Lagerungszeit bei Zimmertemperatur, wozu in der Regel Pfundstücke von Hefe verwendet werden, können 16 bis mindestens 12 Tage als hinreichend angesehen werden. Das hierbei schon früh eintretende Beschlagen der Hefe (Oidium) wird nicht in Betracht gezogen.

Bei der sog. Thermosflaschenprobe wird die möglichst trocken gepreßte Hefe fein zerkrümelt, lose in eine geeignete Thermosflasche eingefüllt, ein Thermometer hineingesteckt und die Öffnung der Flasche mit Watte verschlossen. Durch exotherme Vorgänge steigt die Temperatur in der Flasche auf 43—44° C. Eine haltbare Hefe, die richtig ernährt ist, soll sich 48 Stunden tadellos trocken halten.

Zugesetzte Mineralstoffe werden in der Hefe bei der Aschenbestimmung gefunden. Stärkezusätze ergeben sich beim Betupfen mit Jodlösung zu erkennen und werden, wie bei Fleisch (S. 57), quantitativ bestimmt.

---

[1] Dtsch. Nahrungsmittel-Rundschau Bd. 1, S. 359—360. 1925.

Backpulver.

A. Begriff.

Backpulver ist ein Gemisch von sauer reagierenden Stoffen mit Natriumbicarbonat, das, mit dem Gebäckteige vermischt, beim Backvorgange das Gebäck durch Kohlensäureentwicklung lockert.

B. Hauptsächliche Abweichungen.

1. Verdorbenheit bzw. mangelhafte Triebkraft.
2. Gehalt an verbotenen Zusätzen oder Verunreinigungen.

C. Vorzunehmende Prüfungen.

1. Feststellung der **Triebkraft** nach J. Tillmans, R. Strohecker und O. Heublein[1]).

a) Bestimmung der gesamten Kohlensäure: 0,5 g des Pulvers bringt man in das ganz trockene Schiffchen des Apparates[2]). In den Unterteil hat man vorher 20 ccm gewöhnliche Salzsäure vom spezifischen Gewichte 1,124 gebracht. Man schiebt das Schiffchen sorgfältig in den Apparat und dreht es fest ein. Sowohl der Schliff des Schiffchens, als auch der des Stopfens des oberen Teiles müssen gut eingefettet und fest eingesetzt werden. Jetzt wird der Hahn des Ablaufrohres geöffnet, wodurch einige Kubikzentimeter Flüssigkeit auslaufen. Damit ist das Gleichgewicht der äußeren und inneren Atmosphäre hergestellt und das Tropfen des Apparates hört nun auf. Man setzt nun unter den Ablaufhahn ein neues leeres Becherglas und dreht das Schiffchen um, indem man dabei darauf achtet, daß der Schliff des Schiffchens sich nicht lockert. Sobald das Backpulver in die Säure gefallen ist, entwickelt sich Kohlensäure, die nun ein Ablaufen der Flüssigkeit bewirkt. Es muß genau soviel Flüssigkeit ablaufen, wie im Apparat Kohlensäure gebildet ist.

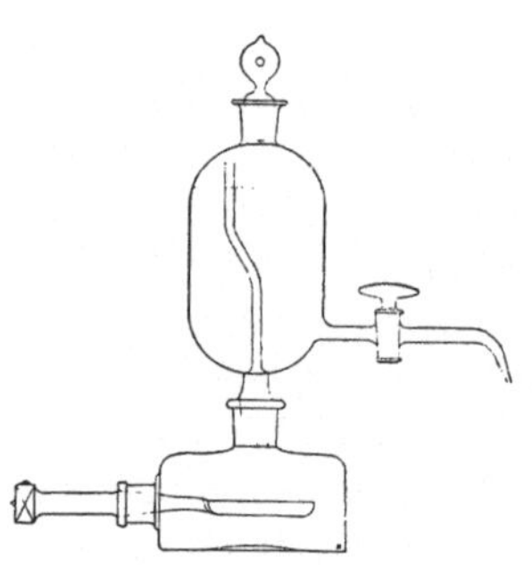

Abb. 22. Vorrichtung zur Backpulverprüfung nach J. Tillmans, R. Strohecker und O. Heublein.

Man darf den Apparat bei dem nun folgenden Umschwenken nur an dem Schliff berühren, der den Unterteil mit dem Oberteil verbindet, nicht an dem Gasraume unten oder oben. Sobald nur noch einige Tropfen kommen, faßt man den Apparat an der genannten Stelle an und bewegt ihn auf dem Tische hin und her, ohne ihn vom Tische zu erheben. Vor jedesmaligem Schütteln schließt man den Hahn und öffnet ihn nach dem Schütteln wieder. Sobald nach kräftigem Schütteln und Öffnen des Hahnes kein Tropfen mehr ausläuft, ist die Bestimmung beendet. Man führt nun die erhaltene Flüssigkeitsmenge in einen Meßzylinder über, mißt[3]) und befördert sie in den Oberteil des Aparates zurück. Je 1 ccm CO_2 entspricht 1,977 mg derselben.

b) Bestimmung der unwirksamen Kohlensäure: 0,5 g Backpulver werden in ein mittelgroßes Becherglas gebracht und mit 50 ccm destillierten

---

[1]) Zeitschr. f. Untersuch. d. Nahrungs- u. Genußmittel Bd. 34, S. 353—374. 1917; Bd. 37, S. 377—399. 1919.

[2]) Zu beziehen von Gustav Deckert in Frauenwald in Thüringen.

[3]) Da die Zylinder oft ungenau geeicht sind, bewahrt man für dieses Ausmessen am besten einige Zylinder besonders auf, die man mit der Bürette nacheicht.

Wassers übergossen. Man stellt das Becherglas auf ein Drahtnetz und kocht. Vom beginnenden Sieden an gerechnet hält man $^1/_4$ Stunde lang im Kochen. Alsdann wird die Flüssigkeit restlos in eine Porzellanschale befördert und nun wird auf dem Wasserbade zur Trockne gedampft. Den Trockenrückstand durchfeuchtet man mit 5 ccm 10proz. Ammoniaks und dampft abermals zur Trockne. Der Rückstand wird darauf $^1/_2$ Stunde lang bei 120° getrocknet. Man befördert nun den Rückstand mit 20—25 ccm Wasser in den Backpulverapparat, füllt das Schiffchen mit Salzsäure und bestimmt in derselben Weise wie bei a) die im Rückstande noch vorhandene Kohlensäure, die die unwirksame Kohlensäure darstellt.

Der Unterschied zwischen Gesamt-Kohlensäure und unwirksamer Kohlensäure ist der Gesamttrieb.

c) Vortrieb und Nachtrieb: Für die Bestimmung des Vortriebes beschickt man den Apparat mit 20 ccm Wasser, bringt in das trockene Schiffchen 0,5 g Backpulver und bestimmt in der oben geschilderten Weise diejenige Kohlensäuremenge, welche sich schon in der Kälte durch Zusammenbringen des Backpulvers mit Wasser entwickeln läßt. Im Wesen des Vortriebes liegt es, daß hier ein völliges Aufhören des Tropfens selten eintritt. Wenn deshalb nach mehrfachem Umschütteln wiederholt nur noch 2—3 Tropfen Flüssigkeit austreten, betrachtet man die Bestimmung als beendet. Man füllt nunmehr das Schiffchen mit Salzsäure, bringt es wieder in den Apparat, stellt erneut das Gleichgewicht ein, dreht das Schiffchen um und bestimmt auf diese Weise die Rest-Kohlensäure, die, zum Vortrieb addiert, die Gesamt-Kohlensäuremenge ergeben muß. Der Unterschied zwischen Gesamttrieb und Vortrieb ist der Nachtrieb.

d) Bestimmung des unwirksamen Bicarbonates: Der Inhalt eines ganzen Päckchens Backpulver wird in 100—200 ccm Wsser aufgeschwemmt und nun genau so behandelt wie bei der Bestimmung der unwirksamen Kohlensäure angegeben wurde. Den bei 120° getrockneten Rückstand bringt man mit Hilfe von Wasser restlos in ein 100 ccm-Kölbchen, mischt und filtriert. 25 ccm des klaren Filtrates werden in den Backpulverapparat gebracht und mit einem Tropfen Methylorange versetzt. Man füllt das Schiffchen mit Salzsäure, stellt das Gleichgewicht ein und bestimmt in üblicher Weise die Kohlensäure.

Sollte soviel Bicarbonatüberschuß vorhanden sein, daß zur Ansäuerung die Säure nicht ausreicht, so bleibt die Mischung nach dem Umdrehen des Schiffchens gelb. In diesem Falle füllt man einfach das Schiffchen noch einmal mit Salzsäure, stellt wiederum das Gleichgewicht ein und führt dann erst die Bestimmung zu Ende. Die erhaltenen Kubikzentimeter, mal 0,03, geben die Gramme überschüssigen Natriumbicarbonates, die in einem Päckchen vorhanden sind, an.

Es empfiehlt sich, nach chemischer Feststellung der Triebkraft auf beschriebene Weise, im Beanstandungsfalle den Befund durch einen Backversuch zu bestätigen.

2. Als verbotene Zusätze kommen besonders **Aluminiumsalze** und größere Mengen **Calciumcarbonat** in Frage. Erstere, besonders entwässerter Alaun, sollen dazu dienen, die Haltbarkeit des Pulvers zu erhöhen. Calciumcarbonat und Kreide sind vorwiegend als Beschwerungsmittel anzusehen. Der Nachweis erfolgt durch die Bestimmung des Calciums (S. 89) unter Berücksichtigung

der gegebenenfalls vorhandenen Calciumphosphate. Auf Aluminium prüft man nach Tillmans und Heublein wie folgt:

In ein Reagenzglas wird eine Messerspitze Backpulver gebracht. Das Pulver wird mit einem Tropfen Wasser durchfeuchtet. Man setzt darauf 3 ccm 96 proz. Alkohol und 1 ccm Campecheholztinktur[1]) zu. Darauf wird gemischt und 15 ccm gesättigte Kochsalzlösung, sowie eine starke Messerspitze voll festes Natriumbicarbonat zugegeben. Man schüttelt nun kräftig durch. Bei Gegenwart von Aluminium bildet sich ein stark blau gefärbter Niederschlag eines Aluminiumfarblacks.

3. Schwermetalle können aus unreinen Rohstoffen in das Backpulver gelangen. Man prüft nach Tillmans und Heublein in der Weise, daß man eine Probe in verdünnter Salzsäure löst, die Salzsäure soweit abstumpft, daß nur noch sehr geringe Mengen freier Säure übrig sind und zu 10 ccm Flüssigkeit 1 bis höchstens 2 Tropfen farbloser 10 proz. Natriumsulfidlösung ($Na_2S \cdot 10H_2O$ von Kahlbaum) zufügt. Bei Gegenwart von Schwermetallen tritt eine Dunkelfärbung bzw. Fällung oder Trübung[2]) auf. Welches Metall vorliegt muß dann durch nähere Untersuchung festgestellt werden. Vgl. (S. 102—114)[3]).

Besondere Anhaltspunkte für die Beurteilung.

1. Triebkraft. Nach den einheitlichen Richtlinien für Ersatzmittel soll Backpulver in der für 0,5 kg Mehl bestimmten Menge Backpulver 2,35—2,85 g wirksames Kohlendioxyd enthalten. Der Überschuß an Natriumbicarbonat soll nicht über 0,8 g betragen.

2. Als Kohlensäure austreibende Stoffe sind Zusätze von Sulfaten, Bisulfaten, Bisulfiten, Aluminiumsalzen (Alaun) und Milchsäure in mineralischen Aufsaugungsmitteln untersagt.

3. Der Gehalt an reinem, gefälltem Calciumcarbonat darf ohne Deklaration bis zu 20% des Backpulvers betragen, ein höherer Gehalt davon, oder ein Zusatz anderer mineralischer Füll- und Trennungsmittel ist auch unter Kennzeichnung unzulässig. Tricalciumphosphat und Calciumsulfat sind als Nebenbestandteile saurer Calciumphosphate nicht zu beanstanden, letzteres aber nur, wenn dessen Menge, berechnet als $CaSO_4 \cdot 2\,H_2O$, 10% des Gesamtgewichtes nicht übersteigt.

4. Das Gesamtgewicht eines phosphathaltigen Backpulvers soll in der Regel 18, bei Gegenwart von mehr als 0,45 g Ammoniak 13 g nicht übersteigen.

5. Ammoniumsalze, außer Ammoniumsulfat, sind zulässig, wenn deren Ammoniakgehalt beim Backen, abgesehen von geringen durch die zulässigen sauren Salze gebundenen Mengen, freigemacht wird.

Bienenhonig, Kunsthonig.

A. Begriff.

Honig ist der süße Stoff, den die Bienen erzeugen, indem sie Nektariensäfte oder auch andere in lebenden Pflanzenteilen sich vorfindende Säfte aufnehmen, in ihrem Körper verändern, sodann in den Waben (Wachszellen) aufspeichern und dort reifen lassen.

Man unterscheidet nach Art der Gewinnung:

---

[1]) Diese muß stets frisch bereitet werden; man schwemmt Campecheholzspäne in 96 proz. Alkohol auf, schüttelt um und kann die Flüssigkeit sofort ohne zu filtrieren verwenden. Vgl. auch S. 216.

[2]) Wenn zuviel Natriumsulfidlösung genommen wurde, kann die Trübung auch aus Schwefel bestehen.

[3]) Für die Angabe von spezifischen Reaktionen auf die in Frage kommenden Schwermetalle vgl. auch J. Tillmans und H. Mildner: Zeitschr. f. angew. Chem. Bd. 28, S. 469. 1915.

1. Scheibenhonig oder Wabenhonig;
2. Tropfhonig, Laufhonig, Senkhonig, Leckhonig;
3. Schleuderhonig;
4. Preßhonig;
5. Seimhonig;

nach der pflanzlichen Herkunft:

1. Blütenhonig;
2. Honigtauhonig, Coniferenhonig;

nach dem Orte der Gewinnung:

1. deutschen Honig;
2. ausländischen Honig.

Kunsthonig besteht meistens ausschließlich aus künstlichem Invertzucker und soviel Wasser, daß eine streichfähige Masse entsteht.

B. Hauptsächlichste Abweichungen.

I. Verdorbenheit durch Verunreinigungen oder Gärung.

II. Verfälschungen durch Zusätze von:

1. Wasser.
2. Fremden Zuckerarten, insbesondere Kunsthonig zu Bienenhonig.
3. Künstlichen Farbstoffen und Aromastoffen.

C. Vorzunehmende Prüfungen.

1. Anzeichen von **Verdorbenheit** durch Verunreinigungen oder durch Gärung findet man bei der Sinnenprüfung; besonders der Geruch und Geschmack sind neben dem Aussehen zu beachten. Ein Säuregrad von mehr als 5 ccm N-Säure in 100 g Honig zeigt Verdorbenheit an.

2. Die **Trockenmasse** echter Honige berechnet man nach Fr. Auerbach und G. Borries[1]) entweder aus der Dichte d_4^{20} der wässerigen Lösung (20 g in 100 ccm Lösung) oder aus der Lichtbrechung im Abbeschen Refraktometer (mit heizbaren Prismen) bei 40°. In letzterem Falle wird die gesamte Honigprobe bei 50—55° vorher in einem geschlossenen Gefäße verflüssigt. Die Trockenmasse T von Bienenhonig berechnet sich nach den Gleichungen:

a) $T = 78 + 390,7 \ (n - 1,4768)$ aus der Lichtbrechung;

b) $T = 1302,7 \ (d - 0,99823)$ aus der Dichte (vgl. Tabelle 13, S. 365).

Für Kunsthonig gelten nach Auerbach und Borries[2]) die Formeln:

a) $T = 78 + 378 \ (n - 1,4756)$;

b) $T = \dfrac{d - 0,99823}{0,0007629}$ (vgl. Tabelle 14, S. 357).

3. Prüfung auf fremde Kohlehydrate. a) Die Saccharose kann sowohl polarimetrisch nach S. 49, als auch gewichtsanalytisch bzw. titrimetrisch nach S. 45 im Honig ermittelt werden.

b) Auf Stärkesirup prüft J. Fiehe[3]) wie folgt: 5 g Honig werden in 10 ccm Wasser gelöst; die Lösung wird mit 5 ccm einer 5proz. Gerbsäurelösung versetzt und nach erfolgter Klärung filtriert. Ein Teil des Filtrates wird nach Zugabe von je 2 Tropfen konzentrierter Salzsäure auf jedes Kubikzentimeter der Lösung mit der zehnfachen Menge absoluten Alkohols gemischt. Durch das Auftreten einer milchigen Trübung wird die Gegenwart von Dextrinen des

---

[1]) Zeitschr. f. Untersuch. d. Nahrungs- u. Genußmittel Bd. 48, S. 272—277. 1924.
[2]) Zeitschr. f. Untersuch. d. Nahrungs- u. Genußmittel Bd. 47, S. 177—184. 1924.
[3]) Zeitschr. f. Untersuch. d. Nahrungs- u. Genußmittel Bd. 18, (S. 30). 1909.

Stärkezuckers oder Stärkesirups angezeigt. Letztere Zusätze geben sich ferner durch starke Rechtsdrehung des invertierten Honigs (S. 247) zu erkennen; zu beachten ist jedoch, daß Honigtau- oder Coniferenhonige von Natur aus Dextrine enthalten, die man nach besonderen Verfahren feststellen kann; vgl. J. König, Chemie der menschl. Nahrungs- und Genußmittel Bd. III, 2. Teil, S. 788—790.

c) Zum Nachweise von künstlichem Invertzucker (Kunsthonig) dient in erster Linie die folgende Reaktion nach Fiehe[1]): 5 g Honig werden mit reinem, über Natrium aufbewahrten Äther im Mörser verrieben, der ätherische Auszug wird in ein Porzellanschälchen abgegossen. Nach dem Verdunsten des Äthers bei gewöhnlicher Temperatur wird der Rückstand mit einigen Tropfen einer frisch bereiteten Lösung von 1 g Resorcin in 100 g Salzsäure vom spezifischen Gewichte 1,19 befeuchtet. Eine dabei auftretende starke, mindestens eine Stunde beständige, kirschrote Färbung läßt auf die Gegenwart von künstlichem Invertzucker schließen, während schwache, rasch verschwindende Orange- bis Rosafärbungen von einer Erhitzung des Honigs herrühren können.

Bei Gegenwart von größeren Mengen künstlichen Invertzuckers ist meistens auch der Aschegehalt gering (unter 0,1%).

d) **Prüfung auf Diastase nach A. Auzinger[2]).** „5 ccm einer frisch bereiteten 20proz. Honiglösung werden mit 1 ccm einer 1proz. Lösung von löslicher Stärke versetzt und eine Stunde im Wasserbade bei 40° erwärmt. Sodann werden einige Tropfen einer Jod-Jodkaliumlösung (1 g Jod und 2 g Jodkalium in 300 ccm Wasser gelöst) hinzugefügt. Sind diastatische Fermente abwesend, zerstört oder geschwächt, so ist noch unveränderte Stärke vorhanden, die nunmehr durch Jod gebläut wird; bei ungeschwächten diastatischen Fermenten tritt dagegen eine gelbe bis gelbgrüne oder hellbraune Färbung auf. Nur die sofort nach Zugabe der Jodlösung auftretenden Färbungen sind als kennzeichnend anzusehen."

Über den Nachweis der sonstigen Honigenzyme, der im Zweifelsfalle ebenfalls Auskunft geben kann ob der Honig erhitzt gewesen ist oder nicht, ferner über sonstige Proben auf künstlichen Invertzucker vgl. J. König, Chemie der menschl. Nahrungs- und Genußmittel Bd. III, 2. Teil, S. 291—298.

4. Künstliche Farbstoffe werden nach S. 129 ermittelt. Der Nachweis künstlicher Aromastoffe ist im allgemeinen schwierig zu führen.

5. Das Vorliegen von Kunsthonig statt echtem Honig gibt sich leicht an dem stark positiven Ausfall der Fieheschen Reaktion zu erkennen. Ferner empfiehlt sich, da Kunsthonig meistens keine Proteinstoffe enthält, hier die **Bestimmung des Albumins (Tanninfällung) nach Lund[3]):** Das zu verwendende etwa 32,5 cm lange Rohr faßt etwa 40 ccm und hat oben einen Durchmesser von 16 mm, unten einen solchen von 8 mm; der untere Teil von etwa 4 ccm Inhalt ist in $^1/_{10}$ ccm, der obere in $^1/_2$ ccm eingeteilt. Damit der Niederschlag sich besser absetzt, muß der Übergang des weiteren Teiles zum engeren auf etwa 3 cm Länge verteilt sein[4]). Zu 20 ccm einer filtrierten 10proz.

---

[1]) Nach den Entwürfen zu Festsetzungen über Lebensmittel Heft 1, (S. 12).
[2]) Zeitschr. f. Untersuch. d. Nahrungs- u. Genußmittel Bd. 19, S. 65. 1910. — Nach den Entwürfen zu Festsetzungen über Lebensmittel Heft 1, (S. 13).
[3]) Zeitschr. f. Untersuch. d. Nahrungs- u. Genußmittel Bd. 17, S. 128. 1909.
[4]) Die Rohre werden von der Firma Frans Hugershoff, Leipzig, geliefert.

Lösung des Honigs in destilliertem Wasser werden in das Rohr 5 ccm einer 0,6 proz. Tanninlösung gegeben, darauf wird mit destilliertem Wasser bis zu 40 ccm vorsichtig gemischt und 24 Stunden stehengelassen, indem durch Drehen des Rohres um die Längsachse das Absetzen des Niederschlages befördert wird.

Die Raummenge des Niederschlages von Naturhonigen nimmt nach dieser Zeit nicht unter 0,9 ccm ein, während die von sogenannten Kunsthonigen 0 bis nur 0,3 ccm beträgt.

Bei weiteren Untersuchungen hat R. Lund[1]) das Honigalbumin mit einer Lösung von schwefelsaurer Phosphorwolframsäurelösung in derselben Weise gefällt und für 20 ccm einer 10 proz. Lösung bei Naturhonigen eine Schichthöhe von 0,60 bis 2,70 ccm, im Mittel von 1,10 ccm, bei Kunsthonigen dagegen von nur 0 bis 0,50 ccm beobachtet.

Rüben- und Rohrzucker.

A. Begriff.

Unter Zucker ohne weitere Bezeichnung versteht man ausschließlich Saccharose, die hauptsächlich aus Zuckerrüben und Zuckerrohr gewonnen wird.

B. Hauptsächlichste Abweichungen.

1. Zufällige Verunreinigungen (Mehl, Sand usw.).
2. Ungenügende Reinheit.

C. Vorzunehmende Prüfungen.

1. Man bringt 15 g des zu untersuchenden Zuckers in ein 100 ccm-Kölbchen, löst unter Umschütteln in etwa 80 ccm Wasser, füllt auf, setzt etwas Kieselgur zu und filtriert. Das Filtrat polarisiert man bei 17,5° im 200 mm-Rohr. Die abgelesenen Drehungsgrade mal 5 ergeben den Prozentgehalt an Saccharose. Die käuflichen reinen Zuckersorten enthalten durchweg über 99% Saccharose. Etwaige unlösliche Verunreinigungen geben sich beim Lösen des Zuckers in Wasser zu erkennen und werden dann mikroskopisch oder auf chemischem Wege bestimmt.

2. Über die Bestimmung des Reinheitsgrades, ferner des Gehaltes an Invertzucker vgl. J. König, Chemie der menschl. Nahrungs- und Genußmittel Bd. III, 2. Teil, S. 755—763. Ein Verfahren zur Bestimmung des Invertzuckers in Rohrzucker bis auf 0,01% genau hat neuerdings N. Schoorl[2]) angegeben. Vgl. auch (S. 54).

Stärkezucker und Stärkesirup.

Beide Erzeugnisse werden aus Stärke, meist aus Mais- oder Kartoffelstärke, durch Hydrolyse mit Säuren hergestellt.

Dieselben müssen frei sein von Arsenverbindungen (Prüfung darauf nach S. 102) und dürfen nur Spuren von schwefliger Säure enthalten. Über die Bestimmung des Gehaltes an Glykose und Dextrin vgl. S. 48, auch J. König, Chemie der menschl. Nahrungs- und Genußmittel Bd. III, 2. Teil, S. 772—778.

---

[1]) Zeitschr. f. Untersuch. d. Nahrungs- u. Genußmittel Bd. 21, S. 300. 1911.
[2]) Chem. Weekbl. Bd. 22, S. 132—134. 1925; Chem. Zentralbl. 1925, II, S. 96.

Künstliche Süßstoffe.

A. Begriff.

Künstliche Süßstoffe sind Ersatzmittel des Zuckers von vielfacher Süßkraft desselben. Die wichtigsten künstlichen Süßstoffe des Handels sind Saccharin:

$$C_6H_4{<}^{SO_2}_{CO}{>}NH \quad \text{(Orthobenzoesäuresulfimid)}$$

und Dulcin:

$$CO{<}^{NH_2}_{NH} \cdot C_6H_4 \cdot O \cdot C_2H_5 \quad \text{(Paraphenetolcarbamid)}.$$

B. Hauptsächliche Abweichungen.

1. Ungenügende Süßkraft.

2. Gehalt des Saccharins an Parasulfaminobenzoesäure, (sogenannte Parasäure.)

C. Vorzunehmende Prüfungen.

1. Die **Süßkraft** der künstlichen Süßstoffe wird zweckmäßig durch Geschmacksprüfungen in der auf den Packungen angegebenen Verdünnung, verglichen mit einer 3proz. Zuckerlösung, festgestellt. Zur quantitativen Bestimmung des Saccharins kann bei Abwesenheit von anderen Stickstoffverbindungen der Stickstoffgehalt nach Kjeldahl ermittelt und daraus durch Malnehmung mit 13,07 der Stickstoffgehalt ermittelt werden. Saccharin, das aus Wasser in rhombenförmigen Blättchen krystallisiert, schmilzt bei 224°, im völlig reinen Zustande bei 227—228°. In entsprechender Weise ergibt sich die Dulcinmenge aus dessen Stickstoff mal 6,43. Dulcin, in farblosen glänzenden Nadeln krystallisierend, schmilzt bei 173—174°. Die Trennung des Saccharins von anderen in Äther löslichen Stoffen (z. B. Benzoesäure, Salicylsäure, Fett), kann nach E. Schowalter[1]) mit Vorteil Tetrachlorkohlenstoff dienen, worin es unlöslich ist.

Über die quantitative Bestimmung des Dulcins in Form von Xanthyldulcin vgl. G. Reif[2]).

2. Zum Nachweise der häufigsten Verunreinigung des Saccharins, des **Parabenzoesäuresulfamides,** dient nach J. M. Kolthoff[3]) sehr zweckmäßig die sehr verschieden starke Säurenatur beider Verbindungen. Saccharin verhält sich nach Kolthoff wie eine ziemlich starke Säure und hat bei 18° in Wasser eine Dissoziationskonstante von etwa $2,5 \times 10^{-2}$ [4]). Dagegen ist die erste Dissoziationskonstante des Parabenzoesäuresulfamides in Wasser gleich $3,05 \times 10^{-4}$, das Löslichkeitsprodukt $2,75 \times 10^{-7}$. Auf dieser Schwerlöslichkeit und dessen etwa 82 mal geringerer Säurewirkung beruht folgende Probe:

In einem Reagenzrohre erwärmt man 250 mg des zu prüfenden Saccharins mit 200 mg Natriumacetat und 3 ccm Wasser, bis alles gelöst ist. Dann läßt man abkühlen, fügt 5 Tropfen 4 N-Essigsäure hinzu und läßt bis zum nächsten Tage stehen. Wenn mehr als 2% Parabenzoesäuresulfamid im Saccharin vorhanden sind, haben sich nadelförmige Krystalle abgeschieden. Bei Anwesenheit von mehr als 4% fängt die Krystallabscheidung schon nach 15 Minuten langem Stehen an. — Von Saccharin-Natrium (Krystallose) löst man 280 mg in 3 ccm Wasser,

---

[1]) Zeitschr. f. Untersuch. d. Nahrungs- u. Genußmittel Bd. 38, S. 185—194. 1919.

[2]) Zeitschr. f. Untersuch. d. Nahrungs- u. Genußmittel Bd. 47, S. 238—248. 1924.

[3]) Recueil des travaux chim. des Pays-Bas Bd. 44, S. 629—637. 1925.

[4]) Also etwa doppelt so stark wie die erste Stufe der Phosphorsäure ($1,1 \cdot 10^{-2}$ bei 25°) oder so stark wie die zweite Stufe der Schwefelsäure, z. B. in Natriumbisulfat ($2,4 \cdot 10^{-2}$) (Kolthoff).

fügt 5 Tropfen 4 N-Essigsäure hinzu und läßt stehen. Reine Zubereitungen geben keine Krystallabscheidung. — Für den einfachen Nachweis von Parasäure in Krystallose kann man ferner 0,5 g des Süßstoffes in 3 ccm Wasser lösen, 2 Tropfen 0,1 proz. Nitraminlösung zusetzen und mit 0,1 N-Lauge titrieren. Reine Krystallose wird nach Zusatz von 0,2 ccm 0,1 N-Lauge orange-braun gefärbt. Wenn das Salz der Parasäure anwesend ist wird die Sulfamidgruppe zuerst neutralisiert, erst dann tritt die orangebraune Färbung ein. So ließen sich noch 0,8% der Parabeimischung nachweisen. — Reine Krystallose, 1 : 10 gelöst, muß nach Zusatz von 1 Tropfen 0,1 N-Salzsäure sauer gegen Dimethylgelb, nach Zusatz von 1 Tropfen 0,1 N-Lauge alkalisch gegen Phenolphthalein reagieren.

Zuckerwaren (Konditorwaren).

A. Begriffe.

1. Unter **Fein-** bzw. **Zuckerbackwaren, Zuckerwaren (Konditorwaren, Kanditen)** versteht man eine große Reihe süßschmeckender Nahrungs- und Genußmittel, deren Hauptbestandteil der Zucker ist.

Es finden sich die verschiedensten Übergänge von den eigentlichen Back-waren bis zu den Zuckerwaren im engeren Sinne.

2. **Milchbonbons**[1]) sind unter Verwendung von Milch hergestellte Bonbons, derart, daß sie mindestens 2,5% Milchfett enthalten.

3. **Rahmbonbons (Sahnebonbons)**[1]) sind in gleicher Weise hergestellte Bonbons mit mindestens 4% Milchfett. (Eine Fehlergrenze bis zu 0,5% Milchfett ist in beiden Fällen im Einzelfalle zuzulassen.) — Die Anforderungen an Milch-fett gelten auch für andere Milch- und Rahm-Zuckerwaren.

4. **Speiseeis** soll als „Milchgefrorenes" aus Zucker, Milch (Rahm) und Fruchtsäften, gegebenenfalls unter Mitverwendung von genießbaren Samen und Gewürzen als „Obstgefrorenes", aus Zucker und Fruchtsäften bestehen.

5. **Marzipan**[2]) **und ähnliche Zubereitungen:**

a) Rohmassen.

α) Marzipanrohmasse ist ein Gemenge von feuchtgeriebenen Mandeln und Zucker. Der Feuchtigkeitsgehalt darf nicht über 17%, der Zusatz von Zucker nicht über 35% der fertigen Marzipanrohmasse betragen.

β) Backmasse (Persipanrohmasse) ist ein Gemenge von entbitterten, feucht-geriebenen Aprikosen- oder Pfirsichkernen und Zucker. Der Feuchtigkeitsgehalt darf nicht über 20%, der Zusatz von Zucker nicht über 35% der fertigen Back-masse betragen.

Zur Kennzeichnung ist ein deklarationsfreier Zusatz von 0,5% Kartoffel-stärke, der in das Gewicht des Zuckers gelegt werden muß, beizufügen.

γ) Backfüllmasse (Gemenge von Aprikosen-, Pfirsich- und Erdnußkernen mit Zucker) sowie andere Ersatzmassen für Marzipan und für Backmasse in den Verkehr zu bringen, ist — auch unter Kennzeichnung — unzulässig.

b) Fertigwaren.

α) Marzipanwaren (angewirkter Marzipan) sollen aus einem Teil Marzipan-rohmasse mit Zusatz bis zu 1 Teil Zucker bestehen. Zur Frischerhaltung kann

---

[1]) Nach den Verkehrsbestimmungen des Bundes Deutscher Nahrungsmittelfabrikanten und Händler. Vgl. Dtsch. Nahrungsmittel-Rundschau Bd. 1, S. 102. 1925.
[2]) Zeitschr. f. Untersuch. d. Lebensmittel Bd. 52, S. 162—163. 1926.

bis zu 3,5% Stärkesirup hinzugefügt werden. Dieser Zusatz ist dann aber in das Gewicht des zugefügten Zuckers zu legen.

β) **Angewirkte Backmasse** (Persipanwaren) sollen aus einem Teil Backmasse mit einem Zusatz bis zu $1^1/_2$ Teilen Zucker bestehen. Zur Frischerhaltung kann bis zu 3,5% Stärkesirup hinzugefügt werden. Dieser Zusatz ist dann aber in das Gewicht des zugefügten Zuckers zu legen.

Persipanwaren (Rohmasse und Fertigwaren) sind als solche in Drucksachen, Rechnungen, Packungen und Auslagen kenntlich zu machen.

c) Marzipanähnliche Fabrikate.

Zu den marzipanähnlichen Fabrikaten sind Nuß-, Mandelnuß-, Nugat- und Makronenmassen zu zählen.

α) **Nußmassen** sind Rohmassen, die aus Haselnüssen und Zucker im Verhältnis der Marzipanrohmassen bestehen.

β) **Mandelnußmassen** sind Rohmassen, die aus Mandeln und Haselnüssen sowie Zucker im Verhältnis der Marzipanrohmassen bestehen.

Alle Zusätze anderer Art zu Nuß- und Mandelnußmassen gelten als Verfälschung.

γ) **Nugatmassen.**

$\alpha\alpha$) Nugat wird hergestellt aus Haselnüssen und Zucker mit oder ohne Zusatz von Kakaobestandteilen. Der Zuckerzusatz soll nicht mehr als die Hälfte der fertigen Nugatmasse betragen.

$\beta\beta$) Mandelnugat. Die Herstellung ist eine entsprechende. An Stelle von Haselnüssen werden geröstete Mandeln verwendet.

Alle übrigen Marzipanersatzwaren sind (auch bei Kennzeichnung) unzulässig.

δ) **Makronenmassen** und deren Ersatz.

$\alpha\alpha$) Makronenmasse soll bestehen aus einem Teil Marzipanrohmasse mit Zusatz bis zu einem Teil Zucker sowie der zur Verarbeitung nötigen Eiweißlösung.

Makronenmasse dient zur Herstellung von Makronen. Ein Mehlzusatz darf nicht verwendet werden.

$\beta\beta$) Backpersipan (backfertige Backmasse, Makronenmassenersatz) wird entsprechend der Makronenmasse hergestellt. An Stelle von Marzipanrohmasse wird Backmasse (Persipanrohmasse) verwendet.

Das fertiggestellte makronenartige Gebäck ist unter entsprechender Kenntlichmachung (Persipanmakronen) zu vertreiben.

Bei Verwendung von Cocosnüssen an Stelle der Backmasse ist die fertige Ware als „Cocosmakronen" zu bezeichnen.

B. Hauptsächliche Abweichungen.

1. Irreführende Angaben über Zusammensetzung und Gehalt an wertvollen Bestandteilen (Milch- und Rahmbonbons, Honigkuchen, Marzipan, Milchgefrorenes, Fruchteis usw. für unechte Waren), besonders ungenügender Gehalt an Milchfett, Honig oder Mandelbestandteilen usw.

2. Verwendung gefälschter Zutaten (Rahm mit Zuckerkalk, Magermilch mit Cocosfett, Kunstsahne, Gummi, Traganth, Gelatine usw.).

3. Verwendung gesundheitsschädlicher Aromastoffe, Farbstoffe und Schaummittel.

4. Gehalt an Schwermetallen.

5. Verdorbenheit oder Verwendung verdorbener Zutaten.

C. Vorzunehmende Prüfungen.

1. Bestimmung des **Milchgehaltes** nach J. Kuhlmann und J. Großfeld[1]).

a) Man bestimmt zunächst das Gesamtfett wie folgt:

Etwa 100 g[2]) Bonbons werden in einem Becherglase von 500 ccm Inhalt gewogen, mit etwa 400 ccm heißen Wassers übergossen und durch Erwärmen auf dem Wasserbade in Lösung gebracht. Nach völliger Lösung und Abkühlung setzt man unter Umrühren mit einem Glasstabe 25 ccm Fehlingscher Kupfersulfatlösung und 25 ccm $^1/_4$ N-Natronlauge nacheinander hinzu, läßt 5 Minuten stehen und filtriert durch ein entsprechend großes entfettetes und vorher angefeuchtes Filter unter Nachwaschen mit Wasse

Trichter nebst Filter und Becherglas werden alsdann im Trockenschranke getrocknet. Nach völliger Trocknung wird das Filter in einen mit einem Wattebausch ausgelegten Soxhletschen Extraktionsapparat gebracht und in üblicher Weise 6 Stunden mit Äther (Petroläther, Trichloräthylen od. dgl.) ausgezogen. Mit dem verwendeten Fettlösungsmittel sind zuvor Becherglas und Trichter zwecks völliger Entfettung ausgespült worden.

Der entfettete Rückstand kann nach Verdunstung des Fettlösungsmittels und nach quantitativer Überführung in einen Kjeldahlkolben zur Stickstoffbestimmung[3]) in bekannter Weise dienen. Der gefundene Stickstoff (minus Stickstoffgehalt des Filters), mal 6,37, ergibt die Menge des vorhandenen Milchproteins.

Das ausgezogene Fett wird gewogen (Gesamt-Fett). Beträgt die Menge mehr als 5 g, so bestimmt man darin Buttersäurezahl (S. 29) und Verseifungszahl (S. 26) und berechnet daraus den Milchfettgehalt nach S. 343. Reicht die Fettmenge nicht aus, so ist durch Verarbeitung weiterer Mengen der Bonbons eine größere Fettmenge abzuscheiden. Bei Vorliegen von mehr als 20 g Fett kann man ferner die A-Zahl und B-Zahl nach Bertram, Bos und Verhagen (S. 30) bestimmen und daraus ebenfalls den Milchfettgehalt herleiten.

b) Ein Mindergehalt an Stickstoffsubstanz (unter 2,0% bei Milchbonbons) kann anzeigen, daß hinreichende Mengen Milch nicht zugesetzt worden sind, daß z. B. das Milchfett in Form von Butter eingeführt worden ist. (Irreführende Bezeichnung.)

2. Prüfung auf Mandelmasse und fremdartige organische Zumischungen.

a) Als Vorprüfung[4]) auf den Gehalt an Mandelmasse empfiehlt sich zunächst eine Fettbestimmung, wie folgt:

10 g der zerriebenen, gut gemischten Probe wird in ein Rundkölbchen gebracht, in 100 ccm Wasser in der Wärme gelöst, dann 25 ccm Kupfersulfatlösung und darauf 25 ccm $^1/_4$ N-Natronlauge unter Umschütteln zugesetzt und dann wie bei Milch (S. 19) weiter verfahren.

---

[1]) Zeitschr. f. Untersuch. d. Nahrungs- u. Genußmittel Bd. 50, S. 348. 1925.

[2]) Bei Verwendung von 100 g des Stoffes wird der Fettgehalt etwas, meist um 0,1%, zu niedrig gefunden, weshalb sich eine Kontrollbestimmung mit Trichloräthylen (S. 19) in etwa 10 g der Ware empfiehlt. — Der Wägungsrückstand kann nach Ergänzung auf 2,00—2,05 g (vgl. S. 26) zweckmäßig zur Bestimmung der Verseifungszahl dienen.

[3]) In diesem Falle empfiehlt es sich aber, von einer geringeren Stoffmenge (etwa 10 g in einer besonderen Probe) auszugehen.

[4]) Man kann auch den Gesamtzucker nach Inversion (vgl. S. 45) ermitteln, dessen Menge von 100% abziehen und bei Abwesenheit von Stärke diesen Rest ungefähr als Mandelmasse ansehen.

Der Fettgehalt der Roh-Marzipanmasse beträgt im Mittel etwa 33% (mindestens[1]) 27%), der Marzipanwaren entsprechend etwa 16% (mindestens 13%).

b) Die Bestimmung der Saccharose erfolgt zweckmäßig durch Lösen von 10 g der Ware im 200 ccm-Kölbchen in warmem Wasser unter Klärung mit 5 ccm Bleiessig und Polarisation vor Inversion, die Bestimmung des Stärkesirups nach Juckenack wie bei Fruchtsäften (S. 247). Das Volumen des Fettes ist zu berücksichtigen, am einfachsten dadurch, daß man nach Auffüllen bis zur Marke eine entsprechende Menge Wasser zusetzt. Diese beträgt bei Fettgehalten

von	5	10	15	20	25	30	35	40%
	0,6	1,1	1,7	2,2	2,8	3,3	3,9	4,4 ccm.

c) Nachweis und Bestimmung eines Mehl- oder Stärkezusatzes.

Zum Nachweise vorhandener Stärke betupft man ein Stückchen der Zuckerware mit Jodlösung; eine eintretende Blaufärbung zeigt Stärke an, deren Art dann im Mikroskop näher festgestellt wird. — Ist auf diese Weise das Vorhandensein von Stärke festgestellt worden, so erfolgt ihre Bestimmung am einfachsten polarimetrisch nach S. 56. Bei der Stärkebestimmung in Backmassen (Persipanmassen) verfährt man zweckmäßig so, daß man je 5 g der mit einer Reibemühle gehörig zerkleinerten und gemischten Masse in einem Porzellanschälchen mit Wasser bzw. 1,124 proz. Salzsäure verreibt, in ein 100 ccm-Kölbchen überführt und dann nach S. 56—57 weiter behandelt. — Bei dieser Bestimmung ist aber zu berücksichtigen, daß Aprikosen-, Pfirsichkerne und Mandeln und somit auch Backmassen (ferner Marzipanmassen) Stoffe enthalten, die wie die Stärke selbst nach Behandlung mit Salzsäure (schwach) rechts drehen. Und zwar beträgt der durch sie verursachte Unterschied der beiden Drehungswinkel nach meinen Feststellungen für die genannten Mengenverhältnisse im 200 mm-Rohre bei Backmassen 0,18 $\pm$ 0,10 Grade. Die genauere Berechnung der Stärke erfolgt also nach der Formel:

$$\text{Stärkeprozente} = (B - A - 0,18) \times 5,444.$$

Hierbei ist die Raummenge des Unlöslichen (vgl. oben) noch nicht berücksichtigt. Da diese für 5 g Backmasse etwa 3 ccm beträgt, kann man sie dadurch in die Rechnung einbeziehen, daß man die Endwerte mit 0,97 malnimmt.

Die Stärkebestimmung in Marzipanmassen kann auf gleiche Weise erfolgen. Bei Marzipanwaren ist obige Korrektur für den Drehungswinkel entsprechend deren Gehalt an Mandelmasse nur zur Hälfte einzusetzen:

$$\text{Stärkeprozente} = (B - A - 0,09) \times 5,444.$$

Da ferner die Raummenge des Unlöslichen hier nun die Hälfte des für Marzipan- bzw. Backmasse geltenden Wertes beträgt, sind hier die Endwerte mit 0,985 malzunehmen.

d) Glycerin wird nach S. 125 nachgewiesen.

e) Zur Prüfung auf Fremdfette, besonders auf Aprikosenkernöl, wird eine größere Menge Marzipan (z. B. 50—100 g) mit der gleichen Menge wasserfreiem Natriumsulfat verrieben[2]) und in einen Erlenmeyerkolben gebracht. Dann läßt man 24 Stunden oder länger stehen, übergießt mit leicht siedendem Petroläther, filtriert die Fettlösung, destilliert ab und beseitigt die letzten Reste des Lösungsmittels, indem man auf dem Wasserbade etwa 5 Minuten einen Kohlensäure- oder Luftstrom (Gebläse) auf das Öl bläst. Mit dem zurückbleiben-

---

[1]) Vgl. O. Keller, Zeitschr. f. Untersuch. d. Lebensmittel Bd. 52, S. 152. 1926.

[2]) Man kann auch die Masse raspeln, bei mäßiger Wärme trocknen und dann ohne Behandlung mit Natriumsulfat mit Petroläther ausziehen.

den Öle stellt man die Reaktionen nach Bieber und gegebenenfalls nach Bellier (S. 201), dem deutschen Arzneibuche oder nach Kreis an:

α) Reaktion nach Bieber: 5 Raumteile Öl werden mit einem Raumteile eines frisch bereiteten Gemisches gleicher Teile Schwefelsäure, rauchender Salpetersäure und Wasser durchgeschüttelt. Mandelöl bleibt unverändert. Aprikosenkernöl färbt sich pfirsichblütenrot. Pfirsichkernöl nimmt eine ähnliche aber schwächere Färbung an.

β) Arzneibuchprobe: Werden 1 ccm rauchende Salpetersäure, 1 ccm Wasser und 2 ccm Mandelöl bei 10° kräftig durchgeschüttelt, so soll ein weißliches, nicht rotes oder braunes Gemenge entstehen, welches sich nach zwei, höchstens nach 6 Stunden in eine feste weiße Masse und eine braungefärbte Flüssigkeit scheidet.

γ) Reaktion nach Kreis[1]): Gleiche Raummengen Öl (1—5 Tropfen) frisch bereitete 0,1proz. ätherische Phloroglucinlösung und Salpetersäure vom spez. Gew. 1,4 werden durch Schütteln gemischt. Bei Aprikosen- und Pfirsichkernöl tritt deutliche kirschrote Färbung, schon mit 1 oder 2 Tropfen ein.

3. Der Nachweis **bitterer Mandeln** kann nach W. Plahl[2]) wie folgt vorgenommen werden:

Eine kleine Menge des Kotyledonargewebes der einzelnen Mandeln bzw. eine kleine Menge der Mandelzubereitung wird mit 1—2 Tropfen Wasser versetzt, worauf nach 1—2 Minuten der Bittermandelölgeruch auftritt, und Papierstreifchen in 1—2 mm Entfernung, die mit 3proz. alkoholischer Guajacharzlösung getränkt, dann getrocknet und mit 0,1proz. Kupfersulfatlösung benetzt sind, blau gefärbt werden.

4. Nachweis **künstlicher Farbstoffe** nach S. 129. Als giftiger Aromastoff kommt besonders Nitrobenzol in Frage; über dessen Nachweis vgl. J. König, Chemie der menschl. Nahrungs- und Genußmittel Bd. III, 2. Teil, S. 727. Über den Nachweis von Saponinen, deren Zusatz in Form von Seifenwurzelauszug zu gewissen ausländischen Zuckerwaren (Sultanbrot, Türkischem Honig, Chalwa) üblich ist, vgl. J. König, Chemie der menschl. Nahrungs- und Genußmittel Bd. III, 2. Teil, S. 740—744.

5. An **Schwermetallen** können Blei (Nachweis S. 106), Antimon (S. 113), z. B. als Brechweinstein, Arsen (S. 102), z. B. aus arsenhaltiger Pottasche, und Zinn (S. 108) in Zuckerwaren vorkommen.

6. Anzeichen von **Verdorbenheit** geben sich meist durch die Sinnenprüfung, durch auffällige hohe Säuregehalte oder auch im Mikroskope (Schimmelbildung) zu erkennen.

Wurzelgewächse und Gemüse. Pilze und Schwämme.

A. Begriff.

Für die menschliche Ernährung kommen nach König hauptsächlich in Frage: Kartoffeln (vgl. J. König, Chemie der menschl. Nahrungs- und Genußmittel Bd. III, 2. Teil, S. 819—827), Rüben (Zuckerrüben) (S. 827—831), Rote Rüben (S. 831—832), Gelbe Möhren (S. 832—833), Japanknollen (S. 833),

---

[1]) Nach P. Buttenberg, Zeitschr. f. Untersuch d. Lebensmitttel Bd. 52, S. 160, 1926.
[2]) Zeitschr. f. Untersuch. d. Nahrungs- u. Genußmittel Bd. 48, S. 241—243. 1924.

Rettich und Radieschen (S. 833), Zwiebelgewächse (S. 834), Sellerie (S. 834), Spargel (S. 834—835), Gurken (S. 835—836), Artischocken S. 836), Tomaten (836—838), Spinat (S. 838), Grünkohl (S. 838—839), Blumenkohl (S. 839), Lattichsalat (S. 839).

Über die als Speisepilze in Betracht kommenden Sorten vgl. ebenfalls J. König, Chemie der menschl. Nahrungs- und Genußmittel Bd. III, 2. Teil, S. 863—864.

B. Hauptsächliche Abweichungen.

I. Bei frischem Gemüse:
1. Unterschiebung minderwertiger Ersatzpflanzen.
2. Verunreinigungen und Verdorbenheit.
3. Zu hoher Solaningehalt bei Kartoffeln.
II. Bei Gemüsedauerwaren:
4. Verdorbenheit (Bombage).
5. Wässerung, z. B. von Tomatenpüree.
6. Zusatz von Kupfersalzen, künstliche Färbung.
7. Gehalt an sonstigen Schwermetallen und zu hoher Bleigehalt der Büchsen.
8. Gehalt von Dörrgemüse an schwefliger Säure. Zu hoher Wassergehalt derselben.

C. Vorzunehmende Prüfungen.

1. Die Zumischung minderwertiger Ersatzpflanzen wird in der Regel durch makroskopische Auslese erkannt.

Zur Erkennung der giftigen Pilze und deren Unterscheidung von den eßbaren Arten ist eine genaue botanische Kenntnis derselben notwendig. Eine kurze Beschreibung und Abbildungen der wichtigsten eßbaren und schädlichen Pilze enthält das im Reichsgesundheitsamte bearbeitete Pilzmerkblatt[1]). Ausführlichere Beschreibungen nebst Abbildungen bringt E. Michael[2]) in seinem Buche „Führer für Pilzfreunde".

Die meisten und gefährlichsten Pilzvergiftungen werden durch den Knollenblätterschwamm, Amanita phalloides, verursacht, der äußerlich mit dem Champignon, Agaricus campestris bzw. arvensis, eine gewisse Ähnlichkeit besitzt, sich davon aber durch die weißen Lamellen (bei Champignon rosenrot bis braun) unterscheidet.

Zu prüfen ist ferner auf eine Beimischung oder ungenügende Entfernung der ungenießbaren Teile der Gemüsepflanzen oder Pilze, oder Zumischung von Gemüse in abnormaler Entwicklungsstufe.

2. Verunreinigungen in größerer Menge als üblich, besonders von Schnecken, Würmern, Maden, Insekten, können Verdorbenheit begründen. Häufiger beobachtet werden Belassung größerer Erdemengen an nach Gewicht verkauften Kartoffeln. Ausgewachsene Kartoffeln mit abgerissenen Keimentwicklungen, die Zumischung solcher zu anderen.

3. Solaningehalt der Kartoffeln. Der an sich geringe und unschädliche Solaningehalt der normalen Kartoffel (etwa 2—10 mg in 100 g) kann durch besondere, noch nicht völlig aufgeklärte Umstände auf einen mehrfach erhöhten Betrag steigen; erhöhte Solaningehalte zeigen besonders unreife Kartoffeln, kleine Knollen, und solche, die am Lichte grün geworden sind (Chlorophyllbildung).

---

[1]) Verlag von Julius Springer, Berlin W. 9.
[2]) Verlag von Förster & Borries, Zwickau i. Sa.

Zur Erkennung von Kartoffeln mit zu hohem Solaningehalt kann zunächst deren kratzender, „galliger" Geschmack dienen. Bemerkenswert ist, daß Schweine, Ziegen und Hühner solche Kartoffeln als Futter verweigern. Zur quantitativen Bestimmung des Solanins ist das Verfahren von A. Bömer und H. Mattis[1]) hinsichtlich Ausbeute und Reinheit des erhaltenen Solanins den früheren überlegen. Es wird wie folgt ausgeführt:

200—300 g gereinigte Kartoffeln[2]) werden auf einer Kartoffelreibe zerrieben und letztere mit etwa 250 ccm Wasser abgespült. Nachdem die Mischung etwa $^1/_2$ Stunde unter öfterem Umrühren bei Zimmertemperatur gestanden hat, wird sie in einen hinreichend dichten Leinenbeutel gegeben und mittels einer stark wirkenden Laboratoriums-Saftpresse abgepreßt. Der Preßrückstand wird noch dreimal mit 250—300 ccm Wasser, dem jedesmal etwa 0,5 ccm 90proz. Essigsäure zugesetzt werden, je $^1/_2$ Stunde bei Zimmertemperatur durchgerührt und jedesmal in der Presse stark abgepreßt.

Die vereinigten Preßflüssigkeiten werden mit Ammoniak schwach alkalisch gemacht und in einer gut glasierten Porzellanschale unter Zusatz von etwa 10 g Kieselgur auf dem Wasserbade zur Trockne verdampft[3]); dabei wird kurz vor dem Trockenwerden durch häufiges Umrühren mit einem Glasstabe dafür Sorge getragen, daß der Rückstand möglichst gleichmäßig mit der Kieselgur vermischt wird. Der vollkommen ausgetrocknete Rückstand wird mit einem Mörserpistill zu einem feinen Pulver zerrieben.

Das so gewonnene Pulver wird mit siedendem 95volumproz. Alkohol ausgezogen, und zwar

entweder mittels eines Soxhletschen Extraktionsapparates zunächst 5 Stunden lang und nach nochmaligem Verreiben des Pulvers abermals 5 Stunden,

oder im Kolben am einfachen Rückflußkühler drei- bis viermal je eine halbe Stunde mit je 100—125 ccm Alkohol.

Darauf wird der Alkohol — im letzteren Falle natürlich nach dem Abfiltrieren der Kieselgur in der Wärme — abdestilliert und der Rückstand in etwa 50—100 ccm mit 3—5 Tropfen Essigsäure angesäuertem Wasser gelöst. Die Lösung wird darauf mit Ammoniak schwach alkalisch gemacht und etwa $^1/_2$ Stunde auf dem siedenden Wasserbade erwärmt, wobei sich das Solanin in mehr oder minder großen Flocken ausscheidet, die abfiltriert und mit etwa 2,5proz. Ammoniak ausgewaschen werden.

Das hierbei gewonnene, meist noch schwach rötlichbraun gefärbte Solanin wird zwecks Reinigung nochmals in etwa 25 ccm warmem Alkohol gelöst, die Lösung filtriert, der Alkohol abdestilliert, der Rückstand mit 50—100 ccm schwach essigsäurehaltigem Wasser aufgenommen, das Solanin wiederum mit Ammoniak gefällt und das nunmehr vollkommen farblos ausfallende Solanin auf einem gewogenen Filter gesammelt, bei 100—105° getrocknet und gewogen.

Bei der Fällung des Solanins mit Ammoniak in 100 ccm Flüssigkeit bleiben 2,75 mg Solanin gelöst; will man eine Korrektur für diesen Verlust in Rechnung

---

[1]) Zeitschr. f. Untersuch. d. Nahrungs- u. Genußmittel Bd. 47, S. 97—127. 1924.

[2]) 10—20 Kartoffeln werden in 4 gleiche Teile zerlegt und je einer dieser 4 Teile zur Untersuchung verwendet.

[3]) Dabei wird zweckmäßig von Zeit zu Zeit der oberhalb der Flüssigkeit sich bildende braune Ansatz mit der Flüssigkeit und etwas warmem Wasser abgespült.

setzen, so muß die analytisch gefundene Solaninmenge um diesen Betrag, bzw. bei doppelter Fällung mit im ganzen 100—200 ccm Fällungsflüssigkeit um 2,75—5,5 mg Solanin erhöht werden, ein Betrag, der bei Anwendung von 250 g Kartoffeln 1,1—2,1 mg Solanin in 100 g Kartoffeln entsprechen würde.

4. Das **Auftreiben (Bombage)** von **Gemüsedauerwaren** tritt besonders häufig bei **Spinat**, **Spargeln** und **Erbsen** ein. Bei Spargelkonserven ist ferner ein Verderben durch **Sauerwerden**, auch wenn die Büchse keine Bombageerscheinungen zeigt, eine nicht seltene Erscheinung.

5. **Wässerung** wird bei **Tomatenpüree** beobachtet. Bei Tomatendauerwaren ist diese Fälschung bisweilen von **Zusätzen anderer Stoffe** (mikroskopische Prüfung!) und **künstlicher Färbung**, die in üblicher Weise (S. 129) nachgewiesen wird, begleitet; auch werden solchen Erzeugnissen nicht selten **Salicylsäure** und **Benzoesäure** zugesetzt, die wie üblich (S. 149—159) nachgewiesen werden. Über **Sauerkraut** vgl. E. Feder[1])

6. **Künstliche Färbung** mit Teerfarbstoffen wird nach S. 129 nachgewiesen. **Grünung durch Kupfersalze** wird nach S. 110 in der Asche nachgewiesen; daneben ist der wässerige Auszug aus der Probe auf **lösliche Kupfersalze** zu prüfen.

7. Der Nachweis der sonstigen **Schwermetalle** erfolgt nach S. 102—114. Besonders zu achten ist auf den Gehalt an **Blei**, **Zinn** und **Zink** (z. B. bei Sauerkraut).

8. Der Gehalt von **Dörrgemüse** an **schwefliger Säure** ist als Verfälschung anzusehen; der Nachweis erfolgt wie bei Fleisch (S. 135), ebenso ein **übermäßiger Wassergehalt** (über 13%). Schimmelbildung zeigt Verdorbenheit an.

Obst und Beerenfrüchte.

A. Begriff.

Als Obst kommen die Früchte von **Steinobst**, nämlich **Pflaumen**, **Zwetschen**, **Reineclauden**, **Kirschen**, **Aprikosen** und **Pfirsiche**, von **Kernobst**, nämlich **Äpfel**, **Birnen**, **Quitten** und **Mispeln**, von **Schalenobst**, nämlich **Walnüsse**, **Haselnüsse**, **Kastanien** und **Mandeln**, von **Beerenobst**, nämlich **Wein-**, **Johannis-**, **Stachel-** und **Moosbeeren**, ferner **Himbeeren**, **Maulbeeren**, **Erdbeeren**, **Heidelbeeren**, **Feigen** und andere, in Frage.

B. Hauptsächliche Abweichungen.

1. Verdorbenheit.
2. Irreführende Angaben. Verfälschungen.
3. Haltbarmachung mit Frischhaltungsmitteln.
4. Gehalt an Schwermetallen.

C. Vorzunehmende Prüfungen.

1. Zur Prüfung auf **Verdorbenheit** dient die Sinnenprüfung, besonders Aussehen, Geruch, Geschmack. Als Kennzeichen der Verdorbenheit sind Schimmelbelag, Fäulnis, Milben, Maden, Mäusekot usw. anzusehen; ebenso unreifes Obst.

2. Weiterhin ist zu achten auf **Untermischung** oder **Unterschiebung** von **Strohfeigen** unter echte, von **Vogel-** und **Moosbeeren** unter Preiselbeeren, von **fremden Pflanzenkernen** unter Mandeln, Zumischung bitterer **Mandeln**, **Bestäuben von Feigen mit Mehl**, künstliche Färbung, Be-

---

[1]) Zeitschr. f. Untersuch. d. Nahrungs- u. Genußmittel. Bd. 22, S. 295. 1911.

schwerung von Walnüssen oder Maronen durch Einlegen in Wasser usw. Eine erfolgte Beschwerung mit Wasser gibt sich bei Nüssen dadurch zu erkennen, daß die Kerne beim Zusammendrücken Wasser austreten lassen. Der Wassergehalt frischer, vom Baume genommener Walnußkerne wurde vom Untersuchungsamte in Recklinghausen zu etwa 35% gefunden. Bei Backpflaumen ist auf eine Behandlung mit Glycerin (S. 125) zu prüfen.

3. Als Frischhaltungsmittel kommen für frische Früchte besonders Formaldehyd und schweflige Säure, bei Dörrobst schweflige Säure und Zinkoxyd in Frage, die gleichzeitig, z. B. bei Walnüssen, Apfelschnitten usw., eine Bleichung bewirken. Über den Nachweis des Formaldehyds, zu dessen Nachweis die Früchte mit Wasser ausgezogen werden, vgl. S. 145. Der Nachweis der schwefligen Säure geschieht wie bei Fleisch, S. 135, der von Zinkoxyd nach S. 111.

4. Schwermetalle, wie Kupfersalze, Blei, ferner auch Arsen, Schwefel und Kalk gelangen leicht bei unsachgemäßer Schädlingsbekämpfung auf die Früchte. Nach van Hamel Roos[1]) hat man auf amerikanischen Äpfeln z. B. 0,4 g Arsenik auf 1 kg Äpfel in Form von Bleiarsenat gefunden. Bei Dörrobst ist neben dem Vorhandensein von schwefliger Säure (vgl. unter 3) besonders auf Zinkverbindungen (S. 111) zu prüfen.

Zur Untersuchung von Dörrobst auf Arsen und Metalle wird von Diesfeld[2]) folgendes besondere Verfahren empfohlen:

100 g Dörrobst werden mit 500 ccm destill. Wasser in einem Becherglase von 1 Liter Inhalt auf der Asbestplatte zum Kochen erhitzt, sodann nach und nach soviel Kalilauge zugegeben, daß die Masse bei weiterem Zerkochen eine deutlich alkalische Reaktion aufweist. Nachdem die Früchte völlig zerkocht sind, setzt man 50 ccm konzentrierte Salzsäure zu und wärmt unter Zugabe kleiner Mengen von chlorsaurem Kalium und Ersatz für das verdampfende Wasser weiter, bis der größte Teil der Masse gelöst ist und nur Fasern und Schalenteile zurückbleiben. Man filtriert durch ein Faltenfilter in eine Porzellanschale und wäscht den Filterrückstand mit siedendem Wasser aus. Das Filtrat wird auf dem Wasserbade unter häufiger Zugabe von Kaliumchlorat oder Perhydrol weiter behandelt und daraus Arsen und Schwermetalle mit Schwefelwasserstoff gefällt. Nach 24stündigem Stehen filtriert man vom erhaltenen Niederschlag ab und untersucht denselben in bekannter Weise weiter. Das Filtrat vom Schwefelwasserstoff-Niederschlag wird mit Perhydrol vom Schwefelwasserstoff befreit, mit Kalilauge bis zur schwachsauren Reaktion und dann mit Natriumcarbonat im geringen Überschuß versetzt und zum Sieden erhitzt. Den gesamten Carbonatniederschlag bringt man auf kleines Filter, verascht dieses im Porzellantiegel, löst die Asche in heißer, verdünnter Salzsäure unter Zusatz einiger Kryställchen von Kaliumchlorat und leitet nach Entfernung des freien Chlors Schwefelwasserstoff zur Fällung von etwa noch vorhandenem Blei und Kupfer ein, da die Erfahrung gezeigt hat, daß diese Metalle in stark sauren, mit organischen Stoffen beladenen Lösungen durch Schwefelwasserstoff nicht immer vollständig ausgefällt werden. Den erhaltenen Niederschlag vereinigt man mit dem bei der ersten Fällung erhaltenen, bestimmt das Kupfer colorimetrisch, das Blei als Sulfat. Das Filtrat wird nach Entfernung des Schwefelwasserstoffes mit Ammoniak im geringen Überschuß versetzt; vorhandenes Eisen sowie Phosphate der Erdalkalien werden abfiltriert, dann wird mit Essigsäure angesäuert und vorhandenes Zink heiß als Sulfid gefällt. Den erhaltenen Zinksulfid-Niederschlag wäscht man auf dem Filter mit wenig schwefelwasserstoffhaltigem Wasser aus, trocknet und verascht das Filter im Porzellantiegel. Den Rückstand löst man in wenig verdünnter Salzsäure, fällt mit geringem Überschuß von Natriumcarbonat und wägt nach dem Glühen als Zinkoxyd.

---

[1]) Maandbl. t. d. Vervalschingen Bd. 42, S. 61. 1926.
[2]) Mitteilung für die preußische Landesgruppe der beamteten Nahrungsmittelchemiker Nr. 4, 1926.

Fruchtsäfte, Obstkraut, Fruchtsyrupe, Fruchtgelees, Fruchtmuse, Marmelade, Pasten.

A. Begriffe.

Unter **Fruchtsäften** oder natürlichen Fruchtsäften versteht man die klaren Flüssigkeiten, welche entweder durch freiwilliges Ausfließen oder durch Abpressen frischer, ungekochter oder gekochter Früchte, unter Umständen nach vorhergegangener Gärung, gewonnen werden.

Für **Obstkraut** gelten folgende Richtlinien[1]:

1. Apfelkraut, rein oder naturrein, ist hergestellt aus dem Saft frischer Äpfel ohne jeden weiteren Zusatz.

Birnenkraut, rein oder naturrein, ist hergestellt aus dem Saft frischer Birnen ohne jeden weiteren Zusatz.

Obstkraut, rein oder naturrein, ist hergestellt aus dem Saft frischer Äpfel und Birnen ohne jeden weiteren Zusatz.

2. Apfelkraut ohne jede weitere Kennzeichnung ist hergestellt aus dem Saft frischer oder getrockneter Äpfel, auch unter Mitverwendung vollwertiger Apfelteile mit Ausschluß der Kerngehäuse (abgesehen von einem technisch-unvermeidbaren Anteil der Schalen am Kerngehäuse, wie z. B. bei handelsüblichen amerikanischen Apfelschalen). Ohne Kennzeichnung wird ein Zuckerzusatz bis zu 25% des fertigen Erzeugnisses zugelassen. Jeder weitere Zusatz von Zucker muß deutlich gekennzeichnet sein, und zwar: „mit Zuckerzusatz über 25%". Hierdurch ist ein Zuckerzusatz bis zu höchstens 50% gedeckt.

3. Apfelkraut, welches einen Zusatz von Auszügen aus unverdorbenen Preßrückständen erhalten hat, ist zu kennzeichnen: „Apfelkraut mit Nachpresse". Diese Bezeichnung deckt einen Zusatz bis zu 25% eingedickter Nachpresse im fertigen Erzeugnis.

Bei Zusätzen über 50% Zucker oder mehr als 25% Nachpressen-Extrakt ist eine Bezeichnung in Verbindung mit dem Werte Apfelkraut (Obstkraut usw.) unzulässig.

Bei einem Zusatz von Rübenkraut (Rübensaft) wird nur die Bezeichnung „gemischtes Kraut" als zulässig angesehen. Nicht zulässig ist die Bezeichnung „gemischtes Apfelkraut" oder „gemischtes Obstkraut".

4. Das unter 2 und 3 Gesagte findet sinngemäß Anwendung auch auf Birnenkraut und Obstkraut.

5. Der Zusatz von Stärkesyrup zu Apfelkraut und Obstkraut ist unzulässig. Bei „gemischtem" Kraut wird ein Zusatz von Stärkesyrup nur als zulässig angesehen, wenn er deutlich gekennzeichnet ist. Die Bezeichnung mit „Stärkesyrup" deckt einen Gehalt des fertigen Erzeugnisses bis zu 25%. Die Bezeichnung „mit mehr als 25% Stärkesyrup" deckt einen solchen bis zu 50% des fertigen Erzeugnisses. Bei einem Gehalt von über 50% Stärkesyrup darf keine Bezeichnung in Verbindung mit dem Wort „Kraut" verwendet werden.

Das in gleicher Weise aus Zuckerrüben oder Möhren gewonnene Erzeugnis heißt **Rüben-** bzw. **Möhrenkraut,** während das sogenannte **Malzkraut** (auch Maltose genannt) durch Verzuckerung von Stärke mittels Diastase und durch nachheriges Eindicken der Lösung hergestellt wird.

---

[1] Vgl. C. Schwabe, Zeitschr. f. Untersuch. d. Nahrungs- u. Genußmittel Bd. 52, S. 98.—100. 1926.

Unter **Fruchtsirupen** (gezuckerten Fruchtsäften) sind die mit Rohr- oder Rübenzucker aufgekochten Fruchtsäfte zu verstehen. Wird das Einkochen bis zur halbfesten Konsistenz fortgesetzt, so erhält man die **Fruchtgelees.**

Fruchtmuse, deren bekanntester Vertreter das Pflaumenmus ist, erhält man durch einfaches Einkochen des Fruchtfleisches ohne Zucker bis zur breiigen Konsistenz.

Marmeladen, sowie Konfitüren und Jams entstehen durch Einkochen oder kaltes Vermischen der Früchte mit Zucker, und zwar wählt man den Namen „Marmelade", wenn zerkleinertes (passiertes) Fruchtmark Anwendung gefunden hat, während die aus ganzen Früchten, z. B. Erdbeeren, hergestellten breiigstückigen Zubereitungen als Konfitüren oder Jams bezeichnet werden.

Pasten endlich erhält man, wenn das Gemisch von Fruchtmark und Zucker soweit eingekocht wird, daß die Masse nach dem Erkalten erstarrt. Die Obstpasten sind eingedickte Marmeladen und verhalten sich zu diesen wie die Fruchtgelees zu den Fruchtsyrupen. Wenn die Marmeladen in Stückchenform soweit eingedickt werden, daß die äußeren Schichten der Stückchen beim Erkalten nicht mehr zusammenkleben, so können sie auch als Konfekt (Naschwerk, Bonbons) ausgegeben werden, ohne es zu sein. Denn im Innern zeigen diese Stückchen noch die dickbreiige Beschaffenheit der Marmeladenfrüchte.

B. Hauptsächliche Abweichungen.

1. Verfälschungen oder Nachmachungen durch

a) Streckung durch Wasserzusatz oder Nachpresse. Zusätze künstlicher Säuren bei Fruchtsäften. Zusatz von Glycerin.

b) Unzulässige Zusätze von Preßrückständen, minderwertigen Füllmitteln, Abfällen usw.

c) Herstellung aus minderwertigen Früchten.

d) Unzulässige Streckung durch Stärkesyrup, Rübensyrup, Agargallerte usw.

e) Übermäßigen Zuckerzusatz.

f) Künstliche Färbung, künstliche Süßstoffe oder Frischhaltungsmittel.

2. Verdorbenheit durch Zersetzungen oder Verunreinigungen.

C. Vorzunehmende Prüfungen.

1. Der Nachweis eines Zusatzes von **Wasser** oder **Nachpresse** wird am ersten durch eine Bestimmung der Asche (S. 81)[1] und ihrer Alkalität (S. 83) geführt. Bei Himbeer- und Citronensäften bedingt ein Sinken der Asche unter 0,3%, der Alkalität unter 4 ccm N-Lauge den Verdacht einer Wässerung. Bei Himbeersyrupen beträgt der Mineralstoffgehalt normalerweise 0,18—0,20%, die Alkalität 1,8—2,0 ccm. Das Verhältnis zwischen Alkalität und zuckerfreiem Extrakt nach Ludwig[2] beträgt bei Fruchtsäften etwa 0,5—1,0, ein wesentliches Sinken unter 0,5 deutet einen Zusatz von Mineralstoffen an, ferner wird die Alkalitätszahl (Verhältnis der Alkalität zur Asche) nach Buttenberg[3], die bei normalen Säften meist etwa 10 beträgt, durch Zusätze von Alkalien erhöht, von anorganischen Säuren erniedrigt. Vgl. ferner J. König, Chemie der menschl. Nahrungs- u. Genußmittel Bd. III, 2. Teil, S. 900. — Zu beachten ist, daß bei der Herstellung der Asche zur Alkalitätsbestimmung der Schwefelgehalt des Leuchtgases durch Einfassung der Platinschale in einen Asbestring oder besser durch Veraschung über einem Spiritusbrenner oder im elektrischen Ofen ausgeschaltet werden muß.

---

[1] Zur Überwindung des starken Schäumens beim Veraschen verfährt man nach S. 81.

[2] Zeitschr. f. Untersuch. d. Nahrungs- u. Genußmittel Bd. 11, S. 216. 1906.

[3] Zeitschr. f. Untersuch. d. Nahrungs- u. Genußmittel Bd. 10, S. 141. 1905.

2. Zum Nachweise eines **Säurezusatzes** dient die Umrechnung des Säuregehaltes auf die übrigen Saftbestandteile. So liegt der Säuregehalt eines Citronensaftes normal zwischen 4—8%. Der Nachweis von Weinsäure in Fruchtsäften (vgl. J. König, Chemie der menschl. Nahrungs- und Genußmittel Bd. III, 2. Teil, S. 901) deutet meist (außer bei Weintrauben) auf Zusatz dieser Säure hin. Ein Gehalt von mehr als 5% Saccharose (S. 53) in Fruchtsäften deutet in der Regel auf künstlichen Zuckerzusatz. Zu berücksichtigen ist, daß stark essigstichige Säfte vor der Prüfung auf Zucker nach Neutralisierung durch mehrmaliges Eindampfen von aldehydartigen Stoffen zu befreien sind. Glycerin wird nach S. 125 nachgewiesen und bestimmt. Über den Nachweis sonstiger Zusätze vgl. J. König, Chemie der menschl. Nahrungs- und Genußmittel Bd. III, 2. Teil, S. 902.

3. Bestimmung des **Extraktes** und des **totalen Extraktrestes** in **Citronensaft** nach Farnsteiner[1]).

Das Verfahren beruht auf folgendem Gedankengange: Die Angabe, das spezifische Gewicht einer wässerigen Lösung sei 1,0325, besagt, daß 1 ccm der Lösung 32,5 mg mehr wiegt als 1 ccm Wasser. Dieser Gewichtsüberschuß: $a = (S-1) \times 1000$ wird von sämtlichen gelösten Stoffen beeinflußt, und zwar kann er nach den Versuchen Farnsteiners für praktische Verhältnisse mit hinreichender Genauigkeit als die Summe der entsprechenden Überschüsse angesehen werden, so daß $a = a_1 + a_2 + a_3 + \ldots + a_n$ ist.

Für die Zwecke der Fruchtsaftanalyse berechnet man daher die Werte von a_1 bis a_4 für die Gesamtcitronensäure, den Gesamtzucker, das Kaliumcitrat und das Glycerin, addiert alle Zahlen und zieht die Summe von a, d. h. $(S_E[\text{korr.}]-1) \times 1000$ ab. Die Differenz a_x ist auf Rechnung der nicht bestimmbaren Extraktstoffe, des sogenannten totalen Extraktrestes, zu setzen. Der entsprechende Extraktrest wird als Invertzucker angegeben und der Zuckertabelle von Windisch S. 351 entnommen.

Unter Zugrundelegung der von Farnsteiner an selbst hergestellten Lösungen ermittelten Konstanten gestaltet sich die Bestimmung dann folgendermaßen: a_1, den Wert für Gesamtcitronensäure, findet man aus folgender, von Farnsteiner später aufgestellten Tabelle, welche von Frisch veröffentlicht worden ist.

Gramm $C_6H_8O_7$ in 100 ccm	Zehntelgramme									
	0,0	0,1	0,2	0,3	0,4	0,5	0,6	0,7	0,8	0,9
1	4,22	4,64	5,06	5,48	5,91	6,33	6,75	7,17	7,59	8,02
2	8,44	8,86	9,27	9,69	10,11	10,53	10,95	11,37	11,79	12,21
3	12,63	13,05	13,46	13,88	14,30	14,72	15,14	15,56	15,98	16,40
4	16,82	17,23	17,65	18,07	18,49	18,91	19,32	19,74	20,16	20,57
5	20,99	21,41	21,82	22,24	22,66	23,07	23,49	23,91	24,32	24,74
6	25,16	25,57	25,99	26,41	26,63	27,24	27,66	28,07	28,49	28,90
7	29,32	29,73	30,14	30,56	30,97	31,39	31,80	32,22	32,63	33,05
8	33,46	33,88	34,29	34,70	35,12	35,53	35,94	36,35	36,77	37,18
9	37,59	38,01	38,42	38,83	39,25	39,66	40,07	40,49	40,90	41,31
10	41,72	42,13	42,54	42,95	43,37	43,78	44,19	44,60	45,01	45,42
11	45,84	46,25	46,66	47,06	47,47	47,88	48,29	48,70	49,11	49,52
12	49,93	50,34	50,75	51,16	51,57	51,98	52,39	52,80	53,21	53,62
13	54,03	54,44	54,85	55,26	55,66	56,07	56,48	56,89	57,30	57,71
14	58,11	58,52	58,93	—	—	—	—	—	—	—

[1]) Zeitschr. d. Untersuch. d. Nahrungs- u. Genußmittel Bd. 8, S. 593. 1904.

a_2, den Wert für **Gesamtzucker**, entnimmt man der Zuckertabelle nach **Windisch**, S. 351.

a_3, der Wert für **Kaliumcitrat**, ist gleich der siebenfachen Summe von Asche und an diese gebundener Citronensäure.

a_4, der Wert für **Glycerin**, ergibt sich durch Malnehmung des Glyceringehaltes mit 2,39. — Da aber infolge des mangelhaften Verfahrens der Glycerinbestimmung auch bei völlig vergorenen Säften bis zu 0,3 g scheinbares Glycerin gefunden werden, so zieht man von dem gefundenen Glycerin 0,3 ab und nimmt den Rest mit 2,39 mal. Über die Berechnung im Einzelnen vgl. auch J. König, Chemie der menschl. Nahrungs- und Genußmittel Bd. III, 2. Teil, S. 895—898.

4. Auf Herstellung der Säfte **aus abnormen Rohstoffen** deutet der Ausfall der Sinnenprüfung (Aussehen, Geruch, Geschmack) hin.

Unlösliche Füllmittel von Marmeladen werden am sichersten mikroskopisch (vgl. J. König, Chemie der menschl. Nahrungs- und Genußmittel Bd. III, 2. Teil, S. 931—939) nachgewiesen. Für den Gehalt an Trestern ist ferner die Menge des unlöslichen Anteiles von Bedeutung, der nach König (ebendort S. 925) oder auch indirekt nach S. 78 bestimmt werden kann. Ebenso empfiehlt es sich, bei Gegenwart großer Mengen von unlöslichen Stoffen den Extrakt und dessen Bestandteile nach S. 78 zu ermitteln. Über Vorschriften für die Art der Deklaration vgl. J. König, Chemie der menschl. Nahrungs- und Genußmittel Bd. III, 2. Teil, S. 940.

5. **Nachweis von Stärkesyrup.** Zur Vorprüfung löst man 50 g des Fruchtsyrupes in Wasser zu 500 ccm und läßt zu 30 ccm dieser Lösung 100 ccm absoluten Alkohol fließen. Bei Gegenwart von Stärkesyrup entsteht eine milchige Trübung. Zur quantitativen Bestimmung werden 10 g des Fruchtsyrups in einem 100 ccm-Kölbchen mit 70 ccm Wasser verdünnt, mit einer kleinen Messerspitze gereinigter Tierkohle versetzt und nach Zugabe von 5 ccm konzentrierter Salzsäure (spezifisches Gewicht 1,19) 5 Minuten lang auf 68—70° erwärmt (Zollinversionsvorschrift), dann sofort rasch auf 20° abgekühlt, auf 100 ccm aufgefüllt, filtriert und im 200 mm-Rohre polarisiert. Die beobachtete Drehung wird auf die spezifische Drehung, d. h. die Drehung von 100 g Extrakt in 100 ccm im 100 mm-Rohr, umgerechnet und der etwaige Gehalt an Stärkesyrup der, von Juckenack aufgestellten und von Beythien und Simmich[1]) umgeänderten Tabelle S. 373 entnommen.

In der Praxis gestaltet sich die Berechnung folgendermaßen: Man entnimmt der Zuckertabelle nach Windisch (S. 351) die dem spezifischen Gewichte der invertierten Lösung 1 : 10 entsprechende Extraktmenge, berechnet aus der Polarisation der invertierten Lösung 1 : 10 die spezifische Drehung des Extraktes, d. h. die Drehung von 100 g Extrakt zu 100 ccm gelöst im 100 mm-Rohr, und findet den Gehalt an Stärkesyrup in der Juckenackschen Tabelle.

Ein bestimmtes Beispiel möge diese Rechnung näher veranschaulichen:

Es sei das spezifische Gewicht der invertierten Lösung 1 : 10 = 1,0258, entsprechend 6,67 g Extrakt in 100 ccm, die Polarisation der invertierten Lösung im 200 mm-Rohr + 4,3°, dann drehen

6,67 g Extrakt : 100 ccm gelöst im 100 mm-Rohr +2,15°,
100 g Extrakt : 100 ccm gelöst im 100 mm-Rohr also +32,2°.

Dieser spezifischen Drehung entsprechen nach der Tabelle 42,1% wasserhaltigen Stärkesyrups.

---

1) Zeitschr. f. Untersuch. d. Nahrungs- u. Genußmittel Bd. 8, S. 10. 1904.

In 100 g Extrakt sind also 42,1%, d. h. in 66,7 g Extrakt oder in 100 g Fruchtsyrup 25,1% wasserhaltiger Stärkesyrup. — Die Fehlergrenze wird zu ± 10% des gefundenen Zahlenwertes angenommen.

Für Pflaumenmus ist jedoch die Juckenacksche Tabelle nicht anwendbar, weil natürliches Pflaumenmus eine spezifische Drehung von etwa ± 0 zeigt. Die Berechnung erfolgt vielmehr nach A. Beythien aus der gefundenen spezifischen Drehung des Extraktes D nach der Formel

$$x = \frac{100}{134,1} \times D = 0{,}746\,D.$$

wobei x den prozentualen Gehalt des invertierten Extraktes an wasserfreiem Stärkesyrup bedeutet. Über den Nachweis von Agar, Gelatine u. dgl. vgl. J. König, Chemie der menschl. Nahrungs- und Genußmittel Bd. III, 2. Teil, S. 911.

6. Anhaltspunkte zum **Nachweise von Rübenkraut** in Obstkraut liefert zunächst der Geschmack des Krautes, dann folgende Übersicht:

Die Trockensubstanz von Obst- und Rübenkraut pflegt nämlich zu enthalten:

	Obstkraut	Rübenkraut
Stickstoff	nicht über 0,35%	nicht unter 0,50%
Säure = Apfelsäure	nicht unter 1,75%	nicht über 2,30%
Phosphorsäure	nicht über 0,30%	nicht unter 0,25%
Drehung der Lösung 1 : 10 im 200 mm-Rohr	wenigstens — 5,0°	wenigstens + 2,5°
Spezifische Drehung des gesamten invertierten Zuckers	nicht unter — 36°	nicht über — 20°

Über den Nachweis von Melasse in Obst- und Rübenkraut vgl. W. Sutthoff und J. Großfeld[1]). Besonders kennzeichnend sind für Melasse das Verhältnis von Phosphorsäure: Gesamtasche nach Heuser und Haßler, der erhöhte Gehalt an Asche und Basenstickstoff, für Strontianmelasse der Gehalt an Strontianverbindungen (vgl. S. 91).

7. **Bestimmung der Pektinstoffe.** Die in der Pflanze vorkommenden Pektinkörper lassen sich in 4 Gruppen[2]) einteilen:

a) Das Protopektin, eine in Wasser unlösliche Pektin-Cellulose-Verbindung, die durch Kochen mit schwacher Oxalsäure oder Ammoniumoxalat vollständig gespalten wird.

b) Das freie Pektin der reifen Frucht (vollmethoxylierte Araban-Pektinsäure mit nach von Fellenberg 8 Methoxylgruppen (= 11,6% Methylalkohol).

c) Die hydrolysierten Pektine; es sind nicht ganz neutrale Pektine, die durch Spaltung des Protopektins entstehen und weniger Methoxylgruppen als das freie Pektin enthalten.

d) Die Pektinsäure, die von Methoxylgruppen vollständig befreit ist. Sie ist eine Verbindung der Arabinose mit Galaktose und d-Tetragalakturonsäure.

Als Geliermittel sind Pektinstoffe um so wertvoller, je höher ihr Gehalt an Methoxylgruppen ist. Die wichtigsten Prüfungen sind daher

a) die Bestimmung der Menge der Pektinkörper überhaupt durch Abscheidung der Pektinsäure nach Hydrolyse mit Natronlauge, z. B. in Form ihres Calciumsalzes;

b) die Wertbestimmung des Pektins durch Methoxylbestimmung.

---

[1]) Zeitschr. f. Untersuch. d. Nahrungs- u. Genußmittel Bd. 27, S. 191. 1914.
[2]) Vgl. R. Sucháŕipa: Die Pektinstoffe. Braunschweig: Dr. Serger & Hempel.

a) Bestimmung der Pektinsäure als Calciumpektat nach M. H. Carré und D. Haynes, abgeänderte Vorschrift von A. Mehlitz[1]).

Eine 0,02—0,03 g Pektin entsprechende Menge der zu untersuchenden Flüssigkeit[2]) wird mit 100 ccm $^1/_{10}$ N-Lauge wenigstens 7 Stunden, am besten über Nacht zwecks Spaltung des Pektins stehengelassen. Nach dem Ansäuern mit 50 ccm N-Essigsäure wird sodann das Pektin nach genau 5 Minuten durch Zusatz von 50 ccm einer molaren Chlorcalciumlösung ausgefällt. Hierbei scheidet sich das gebildete Calciumpectat sofort ab und sammelt sich allmählich als zusammenhängende Gallerte an der Oberfläche der Flüssigkeit. Nach einstündigem Stehen wird etwa 5 Minuten gekocht, bis die Gallerte zerteilt ist, dann die Flüssigkeit durch ein gewogenes Filter filtriert und das Calciumpektat solange mit heißem Wasser gründlich unter Aufwirbeln ausgewaschen, bis das Filtrat keine Chlorreaktion mehr gibt. Das Filter wird dann bei 100° bis zur Gewichtskonstanz getrocknet und gewogen. Das Gewicht des Calciumpektates[3]) darf 30 mg nicht übersteigen; im anderen Falle ist die Bestimmung mit entsprechend verkleinerter Stoffmenge zu wiederholen.

b) Bestimmung des Methoxylgehaltes. Diese erfolgt am sichersten nach Zeisel in ähnlicher Weise wie die Bestimmung des Glycerins nach dem Jodidverfahren (vgl. S. 127). Die Methoxylbestimmung beruht darauf, daß beim Erhitzen mit Jodwasserstoffsäure Methyljodid entwickelt und in einem geeigneten Geräte[4]) in Silbernitratlösung geleitet wird und dort eine entsprechende Menge Jodsilber ausfällt, das darauf gewogen wird. Erforderlich sind hierzu 0,2—0,3 g trockenen Pektinpulvers, das in geeigneter Weise, etwa durch Ausfällung mit Alkohol und Trocknung, aus der vorliegenden Pektinlösung darzustellen ist.

Das Pulver destilliert man dann[5]) mit 10 ccm Jodwasserstoffsäure (spezifisches Gewicht 1,70) sowie etwas rotem Phosphor im Glycerinbade, dessen Temperatur auf 150—160° gehalten wird, unter beständigem Durchleiten von Kohlensäure ab. Die Destillationsdämpfe gehen durch einen Liebigschen Kühler, der von 50—70° warmem Wasser durchflossen wird, und gelangen durch ein zwischengeschaltetes, mit einer lauwarm gehaltenen wässerigen Aufschlämmung von rotem Phosphor beschicktes Kölbchen in eine auf zwei Erlenmeyerkölbchen verteilte Vorlage von 4proz. alkoholischer Silbernitratlösung, von welcher das erste Kölbchen 25 ccm, das zweite kleinere 10 ccm enthält. Es entsteht ein zunächst weißer, dann gelber Niederschlag von Jodsilber, der wie üblich zur Wägung gebracht wird. 1 g AgJ entspricht 0,06396 g CH_3 oder 0,1321 g CH_3O.

Man kann auch 0,5 g Pektinpulver in einem 100—150 ccm fassenden Destillierkolben nach Zusatz von 20 ccm Wasser durch Zusatz von 5 ccm 10proz. Natronlauge und 5 Minuten langes Stehenlassen verseifen, dann mit verdünnter Schwefelsäure schwach ansäuern, destil-

---

[1]) Biochem. journ. Bd. 16, S. 60—69. 1922; Chem. Zentralbl. 1922, IV, S. 615; vgl. C. Griebel und M. Nothnagel: Zeitschr. f. Untersuch. d. Nahrungs- u. Genußmittel Bd. 49, S. 352—359. 1925.

[2]) Bei Frischobst, Mark, Rohsäften 1 g, Trockenobst, Kochsäften, Handelspektinlösungen 0,5 g Substanz.

[3]) Die Formel wurde nach Carré und Haynes zu $C_{17}H_{22}O_{16}$ Ca berechnet.

[4]) Abbildung in J. König: Chemie der menschl. Nahrungs- und Genußmittel Bd. III, 1. Teil, S. 541; vgl. auch dieses Buch S. 127.

[5]) Nach Angaben von F. Hühn: Bestimmung der Cellulose in Holzarten und Gespinstfasern. Inaug.-Dissert. Münster 1911, S. 54.

lieren, das Destillat nochmals destillieren und schließlich den Methylalkohol colorimetrisch z. B. nach S. 120 bestimmen. Nach Versuchen von v. Fellenberg[1]) kann bei sorgfältigem Arbeiten der Methylalkohol so ebenfalls ziemlich genau gefunden werden.

c) Bei künstlichen Pektinsäften, Pektinpulvern usw. ist ferner ein praktischer Gelierversuch wertvoll, der nach Angaben von Suchářípa[2]) wie folgt vorgenommen wird: Man stellt eine 75proz. Zuckerlösung her, der 1% Weinsäure zugegeben wird. Von dieser Lösung mischt man 80 g mit 20 ccm einer 5proz. Lösung des zu prüfenden Pektins, so daß die Mischung 1% Pektin, 60% Zucker und 0,8% Weinsäure enthält. Nach 2 bis 3 Stunden bildet sich, falls ein genügend methoxyliertes Pektin vorliegt, wenigstens eine schwache Gallerte, aus hochmethoxyliertem Pektin sogar ein ziemlich steifes Gel.

8. Die Bestimmung des **Zuckerzusatzes** erfolgt durch Ermittelung der vorhandenen Zuckerarten, insbesondere der Saccharose, nach S. 53.

9. **Künstliche Färbung** wird nach S. 129 nachgewiesen. Nach P. Kulisch[3]) sollen aber natürliche Apfelsäfte regelmäßig gelbe, auf Wolle fixierbare Farbstoffe enthalten.

10. **Saccharin** wird am einfachsten durch Ausschütteln der mit Phosphorsäure angesäuerten Lösung mit Äther und Verdunstenlassen desselben an dem stark süßen Geschmack des Verdunstungsrückstandes erkannt. Für die genauere Prüfung kann folgende Vorschrift aus der Amtlichen Anweisung zur chemischen Untersuchung des Weines sinngemäß angewendet werden:

„500 ccm Wein werden auf etwa die Hälfte eingedampft, mit Wasser auf etwa 450 ccm aufgefüllt und nach dem Erkalten mit etwa 5 ccm — bei sehr aschereichen Weinen mit etwas mehr — Schwefelsäure vom spezifischen Gewicht 1,11 versetzt. Dann schüttelt man zuerst mit 60 ccm und hierauf nochmals mit 25 ccm Äther aus. Man verwirft die ätherischen Ausschüttelungen, dampft den ausgeschüttelten Wein auf etwa 200 ccm ein und schüttelt ihn nach dem Erkalten entweder dreimal mit je 200 ccm Äther aus oder perforiert ihn mit Äther in einem Extraktionsapparat. Aus der erhaltenen ätherischen, erforderlichenfalls filtrierten Lösung wird die Hauptmenge des Äthers durch Destillation und der letzte Anteil durch vorsichtiges Verdunsten in einer Porzellanschale entfernt. Der Rückstand wird mit 50 ccm Wasser aufgenommen und die Lösung zur Trockne verdampft. Diese Behandlung wird wiederholt. Dann nimmt man den Rückstand mit sehr verdünnter Lauge auf — meist genügen 5 ccm ¹/₄ N-Lauge —, erhitzt die alkalische Lösung auf dem Wasserbad und setzt in kleinen Anteilen 5proz. Kaliumpermanganatlösung so lange hinzu, bis die Rotfärbung mehrere Minuten bestehen bleibt. Hierauf säuert man mit Schwefelsäure an und fährt, falls hierbei die Rotfärbung wieder verschwindet, mit dem Permanganatzusatz fort, bis die Rotfärbung mehrere Minuten bestehen bleibt. Alsdann versetzt man vorsichtig, unter Vermeidung eines Überschusses, mit wässeriger Schwefeldioxydlösung, bis das überschüssige Permanganat zerstört und das ausgeschiedene Mangandioxyd in Lösung gebracht ist. Die klare Flüssigkeit wird jetzt dreimal mit der gleichen Raummenge Äther ausgeschüttelt. Von der ätherischen Lösung destilliert man die Hauptmenge des Äthers ab; den Rest verdunstet man nach Zusatz von 1 ccm Wasser vorsichtig bei nicht zu hoher Temperatur. Nach vollständiger Entfernung des Äthers kostet man einen Tropfen der erkalteten Flüssigkeit. Ein süßer Geschmack derselben spricht für die Anwesenheit von Saccharin im Weine.

In diesem Falle ist noch folgende Prüfung vorzunehmen: Der süßschmeckende Rückstand wird mit einigen Tropfen sehr verdünnter Natronlauge aufgenommen und die Flüssigkeit in einem Silbertiegel nahezu zur Trockne eingedampft. Sobald der Tiegelinhalt gerade noch fließt, werden ihm 0,5 g gepulvertes Ätznatron zugegeben; dann stellt man den Tiegel ¹/₂ Stunde lang in ein auf 250° angeheiztes Luftbad, löst alsdann den Tiegelinhalt in etwa 30 ccm Wasser auf, säuert die Lösung mit etwa 5 ccm Schwefelsäure vom spezifischen Gewicht 1,11 an und schüttelt sie hierauf mit 50 ccm Äther aus. Die gewonnene ätherische

---

[1]) Biochem. Zeitschr. Bd. 35, S. 45. 1918.

[2]) Die Pektinstoffe (vgl. Anm. 2 S. 248), S. 133.

[3]) Ber. d. Landw. Versuchsstation Colmar i. E. 1904—1906. S. 79; nach König, Chemie der menschl. Nahrungs- und Genußmittel Bd. III, 2. Teil, S. 902.

Lösung verdunstet man bei Gegenwart von etwa 3 ccm Wasser und prüft dann nach der Vorschrift S. 149 mit frisch verdünnter Ferrichloridlösung auf Salicylsäure.

War Saccharin im Weine vorhanden, so tritt die Reaktion auf Salicylsäure ein."

Zur besseren Extraktion des Saccharins aus Wein sowie zum schärferen Nachweise des Süßstoffes empfehlen C. von der Heide und W. Lohmann[1] ein besonderes Verfahren.

Über den Nachweis und die Bestimmung des Dulcins vgl. G. Reif[2].

10. Als **Frischhaltungsmittel** kommen besonders Ameisensäure, Benzoesäure und Salicylsäure in Frage, die nach S. 147—159 nachgewiesen werden.

11. **Verdorbenheit** infolge von Zersetzungen gibt sich durch die Sinnenprobe, besonders durch Aussehen und Geruch, Schaumbildung, reichliche Mengen von Hefezellen unter dem Mikroskop, Schimmelwucherungen usw. zu erkennen.

Von Verunreinigungen ist ein Gehalt an Zinksalzen bei Fruchtsäften infolge von Berührung mit Aufbewahrungsgefäßen aus Zink nicht selten.

Limonaden und alkoholfreie Getränke.

A. Begriffe.

1. Brauselimonaden mit dem Namen einer bestimmten Fruchtart sind Mischungen von Fruchtsäften mit Zucker und kohlensäurehaltigem Wasser.

Die Bezeichnung der Brauselimonaden muß den zu ihrer Bereitung benutzten Fruchtsäften entsprechen; letztere müssen den an echte Fruchtsäfte gestellten Anforderungen genügen.

Eine Auffärbung der Brauselimonaden mit anderen Fruchtsäften (Kirschsaft), sowie ein Zusatz von organischen Säuren (nicht aber Aromastoffen) ist nur zulässig, wenn sie auf der Aufschrift in deutlicher Weise angegeben werden.

Mit dem Safte von Citronen, Orangen und anderen Früchten der Gattung Citrus hergestellte Brauselimonaden dürfen einen Zusatz des entsprechenden Schalenaromas ohne Deklaration erhalten.

Unter künstlichen Brauselimonaden versteht man Mischungen, die neben oder ohne Zusatz von natürlichem Fruchtsaft, Zucker und kohlensäurehaltigem Wasser organische Säuren oder Farbstoffe oder natürliche Aromastoffe enthalten.

In solcher Weise zusammengesetzte Brauselimonaden dürfen nicht unter dem Namen „Brauselimonade" allein gehandelt werden, sondern müssen die deutliche Bezeichnung „Künstliche Brauselimonade" oder „Brauselimonade mit Himbeer-, Erdbeer- usw. Geschmack" tragen.

2. Alkoholfreie Getränke, deren Name darauf hindeutet, daß sie Malz enthalten, wie alkoholfreies Bier, Malzgetränk, Malzol u. a., sind Erzeugnisse, welche im wesentlichen aus Wasser, Hopfen und Malz, evtl. unter teilweisem Ersatz des letzteren durch Zucker, hergestellt werden und mit Kohlensäure imprägniert sind. Mindestens die Hälfte des Extraktes soll dem Malz entstammen. Zusätze von Stärkesirup, Farb- und Aromastoffen, mit Ausnahme des Hopfenöles, sind unzulässig.

Alkoholfreie Biere sollen nicht nur im wesentlichen aus Wasser, Hopfen und Malz hergestellt werden, sondern, sofern sie durch Entgeisten von Bier

---

[1] Zeitschr. f. Untersuch. d. Nahrungs- u. Genußmittel Bd. 41, S. 230—236. 1921.
[2] Ebendort Bd. 47, S. 238—248. 1921.

bereitet worden sind, auch im Extraktgehalte normalem Biere gleichen, sofern sie aber pasteurisierte Würzen sind, im Extraktgehalte dem Stammwürzenextrakte normalen Bieres entsprechen[1]).

Alkoholfreie Weine sind Erzeugnisse, welche durch Sterilisation mit Traubenmost oder durch Entgeisten von Wein und nachherigem Zusatz von Zucker hergestellt und evtl. mit Kohlensäure imprägniert werden.

Alkoholfreie Getränke, deren Name darauf hinweist, daß sie aus natürlichen Fruchtsäften bestehen, z. B. Heidelbeermost, Apfelsaft, dürfen nur den ihrer Bezeichnung entsprechenden, evtl. geklärten und mit Kohlensäure gesättigten Preßsaft frischer Früchte enthalten. Eine Beimischung von Wasser und Zucker darf nur insoweit erfolgen, als dadurch eine erhebliche Vermehrung nicht verursacht wird. Zusätze von organischen Säuren, Farb- und Aromastoffen, sowie Dörrobstauszügen sind ohne Deklaration unzulässig.

3. Kohlensäurehaltige Getränke von der Art der Brauselimonaden mit dem Namen einer bestimmten Fruchtart, z. B. Himbeerbrauselimonade, Apfelblümchen, sind Mischungen von Fruchtsäften mit Zucker und kohlensäurehaltigem Wasser. Ihre Bezeichnung muß den zu ihrer Herstellung benutzten Fruchtsäften entsprechen, und letztere müssen den an echte Fruchtsäfte zu stellenden Anforderungen genügen.

Alkoholfreie Getränke, welche neben oder ohne Zusatz von natürlichem Fruchtsaft, Zucker und kohlensaurem Wasser noch organische Säuren oder natürliche Aromastoffe enthalten, dürfen nur unter deutlicher Deklaration dieser Bestandteile in den Verkehr gebracht werden. Ihre Bezeichnung darf nicht geeignet sein die Erwartung eines ausschließlichen Frischsaftgetränkes zu erregen.

B. Hauptsächliche Abweichungen.

1. Abweichungen von den Begriffsbestimmungen, Unterschiebung von Kunsterzeugnissen für echte.

2. Zusatz von Schaummitteln.

3. Zu hoher Alkoholgehalt.

4. Verdorbenheit.

C. Vorzunehmende Prüfungen.

1. **Kunsterzeugnisse** bestehen gewöhnlich aus aromatisierten, angesäuerten und gefärbten Zuckerlösungen, gekennzeichnet durch äußerst geringen Aschegehalt mit einer Alkalität von fast Null.

2. Über den Nachweis der **Schaummittel** vgl. J. König, Chemie der menschl. Nahrungs- und Genußmittel Bd. III, 2. Teil, S. 741. Das Vorhandensein der Saponine macht sich in der Regel durch die auffällig starke Schaumbildung beim Schütteln bemerkbar.

3. Die **Bestimmung des Alkohols** kann unter Umgehung der Berechnung aus dem spezifischen Gewichte wie folgt vereinfacht werden: Man wägt zunächst

---

[1]) Die aus Malz, Hopfen und Wasser unter Imprägnieren mit Kohlensäure hergestellten Getränke sollten nur als alkoholfreie „Bierwürzen" und die durch Sterilisieren von Traubenmost unter evtl. Imprägnieren mit Kohlensäure hergestellten Getränke sollten nur unter der Bezeichnung „alkoholfreier Trauben- (oder Wein-) Most" bezeichnet werden dürfen; denn es macht sich jetzt auch unter den Fabrikanten und Händlern die Ansicht geltend, daß nur die ursprünglich vergorenen und dann entgeisteten Getränke die Bezeichnung „alkoholfreie Biere" bzw. „alkoholfreie Weine" beanspruchen können.

das mit Wasser von 15° gefüllte Pyknometer von 50 ccm Inhalt, destilliert
dann 100 ccm[1]) des wie bei Bier (S. 288) entkohlensäuerten Getränkes hinein,
füllt bei 15° auf und wägt wieder. Wenn man den so erhaltenen Wert (Destillatwert) von dem ersteren (Wasserwert) abzieht, so entspricht der Unterschied dem
Alkoholgehalte[2]) des Destillates nach S. 388, also, mal 2, dem Alkoholgehalte
des Getränkes.

4. **Verdorbenheit** gibt sich durch fehlende Kohlensäureentwicklung, abweichenden Geruch und Geschmack, Trübung und sonstige Merkmale zu erkennen.

Gewürze.

A. Begriff.

Unter Gewürzen versteht man Stoffe, meist Pflanzenteile, welche durch
einige wohlriechende ätherische Öle oder scharfschmeckende Stoffe
einerseits den Speisen einen angenehmen und zusagenden Geruch und Geschmack
erteilen, andererseits die Absonderung der Verdauungssäfte fördern.

Die wichtigsten Gewürze sind im einzelnen folgende:

1. **Pfeffer**[3]). Man unterscheidet schwarzen und weißen Pfeffer. Der
schwarze Pfeffer ist die unreife, getrocknete, durch Schrumpfung gerunzelte
Frucht von Piper nigrum L. Der weiße Pfeffer ist entweder die reife, durch
Fermentation von der Fruchtschale befreite und getrocknete Frucht, oder
der aus schwarzem Pfeffer durch Schälmaschinen gewonnene Kern. Die wichtigsten Verunreinigungen und Verfälschungen sind: Übermäßiger Sandgehalt,
Beimischung von Kunstpfeffer und Pfefferabfällen, besonders auch der
bei der Weißpfefferherstellung abfallenden Schalen zu schwarzem Pfeffer. Über
zahlreiche sonstige Fälschungsmittel besonders für Pfefferpulver vgl. J. König,
Chemie der menschl. Nahrungs- und Genußmittel Bd. III, 3. Teil, S. 49.

2. **Paprika**[4]) (Spanischer und Cayenne-Pfeffer). Spanischer Pfeffer
ist die reife, saftlose, getrocknete Beere von Capsicum annuum L., C. longum.
Der wirksame Bestandteil, das Capsaicin, hat seinen Sitz in den Drüsenflecken
der Scheidewand-Epidermis. Das rote Pulver der ganzen Frucht bildet den
Paprika. Unter Cayennepfeffer versteht man die kleinfrüchtigen Capsicumarten. Wichtigste Verfälschungen: Ausziehen mit Alkohol und künstliches
Wiederauffärben, Vermischen mit Öl, um das Aussehen (den Glanz)
zu verbessern. Zumischung von Stärkemehl. Weitere Fälschungsmittel vgl.
J. König, Chemie der menschl. Nahrungs- und Genußmittel Bd. III, 3. Teil, S. 80.

3. **Zimt**[5]). Unter Zimt (Zimmet, Kaneel) versteht man die von den äußeren
Gewebsschichten ganz oder teilweise befreite, getrocknete Astrinde verschiedener,
zur Familie der Laurineen gehörenden Cinnamomumarten. Man unterscheidet
vorwiegend Ceylonzimt, Chinesischen Zimt und Malabarzimt, von denen der
letztere am geringwertigsten ist. Hauptsächliche Abweichungen: Unterschiebung

---

[1]) Bei genaueren Bestimmungen und sehr geringen Alkoholgehalten nimmt man zweckmäßig größere Mengen.

[2]) Geringe Abweichungen des Wasserwertes von 50,0 g können bei den kleinen Alkoholgehalten vernachlässigt werden.

[3]) Ausführliche Angaben vgl. J. König, Chemie der menschl. Nahrungs- und Genußmittel Bd. III, 3. Teil, S. 47—70.

[4]) Ebendort S. 77—88.

[5]) Ausführliche Angaben vgl. J. König, Chemie der menschl. Nahrungs- und Genußmittel Bd. III, 3. Teil, S. 131—142.

geringwertiger Sorten unter die besseren, Entziehung des ätherischen Öles durch Wasserdampf oder Alkohol, Vermischung des Zimtpulvers mit Fremdstoffen anorganischer oder organischer Art. Vgl. J. König, Chemie der menschl. Nahrungs- und Genußmittel Bd. III, 3. Teil, S. 134.

4. **Muskatnuß**[1]). Unter Muskatnuß versteht man den von der harten Samenschale und dem Samenmantel (Arillus) befreiten Samenkern (Endosperm) des echten, auf den Molukken einheimischen Muskatnußbaumes. Die Kerne sind in der Regel gekalkt. Billigere Muskatnußsorten sind die Samenkerne von Myristica argentea Warburg, die Papua- oder Massacarnuß, ferner die Bombay-Muskatnuß. — Hauptsächliche Abweichung: Unterschiebung geringwertiger Sorten für bessere. Ausgebesserte wurmstichige Nüsse.

5. **Macis**[2]) (Muskatblüte) ist der getrocknete Samenmantel (Arillus) der echten Muskatnuß. Hauptsächliche Abweichung: Unterschiebung oder Zumischung der wilden Macis oder der geringwertigeren Papuamacis unter die echte.

6. **Senf**[3]). Unter Senf (Tafelsenf, Mostrich) versteht man das aus dem unentfetteten oder entfetteten Senfmehl durch Vermischen mit Wasser, Essig, Wein, Kochsalz, Zucker und verschiedenen aromatischen Stoffen hergestellte Gewürz. Hauptsächliche Abweichungen: Verdorbenheit, Zumischung von Stärke, Mehl oder künstlichem Senföl, künstliche Färbung, Gehalt an Schwermetallen, besonders an Bleiverbindungen. Über weitere vgl. J. König, Chemie der menschl. Nahrungs- und Genußmittel Bd. III, 3. Teil, S. 9.

7. **Gewürznelken**[4]). Die Gewürznelken sind die vollständig entwickelten, aber noch nicht völlig aufgeblühten getrockneten Blütenknospen des auf den Gewürzinseln einheimischen Gewürznelkenbaumes Eugenia aromatica Baillon. — Hauptsächliche Abweichung: Entziehung des ätherischen Öles. Über weitere Verfälschungen vgl. J. König, Chemie der menschl. Nahrungs- und Genußmittel Bd. III, 3. Teil, S. 102.

8. **Nelkenpfeffer**[5]) (Piment). Der Nelkenpfeffer ist die nicht völlig reife, an der Sonne getrocknete Beere des kleinen Baumes Pimenta officinalis Berg, der in Mexiko, auf den Antillen und besonders auf Jamaika angebaut wird. — Abweichungen: Zumischung wertloser Abfälle usw. vgl. J. König, Chemie der menschl. Nahrungs- und Genußmittel Bd. III, 3. Teil, S. 71.

9. **Vanille**[6]). Vanille ist die nicht völlig ausgereifte, geschlossene, aber ausgewachsene, nach einem Fermentationsvorgange getrocknete, einfächerige und schotenförmige Kapselfrucht von Vanilla planifolia Andrews. Hauptsächliche Verfälschung: Ausziehung der wertvollen Aromastoffe durch Alkohol und Beschwerung bzw. Bestäubung mit Benzoesäure, Vanillin, Acetanilid u. dgl., ferner Unterschiebung geringwertigerer Sorten an Stelle der echten Vanille; vgl. J. König, Chemie der menschl. Nahrungs- und Genußmittel Bd. III, 3. Teil, S. 38.

10. **Safran**[7]). Safran (Crocus) sind die getrockneten Narben von Crocus sativus L. Hauptsächliche Verfälschungen: Extraktion und Wiederauf-

---

[1]) Ausführliche Angaben vgl. J. König, Chemie der menschl. Nahrungs- und Genußmittel Bd. III, 3. Teil, S. 24—26.

[2]) Ebendort S. 26—32.   [3]) Ebendort S. 7—24.   [4]) Ebendort S. 101—106.

[5]) Ebendort S. 71—77.   [6]) Ebendort S. 37—44.   [7]) Ebendort S. 106—123.

färbung, Beschwerung mit organischen und anorganischen Stoffen, Unterschiebung oder Beimischung von anderen Teilen der Safranblüten oder von fremden Blütenteilen. Vgl. J. König, Chemie der menschl. Nahrungs- und Genußmittel Bd. III, 3. Teil, S. 108.

11. **Kümmel**[1]). Unter Kümmel als üblichem Gewürz versteht man die getrockneten Spaltfrüchte von Carum Carvi L. Dagegen ist Römischer Kümmel, Mutterkümmel, die getrocknete Spaltfrucht von Cuminum Cyminum L. — Hauptsächliche Abweichungen: Unterschiebung oder Beimischung fremdartiger Umbelliferensamen. Beraubung des ätherischen Öles. Vgl. J. König, Chemie der menschl. Nahrungs- und Genußmittel Bd. III, 3. Teil, S. 99.

12. **Anis**[2]). Der Anis ist die trockene Spaltfrucht von Pimpinella anisum L., Familie der Umbelliferen. — Häufigste Verfälschung: Beimengung von extrahierten Früchten, von Erde und Schierlingsfrüchten. Vgl. J. König, Chemie der menschl. Nahrungs- und Genußmittel Bd. III, 3. Teil, S. 91.

13. Seltener zur Untersuchung gelangen folgende, in J. König, Chemie der menschl. Nahrungs- und Genußmittel Bd. III, 3. Teil, beschriebenen Gewürze: Sternanis (Badian) (S. 33), Kadamomen (S. 44), Langer Pfeffer (S. 70), Mutternelken (S. 88), Fenchel (S. 92), Coriander (S. 96), Kapern (S. 124), Zimtblüten (S. 126), Lorbeerblätter (S. 127), Majoran (S. 128), Ingwer (S. 142), Galgant (S. 147), Zitwer (S. 149), Kalmus (S. 150), Süßholz (S. 151).

B. Hauptsächliche Abweichungen.

I. Verfälschungen:

1. Zumischung oder unzureichende Entfernung anorganischer Beimischungen, besonders von Sand.
2. Zumischung fremdartiger organischer Fälschungsmittel.
3. Beraubung der wertvollen Bestandteile, besonders des ätherischen Öles.
4. Zumischung von Vermahlungsabfällen (Schalen) der Gewürze selbst.
5. Unterschiebung fremdartiger Stoffe.

II. Verdorbenheit.

C. Vorzunehmende Prüfungen.

1. **Zumischung anorganischer Stoffe** wird durch die Bestimmung der Asche (vgl. S. 81) und des in 10proz. Salzsäure Unlöslichen (vgl. S. 83) gewöhnlich in 5 g Substanz ermittelt. Die Wasserbestimmung ergibt nur nach dem Destillationsverfahren, z. B. mit Toluol (S. 5), z. B. nach Normann genaue Werte.

2. Zur Prüfung auf fremdartige **organische Beimischungen** dient in erster Linie die mikroskopische Untersuchung; bezüglich der Einzelheiten dieser wird auf die Beschreibungen und Abbildungen in J. König, Chemie der menschl. Nahrungs- und Genußmittel Bd. III, 3. Teil, S. 1—153, verwiesen. — Als Aufhellungsmittel zur Prüfung auf Gewebeteile reicht in vielen Fällen ein Erhitzen des feinen Gewürzpulvers mit Chloralhydrat aus. Genügt dieses nicht, so empfiehlt es sich, das Pulver 10 Minuten mit 2—5proz. Salzsäure zu kochen,

---

[1]) Ausführliche Angaben vgl. J. König, Chemie der menschl. Nahrungs- und Genußmittel Bd. III, 3. Teil. S. 98—101.

[2]) Ebendort S. 89—92.

zu dekantieren, dann mit 2—5proz. Natronlauge kurz zu erwärmen, zu kolieren und erforderlichenfalls noch den Rückstand durch Erwärmen mit Natriumhypochloritlösung[1]) zu bleichen. Die mikroskopische Untersuchung wird durch Bestimmung der **reduzierenden Stoffe** (des Zuckers nach S. 44), der **Stärke** (S. 55), der **Rohfaser** (S. 62) und der **Pentosane** (S. 60) unterstützt.

Einige Grenzzahlen für Gewürze.

Gewürz	Asche %	In 10%iger Salzsäure Unlösliches %	Ätherisches Öl %	Sonstige
Anis	höchstens 10	höchstens 2,5	2—3	Keine Schierlingssamen!!!
Gewürznelken .	„ 8	„ 1	mindestens 10 (12—16)	Nelkenstiele höchstens etwa 10%
Kümmel	„ 8,0	„ 2	4—7	Färbung hell
Macis (Banda-) .	1,8—3	„ 0,5	4,0—12,0	Fett, Petrolätherextrakt[2]) 22,5 bis 34,9 Jodzahl 77—80 Verseifungszahl 170—173
„ (Papua-) .	ca. 2,0	„ 0,5	4,0—6,0	Fett 53,0—55,5
„ (Bombay-)	ca. 2,0	„ 0,5	0,3—1,3	Fett 29,0—34,5 Jodzahl des Fettes 50—53, Verseifungszahl 189—191.
Muskatnuß . .	höchstens 3,5	„ 0,5	8—15	Fett im Mittel 34%
Nelkenpfeffer (Piment) . .	„ 6,0	„ 0,5	mindestens 2	Stiele und Blätter höchstens 2, überreife Früchte höchst.5%
Paprika	„ 6,5	„ 1,0	—	Alkoholextrakt über 25%
Pfeffer, schwarzer	„ 7,0	„ 2,0	—	Rohfaser unter 17,5 Bleizahl unter 0,08/g Piperin 4,0-7,5
„ weißer .	„ 4,0	„ 1,0	—	Rohfaser unter 7,0 Bleizahl unter 0,03/g Piperin 5,5—9,0
Safran	„ 8,0	„ 1	—	Wasser höchstens 15, Safrangriffel höchstens 10 (bei elegiertem Safran 0) %
Senfmehl . . .	„ 4,5	„ 0,5	—	Fett 30%, Senfölgehalt des weißen Senf 0, des schwarzen 1%
Vanille	„ 5	—	(mindestens 2% Vanillin)	Wasser höchstens 28%
Zimt	„ 5	„ 2	über 1	Alkoholextrakt über 18%
Zimt a. Zimtbruch	„ 7	„ 3,5	—	—

3. **Zur Prüfung auf erfolgte Beraubung wertvoller Bestandteile,** besonders des ätherischen Öles, dienen die Bestimmungen des mit Wasser oder Alkohol erhältlichen Extraktes und des ätherischen Öles, ferner auch des nichtflüchtigen Ätherextraktes.

4. **Bestimmung des Wasser- bzw. Alkoholextraktes.** Man übergießt 5 g Gewürzpulver in einem Meßkölbchen von 100 ccm Inhalt mit Wasser bzw. Alkohol, schüttelt um, füllt bis zur Marke auf und läßt unter öfterem Umschütteln zunächst 8 Stunden, darauf 16 Stunden ruhig stehen und filtriert sodann durch ein trockenes Filter. In 50 ccm Filtrat wird der Extrakt wie üblich (S. 77) bestimmt.

---

[1]) J. König und E. Rump (Zeitschr. f. Untersuch. d. Nahrungs- u. Genußmittel Bd. 28, S. 177—222. 1914) erhielten auf diese Weise schöne Präparate von pflanzlichen Zellmembranen.

[2]) Nicht flüchtiger.

5. Bestimmung des ätherischen Öles. Man zieht eine gewogene Menge (10—40 g) des zu untersuchenden Pulvers nach Trocknung über Schwefelsäure im Soxhletschen Extraktionsapparate mit wasserfreiem Äther in bekannter Weise 4 Stunden lang aus, läßt den Äther an der Luft verdunsten und trocknet den Rückstand schließlich im Vakuum über Schwefelsäure und wägt die Summe von nichtflüchtigem Ätherextrakt und ätherischem Öl. Alsdann verschließt man das Kölbchen mit einem doppelt durchbohrten Stopfen und leitet solange Wasserdampf durch, bis etwa 600—800 ccm Destillat erhalten worden sind. Dann trocknet man den Kölbcheninhalt und wägt das nichtflüchtige Fett zurück. Der Unterschied beider Wägungen entspricht dem vorhandenen ätherischen Öle. — Das Verfahren liefert, da die ätherischen Öle sich auch beim Verdunstenlassen des Äthers bereits teilweise mit verflüchtigen, nur angenäherte Werte.

C. Griebel[1]) gibt neuerdings folgendes, anscheinend genauere Verfahren an:

10 g des gemahlenen Gewürzes — von Gewürznelken sind nur 5 g zu verwenden — werden in einem Stehkolben von etwa 1 l Rauminhalt mit 300 ccm destilliertem Wasser übergossen und nach Hinzufügung einiger Siedesteinchen unter Verwendung eines gewöhnlichen doppelt gebogenen Destillationsrohres und senkrecht absteigenden kurzen Kühlers (Länge des Kühlrohres etwa 55 cm, des Kühlmantels etwa 22 cm) der Destillation unterworfen. Die Erhitzung des Kolbens erfolgt auf dem Drahtnetz mit Hilfe eines kräftigen Bunsenbrenners. Als Vorlage dient ein Erlenmeyer-Kolben oder ein Scheidetrichter, den man bei 150 und 200 ccm mit einer Marke versehen hat. Sobald 150 ccm Destillat übergegangen sind, wird die Flamme vorübergehend entfernt und nach dem Aufhören des Siedens der Inhalt des Kolbens ohne Lösung der Verschlüsse durch vorsichtiges Umschwenken in drehende Bewegung versetzt, bis die der Kolbenwand anhaftenden Pulverteilchen wieder in der Flüssigkeit verteilt sind. Sodann wird erneut zum Sieden erhitzt, bis nochmals 50 ccm übergegangen sind. Hierbei ist die Kühlung vorübergehend abzustellen, falls das Kühlrohr durch Abscheidung von ätherischem Öl verursachte Trübungen erkennen läßt, jedoch eben nur bis zum Verschwinden dieser Trübungen. Ein Eintauchen des Kühlrohres in das Destillat ist zu vermeiden. Das erhaltene Destillat (200 ccm) wird im Scheidetrichter mit 60 g Kochsalz versetzt und dreimal mit je 20 ccm Pentan, das beim Verdunsten keinen wägbaren Rückstand hinterlassen darf, ausgeschüttelt. Die vereinigten Ausschüttelungen läßt man zwecks Abscheidung von etwa mitgerissenen Tröpfchen der Salzlösung einige Minuten stehen und führt sie dann restlos in einen gewogenen weithalsigen Erlenmeyer-Kolben (sog. Maulaffen) von 100 ccm Rauminhalt über, wobei genau darauf zu achten ist, daß keine Tröpfchen der Salzlösung mit in den Kolben gelangen. Das Pentan wird sodann auf einem mäßig geheizten Wasserbade vorsichtig abgedunstet. Die letzten Anteile des Lösungsmittels entfernt man durch sehr vorsichtiges Einblasen von trockener Luft (Handgummigebläse). Der Kolben kommt hierauf 30 Minuten in den Exsiccator und wird dann gewogen. Bei einer Kontrollwägung nach weiteren 15 Minuten darf der Gewichtsverlust nur wenige Milligramme betragen; andernfalls enthielt der Rückstand noch Pentan und muß dann nach je 15 Minuten erneut gewogen werden, bis das Gewicht nicht mehr wesentlich abnimmt.

---

[1]) Zeitschr. f. Untersuch. d. Lebensmittel Bd 51, S. 321—324. 1926. Vgl. Deutsches Arzneibuch, 6. Ausgabe 1926, S. XXXIX.

Großfeld, Lebensmittel.

17

Bei häufigen Bestimmungen des ätherischen Öles empfiehlt sich die Verwendung der von R. Reich[1]) angegebenen Vorrichtung.

Ein Verfahren zur colorimetischen Bestimmung der ätherischen Öle hat W. Schut[2]) angegeben. Es hat den Vorzug großer Einfachheit:

1 g gemahlene Gewürznelken werden in einem Maßkolben von 250 ccm mit etwa 200 ccm Äther versetzt, in der ersten Stunde häufiger durchgeschüttelt und dann bis zum folgenden Tage stehen gelassen. Nach Auffüllen bis zur Marke wird alsdann gut durchgeschüttelt, und nachdem die überstehende Flüssigkeit völlig klar geworden ist, 20 ccm abpipettiert. Die werden mit 30 ccm Äther verdünnt und hiervon genau bekannte Mengen (1—1,5 ccm mit genauer Pipette abgemessen) in einem Colorimeterglase von 100 ccm Inhalt mit reiner, farbloser Schwefelsäure (Dichte 1,84) aufgefüllt. Durch einmaliges Übergießen in ein Becherglas wird die Lösung hinreichend gemischt. Die Färbung wird nach 15 Minuten, in jedem Falle aber inerhalb 45 Minuten, mit der einer ganz auf gleiche Weise erhaltenen Lösung einer Probe verglichen, deren Gehalt an ätherischem Öle bekannt ist.

6. Eine Zumischung von **Vermahlungsabfällen** wird in der Regel durch das Mikroskop und Bestimmung der Rohfaser nachgewiesen. Das gleiche gilt von der Zumischung fremdartiger organischer Stoffe. — Die mikroskopische Prüfung auf Zusatz fremder Mehle und Stärkesorten erfolgt natürlich im Wasserpräparat.

7. Der Nachweis **künstlicher Farbstoffe** geschieht in üblicher Weise in dem mit Alkohol erhaltenen Auszuge.

8. Anzeichen von **Verdorbenheit** geben sich meistens schon durch die makroskopische und Sinnenprüfung zu erkennen.

9. Für die **Senfölbestimmung** in Senfsamen empfiehlt L. Colombier[3]) neben dem üblichen Silberverfahren als einfacher das Verfahren von Jörgensen[4]). Letzteres hat weiterhin die Vorteile, daß man das Thiosinamin und aus dessen N-Gehalt[5]) (18—24%) auf die Art der verwendeten Brassica-Art schließen kann.

10. Zur Prüfung von **Vanille** auf **Behandlung mit Benzoesäurekrystallen** zur Vortäuschung von Vanillin kann man nach P. Martell[6]) ein Kryställchen in eine schwache alkoholische Phloroglucinlösung bringen; dieselbe färbt sich mit Vanillin rot, mit Benzoesäure bleibt sie farblos. Vgl. auch J. König, Chemie der menschl. Nahrungs- und Genußmittel Bd. III, 3. Teil, S. 40, und zur Prüfung auf Piperonal (s. ebendort S. 39), von Acetanilid (S. 40), von Cumarin (S. 41).

Zur Bestimmung des Vanillins in käuflichen Vanillinzuckern empfiehlt sich nach J. Pritzker und R. Jungkunz[7]), da sich Vanillin gegenüber Phenolphthalein als Säure verhält, folgendes einfache Verfahren:

5 g Vanillinzucker werden mit 25 ccm neutralem 95proz. Alkohol durchgerührt und mit 0,1 N-Natronlauge bei Gegenwart von Phenolphthalein titriert.

<hr>

[1]) Zeitschr. f. Untersuch. d. Nahrungs- u. Genußmittel Bd. 18, S. 401. 1909.

[2]) Chem. Weekbl. Bd. 22, S. 344—347. 1925; Chem. Zentralbl. 1925, II.

[3]) Ann. des falsific. Bd. 19, S. 160—169. 1926.

[4]) Zeitschr. f. Untersuch. d. Nahrungs- u. Genußmittel Bd. 20, S. 738. 1910; vgl. J. König, Chemie der menschl. Nahrungs- und Genußmittel Bd. III, 3. Teil, S. 8.

[5]) Soll nach Kjeldahl bei Gegenwart von Quecksilber verbrannt werden, so empfiehlt es sich, dieses erst ½ Stunde nach Beginn des Erhitzens zuzusetzen, da sonst infolge unlöslicher Quecksilbersalze leicht Stoßen eintritt.

[6]) Zeitschr. f. Untersuch. d. Nahrungs- u. Genußmittel Bd. 50, S. 418. 1925.

[7]) Mitt. a. d. Geb. d. Lebensmittelunters. u. Hyg. Bd. 15, S. 54—63. 1924; Chem. Zentralbl. 1924, II, S. 558—559.

1 ccm 0,1 N-Natronlauge entspricht 0,0152 g Vanillin ($C_8H_8O_3$). Bei Mehl- und Stärkemischungen mit Vanillin werden 5 g der Mischung mit 25 ccm Alkohol und 1 ccm starker Calciumchloridlösung 5 Minuten kräftig geschüttelt, zentrifugiert, der Alkohol abgegossen und nach mehrmaliger Wiederholung titriert. Bei Backpulver verfährt man ebenso, aber ohne Calciumchloridlösung. — Die Reinheit von Vanillin wird durch Bestimmung des Schmelzpunktes, der bei reinem Vanillin 81—82°, bei technischem meist 79° beträgt, geprüft.

Als weitere Prüfung kann die refraktometrische Bestimmung des Vanillins nach F. Utz[1]) dienen.

Wie eine Nachprüfung von E. Arbenz[2]) ergeben hat, ist das refraktometrische Verfahren von Utz zur Vanillinbestimmung geeignet, wenn man als Lösungsmittel Aceton verwendet. Da Vanillinzucker aber häufig schlecht gemischt ist, empfiehlt es sich, die Probe vorher im Mörser zu zerkleinern und zu mischen.

Ausführung: 3 g Vanillinzucker werden in einem Tropftrichter von etwa 100 ccm gebracht, mit der Pipette 30 ccm wasserfreies Aceton zugegeben und eine Minute geschüttelt. Man läßt absitzen und gießt $^2/_3$ der Flüssigkeit durch ein Faltenfilter[2]) rasch in den mit Deckel versehenen Becher an das Instrument, das in den bereits auf 17,5° eingestellten Trog gehängt wird. Die Ablesung erfolgt in 2—3 Minuten. In entsprechender Weise bestimmt man die Lichtbrechung des Lösungsmittels und zieht dies von dem ersteren Werte ab. Der Restbetrag entspricht folgenden Mengen Vanillin:

Gehaltstabelle für Vanillin.

Skalenteile	Vanillin g/100 ccm	Skalenteile	Vanillin g/100 ccm	Skalenteile	Vanillin g/100 ccm	Skalenteile	Vanillin g/100 ccm	Skalenteile	Vanillin g/100 ccm	Skalenteile	Vanillin g/100 ccm	Skalenteile	Vanillin g/100 ccm
0,0	0,000	1,0	56	2,0	0,312	3,0	68	4,0	25	5,0	81	6,0	0,937
1	0,016	1	72	1	28	1	84	1	40	1	97	1	53
2	31	2	82	2	43	2	0,500	2	56	2	0,812	2	68
3	47	3	0,203	3	59	3	16	3	72	3	28	3	84
4	62	4	18	4	75	4	31	4	87	4	43	4	1,000
5	78	5	34	5	90	5	0,547	5	0,703	5	59		
6	94	6	50	6	0,406	6	62	6	18	6	75		
7	0,109	7	65	7	22	7	78	7	34	7	90		
8	25	8	0,281	8	37	8	94	8	0,750	8	0,906		
9	40	9	97	9	53	9	0,609	9	65	9	22		

Über die Bestimmung des Piperins und Piperidins bei Pfeffer vgl. J. König, Chemie der menschl. Nahrungs- und Genußmittel Bd. III, 3. Teil, S. 51, des Harzes ebendort, der Bleizahl nach W. Busse S. 52, des Capsaicins bei Paprika S. 80, des Zimtaldehydes bei Zimt S. 135, des Calciumoxalates S. 136, des Eugenols bei Gewürznelken S. 102, des Gerbstoffes S. 103, der Färbekraft des Safrans S. 109.

---

[1]) Dtsch. Parfümerie-Ztg. 1922, Nr. 8. Nach E. Arbenz: Mitt. a. d. Geb. d. Lebensmittelunters. u. Hygiene Bd. 16, S. 265—268. 1925.

[2]) Um Verdunstung zu vermeiden empfiehlt sich die Verwendung der S. 17 beschriebenen Filtriervorrichtung.

Kochsalz.

A. Begriff.

Unter Kochsalz (Speisesalz) versteht man technisch reines Natrium-chlorid.

Man unterscheidet durch Eindampfen von Salzsolen und Auskrystallisieren erhaltenes Siedesalz und bergmännisch gewonnenes Steinsalz.

B. Hauptsächliche Abweichungen.

1. Verunreinigungen durch fremdartige Salze, besonders Kaliumsalze.
2. Zumischung von denaturiertem sog. Viehsalz.
3. Verkauf von Steinsalz für Siedesalz.

C. Vorzunehmende Prüfungen.

Über die Untersuchung von Speisesalzen vgl. O. Lüning und H. Hautog[1]). Dieselben geben auch besondere Verfahren zum Nachweise und zur Bestimmung vorhandener Kaliumsalze an.

Kaffee- und Kaffee-Ersatzstoffe.

A. Begriff.

Kaffee (Kaffeebohnen) sind die von der Fruchtschale vollständig und von der Samenschale (Silberhaut) größtenteils befreiten rohen oder gerösteten, ganzen oder zerkleinerten Samen von Pflanzen der Gattung Coffea. Bohnen-kaffee ist gleichbedeutend mit Kaffee.

Die Kaffeesorten werden unterschieden:

1. nach der geographischen Herkunft;
2. nach der pflanzlichen Abstammung (von Coffea arabica bzw. C. liberica);
3. nach der Stufe der Zubereitung (roher, gerösteter, gemahlener Kaffee).

Perlkaffee ist Kaffee aus einsamig entwickelten Kaffeefrüchten. Bruch-kaffee (Kaffeebruch) sind zerbrochene Kaffeebohnen. Kaffeemischungen sind Gemische verschiedener Kaffeesorten.

Kaffee-Ersatzstoffe sind Zubereitungen, die durch Rösten von Pflanzen-teilen, auch unter Zusatz anderer Stoffe, hergestellt sind, mit heißem Wasser ein kaffeeähnliches Getränk liefern und bestimmt sind, als Ersatz des Kaffees oder als Zusatz zu ihm zu dienen.

Kaffee-Zusatzstoffe (Kaffee-Gewürze) sind Zubereitungen, die durch Rösten von Pflanzenteilen oder Pflanzenstoffen oder Zuckerarten, oder Gemischen dieser Stoffe, auch unter Zusatz anderer Stoffe hergestellt und bestimmt sind, als Zusatz zu Kaffee oder Kaffee-Ersatzstoffen zu dienen.

Die wichtigsten Kaffee-Ersatzstoffe sind: Zichorienkaffee, Feigen-kaffee, Gersten- und Gerstenmalzkaffee, Roggen- und Roggenmalz- bzw. Weizenmalzkaffee. Über die Begriffsbestimmungen dieser sowie über weitere Kaffe-Ersatzmittelsorten vgl. J. König, Chemie der menschl. Nahrungs- und Genußmittel Bd. III, 3. Teil, S. 203—231.

B. Hauptsächliche Abweichungen.

1. Irreführende Angaben über Kaffeesorte oder verwendete Rohstoffe bei Kaffee-Ersatzmitteln.

---

[1]) Zeitschr. f. Untersuch. d. Nahrungs- u. Genußmittel Bd. 49, S. 1—30. 1925.

2. **Verdorbenheit, havarierter Kaffee.** Bei der Röstung **verbrannter** Kaffee. Widerlicher Geschmack und Geruch bei Kaffee-Ersatzmitteln.

3. **Unzulässige Art und Menge von Überzugsstoffen** bei Kaffee. Übermäßiger Gehalt an **Wasser** und **Sand.**

4. **Künstliche Färbung,** besonders bei Rohkaffee.

5. **Entziehung des Coffeins** bzw. ungenügende Entziehung desselben bei „coffeinfreiem" Kaffee.

6. **Verfälschung von Kaffee mit Kaffee-Ersatzstoffen** oder von letzteren mit nichtdeklarierten minderwertigen Zusätzen.

7. Gehalt an **Schwermetallen,** besonders an **Blei.**

C. Vorzunehmende Prüfungen.

1. Die Feststellung der **Kaffeesorte** ist auf chemischem Wege nicht, sondern nur auf botanischem Wege (Größe und Form der Bohnen usw.) oder sonstige Herkunftsermittelung ausführbar. Sie erfordert genaue Kenntnis der einzelnen Kaffeesorten.

Zur **Auffindung irreführender Angaben** über Kaffee-Ersatzstoffe dient zunächst die Sinnenprüfung in bezug auf Aussehen, Geruch und Geschmack. Aus **Getreide** hergestellte Ersatzstoffe können durch die eigenartige Gestalt der einzelnen Körner leicht erkannt und unterschieden werden. Bei **Malzkaffee** weisen die einzelnen Körner im Längsschnitt eine durch das Austreten des Würzelchens hervorgerufene Höhlung auf, die bei den aus ungemalztem Getreide hergestellten Kaffee-Ersatzstoffen fehlt. Bei **gemahlenen** Kaffee-Ersatzstoffen entscheidet die **mikroskopische Prüfung.**

Für die **Güte** eines gemahlenen Kaffee-Ersatzstoffes ist im übrigen in erster Linie der Geschmack des daraus bereiteten Getränkes maßgebend.

2. **Verdorben** kann Kaffee durch unzweckmäßige Art der Ernte, unsachgemäße weitere Behandlung, durch **Berührung mit See- oder Flußwasser** („Havarie"), ungeeignete Lagerung oder andere Umstände sein. Für die Beurteilung ist die Sinnenprüfung entscheidend; insbesondere ist ein **fremdartiger oder widerwärtiger Geruch und Geschmack** ein Anzeichen von Verdorbenheit. Weiterhin ist verdorben ein Kaffee, der **verschimmelt,** mit **Milben oder Käfern** durchsetzt oder sonst stark **verunreinigt** ist, Kaffee, der beim **Rösten verkohlt** (Sinnenprüfung!) ist, und gerösteter Kaffee, der aus verdorbenem Rohstoffe hergestellt ist.

Havarie wird durch erhöhten Chlorgehalt der Asche (über 1%) angezeigt, sie bedingt Minderwertigkeit, an sich noch keine Verdorbenheit, verursacht sie aber häufig; eine weitere häufige Ursache der Verdorbenheit ist **feuchte Lagerung** der Kaffeebohnen, die sich mitunter durch erhöhten Wassergehalt (über 12%) anzeigen kann.

3. Bestimmung der **abwaschbaren Stoffe.** 20 g Kaffeebohnen werden dreimal mit je 50 ccm Alkohol von 50 Volum-% in der Weise ausgezogen, daß nach dem Übergießen der Bohnen sofort eine Minute geschüttelt wird und die Bohnen alsdann mit dem Alkohol $^1/_2$ Stunde in Berührung bleiben. Die filtrierten Auszüge werden vereinigt und mit Wasser auf 250 ccm aufgefüllt. 50 ccm dieser Lösung werden in einer flachen Platinschale auf dem Wasserbade eingedampft und der Rückstand nach dreistündigem Trocknen bei 100° gewogen. Sodann wird der Rückstand verascht. Der Unterschied zwischen dem Gewichte des Trockenrückstandes und dem der Asche gibt die Menge der abwaschbaren Stoffe an.

b) Darin können nachgewiesen werden: Glycerin nach S. 125, Borax nach S. 133, Kolophonium, Tragant, Agar-Agar nach J. König, Chemie d. menschl. Nahrungs- und Genußmittel Bd. III, 3. Teil, S. 176—178. — Der Nachweis einer Behandlung mit Mineralölen oder Fetten ist an gleicher Stelle beschrieben.

4. Prüfung auf **künstliche Färbung.** Etwa 50 g der rohen Bohnen werden in einem Kolben mit soviel Petroläther übergossen, daß sie damit bedeckt sind. Der Kolbeninhalt wird auf etwa 50° erwärmt, $^1/_2$ Stunde unter wiederholtem Umschütteln auf dieser Temperatur erhalten und die trübe Flüssigkeit in einen hohen Glaszylinder abgegossen. Dann läßt man stehen, bis der Petroläther völlig klar ist, gießt ihn soweit als möglich ab, bringt den Rückstand in ein Becherglas, verdunstet den Rest des Petroläthers bis auf etwa $^1/_2$ ccm und fügt etwa 10 ccm Chloroform hinzu. Hierbei trennen sich die Gewebsteile der Kaffeebohnen sowie etwa zum Färben benutzte Kohle, Sägemehl u. dgl., indem sie auf der Oberfläche schwimmen, von mineralischen Farbstoffen, die auf dem Boden bleiben. Die nähere Untersuchung erfolgt am besten auf mikrochemischem Wege (vgl. J. König, Chemie der menschl. Nahrungs- und Genußmittel Bd. III, 1. Teil, S. 210 ff.).

Im übrigen gelten folgende Kennzeichen für

Indigo: Blaufärbung der Chloroformlösung, Entfärbung von Salpetersäure.

Curcuma: Gelbfärbung der Chloroformlösung, gelber Niederschlag mit Salpetersäure.

Berlinerblau: Der Bodensatz wird mit Kalilauge braungelb, mit Salpetersäure wieder blau.

Chromgelb: Bei gleicher Probe mit Salpetersäure: gelber Niederschlag.

Ultramarin: Mit Kalilauge unverändert, mit Salzsäure entfärbt.

Smalte: Mit Kalilauge und Salzsäure unverändert.

Bleichromat: Mit Schwefelwasserstoffwasser und Salzsäure braun bis schwarz.

Mennige: Desgl.

Ocker: Regelmäßig wiederkehrende braune Teilchen, nicht mit Erde zu verwechseln.

Kupfersalze: Mit Ferrocyankalium Braunfärbung, vgl. S. 110.

Für die mikroskopische Prüfung von Oberflächenschnitten von Rohkaffee vgl. J. König, Chemie der menschl. Nahrungs- und Genußmittel Bd. III, 3. Teil, S. 182.

Zur Prüfung auf einige **organische** Farbstoffe wird die Oberfläche der Kaffeebohnen abgekratzt, zweckmäßig durch Schütteln in einem zylindrischen Reibeisen, das von einem Glaszylinder umgeben ist. Beim Behandeln des so erhaltenen Pulvers lösen sich Indigo, Curcuma sowie eine Reihe von Teerfarbstoffen, die durch ihr Verhalten gegen weiße Wolle und gegen Reagenzien nach S. 129 meist näher gekennzeichnet werden können.

5. **Bestimmung des Coffeins.** Nach den Festsetzungen des Kaiserl. Gesundheitsamtes zu Kaffee[1]).

„20 g des feingemahlenen Kaffees werden in einem Becherglase mit 10 ccm 10proz. Ammoniaklösung versetzt, sofort durchgemischt und unter zeitweiligem Umrühren bei rohem Kaffee 2 Stunden, bei geröstetem Kaffee 1 Stunde stehengelassen. Hierauf wird das Pulver mit 20—30 g grobkörnigem Quarzpulver gemischt, verlustlos in einen Extraktionsapparat gebracht und etwa 3 Stunden lang mit Tetrachlorkohlenstoff unter Erhitzung des Extraktionskolbens auf einem Drahtnetze ausgezogen. Dem Auszuge wird etwa 1 g festes Paraffin[2]) zugesetzt, hierauf der Tetrachlorkohlenstoff abdestilliert und der Rückstand zunächst mit 50, dann dreimal mit je 25 ccm möglichst heißem Wasser ausgezogen. Die abgekühlten wässerigen Auszüge werden durch ein angefeucht-

---

[1]) Vgl. die Verfahren von K. Lendrich und E. Nottbohm, Zeitschr. f. Untersuch. d. Nahrungs- u. Genußmittel Bd. 17, S. 241. 1909 und G. Fendler und W. Stüber: Ebendort Bd. 28, S. 9. 1914.

[2]) Dem Deutschen Arzneibuche entsprechend.

tetes Filter filtriert, wobei zu vermeiden ist, daß Teile der Paraffinschicht auf
das Filter gelangen; das Filter wird mit heißem Wasser ausgewaschen. Das
auf Zimmertemperatur abgekühlte Filtrat wird bei rohem Kaffee mit 10 ccm,
bei geröstetem mit 30 ccm einer 1 proz. Kaliumpermanganatlösung versetzt und
15 Minuten stehengelassen. Hierauf wird das Mangan unter Zutropfen einer
3 proz. Wasserstoffsuperoxydlösung, die außerdem 1% Essigsäure enthält, zur
Abscheidung gebracht. Das Gemisch wird etwa $^1/_4$ Stunde auf dem Wasserbade
erhitzt, der Niederschlag abfiltriert und mit heißem Wasser ausgewaschen. Das
Filtrat wird in einer Schale (am besten einer gläsernen) auf dem Wasserbade
zur Trockne eingedampft, der Rückstand $^1/_4$ Stunde im Dampftrockenschranke
getrocknet und mit Chloroform ausgezogen. Nach dem Filtrieren und Auswaschen des Filters mit Chloroform wird das Lösungsmittel abdestilliert und
abgedunstet[1]) und das so erhaltene Coffein nach halbstündigem Trocknen im
Dampftrockenschranke gewogen.

Falls der nach vorstehendem Verfahren ermittelte Coffeingehalt bei ‚coffeinfreiem' Kaffee mehr als 0,08% oder bei ‚coffeinarmem' Kaffee mehr als 0,2%
beträgt, ist die Reinheit des erhaltenen Coffeins durch Ermittelung seines Stickstoffgehaltes nach dem Verfahren von Kjeldahl (S. 6) nachzuprüfen. Wird
hierbei weniger Stickstoff gefunden als der erhaltenen Menge Coffein entspricht,
so ist die durch Multiplikation der ermittelten Menge Stickstoff mit 3,464 berechnete Menge Coffein als maßgebend anzusehen.“

6. Der Zusatz von **Kaffee-Ersatzstoffen** läßt sich bei ungemahlenen Kaffeebohnen gewöhnlich bereits makroskopisch erkennen. Die Wertbeurteilung der-
artiger, Kaffeebohnen enthaltender Gemische erfolgt durch Aussuchung
der Kaffeebohnen, Feststellung von deren Menge und Vergleich mit den Angaben.
Die Trennung der Kaffeebohnen von begleitendem Kornkaffee wird durch
passende Siebe sehr erleichtert. — Kunstkaffee und fremde kaffeeähn-
liche Samen (Mais, Lupinen usw.) sind bei genauer Betrachtung meist schon
makroskopisch zu erkennen, sicher mikroskopisch zu unterscheiden.

Für die Erkennung von Kaffee-Ersatzstoffen in gemahlenem Kaffee
ist die mikroskopische Prüfung ausschlaggebend, in einigen Fällen (Nachweis von Kaffeesatz) auch die Bestimmung des Coffeins (vgl. oben S. 262)
und der wasserlöslichen Stoffe (S. 264). Über die mikroskopischen Kennzeichen
des echten Kaffees vgl. J. König, Chemie der menschl. Nahrungs- und Genußmittel Bd. III, 3. Teil, S. 184—187. — Zum Aufhellen von gebranntem
Kaffee für die mikroskopische Untersuchung läßt man das Pulver am besten
einige Tage in Ammoniaklösung liegen und bleicht dann etwa 2 Stunden mit
Natriumhypochloritlösung.

Tee.

A. Begriff.

Unter der Bezeichnung „Tee“ versteht man die auf verschiedene Weise
zubereiteten Blattknospen und jungen Blätter der Teepflanze (Thea sinensis)
und einer ihrer Varietäten (Thea sinensis var. Assamica Sims).

---

[1]) Zur Vermeidung von Verlusten an Coffein, die sehr leicht bei Verwendung einer
Schale dadurch entstehen, daß die Chloroformlösung beim Abdunsten auf dem Wasserbade
über den Rand der Schale kriecht, ist es zweckmäßig, die Schale mit einem dünnen Kupfer-
blechmantel, der den Rand der Schale um mindestens 5 cm überragen muß, zu umgeben.

Nach der Zubereitung unterscheidet man grünen und schwarzen Tee.

„Bruchtee" wird durch Sieben der Abfälle aus den gröberen Anteilen gewonnen; im gepreßten Zustande heißt er „Würfeltee", in anderen Fällen auch „Ziegeltee". „Lügentee" besteht aus dem Staub der Teekisten, aus Teebruch, gepulverten Stielen und Zweigspitzen, die mit Hilfe eines klebenden Stoffes zusammengepreßt werden.

B. Hauptsächliche Abweichungen.

1. Untermischung von geringwertigen Sorten und wertlosen Bestandteilen der Teepflanze selbst.

2. Zumischung von Tee - Ersatzstoffen.

3. Übermäßiger Wasser- und Aschengehalt.

4. Unterschiebung oder Zumischung von ausgezogenem Tee. Künstliche Färbung.

5. Bleigehalt.

C. Vorzunehmende Prüfungen.

1. Zur Erkennung der Teesorte dienen Aussehen und Geruch, ferner Farbe, Klarheit, Geruch und Geschmack des wässerigen Auszuges, der wie bei der Teebereitung selbst hergestellt wird. Fremdartige Bestandteile werden aus einer gewogenen Menge Tee, der vorher mit Wasser aufgeweicht worden ist, ausgesucht.

2. In üblicher Weise erfolgen die Bestimmungen

a) des Coffeins, wie bei Kaffee, S. 262;

b) des Aschegehaltes (vgl. S. 81) und der Chloride (vgl. S. 94);

c) des Wassergehaltes (vgl. S. 3).

3. Um zu erkennen ob einzelne Teilchen aus dem Tee Teein enthalten, also von der Teepflanze oder von anderen Pflanzen herrühren, dient die **Sublimationsprobe** eines kleinen Teestückchens zwischen 2 Uhrgläsern nach A. Nestler[1]). Hierbei wird das Stückchen zwischen den Fingern zerrieben und zwischen 2 Uhrgläsern über einem Mikrobrenner auf Asbest oder Drahtnetz erhitzt. Auf die Außenseite des oberen Uhrglases bringt man einen Tropfen Wasser; darunter setzen sich dann an der Innenseite feine Nadeln von Tein ab.

Im Falle die Sublimationsprobe negativ ausfällt, empfiehlt sich die gerade zur Erkennung von Tee-Ersatzstoffen außerordentlich wichtige **mikroskopische Prüfung**. Über die mikroskopischen Merkmale von Teeblättern und deren Ersatzmitteln vgl. die ausführlichen Beschreibungen in J. König, Chemie der menschl. Nahrungs- und Genußmittel Bd. III, 3. Teil, S. 249—265.

4. Bestimmung der Menge der in Wasser löslichen Stoffe. 20 g Tee werden auf dem siedenden Wasserbade $1/_2$ Tag lang mit 400 ccm Wasser stehengelassen, die Masse durch ein gewogenes Filter filtriert und solange mit Wasser nachgewaschen, bis die Menge des Filtrates 1 l beträgt. Aus dem bei 100° getrockneten und gewogenen Filterrückstande wird die Extraktmenge unter Berücksichtigung des Wassergehaltes des Tees berechnet.

Über die Bestimmung des Gerbstoffes vgl. J. König, Chemie der menschl. Nahrungs- und Genußmittel Bd. III, 3. Teil, S. 243.

5. Der Nachweis künstlicher Färbung erfolgt nach S. 129 oder wie bei Kaffee S. 262).

Als Vorproben auf künstliche Färbung werden in den Vereinbarungen deutscher Nahrungsmittelchemiker folgende empfohlen:

---

[1]) Zeitschr. f. Untersuch. d. Nahrungs- u. Genußmittel Bd. 4, S. 289. 1901; Bd. 5, S. 245 u. 476. 1902; Bd. 6, S. 408. 1903.

a) Reiben der feuchten Teeblätter auf weißem Papier.

b) Reiben der einzelnen Teeblätter aneinander durch gelindes Schütteln in einem Sieb, wodurch es vielfach gelingt, die an der Oberfläche haftenden Färbungsmittel teilweise in das Absiebsel überzuführen.

c) Auch durch Behandeln der Blätter mit warmem Wasser können die oberflächlich haftenden Farbteilchen mitunter abgelöst werden. Man hängt zu diesem Zwecke den Tee in einem Gazebeutelchen in warmes Wasser und befördert die Ablösung des Farbstoffes durch leichtes Drücken des Beutelchens. Das auf eine oder andere dieser Arten erhaltene Absiebsel oder der Bodensatz wird näher zu untersuchen sein.

Campecheholz und Catechu werden nach Eder folgendermaßen nachgewiesen: 2 g Tee werden mit Wasser aufgekocht, das Filtrat mit 3 ccm Bleiacetatlösung versetzt und zu diesem Filtrat Silbernitrat gegeben. Bei Gegenwart von Catechu entsteht ein gelbbrauner, flockiger Niederschlag, während reiner Tee nur eine schwachbraune Färbung gibt.

Wird Tee mit Wasser aufgeweicht, so löst sich ein Teil des Campechefarbstoffes auf; derselbe ist durch sein Verhalten gegen neutrales Kaliumchromat (durch die schwärzlich-blaue Färbung) zu erkennen. Auch mikroskopisch ist er nachzuweisen.

6. Der **Bleigehalt** von Tee ist, da die zur Verpackung dienenden Teekisten mit Bleifolie ausgelegt zu werden pflegen, eine nicht seltene Erscheinung. Solcher Tee kann erhebliche Bleimengen an den wässerigen Aufguß abgeben, wie F. Wirthle und K. Amberger[1]) festgestellt haben. Der Nachweis erfolgt, wenn nicht schon einige Bleiteilchen im Tee mit dem Auge wahrnehmbar sind, durch Untersuchung der in einem Porzellantiegel hergestellten Asche nach S. 106.

Kakao und Schokolade.

A. Begriffe.

Für die aus den Samen des Kakaobaumes (Theobroma Cacao L.) erhaltenen Erzeugnisse und Zubereitungen daraus mit anderen Stoffen gelten folgende Leitsätze des Vereins deutscher Nahrungsmittelchemiker[2]):

1. **Kakaomasse** ist das Erzeugnis, welches lediglich durch Mahlen und Formen der gerösteten und enthülsten Kakaobohnen gewonnen wird. Die Verarbeitung beschädigter[3]) Kakaobohnen ist verboten.

Kakaomasse darf keinerlei fremde Beimengungen enthalten. Kakaoschalen und Kakaokeime dürfen nur in technisch unvermeidbarer Menge vorhanden sein. Die beim Reinigen der Kakaobohnen sich ergebenden Abfälle[4]) dürfen weder der Kakaomasse zugefügt, noch für sich auf Kakaomasse verarbeitet werden.

---

[1]) Zeitschr. f. Untersuch. d. Nahrungs- u. Genußmittel Bd. 44, S. 89—91. 1922.

[2]) Vgl. Zeitschr. f. Untersuch. d. Lebensmittel Bd. 52, S 94—97. 1926.

[3]) Als „beschädigt" im Sinne dieser Leitsätze gelten solche Kakaobohnen, die durch Seewasser, Schimmel, Fäulnis, Brandrauch oder Wurmfraß in ihrem natürlichen Zustande verändert sind oder dumpfigen Geschmack haben.

[4]) Um Mißständen und Mißverständnissen vorzubeugen, soll in Zukunft eine scharfe Trennung zwischen Kakaogrus und Kakaoabfall gemacht werden.

„Kakaogrus" stellt Klein-Kakaokernteilchen dar, die bei der Reinigung der Kakaoabfälle auf besonderen Reinigungsmaschinen gewonnen werden. Kakaogrus darf Kakaoschalen oder Kakaokeime nur in Spuren enthalten.

„Kakaoabfälle" entstehen bei der Reinigung der Kakaobohnen und bestehen aus Kernteilchen, Schalen, Keimen und Samenhäutchen.

Aufgeschlossene Kakaomasse ist eine mit Alkalien, Carbonaten von Alkalien bzw. alkalischen Erden, Ammoniak oder deren Salzen bzw. mit Dampfdruck behandelte Kakaomasse.

Kakaomasse hinterläßt 2,5—5% Asche und enthält nach den bisherigen Feststellungen 52—58% Fett; der Sandgehalt darf 0,2%, berechnet auf fettfreie Trockenmasse, nicht übersteigen.

2. **Kakaopulver,** entölter Kakao, aufgeschlossener Kakao, sind gleichbedeutende Bezeichnungen für eine in Pulverform gebrachte Kakaomasse bzw. in Pulverform gebrachte, geröstete, enthülste, unbeschädigte Kakaobohnen, nachdem diese durch Abpressen in der Wärme von dem ursprünglichen Gehalte an Fett teilweise befreit und unter Umständen einer Behandlung mit Alkalien, Carbonaten von Alkalien bzw. alkalischen Erden, Ammoniak und deren Salzen bzw. einem Dampfdruck ausgesetzt waren.

Dem Fettgehalt nach unterscheidet man stark und schwach entölte Kakaopulver. „Schwach entölte" Kakaopulver müssen mindestens 20% Fett, „stark entölte" Kakaopulver mindestens 15% Fett enthalten. Stark entölte Kakaopulver müssen als solche deutlich (als „fettarme") gekennzeichnet sein, ebenso müssen gewürzte (aromatisierte oder parfümierte) Kakaopulver als solche deklariert werden.

Der Zusatz von Alkalien oder alkalischen Erden darf 3% des Rohmaterials nicht überschreiten.

Kakaopulver usw. darf keine fremden Beimengungen (auch kein Stärkemehl) enthalten. Kakaoschalen und Kakaokeime dürfen nur in technisch unvermeidbarer Menge vorhanden sein. Die beim Reinigen der Kakaobohnen sich ergebenden Abfälle dürfen weder dem Kakaopulver zugefügt, noch für sich auf Kakaopulver verarbeitet werden.

Nur gepulvertes oder mit Ammoniak bzw. mit Dampfdruck hergestelltes Kakaopulver hinterläßt, auf Kakaomasse mit 55% Fett umgerechnet, nach den bisherigen Feststellungen 3—5% Asche.

Mit Alkalien oder alkalischen Erden aufgeschlossenes Kakaopulver darf, auf Kakaomasse mit 55% Fett umgerechnet, nicht mehr als 8% Asche hinterlassen.

Der Gehalt an Wasser darf 9% nicht übersteigen. Der Sandgehalt darf 0,2%, berechnet auf fettfreie Trockenmasse, nicht übersteigen.

Haferkakao, Haferzuckerkakao oder ähnliche Zubereitungen müssen mindestens 50% Kakao enthalten. Dies gilt auch für gesüßte derartige Zubereitungen. Der Zusatz von Zucker muß besonders gekennzeichnet werden.

Malzkakao, insbesondere Hafermalzkakao, muß 5% Malzextrakt oder eine dementsprechende Menge Malz enthalten.

3. **Schokoladen** sind Zubereitungen von Kakaomasse mit Rüben- oder Rohrzucker (Raffinade oder Weißzucker), mit oder ohne Zusatz von Kakaobutter und Gewürzen.

Schokoladen müssen wenigstens 35% Kakaomasse und wenigstens 40% Kakaobestandteile (Kakaomasse Kakaobutter) enthalten.

Der Gehalt an Zucker darf also in Schokoladen nicht mehr als 60% betragen und, wenn zulässige andere Stoffe zugesetzt werden, so darf die Gesamtsumme dieser und des Zuckers nicht mehr als 60% betragen.

Außer dem Zusatze von Gewürzen dürfen bei der Herstellung der Schokoladen andere pflanzliche Zusätze nicht gemacht werden. Auch darf Schokolade kein fremdes Fett und keine fremden Mineralbestandteile enthalten. Kakaoschalen und Kakaokeime dürfen nur in technisch unvermeidbarer Menge vorhanden sein. Die beim Reinigen der Kakaobohnen sich ergebenden Abfälle dürfen weder der Schokolade zugesetzt, noch für sich auf Schokolade verarbeitet werden.

Der Gehalt an Mineralstoffen soll im allgemeinen 2,5% nicht übersteigen, bei sehr hohem Gehalt an Kakaomasse kann er bis 3% steigen; der Sandgehalt darf 0,1% nicht übersteigen.

Marzipan - Schokolade muß Marzipan im handelsüblichen Sinne enthalten. Marzipankrem - Schokolade muß einen Krem enthalten, der einen solchen Zusatz von Marzipan enthält, daß er geschmacklich deutlich wahrnehmbar ist. Die Verwendung von Ersatzstoffen für Marzipan ist verboten.

Frucht - Schokoladen sind solche Schokoladen, die ausschließlich mit Bestandteilen von Früchten (Fruchtmassen, Fruchtpasten, auch in konzentrierter Form) hergestellt sind. Schokoladen, die unter Zusatz von natürlichen oder künstlichen Fruchtaromen hergestellt sind, müssen ausdrücklich als „Schokolade mit Fruchtgeschmack" bezeichnet werden. Bei Schokoladen, die mit Fruchtfleisch aus Citrusarten hergestellt sind, ist ein Zusatz des natürlichen Schalenaromas zulässig.

Bananenmehl gilt nicht als Fruchtmasse.

Nuß - Schokoladen müssen ohne Rücksicht darauf, ob sie Nuß-Zusätze in sichtbarer Form oder in fein geriebenem Zustande enthalten, so hergestellt sein, daß die nußfreie Schokoladenmasse den für Schokoladen oben angegebenen Anforderungen genügt. Unter „Nüssen" in diesem Sinne sind nur Hasel- oder Wallnüsse zu verstehen. Eine leichte teilweise Entölung der Nüsse, die lediglich zum Zwecke der Herstellung von Nuß-Schokolade geschieht, aber keine anderen Zwecke verfolgt, ist zulässig. Die Verwendung von Nußpreßrückständen ist verboten.

Nuß - Krem - Schokolade muß einen Krem enthalten, der einen solchen Zusatz von Hasel- oder Wallnüssen enthält, daß er geschmacklich deutlich wahrnehmbar ist. Die Verwendung von Ersatzstoffen für Hasel- und Wallnüsse ist verboten.

Erdnuß - Schokoladen, Cocosnuß - Schokoladen und ähnliche sind als solche deutlich in der Hauptbezeichnung als „Erdnuß-Schokolade" bzw. „Cocosnuß-Schokolade" zu kennzeichnen. Ein Zusatz von Erdnußöl oder Cocosnußöl ist auch bei diesen verboten.

Krem - Schokoladen bestehen aus einem inneren Kern (einem Krem) und einem Überzug aus Schokolademasse. Die Schokolademasse muß den für Schokolade oben angegebenen Anforderungen entsprechen. Der Krem muß frei von Stärkemehl sein. Deutet die Bezeichnung auf die Verwendung besonderer Stoffe hin, so müssen diese in handelsüblicher Form in dem Krem enthalten sein. Werden zur Herstellung solcher besonders bezeichneter Krems künstliche Essenzen verwendet, so muß dies aus der Bezeichnung hervorgehen, indem nur die Geschmacksrichtung (z. B. mit Rumgeschmack) angegeben wird.

Schmelz - Schokoladen müssen mindestens 35% Kakaomasse und mindestens 50% Kakaobestandteile (Kakaomasse, Kakaobutter) enthalten und eine entsprechende Bearbeitung erfahren haben. Der Gesamtgehalt an Kakaobutter soll mindestens 30% betragen.

4. **Milch- und Sahne-Schokoladen** sind Zubereitungen aus Kakaomasse, Zucker (Raffinade oder Weißzucker), Milch- und Sahnebestandteilen, mit oder ohne Zusatz von Kakaobutter. Milch- und Sahneschokoladen müssen mindestens 12,5% Kakaomasse und mindestens 25% Kakaobestandteile enthalten. Der Gehalt an Zucker darf auch in Milch- und Sahne-Schokoladen nicht mehr als 60% betragen, im übrigen gelten dieselben Grundsätze wie für Schokolade.

Magermilch - Schokolade muß als solche wörtlich bezeichnet werden. Sie muß mindestens 12,5% Magermilch-Trockensubstanz enthalten. Ein weiterer Zusatz von Vollmilchpulver ist des Geschmackes wegen ohne Deklaration gestattet.

Milch-Schokolade, das ist Vollmilch-Schokolade, muß mindestens 12,5% Vollmilch-Trockensubstanz enthalten. Ein Zusatz von Magermilch-Trockensubstanz ist nicht zulässig.

Sahne- bzw. Rahm-Schokolade muß soviel handelsübliches Sahnepulver enthalten, daß der Milchfettgehalt hieraus mindestens 5,5% beträgt. Des Geschmackes wegen kann darüber hinaus ein Zusatz von Vollmilch oder Vollmilch-Trockensubstanz ohne Deklaration erfolgen.

5. Überzugsmasse besteht aus mindestens 50 Kakaobestandteilen — darunter mindestens 15 Teilen freier Kakaobutter — und höchstens 50 Teilen Zucker. Werden mehr als 50% Kakaobestandteile verwendet, so darf für jedes Kilogramm Kakaobestandteile mehr 0,5 kg Kakaobutter von den 15 Teilen freier Kakaobutter abgesetzt werden; dabei muß die Überzugsmasse mindestens 35% Kakaomasse enthalten.

Im übrigen gelten dieselben Grundsätze wie für Schokolade, nur daß in der Überzugsmasse kennzeichnungsfreie Zusätze von Nüssen, Mandeln und von Milchtrockensubstanz bis zu insgesamt 5% zulässig sind.

Für Milch-Kouvertüre finden die Bestimmungen über Milchschokolade sinngemäß Anwendung.

6. Schokoladepulver (Schokolademehl, Puderschokolade, Trinkschokolade, Raspelschokolade) ist eine im Schokoladeverfahren hergestellte Zubereitung aus Kakaomasse oder aufgeschlossener Kakaomasse, die auch mehr oder weniger entölt sein kann, mit höchstens 60% Zucker. Trotz der teilweisen Entölung der Kakaomasse darf das Schokoladepulver nicht weniger als 10% Fett enthalten. Die teilweise Entölung ist in jedem Falle durch den Zusatz „teilweise entölt" in unmittelbarem Zusammenhange mit der Hauptbezeichnung zu deklarieren.

Einfache Mischungen aus Kakaopulver mit Zucker dürfen nicht als Schokoladepulver usw. bezeichnet werden.

Gewürze und etwa sonstige Zusätze wie bei Schokolade.

7. Kakaobutter ist das aus gesunden, enthülsten Kakaobohnen oder aus Kakaomasse durch Abpressen und Filtration ohne chemische Nachbehandlung gewonnene Fett. Der Säuregrad der Kakaobutter soll nach den bisherigen Feststellungen 6° nicht überschreiten.

8. Die vorstehenden Leitsätze gelten auch für Waren, die nicht als Schokolade und Kakaopulver usw., sondern unter Phantasienamen in den Verkehr gebracht werden, aber dem Äußeren nach den Anschein dieser Waren erwecken.

B. Hauptsächliche Abweichungen.

1. Verfälschungen durch
   a) Zusatz von Kakaoschalen und sonstigen Abfällen;
   b) Übermäßigen Fettentzug;
   c) Zusatz von Fremdfetten und Fettsparern;
   d) Übermäßigen Zuckerzusatz;
   e) Zusatz von Mehlen und Stärkemehlen.
2. Ungenügender Milch- und Rahmgehalt bei Milch- und Rahmschokolade.
3. Verdorbenheit durch
   a) Zersetzungserscheinungen;
   b) Verunreinigungen.
   c) Übermäßigen Alkalizusatz bei Trinkkakao;

C. Vorzunehmende Prüfungen.

1. Nachweis und Bestimmung der Kakaoschalen. Der sichere Nachweis der Kakaoschalen erfolgt auf mikroskopischem Wege durch Auffindung der **Schleimzellen** oder der **Sklereidenschicht** (Steinzellen). Da die ersteren bei der Vermahlung des Kakaos mehr oder weniger zertrümmert werden, empfiehlt es sich, den Nachweis besonders auf die **Steinzellen** zu stützen und die Menge dieser gegebenenfalls abzuschätzen oder auch durch Auszählung zu ermitteln. Wie jedoch C. Griebel und F. Sonntag[1] festgestellt haben, unterliegt die Menge der Steinzellen in der Einheit Kakaoschalen sehr großen Schwankungen (etwa 2500—10 000 für 1 mg). Da die Kakaoschalen erhebliche Mengen Sand enthalten, der sich technisch nur außerordentlich schwierig daraus entfernen läßt, hat man in der Bestimmung des **Sandgehaltes**[1] in der Asche eine einfache Vorprobe zur Auswahl verdächtiger Proben; Kakaoproben mit weniger als etwa 0,1% Sand sind meistens als eines Schalenzusatzes[2] nicht verdächtig anzusehen. Im übrigen empfehlen sich folgende Untersuchungsverfahren auf Kakaoschalen:

a) Für die **mikroskopische Prüfung auf Kakaoschalen** verfahren C. Griebel und F. Sonntag[3] wie folgt:

0,5 g des entfetteten und getrockneten Kakaopulvers bzw. eine entsprechend größere Menge Schokoladenpulver werden in einem gewogenen Zentrifugenröhrchen (am besten aus Jenaer Glase) von etwa 30 ccm Fassungsraum mit Javellescher Lauge klumpenfrei verrührt. Sodann füllt man das Röhrchen mit Javellescher Lauge bis zu einer vorher angebrachten Marke auf, läßt etwa 30 Minuten stehen und zentrifugiert. Die überstehende Flüssigkeit wird durch ein glattes Filter gegossen, der Bodensatz mit Wasser gut durchgerührt und nach dem Auffüllen des Röhrchens erneut durch Zentrifugieren abgeschieden. Das Waschwasser gießt man wieder durch das glatte Filter und wiederholt den Waschvorgang noch einmal in derselben Weise. Sodann schlämmt man das im Röhrchen befindliche Sediment sorgfältig mit 20 ccm Wasser auf und läßt die Aufschwemmung nach Zusatz von 0,5 ccm Carbolfuchsin unter wiederholtem Umrühren 30 Minuten stehen. Dann wird zentrifugiert, die überstehende Flüssigkeit durch das oben erwähnte glatte Filter gegossen und der gefärbte Bodensatz durch noch zweimal wiederholtes Zentrifugieren wie oben mit Wasser ausgewaschen. Die auf dem Filter befindlichen Pulverteilchen werden in eine Glasschale abgespritzt und, nachdem die Flüssigkeit auf dem Wasserbade zum größten Teile wieder verdampft wurde, in das Zentrifugenröhrchen übergeführt, worauf man das Gewicht der Aufschwemmung mit Wasser auf 5 g ergänzt. Die Aufschwemmung dient zur mikroskopischen Prüfung.

Soll die Menge der Steinzellen durch **Auszählung** ermittelt werden, so bringt man nach Plücker, Steinruck und Stark[4] etwa 15—20 mg der Aufschwemmung mit Hilfe einer Platinöse auf einen zur Auszählung geeigneten gewogenen, Objektträger, der dann sofort in ein Wägeglas eingeschlossen und erneut gewogen wird. Empfehlenswert sind nach Griebel

---

[1] Vgl. Sp. Galanos: Zeitschr. f. Untersuch. d. Nahrungs- u. Genußmittel Bd. 48, S. 207—211. 1924.

[2] Dieselben können aber dann noch Kakaokeime mit meistens nicht größeren Sandgehalt als bei reinem Kakao enthalten.

[3] Zeitschr. f. Untersuch. d. Lebensmittel Bd. 51, S. 185—198. 1916.

[4] Zeitschr. f. Untersuch. d. Nahrungs- u. Genußmittel Bd. 50, S. 307—315. 1925.

und Sonntag Objektträger, die eine Einteilung aufweisen, bei der ein Quadrat von 16 mm Seitenlänge durch parallele Linien in 40 Längsstreifen von 0,4 mm Breite geteilt ist[1]). Nach der Wägung verteilt man die Flüssigkeit mit Hilfe eines zur haarfeinen Spitze ausgezogenen Glasstabes auf dem Quadrate des Objektträgers, läßt völlig lufttrockenwerden oder trocknet bei mäßiger Wärme und fixiert den Aufstrich, indem man über das stark geneigte Präparat einige Tropfen einer Lösung von 1 Teil Collodium, 5 Teilen Alkohol und 35 Teilen Äther fließen läßt. Die Auszählung erfolgt nach Zugabe eines Tropfens Glycerin bei aufgelegtem Deckglase. Zweckmäßig ist die Verwendung eines auf die Okularblende aufzulegenden Okularnetzmikrometers.

b) Bestimmung des Mindestgehaltes an Kakaoschalen aus dem Rohfasergehalt des Abschlämmrückstandes nach eigenen Versuchen[2]).

α) Bei größeren Gehalten an Kakaoschalen (über 10% und mehr) bestimmt man im Kakao zunächst den Gehalt an Rohfaser nach Henneberg und Stohmann (S. 63) und die Stickstoffsubstanz nach Kjeldahl (S. 6). Die Verhältniszahl Stickstoffsubstanz : Rohfaser beträgt für Kakao in der Regel über 4, für Kakaoschalen im Mittel 1.

β) Bei kleineren Gehalten an Kakaoschalen verfährt man wie folgt: 5 g im Soxhletschen Apparate durch 4—6stündige Extraktion mit Äther vollständig entfetteter Kakao wird mit etwas 90proz. Spiritus verrührt, bis eine gleichmäßige breiige Masse entstanden ist; man läßt etwa 10 Minuten stehen, fügt sodann allmählich Wasser in kleinen Mengen hinzu, führt das Gemisch in einen Standzylinder von 250 ccm Inhalt über und füllt unter Mischen soviel Wasser hinzu, bis die obere Marke erreicht ist. Man läßt nun etwa 60 Minuten[3]) ruhig stehen, wobei sich die Schalen nebst den nicht abschlämmbaren Kakaoteilchen absetzen. Sollte sich an der Flüssigkeitsoberfläche Schaum gebildet haben und möglicherweise Schalenteilchen eingeschlossen haben, so entfernt man diese daraus durch vorsichtiges Umschwenken des Standzylinders.

Von dem entstandenen Bodensatze saugt man darauf von oben her mit Hilfe eine Schlauchleitung durch eine Saugpumpe mit eingeschalteter großer Saugflasche, die über dem Bodensatze stehende trübe Flüssigkeit bis auf etwa 1—2 cm über dem Bodensatze vorsichtig ab, ohne diesen aufzuwirbeln; dann füllt man wieder mit Wasser auf, läßt abermals 60 Minuten[3]) stehen, saugt wieder ab und wiederholt diese Behandlung solange, bis die überstehende Flüssigkeit klar geworden ist bzw. filtriert werden kann. Schließlich bringt man den abgesetzten Rückstand auf einen mit Asbest beschickten, gewogenen Goochtiegel, spritzt den Glaszylinder mit kaltem Wasser aus und filtriert unter schwachem Ansaugen ab. Darauf wäscht man einmal mit wenig Alkohol, zweimal mit Äther nach und trocknet den Tiegel bei 105—110° bis zur Gewichtsbeständigkeit. Die Gewichtszunahme gegenüber dem Gewichte des Tiegels ergibt die Menge des Abschlämmrückstandes in Gramm, mal 20 in Prozent, mal 0,2 als Größe A.

Der getrocknete Schlämmrückstand wird quantitativ in einen Erlenmeyerkolben von wenigstens 300 ccm Inhalt übergeführt und auf je 0,1 g Rückstand werden 10 ccm, mindestens aber 50 ccm $1^1/_4$proz. Schwefelsäure zugefügt, 30 Minuten am Rückflußkühler im Kochen gehalten, siedendheiß durch einen

---

[1]) Zu beziehen von E. Leitz in Wetzlar (Preis 8 Mark).

[2]) Vgl. J. Großfeld, Zeitschr. f. Untersuch. d. Lebensmittel Bd. 51, S. 249—262. 1926. — Obige Vorschrift enthält noch einige nachträglich gefundene Verbesserungen.

[3]) Ursprünglich nur 30 Minuten angegeben, die aber bei Vorliegen feingemahlener Schalen nicht ausreichen. Vermutet man sehr fein gemahlene Schalen, so läßt man 2 Stunden oder noch länger stehen.

Goochtiegel unter schwachem Ansaugen filtriert, durch Abspritzen mit $1\frac{1}{4}$ proz. Kalilauge in den Kolben zurückgebracht und mit der gleichen Menge derselben, wie Schwefelsäure verwendet worden war, nach Zusatz von 1 ccm Amylalkohol zur Verhinderung des Schäumens, 30 Minuten im Sieden gehalten. Nach beendigter Kochung wird abermals filtriert, mit 90 proz. Alkohol und Äther ausgewaschen, die Rohfaser in üblicher Weise zur Wägung gebracht und in Prozent des Abschlämmrückstandes ausgedrückt.

Der gefundene Rohfasergehalt des Schlämmrückstandes in Prozent desselben ergibt, durch 100 geteilt, die Zahl q. Wird der Rohfasergehalt auf diese Weise höher als 13% (q über 0,13) gefunden, so kann man den Gehalt des Schlämmrückstandes an fett- und extraktfreier Schalentrockenmasse (x) sowie die entsprechende Menge an ursprünglicher Schalensubstanz (X) aus folgender Tafel ablesen:

Rohfasergehalt des Schlämmrückstandes %	0,0		0,1		0,2		0,3		0.4		0,5		0,6		0,7		0,8		0,9	
	x	X	x	X	x	X	x	X	x	X	x	X	x	X	x	X	x	X	x	X
13	25	37	25	38	26	39	27	40	27	41	28	42	29	43	29	44	30	45	30	46
14	31	47	32	48	32	49	33	50	34	51	34	52	35	52	36	53	36	54	37	55
15	37	56	38	57	39	58	39	59	40	60	41	61	41	62	42	63	43	64	43	65
16	44	66	45	67	45	68	46	69	46	70	47	71	48	72	48	73	49	74	50	74
17	50	75	51	76	52	77	52	78	53	79	53	80	54	81	55	82	55	83	56	84
18	57	85	57	86	58	87	59	88	59	89	60	90	61	92	61	92	62	93	62	94
19	63	95	64	96	64	97	65	98	66	98	66	99	67	100	68	101	68	102	69	103
20	69	104	70	105	71	106	71	107	72	108	73	109	73	110	74	111	75	112	75	113
21	76	114	77	115	77	116	78	117	78	118	79	119	80	120	80	121	81	122	82	122
22	82	123	83	124	84	125	84	126	85	127	85	128	86	129	87	130	87	131	88	132
23	89	133	89	134	90	135	91	136	91	137	92	138	93	139	93	140	94	141	94	142
24	95	143	96	144	96	145	97	146	98	146	98	147	99	148	99	149	100	150	100	150

Die Zahlen, mal A, entsprechen dem Gehalte des entfetteten Kakaos an Schalensubstanz x bzw. Schalen X. Ebenso berechnet sich nach folgenden Formeln der angenäherte Gehalt an fett-, wasser- und extraktfreier Schalentrockensubstanz (x) oder an ursprünglichen Schalen (X) zu:

$$x = 6{,}4\,A\,(q - 0{,}0912),$$
$$X = 9{,}5\,A\,(q - 0{,}0912).$$

Die Werte von x oder X, mal 100, ergeben den Prozentgehalt des entfetteten Kakaos an Schalensubstanz bzw. Schalen.

Wird der Rohfasergehalt des Abschlämmrückstandes unter 13% gefunden, so wird in einer neuen Probe von 10 g entfettetem Kakao bzw. der entsprechenden Menge entfetteter Schokolade ein zweiter Abschlämmrückstand hergestellt, schließlich in einen Glasfiltertiegel übergeführt, absitzen gelassen, die überstehende Flüssigkeit möglichst abgegossen und schließlich abgesaugt. Darauf wird einmal mit 90 proz. Alkohol, schließlich mit Äther ausgewaschen und scharf abgesaugt. Dann läßt man an der Luft trocknen, bis der Äther verdunstet ist. Den lufttrockenen Rückstand bringt man unter Nachwischen mit einer Federfahne in einen Porzellanmörser und verreibt ihn einige Minuten lang zu einem feinen Pulver. Dann verreibt man mit etwas 90 proz. Alkohol, fügt Wasser hinzu und wiederholt die Abschlämmung in beschriebener Weise. Den Rückstand saugt man schließlich durch einen gewogenen Goochtiegel und bestimmt nach dem Trocknen und Wägen abermals den Rohfasergehalt.

Wird in diesem zweiten Rückstande ein Rohfaserwert unter 9,1% gefunden, so ist die Abwesenheit erheblicher Mengen von Kakaoschalen anzunehmen.

Liegt im zweiten Rückstande der Rohfasergehalt über 13%, so erfolgt die Berechnung nach obigen Formeln.

Liegt im zweiten Rückstande der Rohfaserergehalt zwischen 9,1 und 13%, so wird weiterhin der Rohfasergehalt der schalenfreien Kakaosubstanz wie folgt ermittelt: 0,5 g des entfetteten Kakaos werden in einem kleinen Becherglase mit etwa 2—3 ccm 90proz. Alkohol zu einem gleichmäßigen Brei verrührt, einige Minuten stehengelassen und mit 50 ccm Wasser verdünnt. Man läßt etwa eine Stunde unter zeitweiligem Umrühren stehen, filtriert dann durch einen mit einem starken Asbestfilter versehenen gewogenen Goochtiegel zunächst ohne Ansaugen und Nachwaschen mit kaltem (!) Wasser und saugt schließlich ab. Dann wäscht man mit 90proz. Alkohol und schließlich sorgfältig mit Äther nach, trocknet und wägt den Rückstand (das im Wasser Unlösliche). In weiteren 1 g des entfetteten Kakaos bestimmt man sodann noch den Rohfasergehalt. Dessen Menge in Prozent des im Wasser Unlöslichen, geteilt durch 100, ergibt die Zahl p.

Hieraus läßt sich dann der Schalengehalt nach folgenden Formeln berechnen:
$$x = 0,67 \; A \; (q - p) \; F$$
$$X = A \; (q - p) \; F.$$
Der Faktor F ist abhängig von der Menge des Abschlämmrückstandes, wie folgt:

Abschlämmrückstand % (= 100 A)	0	5	10	15	20	25	30	35
F =	9,4	10	11	12	13	15	17	20

Anmerkung: Das vorstehende Verfahren kann in zwei Fällen zu niedrige Ergebnisse liefern, nämlich

a) wenn die Kakaoschalen in sehr feiner, durch Wasser abschlämmbarer Form vorliegen,

b) wenn gleichzeitig Kakaokeime im Abschlämmrückstande zurückbleiben, weil deren Rohfasergehalt nur etwa 4% der in Wasser unlöslichen Trockensubstanz beträgt.

Die Gegenwart größerer Mengen von Kakaokeimsubstanz neben Kakaoschalen im Abschlämmrückstande gibt sich außer durch mikroskopische Untersuchung auch dadurch zu erkennen, daß nach dem Zerreiben des lufttrockenen Rückstandes ein erheblich höherer Gehalt an Schalensubstanz gefunden wird als vor dem Zerreiben, weil hierdurch ein Teil der an sich leichter als die zähen Schalen zerreibbaren Keime in abschlämmbare Form übergeführt wird. Findet man nach Zerreiben des 2. Abschlämmrückstandes einen gleichen oder niedrigeren Rohfasergehalt gegenüber dem des ersten Rückstandes, so ist nicht abschlämmbare Keimsubstanz in wesentlicher Menge nicht vorhanden.

2. Die **Bestimmung des Fettgehaltes** erfolgt nach W. Sturm[1] am einfachsten mit Trichloräthylen (S. 16); es genügt dabei meistens, 10 g Kakao mit 100 ccm Trichloräthylen zu übergießen, nach $\frac{1}{2}$ Stunde zu filtern und in 25 ccm des Filtrates den Abdampfrückstand zu ermitteln. Bei Schokoladen kocht man jedoch nach meinen Versuchen zweckmäßig 5 Minuten am Rückflußkühler.

3. **Ein teilweiser Ersatz des Kakaofettes durch Cocosfett** drückt sich in einer Erhöhung der Verseifungszahl aus. Eine empfindliche Probe auf Cocosfett ist ferner der Nachweis von Caprylsäure nach S. 202, sodann die Bestimmung der A-Zahl nach S. 31, die bei Kakaofett nach bisherigen Versuchen 0,2 nicht

---

[1] Chem. Weekbl. Bd. 22, S. 167. 1925; Chem. Zentralbl. 1925, I, S. 2476.

übersteigt. Bei Gegenwart von Milchfett verfährt man nach S. 203. Zum Nachweise geringer Mengen Cocosfett, auch neben Milchfett, bestimmen F. Härtel und A. Maranis[1]) die „Übergangszahl" wie folgt:

In 5 g des Fettes wird die Reichert-Meißlsche Zahl[2]) in der Weise bestimmt, daß 100 ccm des Destillates mit kohlensäurefreier $^1/_{10}$ N-Kalilauge genau titriert werden (I). In der Flüssigkeit werden mit $^1/_4$ N-Schwefelsäure die titrierten Fettsäuren wieder in Freiheit gesetzt, die Flüssigkeit in einem mit Marke (bei 200 ccm) versehenen Destillationskolben auf 200 ccm gebracht, ein paar Bimssteinstücke zugegeben und 100 ccm abdestilliert. Bei der Destillation ist darauf zu achten, daß in dem Destillationskolben keine Gelegenheit zur Kondensation gegeben ist. Destillationsaufsätze sind daher zu vermeiden. Die 100 ccm des Destillates werden dann mit $^1/_{10}$ N-Kalilauge genau titriert (II). Der erste Titrationswert $+ \ ^1/_{10}$ ergibt die Reichert-Meißlsche Zahl. Aus dem ersten Titrationswerte (ohne $+ \ ^1/_{10}$ natürlich) und dem zweiten Werte wird die Menge der bei der zweiten Destillation übergegangenen flüchtigen Säure in Prozent der bei der ersten Destillation gefundenen berechnet, dieser Wert ist die Übergangszahl. — Bei reinen Schokoladen beträgt die Übergangszahl etwa 50 und steigt bei Zusatz geringer Mengen Cocosfett auf 80, meist über 90. Normale Butter hat eine Übergangszahl von etwa 76—80, geringe Mengen Cocosfett erhöhen die Zahl auf etwa 85.

Über den Nachweis sonstiger Fette vgl. J. König, Chemie der menschl. Nahrungs- und Genußmittel Bd. III, 3. Teil, S. 274—277.

Da cocosfetthaltige Schokolade ferner leicht ranzig wird, gibt sich die Anwesenheit dieses Fettes auch häufig bereits an dem eigentümlichen esterartigen Geruch („Parfümranzigkeit") zu erkennen.

Zum Nachweise der Fettsparer, Dextrin, Gelatine (vgl. auch S. 8—9) und Tragant, worauf bei Schokoladen mit auffällig niedrigen Fettgehalten zu prüfen ist, gibt König besondere Verfahren an; vgl. J. König, Chemie der menschl. Nahrungs- und Genußmittel Bd. III, 3. Teil, S. 289.

4. **Bestimmung der Saccharose** nach H. Fincke[3]). a) Bei Schokoladen und Kakaopulver-Zucker-Gemischen: 10 g des Stoffes löst man in einem 100 ccm-Kolben mit etwa 70 ccm warmem Wasser, kühlt ab, fügt 4 ccm Bleiessig hinzu, füllt auf und filtriert. Bei Schokoladen empfiehlt es sich, die Lösung in einem Becherglase vorzunehmen und dann in das 100 ccm-Kölbchen überzuspülen, um sicher zu sein, daß nicht einzelne größere Stückchen ungelöst bleiben. 5 ccm des Filtrates erhitzt man im siedenden Wasser mit 1 ccm Fehlingscher Lösung. Findet nur teilweise Reduktion statt, so kann reduzierender Zucker unberücksichtigt bleiben, andernfalls ist Behandlung wie bei b) angegeben erforderlich.

Man polarisiert bei annähernd 20° im 200 mm-Rohre mittels Polarisationsapparates mit Kreisteilung und entnimmt bei Schokoladen und Kakao-Zucker-Mischungen der Tafel S. 370 die nach Ausschaltung des Niederschlagraumes sich ergebenden Werte für die korrigierte Drehung und den zugehörigen Saccharosegehalt.

b) Bei Milchschokoladen und Milchkakao mit Zucker. Die wie bei Schokoladen [vgl. unter a)] bereitete Lösung von Milchschokoladen polarisiert man ebenso, wie dort angegeben ist. Die gefundene Drehung wandelt man nach der Tafel

---

[1]) Zeitschr. f. Untersuch. d. Nahrungs- u. Genußmittel Bd. 47, S. 205—209. 1924.
[2]) Das verwendete Glycerin muß möglichst frei von flüchtigen Fettsäuren sein.
[3]) Zeitschr. f. Untersuch. d. Nahrungs- u. Genußmittel Bd. 50, S. 351—365. 1925.

S. 370 in die korrigierte Drehung um. Alsdann werden vom polarisierten Filtrate 40 ccm in ein 50 ccm-Kölbchen gegeben und mit 0,75 g fein zerriebenem gebranntem Kalk versetzt und die Mischung eine Stunde lang unter wiederholtem Umschwenken in einem Wasserbade von 75—80° erhitzt. Man kühlt dann stark ab, gibt 2 Tropfen Phenolphthaleinlösung hinzu und säuert ganz schwach durch vorsichtige Zugabe von verdünnter Schwefelsäure (1 + 3) an. Hierauf fügt man sofort 2 ccm Bleiessig und nach dem Schütteln einige Kubikzentimeter gesättigter Natriumphosphatlösung hinzu und bringt den Kölbcheninhalt auf etwa 20°. Nach dem Auffüllen und Filtrieren wird wiederum im 200 mm-Rohre polarisiert. Die abgelesene Drehung der zweiten Polarisation rechnet man durch Zuzählung von $^1/_4$ der Drehung auf die Konzentration der ursprünglichen Lösung um. Dann liest man aus der folgenden Tafel die korrigierte Drehung und den Saccharosegehalt ab.

Zweite Polarisation.

Abgelesene Drehung, erhöht um den Betrag der Verdünnung °	Behandelt in Verdünnung 40:50 ccm				Abgelesene Drehung, erhöht um den Betrag der Verdünnung °	Behandelt in Verdünnung 40:50 ccm			
	Korrigierte Drehung °	P.-T	Saccharose °	P.-T.		Korrigierte Drehung °	P.-T	Saccharose %	P.-T.
+7,5	+7,07		53,1		+5,5	+5,12		38,4	
7,4	6,97		52,3		5,4	5,02		37,7	
7,3	6,87		51,6		5,3	4,93		37,0	
7,2	6,77		50,8		5,2	4,83	9 1 1 2 2 3 3 4 4 5 5 6 5 7 6 8 7 9 8	36,3	7 1 1 2 1 3 2 4 3 5 4 6 4 7 5 8 6 9 6
7,1	6,68		50,1		5,1	4,73		35,5	
7,0	6,58		49,4		5,0	4,64		34,8	
6,9	6,48		48,6		4,9	4,54		34,0	
6,8	6,38		47,9		4,8	4,44		33,3	
6,7	6,28		47,1		4,7	4,35		32,6	
6,6	6,19		46,4		4,6	4,25		31,9	
6,5	6,09		45,7		4,5	4,16		31,2	
6,4	5,99		44,9		4,4	4,06		30,5	
6,3	5,89		44,2		4,3	3,97		29,7	
6,2	5,80	10 1 1 2 2 3 3 4 4 5 5 6 6 7 7 8 8 9 9	43,5	8 1 1 2 2 3 2 4 3 5 4 6 5 7 6 8 6 9 7	4,2	3,87		29,0	
6,1	5,70		42,7		4,1	3,78		28,3	
6,0	5,60		42,0		4,0	3,68		27,6	
5,9	5,50		41,3		3,9	3,58		26,9	
5,8	5,41		40,5		3,8	3,49		26,2	
5,7	5,31		39,8		3,7	3,40		25,5	
5,6	5,21		39,1		3,6	3,30		24,8	

Will man diese Tafel, die nur angenäherte Werte ergibt, nicht benutzen, so entnimmt man der Tafel S. 370 den entsprechenden Korrektionsfaktor und berechnet aus diesem, mal 0,979, den Korrektionsfaktor der zweiten Drehung. Die korrigierte zweite Drehung, mal 7,50, ergibt dann den Saccharosegehalt der Milchschokolade.

5. **Bestimmung der Asche und der Alkalität** des im Wasser löslichen Anteiles. Nach A. Froehner und H. Lührig[1] verascht man 10 g Kakao in üblicher Weise in der Platinschale und spritzt die Asche mit etwa 50 ccm heißem Wasser in ein 100 ccm-Kölbchen, kocht $^1/_4$ Stunde und füllt nach dem Erkalten zur

---

[1] Zeitschr. f. Untersuch. d. Nahrungs- u. Genußmittel Bd. 9, S. 257. 1905.

Marke auf. 50 ccm der durch ein trockenes Filter filtrierten Lösung kocht man mit 5 ccm $^1/_2$ N-Schwefelsäure auf und titriert mit $^1/_4$ N-Lauge zurück.

Über die etwas andere Vorschrift nach der „Anleitung zur chemischen Untersuchung von Kakaowaren" vgl. J. König, Chemie der menschl. Nahrungs- und Genußmittel Bd. III, 3. Teil, S. 269. Über den Nachweis der sog. Aufschließungsverfahren ebendort.

Die Menge der Zusätze läßt sich ungefähr berechnen, wenn man mit dem Codex alim. austr. für unaufgeschlossenes Kakaopulver als Höchstgehalt für Asche, bezogen auf fettfreie Trockenmasse, 10%, für wasserlösliche Alkalicarbonate 2% ansetzt.

6. **Mehle und Stärkemehle** fremder Art geben sich bei der Betrachtung von entfettetem Kakao im Wasserpräparate unter dem Mikroskop leicht zu erkennen. Zur quantitativen Bestimmung dient am besten die p o l a r i m e t r i s c h e Stärkebestimmung (S. 56)[1] unter Abzug des Stärkegehaltes von natürlichem Kakao (also mit etwa 50 % Fett), den König (Chemie der menschl. Nahrungs- und Genußmittel Bd. III, 3. Teil, S. 280) im Mittel zu 8,75% angibt.

7. **Bestimmung des Milchgehaltes von Milchschokoladen** und **des Rahmgehaltes von Rahmschokoladen.** a) Der Milchfettgehalt der Schokolade ergibt sich aus dem Produkte von Gesamtfettgehalt und dessen Milchfettgehalt. Letzterer wird nach S. 343 aus Buttersäurezahl und Verseifungszahl berechnet.

b) Die fettfreie Milchtrockenmasse ergibt sich

α) aus dem Prozentgehalte der Asche an Calciumoxyd (CaO) nach eigenen Versuchen[2]. Unter Berücksichtigung des Asche- und Stickstoffgehaltes der Schokolade in Prozenten gelten folgende Formeln:

1) Milchprotein $= 21,4 \times$ CaO $- 1,35 \times$ N.

2) Milchprotein $= 26,1 \times$ CaO $- 1,16 \times$ Asche.

Verascht man 20 g Schokolade und behandelt die Asche nach S. 90 mit je 20 ccm Phosphorsäure, Ammoniumoxalat und Natronlauge, wobei vom Filtrate 50 ccm titriert werden, so können zur Berechnung folgende Hilfstabellen dienen:

$^1/_{10}$ N-KMnO$_4$ ccm	CaO %	Stickstoffverhältnis CaO × 21,4 %	Ascheverhältnis CaO × 26,1 %	$^1/_{10}$ N-KMnO$_4$ ccm	CaO %	Stickstoffverhältnis CaO × 21,4 %	Ascheverhältnis CaO × 26,1 %	$^1/_{10}$ N-KMnO$_4$ ccm	CaO %	Stickstoffverhältnis CaO × 21,4 %	Ascheverhältnis CaO × 26,1 %
10	0,168	3,60	4,39	1	0,017	0,36	0,44	0,1	0,002	0,04	0,04
20	0,336	7,20	8,78	2	0,034	0,72	0,88	0,2	0,003	0,07	0,09
30	0,505	10,80	13,17	3	0,050	1,08	1,32	0,3	0,005	0,11	0,13
40	0,673	14,40	17,56	4	0,067	1,44	1,76	0,4	0,007	0,14	0,18
50	0,841	18,00	21,95	5	0,084	1,80	2,20	0,5	0,008	0,18	0,22
60	1,009	21,60	26,34	6	0,101	2,16	2,63	0,6	0,010	0,22	0,26
70	1,177	25,20	30,73	7	0,118	2,52	3,07	0,7	0,012	0,25	0,31
80	1,346	28,80	35,12	8	0,135	2,88	3,51	0,8	0,013	0,29	0,35
90	1,514	32,40	39,51	9	0,151	3,24	3,95	0,9	0,015	0,32	0,40

[1]) Bei dem Ewersschen Verfahren (S. 56) ist alkalihaltiger Kakao zunächst durch Salzsäurezusatz bis zur eben sauren Reaktion gegen Kongopapier anzusäuern.

[2]) Zeitschr. f. Untersuch d. Nahrungs- u. Genußmittel Bd. 44, S. 240—244. 1922.

<table>
<tr><td colspan="3">Berechnung des Produktes N × 1,35 aus
ccm 1/4 N-Lauge in 5 g Schokolade[1])</td><td colspan="2">Berechnung des Produktes
Asche × 1,16</td></tr>
<tr><td>ccm 1/4 Lauge</td><td>N
%</td><td>N × 1,35
%</td><td>Asche
%</td><td>Asche × 1,16</td></tr>
<tr><td>10</td><td>0,700</td><td>0,95</td><td>1</td><td>01,16</td></tr>
<tr><td>20</td><td>1,401</td><td>1,89</td><td>2</td><td>02,32</td></tr>
<tr><td>30</td><td>2,101</td><td>2,84</td><td>3</td><td>03,48</td></tr>
<tr><td>40</td><td>2,802</td><td>3,78</td><td>4</td><td>04,64</td></tr>
<tr><td>50</td><td>3,502</td><td>4,73</td><td>5</td><td>05,80</td></tr>
<tr><td>60</td><td>4,202</td><td>5,67</td><td>6</td><td>06,96</td></tr>
<tr><td>70</td><td>4,903</td><td>6,62</td><td>7</td><td>08,12</td></tr>
<tr><td>80</td><td>5,603</td><td>7,56</td><td>8</td><td>09,28</td></tr>
<tr><td>90</td><td>6,304</td><td>8,51</td><td>9</td><td>10,44</td></tr>
</table>

Aus dem Milchprotein berechnen sich nach E. Baier und P. Neumann[2]) Milchzucker, Milchasche und fettfreie Milchtrockenmasse mit den Faktoren 1,30 bzw. 0,21 bzw. 2,51; die Berechnung erleichtert folgendes Täfelchen:

Milchprotein	Milchzucker (Milchprotein × 1,30)	Milchasche (Milchprotein × 0,21)	Fettfreie Milchtrockenmasse (Milchprotein × 2,51)	Milchprotein
1	01,30	0,21	02,51	1
2	02,60	0,42	05,02	2
3	03,90	0,63	07,53	3
4	05,20	0,84	10,04	4
5	06,50	1,05	12,55	5
6	07,80	1,26	15,06	6
7	09,10	1,47	17,57	7
8	10,40	1,68	20,08	8
9	11,70	1,89	22,59	9

Nach H. Fincke[3]) ist der Aschengehalt der im Handel befindlichen Milchpulver vielfach, vermutlich infolge Natronzusatzes zur Milch vor dem Trocknen[4]), gegenüber dem für reine Milch berechneten Werte von 8% der Trockenmasse erhöht. So wurden von ihm z. B. Werte bis zu 9,39% Asche mit etwas erniedrigtem Kalkgehalte (19,3 bis 20,3% der Asche) gefunden. Nimmt man unter diesen Voraussetzungen den Calciumoxydgehalt der Kakaoasche zu 4%, der Milchasche zu 20%, ferner den Aschengehalt der fettfreien Trockenmilchpulver-Trockensubstanz zu 8,7% an, so erhält man

$$\text{Milchasche} = 6,25 \times \text{CaO} - 0,25 \times \text{Asche}$$
$$\text{Fettfreie Milchtrockenmasse} = \text{Milchasche} \times 11,5$$
$$\text{Milchzucker} = \text{Milchasche} \times 6.$$

β) Aus dem Gehalte an Milchzucker. $\alpha\alpha$) Bestimmung des Milchzuckers nach H. Fincke[5]). Man bestimmt wie oben (S. 273) die optische Drehung der Zuckerlösungen an der Schokolade vor und nach Behandlung mit Ätzkalk.

Aus dem Unterschiede der beiden den Tafeln entnommenen korrigierten Drehungen erfährt man unter Benutzung der Tafel S. 372 den Gehalt der Schokolade an Milchzucker oder an fettfreiem Milchtrockenstoff.

Liegt nicht Milchschokolade, sondern Milchkakaopulver mit Zucker vor, so entnimmt man der Tafel S. 370 die korrigierte Drehung und den entsprechenden Korrektionsfaktor und berechnet aus diesem und dem Faktor 0,979 den Korrektionsfaktor der zweiten Polarisation und mit Hilfe dieses Faktors die korrigierte zweite Drehung. Im übrigen verfährt man wie bei Milchschokolade.

---

[1]) Bzw. 1/10 N-Lauge in 2 g Schokolade.
[2]) Zeitschr. f. Untersuch. d. Nahrungs- u. Genußmittel Bd. 18, S. 13. 1909.
[3]) Zeitschr. f. Untersuch. d. Nahrungs- u. Genußmittel Bd. 47, S. 129—131. 1924.
[4]) Eine natürlich unzulässige Behandlung.
[5]) Zeitschr. f. Untersuch. d. Nahrungs- u. Genußmittel Bd. 50, S. 351—365. 1925.

β) Enthält die Zubereitung außer Saccharose noch **Invertzucker**, so kann man den Milchzucker aus Reduktionswert und optischer Drehung des invertierten Zuckers ableiten, worauf verwiesen sei[1]. — Bei Gegenwart von **Stärkezucker** bzw. Stärkesirup ist dieses Verfahren aber nicht anwendbar.

γ) Aus der Bestimmung des Caseingehaltes nach E. Baier und P. Neumann[2]. Auf die Einzelheiten des auf Lösen des Caseins in Natrium-oxalatlösung und Ausfällung mit Uranacetat beruhenden Verfahrens, das ähnliche Ergebnisse wie die vorstehenden Arbeitsweisen liefert, aber weniger einfach in der Ausführung ist, sei verwiesen. Vgl. J. König, Chemie der menschl. Nahrungs- und Genußmittel Bd. III. 3. Teil, S. 290—292. Das Milchprotein ergibt sich aus dem Casein durch Malnehmung mit 1,11.

Berechnung der Milchtrockenmasse. Die Summe von fettfreier Milchtrockenmasse und Milchfett ergibt den Gehalt der Schokolade an **Milchtrockenmasse**.

8. **Verdorbenheit** von Kakaoerzeugnissen gibt sich durch die **Sinnenprüfung** (Schimmelbildung, Geruch usw.) zu erkennen. Ein höherer **Sandgehalt** kann außer von Kakaoschalen auch von sonstigen Verunreinigungen, ferner von der Vermahlung zwischen Mühlsteinen herrühren. Erheblichere Sandmengen bewirken Knirschen zwischen den Zähnen und machen das Erzeugnis dadurch ungenießbar (verdorben).

Durch Verwendung arsenhaltiger Pottasche beim Aufschließen kann Kakao auch **arsenhaltig** werden. Nach H. Lührig[3] lassen sich noch 0,15 mg As in 100 g Kakao dadurch nachweisen, daß man 15 g Kakao mit 75 ccm arsenfreier 16 proz. Salzsäure und einem Stückchen Kupferblech (1×4 cm) 20 Minuten kocht, wobei durch Arsen dunkelschwarze bis leicht graue Beläge auf dem Kupfer entstehen. Vgl. S. 103.

Tabak.

A. Begriff.

Unter Tabak versteht man die reifen, einer besonderen Zubereitung unterworfenen Blätter der Tabakpflanze, vorwiegend von den 3 Arten **Nicotiana Tabacum L. (Virginischer Tabak)**, **N. macrophylla Spr. (Maryland-Tabak)**, **N. rustica L. (Veilchen- oder Bauern-Tabak)**.

B. Hauptsächliche Abweichungen.

1. Zumischung oder Ersatz durch minderwertige oder fremdartige Blätter.
2. Verdorbenheit, Schimmel usw.
3. Bei Schnupftabak: Sand, Glaspulver, organische Beimischungen, Bleigehalt.

C. Vorzunehmende Prüfungen.

1. Zusätze von **minderwertigen** oder **fremdartigen Blättern, Holzteilchen** (Tabakstrünke) u. dgl. werden durch die **makro-** und **mikroskopische** Untersuchung erkannt.

2. **Verdorbenheit,** besonders durch **Schimmelbildung,** wird nicht selten an älteren, feucht gelagerten Zigaretten beobachtet. Nachweis durch mikroskopische Prüfung und Rauchprobe. — Eine erfolgte **Auslaugung** des Tabaks gibt

---

[1] Vgl. J. Großfeld: Zeitschr. f. Untersuch. d. Nahrungs- u. Genußmittel Bd. 35, S. 249—256. 1918.

[2] Zeitschr. f. Untersuch. d. Nahrungs- u. Genußmittel Bd. 18, S. 13. 1909.

[3] Pharm. Zentralhalle Bd. 67, S. 1—3. 1926; vgl. S. 103.

sich besonders durch ein Sinken der in **Wasser löslichen Stoffe** auf weniger als 38% des Trockenstoffes zu erkennen; dagegen können Tabake mit mehr als 59% in Wasser löslichen Stoffen als des **Saucierens** verdächtig angesehen werden, was gegebenenfalls durch eine Bestimmung des **Zuckergehaltes** zu erweisen ist. Letzterer beträgt bei natürlichem Tabak in der Regel nicht über 1,5%. — Auslaugung und Saucierung sind zur Verbesserung und Erhöhung der Brennbarkeit und zur Verbesserung des Geschmackes als erlaubt anzusehen, dagegen als **Verfälschung** zu beurteilen, wenn dadurch eine höhere Qualitätsstufe vorgetäuscht werden soll.

3. **Bestimmung des Nicotins** nach R. Kissling[1]). 10 g des an der Luft oder über Calciumoxyd vorgetrockneten Tabakpulvers werden mit 10 g Bimssteinpulver gemischt, in einer Porzellanschale mit 10 g einer 5proz. wässerigen Natronlauge imprägniert und in schwach feuchtem Zustande in einer Patrone aus Fließpapier im **Soxhletschen** Apparate 2—3 Stunden mit Äther ausgezogen. Nach Abdestillieren des Äthers nimmt man den Rückstand unter Zusatz von etwas Kalilauge mit Wasser auf und destilliert im Wasserdampfstrome 5 mal je 100 ccm ab, so daß am Ende des Versuches der Kolbeninhalt 25 ccm beträgt. Zur Vermeidung störender Schaumbildung läßt man anfangs nur wenig Dampf in den Kolben eintreten. Die einzelnen Destillate werden mit $^1/_{10}$ N-Schwefelsäure gegen **Luteol** als Indicator titriert. 1 ccm $^1/_{10}$ N-Schwefelsäure bindet 0,0162 g Nicotin.

Nach C. C. **Keller**[2]) liefert vorstehendes Verfahren bei Gegenwart von **Ammoniak** zu hohe Werte. **Keller** schüttelt daher 6 g trockenen Tabak, 60 g Äther, 60 g Petroläther und 10 ccm 20proz. Kalilauge 30 Minuten lang öfter durch, filtriert nach 3—4stündigem Stehen und bläst zur Beseitigung des Ammoniaks durch 100 ccm des Filtrates Luft hindurch, gibt dann 10 ccm Alkohol, einen Tropfen 1proz. Jodeosinlösung und 10 ccm Wasser hinzu und titriert unter beständigem Umschütteln bis zum Verschwinden der Rotfärbung mit $^1/_{10}$ N-Schwefelsäure. 1 ccm $^1/_{10}$ N-Schwefelsäure bindet auch hier 0,0162 g Nicotin.

Über sonstige Verfahren zur Bestimmung des Nicotins, insbesondere auch über **polarimetrische Nicotinbestimmung** sowie über die Ermittlung des **Nicotingehaltes in Tabaklaugen und -extrakten** vgl. König, Chemie der menschl. Nahrungs- u. Genußmittel Bd. III, 3. Teil, S. 309—313.

4. Bei **Schnupftabak** erfolgt die Bestimmung des Gehaltes an **Sand**, ferner der Nachweis von Zusätzen von **Glaspulver** durch Feststellung des in Salzsäure Unlöslichen nach S. 83. Glaspulver zum Unterschiede von Sand wird am einfachsten an der scharfkantigen Form der Stückchen unter dem Mikroskope erkannt. Die Gegenwart des **Blei** in Schnupf- und Kautabak, das besonders in Sorten, die in Bleifolie verpackt sind, beobachtet wird, wird nach S. 106 nachgewiesen.

Über die eingehendere Untersuchung des Tabaks vgl. J. **König**, Chemie der menschl. Nahrungs- und Genußmittel Bd. III, 2. Teil, S. 308—332.

---

[1]) Handbuch der Tabakkunde, nach J. König. Chemie der menschl. Nahrungs- und Genußmittel Bd. III, 3. Teil, S. 308.

[2]) Berichte d. Deutsch. pharm. Ges. Bd. 8, S. 145. 1898; nach J. König, Chemie der menschl. Nahrungs- und Genußmittel Bd. III, 3. Teil, S. 309.

Branntweine und Liköre.

A. Begriffe [1]).

Die Trinkbranntweine sind alkoholische Getränke, die durch Destillation vergorener alkoholhaltiger Flüssigkeiten oder auf kaltem Wege aus Alkohol verschiedenen Ursprunges, Wasser sowie Geruch- und Geschmacksstoffen verschiedenen Ursprungs hergestellt werden.

Als Alkohol im Sinne dieser Begriffsbestimmungen ist nur Äthylalkohol anzusehen.

Folgende Branntweine sind von besonderer Bedeutung:

1. Weinbrand. Weinbrand (früher auch Kognak genannt) ist ein aus reinem Weindestillat hergestellter Branntwein, der den Vorschriften des Weingesetzes vom 7. April 1909 genügen, also u. a. mindestens 38 Volum-% Alkohol enthalten muß. Er ist von hellbrauner Farbe und enthält meist etwas Zucker.

2. Rum. Rum ist ein Branntwein, der in Westindien (Jamaika, Demarara, Kuba usw.) aus dem Saft, dem Ablauf, dem Abschaum und sonstigen Rückständen der Rohrzuckerbereitung aus Zuckerrohr durch Gärung und Destillation gewonnen wird. Der Originalrum enthält meist 74—77 Raum-% Alkohol und kleine Mengen Zucker und ist meist mit Zuckerfarbe braun gefärbt; Kuba-Rum ist farblos (hell) und enthält nur Spuren von Extrakt.

Auf Trinkstärke herabgesetzter Rum sowie Rumverschnitt müssen in 100 Raumteilen mindestens 38 Raumteile Alkohol enthalten.

Im Inlande in Anlehnung an die Verfahren, die in den Erzeugungsländern des Rums Verwendung finden, durch Vergärung aus zuckerhaltigen Stoffen hergestellter, dem Rum ähnlicher Trinkbranntwein darf als „Deutscher Rum" bezeichnet werden.

3. Arrak. Arrak ist ein Branntwein, der in Ostindien usw. nach dem dort üblichen und anerkannten Verfahren aus Reis oder dem Saft der Blütenkolben der Cocospalme durch Gärung und Destillation gewonnen wird. Er enthält im Originalzustande meist 54—56 Raum-% Alkohol und ist farblos.

Arrak und Arrakverschnitt müssen im Verkehre in 100 Raumteilen mindestens 38 Raumteile Alkohol enthalten.

4. Obstbranntweine. Obstbranntweine sind Trinkbranntweine, die durch Gärung und Destillation zuckerhaltiger Früchte gewonnen werden. Die wichtigsten Obstbranntweine sind: Kirschbranntwein, Zwetschenbranntwein, Mirabellenbranntwein, Heidelbeerbranntwein, Äpfel- und Birnenbranntwein usw. Sie werden auch vielfach als Kirschwasser usw. oder als Kirschgeist usw., oder auch einfach als Kirsch, Zwetsch, Heidelbeer usw. bezeichnet. Sie kommen durchweg farblos und ohne künstlichen Zusatz in den Handel.

Vorgeschrieben ist ein Alkoholgehalt von 38 Vol.-%.

5. Tresterbranntweine. Tresterbranntweine sind Trinkbranntweine, die aus den beim Abpressen der gemahlenen Trauben und Obstarten zum Zwecke der Wein- und Obstweinbereitung zurückbleibenden Trestern (Trebern, Troß) durch Gärung und Destillation gewonnen werden.

---

[1]) Vgl. die ausführlichen Angaben von G. Büttner, Zeitschr. f. Untersuch. d. Lebensmittel Bd. 52, S. 103—112. 1926.

6. Hefenbranntweine. Hefenbranntweine sind Trinkbranntweine, die aus der Hefe (dem Geläger) der Trauben- und Obstweine durch Destillation gewonnen werden.

7. Kornbranntwein. Kornbranntwein ist ein ausschließlich aus Roggen, Weizen, Buchweizen, Hafer oder Gerste gewonnener, aber nicht im Würzeverfahren hergestellter Trinkbranntwein. Der süddeutsche Dinkel (Spelzweizen), im entspelzten Zustande Kernen genannt, ist dem nackten Weizen gleichzuachten. Hierher gehört auch der ursprünglich in Irland und Schottland hergestellte Whisky, zu dessen Herstellung ein besonders gedarrtes Gerstenmalz (Rauchmalz) und Gerste, Hafer, Weizen und Roggen verwendet werden. Kornbranntwein muß in 100 Raumteilen mindestens 35, (Steinhäger 38) Raumteile Alkohol enthalten.

8. Sonstige Trinkbranntweine. Hierher gehören alle unter 1—7 nicht genannten Branntweine, soweit sie weniger als 20% Extrakt enthalten. Sie bilden die Hauptverbrauchsware. Sie sind teilweise, namentlich in Süddeutschland, unversetzte Kartoffel- und Maisbranntweine in ungereinigtem oder gereinigtem Zustande, bisweilen auch gereinigte Melassen- und Lufthefenbranntweine; mitunter bestehen diese Branntweine aus verdünntem rektifiziertem Branntwein (Feinsprit). In Norddeutschland sind mehr die künstlich durch Zusatz sog. Würzen oder Essenzen aromatisierten Branntweine verbreitet. Die Branntweinwürzen sind aromatische Flüssigkeiten, die mit Hilfe von aromatischen Auszügen aus aromatischen Pflanzenteilen, ätherischen Ölen, künstlichen Essenzen und Estern, sowie auch von Fuselöl hergestellt werden. Vor Inkrafttreten des Weingesetzes vom 7. April 1909 und des Branntweinsteuergesetzes vom 15. Juli 1909 wurden diese Branntweine meist unter für Kornbranntweine üblichen Namen, sowie als Fasson-Kognak, Fasson-Rum usw. vertrieben. Jetzt werden sie im allgemeinen mit Phantasienamen belegt. Sie müssen mindestens 35 Vol.-% Alkohol enthalten.

9. Bittere. Die hierher gehörenden Branntweine werden aus Alkohol, Wasser, Auszügen aus bitteren und aromatischen Pflanzenteilen, auch unter Zusatz von aromatischen Destillaten, ätherischen Ölen, natürlichen Essenzen und Zucker hergestellt. Ihr Alkoholgehalt soll, sofern sie weniger als 20% Extrakt enthalten, in 100 Raumteilen mindestens 35 Raumteile Alkohol, sofern sie 20% und mehr Extrakt enthalten, in 100 Raumteilen mindestens 30 Raumteile Alkohol betragen.

10. Liköre. Liköre sind durch aromatische Stoffe und gleichzeitig durch einen höheren Zuckergehalt (mindestens 20% Extrakt) gekennzeichnet; Fruchtsaftliköre sollen in 100 Raumteilen mindestens 30 Raumteile Alkohol enthalten. Zu ihrer Herstellung wird meist gereinigter Branntwein (Feinsprit) verwendet. Man kann unterscheiden:

a) Fruchtsaftliköre (Himbeer-, Kirsch-, Johannisbeerlikör usw.) sind Zubereitungen aus den Säften der Früchte, nach denen sie benannt sind, Alkohol, Zucker und Wasser.

b) Cherry-Brandy ist eine gewürzte Zubereitung aus Kirschwasser oder Kirschwasserverschnitt und Kirschsirup; sie soll mindestens 20% Extrakt und 30 Vol.-% Alkohol enthalten.

c) Eierweinbrand ist eine gewürzte Zubereitung aus Weinbrand, frischem Eigelb und Zucker. Eierlikör, auch Eicreme genannt, kann an Stelle von Weinbrand

Alkohol anderer Art enthalten. Eierweinbrand und Eierlikör sollen mindestens 20 Vol.-% Alkohol enthalten.

d) Die übrigen Liköre sind mehr oder weniger Phantasieerzeugnisse, die zum Teil nach erprobten feststehenden Vorschriften hergestellt werden. Sie werden im allgemeinen aus Alkohol, Wasser, Zucker oder Stärkesirup, aromatischen Stoffen verschiedenster Art, sowie von natürlichen und künstlichen Farbstoffen hergestellt. An Alkohol sollen Schokoladenliköre in 100 Raumteilen mindestens 20 Raumteile, Kaffee-, Tee- und Kakaoliköre sowie Schwedischer Punsch mindestens 25 Raumteile, alle übrigen mindestens 30 Raumteile enthalten.

11. Punsch-, Glühwein-, Grog-Essenzen und -Extrakte. Hierher gehören alkoholhaltige Flüssigkeiten, die dazu bestimmt sind, mit heißem Wasser vermischt, die als Punsch, Glühwein, Grog bezeichneten Getränke zu liefern.

B. Hauptsächliche Abweichungen.
1. Ungenügender Alkoholgehalt oder sonstige Abweichungen von den Begriffsbestimmungen.
2. Irreführende Angaben über Art und Herkunft.
3. Zusatz von Schärfen oder fremdartigen Aromastoffen.
4. Verwendung von vergälltem Spiritus.
5. Gehalt an Methylalkohol oder Aceton oder Blausäure.
6. Übermäßiger Gehalt an Fuselölen.
7. Ungenügende äußere Kennzeichnung.

C. Vorzunehmende Prüfungen.
1. Prüfung auf Alkoholgehalt. Als Vorprobe empfiehlt sich bei den fast extraktfreien gewöhnlichen Branntweinen die Bestimmung der Lichtbrechung mit dem Eintauchrefraktometer von Zeiß (S. 166). Eine zu niedrige Lichtbrechung zeigt ungenügenden Alkoholgehalt an. So beträgt die Lichtbrechung von verdünntem Alkohol[1]) bei 17,5°:

Vol.-%	10	15	20	25	30	35	38	40	45	50
Skalenteile	28,6	36,5	44,4	52,5	60,6	68,2	72,3	74,9	80,6	85,6

Bei zu niedriger Lichtbrechung bestimmt man das spezifische Gewicht des Branntweins im 50 ccm-Pyknometer (S. 79) und den Extraktgehalt durch Abdampfen von 50 ccm Branntwein in einer gewogenen Platinschale (S. 166). Den gefundenen Wert für das spezifische Gewicht vermindert man um den dem Extraktgehalte entsprechenden Betrag und erhält so indirekt das spezifische Gewicht des Destillates (vgl. S. 118). Der diesem entsprechende Alkoholgehalt (in Vol.-%) ergibt sich nach Windisch (S. 378). — Findet man aus der Lichtbrechung einen niedrigeren Alkoholgehalt als aus dem spezifischen Gewichte, so besteht starker Verdacht auf größere Mengen von Methylalkohol, auf den dann nach S. 119. zu prüfen ist. Eine im Verhältnis zum Alkoholgehalte zu hohe Lichtbrechung, besonders im Destillate, kann stärker lichtbrechende flüchtige Stoffe, wie Fuselöl, ätherische Öle usw., anzeigen.

Die Alkoholbestimmung in Likören erfolgt nach S. 117.

Über die Alkoholbestimmung in Branntweinen mit größeren Gehalten an ätherischen Ölen vgl. J. König, Chemie der menschl. Nahrungs- und Genußmittel Bd. III, 3. Teil, S. 336 und S. 115.

---

[1]) Vgl. Dr. B. Wagners Tabellen zum Eintauchrefraktometer. Selbstverlag des Verfassers in Sondershausen. Vgl. auch S. 119.

Die **Extraktbestimmung** erfolgt in Branntweinen mit niedrigen Extraktgehalten direkt nach S. 166 (wie bei Milch), bei zuckerreichen Branntweinen aus dem spezifischen Gewichte des entgeisteten Branntweins.

Die Berechnung von **Wasserzusätzen** bzw. übermäßigen Wassergehalten erfolgt ähnlich wie bei Milch, S. 168 nach der Gleichung

$$W = 100 \cdot \frac{N - A}{A},$$

worin W = Wasserzusatz bzw. zu hohen Wassergehalt Teile auf 100 Teile; N = vorgeschriebenen Alkoholgehalt; A = gefundenen Alkoholgehalt bedeuten.

Zur einfachen Ablesung der Wasserzusätze für Branntweine mit den normalen Alkoholgehalten von 38 bzw. 35 bzw. 30 Volum-% dienen die Tafeln S. 394—395.

2. **Zur Prüfung von Korn- und Edelbranntweinen auf Echtheit** werden neben der wichtigen Kostprobe folgende Bestimmungen vorgenommen:

a) **Bestimmung der flüchtigen und nichtflüchtigen Säuren und Trennung der flüchtigen Fettsäuren.** Vgl. S. 66 und J. König, Chemie der menschl. Nahrungs- und Genußmittel Bd. III, 3. Teil, S. 338.

b) **Bestimmung der Ester.** Von farblosen Branntweinen, die frei von Extrakt, insbesondere auch von Zucker sind, werden 100 ccm in einen Kochkolben aus Jenaer Glas gebracht und nach Zusatz einer kleinen Menge festen Phenolphthaleins genau neutralisiert. Dann gibt man eine, je nach dem Estergehalte sich richtende überschüssige Menge $^{1}/_{10}$ N-Natronlauge hinzu und erhitzt zur Verseifung der Ester $^{1}/_{2}$ Stunde am Rückflußkühler; nach Verlauf dieser Zeit muß die Flüssigkeit noch alkalisch (vom Phenolphthalein rot gefärbt) sein. Nach dem Erkalten setzt man eine gemessene überschüssige Menge $^{1}/_{10}$ N-Schwefelsäure hinzu und titriert den Säureüberschuß mit $^{1}/_{10}$ N-Natronlauge zurück. Die zur Verseifung der Ester in 100 ccm Branntwein erforderliche Menge $^{1}/_{10}$ N-Alkali wird als Esterzahl bezeichnet. Man kann die Ester auch als Äthylacetat (Essigäther) berechnen. 1 ccm $^{1}/_{10}$ N-Alkali = 0,0088 g Äthylacetat.

Stark **gefärbte** oder merkliche Mengen von Extrakt, insbesondere auch Zucker enthaltende Branntweine müssen zuerst neutral gemacht und destilliert werden. Man neutralisiert 100 ccm der Branntweine genau mit $^{1}/_{10}$ N-Natronlauge, destilliert von der neutralisierten Flüssigkeit nahezu 100 ccm ab und bestimmt in dem Destillate, das man gleich in einem Kochkolben aus Jenaer Glase auffängt, die Ester durch Verseifen.

Die Bestimmung der **Gesamtsäure** und der **Gesamtester** werden zweckmäßig miteinander verbunden. Das durch Destillation der neutralen Flüssigkeit gewonnene, auf den ursprünglichen Raum mit Wasser aufgefüllte esterfreie Destillat kann zur Bestimmung des **Fuselöles** S. 121 dienen.

c) **Nachweis und Bestimmung von Aldehyden.** Branntweine, die keine nennenswerten Mengen Extrakt insbesondere keinen Zucker enthalten, können direkt, die anderen nach Destillation geprüft werden. Da der Acetaldehyd bei 21° siedet, kann man ihn auch durch gebrochene Destillation anreichern. Zum Nachweise empfehlen sich folgende Reaktionen:

α) *Ammoniakalische Silberlösung* wird durch Aldehyd reduziert, besonders bei Gegenwart von freiem Natrium- oder Kaliumhydroxyd.

β) Man versetzt etwa 10 ccm des Branntweins nach W. Windisch[1]) mit einer kleinen Messerspitze *m-Phenylendiaminchlorhydrat*. Bei Gegenwart von Aldehyd färbt sich die Flüssigkeit gelb bis braun; nach einigem Stehen bildet sich eine beständige grüne Fluorescenz.

γ) 10 ccm Branntwein mit einigen Tropfen *Neßlers Reagens* liefern nach W. Windisch[2]) sofort einen je nach Menge des Aldehydes hellgelben, rotgelben, orange oder grau (Quecksilber) werdenden Niederschlag.

δ) Eine sehr empfindliche Probe auf Acetaldehyd, auch zum Nachweise winzigster Spuren desselben geeignet, hat C. Griebel[3]) angegeben: Auf den Boden eines etwa 15 mm weiten und hohen Glasbecherchens bringt man eine kleine Menge des zu untersuchenden Stoffes und bedeckt das Becherchen sofort mit einem bereitgestellten Deckgläschen, dessen Unterseite man vorher mit einem Tröpfchen *p-Nitrophenylhydrazinchloridlösung* beschickt hat. Letztere ist eine frisch bereitete und filtrierte Lösung einiger Körnchen von p-Nitrophenyl-hydrazinchlorid in einigen Tropfen verdünnter (etwa 15 proz.) Essigsäure. Bei Gegenwart von Acetaldehyd trübt sich das Tröpfchen unter Ausscheidung zahlreicher, gelber, nadelförmiger bis schmal prismatischer, oft säbelförmig gebogener Krystalle von Acetaldehyd-p-Nitrophenylhydrazon. — Die Reaktion kann durch schwaches Erwärmen des Becherchens beschleunigt werden. — Andere Aldehyde und Ketone liefern andere Krystallformen. Vgl. Zeitschr. f. Untersuch. d. Nahrungs- u. Genußmittel Bd. 47, S. 441. 1924.

ε) Die *quantitative Bestimmung des Aldehyds* erfolgt meist colorimetrisch mit fuchsinschwefliger Säure (S. 120), indem man 2 ccm Branntwein mit 1 ccm derselben[4]) vermischt, wobei die Stärke der Rotfärbung verglichen mit Branntwein von bekanntem Aldehydgehalt ein Maß für die Aldehydmenge bildet. — A. Beythien, H. Hempel und C. Wiesemann[5]) empfehlen zum gleichen Zwecke die Reaktion mit Metaphenylendiamin. Vgl. die Quelle. Ein anderes Verfahren beruht auf der Feststellung, daß Acetaldehyd durch einen Überschuß von schwefliger Säure quantitativ gebunden wird. Über die bei diesen Bestimmungen einzuhaltenden genauen Versuchsbedingungen vgl. J. König, Chemie der menschl. Nahrungs- und Genußmittel Bd. III, 3. Teil, S. 346—347.

η) Zum *Nachweise des Furfurols* dient die rote Farbenreaktion, die es mit Anilin und Salzsäure gibt, wonach es auch colorimetrisch bestimmt werden kann. Vgl. ferner J. König, Chemie der menschl. Nahrungs- und Genußmittel Bd. III, 3. Teil, S. 348.

d) Bestimmung des Fuselöles nach S. 121. Die Summe der Nebenbestandteile: Säuren + Ester + höhere Alkohole + Aldehyde + Furfurol, ausgedrückt in Milligrammen in 100 ccm wasserfreiem Alkohol, wird als Verunreinigungskoeffizient bezeichnet, während die Summe von Säuren und Aldehyden, die in 100 Gewichtsteilen der gesamten Verunreinigungen enthalten sind, von F. Lusson als Oxydationskoeffizient bezeichnet werden. Diese beiden Größen sind für Weindestillate kennzeichnend, vgl. J. König, Chemie

---

[1]) Zeitschr. f. Spiritusind. Bd. 9, S. 515. 1886.
[2]) Zeitschr. f. Spiritusind. Bd. 10, S. 88. 1887.
[3]) Zeitschr. f. Untersuch. d. Nahrungs- u. Genußmittel Bd. 47, S. 438—441. 1924.
[4]) Aber ohne Zusatz von Mineralsäure!
[5]) Zeitschr. f. Untersuch. d. Nahrungs- u. Genußmittel Bd. 48, S. 169—170. 1924.

der menschl. Nahrungs- und Genußmittel Bd. III, 3. Teil, S. 363—373; die Beurteilung der Echtheit gehört aber zu den schwierigsten Aufgaben.

e) **Die Erkennung der Edelbranntweine** durch die typischen Riechstoffe bei der fraktionierten Destillation ist besonders durch die wertvollen Untersuchungen von K. Micko[1]) gefördert worden. Nach Micko verfährt man wie folgt:

α) 200 ccm des Branntweins werden nach Zusatz von 50 ccm Wasser durch Destillation in 7 Fraktionen von je 25 ccm zerlegt, während die 8. Fraktion den Rest bildet. Die einzelnen Fraktionen werden in Bechergläschen gegeben, umgeschwenkt und wieder zurückgegossen. Die beim Verdunsten der Reste auftretenden Gerüche werden beobachtet. Die typischen Riechstoffe von Rum sind gewöhnlich in der 5. und 6. Fraktion, bei Originalrum meist in 2—3 Fraktionen, bei stark gestreckten Erzeugnissen nur in einer Fraktion wahrnehmbar. — Um die in Kunstrum häufig enthaltenen Fremdstoffe, wie Zimt, Vanille u. dgl. zu erkennen, schüttelt man die beiden letzten Fraktionen mit Chloroform aus, nach dessen Verdunsten der Rückstand durch den Geruch geprüft wird.

β) Weitere 100 ccm Branntwein werden nach Zusatz von 25 ccm Wasser bis auf 10 ccm abdestilliert, das Destillat gegen Phenolphthalein neutralisiert und darauf mit 20 ccm $^1/_2$ N-Lauge versetzt. Nach 2 Tagen wird der Laugeüberschuß mit Salzsäure zurücktitriert (Verseifungszahl). Eine weitere ebenso behandelte Probe wird nach Ansäuern mit Weinsäure der fraktionierten Destillation wie bei α) unterworfen, so daß etwa 5—6 Fraktionen erhalten werden. Bei dieser Destillation nach Verseifung ist der Geruch der Ester ausgeschaltet. Die Riechstoffe geben sich nach Micko bei den Branntweinen wie folgt zu erkennen:

A. **Jamaikarum**: Typischer Riechstoff in der 3. und 4. Fraktion, nach Juchtenleder in der 5. und 6. Fraktion.

B. **Ananasrum**: Esterartiger Mischgeruch in den ersten Fraktionen, dann typischer Riechstoff.

C. **Kubarum und Demerararum**: 3. Fraktion ein Riechstoffgemisch, dann wie Jamaikarum.

D. **Batavia-Arrak**: 3. Fraktion Riechstoff des Jamaikarums, 4. Fraktion Juchtenledergeruch.

E. **Zwetschenbranntwein**: In der 1. und 2. Fraktion feine Zwetschenblume.

F. **Weinbrand (Kognak)**: In mittleren Fraktionen eigenartig wenig Geruch, dem Onanthäther vorausgehend.

G. **Weingelägerbranntwein**: In der 4. und 5. Fraktion der typische Riechstoff des Weindestillates.

f) **Über die Erkennung der Steinobstbranntweine** auf Grund ihres Gehaltes an **Blausäure** (vgl. auch S. 286!) und **Benzaldehyd** vgl. J. König, Chemie der menschl. Nahrungs- und Genußmittel Bd. III, 3. Teil, S. 356—359 und S. 369—370.

3. Branntweinschärfen werden in dem Eindunstungsrückstande an einer Geschmacksprobe erkannt. Über die Feststellung der Art des Rückstandes vgl. J. König, Chemie der menschl. Nahrungs- und Genußmittel Bd. III, 3. Teil, S. 359.

---

[1]) Zeitschr. f. Untersuch. d. Nahrungs- u. Genußmittel Bd. 16, S. 433. 1908; Bd. 19, S. 305. 1910.

4. Zur Prüfung auf **vergällten Spiritus**, dessen Zusatz abgesehen von der Steuerhinterziehung als Verfälschung und unter Umständen als gesundheitsschädlich (Methylalkohol!) anzusehen ist, dienen folgende Proben:

a) Nachweis und Bestimmung des Methylalkohols S. 119.

b) Nachweis von Aceton[1]. Für den Nachweis des Acetons werden 500 ccm der zu untersuchenden Probe in einem etwa 750 ccm fassenden Glaskolben mit 10 ccm N-Schwefelsäure versetzt und nach Zugabe von Siedesteinchen unter Verwendung eines einfachen Destillationsaufsatzes von etwa 20 cm Länge und eines absteigenden Kühlers von etwa 25 cm Länge auf dem Wasserbade destilliert. Für die Verbindung der Glasteile des Destillationsgerätes sind Glasschliffe anzuwenden. Als Vorlage dient ein in Kubikzentimeter geteilter Meßzylinder. Die Destillation ist zu unterbrechen, wenn die Raummenge des Destillates etwa zwei Drittel der in den 500 ccm des betreffenden Trinkbranntweines enthaltenen Alkoholmenge beträgt. Der Rückstand im Kolben wird zum Nachweise von Pyridinbasen verwendet.

Das etwa 100—150 ccm betragende Destillat wird samt einigen Siedesteinchen in einen kleineren Kolben gegeben und mit Hilfe eines wirksamen, keine flüchtigen Bestandteile zurückhaltenden Fraktionsaufsatzes (z. B. des von Vigreux erfundenen) am absteigenden Kühler mit Vorstoß auf dem Wasserbade nochmals sorgfältig einer fraktionierten Destillation unterworfen. Auch hierbei sind für die Verbindung der Glasteile des Destillationsgerätes Glasschliffe zu verwenden. Die Fraktionierung wird in der Weise vorgenommen, daß von der langsam in Tropfen übergehenden Flüssigkeit jedesmal etwa so viel, wie die Hälfte des Kolbeninhaltes beträgt, aufgefangen und sodann aus einem anderen Kölbchen erneut mit dem gleichen Fraktionieraufsatz fraktioniert wird. Hiermit wird fortgefahren, bis man ein Destillat von etwa 25 ccm erhalten hat. Dieses wird schließlich nochmals fraktioniert und nun der erste übergehende Kubikzentimeter in einem mit Glasstopfen verschließbaren Probiergläschen gesondert aufgefangen, ebenso auch der zweite in einem anderen Probiergläschen. Dann destilliert man noch 10 ccm ab und verwahrt diese unter Verschluß. Zu dem Inhalt der beiden Probiergläschen wird je 1 ccm Ammoniakflüssigkeit von der Dichte 0,96 unter Umschütteln gegeben. Dann werden die Röhrchen verschlossen und 3 Stunden bei Seite gestellt. Nach Verlauf dieser Zeit wird in jedes Probiergläschen je 1 ccm einer 15proz. Natronlauge sowie je 1 ccm einer frisch bereiteten $2^1/_2$proz. Nitroprussidnatriumlösung gegeben. Bei Gegenwart von Aceton entsteht in beiden oder mindestens in dem Probiergläschen, das den zuerst übergegangenen Kubikzentimeter des Destillats enthält, eine deutliche Rotfärbung, die auf tropfenweisen und unter äußerer Kühlung erfolgenden vorsichtigen Zusatz von 50proz. Essigsäure in Violett übergeht. Ist Aceton nicht vorhanden, so tritt, selbst bei Anwesenheit von Aldehyd, höchstens eine goldgelbe Färbung auf, die auf Essigsäurezusatz verschwindet oder in ein mißfarbenes Gelb umschlägt.

c) Nachweis von Pyridinbasen. Man säuert etwa 100 ccm Branntwein mit verdünnter Schwefelsäure schwach an, verdampft auf dem Wasserbade und vermischt den Rückstand mit überschüssiger konzentrierter Kalilauge. Ein Vorhandensein von Pyridinbasen gibt sich an deren sehr kennzeichnendem Geruche zu erkennen. Über weitere Nachweisverfahren vgl. J. König, Chemie der menschl. Nahrungs- und Genußmittel Bd. III, 3. Teil, S. 355.

d) Nachweis von Diäthylphthalat. Als zuverlässigste Probe geben J. A. Handy und L. F. Hoyt[2] die von Andrew[3] an; sie haben aber die Empfindlichkeit derselben noch weiter gesteigert, indem sie die Probe wie folgt ausführen:

Zu mindestens 50 ccm des zu untersuchenden Branntweins fügt man 0,2 ccm 10proz. Natronlauge und verdampft zur Trockne, setzt dann 5 ccm konzentrierte

---

[1] Amtliche Anweisung für die Untersuchung von Trinkbranntweinen auf einen Gehalt an Vergällungsmitteln.

[2] Journ. of the Americ. pharm. assoc. Bd. 14, S. 219—229. 1925; Chem. Zentralbl. 1925, II, S. 2108.

[3] Ind. and engin. chem. Bd. 15, S. 838. 1923; Chem. Zentralbl. 1923, IV, S. 908.

Schwefelsäure und 25 mg Resorcin zu, erhitzt 5 Minuten auf dem Dampfbade, gießt in ein Probegläschen und erhitzt 5 Minuten weiter bis 160° im Paraffinbade. Dann kühlt man ab, gießt die Mischung in etwa 150 ccm Wasser, macht mit starker Natronlauge alkalisch und läßt 24 Stunden stehen. Eine grüngelbe Fluorescenz, betrachtet durch die Längsrichtung eines Neßlerschen Röhrchens, zeigt Diäthylphthalat an. — Ein Leerversuch mit reinem Alkohol ist stets anzusetzen. Die bei diesem anfänglich eintretende Fluorescenz verschwindet nach einigem Stehen.

Bei Gegenwart von Zucker, Extrakt usw. ist der Ester vor der Anstellung der Probe mit Petroläther auszuziehen.

5. Außer durch Vergällungsmittel können Methylalkohol und damit Aceton[1]) auch als selbständige Verfälschungsmittel in Branntwein gelangen. Der Nachweis erfolgt genau wie oben beschrieben.

Wegen der neuerdings bei Wein vielfach angewendeten Schönung mit Ferrocyankalium besteht die große Gefahr, daß damit überschönte und somit verdorbene Weine zwecks Gewinnung des Alkohols destilliert und damit Destillate mit erheblichen Blausäuregehalten erhalten werden und in den Verkehr gelangen.

Der Nachweis der Blausäure in solchen Destillaten gelingt nach F. Mach und M. Fischler[2]) am sichersten nach J. M. Kolthoff[3]) wie folgt:

Man versetzt 10 ccm der zu untersuchenden Lösung mit etwa 20 mg Ferrosulfat und 10 Tropfen eines Carbonat-Bicarbonatgemisches, das 8 g $Na_2CO_3 \cdot 10H_2O$ und 8 g $NaHCO_3$ in 100 ccm enthält, schüttelt tüchtig um, läßt $^1/_2$ Stunde verdeckt stehen und säuert dann mit Schwefelsäure an. Blaufärbung zeigt Blausäure an. Es lassen sich noch 2 mg CN′ im Liter nachweisen, wenn man $1—1^1/_2$ Stunden nach dem Ansäuern beobachtet.

Zur quantitativen Bestimmung ist die jodometrische Titration mit $^1/_{100}$ N-Jodlösung genauer als mit $^1/_{100}$ N-Silbernitratlösung. Die Trennung der Blausäure bewirkt man nach Kolthoff am einfachsten durch Überdestillieren nach dem sog. Ärationsverfahren, vgl. Zeitschr. f. Untersuch. d. Nahrungs- u. Genußmittel Bd. 47, S. 330—334. 1924.

6. **Übermäßiger Gehalt an Fuselölen** gibt sich meist schon bei der Sinnenprüfung zu erkennen, ist aber heute, außer bei Branntweinen aus Geheimbrennereien, selten, weil das Fuselöl wegen seines hohen Preises bis auf sehr geringe Mengen aus dem Branntwein abgeschieden zu werden pflegt. Zu beachten ist, daß Tresterbranntweine von Natur viel Fuselöl enthalten.

Bier.

A. Begriff.

Bier ist ein durch Gärung aus Gerstenmalz — oder zum geringen Teile für bestimmte Sorten aus Weizenmalz —, Hopfen, Hefe und Wasser hergestelltes, meist noch in schwacher Nachgärung befindliches Getränk, welches neben unvergorenen, aber meist zum Teil noch vergärbaren Extraktstoffen als wesentliche Bestandteile Alkohol und Kohlensäure enthält.

---

[1]) Normaler Bestandteil von unreinem Methylalkohol aus Holzgeist.
[2]) Zeitschr. f. Untersuch. d. Nahrungs- u. Genußmittel Bd. 47, S. 329—337. 1924.
[3]) Zeitschr. f. analyt. Chem. Bd. 57, S. 3. 1918.

Man unterscheidet, je nach Art des verwendeten Malzes, helle und dunkle, je nach Art der Gärung obergärige und untergärige Biere. Biere mit niedriger Stammwürze (unter 100%) heißen Dünnbiere oder Abzugbiere. Nach dem Vergärungsgrade unterscheidet man hochvergorene alkoholreiche und vollmundige extraktreiche Biere. Doppelbier ist ein stärker als gewöhnlich eingebrautes Bier. Über besondere Biere vgl. J. König, Chemie der menschl. Nahrungs- und Genußmittel Bd. III, 3. Teil, S. 398—401.

B. Hauptsächliche Abweichungen.

   I. Bierfehler und Bierkrankheiten (Verdorbenheit):
      1. Geschmacksfehler.
      2. Trübungen.
  II. Fälschungen und irreführende Bezeichnungen:
      1. Zusätze von Wasser und Alkohol.
      2. Unzureichender Alkohol- und Extraktgehalt, irreführende Angaben über Art und Herkunft der Biere, Vermischung mit geringwertigeren Bieren.
      3. Unerlaubte Ersatzstoffe für Malz und
      4. Desgl. für Hopfen.
      5. Künstliche Färbung, Schaummittel.
      6. Frischhaltungsmittel. Zumischung verdorbenen Bieres.

C. Vorzunehmende Prüfungen.

1. Bierfehler und **Bierkrankheiten** werden in erster Linie bei der Sinnenprüfung erkannt; insbesondere sind Aussehen, Geschmack und Geruch hier entscheidend. Häufiger vorkommende Geschmacksfehler sind:

     Bitterer und Hefengeschmack.

     Leerer und schaler Geschmack.

     Pechgeschmack.

     Saurer Geschmack.

An Trübungen werden beobachtet:

     Kleistertrübung.

     Eiweiß- und Glutintrübung.

     Hopfenharztrübung.

     Metalleiweißtrübung.

     Bakterien- und Hefentrübung.

Über das Wesen und die genauere Erkennung dieser Fehler vgl. J. König, Chemie der menschl. Nahrungs- und Genußmittel Bd. III, 3. Teil, S. 403—404.

Bestimmung der freien organischen Säuren nach E. Prior[1]): Man erwärmt 50 ccm entkohlensäuertes Bier im bedeckten Becherglase $^1/_2$ Stunde auf 40°, um die Kohlensäure vollständig zu entfernen; dunkle Biere verdünnt man mit der doppelten Menge ausgekochten kohlensäurefreien Wassers. Man titriert dann die Säuren mit kohlensäurefreier $^1/_{10}$ N-Natronlauge. Zur Feststellung des Endpunktes bringt man je einen großen Tropfen einer frisch bereiteten roten Phenolphthaleinlösung (1 Teil Phenolphthalein in 30 Teilen Alkohol von 90%. Hiervon 12 Tropfen in 20 ccm ausgekochtem Wasser gelöst und mit genau 0,2 ccm $^1/_{10}$ N-Lauge rot gefärbt.) in die napfförmigen Vertiefungen einer weißen Porzellanplatte. Die Sättigung der Säuren ist vollendet, wenn 6 Tropfen der Flüssigkeit zu einem Tropfen der Indicatorlösung gegeben und damit ver-

---

[1]) Bayer. Brauer.-Journ. Bd. 2. S. 387. 1892. Vgl. J. König, Chemie der menschl. Nahrungs- und Genußmittel Bd. III, 3. Teil. S. 418—419.

mischt, die Rotfärbung nicht mehr zum Verschwinden bringen. Man gibt die
Gesamtsäure des Bieres in Kubikzentimetern N-Säure auf 100 g Bier oder
auch in Gewichtsprozenten Milchsäure (S. 68) an.

Die Bestimmung der flüchtigen Säuren erfolgt wie bei Wein (S. 66).

Für den Geschmack des Bieres ist ferner die Wasserstoffionenkonzentration von großer Bedeutung; über deren Bestimmung vgl. J. König, Chemie
der menschl. Nahrungs- und Genußmittel Bd. III, 3. Teil, S. 420—423 und S. 73.

2. Zum **Nachweise** von **Verfälschungen** ist für alle Bestimmungen, mit
Ausnahme der Kohlensäure und schwefligen Säure, ist das Bier zuvor möglichst
von Kohlensäure zu befreien. Zu dem Zwecke bringt man es annähernd
auf eine Temperatur von 15°, schüttelt es in einem halbgefüllten Glaskolben,
bis man bei weiterem Schütteln des mit der Hand verschlossenen Kolbens keinen
Kohlensäuredruck mehr verspürt und filtriert es dann dreimal durch ein Faltenfilter, das man mit einer Glasplatte bedeckt.

Die Bestandteile werden in Gewichtsprozenten bezogen auf Bier von 15°
ausgedrückt.

Zur Beurteilung des Bieres sind in der Regel folgende Prüfungen erforderlich:

a) Bestimmung des Alkohols. Man destilliert 75 ccm Bier in ein 50 ccm-
Pyknometer und bestimmt nach S. 79 das spezifische Gewicht des Destillates
und daraus mittels der Tabelle von Windisch (S. 378) den Alkoholgehalt. Vgl.
auch S. 118.

b) Bestimmung des Extraktes. 75 ccm Bier werden auf dem Wasserbade
auf etwa 25 ccm abgedampft, in ein Pyknometer übergeführt, mit Wasser aufgefüllt, das spezifische Gewicht (S. 79) und daraus der Extraktgehalt nach
Windisch (S. 351) ermittelt.

c) Bestimmung von Alkohol und Extrakt mit dem Eintauchrefraktometer. Man bestimmt zunächst das spezifische Gewicht des Bieres bei 15°
(4 Stellen nach dem Komma), dann mit dem Zeißschen Eintauchrefraktometer
die Lichtbrechung des Bieres bei genau 17,5°. Sind dann R_0 = abgelesene
Skalenteile − 15, L das spezifische Gewicht des Bieres − 1, so ist nach P. Lehmann und F. Gerum[1])

$$\text{Alkohol} = \frac{2\,(R_0 - L)}{7}, \tag{1}$$

$$\text{Extrakt} = \frac{0,9\,(R_0 + L)}{7}. \tag{2}$$

d) Aus Gewichtsprozenten Alkohol (a) und Gewichtsprozenten Extrakt (e)
berechnet sich die Stammwürze (E_{St}) nach folgender Formel:

$$E_{St} = \frac{100\,(2,0665\,a + e)}{100 + 1,0665\,a}.$$

In der Praxis wird vielfach auch folgende einfache Formel verwendet:

$$E_{St} = e + 2\,a.$$

e) Der wirkliche (v_w) und scheinbare (v_s) Vergärungsgrad ergibt sich
nach den Formeln:

$$v_w = 100\left(1 - \frac{e}{E_{St}}\right)\%,$$

$$v_s = 100\left(1 - \frac{e_s}{E_{St}}\right)\%.$$

In letzterer Gleichung ist e_s der scheinbare, dem spezifischen Gewichte des
Bieres (ohne Berücksichtigung des Alkoholgehaltes) entsprechende Extraktgehalt.

---

[1]) Zeitschr. f. Untersuch. d. Nahrungs- u. Genußmittel Bd. 28, S. 392. 1914.

f) Über Bestimmung des Endvergärungsgrades, der durch Gärversuch ermittelt wird, vgl. J. König, Chemie der menschl. Nahrungs- und Genußmittel Bd. III, 3. Teil, S. 416.

Zur Feststellung, ob ein Bier unerlaubte Zusätze von Wasser oder Alkohol, ferner von minderwertigeren Biersorten von seiten des Wirtes erfahren hat, sind obige Werte mit solchen eines Bieres aus der gleichen Brauerei, aber von einem anderen Wirte bzw. aus der Brauerei selbst zu vergleichen.

3. Von **Ersatzstoffen** für Malz und Hopfen kommen in Frage:

Rübenzucker, Stärkezucker und Maltose, sowie deren Sirupe, für untergärige Biere.

Süßholz und Süßholzextrakt.

Bitterstoffe, außer Hopfen.

Färbungsmittel (Teerfarbstoffe).

Glycerin.

Künstliche Süßstoffe.

Saponine.

Über den Nachweis dieser Stoffe ist folgendes zu bemerken:

a) Für den Nachweis von Saccharose hat S. Rothenfußer[1]) Angaben gemacht, worauf verwiesen sei. Die Bestimmung der Dextrine geschieht durch Überführung derselben in Glykose nach folgendem (rein konventionellem) Verfahren:

100 ccm des vierfach verdünnten Bieres werden in einem Kölbchen mit 10 ccm Salzsäure vom spezifischen Gewicht 1,125 versetzt und 3 Stunden im siedenden Wasserbade am Rückflußkühler erhitzt. Nach dem Erkalten neutralisiert man die Flüssigkeit annähernd mit Natronlauge, füllt sie mit Wasser auf 200 ccm auf und bestimmt die Glykose (Gesamtzucker) wie üblich mit Fehlingscher Lösung (S. 44). Davon hat man die Glykosemenge abzuziehen, die aus der Maltose beim Erhitzen mit Salzsäure abzuziehen ist. Zu diesem Zwecke ermittelt man den Maltosegehalt des Bieres nach S. 44; das Ergebnis, mal 1,052, ist der abzuziehende Betrag. Der verbleibende Glykoserest, mal 0,9 (nach Ost mal 0,925), ergibt die vorhandenen Dextrine. — Vgl. auch bei Wein, S. 302.

b) Nachweis von Süßholz. Das Süßholz enthält das Ammoniumsalz der glykosidischen Glycyrrhizinsäure $NH_4 \cdot C_{44}H_{63}NO_{18}$. Zum Nachweise dampft man nach R. Kayser[2]) 1 l Bier auf dem Wasserbade auf die Hälfte ein, gibt nach dem Erkalten konzentrierte Bleizuckerlösung hinzu, bis kein Niederschlag mehr entsteht, läßt bis zum folgenden Tage stehen, filtriert durch ein Faltenfilter, wäscht gut mit Wasser aus und spült den Niederschlag mit 300—400 ccm Wasser in einen Kochkolben, erhitzt eine Stunde auf dem Wasserbade und leitet in die heiße Flüssigkeit Schwefelwasserstoff bis zur völligen Zerlegung der Bleiverbindungen ein. Das entstehende Bleisulfid, das die Glycyrrhizinsäure enthält, wird auf einem Faltenfilter gut ausgewaschen, dann mit 150—200 ccm Alkohol von 50 Vol.-% in einen Kochkolben übergespült, zum Sieden erhitzt und filtriert. Das Filtrat wird auf einige Kubikzentimeter eingedunstet und mit einigen Tropfen verdünnten Ammoniaks versetzt, wodurch die blaßgelbe Flüssigkeit braungelb wird. Dann dunstet man die Flüssigkeit zur Trockne ein, nimmt den Rückstand mit 2—3 ccm Wasser auf und filtriert. Das Filtrat zeigt den kennzeichnenden Süßholzgeschmack und scheidet auf Zusatz eines Tropfens Salzsäure beim Erwärmen im Wasserbade eine braune, flockig harzige Masse (Glycyrrhetin) aus, während das Filtrat beim Erwärmen Fehlingsche Lösung reduziert. — Der Rückstand von süßholzfreiem Bier hat keinen oder einen schwach bitteren Geschmack und gibt, mit Salzsäure behandelt, keine oder nur eine schwach weißliche Trübung.

c) Bitterstoffe (z. B. Pikrinsäure) an Stelle von Hopfen werden dem Biere nur selten mehr zugesetzt und verraten sich gewöhnlich schon durch

---

¹) Zeitschr. f. Untersuch. d. Nahrungs- u. Genußmittel Bd. 24, S. 558. 1912. Vgl. J. König, Chemie der menschl. Nahrungs- und Genußmittel Bd. III, 3. Teil, S. 418.

²) Zeitschr. f. d. ges. Brauwesen Bd. 7, S. 166. 1885; nach J. König, Chemie der menschl. Nahrungs- und Genußmittel Bd. III, 3. Teil, S. 429.

den abweichenden Geschmack des Bieres. Ihr Nachweis erfolgt nach G. Dragendorff (vgl. J. König, Chemie der menschl. Nahrungs- und Genußmittel Bd. III, 1. Teil, S. 302).

d) Teerfarbstoffe werden nach S. 129 nachgewiesen. Über den Nachweis von Caramel vgl. auch J. König, Chemie der menschl. Nahrungs- und Genußmittel Bd. III, 3. Teil, S. 430. Es ist aber fraglich, ob dieser in allen Fällen eindeutig gelingt, weil sich beim Darren des Malzes caramelartige Stoffe bilden.

e) Glycerin wird nach S. 125 bestimmt. Der normale Glyceringehalt des Bieres beträgt etwa 0,3%, Mengen über 0,4% deuten auf künstliche Zusätze hin.

f) Der Nachweis von Saccharin kann das Verfahren nach G. Jörgensen[1]) dienen, worauf verwiesen sei. Auch die amtliche Anweisung zum Nachweise von Saccharin in Wein (vgl. S. 250) kann verwendet werden.

Zum Nachweis des Dulcins versetzt man nach G. Morpurgo[2]) $^1/_2$ l Bier mit 25 g Bleicarbonat, verdampft die Mischung auf dem Wasserbade zum Sirup und zieht diesen unter Verreiben mit einem Pistill mehrmals mit Alkohol aus. Die Auszüge trocknet man vollständig ein, zieht den Rückstand mit Äther aus und verdunstet den Äther. Der Rückstand besteht größtenteils aus Dulcin, das man an seinem süßen Geschmack erkennt. Das Dulcin schmilzt bei 173°. Bringt man eine kleine Menge, in etwa 5 ccm Wasser suspendiert, nach A. Jorissen[3]) in ein Porzellanschälchen und darauf 7—8 Tropfen einer neutralen (salpetersäurefreien) Quecksilbernitratlösung und erhitzt 15 Minuten im kochenden Wasserbade, so entsteht bei Vorhandensein von Dulcin eine schwache Violettfärbung, die auf Zusatz von Bleisuperoxyd an Stärke zunimmt. — Über den Nachweis und die Bestimmung des Dulcins nach Reif vgl. auch S. 251.

g) Über den Nachweis von Saponin vgl. J. König, Chemie der menschl. Nahrungs- und Genußmittel Bd. III, 2. Teil, S. 740—743.

4. Als erlaubtes **Frischhaltungsmittel** für Bier gilt **Kohlensäure**. Der Kohlensäuregehalt des im Verbrauch befindlichen Bieres schwankt zwischen 0,2—0,3%, bei Bier im Lagerfaß bis 0,4%. Bier mit weniger als 0,2% CO_2 ist als schal anzusehen.

Zur Bestimmung der Kohlensäure treibt man die Kohlensäure aus dem Biere aus und fängt sie in Kalilauge auf.

Eine genauere Anweisung ist von Th. Langer und W. Schulze angegeben worden. Vgl. J. König, Chemie der menschl. Nahrungs- und Genußmittel Bd. III, 3. Teil, S. 423. Ebendort befindet sich auch eine Anleitung zur Bestimmung des Kohlensäuregehaltes in Flaschenbier. Hierzu dient ferner das folgende Schnellverfahren nach J. Cannizzaro[4]):

Man kühlt vor der Entnahme der Versuchsmenge die Probe, z. B. Bier, in einer Kochsalz-Eimischung stark ab; darauf versetzt man 25 ccm 0,2 N-Natriumcarbonatlösung mit 25 ccm Bier in einem 600 ccm-Becherglase, verdünnt mit kohlensäurefreiem Wasser auf 400 ccm und titriert nach Zusatz von 1 ccm Phenolphthaleinlösung mit 0,2 N-Salzsäure auf farblos. Säureverbrauch mal 2, abgezogen von 30, ergibt den Verbrauch durch Kohlensäure + Nichtflüchtige

---

[1]) Anal. falsific. Bd. 2, S. 58. 1909; J. König, Chemie der menschl. Nahrungs- und Genußmittel Bd. III, 3. Teil, S. 428.

[2]) Nach J. König, Chemie der menschl. Nahrungs- und Genußmittel Bd. III, 3. Teil, S. 429.

[3]) Nach J. König, Chemie der menschl. Nahrungs- und Genußmittel Bd. III, 2. Teil, S. 732.

[4]) Journ. of ind. a. engin. chem. Bd. 15, S. 1074—1075. 1923; Zeitschr. f. Untersuch. d. Lebensmittel Bd. 51, S. 248. 1926.

Säuren. Letztere bestimmt man durch Verdünnen von 25 ccm Bier auf 100 ccm, Aufkochen zur Austreibung der Kohlensäure, Abkühlen in Kältemischung, Verdünnen auf 400 ccm und Titrieren gegen Phenolphthalein mit 0,2 N-Natriumcarbonatlösung. 1 ccm 0,2 N-Natriumcarbonatlösung entspricht 4,4 mg CO_2.

5. Zusätze von **Neutralisationsmitteln** zeigen sich oft durch geringen Säuregehalt des Bieres (unter 1,2 ccm N-Säure in 100 g) an. Größere Sicherheit gewährt ein von E. Spaeth angegebenes Verfahren; über dessen Ausführung vgl. J. König, Chemie der menschl. Nahrungs- und Genußmittel Bd. III, 3. Teil, S. 432. Wahrscheinlich wird das von Tillmans für Milch empfohlene Verfahren von Luckenbach (S. 169) in geeigneter Anwendung imstande sein, die erfolgte Neutralisation von angesäuertem Bier anzuzeigen, doch liegen darüber noch keine Erfahrungen vor.

In üblicher Weise werden die sonstigen Frischhaltungsmittel, wie schweflige Säure (S. 135), Salicylsäure (S. 149), Benzoesäure (S. 151), Formaldehyd (S. 145), Borsäure (S. 133) und Fluorverbindungen (S. 140) nachgewiesen.

Wein. Weinhaltige und weinähnliche Getränke.

A. Begriffe.

Wein ist das durch alkoholische Gärung aus dem Safte der frischen Weintrauben hergestellte Getränk.

Man kann nach J. König (Chemie der menschl. Nahrungs- und Genußmittel Bd. II, S. 632—633) an Weinen und weinartigen Getränken unterscheiden:

1. **Herbe (trockene) Weine.** Gewöhnliche Trink- bzw. Tischweine. Der Farbe nach: Weiß-, Rot- und Schillerweine, sowie Klarettwein.

2. **Süßweine, Dessert-** oder **Likörweine,** auch Südweine genannt.

3. **Schaumweine** (Champagner).

4. **Weinhaltige Getränke** oder gewürzte (bzw. aromatisierte) Weine.

5. **Weinähnliche Getränke** (Obstweine, Rhabarberweine, Malzweine).

6. **Nachgemachte** oder **Kunstweine** (z. B. aus Weintrestern, Weinhefe, Trockenbeeren, Gemische von Weinbestandteilen).

Dessertweine (Südweine, Süßweine)[1] sind solche Weine, die nach einem der nachstehend beschriebenen Verfahren so hergestellt sind, daß ihr Gehalt an Alkohol oder an Zucker oder an Alkohol und Zucker höher ist als der durch Gärung des unveränderten Saftes frischer, gewöhnlicher Trauben allgemein zu erzielende.

Die Herstellungsverfahren für Dessertweine zerfallen in 2 Gruppen:

1. Vergärung von Traubensaft von besonders hoher Konzentration oder Anreicherung gewöhnlichen Weines durch konzentrierten Traubensaft (konzentrierte Süßweine).

2. Zusatz von Alkohol zu hinreichend weit in der Vergärung vorgeschrittenem Most, gegebenenfalls auch unter Verwendung konzentrierten Traubensaftes. (Gespritete Dessertweine, auch Likörweine genannt.)

---

[1] Nach den in den Jahren 1913 und 1914 in erster und zweiter Lesung aufgestellten Leitsätzen des Vereins deutscher Nahrungsmittelchemiker.

Über die weiteren Unterteilungen dieser beiden Gruppen vgl. J. König, Chemie der menschl. Nahrungs- und Genußmittel Bd. III, 3. Teil, S. 1012.

Unter weinhaltigen Getränken versteht man solche Erzeugnisse, die unter Verwendung von fertigen Naturweinen bzw. verkehrsfähigen Weinen (im Sinne des § 13 des Weingesetzes vom 7. April 1909) hergestellt worden sind.

Hierzu gehören:

1. Der Wermutwein, ein mit Wermut und anderen den Apotheken zum Verkauf nicht vorbehaltenen Kräutern, gewürzten, verkehrsfähigen Wein, dem Alkohol und Zucker (Zuckerlösung) zugesetzt werden dürfen, jedoch nur insoweit, daß der Gehalt des Getränkes an Wein mindestens 70% beträgt (vgl. J. König, Chemie der menschl. Nahrungs- und Genußmittel Bd. III, 3. Teil, S. 1018).

2. Bitterwein, von dem sinngemäß das gleiche gilt.

3. Chinawein, erhalten durch Ausziehen von Chinarinde mit Wein.

4. Maiwein oder Maitrank, erhalten durch Ausziehen von Waldmeister unter Zusatz von Zucker mit Wein.

5. Ingwerwein, durch Ausziehen von Ingwer unter Zusatz von Zucker erhalten.

6. Pepsinwein besteht aus Wein mit Zusatz von Pepsin (auch wohl Papain).

7. Weinpunsch (-essenz bzw. -extrakt). Unter Punsch im allgemeinen versteht man eine Mischung von Rum, Arrak, Citronensaft, Zucker und aromatischen Stoffen. Führen solche Getränke die Bezeichnung in Verbindung mit dem Wort „Wein", so muß ebenso wie bei Weinbowlen § 13 des Weingesetzes beachtet sein.

Zu den weinähnlichen Getränken gehören nach § 10 des Weingesetzes die durch alkoholische Gärung aus frischen Fruchtsäften, frischen Pflanzensäften (z. B. Rhabarber) und Malzauszügen hergestellten Getränke.

Der Schaumwein ist nicht Wein im Sinne des § 1 des Weingesetzes, sondern ein aus Wein hergestelltes Getränk. Nach § 15 des Weingesetzes dürfen zur Herstellung von Schaumwein nicht verwendet werden: Weißweine, die mit Dessertweinen verschnitten sind, gesetzwidrig gezuckerte Weine und Traubenmaischen, solche mit anderen Zusätzen als nach § 4 des Weingesetzes zulässig sind, und nachgemachte Weine im Sinne des § 9 des Weingesetzes.

Über die weiteren gesetzlichen Bestimmungen vgl. § 16 und 17 des Weingesetzes, sowie J. König, Chemie der menschl. Nahrungs- und Genußmittel Bd. III, 3. Teil, S. 1017.

B. Hauptsächliche Abweichungen.

  I. Irreführende Bezeichnungen:
    1. Kunstwein statt Wein (Nachmachung).
    2. Weinähnliche Getränke statt Wein.
    3. Unrichtige Angaben über Art und Herkunft.
  II. Verfälschungen:
    1. Wasserzusatz.
    2. Unerlaubte Zuckerung (Gallisierung).
    3. Verschnitt mit geringeren Sorten oder mit Obstwein.
    4. Zusatz von Alkohol oder organischen Säuren.
    5. Sulfatzusatz (Gipsen).
    6. Zusatz verbotener Frischhaltungsmittel.

III. Verdorbenheit:
   1. Weinkrankheiten (besonders Essigstich).
   2. Übermäßige Schwefelung.
   3. Gehalt an Cyanverbindungen.

C. Vorzunehmende Prüfungen.

1. Vorbemerkung. Bei der Untersuchung des Weines ist nach der amtlichen Anweisung zur chemischen Untersuchung des Weines und des Traubenmostes zu verfahren[1]). Dieselbe ist als besondere Schrift im Verlage von Julius Springer, Berlin W 9, erschienen; sie befindet sich ferner als Anlage zu der genannten Bekanntmachung in den Gesetzen und Verordnungen. Beilage zur Zeitschr. für Untersuchung der Nahrungs- und Genußmittel 1921, Bd. 13, S. 93—145. Vgl. auch J. König, Untersuchung landwirtschaftlich und gewerblich wichtiger Stoffe, 5. Aufl., Bd. II, S. 183—242. — Im vorliegenden Buche sind die amtlichen Vorschriften für die Weinuntersuchung, da sie auch auf andere Lebensmittel mit Vorteil angewendet werden können, bereits bei diesen angeführt worden.

A. Bei Beanstandungen von Wein sollen die auszuführenden Prüfungen und Bestimmungen sich im allgemeinen auf folgende Eigenschaften und Bestandteile jeder Probe erstrecken:

   a) Spezifisches Gewicht (vgl. S. 79).

   b) Alkohol (vgl. S. 117).

   c) Extrakt (vgl. S. 80).

   d) Asche (vgl. S. 81).

   e) Gesamtalkalität der Asche, Alkalität des in Wasser löslichen Anteiles (vgl. S. 83).

   f) Phosphorsäure (Phosphatrest) (vgl. S. 110).

   g) Titrierbare Säuren (Gesamtsäure) (vgl. S. 64).

   h) Flüchtige Säuren (vgl. S. 66).

   i) Titrierbare nichtflüchtige Säuren (vgl. S. 67).

   k) Milchsäure (bei trockenen Weinen) (vgl. S. 68).

   l) Weinsäure (vgl. S. 69).

   m) Glycerin (vgl. S. 125).

   n) Zucker (vgl. unten S. 294).

   o) Polarisation (vgl. unten S. 299).

   p) Fremde Farbstoffe bei Rotwein (vgl. S. 130).

   q) Schwefelsäure bei Rotwein (vgl. S. 96).

B. In besonderen Verdachtsfällen ist zu prüfen auf:

   a) Wasserstoffionen (Säuregrad) (vgl. S. 73).

   b) Fremde rechtsdrehende Stoffe, unreinen Stärkezucker, Dextrin (vgl. unten S. 301).

   c) Fremde Farbstoffe bei Weißwein und Dessertwein (vgl. S. 130).

   d) Schwefelsäure (vgl. S. 96).

   e) Schweflige Säure (vgl. S. 137).

   f) Salicylsäure (vgl. S. 149).

   g) Saccharin (vgl. S. 250).

---

[1]) Bekanntmachung des Reichsministers des Innern über den Vollzug des Weingesetzes vom 9. Dezember 1920.

h) **Gerbstoff und Farbstoff** (vgl. unten S. 303).

i) **Chlor** (vgl. S. 94).

j) **Salpetersäure** (vgl. unten S. 304)

k) **Stickstoff** (vgl. S. 6).

l) **Bernsteinsäure** (vgl. S. 71).

m) **Citronensäure** (vgl. S. 70).

n) **Äpfelsäure** (vgl. S. 72).

o) **Ameisensäure** (vgl. S. 147).

p) **Benzoesäure** (vgl. S. 151), **Zimtsäure** (vgl. S. 159).

q) **Formaldehyd** (vgl. S. 146).

r) **Borsäure** (vgl. S. 134).

s) **Fluor** (vgl. S. 140).

t) **Kupfer** (vgl. S. 111).

u) **Arsen** (vgl. S. 102).

v) **Zink** (vgl. S. 112).

w) **Eisen und Aluminium** (vgl. S. 91).

x) **Calcium und Magnesium** (vgl. S. 88 u. 89).

y) **Kalium und Natrium** (vgl. S. 86).

z) **Cyanverbindungen** (vgl. S. 212 u. 286).

2. Besondere Vorschriften. a) **Bestimmung des Zuckers.** Die Bestimmung erfolgt entweder maßanalytisch entsprechend dem von N. Schoorl (S. 44) angegebenen Verfahren, oder gewichtsanalytisch durch Wägung des abgeschiedenen Kupfers als Kupferoxyd. Die amtliche Anweisung lautet wie folgt:

a) **Bestimmung des Zuckers**[1]).

„Die Bestimmung des Zuckers geschieht bei Weinen mit nicht mehr als 5 g Zucker in 1 l maßanalytisch oder gewichtsanalytisch. Bei höherem Zuckergehalt ist das gewichtsanalytische Verfahren anzuwenden.

Handelt es sich um die Feststellung, ob ein Wein Rohrzucker enthält, so ist die Prüfung auf dessen Vorhandensein unverzüglich vorzunehmen oder bei trockenen Weinen das Fortschreiten des Inversionsvorganges in der Weise aufzuhalten, daß der Wein genau neutralisiert und in einer zu drei Viertel gefüllten, fest verkorkten und zugebundenen Flasche im Wasserbade 15 Minuten auf etwa 80° erhitzt wird.

Anmerkung: Bei Verwendung derart haltbar gemachten Weines finden die folgenden Vorschriften zur Bestimmung des Zuckers und der Polarisation sinngemäße Anwendung. Die durch die Neutralisation des Weines bewirkte Raumvermehrung ist zu berücksichtigen. Dies geschieht zweckmäßig, indem man bei der Abmessung der bei den einzelnen Bestimmungen vorgeschriebenen Mengen Wein und zunächst auch bei der Ausrechnung der Ergebnisse so verfährt, als läge unveränderter Wein vor, und dann das Ergebnis, wenn bei der Haltbarmachung zu 1000 ccm Wein a ccm Lauge zugefügt wurden, mit $(1 + 0{,}001 \cdot a)$ multipliziert.‟

A. Bestimmung des Zuckers in trocknen Weinen.

a) „**Maßanalytisches Verfahren.** Zur Ausführung der Bestimmung werden die folgenden Lösungen verwendet:

Natriumthiosulfatlösung. Man löst 24,8 g reines, krystallisiertes Natriumthiosulfat in Wasser und füllt zu 1 l auf. Diese Lösung wird gegen eine Kaliumbichromatlösung, die 4,9033 g wiederholt umkrystallisiertes Kaliumbichromat in 1 l enthält, in folgender Weise eingestellt: Man gibt 15 ccm einer 10 proz. jodatfreien Kaliumjodidlösung in ein Kölbchen mit eingeschliffenem Glasstopfen von etwa 250 ccm Inhalt, fügt 5 ccm Salzsäure

---

[1]) Amtliche Anweisung zur Untersuchung des Weines.

vom spezifischen Gewicht 1,12, ferner 100 ccm Wasser und unter tüchtigem Umschütteln 20 ccm der Kaliumbichromatlösung hinzu. Nach viertelstündigem Stehen des verschlossenen Kölbchens läßt man unter Umschütteln von der Natriumthiosulfatlösung zufließen, wodurch die anfangs stark braune Lösung immer heller wird, setzt, wenn sie nur noch gelblich ist, etwas Stärkelösung hinzu und läßt unter jeweiligem kräftigen Schütteln noch so viel Natriumthiosulfatlösung vorsichtig zufließen, bis der letzte Tropfen die Blaufärbung der Jodstärke eben zum Verschwinden bringt.

Fehlingsche Lösung. Zur Herstellung von Fehlingscher Lösung dienen die folgenden Lösungen:

Kupfersulfatlösung: 69,2 g reines, einmal aus salpetersäurehaltigem, dann nochmals aus nicht angesäuertem Wasser umkrystallisiertes Kupfersulfat ($CuSO_4 \cdot 5\,H_2O$) werden mit Wasser zu einem Liter gelöst. Die Lösung ist erforderlichenfalls zu filtrieren.

Alkalische Seignettesalzlösung: 346 g reines Kaliumnatriumtartrat und 100 g festes, mit Alkohol gereinigtes Ätznatron werden mit Wasser zu 1 l gelöst und die Lösung unter möglichstem Abschluß von Luft durch Asbest filtriert.

Die beiden Lösungen sind getrennt aufzubewahren.

Die Einstellung des Titers der Fehlingschen Lösung wird in folgender Weise vorgenommen: 10 ccm Kupfersulfatlösung und 10 ccm alkalische Seignettesalzlösung werden in einem Erlenmeyerkolben von etwa 250 ccm Inhalt mit 20 ccm Wasser versetzt und unter Benutzung eines Drahtnetzes und einer darübergelegten Asbestpappe mit kreisförmigem Ausschnitt von 6,5 cm Durchmesser rasch zum Sieden erhitzt. Sobald die Flüssigkeit kräftig siedet, wird die Flamme verkleinert und die Flüssigkeit genau 2 Minuten im Sieden erhalten. Nach Ablauf dieser Zeit wird die Flüssigkeit unter fließendem Wasser schnell und vollständig abgekühlt, dann mit 20 ccm 10 proz. jodatfreier Kaliumjodidlösung und hierauf mit 15 ccm Schwefelsäure vom spezifischen Gewicht 1,11 versetzt. Sofort, nachdem diese Zusätze erfolgt sind, titriert man das ausgeschiedene Jod mit der Natriumthiosulfatlösung. Hierbei gibt man gegen Schluß ein wenig Stärkelösung zu. Der Endpunkt ist erreicht, sobald die schmutzig blaue Farbe der Jodstärke in reines Rahmgelb umschlägt und auch nach Umschwenken binnen einiger Minuten nicht wiederkehrt.

Die Bestimmung des Zuckers selbst wird wie folgt vorgenommen:

50 ccm Wein werden mit 5 ccm Bleiessig[1]) versetzt. Nach kräftigem Durchschütteln trennt man die Flüssigkeit von dem Niederschlage durch Abschleudern oder Filtrieren. Von der klaren Flüssigkeit mißt man in einem 50 ccm fassenden eingeteilten Meßzylinder 27,5 ccm ab, versetzt sie mit einer zur vollständigen Fällung des Bleiüberschusses ausreichenden Menge kalt gesättigter Natriumsulfatlösung und füllt nach 3—4 Stunden mit Wasser auf 50 ccm auf. Nach dem Umschütteln filtriert man oder trennt durch Abschleudern von dem Niederschlage.

20 ccm der so gewonnenen Flüssigkeit (entsprechend 10 ccm Wein) gibt man in einen Erlenmeyerkolben von etwa 250 ccm Inhalt zu einem Gemische von 10 ccm Kupfersulfatlösung und 10 ccm alkalischer Seignettesalzlösung. Alsdann verfährt man weiter, wie dies vorstehend bei der Einstellung des Titers der Fehlingschen Lösung beschrieben worden ist, nur ist der Zusatz von 20 ccm Wasser zu unterlassen.

Berechnung: Wurden verbraucht:

a ccm Natriumthiosulfatlösung zur Bestimmung des Titers dieser Lösung gegen 20 ccm Kaliumbichromatlösung,

b ccm Natriumthiosulfatlösung zur Bestimmung des Titers von 20 ccm der Fehlingschen Lösung,

c ccm Natriumthiosulfatlösung bei der Titration des vorbereiteten Weines,

so entsprechen dem Zuckergehalte von 10 ccm Wein:

$$x = \frac{20 \times (b - c)}{a} \text{ ccm } ^1/_{10} \text{ N-Jodlösung.}$$

---

[1]) Zur Darstellung von Bleiessig werden 600 g Bleiacetat [$(C_2H_3O_2)_2Pb \cdot 3\,H_2O$] mit 200 g Bleiglätte verrieben und unter Zusatz von 100 ccm Wasser in einem bedeckten Gefäß auf dem Wasserbad erhitzt, bis die Masse gleichmäßig weiß oder rötlichweiß geworden ist. Dann setzt man allmählich in einzelnen Anteilen noch 1900 ccm Wasser zu, läßt die trübe Flüssigkeit in einer verschlossenen Flasche absitzen und zieht schließlich den nahezu klaren Anteil von dem Bodensatz ab. Das spezifische Gewicht des Bleiessigs beträgt 1,23—1,24, sein Bleigehalt etwa 17 Gewichtsprozent.

Der dem gefundenen Werte x entsprechende Invertzuckergehalt, ausgedrückt in Gramm in 1 l, ist aus Tafel 18, S. 360 zu entnehmen.

b) **Gewichtsanalytisches Verfahren.** α). *Vorbereitung des Weines zur Bestimmung des reduzierenden Zuckers.* 100 ccm Wein werden mit einer Pipette in eine Porzellanschale eingemessen und, sofern der Wein nicht bereits vor der Haltbarmachung neutralisiert wurde, mit derjenigen Menge Alkalilauge genau neutralisiert, die sich aus der bei der Bestimmung der titrierbaren Säuren (Gesamtsäure) verwendeten Menge Alkalilauge (S. 64) ergibt.

Die Flüssigkeit wird auf dem Wasserbade auf etwa ein Drittel ihrer Menge eingedampft. Den Schaleninhalt spült man mit Wasser in ein 100 ccm-Meßkölbchen, gibt nach dem Erkalten 5 ccm $^1/_2$ N-Essigsäure und 10 ccm Bleiessig zu, füllt mit Wasser bei 15° zur Marke auf, schüttelt um und filtriert durch ein trockenes Filter oder schleudert ab. 50 ccm des Filtrats bringt man in ein 100 ccm-Meßkölbchen, versetzt mit einer zur vollständigen Fällung des Bleiüberschusses ausreichenden Menge kalt gesättigter Natriumsulfatlösung, füllt nach 3—4 Stunden zur Marke auf, schüttelt um und filtriert aufs neue. Das letzte Filtrat, von welchem 50 ccm 25 ccm Wein entsprechen, dient zur Bestimmung des reduzierenden Zuckers[1]).

Anmerkung: Enthält der zu untersuchende Wein mehr als 10 g Zucker in 1 l, so müssen 50 ccm des zuletzt erhaltenen Filtrats verdünnt werden. Das Maß der Verdünnung berechnet man, indem man von dem Extraktgehalte des Weines in 1 l die Zahl 20 abzieht, die Differenz durch 10 dividiert und das Ergebnis nach oben auf eine ganze Zahl abrundet. Enthielt der Wein z. B. 37,2 g Extrakt in 1 l, so ist auf das 1,72fache oder, abgerundet, auf das zweifache Maß zu verdünnen. Dies geschieht, indem man 50 ccm des Filtrats bei 15° in einem Meßkolben von 100 ccm Inhalt mit Wasser zur Marke auffüllt. 50 ccm der so erhaltenen, gut durchgemischten Flüssigkeit dienen zur Bestimmung des reduzierenden Zuckers.

β) *Bestimmung. des reduzierenden Zuckers.* In einem etwa 300 ccm fassenden Erlenmeyerkolben werden 25 ccm Kupfersulfatlösung, 25 ccm Seignettesalzlösung und 50 ccm des nach der vorstehenden Vorschrift unter α) erhaltenen Filtrats gemischt. Hierauf wird die Flüssigkeit sofort unter Benutzung eines Drahtnetzes und einer darüber gelegten Asbestpappe mit kreisförmigem Ausschnitt von 6,5 cm Durchmesser so rasch zum Sieden erhitzt, daß das Anwärmen höchstens $3^1/_2$—4 Minuten in Anspruch nimmt. Sobald die Flüssigkeit kräftig siedet, wird die Flamme verkleinert und die Flüssigkeit genau 2 Minuten im Sieden erhalten. Nach Ablauf dieser Zeit wird die Flüssigkeit in dem Kolben sofort mit 100 ccm luftfreiem kalten Wasser verdünnt und sogleich unter Verwendung einer Saugpumpe durch ein gewogenes Asbestfilterröhrchen oder einen Goochtiegel filtriert. Ist die über dem Niederschlage stehende Flüssigkeit nicht mehr deutlich blau gefärbt, so ist die Bestimmung unter Verwendung einer entsprechend geringeren Menge des vorbereiteten Weines zu wiederholen.

Den Niederschlag bringt man mit kaltem Wasser auf das Filter, wäscht ihn dann mit heißem Wasser und zuletzt mit Alkohol und Äther aus. Durch das Filterröhrchen saugt man zunächst unter gelindem, dann unter stärkerem Erhitzen einen kräftigen Luftstrom. Bei Verwendung eines Goochtiegels wird dieser in einen Platinschuh oder Porzellantiegel gesetzt und auf einem Tondreieck erhitzt.

Nach dem Erkalten im Exsiccator wird das entstandene Kupferoxyd gewogen, die seiner Menge entsprechende Menge Invertzucker aus Tafel 20 (S. 366) entnommen und auf 1 l Wein umgerechnet[2]).

γ) *Bestimmung des Rohrzuckers.* Die Bestimmung des Rohrzuckers braucht bei trocknen Weinen nur dann ausgeführt zu werden, wenn die Prüfung gemäß der Vorschrift nach S. 301 auf die Gegenwart fremder rechtsdrehender Stoffe schließen läßt.

100 ccm Wein werden mit einer Pipette in eine Porzellanschale eingemessen, und, sofern der Wein nicht bereits vor der Haltbarmachung neutralisiert wurde, mit der berechneten Menge Alkalilauge (vgl. S. 64) genau neutralisiert. Die Flüssigkeit wird auf dem Wasserbad auf etwa ein Drittel ihrer Menge eingedampft und mit Wasser in ein 100 ccm-Meßkölbchen gespült, das auch bei 75 ccm eine Marke trägt. Nach dem Erkalten fügt man eine der zugesetzten Menge Alkalilauge äquivalente Menge N-Salzsäure hinzu, füllt mit

---

[1]) Der nicht verbrauchte Teil des Filtrats wird zur Polarisation verwendet. Vgl. S. 299.

[2]) Die Reinigung des Asbestfilterröhrchens oder Goochtiegels geschieht durch Auflösen des Kupferoxyds in heißer konzentrierter Salzsäure, Auswaschen mit Wasser, Alkohol und Äther, Trocknen und Erhitzen (beim Asbestfilterröhrchen im Luftstrom).

Wasser zu 75 ccm auf, setzt 5 ccm Salzsäure vom spezifischen Gewicht 1,19 hinzu und erwärmt in einem etwas über 70° warmen Wasserbad auf 67—70°, wozu $2^1/_2$—5 Minuten erforderlich sind. Auf dieser Temperatur wird der Kolbeninhalt noch 5 Minuten unter häufigem Umschwenken erhalten. Alsdann stellt man den Kolben in kaltes Wasser, kühlt schnell auf 15° ab und füllt bei dieser Temperatur zu 100 ccm auf. Die invertierte Flüssigkeit gießt man in einen größeren trocknen Kolben, fügt 1,5 g in einem Porzellantiegel frisch ausgeglühte Knochenkohle[1]) hinzu, schüttelt um und filtriert nach einigen Minuten. 50 ccm des klaren Filtrats bringt man in ein 100 ccm-Meßkölbchen, neutralisiert genau mit N-Natronlauge, fügt 3 Tropfen gesättigte Natriumcarbonatlösung hinzu, schüttelt um und füllt zu 100 ccm auf. Von dieser Flüssigkeit oder — wenn nach Zusatz der Natriumcarbonatlösung eine Trübung entsteht — von ihrem Filtrate werden alshalb zur Bestimmung des Invertzuckers gemäß der vorstehenden Vorschrift unter b), β) 50 ccm (entsprechend 25 ccm Wein) verwendet. Der Rest der Flüssigkeit dient zur Bestimmung der Polarisation gemäß der Vorschrift auf S. 299.

Anmerkung: Enthält der zu untersuchende Wein mehr als 10 g Zucker in 1 l, so müssen 50 ccm der zuletzt erhaltenen Flüssigkeit gemäß der Vorschrift in der Anmerkung S. 296 verdünnt und von der verdünnten Flüssigkeit 50 ccm zur Bestimmung des Invertzuckers verwendet werden.

Berechnung: Man rechnet die nach der Inversion des Rohrzuckers mit Salzsäure erhaltene Kupferoxydmenge auf Gramm Invertzucker in 1 l Wein um.

Bezeichnet man mit

a die Gramm Invertzucker in 1 l Wein, welche vor der Inversion mit Salzsäure gefunden wurden,

b die Gramm Invertzucker in 1 l Wein, welche nach der Inversion mit Salzsäure gefunden wurden,

so sind in 1 l Wein enthalten:

$$x = 0{,}95 \cdot (b - a) \text{ g Rohrzucker.}$$

Der Nachweis für die Anwesenheit von Rohrzucker ist nur dann als erbracht anzusehen, wenn auch das Ergebnis der Polarisationsmessung dafür spricht und auch nur dann, wenn nach beiden Verfahren Rohrzuckerwerte von mindestens 2 g in 1 l Wein gefunden werden."

B. Bestimmung des Zuckers in Süßweinen.

(Gewichtsanalytisches Verfahren.)

a) „Vorbereitung des Weines zur Bestimmung des reduzierenden Zuckers.

Enthält der Süßwein e g Extrakt in 1 l, so bringt man etwa $\dfrac{5000}{e}$ ccm Wein in ein tariertes Wägeglas mit eingeschliffenem Stopfen, wägt genau ab und berechnet die Raummenge des Weines, indem man sein Gewicht durch das auf Wasser von 4° bezogene spezifische Gewicht des Weines bei 15° teilt.

---

[1]) Die Knochenkohle muß fein gemahlen und mit Säure vollständig ausgewaschen sein. Sie darf feuchtes blaues Lackmuspapier nicht röten; eine Auskochung der Kohle mit Salpetersäure darf mit Ammoniummolybdatlösung keine Reaktion auf Phosphorsäure geben. Die Knochenkohle muß ferner folgenden Anforderungen genügen: 13,000 g reiner Rohrzucker (vgl. Anm. 1) auf S. 300) werden in Wasser gelöst und nach Zusatz von 5 ccm $^1/_2$ N-Essigsäure und 1 ccm 20 proz. Kaliumacetatlösung zu 100 ccm aufgefüllt. Zu der Lösung gibt man 1,5 g der in einem bedeckten Porzellantiegel frisch ausgeglühten Knochenkohle und läßt die Mischung unter zeitweiligem Umschütteln 3 Stunden in einem verschlossenen Kölbchen stehen. Dann filtriert man und bestimmt die Polarisation des Filtrats im 200-ccm-Rohr; der Drehungswinkel muß wenigstens $+17{,}2$ Kreisgrade oder $+49{,}7$ Ventzkegrade betragen. Außerdem invertiert man eine Lösung von 13,000 g reinem Rohrzucker in 75 ccm Wasser nach der obigen Vorschrift unter γ) mit Salzsäure, füllt die Lösung nach dem Erkalten auf 15° zu 100 ccm auf und versetzt sie mit 1,5 g frisch ausgeglühten Knochenkohle. Man läßt die Mischung unter zeitweiligem Umschütteln in einem verschlossenen Kölbchen 24 Stunden stehen. Dann filtriert man und bestimmt die Polarisation des klaren Filtrats im 200 mm-Rohre bei 20°. Der Drehungswinkel muß $-5{,}7$ Kreisgrade oder $-16{,}3$ Ventzkegrade betragen.

Die gewogene Weinmenge bringt man unter Nachspülen mit Wasser in eine Porzellanschale und neutralisiert den Wein genau mit der berechneten Menge Alkalilauge (vgl. S. 64). Die Flüssigkeit wird sodann auf dem Wasserbad auf etwa ein Drittel ihrer Menge eingedampft und mit Wasser in ein 100 ccm-Meßkölbchen gespült. Nach dem Erkalten gibt man 5 ccm $^1/_2$ N-Essigsäure und je nach Bedarf $^1/_{10}$ bis $^1/_4$ der angewandten Raummenge des Weines an Bleiessig zu, füllt mit Wasser bei 15° zur Marke auf, schüttelt um und filtriert durch ein trockenes Filter oder schleudert ab. 50 ccm des Filtrats bringt man in ein 250 ccm-Meßkölbchen, versetzt mit einer zur vollständigen Fällung des Bleiüberschusses ausreichenden Menge kalt gesättigter Natriumsulfatlösung, füllt nach 3—4 Stunden zur Marke auf, schüttelt um und filtriert aufs neue oder schleudert ab. Das letzte Filtrat, von welchem 25 ccm dem 20. Teil der angewandten Weinmenge entsprechen, dient zur Bestimmung des reduzierenden Zuckers.

b) **Bestimmung des reduzierenden Zuckers.** 25 ccm des nach der vorstehenden Vorschrift erhaltenen Filtrats werden nach Zusatz von 25 ccm Wasser nach der S. 296 gegebenen Vorschrift behandelt.

Berechnung: Die dem gewogenen Kupferoxyd entsprechende Menge Glykose entnimmt man der Tabelle S. 367. Durch Multiplikation dieser Menge mit der Zahl 20 findet man den der angewandten Weinmenge entsprechenden Glykosewert. Dieser ist auf 1 l Wein umzurechnen.

Bezeichnet man mit

    a den auf 1 l Wein bezogenen Glykosewert,

    p_d die gemäß der Vorschrift S. 299 gefundene direkte Polarisation des Weines,

    p_i die gemäß der gleichen Vorschrift gefundene Polarisation des Weines nach der Inversion,

so ist, unter Berücksichtigung der Vorzeichen der Polarisationen, der Gehalt an reduzierenden Zuckerarten in Gramm in 1 l Wein:

$$x = 1{,}03 \cdot a - 0{,}07 \cdot p_d - 0{,}23 \cdot p_i \,.$$

In der Regel, d. h. wenn der Süßwein keinen Rohrzucker enthält, sind die Werte p_d und p_i einander praktisch gleich. In diesem Falle ist

$$x = 1{,}03\,a - 0{,}3\,p_d \,.$$

c) **Bestimmung des Rohrzuckers.** Enthält der Süßwein e g Extrakt in 1 l, so wägt man etwa $\dfrac{5000}{e}$ ccm Wein in der vorstehend unter a) beschriebenen Weise ab und berechnet die Raummenge des Weines.

Die gewogene Weinmenge bringt man unter Nachspülen mit Wasser in eine Porzellanschale und neutralisiert den Wein genau, wie vorstehend unter a) vorgeschrieben. Die Flüssigkeit wird auf etwa ein Drittel ihrer Menge eingedampft und mit Wasser in ein 100 ccm-Meßkölbchen gespült, das auch bei 75 ccm eine Marke trägt. Nach dem Erkalten fügt man eine der zugesetzten Menge Alkalilauge äquivalente Menge N-Salzsäure hinzu, füllt mit Wasser zu 75 ccm auf und invertiert mit Salzsäure nach der S. 296 gegebenen Vorschrift.

Von der zu 100 ccm aufgefüllten invertierten Flüssigkeit werden 50 ccm in einen Meßkolben von 200 ccm Inhalt eingemessen. Alsdann werden 32 ccm N-Silbernitratlösung und außerdem eine solche Menge dieser Lösung zugesetzt, als der Hälfte der zugesetzten Menge N-Salzsäure entspricht. Nach dem Umschütteln läßt man absitzen und gibt solange tropfenweise N-Silbernitratlösung zu, als noch ein sichtbarer Niederschlag entsteht; jedoch ist ein größerer Überschuß zu vermeiden. Man füllt zur Marke auf, setzt noch 1 ccm Wasser hinzu, schüttelt um und filtriert oder schleudert ab.

125 ccm des Filtrats werden in einem 200 ccm-Meßkolben mit 20 ccm N-Natronlauge versetzt. Man prüft mit Lackmuspapier, ob keine alkalische Reaktion eingetreten ist. Sollte dies der Fall sein, so setzt man sofort tropfenweise verdünnte Salpetersäure bis zur eben schwach sauren Reaktion hinzu. Die neutralisierte Flüssigkeit versetzt man alsdann mit 2—3 ccm Bleiessig, füllt zur Marke auf, schüttelt um und filtriert nach einiger Zeit oder schleudert ab. Von diesem Filtrate werden wiederum 125 ccm in einen 200 ccm-Meßkolben übergeführt, mit einer zur vollständigen Fällung des überschüssigen Silbers und Bleies ausreichenden Menge 10 proz. Dinatriumhydrophosphatlösung versetzt und mit Wasser auf 200 ccm aufgefüllt. Von dem Filtrate verwendet man 50 ccm zur Bestimmung des Zuckers gemäß der Vorschrift auf S. 296.

Berechnung: Die dem gewogenen Kupferoxyd entsprechende Menge Glykose entnimmt man der Tabelle 21 (S. 367). Durch Multiplikation dieser Menge mit der Zahl 20,48 findet man den der angewandten Weinmenge entsprechenden Glykosewert, der auf 1 l umzurechnen ist. Bezeichnet man mit

b den auf 1 l Wein bezogenen Glykosewert,

p_i die gemäß der Vorschrift (vgl. unten!) gefundene Polarisation des Weines nach der Inversion,

so ist, unter Berücksichtigung des Vorzeichens der Polarisation, der Gehalt an reduzierenden Zuckerarten in 1 l des invertierten Weines

$$y = 1,03 \cdot b - 0,3\, p_i.$$

Bezeichnet man weiter mit

x die Gramm reduzierender Zuckerarten in 1 l Wein, gefunden nach der Vorschrift unter b),

y die Gramm reduzierender Zuckerarten in 1 l invertierten Weines, gefunden nach der Vorschrift unter c),

so sind in 1 l Wein enthalten:

$$z = 0,95 \cdot (y - x) \text{ g Rohrzucker.}$$

Der Nachweis für die Anwesenheit von Rohrzucker ist nur dann als erbracht anzusehen, wenn auch das Ergebnis der Polarisationsmessung dafür spricht, und auch nur dann, wenn nach beiden Verfahren Rohrzuckerwerte von mindestens 4 g in 1 l Wein gefunden werden.

d) Berechnung des Gehalts an Fructose und Glykose. Bei rohrzuckerfreien Weinen: Bezeichnet man mit

a den auf 1 l Wein bezogenen Glykosewert, gefunden nach der Vorschrift unter b),

p die gemäß der Vorschrift (vgl. unten!) gefundene direkte Polarisation des Weines,

so sind, unter Berücksichtigung des Vorzeichens der Polarisation, in 1 l Wein enthalten:

$$f = 0,37211 \cdot a - 3,5440 \cdot p \text{ g Fructose,}$$
$$g = 0,65915 \cdot a + 3,2463 \cdot p \text{ g Glykose.}$$

Bei rohrzuckerhaltigen Weinen: Man berechnet zunächst den Fructose- und Glykosegehalt des invertierten Weines nach den vorstehenden Formeln, in welchen bedeutet:

a den Glykosewert, der nach der Vorschrift unter c) für 1 l invertierten Wein aus der gewogenen Kupferoxydmenge berechnet ist,

p die gemäß der Vorschrift (vgl. unten!) gefundene Polarisation des invertierten Weines.

Von den so ermittelten Fructose- und Glykosegehalten sind alsdann die dem Rohrzuckergehalte des Weines entsprechenden Fructose- und Glykosemengen abzuziehen.

Anmerkung: Zur Erleichterung der vorstehenden Berechnungen dienen die Tabellen 22 und 23 (S. 369), aus denen die in den Formeln vorkommenden Produkte

$$0,37211 \cdot a, \quad 3,5440 \cdot p, \quad 0,65915 \cdot a \quad \text{und} \quad 3,2463 \cdot p$$

entnommen werden können."

b) Bestimmung der Polarisation[1]).

„Unter ‚Polarisation' des Weines versteht man den in Kreisgraden anzugebenden Winkel, um den eine 200 mm lange Schicht des entsprechend vorbereiteten unverdünnten Weines die Ebene eines polarisierten Lichtstrahls von der Wellenlänge des Natriumlichts bei 20° ablenkt. Die erwähnte Vorbereitung besteht in der Entfernung des Alkohols und in einer möglichst weitgehenden Ausscheidung der die Polarisationsebene drehenden, aber nicht zu den Kohlenhydraten gehörenden Bestandteile des Weines.

Zur Prüfung des Weines sind nur große Apparate zu verwenden, deren optische Bauart so vollkommen ist und deren Skala und Nonius so eingeteilt sind, daß die Beobachtungen mit einer Genauigkeit von 0,05 Kreisgraden oder 0,1 Ventzkegraden angestellt werden können. Im allgemeinen sind Halbschattenapparate den Instrumenten mit Savartscher Doppelplatte und den Farbenapparaten vorzuziehen. Bei Verwendung eines Polarisationsinstruments mit drehbarem Analysator muß die Beobachtung bei Natriumlicht, bei Verwendung eines Saccharimeters mit Quarzkeilkompensation bei Petroleumlicht oder gewöhnlichem Gaslicht oder bei Auerlicht erfolgen, das durch eine 1,5 cm dicke Schicht einer 6 proz.

---

[1]) Amtliche Anweisung zur chemischen Untersuchung des Weines.

Kaliumbichromatlösung gereinigt ist. Die Angaben der mit Ventzkeskala versehenen Halbschattensaccharimeter sind durch Multiplikation mit dem Faktor 0,347 auf Kreisgrade und Natriumlicht umzurechnen. Ist der absolute Wert des Polarisationswinkels nicht größer als 1°, so kann, falls nicht erhebliche Mengen rechtsdrehender Stoffe zugegen sind, die Beobachtung bei Zimmertemperatur vorgenommen werden. In allen anderen Fällen ist die Ablesung bei 20° vorzunehmen und diese Temperatur mit einer Genauigkeit von $\pm\,0{,}3°$ einzuhalten. Man bedient sich hierbei eines Polarisationsrohrs mit Wassermantel. Wenn das in die Polarisationsflüssigkeit eingesenkte Thermometer die erwünschte Temperatur anzeigt, wird es vorsichtig herausgezogen; dann nimmt man die Ablesung vor.

Die Skala des Polarisationsapparates und erforderlichenfalls die Längen der Beobachtungsröhren sind von Zeit zu Zeit auf ihre Richtigkeit zu prüfen. Die richtige Lage des Nullpunkts der Skala ermittelt man durch Einlegen eines mit reinem Wasser gefüllten Polarisationsrohrs, weitere Skalenpunkte kontrolliert man durch die Untersuchung von Zuckerlösungen von bekanntem Gehalte[1]).

a) **Ausführung der polarimetrischen Prüfung bei trocknen Weinen.**
α) *Direkte Polarisation.* Man läßt den Rest des letzten Filtrats, das gemäß der Vorschrift auf S. 296 b α Abs. 2 erhalten wird, 24 Stunden in einem verschlossenen Kölbchen stehen, füllt die Flüssigkeit in ein 200 mm-Rohr und bestimmt die Polarisation, falls erforderlich, unter Innehaltung der Temperatur von 20°.

Der abgelesene Drehungswinkel ist durch Multiplikation mit 2 auf die Konzentration des unverdünnten Weines zurückzuberechnen.

War bei Rotwein das Filtrat vom Bleisulfatniederschlage nicht völlig entfärbt, so versetzt man es noch mit 0,5 g frisch ausgeglühter Knochenkohle, läßt das Gemisch 10 Minuten im verschlossenen Kölbchen stehen, filtriert und benutzt das klare Filtrat zur Polarisation.

β) *Polarisation nach der Inversion.* Die Bestimmung der Polarisation nach der Inversion braucht bei trocknen Weinen nur dann vorgenommen zu werden, wenn die Prüfung nach der Vorschrift auf S. 301 einen Verdacht auf die Gegenwart fremder rechtsdrehender Stoffe rechtfertigt.

Von der für die gewichtsanalytische Bestimmung gemäß der Vorschrift auf S. 296 vorbereiteten und mit Knochenkohle behandelten Lösung bewahrt man den Rest in einem verschlossenen Kölbchen 24 Stunden lang auf. Dann bestimmt man die Polarisation der klaren Flüssigkeit im 200 mm-Rohre, falls erforderlich, unter Innehaltung der Temperatur von 20°.

b) **Ausführung der polarimetrischen Prüfung bei Süßweinen.** α) *Direkte Polarisation.* Von Wein mit weniger als 200 g Extrakt in 1 l mißt man 100 ccm, von solchem mit höherem Extraktgehalte 50 ccm in einem Meßkolben bei 20° genau ab und bringt ihn unter Nachspülen mit Wasser in eine Porzellanschale. In dieser neutralisiert man den Wein genau mit der berechneten Menge Alkalilauge (vgl. S. 64) und dampft die Flüssigkeit auf dem Wasserbad auf etwa ein Drittel ihrer Menge ein. Den Schaleninhalt spült man mit Wasser in ein 100 ccm-Meßkölbchen, gibt nach dem Erkalten 5 ccm $^1/_2$ N-Essigsäure und 2 ccm 20proz. Kaliumacetatlösung hinzu und füllt bei 20° mit Wasser zur Marke auf.

Nach dem Umschütteln gießt man die Flüssigkeit in einen etwas größeren trocknen Kolben, fügt 1,5 g frisch ausgeglühte Knochenkohle hinzu, filtriert nach 10 Minuten und läßt das Filtrat in einem verschlossenen Kölbchen 24 Stunden stehen. Nach dieser Zeit wird die Polarisation der Flüssigkeit im 200 mm-Rohre bei 20° bestimmt. Wurden 50 ccm Wein angewendet, so ist der abgelesene Drehungswinkel mit 2 zu multiplizieren; bei Benutzung von 100 ccm ist eine weitere Umrechnung nicht erforderlich.

β) *Polarisation nach der Inversion.* Von Wein mit weniger als 200 g Extrakt in 1 l mißt man 100 ccm, von solchem mit höherem Extraktgehalte 50 ccm in einem Meßkolben

---

[1]) Eine Lösung, die in 100 ccm 26,000 g reinen Rohrzucker enthält, muß im 200 mm-Rohr 100,0 Ventzkegrade oder 34,7 Kreisgrade anzeigen. Den für diese Prüfung erforderlichen chemisch reinen Rohrzucker stellt man nach folgendem Verfahren dar: 1 kg gemahlene feinste Raffinade wird in 500 g siedendem Wasser gelöst und die filtrierte noch heiße Lösung in einer Porzellanschale allmählich mit 2,5 l absolutem Alkohol versetzt und unter Umrühren erkalten gelassen. Der hierbei als Krystallmehl sich ausscheidende Zucker wird auf einer Nutsche abgesaugt, anfangs mit Alkohol von 85 Maßprozent, dann mit absolutem Alkohol und hierauf mit Äther ausgedeckt und schließlich bei 60° getrocknet.

bei 20° genau ab und bringt ihn unter Nachspülen mit Wasser in eine Porzellanschale. Dann neutralisiert und entgeistet man in der vorstehend unter α) beschriebenen Weise. Man bringt den Rückstand sodann unter Nachspülen mit Wasser in ein 100 ccm-Meßkölbchen, das auch bei 75 ccm eine Marke trägt. Nach dem Erkalten fügt man eine der zugesetzten Menge Alkalilauge äquivalente Menge N-Salzsäure hinzu, füllt mit Wasser zu 75 ccm auf und invertiert mit Salzsäure nach der auf S. 296 gegebenen Vorschrift. Man füllt bei 20° zu 100 ccm auf, schüttelt um und verfährt weiter, wie dies vorstehend unter b), α) im Abs. 2 vorgeschrieben ist.

c) Berechnung des Rohrzuckergehalts aus der Polarisation. Bezeichnet man mit p_d die direkte Polarisation des Weines im 200 mm-Rohre bei 20°, mit p_i seine Polarisation nach der Inversion, so ergibt sich der Gehalt an Rohrzucker in 1 l Wein zu

$$x = 5{,}65 \cdot (p_d - p_i) \text{ g.}$$

Der Nachweis für die Anwesenheit von Rohrzucker ist nur dann als erbracht anzusehen, wenn auch das Ergebnis der Rohrzuckerbestimmung nach der Vorschrift auf S. 296 dafür spricht, und auch nur dann, wenn nach beiden Verfahren Rohrzuckerwerte bei trocknen Weinen von mindestens 2 g, bei Süßweinen von mindestens 4 g in 1 l Wein gefunden werden."

c) Nachweis fremder rechtsdrehender Stoffe, insbesondere des unreinen Stärkezuckers, durch Bestimmung der Polarisation[1]).

„a) Vorprüfung auf fremde rechtsdrehende Stoffe. α) Hat man bei der Zuckerbestimmung nach S. 294 höchstens 1 g reduzierenden Zucker in 1 l Wein gefunden und dreht der Wein bei der gemäß S. 299 ausgeführten Polarisationsmessung nach links oder gar nicht oder höchstens 0,3° nach rechts, so sind nachweisbare Mengen fremder rechtsdrehender Stoffe im Weine nicht vorhanden.

β) Hat man bei der Zuckerbestimmung nach S. 294 höchstens 1 g reduzierenden Zucker in 1 l Wein gefunden und dreht der Wein mehr als 0,3° bis höchstens 0,6° nach rechts, so kann der Wein fremde rechtsdrehende Stoffe enthalten. Die weitere Untersuchung erfolgt nach der folgenden Vorschrift unter b).

γ) Hat man bei der Zuckerbestimmung nach S. 294 höchstens 1 g reduzierenden Zucker in 1 l Wein gefunden und dreht der Wein mehr als 0,6° nach rechts, so ist die Gegenwart fremder rechtsdrehender Stoffe nachgewiesen. Eine nähere Untersuchung dieser Stoffe kann nach der Vorschrift unter b) vorgenommen werden.

δ) Hat man bei der Zuckerbestimmung nach S. 294 mehr als 1 g reduzierenden Zucker in 1 l Wein gefunden und ist der zu untersuchende Wein kein Süßwein, so berechnet man nach der Formel

$$[\alpha]_D = \frac{1000\,\alpha}{2\,c}$$

das scheinbare spezifische Drehungsvermögen der reduzierenden Stoffe. In dieser Formel bedeutet α den Drehungswinkel des nach der Vorschrift auf S. 299 vorbereiteten Weines im 200 mm-Rohre und c die Gramm direkt reduzierenden Zuckers in 1 l Wein. Ist der absolute Wert für $[\alpha]_D$ bei negativem Vorzeichen größer als 40°, so sind nachweisbare Mengen fremder rechtsdrehender Stoffe im Weine nicht vorhanden. Liegt hingegen der Wert für $[\alpha]_D$ zwischen — 40 und 0° oder ist er positiv, so kann der Wein fremde rechtsdrehende Stoffe enthalten. Die weitere Untersuchung erfolgt nach der Vorschrift unter b).

ε) Liegt der Wert $[\alpha]_D$ bei Süßweinen zwischen —5 und 0° oder ist er positiv, so ist die Gegenwart fremder rechtsdrehender Stoffe erwiesen; andernfalls ist die Abwesenheit solcher Stoffe nur dann nachgewiesen, wenn der Wert bei negativem Vorzeichen größer ist als 90°.

b) Unterscheidung der fremden rechtsdrehenden Stoffe, insbesondere Nachweis des unreinen Stärkezuckers. Die einzelnen rechtsdrehenden Stoffe, auf welche die vorstehend beschriebenen Prüfungen hinweisen, sind vor allem Rohrzucker, Dextrine im allgemeinen und die unvergärbaren Stoffe des unreinen Stärkezuckers im besonderen. Sofern vorstehend in den Fällen β), δ) und ε) die angegebenen Merkmale eine Entscheidung nicht gestatten, ist die weitere qualitative Prüfung auf die genannten Stoffe nach Maßgabe der folgenden Gesichtspunkte erforderlich. Sie empfiehlt sich auch in dem Falle γ).

---

[1]) Amtliche Anweisung zur chemischen Untersuchung des Weines.

α) Der Nachweis und die Bestimmung des Rohrzuckers erfolgen nach der Vorschrift auf S. 294—299.

β) Der Nachweis von Dextrinen erfolgt nach der Vorschrift unter d (vgl. unten!).

γ) Der Nachweis der unvergärbaren Stoffe des unreinen Stärkezuckers in trockenen Weinen — auf Süßwein ist das Verfahren nicht anwendbar — geschieht auf folgende Weise:

210 ccm Wein werden auf dem Wasserbad auf etwa ein Drittel eingedampft. Der Rückstand wird mit Wasser auf 100—150 ccm verdünnt. Die Flüssigkeit bringt man in einen Kolben, der nicht mehr als zu einem Drittel gefüllt sein darf, verstopft ihn mit einem Wattebausch und sterilisiert bei 100°. Nach dem Abkühlen versetzt man mit 3 ccm dünnbreiiger, frischer und gärkräftiger Reinzucht-Weinhefe[1]), verschließt den Kolben mit dem Wattebausch und läßt ihn bei 25—30°, zweckmäßig in einem Brutschrank, bis zur Beendigung der Gärung stehen.

Tritt die Gärung nicht oder nur unvollkommen ein, so ist, falls Zucker vorhanden, mit der Anwesenheit gärungshemmender Stoffe zu rechnen.

Die vergorene Flüssigkeit wird mit 1,5 ccm 20proz. Kaliumacetatlösung versetzt und in einer Porzellanschale auf dem Wasserbade zu einem dünnen Sirup eingedampft. Zu dem Rückstand setzt man unter beständigem Umrühren allmählich 200 ccm Alkohol von 90 Maßprozent. Nachdem sich die Flüssigkeit geklärt hat, wird der alkoholische Auszug in einen Kolben filtriert, Rückstand und Filter mit wenig Alkohol von 90 Maßprozent gewaschen und der Alkohol größtenteils abdestilliert. Der Rest des Alkohols wird auf dem Wasserbade verdampft und der Rückstand durch Wasserzusatz auf etwa 10 ccm gebracht. Dann setzt man 2—3 g in Wasser aufgeschlämmte Knochenkohle hinzu und läßt einige Zeit unter wiederholtem Umrühren stehen. Hierauf filtriert man die entfärbte Flüssigkeit in einen kleinen eingeteilten Zylinder und wäscht die Knochenkohle mit heißem Wasser aus, bis das auf 15° abgekühlte Filtrat 30 ccm beträgt. Zeigt dieses im 200 mm-Rohre eine Rechtsdrehung von mehr als 0,5°, so enthält der Wein die unvergärbaren Bestandteile des unreinen Stärkezuckers. Beträgt die Drehung gerade $+ 0,5°$ oder nur wenig über oder unter dieser Zahl, so wird die Knochenkohle aufs neue mit heißem Wasser ausgewaschen, bis das auf 15° abgekühlte Filtrat 30 ccm beträgt. Die bei der Prüfung dieses Filtrats im 200 mm-Rohre gefundene Rechtsdrehung wird der zuerst gefundenen hinzugezählt. Wenn das Ergebnis der zweiten Polarisationsmessung mehr als den fünften Teil der ersten beträgt, muß die Kohle noch ein drittes Mal mit heißem Wasser bis auf 30 ccm ausgewaschen und das Filtrat polarimetrisch geprüft werden."

d) Nachweis von Dextrin[2]).

„25 ccm Wein werden mit 2 ccm Bleiessig versetzt; die Mischung wird gut umgeschüttelt. Nach Zugabe von etwa 0,1 g Natriumchlorid wird einige Minuten auf dem Wasserbade erwärmt und filtriert. Im Filtrat wird das Blei durch Einleiten von Schwefelwasserstoffgas ausgefällt. Zu 1 ccm des klaren Filtrats vom Bleiniederschlage werden 2 Tropfen Salzsäure vom spezifischen Gewicht 1,19 und alsdann 10 ccm absoluter Alkohol hinzugegeben. Bei Gegenwart von Dextrinen des unreinen Stärkezuckers tritt alsbald eine milchige Trübung auf. Bei Abwesenheit dieser Dextrine bleibt die Lösung völlig klar.

Bei trockenen Weinen kann der Nachweis außerdem noch nach folgendem Verfahren erbracht werden:

100 ccm Wein werden auf 10 ccm eingedampft. Dem erkalteten Rückstand setzt man unter Umrühren allmählich 90 ccm absoluten Alkohol hinzu. Nach 2 Stunden filtriert man den entstandenen Niederschlag ab, wäscht ihn mit wenig Alkohol von 90 Maßprozent aus und löst ihn in heißem Wasser. Die Lösung bringt man in ein 100 ccm-Meßkölbchen, füllt sie in diesem auf etwa 50 ccm auf und fügt 5 ccm Salzsäure vom spezifischen Gewicht 1,12 hinzu. Man verschließt das Kölbchen mit einem Stopfen, durch den ein 1 m langes, beider-

---

[1]) Die Weinhefestammkulturen bewahrt man in sog. Freudenreich-Kölbchen, d. h. mit Wattebausch und Glaskappe verschlossenen Kölbchen auf, die nach der Beschickung mit 15proz. Rohrzuckerlösung sterilisiert worden sind. Vor dem Gebrauch ist die Hefe in sterilem Trauben- oder Apfelmost oder in entgeistetem und dann gezuckertem Weine zu vermehren.

[2]) Amtliche Anweisung zur chemischen Untersuchung des Weines.

seits offenes Rohr führt und erhitzt $2^1/_2$ Stunden im kochenden Wasserbade. Nach dem Erkalten wird die Flüssigkeit neutralisiert — hierzu sind ungefähr 36 ccm N-Natronlauge erforderlich — und zur Marke aufgefüllt. Man filtriert, falls erforderlich, und verwendet 25 ccm des Filtrats nach Zusatz von 25 ccm Wasser zur Zuckerbestimmung nach der Vorschrift auf S. 296.

Die dem gewogenen Kupferoxyd entsprechende Menge Glykose entnimmt man der Tabelle S. 367. Etwa gefundener Zucker ist aus Dextrinen gebildet worden. Weine, die solche nicht enthalten, geben höchstens Spuren einer Zuckerreaktion."

e) Bestimmung des Gerbstoffs und Farbstoffs [1]).

„a) Erforderliche Lösungen und Reagenzien. Kaliumpermanganatlösung: Man löst 1,33 g Kaliumpermanganat in 1 l Wasser auf. Vor jedesmaligem Gebrauche dieser Lösung ist ihr Wirkungswert zu ermitteln, indem sie gegen 10 ccm $^1/_{10}$ N-Oxalsäure eingestellt wird.

Indigolösung: 3 g synthetischer Indigo werden mit 20 ccm konzentrierter Schwefelsäure sehr fein angerieben und 5 Stunden bei 40—50^d unter häufigem Umrühren stehengelassen. Nach dem Erkalten gießt man die Flüssigkeit in 1 l Wasser, filtriert durch ein Papierfilter und stellt in der nachstehend für die Titrierung des Weines beschriebenen Weise für 20 ccm des Filtrats den Verbrauch an Kaliumpermanganatlösung fest. Hierauf verdünnt man mit so viel Wasser, daß 20 ccm der verdünnten Indigolösung eine zwischen 7 und 9 ccm liegende Menge Kaliumpermanganatlösung verbrauchen.

Knochenkohle-Aufschwemmung: Knochenkohle von der auf S. 297 beschriebenen Beschaffenheit wird mit Wasser zu einem dünnflüssigen Brei angerieben.

b) Ausführung der Bestimmung. 50 ccm Rotwein oder 100 ccm Weißwein werden — letzterer in zwei gesonderten Anteilen zu je 50 ccm — auf dem Wasserbad auf die Hälfte eingedampft, sofort in ein 100 ccm-Meßkölbchen übergeführt und nach dem Erkalten mit Wasser zur Marke aufgefüllt. Von der gut durchgemischten Flüssigkeit führt man 50 ccm in einen 1 l-Meßkolben über, fügt einige Kubikzentimeter der Knochenkohle-Aufschwemmung hinzu und läßt unter zeitweiligem Umschütteln mehrere Stunden stehen. Ist die Flüssigkeitsschicht über der Knochenkohle völlig entfärbt, so füllt man mit Wasser zu 1 l auf, schüttelt um und filtriert durch ein trockenes Filter. War die Flüssigkeit über der Knochenkohle nicht völlig entfärbt, so ist vor dem Auffüllen zu 1 l ein weiterer Zusatz der Aufschwemmung erforderlich.

Man bringt nunmehr in eine große glasierte Porzellanschale 1 l destilliertes Wasser, fügt 10 ccm Schwefelsäure vom spezifischen Gewicht 1,11 hinzu und läßt aus einer Pipette bei Weißwein 20 ccm, bei Rotwein 30 ccm Indigolösung zufließen. Dann gibt man aus einer Pipette 20 ccm des entgeisteten, zu 100 ccm aufgefüllten und noch nicht mit Knochenkohle behandelten Weines hinzu. In die Flüssigkeit läßt man sodann aus einer Glashahnbürette unter stetigem Umrühren die Kaliumpermanganatlösung tropfenweise einfließen. Die blaue Färbung der Lösung geht hierbei allmählich in dunkelgrün, hellgrün und schließlich grüngelb, alsdann durch Zusatz eines weiteren Tropfens der Kaliumpermanganatlösung in ein glänzendes Goldgelb über. Kurz vor diesem Umschlag muß die Kaliumpermanganatlösung in einzelnen, sich langsam folgenden Tropfen zugesetzt werden. Die Titration ist zweimal auszuführen.

Dann titriert man in gleicher Weise den mit Knochenkohle behandelten Wein. Man verwendet 400 ccm der filtrierten Flüssigkeit, bringt sie in eine Porzellanschale, ergänzt mit Wasser auf 1 l und setzt 10 ccm Schwefelsäure vom spezifischen Gewicht 1,11 sowie bei Weißwein 20 ccm, bei Rotwein 30 ccm Indigolösung hinzu. Auch dieser Versuch ist zu wiederholen.

Berechnung: Wurden verbraucht:

a ccm Kaliumpermanganatlösung zur Titration von 10 ccm $^1/_{10}$ N-Oxalsäure,

b ccm der gleichen Lösung zur Titration des mit Indigolösung versetzten, mit Knochenkohle nicht behandelten entgeisteten Weines,

c ccm der gleichen Lösung zur Titration des mit Indigolösung versetzten, mit Knochenkohle behandelte entgeisteten Weines,

---

[1]) Amtliche Anweisung zur chemischen Untersuchung des Weines.

so sind in 1 l Wein enthalten:

$$\text{bei Weißwein } x = 2{,}08 \cdot \frac{b-c}{a}\ \text{g,}$$

$$\text{bei Rotwein } x = 4{,}16 \cdot \frac{b-c}{a}\ \text{g}$$

Gerbstoff und Farbstoff.“

f) Nachweis und Bestimmung der Salpetersäure (des Nitratrestes) [1]).

„a) Nachweis der Salpetersäure. α) *Bei Weißwein.* In eine Porzellanschale bringt man einige Körnchen Diphenylamin und einige Kubikzentimeter konzentrierte Schwefelsäure. Man fügt vorsichtig 2—3 Tropfen Wasser hinzu und bewegt das Schälchen etwas. Hierbei geht das Diphenylamin in Lösung. Man streut alsdann einige Körnchen fein gepulvertes Natriumchlorid auf die Schwefelsäure und mischt durch Bewegung des Schälchens. Nach Beendigung der Salzsäureentwicklung läßt man vorsichtig eine geringe Menge Wein am Rande des Schälchens auf die Oberfläche der Diphenylamin-Schwefelsäure auffließen. Nach einigen Minuten ruhigen Stehens wird das Schälchen ganz leicht und vorsichtig umgeschwenkt. Man läßt dann wieder einige Minuten stehen und wiederholt das leichte Umschwenken.

Bei Gegenwart von Salpetersäure zeigen sich hierbei deutliche, oft tief dunkle blaue Farbstreifen in der Flüssigkeit; bei größeren Mengen färbt sich die ganze Flüssigkeit blau.

β) Bei Rotwein. Etwa 10 ccm Wein werden mit etwa 0,2 g durch Auskochen mit Wasser von Nitraten vollständig befreiter, gemahlener Knochenkohle bis nahezu zur Trockne eingedampft und alsdann mit Wasser wieder auf ungefähr den ursprünglichen Raumgehalt gebracht. Man läßt die Knochenkohle sich absetzen oder schleudert ab und verfährt mit der überstehenden klaren und farblosen Flüssigkeit weiter, wie vorstehend unter α).

b) Bestimmung der Salpetersäure. 10 ccm Wein werden mit etwa 0,2 g Knochenkohle der vorstehend beschriebenen Art auf dem Wasserbade bis nahezu zur Trockne eingedampft. Nach dem Erkalten bringt man den Rückstand unter Zusatz von 1 ccm gesättigter Natriumchloridlösung und 5 ccm Eisessig mit nitratfreiem Wasser auf 50 ccm. Nach dem Umschütteln läßt man die Knochenkohle sich absetzen oder schleudert ab.

Von der klaren Flüssigkeit bringt man 1 ccm in ein Probierrohr und vermischt sie mit 4 ccm Diphenylamin-Schwefelsäurelösung [2]). Weiterhin bereitet man folgende Vergleichslösungen: 0,1631 g bei 100° getrocknetes, reines Kaliumnitrat werden in nitratfreiem Wasser zu 1 l gelöst. Von dieser Lösung mißt man 0,2, 0,5, 1,0, 1,5, 2,0 und 2,5 ccm je in ein 100 ccm-Meßkölbchen ein, fügt je 2 ccm gesättigte Natriumchloridlösung und 10 ccm Eisessig hinzu und füllt dann mit Wasser zur Marke auf. Man bringt nunmehr von jeder dieser sechs Lösungen je 1 ccm in ein Probierrohr und versetzt mit je 4 ccm Diphenylamin-Schwefelsäurelösung. Nach kurzem, kräftigem Durchschütteln kühlt man sofort unter fließendem Wasser ab und läßt unter mehrmaligem Umschütteln $\frac{1}{2}$—$\frac{3}{4}$ Stunde stehen.

Nach dieser Zeit stellt man fest, mit welcher Vergleichslösung die Farbe der aus dem Weine bereiteten Lösung übereinstimmt. Sollte die letztere dunkler sein als die dunkelste Vergleichslösung, so setzt man einen neuen Versuch an, bei dem man von dem vorbereiteten Weine weniger als 1 ccm (je nach dem Ausfall der ersten Probe etwa 0,2 oder 0,5 ccm) verwendet, ihm zunächst die an 1 ccm fehlende Raummenge einer Mischung von 88 ccm Wasser, 2 ccm gesättigter Natriumchloridlösung und 10 ccm Eisessig hinzufügt, dann 4 ccm Diphenylamin-Schwefelsäurelösung zugibt und im übrigen in der vorstehend beschriebenen Weise verfährt.

Die verwendeten Reagenzien (Knochenkohle, Natriumchloridlösung, Eisessig und Wasser) sind durch Anstellung blinder Versuche daraufhin zu prüfen, ob sie frei von Nitraten sind. Außerdem untersucht man eine wässerige Lösung von bekanntem Nitratgehalt — etwa 0,005 g Nitratrest in einem Liter [3]) — in der beschriebenen Weise. Findet man hierbei ein richtiges Ergebnis, so ist dies ein Beweis dafür, daß die verwendete Knochenkohle keine Nitrate absorbiert.

[1]) Amtliche Anweisung zur chemischen Untersuchung des Weines.

[2]) Vgl. S. 13.

[3]) Eine solche Lösung bereitet man durch Verdünnen der zur Herstellung der Vergleichslösungen dienenden Kaliumnitratlösung im Verhältnis 1 : 20.

Berechnung: Wurden a ccm des vorbereiteten Weines mit Diphenylamin-Schwefelsäurelösung versetzt und betrug die Menge der Kaliumnitratlösung, die auf 100 ccm gebracht werden mußte, um nach Zusatz von Diphenylamin-Schwefelsäure dieselbe Färbung zu geben, wie der Wein, b ccm, so sind enthalten in 1 l Wein:

$$x = \frac{0,005 \cdot b}{a} \text{ g Nitratrest } (NO_3).\text{“}$$

Essig und Essigessenz.

Begriffe[1]).

1. **Essig** (Gärungsessig) ist das durch die sog. Essiggärung aus alkoholhaltigen Flüssigkeiten gewonnene Erzeugnis mit einem Gehalte von mindestens 3,5 g Essigsäure in 100 ccm.

2. **Essigessenz** ist gereinigte wässerige, auch mit Aromastoffen versetzte Essigsäure mit einem Gehalte von etwa 60—80% Essigsäure in 100 ccm.

3. **Essenzessig** ist verdünnte Essigessenz mit einem Gehalte von mindestens 3,5 g und höchstens 15 g Essigsäure in 100 ccm.

4. **Kunstessig** ist mit künstlichen Aromastoffen versetzter oder mit gereinigter Essigsäure (auch Essenzessig oder Essigessenz) vermischter Essig mit einem Gehalte von mindestens 3,5 g und höchstens 15 g Essigsäure in 100 ccm.

5. Als **Essigsorten** werden unterschieden:

a) nach den Rohstoffen des Essigs oder der Essigmaische: Branntweinessig (Spritessig, Essigsprit), Weinessig (Traubenessig), Obstweinessig, Bieressig, Malzessig, Stärkezuckeressig, Honigessig u. a.;

b) nach dem Gehalte an Essigsäure: Speise- oder Tafelessig mit mindestens 3,5 g Essigsäure, Einmacheessig mit mindestens 5 g Essigsäure, Doppelessig mit mindestens 7 g Essigsäure und Essigsprit, sowie dreifacher Essig mit mindestens 10,5 g Essigsäure in 100 ccm.

6. **Kräuteressig** (z. B. Estragonessig), Fruchtessig (z. B. Himbeeressig), Gewürzessig und ähnlich bezeichnete Essigsorten sind durch Ausziehen von aromatischen Pflanzenteilen mit Essig hergestellte Erzeugnisse.

B. Hauptsächliche Abweichungen.

I. Verdorbenheit und Verunreinigungen:
1. Essigälchen, Bakterien, Hefen usw.
2. Schwermetalle, besonders Zink, Pyridin aus unreinen Rohstoffen.

II. Verfälschungen:
1. Zu geringer Gehalt an Essigsäure, gegebenenfalls neben Frischhaltungsmitteln.
2. Mineralsäuren, Ameisensäure.
3. Essigessenz statt Gärungsessig. Irreführende Angaben über verwendete Rohstoffe, besonders bei Weinessig.
4. Unvorschriftsmäßiges In-den-Verkehr-bringen von Essigessenz.

C. Vorzunehmende Prüfungen.

Die Mengen der gefundenen Bestandteile werden bei Essig, Essenzessig und Kunstessig in Gramm für 100 ccm, bei Essigessenz in Gewichtsprozenten angegeben.

1. **Sinnenprüfung.** „Bei Essig ist eine Probe von etwa 50 ccm in ein weites Becherglas auszugießen. Bei der Prüfung ist außer auf die Farbe des Essigs darauf zu achten, ob er klar ist, Kahm oder Bodensatz zeigt oder schleimig-

---

[1]) Nach den Entwürfen zu Festsetzungen über Lebensmittel, Heft 3: Essig und Essigessenz.

zähe Flocken enthält. **Essigälchen** können mit bloßem Auge erkannt werden. Ferner ist festzustellen, ob der Essig für sich oder nach der Neutralisation mit Alkalilauge einen fremdartigen **Geruch** oder — nötigenfalls nach dem Verdünnen — einen dem normalen Essig nicht eigenen, scharfen oder beißenden **Geschmack** oder faden Nachgeschmack aufweist.

Essigessenz ist auf ihre Farbe und nach dem Verdünnen auf Geruch und Geschmack zu prüfen."

2. Bestimmung des gesamten Säuregehaltes. „10—20 ccm Essig bzw. 10—20 g der mit kohlensäurefreiem Wasser auf das zehnfache Gewicht verdünnten Essigessenz werden unter Verwendung von Phenolphthalein als Indicator mit N-Lauge titriert. Wenn ein deutlicher Farbumschlag wegen der Färbung des Essigs nicht zu beobachten ist, so ist der Essig mit kohlensäurefreiem Wasser zu verdünnen." 1 ccm N-Alkali entspricht 0,060 g Essigsäure.

Für **Essigessenz** empfiehlt sich auf Grund eigener Erfahrung auch folgendes Verfahren: Man wägt einen mit 50 ccm Wasser beschickten Erlenmeyerkolben mit eingeschliffenem Glasstopfen (sog. Jodzahlkolben), setzt dann mit einer Pipette rasch etwa 2 ccm Essigessenz zu, verschließt, wägt wieder und erfährt aus der Gewichtszunahme die genaue Menge der zugesetzten Essigessenz. Darauf titriert man wie oben.

Zur **Umrechnung** der in 100 ccm gefundenen Säuremengen **auf Gewichtsprozente** dienen bei **extraktfreien** Essigen zweckmäßig die aus folgender Tabelle entnommenen, den Essigsäuregehalten entsprechenden Dichten, indem man die in 100 ccm gefundene Essigsäuremenge durch die zugehörige Dichte teilt.

Bei **extrakthaltigen** Essigen wird die Dichte am besten durch besonderen Versuch (S. 79) ermittelt.

Dichte der Essigsäure[1]) bei 15°.

g in 100 ccm	Dichte	g in 100 ccm	Dichte	g in 100 ccm	Dichte	g in 100 ccm	Dichte	g in 100 ccm	Dichte	g in 100 ccm	Dichte	g in 100 ccm	Dichte	g in 100 ccm	Dichte	g in 100 ccm	Dichte	g in 100 ccm	Dichte
0	0,999	10	1,014	20	1,028	30	1,041	40	1,052	50	1,061	60	1,068	70	1,073	80	1,075	90	1,071
1	1,001	11	1,016	21	1,030	31	1,042	41	1,053	51	1,062	61	1,069	71	1,074	81	1,074	91	1,070
2	1,002	12	1,017	22	1,031	32	1,044	42	1,054	52	1,063	62	1,070	72	1,074	82	1,074	92	1,070
3	1,004	13	1,018	23	1,032	33	1,045	43	1,055	53	1,064	63	1,070	73	1,074	83	1,074	93	1,069
4	1,005	14	1,020	24	1,034	34	1,046	44	1,056	54	1,065	64	1,071	74	1,074	84	1,074	94	1,067
5	1,007	15	1,021	25	1,035	35	1,047	45	1,057	55	1,065	65	1,071	75	1,075	85	1,074	95	1,066
6	1,008	16	1,023	26	1,036	36	1,048	46	1,058	56	1,066	66	1,072	76	1,075	86	1,073	96	1,064
7	1,010	17	1,024	27	1,037	37	1,049	47	1,059	57	1,067	67	1,072	77	1,075	87	1,073	97	1,062
8	1,011	18	1,026	28	1,039	38	1,050	48	1,060	58	1,067	68	1,072	78	1,075	88	1,073	98	1,060
9	1,013	19	1,027	29	1,040	39	1,051	49	1,061	59	1,068	69	1,073	79	1,075	89	1,072	99	1,058

Über **Essigsäurebestimmung in stark gefärbten Essigen** vgl., J. König, Chemie der menschl. Nahrungs- und Genußmittel Bd. III, 3. Teil, S. 456.

3. Gesamtweinsäure[2]). „Man setzt zu 100 ccm Essig in einem Becherglase 1 ccm N-Alkalilauge, 15 g gepulvertes reines Chlorkalium, das durch Umrühren in Lösung gebracht wird, und 20 ccm Alkohol von 95 Maßprozent. Nachdem durch starkes, etwa 1 Minute anhaltendes Reiben der Gefäßwand mit einem

---

[1]) Nach Oudemans, vgl. Chemiker-Kalender.

[2]) Bei Gegenwart von **freier** Weinsäure (vgl. S. 69) kann man zu niedrige Ergebnisse erhalten; die freie Weinsäure ist zuvor mit Alkaliacetat in das Bitartrat überzuführen.

Glasstabe die Abscheidung des Weinsteins eingeleitet ist, bleibt die Mischung wenigstens 15 Stunden bei Zimmertemperatur stehen und wird dann mit Hilfe der Saugpumpe, am besten durch einen Filtertiegel, filtriert. Als Waschflüssigkeit dient eine Lösung von 15 g Chlorkalium und 20 ccm Alkohol von 95 Maßprozent in 100 ccm Wasser. Das Becherglas wird dreimal mit wenigen Kubikzentimetern dieser Lösung ausgespült, wobei man jedesmal gut abtropfen läßt. Sodann wird der Niederschlag dreimal mit derselben Lösung ausgewaschen. Insgesamt sind nicht mehr als 20 ccm der Waschflüssigkeit zu verwenden. Der Weinstein wird dann mit siedendem Wasser in das Becherglas zurückgespült und nach Auflösung heiß mit $^1/_{10}$ N-Alkalilauge unter Verwendung von empfindlichen violetten Lackmuspapier titriert. Der hierbei verbrauchten Anzahl von Kubikzentimetern $^1/_{10}$ N-Alkalilauge sind für den in Lösung gebliebenen Weinstein 1,5 ccm hinzu zu zählen."

4. Ameisensäure und Formaldehyd. „Von 100 ccm Essig bzw. zehnfach verdünnter Essigessenz werden nach Zusatz von 10 g Kochsalz und 0,5 g Weinsäure etwa 75 ccm abdestilliert." 5 ccm des Destillates versetzt man mit 1 ccm konzentrierter Schwefelsäure, fügt 5 ccm fuchsinschweflige Säure[1]) hinzu, mischt und beobachtet nach 15 Minuten. Eine eingetretene Violettfärbung zeigt Formaldehyd an.

Der Rest des Destillates wird mit 10 ccm N-Alkalilauge auf dem Wasserbade zur Trockne verdampft. Der Rückstand wird bei Gegenwart von Formaldehyd nach einstündigem Erhitzen auf 130°, im anderen Falle ohne weiteres nach S. 147 auf Ameisensäure geprüft.

5. Oxalsäure. Bei Gegenwart von Oxalsäure entsteht mit Gipslösung eine weiße in Salzsäure lösliche Fällung.

6. Freie Mineralsäuren. 10 ccm Essig oder 1 ccm Essigessenz werden bis auf einen Säuregehalt von etwa 2% verdünnt und mit 2 Tropfen einer 0,1 proz. Lösung von Methylviolett versetzt. Bei Gegenwart freier Mineralsäuren wird die Farbe der Lösung je nach der Menge der Mineralsäure blau bis grün. Die Färbung ist gegen einen weißen Hintergrund zu beobachten und mit der durch die gleiche Menge Methylviolett in 10 ccm reiner 3 proz. Essigsäure hervorgerufenen Färbung zu vergleichen.

Stark gefärbter Essig wird vor der Prüfung mit Knochenkohle entfärbt; letztere ist darauf zu prüfen, ob eine mit ihr behandelte 2 proz. Essigsäure, die etwa 0,03% Salzsäure enthält, einen Farbumschlag des Methylvioletts hervorruft.

Über die quantitative Bestimmung der freien Mineralsäuren vgl. J. König, Chemie der menschl. Nahrungs- und Genußmittel Bd. III, 3. Teil, S. 460.

7. Prüfung auf scharfschmeckende Stoffe. „Der mit Alkalilauge gegen Phenolphthalein genau neutralisierte Essig wird auf dem Wasserbade soweit eingeengt, daß die Ausscheidung von Krystallen beginnt, und der Rückstand nach dem Erkalten auf seinen Geschmack geprüft. Die Masse wird alsdann

---

[1]) Diese Reaktion ist auf Grund eigener Feststellungen wegen ihrer Einfachheit der Prüfung mit Milch und eisenhaltiger Salzsäure nach der amtlichen Vorschrift (vgl. J. König, Chemie der menschl. Nahrungs- und Genußmittel Bd. III, 3. Teil, S. 464) vorzuziehen. Vgl. S. 145.

mit Äther ausgezogen und der beim Verdunsten des Äthers hinterbleibende Rückstand ebenfalls auf seinen Geschmack geprüft. Ein scharfer Geschmack des einen oder anderen Rückstandes zeigt einen Zusatz scharfschmeckender Stoffe an."

8. Bestimmung des Trockenrückstandes. a) Direktes Verfahren[1]): „50 ccm Essig werden in einer Platinschale auf dem Wasserbade bis zur Sirupdicke eingedampft. Der Rückstand wird in 50 ccm Wasser gelöst und die Lösung erneut eingedampft; das Auflösen in 50 ccm Wasser und Eindampfen wird noch zweimal wiederholt, der Rückstand $2^1/_2$ Stunden im Wasserdampftrockenschranke erhitzt und nach dem Erkalten im Exsiccator gewogen. Ist der beim ersten Eindampfen erhaltene Rückstand sehr gering, so ist das wiederholte Eindampfen entbehrlich." Dieses Verfahren liefert nach Untersuchungen von G. Reif[2]) weniger genaue und weniger gleichmäßige Ergebnisse als das indirekte, von Lehmann und Gerum[3]) stammende, das nach Reif wie folgt ausgeführt wird:

b) Indirektes Verfahren: 50 ccm Essig werden in einer Platinschale auf 10—15 ccm eingeengt, in ein 50 ccm-Pyknometer übergeführt und dann in üblicher Weise das spezifische Gewicht bestimmt. In einem bestimmten Teile dieser Lösung (10 ccm) wird ferner die freie Säure ermittelt und in Kubikzentimetern N-Säure für 50 ccm Lösung berechnet. Der erhaltene Wert mal 0,00018 wird von dem spezifischen Gewichte abgezogen und so das spezifische Gewicht der essigsäurefrei gedachten Extraktlösung erhalten. Hieraus ergibt sich nach der von Fresenius und Grünhut ausgearbeiteten Tabelle[4]) (S. 356) der Extraktgehalt.

9. Bestimmung der Asche, deren Alkalität und der Phosphorsäure. Die Bestimmung erfolgt in ˙dem aus 50 ccm Essig erhaltenen Trockenrückstand nach S. 81—85.

10. Prüfung auf Schwermetalle. „250 ccm Essig bzw. 25 ccm Essigessenz werden auf etwa 50 ccm eingedampft bzw. verdünnt. Die Flüssigkeit wird mit 10 ccm konzentrierter Salzsäure und unter gelindem Kochen von Zeit zu Zeit mit kleinen Mengen von Kaliumchlorat versetzt, bis sie farblos oder hellgelb geworden ist. Nachdem noch solange erhitzt worden ist, bis der Chlorgeruch verschwunden ist, werden 10 g Natriumacetat und soviel Wasser hinzugegeben, daß die Gesamtmenge etwa 100 ccm beträgt. In die Lösung wird sodann Schwefelwasserstoffgas eingeleitet und ein etwa entstehender Niederschlag nach den üblichen Verfahren auf Blei (vgl. S. 106), Kupfer (vgl. S. 110), Zink (vgl. S. 111) und Zinn (vgl. S. 108) untersucht."

11. Bestimmung des Glycerins. „Das Glycerin wird mit Jodwasserstoffsäure in Isopropyljodid übergeführt, dieses durch Silbernitratlösung zersetzt und das entstandene Silberjodid bestimmt." Über die Ausführung des Verfahrens vgl. S. 127.

12. Über die **Prüfung** auf Proteinstoffe (vgl. S. 6), Dextrine (vgl. S. 302), Pyridin (vgl. S. 285), Aceton (vgl. S. 285), Methylalkohol (vgl. S. 119), Salicylsäure (vgl. S. 149), Benzoesäure (vgl. S. 151), Borsäure (vgl. S. 133),

---

[1]) Nach den Entwürfen zu Festsetzungen über Lebensmittel, Heft 3, S. 12.
[2]) Zeitschr. f. Untersuch. d. Nahrungs- u. Genußmittel Bd. 50, S. 181—192. 1925.
[3]) Zeitschr. f. Untersuch. d. Nahrungs- u. Genußmittel Bd. 23, S. 267. 1912.
[4]) Gesetze u. Verordnungen 1921, S. 140.

schweflige Säure (vgl. S. 135) und Teerfarbstoffe (vgl. S. 129) vgl. J. König, Chemie der menschl. Nahrungs- und Genußmittel Bd. III, 3. Teil, S. 464—467.

Über den Nachweis von Phthalsäureester vgl. S. 285.

13. Über den Nachweis von **ungenügend gereinigtem Rohessig** vgl. G. Reif, Zeitschr. f. Untersuch. d. Nahrungs- u. Genußmittel 1924, Nr. 48, S. 424—435.

Über den Nachweis von Gerbsäure als Kennzeichen von Gärungsessig vgl. ebenfalls G. Reif, Zeitschr. f. Untersuch. d. Nahrungs- u. Genußmittel 1925, Nr. 50, S. 192—195.

Trink- und Mineralwasser.

A. Begriffe.

Unter **Trinkwasser** versteht man klares, farbloses, geruchloses, wohlschmeckendes und erfrischendes Wasser, das keinerlei Bestandteile enthält, die diese Eigenschaften beeinträchtigen oder gar gesundheitschädlich wirken können.

Über Wasserversorgungsvorräte und Reinigungsverfahren für Wasser vgl. J. König, Chemie der menschl. Nahrungs- und Genußmittel Bd. II, 2. Teil, S. 718—745.

Unter **Mineralwasser** versteht man solche Wässer, deren Gehalt an gelösten festen Stoffen mehr als 1 g in 1 kg Wasser beträgt, oder die sich durch ihren Gehalt an gelöstem Kohlendioxyd oder an gewissen, seltener vorkommenden Stoffen von den gewöhnlichen Wässern unterscheiden, und endlich auch solche Wässer, deren Temperatur dauernd höher liegt als 20°.

Als Grenzwerte sind nach L. Grünhut folgende anzusehen: Gelöste feste Stoffe 1 g, freies Kohlendioxyd 0,25 g, $\overset{\cdot}{Li}$ 1 mg, $\overset{\cdot\cdot}{Sr}$ 10 mg, $\overset{\cdot\cdot}{Ba}$ 5 mg, Fe 10 mg, Br' 5 mg, J' 1 mg, F' 2 mg, $HAsO_4''$ 1,3 mg, $HAsO_2$ 1 mg, titrierbarer Gesamtschwefel (S), entsprechend Thiosulfation (S_2O_3'') + Hydrosulfidion + Schwefelwasserstoff 1 mg, HBO_2 5 mg, engere Alkalität 4 Millival in 1 kg, Radiumemanation 3,5 Macheeinheiten in 1 l, Temperatur + 20°. Nur wenn einer dieser Werte überschritten ist, kann das betreffende Wasser als Mineralwasser angesehen werden.

Unter **verändertem** oder **halbnatürlichen Tafelwässern** sind solche Mineralwässer zu verstehen, die behufs Hebung des Wohlgeschmackes entweder einen Zusatz von Kohlensäure oder eine Entfernung von geschmack- oder wertvermindernden Stoffen (Eisen, Mangan, Schwebestoffen) erfahren haben. Die Behandlungsweise muß aber ausdrücklich gekennzeichnet sein.

Künstliche Tafelwässer sind Erzeugnisse, die aus destilliertem Wasser, aus Trinkwasser, aus Gemischen von süßem Wasser und Mineralwasser sowie aus verdünntem Mineralwasser unter Zufügung von Kohlensäure hergestellt werden.

    B. Hauptsächliche Abweichungen.

      I. Verunreinigungen, die ein Wasser für Trinkzwecke untauglich machen; nämlich durch

        1. Krankheitübertragende Kleinwesen.

        2. Menschliche oder tierische Abgänge. Häusliche Abwässer.

        3. Schwermetalle, besonders Blei.

        4. Gewerbliche Verunreinigungen, besonders Leuchtgas.

II. **Aggressive und störende Bestandteile:**

   1. Trübungen durch unschädliche Stoffe, z. B. Eisenhydroxyd, Sand usw.

   2. Aggressive Kohlensäure.

   3. Übermäßiger Gehalt an Härtebildnern.

   4. Organische Stoffe bei Moorwässern.

III. **Bei Mineralwässern:**

   1. Den Begriffsbestimmungen nicht entsprechende Bezeichnungen.
     Bei künstlichen Mineralwässern:

   2. Verwendung von nicht einwandfreien Rohstoffen.

   3. Gehalt an Schwermetallen, besonders Blei und Kupfer.

C. Vorzunehmende Prüfungen[1]).

I. Vorarbeiten. Der eigentlichen chemischen Untersuchung des Wassers gehen, zweckmäßig zusammen mit einem bakteriologischen und mikrobiologischen Sachverständigen, folgende Prüfungen vorher:

1. Ortsbesichtigung. Es ist festzustellen, ob es sich um Oberflächenwasser, Grundwasser (Kesselbrunnen oder Röhrenbrunnen), Quellwasser oder filtriertes Wasser handelt. Ferner ist zu beachten: die Tiefe des Brunnens, Beschaffenheit des Bodens, der Wandung, Lage und Bedeckung des Brunnens, der Umgebung, Lage und Entfernung benachbarter Aborte, Jauchebehälter, Düngergruben, Stallungen, Rinnsale, Abzugsgräben usw.

2. Probenahme. Zur Probenahme dienen Flaschen aus weißem Glase mit Glasstöpselverschluß. Bei Pumpen und Wasserleitung wird die Probe erst dann entnommen, nachdem alles Wasser, das in den Rohren gestanden hat, durch Pumpen oder Auslaufenlassen entfernt ist. Dann läßt man die Flasche 2—3mal voll laufen, schüttet jedesmal wieder aus und füllt endlich die Flaschen ganz, läßt jedoch vor Aufsetzen des Stopfens einige Kubikzentimeter wieder ausfließen. Bei einem offenen, zugänglichen Wasser hält man die Flasche einfach einige Zentimeter unter die Oberfläche des Wassers, wobei darauf zu achten ist, daß weder die etwas staubige obere Schicht in die Flasche gelangt noch auch etwa vorhandener Schlamm aus den Bodenschichten aufgerührt wird.

3. Direkter Nachweis verunreinigender Zuflüsse. Dieser kann durch Besichtigung und Untersuchung der Umgebung der Wasserstelle, Sinnenprüfung (Aussehen, Geruch) des Wassers an Ort und Stelle und schließlich durch besondere Mittel, z. B. künstliche Zumischung von Geruchs- (Saprol) oder Farbstoffen (Uraninkali) zu der in Frage kommenden Verunreinigungsquelle erfolgen.

4. Prüfung des Wassers an Ort und Stelle. Wenn möglich, soll an der Entnahmestelle des Wassers geprüft werden auf:

   a) Geruch, Geschmack, Klarheit, Durchsichtigkeit, Farbe und Temperatur.

   b) Reaktion. Die Prüfung der Reaktion wird mit verschiedenen Indicatoren ausgeführt, indem man etwa 50 ccm des Wassers mit einigen Tropfen der betreffenden Indicatorlösung versetzt. Zur Vorprüfung empfiehlt sich z. B. eine 0,2proz. alkoholische Lösung von Methylrot und eine 1proz. alkoho-

---

[1]) Eine ausführliche Beschreibung der Prüfungen von Mineralwässern, besonders auf die seltener vorkommenden Bestandteile, gibt L. Grünhut an. Vgl. J. König, Chemie der menschl. Nahrungs- und Genußmittel Bd. III, 3. Teil, S. 596—727.

lische Lösung von Phenolphthalein. Versetzt man ein Wasser mit einigen Tropfen der genannten Indicatoren, so erhält man folgende Färbungen:

Reaktion:	Stark alkalisch	schwach alkalisch[1]	schwach sauer	stark sauer
p_H:	über 8,2	8,2—6,3	6,3—4,2	unter 4,2
Phenolphthalein:	rot	farblos	farblos	farblos
Methylrot:	gelb	gelb	Zwischenfarbe	rot

Vgl. auch J. König, Chemie der menschl. Nahrungs- und Genußmittel Bd. III, 3. Teil, S. 486—488.

c) **Ammoniak.** Man prüft mit Neßlers Reagens, dem nach der Vorschrift von L. W. Winkler[2] Seignettesalz zugesetzt worden ist. Gelbfärbung zeigt Ammoniak an.

d) **Salpetrige Säure** mit einer Lösung von Kaliumjodid in Stärkelösung, unter Ansäuern mit **Phosphorsäure** vgl. S. 182.

e) **Schwefelwasserstoff** durch den Geruch.

Eine vorbereitende Behandlung des Wassers an Ort. und Stelle erfordern die. Prüfung und quantitative Bestimmung **der freien Kohlensäure** S. 317), von **Sauerstoff** (S. 320), **Mangan** (S. 321), **Eisen** (S. 321), **Marmorlösungs-vermögen** (S. 320) und **Bleilösungsvermögen** (S. 323).

D. Vorzunehmende Prüfungen im Laboratorium.

Zur **schnellen** Unterrichtung über die hygienische Beschaffenheit genügt es, neben der Ortsbesichtigung folgende Bestimmungen auszuführen: **Prüfung auf Ammoniak und salpetrige Säure, quantitative Bestimmung der Salpetersäure, des Chlors und des Kaliumpermanganatverbrauches.** Zweckmäßig ist ferner die Bestimmung der **Gesamthärte** und der **Carbonathärte.** Im übrigen empfiehlt sich folgender Untersuchungsgang:

1. Aussehen, Klarheit und Durchsichtigkeit. Die Prüfung geschieht nach Augenschein, mit dem Durchsichtigkeitszylinder oder — am genauesten — mit dem **Diaphanometer** von J. König. Vgl. J. König, Chemie der menschl. Nahrungs- und Genußmittel Bd. III, 1. Teil, S. 131—134. Schwebestoffe werden durch Abfiltrieren durch Asbest und Wägen vor und nach Veraschung in bekannter Weise ermittelt. In vielen Fällen empfiehlt sich auch eine sorgfältige **mikroskopische Durchprüfung** des Bodensatzes, der sich etwa abgesetzt hat oder durch Abschleudern gewonnen werden kann.

2. Abdampfrückstand, Glührückstand, Glühverlust. 200 ccm des Trinkwassers werden in einer frisch ausgeglühten und gewogenen flachen Platin-, Quarz- oder Porzellanschale auf dem Wasserbade eingedampft.˙ Der Rückstand wird dann 3 Stunden bei 110° getrocknet und gewogen. Darauf trocknet man 1 Stunde bei 180° und wägt wiederum. Letzterer Wert entspricht nach J. Tillmans ziemlich genau der Summe aller nichtflüchtigen Einzelbestandteile. Über

---

[1] Der Neutralitätspunkt liegt bei $p_H = 7,0$.

[2] Zeitschr. f. Untersuch. d. Nahrungs- u. Genußmittel Bd. 49, S. 163—165. 1925. — Das Reagens bereitet man wie folgt: Man löst 100 g Seignettesalz in 200 ccm warmem Wasser, seiht durch einen kleinen Wattebausch, fügt 1,0 g Natriumhydroxyd hinzu und erhitzt in einem Erlenmeyerkolben von 500 ccm. Nachdem die Flüssigkeit etwa 10 Minuten lang im heftigen Sieden erhalten wurde, kühlt man ab und ergänzt auf 250 ccm. Die in eine Glasstöpselflasche übergefüllte Lösung wird nun mit etwa 0,2 g Mercurijodid kräftig durchgeschüttelt, wobei das Mercurijodid sich größtenteils löst. Am anderen Tage ist die Flüssigkeit durch Absetzen völlig klar geworden und zum Gebrauche fertig.

die Bestimmung des Glührückstandes und des Glühverlustes, die für die Beurteilung nur von geringer Bedeutung sind, vgl. J. König, Chemie der menschl. Nahrungs- und Genußmittel Bd. III, 3. Teil, S. 490.

3. Oxydierbarkeit (Permanganatverbrauch) nach Kubel. 100 ccm Wasser, bei Vorhandensein von viel organischer Substanz weniger, mit destilliertem Wasser auf 100 ccm verdünnt, werden mit 5 ccm verdünnter Schwefelsäure $(1 + 3)$ und dann mit 10 ccm $^1/_{100}$ N-Kaliumpermanganatlösung versetzt. Darauf wird zum Kochen erhitzt. Vom beginnenden Sieden an hält man noch 10 Minuten lang im Kochen. Entfärbt sich die Lösung während des Kochens, so müssen noch einmal 10 ccm $^1/_{100}$ N-Permanganatlösung, unter Umständen auch noch mehr zugesetzt werden. Jedenfalls muß die Flüssigkeit nach 10 Minuten noch deutlich rot sein. Danach gibt man sofort dieselbe Menge $^1/_{100}$ N-Oxalsäure zu, welche man vorher an Permanganat zugesetzt hat, und schüttelt gut durch. Ist Oxalsäure im Überschusse vorhanden, so wird die Flüssigkeit nach wenigen Sekunden wasserklar. Man titriert nun mit $^1/_{100}$ N-Permanganatlösung die heiße Flüssigkeit zurück. Eine eben sichtbare Rosafärbung, die bestehen bleibt, zeigt das Ende der Reaktion an. Die Titerstellung führt man am einfachsten in der Weise aus, daß man zu dem fertigtitrierten heißen Wasser, das also durch den geringen Permanganatüberschuß eben rosa gefärbt ist, 10 ccm Oxalsäure zufügt und nun mit $^1/_{100}$ N-Permanganatlösung bis auf Rosa zurücktitriert. Die erforderlichen $^1/_{100}$ N-Oxalsäure- und Permanganatlösungen stellt man am einfachsten auch den $^1/_{10}$ N-Lösungen durch Verdünnung mit destilliertem Wasser (50 ccm auf 500 ccm) her und kann, wenn man von genau eingestellten $^1/_{10}$ N-Lösungen ausgeht, in der Regel von einer abermaligen Einstellung der $^1/_{100}$ N-Lösung absehen. Die Permanganatlösung ist, im Dunkeln aufbewahrt, haltbar.

Die bei der Bestimmung verwendeten Glasgefäße sind vorher durch Auskochen mit Permanganatlösung zu reinigen. Sehr zweckmäßig ist es, für die Bestimmung der Oxydierbarkeit stets dieselben Gläser zu verwenden und zwecks Reinigung nur nach jedesmaligem Gebrauche mit Wasser auszuspülen.

Da beim Kochen nach Kubel ein Teil des Permanganates bereits an sich zerfällt, liefert die Bestimmung stets höhere Werte, als dem Gehalte des Wassers an organischem Stoffe entsprechen. Der Vorschlag von J. M. Kolthoff[1]), die Oxydierbarkeit in der Kälte (durch 24—48stündiges Stehenlassen im Dunkeln) zu bestimmen, erscheint daher, auch wegen seiner größeren Genauigkeit und Einfachheit beachtenswert, wenn auch bisher Erfahrungen darüber noch nicht vorliegen.

Zur Umrechnung der verbrauchten ccm $^1/_{100}$ N-Kaliumpermanganatlösung auf den Permanganatverbrauch (mg $KMnO_4$) von 1 l Wasser dient die Tabelle S. 395.

4. Ammoniak. Die Prüfung mit Neßlers Reagens (S. 10) zeigt noch 0,05 mg NH_3 im Liter an. Die quantitative Bestimmung ist meistens nicht erforderlich. Zur ungefähren Abschätzung empfiehlt sich besonders das Colorimeter von J. König mit fester Farbenskala[2]). Vgl. auch J. König, Chemie der menschl. Nahrungs- und Genußmittel Bd. III, 3. Teil, S. 493.

Über die Bestimmung des Proteidammoniaks nach L. W. Winkler vgl. ebendort, S. 493.

5. Salpetrige Säure. Zur Vorprüfung säuert man etwa 100 ccm Wasser mit 5 ccm verdünnter Phosphorsäure an und fügt 1 ccm frischbereitete, kalium-

---

[1]) Pharm. Weekbl. Bd. 61, S. 337. 1924; Chem. Zentralbl. 1924, I, S. 2803.
[2]) Zu beziehen von Franz Hugershoff in Leipzig.

jodidhaltige Stärkelösung hinzu. Bleibt die Flüssigkeit wenigstens 3 Minuten ungefärbt, so ist salpetrige Säure als nicht anwesend anzusehen. Ist letztere vorhanden, so tritt, je nach der vorhandenen Menge, sofort oder in kurzer Zeit Blaufärbung ein.

In diesem Falle werden alsdann etwa 100 ccm Wasser in einem hohen Glaszylinder mit 1—2 ccm verdünnter Schwefelsäure (1 : 3) und dann mit 1 ccm einer farblosen Lösung von schwefelsaurem Metaphenylendiamin (5 g Metaphenylendiamin mit verdünnter Schwefelsäure bis zur sauren Reaktion gelöst und auf 1 l aufgefüllt) versetzt. Je nachdem wenig oder viel salpetrige Säure vorhanden ist, entsteht eine gelbe, gelbbraune oder braune Färbung eines Azofarbstoffes (Triamidoazobenzol, Bismarckbraun).

Über die noch empfindlichere Rieglersche Reaktion vgl. J. König, Chemie der menschl. Nahrungs- und Genußmittel Bd. III, 3. Teil, S. 495.

Über die quantitative Bestimmung der salpetrigen Säure vgl. J. König, Chemie der menschl. Nahrungs- und Genußmittel Bd. III, 3. Teil, S. 496 bis 498.

6. Salpetersäure. a) Qualitative Prüfung nach Tillmans[1]): Man versetzt 100 ccm des zu prüfenden Wassers mit 2 ccm gesättigter Natriumchloridlösung. Bringt man von dem Gemisch in einem Reagensglase 0,5 ccm mit 2 ccm Diphenylamin-Schwefelsäure nach Tillmans (S. 13) zusammen, so tritt bei größeren Nitratmengen sofort, bei Mengen von 0,1 mg im Liter noch nach 1 Stunde eine eben sichtbare Blaufärbung ein. Salpetrige Säure reagiert in gleicher Weise, läßt sich aber nach K. B. Lehmann[2]), wie auch Tillmans und Sutthoff[3]) bestätigt gefunden haben, dadurch beseitigen, daß man 100 ccm des zu prüfenden Wassers 5 Tropfen verdünnter Schwefelsäure und 200 mg Harnstoff zusetzt und dann 24 Stunden stehen läßt.

b) Quantitative Bestimmung nach Ulsch[4]): Man verdampft 500 ccm Wasser in einem Kjeldahlkolben auf 30—50 ccm ein, versetzt mit einem kleinen Löffel voll (1—2 g) metallischem, pulverisiertem Eisen und gibt 5 ccm verdünnte Schwefelsäure (1 : 3) hinzu. Man verschließt den Hals des Kolbens mit einer Glasbirne und erwärmt etwas auf kleiner Flamme. Schon nach wenigen Minuten ist die Reaktion beendet. Man erwärmt dann noch einige Minuten etwas stärker und läßt abkühlen. Darauf wird mit etwas Wasser verdünnt, 30 ccm 33 proz. Natronlauge zugegeben, das gebildete Ammoniak in vorgelegte

Berechnung der Salpetersäure in Trinkwasser.

(Wassermenge 500 ccm, Titrationswert des Ammoniaks in ccm $^1/_{10}$ N-Säure.)

Verbrauch an $^1/_{10}$ N-Säure ccm	In Milligramm in 1 l			Verbrauch an $^1/_{10}$ N-Säure ccm
	N_2O_5	$NO_3{}^{\prime}$	HNO_3	
1	010,80	012,40	012,60	1
2	021,60	024,80	025,20	2
3	032,40	037,20	037,80	3
4	043,20	049,60	050,40	4
5	054,00	062,00	063,00	5
6	064,80	074,40	075,60	6
7	075,60	086,80	088,20	7
8	086,40	099,20	100,80	8
9	097,20	111,60	113,40	9

---

[1]) Zeitschr. f. Untersuch. d. Nahrungs- u. Genußmittel Bd. 20, S. 676. 1910.

[2]) K. B. Lehmann: Die Methoden der praktischen Hygiene. Wiesbaden: J. F. Bergmann 1901.

[3]) Zeitschr. f. analyt. Chem. Bd. 50, S. 473. 1911.

[4]) Vgl. auch S. 14.

Säure abdestilliert und mit $^1/_{10}$ N-Lauge zurücktitriert. Den Titrationswert der Vorlage ermittelt man am besten an einem blinden Versuch mit destilliertem Wasser. Für die Berechnung empfiehlt sich vorstehende abgekürzte Tabelle.

Bei sehr **geringen Nitratgehalten** (unter 10 mg im Liter) empfiehlt sich deren **colorimetrische** Bestimmung. Vgl. J. König, Chemie der menschl. Nahrungs- und Genußmittel Bd. III, 3. Teil, S. 502 und dieses Buch S. 304.

7. Chloride. Zur Bestimmung der Chloride ist auf Grund eigener Versuche besonders die Titration des mit einigen Tropfen Salpetersäure angesäuerten Wassers mit $^1/_{10}$ N-Mercurinitratlösung unter Verwendung von Nitroprussidnatrium als Indicator nach S. 94 geeignet.

8. Schwefelsäure bzw. Sulfate. a) **Gewichtsanalytisches Verfahren:** 200 ccm Wasser werden mit etwas Salzsäure angesäuert und auf etwa 100 ccm eingedunstet. Man tröpfelt dann während des Siedens aus einer Pipette Bariumchloridlösung zu, wobei man darauf achtet, daß die Zugabe so erfolgt, daß die Flüssigkeit nicht aus dem Sieden kommt. Nach beendigter Fällung filtriert man durch einen mit Asbest und etwas Kieselgur beschickten Goochtiegel, wäscht mit Wasser und schließlich mit etwas Spiritus aus, erhitzt und glüht schwach auf einem Pilzbrenner und wägt nach dem Erkalten. Die Menge der Sulfate im Liter ergibt sich aus folgender abgekürzter Tabelle:

$BaSO_4$ aus 200 ccm Wasser mg	In Milligramm in 1 l			$BaSO_4$ aus 200 ccm Wasser mg
	SO_3	SO_4''	$CaSO_4$	
1	01,71	02,06	02,92	1
2	03,43	04,11	05,83	2
3	05,15	06,17	08,75	3
4	06,86	08,23	11,66	4
5	08,58	10,28	14,58	5
6	10,29	12,34	17,49	6
7	12,01	14,40	20,41	7
8	13,72	16,46	23,32	8
9	15,43	18,51	26,24	9

Bei **Reihenversuchen** führt folgendes Verfahren rascher zum Ziele:

b) **Maßanalytisches Verfahren** nach J. Kuhlmann und J. Großfeld[1]).

A. **Erforderliche Lösungen.** 1. **Bariumchloridlösung:** 12 g des krystallisierten Salzes in 1 l Wasser.

2. **Kaliumchromatlösung:** 18 g des krystallisierten Salzes in 1 l Wasser.

3. **Jodkaliumlösung:** Etwa 1 : 10.

4. $^1/_{10}$ **N-Natriumthiosulfatlösung.**

5. **Stärkelösung:** 1—2 g lösliche Stärke in 200 ccm Wasser.

6. **Salzsäure:** Etwa 25 proz.

B. **Ausführung des Verfahrens.** a) Zu 100 ccm des zu untersuchenden Wassers setzt man in einem Erlenmeyerkölbchen mit einer Pipette unter Umschütteln 25 ccm Bariumchloridlösung, nach etwa 10 Minuten 25 ccm Kaliumchromatlösung und filtriert nach weiteren 10 Minuten durch ein glattes[2]), trockenes Kieselgurpapierfilter von etwa 15 cm Durchmesser. 100 ccm des blanken Filtrats werden mit 10 ccm Jodkaliumlösung versetzt, mit 5 ccm Salzsäure angesäuert und mit $^1/_{10}$ N-Thiosulfatlösung bzw. einer Thiosulfatlösung bekannten Gehaltes titriert. Von dem erhaltenen Werte wird der unter b) gefundene Betrag abgezogen.

b) **Ermittelung des Chromatüberschusses:** 100 ccm destilliertes Wasser werden genau in der unter a) beschriebenen Weise mit 25 ccm Bariumchloridlösung, 25 ccm Kaliumchromatlösung versetzt, filtriert und 100 ccm des Filtrats jodometrisch mit $^1/_{10}$ N-Thiosulfatlösung titriert. Der Verbrauch an

---

[1]) Zeitschr. f. Untersuch. d. Nahrungs- u. Genußmittel Bd. 43, S. 377—380. 1922.

[2]) Will man Faltenfilter verwenden, so empfiehlt es sich vor der Filtration eine Messerspitze voll trockne gereinigte Kieselgur auf das Filter zu geben. .

Thiosulfatlösung ergibt Chromatüberschuß. Zieht man diesen von dem bei a) erhaltenen Werte ab, so ergibt sich der der Schwefelsäure entsprechende Chromatverbrauch. Da die Bariumchlorid- und Kaliumchromatlösung bei normaler Aufbewahrung haltbar sind, braucht der Chromatüberschuß bei zahlreichen Bestimmungen nur einmal ermittelt zu werden.

Soll der Verbrauch an Jodkalium eingeschränkt werden, so ist es auch angängig, von den jeweilig bei a) oder b) erhaltenen Filtraten statt 100 ccm nur 10 ccm nach Zusatz von 1 ccm Jodkaliumlösung mit $^1/_{100}$ N-Thiosulfatlösung zu titrieren.

Zur Umrechnung des für den Chromatverbrauch gefundenen Titrationswertes auf die im Liter enthaltenen Mengen kann nebenstehende Tabelle dienen:

9. Bestimmung des Calciumgehaltes von Trinkwasser. a) Maßanalytisches Verfahren nach eigenen Versuchen[1]): 100 ccm Wasser werden in einem Erlenmeyerkölbchen von etwa 250 ccm mit genau 20 ccm Ammoniumoxalatlösung versetzt, gut umgeschüttelt und etwa 10—15 Minuten unter Bedeckung mit einem kleinen Uhrgläschen oder einer Glasbirne hingestellt. Dann wird durch ein glattes, trocknes, feinporiges Filter von 15 cm Durchmesser in eine trockne Vorlage filtriert, vom klaren Filtrate werden 100 ccm mit etwa 20 ccm Schwefelsäure versetzt, erwärmt und mit 0,1 N-Kaliumpermanganatlösung titriert. Während der Filtration wird der Trichter mit einem Uhrglase oder einer Glasplatte bedeckt gehalten. Ebenso werden 100 ccm destilliertes Wasser unter Benutzung derselben Pipetten in genau gleicher Weise mit 20 ccm Oxalatlösung gemischt, filtriert und 100 ccm des Filtrats titriert. Dieser Versuch ergibt den gesamten Reduktionswert der in 100 ccm Filtrat enthaltenen Oxalatmenge. Diese Größe, um den zuerst gefundenen Oxalatüberschuß vermindert, gibt die verbrauchte Menge Oxalat an.

Verbrauch an $^1/_{10}$ N-Thiosulfatlösung für 100 ccm Wasser nach obiger Vorschrift ccm	In Milligramm in 1 l			Verbrauch an $^1/_{10}$ N-Thiosulfatlösung für 100 ccm Wasser nach obiger Vorschrift ccm
	SO_3	SO_4''	$CaSO_4$	
1	040,0	048,0	068,1	1
2	080,1	096,1	136,2	2
3	120,1	144,1	204,2	3
4	160,1	192,1	272,4	4
5	200,2	240,2	340,5	5
6	240,2	288,2	408,6	6
7	280,2	336,3	476,7	7
8	320,3	384,3	544,8	8
9	360,3	432,3	612,9	9

Verbrauch an $^1/_{10}$ N-Kaliumpermanganatlösung ccm	Für 1 l Wasser berechnet				Verbrauch an $^1/_{10}$ N-Kaliumpermanganatlösung ccm
	Ca'' mg	CaO mg	$CaCO_3$ mg	$CaSO_4$ mg	
1	024,0	033,6	060,0	081,7	1
2	048,1	067,3	120,1	163,4	2
3	072,1	100,9	180,1	245,0	3
4	096,2	134,6	240,2	326,7	4
5	120,2	168,2	300,2	408,4	5
6	144,2	201,8	360,2	490,1	6
7	168,3	235,5	420,3	571,8	7
8	192,3	269,1	480,3	653,4	8
9	216,4	302,8	540,3	735,1	9
10	240,4	336,4	600,4	816,8	10
20	480,8	672,8	1200,8	1633,6	20
30	721,2	1009,2	1801,2	2450,4	30
40	961,6	1345,6	2401,6	3267,2	40
50	1202,0	1682,0	3002,0	4084,0	50

Hieraus kann durch Malnehmung mit 24,04 der Gehalt an Ca¨ bzw. mit 33,64 der Gehalt an CaO, ausgedrückt in Milligramm für 1 l, berechnet werden.

---

[1]) Vgl. J. Großfeld, Zeitschr. f. Untersuch. d. Nahrungs- u. Genußmittel Bd. 34, S. 325—331. 1917.

Vorstehende Tabelle gibt ferner die entsprechenden Mengen Ca, CaO, $CaCO_3$ und $CaSO_4$ in mg/l an.

b) **Gewichtsanalytisches Verfahren:** Bei Wässern mit hohen Gehalten an organischen Stoffen, die ihrerseits Kaliumpermanganat reduzieren, besonders bei Abwässern, empfiehlt es sich, eine gemessene Menge (z. B. 200 ccm) des Wassers, nach schwachem Ansäuern mit Essigsäure, das vorhandene Calcium in der Siedehitze nach S. Goy[1]) mit Ammoniumoxalatlösung zu fällen, das gebildete $CaC_2O_4 \cdot H_2O$ durch einen mit Asbest und etwas Kieselgur beschickten Goochtiegel zu filtrieren und dann als solches zu wägen. Die Umrechnung auf Ca, CaO, $CaCO_3$ und $CaSO_4$ kann nach folgender Tabelle erfolgen:

$CaC_2O_4 \cdot H_2O$ g	Ca·· g	CaO·· g	$CaCO_3$ g	$CaSO_4$ g	$CaC_2O_4 \cdot H_2O$ g
1	0,2743	0,3838	0,6850	0,9320	1
2	0,5486	0,7676	1,3700	1,8640	2
3	0,8229	1,1514	2,0550	2,7960	3
4	1,0972	1,5352	2,7400	3,7280	4
5	1,3715	1,9190	3,4250	4,6600	5
6	1,6458	2,3028	4,1100	5,5920	6
7	1,9201	2,6866	4,7950	6,5240	7
8	2,1944	3,0704	5,4800	7,4560	8
9	2,4687	3,4542	6,1650	8,3880	9

10. Magnesium. Man fällt entweder gewichtsanalytisch nach S. 88 im Filtrate des Calciumoxalatniederschlages[2]) oder verfährt, wie auch A. Splittgerber[3]) empfiehlt, nach dem von Noll[4]) abgeänderten Verfahren von V. Froboese[5]) wie folgt:

100—200 ccm Wasser werden unter Zugabe von Methylorange mit $^1/_{10}$ N-Salzsäure bis zur deutlichen Rotfärbung versetzt und 10 Minuten zur Entfernung der Kohlensäure gekocht. Dann werden 5 ccm einer 5 proz. Natriumoxalatlösung zugefügt und noch 1—2 Minuten weitergekocht. Nach dem Abkühlen setzt man 8—10 Tropfen starke Phenolphthaleinlösung hinzu und stellt durch Zusatz von $^1/_{10}$ N-Natronlauge auf schwaches Rosa ein. Nach Beseitigung dieser schwachen Rosafärbung durch einen Tropfen $^1/_{10}$ N-Salzsäure wird **sofort** mit $^1/_{10}$ N-Blacher'scher Kaliumpalmitatlösung bis zur carminroten Färbung titriert, wie dies bei der Blacher'schen Härtebestimmung (S. 317) ausgeführt wird.

Bei dieser Magnesiumoxydbestimmung ist der Umschlag weniger scharf. Die Unsicherheit in der Beobachtung verliert sich aber nach Anstellung einiger Übungsversuche mit Wässern von bekannten Magnesiumgehalt. — Ammoniumsalze dürfen nicht zugegen sein.

Je 1 ccm $^1/_{10}$ N-Lauge für 100 ccm Wasser entspricht 20,2 mg MgO für 1 l des Wassers.

11. Die Härte. a) Unter der Härte des Wassers versteht man die **gelösten Salze des Calciums und Magnesiums.** Der beim Kochen sich ausscheidende Teil bildet die **vorübergehende, temporäre oder Carbonathärte,** der dabei gelöstbleibende die **bleibende oder permanente Härte.** Man mißt die Härte nach **deutschen oder französischen Härtegraden.** Ein

---

[1]) Chem.-Ztg. Bd. 37, S. 1337. 1913.
[2]) Das Oxalatverfahren liefert nach H. Noll (Chem. Ztg. Bd. 49, S. 1071—1072. 1925; diese Zeitschr. Bd. 52, S. 276. 1926) nur dann sichere Ergebnisse, wenn in 200 ccm Wasser nicht mehr als 125 mg MgO enthalten sind. Wässer mit höherem Magnesiumgehalte sind entsprechend zu verdünnen.
[3]) Zeitschr. f. Untersuch. d. Nahrungs- u. Genußmittel Bd. 50, S. 170—171. 1925.
[4]) Zeitschr. f. angew. Chem. Bd. 31, I, S. 6. 1918.
[5]) Zeitschr. f. anorg. Chem. Bd. 89, S. 370—376. 1914.

Grad deutscher Härte ist gleich 10 mg CaO oder 7,13 mg MgO im Liter, 1° französische Härte gibt 10 mg $CaCO_3$ oder 8,4 mg $MgCO_3$ in 1 l Wasser an.

Die Bestimmung der Gesamthärte eines Wassers erfolgt am genauesten, indem man die für 1 l gefundenen Milligramme MgO $\times$ 1,4 zu dem im Liter gefundenen Gehalte an CaO addiert. Die Summe, geteilt durch 10, ergibt die Gesamthärte in deutschen Härtegraden.

Da Alkalibicarbonate in den meisten Trinkwässern nicht oder nur spurenweise vorkommen, so berechnet man die Carbonathärte am einfachsten aus der Bestimmung der Bicarbonatkohlensäure (S. 318), indem man die gefundenen Milligramme gebundener Kohlensäure im Liter mit 0,162 malnimmt, wodurch man die Carbonathärte in deutschen Graden erhält. Die bleibende Härte ist der Unterschied von Gesamt- und Carbonathärte.

b) Schnellverfahren zur Bestimmung der Gesamthärte. α) *Verfahren von Blacher mit Kaliumpalmitat und Phenolphthalein*: A. Splittgerber[1] empfiehlt das Verfahren, das nach seinen und anderen Versuchen sehr genaue Werte liefert, wie folgt auszuführen: 70 ccm Wasser werden mit 2 Tropfen Methylorange (1 : 1000) versetzt und mit $^1/_{10}$ N-Salzsäure bis zum Farbumschlag in Gelbbraun titriert, in gleicher Weise, wie es bei der Ermittelung der Carbonathärte geschieht. Hat man anstatt des Rohwassers ein schon gereinigtes, weiches, stark alkalisches Wasser zu untersuchen, so wendet man zweckmäßig 140 oder 280 ccm Wasser und N-Säure an. Darauf bläst man zur Vertreibung der gelösten Kohlensäure 1—2 Minuten lang Luft durch die Flüssigkeit, setzt, falls sich eine hellgelbe Färbung zurückgebildet hat, nochmals Salzsäure bis zum neuen Umschlag zu, gibt darauf 5—10 Tropfen starker Phenolphthaleinlösung (1 : 100) und soviel $^1/_{10}$ N-Natronlauge zu, daß die Flüssigkeit auf dem Wege über Hellgelb ganz schwach rosa gefärbt wird. Hierauf titriert man sofort (!) mit der $^1/_{10}$ N-Palmitatlösung bis zum stark carminroten Umschlage, darf aber nicht soweit gehen, daß ein rötlich-violetter Farbton erscheinen würde; der Farbton darf in weichen Wässern auch nicht so stark gewählt werden wie in harten Wässern. Bei der Beurteilung hilft nur die praktische Erfahrung. Bei Verwendung von 70 ccm Wasser erhält man die Gesamthärte aus dem Palmitatverbrauch, mal 4, bei 140 ccm Wasser, mal 2, bei 280 ccm Wasser direkt.

β) Über die Bestimmung der Gesamthärte nach Wartha-Pfeiffer, ein Verfahren, das nur unter gewissen Bedingungen genaue Werte liefern kann, vgl. J. König, Chemie der menschl. Nahrungs- und Genußmittel Bd. III, 3. Teil, S. 545.

12. Kohlensäure. a) Bestimmung der Gesamtkohlensäure nach L. W. Winkler[2]: Man mißt in einem etwa 500 ccm Wasser fassenden Erlenmeyerkolben *a* (vgl. Abb. 23, S. 318) 2 cm Zink (granuliert) in der Weise ab, daß man einen Meßzylinder von 20 ccm Inhalt bis zur Marke 10 mit Wasser füllt und solange Zinkstückchen zugibt, bis das Wasser auf 12 ccm gestiegen ist. Auf dem Erlenmeyerkolben befindet sich ein Aufsatz *b* und auf diesem ein Tropftrichter *c*, der mit Salzsäure gefüllt wird. Der Aufsatz hat einen seitlichen Röhrenansatz,

---

[1] Zeitschr. f. Untersuch. d. Nahrungs- u. Genußmittel Bd. 50, S. 165. 1925.

[2] Nach Tillmans und Heublein, Zeitschr. f. Untersuch. d. Nahrungs- u. Genußmittel Bd. 20, S. 617. 1910; vgl. J. König, Chemie der menschl. Nahrungs- und Genußmittel Bd. III, 3. Teil, S. 523.

der mit einer kleinen, mit Wasser gefüllten Waschflasche *d* verbunden ist; hinter die Waschflasche ist ein Chlorcalciumrohr *e* und hinter dieses ein Kaliapparat *f* geschaltet. Das Aufnahmegefäß trägt dort, bis wohin der Kautschukstopfen reicht, eine Marke und ist bis zu dieser Marke genau ausgemessen. Zur Ausführung des Versuches füllt man das Wasser durch Überheben in den Kolben *a*, setzt sofort den Aufsatz *b* und den mit 100 ccm Salzsäure vom spezifischen Gewichte 1,09 gefüllten Scheidetrichter *c* auf. Nachdem der Kaliapparat gewogen und verbunden ist, läßt man die Hälfte der Salzsäure zum Wasser zutreten, worauf sich Wasserstoff entwickelt und die Kohlensäure durch den Apparat treibt. Nach $1^1/_2$ Stunden gibt man den Rest der Salzsäure zu und saugt schließlich nach $1^1/_2$ weiteren Stunden vom Kaliapparat aus $^1/_2$ Stunde Luft durch. Die Gewichtszunahme des Kaliapparates entspricht der vorhandenen Kohlensäure.

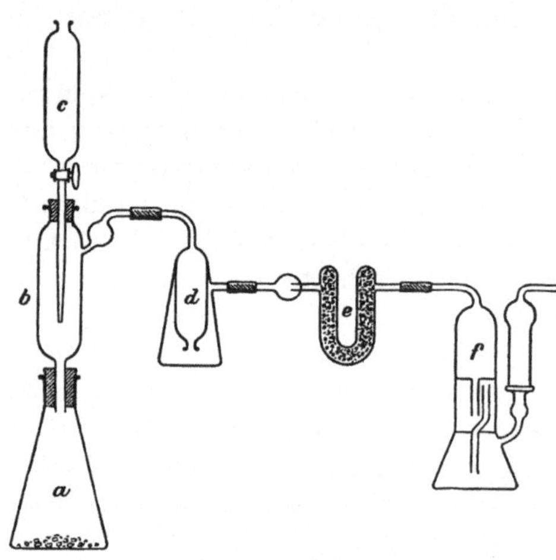

Abb. 23. Kohlensäurebestimmung nach L. W. Winkler.

b) **Bestimmung der Bicarbonat-Kohlensäure:** Die Bestimmung entspricht, außer bei Gegenwart von kieselsauren und humussauren Salzen (bei Trinkwasser selten), der Bestimmung der Alkalität gegen Methylorange. Unter **gebundener** sowie **halbgebundener** Kohlensäure ist stets die Hälfte der Bicarbonat-Kohlensäure zu verstehen. — Zur Bestimmung gibt man zu 250 ccm des Trinkwassers in einem Erlenmeyerkolben aus Jenaer Glase 2 Tropfen (nicht mehr!) einer **Methylorangelösung** 1 : 1000 und fügt aus einer Bürette solange $^1/_{10}$ N-Salz- oder Schwefelsäure zu, bis die gelbe Farbe des Indicators eben anfängt in Gelbbraun überzugehen. Je 1 ccm $^1/_{10}$ N-Salzsäure entspricht 4,4 mg Bicarbonat-Kohlensäure. Es empfiehlt sich die Bicarbonat-Kohlensäure bei Wässern mit **hoher Carbonathärte** und bei **eisenhaltigen** Wässern am Orte der Entnahme zu bestimmen, um durch Ausscheidung von Calciumcarbonat oder Eisenhydroxyd bedingte Fehler zu vermeiden.

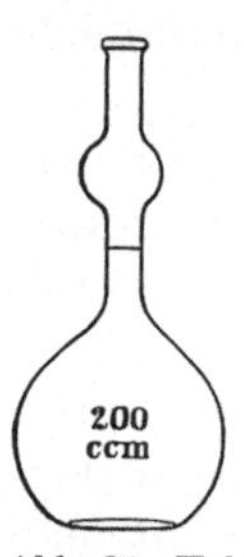

Abb. 24. Kolben für Kohlensäuretitration nach Tillmans und Heublein.

c) **Bestimmung der freien Kohlensäure nach Tillmans und Heublein:** Man läßt am Orte der Entnahme das zu untersuchende Wasser aus einem Schlauche in langsamem, stetigem Strahle ausfließen und dann vorsichtig in einem 200 ccm-Kolben mit bauchiger Erweiterung des Halses (Abb. 24) bis zur Marke aufsteigen. Man setzt dann 1 ccm einer **Phenolphthaleinlösung** hinzu, die durch Auflösen von 0,375 mg reinem Phenolphthalein in 1 l 95 proz. Alkohol hergestellt ist. Weiter läßt man aus einer kleinen Bürette $^1/_{20}$ N-Natronlauge in das Kölbchen fließen. Nach jedem Zusatze verschließt man mit einem reinen Korkstopfen und schüttelt um. Eine bestehenbleibende Rosafärbung, die 5 Minuten, bei unter 9° kalten Wässern 10 Minuten anhält, zeigt das Ende der Reaktion an. Es empfiehlt sich die Titration dann nochmals zu wiederholen, indem man beim ersten Versuch verbrauchte Alkalimenge auf einmal zugibt und einen die etwaigen bleibenden Rest an Kohlensäure austitriert. 1 ccm $^1/_{20}$ N-Natronlauge entspricht 2,2 mg CO_2. Für besondere Fälle, wie bei Gegenwart von mehr als 440 mg Bicarbonat-Kohlensäure oder bei eisenhaltigen Wässern, vgl. J. König, Chemie der menschl. Nahrungs- und Genußmittel Bd. III, 3. Teil, S. 526. In solchen Fällen kann man auch die freie Kohlensäure als Unterschied der Gesamtkohlensäure und Bicarbonat-Kohlensäure berechnen.

d) **Bestimmung der aggressiven Kohlensäure:** Der von Tillmans und Heublein aufgestellte Begriff der aggressiven Kohlensäure bezeichnet den für den Angriff auf Calciumcarbonat in Frage kommenden Anteil des Kohlensäuregehaltes eines Wassers. Derselbe läßt sich sowohl durch Berechnung nach Tillmans und Heublein bzw. nach der auf Grund von Versuchen der genannten Forscher von Auerbach aufgestellten Tabelle, als auch durch den Marmorlösungsversuch praktisch ermitteln:

α) *durch Berechnung*: Die folgende, von Auerbach[1]) berechnete Tabelle gibt die zu bestimmten Gehalten an gebundener Kohlensäure ($^1/_2$ Bicarbonat-Kohlensäure) gehörigen Mengen an freier Kohlensäure an, die selbst noch nicht aggressiv wirken:

Gebundene CO_2 (die Hälfte der Bicarbonat-CO_2) und die zugehörige freie CO_2.

Gebundene CO_2 mg/l	Freie CO_2 mg/l	Gebundene CO_2 mg/l	Freie CO_2 mg/l	Gebundene CO_2 mg/l	Freie CO_2 mg/l	Gebundene CO_2 mg/l	Freie CO_2 mg/l	Gebundene CO_2 mg/l	Freie CO_2 mg/l	Gebundene CO_2 mg/l	Freie CO_2 mg/l
5	0,003	45	2,3	80	13,0	115	39	150	86	185	161
15	0,08	50	3,2	85	15,6	120	44	155	95	190	175
20	0,2	55	4,2	90	18,5	125	50	160	104	195	189
25	0,4	60	5,5	95	21,7	130	56	165	114	200	203
30	0,7	65	7,0	100	25,4	135	63	170	125		
35	1,1	70	8,7	105	29,5	140	70	175	136		
40	1,6	75	10,7	110	34	145	77	180	148		

Bei der Berechnung der aggressiven Kohlensäure[2]) ist zu beachten, daß bei einem Angriff von freier Kohlensäure auf Calciumcarbonat gleichzeitig die gebundene Kohlensäure soviel zunimmt, wie die freie abnimmt. Man geht also in obiger Tabelle von dem gefundenen Werte für gebundene Kohlensäure aus. Dann geht man soviel weiter, bis in obiger Tabelle die Summe aus freier Kohlensäure und der Überschreitung des gefundenen Gehaltes an gebundener Kohlensäure so groß wird wie die gefundene Menge freie Kohlensäure. Angenommen, ein Wasser enthalte 100 mg gebundene und 75 mg freie CO_2 im Liter. Dann laufen wir in der Tabelle weiter, bis der Wert

$$\left.\begin{array}{c} \text{gebundene } CO_2 \\ + \text{ freie } CO_2 \end{array}\right\} \text{ nach obiger Tabelle}$$
$$\left.\begin{array}{c} - \text{ gebundene } CO_2 \\ \text{der freien } CO_2 \end{array}\right\} \text{ gefunden}$$

---

[1]) Nach J. König, Chemie der menschl. Nahrungs- und Genußmittel Bd. III, 3. Teil, S. 529. — Gekürzt.

[2]) Für genauere Berechnungen empfiehlt sich die Benutzung der vom Städt. Hygien. Institut in Frankfurt a. M. für 1 Mk. zu beziehenden Kurvenzeichnung von Tillmans und Heublin.

gleich wird. Dies ist im vorliegenden Falle bei 125 mg gebundener CO_2 der Fall; es ist

nach Tabelle $\begin{cases} \text{gebundene } CO_2 \ \dots\dots\dots\dots \quad 125 \text{ mg/l} \\ \text{freie } CO_2 \ \dots\dots\dots\dots\dots + \ \ 50 \ \text{,,} \end{cases}$

$$\begin{aligned} &= 175 \text{ mg/l} \\ \text{gebundene } CO_2\text{, gefunden} \ \dots\dots &- 100 \ \text{,,} \\ \text{gleich freier } CO_2\text{, gefunden} \ \dots\dots &= \ \ 75 \text{ mg/l} \end{aligned}$$

Die aggressive Kohlensäure beträgt also

125 (Tabelle) — 100 (gefunden) = 25 mg im Liter.

Sind in einem Wasser erhebliche Mengen an **Magnesium- oder** anderen **Metall-salzen** vorhanden, so empfiehlt sich die folgende Prüfung:

β) Marmorlösungsvermögen. Man läßt an Ort und Stelle das Wasser in eine 500er Medizinflasche mit aller Vorsicht gegen das Entweichen der freien Kohlensäure einfließen, so daß die Flasche bis zum Halse gefüllt ist. In der Flasche befinden sich einige Gramm fein verriebenen und gut ausgewaschenen **Marmorpulvers.** Man setzt dann einen Korkstopfen auf, schüttelt kräftig durch und läßt 1—3 Tage absitzen. Dann pipettiert man 100 ccm des klar zugesetzten Wassers in einen Erlenmeyerkolben und titriert die Bicarbonatkohlensäure. Der dabei erhaltene Wert wird von demjenigen, der für die Titration der Bicarbonat-Kohlensäure im unbehandelten Wasser direkt erhalten wurde, abgezogen. Dieser Unterschied, ausgedrückt als gebundene Kohlensäure (also $^1/_{10}$ N-Salzsäure-verbrauch = 2,2), gibt den Teil der freien Kohlensäure an, der Marmor gelöst hat.

Abb. 25. Wasserflasche zur Sauerstoff-bestimmung nach L. W. Winkler.

13. Gelöster Sauerstoff nach L. W. Winkler. Eine Flasche von etwa 250—300 ccm Inhalt mit eingeschliffenem und abgeschräg-tem Glasstopfen, auf welcher der Inhalt in Kubikzentimetern verzeichnet ist (vgl. Abb. 25), wird mit dem zu untersuchenden Wasser gefüllt. Dabei ist es notwendig, das zuerst in die Flasche eingetretene Wasser, welches die Luft verdrängt hat, durch anderes Wasser zu ersetzen, das nicht mit der Luft in Berührung gekommen ist, weil nach verschiedenen Untersuchungen sonst ein zu hoher Sauerstoff-gehalt gefunden werden kann. Eine zweckmäßige Vorrichtung hierzu wird von Behre und Thimme (J. König, Chemie der menschl. Nahrungs- und Genußmittel Bd. III, 3. Teil, S. 517) angegeben. Bei Brunnenanlagen oder Wasserleitungen kann man einfach das Wasser durch einen Schlauch auf den Boden der Sauerstoffflasche führen und das Wasser in langsamem Strahle fortgesetzt ausfließen lassen, so daß es eine Zeitlang dauernd oben übertritt. Man zieht dann den Schlauch vorsichtig heraus, so daß die Flasche bis zum Überlaufen gefüllt ist und gibt mit besonderer 1 ccm-Pipette (Abb. 26) je 1 ccm etwa 80proz. **Manganchlorürlösung** und 33proz. **Natron-lauge** hinzu, die in 100 ccm etwa 15 g Kaliumjodid enthält. Man setzt darauf, ohne daß eine Luftblase bleibt, sofort den Stopfen luftdicht ein und schüttelt um. Soweit Sauerstoff im Wasser vorhanden ist, oxydiert sich das Manganohydroxyd unter Braunfärbung. Man läßt nun mehrere Stunden absitzen, bis der Niederschlag sich völlig abgesetzt hat, öffnet sodann den Stopfen der Flasche, gibt 5 ccm rauchende Salzsäure zu, setzt wieder den Stopfen auf, mischt

Abb. 26. Pi-pette für die Sauerstoff-bestimmung im Wasser.

und titriert das ausgeschiedene Jod mit $^1/_{10}$- oder $^1/_{100}$ N-Thiosulfat-lösung unter Verwendung von Stärkelösung als Indicator. 1 ccm $^1/_{10}$ N-Thiosulfatlösung entspricht 0,8 mg Sauerstoff. Bezeichnet man die für die Titration verbrauchten Kubikzentimeter $^1/_{10}$ N-Thiosulfatlösung mit n, den Inhalt der Flasche, abzüglich der 2 ccm für die zugesetzten Reagenzien, mit v, so ist

$$\text{Sauerstoffgehalt des Wassers in mg/l:} = 800\,\frac{n}{v}.$$

Für die Bestimmung des Sauerstoffs neben größeren Gehalten an salpetriger Säure und viel organischem Stoffe hat Winkler besondere Verfahren angegeben, worauf verwiesen sei. Vgl. J. König, Chemie der menschl. Nahrungs- und Genußmittel Bd. III, 3. Teil, S. 518—520.

Über die Abhängigkeit der Löslichkeit des Sauerstoffs im Wasser von der Temperatur vgl. ebendort, S. 520.

Sauerstoffzehrung. Die Sauerstoffzehrung ist eines der schärfsten Verfahren zum Nachweise von Verunreinigungen, besonders für Oberflächenwässer. Das Verfahren hat weiterhin für die Nahrungsmitteluntersuchung dadurch Bedeutung gewonnen, daß es sich nach J. Tillmans, R. Strohecker und W. Schütze (vgl. S. 185) hervorragend zum Nachweise beginnender Fäulnis von in Wasser aufgeschwemmtem Fleisch eignet. Die Bestimmung der Sauerstoffzehrung wird wie folgt ausgeführt: Eine Sauerstoffflasche (vgl. oben) wird mit dem Wasser gefüllt und dann 24 Stunden lang bei 23° stehengelassen. Nach dieser Zeit wird mit Manganchlorür und Natronlauge gefällt und die Bestimmung wie oben zu Ende geführt. Der Unterschied des Sauerstoffgehaltes, den man bei der sofortigen Bestimmung gefunden hat, gegenüber dem nach 24 Stunden noch vorhandenem Sauerstoffgehalte, ergibt die Sauerstoffzehrung.

14. Nachweis und Bestimmung des Eisens. a) Nachweis: Man gibt zu etwa 50 ccm des Wassers einige Tropfen Bromwasser, 2 ccm 25 proz. Salzsäure und 5 ccm 10 proz. Kaliumrhodanidlösung. Eine eintretende Rotfärbung zeigt Eisen an. Die Stärke der Färbung gestattet eine colorimetrische Abschätzung unter Benutzung des von J. König entworfenen Colorimeters[1]).

b) Quantitative Bestimmung: 100 ccm des zu untersuchenden Wassers und 100 ccm destilliertes Wasser bringt man in je ein Becherglas von 200 ccm Inhalt, fügt zu jedem einige Kubikzentimeter Bromwasser, bis das Wasser deutlich danach riecht, dann 5 ccm 25 proz. Salzsäure, schließlich 5 ccm 10 proz. Kaliumrhodanidlösung und mischt durch. Darauf läßt man aus einer Bürette in das zweite Becherglas so viel einer Lösung von 0,901 g krystallisierten Kaliumferrisulfat (Eisenalaun) unter Zusatz von 1 ccm Salzsäure im Liter fließen, bis die Färbung in beiden Bechergläsern gleich ist. Von letzterer Eisenlösung entspricht je 1 ccm 0,1 mg Fe. Genauere Ergebnisse lassen sich noch durch Untersuchungen der beiden Vergleichslösungen in einem Colorimeter in bekannter Weise erzielen.

Bei Gegenwart von Eisen in organischer Bindung ergibt dieses Verfahren meist zu niedrige Ergebnisse. In diesem Falle empfiehlt Tillmans den Abdampfrückstand mit Kaliumpersulfat aufzuschließen, vgl. J. König, Chemie der menschl. Nahrungs- und Genußmittel Bd. III, 3. Teil, S. 540.

15. Prüfung auf Mangan nach J. Tillmans und H. Mildner[2]). In einem Schüttelzylinder von 25 ccm Inhalt versetzt man 10 ccm des zu untersuchenden

---

[1]) Zu beziehen von Franz Hugershoff in Leipzig.
[2]) Journ. f. Gasbeleucht. u. Wasserversorgung 1914, Nr. 23; vgl. J. König, Chemie der menschl. Nahrungs- und Genußmittel Bd. III, 3. Teil, S. 540.

Wassers mit einigen Krystallen festen Kaliumjodates und schüttelt etwa 1 Minute lang kräftig durch. Bei einem Mangangehalte von über 0,5 mg im Liter zeigt schon nach dieser Zeit eine Braunfärbung des Wassers (durch MnO_2) die Gegenwart von Mangan an. Bei eisenhaltigen Wässern mit hoher Carbonathärte entsteht bei dieser Probe eine Trübung, die aber durch 3 Tropfen Eisessig in Lösung zu bringen ist. Um noch geringere Manganmengen nachzuweisen, wird die mit 3 Tropfen Eisessig angesäuerte Wasser-Perjodatmischung mit einer Lösung von einigen Krystallen Tetramethyldiamidodiphenylmethan in einigen Kubikzentimetern Chloroform versetzt und umgeschüttelt. Ist auch nur 0,05 mg Mn in 1 l Wasser vorhanden, so tritt jetzt eine kräftige Blaufärbung auf, die um so schneller in eine braune Mißfarbe umschlägt, je höher der Mangangehalt war. Die Lösung der Tetrabase muß stets frisch bereitet werden.

Über die quantitative Bestimmung des Mangans vgl. J. König, Chemie der menschl. Nahrungs- und Genußmittel Bd. III, 3. Teil, S. 541—542.

16. Nachweis von Blei, Kupfer und Zink. Nach L. W. Winkler[1]) säuert man 100 ccm frisch entnommenes Wasser mit 2—3 Tropfen 10proz. Essigsäure an, fügt 2 g reines Ammoniumchlorid hinzu und tröpfelt dann 2—3 Tropfen 10proz. Natriumsulfidlösung hinzu. Eine andere frisch entnommene, vollständig klare Wasserprobe von 100 ccm wird mit 2—3 Tropfen einer 10proz. Kaliumcyanidlösung versetzt. Bei Gegenwart von Eisen tritt vorübergehend eine bräunliche Färbung auf. Nach deren Verschwinden (in spätestens 2—3 Minuten) löst man in der Flüssigkeit 2 g Ammoniumchlorid auf, fügt 5 ccm 10proz. Ammoniak und 2—3 Tropfen Natriumsulfidlösung hinzu. Ist die Flüssigkeit in beiden Fällen bräunlich, so ist Blei sicher zugegen. Bei Gegenwart von Kupfer ist die Färbung beim ersten Versuch stärker. Bei Gegenwart von mehr als 10 mg Zink im Liter tritt auch beim ersten Versuche eine weißliche Trübung auf. Die Nachweisgrenze für Blei beträgt etwa 0,2 mg im Liter.

P. Borinski[2]) füllt das auf Blei zu prüfenden Wasser an Ort und Stelle in eine etwa 300 ccm fassende Flasche, die vorher mit 15 ccm N-Salzsäure beschickt worden ist. 100 ccm des Flascheninhaltes werden in ein 100 ccm fassendes Schaurohr gebracht, bis zur Methylorangealkalität mit normaler Natronlauge und dann wieder mit einem Tropfen normaler Salzsäure versetzt. Der schwach sauren Lösung werden 10 ccm einer frisch bereiteten und filtrierten 20proz. Lösung von Natriumbisulfit zugesetzt. Nach $^1/_2$ stündigem Stehen beobachtet man gegen einen dunklen Hintergrund im schräg auffallenden Lichte. Beim Ausbleiben einer Opalescenz oder Trübung des Wassers liegt der Bleigehalt sicher unter der Bedenklichkeitsgrenze von 0,3 mg im Liter.

Zur quantitativen Bestimmung von Blei versetzt man in zwei Bechergläsern von je 200 ccm Inhalt 100 ccm klares Untersuchungswasser und 100 ccm destilliertes Wasser mit je 10 ccm einer Lösung von 100 g Ammoniumchlorid und 10 ccm reiner konzentrierter Essigsäure im Liter, gibt 2 Tropfen Schwefelnatriumlösung hinzu und tröpfelt zu letzterer Flüssigkeit aus einer engen Bürette soviel von einer Bleinitratlösung [0,160 g $Pb(NO_3)_2$ im Liter; 1 ccm = 0,1 mg Pb], bis die Farbe der Flüssigkeiten dieselbe ist. In einem weiteren Versuche werden 100 ccm klares Wasser bzw. destilliertes Wasser mit 2—3 Tropfen Kalium-

---

[1]) Zeitschr. f. angew. Chem. Bd. 20, I, S. 38. 1913.
[2]) Gesundheitsingenieur Bd. 49, S. 296—297, 1926; Chem. Zentralbl. 1926. II. S. 630.

cyanidlösung gemischt. Nach 2—3 Minuten werden zu beiden Flüssigkeiten 10 ccm einer Lösung von Ammoniumchlorid (100 g Ammoniumchlorid in 5 proz. Ammoniak auf 500) hinzugefügt und wie beim ersten Versuche weiter verfahren. Sollte in diesem Falle weniger Bleilösung verbraucht werden, so ist auch Kupfer zugegen und der kleinere Wert für Blei der richtige.

Zu beachten ist, daß Blei sich aus Wasserproben, besonders in Gegenwart von Eisenhydroxyd, leicht ausscheidet. In solchen Fällen empfiehlt es sich, das Wasser durch einen Wattebausch zu seihen, wobei das Blei meistens, von Eisenhydroxyd adsorbiert, zurückbleibt, dann Wattebausch und Flasche mit verdünnter heißer Salzsäure zu behandeln, den Auszug unter Zusatz einiger Tropfen Salpetersäure in einer Glasschale zu verdampfen, den Rückstand in etwas Weinsäure zu lösen und wie oben zu prüfen.

Größere Mengen Blei lassen sich auch dadurch bestimmen, daß man eine entsprechende Menge des Wassers mit Salpetersäure schwach ansäuert, in einer Glasschale zur Trockne verdampft, mit 25 ccm heißem Wasser aufnimmt, dann nach Zusatz von 1 ccm einer 10 proz. Natriumacetatlösung das Blei als Chromat fällt, nach Kuhlmann und Großfeld (S. 106) weiter behandelt und mit $^1/_{100}$ N-Thiosulfatlösung titriert. Je 1 ccm $^1/_{100}$ N-Thiosulfatlösung entspricht hierbei 0,691 mg Pb.

Die Bestimmung des Kupfers erfolgt am einfachsten colorimetrisch mit frischbereiteter Kaliumferrocyanidlösung, die mit noch 0,5 mg Cu im Liter Wasser Rotfärbung liefert. Zur genauen Bestimmung noch kleinerer Mengen ist vielleicht auch die Titration nach Schoorl und Begemann (S. 110) im Glührückstande geeignet.

Bezüglich des Nachweises der Bleilösungsfähigkeit von Wasser vgl. Zeitschr. f. Untersuch. d. Nahrungs- u. Genußmittel 1910, S. 25—51; vgl. auch J. König, Chemie der menschl. Nahrungs- und Genußmittel Bd. III, 3. Teil, S. 550 bis 595.

Die Prüfung auf gute Verzinnung der Mineralwasserapparate wird wie folgt vorgenommen. Die Apparate werden, je nach der Verwendung, zu der sie bestimmt sind, mit Mineralwasser oder Limonaden vollständig angefüllt und unter dem bei der Fabrikation üblichen höchsten Drucke unter amtlichem Verschluß mindestens 12 Stunden lang stehengelassen. Alsdann wird das Wasser auf Bleigehalt und Kupfergehalt (S. 322) geprüft. Ein besonderes Verfahren zur Bestimmung des Blei- und Kupferions in solchen Wässern haben C. Reese und J. Drost[1]) ausgearbeitet, worauf verwiesen sei, vgl. J. König, Chemie der menschl. Nahrungs- und Genußmittel Bd. III, 3. Teil, S. 726.

Über die biologische und bakteriologische Untersuchung des Trinkwassers vgl. J. König, Chemie der menschl. Nahrungs- u. Genußmittel Bd. III, 3. Teil, S. 550—595.

Luft.

A. Bedeutung.

Die Luft hat eine doppelte Bedeutung für den Menschen, nämlich einerseits als notwendiges Hilfsmittel für die Umsetzungen im Körper, andererseits als Trägerin der Witterungsverhältnisse für sein allgemeines Befinden.

---

[1]) Nicht zu verwechseln mit einer durch unreines Natriumsulfid eintretenden Ausscheidung von Schwefel.

B. Hauptsächliche Abweichungen.

1. Abweichungen physikalischer Natur (Temperatur, Luftdruck, Helligkeit usw.)
2. Verunreinigungen: a) durch Gase, b) durch Staub, Rauch, Ruß usw.

C. Vorzunehmende Prüfungen.

1. **Die physikalische Prüfung** der Luft erfolgt mit geeigneten Instrumenten wie Thermometer, Barometer usw. Vgl. J. König, Chemie der menschl. Nahrungs- und Genußmittel Bd. III, 2. Teil, S. 732—736.

2. **Von gasförmigen Verunreinigungen,** bezüglich deren Bestimmung ebenfalls auf J. König, Chemie der menschl. Nahrungs- und Genußmittel Bd. III, 3. Teil verwiesen sei, folgende von besonderer Bedeutung für die Beurteilung: Wasserdampf (S. 738), Ozon (S. 741), Wasserstoffsuperoxyd (S. 734), Kohlensäure (S. 744), Kohlenoxyd[1]) (S. 749), Schwefelwasserstoff (S. 756), schweflige Säure (S. 757), außerdem unter besonderen Verhältnissen Mercaptan, Schwefelkohlenstoff, Phosphorwasserstoff, Arsenwasserstoff, Salzsäure, Chlor, Brom, Jod, Stickstoffoxyde, Ammoniak, Anilin, Blausäure, Formaldehyd, Quecksilberdampf usw. (S. 761—767).

Von festen Stoffen ist der Gehalt der Luft an Staub, Rauch und Ruß, vielfach auch mit Schimmelsporen und Bakterienkeimen vermischt, außerordentlich schwankend. Über die Verfahren zu deren Bestimmung sei ebenfalls auf die genannte Stelle (S. 767—772) verwiesen.

Eß-, Trink- und Kochgeschirre aus glasiertem Ton, Steingut, Porzellan usw. und aus emailliertem Metall.

A. Vorzunehmende Prüfungen.

1. **Zum qualitativen Nachweise von Blei** in Email und Glasur befeuchtet R. D. Landrum[2]) ein Stückchen Fließpapier mit reiner Flußsäure und legt es einige Minuten auf das Email oder die Glasur, spült darauf das Papier und die auf dem Email haftenbleibende breiartige Masse in ein Platinschälchen und prüft die Flüssigkeit mit Schwefelwasserstoff.

2. **Bestimmung des löslichen Bleies** nach der Vorschrift der Kommission im Reichs-Gesundheitsamte:

„Die zu untersuchenden Gefäße müssen zunächst durch zweimaliges Ausbrühen mit heißem Wasser gut gereinigt werden. Die durch halbstündiges Auskochen mit 4proz. Essigsäure erhaltene Flüssigkeit wird mit Salzsäure angesäuert und mit Schwefelwasserstoff behandelt; eine schwarze Fällung deutet die Anwesenheit von Blei oder Kupfer an.

Entsteht lediglich ein Gelb oder Braunfärbung, so ist die Untersuchung zu wiederholen und bei zweifellosem Ausfall der zweiten Probe ein weiterer Nachweis des Bleisulfids durch Überführung in Bleisulfat oder Bleichromat zu erbringen.

Die Essigauskochung ist, wenn nötig, auf Kupfer, Zinn, Nickel, Zink, Arsen und Borsäure zu prüfen. Für den Fall einer Beanstandung ist eine quantitative Bestimmung des in Lösung gegangenen Metalles zu empfehlen."

---

[1]) Vgl. auch V. Andriska: Zeitschr. f. Untersuch. d. Nahrungs- u. Genußmittel Bd. 46, S. 43—46. 1923.

[2]) Chem. News Bd. 103, S. 28. 1911; Zeitschr. f. Untersuch. d. Nahrungs- u. Genußmittel Bd. 24, S. 425. 1912.

Zur quantitativen Bestimmung des Bleies empfiehlt sich bei Mengen von über 1 mg besonders die Ausfällung des Bleies mit Chromat und die Titration des Bleichromates nach S. 106.

Seifen.

A. Begriff.

Seifen im weiteren Sinne heißen alle Salze der höheren Fettsäuren. Im engeren Sinne versteht man darunter nur Natrium- und Kaliumsalze, die zu Reinigungszwecken dienen. Je nachdem die Seifen durch Aussalzen oder nicht gewonnen wurden, unterscheidet man Kernseifen (vorwiegend, jedoch nicht ausschließlich Natronseifen) und Leimseifen (vorwiegend, jedoch nicht ausschließlich Kaliseifen).

Über verschiedene Seifensorten vgl. J. König, Chemie der menschl. Nahrungs- und Genußmittel Bd. III, 3. Teil, S. 848—850.

B. Hauptsächliche Abweichungen.

1. Ungenügender Gehalt an fettsaurem Alkali.
2. Gehalt bzw. übermäßiger Gehalt an Harzseifen.
3. Gehalt an freiem Alkali.
4. Gehalt an wertlosen Füllstoffen.

C. Vorzunehmende Prüfungen.

1. Bestimmung des Fettsäuregehaltes vgl. S. 19.

2. Angenäherte Berechnung des Gehaltes an Cocos- bzw. Palmkernfett. Nimmt man an, daß die Neutralisationszahl von Cocosfettsäuren im Mittel 273, die von Palmkernfettsäuren im Mittel 263, die der übrigen Fettsäuren im Mittel 200 betrage[1]), so kann man den Gehalt der Seifenfettsäuren an Cocos- oder Palmkernfettsäuren in Annäherung aus nachfolgender Tafel (vgl. S. 326) entnehmen.

3. Prüfung auf Harzsäuren. a) Prüfung. Harzhaltige Seifen sind stets mehr oder weniger dunkel gefärbt. Schüttelt man ferner 1—2 ccm der abgeschiedenen Fettsäuren mit Essigsäureanhydrid unter leichtem Erwärmen durch, zieht das Essigsäureanhydrid mit einer feinausgezogenen Pipette ab und versetzt es in einem Reagensglase mit einigen Tropfen Schwefelsäure vom spezifischen Gewicht 1,53, so tritt bei Gegenwart von Harz oder Harzöl Rotviolettfärbung ein, die indes nur kurze Zeit beständig ist (Liebermann - Storchsche Reaktion).

b) Quantitative Bestimmung nach Twitchell in der Abänderung von Wolff und Scholze[2]): 2—5 g der abgeschiedenen Säuren werden in 10—20 ccm Methylalkohol gelöst und mit 5—10 ccm einer Lösung versetzt, die auf 4 Teile Methylalkohol 1 Teil konzentrierte Schwefelsäure enthält. Die gut durchgemischte Lösung läßt man 2 Minuten am Rückflußkühler kochen, worauf die Veresterung beendet ist. Man verdünnt mit etwa der zehnfachen Menge einer 7—10 proz. Kochsalzlösung, führt die erkaltete Flüssigkeit in einen Scheidetrichter über und schüttelt mit 100 ccm Äther kräftig aus. Mit demselben Äther wird vorher der Kolben nachgewaschen. Die wässerige Lösung wird dann abgezogen und solange von neuem mit je 50 ccm Äther ausgeschüttelt, bis die ätherische Lösung nicht mehr gefärbt erscheint. Die vereinigten ätherischen Auszüge werden im Scheidetrichter

---

[1]) Vgl. die Tabelle von Bömer in J. König, Chemie der menschl. Nahrungs- und Genußmittel Bd. III, 1. Teil, S. 416. 1910 und die Formel von Lund (Zeitschr. f. Untersuchung d. Nahrungs- u. Genußmittel Bd. 44, S. 177. 1922) $N - V = K_v V^2$, wobei K_v gewöhnlich 0,000236 ist.

[2]) Vorschläge der italienischen Kommission, revidiert nach den in der ersten Sitzung der Internationalen Kommission für Einheitsanalysen gefaßten Beschlüssen. — Zeitschr. d. dtsch. Öl- u. Fettind. Bd. 44, S. 434. 1924.

mit 75 ccm einer Kalilauge behandelt, die aus 10 g Kaliumhydroxyd, 10 g Alkohol und 100 g Wasser bereitet ist. Die alkalische Lösung wird dann abgezogen; sollte sich eine braungefärbte Zwischenschicht bilden, so muß diese mit der wässerigen Schicht abgezogen werden. Die ätherische Schicht wird mit Wasser bis zum Verschwinden der alkalischen Reaktion gewaschen. Die mit den Waschwässern vereinigten alkalischen Auszüge werden im Scheidetrichter angesäuert und mit Äther ausgeschüttelt. Nach dem Verjagen des Lösungsmittels wird der Rückstand getrocknet und gewogen.

Angenäherte Berechnung des Gehaltes an Cocos- bzw. Palmkernfettsäuren in Seifenfettsäuren (vgl. S. 325).

| Neutralisationszahl der Fettsäuren | Wahrscheinlicher Gehalt an bzw. | | Neutralisationszahl der Fettsäuren | Wahrscheinlicher Gehalt an bzw. | | Neutralisationszahl der Fettsäuren | Wahrscheinlicher Gehalt an bzw. | | Neutralisationszahl der Fettsäuren | Wahrscheinlicher Gehalt an bzw. | |
	Cocosfettsäuren %	Palmkernfettsäuren %		Cocosfettsäuren %	Palmkernfettsäuren %		Cocosfettsäuren %	Palmkernfettsäuren %		Cocosfettsäuren %	Palmkernfettsäuren %
200	0	0	220	27	32	240	55	64	260	82	95
1	1	2	1	29	33	1	56	66	1	84	96
2	3	3	2	30	35	2	58	67	2	85	98
3	4	5	3	32	37	3	59	69	3	86	100
4	5	6	4	33	38	4	60	70	4	88	—
5	7	8	225	34	40	5	62	72	5	89	—
6	8	10	6	36	41	6	63	74	6	90	—
7	10	11	7	37	43	7	64	75	7	92	—
8	11	13	8	38	45	8	66	77	8	93	—
9	12	14	9	40	46	9	67	78	9	95	—
210	14	16	230	41	48	250	68	80	270	96	—
1	15	17	1	42	49	1	70	82	1	97	—
2	16	19	2	44	51	2	71	83	2	99	—
3	18	21	3	45	53	3	73	85	3	100	—
4	19	22	4	47	54	4	74	86			
5	21	24	5	48	56	5	75	88			
6	22	25	6	49	57	6	77	90			
7	23	27	7	51	59	7	78	91			
8	25	29	8	52	61	8	79	93			
9	26	30	9	53	62	9	81	94			

4. Prüfung auf freies Alkali. Man betupft eine frische Schnittfläche der Seife mit alkoholischer Phenolphthaleinlösung, wobei sich die Stelle rot färbt, wenn freies Alkali vorhanden ist.

Die quantitative Bestimmung erfolgt entweder durch Titration der alkoholischen Seifenlösung gegen Phenolphthalein mit $^1/_{10}$ N-Salzsäure oder nach P. Heermann[1]), indem man 5—10 g Seife in 250 ccm frisch ausgekochtem Wasser löst, mit 10—15 ccm konzentrierter Bariumchloridlösung fällt und das Filtrat mit $^1/_{10}$ N-Säure titriert.

5. Prüfung auf Füllstoffe. Man kocht eine gewogene Menge der Seife mit absolutem Alkohole aus, filtriert und wäscht mit Alkohol nach. Den Rückstand trocknet man und wägt als Gesamtfüllstoffe. Die Zusammensetzung derselben wird wie üblich (Natriumcarbonat bzw. Kohlensäure nach S. 228, Kieselsäure durch Lösen in Wasser, Abdampfen mit Salzsäure, Wägen der Kieselsäure, Berechnen als $Na_2Si_4O_9$, Borax S. 133—135 usw.).

---

[1]) Chem.-Ztg. Bd. 28, S. 53. 1904; Zeitschr. f. Untersuch. d. Nahrungs- u. Genußmittel Bd. 9, S. 244. 1905.

Petroleum.

A. Begriff.

Unter der einfachen Bezeichnung „Petroleum" (Leuchtpetroleum) versteht man allgemein nur den bei 150—300° siedenden Anteil des Rohpetroleums.

B. Hauptsächliche Abweichungen.

1. Wasser und Schmutz.
2. Zu niedriger Entflammungspunkt.

C. Vorzunehmende Prüfungen.

Wasser und Schmutz geben sich bereits bei einfacher Besichtigung zu erkennen.

Zur Bestimmung des Entflammungspunktes ist der Abelsche Petroleumprober vorgeschrieben. Über die Ausführung der Bestimmung vgl. J. König, Chemie der menschl. Nahrungs- und Genußmittel Bd. III, 3. Teil, S. 885 und Die Untersuchung landwirtschaftlich-gewerblich wichtiger Stoffe[1]), S. 833.

D. Besondere Anhaltspunkte für die Beurteilung.

Das gewerbsmäßige Verkaufen und Feilhalten von Petroleum mit einem Entflammungspunkte von weniger als 21° (760 mm) ist verboten, wenn die Aufbewahrungsgefäße nicht die Inschrift „Feuergefährlich" tragen.

Metallene Gebrauchsgegenstände.

A. Begriffe.

Den untengenannten gesetzlichen Bestimmungen unterliegen: Eß-, Trink- und Kochgeschirr, Flüssigkeitsmaße, Druckvorrichtungen zum Ausschank für Bier, Siphons für kohlensäurehaltige Getränke, Metallteile für Kindersaugflaschen, Geschirre und Gefäße zur Verfertigung von Getränken und Fruchtsäften, Konservenbüchsen, Schrote zur Reinigung von Flaschen, Metallfolien zur Verpackung von Schnupf- und Kautabak sowie Käse, ferner metallene Spielwaren, Metall-(Brokat-)Farben für verschiedene Gebrauchsgegenstände.

1. Es dürfen 100 Gewichtsteile einer Legierung nicht mehr als **10 Gewichtsteile Blei** enthalten:

a) Eß-, Trink- und Kochgeschirre, sowie Flüssigkeitsmaße, sei es ganz oder teilweise;

b) die zur Herstellung von Getränken und Fruchtsäften dienenden Geschirre und Gefäße in denjenigen Teilen, welche bei dem bestimmungsmäßigen oder vorauszusehenden Gebrauch mit dem Inhalt in unmittelbare Berührung kommen;

c) Innenlötungen aller vorgenannten Gefäße;

d) alle Trinkgefäßbeschläge, wie z. B. Bierkrugdeckel, bei denen sowohl der Deckel als auch der Anguß (Scharnier, Krücke, Gewinde) aus einer Legierung von nicht mehr als 10% Bleigehalt hergestellt sein muß;

e) Konservenbüchsen auf der Innenseite.

---

[1]) 2. Bd. der Untersuchung landwirtschaftlich und landwirtschaftlich-gewerblich wichtiger Stoffe. 5. Auflage 1926. Verlag von Paul Parey in Berlin.

2. Es dürfen 100 Gewichtsteile einer Legierung nicht **mehr als 1 Gewichtsteil Blei** enthalten:

a) Legierungen, welche zur Herstellung von Druckvorrichtungen zum Ausschank von Bier sowie von Siphons für kohlensaure Getränke bestimmt sind;

b) Metallteile für Kindersaugflaschen;

c) Metallfolien zur Packung von z. B. Schnupf- und Kautabak, Käse usw.

d) Innenverzinnungen der unter 1a und b genannten Gefäße;

e) Backtröge (sinngemäß nach § 1, Abs. 1 und 2 des Gesetzes vom 25. Juni 1886);

f) Zinnlöffel und Metallkapseln zum Verschließen von Gefäßen.

3. Es dürfen **gar kein Blei** enthalten:

Mühlsteine in Mühlen, die Getreide zum Genuß für Menschen oder Tiere verarbeiten, besonders auch nicht zur Befestigung der Hauen.

B. Vorzunehmende Prüfungen.

1. Prüfung auf Blei nach S. 106.

2. Bestimmung des Bleigehaltes, ebendort.

Kautschukwaren.

A. Anforderungen.

1. Kein Blei enthalten dürfen Trinkbecher und Spielwaren aus Kautschuk, mit Ausnahme von massiven Bällen.

2. Weder Blei noch Zink dürfen enthalten: Kautschuk zur Herstellung von Mundstücken für Saugflaschen, Saugringen, Warzenhütchen (sinngemäß auch Kautschukringe und Kautschukklappen zum Dichten von Konservenbüchsen usw.).

3. Zu Spielwaren aus Kautschuk dürfen keine Farbstoffe und Farbzubereitungen verwendet werden, die Antimon, Arsen, Barium, Blei, Cadmium, Chrom, Kupfer, Quecksilber, Uran, Zink, Zinn, Gummigutti, Korallin oder Pikrinsäure enthalten.

Auf die Anwendung von schwefelsaurem Barium (Schwerspat, Blanc fix), Barytfarben, welche von kohlensaurem Barium frei sind, Chromoxyd, Kupfer, Zinn, Zink und deren Legierungen als Metallfarben, Zinnober, Zinnoxyd, Schwefelzinn als Musivgold, Schwefelantimon und Schwefelcadmium als Färbemittel der Gummimasse, nicht aber als Färbemittel der Oberfläche, findet diese Bestimmung keine Anwendung, auf die in Wasser unlöslichen Zinkverbindungen nur, soweit sie als Färbemittel der Gummimasse, als Öl- oder Lackfarben oder mit Lack- oder Firnisüberzug versehen werden.

4. Falls Kautschuk (Gummi) zu Möbelstoffen, Teppichen, Bekleidungsgegenständen (Regenmäntel, Strümpfe usw.) benutzt wird, darf er kein Arsen in wasserlöslicher Form oder nicht in solcher Menge enthalten, daß sich in 100 qcm des fertigen Gegenstandes mehr als 2 mg in Wasser unlösliches Arsen vorfinden.

B. Vorzunehmende Prüfungen.

1. Bestimmung von Blei und Zink. Nach J. Boes[1]) werden 1—2 g der Durchschnittsprobe der Kautschukware in einem geräumigen bedeckten

---

[1]) Apoth.-Ztg. Bd. 22, S. 1105. 1907; Zeitschr. f. Untersuch. d. Nahrungs- u. Genußmittel Bd. 16, S. 371. 1908.

Porzellantiegel mit konzentrierter Salpetersäure eingedampft, der Rückstand mit Soda und Salpeter geschmolzen, die erkaltete Schmelze mit verdünnter Salpetersäure ausgezogen[1]) und im Filtrate das Blei nach S. 106, das Zink nach S. 111 bestimmt.

2. Über den Nachweis und die Bestimmung des Arsens vgl. S. 102, der übrigen genannten Metallfarben und organischen Farben, so des Antimons S. 113, des Bariums S. 91, des Cadmiums S. 113, des Chroms S. 113, des Kupfers S. 110, des Quecksilbers S. 114, des Urans S. 114, des Zinks S. 111, des Zinns S. 108, des Gummigutti S. 132, des Korallins S. 132, der Pikrinsäure S. 289.

---

[1]) Größere Bleimengen können hierbei leicht als unlösliches Bleisulfat zurückbleiben. Es empfiehlt sich daher den Rückstand durch Lösen in Natronlauge, Ansäuern mit Salpetersäure und Zusatz von Kaliumjodidlösung (S. 106) besonders auf Blei zu prüfen.

Anhang.

TABELLEN.

Tabelle 1. Berechnung des Stickstoffgehaltes nach Kjeldahl aus dem Verbrauche an $^1/_{10}$ N-Lauge bei Verwendung von 2 g des zu untersuchenden Stoffes (vgl. S. 6).

ccm	,0	,1	,2	,3	,4	,5	,6	,7	,8	,9
0	0,000	,007	,014	,021	,028	,035	,042	,049	,056	,063
1	0,070	,077	,084	,091	,098	,105	,112	,119	,126	,133
2	0,140	,147	,154	,161	,168	,175	,182	,189	,196	,203
3	0,210	,217	,224	,231	,238	,245	,252	,259	,266	,273
4	0,280	,287	,294	,301	,308	,315	,322	,329	,336	,343
5	0,350	,357	,364	,371	,378	,385	,392	,399	,406	,413
6	0,420	,427	,434	,441	,448	,455	,462	,469	,476	,483
7	0,490	,497	,504	,511	,518	,525	,532	,539	,546	,553
8	0,560	,567	,574	,581	,588	,595	,602	,609	,616	,623
9	0,630	,637	,644	,651	,658	,665	,672	,679	,686	‘693
10	0,700	,707	,714	,721	,728	,735	,742	,749	,756	,763
11	0,770	,777	,784	,791	,798	,805	,812	,819	,826	,833
12	0,840	,847	,854	,862	,869	,876	,883	,890	,897	,904
13	0,911	,918	,925	,932	,939	,946	,953	,960	,967	,974
14	0,981	,988	,995	1,002	,009	,016	,023	,030	,032	,044
15	1,051	,058	,065	,072	,079	,086	,093	,100	,107	,114
16	1,121	,128	,135	,142	,149	,156	,163	,170	,177	,184
17	1,191	,198	,205	,212	,219	,226	,233	,240	,247	,254
18	1,261	,268	,275	,282	,289	,296	,303	,310	,317	,324
19	1,331	,338	,345	,352	,359	,366	,373	,380	,387	,394
20	1,401	,408	,415	,422	,429	,436	,443	,450	,457	,464
21	1,471	,478	,485	,492	,499	,506	,513	,520	,527	,534
22	1,541	,548	,555	,562	,569	,576	,583	,590	,597	,604
23	1,611	,618	,625	,632	,639	,646	,653	,660	,667	,674
24	1,681	,688	,695	,702	,709	,716	,723	,730	,737	,744
25	1,751	,758	,765	,772	,779	,786	,793	,800	,807	,814
26	1,821	,828	,835	,842	,849	,856	,863	,870	,877	,884
27	1,891	,898	,905	,912	,919	,926	,933	,940	,947	,954
28	1,961	,968	,975	,982	,989	,996	2,003	,010	,017	,024
29	2,031	,038	,045	,052	,059	,066	,073	,080	,087	,094
30	2,102	,109	,116	,123	,130	,137	,144	,151	,158	,165
31	2,172	,179	,186	,193	,200	,207	,214	,221	,228	,235
32	2,242	,249	,256	,263	,270	,277	,284	,291	,298	,305
33	2,312	,319	,326	,333	,340	,347	,354	,361	,368	,375
34	2,382	,389	,396	,403	,410	,417	,424	,431	,438	,445
35	2,452	,459	,466	,473	,480	,487	,494	,501	,508	,515
36	2,522	,529	,536	,543	,550	,557	,564	,571	,578	,585
37	2,592	,599	,606	,613	,620	,627	,634	,641	,648	,655
38	2,662	,669	,676	,683	,690	,697	,704	,718	,711	,725
39	2,732	,739	,746	,753	,760	,767	,774	,781	,788	,795

[1]) Entsprechend 5 g des Stoffes bei Verwendung von $^1/_4$ N-Lauge.

ccm	,0	,1	,2	,3	,4	,5	,6	,7	,8	,9
40	2,802	,809	,816	,823	,830	,837	,844	,851	,858	,865
41	2,872	,879	,886	,893	,900	,907	,914	,921	,928	,935
42	2,942	,949	,956	,963	,970	,977	,984	,991	,998	3,005
43	3,012	,019	,026	,033	,040	,047	,054	,061	,068	,075
44	3,082	,089	,096	,103	,110	,117	,124	,131	,138	,145
45	3,152	,159	,166	,173	,180	,187	,194	,201	,208	,215
46	3,222	,229	,236	,243	,250	,257	,264	,271	,278	,285
47	3,292	,299	,306	,313	,320	,327	,334	,341	,348	,355
48	3,362	,369	,376	,383	,390	,397	,404	,411	,418	,425
49	3,432	,439	,446	,453	,460	,467	,474	,481	,488	,495

Zwischenwerte:

ccm:	0,01	0,02	0,03	0,04	0,05	0,06	0,07	0,08	0,09
% N:	0,001	0,001	0,002	0,003	0,004	0,004	0,005	0,006	0,006

Tabelle 2. Berechnung der Stickstoffsubstanz (N $\times$ 6,25) aus dem Verbrauche an $^1/_{10}$ N-Lauge bei Verwendung von 2 g des zu entsprechenden Stoffes[1]) (vgl. S. 6).

ccm	,0	,1	,2	,3	,4	,5	,6	,7	,8	,9
0	0,00	,04	,09	,13	,18	,22	,26	,31	,35	,39
1	0,44	,48	,53	,57	,61	,66	,70	,74	,79	,83
2	0,88	,92	,96	1,01	,05	,10	,14	,18	,23	,27
3	1,31	,35	,40	,44	,49	,53	,58	,62	,66	,71
4	1,75	,80	,84	,88	,93	,97	2,01	,06	,10	,15
5	3,19	,23	,28	,32	,36	,41	,45	,50	,54	,58
6	2,63	,67	,71	,76	,80	,85	,89	,93	,98	3,02
7	3,07	,11	,15	,20	,24	,28	,33	,37	,42	,46
8	3,50	,54	,59	,63	,68	,72	,76	,81	,85	,90
9	3,94	,98	4,03	,07	,12	,16	,20	,25	,29	,33
10	4,38	,42	,47	,51	,55	,60	,64	,68	,72	,77
11	4,82	,86	,90	,95	,99	5,03	,08	,12	,17	,21
12	5,25	,30	,34	,39	,43	,47	,52	,56	,61	,65
13	5,69	,73	,78	,82	,87	,91	,95	6,00	,04	,09
14	6,13	,17	,22	,26	,30	,35	,39	,44	,48	,53
15	6,57	,61	,65	,70	,74	,79	,83	,87	,92	,96
16	7,00	,05	,09	,13	,18	,22	,26	,31	,35	,40
17	7,44	,49	,53	,57	,62	,66	,71	,75	,79	,84
18	7,88	,92	,97	8,01	,06	,10	,14	,19	,23	,28
19	8,32	,36	,41	,45	,49	,54	,58	,62	,67	,71
20	8,76	,80	,85	,89	,94	,97	9,01	,06	,10	,15
21	9,19	,23	,28	,32	,37	,41	,45	,50	,54	,59
22	9,63	,67	,72	,76	,81	,85	,89	,94	,98	10,03
23	10,07	,11	,16	,20	,25	,29	,33	,38	,42	,47
24	10,50	,54	,59	,63	,68	,73	,77	,82	,86	,91

[1]) Entsprechend 5 g des Stoffes bei Verwendung von $^1/_4$ N-Lauge.

ccm	,0	,1	,2	,3	,4	,5	,6	,7	,8	,9
25	**10,95**	,99	**11,04**	,08	,13	,16	,20	,25	,29	,34
26	**11,38**	,42	,47	,51	,56	,60	,64	,69	,73	,78
27	**11,82**	,86	,91	,95	**12,00**	,04	,08	,13	,17	,22
28	**12,26**	,30	,35	,39	,44	,48	,52	,57	,61	,66
29	**12,70**	,74	,79	,83	,87	,91	,95	**13,00**	,04	,09
30	**13,13**	,17	,22	,26	,31	,35	,39	,44	,48	,53
31	**13,57**	,61	,66	,70	,75	,79	,83	,88	,92	,97
32	**14,01**	,05	,10	,14	,19	,23	,27	,32	,36	,41
33	**14,45**	,49	,54	,58	,63	,67	,71	,76	,80	,85
34	**14,89**	,93	,98	**15,02**	,06	,10	,14	,19	,23	,28
35	**15,32**	,36	,41	,45	,50	,54	,58	,63	,67	,72
36	**15,76**	,80	,85	,89	,94	,98	**16,02**	,07	,11	,16
37	**16,20**	,24	,29	,33	,38	,42	,46	,51	,55	,60
38	**16,64**	,68	,73	,77	,82	,86	,90	,95	,99	**17,03**
39	**17,07**	,11	,16	,20	,25	,29	,33	,38	,42	,47
40	**17,51**	,55	,60	,64	,69	,73	,77	,82	,86	,91
41	**17,95**	,99	**18,04**	,08	,13	,17	,21	,26	,30	,34
42	**18,38**	,42	,47	,51	,56	,61	,65	,70	,74	,79
43	**18,83**	,87	,92	,96	**19,00**	,04	,08	,13	,17	,22
44	**19,26**	,30	,35	,39	,44	,48	,52	,57	,61	,66
45	**19,70**	,74	,79	,83	,88	,92	,96	**20,01**	,05	,10
46	**20,14**	,18	,23	,27	,32	,36	,40	,44	,48	,53
47	**20,58**	,62	,67	,71	,75	,80	,84	,89	,93	,97
48	**21,01**	,05	,10	,14	,18	,23	,27	,31	,36	,40
49	**21,45**	,49	,53	,58	,62	,67	,71	,76	,80	,85

Zwischenwerte:

ccm:	0,01	0,02	0,03	0,04	0,05	0,06	0,07	0,08	0,09
% (N × 6,25):	0,00	0,01	0,01	0,02	0,02	0,03	0,03	0,04	0,04

Tabelle 3. Tabelle zur Berechnung der Fettgehalte bei Verwendung der Stoffmengen 0—10 g für die Fettdichten 0,90—1,00[1]) (vgl. S. 16).
(Menge des Lösungsmittels 100 ccm, abgemessene Menge der Fettlösung 25 ccm.)

Abdampfrückstand v. 25 ccm Fettlösg. g	Gesamtmenge des Fettes in Grammen bei dem spezifischen Gewichte:											Zwischenwerte	
	0,90	0,91	0,92	0,93	0,94	0,95	0,96	0,97	0,98	0,99	1,00		
0,000	0,000	0,000	0,000	0,000	0,000	0,000	0,000	0,000	0,000	0,000	0,000	**0**	00
0,010	0,040	0,040	0,040	0,040	0,040	0,040	0,040	0,040	0,040	0,040	0,040	**1**	04
0,020	0,080	0,080	0,080	0,080	0,080	0,080	0,080	0,080	0,080	0,080	0,080	**2**	08
0,030	0,121	0,121	0,121	0,121	0,121	0,121	0,120	0,120	0,120	0,120	0,120	**3**	12
0,040	0,161	0,161	0,161	0,161	0,161	0,161	0,161	0,161	0,161	0,161	0,161	**4**	16
0,050	0,201	0,201	0,201	0,210	0,201	0,201	0,201	0,201	0,201	0,201	0,201	**5**	20
0,060	0,241	0,241	0,241	0,241	0,241	0,241	0,241	0,241	0,241	0,241	0,241	**6**	24
0,070	0,281	0,281	0,281	0,281	0,281	0,281	0,281	0,281	0,281	0,281	0,281	**7**	28
0,080	0,321	0,321	0,321	0,321	0,321	0,321	0,321	0,321	0,321	0,321	0,321	**8**	32
0,090	0,362	0,362	0,362	0,362	0,362	0,362	0,361	0,361	0,361	0,361	0,361	**9**	36

[1]) Vgl. Tabelle und Anleitung zur Ermittlung des Fettgehaltes von Dr. J. Großfeld. Berlin: Julius Springer 1923.

Abdampf-rückstand v. 25 ccm Fettlösg. g	Gesamtmenge des Fettes in Grammen bei dem spezifischen Gewichte:											Zwischenwerte	
	0,90	0,91	0,92	0,93	0,94	0,95	0,96	0,97	0,98	0,99	1,00		
0,100	0,402	0,402	0,402	0,402	0,402	0,402	0,402	0,402	0,402	0,402	0,402	0	00
0,110	0,442	0,442	0,442	0,442	0,442	0,442	0,442	0,442	0,442	0,442	0,442	1	04
0,120	0,483	0,483	0,483	0,483	0,483	0,483	0,483	0,483	0,384	0,483	0,483	2	08
0,130	0,523	0,523	0,523	0,523	0,523	0,523	0,523	0,523	0,523	0,523	0,523	3	12
0,140	0,564	0,563	0,563	0,563	0,563	0,563	0,563	0,563	0,563	0,563	0,563	4	16
0,150	0,604	0,604	0,604	0,604	0,604	0,604	0,604	0,604	0,604	0,604	0,604	5	20
0,160	0,645	0,645	0,645	0,645	0,644	0,644	0,644	0,644	0,644	0,644	0,644	6	24
0,170	0,685	0,685	0,685	0,685	0,685	0,685	0,685	0,685	0,685	0,685	0,685	7	28
0,180	0,726	0,726	0,726	0,726	0,726	0,725	0,725	0,725	0,725	0,725	0,725	8	32
0,190	0,767	0,766	0,766	0,766	0,766	0,766	0,766	0,766	0,766	0,766	0,766	9	36
0,200	0,807	0,807	0.807	0,807	0,807	0,807	0,807	0,807	0,807	0,807	0,806	0	00
0,210	0,848	0,848	0,848	0,848	0,848	0,847	0,847	0,847	0,847	0,847	0,847	1	04
0,220	0,889	0.889	0,889	0,888	0,888	0,888	0,888	0,888	0,888	0,888	0,888	2	08
0,230	0,930	0,930	0,930	0,929	0,929	0,929	0,929	0,929	0,929	0,929	0,929	3	12
0,240	0,971	0,971	0,971	0,970	0,970	0,970	0,970	0,970	0,970	0,969	0,969	4	16
0,250	1,012	1,012	1,012	1,011	1,011	1,011	1,011	1,011	1,011	1,010	1,010	5	20
0,260	1,052	1,052	1,052	1,052	1,052	1,052	1,052	1,051	1,051	1,051	1,051	6	25
0,270	1,093	1,093	1,093	1,903	1,903	1,902	1,902	1,902	1,902	1,902	1,902	7	29
0,280	1,134	1,134	1,134	1,134	1,133	1,133	1,133	1,133	1,133	1,133	1,133	8	33
0,290	1,175	1,175	1,175	1,175	1,175	1,174	1,174	1,174	1,174	1,174	1,174	9	37
0,300	1,216	1,216	1,216	1,216	1,216	1,215	1,215	1,215	1,215	1,215	1,215	0	00
0,310	1,257	1,257	1,257	1,257	1,257	1,256	1,256	1,256	1,256	1,256	1,256	1	04
0,320	1,298	1,298	1,298	1,298	1,298	1,298	1,297	1,297	1,297	1,297	1,297	2	08
0,330	1,340	1,340	1,340	1,339	1,339	1,339	1,339	1,338	1,338	1,338	1,338	3	12
0,340	1,381	1,381	1,381	1.380	1,380	1,380	1,380	1,379	1,379	1,379	1,379	4	16
0,350	1,423	1,422	1,422	1,422	1,422	1,421	1,421	1,421	1,420	1,420	1,420	5	21
0,360	1,464	1,464	1,463	1,463	1,463	1,462	1,462	1,462	1,462	1,461	1,461	6	25
0,370	1,505	1,505	1,505	1,504	1,504	1,504	1,503	1,503	1,503	1,503	1,502	7	29
0,380	1,546	1,546	1,546	1,546	1,545	1,545	1,545	1,544	1,544	1,544	1,543	8	33
0,390	1,588	1,587	1,587	1,587	1,586	1,586	1,586	1,586	1,585	1,585	1,585	9	37
0,400	1,629	1,629	1,628	1,628	1,628	1,627	1,627	1,627	1,627	1,626	1,626	0	00
0,410	1,670	1,670	1,670	1,669	1,669	1,669	1,669	1,668	1,668	1,668	1,667	1	04
0,420	1,712	1,711	1,711	1,711	1,711	1,710	1,710	1,710	1,709	1,709	1,709	2	09
0,430	1,753	1,753	1,753	1,752	1,752	1,752	1,751	1,751	1,751	1,750	1,750	3	13
0,440	1,795	1,795	1,795	1,794	1,794	1,793	1,793	1,793	1,792	1,972	1,791	4	17
0,450	1,837	1,837	1,836	1,836	1,835	1,835	1,835	1,834	1,834	1,833	1,833	5	21
0,460	1,878	1,878	1,878	1,877	1,877	1,877	1,876	1,876	1,875	1,875	1,875	6	25
0,470	1,920	1,920	1,919	1,919	1,918	1,918	1,918	1,917	1,917	1,916	1,916	7	29
0,480	1,962	1,961	1,961	1,960	1,960	1,960	1,959	1,959	1,958	1,958	1,958	8	33
0,490	2,004	2,004	2,003	2,003	2,002	2,002	2,001	2,001	2,000	2,000	1,999	9	38
0,500	2,046	2,045	2,045	2,044	2,044	2,043	2,043	2,042	2,042	2,041	2,041	0	00
0,510	2,087	2,087	2,086	2,086	2,085	2,085	2,084	2,084	2,083	2,083	2,082	1	04
0,520	2,129	2,129	2,128	2,128	2,127	2,127	2,126	2,126	2,125	2,125	2,124	2	08
0,530	2,171	2,170	2,170	2,169	2,169	2,168	2,168	2,167	2,167	2,166	2,166	3	13
0,540	2,213	2,213	2,212	2,211	2,211	2,210	2,210	2,209	2,209	2,208	2,208	4	17
0,550	2,255	2,255	2,254	2,254	2,253	2,252	2,252	2,251	2,251	2,250	2,249	5	21
0,560	2,297	2,297	2,296	2,295	2,295	2,294	2,294	2,293	2,292	2,292	2,291	6	25
0,570	2,339	2,339	2,338	2,337	2,337	2,336	2,336	2,335	2,334	2,334	2,333	7	29
0,580	2,381	2,381	2,380	2,379	2,379	2,378	2,378	2,377	2,376	2,376	2,375	8	33
0,590	2,424	2,423	2,422	2,422	2,421	2,420	2,420	2,419	2,418	2,418	2,417	9	38

Abdampf-rückstand v. 25 ccm Fettlösg. g	Gesamtmenge des Fettes in Grammen bei dem spezifischen Gewichte:											Zwischen-werte	
	0,90	0,91	0,92	0,93	0,94	0,95	0,96	0,97	0,98	0,99	1,00		
0,600	2,466	2,465	2,464	2,464	2,463	2,462	2,461	2,461	2,460	2,460	2,459	0	00
0,610	2,508	2,507	2,507	2,506	2,505	2,505	2,504	2,503	2,502	2,502	2,501	1	04
0,620	2,550	2,549	2,549	2,548	2,547	2,547	2,546	2,545	2,545	2,544	2,543	2	08
0,630	2,593	2,592	2,591	2,590	2,590	2,589	2,588	2,587	2,587	2,586	2,585	3	13
0,640	2,635	2,634	2,634	2,633	2,632	2,631	2,630	2,630	2,629	2,628	2,627	4	17
0,650	2,677	2,677	2,676	2,675	2,674	2,673	2,673	2,672	2,671	2,670	2,669	5	21
0,660	2,720	2,719	2,718	2,717	2,716	2,716	2,715	2,714	2,713	2,712	2,712	6	25
0,670	2,762	2,761	2,761	2,760	2,759	2,758	2,757	2,756	2,755	2,755	2,754	7	30
0,680	2,805	2,804	2,803	2,802	2,801	2,801	2,800	2,799	2,798	2,797	2,796	8	34
0,690	2,847	2,846	2,846	2,845	2,844	2,843	2,842	2,841	2,840	2,839	2,838	9	38
0,700	2,890	2,889	2,888	2,887	2,886	2,885	2,884	2,883	2,882	2,881	2,881	0	00
0,710	2,933	2,932	2,931	2,930	2,929	2,928	2,927	2,926	2,925	2,924	2,923	1	04
0,720	2,975	2,974	2,973	2,972	2,971	2,970	2,969	2,968	2,967	2,966	2,965	2	09
0,730	3,018	3,017	3,016	3,015	3,014	3,013	3,012	3,011	3,010	3,009	3,008	3	13
0,740	3,061	3,060	3,059	3,058	3,056	3,055	3,054	3,053	3,052	3,051	3,050	4	17
0,750	3,103	3,102	3,101	3,100	3,099	3,098	3,907	3,096	3,905	3,094	3,093	5	21
0,760	3,146	3,146	3,145	3,144	3,143	3,142	3,141	3,140	3,138	3,136	3,135	6	26
0,770	3,189	3,188	3,187	3.186	3,185	3,184	3,182	3,181	3,180	3,179	3,178	7	30
0,780	3,232	3,231	3,230	3,229	3,227	3,226	3,225	3,224	3,223	3,222	3,220	8	34
0,790	3,275	3,274	3,273	3,271	3,270	3,269	3,268	3,267	3,266	3,264	3,263	9	38
0,800	3,318	3,317	3,315	3,314	3,313	3,312	3,310	3,309	3,308	3,307	3,306	0	00
0,810	3,361	3,360	3,358	3,357	3,356	3,355	3,353	3,352	3,351	3,350	3,348	1	04
0,820	3,404	3,403	3,401	3,400	3,399	3,398	3,396	3,395	3,394	3,393	3,391	2	09
0,830	3,447	3,446	3,445	3,443	3,442	3,441	3,439	3,438	3,437	3,436	3,434	3	13
0,840	3,490	3,489	3,488	3,686	3,485	3,483	3,482	3,481	3,480	3,478	3,477	4	17
0,850	3,536	3,532	3,531	3,529	3,528	3,527	3,525	3,524	3,523	3,521	3,520	5	22
0,860	3,577	3,575	3,574	3,573	3,571	3,570	3,568	3,567	3,566	3,564	3,563	6	26
0.870	3,620	3,619	3,617	3,616	3,614	3,613	3,611	3,610	3,608	3,607	3,605	7	30
0,880	3,663	3,662	3,660	3,659	3,657	3,656	3,654	3,653	3,651	3,650	3,648	8	34
0,890	3,707	3,705	3,704	3,702	3,700	3,699	3,697	3,696	3,694	3,693	3,691	9	39
0,900	3,750	3,748	3,747	3,745	3,743	3,742	3,740	3,739	3,737	3,736	3,734	0	00
0,910	3,793	3,792	3,790	3,788	3,787	3,785	3,784	3,782	3,781	3,779	3,777	1	04
0,920	3,837	3,835	3,834	3,832	3,830	3,829	3,827	3,825	3,824	3,822	3,821	2	09
0,930	3,880	3,879	3,877	3,875	3,874	3,872	3,870	3,869	3,867	3,865	3,864	3	13
0,940	3,924	3,922	3,920	3,919	3,917	3,915	3,914	3,912	3,910	3,909	3,907	4	17
0,950	3,967	3,966	3,964	3,962	3,960	3,959	3,957	3,955	3,954	3,952	3,950	5	22
0,960	4,011	4,010	4,008	4,006	4,004	4,002	4,001	3,999	3,997	3,995	3,993	6	26
0,970	4,055	4,053	4,051	4,049	4,047	4,046	4,044	4,042	4,040	4,039	4,037	7	30
0,980	4,099	4,097	4,095	4,093	4,091	4,089	4,087	4,085	4,084	4,082	4,080	8	35
0,990	4,142	4,140	4,139	4,136	4,134	4,132	4,131	4,129	4,127	4,125	4,123	9	39
1,000	4,186	4,184	4,182	4,180	4,178	4,176	4,174	4,172	4,170	4,168	4,167	0	00
1,010	4,230	4,228	4,226	4,224	4,222	4,220	4,218	4,216	4,214	4,212	4,210	1	04
1,020	4,274	4,272	4,270	4,268	4,265	4,263	4,261	4,259	4,257	4,256	4,253	2	09
1,030	4,318	4,316	4,314	4,311	4,309	4,307	4,305	4,303	4,301	4,299	4,297	3	13
1,040	4,362	4,360	4,357	4,355	4,353	4,351	4,349	4,347	4,345	3,343	4,340	4	18
1,050	4,406	4,404	4,401	4,399	4,397	4,395	4,392	4,391	4,389	4,387	4,384	5	22
1,060	4,450	4,448	4,445	4,443	4,441	4,439	4,436	4,434	4,432	4,431	4,428	6	26
1,070	4,494	4,492	4,489	4,487	4,484	4,482	4,480	4,478	4,476	4,474	4,471	7	31
1,080	4,538	4,536	4,533	4,531	4,528	4,526	4,524	4,522	4,520	4,517	4,515	8	35
1,090	4,582	4,580	4,577	4,575	4,572	4,570	4,567	4,565	4,563	4,561	4,559	9	39

Abdampf-rückstand v. 25 ccm Fettlösg. g	Gesamtmenge des Fettes in Grammen bei dem spezifischen Gewichte:											Zwischen-werte	
	0,90	0,91	0,92	0,93	0,94	0,95	0,96	0,97	0,98	0,99	1,00		
1,100	4,626	4,623	4,621	4,618	4,616	4,614	4,611	4,609	4,607	4,605	4,602	0	00
1,110	4,670	4,668	4,665	4,663	4,660	4,658	4,655	4,653	4,651	5,649	4,646	1	04
1,120	4,715	4,712	4,709	4,707	4,704	4,702	4,699	4,697	4,695	4,693	4,690	2	09
1,130	4,759	4,757	4,754	4,751	4,749	4,746	4,744	4,741	4,739	4,737	4,734	3	13
1,140	4,803	4,801	4,798	4,796	4,793	4,790	4,788	4,785	4,783	4,780	4,778	4	18
1,150	4,848	4,845	4,842	4,840	4,837	4,835	4,832	4,829	4,827	4,824	4,822	5	22
1,160	4,892	4,890	4,887	4,884	4,881	4,879	4,876	4,874	4,871	4,868	4,866	6	27
1,170	4,937	4,934	4,931	4,928	4,925	4,923	4,920	4,918	4,915	4,913	4,910	7	31
1,180	4,981	4,979	4,975	4,973	4,970	4,967	4,964	4,962	4,959	4,957	4,954	8	35
1,190	5,026	5,023	5,020	5,017	5,014	5,011	5,008	5,006	5,003	5,001	5,998	9	40
1,200	5,070	5,067	5,064	5,061	5,058	5,055	5,053	5,050	5,047	5,045	5,042	0	00
1,210	5,115	5,112	5,109	5,106	5,103	5,100	5,097	5,094	5,092	5,089	5,086	1	04
1,220	5,160	5,157	5,154	5,151	5,147	5,145	5,142	5,139	5,136	5,133	5,130	2	09
1,230	5,205	5,202	5,198	5,195	5,192	5,189	5,186	5,183	5,180	5,178	5,175	3	13
1,240	5,249	5,246	5,243	5,240	5,237	5,234	5,231	5,228	5,225	5,222	5,219	4	18
1,250	5,294	5,291	5,288	5,285	5,281	5,278	5,275	5,272	5,269	5,266	5,263	5	22
1,260	5,339	5,336	5,332	5,329	5,326	5,323	5,320	5,317	5,314	5,311	5,307	6	27
1,270	5,384	5,381	5,377	5,374	5,370	5,368	5,364	5,361	5,358	5,355	5,352	7	31
1,280	5,429	5,426	5,422	5,419	5,415	5,412	5,409	5,406	5,402	5,400	5,396	8	36
1,290	5,474	5,470	5,466	5,463	5,460	5,457	5,453	5,450	5,447	5,444	5,441	9	40
1,300	5,519	5,515	5,512	5,508	5,504	5,501	5,498	5,495	5,491	5,488	5,485	0	00
1,310	5,564	5,560	5,557	5,553	5,549	5,546	5,543	5,539	5,536	5,533	5,530	1	05
1,320	5,609	5,606	5,602	5,598	5,594	5,591	5,588	5,584	5,581	5,578	5,574	2	09
1,330	5,654	5,651	5,647	5,643	5,639	5,636	5,632	5,629	5,626	5,622	5,619	3	14
1,340	5,699	5,696	5,692	5,688	5,684	6,681	5,677	5,674	5,671	5,667	5,664	4	18
1,350	5,745	5,741	5,737	5,733	5,729	5,726	5,722	5,719	5,715	5,712	5,708	5	23
1,360	5,790	5,786	5,782	5,779	5,774	5,771	5,767	5,764	5,760	5,756	5,753	6	27
1,370	5,835	5,832	5,827	5,824	5,819	5,816	5,812	5,809	5,805	5,801	5,798	7	32
1,380	5,881	5,877	5,873	5,869	5,864	5,861	5,857	5,854	5,850	5,846	5,843	8	36
1,390	5,926	5,922	5,918	5,914	5,909	5,906	5,902	5,898	5,895	5,891	5,887	9	41
1,400	5,972	5,968	5,963	5,959	5,955	5,951	5,947	5,943	5,940	5,936	5,932	0	00
1,410	6,017	6,013	6,009	6,005	6,000	5,996	5,992	5,988	5,985	5,981	5,977	1	05
1,420	6,063	6,059	6,054	6,050	6,046	6,042	6,038	6,034	6,030	6,026	6,022	2	09
1,430	6,108	6,104	6,100	6,096	6,091	6,087	6,083	6,079	6,075	6,071	6,067	3	14
1,440	6,154	6,150	6,145	6,141	6,137	6,133	6,128	6,124	6,120	6,116	6,112	4	18
1,450	6,200	6,195	6,191	6,187	6,182	6,178	6,174	6,169	6,166	6,161	6,157	5	23
1,460	6,245	6,241	6,236	6,232	6,227	6,223	6,219	6,215	6,211	6,206	6,202	6	27
1,470	6,291	6,287	6,282	6,278	6,273	6,269	6,264	6,260	6,256	6,252	6,247	7	32
1,480	6,337	6,332	6,328	6,323	6,318	6,314	6,309	6,305	6,301	6,297	6,292	8	36
1,490	6,383	6,378	6,374	6,369	6,364	6,360	6,355	6,351	6,346	6,342	6,338	9	41
1,500	6,429	6,424	6,419	6,414	6,409	6,405	6,400	6,396	6,391	6,387	6,383	0	00
1,510	6,475	6,470	6,465	6,460	6,455	6,450	6,446	6,441	6,437	6,433	7,428	1	05
1,520	6,520	6,516	6,511	6,506	6,501	6,496	6,491	6,487	6,483	7,478	6,473	2	09
1,530	6,566	6,562	6,557	6,552	6,547	6,542	6,537	6,533	6,528	6,524	6,519	3	14
1,540	6,613	6,608	6,602	6,597	6,592	6,588	6,583	6,578	6,574	6,569	6,564	4	18
1,550	6,659	6,654	6,648	6,643	6,638	6,634	6,629	6,624	6,619	6,615	6,610	5	23
1,560	6,705	6,700	6,694	6,689	6,684	6,679	6,674	6,670	6,665	6,660	6,655	6	27
1,570	6,751	6,746	6,740	6,735	6,730	6,725	6,720	6,716	6,711	6,706	6,701	7	32
1,580	6,798	6,792	6,786	6,781	6,776	6,771	6,766	6,761	6,756	6,751	6,746	8	37
1,590	6,844	6,838	6,833	6,827	6,822	6,817	6,811	6,807	6,802	6,797	6,792	9	41

Abdampf-rückstand v. 25 ccm Fettlösg. g	Gesamtmenge des Fettes in Grammen bei dem spezifischen Gewichte:											Zwischen-werte	
	0,90	0,91	0,92	0,93	0,94	0,95	0,96	0,97	0,98	0,99	1,00		
1,600	6,890	6,884	6,878	6,873	6,868	6,862	6,857	6,852	6,847	6,842	6,838	0	00
1,610	6,936	6,931	6,925	6,919	6,914	6,908	6,903	6,898	6,893	6,888	6,883	1	05
1,620	6,983	6,977	6,971	6,966	6,960	6,955	6,949	6,944	6,939	6,934	6,929	2	09
1,630	7,029	7,024	7,018	7,012	7,006	7,001	6,995	6,990	6,985	6,980	6,975	3	14
1,640	7,075	7,070	7,064	7,058	7,053	7,047	7,041	7,036	7,031	7,026	7,021	4	18
1,650	7,122	7,117	7,110	7,104	7,099	7,093	7,088	7,083	7,077	7,072	7,066	5	23
1,660	7,169	7,163	7,157	7,151	7,145	7,139	7,134	7,129	7,123	7,118	7,112	6	28
1,670	7,216	7,210	7,203	7,197	7,192	7,186	7,180	7,175	7,169	7,164	7,158	7	32
1,680	7,262	7,256	7,250	7,244	7,238	7,232	7,226	7,221	7,215	7,210	7,204	8	37
1,690	7,309	7,303	7,296	7,290	7,284	7,278	7,272	7,267	7,261	7,255	7,250	9	42
1,700	7,356	7,349	7,343	7,337	7,330	7,324	7,318	7,313	7,307	7,302	7,296	0	00
1,710	7,403	7,396	7,389	7,383	7,377	7,371	7,365	7,359	7,353	7,348	7,342	1	05
1,720	7,449	7,443	7,436	7,430	7,424	7,417	7,411	7,406	7,400	7,394	7,388	2	09
1,730	7,496	7,490	7,483	7,477	7,470	7,464	7,458	7,452	7,446	7,441	7,435	3	14
1,740	7,543	7,537	7,530	7,524	7,517	7,511	7,504	7,499	7,493	7,487	7,481	4	19
1,750	7,590	7,584	7,576	7,571	7,564	7,557	7,551	7,545	7,539	7,533	7,527	5	23
1,760	7,638	7,631	6,623	6,617	7,611	7,604	7,597	7,592	7,586	7,579	7,573	6	28
1,770	7,685	7,678	7,670	7,664	7,657	7,651	7,644	7,638	7,632	7,626	7,619	7	33
1,780	7,732	7,725	7,717	7,711	7,704	7,697	7,690	7,685	7,678	7,672	7,666	8	37
1,790	7,779	7,772	7,764	7,758	7,751	7,744	7,737	7,731	7,725	7,718	7,712	9	42
1,800	7,826	7,819	7,811	7,804	7,797	7,790	7,784	7,777	7,771	7,745	7,759	0	00
1,810	7,873	7,866	7,858	7,851	7,844	7,837	7,831	7,824	7,818	7,811	7,805	1	05
1,820	7,920	7,913	7,906	7,899	7,891	7,884	7,878	7,871	7,864	7,858	7,852	2	09
1,830	7,968	7,961	7,953	7,946	7,938	7,931	7,925	7,918	7,911	7,905	7,898	3	14
1,840	7,016	8,008	8,000	7,993	7,986	7,978	7,972	7,965	7,958	7,951	7,945	4	19
1,850	8,063	8,056	8,047	8,040	8,033	8,025	8,019	8,012	8,005	7,998	7,991	5	24
1,860	8,111	8,103	8,095	8,087	8,080	7,072	8,066	8,059	8,052	8,045	8,038	6	28
1,870	8,158	8,150	8,142	8,135	8,127	8,119	8,113	8,106	8,098	8,092	8,085	7	33
1,880	8,206	8,198	8,189	8,182	8,174	8,166	8,160	8,152	8,145	8,138	8,132	8	38
1,890	8,253	8,244	8,237	8,229	8,221	8,213	8,207	8,199	8,192	8,185	8,178	9	42
1,900	8,301	8,292	8,284	8,276	8,268	8,261	8,253	8,246	8,239	8,232	8,225	0	00
1,910	8,348	8,340	8,332	8,324	8,316	8,308	8,301	8,293	8,286	8,279	8,272	1	05
1,920	8,396	8,388	8,380	8,372	8,364	8,356	8,348	8,341	8,333	8,326	8,319	2	10
1,930	8,444	8,436	8,427	8,419	8,411	8,403	8,395	8,388	8,380	8,373	8,366	3	14
1,940	8,492	8,484	8,475	8,467	8,459	8,451	8,443	8,435	8,428	8,420	8,413	4	19
1,950	8,540	8,532	8,523	8,515	8,506	8,498	8,490	8,482	8,475	8,467	8,460	5	24
1,960	8,588	8,580	8,571	8,562	8,554	8,546	8,538	8,530	8,522	8,514	8,507	6	29
1,970	8,636	8,628	8,619	8,610	8,602	8,593	8,585	8,577	8,569	8,562	8,554	7	33
1,980	8,684	8,676	8,666	8,658	8,649	8,641	8,632	8,624	8,616	8,609	8,601	8	38
1,990	8,732	8,724	8,714	8,706	8,697	8,688	8,680	8,672	8,664	8,656	8,648	9	43
2,000	8,780	8,771	8,762	8,753	8,744	8,736	8,727	8,719	8,711	8,703	8,696	0	00
2,010	8,829	8,819	8,810	8,801	8,792	8,784	8,775	8,767	8,759	8,751	8,743	1	05
2,020	8,877	8,868	8,858	8,849	8,840	8,832	8,823	8,815	8,807	8,799	8,790	2	10
2,030	8,925	8,916	8,906	8,897	8,888	8,879	8,871	8,862	8,854	8,846	8,838	3	14
2,040	8,974	8,964	8,954	8,945	8,936	8,927	8,919	8,910	8,902	8,894	8,885	4	19
2,050	9,022	9,012	9,002	8,993	8,984	8,975	8,966	8,958	8,950	8,941	8,932	5	24
2,060	9,070	9,061	9,051	9,042	9,032	9,023	9,014	9,005	8,997	8,989	8,980	6	29
2,070	9,119	9,109	9,099	9,090	9,080	9,071	9,062	9,053	9,045	9,037	9,028	7	34
2,080	9,167	9,158	9,147	9,138	9,128	9,119	9,110	9,101	9,093	9,084	9,075	8	38
2,090	9,216	9,206	9,196	9,186	9,176	9,167	9,158	9,148	9,140	9,132	9,123	9	43

Abdampfrückstand v. 25 ccm Fettlösg. g	Gesamtmenge des Fettes in Grammen bei dem spezifischen Gewichte:											Zwischenwerte	
	0,90	0,91	0,92	0,93	0,94	0,95	0,96	0,97	0,98	0,99	1,00		
2,100	9,264	9,254	9,244	9,234	9,224	9,215	9,205	9,196	9,187	9,179	9,170	0	00
2,110	9,313	9,303	9,293	9,282	9,273	9,263	9,254	9,244	9,235	9,227	9,218	1	05
2,120	9,362	9,352	9,341	9,331	9,321	9,312	9,302	9,293	9,284	9,275	9,266	2	10
2,130	9,411	9,401	9,390	9,380	9,370	9,360	9,350	9,341	9,332	9,323	9,313	3	15
2,140	9,460	9,449	9,438	9,428	9,418	9,408	9,399	9,389	9,380	9,371	9,361	4	20
2,150	9,509	9,498	9,487	9,477	9,467	9,457	9,447	9,437	9,428	9,419	9,409	5	24
2,160	9,557	9,547	9,536	9,526	9,515	9,505	9,495	9,486	9,476	9,467	9,457	6	29
2,170	9,607	9,596	9,584	9,574	9,564	9,554	9,544	9,534	9,524	9,515	9,505	7	34
2,180	9,656	9,645	9,633	9,623	9,612	9,602	9,592	9,582	9,572	9,563	9,553	8	39
2,190	9,704	9,693	9,682	9,671	9,661	9,650	9,640	9,630	9,620	9,611	9,610	9	44
2,200	9,753	9,742	9,731	9,720	9,709	9,698	9,688	9,678	9,768	9,659	9,649	0	00
2,210	9,803	9,792	9,780	9,769	9,758	9,747	9,737	9,727	9,717	9,707	9,697	1	05
2,220	9,852	9,841	9,829	9,818	9,807	9,796	9,785	9,775	9,765	9,755	9,745	2	10
2,230	9,901	9,890	9,878	9,867	9,856	9,845	9,834	9,824	9,814	9,804	9,794	3	15
2,240	9,951	9,939	9,927	9,916	9,905	9,894	9,883	9,872	9,862	9,852	9,842	4	20
2,250	10,000	9,989	9,976	9,965	9,954	9,942	9,932	9,921	9,911	9,901	9,890	5	25
2,260	10,049	10,038	10,026	10,014	10,002	9,991	9,980	9,970	9,959	9,949	9,938	6	30
2,270	10,098	10,087	10,076	10,065	10,053	10,042	10,031	10,020	9,909	9,997	9,987	7	34
2,280	10,140	10,136	10,124	10,112	10,100	10,088	10,077	10,066	10,056	10,045	10,035	8	39
2,290	10,198	10,185	10,173	10,161	10,149	10,138	10,126	10,115	10,104	10,094	10,084	9	44
2,300	10,248	10,235	10,222	10,210	10,198	10,186	10,175	10,164	10,153	10,143	10,132	0	00
2,310	10,297	10,284	10,272	10,259	10,247	10,236	10,224	10,213	10,202	10,191	10,181	1	05
2,320	10,347	10,334	10,321	10,309	10,297	10,285	10,273	10,262	10,251	10,240	10,229	2	10
2,330	10,397	10,383	10,371	10,358	10,346	10,334	10,322	10,311	10,300	10,289	10,278	3	15
2,340	10,446	10,433	10,420	10,408	10,395	10,383	10,371	10,360	10,349	10,338	10,327	4	20
2,350	10,496	10,483	10,470	10,457	10,445	10,432	10,420	10,409	10,398	10,386	10,375	5	25
2,360	10,546	10,532	10,519	10,506	10,494	10,481	10,469	10,458	10,446	10,435	10,424	6	30
2,370	10,596	10,583	10,569	10,556	10,543	10,531	10,519	10,507	10,495	10,484	10,473	7	34
2,380	10,646	10,632	10,619	10,606	10,593	10,580	10,568	10,556	10,544	10,533	10,522	8	39
2,390	10,696	10,682	10,669	10,655	10,642	10,630	10,617	10,605	10,594	10,582	10,571	9	44

Bei den in der Tabelle nicht enthaltenen Abdampfrückständen von mehr als 2,390 g oder bei Fettdichten unter 0,90 bzw. über 1,00 lassen sich weitere Zahlenwerte x aus dem Abdampfrückstande a und der Fettdichte d berechnen, ebenso auch die Werte in der Tabelle nachprüfen.

Hierzu dienen folgende Formeln:

$$x = \frac{100\,a}{25 - \dfrac{a}{d}} = \frac{100\,a\,d}{25\,d - a}\,.$$

$$x = 4\,a + \frac{(4\,a)^2}{100\,d} + \frac{(4\,a)^3}{(100\,d)^2} + \frac{(4\,a)^4}{(100\,d)^3} + \frac{(4\,a)^5}{(100\,d)^4} \cdots$$

Tabelle 4. Tabelle zur Berechnung des Fettgehaltes in Prozenten bei Anwendung von 10 g abgewogenem Stoffe[1]) aus dem Abdampfrückstande von 25 ccm Fettlösung (vgl. S. 16).

Der Tabelle ist die Fettdichte 0,92 zugrunde gelegt. Verbesserungswerte für andere Fettdichten (0,90—0,94) ergeben sich aus den seitlichen Tafeln.

Abdampf- rückstand v. 25 ccm Fettlösg. g	Fettgehalt in Prozenten										Bei den Fettdichten				
	0	1	2	3	4	5	6	7	8	9	0,90	0,91	0,92	0,93	0,94
											hinzuzuzählen			abzuziehen	
0,00	0,00	0,04	0,08	0,12	0,16	0,20	0,24	0,28	0,32	0,36	0,00	0,00	0	0,00	0,00
0,01	0,40	0,44	0,48	0,52	0,56	0,60	0,64	0,68	0,72	0,76	0,00	0,00	0	0,00	0,00
0,02	0,80	0,84	0,88	0,92	0,96	1,00	1,04	1,08	1,12	1,16	0,00	0,00	0	0,00	0,00
0,03	1,21	1,25	1,29	1,33	1,37	1,41	1,45	1,49	1,53	1,57	0,00	0,00	0	0,00	0,00
0,04	1,61	1,65	1,69	1,73	1,77	1,81	1,85	1,89	1,93	1,97	0,00	0,00	0	0,00	0,00
0,05	2,01	2,05	2,09	2,13	2,17	2,21	2,25	2,29	2,33	2,37	0,00	0,00	0	0,00	0,00
0,06	2,41	2,45	2,49	2,53	2,57	2,61	2,65	2,69	2,73	2,77	0,00	0,00	0	0,00	0,00
0,07	2,81	2,85	2,89	2,93	2,97	3,01	3,06	3,10	3,14	3,18	0,00	0,00	0	0,00	0,00
0,08	3,22	3,26	3,30	3,34	3,38	3,42	3,46	3,50	3,54	3,58	0,00	0,00	0	0,00	0,00
0,09	3,62	3,66	3,70	3,74	3,78	3,82	3,86	3,90	3,94	3,98	0,00	0,00	0	0,00	0,00
0,10	4,02	4,06	4,10	4,14	4,18	4,22	4,26	4,30	4,34	4,38	0,00	0,00	0	0,00	0,00
0,11	4,42	4,47	4,51	4,55	4,59	4,63	4,67	4,71	4,75	4,79	0,00	0,00	0	0,00	0,00
0,12	4,83	4,87	4,91	4,95	4,99	5,03	5,07	5,11	5,15	5,19	0,00	0,00	0	0,00	0,00
0,13	5,23	5,27	5,31	5,35	5,39	5,43	5,47	5,51	5,55	5,59	0,00	0,00	0	0,00	0,00
0,14	5,63	5,68	5,72	5,76	5,80	5,84	5,88	5,92	5,96	6,00	0,00	0,00	0	0,00	0,00
0,15	6,04	6,09	6,13	6,17	6,21	6,25	6,29	6,33	6,37	6,41	0,00	0,00	0	0,00	0,00
0,16	6,45	6,49	6,53	6,57	6,61	6,65	6,69	6,73	6,77	6,81	0,00	0,00	0	0,00	0,00
0,17	6,85	6,89	6,93	6,97	7,01	7,05	7,09	7,13	7,17	7,21	0,00	0,00	0	0,00	0,00
0,18	7,26	7,30	7,34	7,38	7,42	7,46	7,50	7,54	7,58	7,62	0,00	0,00	0	0,00	0,00
0,19	7,66	7,70	7,74	7,78	7,82	7,87	7,91	7,95	7,99	8,03	0,00	0,00	0	0,00	0,00
0,20	8,07	8,11	8,15	8,19	8,23	8,28	8,32	8,36	8,40	8,44	0,00	0,00	0	0,00	0,00
0,21	8,48	8,52	8,56	8,60	8,64	8,68	8,73	8,76	8,81	8,85	0,00	0,00	0	0,00	0,00
0,22	8,89	8,93	8,97	9,0.	9,05	9,09	9,13	9,18	9,22	9,26	0,00	0,00	0	0,00	0,00
0,23	9,30	9,34	9,38	9,42	9,46	9,50	9,55	9,59	9,63	9,67	0,00	0,00	0	0,00	0,00
0,24	9,71	9,75	9,70	9,83	9,87	9,91	9,95	9,99	10,04	10,08	0,00	0,00	0	0,00	0,00
0,25	10,12	10,16	10,20	10,24	10,28	10,32	10,36	10,40	10,44	10,48	0,00	0,00	0	0,00	0,00
0,26	10,52	10,57	10,61	10,65	10,69	10,73	10,77	10,81	10,85	10,89	0,00	0,00	0	0,00	0,00
0,27	10,93	10,97	11,02	11,06	11,10	11,14	11,18	11,22	11,26	11,30	0,00	0,00	0	0,00	0,00
0,28	11,34	11,38	11,42	11,47	11,51	11,55	11,59	11,63	11,67	11,71	0,00	0,00	0	0,00	0,00
0,29	11,75	11,79	11,83	11,87	11,92	11,96	12,00	12,04	12,08	12,12	0,00	0,00	0	0,00	0,00
0,30	12,16	12,20	12,24	12,28	12,32	12,37	12,41	12,45	12,49	12,53	0,00	0,00	0	0,00	0,00
0,31	12,57	12,61	12,66	12,70	12,74	12,78	12,82	12,86	12,90	12,94	0,00	0,00	0	0,00	0,00
0,32	12,98	13,03	13,07	13,11	13,15	13,19	13,23	13,27	13,31	13,35	0,00	0,00	0	0,00	0,00
0,33	13,40	13,44	13,48	13,52	13,56	13,60	13,64	13,68	13,73	13,77	0,00	0,00	0	0,00	0,00
0,34	13,81	13,85	13,89	13,93	13,97	14,01	14,06	14,10	14,14	14,18	0,00	0,00	0	0,00	0,00
0,35	14,22	14,26	14,30	14,34	14,39	14,43	14,47	14,51	14,55	14,59	0,00	0,00	0	0,00	0,00
0,36	14,63	14,67	14,72	14,76	14,80	14,84	14,88	14,92	14,96	15,00	0,01	0,00	0	0,00	0,01
0,37	15,05	15,09	15,13	15,17	15,21	15,25	15,29	15,33	15,37	15,41	0,01	0,00	0	0,00	0,01
0,38	15,46	15,50	15,54	15,58	15,62	15,66	15,70	15,74	15,79	15,83	0,01	0,00	0	0,00	0,01
0,39	15,87	15,91	15,95	15,99	16,03	16,07	16,12	16,16	16,20	16,24	0,01	0,00	0	0,00	0,01

[1]) Für andere Stoffmengen dient die Tabelle 3 (S. 332).

Abdampf-rückstand v. 25 ccm Fettlösg. g	Fettgehalt in Prozenten										Bei den Fettdichten				
	0	1	2	3	4	5	6	7	8	9	0,90	0,91	0,92	0,93	0,94
											hinzuzuzählen		0	abzuziehen	
0,40	16,28	16,32	16,36	16,41	16,45	16,49	16,53	16,57	16,62	16,66	0,01	0,00	0	0,00	0,01
0,41	16,70	16,74	16,78	16,82	16,86	16,91	16,95	16,99	17,03	17,07	0,01	0,00	0	0,00	0,01
0,42	17,11	17,15	17,20	17,24	17,28	17,32	17,36	17,41	17,45	17,49	0,01	0,00	0	0,00	0,01
0,43	17,53	17,57	17,61	17,65	17,70	17,74	17,78	17,82	17,86	17,91	0,01	0,00	0	0,00	0,01
0,44	17,95	17,99	18,03	18,07	18,11	18,15	18,20	18,24	18,28	18,32	0,01	0,00	0	0,00	0,01
0,45	18,36	18,40	18,44	18,49	18,53	18,57	18,61	18,65	18,70	18,74	0,01	0,00	0	0,00	0,01
0,46	18,78	18,82	18,86	18,90	18,94	18,99	19,03	19,07	19,11	19,15	0,01	0,00	0	0,00	0,01
0,47	19,19	19,23	19,28	19,32	19,36	19,40	19,44	19,49	19,53	19,57	0,01	0,00	0	0,00	0,01
0,48	19,61	19,65	19,69	19,73	19,78	19,82	19,86	19,90	19,94	19,99	0,01	0,00	0	0,00	0,01
0,49	20,03	20,07	20,11	20,15	20,19	20,24	20,28	20,32	20,36	20,40	0,01	0,00	0	0,00	0,01
0,50	20,45	20,49	20,53	20,57	20,61	20,66	20,70	20,74	20,78	20,82	0,01	0,01	0	0,01	0,01
0,51	20,86	20,91	20,95	20,99	21,03	21,08	21,12	21,16	21,20	21,24	0,01	0,01	0	0,01	0,01
0,52	21,28	21,33	21,37	21,41	21,45	21,50	21,54	21,58	21,62	21,66	0,01	0,01	0	0,01	0,01
0,53	21,70	21,75	21,79	21,83	21,87	21,92	21,96	22,00	22,04	22,08	0,01	0,01	0	0,01	0,01
0,54	22,12	22,17	22,21	22,25	22,29	22,34	22,38	22,42	22,46	22,50	0,01	0,01	0	0,01	0,01
0,55	22,54	22,59	22,63	22,67	22,71	22,76	22,80	22,84	22,88	22,92	0,01	0,01	0	0,01	0,01
0,56	22,96	23,01	23,05	23,09	23,13	23,18	23,22	23,26	23,30	23,34	0,01	0,01	0	0,01	0,01
0,57	23,38	23,43	23,47	23,51	23,55	23,60	23,64	23,68	23,72	23,76	0,01	0,01	0	0,01	0,01
0,58	23,80	23,85	23,89	23,93	23,97	24,02	24,06	24,10	24,14	24,18	0,01	0,01	0	0,01	0,01
0,59	24,22	24,27	24,31	24,35	24,39	24,44	24,48	24,52	24,56	24,60	0,01	0,01	0	0,01	0,01
0,60	24,64	24,69	24,73	24,77	24,81	24,86	24,90	24,94	24,98	25,02	0,01	0,01	0	0,01	0,01
0,61	25,07	25,11	25,15	25,19	25,24	25,28	25,32	25,36	25,41	25,45	0,02	0,01	0	0,01	0,01
0,62	25,49	25,53	25,58	25,62	25,66	25,70	25,75	25,79	25,83	25,87	0,02	0,01	0	0,01	0,02
0,63	25,91	25,96	26,00	26,04	26,08	26,13	26,17	26,21	26,25	26,30	0,02	0,01	0	0,01	0,02
0,64	26,34	26,38	26,42	26,47	26,51	26,55	26,59	26,64	26,68	26,72	0,02	0,01	0	0,01	0,02
0,65	26,76	26,81	26,85	26,89	26,93	26,97	27,02	27,06	27,10	27,14	0,02	0,01	0	0,01	0,02
0,66	27,18	27,23	27,27	27,31	27,36	27,40	27,44	27,48	27,53	27,57	0,02	0,01	0	0,01	0,02
0,67	27,61	27,65	27,70	27,74	27,78	27,82	27,87	27,91	27,95	27,99	0,02	0,01	0	0,01	0,02
0,68	28,03	28,08	28,12	28,16	28,20	28,25	28,29	28,33	28,37	28,42	0,02	0,01	0	0,01	0,02
0,69	28,46	28,50	28,54	28,58	28,63	28,67	28,71	28,75	28,80	28,84	0,02	0,01	0	0,01	0,02
0,70	28,88	28,92	28,97	29,01	29,05	29,09	29,14	29,18	29,22	29,27	0,02	0,01	0	0,01	0,02
0,71	29,31	29,34	29,39	29,44	29,48	29,52	29,56	29,61	29,65	29,69	0,02	0,01	0	0,01	0,02
0,72	29,73	29,78	29,82	29,86	29,91	29,95	29,99	30,03	30,08	30,12	0,02	0,01	0	0,01	0,02
0,73	30,16	30,21	30,25	30,29	30,33	30,38	30,42	30,46	30,50	30,55	0,02	0,01	0	0,01	0,02
0,74	30,59	30,63	30,68	30,72	30,76	30,80	30,85	30,89	30,93	30,97	0,02	0,01	0	0,01	0,02
0,75	31,01	31,06	31,10	31,15	31,19	31,23	31,27	31,32	31,36	31,40	0,02	0,01	0	0,01	0,02
0,76	31,45	31,49	31,53	31,57	31,62	31,66	31,70	31,74	31,79	31,83	0,02	0,01	0	0,01	0,02
0,77	31,87	31,91	31,96	32,00	32,04	32,09	32,13	32,17	32,21	32,26	0,02	0,01	0	0,01	0,02
0,78	32,30	32,34	32,39	32,43	32,47	32,51	32,56	32,60	32,64	32,69	0,03	0,01	0	0,01	0,02
0,79	32,73	32,77	32,81	32,86	32,90	32,94	32,98	33,03	33,07	33,11	0,03	0,01	0	0,01	0,02
0,80	33,15	33,20	33,24	33,28	33,32	33,37	33,41	33,45	33,50	33,54	0,03	0,01	0	0,01	0,03
0,81	33,58	33,63	33,67	33,71	33,75	33,80	33,84	33,88	33,93	33,97	0,03	0,01	0	0,01	0,03
0,82	34,01	34,06	34,10	34,14	34,19	34,23	34,27	34,31	34,36	34,40	0,03	0,01	0	0,01	0,03
0,83	34,45	34,49	34,53	34,57	34,62	34,66	34,70	34,74	34,79	34,83	0,03	0,01	0	0,01	0,03
0,84	34,88	34,92	34,96	35,00	35,05	35,09	35,13	35,18	35,22	35,26	0,03	0,01	0	0,01	0,03
0,85	35,31	35,35	35,39	35,43	35,48	35,52	35,56	35,61	35,65	35,69	0,03	0,01	0	0,01	0,03

Abdampf-rückstand v. 25 ccm Fettlösg. g	Fettgehalt in Prozenten										Bei den Fettdichten				
	0	1	2	3	4	5	6	7	8	9	0,90	0,91	0,92	0,93	0,94
											hinzuzuzählen			abzuziehen	
0,86	35,74	35,78	35,82	35,87	35,91	35,95	36,00	36,04	36,08	36,13	0,03	0,02	0	0,02	0,03
0,87	36,17	36,21	36,25	36,30	36,34	36,38	36,43	36,47	36,51	36,56	0,03	0,02	0	0,02	0,03
0,88	36,60	36,64	36,69	36,73	36,77	36,82	36,86	36,90	36,95	36,99	0,03	0,02	0	0,02	0,03
0,89	37,04	37,08	37,12	37,16	37,21	37,25	37,29	37,34	37,38	37,42	0,03	0,02	0	0,02	0,03
0,90	37,47	37,51	37,55	37,60	37,64	37,68	37,73	37,77	37,81	37,86	0,03	0,02	0	0,02	0,03
0,91	37,90	37,94	37,99	38,03	38,08	38,12	38,16	38,20	38,25	38,29	0,04	0,02	0	0,02	0,03
0,92	38,34	38,38	38,42	38,46	38,51	38,55	38,59	38,64	38,68	38,72	0,04	0,02	0	0,02	0,03
0,93	38,77	38,81	38,86	38,90	38,94	38,99	39,03	39,07	39,12	39,16	0,04	0,02	0	0,02	0,04
0,94	39,20	39,25	39,29	39,33	39,38	39,42	39,46	39,51	39,55	39,59	0,04	0,02	0	0,02	0,04
0,95	39,64	39,68	39,72	39,77	39,81	39,85	39,90	39,94	39,98	40,03	0,04	0,02	0	0,02	0,04
0,96	40,08	40,12	40,16	40,20	40,25	40,29	40,33	40,38	40,42	40,47	0,04	0,02	0	0,02	0,04
0,97	40,51	40,55	40,60	40,64	40,68	40,73	40,77	40,81	40,86	40,90	0,04	0,02	0	0,02	0,04
0,98	40,95	40,99	41,03	41,08	41,12	41,16	41,21	41,25	41,29	41,34	0,04	0,02	0	0,02	0,04
0,99	41,39	41,43	41,47	41,51	41,56	41,60	41,64	41,69	41,73	41,78	0,04	0,02	0	0,02	0,04
1,00	41,82	41,86	41,91	41,95	41,99	42,04	42,08	42,12	42,17	42,21	0,04	0,02	0	0,02	0,04
1,01	42,26	42,30	42,34	42,39	42,34	42,47	42,52	42,56	42,61	42,65	0,04	0,02	0	0,02	0,04
1,02	42,70	42,74	42,78	42,82	42,87	42,91	42,96	43,00	43,04	43,09	0,04	0,02	0	0,02	0,04
1,03	43,14	43,17	43,22	43,26	43,31	43,35	43,39	43,44	43,48	43,53	0,05	0,02	0	0,02	0,04
1,04	43,57	43,61	43,66	43,70	43,75	43,79	43,83	43,88	43,92	43,97	0,05	0,02	0	0,02	0,04
1,05	44,01	44,05	44,10	44,14	44,19	44,22	44,27	44,32	44,36	44,41	0,05	0,02	0	0,02	0,05
1,06	44,45	44,49	44,54	44,58	44,62	44,67	44,71	44,76	44,80	44,84	0,05	0,02	0	0,02	0,05
1,07	44,89	44,93	44,98	45,02	45,06	45,11	45,15	45,20	45,24	45,28	0,05	0,02	0	0,02	0,05
1,08	45,33	45,37	45,42	45,46	45,51	45,55	45,59	45,64	45,68	45,73	0,05	0,02	0	0,02	0,05
1,09	45,77	45,81	45,86	45,90	45,95	45,99	46,03	46,08	46,12	46,17	0,05	0,03	0	0,02	0,05
1,10	46,21	46,25	46,30	46,34	46,39	46,43	46,47	46,52	46,56	46,61	0,05	0,03	0	0,03	0,05
1,11	46,65	46,70	46,74	46,78	46,83	46,87	46,92	46,96	47,00	47,05	0,05	0,03	0	0,03	0,05
1,12	47,09	47,14	47,18	47,23	47,27	47,31	47,36	47,40	47,45	47,49	0,05	0,03	0	0,03	0,05
1,13	47,54	47,58	47,62	47,67	47,71	47,76	47,80	47,85	47,89	47,93	0,05	0,03	0	0,03	0,05
1,14	47,98	48,02	48,07	48,11	48,16	48,20	48,24	48,29	48,33	48,38	0,06	0,03	0	0,03	0,05
1,15	48,42	48,47	48,51	48,55	48,60	48,64	48,69	48,73	48,78	48,82	0,06	0,03	0	0,03	0,05
1,16	48,87	48,91	48,95	49,00	49,04	49,09	49,13	49,18	49,22	49,26	0,06	0,03	0	0,03	0,06
1,17	49,31	49,35	49,40	49,44	49,49	49,53	49,58	49,62	49,66	49,71	0,06	0,03	0	0,03	0,06
1,18	49,75	49,80	49,84	49,89	49,93	49,98	50,02	50,06	50,11	50,15	0,06	0,03	0	0,03	0,06
1,19	50,20	50,24	50,29	50,33	50,38	50,42	50,46	50,51	50,55	50,60	0,06	0,03	0	0,03	0,06
1,20	50,64	50,69	50,73	50,78	50,82	50,86	50,91	50,95	51,00	51,04	0,06	0,03	0	0,03	0,06
1,21	51,09	51,13	51,18	51,22	51,27	51,31	51,36	51,40	51,44	51,49	0,06	0,03	0	0,03	0,06
1,22	51,54	51,58	51,62	51,67	51,71	51,76	51,80	51,85	51,89	51,93	0,06	0,03	0	0,03	0,06
1,23	51,98	52,02	52,07	52,11	52,16	52,20	52,25	52,29	52,34	52,38	0,07	0,03	0	0,03	0,06
1,24	52,43	52,47	52,52	52,56	52,60	52,65	52,69	52,74	52,78	52,83	0,07	0,03	0	0,03	0,06
1,25	52,88	52,92	52,96	53,01	53,05	53,10	53,14	53,19	53,23	53,28	0,07	0,03	0	0,03	0,06
1,26	53,32	53,37	53,41	53,46	53,50	53,55	53,59	53,63	53,68	53,72	0,07	0,03	0	0,03	0,07
1,27	53,77	53,81	53,86	53,90	53,95	53,99	54,04	54,08	54,13	54,17	0,07	0,03	0	0,03	0,07
1,28	54,22	54,26	54,31	54,35	54,40	54,44	54,49	54,53	54,58	54,62	0,07	0,04	0	0,03	0,07
1,29	54,66	54,71	54,76	54,80	54,85	54,89	54,94	54,98	55,03	55,07	0,07	0,04	0	0,04	0,07
1,30	55,12	55,16	55,21	55,26	55,30	55,34	55,39	55,43	55,48	55,52	0,07	0,04	0	0,04	0,07
1,31	55,57	55,61	55,65	55,70	55,74	55,79	55,83	55,88	55,92	55,97	0,07	0,04	0	0,04	0,07
1,32	56,02	56,06	56,10	56,15	56,19	56,24	56,28	56,33	56,37	56,42	0,08	0,04	0	0,04	0,07

Abdampfrückstand v. 25 ccm Fettlösg. g	Fettgehalt in Prozenten										Bei den Fettdichten				
	0	1	2	3	4	5	6	7	8	9	0,90	0,91	0,92	0,93	0,94
											hinzuzuzählen			abzuziehen	
1,33	56,47	56,51	56,56	56,60	56,65	56,69	56,74	56,78	56,83	56,87	0,08	0,04	0	0,04	0,07
1,34	56,92	56,96	57,01	57,05	57,10	57,14	57,19	57,23	57,28	57,32	0,08	0,04	0	0,04	0,07
1,35	57,37	57,41	57,46	57,50	57,55	57,59	57,64	57,68	57,73	57,77	0,08	0,04	0	0,04	0,08
1,36	57,82	57,86	57,91	57,95	58,00	58,04	58,09	58,14	58,18	58,23	0,08	0,04	0	0,04	0,08
1,37	58,27	58,32	58,36	58,41	58,45	58,50	58,54	58,59	58,63	58,68	0,08	0,04	0	0,04	0,08
1,38	58,73	58,77	58,81	58,86	58,90	58,95	58,99	59,04	59,09	59,13	0,08	0,04	0	0,04	0,08
1,39	59,18	59,22	59,27	59,31	59,36	59,40	59,45	59,49	59,54	59,58	0,09	0,04	0	0,04	0,08
1,40	59,63	59,67	59,72	59,76	59,81	59,86	59,90	59,95	59,99	60,04	0,09	0,04	0	0,04	0,08
1,41	60,09	60,13	60,17	60,22	60,26	60,31	60,36	60,40	60,45	60,49	0,09	0,04	0	0,04	0,08
1,42	60,54	60,58	60,63	60,67	60,72	60,76	60,81	60,86	60,90	60,95	0,09	0,04	0	0,04	0,08
1,43	61,00	61,04	61,08	61,13	61,17	61,22	61,26	61,31	61,36	61,40	0,09	0,04	0	0,04	0,09
1,44	61,45	61,49	61,54	61,58	61,63	61,67	61,72	61,77	61,81	61,86	0,09	0,05	0	0,04	0,09
1,45	61,91	61,95	61,99	62,04	62,08	62,13	62,18	62,22	62,27	62,31	0,09	0,05	0	0,04	0,09
1,46	62,36	62,40	62,45	62,50	62,54	62,59	62,63	62,68	62,72	62,77	0,09	0,05	0	0,05	0,09
1,47	62,82	62,86	62,91	62,95	63,00	63,04	63,09	63,13	63,18	63,23	0,09	0,05	0	0,05	0,09
1,48	63,28	63,32	63,36	63,41	63,45	63,50	63,55	63,59	63,64	63,68	0,10	0,05	0	0,05	0,09
1,49	63,74	63,77	63,82	63,87	63,91	63,96	64,00	64,05	64,09	64,14	0,10	0,05	0	0,05	0,09
1,50	64,19	64,23	64,28	64,32	64,37	64,41	64,46	64,51	64,55	64,60	0,10	0,05	0	0,05	0,10
1,51	64,65	64,69	64,74	64,78	64,83	64,87	64,92	64,96	65,01	65,06	0,10	0,05	0	0,05	0,10
1,52	65,11	65,15	65,19	65,24	65,29	65,33	65,38	65,42	65,47	65,52	0,10	0,05	0	0,05	0,10
1,53	65,57	65,61	65,65	65,70	65,74	65,79	65,84	65,88	65,93	65,97	0,10	0,05	0	0,05	0,10
1,54	66,02	66,07	66,12	66,16	66,20	66,25	66,30	66,34	66,39	66,43	0,11	0,05	0	0,05	0,10
1,55	66,48	66,53	66,57	66,62	66,66	66,71	66,76	66,80	66,85	66,89	0,11	0,05	0	0,05	0,10
1,56	66,94	66,99	67,03	67,08	67,12	67,17	67,22	67,26	67,31	67,35	0,11	0,05	0	0,05	0,10
1,57	67,40	67,45	67,49	67,54	67,58	67,63	67,68	67,72	67,77	67,81	0,11	0,05	0	0,05	0,11
1,58	67,86	67,91	67,95	68,00	68,05	68,09	68,14	68,18	68,23	68,28	0,11	0,06	0	0,05	0,11
1,59	68,33	68,37	68,42	68,46	68,51	68,55	68,60	68,65	68,69	68,74	0,11	0,06	0	0,06	0,11
1,60	68,78	68,83	68,88	68,92	68,97	69,02	69,06	69,11	69,15	69,20	0,11	0,06	0	0,06	0,11
1,61	69,25	69,29	69,34	69,39	69,43	69,48	69,52	69,57	69,62	69,66	0,12	0,06	0	0,06	0,11
1,62	69,71	69,76	69,80	69,85	69,90	69,94	69,99	70,03	70,08	70,13	0,12	0,06	0	0,06	0,11
1,63	70,18	70,22	70,27	70,31	70,36	70,40	70,45	70,50	70,54	70,59	0,12	0,06	0	0,06	0,11
1,64	70,64	70,68	70,73	70,78	70,82	70,87	70,92	70,96	71,01	71,05	0,12	0,06	0	0,06	0,12
1,65	71,10	71,15	71,19	71,24	71,29	71,33	71,38	71,42	71,47	71,52	0,12	0,06	0	0,06	0,12
1,66	71,57	71,61	71,66	71,70	71,75	71,80	71,84	71,89	71,94	71,98	0,12	0,06	0	0,06	0,12
1,67	72,03	72,08	72,12	72,17	72,22	72,26	72,31	72,36	72,40	72,45	0,13	0,06	0	0,06	0,12
1,68	72,50	72,54	72,59	72,63	72,68	72,73	72,77	72,82	72,87	72,91	0,13	0,06	0	0,06	0,12
1,69	72,96	73,00	73,05	73,10	73,15	73,19	73,24	73,29	73,33	73,38	0,13	0,06	0	0,06	0,12
1,70	73,43	73,47	73,52	73,57	73,61	73,66	73,71	73,75	73,80	73,85	0,13	0,06	0	0,06	0,12
1,71	73,89	73,94	73,99	74,03	73,08	74,13	74,17	74,22	74,27	74,31	0,13	0,07	0	0,06	0,13
1,72	74,36	74,41	74,45	74,50	74,55	74,59	74,64	74,69	74,74	74,78	0,13	0,07	0	0,06	0,13
1,73	74,83	74,87	74,92	74,97	75,02	75,06	75,11	75,16	75,20	75,25	0,14	0,07	0	0,07	0,13
1,74	75,30	75,35	75,39	75,44	75,48	75,53	75,58	75,62	75,67	75,72	0,14	0,07	0	0,07	0,13
1,75	75,76	75,81	75,86	75,90	75,95	76,00	76,05	76,09	76,14	76,19	0,14	0,07	0	0,07	0,13
1,76	76,23	76,28	76,33	76,37	76,42	76,47	76,51	76,56	76,61	76,66	0,14	0,07	0	0,07	0,13
1,77	76,70	76,75	76,80	76,84	76,89	76,94	76,98	77,03	77,08	77,12	0,14	0,07	0	0,07	0,14
1,78	77,17	77,22	77,27	77,31	77,36	77,41	77,45	77,50	77,55	77,60	0,14	0,07	0	0,07	0,14
1,79	77,64	77,69	77,74	77,78	77,83	77,88	77,92	77,97	78,01	78,07	0,15	0,07	0	0.07	0,14
1,80	78,11	78,16	78,21	78,25	78,30	78,35	78,40	78,44	78,49	78,54	0,15	0,07	0	0,07	0,14

Abdampf-rückstand v. 25 ccm Fettlösg. g	Fettgehalt in Prozenten										Bei den Fettdichten				
	0	1	2	3	4	5	6	7	8	9	0,90	0,91	0,92	0,93	0,94
											hinzuzuzählen			abzuziehen	
1,81	78,58	78,63	78,68	78,72	78,77	78,82	78,87	78,91	78,96	79,01	0,15	0,07	0	0,07	0,14
1,82	79,06	79,10	79,15	79,20	79,24	79,29	79,34	79,38	79,43	79,48	0,15	0,07	0	0,07	0,14
1,83	79,53	79,57	79,62	79,67	79,71	79,76	79,81	79,86	79,90	79,95	0,15	0,08	0	0,07	0,15
1,84	80,00	80,05	80,09	80,14	80,19	80,23	80,28	80,33	80,38	80,42	0,15	0,08	0	0,07	0,15
1,85	80,47	80,52	80,56	80,61	80,66	80,71	80,75	80,80	80,85	80,90	0,16	0,08	0	0,08	0,15
1,86	80,95	80,99	81,04	81,08	81,13	81,18	81,23	81,27	81,32	81,37	0,16	0,08	0	0,08	0,15
1,87	81,42	81,46	81,51	81,56	81,61	81,65	81,70	81,75	81,79	81,84	0,16	0,08	0	0,08	0,15
1,88	81,89	81,94	81,98	82,03	82,08	82,13	82,17	82,22	82,27	82,32	0,16	0,08	0	0,08	0,15
1,89	82,37	82,41	82,46	82,51	82,55	82,61	82,65	82,70	82,74	82,79	0,16	0,08	0	0,08	0,16
1,90	82,84	82,89	82,94	82,98	83,03	83,08	83,13	83,18	83,22	83,27	0,17	0,08	0	0,08	0,16
1,91	83,32	83,37	83,41	83,46	83,51	83,56	83,60	83,65	83,70	83,75	0,17	0,08	0	0,08	0,16
1.92	83,80	83,84	83,89	83,94	83,99	84,03	84,08	84,13	84,18	84,22	0,17	0,08	0	0,08	0,16
1,93	84,27	84,32	84,37	84,41	84,46	84,51	84,56	84,60	84,65	84,70	0,17	0,09	0	0,08	0,16
1,94	84,75	84,80	84,84	84,89	84,94	84,99	85,03	85,08	85,13	85,18	0,17	0,09	0	0,08	0,17
1,95	85,23	85,27	85,32	85,37	85,42	85,47	85,51	85,56	85,61	85,66	0,18	0,09	0	0,08	0,17
1,96	85,71	85,75	85,80	85,85	85,89	85,94	85,99	86,04	86,09	86,13	0,18	0,09	0	0,09	0,17
1,97	86,19	86,23	86,28	86,33	86,37	86,42	86,47	86,52	86,57	86,61	0,18	0,09	0	0,09	0,17
1,98	86,66	86,71	86,76	86,80	86,85	86,90	86,95	87,00	87,04	87,09	0,18	0,09	0	0,09	0,17
1,99	87,14	87,19	87,24	87,28	87,33	87,38	87,43	87,48	87,52	87,57	0,19	0,09	0	0,09	0,18
2,00	87,62	87,67	87,72	87,76	87,81	87,86	87,91	87,95	88,00	88,05	0,19	0,09	0	0,09	0,18
2,01	88,10	88,15	88,20	88,24	88,29	88,34	88,38	88,44	88,48	88,53	0,19	0,09	0	0,09	0,18
2,02	88,58	88,63	88,68	88,72	88,77	88,82	88,87	88,92	88,96	89,01	0,19	0,09	0	0,09	0,18
2,03	89,06	89,11	89,16	89,20	89,25	89,30	89,35	89,40	89,44	89,49	0,19	0,10	0	0,09	0,19
2,04	89,54	89,59	89,64	89,69	89,73	89,78	89,83	89,88	89,93	89,97	0,19	0,10	0	0,09	0,19
2,05	90,02	90,07	90,12	90,17	90,22	90,26	90,31	90,36	90,41	90,46	0,19	0,10	0	0,09	0,19
2,06	90,51	90,55	90,60	90,65	90,70	90,75	90,80	90,84	90,89	90,94	0,20	0,10	0	0,10	0,19
2,07	90,99	91,04	91,09	91,13	91,18	91,23	91,28	91,33	91,38	91,42	0,20	0,10	0	0,10	0,19
2,08	91,47	91,52	91,57	91,62	91,67	91,71	91,76	91,81	91,86	91,91	0,20	0,10	0	0,10	0,19
2,09	91,96	92,00	92,05	92,10	92,15	92,20	92,25	92,29	92,34	92,39	0,20	0,10	0	0,10	0,19
2,10	92,44	92,49	92,54	92,59	92,63	92,68	92,73	92,78	92,83	92,88	0,21	0,10	0	0,10	0,20
2,11	92,93	92,97	93,02	93,07	93,12	93,17	93,22	93,25	93,31	93,36	0,21	0,10	0	0,10	0,20
2,12	93,41	93,46	93,51	93,55	93,60	93,65	93,70	93,75	93,80	93,85	0,21	0,10	0	0,10	0,20
2,13	93,90	93,94	93,99	94,04	94,09	94,14	94,19	94,24	94,28	94,33	0,21	0,11	0	0,10	0,20
2,14	94,38	94,43	94,48	94,53	94,58	94,63	94,67	94,72	94,77	94,82	0,21	0,11	0	0,11	0,21
2,15	94,87	94,92	94,97	95,01	95,06	95,11	95,16	95,21	95,26	95,31	0,22	0,11	0	0,11	0,21
2,16	95,36	95,40	95,45	95,50	95,55	95,60	95,65	95,70	95,75	95,79	0,22	0,11	0	0,11	0,21
2,17	95,84	95,89	95,94	95,99	96,04	96,09	96,14	96,18	96,23	96,28	0,22	0,11	0	0,11	0,21
2,18	96,33	96,38	96,43	96,48	96,53	96,57	96,62	96,67	96,72	96,77	0,22	0,11	0	0,11	0,21
2,19	96,82	96,87	96,92	96,96	97,01	97,06	97,11	97,16	97,21	97,26	0,23	0,11	0	0,11	0,22
2,20	97,31	97,36	97,40	97,45	97,50	97,55	97,60	97,65	97,70	97,75	0,23	0,11	0	0,11	0,22
2,21	97,80	97,84	97,89	97,94	97,99	98,04	98,09	98,14	98,19	98,24	0,23	0,11	0	0,11	0,22
2,22	98,29	98,34	98,38	98,43	98,48	98,53	98,58	98,63	98,68	98,73	0,23	0,12	0	0,11	0,22
2,23	98,78	98,83	98,88	98,92	98,97	99,02	99,07	99,12	99,17	99,22	0,24	0,12	0	0,11	0,23
2,24	99,27	99,32	99,37	99,42	99,46	99,51	99,56	99,61	99,66	99,71	0,24	0,12	0	0,12	0,23
2,25	99,76	99,81	99,86	99,91	99,96						0,24	0,12	0	0,12	0,23

Ausrechnungsbeispiele nach vorstehender Tabelle:

1. Bei Verwendung von 10 g Butter seien 1,9478 g Abdampfrückstand gewogen worden. Dann entsprechen an Fett (Dichte = 0,92):

$$1{,}947 \text{ g} \;\ldots\ldots\ldots\ldots\; 85{,}08\%$$
$$0{,}0008 \text{ g durch Zwischenrechnung} \;.\; \underline{\;0{,}04\%\;}$$
$$\text{insgesamt} \quad 85{,}12\%$$

Die Butter enthielt also 85,12% Fett.

2. In einer Kernseife seien bei Verwendung von 10 g Seife 1,6543 g Abdampfrückstand an Fettsäuren (Dichte = 0,90) gefunden worden. Dann entsprechen:

$$1{,}654 \text{ g} \;\ldots\ldots\ldots\ldots\; 71{,}29\%$$
$$0{,}0003 \text{ g durch Zwischenrechnung} \;.\; \underline{\;0{,}01\%\;} \quad \text{für Fettdiche } 0{,}92$$
$$\text{insgesamt} \quad 71{,}30\%$$

Korrektur für Fettdichte 0,90 statt
0,92 (seitliche Tafel) $\ldots\ldots\; \underline{+\,0{,}12\%}$
Korrigierter Wert $\ldots\ldots\ldots\; 71{,}42\%$

Die Seife enthielt also 71,42% Fettsäuren.

Tabelle 5. Berechnung des Milchfettgehaltes in Prozenten des Fettes aus Buttersäurezahl und Verseifungszahl (vgl. S. 30).

Verseifungs-zahl	200 und darunter	205	210	215	220	225	230	235	240	245	250	255	260 und darüber
0	0	0	0	0	0	0	0	0	0	0	0	0	0
0,1	0,5	1,0	0	0	0	0	0	0	0	0	0	0	0
0,2	1,0	0,6	0,2	0	0	0	0	0	0	0	0	0	0
0,3	1,5	1,1	0,7	0,3	0	0	0	0	0	0	0	0	0
0,4	2,1	1,7	1,3	0,4	0,9	0	0	0	0	0	0	0	0
0,5	2,6	2,2	1,8	1,4	0,9	0,5	0	0	0	0	0	0	0
0,6	3,1	2,7	2,3	1,9	1,4	1,0	0,5	0,1	0	0	0	0	0
0,7	3,6	3,2	2,8	2,4	1,9	1,5	1,0	0,6	0,2	0	0	0	0
0,8	4,1	3,7	3,3	2,9	2,4	2,0	1,5	1,1	0,7	0,3	0	0	0
0,9	4,6	4,2	3,8	3,4	2,9	2,5	2,0	1,6	1,3	0,9	0,3	0	0
1	5,1	4,7	4,3	3,9	3,4	3,0	2,5	2,1	1,7	1,3	0,8	0,4	0
2	10,2	9,8	9,4	9,0	8,5	8,0	7,6	7,2	6,8	6,4	5,9	5,5	5,1
3	15,3	14,9	14,5	14,1	13,6	13,2	12,7	12,3	11,9	11,5	11,0	10,6	10,2
4	20,5	20,1	19,7	19,3	18,8	18,4	17,9	17,5	17,1	16,7	16,2	15,8	15,4
5	25,6	25,2	24,8	24,2	23,9	23,5	23,0	22,6	22,2	21,8	21,3	20,9	20,5
6	30,7	30,3	29,9	29,5	29,0	28,6	28,1	27,7	27,3	26,9	26,4	26,0	25,6
7	35,8	35,4	35,0	34,6	34,1	33,7	33,2	32,8	32,4	32,0	31,5	31,1	30,7
8	40,9	40,5	40,1	39,7	39,2	38,8	38,3	37,9	37,5	37,1	36,6	36,2	35,8
9	46,0	45,6	45,2	44,8	44,5	43,9	43,4	43,0	42,6	42,2	41,7	41,3	40,9
10	51,1	50,7	50,3	49,9	49,4	49,0	48,5	48,1	47,7	47,3	46,8	46,4	46,0
11	56,2	55,8	55,4	55,0	54,5	54,0	53,6	53,2	52,8	52,4	51,9	51,5	51,1
12	61,3	59,9	59,5	60,1	59,6	59,2	58,7	58,3	57,9	57,5	57,0	56,6	56,2
13	66,4	66,0	65,6	65,2	64,7	64,3	63,8	63,4	63,0	62,6	62,1	61,7	61,3
14	71,6	71,2	70,8	70,4	69,9	69,5	69,0	68,6	68,2	67,8	67,3	66,9	66,5
15	76,7	76,3	75,9	75,5	75,0	74,6	74,1	73,7	73,3	73,9	72,4	72,0	71,6
16	81,8	81,4	81,0	80,6	80,1	79,7	79,2	78,8	78,4	78,0	77,5	77,1	76,7
17	86,9	86,5	86,1	85,7	85,2	84,8	84,3	83,9	83,5	83,1	82,6	82,2	81,8
18	92,0	91,6	91,2	90,8	90,3	89,8	89,4	89,0	88,6	88,2	87,7	87,3	86,9
19	97,1	96,7	96,3	95,9	95,4	95,0	94,5	94,1	93,7	93,3	92,8	92,4	92,0
20	100	100	100	100	100	100	99,7	99,3	98,9	98,5	98,0	97,6	97,2
üb. 20	100	100	100	100	100	100	100	100	100	100	100	100	100

(Zeilenbeschriftung links: Buttersäurezahl:)

Zwischenwerte (für die Buttersäurezahlen 1—20):

Buttersäurezahl . . .	0,05	0,1	0,2	0,3	0,4	0,5	0,6	0,7	0,8	0,9
Milchfettmenge % . .	0,3	0,5	1,0	1,5	2,1	2,6	3,1	3,6	4,1	4,6

Tabelle 6.

Berechnung des Milchfettgehaltes aus B - Zahl und A - Zahl[1]) (vgl. S. 32).

Löslische Silbersalze der flüchtigen Fettsäuren — B-Zahlen

Milchfettgehalt in Prozent des Fettes:

A-Zahlen →	0	2	4	6	8	10	12	14	16	18	20	22	24	26
1,0	1	1	0	0	0	0	0	0	0	0	0	0	0	0
2,0	4	3	3	3	2	2	1	1	1	0	0	0	0	0
3,0	6	5	5	5	5	5	4	4	4	3	3	2	2	1
4,0	9	8	8	8	8	7	7	7	7	6	6	6	5	5
5,0	11	11	11	11	11	10	10	10	10	9	9	9	9	9
6,0	14	14	13	13	13	13	13	12	12	12	12	12	11	11
7,0	17	16	16	16	16	15	15	15	15	14	14	14	14	13
8,0	19	19	19	18	18	18	18	18	17	17	17	17	16	—
9,0	22	22	21	21	21	21	20	20	20	20	20	19	19	—
10,0	24	24	24	24	24	23	23	23	23	23	23	22	22	—
11,0	26	26	26	26	26	26	25	25	25	25	25	25	25	—
12,0	30	30	29	29	29	29	29	29	28	28	28	28	—	—
13,0	33	32	32	32	32	31	31	31	31	31	30	30	—	—
14,0	36	35	35	35	35	35	34	34	34	34	33	33	—	—
15,0	39	38	38	38	38	38	37	37	37	37	36	36	—	—
16,0	42	41	41	41	41	41	40	40	40	40	39	—	—	—
17,0	44	44	44	44	44	43	43	43	43	43	43	—	—	—
18,0	47	47	47	47	47	47	47	46	46	46	46	—	—	—
19,0	50	50	50	50	50	50	50	50	50	50	—	—	—	—
20,0	54	54	54	54	53	53	53	53	53	53	—	—	—	—
21,0	57	57	57	57	57	56	56	56	56	—	—	—	—	—
22,0	60	60	60	60	60	60	60	60	60	—	—	—	—	—
23,0	64	64	64	64	64	64	64	64	64	—	—	—	—	—
24,0	67	67	67	68	68	68	68	68	—	—	—	—	—	—
25,0	70	71	71	71	71	71	72	72	—	—	—	—	—	—
26,0	74	74	74	74	75	75	75	—	—	—	—	—	—	—
27,0	77	77	78	78	79	79	79	—	—	—	—	—	—	—
28,0	81	81	81	81	82	82	—	—	—	—	—	—	—	—
29,0	84	84	85	85	85	85	—	—	—	—	—	—	—	—
30,0	88	88	88	88	88	—	—	—	—	—	—	—	—	—
31,0	91	91	91	91	91	—	—	—	—	—	—	—	—	—
32,3	96	95	95	95	—	—	—	—	—	—	—	—	—	—
30,0	99	99	99	99	—	—	—	—	—	—	—	—	—	—
33,4				100										

[1]) Eigene Berechnung nach Angabe von Bertram, Bos und Verhagen; vgl. Zeitschr. f. Untersuch. d. Nahrungs- u. Genußmittel Bd. 50, S. 342. 1925.

Tabelle 7.

Berechnung des Cocosfettgehaltes aus A-Zahl und B-Zahl[1]) (vgl. S. 32).

B-Zahlen →	0	2	4	6	8	10	12	14	16	18	20	22	24	26	28	30	32
Unlösliche Silbersalze der niederen Fettsäuren A-Zahlen	Cocosfettgehalt in Prozenten des Fettes:																
1,0	2	1	1	0	0	0	0	0	0	0	0	0	0	0	0	0	0
2,0	5	4	3	2	1	0	0	0	0	0	0	0	0	0	0	0	0
3,0	9	8	7	6	4	3	2	1	0	0	0	0	0	0	0	0	0
4,0	13	11	10	9	8	6	5	4	3	2	0	0	0	0	0	0	0
5,0	16	15	13	12	11	10	9	7	6	5	4	2	1	0	0	0	0
6,0	20	18	17	16	15	13	12	11	10	8	7	5	4	3	2	0	0
7,0	24	22	21	20	18	17	16	14	13	11	10	9	8	6	5	3	2
8,0	27	26	24	23	21	20	19	17	16	14	13	12	10	9	7	6	—
9,0	31	29	28	26	25	24	22	21	19	18	16	15	13	12	10	9	—
10,0	35	33	32	30	29	27	25	24	22	21	19	18	16	15	13	—	—
11,0	38	37	35	34	32	30	29	27	26	24	23	21	20	18	16	—	—
12,0	42	40	38	37	35	33	32	30	29	27	25	24	22	20	—	—	—
13,0	46	44	42	41	39	37	36	34	32	31	29	27	26	24	—	—	—
14,0	49	47	45	43	42	40	48	37	35	33	31	30	28	—	—	—	—
15,0	53	51	49	47	46	44	42	40	38	37	35	33	31	—	—	—	—
16,0	57	56	54	52	50	48	46	44	42	41	39	37	—	—	—	—	—
17,0	61	59	47	55	53	51	49	47	45	43	41	—	—	—	—	—	—
18,0	64	62	60	58	56	55	53	51	49	47	45	—	—	—	—	—	—
19,0	67	65	63	62	60	58	56	54	53	50	—	—	—	—	—	—	—
20,0	71	69	67	65	63	61	59	58	56	54	—	—	—	—	—	—	—
21,0	75	72	71	69	67	65	63	61	59	—	—	—	—	—	—	—	—
22,0	79	77	75	73	71	69	66	64	—	—	—	—	—	—	—	—	—
23,0	82	80	78	76	73	71	69	—	—	—	—	—	—	—	—	—	—
24,0	86	84	82	80	78	76	—	—	—	—	—	—	—	—	—	—	—
25,0	90	88	85	83	81	—	—	—	—	—	—	—	—	—	—	—	—
26,0	93	91	89	87	—	—	—	—	—	—	—	—	—	—	—	—	—
27,0	97	95	94	—	—	—	—	—	—	—	—	—	—	—	—	—	—
27,7	—	100	—	—	—	—	—	—	—	—	—	—	—	—	—	—	—

[1]) Eigene Berechnung nach Angabe von Bertram, Bos und Verhagen; vgl. Zeitschr. f. Untersuch. d. Nahrungs- u. Genußmittel Bd. 50, S. 342. 1925.

Tabelle 8. Tabelle zur Berechnung der Verseifungszahlen 165—270.
Fettmenge 2,00—2,05 g.
Titration mit $^1/_2$ N-Salzsäure (vgl. S. 26).

$^1/_2$ N.-HCl ccm	Abgewogene Fettmenge in Grammen											$^1/_2$ N.-HCl ccm
	2,000	2,005	2,010	2,015	2,020	2,025	2,030	2,035	2,040	2,045	2,050	
11,8	165,5	165,1	164,8	164,2	163,9	163,5	163,0	162,7	162,1	161,8	161,5	11,8
9	6,9	6,5	6,2	5,6	5,3	4,9	4,4	4,1	3,5	3,2	2,8	9
12,0	8,4	8,0	7,6	7,1	6,7	6,3	5,9	5,5	5,0	4,6	4,2	12,0
1	9,8	9,4	9,0	8,5	8,1	7,7	7,3	6,8	6,2	5,9	5,6	1
2	171,2	170,8	170,4	9,9	9,5	9,1	8,7	8,2	7,6	7,3	6,9	2
3	2,6	2,2	1,8	171,3	170,9	170,5	170,1	9,6	9,0	8,7	8,3	3
4	4,0	3,6	3,2	2,7	2,3	1,9	1,5	171,0	170,3	170,0	9,7	4
5	5,4	5,0	4,6	4,1	3,7	3,3	2,8	2,3	1,7	1,4	171,1	5
6	6,8	6,4	6,0	5,4	5,1	4,7	4,2	3,7	3,0	2,8	2,4	6
7	8,2	7,8	7,4	6,9	6,5	6,0	5,6	5,1	4,5	4,1	3,8	7
8	9,6	9,2	8,8	8,3	7,8	7,4	7,0	6,5	5,8	5,5	5,2	8
9	181,0	180,6	180,2	9,7	9,2	8,8	8,4	7,9	7,2	6,9	6,5	9
13,0	2,4	1,9	1,5	181,0	180,6	180,1	9,6	9,2	8,7	8,3	7,8	13,0
1	3,8	3,4	2,9	2,4	2,0	1,5	181,0	180,6	180,1	9,7	9,2	1
2	5,2	4,8	4,3	3,8	3,4	2,9	2,4	2,0	1,4	181,0	180,5	2
3	6,6	6,2	5,7	5,2	4,8	4,3	3,8	3,4	2,8	2,4	1,9	3
4	8,0	7,6	7,1	6,6	6,2	5,7	5,2	4,8	4,2	3,8	3,3	4
5	9,4	9,0	8,5	8,0	7,6	7,1	6,5	6,1	5,6	5,1	4,7	5
6	190,8	190,4	9,9	9,4	9,0	8,5	7,9	7,5	6,9	6,5	6,0	6
7	2,2	1,8	191,3	190,8	190,4	9,9	9,3	8,9	8,3	7,9	7,4	7
8	3,6	3,2	2,7	2,2	1,7	191,2	190,7	190,3	9,7	9,2	8,8	8
9	5,0	4,6	4,1	3,6	3,1	2,6	2,1	1,7	191,1	190,6	190,1	9
14,0	6,4	6,0	5,4	4,9	4,4	4,0	3,5	3,0	2,5	2,0	1,5	14,0
1	7,8	7,4	6,9	6,3	5,8	5,4	4,8	4,4	3,8	3,4	2,9	1
2	9,2	8,8	8,3	7,7	7,2	6,8	6,4	5,8	5,2	4,7	4,2	2
3	200,6	200,2	9,7	9,1	8,6	8,2	7,7	7,2	6,6	6,1	5,6	3
4	2,0	1,6	201,1	200,5	200,0	9,6	9,1	8,6	8,0	7,5	7,0	4
5	3,4	3,0	2,5	1,9	1,4	201,0	200,0	9,9	9,4	8,8	8,4	5
6	4,8	4,4	3,9	3,3	2,8	2,4	1,4	201,3	200,7	200,2	9,7	6
7	6,2	5,8	5,3	4,7	4,2	3,8	3,8	2,7	2,1	1,6	201,1	7
8	7,6	7,2	6,7	6,1	5,5	5,1	4,2	4,1	3,5	2,9	2,5	8
9	9,0	8,6	8,1	7,5	6,9	6,5	6,6	5,5	4,9	4,3	3,8	9
15,0	210,5	210,0	9,4	8,9	8,4	7,9	7,3	6,8	6,3	5,7	5,2	15,0
1	1,9	1,4	210,9	210,2	9,8	9,3	8,7	8,2	7,6	7,1	6,6	1
2	3,3	2,8	2,3	1,6	211,2	210,7	210,1	9,6	9,0	8,4	7,9	2
3	4,7	4,2	3,7	3,0	2,6	2,1	1,5	211,0	210,3	9,8	9,3	3
4	6,1	5,6	5,1	4,4	4,0	3,5	2,9	2,4	1,7	211,2	210,7	4
5	7,5	7,0	6,5	5,8	5,4	4,9	4,2	3,7	3,1	2,5	2,1	5
6	8,9	8,4	7,9	7,2	6,8	6,3	5,6	5,1	4,4	3,9	3,4	6
7	220,3	9,8	9,3	8,6	8,2	7,7	7,0	6,5	5,8	5,3	4,8	7
8	1,7	221,2	220,7	220,0	9,5	9,0	8,4	7,9	7,2	6,6	6,2	8
9	3,1	2,6	2,1	1,4	220,9	220,4	9,8	9,3	8,6	8,0	7,5	9
16,0	4,5	4,0	3,4	2,8	2,3	1,7	221,1	220,6	220,0	9,5	8,9	16,0
1	5,9	5,4	4,9	4,1	3,7	3,2	2,5	2,0	1,3	220,8	220,3	1
2	7,3	6,8	6,2	5,5	5,1	4,6	3,9	3,4	2,7	2,1	1,6	2

$^1/_2$ N.-HCl ccm	2,000	2,005	2,010	2,015	2,020	2,025	2,030	2,035	2,040	2,045	2,050	$^1/_2$ N.-HCl ccm
3	228,7	228,2	227,6	226,9	226,5	225,9	225,3	224,8	224,0	223,5	223,0	3
4	230,1	9,6	9,0	8,4	7,8	7,3	6,7	6,1	5,5	5,0	4,4	4
5	1,5	231,0	230,4	9,7	9,3	8,7	8,0	7,5	6,8	6,3	5,8	5
6	2,9	2,4	1,8	231,1	230,7	230,0	9,4	8,9	8,2	7,7	7,1	6
7	4,3	3,8	3,2	2,5	2,1	1,4	230,8	230,3	9,6	9,1	8,5	7
8	5,7	5,2	4,6	3,9	3,4	2,8	2,2	1,7	231,1	230,4	9,9	8
9	7,1	6,6	6,0	5,3	4,8	4,2	3,6	3,1	2,5	1,8	231,2	9
17,0	8,5	8,0	7,3	6,7	6,1	5,6	5,0	4,4	3,8	3,2	2,6	17,0
1	9,9	9,4	8,7	8,0	7,6	7,0	6,3	5,8	5,2	4,6	4,0	1
2	241,3	240,8	240,1	9,4	9,0	8,4	7,7	7,2	6,6	5,9	5,3	2
3	2,7	2,2	1,5	240,8	240,4	9,8	9,1	8,6	8,0	7,3	6,7	3
4	4,1	3,6	2,9	2,2	1,8	241,2	240,5	240,0	9,4	8,7	8,3	4
5	5,5	5,0	4,3	3,6	3,2	2,6	1,8	1,3	240,7	240,0	9,5	5
6	6,9	6,4	5,7	5,0	4,6	3,9	3,2	2,7	2,1	1,4	240,8	6
7	8,3	7,8	7,1	6,4	6,0	5,3	4,6	4,1	3,5	2,8	2,2	7
8	9,7	9,2	8,5	7,8	7,3	6,7	6,0	5,5	4,9	4,1	3,6	8
9	251,1	250,6	9,9	9,2	8,7	8,1	7,4	6,9	6,3	5,5	4,9	9
18,0	2,5	2,0	251,2	250,6	250,0	9,4	8,7	8,1	7,5	6,8	6,2	18,0
1	3,9	3,4	2,6	1,9	1,4	250,9	250,1	9,5	8,9	8,2	7,6	1
2	5,3	4,8	4,0	3,3	2,8	2,3	1,5	250,9	250,3	9,6	8,9	2
3	6,7	6,2	5,4	4,7	4,2	3,7	2,9	2,3	1,7	251,0	250,3	3
4	8,1	7,6	6,8	6,1	5,6	5,1	4,3	3,7	3,0	2,3	1,7	4
5	9,5	9,0	8,2	7,5	7,0	6,5	5,6	5,0	4,4	3,7	3,1	5
6	260,9	260,4	9,6	8,9	9,8	7,8	7,0	6,4	5,8	5,1	4,4	6
7	2,3	1,8	261,0	260,3	8,4	9,2	8,4	7,8	7,2	6,4	5,8	7
8	3,7	3,2	2,4	1,7	261,1	260,6	9,8	9,2	8,5	7,8	7,2	8
9	5,1	4,6	3,8	3,1	2,5	2,0	261,2	260,6	9,9	9,2	8,5	9
19,0	6,6	6,0	5,3	4,6	3,9	3,3	2,6	1,9	261,2	260,6	9,9	19,0
1	8,0	7,4	6,8	5,8	5,3	4,8	3,9	3,3	2,6	1,9	261,3	1
2	9,4	8,8	8,1	7,2	6,7	6,2	5,3	4,7	4,0	3,3	2,4	2
3	270,8	270,2	9,5	8,6	8,1	7,6	6,7	6,1	5,4	4,7	4,0	3
4	2,2	1,6	270,9	270,0	9,5	9,0	8,1	7,5	6,8	6,0	5,4	4
5	3,6	3,0	2,3	1,4	270,9	270,4	9,4	8,8	8,1	7,4	6,8	5
6	5,0	4,4	3,6	3,0	2,3	1,6	270,9	270,2	9,6	8,9	8,2	6

Tabelle 9. Tabelle[1]) zur Umrechnung der Butterrefraktometerzahlen in Brechungsindices (vgl. S. 25).

Skalenteile	,0	,1	,2	,3	,4	,5	,6	,7	,8	,9
	Brechungsindices									
— 4	$1,4187_5$	87	86	85	84	83	82_5	82	81	80
— 3	96	95	94	93	92_5	92	91	90	89	88
— 2	1,4204	03	02	01	00_5	00	1,4199	98	97	96_5
— 1	12	11	10	09_5	09	08	07	06	05_5	05
— 0	20	19	18	17_5	17	16	15	14_5	14	13

[1]) Berechnet aus der dem Refraktometer beigegebenen, weniger übersichtlichen Tabelle.

Skalenteile	,0	,1	,2	,3	,4	,5	,6	,7	,8	,9
+ 0	1,4220	21	22	22_5	23	24	25	26	26_5	27
1	28	29	30	30_5	31	32	33	34	34_5	35
2	36	37	38	38_5	39	40	41	42	43	43_5
3	44	45	46	47	47_5	48	49	50	51	51_5
4	52	53	54	55	55_5	56	57	58	59	59_5
5	60	61	62	62_5	63	64	65	66	66_5	67
6	68	69	70	70_5	71	72	73	73_5	74	75
7	76	77	78	78_5	79	80	81	82	82_5	83
8	84	85	86	86_5	87	88	89	90	90_5	91
9	92	93	94	94_5	95	96	97	97_5	98	99
10	1,4300	01	01_5	02	03	04	05	06	06_5	07
11	08	09	09_5	10	11	12	13	13_5	14	15
12	15_5	16	17	18	19	20	20_5	21	22	23
13	23_5	24	25	26	26_5	27	28	29	30	30_5
14	31	32	33	33_5	34	35	36	37	37_5	38
15	39	40	40_5	41	42	43	44	44_5	45	46
16	46_5	47	48	49	50	50_5	51	52	53	53_5
17	54	55	56	56_5	57	58	59	59_5	60	61
18	62	62_5	63	64	65	66	66_5	67	68	69
19	69_5	70	71	72	72_5	73	74	75	76	76_5
20	77	78	78_5	79	80	81	82	82_5	83	84
21	84_5	85	86	87	88	88_5	89	90	91	91_5
22	92	93	94	94_5	95	96	97	98	98_5	99
23	1,4400	00_5	01	02	03	04	04_5	05	06	07
24	07_5	08	09	10	10_5	11	12	13	14	14_5
25	15	16	17	17_5	18	19	20	20_5	21	22
26	22_5	23	24	25	25_5	26	27	28	28_5	29
27	30	31	31_5	32	33	34	34_5	35	36	37
28	37_5	38	39	40	40_5	41	42	43	43_5	44
29	45	45_5	46	47	48	48_5	49	50	50_5	51
30	52	53	53_5	54	55	55_5	56	57	58	59
31	59_5	60	61	61_5	62	63	64	64_5	65	66
32	66_5	67	68	69	69_5	70	71	71_5	72	73
33	74	74_5	75	76	76_5	77	78	79	79_5	80
34	81	81_5	82	83	84	84_5	85	86	86_5	87
35	88	89	89_5	90	91	91_5	92	93	94	94_5
36	95	96	95_5	97	98	99	99_5	1,4500	01	01_5
37	1,4502	03	04	04_5	05	06	06_5	07	08	09
38	09_5	10	11	12	12_5	13	14	15	15_5	16
39	17	17_5	18	19	19_5	20	21	22	22_5	23
40	24	25	25_5	26	27	27_5	28	29	29_5	30
41	31	32	32_5	33	34	35	35_5	36	37	37_5
42	38	39	39_5	40	41	42	42_5	43	44	44_5
43	45	46	46_5	47	48	48_5	49	50	50_5	51
44	52	52_5	53	54	55	55_5	56	57	57_5	58
45	59	59_5	60	61	61_5	62	63	64	64_5	65
46	66	66_5	67	68	69	69_5	70	71	71_5	72
47	73	73_5	74	75	75_5	76	77	78	78_5	79
48	80	80_5	81	82	82_5	83	84	84_5	85	86
49	86_5	87	88	88_5	89	90	90_5	91	92	92_5

Skalenteile	,0	,1	,2	,3	,4	,5	,6	,7	,8	,9
50	1,4593	94	945	95	96	97	975	98	99	995
51	1,4600	01	015	02	03	035	04	05	055	06
52	07	075	08	09	095	10	105	11	12	125
53	13	14	145	15	16	165	17	18	185	19
54	20	205	21	22	225	23	24	245	25	255
55	26	27	275	28	29	295	30	31	315	32
56	33	335	34	35	355	36	37	375	38	39
57	395	40	405	41	42	425	43	44	445	45
58	46	465	47	48	485	49	50	505	51	52
59	525	53	54	545	55	56	565	57	58	585
60	59	595	60	61	615	62	63	635	64	65
61	655	66	67	675	68	69	695	70	71	715
62	72	725	73	74	745	75	76	765	77	78
63	785	79	80	805	81	82	825	83	84	845
64	85	855	86	87	875	88	885	89	90	905
65	91	92	925	93	94	945	95	96	965	97
66	975	98	99	995	1,4700	01	015	02	03	035
67	1,4704	045	05	06	065	07	075	08	09	095
68	10	11	115	12	13	135	14	15	155	16
69	165	17	18	185	19	20	205	21	215	22
70	23	235	24	25	255	26	265	27	28	285
71	29	30	305	31	32	325	33	335	34	35
72	355	36	37	375	38	39	395	40	405	41
73	42	425	43	44	445	45	455	46	47	475
74	48	49	495	50	505	51	52	525	53	535
75	54	55	555	56	565	57	58	585	59	595
76	60	61	615	62	625	63	635	64	65	655
77	66	665	67	68	685	69	695	70	705	71
78	715	72	73	735	74	745	75	76	765	77
79	775	78	79	795	80	805	81	815	82	825
80	83	84	845	85	855	86	87	875	88	885
81	89	895	90	91	915	92	925	93	935	94
82	95	955	96	965	97	98	985	99	995	1,4800
83	1,4800	01	02	025	03	035	04	045	05	06
84	065	07	075	08	085	09	10	105	11	115
85	12	125	13	14	145	15	155	16	165	17
86	18	185	19	195	20	205	21	22	225	23
87	235	24	245	25	255	26	27	275	28	285
88	29	295	30	31	315	32	325	33	335	34
89	345	35	36	365	37	375	38	385	39	395
90	40	405	41	42	425	43	435	44	445	45
91	455	46	47	475	48	485	49	495	50	505
92	51	52	525	53	535	54	545	55	555	56
93	57	575	58	585	59	595	60	605	61	615
94	62	63	635	645	65	655	66	665	665	57
95	68	685	69	695	70	705	71	715	72	725
96	73	74	745	75	755	76	765	77	775	78
97	79	795	80	805	81	815	82	825	83	835
98	84	85	855	86	865	87	875	88	885	89
99	895	90	91	915	92	925	93	935	94	945

Skalenteile	,0	,1	,2	,3	,4	,5	,6	,7	,8	,9
100	1,4895	955	96	97	975	98	985	99	995	1,4900
101	1,4900	01	015	02	03	035	04	045	05	055
102	06	065	07	075	08	085	09	10	105	11
103	115	12	125	13	135	14	15	155	16	165
104	17	175	18	185	19	195	20	205	21	215
105	22									

Tabelle 10. Berechnung der Lecithinphosphorsäure und des Eigehaltes von Teigwaren (vgl. S. 224).

Teigwarenmenge 5 g. Titration des Molybdänniederschlages mit $^1/_{10}$ N-Lauge.

Laugenverbrauch ccm 0,1 N-L.	,0	,1	,2	,3	,4	,5	,6	,7	,8	,9	Eigehalt nach Juckenack auf 500 g Mehl[1]	
					Lecithin-P_2O_5 in Prozenten						Gesamteiinhalt (Stück)	Eidotter (Stück)
0	0,000	0,001	0,001	0,002	0,002	0,003	0,003	0,004	0,004	0,005		
1	0,005	0,006	0,006	0,007	0,007	0,008	0,008	0,009	0,009	0,010		
2	0,010	0,011	0,011	0,012	0,012	0,012	0,013	0,013	0,014	0,015		
3	0,015	0,016	0,016	0,017	0,017	0,018	0,018	0,019	0,019	0,020		
4	0,020	0,021	0,021	0,022	**0,022**	0,023	0,023	0,024	0,024	0,025	0	0
5	0,025	0,026	0,026	0,027	0,027	0,028	0,028	0,029	0,029	0,030	(0,022)	(0,022)
6	0,030	0,031	0,031	0,032	0,033	0,033	0,034	0,034	0,035	0,035		
7	0,036	0,036	0,037	0,037	0,038	0,038	0,039	0,039	0,040	0,040		
8	0,041	0,041	0,042	0,042	0,043	0,043	0,044	0,044	0,045	0,045		
9	0,046	0,046	0,047	0,047	0,048	0,048	0,049	0,049	0,050	0,050		
10	0,051	**0,051**	**0,052**	0,052	0,053	0,053	0,054	0,054	0,055	0,055	1	1
11	0,056	0,056	0,057	0,057	0,058	0,058	0,059	0,059	0,060	0,060	(0,051)	(0,052)
12	0,061	0,061	0,062	0,062	0,063	0,063	0,064	0,064	0,065	0,065		
13	0,066	0,066	0,067	0,067	0,068	0,068	0,069	0,069	0,070	0,070		
14	0,071	0,072	0,072	0,073	0,073	0,074	0,074	0,075	0,075	0,076		
15	0,076	0,077	0,077	0,078	0,078	**0,079**	0,079	0,080	**0,080**	0,081	2	2
16	0,081	0,082	0,082	0,083	0,083	0,084	0,084	0,085	0,085	0,086	(0,079)	(0,080)
17	0,086	0,087	0,087	0,088	0,088	0,089	0,089	0,090	0,090	0,091		
18	0,091	0,092	0,092	0,093	0,093	0,094	0,094	0,095	0,095	0,096		
19	0,096	0,097	0,097	0,098	0,098	0,099	0,099	0,100	0,100	0,100		
20	0,101	0,102	0,102	0,103	0,103	0,104	0,104	0,105	0,105	0,106	3	
21	0,107	0,107	**0,108**	0,108	0,109	0,109	0,110	0,110	0,111	0,111	(0,104)	3
22	0,112	0,112	0,113	0,113	0,114	0,114	0,115	0,115	0,116	0,116		(0,108)
23	0,117	0,117	0,118	0,118	0,119	0,119	0,120	0,120	0,121	0,121		
24	0,122	0,122	0,123	0,123	0,124	0,124	0,125	0,125	0,126	0,126		
25	0,127	0,127	0,128	0,128	**0,129**	0,129	0,130	0,130	0,131	0,131	4	
26	0,132	0,132	0,133	0,133	**0,134**	0,134	0,135	0,135	0,136	0,136	(0,129)	4
27	0,137	0,137	0,138	0,138	0,139	0,139	0,140	0,140	0,141	0,141		(0,134)
28	0,142	0,143	0,143	0,144	0,144	0,145	0,145	0,146	0,146	0,147		
29	0,147	0,148	0,148	0,149	0,149	0,150	0,150	**0,151**	0,151	0,152		
30	**0,152**	0,153	0,153	0,154	0,154	0,155	0,155	0,156	0,156	0,157	5	
31	0,157	0,158	0,158	0,159	**0,159**	0,160	0,160	0,161	0,161	0,162	(0,152)	5
32	0,162	0,163	0,163	0,164	0,164	0,165	0,165	0,166	0,166	0,167		(0,159)

[1] Die eingeklammerten Zahlen bedeuten die zugehörigen von Juckenack ermittelten Gehalte an Lecithin-P_2O_5.

Laugenverbrauch ccm 0,1 N-L.	,0	,1	,2	,3	,4	,5	,6	,7	,8	,9	Gesamteiinhalt (Stück)	Eidotter (Stück)
	Lecithin-$\dot{P}_2O_5$ in %										Eigehalt nach Juckenack auf 500 g Mehl	
33	0,167	0,168	0,168	0,169	0,169	0,170	0,170	0,171	0,171	0,172		
34	0,172	0,173	0,173	0,174	**0,174**	0,175	0,175	0,176	0,176	0,177	6	
35	0,178	0,179	0,179	0,180	0,180	0,180	0,181	0,181	0,182	0,182	(0,174)	
36	0,183	0,183	0,184	**0,184**	0,185	0,185	0,186	0,186	0,187	0,187		6
37	0,188	0,188	0,189	0,189	0,190	0,190	0,191	0,191	0,192	0,192	7	(0,184)
38	0,193	0,193	0,194	0,194	0,195	**0,195**	0,196	0,196	0,197	0,197	(0,195)	
39	0,198	0,198	0,199	0,199	0,200	0,201	0,201	0,202	0,202	0,203		
40	0,203	0,204	0,204	0,205	0,205	0,206	0,206	0,207	0,207	0,208		
41	**0,208**	0,209	0,209	0,210	0,210	0,211	0,211	0,212	0,212	0,213	8	7
42	0,213	0,214	0,214	0,215	0,215	**0,216**	0,216	0,217	0,217	0,218	(0,216)	(0,208)
43	0,218	0,219	0,219	0,220	0,220	0,221	0,221	0,222	0,222	0,223		
44	0,223	0,224	0,224	0,225	0,225	0,226	0,226	0,227	0,227	0,228		
45	0,228	0,229	0,229	0,230	0,230	0,231	**0,231**	0,232	0,232	0,233	9	8
46	0,233	0,234	0,234	**0,235**	0,235	0,236	0,236	0,237	0,237	0,238	(0,235)	(0,231)
47	0,238	0,239	0,239	0,240	0,240	0,241	0,241	0,242	0,242	0,243		
48	0,244	0,244	0,245	0,245	0,246	0,246	0,247	0,247	0,248	0,248		
49	0,249	0,249	0,250	0,250	0,251	0,251	0,252	0,252	0,253	**0,253**	10	
50	**0,254**	0,254	0,255	0,255	0,256	0,256	0,257	0,257	0,258	0,258	(0,253)	9 (0,254)

Tabelle 11. Ermittelung des Zucker- (bzw. Extrakt-) Gehaltes wässeriger Zuckerlösungen aus der Dichte bei 15° C nach K. Windisch (vgl. S. 78).

Dichte bei 15° C $d\left(\frac{15°}{15°}C\right)$	Gewichtsprozent Zucker	Gramm Zucker in 100 ccm	Dichte bei 15° C $d\left(\frac{15°}{15°}C\right)$	Gewichtsprozent Zucker	Gramm Zucker in 100 ccm	Dichte bei 15° C $d\left(\frac{15°}{15°}C\right)$	Gewichtsprozent Zucker	Gramm Zucker in 100 ccm	Dichte bei 15° C $d\left(\frac{15°}{15°}C\right)$	Gewichtsprozent Zucker	Gramm Zucker in 100 ccm
1,0000	**0,00**	**0,00**	5	0,39	0,39	**1,0030**	**0,77**	**0,77**	5	1,16	1,16
1	0,03	0,03	6	0,41	0,41	1	0,80	0,80	6	1,18	1,18
2	0,05	0,05	7	0,44	0,44	2	0,82	0,82	7	1,21	1,21
3	0,08	0,08	8	0,46	0,46	3	0,85	0,85	8	1,23	1,24
4	0,10	0,10	9	0,49	0,49	4	0,87	0,87	9	1,26	1,26
5	0,13	0,13	**1,0020**	**0,52**	**0,52**	5	0,90	0,90	**1,0050**	**1,28**	**1,29**
6	0,15	0,15	1	0,54	0,54	6	0,93	0,93	1	1,31	1,32
7	0,18	0,18	2	0,57	0,57	7	0,95	0,95	2	1,34	1,34
8	0,21	0,21	3	0,59	0,59	8	0,98	0,98	3	1,36	1,37
9	0,23	0,23	4	0,62	0,62	9	1,00	1,00	4	1,39	1,39
1,0010	**0,26**	**0,26**	5	0,64	0,64	**1,0040**	**1,03**	**1,03**	5	1,41	1,42
1	0,28	0,28	6	0,67	0,67	1	1,05	1,05	6	1,44	1,45
2	0,31	0,31	7	0,69	0,69	2	1,08	1,08	7	1,46	1,47
3	0,34	0,34	8	0,72	0,72	3	1,11	1,11	8	1,49	1,50
4	0,36	0,36	9	0,75	0,75	4	1,13	1,13	9	1,52	1,52

Dichte bei 15°C $d\left(\frac{15°}{15°}C\right)$	Gewichtsprozent Zucker	Gramm Zucker in 100 ccm	Dichte bei 15°C $d\left(\frac{15°}{15°}C\right)$	Gewichtsprozent Zucker	Gramm Zucker in 100 ccm	Dichte bei 15°C $d\left(\frac{15°}{15°}C\right)$	Gewichtsprozent Zucker	Gramm Zucker in 100 ccm	Dichte bei 15°C $d\left(\frac{15°}{15°}C\right)$	Gewichtsprozent Zucker	Gramm Zucker in 100 ccm
1,0060	1,54	1,55	1,0110	2,81	2,84	1,0160	4,07	4,13	1,0210	5,32	5,43
1	1,57	1,57	1	2,84	2,87	1	4,10	4,16	1	5,35	5,45
2	1,59	1,60	2	2,86	2,89	2	4,12	4,19	2	5,37	5,48
3	1,62	1,63	3	2,89	2,92	3	4,15	5,21	3	5,40	5,51
4	1,64	1,65	4	2,91	2,94	4	4,17	4,24	4	5,42	5,53
5	1,67	1,68	5	2,94	2,97	5	4,20	4,26	5	5,45	5,56
6	1,69	1,70	6	2,96	3,00	6	4,22	4,29	6	5,47	5,58
7	1,72	1,73	7	2,99	3,02	7	4,25	4,31	7	5,50	5,61
8	1,75	1,76	8	3,02	3,05	8	4,27	4,34	8	5,52	5,64
9	1,77	1,78	9	3,04	3,07	9	4,30	4,37	9	5,55	5,66
1,0070	1,80	1,81	1,0120	3,07	3,10	1,0170	4,32	4,39	1,0220	5,57	5,69
1	1,82	1,83	1	3,09	3,12	1	4,35	4,32	1	5,60	5,71
2	1,85	1,86	2	3,12	3,15	2	4,37	4,44	2	5,62	5,74
3	1,87	1,88	3	3,14	3,18	3	4,40	4,47	3	5,65	5,77
4	1,90	1,91	4	3,17	3,20	4	4,42	4,50	4	5,67	5,79
5	1,92	1,94	5	3,19	3,23	5	4,45	4,52	5	5,70	5,82
6	1,95	1,96	6	3,22	3,26	6	4,47	4,55	6	5,72	5,84
7	1,97	1,99	7	3,24	3,28	7	4,50	4,57	7	5,74	5,87
8	2,00	2,01	8	3,27	3,31	8	4,52	4,60	8	5,77	5,89
9	2,03	2,04	9	3,29	3,33	9	4,55	4,63	9	5,79	5,92
1,0080	2,05	2,07	1,0130	3,32	3,36	1,0180	4,57	4,65	1,0230	5,82	5,94
1	2,08	2,09	1	3,34	3,38	1	4,60	4,68	1	5,84	5,97
2	2,10	2,12	2	3,37	3,41	2	4,62	4,70	2	5,87	6,00
3	2,13	2,14	3	3,39	3,43	3	4,65	4,73	3	5,89	6,02
4	2,15	2,17	4	3,42	3,46	4	4,67	4,75	4	5,91	6,05
5	2,18	2,19	5	3,44	3,49	5	4,70	4,78	5	5,94	6,07
6	2,20	2,22	6	3,47	3,51	6	4,72	4,81	6	5,96	6,10
7	2,23	2,25	7	3,49	3,54	7	4,75	4,83	7	5,99	6,12
8	2,25	2,27	8	3,52	3,56	8	4,77	4,86	8	6,01	6,15
9	2,28	2,30	9	3,54	3,59	9	4,80	4,88	9	6,04	6,18
1,0090	2,31	2,32	1,0140	3,57	3,62	1,0190	4,82	4,91	1,0240	6,06	6,20
1	2,33	2,35	1	3,59	3,64	1	4,85	4,94	1	6,09	6,23
2	2,36	2,38	2	3,62	3,67	2	4,87	4,96	2	6,11	6,25
3	2,38	2,40	3	3,65	3,69	3	4,90	4,99	3	6,14	6,28
4	2,41	2,43	4	3,67	3,72	4	4,92	5,01	4	6,16	6,31
5	2,43	2,45	5	3,70	3,75	5	4,95	5,04	5	6,19	6,33
6	2,46	2,48	6	3,75	3,77	6	4,97	5,06	6	6,21	6,36
7	2,48	2,50	7	3,75	3,80	7	5,00	5,09	7	6,24	6,38
8	2,51	2,53	8	3,77	3,82	8	5,02	5,11	8	6,26	6,41
9	2,53	2,56	9	3,80	3,85	9	5,05	5,14	9	6,29	6,44
1,0100	2,56	2,58	1,0150	3,82	3,87	1,0200	5,07	5,17	1,0250	6,31	6,46
1	2,58	2,61	1	3,85	3,90	1	5,10	5,19	1	6,33	6,49
2	2,61	2,63	2	3,87	3,93	2	5,12	5,22	2	6,36	6,51
3	2,64	2,66	3	3,90	3,95	3	5,15	5,25	3	6,38	6,54
4	2,66	2,69	4	3,92	3,98	4	5,17	5,27	4	6,41	6,56
5	2,69	2,71	5	3,95	4,00	5	5,20	5,30	5	6,43	6,59
6	2,71	2,74	6	3,97	4,03	6	5,22	5,32	6	6,46	6,62
7	2,74	2,76	7	4,00	4,06	7	5,25	5,35	7	6,48	6,64
8	2,76	2,79	8	4,02	4,08	8	5,27	5,38	8	6,51	6,67
9	2,79	2,82	9	4,05	4,11	9	5,30	5,40	9	6,53	6,70

Dichte bei 15° C $d\left(\frac{15°}{15°}\,C\right)$	Gewichtsprozent Zucker	Gramm Zucker in 100 ccm	Dichte bei 15° C $d\left(\frac{15°}{15°}\,C\right)$	Gewichtsprozent Zucker	Gramm Zucker in 100 ccm	Dichte bei 15° C $d\left(\frac{15°}{15°}\,C\right)$	Gewichtsprozent Zucker	Gramm Zucker in 100 ccm	Dichte bei 15° C $d\left(\frac{15°}{15°}\,C\right)$	Gewichtsprozent Zucker	Gramm Zucker in 100 ccm
1,0260	**6,56**	**6,72**	**1,0310**	**7,78**	**8,02**	**1,0360**	**9,00**	**9,31**	**1,0410**	**10,20**	**10,61**
1	6,58	6,75	1	7,81	8,04	1	9,02	9,34	1	10,22	10,63
2	6,60	6,77	2	7,83	8,07	2	9,04	9,36	2	10,25	10,66
3	6,63	6,80	3	7,85	8,09	3	9,07	9,39	3	10,27	10,69
4	6,65	6,82	4	7,88	8,12	4	9,09	9,42	4	10,30	10,71
5	6,68	6,85	5	7,90	8,14	5	9,12	9,44	5	10,32	10,74
6	6,70	6,88	6	7,93	8,17	6	9,14	9,47	6	10,34	10,76
7	6,73	6,90	7	7,95	8,20	7	9,17	9,49	7	10,37	10,79
8	6,75	6,93	8	7,98	8,22	8	9,19	9,52	8	10,39	10,82
9	6,78	6,95	9	8,00	8,25	9	9,21	9,55	9	10,42	10,84
1,0270	**6,80**	**6,98**	**1,0320**	**8,02**	**8,27**	**1,0370**	**9,24**	**9,57**	**1,0420**	**10,44**	**10,87**
1	6,83	7,01	1	8,05	8,30	1	9,26	9,60	1	10,46	10,90
2	6,85	7,03	2	8,07	8,33	2	9,29	9,62	2	10,49	10,92
3	6,88	7,06	3	8,10	8,35	3	9,31	9,65	3	10,51	10,95
4	6,90	7,08	4	8,12	8,38	4	9,33	9,68	4	10,54	10,97
5	6,92	7,11	5	8,15	8,40	5	9,36	9,70	5	10,56	11,00
6	6,95	7,13	6	8,17	8,43	6	9,38	9,73	6	10,58	11,03
7	6,97	7,16	7	8,20	8,46	7	9,41	9,75	7	10,61	11,05
8	7,00	7,19	8	8,22	8,48	8	9,43	9,78	8	10,63	11,08
9	7,02	7,21	9	8,24	8,51	9	9,45	9,80	9	10,65	11,10
1,0280	**7,05**	**7,24**	**1,0330**	**8,27**	**8,53**	**1,0380**	**9,48**	**9,83**	**1,0430**	**10,68**	**11,13**
1	7,07	7,26	1	8,29	8,56	1	9,50	9,86	1	10,70	11,15
2	7,10	7,29	2	8,32	8,59	2	9,53	9,88	2	10,73	11,18
3	7,12	7,32	3	8,34	8,61	3	9,55	9,91	3	10,75	11,21
4	7,15	7,34	4	8,37	8,64	4	9,58	9,93	4	10,77	11,23
5	7,17	7,37	5	8,39	8,66	5	9,60	9,96	5	10,80	11,26
6	7,20	7,39	6	8,41	8,69	6	9,62	9,99	6	10,82	11,28
7	8,22	7,42	7	8,44	8,72	7	9,65	10,01	7	10,85	11,31
8	7,24	7,45	8	8,46	8,74	8	9,67	10,04	8	10,87	11,34
9	7,27	7,47	9	8,49	8,77	9	9,70	10,06	9	10,90	11,36
1,0290	**7,29**	**7,50**	**1,0340**	**8,51**	**8,79**	**1,0390**	**9,72**	**10,09**	**1,0440**	**10,92**	**11,39**
1	7,32	7,52	1	8,54	8,82	1	9,74	10,11	1	10,94	11,42
2	7,34	7,55	2	8,56	8,85	2	9,77	10,14	2	10,97	11,44
3	7,37	7,58	3	8,59	8,87	3	9,79	10,17	3	10,99	11,47
4	7,39	7,60	4	8,61	8,90	4	9,82	10,19	4	11,01	11,49
5	7,41	7,63	5	8,63	8,92	5	9,84	10,22	5	11,04	11,52
6	7,44	7,65	6	8,66	8,95	6	9,86	10,25	6	11,06	11,55
7	7,46	7,68	7	8,68	8,97	7	9,89	10,27	7	11,09	11,57
8	7,49	7,70	8	8,71	9,00	8	9,91	10,30	8	11,11	11,60
9	7,51	7,73	9	8,73	9,03	9	9,94	10,32	9	11,13	11,62
1,0300	**7,54**	**7,76**	**1,0350**	**8,75**	**9,05**	**1,0400**	**9,96**	**10,35**	**1,0450**	**11,16**	**11,65**
1	7,56	7,78	1	8,78	9,08	1	9,98	10,37	1	11,18	11,68
2	7,59	7,81	2	8,80	9,10	2	10,01	10,40	2	11,20	11,70
3	7,61	7,83	3	8,83	9,13	3	10,03	10,43	3	11,23	11,73
4	7,64	7,86	4	8,85	9,16	4	10,06	10,45	4	11,25	11,75
5	7,66	7,89	5	8,88	7,18	5	10,08	10,48	5	11,28	11,78
6	7,69	7,91	6	8,90	9,21	6	10,10	10,51	6	11,30	11,81
7	7,71	7,94	7	8,92	9,23	7	10,13	10,53	7	11,32	11,83
8	7,73	7,97	8	8,95	9,26	8	10,15	10,56	8	11,35	11,86
9	7,76	7,99	9	8,97	9,29	9	10,18	10,58	9	11,37	11,88

Dichte bei 15°C $d\left(\frac{15°}{15°}C\right)$	Gewichtsprozent Zucker	Gramm Zucker in 100 ccm	Dichte bei 15°C $d\left(\frac{15°}{15°}C\right)$	Gewichtsprozent Zucker	Gramm Zucker in 100 ccm	Dichte bei 15°C $d\left(\frac{15°}{15°}C\right)$	Gewichtsprozent Zucker	Gramm Zucker in 100 ccm	Dichte bei 15°C $d\left(\frac{15°}{15°}C\right)$	Gewichtsprozent Zucker	Gramm Zucker in 100 ccm
1,0460	11,40	11,91	1,0510	12,58	13,21	1,0560	13,75	14,51	1,0610	14,92	15,81
1	11,42	11,94	1	12,60	13,23	1	13,78	14,54	1	14,94	15,84
2	11,44	11,96	2	12,63	13,26	2	13,80	14,56	2	14,96	15,87
3	11,47	11,99	3	12,65	13,29	3	13,82	14,59	3	14,99	15,89
4	11,49	12,01	4	12,67	13,31	4	13,85	14,61	4	15,01	15,92
5	11,51	12,04	5	12,70	13,34	5	13,87	14,64	5	15,03	15,94
6	11,54	12,06	6	12,72	13,36	6	13,89	14,67	6	15,06	15,97
7	11,56	12,09	7	12,74	13,39	7	13,92	14,69	7	15,08	16,00
8	11,58	12,12	8	12,77	13,42	8	13,94	14,72	8	15,10	16,02
9	11,61	12,14	9	12,79	13,44	9	13,96	14,74	9	15,13	16,04
1,0470	11,63	12,17	1,0520	12,81	13,47	1,0570	13,99	14,77	1,0620	15,15	16,07
1	11,65	12,19	1	12,84	13,49	1	14,01	14,80	1	15,17	16,10
2	11,68	12,22	2	12,86	13,52	2	14,03	14,82	2	15,20	16,13
3	11,70	12,25	3	12,88	13,55	3	14,06	14,85	3	15,22	16,15
4	11,73	12,27	4	12,91	13,57	4	14,08	14,87	4	15,24	16,18
5	11,75	12,30	5	12,93	13,60	5	14,10	14,90	5	15,27	16,21
6	11,77	12,32	6	12,95	13,62	6	14,13	14,93	6	15,29	16,23
7	11,80	12,35	7	12,98	13,65	7	14,15	14,95	7	15,31	16,26
8	11,82	12,38	8	13,00	13,68	8	14,17	14,98	8	15,33	16,28
9	11,85	12,40	9	13,03	13,70	9	14,20	15,00	9	15,36	16,31
1,0480	11,87	12,43	1,0530	13,05	13,73	1,0580	14,22	15,03	1,0630	15,38	16,33
1	11,89	11,45	1	13,07	13,75	1	14,24	15,06	1	15,40	16,36
2	11,92	12,48	2	13,10	13,78	2	14,27	15,08	2	15,43	16,39
3	11,94	12,51	3	13,12	13,80	3	14,29	15,11	3	15,45	16,41
4	11,96	12,53	4	13,14	13,83	4	14,31	15,14	4	15,47	16,44
5	11,99	12,56	5	13,17	13,86	5	14,34	15,16	5	15,50	16,47
6	12,01	12,58	6	13,19	13,89	6	14,36	15,19	6	15,52	16,49
7	12,03	12,61	7	13,21	13,91	7	14,38	15,22	7	15,54	16,52
8	12,06	12,64	8	13,24	13,94	8	14,41	15,24	8	15,57	16,54
9	12,08	12,66	9	13,26	13,96	9	14,43	15,27	9	15,59	16,57
1,0490	12,10	12,69	1,0540	13,28	13,99	1,0590	14,45	15,29	1,0640	15,61	16,60
1	12,13	12,71	1	13,31	14,01	1	14,48	15,32	1	15,63	16,62
2	12,15	12,74	2	13,33	14,04	2	14,50	15,35	2	15,66	16,65
3	12,18	12,77	3	13,35	14,07	3	14,52	15,37	3	15,68	16,68
4	12,20	12,79	4	13,38	14,09	4	14,55	15,40	4	15,70	16,70
5	12,22	12,82	5	13,40	14,12	5	14,57	15,42	5	15,73	16,73
6	12,25	12,84	6	13,42	14,14	6	14,59	15,45	6	15,75	16,75
7	12,27	12,87	7	13,45	14,17	7	14,62	15,48	7	15,77	16,78
8	12,30	12,90	8	13,47	14,20	8	14,64	15,50	8	15,80	16,80
9	12,32	12,92	9	13,50	14,22	9	14,66	15,53	9	15,82	16,83
1,0500	12,34	12,95	0,0550	13,52	14,25	1,0600	14,69	15,55	1,0650	15,84	16,86
1	12,37	12,97	1	13,54	14,28	1	14,71	15,58	1	15,87	16,88
2	12,39	13,00	2	13,57	14,30	2	14,73	15,61	2	15,89	16,91
3	12,41	13,03	3	13,59	14,33	3	14,76	15,63	3	15,91	16,94
4	12,44	13,05	4	13,61	14,35	4	14,78	15,66	4	15,93	16,96
5	12,46	13,08	5	13,63	14,38	5	14,80	15,68	5	15,96	16,99
6	12,48	13,10	6	13,66	14,41	6	14,83	15,71	6	15,98	17,01
7	12,51	13,13	7	13,68	14,43	7	14,85	15,74	7	16,00	17,04
8	12,53	13,15	8	13,70	14,46	8	14,87	15,76	8	16,03	17,07
9	12,55	13,18	9	13,73	14,48	9	14,89	15,79	9	16,05	17,09

Dichte bei 15° C $d\left(\frac{15°}{15°}C\right)$	Gewichtsprozent Zucker	Gramm Zucker in 100 ccm	Dichte bei 15° C $d\left(\frac{15°}{15°}C\right)$	Gewichtsprozent Zucker	Gramm Zucker in 100 ccm	Dichte bei 15° C $d\left(\frac{15°}{15°}C\right)$	Gewichtsprozent Zucker	Gramm Zucker in 100 ccm	Dichte bei 15° C $d\left(\frac{15°}{15°}C\right)$	Gewichtsprozent Zucker	Gramm Zucker in 100 ccm
1,0660	**16,07**	**17,12**	**1,0700**	**16,99**	**18,16**	**1,0740**	**17,90**	**19,21**	**1,0780**	**18,81**	**20,26**
1	16,10	17,14	1	17,01	18,19	1	17,92	19,23	1	18,83	20,28
2	16,12	17,17	2	17,03	18,22	2	17,95	19,26	2	18,85	20,31
3	16,14	17,20	3	17,06	18,24	3	17,97	19,29	3	18,88	20,34
4	16,16	17,22	4	17,08	18,27	4	17,99	19,31	4	18,90	20,36
5	16,19	17,25	5	17,10	18,30	5	18,01	19,34	5	19,92	20,39
6	16,21	17,27	6	17,13	18,32	6	18,04	19,37	6	18,94	20,41
7	19,23	17,30	7	17,15	18,35	7	18,06	19,39	7	18,97	20,44
8	16,26	17,33	8	17,17	18,37	8	18,08	19,42	8	18,99	20,47
9	16,28	17,35	9	17,20	18,40	9	18,10	19,44	9	19,01	20,49
1,0670	**16,30**	**17,38**	**1,0710**	**17,22**	**18,43**	**1,0750**	**18,13**	**19,47**	**1,0790**	**19,03**	**20,52**
1	16,33	17,41	1	17,24	18,45	1	18,15	19,50	1	19,06	20,55
2	16,35	17,43	2	17,26	18,48	2	18,17	19,52	2	19,08	20,57
3	16,37	17,46	3	17,29	18,50	3	18,20	19,55	3	19,10	20,60
4	16,39	17,48	4	17,31	18,53	4	18,22	19,58	4	19,12	20,62
5	16,42	17,51	5	17,53	18,56	5	18,24	19,60	5	19,15	20,65
6	16,44	17,54	6	17,35	18,58	6	18,26	19,63	6	19,17	20,68
7	16,46	17,56	7	17,38	18,61	7	18,29	19,65	7	19,19	20,70
8	16,49	17,59	8	17,40	18,63	8	18,31	19,68	8	19,21	20,73
9	16,51	17,62	9	17,42	18,66	9	18,33	19,71	9	19,24	20,75
1,0680	**16,53**	**17,64**	**1,0720**	**17,45**	**18,69**	**1,0760**	**18,35**	**19,73**	**1,0800**	**19,26**	**20,78**
1	16,55	17,67	1	17,47	18,71	1	18,38	19,76	1	19,28	20,81
2	16,58	17,69	2	17,49	18,74	2	18,40	19,79	2	19,30	20,83
3	16,60	17,72	3	17,51	18,76	3	18,42	19,81	3	19,33	20,86
4	16,62	17,75	4	17,54	18,79	4	18,45	19,84	4	19,35	20,89
5	16,65	17,77	5	17,56	18,82	5	18,47	19,86	5	19,37	20,91
6	16,67	17,80	6	17,58	18,84	6	18,49	19,89	6	19,39	20,94
7	16,69	17,83	7	17,61	18,87	7	18,51	19,92	7	19,42	20,96
8	16,72	17,85	8	17,63	18,90	8	18,54	19,94	8	19,44	20,99
9	16,74	17,88	9	17,65	18,92	9	18,56	19,97	9	19,46	21,02
1,0690	**16,76**	**17,90**	**1,0730**	**17,68**	**18,95**	**1,0770**	**18,58**	**20,00**	**1,0810**	**19,48**	**21,04**
1	16,78	17,93	1	17,70	18,97	1	18,60	20,02	1	19,50	21,07
2	16,81	17,95	2	17,72	19,00	2	18,73	20,05	2	19,53	21,10
3	16,83	17,98	3	17,74	19,03	3	18,65	20,07	3	19,55	21,12
4	16,85	18,01	4	17,76	19,75	4	18,67	20,10	4	19,57	21,15
5	16,88	18,03	5	17,79	19,08	5	18,69	20,12	5	19,60	21,17
6	16,90	18,06	6	17,81	19,10	6	18,72	20,15	6	19,62	21,20
7	16,92	18,08	7	17,83	19,13	7	18,74	20,18	7	19,64	21,23
8	16,94	18,11	8	17,85	19,16	8	18,76	20,20	8	19,66	21,25
9	16,97	18,14	9	17,88	19,18	9	18,78	20,23	9	19,68	21,28

Bezüglich der den höheren Dichten entsprechenden Zucker- und Extraktgehalte vgl.
J. König, Chemie der menschl. Nahrungs- und Genußmittel Bd. III, 1. Teil, S. 761—764.

Tabelle 12. Ermittlung des Extraktgehaltes von Wein (vgl. S. 80).

Spez. Gewicht bis zur 2. Dezimalstelle	3. Dezimalstelle des spezifischen Gewichts										4. Dezimalstelle des spezifischen Gewichts	Einschalttafel Für die spez. Gewichte von 0,9990 bis 0,9999	1,0000 bis 1,1599
	0	1	2	3	4	5	6	7	8	9		g Extrakt in 1 Liter	g Extrakt in 1 Liter
	g Extrakt in 1 Liter												
0,99	—	—	—	—	—	—	—	—	—	0,0			
1,00	2,3	4,8	7,4	10,0	12,6	15,2	17,7	20,3	22,9	25,5	0	—	0,0
01	28,1	30,7	33,2	35,8	38,3	40,9	43,5	46,0	48,6	51,2	1	0,0	0,3
02	53,8	56,4	59,1	61,7	64,3	66,9	69,5	72,1	74,7	77,3	2	0,2	0,5
03	79,9	82,5	85,1	87,7	90,3	92,9	95,5	98,1	100,7	103,3	3	0,5	0,8
04	105,9	108,5	111,1	113,7	116,3	118,9	121,5	124,1	126,7	129,3	4	0,7	1,0
1,05	131,9	134,5	137,1	139,7	142,3	144,9	147,6	150,2	152,8	155,4	5	1,0	1,3
06	158,0	160,6	163,2	165,8	168,5	171,1	173,7	176,3	178,9	181,5	6	1,3	1,6
07	184,1	186,8	189,4	192,0	194,6	197,2	199,9	202,5	205,1	207,7	7	1,5	1,8
08	210,4	213,0	215,6	218,2	220,9	223,5	226,1	228,7	231,3	234,0	8	1,8	2,1
09	236,6	239,2	241,8	244,5	247,1	249,7	252,4	255,0	257,6	260,3	9	2,0	2,3
1,10	262,9	265,5	268,2	270,8	273,5	276,1	278,7	281,4	284,0	286,6			
11	289,3	929,1	294,6	297,2	299,8	302,5	305,1	307,8	310,4	313,1			
12	315,7	318,4	321,0	323,6	326,3	329,0	331,6	334,3	336,9	339,6			
13	342,2	344,9	347,5	350,2	352,8	355,5	358,1	360,8	363,4	366,1			
14	368,8	371,4	374,1	376,7	379,4	382,1	384,7	387,4	390,1	392,7			
15	395,4	398,1	400,7	403,4	406,1	408,7	411,4	414,1	416,7	419,4			

Tabelle 13. Berechnung der Trockenmasse von Bienenhonig aus der Dichte der wässerigen Lösung 1:5 bei 20° (vgl. S. 231).

Dichte (20 g in 100 ccm)	Trockenmasse %	Dichte (20 g in 100 ccm)	Trockenmasse %	Dichte (20 g in 100 ccm)	Trockenmasse %
1,0550	73,95	1,0570	76,56	1,0590	79,16
1	74,08	1	69	1	29
2	21	2	82	2	42
3	34	3	95	3	55
4	47	4	77,08	4	68
5	61	5	21	5	82
6	74	6	34	6	95
7	87	7	47	7	80,08
8	75,00	8	69	8	21
9	13	9	73	9	34
560	26	580	86	600	47
1	39	1	99	1	60
2	52	2	78,12	2	73
3	65	3	25	3	86
4	78	4	38	4	99
5	91	5	51	5	81,12
6	76,04	6	64	6	25
7	17	7	77	7	38
8	30	8	90	8	51
9	43	9	79,03	9	64

Dichte (20 g in 100 ccm)	Trockenmasse %	Dichte (20 g in 100 ccm)	Trockenmasse %	Dichte (20 g in 100 ccm)	Trockenmasse %
1,0610	81,77	1,0624	83,60	1,0638	85,42
1	90	5	73	9	55
2	82,03	6	86	640	68
3	16	7	99	1	81
4	29	8	84,12	2	94
5	43	9	25	3	86,07
6	56			4	20
7	69	630	38	5	33
8	82	1	51	6	46
9	95	2	64	7	59
		3	77	8	72
620	83,08	4	90	9	85
1	21	5	85,03		
2	34	6	16	650	98
3	47	7	29		

Tabelle 14. Berechnung der Trockenmasse von Kunsthonig) aus der Dichte der Lösung 1 : 5 bei 20° (vgl. S. 231).

Dichte (20 g in 100 ccm)	Trockenmasse %	Dichte (20 g in 100 ccm)	Trockenmasse %	Dichte (20 g in 100 ccm)	Trockenmasse %
1,0525	71,14	1,0555	75,07	1,0585	79,00
6	27	6	20	6	13
7	40	7	33	7	26
8	53	8	46	8	39
9	66	9	59	9	52
530	80	560	73	590	66
1	93	1	86	1	79
2	72,06	2	99	2	92
3	19	3	76,12	3	80,05
4	32	4	25	4	18
5	45	5	38	5	31
6	58	6	51	6	44
7	71	7	64	7	57
8	84	8	77	8	70
9	97	9	90	9	83
540	73,11	570	77,04	600	97
1	24	1	17	1	81,10
2	37	2	30	2	23
3	50	3	42	3	36
4	63	4	56	4	49
5	76	5	69	5	62
6	89	76	82	6	75
7	74,02	7	95	7	88
8	15	8	78,08	8	82,01
9	28	9	21	9	14
550	41	580	35	610	28
1	55	1	48	1	41
2	68	2	61	2	54
3	81	3	74	3	67
4	94	4	87	4	80

Dichte (20 g in 100 ccm)	Trockenmasse %	Dichte (20 g in 100 ccm)	Trockenmasse %	Dichte (20 g in 100 ccm)	Trockenmasse %
1,0615	82.93	1,0636	85,68	1,0657	88,44
6	83,06	7	81	8	57
7	19	8	94	9	70
8	32	9	86,07	660	83
9	45	640	21	1	96
620	59	1	34	2	89,09
1	72	2	47	3	22
2	85	3	60	4	35
3	98	4	73	5	49
4	84,11	5	86	6	62
5	24	6	99	7	75
6	37	7	87,12	8	88
7	50	8	25	9	90,01
8	63	9	38	670	14
9	76	650	52	1	27
630	90	1	65	2	40
1	85,03	2	78	3	53
2	16	3	91	4	66
3	29	4	88,04	5	80
4	42	5	18		
5	55	6	31		

Tabelle 15. Berechnung von Glykose, Fructose, Lactose und Maltose nach Schoorl (vgl. S. 44).

Reduziertes Kupfer in ccm $^1/_{10}$ N-Lösung	Glykose mg $C_6H_{12}O_6$	Zwischenwerte	Fructose mg $C_6H_{12}O_6$	Zwischenwerte	Lactose mg $C_{12}H_{22}O_{11} \cdot H_2O$	Zwischenwerte	Maltose mg $C_{12}H_{22}O_{11}$	Zwischenwerte	Reduziertes Kupfer in ccm $^1/_{10}$ N-Lösung
1	3,2	3,1	3,2	3,2	4,6	4,6	5,0	5,5	1
2	6,3	3,1	6,4	3,3	9,2	4,7	10,5	5,5	2
3	9,4	3,2	9,7	3,3	13,9	4,7	16,0	5,5	3
4	12,6	3,3	13,0	3,4	18,6	4,7	21,5	5,5	4
5	15,9	3,3	16,4	3,6	23,3	4,8	27,0	5,5	5
6	19,2	3,2	20,0	3,7	28,1	4,9	32,5	5,5	6
7	22,4	3,2	23,7	3,7	33,0	5,0	38,0	5,5	7
8	25,6	3,3	27,4	3,7	38,0	5,0	43,5	5,5	8
9	28,9	3,4	31,1	3,8	43,0	5,0	49,0	6	9
10	32,3	3,4	34,9	3,8	48,0	5,0	55,0	5,5	10
11	35,7	3,3	38,7	3,7	53,0	5,0	60,5	5,5	11
12	39,0	3,4	42,4	3,8	58,0	5,0	66,0	6	12
13	42,4	3,4	46,2	3,8	63,0	5,0	72,0	6	13
14	45,8	3,5	50,0	3,7	68,0	5,0	78,0	5,5	14
15	49,3	3,5	53,7	3,8	73,0	5,0	83,5	5,5	15
16	52,8	3,5	57,5	3,7	78,0	5,0	89,0	6	16
17	56,3	3,5	61,2	3,8	83,0	5,0	95,0	6	17
18	59,8	3,5	65,0	3,7	88,0	5,0	101,0	6	18
19	63,3	3,6	68,7	3,7	93,0	5,0	107,0	5,5	19

Reduziertes Kupfer in ccm $^1/_{10}$ N-Lösung	Glykose mg $C_6H_{12}O_6$		Fructose mg $C_6H_{12}O_6$		Lactose mg $C_{12}H_{22}O_{11} \cdot H_2O$		Maltose mg $C_{12}H_{22}O_{11}$		Reduziertes Kupfer in ccm $^1/_{10}$ N-Lösung
		Zwischenwerte		Zwischenwerte		Zwischenwerte		Zwischenwerte	
20	66,9	3,8	72,4	3,8	98,0	5,0	112,5	6	20
21	70,7	3,8	76,2	3,9	103,0	5,0	118,5	6	21
22	74,5	4,0	80,1	3,9	108,0	5,0	124,5	6	22
23	78,5	4,1	84,0	3,8	113,0	5,0	130,5	6	23
24	82,6	4,0	87,8	3,9	118,0	5,0	136,5	6	24
25	86,6		91,7		123,0		142,5		25

Tabelle 16. Berechnung des Invertzuckers nach Schoorl (mg Invertzucker) (vgl. S. 44).

Reduziert. Kupfer (ccm $^1/_{10}$ N-Lösung)	,0	,1	,2	,3	,4	,5	,6	,7	,8	,9	Reduziert. Kupfer (ccm $^1/_{10}$ N-Lösung)
0	0,0	0,3	0,6	1,0	1,3	1,6	1,9	2,2	2,6	2,9	0
1	3,2	3,5	3,8	4,2	4,5	4,8	5,1	5,4	5,7	6,1	1
2	6,4	6,7	7,1	7,4	7,7	8,1	8,4	8,7	9,0	9,4	2
3	9,7	10,0	10,4	10,7	11,0	11,4	11,7	12,0	12,3	12,7	3
4	13,0	13,3	13,7	14,0	14,4	14,7	15,0	15,4	15,7	16,1	4
5	16,4	16,7	17,1	17,4	17,8	18,1	18,4	18,8	19,1	19,5	5
6	19,8	20,1	20,5	20,8	21,2	21,5	21,8	22,2	22,5	22,9	6
7	23,2	23,5	23,9	24,2	24,6	24,9	25,2	25,6	25,9	26,3	7
8	26,5	26,9	27,3	27,6	28,0	28,3	28,6	29,0	29,3	29,7	8
9	29,9	30,3	30,7	31,0	31,3	31,7	32,0	32,4	32,7	33,0	9
10	33,4	33,7	34,1	34,4	34,8	35,1	35,4	35,8	36,1	36,5	10
11	36,8	37,2	37,5	37,9	38,2	38,6	38,9	39,3	39,6	40,0	11
12	40,3	40,7	41,0	41,4	41,7	42,1	42,4	42,8	43,1	43,5	12
13	43,8	44,2	44,5	44,9	45,2	45,6	45,9	46,3	46,6	47,0	13
14	47,3	47,7	48,0	48,4	48,7	49,1	49,4	49,8	50,1	50,5	14
15	50,8	51,2	51,5	51,9	52,2	52,6	52,9	53,3	53,6	54,0	15
16	54,3	54,7	55,0	55,4	55,8	56,2	56,5	56,9	57,3	57,6	16
17	58,0	58,4	58,8	59,1	59,5	59,9	60,3	60,7	61,0	61,4	17
18	61,8	62,2	62,5	62,9	63,3	63,7	64,0	64,4	64,8	65,1	18
19	65,5	65,9	66,3	66,7	67,1	67,5	67,8	68,2	68,6	69,1	19
20	69,4	69,8	70,2	70,6	71,0	71,4	71,7	72,1	72,5	72,9	20
21	73,3	73,7	74,1	74,5	74,9	75,3	75,6	76,0	76,4	76,8	21
22	77,2	77,6	78,0	78,4	78,8	79,2	79,6	80,0	80,4	80,8	22
23	81,2	81,6	82,0	82,4	82,8	83,2	83,6	84,0	84,4	84,8	23
24	85,2	85,6	86,0	86,4	86,8	87,2	87,6	88,0	88,4	88,8	24
25	89,2	89,6	90,0	90,4	90,8	91,2	91,6	92,0	92,4	92,8	25

Tabelle 17. Berechnung der Saccharose nach Schoorl (mg Saccharose nach Inversion) (vgl. S. 45).

Reduziert. Kupfer (ccm $^1/_{10}$ N-Lösung)	,0	,1	,2	,3	,4	,5	,6	,7	,8	,9	Reduziert. Kupfer (ccm $^1/_{10}$ N-Lösung)
0	0,0	0,3	0,6	0,9	1,2	1,6	1,9	2,2	2,5	2,8	0
1	3,1	3,4	3,7	4,0	4,3	4,7	5,0	5,3	5,6	5,9	1
2	6,2	6,5	6,8	7,1	7,4	7,8	8,1	8,4	8,7	9,0	2
3	9,3	9,6	9,9	10,2	10,5	10,9	11,2	11,5	11,8	12,1	3
4	12,4	12,7	13,0	13,4	13,7	14,0	14,3	14,6	15,0	15,3	4

Reduziert. Kupfer (ccm $^1/_{10}$N-Lösung)	,0	,1	,2	,3	,4	,5	,6	,7	,8	,9	Reduziert. Kupfer (ccm $^1/_{10}$ N.-Lösung)
5	15,6	15,9	16,2	16,6	16,9	17,2	17,5	17,8	18,2	18,5	5
6	18,8	19,1	19,4	19,8	20,1	20,4	20,7	21,0	21,4	21,7	6
7	22,0	22,3	22,6	23,0	23,3	23,6	23,9	24,2	24,6	24,9	7
8	25,2	25,5	25,8	26,2	26,5	26,8	27,1	27,4	27,8	28,1	8
9	28,4	28,7	29,0	29,4	29,7	30,0	30,4	30,7	31,0	31,3	9
10	31,7	32,0	32,3	32,7	33,0	33,3	33,7	34,0	34,3	34,6	10
11	35,0	35,3	35,6	36,0	36,3	36,6	37,0	37,3	37,6	37,9	11
12	38,3	38,6	38,9	39,3	39,6	39,9	40,3	40,6	40,9	41,2	12
13	41,6	41,9	42,2	42,6	42,9	43,2	43,6	43,9	44,2	44,5	13
14	44,9	45,2	45,5	45,9	46,2	46,5	46,9	47,2	47,5	47,8	14
15	48,2	48,5	48,8	49,2	49,5	49,8	50,2	50,5	50,8	51,2	15
16	51,6	51,9	52,2	52,6	52,9	53,3	53,6	54,0	54,3	54,7	16
17	55,1	55,4	55,8	56,1	56,5	56,9	57,2	57,6	57,9	58,3	17
18	58,7	59,0	59,4	59,7	60,1	60,5	60,8	61,2	61,5	61,9	18
19	62,3	62,6	63,0	63,3	63,9	64,1	64,4	64,8	65,1	65,5	19
20	65,9	66,3	66,6	67,0	67,4	67,8	68,1	68,5	68,9	69,2	20
21	69,6	70,0	70,3	70,7	71,1	71,5	71,8	72,2	72,6	72,9	21
22	73,3	73,7	74,1	74,4	74,8	75,2	75,6	76,0	76,3	76,7	22
23	77,1	77,5	77,9	78,2	78,6	79,0	79,4	79,8	80,1	80,5	23
24	80,9	81,3	81,7	82,0	82,4	82,8	83,2	83,6	83,9	84,3	24
25	84,7	85,1	85,5	85,9	86,3	86,7	87,0	87,4	87,8	88,2	25

Tabelle 18. Ermittlung des Zuckergehaltes in Wein aus den Ergebnissen der maßanalytischen Bestimmung (vgl. S. 44 u. 296).

Anzahl der ganzen ccm $^1/_{10}$ normaler Jodlösung	Anzahl der $^1/_{10}$ ccm $^1/_{10}$ normaler Jodlösung									
	0	1	2	3	4	5	6	7	8	9
	g Invertzucker in 1 Liter									
0	0,0	0,04	0,1	0,1	0,2	0,2	0,3	0,3	0,3	0,4
1	0,4	0,5	0,5	0,5	0,5	0,6	0,6	0,6	0,7	0,7
2	0,7	0,8	0,8	0,8	0,9	0,9	0,9	1,0	1,0	1,0
3	1,1	1,1	1,1	1,2	1,2	1,2	1,2	1,3	1,3	1,3
4	1,4	1,4	1,4	1,5	1,5	1,5	1,6	1,6	1,6	1,7
5	1,7	1,7	1,8	1,8	1,8	1,9	1,9	1,9	2,0	2,0
6	2,0	2,1	2,1	2,1	2,2	2,2	2,2	2,3	2,3	2,3
7	2,4	2,4	2,4	2,4	2,5	2,5	2,5	2,6	2,6	2,6
8	2,7	2,7	2,7	2,8	2,8	2,8	2,9	2,9	2,9	3,0
9	3,0	3,0	3,1	3,1	3,1	3,2	3,2	3,2	3,3	3,3
10	3,3	3,4	3,4	3,4	3,5	3,5	3,5	3,6	3,6	3,6
11	3,7	3,7	3,7	3,8	3,8	3,8	3,9	3,9	3,9	4,0
12	4,0	4,0	4,1	4,1	4,1	4,2	4,2	4,2	4,3	4,3
13	4,3	4,4	4,4	4,4	4,5	4,5	4,5	4,6	4,6	4,6
14	4,7	4,7	4,7	4,7	4,8	4,8	4,8	4,9	4,9	4,9
15	5,0	5,0	5,0	5,1	5,1	5,1	5,2	5,2	5,2	5,3

Tabelle 19. Tabelle zur Ermittlung der Glykose des Invertzuckers, Milchzuckers und Malzzuckers (in mg) aus dem gewogenen Kupferoxydul[1] (vgl. S. 46).

Cu$_2$O	Cu	Glykose	Invertzucker	Milchzucker	Malzzucker	Cu$_2$O	Cu	Glykose	Invertzucker	Milchzucker	Malzzucker
10	8,9	5,6	4,6	5,1	7,5	55	48,8	25,3	25,3	34,3	41,6
11	9,8	6,0	5,1	5,8	8,2	56	49,7	25,7	25,8	34,9	42,4
12	10,7	6,4	5,6	6,4	9,0	57	50,6	26,2	26,2	35,6	43,1
13	11,5	6,8	6,0	7,1	9,7	58	51,5	26,6	26,7	36,2	43,8
14	12,4	7,2	6,4	7,7	10,5	59	52,4	27,1	27,2	36,9	44,6
15	13,3	7,7	6,9	8,4	11,2	60	53,3	27,5	27,6	37,5	45,4
16	14,2	8,1	7,3	9,0	12,0	61	54,2	27,9	28,1	38,2	46,2
17	15,1	8,6	7,8	9,7	12,7	62	55,1	28,4	28,6	38,8	47,0
18	16,0	9,0	8,3	10,3	13,5	63	55,9	28,8	29,0	39,4	47,7
19	16,9	9,5	8,7	11,0	14,2	64	56,8	29,2	29,5	40,1	48,5
20	17,8	9,9	9,2	11,6	15,0	65	57,7	29,7	30,0	40,8	49,3
21	18,6	10,4	9,6	12,3	15,7	66	58,6	30,1	30,4	41,4	50,1
22	19,5	10,8	10,0	12,9	16,4	67	50,5	30,6	30,9	42,0	50,8
23	20,4	11,2	10,5	13,6	17,2	68	69,4	31,0	31,4	42,7	51,4
24	21,3	11,7	11,0	14,2	17,9	69	61,3	31,4	31,8	43,3	52,3
25	22,2	12,1	11,4	14,8	18,7	70	62,2	31,9	32,3	44,0	53,2
26	23,1	12,5	11,9	15,5	19,5	71	63,0	32,3	32,7	44,6	53,9
27	24,0	13,0	12,4	16,2	20,2	72	63,9	32,8	33,1	45,3	54,7
28	24,9	13,4	12,8	16,8	21,0	73	64,8	33,2	33,6	45,9	55,5
29	25,8	13,9	13,3	17,5	21,7	74	65,7	33,7	34,1	46,6	56,3
30	26,6	14,3	13,7	18,1	22,4	75	66,6	34,1	34,5	47,2	57,0
31	27,5	14,8	14,2	18,7	23,2	76	67,5	34,5	35,0	47,9	57,8
32	28,4	15,2	14,7	19,4	23,9	77	68,4	35,0	35,5	48,5	58,6
33	29,3	15,6	15,1	20,0	24,7	78	69,3	35,4	35,9	49,2	59,4
34	30,2	16,1	15,6	20,7	25,4	79	70,2	35,9	36,4	49,8	60,2
35	31,1	16,5	16,1	21,3	26,2	80	71,0	36,3	36,8	50,4	61,0
36	32,0	16,9	16,5	22,0	27,0	81	71,9	36,8	37,3	51,1	61,8
37	32,9	17,4	17,0	22,6	27,7	82	72,8	37,2	37,8	51,8	62,6
38	33,7	17,8	17,4	23,3	28,5	83	73,7	37,6	38,2	52,4	63,3
39	34,6	18,3	17,9	23,9	29,2	84	74,6	38,1	38,7	53,1	64,1
40	35,5	18,7	18,4	24,6	30,0	85	75,5	38,5	39,2	53,7	64,9
41	36,4	19,2	18,8	25,2	30,8	86	76,4	39,0	39,7	54,4	65,7
42	37,3	19,6	19,3	25,9	31,5	87	77,3	39,4	40,2	55,0	66,5
43	38,2	20,0	19,8	26,5	32,3	88	78,1	39,8	40,6	55,7	67,2
44	39,1	20,4	20,2	27,2	33,0	89	79,0	40,3	41,1	56,3	68,0
45	40,0	20,9	20,7	27,8	33,8	90	79,9	40,7	41,6	57,0	68,8
46	40,8	21,3	21,1	28,5	34,6	91	80,8	41,2	42,0	57,6	69,7
47	41,7	21,7	21,6	29,1	35,3	92	81,7	41,6	42,5	58,2	70,4
48	42,6	22,2	22,1	29,8	36,1	93	82,6	42,1	43,0	58,9	72,2
49	43,5	22,6	22,5	30,4	36,9	94	83,5	42,6	43,5	59,5	72,0
50	44,4	23,1	23,0	31,1	37,7	95	84,4	43,0	43,9	60,2	72,8
51	45,3	23,5	23,5	31,7	38,4	96	85,2	43,4	44,4	60,8	73,5
52	46,2	24,0	23,9	32,4	39,2	97	86,1	43,9	44,8	61,4	74,3
53	47,1	24,4	24,4	33,0	40,0	98	87,0	44,3	45,3	62,1	75,1
54	48,0	24,8	24,9	33,7	40,8	99	87,9	44,8	45,8	62,8	75,8

[1] Nach v. Fellenberg, Mitt. a. d. Geb. Lebensmittelunters. u. Hyg. 1913, Bd. 4, S. 369. Schweizer Lebensmittelbuch, 3. Aufl., S. 391—395.

Cu_2O	Cu	Glykose	Invert-zucker	Milch-zucker	Malz-zucker	Cu_2O	Cu	Glykose	Invert-zucker	Milch-zucker	Malz-zucker
100	88,8	45,2	46,3	63,4	76,6	150	133,2	67,8	69,8	96,2	116,2
101	89,7	45,7	46,7	64,0	77,4	151	134,1	68,2	70,3	96,9	117,0
102	90,6	46,1	47,2	64,6	78,3	152	135,0	68,7	70,8	97,6	117,8
103	61,5	46,6	47,6	65,3	79,0	153	135,9	69,2	71,2	98,2	118,6
104	92,3	47,0	48,8	66,0	79,8	154	136,8	69,6	71,7	98,8	119,4
105	93,2	47,5	48,5	56,6	80,6	155	137,6	70,0	72,2	99,5	120,2
106	94,1	47,9	49,0	67,2	81,4	156	138,5	70,5	72,7	100,2	121,0
107	95,0	48,4	49,5	67,9	82,2	157	139,4	71,0	73,2	100,8	121,8
108	95,9	48,0	49,9	68,6	83,0	158	140,3	71,4	73,6	101,5	122,6
109	96,8	49,3	50,4	69,2	83,8	159	141,2	71,9	74,1	102,2	123,4
110	97,7	49,7	50,9	69,9	84,6	160	142,1	72,3	74,6	102,8	124,2
111	98,6	50,2	51,4	70,5	85,3	161	143,0	72,8	75,1	103,5	125,0
112	99,4	50,6	51,8	71,2	86,1	162	143,9	73,2	75,5	104,2	125,8
113	100,3	51,1	51,3	71,9	86,9	163	144,7	73,7	76,0	104,9	126,6
114	101,2	51,5	52,8	72,5	87,7	164	145,6	74,2	76,5	105,6	127,4
115	102,1	52,0	53,2	73,2	88,5	165	146,5	74,6	76,9	106,2	128,2
116	103,0	52,4	53,7	73,8	89,3	166	147,4	75,1	77,4	106,9	129,0
117	103,9	52,9	54,2	74,5	90,1	167	148,3	75,6	77,9	107,6	129,8
118	104,8	53,3	54,7	75,1	90,8	168	149,2	76,0	78,4	108,2	130,6
119	105,7	53,8	55,2	75,8	91,7	169	150,1	76,5	78,9	108,9	131,4
120	106,6	54,2	55,7	76,5	92,5	170	151,0	77,0	79,4	109,6	132,2
121	107,4	54,7	56,1	77,1	93,2	171	151,8	77,4	79,9	110,2	133,0
122	108,3	55,1	56,5	77,7	94,0	172	152,7	77,9	80,4	110,9	133,8
123	109,2	55,6	57,0	78,4	94,8	173	153,6	78,3	80,9	111,6	134,6
124	110,1	56,0	57,5	79,1	95,6	174	154,5	78,8	81,4	112,3	135,4
125	111,0	56,5	58,0	79,8	96,4	175	155,4	79,3	81,9	113,0	136,2
126	111,9	56,9	58,5	80,4	97,2	176	156,3	79,7	82,4	113,6	137,0
127	112,8	57,4	59,0	81,0	97,9	177	157,2	80,2	82,8	114,3	137,8
128	113,7	57,8	59,4	81,7	98,7	178	158,1	80,7	83,3	115,0	138,6
129	114,5	58,3	59,9	82,3	99,5	179	159,0	81,1	83,8	115,6	139,4
130	115,4	58,7	60,3	83,0	100,3	180	159,8	81,6	84,3	116,3	140,2
131	116,3	59,2	60,8	83,7	101,1	181	160,7	82,1	84,7	117,0	141,0
132	117,2	59,6	61,3	84,4	101,9	182	161,6	82,5	85,2	117,6	141,8
133	118,1	60,1	61,8	85,0	102,7	183	162,5	82,9	85,7	118,3	142,6
134	119,0	60,5	62,3	85,6	103,5	184	163,4	83,4	86,2	119,0	143,4
135	119,9	61,0	62,7	86,3	104,3	185	164,3	83,9	86,6	119,7	144,2
136	120,8	61,5	63,2	87,0	105,1	186	165,2	84,4	87,1	120,3	145,0
137	121,6	61,9	63,7	87,7	105,9	187	166,1	84,8	87,6	121,0	145,8
138	122,5	62,4	64,1	88,3	106,7	188	166,9	85,3	88,1	121,7	146,6
139	123,4	62,8	64,6	89,0	107,5	189	167,8	85,7	88,5	122,4	147,4
140	124,3	63,3	65,1	89,6	108,2	190	168,7	86,2	89,0	123,0	148,2
141	125,2	63,7	65,6	90,3	109,1	191	169,6	86,6	89,5	123,7	149,0
142	126,1	64,2	66,0	91,0	109,9	192	170,5	87,1	90,0	124,3	149,8
143	127,0	64,6	66,5	91,6	110,7	193	171,4	87,6	90,4	125,0	150,6
144	127,9	65,0	67,0	92,2	111,5	194	172,3	88,0	90,9	125,6	151,4
145	128,8	65,5	67,5	92,9	112,3	195	173,2	88,5	91,4	126,3	152,2
146	129,6	66,0	67,9	93,6	113,0	196	174,0	88,9	91,9	127,0	153,0
147	130,5	66,4	68,4	94,3	113,8	197	174,9	89,4	92,3	127,7	153,8
148	131,4	66,9	68,9	94,9	114,6	198	175,8	89,9	92,8	128,4	154,6
149	132,3	67,4	69,3	95,6	115,4	199	176,7	90,3	93,3	129,1	155,4

Cu$_2$O	Cu	Glykose	Invert-zucker	Milch-zucker	Malz-zucker	Cu$_2$O	Cu	Glykose	Invert-zucker	Milch-zucker	Malz-zucker
200	177,6	90,8	93,8	129,7	156,2	250	222,0	114,2	118,7	163,4	195,7
201	178,5	91,3	94,2	130,4	157,0	251	222,9	114,7	119,2	164,0	196,5
202	179,4	91,7	94,7	131,1	157,8	252	223,8	115,2	119,7	164,7	197,3
203	180,3	92,2	95,2	131,8	158,6	253	224,7	115,6	120,2	165,1	198,1
204	181,2	92,7	95,7	132,4	159,4	254	225,6	116,1	120,7	166,0	198,9
205	182,0	93,2	96,2	133,1	160,2	255	226,4	116,6	121,2	166,7	199,7
206	182,9	93,6	96,6	133,8	161,0	256	227,3	117,0	121,7	167,3	200,5
207	183,8	94,1	97,1	134,5	161,7	257	228,2	117,5	122,2	168,0	201,3
208	184,7	94,5	97,6	135,2	162,5	258	229,1	118,0	122,7	168,7	202,1
209	185,6	95,0	98,1	135,8	163,3	259	230,0	118,5	123,2	169,4	202,9
210	186,5	95,5	98,6	136,5	164,1	260	230,9	119,0	123,7	170,0	203,7
211	187,4	95,9	99,1	137,2	164,9	261	231,8	119,4	124,2	170,7	204,5
212	188,3	96,4	99,6	137,9	165,7	262	232,7	119,9	124,7	171,3	205,3
213	189,1	96,9	100,1	138,6	166,5	263	233,5	120,4	125,2	172,0	206,1
214	190,0	96,4	100,6	139,3	167,3	264	234,4	120,9	125,7	172,6	206,9
215	190,9	97,8	101,1	140,0	168,0	265	235,3	121,4	126,2	173,3	207,7
216	191,8	98,3	101,6	140,6	168,8	266	236,2	121,8	126,7	174,0	208,4
217	192,7	98,7	102,1	141,3	169,6	267	237,1	122,3	127,2	174,7	209,2
218	193,6	99,2	102,6	142,0	170,4	268	238,0	122,8	127,8	175,4	210,0
219	194,5	99,7	103,1	142,6	171,2	269	238,9	123,3	128,3	176,1	210,8
220	195,4	100,1	103,6	143,3	172,0	270	239,8	123,7	128,8	176,8	211,6
221	196,2	100,6	104,1	144,0	172,8	271	240,6	124,2	129,3	177,5	212,4
222	197,1	101,1	104,6	144,7	173,6	272	241,5	124,7	129,8	178,2	213,2
223	198,0	101,5	105,1	145,4	174,3	273	242,4	125,2	130,3	178,8	214,0
224	198,9	102,0	105,6	146,1	175,1	274	243,3	125,6	130,8	179,5	214,8
225	199,8	102,5	106,1	146,8	175,9	275	244,2	126,1	131,3	180,2	215,6
226	200,7	103,0	106,6	147,5	176,7	276	245,1	126,6	131,8	180,9	216,4
227	201,6	103,5	107,1	148,1	177,5	277	246,0	127,1	132,3	181,6	217,2
228	202,5	103,9	107,6	148,8	178,3	278	246,9	127,6	132,8	182,3	218,0
229	203,4	104,4	108,1	149,4	179,0	279	247,8	128,0	133,3	183,0	218,8
230	204,2	104,8	108,6	150,1	179,8	280	248,6	128,5	133,8	183,6	219,6
231	205,1	105,3	109,1	150,8	180,6	281	249,5	129,0	134,4	184,3	220,4
232	206,0	105,8	109,6	151,4	181,4	282	250,4	129,4	134,9	185,0	221,2
233	206,9	106,3	110,1	152,1	182,2	283	251,3	129,9	135,4	185,7	222,0
234	207,8	106,8	110,6	152,8	183,0	284	252,2	130,4	135,9	186,4	222,8
235	208,7	107,2	111,1	153,4	183,8	285	253,1	130,8	136,4	187,1	223,6
236	209,6	107,7	111,6	154,1	184,6	286	254,0	131,3	136,9	187,8	224,4
237	210,5	108,2	112,1	154,8	185,4	287	254,9	131,8	137,4	188,5	225,1
238	211,3	108,6	112,6	155,4	186,2	288	255,7	132,3	137,9	189,1	225,9
239	212,2	109,1	113,1	156,1	187,0	289	256,6	132,8	138,4	189,1	226,7
240	213,1	109,6	113,6	156,8	187,8	290	257,5	133,2	138,9	190,5	227,5
241	214,0	110,0	114,2	157,4	188,6	291	258,4	133,7	139,4	191,2	228,3
242	214,9	110,5	114,7	158,1	189,4	292	259,3	134,2	140,0	191,9	229,1
243	215,8	111,0	115,2	158,7	190,2	293	260,2	134,7	140,5	192,6	229,9
244	216,7	111,4	115,7	159,4	191,0	294	261,1	135,2	141,0	193,3	230,8
245	217,6	111,9	116,2	160,1	191,8	295	262,0	135,6	141,5	194,0	231,6
246	218,4	112,4	116,7	160,7	192,6	296	262,8	136,6	142,0	194,7	232,4
247	219,3	112,8	117,2	161,4	193,4	297	263,7	136,0	142,5	195,4	233,2
248	220,2	113,3	117,7	162,0	194,2	298	264,6	137,1	143,0	196,0	234,0
249	221,1	113,8	118,2	162,7	195,0	299	265,5	137,6	143,5	196,7	234,8

Cu_2O	Cu	Glykose	Invert-zucker	Milch-zucker	Malz-zucker	Cu_2O	Cu	Glykose	Invert-zucker	Milch-zucker
300	266,4	138,1	144,0	197,4	235,6	350	310,8	162,4	170,1	232,8
301	267,3	138,5	144,5	198,1	236,4	351	311,7	162,9	170,6	233,5
302	268,2	139,0	145,0	198,8	237,2	352	312,6	163,4	171,2	234,2
303	269,1	139,5	145,5	199,5	238,0	353	313,5	163,9	171,7	234,9
304	270,0	140,0	146,1	200,2	238,8	354	314,4	164,4	172,3	235,6
305	270,8	140,5	146,6	200,9	239,6	355	315,2	164,9	172,8	236,3
306	271,7	141,0	147,1	201,6	240,4	356	316,1	165,4	173,3	237,0
307	272,6	141,5	147,6	202,3	241,2	357	317,0	165,9	173,9	237,7
308	273,5	142,0	148,1	203,0	242,0	358	317,9	166,4	174,4	238,4
309	274,4	142,5	148,6	203,7	242,8	359	318,8	166,9	174,9	239,1
310	275,3	143,0	149,1	204,4	243,6	360	319,7	167,4	174,5	239,8
311	276,2	143,4	149,6	205,2	244,4	361	320,6	167,9	176,0	240,5
312	277,1	143,9	150,1	205,9	245,2	362	321,5	168,4	176,5	241,2
313	277,9	144,4	150,6	206,6	246,0	363	322,3	158,9	177,0	241,8
314	278,8	144,9	151,2	207,3	246,8	364	324,2	169,4	177,5	242,5
315	279,7	145,4	151,7	208,0	247,6	365	324,1	169,9	178,0	243,2
316	280,6	145,8	152,3	208,7	248,4	366	325,0	170,4	179,1	244,6
317	281,5	146,3	152,8	209,5	249,2	367	325,9	170,9	179,1	244,6
318	282,4	146,8	153,3	210,2	249,9	368	326,8	171,4	179,6	245,2
319	283,3	147,3	153,9	210,9	250,7	369	327,7	171,9	180,2	245,9
320	284,2	147,8	154,4	211,6	251,5	370	328,6	172,4	180,7	246,6
321	285,0	148,2	154,9	212,3	252,3	371	329,4	172,9	181,2	247,3
322	285,9	148,7	155,4	213,0	253,1	372	330,3	173,4	181,8	248,0
323	286,8	149,2	155,9	213,7	253,8	373	331,2	173,9	182,3	248,7
324	287,7	149,7	156,5	214,4	254,6	374	332,1	174,4	182,9	249,4
325	288,6	150,2	157,0	215,2	255,4	375	333,0	174,9	183,5	250,1
326	289,5	150,7	157,5	215,9	256,2	376	333,9	175,3	184,0	250,8
327	290,4	151,2	158,0	216,6	257,0	377	334,8	175,8	184,5	251,6
328	291,3	151,7	158,6	217,3	257,8	378	335,7	176,3	185,1	252,3
329	292,2	152,2	159,1	218,0	258,5	379	336,6	176,8	185,6	253,0
330	293,0	152,7	159,6	218,8	259,3	380	337,4	177,3	186,1	253,7
331	293,9	153,2	160,1	219,5	260,1	381	338,3	177,8	186,7	254,4
332	294,8	153,6	160,7	220,2	260,9	382	339,2	178,3	187,2	255,1
333	295,7	154,1	161,2	220,9	261,6	383	340,1	178,8	187,9	255,8
334	296,6	154,6	161,8	221,6	262,4	384	341,0	179,3	188,4	256,6
335	297,5	155,1	162,3	222,4	263,2	385	341,9	179,8	188,9	257,3
336	298,4	155,6	162,8	223,1	264,0	386	242,8	180,3	189,4	258,0
337	299,3	156,1	163,4	223,8	264,8	387	343,7	180,8	190,0	258,7
338	300,1	156,6	163,9	224,5	265,4	388	344,5	181,3	190,5	259,5
339	301,0	157,1	164,4	225,2	266,3	389	345,4	181,8	191,0	260,2
340	301,9	157,6	165,0	225,9	267,1	390	346,3	182,3	191,6	260,9
341	302,8	158,0	165,5	226,6		391	347,2	182,8	192,1	261,6
342	303,7	158,5	166,0	227,2		392	348,1	183,3	192,6	262,3
343	304,6	159,0	166,5	227,9		393	349,0	183,8	193,2	263,1
344	305,5	159,5	167,0	228,6		394	349,0	184,3	193,7	263,8
345	306,4	160,0	167,5	229,3		395	350,8	184,8	194,2	264,5
346	307,2	160,5	168,0	230,0		396	351,6	185,2	194,8	265,2
347	308,1	161,0	168,6	230,7		397	352,5	185,7	195,3	265,9
348	309,0	161,5	169,1	231,4		398	353,4	186,2	195,8	266,7
349	309,9	162,0	169,6	232,1		399	354,3	186,7	196,4	267,4

Cu_2O	Cu	Glykose	Invert-zucker	Milch-zucker	Cu_2O	Cu	Glykose	Invert-zucker	Milch-zucker
400	355,2	187,2	196,9	268,1	450	399,6	212,7	224,7	306,0
401	356,1	187,7	197,4	268,8	451	400,5	213,2	225,3	
402	357,0	188,3	198,0	269,6	452	401,4	213,7	226,0	
403	357,9	188,8	198,5	270,3	453	402,3	214,3	226,6	
404	358,8	189,3	199,0	271,0	454	403,2	214,8	227,2	
405	359,6	189,8	199,6	271,8	455	404,0	215,3	227,8	
406	360,5	190,3	200,1	272,5	456	404,9	215,8	228,4	
407	361,4	190,8	200,7	273,2	457	405,8	216,3	229,1	
408	362,3	191,3	201,2	274,0	458	406,7	216,8	229,8	
409	363,2	191,9	201,8	274,7	459	407,6	217,4	230,4	
410	364,1	192,4	202,4	275,5	460	408,5	217,9	231,0	
411	365,0	192,9	203,0	276,2	461	409,4	218,4	231,7	
412	365,9	193,4	203,5	276,9	462	410,3	218,9	232,3	
413	366,7	193,9	204,1	277,7	463	411,1	219,4	232,9	
414	367,6	194,4	204,6	278,4	464	412,0	219,4	233,5	
415	368,5	194,9	205,2	279,1	465	412,9	220,4	234,2	
416	369,4	195,4	205,7	279,9	466	413,8	220,9	234,8	
417	370,3	195,4	205,7	279,9	467	414,7	221,5	235,5	
418	371,2	196,4	206,8	281,4	468	415,6	222,0	236,1	
419	372,1	196,9	207,4	282,2	469	416,5	222,5	236,7	
420	373,0	197,4	208,0	283,0	470	417,4	223,0	237,4	
421	373,8	197,9	208,5	283,7	471	418,2	223,5	238,0	
422	374,7	198,4	209,1	284,5	472	419,1	224,1	238,6	
423	375,6	198,9	209,6	285,2	473	420,0	224,6	239,2	
424	376,5	199,4	210,2	286,0	474	420,9	225,1	239,9	
425	377,4	199,9	210,7	286,8	475	421,8	225,6	240,5	
426	378,3	200,5	211,3	287,6	476	422,7	226,1	241,1	
427	379,2	210,0	211,9	288,3	477	423,6	226,6	241,7	
428	380,1	201,5	212,5	289,1	478	424,5	227,2	242,3	
429	381,0	202,2	213,0	289,9	479	425,4	227,7	242,9	
430	381,8	202,5	213,6	290,7	480	426,2	228,2	243,5	
431	382,7	203,0	214,1	291,4	481	427,1	229,7	244,2	
432	383,6	203,5	214,7	292,2	482	428,0	229,2.	244,9	
433	384,5	204,0	215,2	293,0	483	428,9	229,7	245,5	
434	385,4	204,5	215,8	293,8	484	429,8	230,2	246,2	
435	386,3	205,0	216,3	294,5	485	430,7	230,8	246,9	
436	387,2	205,5	216,9	295,3	486	431,6	231,3		
437	388,1	206,1	217,4	296,0	487	432,5	231,8		
438	388,9	206,6	218,0	296,8	488	433,3	232,3		
439	389,8	207,1	218,5	297,6	489	434,2	232,9		
440	390,7	207,6	219,1	298,4	490	435,1	233,4		
441	391,6	208,1	219,6	299,2	491	436,0	234,0		
442	392,5	208,6	220,2	299,9	492	436,9	234,5		
443	393,4	209,1	220,8	300,7	493	437,8	253,0		
444	394,3	209,6	221,3	301,4	494	438,7	235,5		
445	395,2	210,2	221,9	302,2	495	439,6	236,0		
446	396,0	210,7	222,4	303,0	496	440,4	236,6		
447	396,9	211,2	223,0	303,7	497	441,3	237,1		
448	397,8	211,7	223,6	304,5	498	442,2	237,6		
449	398,7	212,2	224,1	305,2	499	443,1	238,1		

Cu₂O	Cu	Glykose	Invert-zucker	Milch-zucker	Malz-zucker	Cu₂O	Cu	Glykose	Invert-zucker	Milch-zucker	Malz-zucker
500	444,0	238,7	505	447,6	241,2	510	452,9	243,9	515	457,3	246,5
501	444,9	239,2	506	449,3	241,8	511	453,8	244,5	516	458,2	247,0
502	445,8	239,7	507	450,2	242,3	512	454,7	245,0	517	459,1	247,5
503	446,7	240,2	508	451,1	242,9	513	455,5	245,5	518	460,0	248,1
504	447,6	240,7	509	452,0	243,4	514	456,4	246,0	519	460,9	248,6
									520	461,8	249,1

Tabelle 20. Ermittlung des Invertzuckergehaltes von Wein aus der gewogenen Kupferoxydmenge (vgl. S. 296).

Kupferoxyd in Gramm, 1. und 2. Dezimalstelle	g Invert-zucker, 1. und 2. Dezimalstelle	0	1	2	3	4	5	6	7	8	9
		Kupferoxyd in Gramm, 3. Dezimalstelle — g Invertzucker, 3. und 4. Dezimalstelle									
0,00	0,00	—	—	—	—	—	29	33	37	42	45
01		49	53	57	61	65	70	74	78	82	86
02		90	94	98	*02	*06	*10	*14	*18	*22	*26
03	0,01	30	34	38	42	46	51	55	59	63	67
04		71	75	79	83	87	91	95	99	*03	*07
0,05	0,02	11	15	19	23	27	32	36	40	44	48
06		52	56	60	64	68	73	77	81	85	89
07		93	97	*01	*06	*10	*14	*18	*22	*27	*31
08	0,03	35	39	43	47	51	56	60	64	68	72
09		76	80	84	89	93	97	*01	*05	*10	*14
0,10	0,04	18	22	26	30	34	39	43	47	51	55
11		59	63	67	71	75	80	84	88	92	96
12	0,05	00	04	08	13	17	21	25	29	34	38
13		42	46	50	55	59	63	67	71	76	80
14		84	88	93	97	*01	*06	*10	*14	*18	*23
0,15	0,06	27	31	36	40	44	49	53	57	61	66
16		70	74	78	83	87	91	95	99	*04	*08
17	0,07.	12	16	21	25	29	34	38	42	46	51
18		55	59	64	68	73	77	81	86	90	95
19		99	*03	*08	*12	*16	*21	*25	*29	*33	*38
0,20	0,08	42	46	51	55	59	64	68	72	76	81
21		85	89	94	98	*03	*07	*11	*16	*20	*25
22	0,09	29	33	38	42	46	51	55	59	63	68
23		72	76	81	85	90	94	98	*03	*07	*12
24	0,10	16	21	25	30	34	39	43	48	52	57
0,25		61	66	70	75	79	84	88	93	97	*02
26	0,11	06	11	15	20	24	29	33	38	42	47
27		51	56	60	65	69	74	78	83	87	92
28		96	*01	*05	*10	*14	*19	*24	*28	*33	*37
29	0,12	42	47	51	56	60	65	69	74	78	83
0,30		87	92	96	*01	*05	*10	*15	*19	*24	*28
31	0,13	33	38	42	47	51	56	61	65	70	74
32		79	84	88	93	97	*02	*07	*11	*16	*20
33	0,14	25	30	34	39	43	48	52	57	61	66
34		70	75	79	84	89	94	98	*03	*08	*12

Einschalttafeln für die 4. Dezimalstelle:

4	
1	0,4
2	0,8
3	1,2
4	1,6
5	2,0
6	2,4
7	2,8
8	3,2
9	3,6

5	
1	0,5
2	1,0
3	1,5
4	2,0
5	2,5
6	3,0
7	3,5
8	4,0
9	4,5

Kupferoxyd in Gramm, 1. und 2. Dezimalstelle	g Invertzucker, 1. und 2. Dezimalstelle	0	1	2	3	4	5	6	7	8	9
							g Invertzucker 3. und 4. Dezimalstelle				
0,35	0,15	17	22	27	31	36	41	46	51	55	60
36		64	69	74	78	83	88	93	98	*02	*07
37	0,16	12	17	22	26	31	36	41	46	50	55
38		60	65	69	74	79	84	88	93	98	*02
39	0,17	07	12	16	21	26	31	35	40	45	49
0,40		54	59	64	68	73	78	83	88	92	97
41	0,18	02	07	12	17	22	27	31	36	41	46
42		51	56	61	65	70	75	80	85	89	94
43		99	*04	*09	*13	*18	*23	*28	*33	*37	*42
44	0,19	47	52	57	61	66	71	76	81	85	90
0,45		95	*00	*05	*10	*15	*20	*25	*30	*35	*40
46	0,20	45	50	55	60	65	71	76	81	86	91
47		96	*01	*06	*11	*16	*21	*26	*31	*36	*41
48	0,21	46	51	56	61	66	71	76	81	86	91
49		96	*01	*06	*11	*16	*21	*26	*31	*36	*41
0,50	0,22	46	52	57	63	69	75	80	86	92	97
51	0,23	03	09	14	20	26	32	37	43	49	54
52		60	66	71	77	82	88	94	99	*05	*10
53	0,24	16	22	27	33	38	44	49	55	60	66

Einschalttafeln für die 4. Dezimalstelle: 6

1	0,6
2	1,2
3	1,8
4	2,4
5	3,0
6	3,6
7	4,2
8	4,8
9	5,4

Tabelle 21. Ermittlung des Glykosegehaltes von Wein aus der gewogenen Kupferoxydmenge (vgl. S. 298).

Kupferoxyd in Gramm 1. und 2. Dezimalstelle	g Glykose, 1. und 2. Dezimalstelle	0	1	2	3	4	5	6	7	8	9
							g Glykose, 3. und 4. Dezimalstelle				
0,00	0,00	—	—	—	—	—	30	34	38	42	46
01		50	54	58	62	66	70	74	78	82	86
02		90	94	98	*02	*06	*10	*14	*18	*22	*26
03	0,01	30	34	38	42	46	50	54	58	62	66
04		70	74	78	82	86	90	93	97	*01	*05
0,05	0,02	09	13	17	21	25	29	33	37	41	45
06		49	53	57	61	65	69	72	76	80	84
07		88	92	96	*00	*04	*08	*12	*16	*20	*24
08	0,03	28	32	36	40	44	48	52	56	60	64
09		68	72	76	80	84	88	92	96	*00	*04
0,10	0,04	08	12	16	20	24	29	33	37	41	45
11		49	53	57	61	65	69	73	77	81	85
12		89	93	97	*01	*05	*09	*13	*17	*21	*25
13	0,05	29	33	37	41	45	49	53	57	61	65
14		69	73	77	81	85	90	94	98	*02	*06
0,15	0,06	10	14	18	22	26	31	35	39	43	47
16		51	55	59	63	67	72	76	80	84	88
17		92	96	*00	*04	*08	*13	*17	*21	*25	*29
18	0,07	33	37	41	45	49	54	58	62	66	70
19		74	78	82	87	91	95	99	*03	*08	*12

Einschalttafeln für die 4. Dezimalstelle: 3

1	0,3
2	0,6
3	0,9
4	1,2
5	1,5
6	1,8
7	2,1
8	2,4
9	2,7

Kupferoxyd in Gramm 1. und 2. Dezimalstelle	g Glykose, 1. und 2. Dezimalstelle	Kupferoxyd in Gramm, 3. Dezimalstelle										Einschalttafeln für die 4. Dezimalstelle
		0	1	2	3	4	5	6	7	8	9	
		g Glykose, 3. und 4. Dezimalstelle										
0,20	0,08	16	20	24	28	32	37	41	45	49	53	
21		57	61	65	70	74	78	82	86	91	95	
22		99	*03	*07	*12	*16	*20	*24	*28	*33	*37	
23	0,09	41	45	49	53	57	62	66	70	74	78	
24		82	86	90	95	99	*03	*07	*11	*16	*20	4
0,25	0,10	24	28	33	37	41	46	50	54	58	63	1	0,4
26		67	71	76	80	84	89	93	97	*01	*06	2	0,8
27	0,11	10	14	18	23	27	31	35	39	44	48	3	1,2
28		52	56	60	65	69	73	77	81	86	90	4	1,6
29		94	98	*03	*07	*11	*16	*20	*24	*28	*33	5	2,0
0,30	0,12	37	41	47	50	54	59	63	67	71	76	6	2,4
31		80	84	89	93	97	*02	*06	*10	*14	*19	7	2,8
32	0,13	23	27	32	36	40	45	49	53	57	62	8	3,2
33		66	70	75	79	83	88	92	96	*00	*05	9	3,6
34	0,14	09	13	18	22	27	31	35	40	44	49	
0,35		53	57	62	66	71	75	79	84	88	93	
36		97	*01	*06	*10	*15	*19	*23	*28	*32	*37	
37	0,15	41	45	50	54	59	63	67	72	76	81	
38		85	89	94	98	*03	*07	*11	*16	*20	*25	
39	0,16	29	33	38	42	47	51	55	60	64	69	5
0,40		73	78	82	87	91	96	*00	*05	*09	*14	
41	0,17	18	22	27	31	36	40	44	49	53	58	1	0,5
42		62	67	71	76	80	85	89	94	98	*03	2	1,0
43	0,18	07	12	16	21	25	30	34	39	43	48	3	1,5
44		52	57	61	66	70	75	70	84	88	93	4	2,0
0,45		97	*02	*06	*11	*15	*20	*25	*29	*34	*39	5	2,5
46	0,19	43	48	52	57	61	66	71	75	80	84	6	3,0
47		89	94	98	*03	*07	*12	*16	*21	*25	*30	7	3,5
48	0,20	34	39	43	48	52	57	62	66	71	75	8	4,0
49		80	85	89	94	98	*03	*08	*12	*17	*21	9	4,5
0,50	0,21	26	31	35	40	44	49	54	58	63	67	
51		72	77	81	86	90	95	*00	*04	*09	*13	
52	0,22	18	23	27	32	37	42	46	51	56	60	
53		65	70	74	79	84	89	93	98	*03	*07	
54	0,23	12	17	21	26	31	36	40	45	50	54	
0,55		59	64	68	73	78	83	87	92	97	*01	
56	0,24	06	11	16	20	25	30	35	40	44	49	
		54	59	63	68	73	78	82	87	92	96	

Tabelle 22. Tafel zur Berechnung des Fructosegehaltes von Wein (vgl. S. 299).

$$0{,}37211 \cdot a.$$

Hunderter und Zehner			*	Einer und Dezimale									
0	1	2		0	1	2	3	4	5	6	7	8	9
0	37,21	74,42	0	0	0,04	0,07	0,11	0,15	0,19	0,22	0,26	0,30	0,33
3,72	40,93	78,14	1	0,37	0,41	0,45	0,48	0,52	0,56	0,60	0,63	0,67	0,71
7,44	44,65	81,86	2	0,74	0,78	0,82	0,86	0,89	0,93	0,97	1,00	1,04	1,08
11,16	48,37	85,59	3	1,12	1,15	1,19	1,23	1,27	1,30	1,34	1,38	1,41	1,45
14,88	52,10	89,31	4	1,49	1,53	1,56	1,60	1,64	1,67	1,71	1,75	1,79	1,82
18,61	55,82	93,03	5	1,86	1,90	1,93	1,97	2,01	2,05	2,08	2,12	2,16	2,20
22,33	59,54	96,75	6	2,23	2,27	2,31	2,34	2,38	2,42	2,46	2,49	2,53	2,57
26,05	63,26	100,47	7	2,60	2,64	2,68	2,72	2,75	2,79	2,83	2,87	2,90	2,94
29,76	66,98	104,19	8	2,98	3,01	3,05	3,09	3,13	3,16	3,20	3,24	3,27	3,31
33,49	70,70	107,91	9	3,35	3,39	3,42	3,46	3,50	3,53	3,57	3,61	3,65	3,68

$$3{,}5440 \cdot p.$$

Ganze			*	Dezimale
0	1	2		
0	35,44	70,88	0	0
3,54	38,98	74,42	1	0,35
7,09	42,53	77,97	2	0,71
10,63	46,07	81,51	3	1,06
14,18	49,62	85,06	4	1,42
17,72	53,16	88,60	5	1,77
21,26	56,70	92,14	6	2,13
24,81	60,25	95,69	7	2,48
28,35	63,79	99,23	8	2,84
31,90	67,34	102,78	9	3,19

Tabelle 23. Tafel zur Berechnung des Glykosegehaltes von Wein (vgl. S. 299).

$$0{,}65915 \cdot a.$$

Hunderter und Zehner			*	Einer und Dezimale									
0	1	2		0	1	2	3	4	5	6	7	8	9
0	65,92	131,83	0	0	0,07	0,13	0,20	0,26	0,33	0,40	0,46	0,53	0,59
6,59	72,51	138,42	1	0,66	0,73	0,79	0,86	0,92	0,99	1,05	1,12	1,19	1,25
13,18	79,10	145,01	2	1,32	1,38	1,45	1,52	1,58	1,65	1,71	1,78	1,85	1,91
19,77	85,69	151,61	3	1,98	2,04	2,11	2,18	2,24	2,31	2,37	2,44	2,50	2,57
26,37	92,28	158,20	4	2,64	2,70	2,77	2,83	2,90	2,97	3,03	3,10	3,16	3,23
32,96	98,87	164,79	5	3,30	3,36	3,43	3,49	3,56	3,63	3,69	3,76	3,82	3,89
39,55	105,47	171,38	6	3,95	4,02	4,09	4,15	4,22	4,28	4,35	4,42	4,48	4,55
46,14	112,06	177,97	7	4,61	4,68	4,75	4,81	4,88	4,94	5,01	5,08	5,14	5,21
52,73	118,65	184,57	8	5,27	5,34	5,41	5,47	5,54	5,60	5,67	5,73	5,80	5,87
59,32	125,24	191,16	9	5,93	6,00	6,06	6,13	6,20	6,26	6,33	6,39	6,46	6,53

$$3{,}2463 \cdot p.$$

Ganze			*	Dezimale
0	1	2		
0	32,46	64,93	0	0
3,25	35,71	68,17	1	0,32
6,49	38,96	71,42	2	0,65
9,74	42,20	74,67	3	0,97
12,99	45,45	77,91	4	1,30
16,23	48,69	81,16	5	1,62
19,48	51,94	84,40	6	1,95
22,72	55,19	87,65	7	2,27
25,97	58,43	90,90	8	2,60
29,22	61,68	94,14	9	2,92

Anmerkung zu den Tafeln 22 und 23. Die links von Spalte * stehenden Werte der oberen Teile der Tafeln 22 und 23 betreffen die Hunderter und Zehner der Werte a. Die links von Spalte * stehenden Werte der unteren Teile der Tabellen betreffen bie vor dem Komma stehenden Stellen der Polarisationsgrade p. Man sucht zunächst die Hunderter in der Überschrift der Vertikalspalten, dann die Zehner in den mit * überschriebenen Spalten auf und findet in der Kreuzung der hierdurch angezeigten Horizontalspalte das zugehörige Produkt. In ähnlicher Weise findet man in der rechten Hälfte jeder Tafel das den Einern und Dezimalstellen entsprechende Produkt; man hat hier die Einer in der Spalte *, die Dezimalstelle als Überschrift einer Vertikalspalte aufzusuchen. Die Werte sind zu addieren.

Beispiel: Gefunden seien $a = 195{,}7$ g in 1 Liter und $p = -11{,}5°$.

In der Tabelle 22 findet man zunächst für die Hunderter und Zehner von a (1 und 9) auf der Kreuzung von 1 (vertikal links) und 9 (horizontal) 70,70, für die Einer und die Dezimalstelle (5 und 7) auf der Kreuzung von 5 (horizontal) und 7 (vertikal rechts) 2,12; also für 195,7 : 70,70 + 2,12 = 72,82.

Ähnlich ergibt sich für die Polarisation (11,5): 38,98 + 1,77 = 40,75.

Der Fruktosegehalt ist folglich
$$= 72{,}82 - (-40{,}75) = 114 \text{ g in 1 Liter Wein.}$$
In gleicher Weise findet man für den Glykosegehalt:
$$125{,}24 + 3{,}76 - 35{,}71 - 1{,}62 = 92 \text{ g in 1 Liter Wein.}$$

Tabelle 24. Berechnung des Saccharosegehaltes von Schokoladen und Kakaopulver aus der abgelesenen Drehung nach H. Fincke (vgl. S. 273).

A. Schokoladen (ohne Zusatz fremder Zuckerarten).						B. Kakaopulver-Zucker-Mischungen.			
Abgelesene Drehung 0	Korrektionsfaktor	Korrigierte Drehung 0	P.-T.	Saccharose %	P.-T.	Abgelesene Drehung 0	Korrektionsfaktor	Korrigierte Drehung 0	Saccharose %
+ 10,3	0,978	+ 10,07		75,6		+ 10,3	0,983	+ 10,13	76,0
10,2	0,978	9,56		74,8		10,2	0,983	10,02	75,2
10,1	0,977	9,86		74,0		10,1	0,982	9,92	74,4
10,0	0,976	9,76		73,2		10,0	0,982	9,82	73,6
9,9	0,975	9,65		72,4		9,9	0,981	9,71	72,8
9,8	0,975	9,55		71,6		9,8	0,981	9,61	72,1
9,7	0,974	9,45		70,8		9,7	0,980	9,51	71,3

A. Schokoladen (ohne Zusatz fremder Zuckerarten). — **B. Kakaopulver-Zucker-Mischungen.**

Abgelesene Drehung °	Korrektionsfaktor	Korrigierte Drehung °	P.-T.	Saccharose %	P.-T.	Abgelesene Drehung °	Korrektionsfaktor	Korrigierte Drehung °	Saccharose %
+ 9,6	0,973	+ 9,34	11 1 | 1 2 | 2 3 | 3 4 | 4 5 | 5 6 | 7 7 | 8 8 | 9 9 | 10	70,0		+ 9,6	0,979	+ 9,40	70,5
9,5	0,973	9,24		69,3		9,5	0,979	9,30	69,7
9,4	0,972	9,14		68,5		9,4	0,978	9,20	68,9
9,3	0,971	9,03		67,7		9,3	0,978	9,10	68,2
9,2	0,970	8,93		66,9		9,2	0,977	8,99	67,4
9,1	0,970	8,83		66,1		9,1	0,977	8,89	66,6
9,0	0,969	8,72		65,4		9,0	0,976	8,78	65,9
8,9	0,968	8,62		64,6		8,9	0,976	8,68	65,1
8,8	0,968	8,52		63,8		8,8	0,975	8,58	64,3
8,7	0,967	8,41		63,0		8,7	0,975	8,48	63,6
8,6	0,966	8,31		62,3		8,6	0,974	8,38	62,8
8,5	0,965	8,21		61,5		8,5	0,974	8,28	62,0
8,4	0,965	8,11		60,7		8,4	0,973	8,17	61,3
8,3	0,964	8,00		60,0		8,3	0,973	8,07	60,5
8,2	0,963	7,90		59,2		8,2	0,972	7,97	59,7
8,1	0,963	7,80		58,4		8,1	0,971	7,87	59,0
8,0	0,962	7,70		57,7		8,0	0,971	7,77	58,2
7,9	0,961	7,60		56,9		7,9	0,970	7,67	57,5
7,8	0,961	7,50		56,1		7,8	0,970	7,57	56,7
7,7	0,960	7,39		55,4		7,7	0,969	7,46	55,9
7,6	0,959	7,29		54,6		7,6	0,969	7,36	55,2
7,5	0,959	7,19		53,9		7,5	0,968	7,26	54,4
7,4	0,958	7,09		53,2		7,4	0,968	7,16	53,7
7,3	0,957	6,99		52,4		7,3	0,967	7,06	52,9
7,2	0,957	6,89		51,7		7,2	0,967	6,96	52,2
7,1	0,956	6,79	10 1 | 1 2 | 2 3 | 3 4 | 4 5 | 5 6 | 6 7 | 7 8 | 8 9 | 9	50,9	8 1 | 1 2 | 2 3 | 2 4 | 3 5 | 4 6 | 5 7 | 6 8 | 6 9 | 7	7,1	0,966	6,86	51,4
7,0	0,955	6,69		50,2		7,0	0,966	6,76	50,7
6,9	0,955	6,59		49,4		6,9	0,965	6,66	49,9
6,8	0,954	6,49		48,7		6,8	0,965	6,56	49,2
6,7	0,953	6,39		47,9		6,7	0,964	6,46	48,4
6,6	0,053	6,29		47,2		6,6	0,964	6,36	47,7
6,5	0,952	6,19		46,4		6,5	0,963	6,26	46,9
6,4	0,951	6,09		45,7		6,4	0,963	6,16	46,2
6,3	0,951	5,99		44,9		6,3	0,962	6,06	45,4
6,2	0,950	5,89		44,2		6,2	0,961	5,96	44,7
6,1	0,949	5,79		43,4		6,1	0,961	5,86	43,9
6,0	0,949	5,69		42,7		6,0	0,960	5,76	43,2
5,9	0,948	5,59		42,0		5,9	0,960	5,66	42,5
5,8	0,947	5,49		41,2		5,8	0,959	5,56	41,7
5,7	0,947	5,40	9 1 | 1 2 | 2 3 | 3 4 | 4 5 | 5 6 | 5 7 | 6 8 | 7 9 | 8	40,5	7 1 | 1 2 | 1 3 | 2 4 | 3 5 | 4 6 | 4 7 | 5 8 | 6 9 | 6	5,7	0,959	5,47	41,0
5,6	0,946	5,30		39,7		5,6	0,958	5,37	40,3
5,5	0,945	5,20		39,0		5,5	0,958	5,27	39,5
5,4	0.945	5,10		38,3		5,4	0,957	5,17	38,8
5,3	0,944	5,00		37,5		5,3	0,957	5,07	38,0
5,2	0,943	4,90		36,8		5,2	0,956	4,87	37,3
5,1	0,943	4,81		36,1		5,1	0,956	4,97	36,5
5,0	0,942	4,71		35,3		5,0	0,955	4,78	35,8

A. Schokoladen (ohne Zusatz fremder Zuckerarten).   B. Kakaopulver-Zucker-Mischungen.

Abgelesene Drehung 0	Korrektionsfaktor	Korrigierte Drehung 0	P.-T.	Saccharose %	P.-T.	Abgelesene Drehung 0	Korrektionsfaktor	Korrigierte Drehung 0	Saccharose %
+ 4,9	0,941	+ 4,61		34,6		+ 4,9	0,955	+ 4,68	35,0
4,8	0,941	4,52		33,9		4,8	0,954	4,58	34,3
4,7	0,940	4,42		33,1		4,7	0,954	4,48	33,6
4,6	0,939	4,32		32,4		4,6	0,953	4,38	32,9
4,5	0,938	4,22		31,7		4,5	0,953	4,29	32,2
4,4	0,938	4,13		31,0		4,4	0,952	4,19	31,4
4,3	0,937	4,03		30,2		4,3	0,952	4,09	30,7
4,2	0,936	3,93		29,5		4,2	0,951	3,99	30,0
4,1	0,836	3,84		28,8		4,1	0,951	3,90	29,2
4,0	0,935	3,74		28,1		4,0	0,950	3,80	28,5
3,9	0,934	3,64		27,3		3,9	0,949	3,70	27,8
3,8	0,934	3,55		26,6		3,8	0,949	3,60	27,1
3,7	0,933	3,45		25,9		3,7	0,948	3,51	26,3
3,6	0,932	3,35		25,2		3,6	0,948	3,41	25,6
3,5	0,932	3,26		24,4		3,5	0,947	3,31	24,9

Tabelle 25. Berechnung der Lactose und fettfreien Milch- und Vollmilch-Trockenmasse nach H. Fincke (vgl. S. 276).

Drehungsunterschied °	Lactose $C_{12}H_{22}O_{11} \cdot H_2O$ %	Fettfreie Milchtrockenmasse %	Vollmilchtrockenmasse %	Drehungsunterschied °	Lactose $C_{12}H_{22}O_{11} \cdot H_2O$ %	Fettfreie Milchtrockenmasse %	Vollmilchtrockenmasse %
0,02[1])	0,19[2])	0,36	0,5	0,42	4,00	7,6	10,5
0,04	0,38	0,72	1,0	0,44	4,19	7,9	11,0
0,06	0,57	1,08	1,5	0,46	4,38	8,3	11,5
0,08	0,76	1,44	2,0	0,48	4,57	8,6	12,0
0,10	0,95	1,8	2,5	0,50	4,76	9,0	12,5
0,12	1,14	2,2	3,0	0,52	4,95	9,4	13,0
0,14	1,33	2,5	3,5	0,54	5,14	9,7	13,5
0,16	1,52	2,9	4,0	0,56	5,33	10,1	14,0
0,18	1,71	3,2	4,5	0,58	5,52	10,4	14,5
0,20	1,90	3,6	5,0	0,60	5,71	10,8	15,0
0,22	2,09	4,0	5,5	0,62	5,90	11,2	15,5
0,24	2,28	4,3	6,0	0,64	6,09	11,5	16,0
0,26	2,48	4,7	6,5	0,66	6,28	11,9	16,5
0,28	2,67	5,0	7,0	0,68	6,47	12,2	17,0
0,30	2,86	5,4	7,5	0,70	6,66	12,6	17,5
0,32	3,05	5,0	8,0	0,72	6,85	13,0	18,0
0,34	3,24	6,1	8,5	0,74	7,04	13,3	18,5
0,36	3,43	6,5	9,0	0,76	7,23	13,7	19,0
0,38	3,62	6,8	9,5	0,78	7,43	14,0	19,5
0,40	3,81	7,2	10,0	0,80	7,62	14,4	20,0

[1]) Drehungsunterschiede unter 0,08—0,1° sind bei den üblichen Polarisationsapparaten mit großer Unsicherheit behaftet und unberücksichtigt zu lassen.

[2]) Man runde die Lactosewerte im Analysenbefund auf 1 Dezimale ab.

Drehungs-unterschied	Lactose $C_{12}H_{22}O_{11}\cdot H_2O$	Fettfreie Milch-trocken-masse	Vollmilch-trocken-masse	Drehungs-unterschied	Lactose $C_{12}H_{22}O_{11}\cdot H_2O$	Fettfreie Milch-trocken-masse	Vollmilch-trocken-masse
°	%	%	%	°	%	%	%
0,82	7,81	14,8	20,5	0,92	8,76	16,6	23,0
0,84	8,00	15,1	21,0	0,94	8,95	16,9	23,5
0,86	8,19	15,5	21,5	0,96	9,14	17,3	24,0
0,88	8,38	15,8	22,0	0,98	9,33	17,6	24,5
0,90	8,57	16,2	22,5	1,00	9,52	18,0	25,0

Tabelle 26. Berechnung des Stärkegehaltes aus dem nach Ewers erhaltenen Drehungswerte (vgl. S. 56).

(5 g Stoff auf 100 ccm im 200 mm-Rohre.)

Kreis-grade[1])	,0	,1	,2	,3	,4	,5	,6	,7	,8	,9
	Stärkegehalt in Prozenten									
0	0,00	0,54	1,09	1,68	2,18	2,72	3,27	3,81	4,35	4,90
1	5,44	5,99	6,53	7,08	7,62	8,17	8,71	9,25	9,80	10,34
2	10,89	11,43	11,98	12,52	13,07	13,61	14,15	14,70	15,24	15,79
3	16,33	16,88	17,42	17,97	18,51	19,05	19,60	20,14	20,69	21,23
4	21,78	22,32	22,86	23,41	23,95	24,50	25,04	25,59	26,13	26,68
5	27,22	27,76	28,31	28,85	29,40	29,94	30,49	31,03	31,58	32,12
6	32,66	33,21	33,75	34,30	34,84	35,39	35,93	36,47	37,02	37,56
7	38,11	38,65	39,20	39,74	40,28	40,83	41,37	41,92	42,46	43,01
8	43,55	44,10	44,64	45,19	45,73	46,27	46,82	47,37	47,91	48,45
9	49,00	49,54	50,09	50,63	51,18	51,72	52,27	52,81	53,35	53,90
10	54,44	54,99	55,53	56,08	56,62	57,17	57,71	58,25	58,80	59,34
11	59,89	60,43	60,98	61,52	62,07	62,61	63,15	63,70	64,24	64,79
12	65,33	65,88	66,42	66,97	67,51	68,05	68,60	69,14	69,69	70,23
13	70,78	71,32	71,86	72,41	72,95	73,50	74,04	74,59	75,13	75,68
14	76,22	76,76	77,31	77,85	78,40	78,94	79,49	80,03	80,58	81,12
15	81,66	82,21	82,75	83,30	83,84	84,39	84,93	85,47	86,02	86,56
16	87,10	87,65	88,20	88,74	89,29	89,83	90,37	90,92	91,46	92,01
17	92,55	93,10	93,64	94,19	94,73	95,27	95,82	96,37	96,91	97,45
18	97,99	98,43	99,08	99,62	—	—	—	—	—	—

Zwischenwerte für Hundertstel Grade:

Grade	0,01	0,02	0,03	0,04	0,05	0,06	0,07	0,08	0,09
Proz. Stärke:	0,05	0,11	0,16	0,22	0,27	0,33	0,38	0,44	0,49

Tabelle 27. Tafel zur Stärkesirupbestimmung[2]) (vgl. S. 247).

$[a]_D$ des in-vertierten Extraktes	Stärkesirup mit 18% Wasser	wasser-frei	$[a]_D$ des in-vertierten Extraktes	Stärkesirup mit 18% Wasser	wasser-frei	$[a]_D$ des in-vertierten Extraktes	Stärkesirup mit 18% Wasser	wasser-frei	$[a]_D$ des in-vertierten Extraktes	Stärkesirup mit 18% Wasser	wasser-frei
	%	%		%	%		%	%		%	%
—21,5	0,0	0,0	—20	1,2	1,0	—18	2,8	2,3	—16	4,3	3,5
—21	0,4	0,3	—19	2,0	1,6	—17	3,5	2,9	—15	5,1	4,2

[1]) Drehungswert nach Ewers bzw. (B—A) nach Seite 57.

[2]) Nach A. Juckenack, in der von A. Beythien und P. Simmich (Zeitschr. f. Untersuch. d. Nahrungs- u. Genußmittel Bd. 20, S. 248. 1910) abgeänderten, bequemeren Form.

$[a]_D$ des invertierten Extraktes	Stärkesirup mit 18% Wasser %	Stärkesirup wasserfrei %
—14	5,9	4,8
—13	6,7	5,5
—12	7,4	6,1
—11	8,2	6,8
—10	9,0	7,4
— 9	9,8	8,0
— 8	10,6	8,7
— 7	11,4	9,3
— 6	12,2	10,0
— 5	12,9	10,6
— 4	13,7	11,3
— 3	14,5	11,9
— 2	15,3	12,5
— 1	16,1	13,2
± 0	16,9	13,8
+ 1	17,6	14,5
+ 2	18,5	15,1
+ 3	19,2	15,8
+ 4	20,2	16,4
+ 5	20,8	17,0
+ 6	21,6	17,7
+ 7	22,3	18,3
+ 8	23,1	19,0
+ 9	23,9	19,6
+10	24,7	20,3
+11	25,5	20,9
+12	26,3	21,5
+13	27,1	22,2
+14	27,8	22,8
+15	29,6	23,5
+16	29,4	24,1
+17	30,2	24,7
+18	31,0	25,4
+19	31,7	26,0
+20	32,5	26,7
+21	33,3	27,3
+22	34,1	27,9
+23	34,9	28,6

$[a]_D$ des invertierten Extraktes	Stärkesirup mit 18% Wasser %	Stärkesirup wasserfrei %
+24	35,6	29,2
+25	36,4	29,9
+26	37,2	30,5
+27	38,0	31,2
+28	38,8	31,8
+29	39,6	32,4
+30	40,4	33,1
+31	41,1	33,7
+32	41,9	34,4
+33	42,7	35,0
+34	43,5	35,7
+35	44,3	36,3
+36	45,1	37,0
+37	45,9	37,6
+38	46,6	38,2
+39	47,4	38,9
+40	48,2	39,5
+41	49,0	40,2
+42	49,8	40,8
+43	50,6	41,5
+44	51,3	42,1
+45	52,1	42,7
+46	52,9	43,4
+47	53,7	44,0
+48	54,5	44,7
+49	55,2	45,3
+50	56,0	46,0
+51	56,8	46,6
+52	57,6	47,2
+53	58,4	47,9
+54	59,2	48,5
+55	60,0	49,2
+56	60,7	49,8
+57	61,5	50,5
+58	62,3	51,1
+59	63,1	51,7
+60	63,9	52,4

$[a]_D$ des invertierten Extraktes	Stärkesirup mit 18% Wasser %	Stärkesirup wasserfrei %
+61	64,7	53,0
+62	65,5	53,7
+63	66,2	54,3
+64	67,0	55,0
+65	67,8	55,6
+66	68,6	56,2
+67	69,4	56,9
+68	70,1	57,5
+69	70,9	58,2
+70	71,7	58,8
+71	72,5	59,4
+72	73,3	60,1
+73	74,1	60,7
+74	74,8	61,4
+75	75,6	62,0
+76	76,4	62,6
+77	77,2	63,3
+78	78,0	63,9
+79	78,8	64,6
+80	79,6	65,2
+81	80,3	65,9
+82	81,1	66,5
+83	81,9	67,2
+84	82,7	67,8
+85	83,5	68,4
+86	84,2	69,1
+87	85,0	69,7
+88	85,8	70,4
+89	86,6	71,0
+90	87,4	71,7
+91	88,2	72,3
+92	89,0	72,9
+93	89,7	73,6
+94	90,5	74,2
+95	91,3	74,9
+96	92,1	75,5
+97	92,9	76,2
+98	93,7	76,8

$[a]_D$ des invertierten Extraktes	Stärkesirup mit 18% Wasser %	Stärkesirup wassserfrei %
+99	94,4	77,4
+100	78,1	95,2
+101	78,7	96,0
+102	79,4	96,8
+103	80,0	97,6
+104	80,7	98,4
+105	81,3	99,2
+106	81,9	99,9
+107	82,6	100,7
+108	83,2	101,5
+109	83,9	102,3
+110	84,5	103,1
+111	85,1	103,8
+112	85,8	104,6
+113	86,4	105,4
+114	87,1	106,2
+115	87,7	107,0
+116	88,4	107,8
+117	89,0	108,6
+118	89,7	109,3
+119	90,3	110,1
+120	90,9	110,9
+121	91,6	111,7
+122	92,2	112,5
+123	113,3	92,9
+124	114,0	93,5
+125	114,8	94,2
+126	115,6	94,8
+127	116,4	95,4
+128	117,2	96,1
+129	118,0	96,7
+130	118,7	97,3
+131	119,5	98,0
+132	120,3	98,7
+133	121,1	99,3
+134	121,9	99,9
+134,1	122,0	100,0

Tabelle 28.

Ermittelung der Äpfelsäurekonzentration und -menge aus dem abgelesenen Drehungswinkel der Uranlösung im 200 mm-Rohre (vgl. S. 73).[1]

Drehungswinkel in 200 mm-Rohre	Apfelsäure in der polarisierten Lösung	Apfelsäuregehalt des untersuchten Stoffes[1]			
		Fall I		Fall II	
Kreisgrade	mmol/l	%		%	
—0,1	1,05	0,047	33	0,040	29
—0,2	1,80	0,080	33	0,069	28
—0,3	2,54	0,113	34	0,097	29
—0,4	3,29	0,147	33	0,126	29
—0,5	4,04	0,180	34	0,155	29
—0,6	4,80	0,214	35	0,184	29
—0,7	5,57	0,249	34	0,213	30
—0,8	6,34	0,283	35	0,243	29
—0,9	7,11	0,318	34	0,272	30
—1,0	7,88	0,352	34	0,302	29
—1,1	8,64	0,386	35	0,331	29
—1,2	9,41	0,421	34	0,360	30
—1,3	10,18	0,455	34	0,390	29
—1,4	10,94	0,489	35	0,419	29
—1,5	11,71	0,524	33	0,448	30
—1,6	12,48	0,557	35	0,478	29
—1,7	13,24	0,592	33	0,507	29
—1,8	14,01	0,625	34	0,536	29
—1,9	14,77	0,659	34	0,565	31
—2,0	15,53	0,693	35	0,596	28
—2,1	16,30	0,728	34	0,624	29
—2,2	17,06	0,762	35	0,653	30
—2,3	17,83	0,797	34	0,683	29
—2,4	18,59	0,831	33	0,712	29
—2,5	19,35	0,864	34	0,741	29
—2,6	20,11	0,898	34	0,770	29
—2,7	20,87	0,932	34	0,799	29
—2,8	21,63	0,966	34	0,828	29
—2,9	22,38	1,000	34	0,857	29
—3,0	23,14	1,034	33	0,886	29
—3,1	23,89	1,067	34	0,915	29
—3,2	24,65	1,101	34	0,944	28
—3,3	25,40	1,135	33	0,972	29
—3,4	26,15	1,168	34	1,001	29
—3,5	26,91	1,202	34	1,030	29
—3,6	27,66	1,236	33	1,059	29
—3,7	28,41	1,269	34	1,088	28
—3,8	29,16	1,303	33	1,116	29
—3,9	29,91	1,336	34	1,145	29
—4,0	30,66	1,370	33	1,174	29
—4,1	31,41	1,403	34	1,203	28
—4,2	32,16	1,437	33	1,231	29
—4,3	32,90	1,470	33	1,260	28
—4,4	33,64	1,503		1,288	

Tabelle 29.

Ermittelung der Äpfelsäurekonzentration und -menge aus dem abgelesenen Drehungswinkel der Molybdänlösung im 200 mm-Rohre.[1]

Drehungswinkel in 200 mm-Rohre	Apfelsäure in der polarisierten Lösung	Apfelsäuregehalt des untersuchten Stoffes			
		Fall I		Fall II	
	mmol/l	%		%	
+0,08	0,13	0,012	12	0,009	12
+0,10	0,27	0,024	60	0,021	53
+0,2	0,94	0,084	54	0,072	46
+0,3	1,54	0,138	52	0,118	46
+0,4	2,13	0,190	50	0,164	42
+0,5	2,69	0,240	50	0,206	43
+0,6	3,25	0,290	49	0,249	42
+0,7	3,80	0,339	50	0,291	42
+0,8	4,35	0,389	48	0,333	42
+0,9	4,89	0,437	47	0,375	40

[1] Berechnet aus den von Auerbach und Krüger angegebenen Formeln. Vgl. Zeitschr. f. Untersuch. d. Nahrungs- u. Genußmittel Bd. 46, S. 202 (1923).

Drehungswinkel in 200 mm-Rohre	Apfelsäure in der polarisierten Lösung mmol/l	Apfelsäuregehalt des untersuchten Stoffes Fall I %		Fall II %	
+1,0	5,42	0,484	48	0,415	41
+1,1	5,96	0,532	48	0,456	41
+1,2	6,49	0,580	46	0,497	40
+1,3	7,01	0,626	47	0,537	39
+1,4	7,53	0,673	46	0,576	40
+1,5	8,05	0,719	47	0,616	40
+1,6	8,57	0,766	45	0,656	39
+1,7	9,08	0,811	46	0,695	39
+1,8	9,59	0,857	45	0,734	39
+1,9	10,10	0,902	46	0,773	39
+2,0	10,61	0,948	44	0,812	39
+2,1	11,11	0,992	45	0,851	38
+2,2	11,61	1,037	45	0,889	38
+2,3	12,11	1,082	44	0,927	38
+2,4	12,60	1,126	44	0,965	38
+2,5	13,10	1,170	44	1,003	38
+2,6	13,59	1,214	44	1,041	37
+2,7	14,08	1,258	45	1,078	39
+2,8	14,59	1,303	43	1,117	37
+2,9	15,07	1,346	44	1,154	38
+3,0	15,56	1,390	43	1,192	36
+3,1	16,04	1,433	43	1,228	37
+3,2	16,52	1,476	43	1,265	37
+3,3	17,00	1,519	42	1,302	36
+3,4	17,47	1,561	42	1,338	36
+3,5	17,94	1,603	42	1,374	36
+3,6	18,41	1,645	42	1,410	36
+3,7	18,88	1,687	42	1,446	36
+3,8	19,35	1,729	41	1,482	35
+3,9	19,81	1,770	42	1,517	36
+4,0	20,28	1,812	41	1,553	35
+4,1	20,74	1,853		1,588	

Tabelle 30. Tabelle zur Berechnung des Gehaltes an Chlornatrium in Butter und Margarine (vgl. S. 194).

(Angew. Buttermenge: 10 g. Zugesetzte verdünnte Salpetersäure: 100 ccm.)

Verbrauch an $^1/_{10}$ N-Mercurinitrat ccm	Wassergehalt (%)															
	0	2	4	6	8	10	12	14	16	18	20	22	24	26	28	30
	Chlornatrium in % der Substanz															
0,1	0	0	0	0	0	0	0	0	0	0	0	0	0	0	0	0
1,0	0,11	0,11	0,11	0,11	0,11	0,11	0,11	0,11	0,11	0,11	0,11	0,11	0,11	0,11	0,11	0,11
2,0	0,22	0,22	0,22	0,23	0,23	0,23	0,23	0,23	0,23	0,23	0,23	0,23	0,23	0,23	0,23	0,23
3,0	0,34	0,34	0,34	0,34	0,34	0,34	0,34	0,35	0,35	0,35	0,35	0,35	0,35	0,35	0,35	0,35
4,0	0,46	0,46	0,46	0,46	0,46	0,46	0,46	0,47	0,47	0,47	0,47	0,47	0,47	0,47	0,47	0,47
5,0	0,57	0,58	0,58	0,58	0,58	0,58	0,58	0,58	0,58	0,58	0,59	0,59	0,59	0,59	0,59	0,59
6,0	0,69	0,69	0,69	0,69	0,70	0,70	0,70	0,70	0,70	0,70	0,71	0,71	0,71	0,71	0,71	0,71
7,0	0,81	0,81	0,81	0,81	0,81	0,82	0,82	0,82	0,82	0,82	0,83	0,80	0,83	0,83	0,83	0,83
8,0	0,92	0,93	0,93	0,93	0,93	0,93	0,94	0,94	0,94	0,94	0,94	0,95	0,95	0,95	0,95	0,95
9,0	1,04	1,04	1,04	1,05	1,05	1,05	1,05	1,06	1,06	1,06	1,06	1,06	1,07	1,07	1,07	1,07
10,0	1,16	1,16	1,16	1,16	1,17	1,17	1,17	1,17	1,18	1,18	1,18	1,18	1,19	1,19	1,19	1,19
11,0	1,27	1,28	1,28	1,28	1,28	1,29	1,29	1,29	1,29	1,30	1,30	1,30	1,30	1,31	1,31	1,31
12,0	1,39	1,39	1,40	1,40	1,40	1,41	1,41	1,41	1,41	1,42	1,42	1,42	1,43	1,43	1,43	1,43
13,0	1,51	1,51	1,51	1,52	1,52	1,52	1,53	1,53	1,53	1,53	1,54	1,54	1,54	1,55	1,55	1,55
14,0	1,62	1,63	1,63	1,63	1,64	1,64	1,64	1,65	1,65	1,65	1,65	1,66	1,66	1,66	1,67	1,67
15,0	1,74	1,74	1,75	1,75	1,75	1,76	1,76	1,76	1,77	1,77	1,78	1,78	1,78	1,79	1,79	1,79
16,0	1,86	1,86	1,86	1,87	1,87	1,87	1,88	1,88	1,89	1,89	1,89	1,90	1,90	1,90	1,91	1,91
17,0	1,97	1,98	1,99	1,99	1,99	1,99	2,00	2,00	2,01	2,01	2,02	2,02	2,02	2,02	2,03	2,03
18,0	2,09	2,09	2,10	2,10	2,11	2,11	2,11	2,12	2,12	2,13	2,13	2,13	2,14	2,14	2,15	2,15
19,0	2,21	2,21	2,22	2,22	2,22	2,23	2,23	2,24	2,24	2,25	2,25	2,25	2,26	2,26	2,27	2,27

Verbrauch an $^1/_{10}$ N-Mercurinitrat ccm	Wassergehalt (%)															
	0	2	4	6	8	10	12	14	16	18	20	22	24	26	28	30
Chlornatrium in % der Substanz																
20,0	2,32	2,33	2,33	2,34	2,34	2,35	2,35	2,36	2,36	2,37	2,37	2,38	2,38	2,39	2,39	2,39
21,0	2,44	2,44	2,45	2,45	2,46	2,46	2,47	2,47	2,48	2,48	2,49	2,49	2,50	2,50	2,51	2,51
22,0	2,56	2,56	2,57	2,57	2,58	2,58	2,59	2,59	2,60	2,60	2,61	2,61	2,62	2,62	2,63	2,64
23,0	2,67	2,68	2,68	2,69	2,69	2,70	2,70	2,71	2,72	2,72	2,73	2,73	2,73	2,74	2,75	2,75
24,0	2,79	2,80	2,80	2,81	2,81	2,82	2,82	2,83	2,84	2,84	2,85	2,85	2,86	2,86	2,87	2,87
25,0	2,91	2,92	2,92	2,93	2,93	2,94	2,94	2,95	2,96	2,96	2,97	2,97	2,98	2,98	2,99	2,99
26,0	3,02	3,03	3,03	3,04	3,05	3,05	3,06	3,06	3,07	3,08	3,08	3,09	0,09	3,10	3,11	3,11
27,0	3,14	3,15	3,15	3,16	3,17	3,17	3,18	3,19	3,19	3,20	3,21	3,21	3,22	3,22	3,23	3,23
28,0	3,26	3,26	3,27	3,27	3,27	3,28	3,28	3,29	3,30	3,30	3,31	3,32	3,32	3,33	3,34	3,35
29,0	3,37	3,38	3,38	3,39	3,40	3,40	3,41	3,42	3,42	3,43	3,44	3,44	3,45	3,46	3,46	3,47
30,0	3,49	3,50	3,50	3,51	3,52	3,52	3,53	3,54	3,55	3,55	3,56	3,57	3,57	3,58	3,59	3,59
31,0	3,61	3,61	3,62	3,63	3,63	3,64	3,65	3,66	3,66	3,67	3,68	3,69	3,69	3,70	3,71	3,71
32,0	3,72	3,73	3,74	3,75	3,75	3,76	3,77	3,78	3,78	3,79	3,80	3,81	3,81	3,82	3,83	3,84
33,0	3,84	3,85	3,85	3,86	3,87	3,88	3,88	3,89	3,90	3,91	3,92	3,92	3,93	3,94	3,95	3,95
34,0	3,96	3,97	3,98	3,99	4,00	4,01	4,01	4,02	4,03	4,04	4,04	4,05	4,06	4,07	4,08	4,08
35,0	4,07	4,08	4,09	4,10	4,11	4,11	4,12	4,13	4,14	4,15	4,15	4,16	4,17	4,17	4,18	4,19
36,0	4,19	4,20	4,21	4,21	4,22	4,23	4,24	4,25	4,26	4,26	4,27	4,28	4,29	4,30	4,31	4,32
37,0	4,31	4,31	4,32	4,33	4,34	4,35	4,36	4,37	4,38	4,39	4,39	4,40	4,41	4,42	4,43	4,44
38,0	4,42	4,43	4,44	4,45	4,46	4,47	4,47	4,48	4,49	4,50	4,51	4,52	4,53	4,54	4,54	4,55
39,0	4,54	4,55	4,56	4,57	4,58	4,58	4,59	4,60	4,61	4,62	4,63	4,64	4,65	4,66	4,67	4,68
40,0	4,66	4,67	4,68	4,69	4,69	4,70	4,71	4,72	4,73	4,74	4,75	4,76	4,77	4,78	4,79	4,80
41,0	4,77	4,78	4,79	4,80	4,81	4,82	4,83	4,84	4,85	4,86	4,87	4,88	4,89	4,90	4,91	4,92
42,0	4,89	4,90	4,91	4,92	4,93	4,94	4,95	4,96	4,97	4,98	4,99	5,00	5,01	5,01	5,02	5,03
43,0	5,00	5,01	5,02	5,03	5,04	5,05	5,06	5,07	5,08	5,09	5,10	5,11	5,12	5,13	5,14	5,15
44,0	5,12	5,13	5,14	5,15	5,16	5,17	5,18	5,19	5,20	5,21	5,22	5,23	5,24	5,25	5,26	5,27
45,0	5,24	5,25	5,26	5,27	5,28	5,29	5,30	5,31	5,32	5,33	5,34	5,35	5,36	5,37	5,38	5,39
46,0	5,35	5,37	5,38	5,39	5,40	5,41	5,42	5,43	5,44	5,45	5,46	5,47	5,48	5,49	5,50	5,52
47,0	5,47	5,48	5,49	5,50	5,52	5,53	5,54	5,55	5,56	5,58	5,59	5,60	5,61	5,62	5,63	5,64
48,0	5,59	5,60	5,61	5,62	5,63	5,64	5,65	5,67	5,68	5,69	5,70	5,71	5,72	5,73	5,74	5,76
49,0	5,71	5,72	5,73	5,74	5,75	5,76	5,77	5,79	5,80	5,81	5,82	5,84	5,85	5,86	5,87	5,88
50,0	5,82	5,83	5,84	5,86	5,87	5,88	5,89	5,90	5,92	5,93	5,94	5,95	5,96	5,97	5,99	6,00
Zwischenwerte.																
0,1	0,01	0,01	0,01	0,01	0,01	0,01	0,01	0,01	0,01	0,01	0,01	0,01	0,01	0,01	0,01	0,01
0,2	0,02	0,02	0,02	0,02	0,02	0,02	0,02	0,02	0,02	0,02	0,02	0,02	0,02	0,02	0,02	0,02
0,3	0,04	0,04	0,04	0,04	0,04	0,04	0,04	0,04	0,04	0,04	0,04	0,04	0,04	0,04	0,04	0,04
0,4	0,05	0,05	0,05	0,05	0,05	0,05	0,05	0,05	0,05	0,05	0,05	0,05	0,05	0,05	0,05	0,05
0,5	0,06	0,06	0,06	0,06	0,06	0,06	0,06	0,06	0,06	0,06	0,06	0,06	0,06	0,06	0,06	0,06
0,6	0,07	0,07	0,07	0,07	0,07	0,07	0,07	0,07	0,07	0,07	0,07	0,07	0,07	0,07	0,07	0,07
0,7	0,08	0,08	0,08	0,08	0,08	0,08	0,08	0,08	0,08	0,08	0,08	0,08	0,08	0,08	0,08	0,08
0,8	0,09	0,09	0,09	0,09	0,09	0,09	0,09	0,09	0,09	0,09	0,09	0,09	0,09	0,09	0,09	0,09
0,9	0,11	0,11	0,11	0,11	0,11	0,11	0,11	0,11	0,11	0,11	0,11	0,11	0,11	0,11	0,11	0,11

Beispiel: Eine Butterprobe hat bei der Untersuchung einen Wassergehalt von 16,47% ergeben. Bei der Titration nach obigem Verfahren seien 12,5 ccm $^1/_{10}$ N-Mercurinitratlösung verbraucht worden. Dann entsprechen

nach der Haupttabelle 12,0 ccm-Lösung = 1,41%
nach den Zwischenwerten 0,5 ,, = 0,06%
Zusammen 1,47%

Der Salzgehalt der Butter entspricht also 1,47% Chlornatrium.

Tabelle 31. Bestimmung des Alkohols in Maß- und Gewichtsprozenten nach K. Windisch bei 15° C (vergl. S. 118).

Spezifisches Gewicht $d\left(\frac{15°}{15°}C\right)$	Gewichtsprozente Alkohol	Maßprozente Alkohol	Gramm Alkohol in 100 ccm
1,0000	0,00	0,00	0,00
0,9999	0,05	0,07	0,05
8	0,11	0,13	0,11
7	0,16	0,20	0,16
6	0,21	0,27	0,21
5	0,26	0,33	0,26
4	0,32	0,40	0,32
3	0,37	0,47	0,37
2	0,42	0,53	0,42
1	0,48	0,60	0,47
0	0,53	0,67	0,53
0,9989	0,58	0,73	0,58
8	0,64	0,80	0,64
7	0,69	0,87	0,69
6	0,74	0,93	0,74
5	0,80	1,00	0,80
4	0,85	1,07	0,85
3	0,90	1,14	0,90
2	0,96	1,20	0,96
1	1,01	1,27	1,01
0	1,06	1,34	1,06
0,9979	1,12	1,41	1,12
8	1,17	1,48	1,17
7	1,23	1,54	1,22
6	1,28	1,61	1,28
5	1,34	1,68	1,33
4	1,39	1,75	1,39
3	1,45	1,82	1,44
2	1,50	1,88	1,50
1	1,56	1,95	1,55
0	1,61	2,02	1,60
0,9969	1,67	2,09	1,66
8	1,72	2,16	1,71
7	1,78	2,23	1,77
6	1,83	2,30	1,82
5	1,89	2,37	1,88
4	1,94	2,44	1,93
3	2,00	2,51	1,99
2	2,05	2,58	2,04
1	2,11	2,65	2,10
0	2,17	2,72	2,16
0,9959	2,22	2,79	2,21
8	2,28	2,86	2,27
7	2,34	2,93	2,32
6	2,39	3,00	2,38
5	2,45	3,07	2,43

Spezifisches Gewicht $d\left(\frac{15°}{15°}C\right)$	Gewichtsprozente Alkohol	Maßprozente Alkohol	Gramm Alkohol in 100 ccm
4	2,50	3,14	2,49
3	2,56	3,21	2,55
2	2,62	3,28	2,60
1	2,68	3,35	2,66
0	2,73	3,42	2,72
0,9949	2,79	3,49	2,77
8	2,84	3,56	2,82
7	2,90	3,64	2,88
6	2,96	3,71	2,94
5	3,02	3,78	3,00
4	3,08	3,85	3,06
3	3,14	3,93	3,12
2	3,19	4,00	3,17
1	3,25	4,07	3,23
0	3,31	4,14	3,29
0,9939	3,37	4,22	3,35
8	3,43	4,29	3,40
7	3,49	4,36	3,46
6	3,55	4,43	3,52
5	3,60	4,51	3,58
4	3,66	4,58	3,64
3	3,72	4,65	3,69
2	3,78	4,73	3,75
1	3,84	4,80	3,81
0	3,90	4,88	3,87
0,9929	3,96	4,95	3,93
8	4,02	5,03	3,99
7	4,08	5,10	4,05
6	4,14	5,18	4,11
5	4,20	5,25	4,17
4	4,26	5,33	4,23
3	4,32	5,40	4,29
2	4,39	5,48	4,35
1	4,45	5,55	4,41
0	4,51	5,63	4,47
0,9919	4,57	5,70	4,53
8	4,63	5,78	4,59
7	4,69	5,86	4,65
6	4,75	5,93	4,71
5	4,81	6,01	4,77
4	4,88	6,09	4,83
3	4,94	6,16	4,89
2	5,00	6,24	4,95
1	5,06	6,32	5,01
0	5,13	6,40	5,08

Spezifisches Gewicht $d\left(\frac{15°}{15°}C\right)$	Gewichtsprozente Alkohol	Maßprozente Alkohol	Gramm Alkohol in 100 ccm
0,9909	5,19	6,47	5,14
8	5,25	6,55	5,20
7	5,32	6,63	5,26
6	5,38	6,71	5,32
5	5,44	6,79	5,38
4	5,51	6,86	4,45
3	5,57	6,94	5,51
2	5,63	7,02	5,57
1	5,70	7,10	5,64
0	5,76	7,18	5,70
0,9899	5,83	7,26	5,76
8	5,89	7,34	5,83
7	5,96	7,42	5,89
6	6,02	7,50	5,95
5	6,09	7,58	6,02
4	6,15	7,66	6,08
3	6,22	7,74	6,14
2	6,28	7,82	6,21
1	6,35	7,90	6,27
0	6,41	7,99	6,34
0,9889	6,48	8,07	6,40
8	6,55	8,15	6,47
7	6,61	8,23	6,53
6	6,68	8,31	6,59
5	6,75	8,40	6,66
4	6,81	8,48	6,73
3	6,88	8,56	6,79
2	6,95	8,64	6,86
1	7,02	8,73	6,93
0	7,08	8,81	6,99
0,9879	7,15	8,89	7,06
8	7,22	8,98	7,12
7	7,29	9,06	7,19
6	7,36	9,15	7,26
5	7,42	9,23	7,33
4	7,49	9,32	7,39
3	7,56	9,40	7,46
2	7,63	9,48	7,53
1	7,70	9,57	7,60
0	7,77	9,66	7,66
0,9869	7,84	9,74	7,73
8	7,91	9,83	7,80
7	7,98	9,91	7,87
6	8,05	10,00	7,94
5	8,12	10,09	8,00

Proportionaltafeln (Randspalte):

0,06		0,07		0,08		0,09		0,10	
0,006	1	0,007	1	0,008	1	0,009	1	0,01	1
0,012	2	0,014	2	0,016	2	0,018	2	0,02	2
0,018	3	0,021	3	0,024	3	0,027	3	0,03	3
0,024	4	0,028	4	0,032	4	0,036	4	0,04	4
0,030	5	0,035	5	0,040	5	0,045	5	0,05	5
0,036	6	0,042	6	0,048	6	0,054	6	0,06	6
0,042	7	0,049	7	0,056	7	0,063	7	0,07	7
0,048	8	0,056	8	0,064	8	0,072	8	0,08	8
0,056	9	0,063	9	0,072	9	0,081	9	0,09	9

	Spezifisches Gewicht $d\left(\frac{15°}{15°}\,C\right)$	Gewichtsprozente Alkohol	Maßprozente Alkohol	Gramm Alkohol in 100 ccm	Spezifisches Gewicht $d\left(\frac{15°}{15°}\,C\right)$	Gewichtsprozente Alkohol	Maßprozente Alkohol	Gramm Alkohol in 100 ccm	Spezifisches Gewicht $d\left(\frac{15°}{15°}\,C\right)$	Gewichtsprozente Alkohol	Maßprozente Alkohol	Gramm Alkohol in 100 ccm
	4	8,19	10,17	8,07	4	11,96	14,77	11,72	4	16,06	19,75	15,67
	3	8,26	10,26	8,14	2	12,04	14,87	11,80	3	16,15	19,85	15,75
	2	8,33	10,35	8,21	2	12,12	14,97	11,88	2	16,23	19,95	15,83
	1	8,41	10,43	8,28	1	12,20	15,07	11,96	1	16,32	20,05	15,91
	0	8,48	10,52	8,35	0	12,28	15,16	12,03	0	16,40	20,15	15,99
0,06	0,9859	8,55	10,61	8,42	0,9809	12,36	15,26	12,11	0,9759	16,48	20,25	16,07
1|0,006	8	8,62	10,70	8,49	8	12,44	15,36	12,19	8	16,57	20,35	16,15
2|0,012	7	8,69	10,79	8,56	7	12,52	15,46	12,27	7	16,65	20,45	16,23
3|0,018	6	8,76	10,88	8,63	6	12,60	15,55	12,34	6	16,73	20,55	16,31
4|0,024	5	8,84	10,96	8,70	5	12,68	15,65	12,42	5	16,82	20,65	16,39
5|0,030	4	8,91	11,05	8,77	4	12,76	15,75	12,50	4	16,90	20,75	16,47
6|0,036	3	8,98	11,14	8,84	3	12,84	15,85	12,58	3	16,98	20,86	16,55
7|0,042	2	9,06	11,23	8,91	2	12,92	15,95	12,65	2	17,07	20,96	16,63
8|0,048	1	9,13	11,32	8,98	1	13,00	16,04	12,73	1	17,15	21,06	16,71
9|0,054	0	9,20	11,41	9,06	0	13,08	16,14	12,81	0	17,23	21,16	16,79
0,07	0,9849	9,28	11,50	9,13	0,9799	13,16	16,24	12,89	0,9749	17,32	21,26	16,87
1|0,007	8	9,35	11,59	9,20	8	13,25	16,34	12,97	8	17,40	21,36	16,95
2|0,014	7	9,42	11,68	9,27	7	13,33	16,44	13,05	7	17,49	21,46	17,03
3|0,021	6	9,50	11,77	9,34	6	13,41	16,54	13,13	6	17,57	21,56	17,11
4|0,028	5	9,57	11,86	9,42	5	13,49	16,64	13,20	5	17,65	21,66	17,19
5|0,035	4	9,65	11,95	9,49	4	13,57	16,74	13,28	4	17,73	21,76	17,27
6|0,042	3	9,72	12,05	9,56	3	13,66	16,84	13,36	3	17,82	21,86	17,35
7|0,049	2	9,80	12,14	9,63	2	13,74	16,94	13,44	2	17,90	21,96	17,42
8|0,056	1	9,87	12,23	9,70	1	13,82	17,04	13,52	1	17,98	22,06	17,50
9|0,063	0	9,94	12,32	9,78	0	13,90	17,14	13,60	0	18,07	22,16	17,58
0,08	0,9839	10,02	12,41	9,85	0,9789	13,98	17,24	13,68	0,9739	18,15	22,26	17,66
1|0,008	8	10,10	12,50	9,92	8	14,07	17,34	13,76	8	18,23	22,35	17,74
2|0,016	7	10,17	12,59	9,99	7	14,15	17,44	13,84	7	18,32	22,45	17,82
3|0,024	6	10,25	12,69	10,07	6	14,23	17,54	13,92	6	18,40	22,55	17,90
4|0,032	5	10,32	12,78	10,14	5	14,32	17,64	14,00	5	18,48	22,65	17,98
5|0,040	4	10,40	12,88	10,22	4	14,40	17,74	14,08	4	18,56	22,75	18,05
6|0,048	3	10,48	12,97	10,29	3	14,48	17,84	14,15	3	18,65	22,85	18,13
7|0,056	2	10,55	13,06	10,36	2	14,56	17,94	14,23	2	18,73	22,95	18,21
8|0,064	1	10,63	13,16	10,44	1	14,65	18,04	14,31	1	18,81	23,05	18,29
9|0,072	0	10,71	13,25	10,52	0	14,73	18,14	14,39	0	18,89	23,14	18,37
0,09	0,9829	10,78	13,34	10,59	0,9779	14,81	18,24	14,47	0,9729	18,98	23,24	18 45
1|0,009	8	10,86	13,44	10,66	8	14,90	18,34	14,55	8	19,06	23,34	18,52
2|0,018	7	10,94	13,53	10,74	7	14,98	18,44	14,63	7	19,14	23,44	18,60
3|0,027	6	11,01	13,63	10,81	6	15,06	18,54	14,71	6	19,22	23,54	18 68
4|0,036	5	11,09	13,72	10,89	5	15,15	18,64	14,79	5	19,30	23,63	18,76
5|0,045	4	11,17	13,82	10,96	4	15,23	18,74	14,87	4	19,39	23,73	18,84
6|0,054	3	11,25	13,91	11,04	3	15,31	18,84	14,95	3	19,47	23,83	18,91
7|0,063	2	11,33	14,01	11,12	2	15,40	18,94	15,03	2	19,55	23,93	18,99
8|0,072	1	11,40	14,10	11,19	1	15,48	19,04	15,11	1	19,63	24,02	19,07
9|0,081	0	11,48	14,20	11,27	0	15,56	19,14	15,19	0	19,71	24,12	19,14
	0,9819	11,56	14,29	11,34	0,9769	15,65	19,24	15,27	0,9719	19,79	24,22	19,22
	8	11,64	14,39	11,42	8	15,73	19,34	15,35	8	19,87	24,32	19,30
	7	11,72	14,48	11,49	7	15,81	19,44	15,43	7	19,95	24,41	19,37
	6	11,80	14,58	11,57	6	15,90	19,55	15,51	6	20,04	24,51	19,45
	5	11,88	14,68	11,65	5	15,98	19,65	15,59	5	20,12	24,60	19,53

Spezifisches Gewicht $d\left(\frac{15°}{15°}C\right)$	Gewichtsprozente Alkohol	Maßprozente Alkohol	Gramm Alkohol in 100 ccm	Spezifisches Gewicht $d\left(\frac{15°}{15°}C\right)$	Gewichtsprozente Alkohol	Maßprozente Alkohol	Gramm Alkohol in 100 ccm	Spezifisches Gewicht $d\left(\frac{15°}{15°}C\right)$	Gewichtsprozente Alkohol	Maßprozente Alkohol	Gramm Alkohol in 100 ccm
4	20,20	24,70	19,60	4	24,07	29,29	23,24	4	27,60	33,40	26,51
3	20,28	24,80	19,68	3	24,15	29,38	23,31	3	27,66	33,48	26,57
2	20,36	24,89	19,76	2	24,22	29,46	23,38	2	27,73	33,56	26,63
1	20,44	24,99	19,83	1	24,29	29,55	23,45	1	27,80	33,64	26,69
0	20,52	25,08	19,91	0	24,37	29,64	23,52	0	27,86	33,71	26,75
0,9709	20,60	25,18	19,98	0,9659	24,44	29,72	23,59	0,9609	27,93	33,79	26,82
8	20,68	25,27	20,06	8	24,51	29,81	23,65	8	28,00	33,87	26,88
7	20,76	25,37	20,13	7	24,59	29,89	23,72	7	28,06	33,94	26,94
6	20,84	25,47	20,21	6	24,66	29,98	23,79	6	28,13	34,02	27,00
5	20,92	25,56	20,28	5	24,73	30,06	23,86	5	28,19	34,10	27,06
4	21,00	25,66	20,36	4	24,80	30,15	23,93	4	28,26	34,17	27,12
3	21,08	25,75	20,43	3	24,88	30,23	23,99	3	28,33	24,25	27,18
2	21,16	25,84	20,51	2	24,95	30,32	24,06	2	28,39	34,33	27,24
1	21,24	25,94	20,58	1	25,02	30,40	24,13	1	28,46	34,40	27,30
0	21,32	26,03	20,66	0	25,09	30,49	24,19	0	28,52	34,47	27,36
0,9699	21,40	26,13	20,73	0,9649	25,17	30,57	24,26	0,9599	28,59	34,55	27,42
8	21,47	26,22	20,81	8	25,24	30,66	24,33	8	28,65	34,63	27,48
7	21,55	26,31	20,88	7	25,31	30,74	24,39	7	28,72	34,70	27,54
6	21,63	26,41	20,96	6	25,38	30,82	24,46	6	28,78	34,78	27,60
5	21,71	26,50	21,03	5	25,45	30,91	24,53	5	28,85	34,85	27,66
4	21,79	26,59	21,10	4	25,52	30,99	24,59	4	28,91	34,93	27,72
3	21,87	26,69	21,18	3	25,59	31,07	24,66	3	28,98	35,00	27,78
2	21,94	26,78	21,25	2	25,66	31,16	24,73	2	29,04	35,08	27,84
1	22,02	26,87	21,32	1	25,74	31,24	24,79	1	29,11	35,15	27,89
0	22,10	26,96	21,40	0	25,81	31,32	24,85	0	29,17	35,22	27,95
0,9689	22,18	27,05	21,47	0,9639	25,88	31,41	24,92	0,9589	29,24	35,30	28,01
8	22,25	27,14	21,54	8	25,95	31,49	24,99	8	29,30	35,37	28,07
7	22,33	27,24	21,61	7	26,02	31,57	25,05	7	29,36	35,44	28,13
6	22,41	27,33	21,69	6	26,09	31,65	25,12	6	29,43	35,52	28,19
5	22,49	27,42	21,76	5	26,16	31,73	25,18	5	29,49	35,59	28,24
4	22,56	27,51	21,83	4	26,23	31,81	25,25	4	29,56	35,66	28,30
3	22,64	27,60	21,90	3	26,30	31,89	25,31	3	29,62	35,74	28,36
2	22,72	27,69	21,98	2	26,37	31,98	25,37	2	29,68	35,81	28,42
1	22,79	27,78	22,05	1	26,44	32,06	25,44	1	29,75	35,88	28,47
0	22,87	27,87	22,12	0	26,51	32,14	25,50	0	29,81	35,95	28,53
0,9679	22,95	27,96	22,19	0,9629	26,57	32,22	25,56	0,9579	29,87	36,03	28,59
8	23,02	28,05	22,26	8	26,64	32,30	25,63	8	29,94	36,10	28,65
7	23,10	28,14	22,33	7	26,71	32,38	25,69	7	30,00	36,17	28,70
6	23,17	28,23	22,40	6	26,78	32,46	25,76	6	30,06	36,24	28,76
5	23,25	28,32	22,47	5	26,85	32,54	25,82	5	30,12	36,31	28,82
4	23,32	28,41	22,54	4	26,92	32,62	25,88	4	30,18	36,38	28,87
3	23,40	28,50	22,61	3	26,99	32,70	25,95	3	30,25	36,46	28,93
2	23,47	28,59	22,68	2	27,05	32,78	26,01	2	30,31	36,53	28,99
1	23,55	28,67	22,75	1	27,12	32,85	26,07	1	30,37	36,60	29,04
0	23,63	28,76	22,82	0	27,19	32,93	26,13	0	30,43	36,67	29,10
0,9669	23,70	28,85	22,89	0,9619	27,26	33,01	26,20	0,9569	30,50	36,74	29,16
8	32,77	28,94	22,96	8	27,33	33,09	26,26	8	30,56	36,81	29,21
7	23,85	29,03	23,03	7	27,39	33,17	26,32	7	30,62	36,88	29,27
6	23,92	29,11	23,10	6	27,46	33,25	26,38	6	30,68	36,95	29,33
5	24,00	29,20	23,17	5	27,53	33,33	26,45	5	30,74	37,02	29,38

Nebenrechnung (Interpolation):

0,04		0,05		0,06		0,07	
1	0,004	1	0,005	1	0,006	1	0,007
2	0,008	2	0,010	2	0,012	2	0,014
3	0,012	3	0,015	3	0,018	3	0,021
4	0,016	4	0,020	4	0,024	4	0,028
5	0,020	5	0,025	5	0,030	5	0,035
6	0,024	6	0,030	6	0,036	6	0.042
7	0,028	7	0,035	7	0,042	7	0,049
8	0,032	8	0,040	8	0,048	8	0,056
9	0,036	9	0,045	9	0,054	9	0,063

Proportionalteile:

0,03		0,04		0,05		0,06	
1	0,003	1	0,004	1	0,005	1	0,006
2	0,006	2	0,008	2	0,010	2	0,012
3	0,009	3	0,012	3	0,015	3	0,018
4	0,012	4	0,016	4	0,020	4	0,024
5	0,015	5	0,020	5	0,025	5	0,030
6	0,018	6	0,024	6	0,030	6	0,036
7	0,021	7	0,028	7	0,035	7	0,042
8	0,024	8	0,032	8	0,040	8	0,048
9	0,027	9	0,036	9	0,045	9	0,054

Spezifisches Gewicht $d\left(\frac{15°}{15°}\,C\right)$	Gewichtsprozente Alkokol	Maßprozente Alkohol	Gramm Alkohol in 100 ccm	Spezifisches Gewicht $d\left(\frac{15°}{15°}\,C\right)$	Gewichtsprozente Alkohol	Maßprozente Alkohol	Gramm Alkohol in 100 ccm	Spezifisches Gewicht $d\left(\frac{15°}{15°}\,C\right)$	Gewichtsprozente Alkohol	Maßprozente Alkohol	Gramm Alkohol in 100 ccm
4	30,81	37,09	29,44	4	33,76	40,44	32,10	4	36,53	43,53	34,54
3	30,87	37,16	29,49	3	33,82	40,51	32,15	3	36,58	43,59	34,59
2	30,93	37,23	29,55	2	33,88	40,57	32,20	2	36,64	43,65	34,64
1	30,99	37,30	29,60	1	33,94	40,64	32,25	1	36,69	43,71	34,69
0	31,05	37,37	29,66	0	33,99	40,70	32,30	0	36,75	43,77	34,73
0,9559	31,11	37,44	29,71	0,9509	34,05	40,76	32,35	0,9459	36,80	43,83	34,78
8	31,17	37,51	29,77	8	34,11	40,83	32,40	8	36,85	43,88	34,83
7	31,23	37,58	29,82	7	34,16	40,89	32,45	7	36,91	43,94	34,87
6	31,29	37,65	29,88	6	34,22	40,96	32,50	6	36,96	44,00	34,92
5	31,36	37,72	29,93	5	34,28	31,02	32,55	5	37,01	44,06	34,96
4	31,42	37,79	29,99	4	34,33	41,08	32,60	4	37,06	44,12	35,01
3	31,48	37,86	30,04	3	34,39	41,15	32,65	3	37,12	44,18	35,06
2	31,54	37,93	30,10	2	34,44	41,21	32,70	2	37,17	44,23	35,10
1	31,60	38,00	30,15	1	34,50	41,27	32,75	1	37,22	44,29	35,15
0	31,66	38,06	30,21	0	34,56	41,33	32,80	0	37,28	44,35	35,20
0,9549	31,72	38,13	30,26	0,9499	34,61	41,40	32,85	0,9449	37,33	44,41	35,24
8	31,78	38,20	30,31	8	34,67	41,46	32,90	8	37,38	44,47	35,29
7	31,84	38,27	30,37	7	34,72	41,52	32,95	7	37,44	44,53	35,34
6	31,90	38,34	30,42	6	34,78	41,58	33,00	6	37,49	44,59	35,38
5	31,96	38,40	30,48	5	34,84	41,64	33,05	5	37,54	44,64	35,43
4	32,01	38,47	30,53	4	34,89	41,71	33,10	4	37,59	44,70	35,47
3	32,07	38,54	30,58	3	34,95	41,77	33,15	3	37,65	44,76	35,52
2	32,13	38,61	30,64	2	35,00	41,83	33,20	2	37,70	44,82	35,57
1	32,19	38,67	30,69	1	35,06	41,89	33,25	1	37,75	44,87	35,61
0	32,25	38,74	30,74	0	35,11	41,95	33,30	0	37,80	44,93	35,66
0,9539	32,31	38,81	30,80	0,9489	35,17	42,02	33,34	0,9439	37,86	44,99	35,70
8	32,37	38,88	30,85	8	35,22	42,08	33,39	8	37,91	45,05	35,75
7	32,43	38,94	30,90	7	35,28	42,14	33,44	7	37,96	45,10	35,79
6	32,49	39,01	30,96	6	35,33	42,20	33,49	6	38,01	45,16	35,84
5	32,55	39,07	31,01	5	35,39	42,26	33,54	5	38,07	45,22	35,88
4	32,61	39,14	31,06	4	35,44	42,32	33,59	4	38,12	45,28	35,93
3	32,67	39,21	31,11	3	35,50	42,39	33,64	3	38,17	45,33	35,97
2	32,72	39,27	31,17	2	35,55	42,45	33,69	2	38,22	45,39	36,02
1	32,78	39,34	31,22	1	35,61	42,51	33,73	1	38,27	45,45	36,06
0	32,84	39,40	31,27	0	35,66	42,57	33,78	0	38,33	45,50	36,11
0,9529	32,90	39,47	31,32	0,9479	35,72	42,63	33,83	0,9429	38,38	45,56	36,16
8	32,96	39,54	31,38	8	35,77	42,69	33,88	8	38,43	45,62	36,20
7	33,02	39,60	31,43	7	35,83	42,75	33,92	7	38,48	45,67	36,25
6	33,07	39,67	31,48	6	35,88	42,81	33,97	6	38,53	45,73	36,29
5	33,13	39,73	31,53	5	35,94	42,87	34,02	5	38,59	45,79	36,34
4	33,19	39,80	31,58	4	35,99	42,93	34,07	4	38,64	45,84	36,38
3	33,25	39,86	31,63	3	36,04	42,99	34,12	3	38,69	45,90	36,43
2	33,31	39,93	31,69	2	36,10	43,05	34,16	2	38,74	45,95	36,47
1	33,36	39,99	31,74	1	36,15	43,11	34,21	1	38,79	46,01	36,51
0	33,42	40,06	31,79	0	36,21	43,17	34,26	0	38,84	46,07	36,56
0,9519	33,48	40,12	31,84	0,9469	36,26	43,23	34,31	0,9419	38,89	46,12	36,60
8	33,54	40,19	31,89	8	36,32	43,29	34,35	8	38,94	46,18	36,65
7	33,59	40,25	31,94	7	36,37	43,35	34,40	7	39,00	46,24	36,69
6	33,65	40,32	32,00	6	36,42	43,41	34,45	6	39,05	46,29	36,74
5	33,71	40,38	32,05	5	36,48	43,47	34,50	5	39,10	46,35	36,78

Spezifisches Gewicht $d\left(\frac{15°}{15°}C\right)$	Gewichtsprozente Alkohol	Maßprozente Alkohol	Gramm Alkohol in 100 ccm	Spezifisches Gewicht $d\left(\frac{15°}{15°}C\right)$	Gewichtsprozente Alkohol	Maßprozente Alkohol	Gramm Alkohol in 100 ccm	Spezifisches Gewicht $d\left(\frac{15°}{15°}C\right)$	Gewichtsprozente Alkohol	Maßprozente Alkohol	Gramm Alkohol in 100 ccm
4	39,15	46,40	36,82	4	41,66	49,11	38,98	4	44,08	51,69	41,02
3	39,20	46,46	36,87	3	41,71	49,17	39,02	3	44,13	51,74	41,06
2	39,25	46,51	36,91	2	41,76	49,22	39,06	2	44,18	51,79	41,10
1	39,30	46,57	36,96	1	41,81	49,27	39,10	1	44,22	51,84	41,14
0	39,35	46,63	37,00	0	41,85	49,33	39,14	0	44,27	51,89	41,18
0,9409	**39,40**	**46,68**	**37,05**	**0,9359**	**41,90**	**49,38**	**39,18**	**0,9309**	**44,32**	**51,94**	**41,22**
8	39,46	46,74	37,09	8	41,95	49,34	39,23	8	44,37	51,99	41,26
7	39,51	46,79	37,13	7	42,00	49,48	39,27	7	44,41	52,04	41,30
6	39,56	46,85	37,18	6	42,05	49,53	39,31	6	44,46	52,09	41,34
5	39,61	46 90	37,22	5	42,10	49,59	39,35	5	44,51	52,14	41,38
4	39,66	46,96	37,26	4	42,15	49,64	39,39	4	44,56	52,19	41,42
3	39,71	47,01	37,31	3	42,20	49,69	39,43	3	44,60	52,24	41,46
2	39,76	47,07	37,35	2	42,25	49,74	39,47	2	44,65	52,29	41,50
1	39,81	47,12	37,39	1	42,30	49,80	39,52	1	44,70	52,34	41,54
0	39,86	47,18	37,44	0	42,34	49,85	39,56	0	44,75	52,39	41,58
0,9399	**39,91**	**47,23**	**37,48**	**0,9349**	**42,39**	**49,90**	**39,60**	**0,9299**	**44,79**	**52,44**	**41,62**
8	39,96	47,29	37,53	8	42,44	49,95	39,64	8	44,84	52,49	41,66
7	40,01	47,34	37,57	7	42,49	50,00	39,68	7	44,89	52,54	41,70
6	40,06	47,40	37,61	6	42,54	50,06	39,72	6	44,94	52,59	41,74
5	40,11	47,45	37,66	5	42,59	50,11	39,76	5	44,98	52,64	41,78
4	40,16	47,51	37,70	4	42,64	50,16	39,81	4	45,03	52,69	41,82
3	40,22	47,56	37,74	3	42,68	50,21	39,85	3	45,08	52,74	41,86
2	40,27	47,61	37,79	2	42,73	50,26	39,89	2	45,13	52,79	41,90
1	40,32	47,67	37,83	1	42,78	50,31	39,93	1	45,17	52,84	41,93
0	40,37	47,72	37,87	0	42,83	50,37	39,97	0	45,22	52,89	41,97
0,9389	**40,42**	**47,78**	**37,92**	**0,9339**	**42,88**	**50,42**	**40,01**	**0,9289**	**45,27**	**52,94**	**42,01**
8	40,47	47,83	37,96	8	42,93	50,47	40,05	8	45,31	52,99	42,05
7	40,52	47,89	38,00	7	42,98	50,52	40,09	7	45,36	53,04	42,09
6	40,57	47,94	38,04	6	43,02	50,57	40,13	6	45,41	53,09	42,13
5	40,62	47,99	38,09	5	43,07	50,62	40,17	5	45,46	53,14	42,17
4	40,67	48,05	38,13	4	43,12	50,68	40,22	4	45,50	53,19	42,21
3	40,72	48,10	38,17	3	43,17	50,73	40,26	3	45,55	53,24	42,25
2	40,77	48,15	38,21	2	43,22	50,78	40,30	2	45,60	53,29	42,29
1	40,82	48,21	38,26	1	43,27	50,83	40,34	1	45,64	53,34	42,33
0	40,87	48,26	38,30	0	43,31	50,88	40,38	0	45,69	53,39	42,37
0,9379	**40,92**	**48,32**	**38,34**	**0,9329**	**43,36**	**50,93**	**40,42**	**0,9279**	**45,74**	**53,43**	**42,40**
8	40,97	48,37	38,38	8	43,41	50,98	40,46	8	45,78	53,48	42,44
7	41,01	48,42	38,43	7	43,46	51,03	40,50	7	45,83	53,53	42,48
6	41,06	48,48	38,47	6	43,51	51,08	40,54	6	45,88	53,58	42,52
5	41,11	48,53	38,51	5	43,55	51,14	40,58	5	45,93	53,63	42,56
4	41,16	48,58	38,55	4	43,60	51,19	40,62	4	45,97	53,68	42,60
3	41,21	48,64	38,60	3	43,65	51,24	40,66	3	46,02	53,73	42,64
2	41,26	48,69	38,64	2	43,70	51,29	40,70	2	46,07	53,78	42,68
1	41,31	48,74	38,68	1	43,75	51,34	40,74	1	46,11	53,83	42,72
0	41,36	48,80	38,72	0	43,79	51,39	40,78	0	46,16	53,88	42,76
0,9369	**41,41**	**48,85**	**38,77**	**0,9319**	**43,84**	**51,44**	**40,82**	**0,9269**	**46,21**	**53,92**	**42,79**
8	41,46	48,90	38,81	8	43,89	51,49	40,86	8	46,25	53,97	42,83
7	41,51	48,96	38,85	7	43,94	51,54	40,90	7	46,30	54,02	42,87
6	41,56	49,01	38,89	6	43,99	51,59	40,94	6	46,35	54,07	42,91
5	41,61	49,06	38,93	5	44,03	51,64	40,98	5	46,39	54,12	42,95

Proportionaltafeln am rechten Rand:

	0,03
1	0,003
2	0,006
3	0,009
4	0,012
5	0,015
6	0,018
7	0.021
8	0,024
9	0,027

	0,03
1	0,004
2	0,008
3	0,012
4	0,016
5	0,020
6	0,024
7	0,028
8	0,032
9	0,036

	0,05
1	0,005
2	0,010
3	0,015
4	0,020
5	0,025
6	0,030
7	0,035
8	0,040
0	0,045

Left-margin correction tables:

0,03	
1	0,003
2	0,006
3	0,009
4	0,012
5	0,015
6	0,018
7	0,021
8	0,024
9	0,027
0,04	
1	0,004
2	0,008
3	0,012
4	0,016
5	0,020
6	0,024
7	0,028
8	0,032
9	0,036
0,05	
1	0,005
2	0,010
3	0,015
4	0,020
5	0,025
6	0,030
7	0,035
8	0,040
9	0,045

Main table:

Spezifisches Gewicht $d\left(\frac{15°}{15°}C\right)$	Gewichtsprozente Alkohol	Maßprozente Alkohol	Gramm Alkohol in 100 ccm	Spezifisches Gewicht $d\left(\frac{15°}{15°}C\right)$	Gewichtsprozente Alkohol	Maßprozente Alkohol	Gramm Alkohol in 100 ccm	Spezifisches Gewicht $d\left(\frac{15°}{15°}C\right)$	Gewichtsprozente Alkohol	Maßprozente Alkohol	Gramm Alkohol in 100 ccm
4	46,44	54,17	42,98	4	48,75	56,55	44,88	4	51,02	58,86	46,71
3	46,49	54,21	43,02	3	48,79	56,60	44,92	3	51,06	58,91	46,75
2	46,53	54,26	43,06	2	48,84	56,64	44,95	2	51,11	58,95	46,78
1	46,58	54,31	43,10	1	48,88	56,69	44,99	1	51,15	59,00	46,82
0	46,63	54,36	43,14	0	48,93	56,74	45,03	0	51,20	59,05	46,86
0,9259	46,67	54,41	43,18	0,9209	48,98	56,78	45,06	0,9159	51,24	59,09	46,89
8	46,72	54,46	43,22	8	49,02	56,83	45,10	8	51,29	59,14	46,93
7	46,77	54,50	43,25	7	49,07	56,88	45,14	7	51,33	59,18	46,96
6	46,81	54,55	43,29	6	49,11	56,93	45,17	6	51,38	59,23	47,00
5	46,86	54,60	43,33	5	49,16	56,97	45,21	5	51,42	59,27	47,04
4	46,90	54,65	43,37	4	49,20	57,02	45,25	4	51,47	59,32	47,07
3	46,95	54,70	43,41	3	49,25	57,07	45,29	3	51,51	59,36	47,11
2	47,00	54,75	43,45	2	49,29	57,11	45,32	2	51,56	59,41	47,14
1	47,04	54,80	43,48	1	49,34	57,16	45,36	1	51,60	59,45	47,18
0	47,09	54,84	43,52	0	49,39	57,21	45,40	0	51,65	59,50	47,22
0,9249	47,14	54,89	43,56	0,9199	49,43	57,25	45,43	0,9149	51,69	59,54	47,25
8	47,18	54,94	43,60	8	49,48	57,30	45,47	8	51,73	59,59	47,29
7	47,23	54,99	43,64	7	49,52	57,34	45,51	7	51,78	59,63	47,32
6	47,28	55,03	43,67	6	49,57	57,39	45,54	6	51,82	59,68	47,36
5	46,32	55,08	43,71	5	49,61	57,44	45,58	5	51,87	59,72	47,39
4	47,37	55,13	43,75	4	49,66	57,48	45,62	4	51,91	59,77	47,43
3	47,41	55,18	43,79	3	49,70	57,53	45,66	3	51,96	59,81	47,47
2	47,46	55,23	43,83	2	49,75	57,58	45,69	2	52,00	59,86	47,50
1	47,51	55,27	43,86	1	49,80	57,62	45,73	1	52,05	59,90	47,54
0	47,55	55,32	43,90	0	49,84	57,67	45,76	0	52,09	59,95	47,57
0,9239	47,60	55,37	43,94	0,9189	49,89	57,72	45,80	0,9139	52,14	59,99	47,61
8	47,64	55,42	43,98	8	49,93	57,76	45,84	8	52,18	60,04	47,64
7	47,69	55,46	44,01	7	49,98	57,81	45,87	7	52,23	60,08	47,68
6	47,74	55,51	44,05	6	50,02	57,85	45,91	6	52,27	60,13	47,72
5	47,78	55,56	44,09	5	50,07	57,90	45,95	5	52,32	60,17	47,75
4	47,83	55,61	44,13	4	50,11	57,95	45,98	4	52,36	60,22	47,79
3	47,88	55,65	44,17	3	50,16	57,99	46,02	3	52,41	60,26	47,82
2	47,92	55,70	44,20	2	50,20	58,04	46,06	2	52,45	60,31	47,85
1	47,97	55,75	44,24	1	50,25	58,08	46,09	1	52,50	60,35	47,89
0	48,01	55,80	44,28	0	50,29	58,13	46,13	0	52,54	60,40	47,93
0,9229	48,06	55,84	44,32	0,9179	50,34	58,18	46,17	0,9129	52,59	60,44	47,96
8	48,10	55,89	44,36	8	50,38	58,22	46,20	8	52,63	60,49	48,00
7	48,15	55,94	44,39	7	50,43	58,27	46,24	7	52,67	60,53	48,04
6	48,20	55,99	44,43	6	50,47	58,31	46,28	6	52,72	60,58	48,07
5	48,24	56,03	44,47	5	50,52	58,36	46,31	5	52,76	60,62	48,11
4	48,29	56,08	44,50	4	50,57	58,41	46,35	4	52,81	60,67	48,14
3	48,33	56,13	44,54	3	50,61	58,45	46,39	3	52,85	60,71	48,18
2	48,38	56,18	44,58	2	50,66	58,50	46,42	2	52,90	60,75	48,21
1	48,43	56,22	44,62	1	50,70	58,54	46,46	1	52,94	60,80	48,25
0	48,47	56,27	44,65	0	50,75	58,59	46,49	0	52,99	60,84	48,28
0,9219	48,52	56,32	44,69	0,9169	50,79	58,63	46,53	0,9119	53,03	60,89	48,32
8	48,56	56,36	44,73	8	50,84	58,68	46,57	8	53,08	60,93	48,35
7	48,61	56,41	44,77	7	50,88	58,73	46,60	7	52,12	60,98	48,39
6	48,66	56,46	44,80	6	50,93	58,77	46,64	6	53,17	61,02	48,42
5	48,70	56,50	44,84	5	50,97	58,82	46,67	5	53,21	61,06	48,46

Spezifisches Gewicht $d\left(\dfrac{15°}{15°}\,C\right)$	Gewichtsprozente Alkohol	Maßprozente Alkohol	Gramm Alkohol in 100 ccm
4	53,25	61,11	48,49
3	53,30	61,15	48,53
2	53,34	61,20	48,56
1	53,39	61,24	48,60
0	53,43	61,29	48,64
0,9109	53,48	61,33	48,67
8	53,52	61,37	48,71
7	53,57	61,42	48,74
6	53,61	61,46	48,78
5	53,65	61,51	48,81
4	53,70	61,55	48,85
3	53,74	61,60	48,88
2	53,79	61,64	48,92
1	53,83	61,68	48,95
0	53,88	61,73	48,99
0,9099	53,92	61,77	49,02
8	59,97	61,82	49,06
7	54,01	61,86	49,09
6	54,05	61,90	49,13
5	54,10	61,95	49,16
4	54,14	61,99	49,20
3	54,19	62,04	49,23
2	54,23	62,08	49,27
1	54,28	62,13	49,30
0	54,32	62,17	49,33
0,9089	54,36	62,21	49,37
8	54,41	62,26	49,41
7	54,45	62,30	49,44
6	54,50	62,34	49,47
5	54,54	62,39	49,51
4	54,59	62,43	49,54
3	54,63	62,47	49,58
2	54,67	62,52	49,61
1	54,72	62,56	49,65
0	54,76	62,61	49,68
0,9079	54,81	62,65	49,72
8	54,85	62,69	49,75
7	54,90	62,74	49,79
6	54,94	62,78	49,82
5	54,98	62,82	49,86
4	55,03	62,87	49,89
3	55,07	62,91	49,92
2	55,12	62,95	49,96
1	55,16	63,00	49,99
0	55,20	63,04	50,03
0,9069	55,25	63,08	50,06
0,9065	55,43	63,26	50,20
0,9060	55,65	63,47	50,37
0,9055	55,87	63,69	50,54

Spezifisches Gewicht $d\left(\dfrac{15°}{15°}\,C\right)$	Gewichtsprozente Alkohol	Maßprozente Alkohol	Gramm Alkohol in 100 ccm
0,9050	56,09	63,91	50,71
0,9045	55,31	64,12	50,89
0,9040	56,52	64,34	51,06
0,9035	56,74	64,55	51,23
0,9030	56,96	64,76	51,39
0,9025	56,18	64,98	51,56
0,9020	57,40	65,19	51,73
0,9015	57,62	65,40	51,90
0,9010	57,84	65,61	52,07
0,9005	58,06	65,82	52,24
0,9000	58,27	66,03	52,40
0,8995	58,49	66,24	52,57
0,8990	58,71	66,45	52,74
0,8985	58,93	66,66	52,90
0,8980	59,15	66,87	53,07
0,8975	59,36	67,08	53,23
0,8970	59,58	67,29	53,40
0,8965	59,80	67,50	53,56
0,8960	60,02	67,70	53,73
0,8955	60,23	67,91	53,89
0,8950	60,45	68,12	54,05
0,8945	60,66	68,32	54,22
0,8940	60,88	68,53	54,38
0,8935	61,10	68,73	54,54
0,8930	61,31	68,94	54,71
0,8925	61,53	69,14	54,87
0,8920	61,75	69,34	55,03
0,8915	61,96	69,55	55,19
0,8910	62,18	69,75	55,35
0,8905	62,39	69,95	55,51
0,8900	62,61	70,16	55,67
0,8895	62,82	70,36	55,83
0,8890	63,04	70,56	55,99
0,8885	63,25	70,76	56,15
0,8880	63,47	70,96	56,31
0,8875	63,68	71,16	56,47
0,8870	63,90	71,36	56,63
0,8865	64,11	71,56	56,79
0,8860	64,33	71,76	56,94
0,8855	64,54	71,96	57,10
0,8850	64,75	72,15	57,26
0,8845	64,97	72,35	57,42
0,8840	65,18	72,55	57,57
0,8835	65,40	72,74	57,73
0,8830	65,61	72,94	57,88
0,8825	65,82	73,14	58,04
0,8820	66,04	73,33	58,19
0,8815	66,25	73,53	58,35
0,8810	66,46	73,72	58,50
0,8805	66,67	73,92	58,66

Spezifisches Gewicht $d\left(\dfrac{15°}{15°}\,C\right)$	Gewichtsprozente Alkohol	Maßprozente Alkohol	Gramm Alkohol in 100 ccm
0,8800	66,89	74,11	58,81
0,8795	67,10	74,30	58,96
0,8790	67,31	74,49	59,12
0,8785	67,52	74,69	59,27
0,8780	67,74	74,88	59,42
0,8775	67,95	75,07	59,57
0,8770	68,16	75,26	59,73
0,8765	68,37	75,45	59,88
0,8760	68,58	75,64	60,03
0,8755	68,80	75,84	60,18
0,8750	69,01	76,02	60,33
0,8745	69,22	76,21	60,48
0,8740	69,43	76,40	60,63
0,8735	69,64	76,59	60,78
0,8730	69,85	76,78	60,93
0,8725	70,06	76,97	61,08
0,8720	70,27	77,15	61,23
0,8715	70,48	77,34	61,38
0,8710	70,70	77,53	61,52
0,8705	70,91	77,71	61,67
0,8700	71,12	77,90	61,82
0,8695	71,33	78,08	61,97
0,8690	71,54	78,27	62,11
0,8685	71,74	78,45	62,26
0,8680	71,95	78,64	62,40
0,8675	72,16	78,82	62,55
0,8670	72,37	79,00	62,69
0,8665	72,58	79,18	62,84
0,8660	72,79	79,37	62,98
0,8655	73,00	79,55	63,13
0,8650	73,21	79,73	63,27
0,8645	73,42	79,91	63,41
0,8640	73,63	80,09	63,56
0,8635	73,83	80,27	63,70
0,8630	74,04	80,45	63,85
0,8625	74,25	80,63	73,99
0,8620	74,46	80,81	64,13
0,8615	74,67	80,99	63,27
0,8610	74,87	81,17	64,41
0,8605	75,08	81,34	64,55
0,8600	75,29	81,52	64,69
0,8595	75,50	81,70	64,84
0,8590	75,70	81,87	64,97
0,8585	75,91	82,05	65,11
0,8580	86,12	82,23	65,25
0,8575	76,32	82,40	65,39
0,8570	76,53	82,57	65,53
0,8565	76,74	82,75	65,67
0,8560	76,94	82,92	65,81
0,8555	77,15	83,10	65,94

Spezifisches Gewicht $d\left(\frac{15°}{15°}C\right)$	Gewichtsprozente Alkohol	Maßprozente Alkohol	Gramm Alkohol in 100 ccm	Spezifisches Gewicht $d\left(\frac{15°}{15°}C\right)$	Gewichtsprozente Alkohol	Maßprozente Alkohol	Gramm Alkohol in 100 ccm	Spezifisches Gewicht $d\left(\frac{15°}{15°}C\right)$	Gewichtsprozente Alkohol	Maßprozente Alkohol	Gramm Alkohol in 100 ccm
0,8550	77,35	83,27	66,08	0,8345	85,60	89,94	71,38	0,8140	93,31	95,63	75,89
0,8545	77,56	83,44	66,22	0,8340	85,80	90,09	71,50	0,8135	93,49	95,76	75,99
0,8540	77,76	83,61	66,36	0,8335	85,99	90,24	71,62	0,8130	93,67	95,88	76,09
0,8535	77,97	83,78	66,49	0,8330	86,19	90,40	71,74	0,8125	93,85	96,00	76,19
0,8530	78,17	83,96	66,63	0,8325	86,38	90,55	71,85	0,8120	94,03	96,13	76,29
0,8525	78,38	84,13	66,76	0,8320	86,58	90,70	71,97	0,8115	94,20	96,25	76,38
0,8520	78,58	84,30	66,90	0,8315	86,77	90,84	72,09	0,8110	94,38	96,37	76,48
0,8515	78,79	84,47	67,03	0,8310	86,97	90,99	72,21	0,8105	94,55	96,49	76,57
0,8510	78,99	84,64	67,16	0,8305	87,16	91,14	72,33	0,8100	94,73	96,61	76,67
0,8505	79,20	84,80	67,30	0,8300	87,35	91,29	72,44	0,8095	84,90	96,73	76,76
0,8500	79,40	84,97	67,43	0,8295	87,55	91,43	72,56	0,8090	95,08	96,85	76,86
0,8495	79,60	85,14	67,57	0,8290	87,74	91,58	72,67	0,8085	95,25	96,96	76,95
0,8490	79,81	85,31	67,70	0,8285	87,93	91,72	72,79	0,8080	95,43	97,08	77,04
0,8485	80,01	85,47	67,83	0,8280	88,12	91,87	72,90	0,8075	95,60	97,19	77,13
0,8480	80,21	85,64	67,96	0,8275	88,31	92,01	73,02	0,8070	95,77	97,31	77,22
0,8475	80,42	85,81	68,09	0,8270	88,50	92,15	73,13	0,8065	95,94	97,42	77,31
0,8470	80,62	85,97	68,23	0,2865	88,69	92,30	73,24	0,8060	96,11	97,54	77,40
0,8465	80,82	86,14	68,36	0,8260	88,88	92,44	73,36	0,8055	96,29	97,65	77,49
0,8460	81,02	86,30	68,49	0,8255	89,07	92,58	73,47	0,8050	96,46	97,76	77,58
0,8455	81,22	86,46	68,62	0,8250	89,26	92,72	73,58	0,8045	96,63	97,87	77,67
0,8450	81,43	86,63	68,75	0,8245	89,45	92,86	73,69	0,8040	96,79	97,99	77,76
0,8445	81,63	86,79	68,88	0,8240	89,64	93,00	73,80	0,8035	96,96	98,09	77,85
0,8440	81,83	86,95	69,00	0,8235	89,83	93,14	73,91	0,8030	97,13	98,20	77,93
0,8435	82,03	87,11	69,13	0,8230	90,02	93,28	74,02	0,8025	97,30	98,31	78,02
0,8430	82,23	87,28	69,26	0,8225	90,20	93,41	74,13	0,8020	97,47	98,42	78,10
0,8425	82,43	87,44	69,39	0,8220	90,39	93,55	74,24	0,8015	97,63	98,52	78,19
0,8420	82,63	87,60	69,52	0,8215	90,58	93,68	74,35	0,8010	97,80	98,63	78,27
0,8415	82,83	87,76	69,64	0,8210	90,76	93,82	74,45	0,8005	97,97	98,74	78,36
0,8410	83,03	87,92	69,77	0,8205	90,95	93,95	74,56	0,8000	98,13	98,84	78,44
0,8405	83,23	88,08	69,90	0,8200	91,13	94,09	74,66	0,7995	98,30	98,95	78,52
0,8400	83,43	88,23	70,02	0,8195	91,32	94,22	74,77	0,7990	98,46	99,05	78,61
0,8395	83,63	88,39	70,15	0,8190	91,50	94,35	74,87	0,7985	98,63	99,15	78,69
0,8390	83,83	88,55	70,27	0,8185	91,68	94,48	74,98	0,7980	98,79	99,26	78,77
0,8385	84,03	88,71	70,40	0,8180	91,87	94,61	75,08	0,7975	98,95	99,36	78,85
0,8380	84,22	88,86	70,52	0,8175	92,05	94,75	75,19	0,7970	99,11	99,46	78,93
0,8375	84,42	89,02	70,65	0,8170	92,23	94,87	75,29	0,7965	99,28	99,56	79,01
0,8370	84,62	89,18	70,77	0,8165	92,41	95,00	75,39	0,7960	99,14	99,66	79,08
0,8365	84,82	89,33	70,89	0,8160	92,59	95,13	75,49	0,7955	99,60	99,76	79,16
0,8360	85,01	89,48	71,01	0,8155	92,77	95,26	75,59	0,7950	99,76	99,86	79,24
0,8355	85,21	89,64	71,14	0,8150	92,96	95,38	75,69	0,7945	99,92	99,95	79,32
0,8350	85,41	89,79	71,26	0,8145	93,13	95,51	75,79	0,79425	100,00	100,00	79,36

Tabelle 32. Ermittlung des Alkoholgehalts in Wein (Gramm in 1 Liter) aus dem spezifischen Gewichte des Destillats, bezogen auf Wasser von 4⁰ (vgl. S. 118).

Spezifisches Gewicht des Destillats bis zur 3. Dezimalstelle	4. Dezimalstelle des spezifischen Gewichts des Destillats									
	9	8	7	6	5	4	3	2	1	0
	g Alkohol in 1 Liter									
0,999	—	—	—	—	—	—	—	—	0,2	0,7
8	1,2	1,8	2,3	2,8	3,4	3,9	4,4	5,0	5,5	6,1
7	6,6	7,1	7,7	8,2	8,7	9,3	9,8	10,3	10,8	11,4
6	11,9	12,5	13,0	13,5	14,0	14,6	15,2	15,7	16,3	16,8
5	17,3	17,9	18,4	19,0	19,5	20,1	20,6	21,2	21,8	22,3
4	22,9	23,5	24,0	24,6	25,2	25,7	26,3	26,9	27,4	28,0
3	28,5	29,1	29,7	30,3	30,8	31,4	32,0	32,6	33,2	33,7
2	34,3	34,9	35,5	36,1	36,7	37,2	37,8	38,4	39,0	39,6
1	40,2	40,8	41,4	42,0	42,5	43,1	43,7	44,3	44,9	45,5
0	46,1	46,7	47,3	47,9	48,5	49,1	49,7	50,3	51,0	51,6
0,989	52,2	52,8	53,5	54,1	54,7	55,3	56,0	56,6	57,2	57,8
8	58,5	59,1	59,7	60,4	61,0	61,7	62,3	63,0	63,6	64,3
7	64,9	65,6	66,2	66,9	67,5	68,2	68,8	69,5	70,1	70,8
6	71,5	72,2	72,9	73,6	74,3	75,0	75,6	76,3	77,0	77,7
5	78,4	79,1	79,8	80,5	81,2	81,8	82,5	83,2	83,9	84,6
4	85,3	86,0	86,7	87,4	88,1	88,8	89,5	90,2	90,9	91,6
3	92,4	93,1	93,8	94,5	95,3	96,0	96,7	97,4	98,2	98,9
2	99,7	100,4	101,4	101,8	102,6	103,4	104,1	104,9	105,6	106,4
1	107,1	107,8	108,6	109,4	110,1	110,9	111,6	112,4	113,1	113,9
0	114,6	115,4	116,1	116,9	117,7	118,4	119,2	120,0	120,7	121,5
0,979	122,3	123,0	123,8	124,6	125,3	126,1	126,9	127,6	128,4	129,2
8	130,0	130,8	131,6	132,4	133,2	134,0	134,8	135,6	136,4	137,2
7	138,0	138,8	139,6	140,4	141,2	142,0	142,8	143,6	144,4	145,2
6	146,0	146,8	147,6	148,3	149,1	149,9	150,7	151,5	152,3	153,1
5	153,9	154,7	155,5	156,3	157,1	157,8	158,6	159,4	160,2	161,0
4	161,8	162,6	163,4	164,2	165,1	165,9	166,7	167,5	168,3	169,0
3	169,8	170,6	171,4	172,2	173,0	173,8	174,6	175,3	176,1	176,9
2	177,7	178,5	179,3	180,1	180,9	181,7	182,5	183,3	184,1	184,9
1	185,7	186,5	187,2	188,0	188,8	189,5	190,3	191,1	191,8	192,6
0	193,4	194,2	194,9	195,7	196,4	197,2	197,9	198,7	199,4	200,2
0,969	201,0	201,7	202,5	203,2	204,0	204,7	205,5	206,2	206,9	207,7
8	208,4	209,2	209,9	210,6	211,4	212,1	212,9	213,6	214,4	215,1
7	215,9	216,6	217,3	218,1	218,8	219,6	220,3	221,1	221,8	222,6
6	223,2	223,9	224,6	225,3	226,0	226,6	227,3	228,0	228,7	229,4
5	230,1	230,7	231,4	232,1	232,8	233,5	234,2	234,9	235,6	236,2

Tabelle 33. Umrechnung der Gramm Alkohol in 1 Liter Wein auf Maß-prozente (vgl. S. 118).

Gramm Alkohol in 1 Liter		Gramm Alkohol in 1 Liter, Einer									
		0	1	2	3	4	5	6	7	8	9
Hun-derter	Zehner	Maßprozente Alkohol									
—	0	0	0,13	0,26	0,38	0,50	0,63	0,76	0,88	1,01	1,13
—	1	1,26	1,39	1,51	1,64	1,76	1,89	2,02	2,14	2,27	2,39
—	2	2,52	2,65	2,77	2,90	3,02	3,15	3,28	3,40	3,53	3,65
—	3	3,78	3,91	4,03	4,16	4,28	4,41	4,54	4,66	4,79	4,91
—	4	5,04	5,17	5,29	5,42	5,55	5,67	5,80	5,92	6,05	6,18
—	5	6,30	6,43	6,55	6,68	6,81	6,93	7,06	7,18	7,31	7,44
—	6	7,56	7,69	7,81	7,94	8,07	8,19	8,32	8,44	8,57	8,70
—	7	8,82	8,95	9,07	9,20	9,33	9,45	9,58	9,70	9,83	9,96
—	8	10,08	10,21	10,33	10,46	10,59	10,71	10,84	10,96	11,09	11,22
—	9	11,34	11,47	11,59	11,72	11,85	11,97	12,10	12,22	12,35	12,48
1	0	12,60	12,73	12,85	12,98	13,11	13,23	13,36	13,48	13,61	13,74
1	1	13,86	13,99	14,11	14,24	14,37	14,49	14,62	14,74	14,87	15,00
1	2	15,12	15,25	15,37	15,50	15,63	15,75	15,88	16,00	16,13	16,26
1	3	16,38	16,51	16,63	16,76	16,89	17,01	17,14	17,26	17,39	17,52
1	4	17,64	17,77	17,89	18,02	18,15	18,27	18,40	18,52	18,65	18,78
1	5	18,90	19,03	19,15	19,28	19,41	19,53	19,66	19,78	19,91	20,04
1	6	20,16	20,29	20,41	20,54	20,67	20,79	20,92	21,04	21,17	21,30
1	7	21,42	21,55	21,68	21,80	21,93	22,05	22,18	22,31	22,43	22,56
1	8	22,68	22,81	22,94	23,06	23,19	23,31	23,44	23,57	23,69	23,82
1	9	23,94	24,07	24,20	24,32	24,45	24,57	24,70	24,83	24,95	25,08
2	0	25,20	25,33	25,46	25,58	25,71	25,83	25,96	26,09	26,21	26,34
2	1	26,46	26,59	26,72	26,84	26,97	27,09	27,22	27,35	27,47	27,60
2	2	27,72	27,85	27,98	28,10	28,23	28,35	28,48	28,61	28,73	28,86
2	3	28,98	29,11	29,24	29,36	29,49	29,61	29,74	29,87	29,99	30,12
2	4	30,24	30,37	30,50	30,62	30,75	30,87	31,00	31,13	31,25	31,38
2	5	31,50	31,63	31,76	31,88	32,01	32,13	32,26	32,39	32,51	32,64

Einschalttafel.

Gramm Alkohol in 1 Liter, Dezimale	Maßprozente Alkohol	Gramm Alkohol in 1 Liter, Dezimale	Maßprozente Alkohol
0,1	0,01	0,6	0,08
0,2	0,03	0,7	0,09
0,3	0,04	0,8	0,10
0,4	0,05	0,9	0,11
0,5	0,06		

Tabelle 34. Vereinfachte Bestimmung des Alkoholgehaltes bei kleiner Menge aus dem Mindergewichte von 50 ccm Destillat bei 15° gegenüber Wasser (vgl. S. 118).

Minder-gewicht mg	Alkohol Vol.-%	Minder-gewicht mg	Alkohol Vol.-%	Minder-gewicht mg	Alkohol Vol.-%	Minder-gewicht mg	Alkohol Vol.-%	Minder-gewicht mg	Alkohol Vol.-%	Minder-gewicht mg	Alkohol Vol.-%	Minder-gewicht mg	Alkohol Vol.-%	Minder-gewicht mg	Alkohol Vol.-%	Minder-gewicht mg	Alkohol Vol.-%	Minder-gewicht mg	Alkohol Vol.-%
		25	0,33	50	0,67	75	1,01	100	1,34	125	1,68	150	2,02	175	2,37	200	2,72	225	3,07
1	0,01	6	0,35	1	0,68	6	1,02	1	1,35	6	1,69	1	2,04	6	2,38	1	2,74	6	3,08
2	0,03	7	0,36	2	0,70	7	1,03	2	1,37	7	1,70	2	2,05	7	2,39	2	2,75	7	3,10
3	0,04	8	0,37	3	0,71	8	1,05	3	1,38	8	1,72	3	2,07	8	2,41	3	2,76	8	3,11
4	0,05	9	0,39	4	0,72	9	1,06	4	1,39	9	1,73	4	2,08	9	2,42	4	2,78	9	3,13
5	0,07	30	0,40	5	0,74	80	1,07	5	1,41	130	1,74	5	2,09	180	2,44	5	2,79	230	3,15
6	0,08	1	0,42	6	0,75	1	1,08	6	1,42	1	1,75	6	2,11	1	2,46	6	2,80	1	3,17
7	0,09	2	0,43	7	0,76	2	1,10	7	1,43	2	1,77	7	2,12	2	2,48	7	2,82	2	3,18
8	0,11	3	0,44	8	0,78	3	1,11	8	1,45	3	1,78	8	2,13	3	2,49	8	2,83	3	3,20
9	0,12	4	0,46	9	0,79	4	1,12	9	1,46	4	1,79	9	1,15	4	2,50	9	2,85	4	3,21
10	0,13	5	0,47	60	0,80	5	1,14	110	1,47	5	1,81	160	2,16	5	2,52	210	2,86	5	3,22
1	0,15	6	0,48	1	0,81	6	1,15	1	1,49	6	1,82	1	2,17	6	2,53	1	2,87	6	3,24
2	0,16	7	0,50	2	0,83	7	1,16	2	1,50	7	1,83	2	2,19	7	2,55	2	2,89	7	3,25
3	0,17	8	0,51	3	0,84	8	1,18	3	1,51	8	1,85	3	2,20	8	2,56	3	2,90	8	3,27
4	0,19	9	0,52	4	0,85	9	1,19	4	1,53	9	1,86	4	2,21	9	2,57	4	2,92	9	3,28
5	0,20	40	0,54	5	0,87	90	1,21	5	1,54	140	1,88	5	2,23	190	2,59	5	2,93	240	3,29
6	0,21	1	0,55	6	0,88	1	1,22	6	1,55	1	1,89	6	2,24	1	2,60	6	2,94	1	3,31
7	0,23	2	0,56	7	0,89	2	1,24	7	1,57	2	1,90	7	2,25	2	2,61	7	2,95	2	3,32
8	0,24	3	0,58	8	0,91	3	1,25	8	1,58	3	1,92	8	2,27	3	2,63	8	2,97	3	3,34
9	0,26	4	0,59	9	0,92	4	1,26	9	1,59	4	1,93	9	2,28	4	2,64	9	2,98	4	3,35
20	0,27	5	0,60	70	0,94	5	1,28	120	1,61	5	1,94	170	2,30	5	2,65	220	2,99	5	3,36
1	0,28	6	0,62	1	0,95	6	1,29	1	1,62	6	1,96	1	2,31	6	2,67	1	3,00	6	3,38
2	0,29	7	0,63	2	0,97	7	1,30	2	1,63	7	1,97	2	2,33	7	2,68	2	3,02	7	3,39
3	0,31	8	0,64	3	0,98	8	1,32	3	1,65	8	1,98	3	2,43	8	2,70	3	3,04	8	3,41
4	0,32	9	0,66	4	0,99	9	1,33	4	1,66	9	2,00	4	2,35	9	2,71	4	3,05	9	3,42

Für weitere Alkoholgehalte können bei Verwendung genauer Pyknometer noch folgende Umrechnungsfaktoren verwendet werden:

für Mindergewichte, mg	250	300	350	400	450	500
Faktor	0,0137	0,0138	0,01394	0,01408	0,01422	0,01436

Tabelle 35. Berechnung des Methylalkoholgehaltes aus der Lichtbrechung einer 50 Vol.-proz. Lösung (vgl. S. 121) (Methylalkohol in Vol.-Proz. des Gesamtalkoholes)[1].

Skalenteile	,0	,1	,2	,3	,4	,5	,6	,7	,8	,9	Skalenteile
40	—	—	100,0	99,8	99,5	99,3	99,1	98,9	98,7	98,4	40
41	98,2	98,0	97,8	97,5	97,3	97,1	96,9	96,7	96,4	96,2	41
42	96,0	95,8	95,5	95,3	95,1	94,9	94,7	94,4	94,2	94,0	42
43	93,8	93,6	93,4	93,2	93,0	92,8	92,6	92,4	92,2	92,0	43
44	91,8	91,5	91,3	91,1	90,9	90,7	90,4	90,2	90,0	89,8	44

[1]) Nach den Angaben von W. Lange und G. Reif berechnet (Zeitschr. f. Untersuch. d. Nahrungs- u. Genußmittel Bd. 41, S. 223. 1921).

Skalenteile	,0	,1	,2	,3	,4	,5	,6	,7	,8	,9	Skalenteile
45	89,5	89,3	89,1	88,9	88,7	88,4	88,2	88,0	87,8	87,5	45
46	87,3	87,1	86,9	86,7	86,4	86,2	86,0	85,8	85,5	85,3	46
47	85,1	84,9	84,7	84,4	84,2	84,0	83,8	83,6	83,4	83,2	47
48	83,0	82,8	82,6	82,4	82,2	82,0	81,8	81,5	81,3	81,1	48
49	80,9	80,7	80,4	80,2	80,0	79,8	79,5	79,3	79,1	78,9	49
50	78,7	78,4	78,2	78,0	77,8	77,5	77,3	77,1	76,9	76,7	50
51	76,4	76,2	76,0	75,8	75,5	75,3	75,1	74,9	74,7	74,4	51
52	74,2	74,0	73,8	73,5	73,3	73,1	72,9	72,7	72,4	72,2	52
53	72,0	71,8	71,6	71,4	71,2	71,0	70,8	70,6	70,4	70,2	53
54	70,0	69,8	69,5	69,3	69,1	68,9	68,7	68,4	68,2	68,0	54
55	67,8	67,5	67,3	67,1	66,9	66,7	66,4	66,2	66,0	65,8	55
56	65,5	65,3	65,1	64,9	64,7	64,4	64,2	64,0	63,8	63,5	56
57	63,3	63,1	62,9	62,7	62,4	62,2	62,0	61,8	61,5	61,3	57
58	61,1	60,9	60,7	60,4	60,2	60,0	59,8	59,5	59,2	59,0	58
59	58,8	58,5	58,2	58,0	57,8	57,5	57,3	57,1	56,9	56,7	59
60	56,4	56,2	56,0	55,8	55,6	55,4	55,2	55,0	54,8	54,6	60
61	54,4	54,2	54,0	53,8	53,5	53,3	53,1	52,9	52,7	52,4	61
62	52,2	52,0	51,8	51,5	51,3	51,1	50,9	50,7	50,4	50,2	62
63	50,0	49,8	49,6	49,4	49,2	49,0	48,8	48,6	48,4	48,2	63
64	48,0	47,8	47,5	47,2	47,0	46,8	46,5	46,2	46,0	45,8	64
65	45,5	45,3	45,1	44,9	44,7	44,4	44,2	44,0	43,8	43,5	65
66	43,3	43,1	42,9	42,7	42,4	42,2	42,0	41,8	41,6	41,4	66
67	41,2	41,0	40,8	40,6	40,4	40,2	40,0	39,8	39,5	39,3	67
68	39,1	38,9	38,7	38,4	38,2	38,0	37,8	37,5	37,2	37,0	68
69	36,8	36,5	36,2	36,0	35,8	35,5	35,3	35,1	34,9	34,7	69
70	34,4	34,2	34,0	33,8	33,5	33,3	33,1	32,9	32,7	32,4	70
71	32,2	32,0	31,8	31,5	31,3	31,1	30,9	30,7	30,4	30,2	71
72	30,0	29,8	29,6	29,4	29,2	29,0	28,8	28,6	28,4	28,2	72
73	28,0	27,8	27,5	27,3	27,1	26,9	26,7	26,4	26,2	26,0	73
74	25,8	25,5	25,3	25,1	24,9	24,7	24,4	24,2	24,0	23,8	74
75	23,5	23,3	23,1	22,9	22,7	22,4	22,2	22,0	21,8	21,6	75
76	21,4	21,2	21,0	20,8	20,6	20,4	20,2	20,0	19,8	19,5	76
77	19,3	19,1	18,9	18,7	18,4	18,2	18,0	17,7	17,4	17,1	77
78	16,9	16,6	16,3	16,0	15,8	15,5	15,3	15,1	14,9	14,7	78
79	14,4	14,2	14,0	13,8	13,5	13,7	13,1	12,9	12,7	12,4	79
80	12,2	12,0	11,8	11,5	11,3	11,0	10,9	10,7	10,4	10,2	80
81	10,0	9,8	9,5	9,3	9,1	8,9	8,7	8,4	8,2	8,0	81
82	7,8	7,5	7,3	7,1	6,9	6,7	6,4	6,2	6,0	5,8	82
83	5,6	5,4	5,2	5,0	4,8	4,6	4,4	4,2	4,0	3,8	83
84	3,5	3,3	3,1	2,9	2,7	2,4	2,2	2,0	1,8	1,5	84
85	1,3	1,1	0,9	0,7	0,4	0,2	0,0	—	—	—	85

Tabelle 36. Berechnung des Fuselölgehaltes aus der Volumenzunahme des Chloroforms (Vgl. S. 124).

Volumenzunahme des Chloroforms (a − b)	0,00	0,01	0,02	0,03	0,04	0,05	0,06	0,07	0,08	0,09
Fuselöl in 100 Gewichtsteilen absolutem Alkohol.										
0,0	0,00	0,02	0,05	0,07	0,09	0,11	0,14	0,16	0,18	0,20
0,1	0,23	0,25	0,27	0,30	0,32	0,34	0,36	0,39	0,41	0,43
0,2	0,46	0,48	0,50	0,52	0,55	0,57	0,59	0,62	0,64	0,66
0,3	0,68	0,71	0,73	0,75	0,78	0,80	0,82	0,85	0,87	0,89
0,4	0,91	0,94	0,96	0,98	1,00	1,02	1,05	1,07	1,09	1,12
0,5	1,14	1,16	1,19	1,21	1,23	1,25	1,28	1,30	1,32	1,35
0,6	1,37	1,39	1,42	1,44	1,46	1,48	1,50	1,53	1,55	1,57
0,7	1,59	1,62	1,64	1,66	1,69	1,71	1,73	1,76	1,78	1,80
0,8	1,82	1,85	1,87	1,89	1,92	1,94	1,96	1,98	2,00	2,03
0,9	2,05	2,07	2,10	2,12	2,14	2,16	2,19	2,21	2,23	2,26

Tabelle 37. Berechnung des Wasserzusatzes zu Fleischwaren (vgl. S. 182).

Organisches Nichtfett oder Stickstoffsubstanz (in Prozenten) — Mindest-Wasserzusatz (in Prozenten).

Gefundener Wassergehalt %	20	19	18	17	16	15	14	13	12	11	10	9	8	7	6	5	4	3	Gefundener Wassergehalt %
35	Auffindung der					Wasser-						0	3	7	11	15	19	23	35
6	Zwischenwerte:					zusatz						0	4	8	12	26	20	24	6
7	Man entnimmt den					nicht					0	1	5	9	13	17	21	25	7
8	den ganzen Zahlen					mehr					0	2	6	10	14	18	22	26	8
9	für organisch. Nicht-					nach-					0	3	7	11	15	19	23	27	9
40	fett und Wasserge-					weisbar.					0	4	8	12	16	20	24	28	40
1	halt entsprechenden									0	1	5	9	13	17	21	25	29	1
2	Wert der Tabelle,									0	2	6	10	14	18	22	26	30	2
3	zählt die Dezimal-									0	2	7	11	15	19	23	27	31	3
4	stelle des gefunde-									0	4	8	12	16	20	24	28	32	4
5	nen Wassergehaltes								0	1	5	9	13	17	21	25	29	33	5
6	hinzu und zieht die								0	2	6	10	14	18	22	26	30	34	6
7	Dezimalstelle für								0	3	7	11	15	19	23	27	31	35	7
8	organisches Nicht-								0	4	8	12	16	20	24	28	32	36	8
9	Beispiel: Wasserge-							0	1	5	9	13	17	21	25	29	33	37	9
50	gehalt . . . 67,2							0	2	6	10	14	18	22	26	30	34	38	50
1	Organisches Nicht-							0	3	7	11	15	19	23	27	31	35	39	1
2	fett 13,7							0	4	8	12	16	20	24	28	32	36	40	2
3	Nach der Tabelle						0	1	5	9	13	17	21	25	29	33	37	41	3
4	(67 bzw. 13): 15						0	2	6	10	14	18	22	26	30	34	38	42	4
5	+ 0,2						0	3	7	11	15	19	23	27	31	35	39	43	5
6	(4 × 0,7) = — 2,8						0	4	8	12	16	20	24	28	32	36	40	44	6
7	Wasserzusatz 12,4%					0	1	5	9	13	17	21	25	29	33	37	41	45	7
8	abgerundet 12%					0	2	6	10	14	18	22	26	30	34	38	42	46	8
9	Wasser-					0	3	7	11	15	19	23	27	31	35	39	43	47	9
60	zusatz nicht					0	4	8	12	16	20	24	28	32	36	40	44	48	60
1	mehr nach-				0	1	5	9	13	17	21	25	29	33	37	41	45	49	1
2	weisbar.				0	2	6	10	14	18	22	26	30	34	38	42	46	50	2
3					0	3	7	11	15	19	23	27	31	35	39	43	47	51	3
4					0	4	8	12	16	20	24	28	32	36	40	44	48	52	4

Organisches Nichtfett oder Stickstoffsubstanz (in Prozenten) — Mindest-Wasserzusatz (in Prozenten)

Gefundener Wassergehalt %	20	19	18	17	16	15	14	13	12	11	10	9	8	7	6	5	4	3	Gefundener Wassergehalt %
5				0	1	5	9	13	17	21	25	29	33	37	41	45	49	53	5
6				0	2	6	10	14	18	22	26	30	34	38	42	46	50	54	6
7				0	3	7	11	15	19	23	27	31	35	39	43	47	51	55	7
8				0	4	8	12	16	20	24	28	32	36	40	44	48	52	56	8
9			0	1	5	9	13	17	21	25	29	33	37	41	45	49	53	57	9
70			0	2	6	10	14	18	22	26	30	34	38	42	46	50	54	58	70
1			0	3	7	11	15	19	23	27	31	35	39	43	47	51	55	59	1
2			0	4	8	12	16	20	24	28	32	36	40	44	48	52	56	60	2
3		0	1	5	9	13	17	21	25	29	33	37	41	45	49	53	57	61	3
4		0	2	6	10	14	18	22	26	30	34	38	42	46	50	54	58	62	4
5		0	3	7	11	15	19	23	27	31	35	39	43	47	51	55	59	63	5
6		0	4	8	12	16	20	24	28	32	36	40	44	48	52	56	60	64	6
7	0	1	5	9	13	17	21	25	29	33	37	41	45	49	53	57	61	65	7
8	0	2	6	10	14	18	22	26	30	34	38	42	46	50	54	58	62	66	8
9	0	3	7	11	15	19	23	27	31	35	39	43	47	51	55	59	63	67	9
80	0	4	8	12	16	20	24	28	32	36	40	44	48	52	56	60	64	68	80
1	1	5	9	13	17	21	25	29	33	37	41	45	49	53	57	61	65	69	1
2	2	6	10	14	18	22	26	30	34	38	42	46	50	54	58	62	66	70	2
3	3	7	11	15	19	23	27	31	35	39	43	47	51	55	59	63	57	71	3
4	4	8	12	16	20	24	28	32	36	40	44	48	52	56	60	64	68	72	4
5	5	9	13	17	21	25	29	33	37	41	45	49	53	57	61	65	59	73	5
6	6	10	14	18	22	26	30	34	38	42	46	50	54	58	62	66	70	74	6
7	7	11	15	19	23	27	31	35	39	43	47	51	55	59	63	67	71	75	7

Tabelle 38. Berechnung der Trockenmasse der Milch (vgl. S. 165).

Fett %	Lactodensimetergrade											Fett %
	25°	26°	27°	28°	29°	30°	31°	32°	33°	34°	35°	
1,5	8,30	8,55	8,81	9,06	9,31	9,56	9,81	10,06	10,31	10,57	10,81	1,5
1,6	8,42	8,67	8,93	9,18	9,43	9,68	9,93	10,18	10,43	10,69	10,93	1,6
1,7	8,54	8,79	9,05	9,30	9,55	9,80	10,05	10,30	10,55	10,81	11,05	1,7
1,8	8,66	8,91	9,17	9,42	9,67	9,92	10,17	10,42	10,67	10,93	11,17	1,8
1,9	8,78	9,03	9,29	9,54	9,79	10,04	10,29	10,54	10,79	11,05	11,29	1,9
2,0	8,90	9,15	9,41	9,66	9,91	10,16	10,41	10,66	10,91	11,17	11,41	2,0
2,1	9,02	9,27	9,53	9,78	10,03	10,28	10,53	10,78	11,03	11,29	11,53	2,1
2,2	9,14	9,39	9,65	9,90	10,15	10,40	10,65	10,90	11,15	11,41	11,65	2,2
2,3	9,26	9,51	9,77	10,02	10,27	10,52	10,77	11,02	11,27	11,53	11,77	2,3
2,4	9,38	9,63	9,89	10,14	10,39	10,64	10,89	11,14	1·1,39	11,65	11,89	2,4
2,5	9,50	9,75	10,01	10,26	10,51	10,76	11,01	11,26	11,51	11,77	12,01	2,5
2,6	9,62	9,78	10,13	10,38	10,63	10,88	11,13	11,38	11,63	11,89	12,13	2,6
2,7	9,74	9,99	10,25	10,50	10,75	11,00	11,25	11,50	11,75	12,01	12,25	2,7
2,8	9,86	10,11	10,37	10,62	10,87	11,12	11,57	11,62	11,87	12,13	12,37	2,8
2,9	9,98	10,23	10,49	10,74	10,99	11,24	11,49	11,74	11,99	12,25	12,49	2,9
3,0	10,10	10,35	10,61	10,86	11,11	11,36	11,61	11,86	12,11	12,37	12,61	3,0
3,1	10,22	10,47	10,73	10,98	11,23	11,48	11,73	11,98	12,23	12,49	12,73	3,1
3,2	10,34	10,59	10,85	11,10	11,35	11,60	11,85	12,10	12,35	12,61	12,85	3,2
3,3	10,46	10,71	10,97	11,22	11,47	11,72	11,97	12,22	12,47	12,73	12,97	3,3
3,4	10,58	10,83	11,09	11,34	11,59	11,84	12,09	12,34	12,59	12,85	13,09	3,4

| Fett % | Lactodensimetergrade | | | | | | | | | | | Fett % |
	25°	26°	27°	28°	29°	30°	31°	32°	33°	34°	35°	
3,5	10,70	10,95	11,21	11,46	11,71	11,96	12,21	12,46	12,71	12,97	13,21	3,5
3,6	10,82	11,07	11,33	11,58	11,83	12,08	12,33	12,58	12,83	13,09	13,33	3,6
3,7	10,94	11,19	11,45	11,70	11,95	12,20	12,45	12,70	12,95	13,21	13,45	3,7
3,8	11,06	11,31	11,57	11,82	12,07	12,32	12,57	12,82	13,07	13,33	13,57	3,8
3,9	11,18	11,43	11,69	11,94	12,19	12,44	12,69	12,94	13,19	13,45	13,69	3,9
4,0	11,30	11,55	11,81	12,06	12,31	12,56	12,81	13,06	13,31	13,57	13,81	4,0
4,1	11,42	11,67	11,93	12,18	12,43	12,68	12,93	13,18	13,43	13,69	13,93	4,1
4,2	11,54	11,79	12,05	12,30	12,55	12,80	13,05	13,30	13,55	13,81	14,05	4,2
4,3	11,66	11,91	12,17	12,42	12,67	12,92	13,17	13,42	13,67	13,93	14,17	4,3
4,4	11,78	12,03	12,29	12,54	12,79	13,04	13,29	13,54	13,79	14,05	14,29	4,4
4,5	11,90	12,15	12,41	12,66	12,91	13,16	13,41	13,66	13,91	14,17	14,41	4,5
4,6	12,02	12,27	12,53	12,78	13,03	13,28	13,53	13,78	14,03	14,29	14,53	4,6
4,7	12,14	12,39	12,65	12,90	13,15	13,40	13,65	13,90	14,15	14,41	14,65	4,7
4,8	12,26	12,51	12,77	13,02	13,27	13,52	13,77	14,02	14,27	14,53	14,77	4,8

Tabelle 39. Berechnung des Wasserzusatzes zu Milch (vgl. S. 168).

| Fettfreie Trockenmasse der gewässerten Milch (r) % | Fettfreie Trockenmasse in der Stallprobenmilch (r_1): | | | | | | | | | | |
	8,0	8,1	8,2	8,3	8,4	8,5	8,6	8,7	8,8	8,9	9,0
	Wasserzusatz (Teile Wasser auf 100 Teile Milch):										
9,0	0	0	0	0	0	0	0	0	0	0	0
8,9	0	0	0	0	0	0	0	0	0	0	1
8,8	0	0	0	0	0	0	0	0	0	1	2
8,7	0	0	0	0	0	0	0	0	1	2	3
8,6	0	0	0	0	0	0	0	1	2	3	5
8,5	0	0	0	0	0	0	1	2	3	5	6
8,4	0	0	0	0	0	1	2	3	5	6	7
8,3	0	0	0	0	1	2	4	5	6	7	8
8,2	0	0	0	1	2	4	5	6	7	8	10
8,1	0	0	1	2	4	5	6	7	9	10	11
8,0	0	1	2	4	5	6	7	9	10	11	12
7,9	1	3	4	5	6	8	9	10	11	13	14
7,8	3	4	5	6	8	9	10	12	13	14	15
7,7	4	5	6	8	9	10	12	13	14	16	17
7,6	5	7	8	9	11	12	13	14	16	17	18
7,5	7	8	9	11	12	13	15	16	17	19	20
7,4	8	9	11	12	13	15	16	18	19	20	22
7,3	10	11	12	14	15	16	18	19	21	22	23
7,2	11	12	14	15	17	18	19	21	22	24	25
7,1	13	14	16	17	18	20	21	23	24	25	27
7,0	14	16	17	19	20	21	23	24	26	27	29
6,9	16	17	19	20	22	23	25	26	28	29	30
6,8	18	19	21	22	24	25	26	28	29	31	32
6,7	19	21	22	24	25	27	28	30	31	33	34
6,6	21	23	24	26	27	29	30	32	33	35	36
6,5	23	25	26	28	29	31	32	34	35	37	38

Fettfreie Trockenmasse der gewässerten Milch (r) %	Fettfreie Trockenmasse in der Stallprobenmilch (r_1):										
	8,0	8,1	8,2	8,3	8,4	8,5	8,6	8,7	8,8	8,9	9,0
	Wasserzusatz (Teile Wasser auf 100 Teile Milch):										
6,4	25	27	28	30	31	33	34	36	37	39	41
6,3	27	29	30	32	33	35	37	38	40	41	43
6,2	29	31	32	34	35	37	39	40	42	44	45
6,1	31	33	34	36	38	39	41	43	44	46	47
6,0	33	35	37	38	40	42	43	45	47	48	50
5,9	36	37	39	41	42	44	46	47	49	51	52
5,8	38	40	41	43	45	47	48	50	52	53	55
5,7	40	42	44	46	47	49	51	53	54	56	58
5,6	43	45	46	48	50	52	54	55	57	59	61
5,5	45	47	49	51	53	54	56	58	60	62	64
5,4	48	50	52	54	56	57	59	61	63	65	67
5,3	51	53	55	57	58	60	62	64	66	68	70
5,2	54	56	58	60	62	63	65	67	69	71	73
5,1	57	59	61	63	65	67	69	71	73	75	76
5,0	60	62	64	66	68	70	72	74	76	78	80
4,9	63	65	67	69	71	73	76	78	80	82	84
4,8	67	69	71	73	75	77	79	81	83	85	87
4,7	70	72	74	76	78	80	82	84	86	87	89
4,6	74	76	78	80	83	85	87	89	91	93	96
4,5	78	80	82	84	87	89	91	93	96	98	100
4,4	82	84	86	88	91	93	95	97	100	102	104
4,3	86	88	91	93	95	97	100	102	105	107	109
4,2	90	92	95	97	100	102	105	107	109	112	114
4,1	95	98	100	103	105	108	110	113	115	118	120
4,0	100	102	105	107	110	112	115	117	120	122	125

Anmerkung: Zur Auffindung der Zwischenwerte für die 2. Dezimale der gefundenen fettfreien Trockenmasse verfährt man nach folgendem Beispiel:

Gefunden sei die fettfreie Trockenmasse der verdächtigen Milch zu 5,16%, der Stallprobenmilch zu 8,64%. Dann ist nach der Tabelle für

Verdächtige Milch	Stallprobemilch	Wasserzusatz
5,1	8,6	69 %
5,2	—	65 %
0,1	—	4 %
0,01	—	0,4 %
Für 0,06	abzuziehen:	$6 \times 0,4 = 2,4$ %
5,1	8,6	69 %
—	8,7	71 %
—	0,1	2 %
—	0,01	0,2 %
	zu addieren für 0,04:	$4 \times 0,2 = 0,8$ %

Demnach:

$$69 - 2,4 + 0,8 = 67,4, \text{ abgerundet } 67\%.$$

Genauere Angaben für den Wasserzusatz, als den ganzen Zahlen entspricht, sind nur in seltenen Fällen zulässig.

Tabelle 40. Berechnung von Wasserzusätzen (des Verdünnungsgrades) bei Branntwein und Likören (vgl. S. 282).

A. Ursprünglicher Weingeistgehalt 38 Vol.-%.

Weingeist gefunden Vol.-%	,9	,8	,7	,6	,5	,4	,3	,2	,1	,0
	Wasserzusätze, Liter auf 100 Liter Branntwein									
37	0,3	0,5	0,8	1,1	1,4	1,6	1,9	2,2	2,4	2,7
36	3,0	3,3	3,6	3,9	4,2	4,4	4,7	5,0	5,3	5,5
35	5,8	6,1	6,4	6,7	7,0	7,3	7,6	7,9	8,2	8,6
34	8,9	9,2	9,5	9,9	10,2	10,5	10,8	11,1	11,5	11,8
33	12,1	12,4	12,8	13,1	13,4	13,8	14,1	14,4	14,7	15,1
32	15,5	15,8	16,2	16,5	16,9	17,3	17,6	18,0	18,3	18,7
31	19,1	19,5	19,9	20,3	20,7	21,1	21,4	21,8	22,2	22,6
30	23,0	23,4	23,8	24,2	24,7	25,1	25,5	25,9	26,3	26,7
29	27,1	27,6	28,0	28,4	28,9	29,3	29,7	30,1	30,6	31,0
28	31,5	31,9	32,4	32,9	33,4	33,8	34,3	34,8	35,2	35,7
27	36,2	36,7	37,2	37,7	38,2	38,7	39,2	39,7	40,2	40,7
26	41,2	41,8	42,3	42,9	43,4	43,9	44,5	45,0	45,6	46,2
25	46,8	47,3	47,8	48,4	49,0	49,6	50,3	50,8	51,4	52,0
24	52,6	54,2	53,8	54,5	55,1	55,7	56,3	57,0	57,6	58,3
23	59,0	59,7	60,3	61,0	61,7	62,4	63,1	63,8	64,5	65,2
22	66,0	66,7	67,4	68,1	68,8	69,6	70,4	71,2	71,9	72,7
21	73,5	74,3	75,1	75,9	76,7	77,6	78,4	79,2	80,1	81,0
20	81,8	82,7	83,5	84,4	85,3	86,3	87,2	88,1	89,1	90,0
19	90,9	91,9	92,9	93,9	94,9	95,9	96,9	97,9	98,9	100
18	101	102	104	105	106	107	108	109	110	111
17	113	114	115	116	117	118	120	121	122	123
16	125	126	127	129	130	132	133	135	136	137
15	139	140	142	144	145	147	148	150	152	153
14	155	157	158	160	162	164	166	168	170	171

B. Ursprünglicher Weingeistgehalt 35 Vol.-%.

Weingeist gefunden Vol.-%	,9	,8	,7	,6	,5	,4	,3	,2	,1	,0
34	0,3	0,6	0,9	1,2	1,4	1,7	2,0	2,3	2,6	2,9
33	3,2	3,5	3,9	4,2	4,5	4,8	5,1	5,5	5,7	6,1
32	6,4	6,7	7,1	7,4	7,7	8,8	8,4	8,7	9,0	9,4
31	9,7	10,1	10,4	10,8	11,1	11,5	11,8	12,2	12,5	12,9
30	13,2	13,6	14,0	14,3	14,7	15,1	15,5	15,9	16,2	16,7
29	17,1	17,5	17,9	18,3	18,7	19,1	19,5	19,9	20,3	20,7
28	21,1	21,6	22,0	22,5	22,9	23,3	23,8	24,2	24,6	25,0
27	25,5	26,0	26,4	26,9	27,4	27,8	28,3	28,8	29,3	29,7
26	30,2	30,7	31,2	31,7	32,2	32,7	33,2	33,7	34,2	34,7
25	35,2	35,7	36,3	36,8	37,4	37,9	38,4	39,0	39,5	40,1
24	40,6	41,1	41,7	42,3	42,8	43,4	44,0	44,6	45,2	45,8
23	46,4	47,1	47,7	48,3	48,9	49,6	50,2	50,9	51,5	52,2
22	52,8	53,5	54,2	54,9	55,6	56,3	56,9	57,6	58,3	59,1
21	59,8	60,5	61,2	62,0	62,7	63,5	64,3	65,1	65,9	66,7
20	67,5	68,3	69,1	69,9	70,7	71,6	72,4	73,3	74,1	75,0
19	75,8	76,7	77,6	78,6	79,5	80,4	81,4	82,3	83,3	84,2
18	85,2	86,2	87,2	88,2	89,2	90,2	91,2	92,3	93,3	94,4
17	95,5	96,6	97,7	98,8	100	101	102	103	105	106
16	107	108	110	111	112	113	115	116	117	119
15	120	121	123	124	126	127	129	130	132	133

B. Ursprünglicher Weingeistgehalt 35 Vol.-%.

Weingeist gefunden Vol.-%	,9	,8	,7	,6	,5	,4	,3	,2	,1	,0
	Wasserzusätze, Liter auf 100 Liter Branntwein									
14	135	136	138	140	141	143	145	146	148	150
13	152	154	155	157	159	161	163	165	167	169
12	171	173	176	178	180	182	185	187	189	192

C. Ursprünglicher Weingeistgehalt 30 Vol.-%.

	,9	,8	,7	,6	,5	,4	,3	,2	,1	,0
29	0,3	0,7	1,0	1,4	1,7	2,0	2,4	2,7	3,1	3,4
28	3,7	4,1	4,5	4,9	5,3	5,6	6,0	6,4	6,8	7,1
27	7,5	7,9	8,3	8,7	9,1	9,5	9,9	10,3	10,7	11,1
26	11,5	12,0	12,4	12,8	13,2	13,6	14,0	14,5	14,9	15,3
25	15,8	16,3	16,7	17,1	17,6	18,0	18,5	19,0	19,5	20,0
24	20,5	21,0	21,5	22,0	22,5	23,0	23,5	24,0	24,5	25,0
23	25,5	26,1	26,6	27,1	27,7	28,2	28,8	29,4	29,9	30,5
22	31,0	31,6	31,2	32,8	33,3	33,9	34,5	35,1	35,7	36,3
21	37,0	37,6	38,2	38,9	39,5	40,1	40,7	41,4	42,1	42,9
20	43,6	44,3	44,9	45,6	46,3	47,1	47,8	48,5	49,2	50,0
19	50,7	51,5	52,2	53,0	53,8	54,6	55,4	56,2	57,0	57,8
18	58,7	59,5	60,3	61,2	62,1	63,0	63,9	64,8	65,7	66,7
17	67,6	68,5	69,5	70,4	71,4	72,4	73,4	74,4	75,4	76,4
16	77,5	78,6	79,6	80,7	81,8	82,9	84,0	85,2	86,4	87,5
15	88,7	89,9	91,1	92,3	93,5	94,8	96,1	97,4	98,7	100
14	101	103	104	106	107	108	109	111	113	114
13	116	117	119	121	122	124	126	127	129	131
12	132	134	136	138	140	142	144	146	148	150
11	152	154	156	159	161	163	166	168	170	173
10	175	178	180	183	186	188	191	194	197	200
9	203	206	209	213	216	219	223	226	230	233
8	237	241	245	249	253	257	261	266	270	275
7	280	285	290	295	300	306	311	317	322	329

Tabelle 41. Berechnung des Permanganatverbrauches in Trinkwasser (vgl. S. 312).

Für 100 ccm Wasser: ccm $^1/_{100}$ N-Permanganatlösung	,0	,1	,2	,3	,4	,5	,6	,7	,8	,9
	Permanganatverbrauch für 1 l Wasser (mg $KMnO_4$)									
0	0,0	0,3	0,6	0,9	1,3	1,6	1,9	2,2	2,5	2,8
1	3,2	3,5	3,8	4,1	4,4	4,7	5,1	5,4	5,7	6,0
2	6,3	6,6	7,0	7,3	7,6	7,9	8,2	8,5	8,8	9,2
3	9,5	9,8	10,1	10,4	10,7	11,1	11,4	11,7	12,0	12,3
4	12,6	13,0	13,3	13,6	13,9	14,2	14,5	14,9	15,2	15,5
5	15,8	16,1	16,4	16,7	17,1	17,4	17,7	18,0	18,3	18,6
6	19,0	19,3	19,6	19,9	20,2	20,5	20,9	21,2	21,5	21,1
7	22,1	22,4	22,8	23,1	23,4	23,7	24,0	24,3	24,6	25,0
8	25,3	25,6	25,9	26,2	26,5	26,9	27,2	27,5	27,8	28,1
9	28,4	28,8	29,1	29,4	29,7	30,0	30,3	30,7	31,0	31,3

Für 100 ccm Wasser: ccm $^1/_{100}$ N.-Permanganatlösung	,0	,1	,2	,3	,4	,5	,6	,7	,8	,9
	Permanganatverbrauch für 1 l Wasser (mg $KMnO_4$)									
10	31,6	31,9	32,2	32,5	32,9	33,2	33,5	33,8	34,1	34,4
11	34,8	35,1	35,4	35,7	36,0	36,3	36,7	37,0	37,3	37,6
12	37,9	38,2	38,6	38,9	39,2	39,5	39,8	40,1	40,4	40,8
13	41,1	41,4	41,7	42,0	42,3	42,7	43,0	43,3	43,6	43,9
14	44,2	44,6	44,9	45,2	45,5	45,8	46,1	46,5	46,8	47,1
15	47,4	47,7	48,0	48,3	48,7	49,0	49,3	49,6	49,9	50,2
16	50,6	50,9	51,2	51,5	51,8	52,1	52,5	52,8	53,1	53,4
17	53,7	54,0	54,4	54,7	55,0	55,3	55,6	55,9	56,2	56,6
18	56,9	57,2	57,5	57,8	58,1	58,5	58,8	59,1	59,4	59,7
19	60,0	60,4	60,7	61,0	61,3	61,6	61,9	62,3	62,6	62,9
20	63,2	63,5	63,8	64,1	64,5	64,8	65,1	65,4	65,7	66,0
21	66,4	66,7	67,0	67,3	67,6	67,9	68,3	68,6	68,9	69,2
22	69,5	69,8	70,2	70,5	70,8	71,1	71,4	71,7	72,0	72,4
23	72,7	73,0	73,3	73,6	73,9	74,3	74,6	74,9	75,2	75,5
24	75,8	76,2	76,5	76,8	77,1	77,4	77,7	78,1	78,4	78,7

Sachverzeichnis.

Tabelle und Anleitung zur Ermittelung des Fettgehaltes nach vereinfachtem Verfahren in Nahrungsmitteln, Futtermitteln und Gebrauchsgegenständen. Von Dr. **J. Großfeld,** Nahrungsmittelchemiker am Untersuchungsamt Recklinghausen. 12 Seiten. 1923. RM 1.20

Chemie der Nahrungs- und Genußmittel. Von **J. König,** Dr. phil., Dr.-Ing. h. c., Dr. ph. nat. h. c., Geh. Regierungsrat, o. Professor an der Westfälischen Wilhelms-Universität Münster i. W. In 3 Bänden nebst Nachträgen.

Erster Band: **Chemische Zusammensetzung der menschlichen Nahrungs- und Genußmittel.** Nach vorhandenen Analysen mit Angabe der Quellen zusammengestellt. Vierte, verbesserte Auflage bearbeitet von Dr. A. Bömer, Privatdozent an der Universität und Abteilungsvorsteher der Agrik.-Chem. Versuchsstation Münster i. W. Mit in den Text gedruckten Abbildungen. XX, 1536 Seiten. 1903. Unveränderter Neudruck. 1921. Gebunden RM 40.—

Nachtrag zu Band I: **A. Zusammensetzung der tierischen Nahrungs- und Genußmittel.** Bearbeitet von Dr. J. Großfeld, Untersuchungsamt in Recklinghausen, Dr. A. Splittgerber, Untersuchungsamt in Mannheim, Dr. W. Sutthoff, Landwirtschaftliche Versuchsstation in Münster i. W. VIII, 594 Seiten. 1919. Gebunden RM 22.—

Nachtrag zu Band I: **B. Zusammensetzung der pflanzlichen Nahrungs- und Genußmittel.** Bearbeitet von Dr. J. Großfeld und Dr. A. Splittgerber. XIX, 1216 Seiten. 1923. Gebunden RM 47.—

Zweiter Band: **Die Nahrungsmittel, Genußmittel und Gebrauchsgegenstände,** ihre Gewinnung, Beschaffenheit und Zusammensetzung. Von Geh. Reg.-Rat Professor Dr. J. König. Fünfte, umgearbeitete Auflage. XXV, 932 Seiten. 1920. Gebunden RM 32.—

Dritter Band: **Untersuchung von Nahrungs-, Genußmitteln und Gebrauchsgegenständen.** In Gemeinschaft mit zahlreichen Fachleuten bearbeitet von Geh. Reg.-Rat Professor Dr. J. König. Vierte, vollständig umgearbeitete Auflage.

I. Teil: **Allgemeine Untersuchungsverfahren.** Mit 405 Textabbildungen. XIV, 772 Seiten. 1910. Zweiter, unveränderter Neudruck. 1920. Vergriffen

II. Teil: **Die tierischen und pflanzlichen Nahrungsmittel.** Mit 260 Abbildungen im Text und auf 14 lithographischen Tafeln. XXXV, 972 Seiten. Unveränderter Neudruck. 1923. Gebunden RM 40.—

III. Teil: **Die Genußmittel, Wasser, Luft, Gebrauchsgegenstände, Geheimmittel und ähnliche Mittel.** Mit 314 Abbildungen im Text und 6 lithographierten Tafeln. XX, 1120 Seiten. 1918. Gebunden RM 40.—

Nahrung und Ernährung des Menschen. Ein kurzes Lehrbuch. Von **J. König,** Dr. phil., Dr.-Ing. h. c., Dr. ph. nat. h. c., Geh. Regierungsrat, o. Professor an der Westfälischen Wilhelms-Universität Münster i. W. Gleichzeitig 12. Auflage der „Nährwerttafel". VIII, 214 Seiten. 1926. RM 10.50; gebunden RM 12.—

ⓦ Das österreichische Lebensmittelbuch. Codex alimentarius austriacus.

II. Auflage. Herausgegeben vom Bundesministerium für soziale Verwaltung, Volksgesundheitsamt, im Einvernehmen mit der Kommission zur Herausgabe des Codex alimentarius austriacus Vorsitzender: Ministerialrat Ingenieur Anton Stift.

I. Heft: **Teigwaren.** Referent: Oberinspektor Ingenieur J. Stuchetz. 10 Seiten. 1926. RM 0.60

II. Heft: **Kaffeezusatz und Kaffeeersatz.** Referent: Ministerialrat Ingenieur Anton Stift. 10 Seiten. 1926. RM 0.50

Weitere Hefte folgen.

Die mit ⓦ bezeichneten Werke sind im Verlage von Julius Springer in Wien erschienen.

Die Volksernährung. Veröffentlichungen aus dem Tätigkeitsbereiche des Reichsministeriums für Ernährung und Landwirtschaft. Herausgegeben unter Mitwirkung des Reichsausschusses für Ernährungsforschung.

1. Heft: **Das Brot.** Von Professor Dr. med. et phil. **R. O. Neumann,** Geheimer Medizinalrat, Direktor des Hygienischen Instituts der Universität Bonn. 114 Seiten. 1922. RM 1.40

2. Heft: **Nahrungsstoffe mit besonderen Wirkungen** unter besonderer Berücksichtigung der Bedeutung bisher noch unbekannter Nahrungsstoffe für die Volksernährung. Von Professor Dr. med. et phil. h. c. **Emil Abderhalden,** Geheimer Medizinalrat, Direktor des Physiologischen Instituts der Universität Halle a. S. 26 Seiten. 1922. RM 0.30

3. Heft: **Öle und Fette in der Ernährung.** Von Professor Dr.-Ing., Dr. phil. **A. Heiduschka,** Direktor des Laboratoriums für Lebensmittel- und Gärungschemie der Technischen Hochschule Dresden. 34 Seiten. 1923. RM 0.60

4. Heft: **Unsere Lebensmittel vom Standpunkt der Vitaminforschung.** Wird voraussichtlich die weitere Erforschung der physiologischen Bedeutung der Vitamine die bisherige Herstellung, Zubereitung und Beurteilung der Lebensmittel wesentlich beeinflussen? Von Professor Dr. phil. **A. Juckenack,** Geheimer Regierungsrat, Medizinalrat im Preuß. Ministerium für Volkswohlfahrt, Direktor der Staatlichen Nahrungsmittel-Untersuchungsanstalt Berlin. 50 Seiten. 1923. Z. Z. vergriffen

5. Heft: **Die Verwertung des Roggens in ernährungsphysiologischer und landwirtschaftlicher Hinsicht.** Nach Versuchen von Professor C. Thomas-Leipzig, Professor A. Scheunert-Leipzig, Privatdozent W. Klein-Berlin, Maria Steuber-Berlin, Professor F. Honcamp-Rostock, Dr. C. Pfaff-Rostock und dem Berichterstatter mitgeteilt von **Max Rubner,** Geheimer Obermedizinalrat, Professor an der Universität Berlin. Mit 1 Abbildung. IV, 52 Seiten. 1925. RM 2.40

6. Heft: **Was haben wir bei unserer Ernährung im Haushalt zu beachten?** Von Professor Dr. **A. Juckenack,** Geheimer Regierungsrat, Ministerialrat im Preuß. Ministerium für Volkswohlfahrt, Direktor der Staatlichen Nahrungsmittel-Untersuchungsanstalt Berlin, Hon.-Professor an der Technischen Hochschule Berlin. Vierte, unveränderte Auflage. (16.—20. Tausend.) XII, 94 Seiten. 1924. RM 1.50

7. Heft: **Deutschlands Versorgung mit Nahrungs- und Futtermitteln.** Von **R. Kuczynski.** In 4 Teilen.
   Erster Teil: **Statistische Grundlagen.** Von **R. Kuczynski** und **P. Quante.** VIII, 176 Seiten. 1926. RM 7.50
   Zweiter Teil: **Pflanzliche Nahrungs- und Futtermittel.** Von **R. Kuczynski.** VI, 406 Seiten. 1926. RM 19.50
   Dritter Teil: **Tierische Nahrungs- und Futtermittel.** Von **R. Kuczynski.** V, 147 Seiten. 1927. RM 6.90
   Vierter Teil: **Deutschlands Ernährungs- und Fütterungsbilanz.** Von **R. Kuczynski.** Erscheint im Februar 1927

Die weiteren Hefte werden behandeln:

Das Verderben und die Zerstörung der Lebensmittel durch pflanzliche und tierische Schädlinge. Von Professor Dr. med. et phil. **R. O. Neumann,** Geheimer Medizinalrat, Direktor des Hygienischen Staatsinstituts, Hamburg.

Der Verlust an Lebensmitteln im Haushalt und in der Küche. Von Professor Dr. med. et phil. **R. O. Neumann,** Geheimer Medizinalrat, Direktor des Hygienischen Staatsinstituts, Hamburg.

Zucker und andere Süßstoffe. Von Dr. phil. et med. **Theodor Paul,** ord. Professor an der Universität München, Geheimer Regierungsrat und Obermedizinalrat, Direktor der Deutschen Forschungsanstalt für Lebensmittelchemie.